KB021892

개정 최신법령 적용

건설감리원이 꼭 알아야 할
법규정보

건설감리원이 꼭 알아야 할
법규정보(개정판)

펴 낸 날 2021년 1월 28일
2 판 1 쇄 2023년 6월 9일

지 은 이 조성권
펴 낸 이 이기성
편집팀장 이윤숙
기획편집 윤가영, 이지희, 서해주
표지디자인 이윤숙
책임마케팅 강보현, 김성욱
펴 낸 곳 도서출판 생각나눔
출판등록 제 2018-000288호
주   소 경기도 고양시 덕양구 청초로 66 덕은리버워크 B동 1708, 1709호
전   화 02-325-5100
팩   스 02-325-5101
홈페이지 www.생각나눔.kr
이 메 일 bookmain@think-book.com

• 책값은 표지 뒷면에 표기되어있습니다.
  ISBN 979-11-7048-566-7(13540)

Copyright ⓒ 2021 by 조성권, All rights reserved.
· 이 책은 저작권법에 따라 보호받는 저작물이므로 무단전재와 복제를 금지합니다.
· 잘못된 책은 구입하신 곳에서 바꾸어 드립니다.

개정 최신법령 적용

건설감리원이 꼭 알아야 할
법규정보

| 조성권 지음 |

2023년 하반기
최신판

생각나눔

건설 직종의 각 분야를 업무별로 구분한다면 설계, 시공, 감리 파트로 나눌 수 있을 것이다. 그러므로 학교에서 관련 공학을 전공하고 사회에 첫발을 내딛게 되는 건설기술인은 위에 기록된 세 분야 중 한 분야에서 일하게 됨은 틀림없는 사실이다.

　　물론 설계나 시공 등 관련 분야를 전공했다 하더라도 직업 선택은 개인의 몫이므로 졸업 후의 진로는 자신의 적성이나 의지 또는 장래의 전망에 따라 달라질 수 있다.

　　설계에 뜻을 둔 공학도는 설계 사무소에, 시공이 체질에 맞는 기술인은 시공사로, 감리 업무가 적성이 맞거나 그동안 자신의 경험을 살려 인생 2막을 꿈꾸는 사람들은 감리 회사로 들어가 자신의 전공 분야로 일하게 된다.

　　한 사람의 기술자가 위에 언급한 전공 분야를 모두 커버할 수 있는 능력이 된다면야 두말 할 필요가 없겠지만, 어디 세상사가 그렇게 만만하던가? 각 분야의 기술 지식은 깊고 넓어서 한 사람이 여러 업무를 감당하기에는 그리 간단하지가 않다. 그래서 각 파트로 나눠지고 그에 따른 전문가가 있는 것이다.

　　이처럼 설계, 시공, 감리라는 건설 분야의 3요소 중 어느 것 하나 중요하지 않은 것이 없겠지만, 여기에서는 감리 업무, 그중에서도 감리기술인이라면 반드시 짚고 넘어가야 할 기초 지식인 법규 정보에 대하여 알아보고자 한다.

　　감리란 무엇인가?

　　"공사감리"란 자기 책임 아래(보조자의 도움을 받는 경우를 포함한다.) 「건축법」에서 정하는 바에 따라 건축물, 건축 설비 또는 공작물이 설계도서의 내용대로 시공되는지 확인하고 품질관리, 공사관리 및 안전관리 등에 대하여 지도·감독하는 행위를 말한다(「건축사법」 제2조 제4호).

　　감리 관련법의 모법이라 일컬어지는 「건설기술 진흥법」에는 어떻게 정의되고 있을까?

　　건설공사가 관계 법령이나 기준, 설계도서 또는 그 밖의 관계 서류 등에 따라 적정하게 시행될 수 있도록 관리하거나 시공관리, 품질관리, 안전관리 등에 대한 기술 지도를 하는 건설사업관리업무가 바로 감리(「건진법」 제2조 제5호)라고 「건축사법」에서 말하는 것보다 폭넓게 설명하고 있다.

　　두 법에서 설명한 것을 종합해서 정리하면 감리란 건설사업관리업무 안에 포함되는 일부분으로써 관련 법령이나 기준에 위반되는 것 없이 설계도서대로 목적물이 지어지는지 지도, 감독하는 업무를 말하며 여기에는 책임상주감리, 상주감리, 비상주감리로 구분되어 진행되는 고도의 기술 업무라고 말할 수 있을 것이다.

이처럼 중요한 감리 업무를 수행하기 위해서 유능하고 인정받는 감리기술인이 되려면 어떻게 해야 할까?

첫째는 그 프로젝트에 대한 이해와 건설기술인으로서 갖추어야 할 실력이 있어야 할 것이며 그에 걸맞게 경험 또한 풍부해야 할 것이다. 설계 업무에 대해서 알아야 하는 것은 물론 시공 업무에 대해서도 해박한 지식을 겸비해야 업무 수행이 가능하기 때문이다.

둘째는 관련법을 잘 알고 이를 활용할 수 있어야 한다. 감리 업무는 법전과의 싸움이라 해도 과언이 아닐 정도로 이의 적용을 받으며 업무 수행 과정에서 관련 법이나 기준 등에 위반이 없어야 하기 때문이다.

모든 분야가 그렇지만 감리기술인이 알아야 할 지식은 산더미 같고 관련법 또한 여기저기 산재해 있어서 업무를 수행하는 데 많은 어려움이 따를 수밖에 없다. 그중에서도 가장 기초 지식인 관련법과 기준 등을 잘 알고 활용할 수 있어야만 유능한 감리기술인이라는 데는 누구도 이의를 제기할 수 없을 것 같다.

왜냐하면 감리기술인에게 부여된 임무, 절차 그리고 책임과 권한 등 기본적인 문제가 그 안에 다 기록되어있기 때문이다.

서점에 가보면 기술 서적은 그런대로 정리가 잘 되어 출간되고 있는 것 같은데 감리기술자라면 반드시 알아야 할 관련 법규를 일목요연하게 정리되어 있는 책은 찾아보기 힘들다. 저자 역시 프로젝트를 수행하면서 수많은 관련법들이 여기저기 숨어있다(?)는 것을 알고 나서는 주의 깊게 살펴보지 못한 것을 한탄하면서 당황했던 적이 한두 번이 아니다. 감리기술인으로서 꼭 알아야 할 법규를 제목만이라도 취합해 놓은 책이 있다면 업무를 수행하는 데 크게 도움이 될 수 있을 텐데 어디 그런 책이 없을까? 늘 아쉬워하고 찾던 중에 목마른 사람이 우물 판다고 내가 한번 해보자는 생각에 이 책을 내게 되었다.

건설 관련법은 일일이 열거할 수 없을 정도로 종류가 참으로 많다. 또 수시로 바뀌다 보니 제아무리 전문가라도 이에 적응하기 힘들다. 그러다 보니 중요한 부분만 정리하더라도 한 권의 책으로 내기에는 불가능에 가깝다. 이 책은 감리기술인이라면 꼭 알아야 할 법규 정보를 쉽게 찾을 수 있도록 만든 것이니 현장 실무에서 유용하게 사용될 것으로 믿는다. 그러나 핵심만 발췌하다 보니 미흡한 부분이 많은 것 또한 사실이다. 공부하다가 더 찾아봐야 할 부분이 생긴다면 이 책의 정보를 기본으로 국가법령정보센터의 최신법령을 찾아 대조해 보는 것이 좋을 것이다.

각 장의 마지막에는 감리 업무의 중요성에 대한 경각심을 주기 위해 벌칙 규정을 기록하였으니 실무에 참고하기 바란다.

　　막상 책이 완성되고 보니 시중에 내놓기 부끄럽고 모든 것이 부족하게 느껴지지만, 이 한 권의 책으로 감리기술인의 업무 범위가 명확해지고 관련 법규를 쉽게 확인할 수 있으며 무지로부터 왔던 불이익에서 자유로울 수만 있다면 그보다 더 큰 보람이 없을 것 같다.

　　이제 큰 틀에서의 작업은 이루어졌으니 앞으로 계속 수정·보완해 나갈 것을 약속드리며 건설 현장에서 품질 향상과 기술 개발에 매진하는 선·후배, 동료 여러분의 많은 채찍과 지도 편달이 있으시기를 진심으로 기원하는 바이다.

2023년 5월

조성권

〈일러두기〉

1. 이 책은 2023년 하반기 시행 예정인 최신 법규를 기준으로 작성하였음.

2. 각 법조문마다 최종 개정된 날짜를 명기하여 변경 여부를 파악하기 쉽게 하였으며 시행 예정인 법규는 시행 예정일을 별도로 표기하였음.

3. 훈령·예규·고시 등 즉시 찾아봐야 할 부분은 「각주와 부록」으로 첨부하였으며 지면 관계상 수록하기가 어려운 부분은 각주에 「참조」로 표시하여 필요할 경우 원본을 찾아보도록 구분하였음.

[목차]

서 문_ 4

개 요_ 12

제1장_ 건설기술 진흥법 감리·15

건설사업관리	16
건설공사관련자의 기본 임무	22
건설사업관리의 업무 범위 및 단계별 업무 내용	24
설계 단계의 건설사업관리	26
시공 단계의 건설사업관리	27
보고서 작성, 제출 요령	29
기술인의 배치	30
총괄 관리자의 선정	33
공사중지 명령	35
현장점검과 부실측정	38
건설공사의 공정관리	44
건설공사의 품질관리	47
사진 및 동영상 촬영	56
건설공사의 안전관리	56
가설구조물의 구조적 안전성 확인	101
건설공사의 환경관리	103
건설공사 하자담보책임	120
벌 칙	123

제2장_ 주택법 감리·131

개 요 　　　　　　　　　　　　　　　　　　　　　　132
사업계획승인과 개발행위허가 　　　　　　　　　　　135
감리자 지정 및 배치 기준 　　　　　　　　　　　　141
감리자의 업무 　　　　　　　　　　　　　　　　　145
다른 법률에 따른 감리자의 업무협조 　　　　　　　148
공정확인서의 발급 　　　　　　　　　　　　　　　149
관계전문기술자와의 협력 　　　　　　　　　　　　151
공사감리비 예치 및 지급 　　　　　　　　　　　　158
감리자에 대한 실태점검 및 조치 　　　　　　　　　159
사업계획의 변경 및 경미한 변경 　　　　　　　　　161
견본주택의 건축기준 　　　　　　　　　　　　　　165
주택건설공사의 시공자 제한 　　　　　　　　　　　168
소음 및 결로방지대책 　　　　　　　　　　　　　169
대피공간 설치 　　　　　　　　　　　　　　　　　174
입주예정자 사전 방문 및 품질점검단의 운영 　　　176
하자담보책임 　　　　　　　　　　　　　　　　　186
벌 칙 　　　　　　　　　　　　　　　　　　　　189

제3장_ 건축(사)법 감리·195

개 요   196

용어설명   197

알아두면 유익한 관련법규   201

건축주·설계자·시공자·감리자의 기본임무   202

건설공사 시공자의 제한 및 현장관리인 제도   204

감리자지정 및 종류별 특성비교   208

공사감리자의 업무   218

건축물 착공 시 주의사항   222

사진 및 동영상 촬영   225

가구·세대 간 소음방지, 마감 재료 및 품질관리기준   227

관계전문기술자의 협력   237

건축물의 범죄예방·건축설비 설치의 원칙·허용오차   241

건축물 안전영향평가 및 지하안전영향평가   247

벌 칙   253

제4장_ 해체 공사 감리·259

건축물 해체 공사   260

석면 해체 공사   275

제5장_ 부대공사 감리·309

제6장_ 건축물 주요 인증제도·313

공동주택 성능등급 표시	316
에너지절약형 친환경 주택	317
건강친화형 주택	318
장수명 주택	319
장애물 없는 생활환경 인증	323
바닥충격음 성능등급 인정	328
녹색건축 인증	337
건축물에너지 효율등급 및 제로에너지건축물 인증	341

부 록·351

건축물이라는 하나의 목적물을 완성하기 위해서는 여러 가지 준비와 절차가 필요하다. 땅이 확보되었다면 건물을 지을 수 있게끔 설계가 이루어져야 하며 인허가 과정을 거쳐 공사를 발주해야 한다. 그리고는 그 목적물이 법 규정에 위반됨은 없는지, 품질관리는 제대로 지켜지는지, 또 설계도서대로 지어지는지를 체크하는 감리자를 선정해야 비로소 목적물을 완성하기 위한 준비가 갖추어졌다고 말할 수 있을 것이다.

즉 설계, 시공, 감리라는 업무 흐름에서 진행 과정이 매끄럽게 연결되고 이루어져야만 우리가 원하는 품질의 목적물이 완성될 수 있다는 이야기다.

설계, 시공, 감리라는 건설 분야의 3요소 중 어느 것 하나 중요하지 않은 것이 없겠지만, 여기에서 논하고자 하는 감리 업무는 설계는 물론 시공 업무 전반에 걸친 기술 지식이 있어야만 수행할 수 있는 고도의 전문 분야라 할 것이다. 또한 법전과의 싸움이라 해도 과언이 아닐 정도로 관련법에 대한 해박한 지식을 겸비해야 된다는 것 또한 두말할 필요가 없다.

그래서 감리는 설계와 시공 등 공사 관련 분야를 두루 경험한 후 입문하는 것이 개인적으로나 사회적으로 이득이 될 것으로 보인다.

감리란 무엇인가?

감리 업무의 핵심 3법인 「건설기술 진흥법」이나 「건축(사)법」, 「주택법」에서 설명하고 있는 것처럼 건축물, 건축 설비 또는 공작물이 관계 법령이나 설계도서, 그 밖의 관계 서류 등에 부합하도록 적정하게 관리하거나 공사관리, 품질관리, 안전관리 등에 대하여 지도·감독하는 것을 감리라 할 수 있으며 근무 방식에 따라 상주감리와 비상주감리라는 업무 형식으로 분류할 수 있을 것이다.

이러한 감리 업무를 수행하기 위해서 감리기술인이 갖추어야 할 기본자세[1]는 어떤 것이 있을까?

감리기술인은 전문 지식을 함양하고 이에 근거하여 독립적이고 공정한 입장에서 목적물의 공공적 가치를 실현하는 데 노력해야 한다.

또한 관계 법령과 이에 따른 명령, 그리고 공공복리에 어긋나는 어떠한 행위도 하지 말아야 하며 감리기술인으로서의 품위를 손상시키는 일체의 행위를 하여서도 안 된다. 아울

---

1) 건설공사 사업관리방식 검토 기준 및 업무 수행 지침(제4조, 제11조 참조)– 부록

러 계약문서에서 정하는 바에 따라 신의와 성실로써 업무를 수행하여야 하며 축적된 기술력을 바탕으로 건설공사의 품질 향상과 기술 개발 및 활용·보급에 전력을 다하여야 한다.

한때는 감리 업무라는 게 현장에서 지시 공문만 잘 보내고 답변만 확보해 놓으면 크게 문제될 게 없다는 안일한 생각으로 업무에 임했던 적도 있었지만, 지금은 사정이 많이 달라졌다. 감리기술인은 설계자, 시공자의 의무와 책임에서도 자유로울 수 없으며 해당 용역 시행 중은 물론, 용역이 완료된 이후라도 언제든지 수감 기관의 이의 제기 및 출석 요구가 있을 수 있다. 그러므로 항상 올바른 자세로 관계 규정 등의 내용을 숙지함은 물론, 해당 공사의 특수성을 파악한 후 업무를 수행하여야만 자신에게 닥칠지도 모를 불이익에서 해방될 수 있다는 것을 염두에 두어야 할 것이다.

감리 업무를 굳이 분류하자면 그 프로젝트(Project)가 어떤 법의 적용을 받느냐에 따라 나뉠 수 있다. 공공에서 발주하는 공사는 「건설기술 진흥법」의 적용을 받아야 할 것이며 사업 계획 승인권자로부터 승인을 받아야 하는 일정 규모 이상의 주택은 「주택법」을, 그 외 공사는 「건축(사)법」의 적용을 받는다고 하면 크게 틀린 말은 아니다.

물론 감리 업무를 수행함에 있어 해당하는 법만 적용하고 나머지는 보지 말라는 뜻은 아니다. 예를 들어 주택 건설 현장이라면 거기에 해당하는 「주택법」만 적용하면 된다는 것이 아니고 감리 업무의 기본이 적시되어 있는 「건설기술 진흥법」을 기준으로 하여 「건축(사)법」 등 다른 연관된 법도 적용해서 진행해야 한다는[2] 뜻이다. 그러므로 감리 업무 핵심 3법과 기타 관련법 중 해당하는 부분은 서로 연결해서 살펴보아야 현장을 운영하는 데 무리가 없을 것으로 보인다.

특히, 공통되는 업무인 안전관리에 대해서는 제1장 「건설기술 진흥법」 감리 부분에 집중적으로 기록하였으니 각 파트별 공부 시 이를 참고하기 바란다.

설명하는 과정에서 보충해야 할 내용이나 즉시 찾아봐야 할 부분은 「각주나 부록」으로 첨부하였으며, 지면 관계상 첨부하기가 어려운 부분은 「참조」로 표시하여 필요할 경우 국가법령정보센터를 이용하여 살펴볼 수 있도록 구분하였다. 아울러 건축물 주요 인증제도에 대해서도 기록하였으니 감리 업무에 참고하기 바란다.

---

[2] 건설기술진흥법 제42조(다른 법률과의 관계): 제39조 제2항에 따른 건설사업관리를 시행하거나 건설사업관리 중 대통령령으로 정하는 업무를 수행한 경우에는 「건축법」 제25조에 따른 공사감리 또는 「주택법」 제43조 및 제44조에 따른 감리를 한 것으로 본다.

- 건설사업관리   16
- 건설공사관련자의 기본 임무   22
- 건설사업관리의 업무 범위 및 단계별 업무 내용   24
- 설계 단계의 건설사업관리   26
- 시공 단계의 건설사업관리   27
- 보고서 작성, 제출 요령   29
- 기술인의 배치   30
- 총괄 관리자의 선정   33
- 공사중지 명령   35
- 현장점검과 부실측정   38
- 건설공사의 공정관리   44
- 건설공사의 품질관리   47
- 사진 및 동영상 촬영   56
- 건설공사의 안전관리   56
- 가설구조물의 구조적 안전성 확인   101
- 건설공사의 환경관리   103
- 건설공사 하자담보책임   120
- 벌 칙   123

제1장

건설기술 진흥법 감리

건설사업관리(CM: Constructon Management)

「건설기술 진흥법」 제2조 제4호에 건설사업관리란 「건설산업기본법」 제2조 제8호에 따른 다고 되어 있으므로 여기를 찾아보면 건설공사에 대한 기획, 타당성 조사, 분석, 설계, 조달, 계약, 시공관리, 감리, 평가 또는 사후관리 등에 관한 관리를 수행하는 것이라고 되어 있다. 요약하면 건설공사 전 과정을 통합 관리하여 주어진 예산과 공기 내에서 최고의 결과 물을 완성하는 건설 서비스업이 건설사업관리라는 것이다.

기획에서부터 사후관리까지 건설사업관리 전 과정에 포함되는 여러 분야 가운데 같은 법 제2조 제5호에는 감리에 대한 정의가 나와 있는데 살펴보면, '감리란 건설공사가 관계 법령이나 기준, 설계도서 또는 그 밖의 관계 서류 등에 따라 적정하게 시행될 수 있도록 관리하거나 시공관리, 품질관리, 안전관리 등에 대한 기술지도를 하는 건설사업관리업무를 말한다.' 라고 되어 있다.

다시 말해서, 감리란 건설사업관리라는 큰 테두리 안에 속하는 한 분야의 업무로써 건설공사 시공 과정에서 진행되어야 할 건설기술 용역 업무라는 것이다.

「건설기술 진흥법」이 적용되는 건설사업관리는 주로 발주청[3]에서 발주하는 공공 공사가 이에 해당한다고 말할 수 있다. 여기에는 발주청이 직접 공사를 책임지고 관리하는 직접 감독 방식과 발주청의 감독 권한을 대행하여 진행하는 감독 권한대행 건설사업관리, 그리고 건설공사에 대한 전 과정, 또는 일부만을 수행하는 일반적인 건설사업관리로 나눌 수 있을 것이다.

그렇다면 건설사업관리 방식으로 발주해야 하는 공사는 어떤 공사가 해당될까? 「건설기술 진흥법」 제39조 제1항을 찾아보면 발주청은 건설공사를 효율적으로 수행하기 위하여 다음과 같은 경우에 건설사업관리를 하게 할 수 있다고 되어 있다.

첫째, 설계·시공관리의 난이도가 높아 특별한 관리가 필요한 건설공사

둘째, 발주청의 기술인력이 부족하여 원활한 공사관리가 어려운 건설공사

셋째, 위에 기록된 항목 이외의 건설공사로서 그 건설공사의 원활한 수행을 위하여 발주청이 필요하다고 인정하는 건설공사

또한 발주청은 건설공사의 품질 확보 및 향상을 위하여 대통령령으로 정하는 건설공사에 대하여는 법인인 건설엔지니어링사업자로 하여금 건설사업관리(시공 단계에서 품질 및 안전관리 실태의 확인, 설계변경에 관한 사항의 확인, 준공 검사 등 발주청의 감독 권한대행

---

3) 법 제2조 제6호 "발주청"이란 건설공사 또는 건설엔지니어링을 발주(發注)하는 국가, 지방자치단체, 「공공기관의 운영에 관한 법률」 제5조에 따른 공기업·준정부기관, 「지방공기업법」에 따른 지방공사·지방공단, 그 밖에 대통령령으로 정하는 기관의 장을 말한다.

업무를 포함한다.)를 하게 하여야 한다는 조항(법 제39조 제2항)도 있으니 참고하기 바란다.

이 경우, 건설사업관리를 시행하거나 건설사업관리 중 대통령령으로 정하는 업무[4]를 수행한 경우에는 「건축법」 제25조에 따른 공사감리 또는 「주택법」 제43조 및 제44조에 따른 감리를 한 것으로 본다(법 제42조).

위에서 언급한(법 제39조 제2항) 대통령령으로 정하는 건설공사(시행령 제55조 제1항)란 어떤 공사를 말하는 것일까?

  1) 총공사비가 200억 원 이상인 건설공사로서 별표7[5]에 해당하는 건설공사

  2) 제1호 외의 건설공사로써 교량, 터널, 배수문, 철도, 지하철, 고가 도로, 폐기물 처리 시설, 배수 처리 시설 또는 공공 하수 처리 시설을 건설하는 건설공사 중 부분적으로 「법」 제39조 제2항에 따른 감독 권한대행 업무를 포함하는 건설사업관리(이하 감독 권한대행 등 건설사업관리라 한다.)가 필요하다고 발주청이 인정하는 건설공사

  3) 제1호 및 제2호 외의 건설공사로서 국토 교통부 장관이 고시하는 건설사업관리 적정성 검토 기준에 따라 발주청이 검토한 결과 해당 건설공사의 전부 또는 일부에 대하여 감독 권한대행 등 건설사업관리가 필요하다고 인정하는 건설공사

위와 같은 내용으로 볼 때 건설사업관리란 시공 단계에 국한된 관리 제도라기보다는 글로벌 스탠더드에 부합하는 제도로써 목적물의 준비 과정인 기획 단계에서 완공 후 유지관리 단계에 이르기까지 건물 생애 전 과정을 종합적으로 기획하고 관리하는 데 그 의미가 있는 것으로 해석된다. 물론 건설사업관리 안에 있는 세부 분야 중 일부분만 선택하여 계약·운영할 수도 있다. 즉, 시공 단계만 따로 떼어내 시공 단계의 건설사업관리(감리)로 운용할 수 있다는 이야기다.

대통령령으로 정하는 설계용역(법 제39조 제3항)[6]이나 건설공사에 대해서는 반드시 건설사업관리 방식으로 발주하라는 법령(법 제39조 제2항)에 따라 건설엔지니어링사업자의 선정에는 사업 수행 능력 평가 기준[7]에 따라 평가하여 입찰에 참가할 자를 선정해야 한다(규칙 제28조).

민간 발주 건축물도 건설사업관리 방식으로 추진할 수 있다.

목적물의 계획 단계부터 완공 후 유지관리 단계까지 전 과정, 또는 시공 단계의 건설사

---

4) "대통령령으로 정하는 업무"란 시공 단계의 건설사업관리업무를 말한다(시행령 제63조).
5) 감독 권한대행 등 건설사업관리 대상공사- 부록
6) 시행령 제57조(건설사업관리대상 설계용역), 시행령 제59조 제4항(설계용역에 대한 건설사업관리)- 참조
7) 건설엔지니어링사업자 사업수행능력 세부평가 기준(국토교통부고시)- 참조

업관리만 따로 떼어내 전문가의 손에 맡겨 품질 좋은 목적물을 완성시키겠다는 건축주의 의지가 있다면 말이다. 물론 그만큼 일이 많아지고 복잡해지면 그에 따른 용역 비용이 추가됨은 당연하다 할 것이다.

건설사업관리의 전 과정은 상당히 광범위하고 복잡하다. 참여 인원도 건설기술자로만 국한되는 것이 아니고, 각 분야별로 다양한 전문가가 있어야 한다. 그러므로 이 분야 하나만 가지고 책을 쓴다 하더라도 몇 권은 충분히 나올 수 있는 분량이고, 건설사업관리 기술자로서 실력 또한 갖추려면 많은 시간의 투자와 노력이 필요할 정도이다. 그렇기 때문에 건설사업관리 분야에 입문할 뜻을 두었다면 별도의 공부가 필요하다는 점을 말씀드린다. 그에 따른 민간 자격증도 있으니 도전해볼 만하다.

건설사업관리에는 종합공사의 면허를 확보한 건설사업자가 건설공사에 대하여 시공 이전 단계에서 건설사업관리업무를 수행하고, 시공 단계에서 발주자와 시공 및 건설사업관리에 대한 별도의 계약을 통하여 종합적인 계획, 관리 및 조정을 하면서 미리 정한 공사 금액과 공사 기간 내에 시설물을 완공하는 시공책임형 건설사업관리[8]도 있지만, 이 장에서는 현장에서 주로 이루어지는 시공 단계의 건설사업관리, 즉 시공 단계에서 이루어지는 감리 업무를 중점으로 설명할 것이다.

| CM 계약 방식의 분류

1) CM for Fee(용역형 CM): CM이 발주자의 Agency 업무를 수행하며 자신의 서비스에 대한 용역비를 받는 CM 방식. 사업의 Risk에 대한 책임은 지지 않는다.

---

8) "시공책임형 건설사업관리"란 종합 공사를 시공하는 업종을 등록한 건설업자가 건설공사에 대하여 시공 이전 단계에서 건설사업관리업무를 수행하고 아울러 시공 단계에서 발주자와 시공 및 건설사업관리에 대한 별도의 계약을 통하여 종합적인 계획, 관리 및 조정을 하면서 미리 정한 공사 금액과 공사 기간 내에 시설물을 시공하는 것을 말한다(「건설산업기본법」 제2조 제9호). 시공책임형 건설사업관리를 수행하는 건설업자가 발주자와 시공 단계에서 건설사업관리에 관한 계약을 체결하는 경우 그 계약의 내용은 제2조 제4호에 따른 건설공사에 한정하여야 한다(「건설산업기본법」 제26조 제8항).

2) CM at Risk(시공책임형 CM): CM이 시공자를 고용하여 전적으로 책임을 지고 공사를 수행하는 건설사업관리 방식

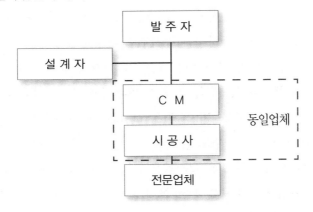

건설사업관리를 수행하는 건설기술자는 자신이 해야 할 임무가 무엇이며 이를 위해서는 어떤 자세가 필요한지 늘 자신을 돌아보고 관리해야 한다. 제아무리 건설사업관리업무에 대한 경험과 지식이 풍부하다 할지라도 건설기술자로서 기본자세가 되어 있지 않다면 제대로 된 업무를 수행하기 어렵기 때문이다. 모든 감리원이 자신의 책상 앞에 붙여 놓고 반드시 숙지해야 할 건설사업관리기술인의 근무 수칙이 있다. 바로 「건설공사 사업관리방식 검토 기준 및 업무 수행 지침」 제11조이다.

■ 건설사업관리기술인의 근무 수칙(제11조)

① 건설사업관리기술인는 건설사업관리업무를 수행함에 있어 발주청과의 계약에 의하여 발주청의 감독 업무를 대행한다.

② 건설사업관리업무에 종사하는 자는 업무 수행 시 다음 각호에 따라야 한다.

    1. 건설사업관리기술인은 관계 법령과 이에 따른 명령 및 공공복리에 어긋나는 어떠한 행위도 하지 않으며 용역계약문서에서 정하는 바에 따라 신의와 성실로써 업무를 수행하여야 하며, 품위를 손상하는 행위를 하여서는 안 된다.

    2. 건설사업관리기술인은 건설공사의 품질 향상을 위하여 기술 개발 및 활용, 보급에

전력을 다하여야 한다.

3. 건설사업관리기술인은 건설사업관리업무를 수행함에 있어서 해당 설계용역계약문서, 공사계약문서, 건설사업관리 과업 내용서, 그 밖의 관계 규정 등의 내용을 숙지하고 해당 공사의 특수성을 파악한 후 건설사업관리업무를 수행하여야 한다.

4. 건설사업관리기술인은 설계자 및 시공자의 의무와 책임을 면제시킬 수 없으며, 임의로 설계를 변경시키거나, 기일 연장 등 설계용역 계약 조건 및 공사 계약 조건과 다른 지시나 결정을 하여서는 안 된다.

5. 건설사업관리기술인은 문제점이 발생하거나 설계 또는 시공에 관련한 중요한 변경 및 예산과 관련되는 사항에 대하여는 수시로 발주청에 보고하고 지시를 받아 업무를 수행하여야 한다. 다만, 인명 손실이나 시설물의 안전에 위험이 예상되는 사태가 발생할 시에는 먼저 적절한 조치를 취한 후 즉시 발주청에 보고하여야 한다.

6. 건설사업관리기술인은 시공자가 설계도서와 다르게 시공하여 부실시공이 발생하거나 발생할 가능성이 있다고 판단되는 경우 해당 공사감독자, 책임건설사업관리기술인에 보고하여야 하며, 보고를 받은 공사감독자, 책임건설사업관리기술인은 부실사항에 대해 실측 등의 방법으로 현장을 직접 확인하고 부실시공으로 판단되는 경우 시공자에게 시정조치하여야 한다.

7. 건설사업관리용역사업자 및 건설사업관리기술인은 해당 용역 시행 중은 물론 용역이 종료된 후라도 감사 기관의 수감 요구 및 문제 발생으로 인한 발주청의 출석 요구가 있으면 이에 응하여야 하며, 건설사업관리업무 수행과 관련하여 발생한 사고 또는 피해로 피해자가 소송 제기 시 국가 지정 소송 업무에 적극 협력하여야 한다.

8. 책임건설사업관리기술인[9]은 배치된 건설사업관리기술인이 업무능력 부족 등으로 해당 용역 을 수행하는 것이 부적합하다고 판단되는 경우, 소속 건설사업관리용역사업자에게 해당 건설사업관리기술인의 교체를 요구하고 이를 발주청에 통보하여야 한다. 이 경우 요청을 받은 소속 건설사업관리용역사업자는 해당 건설사업관리기술인에게 사실 관계를 확인하고, 특별한 사유가 없으면 요청에 따라야 한다.

9. 건설사업관리기술인은 건설공사 불법행위가 발생할 가능성이 있을 경우 발주청에 즉시 보고하여야 한다.

③ 상주기술인은 다음 각호에 따라 현장 근무를 하여야 한다.

1. 상주기술인은 공사 현장(공사와 관련한 외부 현장점검, 확인 등 포함)에 상주하여야

---

9) "책임건설사업관리기술인"란 발주청과 체결된 건설사업관리 용역 계약에 의하여 건설사업관리용역업자를 대표하며 해당 공사의 현장에 상주하면서 해당 공사의 건설사업관리업무를 총괄하는 자를 말한다.

하며 업무 또는 부득이한 사유로 1일 이상 현장을 이탈하는 경우에는 반드시 건설사업관리 업무 일지에 기록하고 서면으로 발주청의 승인(긴급 시 유선 승인)을 받아야 한다.

2. 건설사업관리기술인은 당일 근무 위치 및 업무 내용 등을 근무 상황판(별지 제1호 서식)에 기록하여야 한다.

3. 건설사업관리용역사업자는 건설사업관리업무에 종사하는 건설사업관리기술인이 건설사업관리업무 수행 기간 중 「민방위기본법」 또는 「향토예비군 설치법」에 따른 교육을 받는 경우나 「근로기준법」에 따른 연차 유급 휴가로 현장을 이탈하게 되는 경우에는 건설사업관리업무에 지장이 없도록 동일한 현장의 건설사업관리기술인을 직무대행자로 지정하고 업무 인계인수를 하는 등의 필요한 조치를 하여야 한다.

4. 상주기술인은 발주청의 요청이 있는 경우에는 초과 근무를 하여야 하며, 시공자가 발주청의 승인을 득하여 초과 근무를 요청하는 경우에도 초과 근무를 하여야 한다. 이 경우 대가 지급은 「국가를 당사자로 하는 계약에 관한 법률」에 의한 계약 예규(「기술용역계약일반조건」)에서 정하는 바에 따른다.

5. 건설사업관리용역사업자는 건설사업관리현장이 원활하게 운영될 수 있도록 건설사업관리 용역비 중 관련 항목 규정에 따라 직접경비를 적정하게 사용하여야 한다.

④ 기술지원기술인[10]는 다음 각호의 업무를 수행하여야 한다.

1. 「건설기술 진흥법 시행규칙」 제34조 제1항에서 정한 업무

   1) 책임건설사업관리기술인이 요청하는 현장조사 내용의 분석 및 주요 구조물의 기술적 검토

   2) 사업비 절감을 위한 검토

   3) 책임건설사업관리기술인이 요청하는 시공상세도면 검토

   4) 기성 및 준공 검사

   5) 행정 지원 업무

   6) 설계도서의 검토

   7) 중요한 설계변경에 대한 기술 검토

   8) 현장 시공상태의 평가 및 기술 지도

2. 설계변경에 대한 기술 검토

3. 정기적(담당 분야의 공종이 진행되는 경우 월 1회 시행하고, 분기별 각 1회 발주청과 협의하여 결정한 날에는 발주청의 공사 감독자 또는 공사관리관, 시공사 현장 대

---

10) "기술 지원 건설사업관리기술인"란 영 제60조에 따라 건설사업관리용역업자에 소속되어 현장에 상주하지 않으며 발주청 및 책임건설사업관리기술인의 요청에 따라 업무를 지원하는 자를 말한다. (이하 "기술지원기술자"라 한다.)

리인과 기술 지원 기술인 전원이 합동으로 시행. 단, 분기별 합동 시행 시 해당 월의 개별 시행은 생략 가능.)으로 현장 시공상태를 종합적으로 점검, 확인, 평가, 기술 지도를 하여야 하며, 그 결과를 서면으로 작성하여 책임건설사업관리기술인에게 제출하여야 하고, 책임건설사업관리기술인은 기술지원기술인이 제출한 현장점검 결과보고서의 적정성 여부를 검토하여 7일 이내에 건설사업 관리용역사업자 및 발주청에 보고

4. 공사와 관련하여 발주청이 요구한 기술적 사항 등에 대한 검토

5. 그 밖에 책임건설사업관리기술인이 요청한 지원 업무 및 기술 검토

건설공사관련자의 기본 임무(「건설공사 사업관리방식 검토 기준 및 업무 수행 지침」 제10조)

| 발주청

① 발주청은 건설공사의 계획·설계·발주·건설사업관리·시공·사후평가 전반을 총괄하고, 건설사업관리, 설계 및 시공계약 이행에 필요한 다음 각호의 사항을 지원, 협력하여야 하며 건설사업관리용역계약에 규정된 바에 따라 건설사업관리가 성실히 수행되고 있는지에 대한 지도·점검을 실시하여야 한다.

가. 건설사업관리 및 설계, 시공에 필요한 설계도면, 문서, 참고자료와 건설사업관리용역 계약문서에 명기한 자재, 장비, 비품, 설비의 제공

나. 건설공사 시행에 따른 업무 연락, 문제점 파악, 민원 해결 및 의사 결정

다. 건설공사 시행에 필요한 용지 및 지장물 보상과 국가, 지방자치단체, 그 밖에 공공기관과의 협의 및 허가·인가 등에 필요한 사항의 조치 또는 협력

라. 건설사업관리기술인가 건설사업관리계약 이행에 필요한 설계자 및 시공자의 문서, 도면, 자재, 장비, 설비, 직원 등에 대한 자료 제출 및 조사의 보장

마. 시공자에게 공사 일정 검토 및 조정, 공정·공사비 성과 분석 등 건설사업관리용역업자의 업무 수행에 적극 협력하도록 조치

바. 설계자에게 설계의 경제성 검토(설계 VE), 설계 기준 및 시공성 검토 등 건설사업관리용역업자의 업무 수행에 적극 협력하도록 조치

사. 건설사업관리기술인가 보고한 설계변경, 준공 기한 연기 요청, 그 밖에 현장 실정보고 등 방침 요구 사항에 대하여 건설사업관리업무 수행에 지장이 없도록 의사를 결정하여 통보

아. 특수공법 등 주요 공종에 대해 외부 전문가의 자문 또는 건설사업관리가 필요

하다고 인정되는 경우에는 별도 조치

　　자. 그 밖에 건설사업관리용역사업자와 계약으로 정한 사항 등 건설사업관리용역 발주자로서의 감독 업무

　② 발주청은 관계 법령에서 별도로 정하는 사항 및 제1호에서 정하는 사항 외에는 정당한 사유 없이 건설사업관리기술인의 업무에 개입 또는 간섭하거나 건설사업관리기술인의 권한을 침해할 수 없다.

　③ 발주청은 특별한 사유가 없으면 설계 기간과 착공 전, 설계도서 검토 및 준공 후 사후관리 등을 감안하여 건설사업관리에 필요한 적정 기간과 대가를 확보하여야 한다.

　④ 발주청은 영 제45조 제1항에 따라 건설사업관리기술인를 관리할 수 있도록 건설사업관리용역 계약 내용 및 건설사업관리기술인 배치 내용을 다음 각호의 사유 발생 10일 이내에 다음 구분에 따라 건설기술용역 실적 관리 수탁 기관으로 통보하여야 한다.

　　가. 건설사업관리용역 계약 및 변경 계약 시: 「건설기술진흥법 시행규칙」(이하 "규칙"이라 한다.) 별지 제27호 서식에 따른 건설사업관리용역계약 및 변경 계약 현황 통보

　　나. 건설사업관리기술인의 배치 및 변경 배치(업체 선정 당시의 배치계획 및 당초 발주청에 제출한 배치계획과 다른 건설사업관리기술인를 배치하는 경우로서 영 제60조 제4항에 의한 교체를 포함한다.) 시: 규칙 별지 제28호 서식에 따라 통보(단, 시공 단계의 건설사업관리기술인 배치 및 철수 현황은 규칙 별지 제29호 서식에 따라 추가 통보)

　　다. 건설사업관리용역 완료 시: 건설사업관리용역 완공 내용을 규칙 별지 제27호 서식에 따라 통보

| 건설사업관리기술인

　① 영 제59조 및 규칙 제34조에 따른 건설사업관리기술인의 업무를 성실히 수행하여야 한다.

　② 용지 및 지장물 보상과 국가, 지방자치단체, 그 밖에 공공기관의 허가, 인가, 협의 등에 필요한 발주청 업무를 지원하여야 한다.

　③ 관련 법령, 설계 기준 및 설계도서 작성 기준 등에 적합한 내용대로 설계되는지의 여부를 확인 및 설계의 경제성 검토를 실시하고, 시공성 검토 등에 대한 기술 지도를 하며, 발주청에 의하여 부여된 업무를 대행하여야 한다.

　④ 설계 공정의 진척에 따라 정기적 또는 수시로 설계자로부터 필요한 자료 등을 제출받아 설계용역이 원활히 추진될 수 있도록 하여야 한다.

⑤ 해당 공사의 특성, 공사의 규모 및 현장 조건을 감안하여 현장별로 수립한 검측 체크 리스트에 따라 관련 법령, 설계도서 및 계약서 등의 내용대로 시공되는지 시설물의 각 공종마다 육안 검사, 측량, 입회, 승인, 시험 등의 방법으로 검측 업무를 수행하여야 한다.

⑥ 시공자가 검측을 요청할 경우에는 즉시 검측을 수행하고, 그 결과를 시공자에게 통보하여야 한다.

⑦ 해당 공사의 토석 물량 및 반·출입 시기 등의 변동 사항을 토석 정보 시스템 (http://www.tocycle.com)에 즉시 입력·관리하여야 한다.

⑧ 건설공사 불법행위로 공정지연 등이 발생하지 않도록 건설현장은 성실히 관리하여야 한다.

| 시공자

① "시공자"는 관련 법령 및 공사계약문서에서 정하는 바에 따라 현장 작업, 시공 방법에 대하여 품질과 안전에 대한 전적인 책임을 지고 신의와 성실의 원칙에 입각하여 시공하고, 정해진 기간 내에 완성하여야 하며 건설사업관리기술인로부터 재시공, 공사중지 명령, 그 밖에 필요한 조치에 대한 지시를 받을 때에는 특별한 사유가 없으면 지시에 따라야 한다.

② "시공자"는 발주청과의 공사계약문서에서 정하는 바에 따라 건설사업관리기술인의 업무에 적극 협조하여야 한다.

| 설계자

① "설계자"는 관련 법령, 설계 기준, 설계도서 작성 기준 및 용역계약문서에서 정하는 바에 따라 설계 업무를 성실하게 수행하여야 하며, 건설사업관리기술인로부터 필요한 조치에 대한 지시를 받을 때에는 특별한 사유가 없으면 지시에 따라야 한다.

② "설계자"는 발주청과의 용역계약문서에 정하는 바에 따라 건설사업관리기술인의 업무에 적극 협조하여야 한다.

건설사업관리의 업무 범위 및 단계별 업무 내용

건설엔지니어링사업자 [11]로 하여금 건설사업관리를 하게 하는 경우의 업무 범위와 단계

---

11) "건설엔지니어링사업자"란 건설기술용역을 영업의 수단으로 하려는 자로서 제26조에 따라 등록한 자를 말한다.

별 업무 내용은 아래와 같다(시행령 제59조 제1항, 제2항).

1) 건설사업관리의 업무 범위 구분

① 설계 전 단계

② 기본 설계 단계

③ 실시설계 단계

④ 구매 조달 단계

⑤ 시공 단계

⑥ 시공 후 단계

2) 1)항에 따른 단계별 업무 내용

① 건설공사의 계획, 운영 및 조정 등 사업 관리 일반

② 건설공사의 계약 관리

③ 건설공사의 사업비 관리

④ 건설공사의 공정관리

⑤ 건설공사의 품질관리

⑥ 건설공사의 안전관리

⑦ 건설공사의 환경관리

⑧ 건설공사의 사업 정보 관리

⑨ 건설공사의 사업비, 공정, 품질, 안전 등에 관련되는 위험 요소 관리

⑩ 그 밖에 건설공사의 원활한 관리를 위하여 필요한 사항

건설사업관리 업무 범위

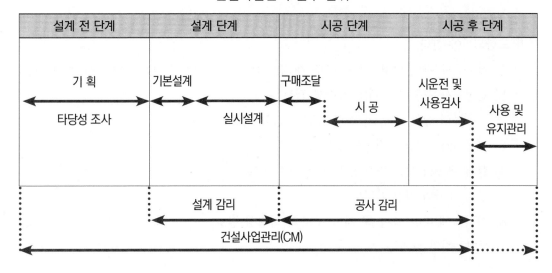

설계 단계의 건설사업관리

■ **건설사업관리의 시행**(「건설기술 진흥법」 제39조 제3항)

발주청은 대통령령으로 정하는 설계용역에 대하여 건설엔지니어링사업자로 하여금 건설사업관리를 하게 하여야 한다. 〈개정 2021. 3. 16.〉

■ **건설사업관리 대상 설계용역**(「건설기술 진흥법 시행령」 제57조)

법 제39조 제3항에서 "대통령령으로 정하는 설계용역"이란 다음 각호의 설계용역을 말한다. 다만, 제94조 제1항 제2호 및 제6호부터 제10호까지의 규정에 따른 기관 또는 「지방공기업법」에 따른 지방공사가 시행하는 설계로서 해당 기관 또는 공사의 소속 직원이 용역 감독 업무를 수행하는 설계용역과 「국가를 당사자로 하는 계약에 관한 법률 시행령」 제87조 제1항 및 「지방자치단체를 당사자로 하는 계약에 관한 법률 시행령」 제100조 제1항에 따른 일괄입찰의 실시설계 적격자가 시행하는 실시설계용역은 제외한다. 〈개정 2021. 9. 14.〉

　1. 「시설물의 안전 및 유지관리에 관한 특별법」 제7조 제1호 및 제2호에 따른 1종 시설물 및 2종 시설물(각주 번호 34, 부록 참조) 건설공사의 기본설계 및 실시설계용역

　2. 「시설물의 안전 및 유지관리에 관한 특별법」 제7조 제1호 및 제2호에 따른 1종 시설물 및 2종 시설물이 포함되는 건설공사의 기본설계 및 실시설계용역

　3. 신공법 또는 특수공법에 따라 시공되는 구조물이 포함되는 건설공사로서 발주청이 건설사업관리가 필요하다고 인정하는 공사의 기본설계 및 실시설계용역

　4. 총공사비가 300억 원 이상인 건설공사의 기본설계 및 실시설계용역

■ **설계용역에 대한 건설사업관리**(「건설기술 진흥법 시행령」 제59조 제4항)

법 제39조 제3항에 따라 시행하는 설계용역에 대한 건설사업관리에는 다음 각호의 업무가 포함되어야 한다.

　1. 건설공사 관련 법령, 법 제44조 제1항 제1호 및 제2호에 따른 건설공사 설계 기준 및 건설공사 시공 기준에의 적합성 검토

　2. 구조물의 설치 형태 및 건설 공법 선정의 적정성 검토

　3. 사용 재료 선정의 적정성 검토

　4. 설계 내용의 시공 가능성에 대한 사전 검토

　5. 구조 계산의 적정성 검토

　6. 제74조에 따른 측량 및 지반 조사의 적정성 검토

　7. 설계공정의 관리

8. 공사 기간 및 공사비의 적정성 검토

9. 제75조에 따른 설계의 경제성 등 검토

10. 설계안의 적정성 검토

11. 설계도면 및 공사 시방서 작성의 적정성 검토

시공 단계의 건설사업관리

시공 단계의 건설사업관리란 공사 발주 후 현장에서 이루어지는 건설공사에 대한 감리 업무를 말한다. 물론 발주청과 용역사업자 간에 계약의 범위를 어떻게 정하느냐에 따라 감독 권한대행 업무를 포함하는 경우와 그렇지 않은 경우가 있겠지만, 여기에서 말하는 건설 사업관리는 민간 부문에서 적용하고 있는 일반적인 시공 감리보다 조금 더 강화된 의미의 감리 업무라 생각하면 크게 틀리지 않을 것이다.

시공 단계의 건설사업관리 업무 수행 시 감독 권한대행 업무를 포함하지 않는 경우에는 「건설공사 사업관리방식 검토 기준 및 업무 수행 지침」 제3장 제7절을 적용하며 법 제39조 제2항[12]에 따라 발주청의 감독 권한대행 업무를 포함하는 경우에는 제3장 제8절을 적용하여야 한다(지침 제3조).

발주청은 건설공사의 부실시공 및 안전사고의 예방 등 건설공사의 시공을 관리하기 위하여 건설공사 착공 전까지 시공 단계의 건설사업관리계획을 국토교통부장관이 정하여 고시하는 기준에 따라 수립하여야 하며(「건설기술 진흥법」 제39조의 2 제1항) 다음 각호의 건설공사에 해당될 경우 착공(건설공사 현장의 부지 정리 및 가설사무소의 설치 등의 공사준비는 착공으로 보지 않는다. 이하 이 조에서 같다.) 전까지 수립해야 한다(「건설기술 진흥법 시행령」 제59조의 2).

1. 총공사비가 5억 원 이상인 토목공사

2. 연면적이 660제곱미터 이상인 건축물의 건축공사

3. 총공사비가 2억 원 이상인 전문공사

4. 그 밖에 건설공사의 부실시공 및 안전사고의 예방 등을 위해 발주청이 건설사업관리계획을 수립할 필요가 있다고 인정하는 건설공사

---

12) 발주청은 건설공사의 품질 확보 및 향상을 위하여 대통령령으로 정하는 건설공사에 대하여는 법인인 건설엔지니어링 사업자로 하여금 건설사업관리(시공 단계에서 품질 및 안전관리 실태의 확인, 설계변경에 관한 사항의 확인, 준공 검사 등 발주청의 감독 권한대행 업무를 포함한다.)를 하게 하여야 한다. 〈개정 2021. 3. 16.〉

감독 권한대행 등 건설사업관리에는 다음 각호의 업무가 포함되어야 한다(「건설기술 진흥법 시행령」 제59조 제3항). 〈개정 2020. 5. 26.〉

　　　　1) 시공계획의 검토[13]

　　　　2) 공정표의 검토

　　　　3) 시공이 설계도면 및 시방서의 내용에 적합하게 이루어지고 있는지에 대한 확인[14] (제101조의 2 제1항 각호의 가설구조물이 시공상세도면 및 시방서의 내용에 적합하게 설치되었는지에 대한 확인을 포함한다.)

　　　　4) 건설사업자나 주택건설등록업자가 수립한 품질관리계획 또는 품질시험계획의 검토·확인 , 지도 및 이행 상태의 확인, 품질시험 및 검사 성과에 관한 검토·확인[15]

　　　　5) 재해예방대책의 확인, 안전관리계획에 대한 검토·확인, 그 밖에 안전관리 및 환경관리의 지도

　　　　6) 공사 진척 부분에 대한 조사 및 검사

　　　　7) 하도급에 대한 타당성 검토

　　　　8) 설계 내용의 현장 조건 부합성 및 실제 시공 가능성 등의 사전 검토

　　　　9) 설계변경에 관한 사항의 검토 및 확인

　　　　10) 준공 검사

　　　　11) 건설사업자나 주택건설등록업자가 작성한 시공상세도면의 검토 및 확인

　　　　12) 구조물 규격 및 사용 자재의 적합성에 대한 검토 및 확인

　　　　13) 그 밖에 공사의 질적 향상을 위하여 필요한 사항으로서 국토교통부령[16]으로 정하는 사항

---

13) "검토"란 시공자가 수행하는 중요사항과 해당 건설공사와 관련한 발주청의 요구사항에 대해 시공자 제출서류, 현장 실정 등을 공사감독자 또는 건설사업관리기술인가 숙지하고, 경험과 기술을 바탕으로 하여 타당성 여부를 파악하는 것을 말한다.

14) "확인"이란 시공자가 공사를 공사계약문서 대로 실시하고 있는지의 여부, 또는 지시·조정·승인·검사 이후 실행한 결과에 대하여 발주청, 공사관리관, 공사감독자 또는 건설사업관리기술인가 원래의 의도와 규정대로 시행되었는지를 확인하는 것을 말한다.

15) "검토·확인"이란 공사의 품질을 확보하기 위해 기술적인 검토뿐만 아니라, 그 실행결과를 확인하는 일련의 과정을 말하며 검토·확인자는 자신의 검토·확인 사항에 대해 책임을 진다.

16) (시행규칙 제34조 제1항) 영 제59조 제3항 제15호에서 "국토교통부령으로 정하는 사항"이란 공사 현장에 상주하는 건설사업관리기술인(이하 "상주기술인"이라 한다.)을 지원하는 건설사업관리기술인(이하 "기술지원기술인"이라 한다.)이 수행하는 다음 각호의 업무를 말한다. 〈개정 2019. 2. 25.〉
1. 책임건설사업관리기술인이 요청하는 현장조사 내용의 분석 및 주요 구조물의 기술적 검토/ 2. 사업비 절감을 위한 검토/ 3. 책임건설사업관리기술인이 요청하는 시공상세도면 검토/ 4. 기성 및 준공 검사/ 5. 행정 지원 업무/ 6. 설계도서의 검토/ 7. 중요한 설계변경에 대한 기술 검토/ 8. 현장 시공상태의 평가 및 기술 지도

보고서 작성, 제출 요령

건설사업관리업무를 수행하는 건설엔지니어링사업자는 건설공사의 주요 구조부에 대한 시공, 검사 및 시험 등 세부적인 업무 내용을 포함한 보고서를 국토교통부령으로 정하는 바에 따라 작성하여 발주청에 제출하여야 한다. 이 경우 건설사업관리보고서는 건설엔지니어링사업자의 소속 건설기술인 중 대통령령으로 정하는 건설기술인이 작성하여야 한다(「건설기술 진흥법」 제39조 제4항).

보고서에 포함되어야 할 내용과 제출 방법 등은 「건설기술 진흥법 시행규칙」 제36조에 기록되어 있으며 이에 관한 세부적인 사항은 「건설공사 사업관리방식 검토 기준 및 업무 수행 지침」[17]에 자세히 나와 있으니 부록으로 첨부된 지침을 참조하면 될 것이다.

1. 설계 단계의 건설사업관리 결과 보고서

설계 단계의 건설사업관리 용역의 만료일부터 14일 이내에 다음 각 목의 내용을 포함하여 발주청에 제출할 것

① 과업의 개요
② 설계에 대한 기술자문, 적정성 검토 등 업무 수행 내용
③ 설계의 경제성 검토 업무 수행 내용
④ 그 밖에 발주청이 필요하다고 인정하여 계약에서 정한 내용

2. 시공 단계의 건설사업관리 중간 보고서

월별로 작성하여 다음 달 7일까지 다음 각 목의 내용을 포함하여 발주청에 제출할 것

① 공사 추진 현황
② 건설사업관리기술인 업무일지
③ 품질 시험·검사 현황
④ 구조물별 콘크리트 타설(打設) 및 철골 설치 공사 현황(작업자 명부를 포함한다.)
⑤ 검측 요청·결과 통보 내용
⑥ 자재 공급원 승인 요청·결과 통보 내용
⑦ 주요 자재 검사 및 수불(受拂) 내용
⑧ 공사 설계변경 현황
⑨ 주요 구조물의 단계별 시공 현황
⑩ 콘크리트 구조물 균열 관리 현황

---

17) 건설공사 사업관리방식 검토 기준 및 업무 수행 지침– 부록

⑪ 공사 사고 보고서

⑫ 그 밖에 발주청이 필요하다고 인정하여 계약에서 정한 내용

3. 시공 단계의 건설사업관리 최종보고서

시공 단계의 건설사업관리 용역의 만료일부터 14일 이내에 다음 각 목의 내용을 포함하여 발주청에 제출할 것

① 건설공사 및 건설사업관리용역 개요

② 분야별 기술 검토 실적 종합

③ 공사 추진 내용 실적

④ 검측 내용 실적 종합

⑤ 우수 시공 및 실패 시공 사례

⑥ 품질 시험·검사 실적 종합

⑦ 주요 자재 관리 실적 종합

⑧ 안전관리 실적 종합

⑨ 종합 분석

⑩ 그 밖에 발주청이 필요하다고 인정하여 계약에서 정한 내용

기술인의 배치

건설사업관리기술인의 배치는 건설공사의 규모 등을 고려하여 국토교통부령으로 정하는 기준에 따라 등급[18]별로 적절히 배치하여야 한다. 이와 관련된 내용은 「건설기술 진흥법 시행령」 제60조, 시행규칙 제35조에 나와 있으며 배치 기준, 방법 등 세부 기준에 대해서는 부록으로 첨부한 「건설공사 사업관리방식 검토 기준 및 업무 수행 지침」에 나와 있으니 이를 참조하면 될 것이다.

■ 건설사업관리기술인의 배치(「건설기술 진흥법 시행령」 제60조)

① 시공 단계의 건설사업관리를 수행하는 건설사업관리용역사업자는 해당 건설공사의 규모 및 공종에 적합하다고 인정하는 건설기술인을 건설사업관리 업무에 배치해야 하며, 책임건설사업관리기술인을 건설공사의 규모 등을 고려하여 국토교통부령으로 정하는 기준에 따라 배치해야 한다. 〈개정 2020. 1. 7.〉

---

18) 건설기술인의 등급 인정 및 교육·훈련 등에 관한 기준 (별표3)- 부록

② 발주청은 건설사업관리용역사업자가 건설사업관리기술인을 배치할 때 국토교통부령으로 정하는 배치 기준에 따라 등급별로 적절히 배치하도록 해야 한다. 다만, 제55조 제3항에 따라 감독 권한대행 등 건설사업관리를 통합하여 시행하는 경우에는 배치 기준 이하로 조정하여 배치할 수 있다. 〈개정 2020. 1. 7.〉

③ 발주청은 공사예정가격의 70퍼센트 미만으로 낙찰된 공사의 시공 단계에 건설사업관리기술인을 배치하는 경우에는 국토교통부장관이 정한 기준 이상으로 늘려 배치해야 한다. 〈개정 2018. 12. 11.〉

④ 발주청은 이미 배치되었거나 배치될 건설사업관리기술인이 해당 건설공사의 건설사업관리 업무 수행에 적합하지 않다고 인정되는 경우에는 그 이유를 구체적으로 밝혀 건설사업관리용역사업자에게 건설사업관리기술인의 교체를 요구할 수 있으며, 건설사업관리용역사업자가 스스로 건설사업관리기술인을 교체하려는 경우에는 미리 발주청의 승인을 받아야 한다. 〈개정 2020. 1. 7.〉

⑤ 건설사업관리용역사업자는 공사 현장에 배치된 건설사업관리기술인이 업무의 수행 기간 중 법에 따른 교육이나 「민방위기본법」 또는 「예비군법」에 따른 교육을 받는 경우나 유급휴가 등으로 현장을 이탈하게 되는 경우에는 건설사업관리 업무에 지장이 없도록 필요한 조치를 해야 한다. 〈개정 2020. 1. 7.〉

⑥ 발주청은 건설사업관리기술인이 교육을 받는 기간과 「관공서의 공휴일에 관한 규정」에 따른 공휴일(일요일은 제외한다.)에 대한 대가를 감액해서는 아니 된다. 〈개정 2018. 12. 11.〉

⑦ 건설사업관리기술인의 배치 기준·방법 등에 관하여 필요한 사항은 국토교통부령으로 정한다. 〈개정 2018. 12. 11.〉

■ **건설사업관리기술인의 배치 기준**(「건설기술 진흥법 시행규칙」 제35조)

① 영 제60조 제1항에 따라 책임건설사업관리기술인을 배치하는 경우 해당 공사분야에 필요한 경력 및 배치 기준은 다음 각호의 구분에 따른다. 〈개정 2019. 2. 25.〉

    1. 총공사비 500억 원 이상인 건설공사: 총공사비 300억 원 이상인 건설공사에 대한 시공 단계 건설사업관리 경력 1년 이상인 특급기술인

    2. 총공사비 300억 원 이상 500억 원 미만인 건설공사: 총공사비 200억 원 이상인

건설공사에 대한 시공 단계 건설사업관리 경력 1년 이상인 특급기술인

3. 총공사비 100억 원 이상 300억 원 미만인 건설공사: 총공사비 100억 원 이상인 건설공사에 대한 시공 단계 건설사업관리 경력 1년 이상인 고급기술인

② 건설사업관리용역사업자는 영 제60조 제2항에 따라 시공 단계의 건설사업관리기술인을 상주기술인과 기술지원기술인으로 구분하여 배치하되, 해당 공사의 규모 및 공종 등을 고려하여 배치해야 하며, 발주청은 현장 실정을 고려하여 이를 조정할 수 있다. 〈개정 2020. 3. 18.〉

③ 건설사업관리기술인의 배치는 등급별로 균등 배치하는 것을 원칙으로 하되, 발주청은 해당 공사의 특수성에 따라 이를 조정할 수 있다. 〈개정 2019. 2. 25.〉

④ 건설사업관리용역사업자는 제2항 및 제3항에 따른 배치 기준에 따라 배치계획을 수립하여 발주청에 제출해야 한다. 제출된 배치계획을 변경하려는 경우에도 또한 같다. 〈개정 2020. 3. 18.〉

⑤ 발주청은 영 제83조 제1항 단서에 따른 용역평가 점수가 국토교통부장관이 정하여 고시하는 점수 이하인 경우에는 영 제60조 제4항에 따라 건설사업관리용역사업자에게 해당 건설사업관리기술인의 교체를 요구할 수 있다. 〈개정 2020. 3. 18.〉

⑥ 건설사업관리용역사업자는 제4항에 따라 발주청에 제출한 배치계획에 따라 건설사업관리기술인을 배치해야 한다. 다만, 배치계획과 다르게 건설사업관리기술인을 배치하려는 때에는 미리 발주청의 승인을 받아 배치계획상의 건설사업관리기술인과 별표3에 따른 등급·경력·실적 및 교육·훈련 등의 점수가 같은 수준 이상인 건설사업관리기술인을 배치해야 한다. 〈개정2020. 3. 18.〉

⑦ 건설사업관리용역사업자는 3개월 이상 요양이 필요한 질병·부상으로 인하여 발주청의 승인을 받아 철수시킨 건설사업관리기술인을 철수일부터 3개월 이내에 다른 건설사업관리 용역에 참여시키는 것으로 하여 제28조 및 제30조에 따른 선정평가를 받거나 다른 건설사업관리용역에 배치해서는 안 된다. 다만, 해당 건설사업관리기술인이 배치되었던 건설사업관리 용역이 완료된 경우에는 그렇지 않다. 〈개정 2020. 3. 18.〉

⑧ 건설사업관리용역사업자는 건설사업관리기술인을 배치하려는 경우에는 별지 제18호 서식의 건설기술인 경력증명서를 발주청에 제출해야 한다. 〈개정 2020. 3. 18.〉

⑨ 건설사업관리기술인의 배치 기준·방법 등에 관하여 필요한 세부 사항은 국토교통부장관이 정하여 고시[19]한다. 〈개정 2019. 2. 25.〉

총괄 관리자의 선정

건설공사란 토목, 건축, 산업설비, 조경, 환경시설 등의 공사를 말하며 「전기공사업법」에 따른 전기공사, 「정보통신공사업법」에 따른 정보통신공사, 「소방시설공사업법」에 따른 소방시설공사, 「문화재수리 등에 관한 법률」에 따른 문화재 수리공사는 건설공사에 포함되지 아니한다(「건설산업기본법」 제2조 제4호).

즉 전기, 통신, 소방, 문화재수리공사는 이 법에서 말하는 건설공사가 아니라는 뜻이다.

그러나 「산업안전보건법」에서는 「건설산업기본법」과는 다소 다르게 정의하고 있다. 즉 「건설산업기본법」상의 건설공사와 기타 부대공사 전체를 아울러 건설공사에 포함한다는 이야기다. 산업재해를 예방하고 쾌적한 작업환경을 조성함으로써 노무를 제공하는 자의 안전 및 보건을 유지, 증진함을 목적으로 하는 「산업안전보건법」의 취지로 볼 때, 위에 기록된 공사가 비록 다른 법의 적용을 받는다 하더라도 산업재해의 적용에서는 「산업안전보건법」의 적용을 받아야 한다는 뜻일 것이다.

중요한 사항이니 반드시 기억해두자.

---

19) 건설공사 사업관리방식 검토 기준 및 업무 수행 지침- 부록

관련 법에 따른 건설공사의 정의

건설산업기본법	산업안전보건법
· 토목공사 · 건축공사 · 산업설비공사 · 조경공사 · 환경시설공사 · 그 밖에 명칭과 관계없이 시설물을 설치·유지·보수하는 공사(시설물을 설치하기 위한 부지조성공사를 포함한다.) · 기계설비나 그 밖의 구조물의 설치 및 해체공사 (법 제2조 제4호)	· 「건설산업기본법」 제2조 제4호에 따른 건설공사 · 「전기공사업법」 제2조 제11호에 따른 전기공사 · 「정보통신공사업법」 제2조 제2호에 따른 정보통신공사 · 「소방시설공사업법」에 따른 소방시설공사 · 「문화재 수리 등에 관한 법률」에 따른 문화재 수리공사 (법 제2조 제11호)

동일 현장에서 하나의 목적물을 이루는 공사인데도 불구하고 법 적용이 다르다는 이유로 독자적으로 움직인다면 해당 분야의 감리자를 발주처에서 일일이 상대해야 하는 부담이 있을 수 있을 것이며 다른 공사야 어떻게 되든 자신에게 해당하는 공사만 잘 진행되기를 바라고 움직인다면 그 공사는 어떻게 될 것인가? 협업이 되지 않으니 공정별로 크로스체크가 안 되는 것은 두말하면 잔소리요, 궁극적으로는 당해 프로젝트의 성공 또한 보장할 수 없다. 그러므로 프로젝트의 성공을 위해서는 적용하는 법이 다르다 할지라도 전체적으로 조정, 지휘, 관리할 사람을 총괄 관리자로 선정해서 운영해야 한다는 뜻이다.

그렇다면 감리현장에서 총괄 관리자는 누가 되어야 할까? 물론 그 현장의 주된 공정이 무엇이냐에 따라 달라지겠지만, 현장에선 주로 「건설산업기본법」상 건설공사의 감리를 수행하는 감리 단장, 즉 총괄감리원이 총괄 관리자로 참여하는 실정이다.

총괄 관리자의 선정, 권한, 업무 범위 등을 찾아보자.

■ 총괄 관리자의 선정(「건설기술 진흥법」 제41조)

① 발주청은 건설공사와 그 건설공사에 딸리는 전기·소방 등의 설비공사(이하 "설비공사"라 한다.)에 대한 건설사업관리 및 감리를 다음 각호의 어느 하나에 해당하는 자로 하여금 하게 하는 경우에는 해당 건설사업관리를 수행하는 자와 감리를 수행하는 자 중에서 그 건설공사와 설비공사에 대한 건설사업관리 및 감리 업무를 총괄하여 관리할 자(이하 "총괄 관리자"라 한다.)를 선정할 수 있다. 〈개정 2021. 3. 16.〉

　1. 건설엔지니어링사업자

　2. 「소방시설공사업법」 제4조 제1항에 따른 소방시설업의 등록을 한 자

　3. 「전력기술관리법」 제14조 제1항 제2호에 따라 전력시설물의 공사감리업 등록을 한 자

4. 「정보통신공사업법」 제2조 제7호에 따른 용역업자

② 총괄 관리자는 건설공사 및 설비공사의 품질·안전관리와 효율적인 건설사업관리 및 감리 업무의 수행을 위하여 필요하다고 인정하는 경우에는 다른 건설사업관리를 수행하는 자와 감리를 수행하는 자에게 시정지시·필요한 조치를 할 수 있으며, 정당한 사유 없이 조치에 따르지 아니하는 경우에는 그 사실을 발주청에 보고하여야 한다.

③ 총괄 관리자의 권한, 업무범위, 그 밖에 필요한 사항은 대통령령(하단 시행령 제62조)으로 정한다.

■ **총괄 관리자의 업무 범위**(「건설기술 진흥법 시행령」 제62조)

① 법 제41조 제1항에 따른 총괄 관리자의 업무 범위는 다음 각호와 같다.

1. 법 제41조 제1항 각호의 자가 해당 건설공사 및 설비공사에 대하여 제출하는 시공계획, 공정계획, 품질·안전 및 환경관리계획의 조정·확인
2. 공사 진척 부분에 대한 조사 및 검사 결과에 따른 조정·확인
3. 그 밖에 건설공사 및 설비공사에 대한 효율적인 건설사업관리 및 감리 수행을 위하여 필요한 사항

② 총괄 관리자는 제1항의 업무 수행을 위하여 필요한 경우에는 법 제41조 제1항 각호의 자에게 자료의 제출을 요구할 수 있다.

공사중지 명령

감리 업무 수행 중 잘못 시공되었거나 품질 확보가 미흡하다고 판단되는 문제가 될 소지가 있음을 확인한 경우, 재시공을 지시하거나 공사를 중지해야 하는 난감한 경우가 종종 발생한다. 물론 이런 일이 생기지 않도록 사전에 주의를 기울여야 하겠지만, 부득이하게 발생하면 차후 공정에 지장이 없도록 빠른 해결책이 필요하다. 이런 상황이 발생하면 감리원 개개인의 임의적 판단이나 감정이 개입되는 일을 해서는 안 되며 확실한 법적 근거에 따라 필요한 조치를 생각해야 한다. 지시사항을 구두로 전달하면 나중에 문제가 될 소지가 있으므로 반드시 서면으로 통보하고 조치 내용과 결과를 기록 관리하여야 한다.

법이 강화되었다. 예전에는 설계도서 등 관계 서류의 내용에 맞지 않게 시공할 경우로

한정되었지만, 안전 및 환경관리 의무를 위반했을 때도 공사중지명령을 내릴 수 있게 되었으니 말이다.

건설엔지니어링사업자 또는 공사감독자의 재시공, 공사중지 명령이나 그 밖에 필요한 조치를 이행하지 아니한 자는 2년 이하의 징역 또는 1억 원 이하의 벌금(「건진법」 제87조의 2)에 처한다는 벌칙도 있으니 이것도 알아두자.

재시공, 공사중지 명령 그에 필요한 조치, 절차, 방법에 관하여서는 아래에 기록된 「건설기술진흥법」 제40조와 시행령 제61조 그리고 「건설공사 사업관리방식 검토 기준 및 업무 수행 지침」 제93조에 자세히 나와 있으니 이를 참조하면 될 것이다.

■ **공사중지 명령** (「건설기술 진흥법」 제40조)

① 제39조 제2항에 따라 건설사업관리를 수행하는 건설엔지니어링사업자와 제49조 제1항에 따른 공사감독자는 건설사업자가 건설공사의 설계도서·시방서(示方書), 그 밖의 관계 서류의 내용과 맞지 아니하게 그 건설공사를 시공하는 경우 또는 제62조에 따른 안전관리 의무를 위반하거나, 제66조에 따른 환경관리 의무를 위반하여 인적·물적 피해가 우려되는 경우에는 재시공·공사중지(부분 공사중지를 포함한다.) 명령이나 그 밖에 필요한 조치를 할 수 있다. 〈개정 2021. 3. 16.〉

② 제1항에 따라 건설엔지니어링사업자 또는 공사감독자로부터 재시공·공사중지 명령이나 그 밖에 필요한 조치에 관한 지시를 받은 건설사업자는 특별한 사유가 없으면 이에 따라야 한다. 〈개정 2021. 3. 16.〉

③ 건설엔지니어링사업자 또는 공사감독자는 제1항에 따라 건설사업자에게 재시공·공사중지 명령이나 그 밖에 필요한 조치를 한 경우에는 지체 없이 이에 관한 사항을 해당 건설공사의 발주청에 보고하여야 한다. 〈개정 2021. 3. 16.〉

④ 제1항에 따라 재시공·공사중지 명령이나 그 밖에 필요한 조치를 한 건설엔지니어링사업자 또는 공사감독자는 시정 여부를 확인한 후 공사재개 지시 필요한 조치를 하여야 하며, 이 경우 지체 없이 이에 관한 사항을 해당 건설공사의 발주청에 보고하여야 한다. 〈개정 2021. 3. 16.〉

⑤ 건설사업관리를 수행하는 건설엔지니어링사업자는 소속 건설기술인 중에서 해당 건설사업관리의 책임건설기술인을 지명하여 제1항에 따른 재시공·공사중지 명령이나 그 밖

에 필요한 조치의 권한을 위임할 수 있다. 〈개정 2021. 3. 16.〉

⑥ 제1항에 따른 재시공·공사중지 명령이나 그 밖에 필요한 조치의 요건, 절차 및 방법에 관하여 필요한 사항은 대통령령(시행령 제61조 및 업무 수행 지침 제93조 참조)으로 정한다.

■ **공사중지 명령**(「건설기술 진흥법 시행령」 제61조)

법 제40조 제1항에 따라 건설사업관리용역사업자와 법 제49조 제1항에 따른 공사감독자가 건설사업자에게 재시공·공사중지 명령이나 그 밖에 필요한 조치를 하는 경우에는 서면으로 해야 하며, 그 조치 내용과 결과를 기록·관리해야 한다. 〈개정 2020. 1. 7.〉

■ **불이익조치의 금지**(「건설기술 진흥법」 제40조의 2)

누구든지 제40조 제1항에 따른 재시공·공사중지 명령 의 조치를 이유로 건설엔지니어링사업자·공사감독자 또는 제40조 제5항에 따른 책임건설기술인에게 건설기술인의 변경, 현장 상주의 거부, 용역대가 지급의 거부·지체 등 신분이나 처우와 관련하여 불이익을 주어서는 아니 된다. 〈개정 2021. 3. 16.〉

■ **면책**(「건설기술 진흥법」 제40조의 3)

제40조 제1항에 따른 재시공·공사중지 명령 등의 조치로 발주청이나 건설사업자에게 손해가 발생한 경우 건설엔지니어링사업자·공사감독자 또는 제40조 제5항에 따른 책임건설기술인은 그 명령에 고의 또는 중대한 과실이 없는 때에는 그 손해에 대한 책임을 지지 아니한다. 〈개정 2021. 3. 16.〉

■ **조치의 적용 한계**(「건설공사 사업관리방식 검토 기준 및 업무 수행 지침」 제93조)

재시공 및 공사중지 지시 등의 한계는 다음 각호와 같다
 1) 재시공: 시공된 공사가 품질 확보상 미흡 또는 위해를 발생시킬 수 있다고 판단되거나 건설사업관리기술인의 검측·승인을 받지 않고 후속 공정을 진행한 경우와 관계규정에 재시공을 하도록 규정된 경우
 2) 공사중지: 시공된 공사가 품질 확보상 미흡 또는 중대한 위해를 발생시킬 수 있다고 판단되거나, 안전상 중대한 위험이 발견될 때에는 공사중지를 지시할 수 있으며, 공사중지는 부분중지와 전면중지로 구분한다.

① 부분중지

　가. 재시공 지시가 이행되지 않는 상태에서는 다음 단계의 공정이 진행됨으로써 하자 발생될 수 있다고 판단될 때

　나. 법 62조에 따른 안전관리 업무를 위반하여 인적·물적 피해가 우려되는 경우

　다. 동일 공정에 있어 3회 이상 시정지시가 이행되지 않을 때

　라. 동일 공정에 있어 2회 이상 경고가 있었음에도 이행되지 않을 때

② 전면중지

　가. 시공자가 고의로 건설공사의 추진을 심히 지연시키거나, 건설공사의 부실 발생 우려가 농후한 상황에서 적절한 조치를 취하지 않은 채 공사를 계속 진행하는 경우

　나. 부분중지가 이행되지 않음으로써 전체 공정에 영향을 끼칠 것으로 판단될 때

　다. 지진, 해일, 폭풍 등 천재지변으로 공사 전체에 대한 중대한 피해가 예상될 때

　라. 전쟁, 폭동, 내란, 혁명상태 등으로 공사를 계속할 수 없다고 판단되어 발주청으로부터 지시가 있을 때

현장점검과 부실측정

　건설기술인을 긴장하게 하고 불안하게 하는 것이 바로 현장점검과 부실측정이다. 현장을 운영하다 보면 관련 기관에서 점검 나올 때가 의외로 많다. 허가권자나 발주청은 건설공사의 부실방지 또는 품질 및 안전 확보가 필요한 경우 현장을 점검할 수 있다. 이 때문에 점검기관으로부터 점검계획이 통보되면 현장에서는 비상이 걸린다. 만에 하나 간단한 지적사항을 넘어 벌점이라도 받게 된다면 회사는 물론 개인적으로 큰 피해를 보게 되기 때문이다. 회사로서는 감리현장 수주에 차질이 생길 뿐만 아니라 개인적으로는 차후 현장이 보장되지 않을 수도 있다. 시쳇말로 밥줄이 끊어진다는 이야기다.

　그렇다고 벌칙이 건설기술인에게만 국한되는 것은 아니다. 점검 결과와 조치 결과를 제출하지 않거나 거짓으로 제출한 자에게는 300만 원 이하의 과태료가 부과(「건진법」 제91조)되고 부실측정(「건진법」 제53조 제1항) 또는 점검을 거부, 방해, 기피한 자는(「건진법」 제54조 제1항) 1년 이하의 징역 또는 1천만 원 이하의 벌금(「건진법」 제89조)에 처한다고 하니 점검기관이나 피점검현장 모두 마음 편한 것은 아니다.

　그렇다면 현장점검 및 부실측정은 어떻게 이루어지며 현장관리를 잘못했다면 그에 따른 불이익은 어떻게 되는지 벌점은 어떤 식으로 부과되며 이를 대처하기 위해서는 어떻게 해야

되는지 벌점관리기준을 통하여 대책을 생각해보자.

부실측정에 따른 벌점부과 절차

부실측정 → 벌점부과 사전통보 → 이의신청 및 심의 → 최종 통보 → 불이익 적용 벌점산정

■ **점검의 정의**(「건설기술진흥업무 운영규정」 제102조 제4호)

"점검"이라 함은 사무실 또는 건설 현장, 공장 등을 방문하여 수행하는 다음 각호의 어느 하나에 해당하는 업무를 말한다.

    가. 법 제54조에 따른 건설공사 현장 등의 점검

    나. 법 제55조에 따른 품질관리의 확인

    다. 법 제57조에 따른 레미콘·아스콘 공장에 대한 점검

    라. 법 제58조에 따른 철강구조물공장 인증 및 사후관리를 위한 조사

    마. 법 제38조에 따른 건설엔지니어링사업자의 수행사항 검사

    바. 국가계약법 제14조에 따른 계약의 전부 또는 일부의 이행 확인

    사. 기타 「건설기술 진흥법령」에 따라 필요하다고 인정되는 사항에 대한 점검 또는 조사

■ **건설공사 현장 등의 점검**(「건설기술 진흥법」 제54조)

① 국토교통부장관 또는 특별자치시장, 특별자치도지사, 시장·군수·구청장(자치구의 구청장을 말한다. 이하 같다.), 발주청은 건설공사의 부실방지, 품질 및 안전 확보가 필요한 경우에는 대통령령으로 정하는 건설공사에 대하여는 현장 등을 점검할 수 있으며, 점검 결과 필요한 경우에는 대통령령으로 정하는 바에 따라 제53조 제1항 각호의 자에게 시정명령 등의 조치를 하거나 관계 기관에 대하여 관계 법률에 따른 영업정지 등의 요청을 할 수 있다. 〈개정 2019. 8. 27.〉

② 제1항에 따라 건설공사 현장을 점검한 특별자치시장, 특별자치도지사, 시장·군수·구청장, 발주청은 점검 결과 및 그에 따른 조치 결과(시정명령 또는 영업정지 등을 포함한다.)를 국토교통부장관에게 제출하여야 한다. 〈신설 2018. 12. 31.〉

③ 발주청(발주자가 발주청이 아닌 경우 해당 건설공사의 인·허가기관을 말한다.)은 제1항에 따른 건설공사로 인하여 안전사고나 부실공사가 우려되어 대통령령으로 정하는 요건

을 갖춘 민원이 제기되는 경우 그 민원을 접수한 날부터 3일 이내에 현장 등을 점검하여야 하고, 그 점검 결과 및 조치 결과(시정명령 또는 영업정지 등을 포함한다.)를 국토교통부장관에게 제출하여야 한다. 〈신설 2019. 8. 27.〉

④ 제1항에 따라 건설공사 현장을 점검하는 자는 점검의 중복 등으로 인하여 그 건설공사에 지장을 주는 일이 없도록 하여야 한다. 〈개정 2019. 8. 27.〉

⑤ 제1항에 따른 건설공사현장점검 등에 관하여 필요한 사항은 국토교통부령으로 정한다. 〈개정 2019. 8. 27.〉

■ **건설공사 현장 등의 점검**(「건설기술진흥법 시행령」 제88조)

① 법 제54조 제1항에서 "대통령령으로 정하는 건설공사"란 다음 각호의 건설공사를 말한다. 〈개정 2020. 5. 26.〉

　1. 건설공사의 현장에서 「자연재해대책법」 제2조 제1호에 따른 재해 또는 「재난 및 안전관리 기본법」 제3조 제1호 나목에 따른 재난이 발생한 경우의 해당 건설공사

　2. 건설공사의 현장에서 「시설물의 안전 및 유지관리에 관한 특별법 시행령」 제18조 제1항 각호에 따른 중대한 결함이 발생한 경우의 해당 건설공사

　3. 인·허가기관의 장이 부실에 대하여 구체적인 민원이 제기되거나 안전사고 예방 등을 위하여 점검이 필요하다고 인정하여 점검을 요청하는 건설공사

　4. 그 밖에 건설공사의 부실에 대하여 구체적인 민원이 제기되거나 안전사고 예방, 부실공사 방지 및 품질 확보 등을 위하여 국토교통부장관, 특별자치시장, 특별자치도지사, 시장·군수·구청장(자치구의 구청장을 말한다. 이하 같다.) 또는 발주청이 점검이 필요하다고 인정하는 건설공사

② 법 제54조 제1항에 따라 특별자치시장, 특별자치도지사, 시장·군수·구청장 또는 발주청이 건설공사 현장 등을 점검할 수 있는 건설공사는 자신이 발주한 건설공사 및 허가 등을 한 건설공사로 한정한다. 〈개정 2016. 1. 12.〉

③ 법 제54조 제3항에서 "대통령령으로 정하는 요건"이란 다음 각호의 요건을 말한다. 〈신설 2020. 1. 7.〉

　1. 안전사고나 부실공사가 우려되는 대상이 다음 각 목의 어느 하나일 것

가. 건설공사의 주요 구조부 및 가설구조물

나. 건설공사로 인한 지하 10미터 이상의 굴착지점

다. 건설공사에 사용되는 천공기, 항타·항발기 및 타워크레인

라. 건설공사의 인근 지역에 위치한 시설물

2. 다음 각 목의 어느 하나에 해당하는 자료나 의견을 첨부할 것

가. 파손, 균열 및 침하 등으로 인한 심각한 안전사고나 부실공사가 우려된다는 것을 증명할 수 있는 해당 파손, 균열 및 침하 등에 대한 도면, 사진 및 영상물 등 구체적인 자료

나. 건설공사의 안전과 관련된 분야의 박사·석사 학위 취득자, 「기술사법」에 따른 기술사 및 그 밖의 관계전문가의 안전사고나 부실공사가 우려된다는 의견

④ 국토교통부장관, 특별자치시장, 특별자치도지사, 시장·군수·구청장 또는 발주청은 법 제54조에 따라 건설공사 현장 등을 점검한 결과 부실시공으로 지적된 경우에는 법 제53조 제1항 각호의 자에게 다음 각호의 조치를 명할 수 있다. 다만, 「원자력안전법 시행령」 제153조에 따른 수탁기관이 원자력시설공사의 현장에 대한 검사를 하여 시정 또는 보완을 명한 경우에는 그렇지 않다. 〈개정 2020. 5. 26.〉

1. 다음 각 목의 어느 하나에 해당하는 경우 일정 기간의 공사중지

가. 해당 시설물의 구조안전에 지장을 준다고 인정되는 경우

나. 법 제55조에 따른 건설공사의 품질관리에 관한 사항을 위반하여 주요 구조부의 부실시공이 우려되는 경우

다. 법 제62조에 따른 건설공사의 안전관리에 관한 사항을 위반하여 인적·물적 피해가 우려되는 경우

2. 설계도서에서 정하는 기준에 적합한지의 진단 및 이에 따른 시정조치

3. 건설공사 현장의 출입구에 국토교통부령으로 정하는 표지판의 설치

⑤ 국토교통부장관, 특별자치시장, 특별자치도지사, 시장·군수·구청장 또는 발주청은 제4항 제1호에 따른 공사중지 명령을 할 때에는 서면으로 해야 하며, 공사중지기간이 끝난 때에는 지적사항 시정 여부를 확인한 후 서면으로 공사재개를 명해야 한다. 〈신설 2020. 5. 26.〉

⑥ 제4항 제3호에 따른 표지판은 시정조치 등이 완료될 때까지 설치해야 하며, 누구든

지 표지판을 훼손해서는 안 된다. 〈개정 2020. 5. 26.〉

■ **건설공사 현장 등의 점검**(「건설기술 진흥법 시행규칙」 제48조)

① 지방국토관리청장 또는 특별자치시장, 특별자치도지사, 시장·군수·구청장(자치구의 구청장을 말한다. 이하 같다.), 발주청은 법 제54조 제1항에 따라 건설공사 현장 등을 점검하기 3일 전까지 다음 각호의 사항을 해당 건설공사 현장의 건설사업관리용역사업자 또는 「건설산업기본법」 제40조 제1항에 따라 건설공사의 현장에 배치된 건설기술인에게 통보해야 한다. 다만, 안전사고의 발생, 발생 우려 또는 건설공사의 부실에 대하여 구체적인 민원이 제기된 경우로, 긴급히 조치할 필요가 있거나 사전에 통지할 경우 증거인멸 등으로 점검목적을 달성할 수 없다고 인정하는 경우에는 통보하지 않을 수 있다. 〈개정 2020. 3. 18.〉

　1. 점검 근거 및 목적
　2. 점검일시
　3. 점검자의 인적사항(소속·직급 및 성명)
　4. 점검내용

② 법 제54조 제1항에 따라 건설공사 현장 등을 점검하는 자(이하 "점검자"라 한다.)는 별지 제39호 서식에 따른 점검요원증을 이해관계인에게 보여 주어야 한다. 〈개정 2016. 3. 7.〉

③ 건설공사 현장 등을 점검한 점검자는 별지 제40호 서식에 따른 점검방문 일지에 점검일시 및 점검내용 등을 적어야 한다. 〈개정 2016. 3. 7.〉

④ 건설공사의 발주자, 건설사업관리용역사업자 및 현장에 배치된 건설기술인은 현장점검이 원활히 시행될 수 있도록 설계도서 및 시험성과표 등 관련 자료를 점검자에게 제시해야 하며, 점검자가 점검에 필요한 자료를 요구하는 경우에는 특별한 사유가 없으면 이에 따라야 한다. 〈개정 2020. 3. 18.〉

⑤ 지방국토관리청장 또는 특별자치시장, 특별자치도지사, 시장·군수·구청장, 발주청은 건설공사 현장 등의 효율적인 점검을 위하여 필요한 경우에는 소속 공무원 또는 직원 외에 해당 분야의 관계전문가를 점검에 참여시킬 수 있다. 〈개정 2016. 3. 7.〉

⑥ 영 제88조 제3항 제3호에서 "국토교통부령으로 정하는 표지판"이란 별지 제41호 서식에 따른 부실시공현장 표지를 말한다.

⑦ 국토교통부장관은 건설공사 현장점검의 실효성을 제고하고 객관성을 확보하기 위하여 현장점검의 세부적인 절차 및 방법을 정하여 고시[20]할 수 있다. 〈신설 2016. 3. 7.〉

■ **건설공사 등의 부실측정**(「건설기술 진흥법」 제53조)

① 국토교통부장관, 발주청(「사회기반시설에 대한 민간투자법」에 따른 민간투자사업인 경우에는 같은 법 제2조 제5호에 따른 주무관청을 말한다. 이하 이 조에서 같다.)과 인·허가기관의 장은 다음 각호의 어느 하나에 해당하는 자가 건설엔지니어링, 건축설계, 「건축사법」 제2조 제4호에 따른 공사감리 또는 건설공사를 성실하게 수행하지 아니함으로써 부실공사가 발생하였거나 발생할 우려가 있는 경우 및 제47조에 따른 건설공사의 타당성 조사(이하 "타당성 조사"라 한다.)에서 건설공사에 대한 수요 예측을 고의 또는 과실로 부실하게 하여 발주청에 손해를 끼친 경우에는 부실의 정도를 측정하여 벌점을 주어야 한다. 〈개정 2021. 3. 16.〉

1. 건설사업자
2. 주택건설등록업자
3. 건설엔지니어링사업자(「건축사법」 제23조 제2항에 따른 건축사사무소개설자를 포함한다.)
4. 제1호부터 제3호까지의 어느 하나에 해당하는 자에게 고용된 건설기술인 또는 건축사

② 발주청은 제1항에 따라 벌점을 받은 자에게 건설엔지니어링 또는 건설공사 등을 위하여 발주청이 실시하는 입찰 시 그 벌점에 따라 불이익을 주어야 한다. 〈개정 2021. 3. 16.〉

③ 발주청과 인·허가기관의 장은 제1항에 따라 벌점을 준 경우, 그 내용을 국토교통부장관에게 통보하여야 하며, 국토교통부장관은 그 벌점을 종합관리하고, 제1항 제1호부터 제3호까지의 자에게 준 벌점을 공개하여야 한다.

④ 제1항부터 제3항까지의 규정에 따른 부실 정도의 측정기준, 불이익 내용, 벌점의 관리 및 공개 등에 필요한 사항은 대통령령으로 정한다.

■ **부실측정에 따른 벌점 부과**(「건설기술 진흥법 시행령」 제87조)

① 삭제 〈2019. 6. 25.〉

---

20) 건설기술 진흥업무 운영규정(국토교통부훈령)- 참조

② 건설엔지니어링, 건축설계(「건축사법」 제2조 제3호에 따른 설계를 말한다.), 공사감리(「건축사법」 제2조 제4호에 따른 공사감리를 말한다.) 또는 건설공사를 공동도급하는 경우에는 다음 각호의 구분에 따라 벌점을 부과한다. 〈개정 2021. 9. 14.〉

    1. 공동이행방식인 경우: 공동수급체 구성원 모두에 대하여 공동수급협정서에서 정한 출자비율에 따라 부과. 다만, 부실공사에 대한 책임 소재가 명확히 규명된 경우에는 해당 구성원에게만 부과한다.

    2. 분담이행방식인 경우: 분담업체별로 부과

③ 국토교통부장관, 발주청(「사회기반시설에 대한 민간투자법」에 따른 민간투자사업인 경우에는 같은 법 제2조 제5호에 따른 주무관청을 말한다.) 또는 인·허가기관의 장(이하 이 조, 제87조의 2, 제87조의 3 및 별표8에서 "측정기관"이라 한다.)은 법 제53조 제1항에 따라 건설엔지니어링 등의 부실 정도를 측정하거나 벌점을 부과한 경우에는 국토교통부령으로 정하는 바에 따라 관리하고 제117조 제1항에 따라 벌점의 종합관리를 위탁받은 기관에 이를 통보해야 한다. 〈개정 2021. 9. 14.〉

④ 제3항에 따라 벌점 부과 결과를 통보받은 기관은 벌점을 부과받은 자에 대한 벌점을 누계하여 관리하여야 하며, 발주청의 요청이 있는 경우에는 그 내용을 통보하거나 정보통신망을 통하여 발주청이 확인할 수 있도록 하여야 한다.

⑤ 법 제53조 제1항 및 제2항에 따른 부실 정도의 측정기준, 불이익 내용, 벌점의 공개 대상·방법·시기·절차 및 관리 등은 별표8의 벌점관리기준[21]에 따른다.

건설공사의 공정관리

공정관리란 원자재로부터 최종제품에 이르기까지의 과정을 순조롭게 진행되도록 유지, 관리하는 것을 말한다. 공정관리는 언제 어떤 일을 해야 목표에 도달할 수 있는지를 일목요연하게 보여주는 절차적 기법으로 공기는 물론 공사비와 품질에 막대한 영향을 주기 때문에 사업 성패를 결정짓는 핵심업무라 말할 수 있다. 그러므로 제대로 계획하고 그대로 시행하기 위해서는 과학적 분석과 예측을 통해 현장여건에 맞는 공정표의 작성과 철저한 관리

---

21) 건설공사 등의 벌점관리기준– 부록

가 무엇보다 중요하다 할 것이다. 공정관리가 잘못되면 프로젝트의 성공 또한 보장할 수 없다. 공사에서 가장 기본적 업무인 공기를 준수하지 못하는데 어떻게 성공할 수 있겠는가? 건설공사에서 공정관리가 필요한 이유가 바로 여기에 있다.

이 장에서는 「건설공사 사업관리방식 검토 기준 및 업무 수행 지침」 제64조를 기준으로 하여 건설사업관리기술인이 현장에서 해야 할 공정관리업무를 발췌·기록하였다. 다만 감독 권한대행 업무를 포함하는 경우에는 공사감독자로서 해야 할 업무가 추가됨으로 부록으로 첨부한 지침 제94조를 참조하기 바란다.

■ 공정관리(「업무 수행 지침」 제64조)

① 건설사업관리기술인은 해당 공사가 정해진 공기 내에 시방서, 도면 등에 따른 품질을 갖추어 완성될 수 있도록 공정관리를 하여야 한다.

② 건설사업관리기술인은 공사 착공일로부터 30일 안에 시공자로부터 공정관리계획서를 제출받아 제출받은 날로부터 14일 이내에 검토하여 공사감독자에게 보고하여야 하며, 공사감독자는 확인 후 승인한다. 검토사항은 다음 각호와 같다.

1. 시공자의 공정관리 기법이 공사의 규모, 특성에 적합한지 여부
2. 계약서, 시방서 등에 공정관리 기법이 명시되어 있는 경우에는 명시된 공정관리 기법으로 시행되도록 조치
3. 계약서, 시방서 등에 공정관리 기법이 명시되어 있지 않았을 경우, 단순한 공종 및 보통의 공종 공사인 경우, 공사조건에 적합한 공정관리 기법을 적용토록 하고, 복잡한 공종의 공사 또는 건설사업관리기술인이 PERT/CPM 이론을 기본으로 한 공정관리가 필요하다고 판단하는 경우에는 별도의 PERT/CPM 기법에 의한 공정관리를 적용토록 조치

③ 건설사업관리기술인은 공사의 규모, 공종 등 제반여건을 감안하여 시공자가 공정관리 업무를 성공적으로 수행할 수 있는 공정관리 조직을 갖추도록 다음 각호의 사항을 검토하여야 한다.

1. 공정관리 요원 자격 및 그 요원 수 적합 여부
2. 소프트웨어(Software)와 하드웨어(Hardware) 규격 및 그 수량 적합 여부
3. 보고체계의 적합성 여부
4. 계약 공기 준수 여부
5. 각 작업(Activity) 공기에 품질, 안전관리가 고려되었는지 여부

6. 지정 휴일, 천후 조건 감안 여부

7. 자원조달에 무리가 없는지 여부

8. 주공정의 적합 여부

9. 공사 주변 여건, 법적 제약조건 감안 여부

10. 동원 가능한 장비, 그 밖의 부대설비 및 그 성능 감안 여부

11. 특수장비 동원을 위한 준비 기간의 반영 여부

12. 동원 가능한 작업 인원과 작업자의 숙련도 감안 여부

④ 건설사업관리기술인은 시공자로부터 전체 실시공정표에 따른 월간, 주간 상세공정표를 사전에 제출받아 검토하여 공사감독자에게 보고하여야 한다.

1. 월간 상세공정표: 작업착수 1주 전 제출

2. 주간 상세공정표: 작업착수 2일 전 제출

⑤ 건설사업관리기술인은 매주 또는 매월 정기적으로 공사진도를 확인하여 예정공정과 실시공정을 비교하여 공사의 부진 여부를 검토한다.

⑥ 건설사업관리기술인은 공사진도율이 계획공정대비 월간 공정실적이 10% 이상 지연(계획공정대비 누계공정실적이 100% 이상일 경우는 제외)되거나 누계공정 실적이 5% 이상 지연될 때는 공사감독자에게 보고하고, 공사감독자는 시공자에게 부진사유 분석, 근로자 안전 확보를 고려한 부진공정 만회대책 및 만회공정표를 수립하도록 지시하여야 한다.

⑦ 건설사업관리기술인은 설계변경 등으로 인한 물공량의 증감, 공법변경, 공사 중 재해, 천재지변 등 불가항력에 의한 공사중지, 지급자재 공급지연, 공사용지의 제공의 지연, 문화재 발굴조사 등의 현장 실정 또는 시공자의 사정 등으로 인하여 공사 진척실적이 지속적으로 부진할 경우 시공자로부터 수정 공정계획을 제출받아 제출일로부터 5일 이내에 검토하고 공사감독자에게 보고하여야 한다.

⑧ 건설사업관리기술인은 추진계획과 실적을 월간 또는 분기보고서에 포함하여 공사감독자에게 보고하여야 한다(별지 제33호 서식).

⑨ 건설사업관리기술인은 시공자가 준공기한 연기신청서를 제출할 경우 이의 타당성을 검토·확인하고 검토의견서를 첨부하여 공사감독자에게 보고하여야 한다.

건설공사의 품질관리

품질관리란 품질과 관련된 법령, 설계도서 등의 요구사항을 충족시키기 위한 활동으로써, 시공 및 사용 자재에 대한 품질시험, 검사뿐 아니라 설계도서와 불일치된 부적합공사를 사전 예방하기 위한 운영기법 및 활동을 말한다.

건설기술인이 가장 신경 써야 할 부분 중 하나가 바로 품질관리이다. 품질관리가 잘되야 부실공사로 인한 하자발생을 방지할 수 있고 그에 따른 원가절감도 할 수 있으며 훌륭한 목적물의 탄생은 물론 궁극적으로는 실력을 갖춘 기술인으로 인정받을 수 있기 때문이다.

감리기술인이 현장에서 해야 하는 모든 기술적 활동이 품질관리업무라 해도 과언이 아닐 정도로 품질관리는 그 범위가 상당하다. 감리원에게 벌점이 부과되는 이유는 여러 가지가 있지만, 품질관리에 실패한 경우가 대부분이다. 그만큼 중요하고 비중이 큰 업무이다. 그러므로 건설 관련 법과 품질관리, 이 두 가지만이라도 확실하게 잡는다면 유능한 감리원이라는 평가를 받을 수 있다.

공사 현장을 크게 분류한다면 품질관리계획을 수립해야 하는 건설 현장과 품질시험계획을 수립해야 하는 건설 현장으로 나눌 수 있다. 건설공사의 발주자는 건설공사 계약을 체결할 때 건설공사의 품질관리에 필요한 비용을 국토교통부령[22]으로 정하는 바에 따라 공사금액에 계상하여야 한다(「건진법」 제56조 제1항).

건설사업관리기술인은 시공자가 공사계약문서에서 정한 품질관리계획 또는 품질시험계획의 요건대로 품질에 영향을 미치는 모든 작업을 성실하게 수행하는지 검사 및 확인을 하여야 한다.

이 장에서는 품질관리계획과 품질시험계획을 수립해야 하는 대상은 어떤 현장이며, 수립절차는 어떻게 되고, 품질관리를 위한 시설 및 건설기술인 배치 기준, 품질관리업무를 수행하는 건설기술인의 업무는 어떻게 되는지 살펴보겠다.

---

22) 법 제56조 제1항에 따른 건설공사의 품질관리에 필요한 비용(이하 "품질관리비"라 한다.)의 산출 및 사용기준은 별표 6과 같다(「건설기술진흥법 시행규칙」 제53조). – 참조

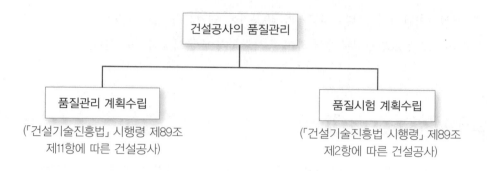

■ **건설공사의 품질관리**(「건설기술 진흥법」 제55조)

① 건설사업자와 주택건설등록업자는 대통령령으로 정하는 건설공사에 대하여는 그 종류에 따라 품질 및 공정관리 등 건설공사의 품질관리계획(이하 "품질관리계획"이라 한다.) 또는 시험 시설 및 인력의 확보 등 건설공사의 품질시험계획(이하 "품질시험계획"이라 한다.)을 수립하고, 이를 발주자에게 제출하여 승인을 받아야 한다. 이 경우 발주청이 아닌 발주자는 미리 품질관리계획 또는 품질시험계획의 사본을 인·허가기관의 장에게 제출하여야 한다. 〈개정 2019. 4. 30.〉

② 건설사업자와 주택건설등록업자는 품질관리계획 또는 품질시험계획에 따라 품질시험 및 검사를 하여야 한다. 이 경우 건설사업자나 주택건설등록업자에게 고용되어 품질관리 업무를 수행하는 건설기술인은 품질관리계획 또는 품질시험계획에 따라 그 업무를 수행하여야 한다. 〈개정 2019. 4. 30.〉

③ 발주청, 인·허가기관의 장 및 대통령령으로 정하는 기관의 장은 품질관리계획을 수립하여야 하는 건설공사에 대하여 건설사업자와 주택건설등록업자가 제2항에 따라 품질관리계획에 따른 품질관리를 적절하게 하는지를 확인할 수 있다. 〈개정 2019. 4. 30.〉

④ 품질관리계획 또는 품질시험계획의 수립 기준·승인 절차, 제3항에 따른 품질관리의 확인 방법·절차와 그 밖에 확인에 필요한 사항은 대통령령으로 정한다.

■ 품질관리계획 등의 수립대상 공사(「건설기술 진흥법 시행령」 제89조)

① 법 제55조 제1항에 따른 품질관리계획(이하 "품질관리계획"이라 한다.)을 수립해야 하는 건설공사는 다음 각호의 건설공사로 한다. 〈개정 2020. 5. 26.〉

　　1. 감독 권한대행 등 건설사업관리 대상인 건설공사로서 총공사비(도급자가 설치하는 공사의 관급자재비를 포함하되, 토지 등의 취득·사용에 따른 보상비는 제외한 금액을 말한다. 이하 같다.)가 500억 원 이상인 건설공사

　　2. 「건축법 시행령」 제2조 제17호에 따른 다중이용 건축물의 건설공사[23]로써 연면적이 3만 제곱미터 이상인 건축물의 건설공사

　　3. 해당 건설공사의 계약에 품질관리계획을 수립하도록 되어 있는 건설공사

② 법 제55조 제1항에 따른 품질시험계획(이하 "품질시험계획"이라 한다.)을 수립하여야 하는 건설공사는 제1항에 따른 품질관리계획 수립 대상인 건설공사 외의 건설공사로서 다음 각호의 어느 하나에 해당하는 건설공사로 한다. 이 경우 품질시험계획에 포함하여야 하는 내용은 별표9[24]와 같다.

　　1. 총공사비가 5억 원 이상인 토목공사

　　2. 연면적이 660제곱미터 이상인 건축물의 건축공사

　　3. 총공사비가 2억 원 이상인 전문공사

③ 제1항과 제2항에도 불구하고 건설사업자와 주택건설등록업자는 원자력시설공사와 건설공사의 성질상 품질관리계획 또는 품질시험계획을 수립할 필요가 없다고 인정되는 건설공사로서 국토교통부령으로 정하는 건설공사에 대해서는 품질관리계획 또는 품질시험계획을 수립하지 않을 수 있다. 다만, 건설공사의 설계도서에서 품질관리계획 또는 건설공사의 품질시험계획을 수립하도록 되어 있는 건설공사에 대해서는 품질관리계획 또는 품질시험계획을 수립해야 한다. 〈개정 2020. 1. 7.〉

---

[23] "다중이용 건축물"이란 다음 각 목의 어느 하나에 해당하는 건축물을 말한다.
　　가. 다음의 어느 하나에 해당하는 용도로 쓰는 바닥면적의 합계가 5천 제곱미터 이상인 건축물
　　　1) 문화 및 집회시설(동물원 및 식물원은 제외한다.), 2) 종교시설, 3) 판매시설, 4) 운수시설 중 여객용 시설, 5) 의료시설 중 종합병원, 6) 숙박시설 중 관광숙박시설
　　나. 16층 이상인 건축물
[24] 품질시험계획의 내용 – 부록

④ 품질관리계획은 「산업표준화법」 제12조에 따른 한국산업표준(이하 "한국산업표준"이라 한다.)인 케이에스 큐 아이에스오(KS Q ISO) 9001 등에 따라 국토교통부장관이 정하여 고시[25]하는 기준에 적합하여야 한다.

■ 품질관리계획 등을 수립할 필요가 없는 건설공사(「건설기술 진흥법 시행규칙」 제49조)

영 제89조 제3항 본문에서 "국토교통부령으로 정하는 건설공사"란 다음 각호의 공사를 말한다.

    1. 조경식재공사
    2. 삭제 〈2016. 7. 4.〉
    3. 철거공사

■ 품질관리계획 등의 수립절차(「건설기술 진흥법 시행령」 제90조)

① 건설사업자와 주택건설등록업자는 품질관리계획 또는 품질시험계획을 수립하여 발주자에게 제출하는 경우에는 미리 공사감독자 또는 건설사업관리기술인(「건축법」 제25조 또는 「주택법」 제43조 및 제44조에 따라 감리 업무를 수행하는 자를 포함한다. 이하 같다.)의 검토·확인을 받아야 하며, 건설공사를 착공(건설공사 현장의 부지 정리 및 가설사무소의 설치 등의 공사준비는 착공으로 보지 않는다. 이하 제98조 제2항에서 같다.)하기 전에 발주자의 승인을 받아야 한다. 품질관리계획 또는 품질시험계획의 내용을 변경하는 경우에도 또한 같다. 〈개정 2023. 1. 6.〉

② 법 제55조 제1항에 따라 품질관리계획 또는 품질시험계획을 제출받은 발주청 또는 인·허가기관의 장은 품질관리계획 또는 품질시험계획의 내용을 심사하고, 다음 각호의 구분에 따라 심사 결과를 확정하여 건설사업자 또는 주택건설등록업자에게 그 결과를 서면으로 통보해야 한다. 이 경우, 인·허가기관의 장은 발주청이 아닌 발주자에게 그 결과를 함께 통보해야 한다. 〈신설 2020. 5. 26.〉

    1. 적정: 품질관리에 필요한 조치가 구체적이고 명료하게 계획되어 건설공사의 품질관리를 충분히 할 수 있다고 인정될 때
    2. 조건부 적정: 품질관리에 치명적인 영향을 미치지는 않지만, 일부 보완이 필요하다고 인정될 때
    3. 부적정: 품질관리가 어려울 것으로 우려되거나 품질관리계획 및 품질시험계획에 근본적인 결함이 있다고 인정될 때

---

25) 건설공사 품질관리 업무지침– 부록

③ 발주자는 품질관리계획 또는 품질시험계획의 내용이 제2항 제1호의 적정 또는 같은 항 제2호의 조건부 적정 판정을 받은 경우에는 승인서를 건설사업자 또는 주택건설등록업자에게 발급해야 한다. 이 경우 제2항 제2호의 판정을 받은 경우에는 보완이 필요한 부분을 승인서에 기재해야 한다. 〈신설 2020. 5. 26.〉

④ 발주청 또는 인·허가기관의 장은 품질관리계획 또는 품질시험계획의 내용이 제2항 제3호의 부적정 판정을 받은 경우에는 건설사업자 또는 주택건설등록업자로 하여금 품질관리계획 또는 품질시험계획을 변경하게 하는 등 필요한 조치를 하도록 해야 한다. 〈개정 2020. 5. 26.〉

⑤ 제3항 및 제4항에 따른 품질관리계획 또는 품질시험계획에 대한 승인서 발급 및 부적정 판정에 대한 필요한 조치 등에 관한 세부적인 절차 및 방법은 국토교통부장관이 정하여 고시한다. 〈신설 2020. 5. 26.〉

■ 품질시험 및 검사(「건설기술 진흥법 시행령」 제91조)

① 법 제55조 제2항 전단에 따른 품질시험 및 검사(이하 "품질검사"라 한다.)는 한국산업표준, 건실기준 또는 국토교통부장관이 정하여 고시[26]하는 건설공사 품질검사기준에 따라 실시하여야 한다. 〈개정 2020. 5. 26.〉

② 제1항에도 불구하고 건설사업자와 주택건설등록업자는 다음 각호의 재료에 대해서는 품질검사를 하지 않을 수 있다. 다만, 시간 경과 또는 장소 이동 등으로 재료의 품질 변화가 우려되어 발주자가 품질검사가 필요하다고 인정하는 경우와 자재를 재사용하는 경우에는 품질검사를 해야 한다. 〈개정 2021. 9. 14.〉

1. 법 제60조 제1항에 따라 품질검사를 대행하는 국립·공립 시험기관 또는 건설엔지니어링사업자의 시험성적서가 제출되는 재료. 이 경우 시험성적서가 제출되는 재료(자재·부재를 포함한다. 이하 같다.)는 발주자 또는 건설사업관리용역사업자의 봉인(封印) 또는 확인을 거쳐 시험한 것으로 한정한다.

2. 한국산업표준 인증제품

3. 「산업안전보건법」 제84조에 따른 안전인증을 받은 제품

4. 「주택법」 등 관계 법령에 따라 품질검사를 받았거나 품질을 인증받은 재료

---

26) 건설공사 품질관리 업무지침- 부록

③ 법 제55조 제2항 후단에 따른 품질관리 업무를 수행하는 건설기술인은 품질관리 계획 또는 품질시험계획에 따라 다음 각호의 업무를 수행해야 한다. 다만, 다음 각호 외의 업무를 수행하려는 경우에는 발주청 또는 인·허가기관의 장의 승인을 받아야 한다. 〈신설 2020. 5. 26.〉

      1. 품질관리계획 또는 품질시험계획의 수립 및 시행

      2. 건설자재·부재 등 주요 사용 자재의 적격품 사용 여부 확인

      3. 공사 현장에 설치된 시험실 및 시험·검사 장비의 관리

      4. 공사 현장 근로자에 대한 품질교육

      5. 공사 현장에 대한 자체 품질점검 및 조치

      6. 부적합한 제품 및 공정에 대한 지도·관리

④ 법 제55조 제2항에 따라 품질시험 및 검사를 하는 건설사업자와 주택건설등록업자가 갖춰야 하는 건설공사 품질관리를 위한 시설 및 건설기술인 배치 기준은 국토교통부령[27]으로 정한다. 〈개정 2020. 5. 26.〉

■ **품질관리의 지도·감독 등**(「건설기술 진흥법 시행령」 제92조)

① 발주자는 건설사업자 또는 주택건설등록업자가 품질검사를 해야 하는 대상 공종 및 재료를 설계도서에 구체적으로 표시해야 한다. 〈개정 2020. 1. 7.〉

② 발주자는 건설사업자 또는 주택건설등록업자가 수립한 품질관리계획 또는 품질시험계획에 따라 건설공사의 시공 및 사용재료에 대한 품질관리 업무를 적절하게 수행하고 있는지 확인할 수 있다. 다만, 법 제55조 제3항에 따른 품질관리의 적절성이 확인된 경우에는 따로 확인하지 않을 수 있다. 〈개정 2020. 1. 7.〉

③ 발주자는 제2항에 따라 품질관리 업무를 적절하게 수행하고 있는지를 확인하려는 경우에는 건설사업자 또는 주택건설등록업자가 참여할 수 있도록 해야 한다. 〈개정 2020. 1. 7.〉

④ 발주자는 제2항에 따른 확인 결과 시정이 필요하다고 인정하는 경우에는 해당 건설사업자 또는 주택건설등록업자에게 시정을 요구할 수 있다. 이 경우 시정을 요구받은 건설

---

27) 건설기술진흥법 시행규칙 별표5(건설공사 품질관리를 위한 시설 및 건설기술인 배치 기준)- 부록

사업자 또는 주택건설등록업자는 지체 없이 이를 시정한 후 그 결과를 발주자에게 통보해야 한다. 〈개정 2020. 1. 7.〉

⑤ 발주자는 제2항에 따른 확인을 법 제60조 제1항에 따라 품질검사를 대행하는 국립·공립 시험기관 또는 건설엔지니어링사업자에게 의뢰하여 실시할 수 있다. 〈개정 2021. 9. 14.〉

■ **품질시험 및 검사의 실시**(「건설기술 진흥법 시행규칙」 제50조)

① 법 제55조 제2항 또는 법 제60조 제1항에 따라 품질시험 및 검사(이하 "품질검사"라 한다.)를 하거나 대행하는 자는 별지 제42호 서식의 품질검사 대장에 품질검사의 결과를 적되, 전자적 처리가 불가능한 특별한 사유가 없으면 전자적 처리가 가능한 방법으로 작성·관리하여야 한다.

② 건설공사 현장에서 하는 것이 적절한 품질검사는 건설공사 현장에서 하여야 하며, 구조물의 안전에 중요한 영향을 미치는 시험종목의 품질시험을 할 때에는 발주자가 확인하여야 한다.

③ 삭제〈2020. 12. 14.〉

④ 영 제91조 제3항에 따른 건설공사 품질관리를 위한 시설 및 건설기술인 배치 기준은 별표5[28]와 같다.

⑤ 건설사업자 또는 주택건설등록업자는 발주청이나 인·허가기관의 장의 승인을 받아 공종이 유사하고 공사 현장이 인접한 건설공사를 통합하여 품질관리를 할 수 있다. 〈개정 2020. 3. 18.〉

⑥ 영 제92조 제2항에 따른 건설사업자 또는 주택건설등록업자가 품질관리 업무를 적정하게 수행하고 있는지에 대한 확인은 제52조 제2항에 따라 국토교통부장관이 고시[29]하는 적정성 확인 기준 및 요령에 따른다. 〈개정 2020. 3. 18.〉

---

28) 건설공사 품질관리를 위한 시설 및 건설기술인 배치 기준– 부록
29) 건설공사 품질관리 업무지침– 부록

■ **품질관리의 적절성 확인**(「건설기술 진흥법 시행규칙」 제52조)

① 법 제55조 제3항에 따른 품질관리의 적절성 확인은 해마다 한 번 이상 실시하되, 해당 건설공사의 준공 2개월 전까지 하여야 한다.

② 제1항에 따른 적절성 확인의 기준 및 요령은 국토교통부장관이 정하여 고시[30]한다.

■ **건설자재·부재의 품질 확보 등**(「건설기술 진흥법」 제57조)

① 국토교통부장관은 대통령령으로 정하는 건설자재·부재의 품질 확보를 위하여 필요한 경우에는 관계 중앙행정기관의 장과 협의하여 건설자재·부재의 생산, 공급 및 보관 등에 필요한 사항을 정하여 고시[31]할 수 있다.

② 제1항에 따른 건설자재·부재를 생산(채취를 포함한다.) 또는 수입·판매하는 자와 대통령령으로 정하는 공사에 이를 사용하는 건설사업자 또는 주택건설등록업자와 레디믹스트콘크리트(시멘트, 골재 및 물 등을 배합한 굳지 아니한 상태의 콘크리트를 말한다.) 또는 아스팔트콘크리트 제조업자는 다음 각호의 어느 하나에 적합한 건설자재·부재를 공급하거나 사용하여야 한다. 〈개정 2019. 4. 30.〉
1. 「산업표준화법」 제12조에 따른 한국산업표준에 적합하다는 인증을 받은 건설자재·부재
2. 그 밖에 대통령령으로 정하는 바에 따라 국토교통부장관이 적합하다고 인정한 건설자재·부재

③ 레디믹스트콘크리트 제조업자가 반품된 레디믹스트콘크리트를 재사용하려는 경우에는 제2항 각호의 어느 하나에 적합하여야 한다. 〈신설 2013. 7. 16.〉

④ 국토교통부장관은 건설자재·부재의 품질이 적절한지 확인할 수 있으며, 확인 결과 건설공사에 사용하는 것이 적합하지 아니하다고 인정되는 경우에는 관계 중앙행정기관의 장에게 시정명령 등 필요한 조치를 하도록 요청할 수 있다. 〈개정 2013. 7. 16.〉

---

30) 건설공사 품질관리 업무지침- 부록
31) 건설공사 품질관리 업무지침- 부록

■ **건설자재·부재의 범위(「건설기술 진흥법 시행령」 제95조)**

① 법 제57조 제1항에서 "대통령령으로 정하는 건설자재·부재"란 다음 각호의 어느 하나에 해당하는 건설자재·부재를 말한다. 〈개정 2020. 5. 26.〉

　　1. 레디믹스트콘크리트

　　2. 아스팔트콘크리트

　　3. 바닷모래

　　4. 부순 골재

　　5. 철근, 에이치(H)형강, 구조용 아이(I)형강, 두께 6밀리미터 이상의 건설용 강판, 구조용·기초용 강관, 고장력 볼트, 용접봉, 피시(PC)강선, 피시(PC)강연선 및 피시(PC)강봉. 다만, 가시설용(假施設用)은 제외한다.

　　6. 「건설폐기물의 재활용 촉진에 관한 법률」 제2조 제7호에 따른 순환골재(이하 "순환골재"라 한다.)

② 법 제57조 제2항 각호 외의 부분에서 "대통령령으로 정하는 공사"란 다음 각호의 구분에 따른 건설공사 중 어느 하나에 해당하는 공사를 말한다. 〈개정 2020. 1. 7.〉

　　1. 건설사업자나 주택건설등록업자가 제1항 각호의 건설자재·부재를 사용하려는 경우: 제89조 제2항 제1호·제3호에 해당하는 건설공사 또는 「건설산업기본법」 제41조에 따라 시공자 제한을 받는 건설공사

　　2. 레디믹스트콘크리트 또는 아스팔트콘크리트 제조업자가 제1항 제3호·제4호 또는 제6호의 건설자재를 사용하려는 경우: 건설사업자 또는 주택건설등록업자가 제1호에 따른 건설공사를 시공하는 경우로서 해당 공사의 총설계량이 레디믹스트콘크리트 1천 세제곱미터 또는 아스팔트콘크리트 2천 톤 이상인 건설공사

③ 법 제57조 제2항 제2호에 따른 건설자재·부재는 다음 각호의 어느 하나에 해당하는 건설자재·부재로 한다. 〈개정 2021. 9. 14.〉

　　1. 건설사업자 또는 주택건설등록업자와 레디믹스트콘크리트 또는 아스팔트콘크리트 제조업자가 법 제60조 제1항에 따라 품질검사를 대행하는 국립·공립 시험기관 또는 건설엔지니어링사업자에게 품질검사를 의뢰하여 시험을 실시한 결과 한국산업표준에서 정한 기준과 같은 수준 이상이거나 해당 공사의 시방서에 적합한 건설자재·부재

　　2. 해당 공사의 건설사업관리용역사업자 또는 법 제49조에 따른 공사감독자가 참관하여 품질검사를 한 결과, 한국산업표준에서 정한 기준과 같은 수준 이상이거나 해당 공사의 시방서에 적합한 건설자재·부재

3. 「건설폐기물의 재활용 촉진에 관한 법률」 제35조에 따른 품질 기준에 적합한 순환골재

4. 「골재채취법」 제22조의 4에 따른 품질 기준에 적합한 골재(바닷모래 및 부순 골재만 해당한다.)

사진 및 동영상 촬영(「건설공사 사업관리방식 검토 기준 및 업무 수행 지침」 제93조)

건설사업관리기술인는 착공부터 준공까지의 전 과정을 일목요연하게 관리하기 위해 시공자에게 공법, 특기사항, 시공일자, 위치, 공종, 작업내용 등을 기재한 공사내용 설명서와 함께 촬영 일자가 나오는 공사 사진을 제출토록 하여 후일 참고자료로 활용해야 한다. 그중에서 공사기록 사진은 공종별, 공사추진단계에 따라 다음 각호의 사항을 촬영한 것이어야 한다.

1. 주요한 공사현황은 착공 전, 시공 중, 준공 등 시공 과정을 알 수 있도록 가급적 동일장소에서 촬영

2. 시공 후 검사가 불가능하거나 곤란한 부분

　가. 암반선 확인 사진

　나. 매몰, 수중 구조물

　다. 구조체 공사에 대해 철근지름, 간격 및 벽두께, 강구조물(steel box내부, steel girder 등) 경간별 주요부위 부재 두께 및 용접 전경 등을 알 수 있도록 촬영

　라. 공장제품 검사(창문 및 창문틀, 철골검사, PC 자재 등) 기록

　마. 지중매설(급·배수관, 전선 등) 광경

　바. 매몰되는 옥내외 배관(설비, 전기 등) 광경

　사. 전기 등 배전반 주변에서의 배관류

　아. 지하매설된 부분의 배근 상태 및 콘크리트 두께 현황

　자. 바닥 및 배관의 행거볼트, 공조기 등의 행거볼트 시공광경

　차. 보온, 결로방지관계 시공광경

　카. 본 구조물 시공 이후 철거되는 가설시설물 시공광경

건설사업관리기술인는 특히 중요하다고 판단되는 시설물에 대하여는 작업과정을 상세히 파악할 수 있도록 시공자에게 비디오카메라 등으로 촬영토록 하여야 한다.

건설사업관리기술인는 위에 기록한 내용대로 촬영한 사진과 동영상을 디지털(Digital) 파일 등으로 제출받아 수시 검토·확인할 수 있도록 보관하고 준공시 발주청에 제출하고 발주청은 이를 보관하여야 한다.

건설공사의 안전관리

안전관리란 재난이나 그 밖의 각종 사고로부터 사람의 생명, 신체 및 재산의 안전을 확보하기 위하여 진행하는 모든 활동을 말하며, 재난이란 국민의 생명, 신체, 재산과 국가에 피해를 주거나 줄 수 있는 것으로서 자연재난과 사회재난으로 구분할 수 있다고 「재난 및 안전관리 기본법」 제3조에서 정의하고 있다.

아무리 강조해도 지나치지 않는 것이 바로 건설 현장의 안전관리이다. 사람의 생명보다 우선인 것은 없다. 근로자가 안전하게 작업할 수 있도록 조치하여 사고를 미연에 방지하는 것이 지상과제인 만큼 안전에서 실패하면 다른 것을 아무리 잘했다 해도 인정받기 어렵다. 전쟁에서 경계에 실패하는 것과 다를 바 없다. 모든 것을 잃을 수 있기 때문이다. 안일함과 '아차!' 하는 순간의 실수가 건설기술인의 수고를 헛되게 만든다. 잊을만하면 매스컴을 통해 나오는 건설사고 뉴스가 우리를 우울하게 하고 가슴 철렁하게 한다. 남의 이야기가 아니고 바로 나의 일이고 우리들의 이야기이기 때문이다.

건설사고가 좀처럼 줄지 않자 사업주의 책임을 강화하여 중대재해를 예방하자는 내용의 「중대재해처벌 등에 관한 법률」이 제정되어 시행되고 있다.

한편 국토교통부는 건설현장의 사고를 예방하기 위해 대국민 아차사고 신고제를 운영한다. 안전모 미착용 근로자가 작업 중인 현장, 작업 발판 등 가시설물의 설치가 불량한 현장 등을 발견하면 건설공사 안전관리 종합정보망을 통해 누구나 신고할 수 있다고 하니 감리기술인의 입장에서 여간 신경 쓰이는 대목이 아닐 수 없다.

OECD 국가 중 산업재해 사망률 1위라는 불명예를 확인이라도 하듯 건설현장에서 대형 화재와 붕괴사고가 일어나 수십 명의 인명피해가 발생했다. 원인은 명백하다. 현장에서 준수해야 할 안전수칙을 제대로 지키지 않았다는 점일 것이다. 같은 업무에 종사하는 건설기술인으로서 안타깝고 참담한 일이 아닐 수 없다. '괜찮겠지?'라는 안일한 생각이 대형사고를 불러일으킨 건 아닌지 후진적이고 반복되는 부끄러운 사고를 어떻게 하면 해결할 수 있을지 많은 생각이 든다.

건설사업관리기술인은 산업재해예방을 위하여 제반 안전관리 업무에 적극적인 노력을 경주하여야 하며 시공자로 하여금 「근로기준법」, 「산업안전보건법」, 「산업재해보상보험법」, 「시설물의 안전 및 유지관리에 관한 특별법」 등 그 밖의 관련 법규를 준수하도록 지도, 감독하는 업무를 게을리하면 안 된다.

건설사고의 정확한 의미는 무엇일까?

건설사고란 건설공사를 시행하면서 대통령령으로 정하는 규모 이상의 인명피해나 재산피해가 발생한 사고를 말한다(「건설기술 진흥법」 제2조 제10호).

위에서 언급한 대통령령으로 정하는 규모 이상의 인명피해나 재산피해란(시행령 제4조의 2) 아래와 같다.

1. 사망 또는 3일 이상의 휴업이 필요한 부상의 인명피해
2. 1천만 원 이상의 재산피해

위에 기록된 것보다 작은 경미한 인명피해나 재산상 피해는 건설사고의 범주에 속한 것이 아니다. 사소한 내용 같아 보이지만, 현장을 운영함에 있어 중요한 대목이 아닐 수 없다. 반드시 기억해두자.

그렇다면 「산업안전보건법」 제2조에 나와 있는 산업재해와 중대재해는 어떻게 구분되는지 알아보자. 아울러 안전관리계획과 유해, 위험 방지계획을 수립해야 할 대상은 무엇이며, 그 기준은 무엇인지, 또 안전점검의 시기나 방법은 어떻게 되는지 건설공사 안전관리에 대하여 전반적으로 살펴보자.

벌칙도 강화되었다. 「산업안전보건법」 제38조(안전조치)와 제39조(보건조치)를 위반하여 근로자를 사망에 이르게 한 자는 7년 이하의 징역 또는 1억 원 이하의 벌금에 처하며 안전관리계획의 승인 없이 착공한 건설사업자 또는 주택건설등록업자는 1년 이하의 징역 또는 1천만 원 이하의 벌금(「건진법」 제89조)에 처하고 이를 알고도 묵인한 발주자에게는 300만 원 이하의 과태료(「건진법」 제91조)가 부과된다. 또 안전관리계획을 수립, 제출, 이행하지 아니하거나, 거짓으로 제출한 건설사업자 또는 주택건설등록업자는 2년 이하의 징역 또는 2천만 원 이하의 벌금(「건진법」 제88조 7호)에 처할 정도이니 까딱하다간 범죄자가 되는 게 시간문제일 것 같다. 조심해야 할 것이 한두 가지가 아니다.

또 하나 중요한 것이 있다. 「건설기술 진흥법」 제67조 제1항을 보면 건설사고가 발생한 것을 알게 된 건설공사 참여자(발주자는 제외한다.)는 지체 없이 그 사실을 발주청 및 인·허가기관의 장에게 통보하여야 하며, 이런 경우 사고 발생 일시 및 장소, 사고 발생 경위, 조치사항, 향후 조치 계획 등을 발주청 및 인·허가기관의 장에게 전화, 팩스 또는 그 밖의 적절한 방법으로 통보해야 한다(시행령 제105조 제1항).

건설사고가 적게는 3일 이상의 휴업이 필요한 부상의 인명피해라고 되어 있으니 현장에

서 일어나는 모든 사고는 즉시 통보해야 한다고 보면 무리가 없을 것 같다.

아래에 기록된 것을 보면 알겠지만 「산업안전보건법」상의 중대재해와 「건설기술 진흥법」 상의 중대건설사고와는 약간의 차이가 있으니 참고해두자.

■ **재해의 정의**(「산업안전보건법」 제2조)

1. "산업재해"란 노무를 제공하는 사람이 업무에 관계되는 건설물·설비·원재료·가스·증기·분진 등에 의하거나 작업 또는 그 밖의 업무로 인하여 사망 또는 부상하거나 질병에 걸리는 것을 말한다.

2. "중대재해"란 산업재해 중 사망 등 재해 정도가 심하거나 다수의 재해자가 발생한 경우로서 고용노동부령으로 정하는 재해를 말한다.

■ **중대재해의 범위**(「산업안전보건법 시행규칙」 제3조)

법 제2조 제2호에서 "고용노동부령으로 정하는 재해"란 다음 각호의 어느 하나에 해당하는 재해를 말한다.

1. 사망자가 1명 이상 발생한 재해
2. 3개월 이상의 요양이 필요한 부상자가 동시에 2명 이상 발생한 재해
3. 부상자 또는 직업성 질병자가 동시에 10명 이상 발생한 재해

| 중대건설사고란

「건설기술 진흥법」 제67조 제3항에서 대통령령으로 정하는 중대한 건설사고란 건설공사의 현장에서 하나의 건설사고로 다음 각호의 어느 하나에 해당하는 사고(원자력시설공사의 현장에서 발생한 사고는 제외한다.)가 발생한 경우를 말한다. 이 경우 동일한 원인으로 일련의 사고가 발생한 경우 하나의 건설사고로 본다(시행령 제105조).

1. 사망자가 3명 이상 발생한 경우
2. 부상자가 10명 이상 발생한 경우
3. 건설 중이거나 완공된 시설물이 붕괴 또는 전도(顚倒)되어 재시공이 필요한 경우

1. 안전관리계획

■ 안전관리계획 수립(「건설기술 진흥법」 제62조)

① 건설사업자와 주택건설등록업자는 대통령령으로 정하는 건설공사를 시행하는 경우 안전점검 및 안전관리조직 등 건설공사의 안전관리계획(이하 "안전관리계획"이라 한다.)을 수립[32]하고, 착공 전에 이를 발주자에게 제출하여 승인을 받아야 한다. 이 경우 발주청이 아닌 발주자는 미리 안전관리계획의 사본을 인·허가기관의 장에게 제출하여 승인을 받아야 한다. 〈개정 2020. 6. 9.〉

② 제1항에 따라 안전관리계획을 제출받은 발주청 또는 인·허가기관의 장은 안전관리계획의 내용을 검토하여 그 결과를 건설사업자와 주택건설등록업자에게 통보하여야 한다. 〈개정 2019. 4. 30.〉

③ 발주청 또는 인·허가기관의 장은 제1항에 따라 제출받아 승인한 안전관리계획서 사본과 제2항에 따른 검토 결과를 국토교통부장관에게 제출하여야 한다. 〈신설 2018. 12. 31.〉

④ 건설사업자와 주택건설등록업자는 안전관리계획에 따라 안전점검을 하여야 한다. 이 경우 대통령령으로 정하는 안전점검에 대해서는 발주자(발주청이 아닌 경우에는 인·허가기관의 장을 말한다.)가 대통령령으로 정하는 바에 따라 안전점검을 수행할 기관을 지정하여 그 업무를 수행하여야 한다. 〈신설 2019. 4. 30.〉

⑤ 건설사업자와 주택건설등록업자는 제4항에 따라 실시한 안전점검 결과를 국토교통부장관에게 제출하여야 한다. 〈신설 2019. 4. 30.〉

⑥ 안전관리계획의 수립 기준, 제출·승인의 방법 및 절차, 안전점검의 시기·방법 및 안전점검 대가(代價) 등에 필요한 사항은 대통령령으로 정한다. 〈개정 2020. 6. 9.〉

⑦ 건설사업자나 주택건설등록업자는 안전관리계획을 수립하였던 건설공사를 준공하였을 때에는 대통령령으로 정하는 방법 및 절차에 따라 안전점검에 관한 종합보고서(이하 "종합보고서"라 한다.)를 작성하여 발주청(발주자가 발주청이 아닌 경우에는 인·허가기관의 장

---

32) 건설기술진흥법 시행규칙 제58조(안전관리계획의 수립 기준)- 부록
법 제62조 제1항에 따른 안전관리계획(이하 "안전관리계획"이라 한다.)의 수립 기준은 별표7과 같다

을 말한다.)에게 제출하여야 한다. 〈개정 2019. 4. 30.〉

⑧ 제7항에 따라 종합보고서를 받은 발주청 또는 인·허가기관의 장은 대통령령으로 정하는 바에 따라 종합보고서를 국토교통부장관에게 제출하여야 한다. 〈개정 2018. 12. 31.〉

⑨ 국토교통부장관, 발주청 및 인·허가기관의 장은 제7항 및 제8항에 따라 받은 종합보고서를 대통령령으로 정하는 바에 따라 보존·관리하여야 한다. 〈개정 2018. 12. 31.〉

⑩ 국토교통부장관은 건설공사의 안전을 확보하기 위하여 제3항에 따라 제출받은 안전관리계획서 및 계획서 검토 결과와 제5항에 따라 제출받은 안전점검 결과의 적정성을 대통령령으로 정하는 바에 따라 검토할 수 있으며, 적정성 검토 결과 필요한 경우 대통령령으로 정하는 바에 따라 발주청 또는 인·허가기관의 장으로 하여금 건설사업자 및 주택건설등록업자에게 시정명령 등 필요한 조치를 하도록 요청할 수 있다. 〈신설 2019. 4. 30.〉

⑪ 건설사업자 또는 주택건설등록업자는 동바리, 거푸집, 비계 등 가설구조물 설치를 위한 공사를 할 때 대통령령으로 정하는 바에 따라 가설구조물의 구조적 안전성을 확인하기에 적합한 분야의 「국가기술자격법」에 따른 기술사(이하 "관계전문가"라 한다.)에게 확인을 받아야 한다. 〈신설 2019. 4. 30.〉

⑫ 관계전문가는 가설구조물이 안전에 지장이 없도록 가설구조물의 구조적 안전성을 확인하여야 한다. 〈신설 2018. 12. 31.〉

⑬ 국토교통부장관은 건설공사의 안전을 확보하기 위하여 건설공사에 참여하는 다음 각호의 자(이하 "건설공사 참여자"라 한다.)가 갖추어야 하는 안전관리체계와 수행하여야 하는 안전관리 업무 등을 정하여 고시[33]하여야 한다. 〈신설 2021. 3. 16.〉
1. 발주자(발주청이 아닌 경우에는 인·허가기관의 장을 말한다.)
2. 건설엔지니어링사업자
3. 건설사업자 및 주택건설등록업자

---

[33] 건설공사 안전관리 업무 수행 지침– 부록

⑭ 국토교통부장관은 건설공사의 안전을 확보하기 위하여 건설공사 참여자의 안전관리 수준을 대통령령으로 정하는 절차 및 기준에 따라 평가하고 그 결과를 공개할 수 있다. 〈신설 2018. 12. 31.〉

⑮ 국토교통부장관은 건설사고 통계 등 건설안전에 필요한 자료를 효율적으로 관리하고 공동활용을 촉진하기 위하여 건설공사 안전관리 종합정보망(이하 "정보망"이라 한다.)을 구축·운영할 수 있다. 〈신설 2018. 12. 31.〉

⑯ 국토교통부장관은 건설공사 참여자의 안전관리 수준을 평가하고, 정보망을 구축·운영하기 위하여 건설공사 참여자, 관련 협회, 중앙행정기관 또는 지방자치단체의 장에게 필요한 자료를 요청할 수 있다. 이 경우 요청을 받은 자는 특별한 사유가 없으면 그 요청에 따라야 한다. 〈신설 2018. 12. 31.〉

⑰ 정보망의 구축 및 운영 등에 필요한 사항은 대통령령으로 정한다. 〈신설 2018. 12. 31.〉

⑱ 발주청은 대통령령으로 정하는 방법과 절차에 따라 설계의 안전성을 검토하고 그 결과를 국토교통부장관에게 제출하여야 한다. 〈신설 2018. 12. 31.〉

■ 안전관리계획 수립 대상(「건설기술 진흥법 시행령」 제98조)

① 법 제62조 제1항에 따른 안전관리계획(이하 "안전관리계획"이라 한다.)을 수립하여야 하는 건설공사는 다음 각호와 같다. 이 경우 원자력시설공사는 제외하며, 해당 건설공사가 「산업안전보건법」 제42조에 따른 유해위험방지계획을 수립하여야 하는 건설공사에 해당하는 경우에는 해당 계획과 안전관리계획을 통합하여 작성할 수 있다. 〈개정 2021. 1. 5.〉

  1. 「시설물의 안전 및 유지관리에 관한 특별법」 제7조 제1호 및 제2호에 따른 1종 시설물 및 2종 시설물의 건설공사[34](같은 법 제2조 제11호에 따른 유지관리를 위한 건설공사는 제외한다.)

  2. 지하 10미터 이상을 굴착하는 건설공사: 이 경우 굴착 깊이 산정 시 집수정(물저장고), 엘리베이터 피트 및 정화조 등의 굴착 부분은 제외하며, 토지에 높낮이 차가 있는 경우 굴착 깊이의 산정방법은 「건축법 시행령」 제119조 제2항을 따른다.

  3. 폭발물을 사용하는 건설공사로서 20미터 안에 시설물이 있거나 100미터 안에 사육하는 가축이 있어 해당 건설공사로 인한 영향을 받을 것이 예상되는 건설공사

---

[34] 시설물의 안전 및 유지관리에 관한 특별법 제7조- 부록

4. 10층 이상 16층 미만인 건축물의 건설공사

4의 2. 다음 각 목의 리모델링 또는 해체 공사

　가. 10층 이상인 건축물의 리모델링 또는 해체 공사

　나. 「주택법」 제2조 제25호 다목에 따른 수직 증축형 리모델링

5. 「건설기계관리법」 제3조에 따라 등록된 다음 각 목의 어느 하나에 해당하는 건설기계가 사용되는 건설공사

　가. 천공기(높이가 10미터 이상인 것만 해당한다.)

　나. 항타 및 항발기

　다. 타워크레인

5의 2. 제101조의 2 제1항 각호의 가설구조물을 사용하는 건설공사

6. 제1호부터 제4호까지, 제4호의 2, 제5호 및 제5호의 2의 건설공사 외의 건설공사로서 다음 각 목의 어느 하나에 해당하는 공사

　가. 발주자가 안전관리가 특히 필요하다고 인정하는 건설공사

　나. 해당 지방자치단체의 조례로 정하는 건설공사 중에서 인·허가기관의 장이 안전관리가 특히 필요하다고 인정하는 건설공사

② 건설사업자와 주택건설등록업자는 법 제62조 제1항에 따라 안전관리계획을 수립하여 발주청 또는 인·허가기관의 장에게 제출하는 경우에는 미리 공사감독자 또는 건설사업관리기술인의 검토·확인을 받아야 하며, 건설공사를 착공하기 전에 발주청 또는 인·허가기관의 장에게 제출해야 한다. 안전관리계획의 내용을 변경하는 경우에도 또한 같다. 〈개정 2020. 1. 7.〉

③ 법 제62조 제1항에 따라 안전관리계획을 제출받은 발주청 또는 인·허가기관의 장은 안전관리계획의 내용을 검토하여 안전관리계획을 제출받은 날부터 20일 이내에 건설사업자 또는 주택건설등록업자에게 그 결과를 통보해야 한다. 〈개정 2020. 1. 7.〉

④ 발주청 또는 인·허가기관의 장이 제3항에 따라 안전관리계획의 내용을 심사하는 경우에는 제100조 제2항에 따른 건설안전점검기관에 검토를 의뢰하여야 한다. 다만, 「시설물의 안전 및 유지관리에 관한 특별법」 제7조 제1호 및 제2호에 따른 1종 시설물 및 2종 시설물의 건설공사의 경우에는 국토안전관리원에 안전관리계획의 검토를 의뢰하여야 한다. 〈개정 2020. 12. 1.〉

⑤ 발주청 또는 인·허가기관의 장은 제3항에 따른 안전관리계획의 검토 결과를 다음 각 호의 구분에 따라 판정한 후 제1호 및 제2호의 경우에는 승인서(제2호의 경우에는 보완이 필요한 사유를 포함해야 한다.)를 건설사업자 또는 주택건설등록업자에게 발급해야 한다. 〈개정 2020. 1. 7.〉

1. 적정: 안전에 필요한 조치가 구체적이고 명료하게 계획되어 건설공사의 시공상 안전성이 충분히 확보되어 있다고 인정될 때

2. 조건부 적정: 안전성 확보에 치명적인 영향을 미치지는 아니하지만, 일부 보완이 필요하다고 인정될 때

3. 부적정: 시공 시 안전사고가 발생할 우려가 있거나 계획에 근본적인 결함이 있다고 인정될 때

⑥ 발주청 또는 인·허가기관의 장은 건설사업자 또는 주택건설등록업자가 제출한 안전관리계획서가 제5항 제3호에 따른 부적정 판정을 받은 경우에는 안전관리계획의 변경 등 필요한 조치를 해야 한다. 〈개정 2020. 1. 7.〉

⑦ 발주청 또는 인·허가기관의 장은 법 제62조 제3항에 따른 안전관리계획서 사본 및 검토 결과를 제3항에 따라 건설사업자 또는 주택건설등록업자에게 통보한 날부터 7일 이내에 국토교통부장관에게 제출해야 한다. 〈신설 2020. 1. 7.〉

⑧ 국토교통부장관은 법 제62조 제3항에 따라 제출받은 안전관리계획서 및 계획서 검토 결과가 다음 각호의 어느 하나에 해당하여 건설안전에 위험을 발생시킬 우려가 있다고 인정되는 경우에는 법 제62조 제10항에 따라 안전관리계획서 및 계획서 검토 결과의 적정성을 검토할 수 있다. 〈신설 2020. 1. 7.〉

1. 건설사업자 또는 주택건설등록업자가 안전관리계획을 성실하게 수립하지 않았다고 인정되는 경우

2. 발주청 또는 인·허가기관의 장이 안전관리계획서를 성실하게 검토하지 않았다고 인정되는 경우

3. 그 밖에 안전사고가 자주 발생하는 공종이 포함된 건설공사의 안전관리계획서 및 계획서 검토 결과 등 국토교통부장관이 정하여 고시하는 사항에 해당하는 경우

⑨ 법 제62조 제10항에 따라 시정명령 등 필요한 조치를 하도록 요청받은 발주청 및 인·허가기관의 장은 건설사업자 및 주택건설등록업자에게 안전관리계획서 및 계획서 검토

결과에 대한 수정이나 보완을 명해야 하며, 수정이나 보완조치가 완료된 경우에는 7일 이내에 국토교통부장관에게 제출해야 한다. 〈신설 2020. 1. 7.〉

⑩ 제8항 및 제9항에 따른 안전관리계획서 및 계획서 검토 결과의 적정성 검토와 그에 필요한 조치 등에 관한 세부적인 절차 및 방법은 국토교통부장관이 정하여 고시[35]한다. 〈신설 2019. 6. 25.〉

■ **안전관리계획의 수립 기준**(「건설기술 진흥법 시행령」 제99조)

① 법 제62조 제6항에 따른 안전관리계획의 수립 기준에는 다음 각호의 사항이 포함되어야 한다. 〈개정 2019. 6. 25.〉

　　1. 건설공사의 개요 및 안전관리조직
　　2. 공정별 안전점검계획(계측장비 및 폐쇄 회로 텔레비전 등 안전 모니터링 장비의 설치 및 운용계획이 포함되어야 한다.)
　　3. 공사장 주변의 안전관리대책(건설공사 중 발파·진동·소음이나 지하수 차단 등으로 인한 주변 지역의 피해방지대책과 굴착공사로 인한 위험징후 감지를 위한 계측계획을 포함한다.)
　　4. 통행안전시설의 설치 및 교통 소통에 관한 계획
　　5. 안전관리비 집행계획
　　6. 안전교육 및 비상시 긴급조치 계획
　　7. 공종별 안전관리계획(대상 시설물별 건설공법 및 시공절차를 포함한다.)

② 제1항 각호에 따른 안전관리계획의 수립 기준에 관한 세부적인 내용은 국토교통부령[36]으로 정한다.

---

35) 건설공사 안전관리 업무 수행 지침- 부록
36) 각주32)건설기술진흥법 시행규칙 제58조(안전관리계획의 수립 기준)- 참조

■ 소규모 건설공사의 안전관리(「건설기술 진흥법」 제62조의 2)

① 건설사업자와 주택건설등록업자는 제62조 제1항에 따른 안전관리계획의 수립 대상이 아닌 건설공사 중 건설사고가 발생할 위험이 있는 공종이 포함된 경우 그 건설공사를 착공하기 전에 시공 절차 및 주의사항 등 안전관리에 대한 계획(이하 "소규모안전관리계획"이라 한다.)을 수립하고, 이를 발주자(발주자가 발주청이 아닌 경우에는 인·허가기관의 장을 말한다. 이하 이 조에서 같다.)에게 제출하여 승인을 받아야 한다. 소규모안전관리계획을 변경하려는 경우에도 또한 같다.

② 제1항에 따라 소규모안전관리계획을 제출받은 발주자는 소규모 안전관리계획의 내용을 검토하여 그 결과를 건설사업자와 주택건설등록업자에게 통보하여야 한다.

③ 소규모안전관리계획을 수립하여야 하는 건설공사의 범위, 소규모안전관리계획의 수립 기준, 제출·승인의 방법 및 절차에 관하여 필요한 사항은 대통령령으로 정한다.
[본조신설 2020. 6. 9.]

■ 소규모 건설공사 안전관리계획의 수립 등(「건설기술 진흥법 시행령」 제101조의 5)

① 법 제62조의 2 제1항 전단에 따른 소규모안전관리계획(이하 "소규모안전관리계획"이라 한다.)을 수립해야 하는 건설공사는 다음 각호의 어느 하나에 해당하는 건축물의 건설공사로서 2층 이상 10층 미만인 건축물의 건설공사로 한다.
  1. 연면적 1,000제곱미터 이상인 「건축법 시행령」 별표1 제2호의 공동주택
  2. 연면적 1,000제곱미터 이상인 「건축법 시행령」 별표1 제3호 및 제4호의 제1종 근린생활시설 및 제2종 근린생활시설
  3. 연면적 1,000제곱미터 이상(「산업집적활성화 및 공장설립에 관한 법률」 제2조 제14호에 따른 산업단지에서 공장을 건축하는 경우에는 2,000제곱미터 이상으로 한다)인 「건축법 시행령」 별표1 제17호의 공장
  4. 연면적 5,000제곱미터 이상인 「건축법 시행령」 별표1 제8호 가목의 창고

② 법 제62조의 2 제1항에 따라 소규모안전관리계획을 제출받은 발주청 또는 인·허가기관의 장은 그 내용을 검토하여 소규모안전관리계획을 제출받은 날부터 15일 이내에

해당 건설사업자 또는 주택건설등록업자에게 그 결과를 통보해야 한다. 이 경우 검토 결과는 적정, 조건부 적정, 부적정으로 구분한다.

③ 제2항 후단에 따른 검토 결과 구분의 기준, 승인 절차 및 부적정 판정을 받은 경우, 필요한 조치에 관하여는 제98조 제5항 및 제6항을 준용한다. 이 경우 제98조 제5항 및 제6항 중 "안전관리계획"은 "소규모안전관리계획"으로, 제98조 제6항 중 "안전관리계획서"는 "소규모안전관리계획서"로 본다. [본조신설 2020. 12. 8.]

■ **소규모안전관리계획의 수립 기준**(「건설기술 진흥법 시행령」 제101조의 6)

① 법 제62조의 2 제3항에 따른 소규모안전관리계획의 수립 기준에는 다음 각호의 사항이 포함되어야 한다.
    1. 건설공사의 개요
    2. 비계 설치계획
    3. 안전시설물 설치계획

② 제1항의 소규모안전관리계획의 수립 기준에 관한 세부적인 내용은 국토교통부령으로 정한다. [본조신설 2020. 12. 8.]

■ **소규모안전관리계획의 수립 기준**(「건설기술 진흥법 시행규칙」 제59조의 2)

법 제62조의 2 제1항에 따른 소규모안전관리계획(이하 "소규모안전관리계획"이라 한다.)의 수립기준은 별표7의 2[37]와 같다. [본조신설 2020. 12. 14.]

2. 유해·위험 방지계획서

유해위험방지계획서란 법에서 정하는 사업 또는 특정 용도나 일정 규모 이상에 해당하는 건설공사의 안전성을 확보하기 위해 사업주가 작성하여 안전보건공단에 제출토록 함으로써 그 계획서를 심사하고 공사 중 이행 여부 확인을 통해 근로자의 안전 보건유지 및 산

---

37) 소규모안전관리계획의 수립기준 참조

업재해를 예방하기 위한 목적에서 만들어진 제도를 말한다.

유해위험방지계획서를 제출하여 심사받지 아니하고 이에 해당하는 공사를 착공하는 경우, 1천만 원 이하의 과태료에 처할 수(「산안법」 제175조 제4항 제3호) 있다.

■ 유해위험방지계획서의 작성·제출(「산업안전보건법」 제42조)

① 사업주는 다음 각호의 어느 하나에 해당하는 경우에는 이 법 또는 이 법에 따른 명령에서 정하는 유해·위험 방지에 관한 사항을 적은 계획서(이하 "유해위험방지계획서"라 한다.)를 작성하여 고용노동부령으로 정하는 바에 따라 고용노동부장관에게 제출하고 심사를 받아야 한다. 다만, 제3호에 해당하는 사업주 중 산업재해 발생률 등을 고려하여 고용노동부령으로 정하는 기준에 해당하는 사업주는 유해위험방지계획서를 스스로 심사하고, 그 심사결과서를 작성하여 고용노동부장관에게 제출하여야 한다. 〈개정 2020. 5. 26.〉

1. 대통령령으로 정하는 사업의 종류 및 규모에 해당하는 사업으로서 해당 제품의 생산 공정과 직접적으로 관련된 건설물·기계·기구 및 설비 등 전부를 설치·이전하거나 그 주요 구조 부분을 변경하려는 경우

2. 유해하거나 위험한 작업 또는 장소에서 사용하거나 건강장해를 방지하기 위하여 사용하는 기계·기구 및 설비로서 대통령령으로 정하는 기계·기구 및 설비를 설치·이전하거나 그 주요 구조 부분을 변경하려는 경우

3. 대통령령으로 정하는 크기, 높이 등에 해당하는 건설공사를 착공하려는 경우

② 제1항 제3호에 따른 건설공사를 착공하려는 사업주(제1항 각호 외의 부분 단서에 따른 사업주는 제외한다.)는 유해위험방지계획서를 작성할 때 건설안전 분야의 자격 등 고용노동부령으로 정하는 자격을 갖춘 자의 의견을 들어야 한다.

③ 제1항에도 불구하고 사업주가 제44조 제1항에 따라 공정안전보고서를 고용노동부장관에게 제출한 경우에는 해당 유해·위험설비에 대해서는 유해위험방지계획서를 제출한 것으로 본다.

④ 고용노동부장관은 제1항 각호 외의 부분 본문에 따라 제출된 유해위험방지계획서를 고용노동부령으로 정하는 바에 따라 심사하여 그 결과를 사업주에게 서면으로 알려 주어야 한다. 이 경우 근로자의 안전 및 보건의 유지·증진을 위하여 필요하다고 인정하는 경우에는 해당 작업 또는 건설공사를 중지하거나 유해위험방지계획서를 변경할 것을 명할 수 있다.

⑤ 제1항에 따른 사업주는 같은 항 각호 외의 부분 단서에 따라 스스로 심사하거나 제4항에 따라 고용노동부장관이 심사한 유해위험방지계획서와 그 심사결과서를 사업장에 갖추어 두어야 한다.

⑥ 제1항 제3호에 따른 건설공사를 착공하려는 사업주로서 제5항에 따라 유해위험방지계획서 및 그 심사결과서를 사업장에 갖추어 둔 사업주는 해당 건설공사의 공법의 변경 등으로 인하여 그 유해위험방지계획서를 변경할 필요가 있는 경우에는 이를 변경하여 갖추어 두어야 한다.

■ **유해위험방지계획서 제출 대상**(「산업안전보건법 시행령」 제42조 제3항)

③ 법 제42조 제1항 제3호에서 "대통령령으로 정하는 크기 높이 등에 해당하는 건설공사"란 다음 각호의 어느 하나에 해당하는 공사를 말한다.

1. 다음 각 목의 어느 하나에 해당하는 건축물 또는 시설 등의 건설·개조 또는 해체(이하 "건설 등"이라 한다.) 공사

　가. 지상높이가 31미터 이상인 건축물 또는 인공구조물

　나. 연면적 3만 제곱미터 이상인 건축물

　다. 연면적 5천 제곱미터 이상인 시설로서 다음의 어느 하나에 해당하는 시설

　　1) 문화 및 집회시설(전시장 및 동물원·식물원은 제외한다.)

　　2) 판매시설, 운수시설(고속철도의 역사 및 집배송시설은 제외한다.)

　　3) 종교시설

　　4) 의료시설 중 종합병원

　　5) 숙박시설 중 관광숙박시설

　　6) 지하도상가

　　7) 냉동·냉장 창고시설

2. 연면적 5천 제곱미터 이상인 냉동·냉장 창고시설의 설비공사 및 단열공사

3. 최대 지간(支間) 길이(다리의 기둥과 기둥의 중심 사이의 거리)가 50미터 이상인 다리의 건설 등 공사

4. 터널의 건설 등 공사

5. 다목적댐, 발전용댐, 저수용량 2천만 톤 이상의 용수 전용 댐 및 지방상수도 전용 댐의 건설 등 공사

6. 깊이 10미터 이상인 굴착공사

■ 유해위험방지계획서 제출서류(「산업안전보건법 시행규칙」 제42조 일부)

③ 법 제42조 제1항 제3호에 해당하는 사업주가 유해위험방지계획서를 제출할 때에는 별지 제17호 서식의 건설공사 유해위험방지계획서에 별표10의 서류를 첨부하여 해당 공사의 착공(유해위험방지계획서 작성 대상 시설물 또는 구조물의 공사를 시작하는 것을 말하며, 대지 정리 및 가설사무소 설치 등의 공사 준비 기간은 착공으로 보지 않는다.) 전날까지 공단에 2부를 제출해야 한다. 이 경우 해당 공사가 「건설기술 진흥법」 제62조에 따른 안전관리계획을 수립해야 하는 건설공사에 해당하는 경우에는 유해위험방지계획서와 안전관리계획서를 통합하여 작성한 서류를 제출할 수 있다.

④ 같은 사업장 내에서 영 제42조 제3항 각호에 따른 공사의 착공 시기를 달리하는 사업의 사업주는 해당 공사별 또는 해당 공사의 단위작업공사 종류별로 유해위험방지계획서를 분리하여 각각 제출할 수 있다. 이 경우 이미 제출한 유해위험방지계획서의 첨부서류와 중복되는 서류는 제출하지 않을 수 있다.

⑤ 법 제42조 제1항 단서에서 "산업재해발생률 등을 고려하여 고용노동부령으로 정하는 기준에 해당하는 사업주"란 별표11의 기준에 적합한 건설업체(이하 "자체심사 및 확인업체"라 한다.)의 사업주를 말한다.

⑥ 자체심사 및 확인업체는 별표11의 자체심사 및 확인 방법에 따라 유해위험방지계획서를 스스로 심사하여 해당 공사의 착공 전날까지 별지 제18호 서식의 유해위험방지계획서 자체심사서를 공단에 제출해야 한다. 이 경우 공단은 필요한 경우 자체심사 및 확인업체의 자체심사에 관하여 지도·조언할 수 있다.

■ 유해위험방지계획서의 건설안전분야 자격 등(「산업안전보건법 시행규칙」 제43조)

법 제42조 제2항에서 "건설안전 분야의 자격 등 고용노동부령으로 정하는 자격을 갖춘 자"란 다음 각호의 어느 하나에 해당하는 사람을 말한다.
1. 건설안전 분야 산업안전지도사
2. 건설안전기술사 또는 토목·건축 분야 기술사
3. 건설안전산업기사 이상의 자격을 취득한 후 건설안전 관련 실무경력이 건설안전기사 이상의 자격은 5년, 건설안전산업기사 자격은 7년 이상인 사람

■ 공단의 확인(「산업안전보건법 시행규칙」 제46조)

① 법 제42조 제1항 제1호 및 제2호에 따라 유해위험방지계획서를 제출한 사업주는 해당 건설물·기계·기구 및 설비의 시운전 단계에서, 법 제42조 제1항 제3호에 따른 사업주는 건설공사 중 6개월 이내마다 법 제43조 제1항에 따라 다음 각호의 사항에 관하여 공단의 확인을 받아야 한다.

    1. 유해위험방지계획서의 내용과 실제 공사 내용이 부합하는지 여부

    2. 법 제42조 제6항에 따른 유해위험방지계획서 변경내용의 적정성

    3. 추가적인 유해·위험요인의 존재 여부

② 공단은 제1항에 따른 확인을 할 경우에는 그 일정을 사업주에게 미리 통보해야 한다.

③ 제44조 제4항에 따른 건설물·기계·기구 및 설비 또는 건설공사의 경우 사업주가 고용노동부장관이 정하는 요건[38]을 갖춘 지도사에게 확인을 받고 별지 제22호 서식에 따라 그 결과를 공단에 제출하면 공단은 제1항에 따른 확인에 필요한 현장방문을 지도사의 확인 결과로 대체할 수 있다. 다만, 건설업의 경우 최근 2년간 사망재해(별표1 제3호 라목에 따른 재해는 제외한다.)가 발생한 경우에는 그렇지 않다.

④ 제3항에 따른 유해위험방지계획서에 대한 확인은 제44조 제4항에 따라 평가를 한 자가 해서는 안 된다.

3. 안전관리조직 및 교육

■ **안전관리조직**(「건설기술 진흥법」 제64조)

① 안전관리계획을 수립하는 건설사업자 및 주택건설등록업자는 다음 각호의 사람으로 구성된 안전관리조직을 두어야 한다. 〈개정 2019. 4. 30.〉

    1. 해당 건설공사의 시공 및 안전에 관한 업무를 총괄하여 관리하는 안전총괄책임자

    2. 토목, 건축, 전기, 기계, 설비 등 건설공사의 각 분야별 시공 및 안전관리를 지휘하는 분 야별 안전관리책임자

---

38) 건설업 유해·위험방지계획서 중 지도사가 평가·확인할 수 있는 대상 건설공사의 범위 및 지도사의 요건
1. 「산업안전보건법 시행규칙」 제44조 제4항의 규정에 따라 "고용노동부장관이 정하는 건설공사의 경우"라 함은 다음 각목의 건설공사로 한다.
    가. 「산업안전보건법 시행령」 제42조 제2항 제1호에 따른 지상높이가 31미터 이상인 건축물 중 지상높이가 50미터 이하인 아파트 건설공사 ※ 아파트의 범위는 건축법 시행령 [별표1] 제2호 가목에 따름
    나. 「산업안전보건법 시행령」 제42조 제2항 제6호에 따른 깊이 10미터 이상인 굴착공사 중 깊이가 15미터 이하인 굴착공사

3. 건설공사 현장에서 직접 시공 및 안전관리를 담당하는 안전관리담당자

4. 수급인(受給人)과 하수급인(下受給人)으로 구성된 협의체의 구성원

② 제1항에 따른 안전관리조직의 구성, 직무, 그 밖에 필요한 사항은 대통령령으로 정한다.

■ **안전관리조직의 구성 및 직무**(「건설기술 진흥법 시행령」 제102조)

① 법 제64조 제1항 제4호에 따른 협의체(이하 이 조에서 "협의체"라 한다.)는 수급인 대표자 및 하수급인 대표자로 구성한다.

② 법 제64조 제1항 제1호에 따른 안전총괄책임자가 수행하여야 할 직무의 범위는 다음 각호와 같다.

1. 안전관리계획서의 작성 및 제출

2. 안전관리 관계자의 업무 분담 및 직무 감독

3. 안전사고가 발생할 우려가 있거나 안전사고가 발생한 경우의 비상동원 및 응급조치

4. 안전관리비의 집행 및 확인

5. 협의체의 운영

6. 안전관리에 필요한 시설 및 장비 등의 지원

7. 제100조 제1항 각호 외의 부분에 따른 자체안전점검(이하 이 조에서 "자체안전점검"이라 한다.)의 실시 및 점검 결과에 따른 조치에 대한 지휘·감독

8. 제103조에 따른 안전교육의 지휘·감독

③ 법 제64조 제1항 제2호에 따른 분야별 안전관리책임자가 수행하여야 할 직무의 범위는 다음 각호와 같다.

1. 공사 분야별 안전관리 및 안전관리계획서의 검토·이행

2. 각종 자재 등의 적격품 사용 여부 확인

3. 자체안전점검 실시의 확인 및 점검 결과에 따른 조치

4. 건설공사 현장에서 발생한 안전사고의 보고

5. 제103조에 따른 안전교육의 실시

6. 작업 진행 상황의 관찰 및 지도

④ 법 제64조 제1항 제3호에 따른 안전관리담당자가 수행하여야 할 직무의 범위는 다음 각호와 같다.

1. 분야별 안전관리책임자의 직무 보조
2. 자체안전점검의 실시
3. 제103조에 따른 안전교육의 실시

⑤ 협의체는 매월 1회 이상 회의를 개최하여야 하며, 안전관리계획의 이행에 관한 사항과 안전사고 발생 시 대책 등에 관한 사항을 협의한다.

■ 안전교육(「건설기술 진흥법 시행령」 제103조)

① 법 제64조 제1항 제2호 또는 제3호에 따른 분야별 안전관리책임자 또는 안전관리담당자는 법 제65조에 따른 안전교육을 당일 공사작업자를 대상으로 매일 공사 착수 전에 실시하여야 한다.

② 제1항에 따른 안전교육은 당일 작업의 공법 이해, 시공상세도면에 따른 세부 시공순서 및 시공기술상의 주의사항 등을 포함하여야 한다.

③ 건설사업자와 주택건설등록업자는 제1항에 따른 안전교육 내용을 기록·관리하여야 하며, 공사 준공 후 발주청에 관계 서류와 함께 제출하여야 한다. 〈개정 2020. 1. 7.〉

4. 안전점검

현장에서 이루어지는 '안전점검'이란 어떤 행위를 말하며, 그 종류는 어떻게 구분할까?

「시설물의 안전 및 유지관리에 관한 특별법」 제2조 제5호에 보면 안전점검이란 경험과 기술을 갖춘 자가 육안이나 점검기구 등으로 검사하여 시설물에 내재(內在)되어 있는 위험요인을 조사하는 행위를 말하며, '점검 목적 및 수준을 고려하여 국토교통부령으로 정하는 바에 따라 정기안전점검 및 정밀안전점검으로 구분한다.'라고 되어 있다.

「건설공사 안전관리 업무 수행 지침」에는 어떻게 정의되고 있을까? '안전점검이란 영 제100조(하단에 기록된 시행령 참조)에 따른 자체안전점검, 정기안전점검 및 정밀안전점검 등을 말한다.'라고 되어 있다.

위 기록된 내용을 근거로 시공자가 공사 목적물 및 주변의 안전을 확보하기 위한 안전점검의 종류와 실시 시기, 방법은 어떤 것이 있는지 알아보자.

■ **안전점검의 시기·방법 등**(「건설기술 진흥법 시행령」 제100조)

① 건설사업자와 주택건설등록업자는 건설공사의 공사 기간 동안 매일 자체안전점검을 하고, 제2항에 따른 기관에 의뢰하여 다음 각호의 기준에 따라 정기안전점검 및 정밀안전점검 등을 해야 한다. 〈개정 2020. 1. 7.〉

> 1. 건설공사의 종류 및 규모 등을 고려하여 국토교통부장관이 정하여 고시하는 시기와 횟수에 따라 정기안전점검을 할 것
>
> 2. 정기안전점검 결과 건설공사의 물리적·기능적 결함 등이 발견되어 보수·보강 등의 조치를 위하여 필요한 경우에는 정밀안전점검을 할 것
>
> 3. 제98조 제1항 제1호(상단에 기록된 시행령 참조)에 해당하는 건설공사에 대해서는 그 건설공사를 준공(임시사용을 포함한다.)하기 직전에 제1호에 따른 정기안전점검 수준 이상의 안전점검[39]을 할 것
>
> 4. 제98조 제1항 각호(상단에 기록된 시행령 참조)의 어느 하나에 해당하는 건설공사가 시행 도중에 중단되어 1년 이상 방치된 시설물이 있는 경우에는 그 공사를 다시 시작하기 전에 그 시설물에 대하여 제1호에 따른 정기안전점검 수준의 안전점검을 할 것

② 제1항 각호의 구분에 따른 정기안전점검 및 정밀안전점검 등을 건설사업자나 주택건설등록업자로부터 의뢰받아 실시할 수 있는 기관(이하 "건설안전점검기관"이라 한다.)은 다음 각호의 기관으로 한다. 다만, 그 기관이 해당 건설공사의 발주자인 경우에는 정기안전점검만을 할 수 있다. 〈개정 2020. 12. 1.〉

> 1. 「시설물의 안전 및 유지관리에 관한 특별법」 제28조에 따라 등록한 안전진단전문기관
> 2. 국토안전관리원

③ 건설사업자와 주택건설등록업자는 국토교통부장관이 정하여 고시하는 절차에 따라 발주자(발주자가 발주청이 아닌 경우에는 인·허가기관의 장을 말한다.)가 지정하는 건설안전점검기관에 정기안전점검 또는 정밀안전점검 등의 실시를 의뢰해야 한다. 이 경우 그 건설공사를 발주·설계·시공·감리 또는 건설사업관리를 수행하는 자의 계열회사인 건설안전점검기관에 의뢰해서는 안 된다. 〈개정 2020. 1. 7.〉

④ 안전점검을 한 건설안전점검기관은 안전점검 실시 결과를 안전점검 완료 후 30일 이내에 발주자, 해당 인·허가기관의 장(발주자가 발주청이 아닌 경우만 해당한다.), 건설사업

---

39) 건설공사 안전관리 업무 수행 지침 제2조 제12호 "초기점검"이란 영 제98조 제1항 제1호에 따른 건설공사에 대하여 해당 건설공사를 준공(임시사용을 포함한다.)하기 전에 영 제100조 제1항 제3호에 따른 정기안전점검 수준 이상의 안전점검을 실시하는 것을 말한다.

자 또는 주택건설등록업자에게 통보해야 한다. 이 경우 점검 결과를 통보받은 발주자나 인·허가기관의 장은 건설사업자 또는 주택건설등록업자에게 보수·보강 등 필요한 조치를 요청할 수 있다. 〈개정 2020. 1. 7.〉

⑤ 제4항에 따라 안전점검 결과를 통보받은 건설사업자 또는 주택건설등록업자는 통보받은 날부터 15일 이내에 안전점검 결과를 국토교통부장관에게 제출해야 한다. 〈신설 2020. 1. 7.〉

⑥ 제1항 각호에 따라 정기안전점검 및 정밀안전점검 등을 할 수 있는 사람(이하 "안전점검책임기술인"이라 한다.)은 별표1에 따른 해당 분야의 특급기술인으로서 「시설물의 안전 및 유지관리에 관한 특별법 시행령」 제9조에 따라 국토교통부장관이 인정하는 해당 기술 분야의 안전점검교육 또는 정밀안전진단교육을 이수한 사람으로 한다. 이 경우 안전점검책임기술인은 타워크레인에 대한 정기 안전점검을 할 때는 국토교통부령으로 정하는 자격요건을 갖춘 사람으로 하여금 자신의 감독하에 안전점검을 하게 해야 하고, 그 밖에 안전점검을 할 때 필요한 경우에는 「시설물의 안전 및 유지관리에 관한 특별법 시행령」 별표11의 기술인력의 구분란에 규정된 자격요건을 갖춘 사람으로 하여금 자신의 감독하에 안전점검을 하게 할 수 있다. 〈개정 2020. 12. 8.〉

⑦ 제1항에 따른 정기안전점검 및 정밀안전점검의 실시에 관한 세부 사항은 국토교통부령(하단 시행규칙 제59조 참조)으로 정한다. 〈개정 2019. 6. 25.〉

⑧ 법 제62조 제6항에 따른 안전점검의 대가는 다음 각호의 비용을 합한 금액으로 한다. 〈개정 2019. 6. 25.〉
　　1. 직접인건비: 안전점검 업무를 수행하는 인원의 급료·수당 등
　　2. 직접경비: 안전점검 업무를 수행하는 데에 필요한 여비, 차량운행비 등
　　3. 간접비: 직접인건비 및 직접경비에 포함되지 아니하는 각종 경비
　　4. 기술료
　　5. 그 밖에 각종 조사·시험비 등 안전점검에 필요한 비용

⑨ 제8항에 따른 안전점검 대가의 세부 산출 기준은 건설공사의 종류 및 규모 등을 고려하여 국토교통부장관이 정하여 고시[40]한다. 〈개정 2019. 6. 25.〉

---

40) 건설공사 안전관리 업무 수행 지침– 부록

■ **정기안전점검 및 정밀안전점검**(「건설기술 진흥법 시행규칙」 제59조)

① 영 제100조 제1항 제1호에 따른 정기안전점검에서의 점검사항은 다음 각호와 같다. 〈개정2020. 12. 14.〉

    1. 공사 목적물의 안전시공을 위한 임시시설 및 가설공법의 안전성

    2. 공사 목적물의 품질, 시공상태 등의 적정성

    3. 인접 건축물 또는 구조물의 안정성 등 공사장 주변 안전조치의 적정성

② 영 제100조 제1항 제2호에 따른 정밀안전점검에서는 시설물의 물리적·기능적 결함에 대한 구조적 안전성 및 결함의 원인 등을 조사·측정·평가하여 보수·보강 등의 방법을 제시하여야 한다.

③ 영 제100조 제6항 후단에서 "국토교통부령으로 정하는 자격요건"이란 「건설기계관리법 시행규칙」 별표9 제2호 나목 1) 또는 2)의 검사주임 또는 검사원의 자격요건을 말한다. 〈신설 2020. 12. 14.〉

④ 제1항 및 제2항에 따른 정기안전점검 및 정밀안전점검에 관한 세부 사항은 국토교통부장관이 정하여 고시[41]한다. 〈개정2020. 12. 14.〉

■ **안전점검의 종류 및 실시 시기**(「건설공사 안전관리 업무 수행 지침」 제18조, 21조)

시공자는 공사 목적물 및 주변의 안전을 확보하기 위하여 다음과 같이 안전점검을 실시하여야 한다.

    1. 자체안전점검: 건설공사의 공사 기간 동안 매일 공종별 실시

    2. 정기안전점검: 구조물별로 별표1[42]의 정기안전점검 실시 시기를 기준으로 실시. 다만, 발주청 또는 인·허가기관의 장은 안전관리 계획의 내용을 검토할 때 건설공사의 규모, 기간, 현장여건에 따라 점검 시기 및 횟수를 조정할 수 있다.

    3. 정밀안전점검: 정밀안전점검은 정기안전점검 결과 건설공사의 물리적·기능적 결함 등이 발견되어 보수·보강 등의 조치를 취하기 위하여 필요한 경우에 실시한다.

---

41) 건설공사 안전관리 업무 수행 지침– 부록
42) 건설공사별 정기안전점검 실시 시기– 부록

> 4. 초기점검[43]: 영 제98조 제1항 제1호(상단에 기록된 시행령 참조)에 따른 건설공사를 준공하기 전에 실시한다.
>
> 5. 공사재개 전 안전점검: 공사재개 전 안전점검은 영 제98조 제1항(상단에 기록된 시행령 참조)에 따른 건설공사를 시행하는 도중 그 공사의 중단으로 1년 이상 방치된 시설물이 있는 경우 그 공사를 재개하기 전에 실시한다.

■ **구축물 또는 시설물의 안전성 평가(「산업안전보건기준에 관한 규칙」 제52조)**

사업주는 구축물 또는 이와 유사한 시설물이 다음 각호의 어느 하나에 해당하는 경우, 안전진단 등 안전성 평가를 하여 근로자에게 미칠 위험성을 미리 제거하여야 한다.

1. 구축물 또는 이와 유사한 시설물의 인근에서 굴착·항타작업 등으로 침하·균열 등이 발생하여 붕괴의 위험이 예상될 경우

2. 구축물 또는 이와 유사한 시설물에 지진, 동해(凍害), 부동침하(不同沈下) 등으로 균열·비틀림 등이 발생하였을 경우

3. 구조물, 건축물, 그 밖의 시설물이 그 자체의 무게·적설·풍압 또는 그 밖에 부가되는 하중 등으로 붕괴 등의 위험이 있을 경우

4. 화재 등으로 구축물 또는 이와 유사한 시설물의 내력(耐力)이 심하게 저하되었을 경우

5. 오랜 기간 사용하지 아니하던 구축물 또는 이와 유사한 시설물을 재사용하게 되어 안전성을 검토하여야 하는 경우

6. 그 밖의 잠재위험이 예상될 경우

5. 안전검사

■ **안전검사대상기계 등의 안전검사(「산업안전보건법」 제93조)**

① 유해하거나 위험한 기계·기구·설비로서 대통령령으로 정하는 것(이하 "안전검사대상기계 등"이라 한다.)을 사용하는 사업주(근로자를 사용하지 아니하고 사업을 하는 자를 포함한다. 이하 이 조, 제94조, 제95조 및 제98조에서 같다.)는 안전검사대상기계 등의 안전에 관한 성능이 고용노동부장관이 정하여 고시하는 검사기준에 맞는지에 대하여 고용노동

---

43) "초기점검"이란 영 제98조 제1항 제1호에 따른 건설공사에 대하여 해당 건설공사를 준공(임시 사용을 포함한다.)하기 전에 영 제100조 제1항 제3호에 따른 정기안전점검 수준 이상의 안전점검을 실시하는 것을 말한다.

부장관이 실시하는 검사(이하 "안전검사"라 한다.)를 받아야 한다. 이 경우 안전검사대상기계 등을 사용하는 사업주와 소유자가 다른 경우에는 안전검사대상기계 등의 소유자가 안전검사를 받아야 한다.

② 제1항에도 불구하고 안전검사대상기계 등이 다른 법령에 따라 안전성에 관한 검사나 인증을 받은 경우로서 고용노동부령으로 정하는 경우에는 안전검사를 면제할 수 있다.

③ 안전검사의 신청, 검사 주기 및 검사합격 표시방법, 그 밖에 필요한 사항은 고용노동부령으로 정한다. 이 경우 검사 주기는 안전검사대상기계 등의 종류, 사용연한(使用年限) 및 위험성을 고려하여 정한다.

■ 안전검사대상기계(「산업안전보건법 시행령」 제78조)

① 법 제93조 제1항 전단에서 "대통령령으로 정하는 것"이란 다음 각호의 어느 하나에 해당하는 것을 말한다.

 1. 프레스
 2. 전단기
 3. 크레인(정격 하중이 2톤 미만인 것은 제외한다.)
 4. 리프트
 5. 압력용기
 6. 곤돌라
 7. 국소 배기장치(이동식은 제외한다.)
 8. 원심기(산업용만 해당한다.)
 9. 롤러기(밀폐형 구조는 제외한다.)
 10. 사출성형기[형 체결력(型 締結力) 294킬로뉴턴(KN) 미만은 제외한다.]
 11. 고소작업대(「자동차관리법」 제3조 제3호 또는 제4호에 따른 화물자동차 또는 특수자동차에 탑재한 고소작업대로 한정한다.)
 12. 컨베이어
 13. 산업용 로봇

② 법 제93조 제1항에 따른 안전검사대상기계 등의 세부적인 종류, 규격 및 형식은 고용노동부장관이 정하여 고시[44]한다.

---

44) 안전검사고시(고용노동부고시)- 참조

■ 안전검사대상기계 등의 사용 금지(「산업안전보건법」 제95조)

사업주는 다음 각호의 어느 하나에 해당하는 안전검사대상기계 등을 사용해서는 아니 된다.

　1. 안전검사를 받지 아니한 안전검사대상기계 등(제93조 제2항에 따라 안전검사가 면제되는 경우는 제외한다.)
　2. 안전검사에 불합격한 안전검사대상기계 등

■ 안전검사의 면제(「산업안전보건법 시행규칙」 제125조)

법 제93조 제2항에서 "고용노동부령으로 정하는 경우"란 다음 각호의 어느 하나에 해당하는 경우를 말한다.

　1. 「건설기계관리법」 제13조 제1항 제1호·제2호 및 제4호에 따른 검사를 받은 경우(안전검사 주기에 해당하는 시기의 검사로 한정한다.)
　2. 「고압가스 안전관리법」 제17조 제2항에 따른 검사를 받은 경우
　3. 「광산안전법」 제9조에 따른 검사 중 광업시설의 설치·변경공사 완료 후 일정한 기간이 지날 때마다 받는 검사를 받은 경우
　4. 「선박안전법」 제8조부터 제12조까지의 규정에 따른 검사를 받은 경우
　5. 「에너지이용 합리화법」 제39조 제4항에 따른 검사를 받은 경우
　6. 「원자력안전법」 제22조 제1항에 따른 검사를 받은 경우
　7. 「위험물안전관리법」 제18조에 따른 정기점검 또는 정기검사를 받은 경우
　8. 「전기사업법」 제65조에 따른 검사를 받은 경우
　9. 「항만법」 제26조 제1항 제3호에 따른 검사를 받은 경우
　10. 「화재예방, 소방시설 설치·유지 및 안전관리에 관한 법률」 제25조 제1항에 따른 자체점검 등을 받은 경우
　11. 「화학물질관리법」 제24조 제3항 본문에 따른 정기검사를 받은 경우

■ 안전검사의 주기와 합격표시방법(「산업안전보건법 시행규칙」 제126조)

① 법 제93조 제3항에 따른 안전검사대상기계 등의 안전검사 주기는 다음 각호와 같다.

　1. 크레인(이동식 크레인은 제외한다.), 리프트(이삿짐운반용 리프트는 제외한다.) 및 곤돌라: 사업장에 설치가 끝난 날부터 3년 이내에 최초 안전검사를 실시하되, 그 이후부터 2년마다(건설 현장에서 사용하는 것은 최초로 설치한 날부터 6개월마다 실시한다.)
　2. 이동식 크레인, 이삿짐운반용 리프트 및 고소작업대: 「자동차관리법」 제8조에 따른 신규등록 이후 3년 이내에 최초 안전검사를 실시하되, 그 이후부터 2년마다 실시한다.

3. 프레스, 전단기, 압력용기, 국소 배기장치, 원심기, 롤러기, 사출성형기, 컨베이어 및 산업용 로봇: 사업장에 설치가 끝난 날부터 3년 이내에 최초 안전검사를 실시하되, 그 이후부터 2년마다(공정안전보고서를 제출하여 확인을 받은 압력용기는 4년마다 실시한다.)

② 법 제93조 제3항에 따른 안전검사의 합격표시 및 표시방법은 별표16과 같다.

6. 안전사고 방지 대책

우리나라 전체 산재사망자의 절반 정도가 건설 현장에서 발생하고 있으며 그중 절반 이상이 추락재해로 인한 사고였다고 한다. 후진국형 재해인 추락사고를 방지[45]하기 위해 시스템 작업대와 스마트 안전장비를 도입하고 가설공사 표준안전 작업지침[46]을 정하는 등 관계부처나 관련 업체 등의 많은 노력에도 불구하고 사고가 줄지 않는 이유는 무엇일까? 개선은 되었다고 하지만 아직도 위험 작업으로부터 보호받을 수 있는 설비개선 등 필요한 조치가 제대로 이루어지지 않고 있다는 뜻일 것이다.

현장에서 발생할 수 있는 안전사고의 예방을 위해 기본 장비인 개인 보호구의 종류와 지급대상은 어떻게 되는지, 추락사고를 방지하는 조치와 가설 비계의 조립 시 준수사항, 공동주택현장에서 주로 사용되는 작업발판 일체형 거푸집의 안전조치, 그리고 콘크리트 타설 작업 시 주의사항 등 현장에서 간과하기 쉬운 주요재료의 사용기준과 주요공사 표준시공 방법을 알아보기 위해 「산업안전보건기준에 관한 규칙」을 찾아보자.

---

45) 추락재해방지 표준안전작업지침(고용노동부고시)- 참조
46) 가설공사 표준안전 작업지침(고용노동부고시)- 참조

｜「산업안전보건기준에 관한 규칙」

■ 제13조(안전난간의 구조 및 설치요건)

사업주는 근로자의 추락 등의 위험을 방지하기 위하여 안전난간을 설치하는 경우 다음 각호의 기준에 맞는 구조로 설치하여야 한다. 〈개정 2015. 12. 31.〉

1. 상부 난간대, 중간 난간대, 발끝막이판 및 난간기둥으로 구성할 것. 다만, 중간 난간대, 발끝막이판 및 난간기둥은 이와 비슷한 구조와 성능을 가진 것으로 대체할 수 있다.

2. 상부 난간대는 바닥면·발판 또는 경사로의 표면(이하 "바닥면 등"이라 한다.)으로부터 90센티미터 이상 지점에 설치하고, 상부 난간대를 120센티미터 이하에 설치하는 경우에는 중간 난간대는 상부 난간대와 바닥면 등의 중간에 설치하여야 하며, 120센티미터 이상 지점에 설치하는 경우에는 중간 난간대를 2단 이상으로 균등하게 설치하고 난간의 상하 간격은 60센티미터 이하가 되도록 할 것. 다만, 계단의 개방된 측면에 설치된 난간기둥 간의 간격이 25센티미터 이하인 경우에는 중간 난간대를 설치하지 아니할 수 있다.

3. 발끝막이판은 바닥면 등으로부터 10센티미터 이상의 높이를 유지할 것. 다만, 물체가 떨어지거나 날아올 위험이 없거나 그 위험을 방지할 수 있는 망을 설치하는 등 필요한 예방 조치를 한 장소는 제외한다.

4. 난간기둥은 상부 난간대와 중간 난간대를 견고하게 떠받칠 수 있도록 적정한 간격을 유지할 것

5. 상부 난간대와 중간 난간대는 난간 길이 전체에 걸쳐 바닥면 등과 평행을 유지할 것

6. 난간대는 지름 2.7센티미터 이상의 금속제 파이프나 그 이상의 강도가 있는 재료일 것

7. 안전난간은 구조적으로 가장 취약한 지점에서 가장 취약한 방향으로 작용하는 100킬로그램 이상의 하중에 견딜 수 있는 튼튼한 구조일 것

■ 제14조(낙하물에 의한 위험의 방지)

① 사업주는 작업장의 바닥, 도로 및 통로 등에서 낙하물이 근로자에게 위험을 미칠 우려가 있는 경우 보호망을 설치하는 등 필요한 조치를 하여야 한다.

② 사업주는 작업으로 인하여 물체가 떨어지거나 날아올 위험이 있는 경우 낙하물 방지망, 수직 보호망 또는 방호 선반의 설치, 출입금지구역의 설정, 보호구의 착용 등 위험을 방지하기 위하여 필요한 조치를 하여야 한다. 이 경우 낙하물 방지망 및 수직 보호망은 「산업표준화법」 제12조에 따른 한국산업표준(이하 "한국산업표준"이라 한다.)에서 정하는 성능기준에 적합한 것을 사용하여야 한다. 〈개정 2022. 10. 18.〉

③ 제2항에 따라 낙하물 방지망 또는 방호 선반을 설치하는 경우에는 다음 각호의 사항을 준수하여야 한다.

　　1. 높이 10미터 이내마다 설치하고, 내민 길이는 벽면으로부터 2미터 이상으로 할 것

　　2. 수평면과의 각도는 20도 이상 30도 이하를 유지할 것

■ 제32조(보호구의 지급 등)

① 사업주는 다음 각호의 어느 하나에 해당하는 작업을 하는 근로자에 대해서는 다음 각호의 구분에 따라 그 작업조건에 맞는 보호구를 작업하는 근로자 수 이상으로 지급하고 착용하도록 하여야 한다. 〈개정 2017. 3. 3.〉

　　1. 물체가 떨어지거나 날아올 위험 또는 근로자가 추락할 위험이 있는 작업: 안전모

　　2. 높이 또는 깊이 2미터 이상의 추락할 위험이 있는 장소에서 하는 작업: 안전대(安全帶)

　　3. 물체의 낙하·충격, 물체에의 끼임, 감전 또는 정전기의 대전(帶電)에 의한 위험이 있는 작업: 안전화

　　4. 물체가 흩날릴 위험이 있는 작업: 보안경

　　5. 용접 시 불꽃이나 물체가 흩날릴 위험이 있는 작업: 보안면

　　6. 감전의 위험이 있는 작업: 절연용 보호구

　　7. 고열에 의한 화상 등의 위험이 있는 작업: 방열복

　　8. 선창 등에서 분진(粉塵)이 심하게 발생하는 하역작업: 방진마스크

　　9. 섭씨 영하 18도 이하인 급냉동어창에서 하는 하역작업: 방한모·방한복·방한화·방한장갑

　　10. 물건을 운반하거나 수거·배달하기 위하여 「자동차관리법」 제3조 제1항 제5호에 따른 이륜자동차(이하 "이륜자동차"라 한다.)를 운행하는 작업: 「도로교통법 시행규칙」 제32조 제1항 각호의 기준에 적합한 승차용 안전모

② 사업주로부터 제1항에 따른 보호구를 받거나 착용지시를 받은 근로자는 그 보호구를 착용하여야 한다.

■ 제42조(추락의 방지)

① 사업주는 근로자가 추락하거나 넘어질 위험이 있는 장소[작업발판의 끝·개구부(開口部) 등을 제외한다.]또는 기계·설비·선박블록 등에서 작업을 할 때에 근로자가 위험해질 우려가 있는 경우 비계(飛階)를 조립하는 등의 방법으로 작업발판을 설치하여야 한다.

② 사업주는 제1항에 따른 작업발판을 설치하기 곤란한 경우 다음 각호의 기준에 맞는 추락방호망을 설치하여야 한다. 다만, 추락방호망을 설치하기 곤란한 경우에는 근로자에게 안전대를 착용하도록 하는 등 추락위험을 방지하기 위하여 필요한 조치를 하여야 한다. 〈개정 2021. 5. 28.〉

　　1. 추락방호망의 설치위치는 가능하면 작업면으로부터 가까운 지점에 설치하여야 하며, 작업면으로부터 망의 설치지점까지의 수직거리는 10미터를 초과하지 아니할 것

　　2. 추락방호망은 수평으로 설치하고, 망의 처짐은 짧은 변 길이의 12퍼센트 이상이 되도록 할 것

　　3. 건축물 등의 바깥쪽으로 설치하는 경우 추락방호망의 내민 길이는 벽면으로부터 3미터 이상 되도록 할 것. 다만, 그물코가 20밀리미터 이하인 추락방호망을 사용한 경우에는 제14조 제3항에 따른 낙하물방지망을 설치한 것으로 본다.

③ 사업주는 추락방호망을 설치하는 경우에는 「산업표준화법」에 따른 한국산업표준에서 정하는 성능기준에 적합한 추락방호망을 사용하여야 한다. 〈신설 2022. 10. 18.〉

■ 제44조(안전대의 부착설비 등)

① 사업주는 추락할 위험이 있는 높이 2미터 이상의 장소에서 근로자에게 안전대를 착용시킨 경우 안전대를 안전하게 걸어 사용할 수 있는 설비 등을 설치하여야 한다. 이러한 안전대 부착설비로 지지로프 등을 설치하는 경우에는 처지거나 풀리는 것을 방지하기 위하여 필요한 조치를 하여야 한다.

② 사업주는 제1항에 따른 안전대 및 부속설비의 이상 유무를 작업을 시작하기 전에 점검하여야 한다.

■ 제43조(개구부 등의 방호 조치)

① 사업주는 작업발판 및 통로의 끝이나 개구부로서 근로자가 추락할 위험이 있는 장소에는 안전난간, 울타리, 수직형 추락방망 또는 덮개 등(이하 이 조에서 "난간 등"이라 한다.)의 방호 조치를 충분한 강도를 가진 구조로 튼튼하게 설치하여야 하며, 덮개를 설치하는 경우에는 뒤집히거나 떨어지지 않도록 설치하여야 한다. 이 경우 어두운 장소에서도 알아볼 수 있도록 개구부임을 표시해야 하며, 수직형 추락방망은 한국산업표준에서 정하는 성능기준에 적합한 것을 사용해야 한다. 〈개정 2022. 10. 18.〉

② 사업주는 난간 등을 설치하는 것이 매우 곤란하거나 작업의 필요상 임시로 난간 등을 해체하여야 하는 경우 제42조 제2항 각호의 기준에 맞는 추락방호망을 설치하여야 한다. 다만, 추락방호망을 설치하기 곤란한 경우에는 근로자에게 안전대를 착용하도록 하는 등 추락할 위험을 방지하기 위하여 필요한 조치를 하여야 한다. 〈개정 2017. 12. 28.〉

■ **제51조**(구축물 또는 이와 유사한 시설물 등의 안전 유지)

사업주는 구축물 또는 이와 유사한 시설물에 대하여 자중(自重), 적재하중, 적설, 풍압(風壓), 지진이나 진동 및 충격 등에 의하여 붕괴·전도·도괴·폭발하는 등의 위험을 예방하기 위하여 다음 각호의 조치를 하여야 한다. 〈개정 2019. 1. 31.〉

1. 설계도서에 따라 시공했는지 확인
2. 건설공사 시방서(示方書)에 따라 시공했는지 확인
3. 「건축물의 구조기준 등에 관한 규칙」에 따른 구조기준을 준수했는지 확인

■ **제54조**(비계의 재료)

① 사업주는 비계의 재료로 변형·부식 또는 심하게 손상된 것을 사용해서는 아니 된다.

② 사업주는 강관비계(鋼管飛階)의 재료로 한국산업표준에서 정하는 기준 이상의 것을 사용하여야 한다. 〈개정 2022. 10. 18.〉

■ **제56조**(작업발판의 구조)

사업주는 비계(달비계, 달대비계 및 말비계는 제외한다.)의 높이가 2미터 이상인 작업장소에 다음 각호의 기준에 맞는 작업발판을 설치하여야 한다. 〈개정 2017. 12. 28.〉

1. 발판재료는 작업할 때의 하중을 견딜 수 있도록 견고한 것으로 할 것
2. 작업발판의 폭은 40센티미터 이상으로 하고, 발판재료 간의 틈은 3센티미터 이하로 할 것. 다만, 외줄비계의 경우에는 고용노동부장관이 별도로 정하는 기준에 따른다.
3. 제2호에도 불구하고 선박 및 보트 건조작업의 경우 선박블록 또는 엔진실 등의 좁은 작업공간에 작업발판을 설치하기 위하여 필요하면 작업발판의 폭을 30센티미터 이상으로 할 수 있고, 걸침비계의 경우 강관기둥 때문에 발판재료 간의 틈을 3센티미터 이하로 유지하기 곤란하면 5센티미터 이하로 할 수 있다. 이 경우 그 틈 사이로 물

체 등이 떨어질 우려가 있는 곳에는 출입금지 등의 조치를 하여야 한다.

4. 추락의 위험이 있는 장소에는 안전난간을 설치할 것. 다만, 작업의 성질상 안전난간을 설치하는 것이 곤란한 경우, 작업의 필요상 임시로 안전난간을 해체할 때에 추락방호망을 설치하거나 근로자로 하여금 안전대를 사용하도록 하는 등 추락위험 방지 조치를 한 경우에는 그러하지 아니하다.

5. 작업발판의 지지물은 하중에 의하여 파괴될 우려가 없는 것을 사용할 것

6. 작업발판재료는 뒤집히거나 떨어지지 않도록 둘 이상의 지지물에 연결하거나 고정할 것

7. 작업발판을 작업에 따라 이동할 경우에는 위험 방지에 필요한 조치를 할 것

■ 제59조(강관비계 조립 시의 준수사항)

사업주는 강관비계를 조립하는 경우에 다음 각호의 사항을 준수하여야 한다.

1. 비계기둥에는 미끄러지거나 침하하는 것을 방지하기 위하여 밑받침철물을 사용하거나 깔판·깔목 등을 사용하여 밑둥잡이를 설치하는 등의 조치를 할 것

2. 강관의 접속부 또는 교차부(交叉部)는 적합한 부속철물을 사용하여 접속하거나 단단히 묶을 것

3. 교차 가새로 보강할 것

4. 외줄비계·쌍줄비계 또는 돌출비계에 대해서는 다음 각 목에서 정하는 바에 따라 벽이음 및 버팀을 설치할 것. 다만, 창틀의 부착 또는 벽면의 완성 등의 작업을 위하여 벽이음 또는 버팀을 제거하는 경우, 그 밖에 작업의 필요상 부득이한 경우로서 해당 벽이음 또는 버팀 대신 비계기둥 또는 띠장에 사재(斜材)를 설치하는 등 비계가 넘어지는 것을 방지하기 위한 조치를 한 경우에는 그러하지 아니하다.

　가. 강관비계의 조립 간격은 별표5[47]의 기준에 적합하도록 할 것

　나. 강관·통나무 등의 재료를 사용하여 견고한 것으로 할 것

　다. 인장재(引張材)와 압축재로 구성된 경우에는 인장재와 압축재의 간격을 1미터 이내로 할 것

5. 가공전로(架空電路)에 근접하여 비계를 설치하는 경우에는 가공전로를 이설(移設)하거나 가공전로에 절연용 방호구를 장착하는 등 가공전로와의 접촉을 방지하기 위한 조치를 할 것

---

[47]　강관비계의 조립 간격

강관비계의 종류	조립 간격(단위: m)	
	수직 방향	수평 방향
단관비계	5	5
틀비계(높이가 5m 미만인 것은 제외한다.)	6	8

■ 제60조(강관비계의 구조)

사업주는 강관을 사용하여 비계를 구성하는 경우 다음 각호의 사항을 준수하여야 한다.
〈개정 2019. 12. 26.〉

1. 비계기둥의 간격은 띠장 방향에서는 1.85미터 이하, 장선(長線) 방향에서는 1.5미터 이하로 할 것. 다만, 선박 및 보트 건조작업의 경우 안전성에 대한 구조검토를 실시하고 조립도를 작성하면 띠장 방향 및 장선 방향으로 각각 2.7미터 이하로 할 수 있다.

2. 띠장 간격은 2.0미터 이하로 할 것. 다만, 작업의 성질상 이를 준수하기가 곤란하여 쌍기둥틀 등에 의하여 해당 부분을 보강한 경우에는 그러하지 아니하다.

3. 비계기둥의 제일 윗부분으로부터 31미터 되는 지점 밑부분의 비계기둥은 2개의 강관으로 묶어 세울 것. 다만, 브라켓(bracket, 까치발) 등으로 보강하여 2개의 강관으로 묶을 경우, 이상의 강도가 유지되는 경우에는 그러하지 아니하다.

4. 비계기둥 간의 적재하중은 400킬로그램을 초과하지 않도록 할 것

■ 제61조(강관의 강도 식별)

사업주는 바깥지름 및 두께가 같거나 유사하면서 강도가 다른 강관을 같은 사업장에서 사용하는 경우 강관에 색 또는 기호를 표시하는 등 강관의 강도를 알아볼 수 있는 조치를 하여야 한다.

■ 제62조(강관틀비계)

사업주는 강관틀 비계를 조립하여 사용하는 경우 다음 각호의 사항을 준수하여야 한다.

1. 비계기둥의 밑둥에는 밑받침 철물을 사용하여야 하며 밑받침에 고저차(高低差)가 있는 경우에는 조절형 밑받침철물을 사용하여 각각의 강관틀비계가 항상 수평 및 수직을 유지하도록 할 것

2. 높이가 20미터를 초과하거나 중량물의 적재를 수반하는 작업을 할 경우에는 주틀 간의 간격을 1.8미터 이하로 할 것

3. 주틀 간에 교차 가새를 설치하고 최상층 및 5층 이내마다 수평재를 설치할 것

4. 수직 방향으로 6미터, 수평 방향으로 8미터 이내마다 벽이음을 할 것

5. 길이가 띠장 방향으로 4미터 이하이고 높이가 10미터를 초과하는 경우에는 10미터 이내마다 띠장 방향으로 버팀기둥을 설치할 것

■ 제68조(이동식비계)

사업주는 이동식비계를 조립하여 작업을 하는 경우에는 다음 각호의 사항을 준수하여

야 한다. 〈개정 2019. 10. 15.〉

    1. 이동식비계의 바퀴에는 뜻밖의 갑작스러운 이동 또는 전도를 방지하기 위하여 브레이크·쐐기 등으로 바퀴를 고정시킨 다음 비계의 일부를 견고한 시설물에 고정하거나 아웃트리거(outrigger, 전도방지용 지지대)를 설치하는 등 필요한 조치를 할 것

    2. 승강용사다리는 견고하게 설치할 것

    3. 비계의 최상부에서 작업을 하는 경우에는 안전난간을 설치할 것

    4. 작업발판은 항상 수평을 유지하고 작업발판 위에서 안전난간을 딛고 작업을 하거나 받침대 또는 사다리를 사용하여 작업하지 않도록 할 것

    5. 작업발판의 최대적재하중은 250킬로그램을 초과하지 않도록 할 것

■ 제69조(시스템 비계의 구조)

사업주는 시스템 비계를 사용하여 비계를 구성하는 경우에 다음 각호의 사항을 준수하여야 한다.

    1. 수직재·수평재·가새재를 견고하게 연결하는 구조가 되도록 할 것

    2. 비계 밑단의 수직재와 받침철물은 밀착되도록 설치하고, 수직재와 받침철물의 연결부의 겹침 길이는 받침철물 전체 길이의 3분의 1 이상이 되도록 할 것

    3. 수평재는 수직재와 직각으로 설치하여야 하며, 체결 후 흔들림이 없도록 견고하게 설치할 것

    4. 수직재와 수직재의 연결철물은 이탈되지 않도록 견고한 구조로 할 것

    5. 벽 연결재의 설치 간격은 제조사가 정한 기준에 따라 설치할 것

■ 제70조(시스템비계의 조립 작업 시 준수사항)

사업주는 시스템 비계를 조립 작업하는 경우 다음 각호의 사항을 준수하여야 한다.

    1. 비계 기둥의 밑둥에는 밑받침 철물을 사용하여야 하며, 밑받침에 고저차가 있는 경우에는 조절형 밑받침 철물을 사용하여 시스템 비계가 항상 수평 및 수직을 유지하도록 할 것

    2. 경사진 바닥에 설치하는 경우에는 피벗형 받침 철물 또는 쐐기 등을 사용하여 밑받침 철물의 바닥면이 수평을 유지하도록 할 것

    3. 가공전로에 근접하여 비계를 설치하는 경우에는 가공전로를 이설하거나 가공전로에 절연용방호구를 설치하는 등 가공전로와의 접촉을 방지하기 위하여 필요한 조치를 할 것

    4. 비계 내에서 근로자가 상하 또는 좌우로 이동하는 경우에는 반드시 지정된 통로를

이용하도록 주지시킬 것

5. 비계 작업 근로자는 같은 수직면상의 위와 아래 동시 작업을 금지할 것

6. 작업발판에는 제조사가 정한 최대적재하중을 초과하여 적재해서는 아니 되며, 최대적재하중이 표기된 표지판을 부착하고 근로자에게 주지시키도록 할 것

■ 제328조(재료)

사업주는 거푸집동바리 및 거푸집(이하 이 장에서 "거푸집동바리 등"이라 한다.)의 재료로 변형·부식 또는 심하게 손상된 것을 사용해서는 아니 된다.

■ 제329조(강재의 사용기준)

사업주는 거푸집동바리 등에 사용하는 동바리·멍에 등 주요 부분의 강재는 별표10의 기준에 맞는 것을 사용하여야 한다.

■ 제330조(거푸집동바리 등의 구조)

사업주는 거푸집동바리 등을 사용하는 경우에는 거푸집의 형상 및 콘크리트 타설(打設) 방법 등에 따른 견고한 구조의 것을 사용하여야 한다.

■ 제331조(조립도)

① 사업주는 거푸집동바리 등을 조립하는 경우에는 그 구조를 검토한 후 조립도를 작성하고, 그 조립도에 따라 조립하도록 하여야 한다.

② 제1항의 조립도에는 동바리·멍에 등 부재의 재질·단면규격·설치 간격 및 이음 방법 등을 명시하여야 한다.

■ 제332조(거푸집동바리 등의 안전조치)

사업주는 거푸집동바리 등을 조립하는 경우에는 다음 각호의 사항을 준수하여야 한다. 〈개정 2019. 12. 26.〉

1. 깔목의 사용, 콘크리트 타설, 말뚝박기 등 동바리의 침하를 방지하기 위한 조치를 할 것

2. 개구부 상부에 동바리를 설치하는 경우에는 상부 하중을 견딜 수 있는 견고한 받침대를 설치할 것

3. 동바리의 상하 고정 및 미끄러짐 방지 조치를 하고, 하중의 지지상태를 유지할 것

4. 동바리의 이음은 맞댄 이음이나 장부 이음으로 하고 같은 품질의 재료를 사용할 것

5. 강재와 강재의 접속부 및 교차부는 볼트·클램프 등 전용철물을 사용하여 단단히 연결할 것

6. 거푸집이 곡면인 경우에는 버팀대의 부착 등 그 거푸집의 부상(浮上)을 방지하기 위한 조치를 할 것

7. 동바리로 사용하는 강관 [파이프 서포트(pipe support)는 제외한다.]에 대해서는 다음 각 목의 사항을 따를 것

　　가. 높이 2미터 이내마다 수평연결재를 2개 방향으로 만들고 수평연결재의 변위를 방지할 것

　　나. 멍에 등을 상단에 올릴 경우에는 해당 상단에 강재의 단판을 붙여 멍에 등을 고정시킬 것

8. 동바리로 사용하는 파이프 서포트에 대해서는 다음 각 목의 사항을 따를 것

　　가. 파이프 서포트를 3개 이상이어서 사용하지 않도록 할 것

　　나. 파이프 서포트를 이어서 사용하는 경우에는 4개 이상의 볼트 또는 전용철물을 사용하여 이을 것

　　다. 높이가 3.5미터를 초과하는 경우에는 제7호 가목의 조치를 할 것

9. 동바리로 사용하는 강관틀에 대해서는 다음 각 목의 사항을 따를 것

　　가. 강관틀과 강관틀 사이에 교차가새를 설치할 것

　　나. 최상층 및 5층 이내마다 거푸집 동바리의 측면과 틀면의 방향 및 교차가새의 방향에서 5개 이내마다 수평연결재를 설치하고 수평연결재의 변위를 방지할 것

　　다. 최상층 및 5층 이내마다 거푸집동바리의 틀면의 방향에서 양단 및 5개틀 이내마다 교차가새의 방향으로 띠장틀을 설치할 것

　　라. 제7호 나목의 조치를 할 것

10. 동바리로 사용하는 조립강주에 대해서는 다음 각목의 사항을 따를 것

　　가. 제7호 나목의 조치를 할 것

　　나. 높이가 4미터를 초과하는 경우에는 높이 4미터 이내마다 수평연결재를 2개 방향으로 설치하고 수평연결재의 변위를 방지할 것

11. 시스템 동바리(규격화·부품화된 수직재, 수평재 및 가새재 등의 부재를 현장에서 조립하여 거푸집으로 지지하는 동바리 형식을 말한다.)는 다음 각 목의 방법에 따라 설치할 것

　　가. 수평재는 수직재와 직각으로 설치하여야 하며, 흔들리지 않도록 견고하게 설치할 것

나. 연결철물을 사용하여 수직재를 견고하게 연결하고, 연결 부위가 탈락 또는 꺾어지지 않도록 할 것

다. 수직 및 수평 하중에 의한 동바리 본체의 변위로부터 구조적 안전성이 확보되도록 조립도에 따라 수직재 및 수평재에는 가새재를 견고하게 설치하도록 할 것

라. 동바리 최상단과 최하단의 수직재와 받침철물은 서로 밀착되도록 설치하고 수직재와 받침철물의 연결부의 겹침 길이는 받침철물 전체 길이의 3분의 1 이상 되도록 할 것

12. 동바리로 사용하는 목재에 대해서는 다음 각 목의 사항을 따를 것

가. 제7호 가목의 조치를 할 것

나. 목재를 이어서 사용하는 경우에는 2개 이상의 덧댐목을 대고 네 군데 이상 견고하게 묶은 후 상단을 보나 멍에에 고정할 것

13. 보로 구성된 것은 다음 각 목의 사항을 따를 것

가. 보의 양 끝을 지지물로 고정해 보의 미끄러짐 및 탈락을 방지할 것

나. 보와 보 사이에 수평연결재를 설치하여 보가 옆으로 넘어지지 않도록 견고하게 할 것

14. 거푸집을 조립하는 경우에는 거푸집이 콘크리트 하중이나 그 밖의 외력에 견딜 수 있거나, 넘어지지 않도록 견고한 구조의 긴결재, 버팀대 또는 지지대를 설치하는 등 필요한 조치를 할 것

■ 제333조(계단 형상으로 조립하는 거푸집 동바리)

사업주는 깔판 및 깔목 등을 끼워서 계단 형상으로 조립하는 거푸집 동바리에 대하여 제332조 각호의 사항 및 다음 각호의 사항을 준수하여야 한다.

1. 거푸집의 형상에 따른 부득이한 경우를 제외하고는 깔판·깔목 등을 2단 이상 끼우지 않도록 할 것

2. 깔판·깔목 등을 이어서 사용하는 경우에는 그 깔판·깔목 등을 단단히 연결할 것

3. 동바리는 상·하부의 동바리가 동일 수직선상에 위치하도록 하여 깔판·깔목 등에 고정시킬 것

■ 제336조(조립 등 작업 시의 준수사항)

① 사업주는 기둥·보·벽체·슬라브 등의 거푸집동바리 등을 조립하거나 해체하는 작업을 하는 경우에는 다음 각호의 사항을 준수하여야 한다. 〈개정2021. 5. 28.〉

1. 해당 작업을 하는 구역에는 관계 근로자가 아닌 사람의 출입을 금지할 것

2. 비, 눈, 그 밖의 기상상태의 불안정으로 날씨가 몹시 나쁜 경우에는 그 작업을 중지할 것

3. 재료, 기구 또는 공구 등을 올리거나 내리는 경우에는 근로자로 하여금 달줄·달포대 등을 사용하도록 할 것

4. 낙하·충격에 의한 돌발적 재해를 방지하기 위하여 버팀목을 설치하고 거푸집동바리 등을 인양장비에 매단 후에 작업을 하도록 하는 등 필요한 조치를 할 것

② 사업주는 철근조립 등의 작업을 하는 경우에는 다음 각호의 사항을 준수하여야 한다.
　1. 양중기로 철근을 운반할 경우에는 두 군데 이상 묶어서 수평으로 운반할 것
　2. 작업위치의 높이가 2미터 이상일 경우에는 작업발판을 설치하거나 안전대를 착용하게 하는 등 위험 방지를 위하여 필요한 조치를 할 것

■ 제334조(콘크리트의 타설 작업)

사업주는 콘크리트 타설 작업을 하는 경우에는 다음 각호의 사항을 준수하여야 한다.
　1. 당일의 작업을 시작하기 전에 해당 작업에 관한 거푸집동바리 등의 변형·변위 및 지반의 침하 유무 등을 점검하고 이상이 있으면 보수할 것
　2. 작업 중에는 거푸집동바리 등의 변형·변위 및 침하 유무 등을 감시할 수 있는 감시자를 배치하여 이상이 있으면 작업을 중지하고 근로자를 대피시킬 것
　3. 콘크리트 타설 작업 시 거푸집 붕괴의 위험이 발생할 우려가 있으면 충분한 보강 조치를 할 것
　4. 설계도서상의 콘크리트 양생 기간을 준수하여 거푸집동바리 등을 해체할 것
　5. 콘크리트를 타설하는 경우에는 편심이 발생하지 않도록 골고루 분산하여 타설할 것

■ 제335조(콘크리트 펌프 등 사용 시 준수사항)

사업주는 콘크리트 타설 작업을 하기 위하여 콘크리트 펌프 또는 콘크리트 펌프카를 사용하는 경우에는 다음 각호의 사항을 준수하여야 한다.
　1. 작업을 시작하기 전에 콘크리트 펌프용 비계를 점검하고 이상을 발견하였으면 즉시 보수할 것
　2. 건축물의 난간 등에서 작업하는 근로자가 호스의 요동·선회로 인하여 추락하는 위험을 방지하기 위하여 안전난간 설치 등 필요한 조치를 할 것
　3. 콘크리트 펌프카의 붐을 조정하는 경우에는 주변의 전선 등에 의한 위험을 예방하기 위한 적절한 조치를 할 것

4. 작업 중에 지반의 침하, 아웃트리거의 손상 등에 의하여 콘크리트 펌프카가 넘어질 우려가 있는 경우에는 이를 방지하기 위한 적절한 조치를 할 것

■ **제337조**(작업발판 일체형 거푸집의 안전조치)

① "작업발판 일체형 거푸집"란 거푸집의 설치·해체, 철근 조립, 콘크리트 타설, 콘크리트 면처리 작업 등을 위하여 거푸집을 작업발판과 일체로 제작하여 사용하는 거푸집으로서 다음 각호의 거푸집을 말한다.
1. 갱 폼(gang form)
2. 슬립 폼(slip form)
3. 클라이밍 폼(climbing form)
4. 터널 라이닝 폼(tunnel lining form)
5. 그 밖에 거푸집과 작업발판이 일체로 제작된 거푸집 등

② 제1항 제1호의 갱 폼의 조립·이동·양중·해체(이하 이 조에서 "조립 등"이라 한다.) 작업을 하는 경우에는 다음 각호의 사항을 준수하여야 한다.
1. 조립 등의 범위 및 작업절차를 미리 그 작업에 종사하는 근로자에게 주지시킬 것
2. 근로자가 안전하게 구조물 내부에서 갱 폼의 작업발판으로 출입할 수 있는 이동통로를 설치할 것
3. 갱 폼의 지지 또는 고정철물의 이상 유무를 수시점검하고 이상이 발견된 경우에는 교체하도록 할 것
4. 갱 폼을 조립하거나 해체하는 경우에는 갱폼을 인양장비에 매단 후에 작업을 실시하고, 인양장비에 매달기 전에 지지 또는 고정철물을 미리 해체하지 않도록 할 것
5. 갱 폼 인양 시 작업발판용 케이지에 근로자가 탑승한 상태에서 갱폼의 인양작업을 하지 아니할 것

③ 사업주는 제1항 제2호부터 제5호까지의 조립 등의 작업을 하는 경우에는 다음 각호의 사항을 준수하여야 한다.
1. 조립 등 작업 시 거푸집 부재의 변형 여부와 연결 및 지지재의 이상 유무를 확인할 것
2. 조립 등 작업과 관련한 이동·양중·운반 장비의 고장·오조작 등으로 인해 근로자에게 위험을 끼칠 우려가 있는 장소에는 근로자의 출입을 금지하는 등 위험 방지 조치를 할 것
3. 거푸집이 콘크리트면에 지지될 때에 콘크리트의 굳기정도와 거푸집의 무게, 풍압

등의 영향으로 거푸집의 갑작스런 이탈 또는 낙하로 인해 근로자가 위험해질 우려가 있는 경우에는 설계도서에서 정한 콘크리트의 양생 기간을 준수하거나 콘크리트면에 견고하게 지지하는 등 필요한 조치를 할 것

4. 연결 또는 지지 형식으로 조립된 부재의 조립 등 작업을 하는 경우에는 거푸집을 인양장비에 매단 후에 작업을 하도록 하는 등 낙하·붕괴·전도의 위험 방지를 위하여 필요한 조치를 할 것

7. 사고조사

■ **건설 현장의 사고조사**(「건설기술 진흥법」제67조)

① 건설사고가 발생한 것을 알게 된 건설공사 참여자(발주자는 제외한다.)는 지체 없이 그 사실을 발주청 및 인·허가기관의 장에게 통보하여야 한다. 〈신설 2015. 5. 18.〉

② 발주청 및 인·허가기관의 장은 제1항에 따라 사고 사실을 통보받았을 때에는 대통령령으로 정하는 바에 따라 다음 각호의 사항을 즉시 국토교통부장관에게 제출하여야 한다. 〈신설 2018. 12. 31.〉

1. 사고 발생 일시 및 장소
2. 사고 발생 경위
3. 조치사항
4. 향후 조치 계획

③ 국토교통부장관, 발주청 및 인·허가기관의 장은 대통령령으로 정하는 중대한 건설사고(이하 "중대건설 현장사고"라 한다.)가 발생하면 그 원인 규명과 사고 예방을 위하여 건설공사 현장에서 사고 경위 및 사고 원인 등을 조사할 수 있다. 〈개정 2018. 12. 31.〉

④ 제3항에 따라 사고 경위 및 사고 원인 등을 조사한 발주청과 인·허가기관의 장은 그 결과를 국토교통부장관에게 제출하여야 한다. 〈개정 2015. 5. 18.〉

⑤ 국토교통부장관, 발주청 및 인·허가기관의 장은 필요한 경우 제68조에 따른 건설사고조사위원회로 하여금 중대건설 현장사고의 경위 및 원인을 조사하게 할 수 있다. 〈개정 2015. 5. 18.〉

⑥ 제1항에 따른 건설사고에 대한 통보방법 및 절차 등과 제2항에 따른 중대건설 현장사고의 조사에 필요한 사항은 대통령령으로 정한다. 〈개정 2015. 5. 18.〉

■ **건설공사 현장의 사고조사**(「건설기술 진흥법 시행령」 제105조)

① 건설공사 참여자(발주자는 제외한다.)는 건설사고의 발생 사실을 알게 된 경우에는 「법」 제67조 제1항에 따라 다음 각호의 사항을 발주청 및 인·허가기관의 장에게 전화·팩스 또는 그 밖의 적절한 방법으로 통보하여야 한다.

    1. 사고 발생 일시 및 장소

    2. 사고 발생 경위

    3. 조치사항

    4. 향후 조치 계획

② 제1항에 따라 건설사고를 통보받은 발주청 및 인·허가기관의 장은 건설사고를 통보한 자의 의사에 반하여 해당 통보자의 신분을 공개해서는 아니 된다.

③ 법 제67조 제3항에서 "대통령령으로 정하는 중대한 건설사고"란 건설공사의 현장에서 하나의 건설사고로 다음 각호의 어느 하나에 해당하는 사고(원자력시설공사의 현장에서 발생한 사고는 제외한다.)가 발생한 경우를 말한다. 이 경우 동일한 원인으로 일련의 사고가 발생한 경우 하나의 건설사고로 본다. 〈개정 2019. 6. 25.〉

    1. 사망자가 3명 이상 발생한 경우

    2. 부상자가 10명 이상 발생한 경우

    3. 건설 중이거나 완공된 시설물이 붕괴 또는 전도(顚倒)되어 재시공이 필요한 경우

④ 국토교통부장관, 발주청 및 인·허가기관의 장은 제3항에 따른 중대한 건설사고(이하 "중대건설 현장사고"라 한다.)에 대하여 법 제67조 제3항 및 제5항에 따른 사고조사를 완료하였을 때에는 다음 각호의 사항이 포함된 사고조사보고서를 작성하고, 유사한 사고의 예방을 위한 자료로 활용될 수 있도록 관계기관에 배포하여야 한다.

    1. 사고 개요

    2. 사고원인 분석

    3. 조치 결과 및 사후 대책

4. 그 밖에 사고와 관련되어 필요한 사항

⑤ 국토교통부장관, 발주청, 인·허가기관의 장 및 건설사고조사위원회는 사고조사를 위하여 필요하다고 인정하는 경우에는 건설사업자 및 주택건설등록업자 등에게 관련 자료의 제출을 요청할 수 있다. 〈개정 2020. 1. 7.〉

⑥ 제1항부터 제5항까지 규정한 사항 외에 건설사고 발생 보고 및 중대건설 현장사고의 조사에 필요한 세부 사항은 국토교통부장관이 정하여 고시[48]한다.

■ **중대건설 현장사고의 공동조사**(「건설기술 진흥법 시행규칙」 제62조)

① 삭제 〈2016. 3. 7.〉

② 국토교통부장관, 발주청 및 인·허가기관의 장은 영 제105조 제3항에 따른 사고(이하 "중대건설 현장사고"라 한다.)에 대하여 고용노동부장관이 「산업안전보건법」 제26조 제4항에 따른 중대재해 발생원인 조사(이하 "중대재해 발생원인 조사"라 한다.)를 하는 경우에는 영 제106조 제2항 각호에 해당하는 사람을 참여시켜 공동조사할 수 있도록 고용노동부장관에게 요청할 수 있다. 〈개정 2016. 3. 7.〉

③ 제2항에 따른 공동조사를 하는 경우에는 법 제67조에 따른 사고조사를 하지 아니한다.

8. 안전관리비 및 산업안전보건관리비

안전관리비란 「건설기술 진흥법 시행규칙」 제60조 제1항에 따른 건설공사의 안전관리에 필요한 비용으로써 「건설기술 진흥법」의 적용을 받으며 산업안전보건관리비[49]는 건설사업장과 본사 안전전담부서에서 산업재해[50]의 예방을 위하여 법령에 규정된 사항의 이행에 필요한 비용으로서 「산업안전보건법」의 적용을 받는다. 관할부서 역시 국토교통부와 고용노동부로 나뉘며 사용기준도 약간 다르게 적용된다. 이와 관련하여 소규모 건축물에 대한 산업재해 예방을 위하여 건설재해예방전문지도기관을 선정해야 되는 대상과 업무 범위, 지도기준은 어떻게 되는지 함께 살펴보자.

---

48) 건설사고조사위원회 운영규정(국토교통부고시)- 참조
49) 건설업 산업안전보건관리비 계상 및 사용기준(고용노동부고시)- 참조
50) "산업재해"란 노무를 제공하는 자가 업무에 관계되는 건설물·설비·원재료·가스·증기·분진 등에 의하거나 작업 또는 그 밖의 업무로 인하여 사망 또는 부상하거나 질병에 걸리는 것을 말한다(산업안전보건법 제2조).

안전관리비와 산업안전보건관리비는 반드시 해당 목적에만 사용하여야 하며, 발주자 또는 건설사업관리용역사업자가 확인한 안전관리 활동실적에 따라 정산하여야 한다.

안전관리비와 산업안전보건관리비를 공사 금액에 계상하지 않은 발주자는 1천만 원 이하의 과태료를 부과받을 수 있다(「건진법」 제91조 제2항, 「산안법」 제175조 제4항).

| 안전관리비

■ 안전관리비용 계상(「건설기술 진흥법」 제63조)

① 건설공사의 발주자는 건설공사 계약을 체결할 때에 건설공사의 안전관리에 필요한 비용(이하 "안전관리비"라 한다.)을 국토교통부령으로 정하는 바에 따라 공사 금액에 계상하여야 한다.

② 건설공사의 규모 및 종류에 따른 안전관리비의 사용방법 등에 관한 기준은 국토교통부령으로 정한다.

■ 안전관리비(「건설기술 진흥법 시행규칙」 제60조)

① 법 제63조 제1항에 따른 건설공사의 안전관리에 필요한 비용(이하 "안전관리비"라 한다.)에는 다음 각호의 비용이 포함되어야 한다. 〈개정 2020. 12. 14.〉

　1. 안전관리계획의 작성 및 검토 비용, 또는 소규모안전관리계획의 작성 비용
　2. 영 제100조 제1항 제1호 및 제3호에 따른 안전점검 비용
　3. 발파·굴착 등의 건설공사로 인한 주변 건축물 등의 피해방지대책 비용
　4. 공사장 주변의 통행안전관리대책 비용
　5. 계측장비, 폐쇄회로 텔레비전 등 안전 모니터링 장치의 설치·운용 비용
　6. 법 제62조 제11항에 따른 가설구조물의 구조적 안전성 확인에 필요한 비용
　7. 「전파법」 제2조 제1항 제5호 및 제5호의 2에 따른 무선설비 및 무선통신을 이용한 건설공사 현장의 안전관리체계 구축·운용 비용

② 건설공사의 발주자는 법 제63조 제1항에 따라 안전관리비를 공사 금액에 계상하는 경우에는 다음 각호의 기준에 따라야 한다. 〈개정 2020. 3. 18.〉

　1. 제1항 제1호의 비용: 작성 대상과 공사의 난이도 등을 고려하여 「엔지니어링산업 진흥법」 제31조에 따른 엔지니어링사업 대가 기준을 적용하여 계상
　2. 제1항 제2호의 비용: 영 제100조 제8항에 따른 안전점검 대가의 세부 산출 기준

을 적용하여 계상

3. 제1항 제3호의 비용: 건설공사로 인하여 불가피하게 발생할 수 있는 공사장 주변 건축물 등의 피해를 최소화하기 위한 사전보강, 보수, 임시이전 등에 필요한 비용을 계상

4. 제1항 제4호의 비용: 공사시행 중의 통행안전 및 교통소통을 위한 시설의 설치비용 및 신호수(信號手)의 배치비용에 관해서는 토목·건축 등 관련 분야의 설계 기준 및 인건비 기준을 적용하여 계상

5. 제1항 제5호의 비용: 영 제99조 제1항 제2호의 공정별 안전점검계획에 따라 계측장비, 폐쇄회로 텔레비전 등 안전 모니터링 장치의 설치 및 운용에 필요한 비용을 계상

6. 제1항 제6호의 비용: 법 제62조 제11항에 따라 가설구조물의 구조적 안전성을 확보하기 위하여 같은 항에 따른 관계전문가의 확인에 필요한 비용을 계상

7. 제1항 제7호의 비용: 건설공사 현장의 안전관리체계 구축·운용에 사용되는 무선설비의 구입·대여·유지 등에 필요한 비용과 무선통신의 구축·사용 등에 필요한 비용을 계상

③ 건설공사의 발주자는 다음 각호의 어느 하나에 해당하는 사유로 인하여 추가로 발생하는 안전관리비에 대해서는 제2항 각호의 기준에 따라 안전관리비를 증액 계상하여야 한다. 다만, 발주자의 요구 또는 귀책사유로 인한 경우로 한정한다. 〈신설 2016. 7. 4.〉

1. 공사 기간의 연장
2. 설계변경 등으로 인한 건설공사 내용의 추가
3. 안전점검의 추가편성 등 안전관리계획의 변경
4. 그 밖에 발주자가 안전관리비의 증액이 필요하다고 인정하는 사유

④ 건설사업자 또는 주택건설등록업자는 안전관리비를 해당 목적에만 사용해야 하며, 발주자 또는 건설사업관리용역사업자가 확인한 안전관리 활동실적에 따라 정산해야 한다. 〈개정 2020. 3. 18.〉

⑤ 안전관리비의 계상 및 사용에 관한 세부 사항은 국토교통부장관이 정하여 고시[51]한다. 〈개정 2016. 7. 4.〉

| 산업안전보건관리비

■ 건설공사의 산업안전보건관리비 계상(「산업안전보건법」 제72조)

---

51) 건설공사 안전관리업무 수행 지침– 부록

① 건설공사발주자가 도급계약을 체결하거나 건설공사의 시공을 주도하여 총괄·관리하는 자(건설공사발주자로부터 건설공사를 최초로 도급받은 수급인은 제외한다.)가 건설공사 사업 계획을 수립할 때에는 고용노동부장관이 정하여 고시[52]하는 바에 따라 산업재해 예방을 위하여 사용하는 비용(이하 "산업안전보건관리비"라 한다.)을 도급금액 또는 사업비에 계상(計上)하여야 한다. 〈개정 2020. 6. 9.〉

② 고용노동부장관은 산업안전보건관리비의 효율적인 사용을 위하여 다음 각호의 사항을 정할 수 있다.
    1. 사업의 규모별·종류별 계상 기준
    2. 건설공사의 진척 정도에 따른 사용비율 등 기준
    3. 그 밖에 산업안전보건관리비의 사용에 필요한 사항

③ 건설공사도급인은 산업안전보건관리비를 제2항에서 정하는 바에 따라 사용하고 고용노동부령으로 정하는 바에 따라 그 사용명세서를 작성하여 보존하여야 한다. 〈개정 2020. 6. 9.〉

④ 선박의 건조 또는 수리를 최초로 도급받은 수급인은 사업 계획을 수립할 때에는 고용노동부장관이 정하여 고시하는 바에 따라 산업안전보건관리비를 사업비에 계상하여야 한다.

⑤ 건설공사도급인 또는 제4항에 따른 선박의 건조 또는 수리를 최초로 도급받은 수급인은 산업안전보건관리비를 산업재해 예방 외의 목적으로 사용해서는 아니 된다. 〈개정 2020. 6. 9.〉

■ **산업안전보건관리비의 사용**(「산업안전보건법 시행규칙」 제89조)

① 건설공사도급인은 도급금액 또는 사업비에 계상(計相)된 산업안전보건관리비의 범위에서 그의 관계수급인에게 해당 사업의 위험도를 고려하여 적정하게 산업안전보건관리비를 지급하여 사용하게 할 수 있다. 〈개정2021. 1. 19.〉

② 건설공사도급인은 법 제72조 제3항에 따라 산업안전보건관리비를 사용하는 해당 건설공사의 금액(고용노동부장관이 정하여 고시하는 방법에 따라 산정한 금액을 말한다.)이 4천만 원 이상인 때에는 고용노동부장관이 정하는 바에 따라 매월(건설공사가 1개월 이내에 종료되는 사업의 경우에는 해당 건설공사가 끝나는 날이 속하는 달을 말한다.) 사용명세서를 작성하고, 건설공사 종료 후 1년 동안 보존해야 한다. 〈개정 2021. 1. 19.〉

---

52) 건설업 산업안전보건관리비 계상 및 사용기준(고용노동부고시)– 참조

■ 건설공사의 산업재해 예방 지도(「산업안전보건법」 제73조)

① 대통령령으로 정하는 건설공사의 건설공사발주자 또는 건설공사도급인(건설공사발주자로부터 건설공사를 최초로 도급받은 수급인은 제외한다.)은 해당 건설공사를 착공하려는 경우 제74조에 따라 지정받은 전문기관(이하 "건설재해예방전문지도기관"이라 한다.)과 건설 산업재해 예방을 위한 지도계약을 체결하여야 한다. 〈개정 2021. 8. 17.〉

② 건설재해예방전문지도기관은 건설공사도급인에게 산업재해 예방을 위한 지도를 실시하여야 하고, 건설공사도급인은 지도에 따라 적절한 조치를 하여야 한다. 〈신설 2021. 8. 17.〉

③ 건설재해예방전문지도기관의 지도업무의 내용, 지도대상 분야, 지도의 수행방법, 그 밖에 필요한 사항은 대통령령으로 정한다.

■ 기술지도계약 체결 대상 건설공사 및 체결 시기(「산업안전보건법 시행령」 제59조)

① 법 제73조 제1항에서 "대통령령으로 정하는 건설공사"이란 공사 금액 1억 원 이상 120억 원(「건설산업기본법 시행령」 별표1의 종합공사를 시공하는 업종의 건설업종란 제1호의 토목공사업에 속하는 공사는 150억 원) 미만인 공사와 「건축법」 제11조에 따른 건축허가의 대상이 되는 공사를 하는 자를 말한다. 다만, 다음 각호의 어느 하나에 해당하는 공사를 하는 자는 제외한다. 〈개정 2022. 8. 16.〉

1. 공사 기간이 1개월 미만인 공사
2. 육지와 연결되지 않은 섬 지역(제주특별자치도는 제외한다.)에서 이루어지는 공사
3. 사업주가 별표4에 따른 안전관리자의 자격을 가진 사람을 선임(같은 광역지방자치단체의 구역 내에서 같은 사업주가 시공하는 셋 이하의 공사에 대하여 공동으로 안전관리자의 자격을 가진 사람 1명을 선임한 경우를 포함한다.)하여 제18조 제1항 각호에 따른 안전관리자의 업무만을 전담하도록 하는 공사
4. 법 제42조 제1항에 따라 유해위험방지계획서를 제출해야 하는 공사

② 제1항에 따른 건설공사의 건설공사발주자 또는 건설공사도급인(건설공사도급인은 건설공사발주자로부터 건설공사를 최초로 도급받은 수급인은 제외한다.)은 법 제73조 제1항의 건설 산업재해 예방을 위한 지도계약(이하 "기술지도계약"이라 한다.)을 해당 건설공사 착공일의 전날까지 체결해야 한다. 〈신설 2022. 8. 16.〉

- **건설재해예방전문지도기관의 지도 기준**(「산업안전보건법 시행령」 제60조)

법 제73조 제1항에 따른 건설재해예방전문지도기관(이하 "건설재해예방전문지도기관"이라 한다.)의 지도업무의 내용, 지도대상 분야, 지도의 수행방법, 그 밖에 필요한 사항은 별표18[53]과 같다.

9. 벌칙

- **산업안전보건법 제168조**(벌칙)

다음 각호의 어느 하나에 해당하는 자는 5년 이하의 징역 또는 5천만 원 이하의 벌금에 처한다. 〈개정 2020. 6. 9.〉

   2. 제42조 제4항 후단[54], 제53조 제3항(제166조의 2에서 준용하는 경우를 포함한다.), 제55조 제1항(제166조의 2에서 준용하는 경우를 포함한다.)·제2항(제166조의 2에서 준용하는 경우를 포함한다.) 또는 제118조 제5항에 따른 명령을 위반한 자

- **산업안전보건법 제170조**(벌칙)

다음 각호의 어느 하나에 해당하는 자는 1년 이하의 징역 또는 1천만 원 이하의 벌금에 처한다. 〈개정 2020. 3. 31.〉

   2. 제56조 제3항[55](제166조의 2에서 준용하는 경우를 포함한다.)을 위반하여 중대재해 발생 현장을 훼손하거나 고용노동부장관의 원인조사를 방해한 자
   3. 제57조 제1항[56](제166조의 2에서 준용하는 경우를 포함한다.)을 위반하여 산업재해 발생 사실을 은폐한 자 또는 그 발생 사실을 은폐하도록 교사(敎唆)하거나 공모(共謀)한 자

- **산업안전보건법 제171조**(벌칙)

다음 각호의 어느 하나에 해당하는 자는 1천만 원 이하의 벌금에 처한다. 〈개정 2020. 3. 31.〉

   1. 제69조 제1항·제2항[57], 제89조 제1항, 제90조 제2항·제3항, 제108조 제2항, 제109조 제2항 또는 제138조 제1항(제166조의 2에서 준용하는 경우를 포함한다.)·제2항을 위반한 자

---

53) 건설재해예방전문지도기관의 지도 기준— 부록
54) 유해위험방지계획서의 작성·제출 등
55) 중대재해 원인조사 등
56) 산업재해발생 은폐금지 및 보고
57) 공사 기간단축 및 공법변경금지

가설구조물의 구조적 안전성 확인

타워크레인 사고가 갈수록 늘고 있다. 엊그제만 해도 타워크레인 해체 중 마스트가 쓰러져 사상자가 발생했다는 뉴스가 나왔다. 보도에서 알 수 있듯이 잊을 만하면 나오는 것이 타워크레인 사고인 것 같다. 이를 방지하기 위해 정부는 발주자의 타워크레인 대여계약의 적정성을 확보하는 심사규정을 도입하였다. 10년 이상 된 타워크레인은 현장에 설치하기 전, 주요 부품에 대한 별도의 안전성검사를 받아야 하며, 15년 이상 된 장비에 대해서는 비파괴검사가 의무화되었다. 타워크레인 내구연한을 20년으로 정하였고 설치, 해체, 인상작업 시 해당 작업과정을 녹화한 영상자료를 제출토록 하여 기계적 위험요인을 사전에 파악할 수 있게 하는 등 검사기준도 대폭 강화하였다.

타워크레인은 건설 현장에 꼭 필요한 대표적 양중장비로써 중량물을 취급하는 건설기계인 만큼 안전사고 발생 시 대형사고로 이어질 수 있기 때문이다. 현장관리자는 관계규정에 어긋남이 없이 관리해야 사고를 미연에 방지할 수 있다는 사실을 항상 염두에 두고 실행해야 할 것이다.

타워크레인을 예로 들었지만, 건설 현장의 가설구조물은 본 공사의 품질 확보를 위하여 설치되는 시설물로서 간과하면 안 될 중요한 공정이다. 가설구조물은 일시적으로 사용하고 해체되는 시설물이라 하여 그때만 넘기면 된다는 안일한 생각으로 대충 넘어가려는 경향이 있는데, 그러다가는 큰코다친다. 잘못했다가는 품질 확보는커녕 대형재해로 이어져 공사자체를 망칠 수 있기 때문이다.

가설비계, 흙막이 지보공, 작업발판 일체형 거푸집, 동바리 등 사고위험성이 큰 중요 가설물은 설치하기 전 반드시 구조적 안전성을 확인한 후 시공해야 하며, 구조기술사 등 관계전문기술자의 서명이 든 설치 확인서를 받고 시공하는 것이 사고 예방 및 안전관리 차원에서 반드시 필요하다. 특히 법에서 정한 가설구조물을 시공하기 전 시공상세도면 및 관계전문가가 기명날인한 구조 계산서를 감리원이 받도록 법에도 규정되어 있으니 착오 없기를 바란다.

벌칙도 강화되었다. 건설엔지니어링사업자가 설계도서를 작성할 때 가설구조물에 대한 구조검토를 실시하지 아니한 경우에는 2년 이하의 징역 또는 2천만 원 이하의 벌금(「건진법」 제88조 3호)에 처하게 되어 있으니 말이다.

■ 가설구조물의 구조 검토(「건설기술 진흥법」 제48조 제5항)

건설엔지니어링사업자는 설계도서를 작성할 때에는 구조물(가설구조물을 포함한다.)에 대한 구조검토를 하여야 하며, 그 설계도서의 작성에 참여한 건설기술인의 업무 수행내용을 국토교통부장관이 정하는 바에 따라 적어야 한다. 설계도서의 일부를 변경할 때에도 같다. 〈개정 2021. 3. 16.〉

■ 설계도서 작성 참여 기술인의 업무 수행내용 명기(「건설기술 진흥법 시행규칙」 제43조)

건설엔지니어링사업자가 법 제48조 제5항에 따라 설계도서의 작성에 참여한 건설기술인의 업무 수행내용을 해당 설계도서에 적는 경우에는 해당 건설기술인의 성명 및 참여기간을 같이 적고, 해당 건설기술인으로 하여금 이를 확인한 후 서명 또는 날인하도록 해야 한다. 〈개정 2021. 9. 17.〉

■ 관계전문가 확인(「건설기술 진흥법」 제62조 일부)

⑪ 건설사업자 또는 주택건설등록업자는 동바리, 거푸집, 비계 등 가설구조물 설치를 위한 공사를 할 때 대통령령으로 정하는 바에 따라 가설구조물의 구조적 안전성을 확인하기에 적합한 분야의 「국가기술자격법」에 따른 기술사(이하 "관계전문가"라 한다.)에게 확인을 받아야 한다. 〈신설 2019. 4. 30.〉

⑫ 관계전문가는 가설구조물이 안전에 지장이 없도록 가설구조물의 구조적 안전성을 확인하여야 한다. 〈신설 2018. 12. 31.〉

■ 가설구조물의 구조적 안전성 확인(「건설기술 진흥법 시행령」 제101조의 2)

① 법 제62조 제11항에 따라 건설사업자 또는 주택건설등록업자가 같은 항에 따른 관계전문가(이하 "관계전문가"라 한다.)로부터 구조적 안전성을 확인받아야 하는 가설구조물은 다음 각호와 같다. 〈개정 2020. 5. 26.〉

1. 높이가 31미터 이상인 비계

1의 2. 브라켓(bracket) 비계

2. 작업발판 일체형 거푸집 또는 높이가 5미터 이상인 거푸집 및 동바리

3. 터널의 지보공(支保工) 또는 높이가 2미터 이상인 흙막이 지보공

4. 동력을 이용하여 움직이는 가설구조물

4의 2. 높이 10미터 이상에서 외부작업을 하기 위하여 작업발판 및 안전시설물을 일체화하여 설치하는 가설구조물

4의 3. 공사 현장에서 제작하여 조립·설치하는 복합형 가설구조물

5. 그 밖에 발주자 또는 인·허가기관의 장이 필요하다고 인정하는 가설구조물

② 관계전문가는 「기술사법」에 따라 등록된 기술사로서 다음 각호의 요건을 갖추어야 한다. 〈개정 2020. 5. 26.〉

    1. 「기술사법 시행령」 별표2의 2에 따른 건축구조, 토목구조, 토질 및 기초와 건설기계 직무 범위 중 공사감독자 또는 건설사업관리기술인이 해당 가설구조물의 구조적 안전성을 확인하기에 적합하다고 인정하는 직무 범위의 기술사일 것

    2. 해당 가설구조물을 설치하기 위한 공사의 건설사업자나 주택건설등록업자에게 고용되지 않은 기술사일 것

③ 건설사업자 또는 주택건설등록업자는 제1항 각호의 가설구조물을 시공하기 전에 다음 각호의 서류를 공사감독자 또는 건설사업관리기술인에게 제출해야 한다. 〈개정 2020. 1. 7.〉

    1. 법 제48조 제4항 제2호[58]에 따른 시공상세도면

    2. 관계전문가가 서명 또는 기명날인한 구조 계산서

건설공사의 환경관리

우리나라도 선진국 대열에 진입하면서 환경에 대한 국민 인식수준이 상당히 높아졌다. 건설 현장에서 처리해야 할 환경관련인허가 건수는 날로 증가추세에 있으며 현장운영으로 인해 피해를 당했다고 주장하는 주민들의 민원 건수 또한 감당하기 어려울 정도로 많아졌다. 이제 환경문제를 등한시해서는 업무를 진행할 수 없을 지경에 이른 것이다.

건설기술인은 건설공사로 인한 환경피해가 발생하지 않도록 최선의 노력을 기울여야 할 것이며 관련 법에 저촉되는 일이 없도록 조심해야 한다. 이를 위해서는 사업장별로 환경 위해를 예방하고 저감하는 조치가 우선이겠으나 국가 차원에서도 친환경적인 건설 현장이 될 수 있도록 기술 개발, 보급을 적극적으로 장려하고 건설기술인력의 육성과 건설환경정보시스템의 활용 촉진에 온 힘을 쏟아야 할 것이다.

건설사업관리기술인은 사업주체가 「환경영향평가법」에 따라 승인받은 환경영향평가 내용과 이에 대한 협의 내용을 충실히 이행하도록 지도·감독하는 등 해당 공사로 인한 위해를 예방하고 자연환경, 생활환경 등을 적정하게 유지·관리될 수 있도록 하여야 한다.

---

[58] 2. 건설사업자와 주택건설등록업자가 작성하여야 하는 시공상세도면

비산먼지의 발생을 억제하기 위한 시설을 설치하지 않는 경우, 1년 이하의 징역이나 1천만 원 이하의 벌금(「대기환경보전법」 제91조)에 처하며, 비산먼지 배출 신고를 하지 아니한 자는 300만 원 이하의 벌금(「대기환경보전법」 제92조)을 물을 수도 있으니 각별히 조심해야 한다. 또한, 사업장의 폐기물을 불법으로 투기한 자나 주변 환경을 오염시킨 경우에는 2년 이하의 징역이나 2천만 원 이하의 벌금에서 최대 7년 이하의 징역이나 7천만 원 이하의 벌금(「폐기물관리법」 제63조, 제65조, 제66조)에 처해질 수 도 있다.

이 장에서는 환경관리비의 사용방법은 물론 공사장소음, 진동, 비산먼지, 폐기물관리대책 등 현장적용에 꼭 필요한 환경 관련 법을 찾아 생활환경피해방지 및 저감 대책에 대해 알아보기로 하자.

■ **건설공사의 환경관리**(「건설기술 진흥법」 제66조)

① 국토교통부장관은 건설공사가 환경과 조화되게 시행될 수 있도록 관련 기술을 개발·보급하고, 다음 각호의 사항을 관계 중앙행정기관의 장과 협의하여 마련하여야 한다.

　1. 건설폐자재의 재활용

　2. 친환경 건설기술의 보급을 위한 시범사업의 추진

　3. 그 밖에 대통령령으로 정하는 환경친화적인 건설공사에 필요한 시책

② 건설공사의 발주자, 건설사업자 및 주택건설등록업자는 건설공사로 인한 환경피해를 최소한으로 줄일 수 있도록 건설공사의 환경관리를 위하여 노력하여야 한다. 〈개정 2019. 4. 30.〉

③ 건설공사의 발주자는 건설공사 계약을 체결할 때에는 환경 훼손 및 오염 방지 등 건설공사의 환경관리에 필요한 비용(이하 "환경관리비"라 한다.)을 국토교통부령으로 정하는 바에 따라 공사 금액에 계상하여야 한다.

④ 환경관리비의 사용방법 등에 관한 기준은 국토교통부령(하단 시행규칙 제61조 참조)으로 정한다.

■ **건설공사의 환경관리**(「건설기술 진흥법 시행령」 제104조)

① 법 제66조 제1항 제3호에서 "대통령령으로 정하는 환경친화적인 건설공사에 필요한 시책"이란 다음 각호의 시책을 말한다.

　1. 제77조에 따른 공사의 관리에 관하여 정한 내용을 이행하기 위한 건설공사 현장의 환경관리

2. 건설공사 현장 환경의 정비·복원

3. 환경친화적인 건설산업의 육성·지원

4. 환경친화적인 건설공사를 위한 기술인력의 육성·관리 및 건설환경정보시스템의 구축·활용 촉진

5. 「국토의 계획 및 이용에 관한 법률」 제2조 제11호에 따른 도시·군계획사업 등에 대한 환경친화적인 건설기술의 지원

6. 그 밖에 환경친화적인 건설공사를 위하여 국토교통부장관이 필요하다고 인정하여 고시하는 사항

② 제1항 제1호에 따른 건설공사 현장의 환경관리를 위하여 필요한 절차·방법 등에 관한 세부사항은 국토교통부장관이 정하여 고시[59]한다.

■ **환경관리비의 산출**(「건설기술 진흥법 시행규칙」 제61조)

① 법 제66조 제3항에 따른 건설공사의 환경관리에 필요한 비용(이하 "환경관리비"라 한다.)은 다음 각호의 비용을 합하여 산정한다.

1. 건설공사 현장에 설치하는 환경오염 방지시설의 설치 및 운영에 필요한 비용

2. 건설공사 현장에서 발생하는 폐기물의 처리 및 재활용에 필요한 비용

② 건설사업자 또는 주택건설등록업자는 제1항에 따른 비용의 사용계획을 같은 항 제1호에 따른 환경오염 방지시설을 최초로 설치하기 전까지 발주자에게 제출하고, 발주자 또는 건설사업관리용역사업자가 확인한 비용 중 간접공사비에 대해서는 그 사용실적에 따라 정산해야 한다. 〈개정 2020. 3. 18.〉

③ 제1항 각호에 따른 비용의 세부 산출기준은 별표8[60]과 같다.

④ 제1항부터 제3항에서 정한 사항 외에 환경관리비의 산출기준 및 관리에 관하여 필요한 세부 사항은 국토교통부장관이 정하여 고시[61]한다. 〈개정 2018. 6. 18.〉

---

59) 건설공사 사업관리방식 검토 기준 및 업무 수행 지침– 부록
60) 환경관리비의 세부 산출 기준– 참조
61) 환경관리비의 산출 기준 및 관리에 관한 지침(국토교통부고시)– 참조

생활환경 피해 방지 및 저감 대책

| 소음, 진동

소음(騷音)이란 기계, 기구, 시설, 그 밖의 물체 사용 또는 공동주택(「주택법」 제2조 제3호에 따른 공동주택을 말한다. 이하 같다.) 등 환경부령으로 정하는 장소에서 사람의 활동으로 인하여 발생하는 강한 소리를 말하며 진동(振動)이란 기계, 기구, 시설, 그 밖의 물체의 사용으로 인하여 발생하는 강한 흔들림을 말한다(「소음진동관리법」 제2조).

건설 현장에서 일어나는 각종 소음, 진동은 현장 주변 주민들의 생활불편으로 이어짐으로써 민원의 대상이 되는 것이 현실이다. 공사 현장 특성상 완전무결하게 진행하기엔 어려움이 따를 수 있겠지만, 건설기술인은 주민들의 생활환경이 침해받지 않도록 소음, 진동에 대한 저감 대책[62]수립에 적극적으로 노력해야 한다. 필요하다면 특정 공사 사전 신고 등 관련 대책을 숙지, 실행하여 행정제재에서 벗어남은 물론 주민들에게도 피해가 돌아가지 않도록 온 힘을 쏟아야 한다.

소음진동에 대한 규제기준을 위반했다면 공사중지를 당할 수 있으며 1년 이하의 징역 또는 1천만 원 이하의 벌금에 처해질 수도 있으니(「소음진동관리법」 제57조) 항상 신경 써야 한다.

생활소음, 진동의 규제 대상은 무엇이며, 저감 대책은 어떤 것이 있는지, 규제기준은 어떻게 되는지 알아보자.

■ 생활소음과 진동의 규제(「소음진동관리법」 제21조)

① 특별자치시장·특별자치도지사 또는 시장·군수·구청장은 주민의 조용하고 평온한 생활환경을 유지하기 위해 사업장 및 공사장 등에서 발생하는 소음·진동(산업단지나 그 밖에 환경부령으로 정하는 지역에서 발생하는 소음과 진동은 제외하며, 이하 "생활소음·진동"이라 한다.)을 규제하여야 한다. 〈개정 2020. 5. 26.〉

② 제1항에 따른 생활소음·진동의 규제대상 및 규제기준은 환경부령으로 정한다.

■ 생활소음·진동의 규제(「소음진동관리법 시행규칙」 제20조)

① 법 제21조 제1항에서 "환경부령으로 정하는 지역"이란 다음 각호의 지역을 말한다. 〈개

---

[62] 소음·진동관리법 제22조의 2(공사장 소음측정기기의 설치 권고) 특별자치시장·특별자치도지사 또는 시장·군수·구청장은 공사장에서 발생하는 소음을 적정하게 관리하기 위하여 필요한 경우에는 공사를 시행하는 자에게 소음측정기기를 설치하도록 권고할 수 있다. 〈개정 2013. 8. 13.〉

정 2019. 12. 31.〉

1. 「산업입지 및 개발에 관한 법률」 제2조 제5호에 따른 산업단지. 다만, 산업단지 중 「국토의 계획 및 이용에 관한 법률」 제36조에 따른 주거지역과 상업지역은 제외한다.

2. 「국토의 계획 및 이용에 관한 법률 시행령」 제30조에 따른 전용공업지역

3. 「자유무역지역의 지정 및 운영에 관한 법률」 제4조에 따라 지정된 자유무역지역

4. 생활소음·진동이 발생하는 공장·사업장 또는 공사장의 부지 경계선으로부터 직선거리 300미터 이내에 주택(사람이 살지 않는 폐가는 제외한다.), 운동·휴양시설 등이 없는 지역

② 법 제21조 제2항에 따른 생활소음·진동의 규제 대상은 다음 각호와 같다.

1. 확성기에 의한 소음(「집회 및 시위에 관한 법률」에 따른 소음과 국가비상훈련 및 공공기관의 대국민 홍보를 목적으로 하는 확성기 사용에 따른 소음의 경우는 제외한다.)

2. 배출시설이 설치되지 아니한 공장에서 발생하는 소음·진동

3. 제1항 각호의 지역 외의 공사장에서 발생하는 소음·진동

4. 공장·공사장을 제외한 사업장에서 발생하는 소음·진동

③ 법 제21조 제2항에 따른 생활소음·진동의 규제기준은 별표8[63]과 같다.

■ **특정 공사의 사전신고**(「소음진동관리법」 제22조)

① 생활소음·진동이 발생하는 공사로서 환경부령으로 정하는 특정 공사를 시행하려는 자는 환경부령으로 정하는 바에 따라 관할 특별자치시장·특별자치도지사 또는 시장·군수·구청장에게 신고하여야 한다. 〈개정 2013. 8. 13.〉

② 제1항에 따라 신고를 한 자가 그 신고한 사항 중 환경부령으로 정하는 중요한 사항을 변경하려면 특별자치시장·특별자치도지사 또는 시장·군수·구청장에게 변경신고를 하여야 한다. 〈개정 2013. 8. 13.〉

③ 특별자치시장·특별자치도지사 또는 시장·군수·구청장은 제1항에 따른 신고 또는 제2항에 따른 변경신고를 받은 날부터 4일 이내에 신고수리 여부를 신고인에게 통지하여야 한다. 〈신설 2021. 1. 5.〉

---

[63] 생활소음·진동의 규제기준- 부록

④ 특별자치시장·특별자치도지사 또는 시장·군수·구청장이 제3항에서 정한 기간 내에 신고 수리 여부 또는 민원 처리 관련 법령에 따른 처리기간의 연장을 신고인에게 통지하지 아니하면 그 기간(민원 처리 관련 법령에 따라 처리기간이 연장 또는 재연장된 경우에는 해당 처리기간을 말한다)이 끝난 날의 다음 날에 신고를 수리한 것으로 본다. 〈신설 2021. 1. 5.〉

⑤ 제1항에 따른 특정 공사를 시행하려는 자는 다음 각호의 사항을 모두 준수하여야 한다. 〈개정 2021. 1. 5.〉

　　1. 환경부령으로 정하는 기준에 적합한 방음시설을 설치한 후 공사를 시작할 것. 다만, 공사 현장의 특성 등으로 방음시설의 설치가 곤란한 경우로써 환경부령으로 정하는 경우에는 그러하지 아니하다.

　　2. 공사로 발생하는 소음·진동을 줄이기 위한 저감 대책을 수립·시행할 것

⑥ 제5항 제2호에 따른 저감 대책을 수립하여야 하는 경우와 저감 대책에 관한 사항은 환경부령으로 정한다. 〈개정 2021. 1. 5.〉

■ 특정 공사의 사전신고 등(「소음진동관리법 시행규칙」 제21조)

① 법 제22조 제1항에서 "환경부령으로 정하는 특정공사"란 별표9의 기계·장비를 5일 이상 사용하는 공사로서 다음 각호의 어느 하나에 해당하는 공사를 말한다. 다만, 별표9[64]의 기계·장비로서 환경부장관이 저소음·저진동을 발생하는 기계·장비라고 인정하는 기계·장비를 사용하는 공사와 제20조 제1항에 따른 지역에서 시행되는 공사는 제외한다. 〈개정 2019. 12. 20.〉

　　1. 연면적이 1천 제곱미터 이상인 건축물의 건축공사 및 연면적이 3천 제곱미터 이상인 건축물의 해체 공사

　　2. 구조물의 용적 합계가 1천 세제곱미터 이상 또는 면적 합계가 1천 제곱미터 이상인 토목건설공사

　　3. 면적 합계가 1천 제곱미터 이상인 토공사(土工事)·정지공사(整地工事)

　　4. 총연장이 200미터 이상 또는 굴착(땅파기) 토사량의 합계가 200세제곱미터 이상인 굴정(구멍 뚫기)공사

---

64) 특정 공사 사전신고 대상 기계·장비의 종류– 부록

② 법 제22조 제1항에 따라 특정 공사를 시행하려는 자(도급에 의하여 공사를 시행하는 경우에는 발주자로부터 최초로 공사를 도급받은 자를 말한다.)는 해당 공사 시행 전(건설공사는 착공 전)까지 별지 제10호 서식의 특정 공사 사전신고서에 다음 각호의 서류를 첨부하여 특별자치시장·특별자치도지사 또는 시장·군수·구청장에게 제출하여야 한다. 다만, 둘 이상의 특별자치시 또는 시·군·구(자치구를 말한다. 이하 같다.)에 걸쳐있는 건설공사의 경우에는 해당 공사 지역의 면적이 가장 많이 포함되는 지역을 관할하는 특별자치시장·시장·군수·구청장에게 신고하여야 한다. 〈개정 2014. 1. 6.〉

1. 특정 공사의 개요(공사목적과 공사일정표 포함)
2. 공사장 위치도(공사장의 주변 주택 등 피해 대상 표시)
3. 방음·방진시설의 설치명세 및 도면
4. 그 밖의 소음·진동 저감 대책

③ 제2항에 따라 신고를 받은 특별자치시장·특별자치도지사 또는 시장·군수·구청장은 별지 제11호 서식의 특정 공사 사전신고증명서를 신고인에게 내주어야 한다. 이 경우 둘 이상의 특별자치시 또는 시·군·구에 걸쳐있는 건설공사의 경우에는 다른 공사 지역을 관할하는 특별자치시장·시장·군수·구청장에게 그 신고내용을 알려야 한다. 〈개정 2014. 1. 6.〉

④ 법 제22조 제2항에서 "환경부령으로 정하는 중요한 사항"이란 다음 각호와 같다. 〈신설 2009. 1. 14.〉

1. 특정 공사 사전신고 대상 기계·장비의 30퍼센트 이상의 증가
2. 특정 공사 기간의 연장
3. 방음·방진시설의 설치명세 변경
4. 소음·진동 저감 대책의 변경

---

65) 1) 「의료법」 제3조 제2항 제3호 마목에 따른 종합병원의 부지 경계선으로부터 직선거리 50미터 이내의 지역, 2) 「도서관법」 제4조 제2항 제1호에 따른 공공도서관의 부지 경계선으로부터 직선거리 50미터 이내의 지역, 3) 「초··중등교육법」 제2조 및 「고등교육법」 제2조에 따른 학교의 부지 경계선으로부터 직선거리 50미터 이내의 지역, 4) 「주택법」 제2조 제3호에 따른 공동주택의 부지 경계선으로부터 직선거리 50미터 이내의 지역, 5) 「국토의 계획 및 이용에 관한 법률」 제36조 제1항 제1호 가목에 따른 주거지역 또는 같은 법 제51조 제3항에 따른 제2종 지구단위계획구역(주거형만을 말한다.), 6) 「의료법」 제3조 제2항 제3호 라목에 따른 요양병원 중 100개 이상의 병상을 갖춘 노인을 대상으로 하는 요양병원의 부지 경계선으로부터 직선거리 50미터 이내의 지역, 7) 「영유아보육법」 제2조 제3호에 따른 어린이집 중 입소규모 100명 이상인 어린이집의 부지 경계선으로부터 직선거리 50미터 이내의 지역

5. 공사 규모의 10퍼센트 이상 확대

⑤ 법 제22조 제2항에 따라 변경신고를 하려는 자는 별지 제12호 서식의 특정 공사 변경신고서에 다음 각호의 서류를 첨부하여 특별자치시장·특별자치도지사 또는 시장·군수·구청장에게 제출해야 한다. 다만, 제4항 제2호에 해당하는 경우에는 제3항에 따른 사전신고증명서의 특정 공사 기간이 종료되기 전까지 제출해야 한다. 〈개정 2019. 12. 31.〉
   1. 변경 내용을 증명하는 서류
   2. 특정 공사 사전신고증명서
   3. 그 밖의 변경에 따른 소음·진동 저감 대책

⑥ 법 제22조 제3항 제1호 본문에 따른 공사장 방음시설의 설치 기준은 별표10[66]과 같다. 〈개정 2010. 6. 30.〉

⑦ 법 제22조 제3항 제1호 단서에 따른 방음시설의 설치가 곤란한 경우는 다음 각호의 어느 하나와 같다. 〈개정 2010. 6. 30.〉
   1. 공사 지역이 협소하여 방음벽시설을 사전에 설치하기 곤란한 경우
   2. 도로공사 등 공사구역이 광범위한 선형공사에 해당하는 경우
   3. 공사 지역이 암반으로 되어 있어 방음벽시설의 사전 설치에 따른 소음 피해가 우려되는 경우
   4. 건축물의 해체 등으로 방음벽시설을 사전에 설치하기 곤란한 경우
   5. 천재지변·재해 또는 사고로 긴급히 처리할 필요가 있는 복구공사의 경우

⑧ 법 제22조 제4항에 따른 저감 대책은 다음 각호와 같다. 〈개정 2010. 6. 30.〉
   1. 소음이 적게 발생하는 공법과 건설기계의 사용
   2. 이동식 방음벽시설이나 부분 방음시설의 사용
   3. 소음발생 행위의 분산과 건설기계 사용의 최소화를 통한 소음 저감
   4. 휴일 작업중지와 작업시간의 조정

■ **폭약의 사용으로 인한 소음·진동의 방지**(「소음진동관리법」 제25조)
특별자치시장·특별자치도지사 또는 시장·군수·구청장은 폭약의 사용으로 인한 소음·진동피해를 방지할 필요가 있다고 인정하면 시·도경찰청장에게 「총포·도검·화약류 등 단속법」

---

66) 공사장 방음시설 설치 기준- 부록

에 따라 폭약을 사용하는 자에게 그 사용의 규제에 필요한 조치할 것을 요청할 수 있다. 이 경우 시·도경찰청장은 특별한 사유가 없으면 그 요청에 따라야 한다. 〈개정 2020. 12. 22.〉

| 비산먼지

■ 비산먼지의 규제(「대기환경보전법」 제43조)

① 비산배출되는 먼지(이하 "비산먼지"라 한다.)를 발생시키는 사업으로서 대통령령으로 정하는 사업을 하려는 자는 환경부령으로 정하는 바에 따라 특별자치시장·특별자치도지사·시장·군수·구청장(자치구의 구청장을 말한다. 이하 같다.)에게 신고하고 비산먼지의 발생을 억제하기 위한 시설을 설치하거나 필요한 조치를 하여야 한다. 이를 변경하려는 경우에도 또한 같다. 〈개정 2019. 1. 15.〉

② 제1항에 따른 사업의 구역이 둘 이상의 특별자치시·특별자치도·시·군·구(자치구를 말한다)에 걸쳐 있는 경우에는 그 사업 구역의 면적이 가장 큰 구역(제1항에 따른 신고 또는 변경신고를 할 때 사업의 규모를 길이로 신고하는 경우에는 그 길이가 가장 긴 구역을 말한다.)을 관할하는 특별자치시장·특별자치도지사·시장·군수·구청장에게 신고하여야 한다. 〈신설 2020. 12. 29.〉

③ 특별자치시장·특별자치도지사·시장·군수·구청장은 제1항에 따른 신고 또는 변경신고를 받은 경우 그 내용을 검토하여 이 법에 적합하면 신고 또는 변경신고를 수리하여야 한다. 〈신설 2020. 12. 29.〉

④ 제3항에 따라 신고 또는 변경신고를 수리한 특별자치시장·특별자치도지사·시장·군수·구청장은 제1항에 따른 비산먼지의 발생을 억제하기 위한 시설의 설치 또는 필요한 조치를 하지 아니하거나, 그 시설이나 조치가 적합하지 아니하다고 인정하는 경우에는 그 사업을 하는 자에게 필요한 시설의 설치나 조치의 이행 또는 개선을 명할 수 있다. 〈개정 2020. 12. 29.〉

⑤ 제3항에 따라 신고 또는 변경신고를 수리한 특별자치시장·특별자치도지사·시장·군수·구청장은 제3항에 따른 명령을 이행하지 아니하는 자에게는 그 사업을 중지시키거나 시설 등의 사용 중지 또는 제한하도록 명할 수 있다. 〈개정 2020. 12. 29.〉

⑥ 제2항 및 제3항에 따라 신고 또는 변경신고를 수리한 특별자치시장·특별자치도지사·시장·군수·구청장은 해당 사업이 걸쳐 있는 다른 구역을 관할하는 특별자치시장·특별자치도지사·시장·군수·구청장이 그 사업을 하는 자에 대하여 제4항 또는 제5항에 따른 조치를 요구하는 경우 그에 해당하는 조치를 명할 수 있다. 〈신설 2020. 12. 29.〉

⑦ 환경부장관 또는 시·도지사는 제6항에 따른 요구를 받은 특별자치시장·특별자치도지사·시장·군수·구청장이 정당한 사유 없이 해당 조치를 명하지 않으면 해당 조치를 이행하도록 권고할 수 있다. 이 경우 권고를 받은 특별자치시장·특별자치도지사·시장·군수·구청장은 특별한 사유가 없으면 이에 따라야 한다. 〈신설 2020. 12. 29.〉

■ **비산먼지 발생 사업**(「대기환경보전법 시행령」 제44조)

법 제43조 제1항 전단에서 "대통령령으로 정하는 사업"이란 다음 각호의 사업 중 환경부령으로 정하는 사업[67]을 말한다. 〈개정 2019. 7. 16.〉

    1. 시멘트·석회·플라스터 및 시멘트 관련 제품의 제조업 및 가공업
    2. 비금속물질의 채취업, 제조업 및 가공업
    3. 제1차 금속 제조업
    4. 비료 및 사료제품의 제조업
    5. 건설업(지반 조성공사, 건축물 축조공사, 토목공사, 조경공사 및 도장공사로 한정한다.)
    6. 시멘트, 석탄, 토사, 사료, 곡물 및 고철의 운송업
    7. 운송장비 제조업
    8. 저탄시설(貯炭施設)의 설치가 필요한 사업
    9. 고철, 곡물, 사료, 목재 및 광석의 하역업 또는 보관업
    10. 금속제품의 제조업 및 가공업
    11. 폐기물 매립시설 설치·운영 사업

■ **비산먼지 발생 사업의 신고**(「대기환경보전법 시행규칙」 제58조)

① 법 제43조 제1항에 따라 비산먼지 발생 사업(시멘트·석탄·토사·사료·곡물·고철의 운송업은 제외한다.)을 하려는 자(영 제44조 제5호에 따른 건설업을 도급에 의하여 시행하는 경우에

---

67) 대기환경보전법 시행규칙 제57조
영 제44조에서 "환경부령으로 정하는 사업"이란 별표13(비산먼지 발생 사업)의 사업을 말한다. - 부록

는 발주자로부터 최초로 공사를 도급받은 자를 말한다.)는 별지 제24호 서식의 비산먼지 발생 사업 신고서를 사업 시행 전(건설공사의 경우에는 착공 전)에 특별자치시장·특별자치도지사·시장·군수·구청장(자치구의 구청장을 말하며, 이하 "시장·군수·구청장"이라 한다.)에게 제출하여야 하며, 신고한 사항을 변경하려는 경우에는 별지 제24호 서식의 비산먼지 발생 사업 변경신고서를 변경 전(제2항 제1호의 경우에는 이를 변경한 날부터 30일 이내, 같은 항 제5호의 경우에는 제8항에 따라 발급받은 비산먼지 발생 사업 등 신고증명서에 기재된 설치기간 또는 공사기간의 종료일까지)에 시장·군수·구청장에게 제출하여야 한다. 다만, 신고대상 사업이 「건축법」 제16조에 따른 착공신고대상사업인 경우에는 그 공사의 착공 전에 별지 제24호 서식의 비산먼지 발생 사업 신고서 또는 비산먼지 발생 사업 변경신고서와 「폐기물관리법 시행규칙」 제18조 제2항에 따른 사업장폐기물배출자 신고서를 함께 제출할 수 있다. 〈개정 2017. 12. 28.〉

② 법 제43조 제1항 후단에 따라 변경신고를 하여야 하는 경우는 다음 각호와 같다. 〈개정 2021. 6. 30.〉

1. 사업장의 명칭 또는 대표자를 변경하는 경우
2. 비산먼지 배출공정을 변경하는 경우
3. 다음 각 목에 해당하는 사업 또는 공사의 규모를 늘리거나 그 종류를 추가하는 경우
    가. 별표13 제1호 가목 중 시멘트제조업(석회석의 채광·채취 공정이 포함되는 경우만 해당한다.)
    나. 별표13 제5호 가목부터 바목까지에 해당하는 공사로서 사업의 규모가 신고대상사업 최소규모의 10배 이상인 공사
3의 2. 제3호 각 목 외의 사업으로서 사업의 규모를 10퍼센트 이상 늘리거나 그 종류를 추가하는 경우
4. 비산먼지 발생억제시설 또는 조치사항을 변경하는 경우
5. 공사 기간을 연장하는 경우(건설공사의 경우에만 해당한다.)

③ 법 제43조 제2항에 따라 신고 또는 변경신고를 받은 시장·군수·구청장은 다른 사업구역을 관할하는 시장·군수·구청장에게 신고내용을 알려야 한다. 〈개정 2021. 6. 30.〉

④ 법 제43조 제1항에 따른 비산먼지의 발생을 억제하기 위한 시설의 설치 및 필요한 조치에 관한 기준은 별표14[68]와 같다.

---

68) 비산먼지 발생을 억제하기 위한 시설의 설치 및 필요한 조치에 관한 기준- 부록

⑤ 시장·군수·구청장은 다음 각호의 비산먼지 발생 사업자로서 별표14의 기준을 준수하여도 주민의 건강·재산이나 동식물의 생육에 상당한 위해를 가져올 우려가 있다고 인정하는 사업자에게는 제4항에도 불구하고 별표15[69]의 기준을 전부 또는 일부 적용할 수 있다. 〈개정 2013. 5. 24.〉

1. 시멘트 제조업자
2. 콘크리트제품 제조업자
3. 석탄제품 제조업자
4. 건축물 축조공사자
5. 토목공사자

⑥ 시장·군수·구청장은 법 제43조 제1항에 따라 비산먼지의 발생을 억제하기 위한 시설을 설치하거나 필요한 조치를 할 때에 사업자가 설치기술이나 공법 또는 다른 법령의 시설 설치 제한규정 등으로 인하여 제4항의 기준을 준수하는 것이 특히 곤란하다고 인정되는 경우에는 신청에 따라 그 기준에 맞는 다른 시설의 설치 및 조치를 하게 할 수 있다. 〈개정 2013. 5. 24.〉

⑦ 제6항에 따른 신청을 하려는 사업자는 별지 제25호 서식의 비산먼지 시설기준 변경신청서에 제4항의 기준에 맞는 다른 시설의 설치 및 조치의 내용에 관한 서류를 첨부하여 시장·군수·구청장에게 제출하여야 한다. 〈개정 2013. 5. 24.〉

⑧ 제1항에 따른 신고를 받은 시장·군수·구청장은 별지 제26호 서식의 신고증명서를 신고인에게 발급하여야 한다. 〈개정 2013. 5. 24.〉

「비산먼지 저감 대책 추진에 관한 업무처리규정」 일부(환경부훈령)

제1조(목적)

이 훈령은 「대기환경보전법」(이하 "법"이라 한다.) 제43조, 같은 법 시행령(이하 "영"이라 한다.) 제44조, 같은 법 시행규칙(이하 "규칙"이라 한다.) 제57조 및 제58조에 따른 비산먼지 관리업무를 효율적으로 추진하기 위하여 필요한 사항을 정함을 목적으로 한다.

제2조(정의)

이 규정에서 적용되는 용어의 뜻은 다음 각호와 같다.

1. "비산먼지"란 일정한 배출구 없이 대기 중에 직접 배출되는 먼지를 말한다.

---

[69] 비산먼지의 발생을 억제하기 위한 시설의 설치 및 필요한 조치에 관한 엄격한 기준- 부록

2. "분체상 물질"이란 토사·석탄·시멘트 등과 같은 정도의 먼지를 발생시킬 수 있는 물질을 말한다.

3. "특별관리공사장"이란 건축물축조공사, 토목공사, 조경공사, 건축물 해체 공사, 토공사 및 정지공사 중 비산먼지 발생 사업 신고대상 최소 규모의 10배 이상 공사장을 말한다.

4. "특별관리지역"이란 단지 지역 내 건축물축조공사의 연면적이 비산먼지 발생 사업 신고 대상 최소 규모의 100배 이상 또는 굴절공사, 토목공사, 조경공사, 건축물해체 공사의 연면적이 비산먼지 발생 사업 신고대상 최소 규모의 10배 이상 되는 공사장이 있는 지역을 말한다.

5. "특별관리사업장"이란 시멘트 제조공정에 석회석의 채광·채취 공정이 포함된 시멘트 제조사업장을 말한다.

제4조(특별관리지역·공사장·사업장의 지정 등)

① 시장·군수·구청장은 제2조 제3호부터 제5호까지에 해당하는 공사장, 지역 또는 사업장을 각각 특별관리공사장, 특별관리지역 또는 특별관리사업장으로 지정할 수 있다.

② 시장·군수·구청장은 제1항에 따라 특별관리공사장 및 특별관리지역을 지정한 경우에는 동 사업장의 비산먼지 발생 저감을 위하여 규칙 별표15[70]에 의한 엄격한 기준을 일부 또는 전부를 적용할 수 있다.

③ 시장·군수·구청장은 제2항에 따라 엄격한 기준을 적용하고자 하는 경우에는 다음 각호의 사항을 사업자에게 미리 알려 엄격한 기준에 적합한 시설 설치 등을 할 수 있는 충분한 기간을 주어야 한다.

1. 특별관리공사장 또는 지역으로 지정하는 기간
2. "비산먼지의 발생을 억제하기 위한 시설의 설치 및 필요한 조치에 관한 엄격한 기준" 적용에 관한 사항
3. 비산먼지 발생 억제공법의 사용에 관한 사항
4. 비산먼지 발생 사업장에 대한 지도·점검 시 확인사항

제5조(특별관리 지역·공사장·사업장 관리)

① 시장·군수·구청장은 건축·건설 등 각종공사 허가 신청시 반드시 환경관련 부서에서

---

[70] 비산먼지의 발생을 억제하기 위한 시설의 설치 및 필요한 조치에 관한 엄격한 기준– 부록

비산먼지 발생 사업 해당 여부를 확인할 수 있도록 다음 각호를 준수하여야 한다.

    1. 공사허가내역을 환경부서에 통보하고, 환경부서는 통보받은 허가내역 중 비산먼지 발생대상사업에 해당하는 사업장에 비산먼지관련 신고절차(신고시기 및 신고주체 등) 안내

    2. 도로점용허가시는 도로상에서의 비산먼지 발생억제대책 수립 여부를 확인 후 허가하도록 관련 부서에 협조

    3. 표준품셈에 의한 각종 비산먼지억제시설 등 환경보전에 필요한 예산확보 여부

  ② 시장·군수·구청장은 특별관리공사장 및 특별관리지역 내의 사업장에 대한 지도·점검은 분기 1회 이상 실시하되, 비산먼지가 많이 발생하는 시기에는 월 1회 이상 실시할 수 있다.

  ③ 시장·군수·구청장은 특별관리사업장에 대하여 분기 1회 이상 지도·점검을 실시하여야 한다.

  ④ 시장·군수·구청장은 특별관리공사장에 대하여 사업자에게 「건축법 시행규칙」 제18조에 따라 설치하는 건축허가표지판에 비산먼지 발생 사업과 관련한 신고사항 및 관리책임자 등을 기재하도록 하여야 한다.

제6조(특별관리공사장 먼지 저감 조치)

  ① 시장·군수·구청장은 제4조의 규정에 의거 지정된 특별관리공사장에 대하여는 규칙 제58조 제5항에 따른 엄격한 기준을 적용하는 등 사업자에게 먼지 발생 저감을 위하여 적정조치를 강구토록 하여야 한다.

  ② 시장·군수·구청장은 당해 사업자에게 특별공사장 내 차량통행 도로에 대하여 우선 포장토록 하여야 하며, 건축물축조공사장은 건물바닥을 1일 2회 이상 청소하도록 하여야 한다.

  ③ 시장·군수·구청장은 공사장으로부터 도로에 토사 유출 및 출입차량의 세륜·세차 이행 여부를 확인하기 위하여 공사장 출입구에 먼지관리 전담요원을 배치토록 하여야 한다.

  ④ 시장·군수·구청장은 공사 인·허가 시 먼지 발생이 최소화될 수 있는 공법을 사용토록 적극 권장하고 환경 관련 부서와 인·허가 부서와의 유기적인 협조하에 지도·감독을 철저히 하여야 한다.

제7조(특별관리지역 내 공사장 및 특별관리사업장의 효율적 관리)

① 시장·군수·구청장은 특별관리지역 내 신규사업장에 대하여 다음 각호의 사항을 포함한 비산먼지 저감 대책을 사업 시행 이전에 제출토록 하여 적정 여부를 검토하고 필요시 보완조치 할 수 있다.

    1. 사업의 개요

    2. 비산먼지로 인한 주변 환경에의 영향 예측

    3. 공정별 비산먼지 세부 저감 방안

    4. 저감 방안 이행 시 예상효과

② 시장·군수·구청장 등은 제1항의 규정에 의거 제출된 사업장별 비산먼지 저감 대책 중 공동으로 추진이 가능한 비산먼지 관련 저감시설 등은 상호 협의하여 공동으로 설치하게 할 수 있다.

③ 시장·군수·구청장은 특별관리지역 내 공사장 및 특별관리사업장에서 발생하는 비산먼지로 인하여 동 지역 외의 인근 도로에 영향이 미친다고 판단되는 경우에는 당해 사업자로 하여금 도로 청소 등 필요한 조치를 하게 할 수 있다.

④ 시장·군수·구청장은 특별관리지역 내의 공사장 먼지 저감 조치는 제6조에서 정하는 바에 따라 관리하여야 한다.

제9조(분체상 물질 운반차량 비산먼지 관리)

① 시장·군수·구청장은 분체상 물질 운반차량에 대하여 규칙 제58조 별표14[71]에 의한 기준 준수 여부를 주기적으로 확인하여야 한다.

② 제1항에 의한 확인 시에는 다음 각호의 사항을 중점 점검한다.

    1. 적재물에 방진덮개를 적정하게 설치하여 먼지의 흩날림이 없는지 여부

    2. 적재함 상단으로부터 수평 5cm 이하까지만 적재물을 적재하였는지 여부

    3. 세륜 및 측면살수를 적정하게 실시하였는지 여부

---

[71] 비산먼지 발생을 억제하기 위한 시설의 설치 및 필요한 조치에 관한 기준- 부록

제10조(배출사업장, 나대지 등의 비산먼지 관리)

① 시장·군수·구청장은 관내 시멘트 제조업체, 레미콘 제조업체 등 먼지 다량 배출 사업장과 배출업소의 공한지 등에 잔디, 수목식재 등 녹화사업이 적극 추진되도록 권장, 계도하여야 한다.

② 또한, 도시지역의 나대지나 채광이 완료된 광산, 휴식 중인 광산, 토석채취장 등에 대하여도 꽃밭 조성, 잔디 및 수목식재 등을 적극 장려하여 비산먼지 발생이 저감될 수 있도록 조치하여야 한다.

제11조(분체상 물질 저장시설의 비산먼지 관리)

① 시장·군수·구청장은 각종 분체상 물질은 가능한 한 지하저장시설의 설치·이용을 권장하고, 이 경우 운반차량 또는 운반시설이 지하에서 하역 및 이송작업이 이루어지도록 하여야 한다.

② 지상시설이 부득이 한 경우, 가능한 한 3면이 막히고 지붕이 있는 구조가 되도록 하며, 운반차량 등의 통행이 가능하고 저장물질이 저장시설의 외부로 유출되지 않도록 하는 등 바람에 의한 먼지 발생이 극소화되도록 하여야 한다.

제12조(비산먼지 발생 저감공법)

① 시장·군수·구청장은 비산먼지가 적게 발생하는 [별표][72]의 비산먼지 발생저감공법을 비산먼지 발생 사업자에게 적극 권장하여야 한다.

| 폐기물관리

■ 용어설명(「폐기물관리법」 제2조)

폐기물이란 쓰레기, 연소재(燃燒滓), 오니(汚泥), 폐유(廢油), 폐산(廢酸), 폐알칼리 및 동물의 사체(死體) 등으로서 사람의 생활이나 사업활동에 필요하지 아니하게 된 물질을 말하며(제1호) 사업장폐기물이란 「대기환경보전법」, 「물환경보전법」 또는 「소음·진동관리법」에 따라 배출시설을 설치·운영하는 사업장이나 그 밖에 대통령령으로 정하는 사업장에서 발생하는 폐기물을 말한다(제3호).

---

72) 비산먼지 발생 저감공법- 부록

■ 폐기물 발생 사업장의 범위(「폐기물관리법 시행령」 제2조)

「폐기물관리법」(이하 "법"이라 한다.) 제2조 제3호에서 "그 밖에 대통령령으로 정하는 사업장"이란 다음 각호의 어느 하나에 해당하는 사업장을 말한다. 〈개정 2018. 1. 16.〉

1. 「물환경보전법」 제48조 제1항에 따라 공공폐수처리 시설을 설치·운영하는 사업장
2. 「하수도법」 제2조 제9호에 따른 공공하수처리 시설을 설치·운영하는 사업장
3. 「하수도법」 제2조 제11호에 따른 분뇨처리 시설을 설치·운영하는 사업장
4. 「가축분뇨의 관리 및 이용에 관한 법률」 제24조에 따른 공공처리 시설
5. 법 제29조 제2항에 따른 폐기물처리 시설(법 제25조 제3항에 따라 폐기물처리업의 허가를 받은 자가 설치하는 시설을 포함한다.)을 설치·운영하는 사업장
6. 법 제2조 제4호에 따른 지정폐기물을 배출하는 사업장
7. 폐기물을 1일 평균 300킬로그램 이상 배출하는 사업장
8. 「건설산업기본법」 제2조 제4호[73]에 따른 건설공사로 폐기물을 5톤(공사를 착공할 때부터 마 칠 때까지 발생하는 폐기물의 양을 말한다.)이상 배출하는 사업장
9. 일련의 공사(제8호에 따른 건설공사는 제외한다.) 또는 작업으로 폐기물을 5톤(공사를 착공하거나 작업을 시작할 때부터 마칠 때까지 발생하는 폐기물의 양을 말한다.)이상 배출하는 사업장

■ 사업장폐기물의 처리(「폐기물관리법」 제18조)

① 사업장폐기물배출자는 그의 사업장에서 발생하는 폐기물을 스스로 처리하거나 제25조 제3항에 따른 폐기물처리업의 허가를 받은 자, 폐기물처리 신고자, 제4조나 제5조에 따른 폐기물처리 시설을 설치·운영하는 자, 「건설폐기물의 재활용 촉진에 관한 법률」 제21조에 따라 건설폐기물 처리업의 허가를 받은 자 또는 「해양폐기물 및 해양오염퇴적물 관리법」 제19조 제1항 제1호에 따라 폐기물 해양 배출업의 등록을 한 자에게 위탁하여 처리하여야 한다. 〈개정 2019. 12. 3.〉

② 삭제 〈2015. 7. 20.〉

③ 환경부령으로 정하는 사업장폐기물을 배출, 수집·운반, 재활용 또는 처분하는 자는 그 폐기물을 배출, 수집·운반, 재활용 또는 처분할 때마다 폐기물의 인계·인수에 관한 사

---

73)　"건설공사"란 토목공사, 건축공사, 산업설비공사, 조경공사, 환경시설공사, 그 밖에 명칭에 관계없이 시설물을 설치·유지·보수하는 공사(시설물을 설치하기 위한 부지조성공사를 포함한다.) 및 기계설비나 그 밖의 구조물의 설치 및 해체공사 해체 공사 등을 말한다. 다만, 다음 각 목의 어느 하나에 해당하해당하는 공사는 포함하지 아니한다.
　　가. 「전기공사업법」에 따른 전기공사, 나. 「정보통신공사업법」에 따른 정보통신공사
　　다. 「소방시설공사업법」에 따른 소방시설공사, 라. 「문화재 수리 등에 관한 법률」에 따른 문화재 수리공사

항과 계량값, 위치정보, 영상정보 등 환경부령으로 정하는 폐기물 처리 현장정보(이하 "폐기물처리현장정보"라 한다.)를 환경부령으로 정하는 바에 따라 제45조 제2항에 따른 전자정보처리프로그램에 입력하여야 한다. 다만, 의료폐기물은 환경부령으로 정하는 바에 따라 무선주파수인식방법을 이용하여 그 내용을 제45조 제2항에 따른 전자정보처리프로그램에 입력하여야 한다. 〈개정2019. 11. 26.〉

④ 환경부장관은 제3항에 따라 입력된 폐기물 인계·인수 내용을 해당 폐기물을 배출하는 자, 수집·운반하는 자, 재활용하는 자 또는 처분하는 자가 확인·출력할 수 있도록 하여야 하며, 그 폐기물을 배출하는 자, 수집·운반하는 자, 재활용하는 자 또는 처분하는 자를 관할하는 시장·군수·구청장 또는 시·도지사가 그 폐기물의 배출, 수집·운반, 재활용 및 처분 과정을 검색·확인할 수 있도록 하여야 한다. 〈개정 2010. 7. 23.〉

⑤ 환경부령으로 정하는 둘 이상의 사업장폐기물배출자는 각각의 사업장에서 발생하는 폐기물을 환경부령으로 정하는 바에 따라 공동으로 수집, 운반, 재활용 또는 처분할 수 있다. 이 경우 사업장폐기물배출자는 공동 운영기구를 설치하고 그중 1명을 공동 운영기구의 대표자로 선정하여야 하며, 폐기물처리 시설을 공동으로 설치·운영할 수 있다. 〈개정 2010. 7. 23.〉

건설공사 하자담보책임

하자란 무엇인가?

하자는 공사상 잘못으로 균열·침하(沈下)·파손·들뜸·누수 등이 발생하여 건축물 또는 시설물의 안전상·기능상 또는 미관상의 지장을 초래할 정도의 결함을 말하며, 그 구체적인 범위는 대통령령으로 정한다(「공동주택관리법」 제36조 제4항). 대통령령인 동법 시행령 제37조에는 내력구조별 하자와 시설공사별 하자의 범위가 아래와 같으며 「하자심사·분쟁조정위원회 의사·운영에 관한 규칙」 제24조에는 공동주택의 내력구조부 및 시설공사별로 발생하는 하자의 구분은 「공동주택 관리법령」 및 「공동주택하자의 조사, 보수비용 산정방법 및 하자판정기준」에 따른다고 기록되어있다.

1. 내력구조부별 하자: 다음 각 목의 어느 하나에 해당하는 경우

　　가. 공동주택 구조체의 일부 또는 전부가 붕괴된 경우

　　나. 공동주택의 구조안전상 위험을 초래하거나 그 위험을 초래할 우려가 있는 정도

의 균열·침하(沈下) 등의 결함이 발생한 경우

2. 시설공사별 하자: 공사상의 잘못으로 인한 균열·처짐·비틀림·들뜸·침하·파손·붕괴·누수·누출·탈락, 작동 또는 기능 불량, 부착·접지 또는 결선(전선 연결) 불량, 고사(枯死) 및 입상(서있는 상태) 불량 등이 발생하여 건축물 또는 시설물의 안전상·기능상 또는 미관상의 지장을 초래할 정도의 결함이 발생한 경우

건설 현장은 건축물이라는 하나의 상품을 만드는 종합공장이라 말할 수 있다. 건축물은 다양한 업종의 기능공과 각종 자재, 그리고 건설기계가 동시적, 복합적, 순차적으로 투입되어야 만들 수 있는 상품이다. 투입되는 자재의 품질은 물론 기능공의 기술능력이 각자 다를 수 있고 건설기계도 운영자의 숙련도에 따라 다를 수 있으며 기후의 변화로 품질과 공기에 영향을 받기도 한다. 여러 가지 불확실성이 존재하는 곳, 그곳이 바로 건설 현장이다.

그러므로 하자가 생길 수밖에 없는 구조이다. 물론 부실공사가 발생하지 않도록 끊임없는 기술 개발과 관계자들의 노력 또한 필요하겠지만, 현실은 생각처럼 단순하지가 않다. 수많은 하자발생으로 민원이 시도 때도 없이 발생하며 심하면 매스컴을 타고 건설기술자들이 매도되기도 한다. 책임 있는 사유로 일정 규모 이상의 하자가 발생하면 영업정지를 당하거나 과징금이 부과될 수도 있다. 그러나 하자가 발생했다고 해서 그 목적물이 사라질 때까지 모든 책임이 건설사업자에게 있는 것은 아니다. 왜냐하면, 각 재료나 구성품에 대한 내구성과 이에 따른 품질 보증기간이 각자 다르며 판정 기준이 명확하지 않기 때문이다. 그래서 공정별로 하자담보책임이 있는 것이다. 하자의 중대성을 고려하여 짧게는 1년부터 길게는 10년까지 하자보수의 기간이 정해져 있다.

하자담보책임기간에 대해서는 「건설산업기본법 시행령」 제30조에 나와 있는 건설공사의 종류별 하자담보책임기간[74]이 있으며 「공동주택관리법 시행령」 제36조에 나와 있는 시설공사별 하자담보책임기간[75]으로(「주택법」에서 다시 한 번 정리할 것임.) 나누어져 있으니 각 용도 및 시설물별로 찾아 연결해보면 이해하기 쉬울 것으로 보인다.

---

74) 건설공사의 종류별 하자담보책임기간– 부록
75) 시설공사별 담보책임기간– 부록

■ 하자담보책임(「건설산업기본법」제28조)

① 수급인은 발주자에 대하여 다음 각호의 범위에서 공사의 종류별로 대통령령으로 정하는 기간에 발생한 하자에 대하여 담보책임이 있다. 〈개정 2020. 6. 9.〉

1. 건설공사의 목적물이 벽돌쌓기식 구조, 철근콘크리트구조, 철골구조, 철골철근콘크리트구조, 그 밖에 이와 유사한 구조로 된 경우: 건설공사의 완공일과 목적물의 관리·사용을 개시한 날 중에서 먼저 도래한 날부터 10년

2. 제1호 이외의 구조로 된 경우: 건설공사 완공일과 목적물의 관리·사용을 개시한 날 중에서 먼저 도래한 날부터 5년

② 수급인은 다음 각호의 어느 하나의 사유로 발생한 하자에 대하여는 제1항에도 불구하고 담보책임이 없다.

1. 발주자가 제공한 재료의 품질이나 규격 등이 기준미달로 인한 경우

2. 발주자의 지시에 따라 시공한 경우

3. 발주자가 건설공사의 목적물을 관계 법령에 따른 내구연한(耐久年限) 또는 설계상의 구조내력(構造耐力)을 초과하여 사용한 경우

③ 건설공사의 하자담보책임기간에 관하여 다른 법령(「민법」제670조 및 제671조[76]는 제외한다.)에 특별하게 규정되어 있는 경우에는 그 법령에서 정한 바에 따른다. 다만, 공사 목적물의 성능, 특성 등을 고려하여 대통령령으로 정하는 바에 따라 도급계약에서 특별히 따로 정한 경우에는 도급계약에서 정한 바에 따른다. 〈개정 2015. 8. 11.〉

④ 하수급인의 하자담보책임에 대하여는 제1항부터 제3항까지를 준용한다. 이 경우 "수급인"은 "하수급인"으로, "발주자"는 "수급인"으로, "건설공사의 완공일과 목적물의 관리·사용을 개시한 날 중에서 먼저 도래한 날"은 "하수급인이 시공한 건설공사의 완공일과 목적물의 관리·사용을 개시한 날과 제37조 제2항에 따라 수급인이 목적물을 인수한 날 중에

---

76) 제670조(담보책임의 존속기간) ① 전 3조의 규정에 의한 하자의 보수, 손해배상의 청구 및 계약의 해제는 목적물의 인도를 받은 날로부터 1년 내에 하여야 한다.
② 목적물의 인도를 요하지 아니하는 경우에는 전항의 기간은 일의 종료한 날로부터 기산한다.
제671조(수급인의 담보책임– 토지, 건물 등에 대한 특칙) ① 토지, 건물 기타 공작물의 수급인은 목적물 또는 지반공사의 하자에 대하여 인도 후 5년간 담보의 책임이 있다. 그러나 목적물이 석조, 석회조, 연와조, 금속 기타 이와 유사한 재료로 조성된 것인 때에는 그 기간을 10년으로 한다.
② 전항의 하자로 인하여 목적물이 멸실 또는 훼손된 때에는 도급인은 그 멸실 또는 훼손된 날로부터 1년 내에 제667조의 권리를 행사하여야 한다.

서 먼저 도래한 날"로 본다. 〈신설 2021. 12. 7.〉

■ **하자담보책임기간**(「건설산업기본법 시행령」제30조)

① 법 제28조 제1항의 규정에 의한 공사의 종류별 하자담보책임기간은 별표4[77]와 같다. 〈개정 2016. 2. 11.〉

② 법 제28조 제3항 단서에 따라 건설공사의 하자담보책임기간을 도급계약에서 특별히 따로 정할 경우에는 도급계약서에 다음 각호의 사항을 알 수 있도록 명시하여야 한다. 〈신설 2016. 2. 11.〉

1. 따로 정한 하자담보책임기간과 그 사유
2. 따로 정한 하자담보책임기간으로 인하여 추가로 발생하는 하자보수보증 수수료

벌 칙

공사 중이거나 완공 후 하자담보책임기간 안에 구조물에 중대한 손괴가 발생하여 사상자가 발생하였다면 건설기술자에게 최고 무기징역에 해당하는 중벌을 내릴 수 있다고 하니 정신이 번쩍 드는 내용이 아닐 수 없다.

그만큼 건설기술인의 책무가 중요하기 때문일 것이다. 의료인이 진료를 잘못하여 사고가 발생하였다면 그 피해는 당사자에 불과하겠지만, 불특정 다수가 사용하는 다중이용시설물에서 문제가 생긴다면 그 결과는 어떻게 될까? 상상만 해도 끔찍한 일이다. 우리는 수백 명의 인명피해가 발생하여 사회적으로 엄청난 충격을 주었던 삼풍백화점의 붕괴사고와 최근에 발생한 광주아파트 구조물 붕괴 등 잇따른 대형사고를 아직도 생생하게 기억하고 있다. 책임 여부를 떠나 우리 모두 반성해야 할 사건이 아닐 수 없다.

벌칙 관련 법규를 찾다 보면 정말 공사를 잘해야겠다는 생각이 저절로 들 정도로 건설기술인에 대한 법 적용이 엄격해졌다. 나는 과연 건설기술자로서 사회적 책임과 역할을 충실히 하고 있는지, 양심에 거리낌은 없는지, 부실공사의 책임에서 자유로울 수 있는지 다시 한 번 돌아보게 한다. 벌칙이 무서워 공사를 잘해야겠다는 것은 아니지만, 아무래도 신경 쓰이는 내용이 아닐 수 없다. 특히 감리 업무를 수행하는 건설기술인은 형법 적용 시 공무원에 해당함으로(「건설기술진흥법」제84조) 가중 처벌될 수 있음을 상기해야 한다.

건설기술자로서 관련법을 위반하였을 경우 개인은 물론 회사는 어떤 불이익을 받게 되

---

77) 건설공사의 종류별 하자담보책임기간- 부록

는지 마음을 다지는 의미에서 곰곰이 생각해보자.

■ **건설기술인의 업무정지**(「건설기술 진흥법」 제24조)

① 국토교통부장관은 건설기술인이 다음 각호의 어느 하나에 해당하면 2년 이내의 기간을 정하여 건설공사 또는 건설엔지니어링 업무의 수행을 정지하게 할 수 있다. 〈개정 2021. 3. 16.〉

1. 제21조 제1항에 따라 신고 또는 변경신고를 하면서 근무처 및 경력 등을 거짓으로 신고하거나 변경·신고한 경우

2. 제23조 제1항을 위반하여 자기의 성명을 사용하여 다른 사람에게 건설공사 또는 건설엔지니어링 업무를 수행하게 하거나 건설기술경력증을 빌려준 경우

3. 제2항에 따른 시정지시 등을 3회 이상 받은 경우

3의 2. 제39조 제4항 후단에 따라 같은 항 전단에 따른 보고서(이하 "건설사업관리보고서"라 한다.)를 작성하여야 하는 건설기술인이 다음 각 목의 어느 하나에 해당하는 경우

　　가. 정당한 사유 없이 건설사업관리보고서를 작성하지 아니한 경우

　　나. 건설사업관리보고서를 거짓으로 작성한 경우

　　다. 건설사업관리보고서를 작성할 때 해당 건설공사의 주요 구조부에 대한 시공·검사·시험 등의 내용을 빠뜨린 경우

4. 공사관리 등과 관련하여 발주자 또는 건설사업관리를 수행하는 건설기술인의 정당한 시정명령에 따르지 아니한 경우

5. 정당한 사유 없이 공사 현장을 무단 이탈하여 공사 시행에 차질이 생기게 한 경우

6. 고의 또는 중대한 과실로 발주청에 재산상의 손해를 발생하게 한 경우

7. 다른 행정기관이 법령에 따라 업무정지를 요청한 경우

② 발주청은 건설기술인이 업무를 성실하게 수행하지 아니함으로써 건설공사가 부실하게 될 우려가 있으면 국토교통부령으로 정하는 바에 따라 그 건설기술인에게 시정지시 등 필요한 조치를 하고, 그 결과를 국토교통부장관에게 제출하여야 한다. 〈개정 2018. 8. 14.〉

③ 발주청과 건설공사의 허가·인가·승인 등을 한 행정기관(이하 "인·허가기관"이라 한다.)의 장은 건설기술인이 제1항 각호의 어느 하나에 해당하는 경우에는 그 사실을 국토교통부장관에게 통보하여야 하며, 국토교통부장관은 건설기술인에 대하여 제1항에 따라 업무의 수행을 정지하게 한 경우 해당 발주청 및 인·허가기관의 장에게 그 내용을 통보하여야 한다. 〈개정 2018. 8. 14.〉

④ 제1항에 따라 업무정지처분을 받은 건설기술인은 지체 없이 건설기술경력증을 국토교통부장관에게 반납하여야 하며, 국토교통부장관은 근무처 및 경력 등에 관한 기록의 수정 또는 말소 등 필요한 조치를 하여야 한다. 〈개정 2018. 8. 14.〉

⑤ 제1항에 따른 업무정지의 기준과 그 밖에 필요한 사항은 국토교통부령[78]으로 정한다.

■ 건설기술 진흥법 제85조(벌칙)

① 제28조 제1항[79]을 위반하여 착공 후부터 「건설산업기본법」 제28조에 따른 하자담보책임기간까지의 기간에 다리, 터널, 철도, 그 밖에 대통령령으로 정하는 시설물의 구조에서 주요 부분에 중대한 손괴(損壞)를 일으켜 사람을 다치거나 죽음에 이르게 한 자는 무기 또는 3년 이상의 징역에 처한다. 〈개정 2018. 12. 31.〉

② 제1항의 죄를 범하여 사람을 위험하게 한 자는 10년 이하의 징역 또는 1억 원 이하의 벌금에 처한다.

■ 주요 시설물(「건설기술 진흥법 시행령」 제120조)

법 제85조 제1항 및 제88조 제1호의 4(하단 법 제88조 참조)에서 "대통령령으로 정하는 시설물"이란 각각 다음 각호의 시설물을 말한다. 〈개정 2019. 6. 25.〉
1. 고가도로
2. 지하도
3. 활주로
4. 삭도(索道)
5. 댐
6. 항만시설 중 외곽시설·임항교통시설(臨港交通施設)·계류시설(繫留施設)
7. 연면적 5천 제곱미터 이상인 공항청사·철도역사·자동차여객터미널·종합여객시설·종합병원·판매시설·관광숙박시설·관람집회시설
8. 그 밖에 16층 이상인 건축물

---

78) 건설기술인의 업무정지 기준(건설기술진흥법 시행규칙 별표1)– 부록
79) 건설엔지니어링사업자와 그 건설엔지니어링 업무를 수행하는 건설기술인은 관계 법령에 따라 성실하고 정당하게 업무를 수행하여야 한다.

■ 건설기술 진흥법 제86조(벌칙)

① 업무상 과실로 제85조 제1항의 죄를 범하여 사람을 다치거나 죽음에 이르게 한 자는 10년 이하의 징역이나 금고 또는 1억 원 이하의 벌금에 처한다.

② 업무상 과실로 제85조 제2항의 죄를 범한 자는 5년 이하의 징역이나 금고 또는 5천만 원 이하의 벌금에 처한다.

■ 건설기술 진흥법 제88조(벌칙)

다음 각호의 어느 하나에 해당하는 자는 2년 이하의 징역 또는 2천만 원 이하의 벌금에 처한다. 〈개정 22021. 3. 16.〉

1. 제26조 제1항에 따른 등록을 하지 아니하고 건설엔지니어링 업무를 수행한 자

1의 2. 제39조 제4항 전단을 위반하여 건설사업관리보고서를 제출하지 아니하거나 같은 항 후단에 따라 건설기술인이 작성한 건설사업관리보고서를 거짓으로 수정하여 제출한 건설엔지니어링사업자

1의 3. 제39조 제4항 후단을 위반하여 정당한 사유 없이 건설사업관리보고서를 작성하지 아니하거나 거짓으로 작성한 건설기술인

1의 4. 고의로 제39조 제6항에 따른 건설사업관리 업무를 게을리하여 교량, 터널, 철도, 그 밖에 대통령령으로 정하는 시설물에 대하여 다음 각 목의 주요 부분의 구조안전에 중대한 결함을 초래한 건설엔지니어링사업자 또는 건설기술인

　　가. 철근콘크리트구조부 또는 철골구조부

　　나. 「건축법」 제2조 제7호에 따른 주요구조부

　　다. 교량의 교좌장치

　　라. 터널의 복공부위

　　마. 댐의 본체 및 여수로

　　바. 항만 계류시설의 구조체

2. 삭제 〈2018. 12. 31.〉

3. 제48조 제5항에 따른 구조검토를 하지 아니한 건설엔지니어링사업자

4. 제55조 제1항 및 제2항에 따른 품질관리계획 또는 품질시험계획을 수립·이행하지 아니하거나 품질시험 및 검사를 하지 아니한 건설사업자 또는 주택건설등록업자

5. 제57조 제2항을 위반하여 품질이 확보되지 아니한 건설자재·부재를 공급하거나 사용한 자

6. 제57조 제3항을 위반하여 반품된 레디믹스트콘크리트를 품질인증을 받지 아니하

고 재사용한 자

7. 제62조 제1항에 따른 안전관리계획을 수립·제출, 이행하지 아니하거나 거짓으로 제출한 건설사업자 또는 주택건설등록업자

7의 2. 제62조 제4항에 따른 안전점검을 하지 아니한 건설사업자 또는 주택건설등록업자

8. 제62조 제11항에 따른 관계전문가의 확인 없이 가설구조물 설치공사를 한 건설사업자 또는 주택건설등록업자

9. 제62조 제12항에 따라 가설구조물의 구조적 안전성 확인 업무를 성실하게 수행하지 아니함으로써 가설구조물이 붕괴되어 사람을 죽거나 다치게 한 관계전문가

10. 제81조를 위반하여 직무상 알게 된 비밀을 누설하거나 도용한 사람

■ 건설기술 진흥법 제89조(벌칙)

다음 각호의 어느 하나에 해당하는 자는 1년 이하의 징역 또는 1천만 원 이하의 벌금에 처한다. 〈개정 2021. 3. 16.〉

2. 제21조 제1항[80]에 따른 신고·변경신고를 하면서 근무처 및 경력 등을 거짓으로 신고하여 건설기술인이 된 자

3. 제23조[81]를 위반한 다음 각 목의 어느 하나에 해당하는 사람

　가. 다른 사람에게 자기의 성명을 사용하여 건설공사 또는 건설엔지니어링 업무를 수행하게 하거나 자신의 건설기술경력증을 빌려준 사람

　나. 다른 사람의 성명을 사용하여 건설공사 또는 건설엔지니어링 업무를 수행하거나 다른 사람의 건설기술경력증을 빌린 사람

　다. 가목 및 나목의 행위를 알선한 사람

4. 제38조 제3항[82]에 따른 검사를 거부·방해 또는 기피한 자

5. 제53조 제1항[83]에 따른 부실측정 또는 제54조 제1항에 따른 건설공사 현장 등의 점검을 거부·방해 또는 기피한 자

6. 제67조 제3항 및 제5항[84]에 따른 국토교통부장관, 발주청, 인·허가기관 및 건설사고조사 위원회의 중대건설 현장사고 조사를 거부·방해 또는 기피한 자

---

80)　건설기술인의 신고
81)　건설기술인의 명의대여 금지
82)　건설기술용역사업자의 지도. 감독 등
83)　건설공사 등의 부실측정
84)　건설공사 현장의 사고조사 등

■ **과태료**(「건설기술 진흥법」 제91조)

③ 다음 각호의 어느 하나에 해당하는 자에게는 300만 원 이하의 과태료를 부과한다. 〈개정 2021. 3. 16.〉

3. 제21조 제3항에 따른 자료를 제출하지 아니하거나 거짓으로 자료를 제출한 자

4. 제24조 제4항을 위반하여 건설기술경력증을 반납하지 아니한 건설기술인

8. 제31조 제1항·제2항에 따른 영업정지 명령을 받고 영업정지 기간에 건설엔지니어링 업무를 수행한 자(제33조에 따라 건설엔지니어링 업무를 수행한 경우는 제외한다.)

11. 제38조 제2항에 따른 업무에 관한 보고를 하지 아니하거나 관계 자료를 제출하지 아니한 자

14. 제62조 제3항·제5항 및 제8항에 따른 서류를 제출하지 아니하거나 거짓으로 제출한 자

16. 제67조 제1항에 따른 건설사고 발생 사실을 발주청 및 인·허가기관에 통보하지 아니한 건설공사 참여자(발주자는 제외한다.)

■ **과태료 부과기준**(「건설기술 진흥법 시행령」 제121조)- **참조**

- 개 요　　　　　　　　　　　　　　　　　　132
- 사업계획승인과 개발행위허가　　　　　　　135
- 감리자 지정 및 배치 기준　　　　　　　　141
- 감리자의 업무　　　　　　　　　　　　　145
- 다른 법률에 따른 감리자의 업무협조　　　148
- 공정확인서의 발급　　　　　　　　　　　149
- 관계전문기술자와의 협력　　　　　　　　151
- 공사감리비 예치 및 지급　　　　　　　　158
- 감리자에 대한 실태점검 및 조치　　　　　159
- 사업계획의 변경 및 경미한 변경　　　　　161
- 견본주택의 건축기준　　　　　　　　　　165
- 주택건설공사의 시공자 제한　　　　　　　168
- 소음 및 결로방지대책　　　　　　　　　　169
- 대피공간 설치　　　　　　　　　　　　　174
- 입주예정자 사전 방문 및 품질점검단의 운영　176
- 하자담보책임　　　　　　　　　　　　　186
- 벌 칙　　　　　　　　　　　　　　　　　189

제2장

주택법 감리

개 요

　국민의 주거안정과 주거수준의 향상에 이바지하는 것을 목적으로 하는 「주거기본법」에는 가구구성별 최소 주거면적, 용도별 방의 개수, 필수적인 설비의 기준, 안전성, 쾌적성 등을 고려한 주택의 구조, 성능 및 환경기준 등 국민이 쾌적하고 살기 좋은 생활을 영위하기 위한 최저주거 기준이 설정되어야 한다는 내용이 기록되어 있다.

　즉, 인간이 신체적 정신적으로 건강한 삶을 유지 할 수 있으려면 주거에서 최소한의 기준이 필요하다는 것이며 사회적, 경제적 여건의 변화에 따라 그 적정성이 유지되어야 한다는 것이다.

　정부의 주거정책에 관한 기본법으로서의 역할을 하는 「주거기본법」과는 달리 「주택법」은 어떤 분야를 다루는 법이며 이 법의 적용을 받는 공동주택은 어떻게 구분할까?

　「주택법」은 쾌적하고 살기 좋은 주거환경 조성에 필요한 주택의 건설 공급 및 주택시장의 관리 등에 관한 사항을 정함으로써 국민의 주거안정과 주거수준의 향상에 이바지함을 목적으로 한다(법 제1조).

　공동주택이란 건축물의 벽, 복도, 계단이나 그 밖의 설비 등의 전부 또는 일부를 공동으로 사용하는 각 세대가 하나의 건축물 안에서 각각 독립된 주거생활을 할 수 있는 구조로 된 주택을 말하며, 그 종류와 범위는 대통령령으로 정한다(법 제2조 제3호).

　대통령령(「시행령」 제3조 제1항)으로 정하는 공동주택의 종류와 범위는 다음과 같다.
　1. 「건축법시행령」 별표1 제2호 가목에 따른 아파트(이하 "아파트"라 한다.)
　2. 「건축법시행령」 별표1 제2호 나목에 따른 연립주택(이하 "연립주택"이라 한다.)
　3. 「건축법시행령」 별표1 제2호 다목에 따른 다세대주택(이하 "다세대주택"이라 한다.)

　공동주택의 종류에 속하는 아파트, 연립주택, 다세대주택은 어떻게 범위를 정하고 있는지 「건축법 시행령」 별표1을 찾아보자.

■ 「건축법 시행령」 [별표1] 용도별 건축물의 종류

　공동주택[공동주택의 형태를 갖춘 가정어린이집·공동생활가정·지역아동센터·공동육아나눔터·작은도서관·노인복지시설(노인복지주택은 제외한다.) 및 「주택법 시행령」 제10조 제1항 제1호에 따른 소형 주택을 포함한다.] 다만, 가목이나 나목에서 층수를 산정할 때 1층 전부를 필로티 구조로 하여 주차장으로 사용하는 경우에는 필로티 부분을 층수에서 제외하고, 다목에서 층수를 산정할 때 1층의 전부 또는 일부를 필로티 구조로 하여 주차장으로 사용하고 나머지 부분을 주택(주거목적으로 한정한다.) 외의 용도로 쓰는 경우에는 해당 층을 주택의 층수에서 제외하며, 가목부터 라목까지의 규정에서 층수를 산정할 때 지하층을 주택의 층수에서 제외한다.

> 가. 아파트: 주택으로 쓰는 층수가 5개 층 이상인 주택
> 나. 연립주택: 주택으로 쓰는 1개 동의 바닥면적(2개 이상의 동을 지하주차장으로 연결하는 경우에는 각각의 동으로 본다.) 합계가 660제곱미터를 초과하고, 층수가 4개 층 이하인 주택
> 다. 다세대주택: 주택으로 쓰는 1개 동의 바닥면적 합계가 660제곱미터 이하이고, 층수가 4개 층 이하인 주택(2개 이상의 동을 지하주차장으로 연결하는 경우에는 각각의 동으로 본다.)

라. 기숙사: 학교 또는 공장 등의 학생 또는 종업원 등을 위하여 쓰는 것으로서 1개 동의 공동취사시설 이용 세대 수가 전체의 50퍼센트 이상인 것(「교육기본법」 제27조 제2항에 따른 학생복지주택 및 「공공주택 특별법」 제2조 제1호의 3에 따른 공공매입임대주택 중 독립된 주거의 형태를 갖추지 않은 것을 포함한다.)

그렇다면 이 법의 적용으로 감리자를 지정해야 하는 대상은 어떻게 될까?

감리자 지정 및 배치 기준에서 자세히 언급하겠지만, 사업계획승인권자가 제15조 제1항 또는 제3항에 따른 주택건설사업계획을 승인하였을 때와 시장·군수·구청장이 제66조 제1항 또는 제2항에 따른 리모델링[85]을 허가할 때에는 「건축사법」 또는 「건설기술진흥법」에 따

---

85) (주택법 제2조 제25호) "리모델링"이란 제66조 제1항 및 제2항에 따라 건축물의 노후화 억제 또는 기능 향상 등을 위한 다음 각 목의 어느 하나에 해당하는 행위를 말한다.
  가. 대수선(大修繕)
  나. 제49조에 따른 사용검사일(주택단지 안의 공동주택 전부에 대하여 임시사용승인을 받은 경우에는 그 임시사용승인일을 말한다.) 또는 「건축법」 제22조에 따른 사용승인일부터 15년[15년 이상 20년 미만의 연수 중 특별시·광역시·특별자치시·도 또는 특별자치도(이하 "시·도"라 한다.)의 조례로 정하는 경우에는 그 연수로 한다.]이 지난 공동주택을 각 세대의 주거전용면적(「건축법」 제38조에 따른 건축물대장 중 집합건축물대장의 전유부분의 면적을 말한다.)의 30퍼센트 이내(세대의 주거전용면적이 85제곱미터 미만인 경우에는 40퍼센트 이내)에서 증축하는 행위. 이 경우 공동주택의 기능 향상 등을 위하여 공용부분에 대하여도 별도로 증축할 수 있다.
  다. 나목에 따른 각 세대의 증축 가능 면적을 합산한 면적의 범위에서 기존 세대수의 15퍼센트 이내에서 세대수를 증가하는 증축 행위(이하 "세대수 증가형 리모델링"이라 한다.) 다만, 수직으로 증축하는 행위(이하 "수직증축형 리모델링"이라 한다.)는 다음 요건을 모두 충족하는 경우로 한정한다.
    1) 최대 3개 층 이하로서 대통령령으로 정하는 범위에서 증축할 것

른 감리자격이 있는 자를 대통령령으로 정하는 바에 따라 해당 주택건설공사의 감리자로 지정하여야 한다. 다만, 사업주체가 국가·지방자치단체·한국토지주택공사·지방공사 또는 대통령령으로 정하는 자인 경우와 「건축법」 제25조에 따라 공사감리를 하는 도시형 생활주택의 경우에는 그렇지 않다(「주택법」 제43조 제1항).

공동주택 업무 흐름도

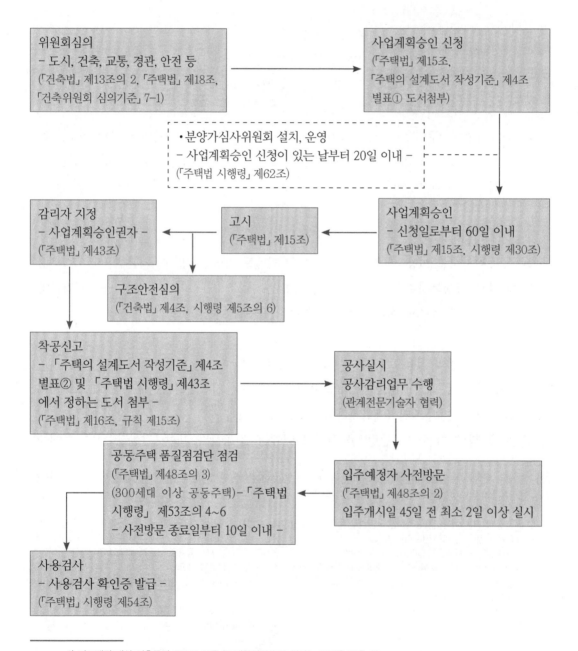

위원회심의
- 도시, 건축, 교통, 경관, 안전 등
(「건축법」 제13조의 2, 「주택법」 제18조,
「건축위원회 심의기준」 7-1)

사업계획승인 신청
(「주택법」 제15조,
「주택의 설계도서 작성기준」 제4조
별표① 도서첨부)

• 분양가심사위원회 설치, 운영
- 사업계획승인 신청이 있는 날부터 20일 이내 -
(「주택법 시행령」 제62조)

감리자 지정
- 사업계획승인권자 -
(「주택법」 제43조)

고시
(「주택법」 제15조)

사업계획승인
- 신청일로부터 60일 이내
(「주택법」 제15조, 시행령 제30조)

구조안전심의
(「건축법」 제4조, 시행령 제5조의 6)

착공신고
- 「주택의 설계도서 작성기준」 제4조
별표② 및 「주택법 시행령」 제43조
에서 정하는 도서 첨부 -
(「주택법」 제16조, 규칙 제15조)

공사실시
공사감리업무 수행
(관계전문기술자 협력)

공동주택 품질점검단 점검
(「주택법」 제48조의 3)
(300세대 이상 공동주택)-「주택법
시행령」 제53조의 4~6
- 사전방문 종료일부터 10일 이내 -

입주예정자 사전방문
(「주택법」 제48조의 2)
입주개시일 45일 전 최소 2일 이상 실시

사용검사
- 사용검사 확인증 발급 -
(「주택법」 시행령 제54조)

---

2) 리모델링 대상 건축물의 구조도 보유 등 대통령령으로 정하는 요건을 갖출 것

사업계획승인과 개발행위허가

사업계획승인은 「주택법」에서, 개발행위허가는 「국토의 계획 및 이용에 관한 법률」(이하 「국토계획법」)에서 정하는 법률적 행위를 말한다. 개발행위의 주된 내용은 하단에 기록한 바와 같이 건축물의 건축행위와 토지형질변경행위를 말하며, 이를 위해서는 행정청의 허가를 받도록 규정하고 있다. 건축물을 건축하거나 대수선하려는 자는 허가권자의 허가를 받아야 한다는 「건축법」 제11조(「건축법」 제11조에는 건축물을 건축하거나 대수선하려는 자는 허가권자의 허가를 받아야 한다고 기록되어 있다.)의 건축행위는 원칙적으로 「국토계획법」에서 규정하는 개발행위에 해당하므로 건축물을 건축하려면 개발행위허가를 받고 일을 진행해야 한다는 뜻이다. 그러므로 「건축법」에 의한 건축허가를 받으면 「국토계획법」 제56조 규정에 따른 개발행위허가를 받은 것으로 간주한다(「건축법」 제11조 제5항 제3호). 이와 같은 내용으로 볼 때 「국토계획법」에서 정한 용도지역 안에서의 건축허가는 「건축법」 제11조에 의한 건축허가와 「국토계획법」 제56조 개발행위의 성질을 동시에 갖는 것으로 보아야 한다. 그렇다면 사업계획승인과 개발행위허가란 무엇이며, 이 둘은 어떤 차이점이 있을까? 현업에 종사하는 실무자들조차 헷갈리는 경우가 많으니 사업계획승인과 개발행위허가의 차이점은 무엇인지 이번 기회에 확실하게 알고 넘어가자.

| 사업계획승인

■ 사업계획 승인 대상(「주택법」 제15조 제1항)

대통령령으로 정하는 호수 이상의 주택건설사업을 시행하려는 자 또는 대통령령으로 정하는 면적 이상의 대지조성사업을 시행하려는 자는 다음 각호의 사업계획승인권자(이하 "사업계획승인권자"라 한다. 국가 및 한국토지주택공사가 시행하는 경우와 대통령령으로 정하는 경우에는 국토교통부장관을 말하며, 이하 이 조, 제16조부터 제19조까지 및 제21조에서 같다.)에게 사업계획승인을 받아야 한다. 다만, 주택 외의 시설과 주택을 동일 건축물로 건축하는 경우 등 대통령령으로 정하는 경우에는 그러하지 아니하다.

1. 주택건설사업 또는 대지조성사업으로서 해당 대지면적이 10만 제곱미터 이상인 경우: 특별시장·광역시장·특별자치시장·도지사 또는 특별자치도지사(이하 "시·도지사"라 한다.) 또는 「지방자치법」 제198조에 따라 서울특별시·광역시 및 특별자치시를 제외한 인구 50만 이상의 대도시(이하 "대도시"라 한다.)의 시장

2. 주택건설사업 또는 대지조성사업으로서 해당 대지면적이 10만 제곱미터 미만인 경우: 특별 시장·광역시장·특별자치시장·특별자치도지사 또는 시장·군수

■ 사업계획 승인 대상(「주택법 시행령」 제27조 일부)

① 법 제15조 제1항 각호 외의 부분 본문에서 "대통령령으로 정하는 호수"란 다음 각호의 구분에 따른 호수 및 세대수를 말한다. 〈개정 2018. 2. 9.〉

　1. 단독주택: 30호. 다만, 다음 각 목의 어느 하나에 해당하는 단독주택의 경우에는 50호로 한다.

　　가. 법 제2조 제24호 각 목의 어느 하나에 해당하는 공공사업에 따라 조성된 용지를 개별필지로 구분하지 아니하고 일단(一團)의 토지로 공급받아 해당 토지에 건설하는 단독주택

　　나. 「건축법 시행령」 제2조 제16호에 따른 한옥

　2. 공동주택: 30세대(리모델링의 경우에는 증가하는 세대수를 기준으로 한다.) 다만, 다음 각 목의 어느 하나에 해당하는 공동주택을 건설(리모델링의 경우는 제외한다.)하는 경우에는 50세대로 한다.

　　가. 다음의 요건을 모두 갖춘 단지형 연립주택 또는 단지형 다세대주택

　　　1) 세대별 주거전용면적이 30제곱미터 이상일 것

　　　2) 해당 주택단지 진입도로의 폭이 6미터 이상일 것. 다만, 해당 주택단지의 진입도로가 두 개 이상인 경우에는 다음의 요건을 모두 갖추면 진입도로의 폭을 4미터 이상 6미터 미만으로 할 수 있다.

　　　　가) 두 개의 진입도로 폭의 합계가 10미터 이상일 것

　　　　나) 폭 4미터 이상 6미터 미만인 진입도로는 제5조에 따른 도로와 통행거리가 200미터 이내일 것

　　나. 「도시 및 주거환경정비법」 제2조 제1호에 따른 정비구역에서 같은 조 제2호 가목에 따른 주거환경개선사업(같은 법 제23조 제1항 제1호에 해당하는 방법으로 시행하는 경우만 해당한다.)을 시행하기 위하여 건설하는 공동주택. 다만, 같은 법 시행령 제8조 제3항 제6호에 따른 정비기반시설의 설치계획대로 정비기반시설 설치가 이루어지지 아니한 지역으로서 시장·군수·구청장이 지정·고시하는 지역에서 건설하는 공동주택은 제외한다.

② 법 제15조 제1항 각호 외의 부분 본문에서 "대통령령으로 정하는 면적"이란 1만 제곱미터를 말한다.

③ 법 제15조 제1항 각호 외의 부분 본문에서 "대통령령으로 정하는 경우"란 다음 각호의 어느 하나에 해당하는 경우를 말한다. 〈개정 2017. 10. 17.〉

1. 330만 제곱미터 이상의 규모로 「택지개발촉진법」에 따른 택지개발사업 또는 「도시개발법」에 따른 도시개발사업을 추진하는 지역 중 국토교통부장관이 지정·고시하는 지역에서 주택건설사업을 시행하는 경우

2. 수도권(「수도권정비계획법」 제2조 제1호에 따른 수도권을 말한다. 이하 같다.) 또는 광역시의 긴급한 주택난 해소가 필요하거나, 지역균형개발 또는 광역적 차원의 조정이 필요하여 국토교통부장관이 지정·고시하는 지역에서 주택건설사업을 시행하는 경우

3. 다음 각 목의 자가 단독 또는 공동으로 총지분의 50퍼센트를 초과하여 출자한 위탁관리부동산투자회사(해당 부동산투자회사의 자산관리회사가 한국토지주택공사인 경우만 해당한다.)가 「공공주택 특별법」 제2조 제3호 나목에 따른 공공주택건설사업(이하 "공공주택건설사업"이라 한다.)을 시행하는 경우

    가. 국가

    나. 지방자치단체

    다. 한국토지주택공사

    라. 지방공사

④ 법 제15조 제1항 각호 외의 부분 단서에서 "주택 외의 시설과 주택을 동일 건축물로 건축하는 경우 등 대통령령으로 정하는 경우"란 다음 각호의 어느 하나에 해당하는 경우를 말한다.

1. 다음 각 목의 요건을 모두 갖춘 사업의 경우

    가. 「국토의 계획 및 이용에 관한 법률 시행령」 제30조 제1호 다목에 따른 준주거지역 또는 같은 조 제2호에 따른 상업지역(유통상업지역은 제외한다.)에서 300세대 미만의 주택과 주택 외의 시설을 동일 건축물로 건축하는 경우일 것

    나. 해당 건축물의 연면적에서 주택의 연면적이 차지하는 비율이 90퍼센트 미만일 것

2. 「농어촌정비법」 제2조 제10호에 따른 생활환경정비사업 중 「농업협동조합법」 제2조 제4호에 따른 농업협동조합중앙회가 조달하는 자금으로 시행하는 사업인 경우

⑤ 제1항 및 제4항에 따른 주택건설규모를 산정할 때 다음 각호의 구분에 따른 동일 사업주체(「건축법」 제2조 제1항 제12호에 따른 건축주를 포함한다.)가 일단의 주택단지를 여러 개의 구역으로 분할하여 주택을 건설하려는 경우에는 전체 구역의 주택건설 호수 또는 세대수의 규모를 주택건설규모로 산정한다. 이 경우 주택의 건설기준, 부대시설 및 복리시설의 설치 기준과 대지의 조성기준을 적용할 때에는 전체 구역을 하나의 대지로 본다.

1. 사업주체가 개인인 경우: 개인인 사업주체와 그의 배우자 또는 직계존비속

2. 사업주체가 법인인 경우: 법인인 사업주체와 그 법인의 임원

| 개발행위허가

■ **개발행위의 허가**(「국토의 계획 및 이용에 관한 법률」 제56조)

① 다음 각호의 어느 하나에 해당하는 행위로서 대통령령으로 정하는 행위(이하 "개발행위"라 한다.)를 하려는 자는 특별시장·광역시장·특별자치시장·특별자치도지사·시장 또는 군수의 허가(이하 "개발행위허가"라 한다.)를 받아야 한다. 다만, 도시·군계획사업(다른 법률에 따라 도시·군계획사업을 의제한 사업을 포함한다.)에 의한 행위는 그러하지 아니하다. 〈개정 2018. 8. 14.〉

1. 건축물의 건축 또는 공작물의 설치
2. 토지의 형질변경(경작을 위한 경우로서 대통령령으로 정하는 토지의 형질변경은 제외한다.)
3. 토석의 채취
4. 토지 분할(건축물이 있는 대지의 분할은 제외한다.)
5. 녹지지역·관리지역 또는 자연환경보전지역에 물건을 1개월 이상 쌓아놓는 행위

② 개발행위허가를 받은 사항을 변경하는 경우에는 제1항을 준용한다. 다만, 대통령령으로 정하는 경미한 사항을 변경하는 경우에는 그러하지 아니하다.

③ 제1항에도 불구하고 제1항 제2호 및 제3호의 개발행위 중 도시지역과 계획관리지역의 산림에서의 임도(林道) 설치와 사방사업에 관하여는 「산림자원의 조성 및 관리에 관한 법률」과 「사방사업법」에 따르고, 보전관리지역·생산관리지역·농림지역 및 자연환경보전지역의 산림에서의 제1항 제2호(농업·임업·어업을 목적으로 하는 토지의 형질변경만 해당한다.) 및 제3호의 개발행위에 관하여는 「산지관리법」에 따른다. 〈개정 2011. 4. 14.〉

④ 다음 각호의 어느 하나에 해당하는 행위는 제1항에도 불구하고 개발행위허가를 받지 아니하고 할 수 있다. 다만, 제1호의 응급조치를 한 경우에는 1개월 이내에 특별시장·광역시장·특별자치시장·특별자치도지사·시장 또는 군수에게 신고하여야 한다. 〈개정 2011. 4. 14.〉

1. 재해복구나 재난수습을 위한 응급조치
2. 「건축법」에 따라 신고하고 설치할 수 있는 건축물의 개축·증축 또는 재축과 이에

필요한 범위에서의 토지의 형질변경(도시·군계획시설사업이 시행되지 아니하고 있는 도시·군계획시설의 부지인 경우만 가능하다.)

3. 그 밖에 대통령령으로 정하는 경미한 행위

■ **개발행위허가의 대상**(「국토의 계획 및 이용에 관한 법률 시행령」 제51조)

① 법 제56조 제1항에 따라 개발행위허가를 받아야 하는 행위는 다음 각호와 같다. 〈개정 2023. 3. 21.〉

1. 건축물의 건축: 「건축법」 제2조 제1항 제2호에 따른 건축물의 건축

2. 공작물의 설치: 인공을 가하여 제작한 시설물(「건축법」 제2조 제1항 제2호에 따른 건축물을 제외한다.)의 설치

3. 토지의 형질변경: 절토(땅깎기)·성토(흙쌓기)·정지(땅 고르기)·포장 등의 방법으로 토지의 형상을 변경하는 행위와 공유수면의 매립(경작을 위한 토지의 형질변경을 제외한다.)

4. 토석채취: 흙·모래·자갈·바위 등의 토석을 채취하는 행위(다만 토지의 형질변경을 목적으로 하는 것을 제외한다.)

5. 토지분할: 다음 각 목의 어느 하나에 해당하는 토지의 분할(「건축법」 제57조에 따른 건축물이 있는 대지는 제외한다.)

가. 녹지지역·관리지역·농림지역 및 자연환경보전지역 안에서 관계법령에 따른 허가·인가 등을 받지 아니하고 행하는 토지의 분할

나. 「건축법」 제57조 제1항에 따른 분할제한면적 미만으로의 토지의 분할

다. 관계 법령에 의한 허가·인가 등을 받지 아니하고 행하는 너비 5미터 이하로의 토지의 분할

6. 물건을 쌓아놓는 행위: 녹지지역·관리지역 또는 자연환경보전지역 안에서 「건축법」 제22조에 따라 사용승인을 받은 건축물의 울타리 안(적법한 절차에 의하여 조성된 대지에 한한다.)에 위치하지 아니한 토지에 물건을 1월 이상 쌓아놓는 행위

② 법 제56조 제1항 제2호에서 "대통령령으로 정하는 토지의 형질변경"이란 조성이 끝난 농지에서 농작물 재배, 농지의 지력 증진 및 생산성 향상을 위한 객토(새 흙 넣기)·환토(흙 바꾸기)·정지(땅 고르기) 또는 양수·배수시설의 설치·정비를 위한 토지의 형질변경으로서 다음 각호의 어느 하나에 해당하지 않는 형질변경을 말한다. 〈신설 2023. 3. 21.〉

1. 인접토지의 관개·배수 및 농작업에 영향을 미치는 경우

2. 재활용 골재, 사업장 폐토양, 무기성 오니(오염된 침전물) 등 수질오염 또는 토질오염의 우려가 있는 토사 등을 사용하여 성토하는 경우. 다만, 「농지법 시행령」 제3조의

2 제2호에 따른 성토는 제외한다.

3. 지목의 변경을 수반하는 경우(전·답 사이의 변경은 제외한다.)

4. 옹벽 설치(제53조에 따라 허가를 받지 않아도 되는 옹벽 설치는 제외한다.) 또는 2미터 이상의 절토·성토가 수반되는 경우. 다만, 절토·성토에 대해서는 2미터 이내의 범위에서 특별시·광역시·특별자치시·특별자치도·시 또는 군의 도시·군계획조례로 따로 정할 수 있다.

■ **경미한 행위**(「국토의 계획 및 이용에 관한 법률 시행령」 제53조)

법 제56조 제4항 제3호에서 "대통령령으로 정하는 경미한 행위"란 다음 각호의 행위를 말한다. 다만, 다음 각호에 규정된 범위에서 특별시·광역시·특별자치시·특별자치도·시 또는 군의 도시·군계획조례로 따로 정하는 경우에는 그에 따른다. 〈개정 2023. 3. 21.〉

1. 건축물의 건축: 「건축법」 제11조 제1항에 따른 건축허가 또는 같은 법 제14조 제1항에 따른 건축신고 및 같은 법 제20조 제1항에 따른 가설건축물 건축의 허가 또는 같은 조 제3항에 따른 가설건축물의 축조신고 대상에 해당하지 아니하는 건축물의 건축

2. 공작물의 설치

　가. 도시지역 또는 지구단위계획구역에서 무게가 50톤 이하, 부피가 50세제곱미터 이하, 수평투영면적이 50제곱미터 이하인 공작물의 설치. 다만, 「건축법 시행령」 제118조 제1항 각호의 어느 하나에 해당하는 공작물의 설치는 제외한다.

　나. 도시지역·자연환경보전지역 및 지구단위계획구역 외의 지역에서 무게가 150톤 이하, 부피가 150세제곱미터 이하, 수평투영면적이 150제곱미터 이하인 공작물의 설치. 다만, 「건축법 시행령」 제118조 제1항 각호의 어느 하나에 해당하는 공작물의 설치는 제외한다.

　다. 녹지지역·관리지역 또는 농림지역 안에서의 농림어업용 비닐하우스(「양식산업발전법」 제43조 제1항 각호에 따른 양식업을 하기 위하여 비닐하우스 안에 설치하는 양식장은 제외한다.)의 설치

3. 토지의 형질변경

　가. 높이 50센티미터 이내 또는 깊이 50센티미터 이내의 절토·성토·정지 등(포장을 제외하며, 주거지역·상업지역 및 공업지역 외의 지역에서는 지목변경을 수반하지 아니하는 경우에 한한다.)

　나. 도시지역·자연환경보전지역 및 지구단위계획구역 외의 지역에서 면적이 660제곱미터 이하인 토지에 대한 지목변경을 수반하지 아니하는 절토·성토·정지·포장 등(토지의 형질변경 면적은 형질변경이 이루어지는 당해 필지의 총면적을 말

한다. 이하 같다.)

다. 조성이 완료된 기존 대지에 건축물이나 그 밖의 공작물을 설치하기 위한 토지의 형질변경(절토 및 성토는 제외한다.)

라. 국가 또는 지방자치단체가 공익상의 필요에 의하여 직접 시행하는 사업을 위한 토지의 형질변경

4. 토석채취

가. 도시지역 또는 지구단위계획구역에서 채취면적이 25제곱미터 이하인 토지에서의 부피 50세제곱미터 이하의 토석채취

나. 도시지역·자연환경보전지역 및 지구단위계획구역 외의 지역에서 채취면적이 250제곱미터 이하인 토지에서의 부피 500세제곱미터 이하의 토석채취

5. 토지분할

가. 「사도법」에 의한 사도개설허가를 받은 토지의 분할

나. 토지의 일부를 국유지 또는 공유지로 하거나 공공시설로 사용하기 위한 토지의 분할

다. 행정재산 중 용도폐지되는 부분의 분할 또는 일반재산을 매각·교환 또는 양여하기 위한 분할

라. 토지의 일부가 도시·군계획시설로 지형도면고시가 된 당해 토지의 분할

마. 너비 5미터 이하로 이미 분할된 토지의 「건축법」 제57조 제1항에 따른 분할제한 면적 이상으로의 분할

6. 물건을 쌓아놓는 행위

가. 녹지지역 또는 지구단위계획구역에서 물건을 쌓아놓는 면적이 25제곱미터 이하인 토지에 전체 무게 50톤 이하, 전체 부피 50세제곱미터 이하로 물건을 쌓아놓는 행위

나. 관리지역(지구단위계획구역으로 지정된 지역을 제외한다.)에서 물건을 쌓아놓는 면적이 250제곱미터 이하인 토지에 전체 무게 500톤 이하, 전체 부피 500세제곱미터 이하로 물건을 쌓아놓는 행위

감리자 지정 및 배치 기준

「주택법」 제43조, 감리자지정기준을 보면 "사업계획승인권자는 「주택법」 제15조에 따른 주택건설사업계획을 승인하였을 때와 「주택법」 제66조에 따른 리모델링 허가를 하였을 경우 이 법에 따라 감리자를 지정한다."라고 되어 있다. 그렇다면 이 법의 적용으로 감리자를

지정해야 하는 대상은 어떻게 구분할까?

간단하게 말하면 세대수를 기준으로 정한다. 세대수를 산정하는 과정에서 공동주택과 단독주택은 조금 다르게 산정하는 데 특별한 요건을 갖춘 경우를 제외하고는 일반적으로 30세대를 기준으로 한다(「주택법 시행령」 제27조 참조). 그러므로 그 이상에 해당하면 사업계획승인대상이 되기 때문에 「주택법」의 적용을 받는다고 보면 되고 그에 미치지 못한다면 「건축(사)법」에 해당한다고 보면 된다. 물론 주택법의 적용을 받는 감리현장이라 하더라도 이 법 또는 시행령에서 정하는 사항 외에는 「건축(사)법」 또는 「건설기술진흥법」 등 관련법에서 정하는 바에 따라야 한다.

이와 관련하여 감리자 지정 및 배치 기준은 어떻게 되는지 살펴보자.

■ 감리자 지정(「주택법」 제43조)

① 사업계획승인권자가 제15조 제1항 또는 제3항에 따른 주택건설사업계획을 승인하였을 때와 시장·군수·구청장이 제66조 제1항 또는 제2항에 따른 리모델링의 허가를 하였을 때에는 「건축사법」 또는 「건설기술 진흥법」에 따른 감리자격이 있는 자를 대통령령으로 정하는 바에 따라 해당 주택건설공사의 감리자로 지정하여야 한다. 다만, 사업주체가 국가·지방자치단체·한국토지주택공사·지방공사 또는 대통령령으로 정하는 자인 경우와 「건축법」 제25조에 따라 공사감리를 하는 도시형 생활주택의 경우에는 그러하지 아니하다. 〈개정 2018. 3. 13.〉

② 사업계획승인권자는 감리자가 감리자의 지정에 관한 서류를 부정 또는 거짓으로 제출하거나, 업무 수행 중 위반 사항이 있음을 알고도 묵인하는 등 대통령령으로 정하는 사유에 해당하는 경우에는 감리자를 교체하고, 그 감리자에 대하여는 1년의 범위에서 감리업무의 지정을 제한할 수 있다.

③ 사업주체(제66조 제1항 또는 제2항에 따른 리모델링의 허가만 받은 자도 포함한다. 이하 이 조, 제44조 및 제47조에서 같다.)와 감리자 간의 책임 내용 및 범위는 이 법에서 규정한 것 외에는 당사자 간의 계약으로 정한다. 〈개정 2018. 3. 13.〉

④ 국토교통부장관은 제3항에 따른 계약을 체결할 때 사업주체와 감리자 간에 공정하게 계약이 체결되도록 하기 위하여 감리용역표준계약서를 정하여 보급할 수 있다.

■ 감리자의 지정 및 감리원의 배치(「주택법 시행령」 제47조)

① 법 제43조 제1항 본문에 따라 사업계획승인권자는 다음 각호의 구분에 따른 자를

주택건설공사의 감리자로 지정하여야 한다. 이 경우 인접한 둘 이상의 주택단지에 대해서는 감리자를 공동으로 지정할 수 있다. 〈개정 2021. 9. 14.〉

    1. 300세대 미만의 주택건설공사: 다음 각 목의 어느 하나에 해당하는 자[해당 주택건설공사를 시공하는 자의 계열회사(「독점규제 및 공정거래에 관한 법률」 제2조 제3호에 따른 계열회사를 말한다.)는 제외한다. 이하 제2호에서 같다.]

      가. 「건축사법」 제23조 제1항에 따라 건축사사무소개설신고를 한 자

      나. 「건설기술 진흥법」 제26조 제1항에 따라 등록한 건설엔지니어링사업자

    2. 300세대 이상의 주택건설공사: 「건설기술 진흥법」 제26조 제1항에 따라 등록한 건설엔지니어링사업자

② 국토교통부장관은 제1항에 따른 지정에 필요한 다음 각호의 사항에 관한 세부적인 기준을 정하여 고시[86]할 수 있다.

    1. 지정 신청에 필요한 제출서류

    2. 다른 신청인에 대한 제출서류 공개 및 그 제출서류 내용의 타당성에 대한 이의신청 절차

    3. 그 밖에 지정에 필요한 사항

③ 사업계획승인권자는 제2항 제1호에 따른 제출서류의 내용을 확인하는 데 필요하면 관계 기관의 장에게 사실 조회를 요청할 수 있다.

④ 제1항에 따라 지정된 감리자는 다음 각호의 기준에 따라 감리원을 배치하여 감리를 하여야 한다. 〈개정 2017. 10. 17.〉

    1. 국토교통부령으로 정하는 감리자격이 있는 자를 공사 현장에 상주시켜 감리할 것

    2. 국토교통부장관이 정하여 고시[87]하는 바에 따라 공사에 대한 감리 업무를 총괄하는 총괄감리원 1명과 공사분야별 감리원을 각각 배치할 것

    3. 총괄감리원은 주택건설공사 전기간(全期間)에 걸쳐 배치하고, 공사분야별 감리원은 해당 공사의 기간 동안 배치할 것

    4. 감리원을 해당 주택건설공사 외의 건설공사에 중복하여 배치하지 아니할 것

⑤ 감리자는 법 제16조 제2항에 따라 착공신고를 하거나 감리 업무의 범위에 속하는 각종 시험 및 자재 확인 등을 하는 경우에는 서명 또는 날인을 하여야 한다.

---

86) 주택건설공사감리자지정기준– 부록
87) 주택건설공사감리자지정기준– 부록

⑥ 주택건설공사에 대한 감리는 법 또는 이 영에서 정하는 사항 외에는 「건축사법」 또는 「건설기술 진흥법」에서 정하는 바에 따른다.

⑦ 법 제43조 제1항 단서에서 "대통령령으로 정하는 자"란 다음 각호의 요건을 모두 갖춘 위탁관리 부동산투자회사를 말한다. 〈개정 2017. 10. 17.〉

　　1. 다음 각 목의 자가 단독 또는 공동으로 총지분의 50퍼센트를 초과하여 출자한 부동산투자회사일 것

　　　가. 국가

　　　나. 지방자치단체

　　　다. 한국토지주택공사

　　　라. 지방공사

　　2. 해당 부동산투자회사의 자산관리회사가 한국토지주택공사일 것

　　3. 사업계획승인 대상 주택건설사업이 공공주택건설사업일 것

⑧ 제7항 제2호에 따른 자산관리회사인 한국토지주택공사는 법 제44조 제1항 및 이 조 제4항에 따라 감리를 수행하여야 한다.

■ 감리원의 배치 기준(「주택법 시행규칙」 제18조 일부)

① 영 제47조 제4항 제1호에서 "국토교통부령으로 정하는 감리자격이 있는 자"란 다음 각호의 구분에 따른 사람을 말한다. 〈개정 2019. 2. 25.〉

　　1. 감리 업무를 총괄하는 총괄감리원의 경우

　　　가. 1천 세대 미만의 주택건설공사: 「건설기술 진흥법 시행령」 별표1 제2호에 따른 건설사업관리 업무를 수행하는 특급기술인 또는 고급기술인. 다만, 300세대 미만의 주택건설공사인 경우에는 다음의 요건을 모두 갖춘 사람을 포함한다.

　　　　1) 「건축사법」에 따른 건축사 또는 건축사보일 것

　　　　2) 「건설기술 진흥법 시행령」 별표1 제2호에 따른 건설기술인 역량지수에 따라 등급을 산정한 결과 건설사업관리 업무를 수행하는 특급기술인 또는 고급기술인에 준하는 등급에 해당할 것

　　　　3) 「건설기술 진흥법 시행령」 별표3 제2호 나목에 따른 기본교육 및 전문교육을 받았을 것

　　　나. 1천 세대 이상의 주택건설공사: 「건설기술 진흥법 시행령」 별표1 제2호에 따른 건설사업관리 업무를 수행하는 특급기술인

2. 공사분야별 감리원의 경우:「건설기술 진흥법 시행령」별표1 제2호에 따른 건설사업관리업무를 수행하는 건설기술인. 다만, 300세대 미만의 주택건설공사인 경우에는 다음 각 목의 요건을 모두 갖춘 사람을 포함한다.

　　가. 「건축사법」에 따른 건축사 또는 건축사보일 것

　　나. 「건설기술 진흥법 시행령」별표1 제2호에 따른 건설기술인 역량지수에 따라 등급을 산정한 결과 건설사업관리 업무를 수행하는 초급 이상의 건설기술인에 준하는 등급에 해당할 것

　　다. 「건설기술 진흥법 시행령」별표3 제2호 나목에 따른 기본교육 및 전문교육을 받았을 것

② 감리자는 사업주체와 협의하여 감리원의 배치계획을 작성한 후 사업계획승인권자 및 사업주체에게 각각 보고(전자문서에 의한 보고를 포함한다.)하여야 한다. 배치계획을 변경하는 경우에도 또한 같다. 〈개정 2016. 12. 30.〉

감리자의 업무

감리자와 감리원은 용어상 어떤 차이점이 있는 걸까?

우선 감리자를 찾아보자.

감리자란 「주택건설공사감리자 지정기준」제4조 제1항에 따른 자격을 가진 자로서 주택건설공사의 감리를 하는 자를 말한다.

그렇다면 감리원이란 누구를 말하는 것일까?

감리원이란 「주택건설공사감리자 지정기준」제4조 제2항에 따른 자격을 가진 자로서 감리자에 소속되어 주택건설공사의 감리 업무를 수행하는 자를 말한다.

정리하면, 감리자란 감리 업무를 수주받은 회사를 말하며, 감리원이란 그에 소속된 건설기술인을 말하는 것으로 해석하면 될 것 같다.

감리자가 해야 할 여러 가지 업무 중에서 눈여겨볼 내용이 있다. 뒷장 공정확인서의 발급 항목에서 다시 언급하겠지만, 시행령 제49조 제1항 제4호, 국토교통부령으로 정하는 주요 공정이 예정공정표대로 완료되었는지 확인과 예정공정표보다 공사가 지연된 경우 대책의 검토 및 이행 여부의 확인이다. 주요 공정이 예정공정표보다 지연된 경우 시공자가 수립한 공정만회대책의 적정성 검토 및 이행 여부를 감리자가 확인하여 사업계획승인권자에게 보고하도록 법이 개정(시행령 제49조 제1항 제4호, 시행규칙 제18조 제3항 참조)되었기 때문이다.

■ **공사 착공신고**(「주택법 시행규칙」 제15조 제2항)

사업주체는 법 제16조 제2항에 따라 공사 착수(법 제15조 제3항에 따라 사업계획승인을 받은 경우에는 공구별 공사 착수를 말한다.)를 신고하려는 경우에는 별지 제20호 서식의 착공신고서에 다음 각호의 서류를 첨부하여 사업계획승인권자에게 제출(전자문서에 따른 제출을 포함한다.)해야 한다. 다만, 제2호부터 제5호까지의 서류는 주택건설사업의 경우만 해당한다. 〈개정 2020. 4. 1.〉

  1. 사업관계자 상호 간 계약서 사본
  2. 흙막이 구조도면(지하 2층 이상의 지하층을 설치하는 경우만 해당한다.)
  3. 영 제43조 제1항에 따라 작성하는 설계도서 중 국토교통부장관이 정하여 고시[88] 하는 도서
  4. 감리자(법 제43조 제1항에 따라 주택건설공사감리자로 지정받은 자를 말한다. 이하 같다.)의 감리계획서 및 감리의견서
  5. 영 제49조 제1항 제3호(하단 참조)에 따라 감리자가 검토·확인한 예정공정표

■ **감리자의 업무**(「주택법」 제44조 일부)

  ① 감리자는 자기에게 소속된 자를 대통령령으로 정하는 바에 따라 감리원으로 배치하고, 다음 각호의 업무를 수행하여야 한다.

  1. 시공자가 설계도서에 맞게 시공하는지 여부의 확인
  2. 시공자가 사용하는 건축자재가 관계 법령에 따른 기준에 맞는 건축자재인지 여부의 확인
  3. 주택건설공사에 대하여 「건설기술 진흥법」 제55조에 따른 품질시험을 하였는지 여부의 확인
  4. 시공자가 사용하는 마감자재 및 제품이 제54조 제3항에 따라 사업주체가 시장·군수·구청장에게 제출한 마감자재 목록표 및 영상물 등과 동일한지 여부의 확인
  5. 그 밖에 주택건설공사의 시공감리에 관한 사항으로서 대통령령으로 정하는 사항

  ② 감리자는 제1항 각호에 따른 업무의 수행 상황을 국토교통부령으로 정하는 바에 따라 사업계획승인권자(제66조 제1항 또는 제2항에 따른 리모델링의 허가만 받은 경우는 허가권자를 말한다. 이하 이 조, 제45조, 제47조 및 제48조에서 같다.) 및 사업주체에게 보

---

88) 주택의 설계도서 작성기준(국토교통부고시)— 참조

고하여야 한다. 〈개정 2018. 3. 13.〉

③ 감리자는 제1항 각호의 업무를 수행하면서 위반 사항을 발견하였을 때에는 지체 없이 시공자 및 사업주체에게 위반 사항을 시정할 것을 통지하고, 7일 이내에 사업계획승인권자에게 그 내용을 보고하여야 한다.

④ 시공자 및 사업주체는 제3항에 따른 시정 통지를 받은 경우에는 즉시 해당 공사를 중지하고 위반 사항을 시정한 후 감리자의 확인을 받아야 한다. 이 경우 감리자의 시정 통지에 이의가 있을 때에는 즉시 그 공사를 중지하고 사업계획승인권자에게 서면으로 이의신청을 할 수 있다.

⑤ 제43조 제1항(전단 「주택법」 제43조 참조)에 따른 감리자의 지정 방법 및 절차와 제4항에 따른 이의신청의 처리[89]등에 필요한 사항은 대통령령으로 정한다.

■ **감리자의 업무**(「주택법 시행령」 제49조)

① 법 제44조 제1항 제5호에서 "대통령령으로 정하는 사항"이란 다음 각호의 업무를 말한다. 〈개정 2020. 3. 10.〉
   1. 설계도서가 해당 지형 등에 적합한지에 대한 확인
   2. 설계변경에 관한 적정성 확인
   3. 시공계획·예정공정표 및 시공도면 등의 검토·확인
   4. 국토교통부령으로 정하는 주요 공정[90]이 예정공정표대로 완료되었는지 여부의 확인
   5. 예정공정표보다 공사가 지연된 경우 대책의 검토 및 이행 여부의 확인
   6. 방수·방음·단열시공의 적정성 확보, 재해의 예방, 시공상의 안전관리 및 그 밖에 건축공사의 질적 향상을 위하여 국토교통부장관이 정하여 고시하는 사항에 대한 검토·확인

---

89) 주택법 시행령 제50조(이의신청의 처리)
사업계획승인권자는 법 제44조 제4항 후단에 따른 이의신청을 받은 경우에는 이의신청을 받은 날부터 10일 이내에 처리 결과를 회신하여야 한다. 이 경우 감리자에게도 그 결과를 통보하여야 한다.
90) (주택법 시행규칙 제18조 제3항) 영 제49조 제1항 제4호에서 "국토교통부령으로 정하는 주요 공정"이란 다음 각호의 공정을 말한다. 〈신설 2020. 4. 1.〉 [시행일: 2020. 6. 11.]
1. 지하 구조물 공사 2. 옥탑층 골조 및 승강로 공사 3. 세대 내부 바닥의 미장 공사 4. 승강기 설치 공사 5. 지하 관로 매설 공사

② 국토교통부장관은 주택건설공사의 시공감리에 관한 세부적인 기준을 정하여 고시[91]할 수 있다. [시행일: 2020. 6. 11.]

■ **감리 업무 수행 상황 보고**(「주택법 시행규칙」 제18조 제4항)

감리자는 법 제44조 제2항에 따라 사업계획승인권자(법 제66조 제1항에 따른 리모델링의 허가만 받은 경우는 허가권자를 말한다. 이하 이 조 및 제20조에서 같다.) 및 사업주체에게 다음 각호의 구분에 따라 감리 업무 수행 상황을 보고(전자문서에 따른 보고를 포함한다.)해야 하며, 감리 업무를 완료하였을 때에는 최종보고서를 제출(전자문서에 따른 제출을 포함한다.)해야 한다. 〈개정 2020. 4. 1.〉

    1. 영 제49조 제1항 제4호의 업무: 예정공정표에 따른 제3항 각호의 공정 완료 예정 시기
    2. 영 제49조 제1항 제5호의 업무: 공사 지연이 발생한 때. 이 경우 국토교통부장관이 정하여 고시하는 기준에 따라 보고해야 한다.
    3. 제1호 및 제2호 외의 감리 업무 수행 상황: 분기별

다른 법률에 따른 감리자의 업무협조

■ **감리자의 업무 협조**(「주택법」 제45조)

① 감리자는 「전력기술관리법」 제14조의 2, 「정보통신공사업법」 제8조, 「소방시설공사업법」 제17조에 따라 감리 업무를 수행하는 자(이하 "다른 법률에 따른 감리자"라 한다.)와 서로 협력하여 감리 업무를 수행하여야 한다.

② 다른 법률에 따른 감리자는 공정별 감리계획서 등 대통령령으로 정하는 자료를 감리자에게 제출하여야 하며, 감리자는 제출된 자료를 근거로 다른 법률에 따른 감리자와 협의하여 전체 주택건설공사에 대한 감리계획서를 작성하여 감리 업무를 착수하기 전에 사업계획승인권자에게 보고하여야 한다.

③ 감리자는 주택건설공사의 품질·안전관리 및 원활한 공사 진행을 위하여 다른 법률에 따른 감리자에게 공정 보고 및 시정을 요구할 수 있으며, 다른 법률에 따른 감리자는 요청에 따라야 한다.

---

91) 주택건설공사감리 업무 세부 기준– 부록

■ **다른 법률에 따른 감리자의 자료제출(「주택법 시행령」 제51조)**

법 제45조 제2항에서 "공정별 감리계획서 등 대통령령으로 정하는 자료"란 다음 각호의 자료를 말한다.

    1. 공정별 감리계획서

    2. 공정보고서

    3. 공사분야별로 필요한 부분에 대한 상세시공도면

공정확인서의 발급

주택건설공사의 감리자는 사업주체의 요청에 따라 공정확인서를 발급해야 할 의무가 있다. 사업주체가 수분양자에게 입주금을 받기 위해서는 감리자가 확인하는 공정확인서를 사업계획승인권자에게 제출한 후 입주자에게 통보해야 하기 때문이다. 사업주체는 공정률이 50% 되는 때를 전후해서 중도금을 청구할 수 있으므로 이 시점에서 발급해야 하는 공정확인서가 감리자에게는 제일 중요하고 신경 써야 할 부분이다. 만에 하나 입주금 납부와 관련하여 문제가 생기면 공정을 확인한 감리자에게 책임이 돌아올 수 있으니 이를 확실하게 알고 현명하게 대처하자.

하단에 기록한 「주택공급에 관한 규칙」 제60조 입주금의 납부에 대해서는 감리 업무와 큰 상관이 없다고 여길지 모르겠으나, 공정확인서 발급과 연관된 내용이기 때문에 짚고 넘어가는 것이 좋을듯하여 기록하였다.

감리자는 계약된 공기 내에 건설공사가 완성될 수 있도록 공정을 관리하여야 하며 공사 진행에 관하여 세부 공정계획을 사전에 검토하여 공정현황을 정기적으로 사업 주체에게 통보하여야 한다. 공사 진행상 문제가 있다고 판단될 경우 즉시 그 대책을 마련하여 사업주체에 통보하여야 한다.

한편 공사 지연으로 인한 부실공사를 원천적으로 차단하기 위해 감리자의 공정관리 책무가 강화되었다. 국토교통부령으로 정하는 주요 공정이 예정공정표보다 지연된 경우 시공자가 수립한 공정만회대책의 적정성 검토 및 이행 여부를 감리자가 확인하여 사업계획승인권자에게 보고하도록 「주택법시행령」이 개정(상단 및 주석90, 시행령 제49조 제1항,시행규칙 제18조 제3, 4항 참조)되었기 때문이다.

■ **입주자모집 조건(「주택공급에 관한 규칙」 제16조 제3항)**

사업주체는 입주자를 모집하려는 때에는 시장·군수·구청장으로부터 제15조에 따른 착공확인 또는 공정확인[92]을 받아야 한다.

■ **입주금의 납부**(「주택공급에 관한 규칙」제60조)

① 사업주체가 주택을 공급하는 경우 입주자로부터 받는 입주금은 청약금, 계약금, 중도금 및 잔금으로 구분한다.

② 분양주택의 청약금은 주택가격의 10퍼센트, 계약금은 청약금을 포함하여 주택가격의 20퍼센트, 중도금은 주택가격의 60퍼센트(계약금을 주택가격의 10퍼센트 범위 안에서 받은 경우에는 70퍼센트를 말한다.)의 범위 안에서 받을 수 있다. 다만, 주택도시기금이나 금융기관으로부터 주택건설자금의 융자를 받아 입주자에게 제공하는 경우에는 계약금 및 중도금의 합계액은 세대별 분양가에서 세대별 융자지원액을 뺀 금액을 초과할 수 없다.

③ 공공임대주택의 청약금은 임대보증금의 10퍼센트, 계약금은 청약금을 포함하여 임대보증금의 20퍼센트, 중도금은 임대보증금의 40퍼센트의 범위 안에서 받을 수 있다.

④ 입주금은 다음 각호의 구분에 따라 그 해당하는 시기에 받을 수 있다. 〈개정 2017. 11. 24.〉
  1. 청약금: 입주자 모집 시
  2. 계약금: 계약 체결 시
  3. 중도금: 다음 각 목에 해당하는 때
    가. 공공임대주택의 경우에는 건축공정이 다음의 어느 하나에 달할 것
      (1) 아파트의 경우: 전체 공사비(부지매입비를 제외한다.)의 50퍼센트 이상이 투입된 때. 다만, 동별 건축공정이 30퍼센트 이상이어야 한다.
      (2) 연립주택, 다세대주택 및 단독주택의 경우: 지붕의 구조가 완성된 때
    나. 분양주택의 경우에는 다음의 기준에 의할 것
      (1) 건축공정이 가목(1) 또는 (2)에 달한 때를 기준으로 그 전후 각 2회(중도금이 분양가격의 30퍼센트 이하인 경우 1회) 이상 분할하여 받을 것. 다만, 기준시점 이전에는 중도금의 50퍼센트를 초과하여 받을 수 없다.
      (2) (1)의 경우 최초 중도금은 계약일부터 1개월이 경과한 후 받을 것
  4. 잔금: 사용검사일 이후. 다만, 다음 각 목의 어느 하나에 해당하는 경우에는 전

---

92) 주택공급에 관한 규칙 제17조(건축공정확인서의 발급)
영 제47조 제1항에 따른 감리자(이하 "감리자"라 한다.)는 제16조 제3항 및 제60조 제6항에 따른 건축공정확인서를 사업주체로부터 해당 공정의 이행을 완료한 사실을 통보받은 날부터 3일 이내에 발급하여야 한다.

체 입주금의 10퍼센트에 해당하는 금액을 제외한 잔금은 입주일에, 전체입주금의 10퍼센트에 해당하는 잔금은 사용검사일 이후에 받을 수 있되, 잔금의 구체적인 납부시기는 입주자모집공고 내용에 따라 사업주체와 당첨자 간에 체결하는 주택공급계약에 따라 정한다.

　　　가. 「법」 제49조 제1항 단서에 따른 동별 사용검사 또는 같은 조 제4항 단서에 따른 임시 사용승인을 받아 입주하는 경우

　　　나. 법 제49조 제1항 단서에 따른 동별 사용검사 또는 같은 조 제4항 단서에 따른 임시 사용승인을 받은 주택의 입주예정자가 사업주체가 정한 입주예정일까지 입주하지 아니하는 경우

　⑤ 제27조 제1항 및 제28조 제1항에 따른 제1순위에 해당하는 자가 주택공급을 신청하는 경우에는 제1항부터 제4항까지의 규정에도 불구하고 청약금을 따로 받을 수 없다.

　⑥ 사업주체(국가, 지방자치단체, 한국토지주택공사 또는 지방공사인 사업주체를 제외한다.)는 분양주택의 건축공정이 제4항 제3호 가목 (1) 또는 (2)에 달한 이후의 첫 회 중도금을 받고자 하는 때에는 감리자로부터 건축공정이 제4항 제3호 가목 (1) 또는 (2)에 달하였음을 확인하는 건축공정확인서[93]를 발급받아 시장·군수·구청장에게 제출한 후 건축공정확인서 사본을 첨부하여 입주자에게 납부통지를 하여야 한다.

관계전문기술자와의 협력

　관계전문기술자란 건축물의 구조, 설비 등 건축물과 관련된 전문기술자격을 보유하고 설계와 공사감리에 참여하여 설계자 및 공사감리자와 협력하는 자를 말한다.

　개요에서 잠깐 언급하였듯이 공동주택 감리 업무의 경우 「주택법」만 적용받는 것은 아니다. 「건축(사)법」 등 다른 법률에 관련되는 내용이 있다면 당연히 그 법도 따라야 한다. 그러므로 해당하는 관련법이 어디 있는지 항상 법전을 뒤져보며 크로스체크해야 실수하지 않는다. 필자도 공동주택현장에 있으면서 관계전문기술자와의 협력에 관해 이를 등한시했던 나머지 크게 실수할 뻔한 적이 있어서 하는 말이다. 한 번의 실수가 큰 문제로 이어질 수 있으니 감리원은 법전을 늘 가까이하고 확인하는 노력이 필요하다. 그래서 감리 업무가 어렵다는 것이다.

---

93)　각주92 참조

수직증축형 리모델링공사, 고층건축물, 일정 규모 이상의 굴착공사나 옹벽설치공사, 특수구조건축물, 3층 이상의 필로티 건축물, 연면적 1만 제곱미터 이상인 건축물 또는 에너지를 대량으로 소비하는 건축물 등에 있어서는 관련법에 따라 관계전문기술자와 협력해서 운영해 나가야 할 사안이니 감리기술인으로서 눈여겨볼 대목이다.

■ 건축구조기술사와의 협력(「주택법」 제46조)

① 수직증축형 리모델링(세대수가 증가되지 아니하는 리모델링을 포함한다. 이하 같다.)의 감리자는 감리 업무 수행 중에 다음 각호의 어느 하나에 해당하는 사항이 확인된 경우에는 「국가기술자격법」에 따른 건축구조기술사(해당 건축물의 리모델링 구조설계를 담당한 자를 말하며, 이하 "건축구조기술사"라 한다.)의 협력을 받아야 한다. 다만, 구조설계를 담당한 건축구조기술사가 사망하는 등 대통령령으로 정하는 사유로 감리자가 협력을 받을 수 없는 경우에는 대통령령으로 정하는 건축구조기술사의 협력을 받아야 한다.

    1. 수직증축형 리모델링 허가 시 제출한 구조도 또는 구조 계산서와 다르게 시공하고자 하는 경우

    2. 내력벽(耐力壁), 기둥, 바닥, 보 등 건축물의 주요 구조부에 대하여 수직증축형 리모델링 허가 시 제출한 도면보다 상세한 도면 작성이 필요한 경우

    3. 내력벽, 기둥, 바닥, 보 등 건축물의 주요 구조부의 철거 또는 보강 공사를 하는 경우로써 국토교통부령으로 정하는 경우

    4. 그 밖에 건축물의 구조에 영향을 미치는 사항으로서 국토교통부령으로 정하는 경우

② 제1항에 따라 감리자에게 협력한 건축구조기술사는 분기별 감리보고서 및 최종 감리보고서에 감리자와 함께 서명·날인하여야 한다.

③ 제1항에 따라 협력을 요청받은 건축구조기술사는 독립되고 공정한 입장에서 성실하게 업무를 수행하여야 한다.

④ 수직증축형 리모델링을 하려는 자는 제1항에 따라 감리자에게 협력한 건축구조기술사에게 적정한 대가를 지급하여야 한다.

■ 건축구조기술사와의 협력(「주택법 시행령」 제52조)

① 법 제46조 제1항 각호 외의 부분 단서에서 "구조설계를 담당한 건축구조기술사가 사망하는 등 대통령령으로 정하는 사유로 감리자가 협력을 받을 수 없는 경우"란 다음 각호

의 어느 하나에 해당하는 경우를 말한다.

1. 구조설계를 담당한 건축구조기술사(「국가기술자격법」에 따른 건축구조기술사로서 해당 건축물의 리모델링을 담당한 자를 말한다. 이하 같다.)의 사망 또는 실종으로 감리자가 협력을 받을 수 없는 경우

2. 구조설계를 담당한 건축구조기술사의 해외 체류, 장기 입원 등으로 감리자가 즉시 협력을 받을 수 없는 경우

3. 구조설계를 담당한 건축구조기술사가 「국가기술자격법」에 따라 국가기술자격이 취소되거나 정지되어 감리자가 협력을 받을 수 없는 경우

② 법 제46조 제1항 각호 외의 부분 단서에서 "대통령령으로 정하는 건축구조기술사"란 리모델링주택조합 등 리모델링을 하는 자(이하 이 조에서 "리모델링주택조합 등"이라 한다.)가 추천하는 건축구조기술사를 말한다.

③ 수직증축형 리모델링(세대수가 증가하지 아니하는 리모델링을 포함한다.)의 감리자는 구조설계를 담당한 건축구조기술사가 제1항 각호의 어느 하나에 해당하게 된 경우에는 지체 없이 리모델링주택조합 등에 건축구조기술사 추천을 의뢰하여야 한다. 이 경우 추천의뢰를 받은 리모델링주택조합 등은 지체 없이 건축구조기술사를 추천하여야 한다.

■ **건축구조기술사와의 협력**(「주택법 시행규칙」 제19조)

① 법 제46조 제1항 제3호에서 "국토교통부령으로 정하는 경우"란 다음 각호의 어느 하나에 해당하는 경우를 말한다. 〈개정 2018. 5. 21.〉

1. 내력벽(耐力壁), 기둥, 바닥, 보 등 건축물의 주요 구조부의 철거 공사를 하는 경우로써 철거 범위나 공법의 변경이 필요한 경우

2. 내력벽, 기둥, 바닥, 보 등 건축물의 주요 구조부의 보강 공사를 하는 경우로서 공법이나 재료의 변경이 필요한 경우

3. 내력벽, 기둥, 바닥, 보 등 건축물의 주요 구조부의 보강 공사에 신기술 또는 신공법을 적용하는 경우로서 법 제69조 제3항에 따른 전문기관의 안전성 검토 결과 「국가기술자격법」에 따른 건축구조기술사의 협력을 받을 필요가 있다고 인정되는 경우

② 법 제46조 제1항 제4호에서 "국토교통부령으로 정하는 경우"란 다음 각호의 어느 하나에 해당하는 경우를 말한다.

1. 수직·수평 증축에 따른 골조 공사 시 기존 부위와 증축 부위의 접합부에 대한 공

법이나 재료의 변경이 필요한 경우

2. 건축물 주변의 굴착공사로 구조안전에 영향을 주는 경우

- **관계전문기술자의 협력**(「건축법」 제67조)

① 설계자와 공사감리자는 제40조, 제41조, 제48조부터 제50조까지, 제50조의 2, 제51조, 제52조, 제62조 및 제64조와 「녹색건축물 조성 지원법」 제15조에 따른 대지의 안전, 건축물의 구조상 안전, 부속구조물 및 건축설비의 설치 등을 위한 설계 및 공사감리를 할 때 대통령령으로 정하는 바에 따라 다음 각호의 어느 하나의 자격을 갖춘 관계전문기술자 (「기술사법」 제21조 제2호에 따라 벌칙을 받은 후 대통령령으로 정하는 기간이 지나지 아니한 자는 제외한다.)의 협력을 받아야 한다. 〈개정 2021. 3. 16.〉

1. 「기술사법」 제6조에 따라 기술사사무소를 개설·등록한 자

2. 「건설기술 진흥법」 제26조에 따라 건설엔지니어링사업자로 등록한 자

3. 「엔지니어링산업 진흥법」 제21조에 따라 엔지니어링 사업자의 신고를 한 자

4. 「전력기술관리법」 제14조에 따라 설계업 및 감리업으로 등록한 자

② 관계전문기술자는 건축물이 이 법 및 이 법에 따른 명령이나 처분, 그 밖의 관계 법령에 맞고 안전·기능 및 미관에 지장이 없도록 업무를 수행하여야 한다.

- **관계전문기술자와의 협력**(「건축법 시행령」 제91조의 3)

① 다음 각호의 어느 하나에 해당하는 건축물의 설계자는 제32조 제1항에 따라 해당 건축물에 대한 구조의 안전을 확인하는 경우에는 건축구조기술사의 협력을 받아야 한다. 〈개정 2018. 12. 4.〉

1. 6층 이상인 건축물

2. 특수구조 건축물

3. 다중이용 건축물

4. 준다중이용 건축물

5. 3층 이상의 필로티 형식 건축물[94]

6. 제32조 제2항 제6호에 해당하는 건축물 중 국토교통부령으로 정하는 건축물

---

94) 필로티 건축물 구조설계 가이드라인- 부록

② 연면적 1만 제곱미터 이상인 건축물(창고시설은 제외한다.) 또는 에너지를 대량으로 소비하는 건축물로서 국토교통부령으로 정하는 건축물에 건축설비를 설치하는 경우에는 국토교통부령으로 정하는 바에 따라 다음 각호의 구분에 따른 관계전문기술자의 협력을 받아야 한다. 〈개정 2017. 5. 2.〉

　　1. 전기, 승강기(전기 분야만 해당한다.) 및 피뢰침: 「기술사법」에 따라 등록한 건축전기설비기술사 또는 발송배전기술사

　　2. 급수·배수(配水)·배수(排水)·환기·난방·소화·배연·오물처리 설비 및 승강기(기계 분야만 해당한다.): 「기술사법」에 따라 등록한 건축기계설비기술사 또는 공조냉동기계기술사

　　3. 가스설비: 「기술사법」에 따라 등록한 건축기계설비기술사, 공조냉동기계기술사 또는 가스기술사

③ 깊이 10미터 이상의 토지 굴착공사 또는 높이 5미터 이상의 옹벽 등의 공사를 수반하는 건축물의 설계자 및 공사감리자는 토지 굴착 등에 관하여 국토교통부령으로 정하는 바에 따라 「기술사법」에 따라 등록한 토목 분야 기술사 또는 국토개발 분야의 지질 및 기반 기술사의 협력을 받아야 한다. 〈개정 2016. 5. 17.〉

④ 설계자 및 공사감리자는 안전상 필요하다고 인정하는 경우, 관계 법령에서 정하는 경우 및 설계계약 또는 감리계약에 따라 건축주가 요청하는 경우에는 관계전문기술자의 협력을 받아야 한다.

⑤ 특수구조 건축물[95] 및 고층건축물[96]의 공사감리자는 제19조 제3항 제1호 각 목 및 제2호 각 목에 해당하는 공정에 다다를 때[97] 건축구조기술사의 협력을 받아야 한다. 〈개정 2016. 5. 17.〉

---

95) 특수구조건축물, 특수구조 건축물 대상 기준- 부록

96) 건축법 제2조 제19호. "고층건축물"이란 층수가 30층 이상이거나 높이가 120미터 이상 건축물을 말한다

97) 관계전문기술자의 협력- 부록

⑥ 3층 이상인 필로티 형식 건축물의 공사감리자는 법 제48조에 따른 건축물의 구조상 안전을 위한 공사감리를 할 때 공사가 제18조의 2 제2항 제3호 나목에 따른 단계에 다다른 경우[98]마다 법 제67조 제1항 제1호부터 제3호까지의 규정에 따른 관계전문기술자의 협력을 받아야 한다. 이 경우 관계전문기술자는 「건설기술 진흥법 시행령」 별표1 제3호 라목 1)에 따른 건축구조 분야의 특급 또는 고급기술자의 자격요건을 갖춘 소속 기술자로 하여금 업무를 수행하게 할 수 있다. 〈신설 2018. 12. 4.〉

⑦ 제1항부터 제6항까지의 규정에 따라 설계자 또는 공사감리자에게 협력한 관계전문기술자는 공사 현장을 확인하고, 그가 작성한 설계도서 또는 감리중간보고서 및 감리완료보고서에 설계자 또는 공사감리자와 함께 서명·날인하여야 한다. 〈개정 2018. 12. 4.〉

⑧ 제32조 제1항에 따른 구조 안전의 확인에 관하여 설계자에게 협력한 건축구조기술사는 구조의 안전을 확인한 건축물의 구조도 등 구조 관련 서류에 설계자와 함께 서명·날인하여야 한다. 〈신설 2018. 12. 4.〉

⑨ 법 제67조 제1항 각호 외의 부분에서 "대통령령으로 정하는 기간"이란 2년을 말한다. 〈신설 2018. 12. 4.〉

- **관계전문기술자의 협력**(「건축법 시행규칙」 제36조의 2)

① 삭제 〈2010. 8. 5.〉

② 영 제91조의 3 제3항에 따라 건축물의 설계자 및 공사감리자는 다음 각호의 어느 하나에 해당하는 사항에 대하여 「기술사법」에 따라 등록한 토목 분야 기술사 또는 국토개발 분야의 지질 및 기반 기술사의 협력을 받아야 한다. 〈개정 2016. 5. 30.〉

1. 지질조사
2. 토공사의 설계 및 감리
3. 흙막이벽·옹벽설치 등에 관한 위해방지 및 기타 필요한 사항

---

[98] 3. 3층 이상의 필로티 형식 건축물: 다음 각 목의 어느 하나에 해당하는 단계
나. 건축물 상층부의 하중이 상층부와 다른 구조형식의 하층부로 전달되는 다음의 어느 하나에 해당하는 부재(部材)의 철근 배치를 완료한 경우
1) 기둥 또는 벽체 중 하나, 2) 보 또는 슬래브 중 하나

■ **관계전문기술자의 협력을 받아야 하는 건축물**(「건축물의 설비기준 등에 관한 규칙」 제2조)

「건축법 시행령」(이하 "영"이라 한다.) 제91조의 3 제2항 각호 외의 부분에서 "국토교통부령으로 정하는 건축물"이란 다음 각호의 건축물을 말한다. 〈개정 2020. 4. 9.〉

1. 냉동냉장시설·항온항습시설(온도와 습도를 일정하게 유지시키는 특수설비가 설치되어 있는 시설을 말한다.) 또는 특수청정시설(세균 또는 먼지 등을 제거하는 특수설비가 설치되어 있는 시설을 말한다.)로서 당해 용도에 사용되는 바닥면적의 합계가 5백 제곱미터 이상인 건축물

2. 영 별표1 제2호 가목 및 나목에 따른 아파트 및 연립주택

3. 다음 각 목의 어느 하나에 해당하는 건축물로서 해당 용도에 사용되는 바닥면적의 합계가 5백 제곱미터 이상인 건축물

　가. 영 별표1 제3호 다목에 따른 목욕장

　나. 영 별표1 제13호 가목에 따른 물놀이형 시설(실내에 설치된 경우로 한정한다.) 및 같은 호 다목에 따른 수영장(실내에 설치된 경우로 한정한다.)

4. 다음 각 목의 어느 하나에 해당하는 건축물로서 해당 용도에 사용되는 바닥면적의 합계가 2천 제곱미터 이상인 건축물

　가. 영 별표1 제2호 라목에 따른 기숙사

　나. 영 별표1 제9호에 따른 의료시설

　다. 영 별표1 제12호 다목에 따른 유스호스텔

　라. 영 별표1 제15호에 따른 숙박시설

5. 다음 각 목의 어느 하나에 해당하는 건축물로서 해당 용도에 사용되는 바닥면적의 합계가 3천 제곱미터 이상인 건축물

　가. 영 별표1 제7호에 따른 판매시설

　나. 영 별표1 제10호 마목에 따른 연구소

　다. 영 별표1 제14호에 따른 업무시설

6. 다음 각 목의 어느 하나에 해당하는 건축물로서 해당 용도에 사용되는 바닥면적의 합계가 1만 제곱미터 이상인 건축물

　가. 영 별표1 제5호 가목부터 라목까지에 해당하는 문화 및 집회시설

　나. 영 별표1 제6호에 따른 종교시설

　다. 영 별표1 제10호에 따른 교육연구시설(연구소는 제외한다.)

　라. 영 별표1 제28호에 따른 장례식장

　[시행일: 2020. 10. 10.]

■ 관계전문기술자의 협력사항(「건축물의 설비기준 등에 관한 규칙」 제3조)

① 영 제91조의 3 제2항에 따른 건축물에 전기, 승강기, 피뢰침, 가스, 급수, 배수(配水), 배수(排水), 환기, 난방, 소화, 배연(排煙) 및 오물처리설비를 설치하는 경우에는 건축사가 해당 건축물의 설계를 총괄하고, 「기술사법」에 따라 등록한 건축전기설비기술사, 발송배전(發送配電)기술사, 건축기계설비기술사, 공조냉동기계기술사 또는 가스기술사(이하 "기술사"라 한다.)가 건축사와 협력하여 해당 건축설비를 설계하여야 한다. 〈개정 2017. 5. 2.〉

② 영 제91조의 3 제2항에 따라 건축물에 건축설비를 설치한 경우에는 해당 분야의 기술사가 그 설치상태를 확인한 후 건축주 및 공사감리자에게 별지 제1호 서식의 건축설비설치확인서[99]를 제출하여야 한다. 〈개정 2010. 11. 5.〉

■ 건축구조기술사와의 협력(「건축물의 구조기준 등에 관한 규칙」 제61조)

영 제91조의 3 제1항 제5호에 따라 건축물의 설계자가 해당 건축물에 대한 구조의 안전을 확인하는 경우 건축구조기술사의 협력을 받아야 하는 건축물은 별표10에 따른 지진구역 I의 지역에 건축하는 건축물로서 별표11에 따른 중요도가 특에 해당하는 건축물로 한다.

[전문개정 2015. 12. 21.]

공사감리비 예치 및 지급

이 법이 시행되기 이전에 감리자는 사업주체를 통해 감리비를 지급 받을 수 있었다. 그러다 보니 돈을 지급하는 사람이 갑이 되는 현실에서 감리자는 사업주체나 시공사의 눈치를 볼 수밖에 없는 처지가 되어 감리 업무를 수행하는 데 많은 어려움이 있었다.

이와 같은 모순점을 바로 잡기 위해 중립적인 위치에 있는 사업계획승인권자가 사업주체로부터 예치된 감리비를 계약으로 정한 절차에 따라 감리자에게 지급하자는 취지에서 생긴 것이 바로 「주택법」 제44조 ⑥, ⑦이다.

■ 주택법 제44조 제6항, 제7항

⑥ 사업주체는 제43조 제3항의 계약에 따른 공사감리비를 국토교통부령으로 정하는 바에 따라 사업계획승인권자에게 예치하여야 한다. 〈신설 2018. 3. 13.〉

---

99) 별지1호 (건축설비설치확인서), 별지2호 (온돌설치확인서)- 참조

⑦ 사업계획승인권자는 제6항에 따라 예치받은 공사감리비를 감리자에게 국토교통부령으로 정하는 절차 등에 따라 지급하여야 한다. 〈개정 2018. 3. 13.〉

■ **공사감리비의 예치 및 지급**(「주택법 시행규칙」 제18조의 2)

① 사업주체는 감리자와 법 제43조 제3항에 따른 계약[100](이하 이 조에서 "계약"이라 한다.)을 체결한 경우 사업계획승인권자에게 계약 내용을 통보하여야 한다. 이 경우 통보를 받은 사업계획승인권자는 즉시 사업주체 및 감리자에게 공사감리비 예치 및 지급 방식에 관한 내용을 안내하여야 한다.

② 사업주체는 해당 공사감리비를 계약에서 정한 지급예정일 14일 전까지 사업계획승인권자에게 예치하여야 한다.

③ 감리자는 계약에서 정한 공사감리비 지급예정일 7일 전까지 사업계획승인권자에게 공사감리비 지급을 요청하여야 하며, 사업계획승인권자는 제18조 제3항에 따른 감리 업무 수행 상황을 확인한 후 공사감리비를 지급하여야 한다.

④ 제2항 및 제3항에도 불구하고 계약에서 선급금의 지급, 계약의 해제·해지 및 감리 용역의 일시중지 등의 사유 발생 시 공사감리비의 예치 및 지급 등에 관한 사항을 별도로 정한 경우에는 그 계약에 따른다.

⑤ 사업계획승인권자는 제3항 또는 제4항에 따라 공사감리비를 지급한 경우 그 사실을 즉시 사업주체에게 통보하여야 한다.

⑥ 제1항부터 제5항까지 규정한 사항 외에 공사감리비 예치 및 지급 등에 필요한 사항은 시·도지사 또는 시장·군수가 정한다.

[본조신설 2018. 9. 14.]

감리자에 대한 실태점검 및 조치

■ **부실감리자 등에 대한 조치**(「주택법」 제47조)

---

100) ③ 사업주체(제66조 제1항 또는 제2항에 따른 리모델링의 허가만 받은 자도 포함한다. 이하 이 조, 제44조 및 제47조에서 같다)같다.)와 감리자 간의 책임 내용 및 범위는 이 법에서 규정한 것 외에는 당사자 간의 계약으로 정한다.

사업계획승인권자는 제43조 및 제44조에 따라 지정·배치된 감리자 또는 감리원(다른 법률에 따른 감리자 또는 그에게 소속된 감리원을 포함한다.)이 그 업무를 수행할 때 고의 또는 중대한 과실로 감리를 부실하게 하거나 관계 법령을 위반하여 감리함으로써 해당 사업주체 또는 입주자 등에게 피해를 주는 등 주택건설공사가 부실하게 된 경우에는 그 감리자의 등록 또는 감리원의 면허나 그 밖의 자격인정 등을 한 행정기관의 장에게 등록말소·면허취소·자격정지·영업정지나 그 밖에 필요한 조치를 하도록 요청할 수 있다.

■ 감리자에 대한 실태점검(「주택법」 제48조)

① 사업계획승인권자는 주택건설공사의 부실방지, 품질 및 안전 확보를 위하여 해당 주택건설공사의 감리자를 대상으로 각종 시험 및 자재 확인 업무에 대한 이행 실태 등 대통령령으로 정하는 사항에 대하여 실태점검(이하 "실태점검"이라 한다.)을 실시할 수 있다.

② 사업계획승인권자는 실태점검 결과 제44조 제1항[101]에 따른 감리 업무의 소홀이 확인된 경우에는 시정명령을 하거나, 제43조 제2항에 따라 감리자 교체[102]를 하여야 한다.

③ 사업계획승인권자는 실태점검에 따른 감리자에 대한 시정명령 또는 교체지시 사실을 국토교통부령으로 정하는 바에 따라 국토교통부장관에게 보고하여야 하며, 국토교통부장관은 해당 내용을 종합관리하여 제43조 제1항에 따른 감리자 지정에 관한 기준에 반영할 수 있다.

■ 실태점검 항목(「주택법 시행령」 제53조)

법 제48조 제1항에서 "각종 시험 및 자재 확인 업무에 대한 이행 실태 등 대통령령으로 정하는 사항"이란 다음 각호의 사항을 말한다.

    1. 감리원의 적정자격 보유 여부 및 상주이행 상태 등 감리원 구성 및 운영에 관한 사항
    2. 시공상태 확인 등 시공관리에 관한 사항
    3. 각종 시험 및 자재품질 확인 등 품질관리에 관한 사항
    4. 안전관리 등 현장관리에 관한 사항
    5. 그 밖에 사업계획승인권자가 실태점검이 필요하다고 인정하는 사항

---

101) 감리자의 업무
102) 주택법 시행규칙 제20조(감리자에 대한 시정명령 또는 교체지시의 보고)
사업계획승인권자는 법 제48조 제2항에 따라 감리자에 대하여 시정명령을 하거나 교체지시를 한 경우에는 같은 조 제3항에 따라 시정명령 또는 교체지시를 한 날부터 7일 이내에 국토교통부장관에게 보고하여야 한다.

■ 위법 감리자에 대한 조치(「주택법」제43조 제2항)

사업계획승인권자는 감리자가 감리자의 지정에 관한 서류를 부정 또는 거짓으로 제출하거나, 업무 수행 중 위반 사항이 있음을 알고도 묵인하는 등 대통령령으로 정하는 사유에 해당하는 경우에는 감리자를 교체하고, 그 감리자에 대하여는 1년의 범위에서 감리 업무의 지정을 제한할 수 있다.

■ 감리자의 교체(「주택법 시행령」제48조)

① 법 제43조 제2항에서 "업무 수행 중 위반 사항이 있음을 알고도 묵인하는 등 대통령령으로 정하는 사유에 해당하는 경우"란 다음 각호의 어느 하나에 해당하는 경우를 말한다.

1. 감리 업무 수행 중 발견한 위반 사항을 묵인한 경우
2. 법 제44조 제4항 후단에 따른 이의신청 결과 같은 조 제3항에 따른 시정 통지가 3회 이상 잘못된 것으로 판정된 경우
3. 공사 기간 중 공사 현장에 1개월 이상 감리원을 상주시키지 아니한 경우. 이 경우 기간 계산은 제47조 제4항에 따라 감리원별로 상주시켜야 할 기간에 각 감리원이 상주하지 아니한 기간을 합산한다.
4. 감리자 지정에 관한 서류를 거짓이나 그 밖의 부정한 방법으로 작성·제출한 경우
5. 감리자 스스로 감리 업무 수행의 포기 의사를 밝힌 경우

② 사업계획승인권자는 법 제43조 제2항에 따라 감리자를 교체하려는 경우에는 해당 감리자 및 시공자·사업주체의 의견을 들어야 한다.

③ 사업계획승인권자는 제1항 제5호에도 불구하고 감리자가 다음 각호의 사유로 감리 업무 수행을 포기한 경우에는 그 감리자에 대하여 「법」제43조 제2항에 따른 감리 업무 지정제한을 하여서는 아니 된다.

1. 사업주체의 부도·파산 등으로 인한 공사 중단
2. 1년 이상의 착공 지연
3. 그 밖에 천재지변 등 부득이한 사유

사업계획의 변경 및 경미한 변경

감리 업무를 수행하다 보면 현장 특성상 설계를 변경해야 하는 경우가 종종 발생한다.

이것이 사업계획 변경사유인지 아니면 경미한 변경에 해당하는지, 그럴 때는 어떤 방식으로 처리해야 하는지 실무자들조차 헷갈리는 경우가 있어 의견이 분분하다.

감리자는 「주택법 시행규칙」 제13조에 따라 설계변경이 발생하는 경우, 이에 대한 검토 의견을 작성하여 시공자 및 사업 주체에게 제출하여야 한다. 이 경우 사업주체는 감리자의 의견을 첨부하여 사업계획승인권자에게 신청서를 제출한다. 감리자는 규칙 제13조 제5항에 따른 경미한 변경에 해당하는 경우에는 그 범위 내에서 시공이 이루어지는지를 확인하여야 한다. 이 경우 시공이 해당 범위 내에서 적합하게 이루어지지 않을 때는 즉시 사업계획승인권자에게 보고하여야 한다. 감리자는 사업계획승인권자의 사업계획 변경(경미한 변경은 제외한다.) 승인이 있기 전에는 시공할 수 없도록 하여야 하며, 사업계획변경 승인을 득하지 아니하고 사전 시공을 한 경우에는 즉시 사업계획승인권자에게 보고하여야 한다.

승인받은 사업계획을 변경할 수 있는 경우는 어떤 경우이며 행위 발생 시 또는 사용승인 시 일괄적으로 처리할 수 있는 경미한 변경과는 어떤 차이가 있는지, 그럴 때는 어떻게 조치해야 하는지 관련법을 찾아보자.

■ 사업계획의 변경승인신청 등(「주택법 시행규칙」 제13조)

① 사업주체는 법 제15조 제4항 본문[103]에 따라 사업계획의 변경승인을 받으려는 경우에는 별지 제15호 서식의 신청서에 사업계획 변경내용 및 그 증명서류를 첨부하여 사업계획승인권자에게 제출(전자문서에 따른 제출을 포함한다.)하여야 한다.

② 사업계획승인권자는 법 제15조 제4항 본문에 따라 사업계획변경승인을 하였을 때는 별지 제16호 서식의 승인서를 신청인에게 발급하여야 한다.

③ 사업계획승인권자는 사업주체가 입주자 모집공고(법 제5조 제2항 및 제3항에 따른 사업주체가 주택을 건설하는 경우에는 법 제15조 제1항 또는 제3항에 따른 사업계획승인을 말한다. 이하 이 조에서 같다.)를 한 후에는 다음 각호의 어느 하나에 해당하는 사업계획의 변경을 승인해서는 아니 된다. 다만, 사업주체가 미리 입주예정자(법 제15조 제3항에 따라 주택단지를 공구별로 건설·공급하여 기존 공구에 입주자가 있는 경우 제2호에 대해서는 그 입주자를 포함한다. 이하 이 항 및 제4항에서 같다.)에게 사업계획의 변경에 관한 사항을 통보하여 입주예정자 80퍼센트 이상의 동의를 받은 경우에는 예외로 한다. 〈개정 2018. 9. 14.〉

---

103) ④ 제1항 또는 제3항에 따라 승인받은 사업계획을 변경하려면 사업계획승인권자로부터 변경승인을 받아야 한다. 다만, 국토교통부령으로 정하는 경미한 사항을 변경하는 경우에는 그러하지 아니하다.

1. 주택(공급계약이 체결된 주택만 해당한다.)의 공급가격에 변경을 초래하는 사업비의 증액

2. 호당 또는 세대당 주택공급면적(바닥면적에 산입되는 면적으로서 사업주체가 공급하는 주택의 면적을 말한다. 이하 같다.) 및 대지지분의 변경. 다만, 다음 각 목의 어느 하나에 해당하는 경우는 제외한다.

　　가. 호당 또는 세대당 공용면적(제2조 제2호 가목에 따른 공용면적을 말한다.) 또는 대지지분의 2퍼센트 이내의 증감. 이 경우 대지지분의 감소는 「공간정보의 구축 및 관리 등에 관한 법·률」 제2조 제4호의 2에 따른 지적확정측량에 따라 대지지분의 감소가 부득이하다고 사업계획 승인권자가 인정하는 경우로서 사업주체가 입주예정자에게 대지지분의 감소 내용과 사유를·통보한 경우로 한정한다.

　　나. 입주예정자가 없는 동 단위 공동주택의 세대당 주택공급면적의 변경

④ 사업주체는 입주자 모집공고를 한 후 제2항에 따른 사업계획변경승인을 받은 경우에는 14일 이내에 문서로 입주예정자에게 그 내용을 통보하여야 한다.

⑤ 법 제15조 제4항 단서(주석103 참조)에서 "국토교통부령으로 정하는 경미한 사항을 변경하는 경우"란 다음 각호의 어느 하나에 해당하는 경우를 말한다. 다만, 제1호·제3호 및 제7호는 사업주체가 국가, 지방자치단체, 한국토지주택공사 또는 지방공사인 경우로 한정한다.

1. 총사업비의 20퍼센트의 범위에서의 사업비 증감. 다만, 국민주택을 건설하는 경우로서 지원받는 주택도시기금(「주택도시기금법」에 따른 주택도시기금을 말한다.)이 증가되는 경우는 제외한다.

2. 건축물이 아닌 부대시설 및 복리시설의 설치 기준 변경으로서 다음 각 목의 요건을 모두 갖춘 변경

　　가. 해당 부대시설 및 복리시설 설치 기준 이상으로의 변경일 것

　　나. 위치변경(「건축법」 제2조 제1항 제4호에 따른 건축설비의 위치변경은 제외한다.)이 발생하 지 아니하는 변경일 것

3. 대지면적의 20퍼센트의 범위에서의 면적 증감. 다만, 지구경계의 변경을 수반하거나 토지 또는 토지에 정착된 물건 및 그 토지나 물건에 관한 소유권 외의 권

리를 수용할 필요를 발생시키는 경우는 제외한다.

4. 세대수 또는 세대당 주택공급면적을 변경하지 아니하는 범위에서의 내부구조의 위치나 면적 변경(법 제15조에 따른 사업계획승인을 받은 면적의 10퍼센트 범위에서의 변경으로 한정한다.)

5. 내장 재료 및 외장 재료의 변경(재료의 품질이 법 제15조에 따른 사업계획승인을 받을 당시의 재료와 같거나 그 이상인 경우로 한정한다.)

6. 사업계획승인의 조건으로 부과된 사항을 이행함에 따라 발생하는 변경. 다만, 공공시설 설치계획의 변경이 필요한 경우는 제외한다.

7. 건축물의 설계와 용도별 위치를 변경하지 아니하는 범위에서의 건축물의 배치조정 및 주택단지 안 도로의 선형변경

8. 「건축법 시행령」 제12조 제3항(하단 본문 참조) 각호의 어느 하나에 해당하는 사항의 변경

⑥ 사업주체는 제5항 각호의 사항을 변경하였을 때에는 지체 없이 그 변경내용을 사업계획승인권자에게 통보(전자문서에 따른 통보를 포함한다.)하여야 한다. 이 경우 사업계획승인권자는 사업주체로부터 통보받은 변경내용이 제5항 각호의 범위에 해당하는지를 확인하여야 한다.

⑦ 사업계획승인권자(사업계획승인권자와 사용검사권자가 다른 경우만 해당한다.)는 다음 각호의 어느 하나에 해당하는 경우, 그 변경내용을 사용검사권자(법 제49조 및 「영」 제90조에 따라 사용검사 또는 임시 사용승인을 하는 시·도지사 또는 시장·군수·구청장을 말한다. 이하 같다.)에게 통보해야 한다. 〈신설 2020. 4. 1.〉

1. 제2항에 따라 사업계획변경승인서를 발급한 경우

2. 제6항 후단에 따라 확인한 결과 변경내용이 제5항 각호의 범위에 해당하는 경우

■ **허가·신고사항의 변경 등**(「건축법 시행령」 제12조 제3항)

법 제16조 제2항[104]에서 "대통령령으로 정하는 사항"이란 다음 각호의 어느 하나에 해당

---

104) ① 건축주가 제11조나 제14조에 따라 허가를 받았거나 신고한 사항을 변경하려면 변경하기 전에 대통령령으로 정하는 바에 따라 허가권자의 허가를 받거나 특별자치시장·특별자치도지사 또는 시장·군수·구청장에게 신고하여야 한다. 다만, 대통령령으로 정하는 경미한 사항의 변경은 그러하지 아니하다. 〈개정 2014. 1. 14.〉 ② 제1항 본문에 따른 허가나 신고사항 중 대통령령으로 정하는 사항의 변경은 제22조에 따른 사용승인을 신청할 때 허가권자에게 일괄하여 신고할 수 있다.

하는 사항을 말한다. 〈개정 2016. 1. 19.〉

1. 건축물의 동수나 층수를 변경하지 아니하면서 변경되는 부분의 바닥면적의 합계가 50제곱미터 이하인 경우로서 다음 각 목의 요건을 모두 갖춘 경우

　　가. 변경되는 부분의 높이가 1미터 이하이거나 전체 높이의 10분의 1 이하일 것

　　나. 허가를 받거나 신고를 하고 건축 중인 부분의 위치 변경범위가 1미터 이내일 것

　　다. 법 제14조 제1항에 따라 신고를 하면 법 제11조에 따른 건축허가를 받은 것으로 보는 규모에서 건축허가를 받아야 하는 규모로의 변경이 아닐 것

2. 건축물의 동수나 층수를 변경하지 아니하면서 변경되는 부분이 연면적 합계의 10분의 1 이하인 경우(연면적이 5천 제곱미터 이상인 건축물은 각 층의 바닥면적이 50제곱미터 이하의 범위에서 변경되는 경우만 해당한다.) 다만, 제4호 본문 및 제5호 본문에 따른 범위의 변경인 경우만 해당한다.

3. 대수선에 해당하는 경우

4. 건축물의 층수를 변경하지 아니하면서 변경되는 부분의 높이가 1미터 이하이거나 전체 높이의 10분의 1 이하인 경우. 다만, 변경되는 부분이 제1호 본문, 제2호 본문 및 제5호 본문에 따른 범위의 변경인 경우만 해당한다.

5. 허가를 받거나 신고를 하고 건축 중인 부분의 위치가 1미터 이내에서 변경되는 경우. 다만, 변경되는 부분이 제1호 본문, 제2호 본문 및 제4호 본문에 따른 범위의 변경인 경우만 해당한다.

견본주택의 건축기준

아래에 기록된 「주택법」 제54조, 주택의 공급이라는 제목만 놓고 보면 감리 업무와는 큰 상관이 없다고 여길 수 있겠으나, 자세히 살펴보면 감리 업무를 수행할 때 간과할 수 없는 내용이 나온다.

즉, 견본주택에 사용되는 마감자재를 동영상으로 촬영하여 사용검사를 한 날부터 2년 이상 확보해야 한다는 내용이며, 마감자재 생산업체의 부도 등으로 인한 제품의 품귀 등 부득이한 사유로 마감자재 목록표와 다르게 시공하려는 경우에는 당초의 마감자재와 동등 이상의 제품으로 설치하여야 한다는 내용, 그리고 마감자재 목록표의 자재와 다른 마감자재를 시공·설치하려는 경우에는 그것이 비록 경미한 변경에 해당한다 하더라도 그 사실을 입주예정자에게 알려야 한다는 내용이니 중요한 사항이 아닐 수 없다.

현장에서 모르고 그냥 넘어감으로써 나중에 문제가 발생할 수 있으니 반드시 기억해두

고 실천하자.

■ **주택의 공급**(「주택법」 제54조 일부)

③ 사업주체가 제1항 제1호에 따라 시장·군수·구청장의 승인을 받으려는 경우(사업주체가 국가·지방자치단체·한국토지주택공사 및 지방공사인 경우에는 견본주택을 건설하는 경우를 말한다.)에는 제60조에 따라 건설하는 견본주택에 사용되는 마감자재의 규격·성능 및 재질을 적은 목록표(이하 "마감자재 목록표"라 한다.)와 견본주택의 각 실의 내부를 촬영한 영상물 등을 제작하여 승인권자에게 제출하여야 한다.

④ 사업주체는 주택공급계약을 체결할 때 입주예정자에게 다음 각호의 자료 또는 정보를 제공하여야 한다. 다만, 입주자 모집공고에 이를 표시(인터넷에 게재하는 경우를 포함한다.)한 경우에는 그러하지 아니하다.
　1. 제3항에 따른 견본주택에 사용된 마감자재 목록표
　2. 공동주택 발코니의 세대 간 경계벽에 피난구를 설치하거나 경계벽을 경량구조로
　건설한 경우 그에 관한 정보

⑤ 시장·군수·구청장은 제3항에 따라 받은 마감자재 목록표와 영상물 등을 제49조 제1항에 따른 사용검사가 있은 날부터 2년 이상 보관하여야 하며, 입주자가 열람을 요구하는 경우에는 이를 공개하여야 한다.

⑥ 사업주체가 마감자재 생산업체의 부도 등으로 인한 제품의 품귀 등 부득이한 사유로 인하여 제15조에 따른 사업계획승인 또는 마감자재 목록표의 마감자재와 다르게 마감자재를 시공·설치하려는 경우에는 당초의 마감자재와 같은 질 이상으로 설치하여야 한다.

⑦ 사업주체가 제6항에 따라 마감자재 목록표의 자재와 다른 마감자재를 시공·설치하려는 경우에는 그 사실을 입주예정자에게 알려야 한다.

⑧ 사업주체는 공급하려는 주택에 대하여 대통령령으로 정하는 내용이 포함된 표시 및 광고(「표시·광고의 공정화에 관한 법률」 제2조에 따른 표시 또는 광고를 말한다. 이하 같다.)

를 한 경우 대통령령으로 정하는 바에 따라 해당 표시 또는 광고의 사본을 시장·군수·구청장에게 제출하여야 한다. 이 경우 시장·군수·구청장은 제출받은 표시 또는 광고의 사본을 제49조 제1항에 따른 사용검사가 있는 날부터 2년 이상 보관하여야 하며, 입주자가 열람을 요구하는 경우 이를 공개하여야 한다. 〈신설 2019. 12. 10.〉 [제8항 시행일: 2020. 6. 11.]

■ **견본주택의 건축기준**(「주택법」 제60조)

① 사업주체가 주택의 판매촉진을 위하여 견본주택을 건설하려는 경우 견본주택의 내부에 사용하는 마감자재 및 가구는 제15조에 따른 사업계획승인의 내용과 같은 것으로 시공·설치하여야 한다.

② 사업주체는 견본주택의 내부에 사용하는 마감자재를 제15조에 따른 사업계획승인 또는 마감자재 목록표와 다른 마감자재로 설치하는 경우로서 다음 각호의 어느 하나에 해당하는 경우에는 일반인이 그 해당 사항을 알 수 있도록 국토교통부령으로 정하는 바에 따라 그 공급가격을 표시하여야 한다.
  1. 분양가격에 포함되지 아니하는 품목을 견본주택에 전시하는 경우
  2. 마감자재 생산업체의 부도 등으로 인한 제품의 품귀 등 부득이한 경우

③ 견본주택에는 마감자재 목록표와 제15조에 따라 사업계획승인을 받은 서류 중 평면도와 시방서(示方書)를 갖춰 두어야 하며, 견본주택의 배치·구조 및 유지관리 등은 국토교통부령으로 정하는 기준에 맞아야 한다.

■ **견본주택 건축기준 등**(「주택공급에 관한 규칙」 제22조)

① 법 제60조 제2항에 따라 마감자재의 공급가격을 표시하는 경우에는 해당 자재 등에 공급가격 및 가격표시사유를 기재한 가로 25센티미터 세로 15센티미터 이상의 표지를 설치하여야 한다. 〈개정 2016. 8. 12.〉

② 가설건축물인 견본주택은 인접 대지의 경계선으로부터 3미터 이상 떨어진 곳에 건축하여야 한다. 다만, 다음 각호의 어느 하나에 해당하는 경우에는 1.5미터 이상 떨어진 곳에 건축할 수 있다.
  1. 견본주택의 외벽(外壁)과 처마가 내화구조 및 불연재료로 설치되는 경우
  2. 인접 대지가 도로, 공원, 광장 그 밖에 건축이 허용되지 아니하는 공지인 경우

③ 견본주택의 각 세대에 설치하는 발코니를 거실 등으로 확장하여 설치하는 경우에는 일반인이 알 수 있도록 발코니 부분을 표시하여야 한다.

④ 가설건축물인 견본주택은 다음 각호의 요건을 모두 충족하여야 한다.

1. 각 세대에서 외부로 직접 대피할 수 있는 출구를 하나 이상 설치하고 직접 지상으로 통하는 직통 계단을 설치할 것

2. 각 세대 안에는 「소방시설설치유지 및 안전관리에 관한 법률」 제9조 제1항에 따라 고시된 화재안전기준에 적합한 능력단위 1 이상의 소화기 두 개 이상을 배치할 것

⑤ 국토교통부장관은 필요하다고 인정되면 사업주체에게 국토교통부장관이 정하여 고시[105]하는 기준에 따른 사이버견본주택(인터넷을 활용하여 운영하는 견본주택을 말한다. 이하 같다.)을 전시하게 할 수 있다.

주택건설공사의 시공자 제한

■ **주택건설공사의 시공 제한**(「주택법」 제34조)

① 제15조에 따른 사업계획승인을 받은 주택의 건설공사는 「건설산업기본법」 제9조[106]에 따른 건설업자로서 대통령령으로 정하는 자 또는 제7조[107]에 따라 건설업자로 간주하는 등록사업자가 아니면 이를 시공할 수 없다. 〈개정 2019. 4. 30.〉

② 공동주택의 방수·위생 및 냉난방 설비공사는 「건설산업기본법」 제9조에 따른 건설업자로서 대통령령으로 정하는 자(특정열사용기자재를 설치·시공하는 경우에는 「에너지이용합리화법」에 따른 시공업자를 말한다.)가 아니면 이를 시공할 수 없다. 〈개정 2019. 4. 30.〉

---

105) 사이버견본주택 운용기준(국토교통부고시)– 참조

106) 제9조(건설업 등록 등) ① 건설업을 하려는 자는 대통령령으로 정하는 업종별로 국토교통부장관에게 등록을 하여야 한다. 다만, 대통령령으로 정하는 경미한 건설공사를 업으로 하려는 경우에는 등록을 하지 아니하고 건설업을 할 수 있다. 〈개정 2013. 3. 23.〉 ② 제1항에 따라 건설업의 등록을 하려는 자는 국토교통부령으로 정하는 바에 따라 국토교통부장관에게 신청하여야 한다. 〈개정 2013. 3. 23.〉 ③ 국가나 지방자치단체가 자본금의 100분의 50 이상을 출자한 법인이나 영리를 목적으로 하지 아니하는 법인은 다른 법률에 특별한 규정이 있는 경우를 제외하고는 제1항에 따른 건설업 등록을 신청할 수 없다.

107) 주택법 제7조(등록사업자의 시공) ① 등록사업자가 제15조에 따른 사업계획승인(「건축법」에 따른 공동주택건축허가를 포함한다.)를 받아 분양 또는 임대를 목적으로 주택을 건설하는 경우로서 그 기술능력, 주택건설 실적 및 주택규모 등이 대통령령으로 정하는 기준에 해당하는 경우에는 그 등록사업자를 「건설산업기본법」 제9조에 따른 건설사업자로 보며 주택건설공사를 시공할 수 있다. 〈개정 2019. 4. 30.〉 ② 제1항에 따라 등록사업자가 주택을 건설하는 경우에는 「건설산업기본법」 제40조·제44조·제93조·제94조, 제98조부터 제100조까지, 제100조의 2 및 제101조를 준용한다. 이 경우 "건설사업자"는 "등록사업자"로 본다. 〈개정 2019. 4. 30.〉

③ 국가 또는 지방자치단체인 사업주체는 제15조에 따른 사업계획승인을 받은 주택건설공사의 설계와 시공을 분리하여 발주하여야 한다. 다만, 주택건설공사 중 대통령령으로 정하는 대형공사로써 기술관리상 설계와 시공을 분리하여 발주할 수 없는 공사의 경우에는 대통령령으로 정하는 입찰방법으로 시행할 수 있다.

■ 주택건설공사의 시공 제한(「주택법 시행령」제44조)

① 법 제34조 제1항에서 "대통령령으로 정하는 자"란 「건설산업기본법」제9조에 따라 건설업(건축공사업 또는 토목건축공사업만 해당한다.)의 등록을 한 자를 말한다.

② 법 제34조 제2항에서 "대통령령으로 정하는 자"란 「건설산업기본법」제9조에 따라 다음 각호의 어느 하나에 해당하는 건설업의 등록을 한 자를 말한다. 〈개정 2023. 5. 9〉
　　1. 방수설비공사: 도장·습식·방수·석공사업
　　2. 위생설비공사: 기계설비·가스공사업
　　3. 냉·난방설비공사: 기계설비·가스공사업 또는 가스·난방공사업[가스·난방공사업 중 난방공사(제1종·제2종 또는 제3종)를 말하며, 난방설비공로 한정한다.]

③ 법 제34조 제3항 단서에서 "대통령령으로 정하는 대형공사"란 대지구입비를 제외한 총공사비가 500억 원 이상인 공사를 말한다.

④ 법 제34조 제3항 단서에서 "대통령령으로 정하는 입찰방법"이란 「국가를 당사자로 하는 계약에 관한 법률 시행령」제79조 제1항 제5호에 따른 일괄입찰을 말한다.

소음 및 결로방지대책

| 소음방지대책

■ 소음방지대책의 수립(「주택법」제42조)

① 사업계획승인권자는 주택의 건설에 따른 소음의 피해를 방지하고 주택건설 지역 주민의 평온한 생활을 유지하기 위하여 주택건설사업을 시행하려는 사업주체에게 대통령령으로 정하는 바에 따라 소음방지대책을 수립하도록 하여야 한다.

② 사업계획승인권자는 대통령령으로 정하는 주택건설 지역이 도로와 인접한 경우에는 해당 도로의 관리청과 소음방지대책을 미리 협의하여야 한다. 이 경우 해당 도로의 관리청은 소음 관계 법률에서 정하는 소음 기준 범위에서 필요한 의견을 제시할 수 있다.

③ 제1항에 따른 소음방지대책 수립에 필요한 실외소음도와 실외소음도를 측정하는 기준은 대통령령으로 정한다.

④ 국토교통부장관은 제3항에 따른 실외소음도를 측정할 수 있는 측정기관(이하 "실외소음도 측정기관"이라 한다.)을 지정할 수 있다.

⑤ 국토교통부장관은 실외소음도 측정기관이 다음 각호의 어느 하나에 해당하는 경우에는 그 지정을 취소할 수 있다. 다만, 제1호에 해당하는 경우 그 지정을 취소하여야 한다.
　1. 거짓이나 그 밖의 부정한 방법으로 실외소음도 측정기관으로 지정을 받은 경우
　2. 제3항에 따른 실외소음도 측정기준을 위반하여 업무를 수행한 경우
　3. 제6항에 따른 실외소음도 측정기관의 지정 요건에 미달하게 된 경우

⑥ 실외소음도 측정기관의 지정 요건, 측정에 소요되는 수수료 등 실외소음도 측정에 필요한 사항은 대통령령으로 정한다.

- **소음방지대책의 수립**(「주택건설기준 등에 관한 규정」 제9조)
① 사업주체는 공동주택을 건설하는 지점의 소음도(이하 "실외소음도"라 한다.)가 65데시벨 미만이 되도록 하되, 65데시벨 이상인 경우에는 방음벽·방음림(소음막이숲) 등의 방음시설을 설치하여 해당 공동주택의 건설지점의 소음도가 65데시벨 미만이 되도록 「법」 제42조 제1항에 따른 소음방지대책을 수립하여야 한다. 다만, 공동주택이 「국토의 계획 및 이용에 관한 법률」 제36조에 따른 도시지역(주택단지 면적이 30만 제곱미터 미만인 경우로 한정한다.) 또는 「소음·진동관리법」 제27조에 따라 지정된 지역에 건축되는 경우로서 다음 각호의 기준을 모두 충족하는 경우에는 그 공동주택의 6층 이상인 부분에 대하여 본문을 적용하지 아니한다. 〈개정 2021. 1. 5.〉
　1. 세대 안에 설치된 모든 창호(窓戶)를 닫은 상태에서 거실에서 측정한 소음도(이하 "실내소음도"라 한다.)가 45데시벨 이하일 것
　2. 공동주택의 세대 안에 「건축법 시행령」 제87조 제2항에 따라 정하는 기준에 적합한 환기 설비를 갖출 것

② 제1항에 따른 실외소음도와 실내소음도의 소음측정기준은 국토교통부장관이 환경부장관과 협의하여 고시[108]한다. 〈신설 2013. 3. 23.〉

③ 삭제 〈2013. 6. 17.〉
④ 삭제 〈2013. 6. 17.〉

⑤ 법 제42조 제2항 전단에서 "대통령령으로 정하는 주택건설지역이 도로와 인접한 경우"란 다음 각호의 어느 하나에 해당하는 경우를 말한다. 다만, 주택건설지역이 「환경영향평가법 시행령」 별표3 제1호의 사업구역에 포함된 경우로서 환경영향평가를 통하여 소음저감 대책을 수립한 후 해당 도로의 관리청과 협의를 완료하고 개발사업의 실시계획을 수립한 경우는 제외한다. 〈신설 2016. 8. 11.〉

　1.「도로법」 제11조에 따른 고속국도로부터 300미터 이내에 주택건설지역이 있는 경우
　2.「도로법」 제12조에 따른 일반국도(자동차 전용도로 또는 왕복 6차로 이상인 도로만 해당한다.)와 같은 「법」 제14조에 따른 특별시도·광역시도(자동차 전용도로만 해당한다.)로부터 150미터 이내에 주택건설지역이 있는 경우

⑥ 제5항 각호의 거리를 계산할 때에는 도로의 경계선(보도가 설치된 경우에는 도로와 보도와의 경계선을 말한다.)부터 가장 가까운 공동주택의 외벽면까지의 거리를 기준으로 한다. 〈신설 2013. 6. 17.〉

■ 소음 등으로부터의 보호(「주택건설기준 등에 관한 규정」 제9조의 2)

① 공동주택·어린이놀이터·의료시설(약국은 제외한다.)·유치원·어린이집 및 경로당(이하 이 조에서 "공동주택 등"이라 한다.)은 다음 각호의 시설로부터 수평거리 50미터 이상 떨어진 곳에 배치하여야 한다. 다만, 위험물 저장 및 처리 시설 중 주유소(석유판매취급소를 포함한다.) 또는 시내버스 차고지에 설치된 자동차용 천연가스 충전소(가스저장 압력용기 내용적의 총합이 20세제곱미터 이하인 경우만 해당한다.)의 경우에는 해당 주유소 또는 충전소로부터 수평거리 25미터 이상 떨어진 곳에 공동주택 등(유치원 및 어린이집은 제외한다.)을 배치할 수 있다. 〈개정 2021. 1. 5.〉

　1. 다음 각 목의 어느 하나에 해당하는 공장[「산업집적활성화 및 공장설립에 관한 법률」에 따라 이전이 확정되어 인근에 공동주택 등을 건설하여도 지장이 없다고 사업계획승인권자가 인정하여 고시한 공장은 제외하며, 「국토의 계획 및 이용에 관한 법률」

---

108) 공동주택의 소음측정기준(국토교통부고시)- 참조

제36조 제1항 제1호 가목에 따른 주거지역 또는 같은 「법」 제51조 제3항에 따른 지구단위계획구역(주거형만 해당한다.) 안의 경우에는 사업계획승인권자가 주거환경에 위해하다고 인정하여 고시한 공장만 해당한다.]

가. 「대기환경보전법」 제2조 제9호에 따른 특정대기유해물질을 배출하는 공장

나. 「대기환경보전법」 제2조 제11호에 따른 대기오염물질배출시설이 설치되어 있는 공장으로서 같은 법 「시행령」 별표1에 따른 제1종 사업장부터 제3종 사업장까지의 규모에 해당하는 공장

다. 「대기환경보전법 시행령」 별표1의 3에 따른 제4종사업장 및 제5종사업장 규모에 해당하는 공장으로서 국토교통부장관이 산업통상자원부장관 및 환경부장관과 협의하여 고시[109]한 업종의 공장. 다만, 「도시 및 주거환경정비법」 제2조 제2호다목에 따른 재건축사업(1982년 6월 5월 전에 법률 제6916호 주택법 중 개정법률로 개정되기 전의 「주택건설촉진법」에 따라 사업계획승인을 신청하여 건설된 주택에 대한 재건축사업으로 한정한다.)에 따라 공동주택 등을 건설하는 경우로서 제5종사업장 규모에 해당하는 공장 중에서 해당 공동주택 등의 주거환경에 위험하거나 해롭지 아니하다고 사업계획승인권자가 인정하여 고시[110]한 공장은 제외한다.

라. 「소음·진동관리법」 제2조 제3호에 따른 소음배출시설이 설치된 공장. 다만, 공동주택 등을 배치하려는 지점에서 소음·진동관리 법령으로 정하는 바에 따라 측정한 해당 공장의 소음도가 50데시벨 이하로서 공동주택 등에 영향을 미치지 아니하거나 방음벽·방음림 등의 방음시설을 설치하여 50데시벨 이하가 될 수 있는 경우는 제외한다.

2. 「건축법 시행령」 별표1에 따른 위험물 저장 및 처리 시설

3. 그 밖에 사업계획승인권자가 주거환경에 특히 위해하다고 인정하는 시설(설치계획이 확정된 시설을 포함한다.)

② 제1항에 따라 공동주택 등을 배치하는 경우 공동주택 등과 제1항 각호의 시설 사이의 주택단지 부분에는 방음림을 설치하여야 한다. 다만, 다른 시설물이 있는 경우에는 그러하지 아니하다. 〈개정2021. 1. 5.〉

■ **주택건설기준 등에 관한 규정 제7조**(적용의 특례 중 소음으로부터의 보호 관련)

다음에 해당하는 경우에는 상단에 기록한 「주택건설기준 등에 관한 규정」 제9조 및 제9

---

109) 공동주택 등을 띄어 건설하여야 하는 공장업종– 참조
110) 공동주택 등을 띄어 건설하여야 하는 공장업종– 참조

<u>조의 2를 적용하지 아니한다.</u>

1) 「주택법 시행령」 제7조 제13호에 따른 시장과 주택을 복합건축물로 건설하는 경우 〈개정 2017. 10. 17.〉

2) 상업지역에 주택을 건설하는 경우 〈개정 2013. 6. 17.〉

3) 다음 각호의 어느 하나에 해당하는 경우 〈개정 2013. 12. 4.〉

　① 폭 12미터 이상인 일반도로(주택단지 안의 도로는 제외한다.)에 연접하여 주택을 주택 외의 시설과 복합건축물로 건설하는 경우로서 다음 각 목의 어느 하나에 해당하는 경우

　　가. 준주거지역에 건설하는 경우로서 주택 외의 시설의 바닥면적의 합계가 해당 건축물 연면적의 10분의 1 이상인 경우

　　나. 준주거지역 외의 지역에 건설하는 경우로서 주택 외의 시설의 바닥면적의 합계가 해당 건축물 연면적의 5분의 1 이상인 경우

　② 준주거지역 또는 준공업지역에 주택과 호텔시설을 복합건축물로 건설하는 경우

4) 「도시 및 주거환경정비법」 제2조 제2호 다목에 따른 재건축사업의 경우로서 사업시행인가권자가 주거환경에 위험하거나 해롭지 아니하다고 인정하는 경우에는 제9조의 2 제1항을 적용하지 아니한다 〈개정 2018. 2. 9.〉

5) 법 제2조 제25호다목[111]에 따른 리모델링을 하는 경우(수직으로 증축하거나 별도의 동으로 증축하는 부분에 대해서는 제9조 적용) 〈신설 2021. 1. 12.〉

<u>다음에 해당하는 경우에는 상단에 기록한 「주택건설기준 등에 관한 규정」 제9조를 적용하지 아니한다.</u>

1) 도시형 생활주택을 건설하는 경우〈신설 2016. 8. 11.〉

■ 공동주택에서 발생하는 층간소음에 대한 기준 및 방지대책에 대해서는 제6장 건축물인증제도 바닥충격음 성능등급 인정제도를 참조할 것.

---

111) "리모델링"이란 제66조 제1항 및 제2항에 따라 건축물의 노후화 억제 또는 기능 향상 등을 위한 다음 각 목의 어느 하나에 해당하는 행위를 말한다(「주택법」 제2조 제25호).
다. 나목에 따른 각 세대의 증축 가능 면적을 합산한 면적의 범위에서 기존 세대수의 15퍼센트 이내에서 세대수를 증가하는 증축 행위(이하 "세대수 증가형 리모델링"이라 한다.) 다만, 수직으로 증축하는 행위(이하 "수직증축형 리모델링"이라 한다.)는 다음 요건을 모두 충족하는 경우로 한정한다.
　1) 최대 3개 층 이하로서 대통령령으로 정하는 범위에서 증축할 것
　2) 리모델링 대상 건축물의 구조도 보유 등 대통령령으로 정하는 요건을 갖출 것(시행일 2021. 2. 19)

| 결로방지대책

■ 벽체 및 창호 등 결로방지 성능(「주택건설기준 등에 관한 규정」 제14조의 3)

① 500세대 이상의 공동주택을 건설하는 경우 벽체의 접합부위나 난방설비가 설치되는 공간의 창호는 국토교통부장관이 정하여 고시[112]하는 기준에 적합한 결로(結露)방지 성능을 갖추어야 한다.

② 제1항에 해당하는 공동주택을 건설하려는 자는 세대 내의 거실·침실의 벽체와 천장의 접합부위(침실에 옷방 또는 붙박이 가구를 설치하는 경우에는 옷방 또는 붙박이 가구의 벽체와 천장의 접합부위를 포함한다.), 최상층 세대의 천장부위, 지하주차장·승강기홀의 벽체부위 등 결로 취약부위에 대한 결로방지 상세도를 「법」 제33조 제2항에 따른 설계도서에 포함하여야 한다. 〈개정 2016. 10. 25.〉

③ 국토교통부장관은 제2항에 따른 결로방지 상세도의 작성내용 등에 관한 구체적인 사항을 정하여 고시[113]할 수 있다.

■ 공동주택 결로방지를 위한 설계 기준

제4조(성능기준) 공동주택 세대 내의 다음 각호에 해당하는 부위는 별표1에서 정하는 온도 차이 비율 이하의 결로방지 성능을 갖추도록 설계하여야 한다.
1. 출입문: 현관문 및 대피공간 방화문(발코니에 면하지 않고 거실과 침실 등 난방설비가 설치된 공간에 면한 경우에 한함)
2. 벽체접합부: 외기에 직접 접하는 부위의 벽체와 세대 내의 천장 슬래브 및 바닥이 동시에 만나는 접합부(발코니, 대피공간 등 난방설비가 설치되지 않는 공간의 벽체는 제외)
3. 창: 난방설비가 설치되는 공간에 설치되는 외기에 직접 접하는 창(비확장 발코니 등 난방설비가 설치되지 않은 공간에 설치하는 창은 제외한다.

대피공간 설치

■ 건축법 시행령 제46조(방화구획 등의 설치)

---

112) 공동주택 결로방지를 위한 설계 기준(국토교통부고시)– 부록
113) 공동주택 결로방지를 위한 설계 기준(국토교통부고시)– 부록

④ 공동주택 중 아파트로서 4층 이상인 층의 각 세대가 2개 이상의 직통계단을 사용할 수 없는 경우에는 발코니에 인접 세대와 공동으로 또는 세대별로 다음 각호의 요건을 모두 갖춘 대피공간을 하나 이상 설치해야 한다. 이 경우 인접 세대와 공동으로 설치하는 대피공간은 인접 세대를 통하여 2개 이상의 직통계단을 쓸 수 있는 위치에 우선 설치되어야 한다. 〈개정 2020. 10. 8.〉

1. 대피공간은 바깥의 공기와 접할 것

2. 대피공간은 실내의 다른 부분과 방화구획으로 구획될 것

3. 대피공간의 바닥면적은 인접 세대와 공동으로 설치하는 경우에는 3제곱미터 이상, 세대별로 설치하는 경우에는 2제곱미터 이상일 것

4. 국토교통부장관이 정하는 기준에 적합할 것

⑤ 제4항에도 불구하고 아파트의 4층 이상인 층에서 발코니에 다음 각호의 어느 하나에 해당하는 구조 또는 시설을 갖춘 경우에는 대피공간을 설치하지 않을 수 있다. 〈개정 2021. 8. 10.〉

1. 발코니와 인접 세대와의 경계벽이 파괴하기 쉬운 경량구조 등인 경우

2. 발코니의 경계벽에 피난구를 설치한 경우

3. 발코니의 바닥에 국토교통부령[114]으로 정하는 하향식 피난구를 설치한 경우

4. 국토교통부장관이 제4항에 따른 대피공간과 동일하거나 그 이상의 성능이 있다고 인정하여 고시하는 구조 또는 시설(이하 이 호에서 "대체시설"이라 한다.)을 갖춘 경우. 이 경우 국토교통부장관은 대체시설의 성능에 대해 미리 「과학기술분야 정부출연연구기관 등의 설립·운영 및 육성에 관한 법률」 제8조 제1항에 따라 설립된 한국건설기술연구원(이하 "한국건설기술연구원"이라 한다.)의 기술검토를 받은 후 고시해야 한다.

---

114) 건축물의 피난·방화구조 등의 기준에 관한 규칙 제14조 4항 참조

입주예정자 사전 방문 및 품질점검단의 운영

■ **입주예정자 사전 방문 등**(「주택법」 제48조의 2)

① 사업주체는 제49조 제1항에 따른 사용검사를 받기 전에 입주예정자가 해당 주택을 방문하여 공사 상태를 미리 점검(이하 "사전 방문"이라 한다.)할 수 있게 하여야 한다.

② 입주예정자는 사전 방문 결과 하자[공사상 잘못으로 인하여 균열·침하(沈下)·파손·들뜸·누수 등이 발생하여 안전상·기능상 또는 미관상의 지장을 초래할 정도의 결함을 말한다. 이하 같다.]가 있다고 판단하는 경우 사업주체에게 보수공사 등 적절한 조치를 해줄 것을 요청할 수 있다.

③ 제2항에 따라 하자(제4항에 따라 사용검사권자가 하자가 아니라고 확인한 사항은 제외한다.)에 대한 조치 요청을 받은 사업주체는 대통령령으로 정하는 바에 따라 보수공사 등 적절한 조치를 하여야 한다. 이 경우 입주예정자가 조치를 요청한 하자 중 대통령령으로 정하는 중대한 하자는 대통령령으로 정하는 특별한 사유가 없으면 사용검사를 받기 전까지 조치를 완료하여야 한다.

④ 제3항에도 불구하고 입주예정자가 요청한 사항이 하자가 아니라고 판단하는 사업주체는 대통령령으로 정하는 바에 따라 제49조 제1항에 따른 사용검사를 하는 시장·군수·구청장(이하 "사용검사권자"라 한다.)에게 하자 여부를 확인해줄 것을 요청할 수 있다. 이 경우 사용검사권자는 제48조의 3에 따른 공동주택 품질점검단의 자문을 받는 등 대통령령으로 정하는 바에 따라 하자 여부를 확인할 수 있다.

⑤ 사업주체는 제3항에 따라 조치한 내용 및 제4항에 따라 하자가 아니라고 확인받은 사실 등을 대통령령으로 정하는 바에 따라 입주예정자 및 사용검사권자에게 알려야 한다.

⑥ 국토교통부장관은 사전 방문에 필요한 표준양식을 정하여 보급하고 활용하게 할 수 있다.

⑦ 제2항에 따라 보수공사 등 적절한 조치가 필요한 하자의 구체적인 기준 등에 관한 사항은 대통령령으로 정하고, 제1항부터 제6항까지 규정한 사항 외에 사전 방문의 절차 및 방법 등에 관한 사항은 국토교통부령으로 정한다. [본조신설 2020. 1. 23.]

■ 품질점검단의 설치 및 운영(「주택법」 제48조의 3)

① 시·도지사는 제48조의 2에 따른 사전 방문을 실시하고 제49조 제1항에 따른 사용검사를 신청하기 전에 공동주택의 품질을 점검하여 사업계획의 내용에 적합한 공동주택이 건설되도록 할 목적으로 주택 관련 분야 등의 전문가로 구성된 공동주택 품질점검단(이하 "품질점검단"이라 한다.)을 설치·운영할 수 있다. 이 경우 시·도지사는 품질점검단의 설치·운영에 관한 사항을 조례로 정하는 바에 따라 대도시 시장에게 위임할 수 있다.

② 품질점검단은 대통령령으로 정하는 규모 및 범위 등에 해당하는 공동주택의 건축·구조·안전·품질관리 등에 대한 시공품질을 대통령령으로 정하는 바에 따라 점검하여 그 결과를 시·도지사(제1항 후단의 경우에는 대도시 시장을 말한다.)와 사용검사권자에게 제출하여야 한다.

③ 사업주체는 제2항에 따른 품질점검단의 점검에 협조하여야 하며 이에 따르지 아니하거나 기피 또는 방해해서는 아니 된다.

④ 사용검사권자는 품질점검단의 시공품질 점검을 위하여 필요한 경우에는 사업주체, 감리자 등 관계자에게 공동주택의 공사현황 등 국토교통부령으로 정하는 서류 및 관련 자료의 제출을 요청할 수 있다. 이 경우 자료제출을 요청받은 자는 정당한 사유가 없으면 이에 따라야 한다.

⑤ 사용검사권자는 제2항에 따라 제출받은 점검 결과를 제49조 제1항에 따른 사용검사가 있은 날부터 2년 이상 보관하여야 하며, 입주자(입주예정자를 포함한다.)가 관련 자료의 공개를 요구하는 경우에는 이를 공개하여야 한다.

⑥ 사용검사권자는 대통령령으로 정하는 바에 따라 제2항에 따른 품질점검단의 점검 결과에 대한 사업주체의 의견을 청취한 후 하자가 있다고 판단하는 경우 보수·보강 등 필요한 조치를 명하여야 한다. 이 경우 대통령령으로 정하는 중대한 하자는 대통령령으로 정하는 특별한 사유가 없으면 사용검사를 받기 전까지 조치하도록 명하여야 한다.

⑦ 제6항에 따라 보수·보강 등의 조치명령을 받은 사업주체는 대통령령으로 정하는 바에 따라 조치를 하고, 그 결과를 사용검사권자에게 보고하여야 한다. 다만, 조치명령에 이의가 있는 사업주체는 사용검사권자에게 이의신청을 할 수 있다.

⑧ 사용검사권자는 공동주택의 시공품질관리를 위하여 제48조의 2에 따라 사업주체에게 통보받은 사전 방문 후 조치 결과, 제6항 및 제7항에 따른 조치명령, 조치 결과, 이의신청 등에 관한 사항을 대통령령으로 정하는 정보시스템에 등록하여야 한다.

⑨ 제1항부터 제8항까지 규정한 사항 외에 품질점검단의 구성 및 운영, 이의신청 절차 및 이의신청에 따른 조치 등에 필요한 사항은 대통령령으로 정한다.
[본조신설 2020. 1. 23.]

사전 방문 및 품질점검단 운영에 대한 「주택법 시행령」

■ **제53조의 2**(사전 방문 결과에 대한 조치 등)

① 법 제48조의 2 제2항에 따른 하자(이하 "하자"라 한다.)의 범위는 「공동주택관리법 시행령」 제37조 각호의 구분에 따르며, 하자의 판정 기준은 같은 영 제47조 제3항에 따라 국토교통부장관이 정하여 고시하는 바에 따른다.

② 법 제48조의 2 제2항에 따라 하자에 대한 조치 요청을 받은 사업주체는 같은 조 제3항에 따라 다음 각호의 구분에 따른 시기까지 보수 공사 등의 조치를 완료하기 위한 계획(이하 "조치계획"이라 한다.)을 국토교통부령으로 정하는 바에 따라 수립하고, 해당 계획에 따라 보수 공사 등의 조치를 완료해야 한다.
   1. 제4항에 해당하는 중대한 하자인 경우: 사용검사를 받기 전. 다만, 제5항의 사유가 있는 경우에는 입주예정자와 협의(공용부분의 경우에는 입주예정자 3분의 2 이상의 동의를 받아야 한다.)하여 정하는 날로 한다.
      가. 전유부분: 입주예정자에게 인도하기 전
      나. 공용부분: 사용검사를 받기 전

③ 조치계획을 수립한 사업주체는 법 제48조의 2에 따른 사전방문 기간의 종료일부터 7일 이내에 사용검사권자(법 제49조 제1항에 따라 사용검사를 하는 자를 말한다. 이하 같다)에게 해당 조치계획을 제출해야 한다.

④ 법 제48조의 2 제3항 후단에서 "대통령령으로 정하는 중대한 하자"란 다음 각호의 어느 하나에 해당하는 하자로서 사용검사권자가 중대한 하자라고 인정하는 하자를 말한다.

　　1. 내력 구조부 하자: 다음 각 목의 어느 하나에 해당하는 결함이 있는 경우로서 공동주택의 구조 안전상 심각한 위험을 초래하거나 초래할 우려가 있는 정도의 결함이 있는 경우

　　　　가. 철근콘크리트 균열

　　　　나. 「건축법」 제2조 제1항 제7호의 주요 구조부의 철근 노출

　　2. 시설공사별 하자: 다음 각 목의 어느 하나에 해당하는 결함이 있는 경우로서 입주예정자가 공동주택에서 생활하는 데 안전상·기능상 심각한 지장을 초래하거나 초래할 우려가 있는 정도의 결함이 있는 경우

　　　　가. 토목 구조물 등의 균열

　　　　나. 옹벽·차도·보도 등의 침하(沈下)

　　　　다. 누수, 누전, 가스 누출

　　　　라. 가스 배관 등의 부식, 배관류의 동파

　　　　마. 다음의 어느 하나에 해당하는 기구·설비 등의 기능이나 작동 불량 또는 파손

　　　　　　1) 급수·급탕·배수·위생·소방·난방·가스 설비 및 전기·조명 기구

　　　　　　2) 발코니 등의 안전 난간 및 승강기

⑤ 법 제48조의 2 제3항 후단에서 "대통령령으로 정하는 특별한 사유"란 다음 각호의 어느 하나에 해당하여 사용검사를 받기 전까지 중대한 하자에 대한 보수 공사 등의 조치를 완료하기 어렵다고 사용검사권자로부터 인정받은 사유를 말한다.

　　1. 공사 여건상 자재, 장비 또는 인력 등의 수급이 곤란한 경우

　　2. 공정 및 공사의 특성상 사용검사를 받기 전까지 보수 공사 등을 하기 곤란한 경우

　　3. 그 밖에 천재지변이나 부득이한 사유가 있는 경우

[본조신설 2020. 12. 22.]

■ **제53조의 3**(사전 방문 결과 하자 여부의 확인 등)

① 사업주체는 법 제48조의 2 제4항 전단에 따라 하자 여부 확인을 요청하려면 사용검사권자에게 제53조의 2 제3항에 따라 조치계획을 제출할 때 다음 각호의 자료를 첨부해야 한다.

　1. 입주예정자가 보수 공사 등의 조치를 요청한 내용

　2. 입주예정자가 보수 공사 등의 조치를 요청한 부분에 대한 설계도서 및 현장 사진

　3. 하자가 아니라고 판단하는 이유

　4. 감리자의 의견

　5. 그 밖에 하자가 아님을 증명할 수 있는 자료

② 사용검사권자는 제1항에 따라 요청을 받은 경우, 제53조의 2 제1항의 판정 기준에 따라 하자 여부를 판단해야 하며, 하자 여부를 판단하기 위하여 필요한 경우에는 법 제48조의 3 제1항에 따른 공동주택 품질점검단(이하 "품질점검단"이라 한다.)에 자문할 수 있다.

③ 사용검사권자는 제1항에 따라 확인 요청을 받은 날부터 7일 이내에 하자 여부를 확인하여 해당 사업 주체에게 통보해야 한다.

④ 사업주체는 법 제48조의 2 제5항에 따라 입주예정자에게 전유부분을 인도하는 날에 다음 각호의 사항을 서면(「전자문서 및 전자거래 기본법」 제2조 제1호의 전자문서를 포함한다.)으로 알려야 한다.

　1. 조치를 완료한 사항

　2. 조치를 완료하지 못한 경우에는 그 사유와 조치계획

　3. 제1항에 따라 사용검사권자에게 확인을 요청하여 하자가 아니라고 확인받은 사항

⑤ 사업주체는 조치계획에 따라 조치를 모두 완료한 때에는 법 제48조의 2 제5항에 따라 사용검사권자에게 그 결과를 제출해야 한다.

[본조신설 2020. 12. 22.]

■ **제53조의 4(품질점검단의 구성 및 운영 등)**

① 품질점검단의 위원(이하 이 조에서 "위원"이라 한다.)은 다음 각호의 어느 하나에 해당하는 사람 중에서 시·도지사(법 제48조의 3 제1항 후단에 따라 권한을 위임받은 대도시 시장을 포함한다. 이하 이 조 및 제53조의 5에서 같다.)가 임명하거나 위촉한다.

1. 「건축사법」 제2조 제1호의 건축사

2. 「국가기술자격법」에 따른 건축 분야 기술사 자격을 취득한 사람

3. 「공동주택관리법」 제67조 제2항에 따른 주택관리사 자격을 취득한 사람

4. 「건설기술 진흥법 시행령」 별표1에 따른 특급건설기술인

5. 「고등교육법」 제2조의 학교 또는 연구기관에서 주택 관련 분야의 조교수 이상 또는 이에 상당하는 직에 있거나 있었던 사람

6. 건축물이나 시설물의 설계·시공 관련 분야의 박사학위를 취득한 사람

7. 건축물이나 시설물의 설계·시공 관련 분야의 석사학위를 취득한 후 이와 관련된 분야에서 5년 이상 종사한 사람

8. 공무원으로서 공동주택 관련 지도·감독 및 인·허가 업무 등에 종사한 경력이 5년 이상인 사람

9. 다음 각 목의 어느 하나에 해당하는 기관의 임직원으로서 건축물 및 시설물의 설계·시공 및 하자보수와 관련된 업무에 5년 이상 재직한 사람

　　가. 「공공기관의 운영에 관한 법률」 제4조의 공공기관

　　나. 「지방공기업법」 제3조 제1항의 지방공기업

② 공무원이 아닌 위원의 임기는 2년으로 하며, 두 차례만 연임할 수 있다.

③ 위원이 다음 각호의 어느 하나에 해당하는 경우에는 해당 공동주택의 품질점검에서 제척된다.

1. 위원 또는 그 배우자나 배우자였던 사람이 해당 주택건설사업의 사업주체, 시공자 또는 감리자(이하 "사업주체 등"이라 하며, 이 호 및 제2호에서는 사업주체 등이 법인·단체 등인 경우 그 임직원을 포함한다.)이거나 최근 3년 내에 사업주체 등이었던 경우

2. 위원이 해당 주택건설사업의 사업주체 등의 친족이거나 친족이었던 경우

3. 위원이 해당 주택건설사업에 대하여 자문, 연구, 용역(하도급을 포함한다), 감정 또는 조사를 한 경우

4. 위원이 임직원으로 재직하고 있거나 최근 3년 내에 재직했던 법인·단체 등이 해당 주택건설사업에 대하여 자문, 연구, 용역(하도급을 포함한다), 감정 또는 조사를 한 경우

5. 위원이나 위원이 속한 법인·단체 등이 해당 주택건설사업의 사업주체 등의 대리인이거나 대리인이었던 경우

6. 위원이나 위원의 친족이 해당 주택의 입주예정자인 경우

④ 위원이 제3항 각호의 제척 사유에 해당하는 경우에는 스스로 해당 공동주택의 품질점검에서 회피해야 한다.

⑤ 시·도지사는 위원에게 예산의 범위에서 업무 수행에 따른 수당, 여비 및 그 밖에 필요한 경비를 지급할 수 있다. 다만, 공무원인 위원이 그 소관 업무와 직접적으로 관련되어 품질점검에 참여하는 경우에는 지급하지 않는다.

⑥ 제1항부터 제5항에서 규정한 사항 외에 품질점검단의 구성·운영 등에 필요한 세부적인 사항은 해당 행정구역에 건설하는 주택단지 수 및 세대수 등의 규모를 고려하여 조례로 정한다.

[본조신설 2020. 12. 22.]

■ **제53조의 5(품질점검단의 점검대상 및 점검방법 등)**

① 법 제48조의 3 제2항에서 "대통령령으로 정하는 규모 및 범위 등에 해당하는 공동주택"이란 법 제2조 제10호 다목 및 라목에 해당하는 사업주체가 건설하는 300세대 이상인 공동주택을 말한다. 다만, 시·도지사가 필요하다고 인정하는 경우에는 조례로 정하는 바에 따라 300세대 미만인 공동주택으로 정할 수 있다.

② 품질점검단은 법 제48조의 3 제2항에 따라 공동주택 관련 법령, 입주자모집공고, 설계도서 및 마감자재 목록표 등 관련 자료를 토대로 다음 각호의 사항을 점검해야 한다.

1. 공동주택의 공용부분

2. 공동주택 일부 세대의 전유부분

3. 제53조의 3 제2항에 따라 사용검사권자가 하자 여부를 판단하기 위해 품질점검단에 자문을 요청한 사항 중 현장조사가 필요한 사항

③ 제1항 및 제2항에서 규정한 사항 외에 품질점검단의 점검절차 등에 관하여 필요한 사항은 국토교통부령으로 정한다.

[본조신설 2020. 12. 22.]

■ **제53조의 6**(품질점검단의 점검결과에 대한 조치 등)

① 사용검사권자는 품질점검단으로부터 점검결과를 제출받은 때에는 법 제48조의 3 제6항 전단에 따라 의견을 청취하기 위하여 사업 주체에게 그 내용을 즉시 통보해야 한다.

② 사업주체는 제1항에 따라 통보받은 점검결과에 대하여 이견(異見)이 있는 경우 통보받은 날부터 5일 이내에 관련 자료를 첨부하여 사용검사권자에게 의견을 제출할 수 있다.

③ 사용검사권자는 품질점검단 점검결과 및 제2항에 따라 제출받은 의견을 검토한 결과 하자에 해당한다고 판단하는 때에는 법 제48조의 3 제6항에 따라 제2항에 따른 의견 제출일부터 5일 이내에 보수·보강 등의 조치를 명해야 한다.

④ 법 제48조의 3 제6항 후단에서 "대통령령으로 정하는 중대한 하자"란 제53조의 2 제4항에 해당하는 하자를 말한다.

⑤ 법 제48조의 3 제6항 후단에서 "대통령령으로 정하는 특별한 사유"란 제53조의 2 제5항에서 정하는 사유를 말한다.

⑥ 사업주체는 법 제48조의 3 제7항 본문에 따라 제3항에 따른 사용검사권자의 조치 명령에 대하여 제53조의 2 제2항 각호의 구분에 따른 시기까지 조치를 완료해야 한다.

⑦ 법 제48조의 3 제8항에서 "대통령령으로 정하는 정보시스템"이란 「공동주택관리법 시행령」 제53조 제5항에 따른 하자관리정보시스템을 말한다.

[본조신설 2020. 12. 22.] [시행일: 2021. 1. 24.] 제53조의 6

■ **제53조의 7**(조치명령에 대한 이의신청 등)

① 사업주체는 법 제48조의 3 제7항 단서에 따라 제53조의 6 제3항에 따른 조치명령에 이의신청을 하려는 경우에는 조치명령을 받은 날부터 5일 이내에 사용검사권자에게 다음 각호의 자료를 제출해야 한다.

   1. 사용검사권자의 조치명령에 대한 이의신청 내용 및 이유
   2. 이의신청 내용 관련 설계도서 및 현장 사진
   3. 감리자의 의견
   4. 그 밖에 이의신청 내용을 증명할 수 있는 자료

② 사용검사권자는 제1항에 따라 이의신청을 받은 때에는 신청을 받은 날부터 5일 이내에 사업 주체에게 검토 결과를 통보해야 한다.

[본조신설 2020. 12. 22.]

사전 방문 및 품질점검단 운영에 대한 「주택법 시행규칙」

■ **제20조의 2**(사전방문의 절차 및 방법 등)

① 사업주체는 법 제48조의 2 제1항에 따른 사전방문(이하 "사전방문"이라 한다.)을 주택공급계약에 따라 정한 입주지정기간 시작일 45일 전까지 2일 이상 실시해야 한다.

② 사업주체가 사전방문을 실시하려는 경우에는 사전방문기간 시작일 1개월 전까지 방문기간 및 방법 등 사전방문에 필요한 사항을 포함한 사전방문계획을 수립하여 사용검사권자에게 제출하고, 입주예정자에게 그 내용을 서면(전자문서를 포함한다.)으로 알려야 한다.

③ 사업주체는 법 제48조의 2 제6항에 따른 표준양식을 참고하여 입주예정자에게 사전방문에 필요한 점검표를 제공해야 한다.

[본조신설 2021. 1. 22.]

■ 제20조의 3(조치계획의 작성 방법)

사업주체는 영 제53조의 2 제2항에 따른 조치계획을 수립하는 경우에는 국토교통부장관이 정하여 고시하는 시설공사의 세부 하자 유형별로 다음 각호의 사항을 포함하여 작성해야 한다.

　　1. 세대별 입주예정자가 조치 요청을 한 하자의 내용
　　2. 영 제53조의 2 제4항에 따른 중대한 하자인지 여부
　　3. 하자에 대한 조치방법 및 조치일정
[본조신설 2021. 1. 22.]

■ 제20조의 4(품질점검단의 점검절차 등)

① 제20조의 2 제2항에 따라 사업주체로부터 사전방문계획을 제출받은 사용검사권자는 해당 공동주택이 영 제53조의 5 제1항에 해당하는 경우 지체없이 시·도지사(법 제48조의 3 제1항 후단에 따라 권한을 위임받은 경우에는 대도시 시장을 말한다. 이하 이 조에서 같다.)에게 같은 항 전단에 따른 공동주택 품질점검단(이하 "품질점검단"이라 한다.)의 점검을 요청해야 한다.

② 제1항에 따라 품질점검을 요청받은 시·도지사는 사전방문기간 종료일부터 10일 이내에 품질점검단이 영 제53조의 5 제2항에 따라 해당 공동주택의 품질을 점검하도록 해야 한다.

③ 시·도지사는 품질점검단의 점검 시작일 7일 전까지 사용검사권자 및 사업주체에게 점검일시, 점검내용 및 품질점검단 구성 등이 포함된 점검계획을 통보해야 한다.

④ 제3항에 따라 점검계획을 통보받은 사용검사권자는 영 제53조의 5 제2항 제2호에 따른 세대의 전유부분 점검을 위하여 3세대 이상을 선정하여 품질점검단에 통보해야 한다. 이 경우 구체적인 점검 세대수 및 세대 선정기준은 공동주택의 규모 등 단지 여건에 따라 시·도(법 제48조의 3 제1항 후단에 따라 대도시 시장이 권한을 위임받은 경우에는 대도시를 말한다.)의 조례로 정한다.

⑤ 품질점검단은 품질점검을 실시한 후 점검 종료일부터 5일 이내에 점검 결과를 시·도지사와 사용검사권자에게 제출해야 한다.

[본조신설 2021. 1. 22.]

■ **제20조의 5(사용검사권자의 자료요청)**

법 제48조의 3 제4항 전단에서 "공동주택의 공사현황 등 국토교통부령으로 정하는 서류 및 관련 자료"란 공사 개요 및 진행 상황 등 공동주택의 공사현황에 관한 자료를 말한다.

[본조신설 2021. 1. 22.]

하자담보책임

하자는 공사상 잘못으로 인하여 균열·침하(沈下)·파손·들뜸·누수 등이 발생하여 건축물 또는 시설물의 안전상·기능상 또는 미관상의 지장을 초래할 정도의 결함을 말하는 것으로 내력구조별 하자와 시설공사별 하자로 대별한다.

공동주택의 내력구조부 및 시설공사별로 발생하는 하자의 구분은 「하자심사·분쟁조정위원회의사·운영에 관한 규칙」 제24조에 의거 「공동주택 관리법령」 및 「공동주택하자의 조사, 보수비용 산정방법 및 하자판정기준」에 따른다.

공동주택에서 발생하는 하자를 세분하면 시공 하자, 미시공 하자, 변경시공 하자[115]로 구분할 수 있으며, 입주자 사전 방문 및 공동주택 품질점검단 운영을 통하여 지적된 중대한 하자(「주택법시행령」 제53조의2 제4항)는 입주 전까지 보수를 완료해야 사용승인될 것으로 보인다.

---

115) 공동주택 하자의 조사, 보수비용 산정 및 하자판정 기준 제2조
  4. "시공 하자"란 건축물 또는 시설물을 해당 설계도서대로 시공하였으나, 내구성·내마모성 및 강도 등이 부족하여 품질을 제대로 갖추지 아니하였거나, 끝마무리를 제대로 하지 아니하여 안전상·기능상 또는 미관상 지장을 초래할 정도의 결함이 발생한 것을 말한다.
  5. "미시공 하자"란 「주택법」 제33조에 따른 설계도서 작성기준과 해당 설계도서에 따른 시공 기준에 따라 공동주택의 내력구조별 또는 시설공사별로 구분되는 어느 공종의 전부 또는 일부를 시공하지 아니하여 그 건축물 또는 시설물(제작·설치·시공하는 제품을 포함한다. 이하 같다.)이 안전상·기능상 또는 미관상의 지장을 초래하는 것을 말한다.
  6. "변경 시공 하자"란 건축물 또는 시설물이 다음 각 목의 어느 하나에 해당하여 그 건축물 또는 시설물의 안전상·기능상 또는 미관상 지장을 초래할 정도의 하자를 말한다.
    가. 관계법규에 설치하도록 규정된 시설물 또는 설계도서에 명기된 시설물의 규격·성능 및 재질에 미달하는 경우
    나. 설계도서에 명기된 시설물과 다른 저급자재로 시공된 경우

그렇다면 공동주택 하자[116]의 기준이 되는 도면은 무엇일까?

사업계획승인도면 또는 착공도면인지 아니면 사용승인도면으로 할 것인지 여부에 대하여 대법원의 판결(2014.10.15. 선고 2012다18762)이 있어 소개한다. 법원은 사업주체가 아파트 분양계약 당시 사업계획승인도면이나 착공도면에 기재된 특정한 시공내역과 시공 방법대로 시공할 것을 수분양자에게 설명하거나 분양안내서 또는 분양광고나 견본주택 등을 통해 제시하는 등 특별한 사정이 없는 한 아파트에 하자가 발생하였는지는 원칙적으로 준공도면을 기준으로 판단함이 타당하다고 밝혔다. 즉, 특별한 경우를 제외하고는 준공도면이 하자판단의 기준이 된다는 것이다.

선분양, 후시공의 방식으로 입주자선정이 이루어지고 있는 현실에서는 사업계획승인도면과 착공도면을 기준으로 시공하는 경우가 대부분이다. 그러나 설계변경이 빈번하게 이루어지고 있는 현장의 특성상 최종도면인 준공도면이 하자판정의 기준이 된다고 판단한 것 같다. 정보력이 부족한 수분양자의 입장에선 오해의 소지가 있을 수 있지만, 사업계획변경 및 경미한 변경이 생길 때 입주예정자에게 사전 통보하게 되어 있는 「주택법」상, 수분양자의 승인을 득한 것이 되는 최종 준공도면이야말로 하자판정의 기준이 되는 것은 당연하다 할 것이다.

벌칙도 있다. 담보책임기간에 하자가 발생한 경우, 하자보수에 대한 시정명령을 이행하지 아니한 자에게는 500만 원 이하의 과태료(「공동주택관리법」 제102조)를 부과하도록 되어 있다.

■ **하자담보책임**(「공동주택관리법」 제36조)

① 다음 각호의 사업주체(이하 이 장에서 "사업주체"라 한다.)는 공동주택의 하자에 대하여 분양에 따른 담보책임(제3호 및 제4호의 시공자는 수급인의 담보책임을 말한다.)을 진다. 〈개정 2017. 4. 18.〉

    1. 「주택법」 제2조 제10호 각 목에 따른 자

    2. 「건축법」 제11조에 따른 건축허가를 받아 분양을 목적으로 하는 공동주택을 건축한 건축주

    3. 제35조 제1항 제2호에 따른 행위를 한 시공자

    4. 「주택법」 제66조에 따른 리모델링을 수행한 시공자

② 제1항에도 불구하고 「공공주택 특별법」 제2조 제1호 가목에 따라 임대한 후 분양전환을 할 목적으로 공급하는 공동주택(이하 "공공임대주택"이라 한다.)을 공급한 제1항 제1

---

116) 공동주택 하자의 조사, 보수비용 산정 및 하자 판정 기준(국토교통부고시)- 참조

호의 사업주체는 분양전환이 되기 전까지는 임차인에 대하여 하자보수에 대한 담보책임(제 37조 제2항에 따른 손해배상책임은 제외한다.)을 진다. 〈신설 2020. 6. 9.〉

③ 제1항 및 제2항에 따른 담보책임의 기간(이하 "담보책임기간"이라 한다.)은 하자의 중대성, 시설물의 사용 가능 햇수 및 교체 가능성 등을 고려하여 공동주택의 내력구조부별 및 시설공사별로 10년의 범위에서 대통령령으로 정한다. 이 경우 담보책임기간은 다음 각호의 날부터 기산한다. 〈개정 2020. 6. 9.〉
    1. 전유부분: 입주자(제2항에 따른 담보책임의 경우에는 임차인)에게 인도한 날
    2. 공용부분: 「주택법」 제49조에 따른 사용검사일(같은 법 제49조 제4항 단서에 따라 공동주택의 전부에 대하여 임시 사용승인을 받은 경우에는 그 임시 사용승인일을 말하고, 같은 법 제49조 제1항 단서에 따라 분할 사용검사나 동별 사용검사를 받은 경우에는 그 분할 사용검사일 또는 동별 사용검사일을 말한다.) 또는 「건축법」 제22조에 따른 공동주택의 사용승인일

④ 제1항의 하자(이하 "하자"라 한다.)는 공사상 잘못으로 인하여 균열·침하(沈下)·파손·들뜸·누수 등이 발생하여 건축물 또는 시설물의 안전상·기능상 또는 미관상의 지장을 초래할 정도의 결함을 말하며, 그 구체적인 범위는 대통령령으로 정한다. 〈개정 2017. 4. 18.〉

■ **담보책임기간**(「공동주택관리법 시행령」 제36조)

① 법 제36조 제3항에 따른 공동주택의 내력구조부별 및 시설공사별 담보책임기간 (이하 "담보책임기간"이라 한다.)은 다음 각호와 같다. 〈개정 2017. 9. 29.〉
    1. 내력구조부별(「건축법」 제2조 제1항 제7호에 따른 건물의 주요구조부를 말한다. 이하 같다.) 하자에 대한 담보책임기간: 10년
    2. 시설공사별 하자에 대한 담보책임기간: 별표4[117], [118]에 따른 기간

② 사업주체(「건축법」 제11조에 따른 건축허가를 받아 분양을 목적으로 하는 공동주택을 건축한 건축주를 포함한다. 이하 이 조에서 같다.)는 해당 공동주택의 전유부분을 입주자에게 인도한 때에는 국토교통부령으로 정하는 바에 따라 주택인도증서를 작성하여 관리

---

[117] 시설공사별 담보책임기간- 부록
[118] 건설공사의 종류별 하자담보책임기간(건설산업기본법 시행령 별표4)- 부록

주체(의무관리대상 공동주택이 아닌 경우에는 「집합건물의 소유 및 관리에 관한 법률」에 따른 관리인을 말한다. 이하 이 조에서 같다.)에게 인계하여야 한다. 이 경우 관리주체는 30일 이내에 공동주택 관리정보시스템에 전유부분의 인도일을 공개하여야 한다.

③ 사업주체가 해당 공동주택의 전유부분을 「법」 제36조 제2항에 따른 공공임대주택(이하 "공공임대주택"이라 한다.)의 임차인에게 인도한 때에는 주택인도증서를 작성하여 분양전환하기 전까지 보관하여야 한다. 이 경우 사업주체는 주택인도증서를 작성한 날부터 30일 이내에 공동주택관리정보시스템에 전유부분의 인도일을 공개하여야 한다. 〈신설 2017. 9. 29.〉

④ 사업주체는 주택의 미분양(未分讓) 등으로 인하여 제10조 제4항에 따른 인계·인수서에 같은 항 제5호에 따른 인도일의 현황이 누락된 세대가 있는 경우에는 주택의 인도일부터 15일 이내에 인도일의 현황을 관리주체에게 인계하여야 한다. 〈개정 2017. 9. 29.〉

■ **하자의 범위**(「공동주택관리법 시행령」 제37조)

법 제36조 제4항에 따른 하자의 범위는 다음 각호의 구분에 따른다. 〈개정 2021. 1. 5.〉

  1. 내력구조부별 하자: 다음 각 목의 어느 하나에 해당하는 경우

    가. 공동주택 구조체의 일부 또는 전부가 붕괴된 경우

    나. 공동주택의 구조안전상 위험을 초래하거나 그 위험을 초래할 우려가 있는 정도의 균열·침하(沈下) 등의 결함이 발생한 경우

  2. 시설공사별 하자: 공사상의 잘못으로 인한 균열·처짐·비틀림·들뜸·침하·파손·붕괴·누수·누출·탈락, 작동 또는 기능불량, 부착·접지 또는 결선(전선연결) 불량, 고사(枯死) 및 입상(서있는 상태) 불량 등이 발생하여 건축물 또는 시설물의 안전상·기능상 또는 미관상의 지장을 초래할 정도의 결함이 발생한 경우

벌 칙

■ **벌칙 적용에서 공무원 의제**(「주택법」 제97조)

다음 각호의 어느 하나에 해당하는 자는 「형법」 제129조부터 제132조까지의 규정을 적용할 때에는 공무원으로 본다. 〈개정 2020. 1. 23.〉

  1. 제44조 및 제45조에 따라 감리 업무를 수행하는 자

  2. 제48조의 3 제1항에 따른 품질점검단의 위원 중 공무원이 아닌 자

■ 주택법 제98조(벌칙)

① 제33조, 제43조, 제44조, 제46조 또는 제70조를 위반하여 설계·시공 또는 감리를 함으로써 「공동주택관리법」 제36조 제3항에 따른 담보책임기간에 공동주택의 내력구조부에 중대한 하자를 발생시켜 일반인을 위험에 처하게 한 설계자·시공자·감리자·건축구조기술사 또는 사업주체는 10년 이하의 징역에 처한다. 〈개정 2017. 4. 18.〉

② 제1항의 죄를 범하여 사람을 죽음에 이르게 하거나 다치게 한 자는 무기징역 또는 3년 이상의 징역에 처한다.

■ 주택법 제99조(벌칙)

① 업무상 과실로 제98조 제1항의 죄를 범한 자는 5년 이하의 징역이나 금고 또는 5천만 원 이하의 벌금에 처한다.

② 업무상 과실로 제98조 제2항의 죄를 범한 자는 10년 이하의 징역이나 금고 또는 1억 원 이하의 벌금에 처한다.

■ 주택법 제101조(벌칙)

다음 각호의 어느 하나에 해당하는 자는 3년 이하의 징역 또는 3천만 원 이하의 벌금에 처한다. 〈개정 2020. 8. 18.〉

　　1의 2. 고의로 제33조[119]를 위반하여 설계하거나 시공함으로써 사업주체 또는 입주자에게 손해를 입힌 자

■ 주택법 제102조(벌칙)

다음 각호의 어느 하나에 해당하는 자는 2년 이하의 징역 또는 2천만 원 이하의 벌금에 처한다. 〈개정 2020. 1. 23.〉

　　11. 고의로 제44조 제1항[120]에 따른 감리 업무를 게을리하여 위법한 주택건설공사를

---

119)　제33조(주택의 설계 및 시공) ① 제15조에 따른 사업계획승인을 받아 건설되는 주택(부대시설과 복리시설을 포함한다. 이하 이 조, 제49조, 제54조 및 제61조에서 같다.)을 설계하는 자는 대통령령으로 정하는 설계도서 작성기준에 맞게 설계하여야 한다.
② 제1항에 따른 주택을 시공하는 자(이하 "시공자"라 한다.)와 사업주체는 설계도서에 맞게 시공하여야 한다.
120)　① 감리자는 자기에게 소속된 자를 대통령령으로 정하는 바에 따라 감리원으로 배치하고, 다음 각호의 업무를 수행하여야 한다.
1. 시공자가 설계도서에 맞게 시공하는지 여부의 확인
2. 시공자가 사용하는 건축자재가 관계 법령에 따른 기준에 맞는 건축자재인지 여부의 확인
3. 주택건설공사에 대하여 「건설기술 진흥법」 제55조에 따른 품질시험을 하였는지 여부의 확인
4. 시공자가 사용하는 마감자재 및 제품이 제54조 제3항에 따라 사업주체가 시장·군수·구청장에게 제출한 마감자재 목록표 및 영상

시공함으로써 사업주체 또는 입주자에게 손해를 입힌 자

14. 제54조 제3항[121]을 위반하여 건축물을 건설·공급한 자

■ **주택법 제104조**(벌칙)

다음 각호의 어느 하나에 해당하는 자는 1년 이하의 징역 또는 1천만 원 이하의 벌금에 처한다. 〈개정 2020. 8. 18.〉

6. 과실로 제44조 제1항에 따른 감리 업무를 게을리하여 위법한 주택건설공사를 시공함으로써 사업주체 또는 입주자에게 손해를 입힌 자

7. 제44조 제4항[122]을 위반하여 시정 통지를 받고도 계속하여 주택건설공사를 시공한 시공자 및 사업주체

8. 제46조 제1항[123]에 따른 건축구조기술사의 협력, 제68조 제5항에 따른 안전진단기준, 제69조 제3항에 따른 검토 기준 또는 제70조에 따른 구조기준을 위반하여 사업주체, 입주자 또는 사용자에게 손해를 입힌 자

9. 제48조 제2항[124]에 따른 시정명령에도 불구하고 필요한 조치를 하지 아니하고 감리를 한 자

13. 제93조 제1항[125]에 따른 검사 등을 거부·방해 또는 기피한 자 [시행일 2021. 2. 19.]

■ **주택법 제106조**(과태료)

② 다음 각호의 어느 하나에 해당하는 자에게는 1천만 원 이하의 과태료를 부과한다. 〈개정 2020. 1. 23.〉

5. 제46조 제1항[126]을 위반하여 건축구조기술사의 협력을 받지 아니한 자

③ 다음 각호의 어느 하나에 해당하는 자에게는 500만 원 이하의 과태료를 부과한다. 〈개정 2021. 8. 10.〉

물 등과 동일한지 여부의 확인

5. 그 밖에 주택건설공사의 시공감리에 관한 사항으로서 대통령령으로 정하는 사항

121) ③ 사업주체가 제1항 제1호에 따라 시장·군수·구청장의 승인을 받으려는 경우(사업주체가 국가·지방자치단체·한국토지주택공사 및 지방공사인 경우에는 견본주택을 건설하는 경우를 말한다.)에는 제60조에 따라 건설하는 견본주택에 사용되는 마감자재의 규격·성능 및 재질을 적은 목록표(이하 "마감자재 목록표"라 한다.)와 견본주택의 각 실의 내부를 촬영한 영상물 등을 제작하여 승인권자에게 제출하여야 한다.

122) 감리자의 시정통지

123) 수직증축형 리모델링 감리자의 업무협조

124) ② 사업계획승인권자는 실태점검 결과 제44조 제1항에 따른 감리 업무의 소홀이 확인된 경우에는 시정명령을 하거나, 제43조 제2항에 따라 감리자 교체를 하여야 한다.

125) 보고·검사 등

126) 수직증축형 리모델링 감리자의 업무협조

3. 제44조 제2항[127]에 따른 보고를 하지 아니하거나 거짓으로 보고한 감리자

4. 제45조 제2항[128]에 따른 보고를 하지 아니하거나 거짓으로 보고한 감리자

4의 4. 제48조의 3 제4항[129]후단을 위반하여 자료제출 요구에 따르지 아니하거나 거짓으로 자료를 제출한 자

7. 제93조 제1항[130]에 따른 보고 또는 검사의 명령을 위반한 자

[시행일: 2021. 1. 24.] 제106조 제3항 제4호의 4,

■ **주택법 시행령 제97조**(과태료의 부과)

법 제106조에 따른 과태료의 부과기준은 별표5[131]와 같다.

---

127) 감리자의 업무 보고
128) 다른법률에 따른 감리자의 업무 보고
129) 관련서류제출 요청
130) 관계기관 보고,검사 등
131) 과태료의 부과기준(「주택법 시행령」 별표5)- 참조

- 개 요 196
- 용어설명 197
- 알아두면 유익한 관련법규 201
- 건축주·설계자·시공자·감리자의 기본임무 202
- 건설공사 시공자의 제한 및 현장관리인 제도 204
- 감리자지정 및 종류별 특성비교 208
- 공사감리자의 업무 218
- 건축물 착공 시 주의사항 222
- 사진 및 동영상 촬영 225
- 가구·세대 간 소음방지, 마감 재료 및 품질관리기준 227
- 관계전문기술자의 협력 237
- 건축물의 범죄예방·건축설비 설치의 원칙·허용오차 241
- 건축물 안전영향평가 및 지하안전영향평가 247
- 벌 칙 253

제 3 장

건축(사)법 감리

발주청이 발주하는 건설공사의 감리는 「건설기술 진흥법」을, 사업계획승인을 받아야 하는 주택 및 공동주택의 감리는 「주택법」의 적용을 받으며, 그 외 허가를 득해야 하는 건설공사의 감리는 「건축(사)법」의 적용을 받는다고 앞장에서 설명한 바 있다. 즉, 「건축법」 제11조에 따라 건축허가를 받아야 하는 건축물(법 제14조에 따른 건축신고 대상 건축물은 제외한다.)을 건축하고자 하는 경우, 영 제6조 제1항 제6호에 따른 건축물을 리모델링하는 경우가 여기에 해당한다.

물론 다중이용건축물 등 특별한 경우에는 「건설기술 진흥법」에서 정하는 바에 따라 공사감리자를 지정해야 하며 「건축법」 제14조에 따른 신고대상 건축물이라 하더라도 건축주가 건축물의 품질관리 등을 위하여 필요할 때는 이 법에 따라 공사감리자를 지정할 수 있다.

「건축(사)법」의 적용을 받는 건축물의 감리를 업무형식에 따라 나눈다면 다음과 같이 분류할 수 있다.

1) 책임상주감리
2) 상주감리
3) 비상주감리
4) 허가권자 지정감리(일명 소규모건축물감리)

책임상주감리란 불특정다수인이 사용하는 다중이용건축물에 대하여 상주감리자의 업무를 수행하면서 건축주의 권한까지 대행하는 감독업무 말한다. 즉 특정 건축물에 대한 감리로 일반상주감리보다 업무량이 증강된 감리라고 보면 타당할 것 같다. 상주감리는 말 그대로 전체공사 기간에 걸쳐 각 공종에 해당하는 감리원이 현장에 상주하면서 감리 업무를 수행하는 경우를 말하며, 비상주감리는 수시로 또는 필요할 때 공사 현장을 방문하여 설계도서, 기타 관계서류의 내용대로 시공되는지를 확인하는 감리 업무를 말한다.

허가권자 지정감리란 「건설산업기본법」 제41조 제1항 각호에 해당하지 아니하는 소규모 건축물로서 건축주가 직접 시공하는 건축물 및 주택으로 사용하는 건축물 중 대통령령으로 정하는 건축물의 경우가 여기에 해당한다. 뒤에서 자세히 설명하겠지만, 일정규모 이하일 경우 예전에는 감리자를 건축주가 직접 선정하여 공사를 진행해야만 했다. 그러다 보니 감리비를 지급하는 사람이 갑이라고 감리자가 건축주의 눈치를 볼 수밖에 없어 감리역할을 제대로 수행할 수 없는 불합리점이 있었다. 그래서 이를 방지하고자 하는 취지에서 생긴 게 바로 허가권자 지정감리이다.

즉, 감리 사각지대에 놓여있던 일정 규모 이하이거나 특정 용도의 건축물을 건설하고자 할 때 건축주가 허가권자에게 감리자 선정을 의뢰하면 해당 건축물의 설계에 참여하지 않은 임의의 건축사를 허가권자가 감리자로 지정함으로써 제대로 된 감리역할을 수행할 수 있도록 하여 부실공사나 위법건축물이 발생하지 않도록 만든 제도를 말한다.

용어설명

「건축법」 제2조에는 현장에서 일상적으로 사용하는 상식적인 용어들에 대한 설명이 있다. 그러나 늘 접하는 건설 관련 용어라도 헷갈리는 경우가 종종 발생한다. 그중에서 감리기술인이라면 반드시 알아야 할 중요한 용어들을 발췌하여 정리해 보았으니 다시 한 번 공부한다는 의미에서 참조하기 바란다.

■ 건축물(「건축법」 제2조 제2호)

"건축물"이란 토지에 정착(定着)하는 공작물 중 지붕과 기둥 또는 벽이 있는 것과 이에 딸린 시설물, 지하나 고가(高架)의 공작물에 설치하는 사무소·공연장·점포·차고·창고, 그 밖에 대통령령으로 정하는 것을 말한다.

■ 설계도서(「건축법」 제2조 제14호)

"설계도서"란 건축물의 건축 등에 관한 공사용 도면, 구조 계산서, 시방서(示方書), 그 밖에 국토교통부령으로 정하는 공사에 필요한 서류를 말한다.

■ 발코니(「건축법 시행령」 제2조 제14호)

"발코니"란 건축물의 내부와 외부를 연결하는 완충공간으로, 전망이나 휴식 등의 목적으로 건축물 외벽에 접하여 부가적(附加的)으로 설치되는 공간을 말한다. 이 경우 주택에 설치되는 발코니로서 국토교통부장관[132]이 정하는 기준에 적합한 발코니는 필요에 따라 거실·침실·창고 등의 용도로 사용할 수 있다.

---

132) 발코니 등의 구조변경절차 및 설치 기준 참조

- **설계도서의 범위**(「건축법 시행규칙」 제1조의 2)

「건축법」(이하 "법"이라 한다.) 제2조 제 14호에서 "그 밖에 국토교통부령으로 정하는 공사에 필요한 서류"란 다음 각호의 서류를 말한다.

1. 건축설비계산 관계서류
2. 토질 및 지질 관계서류
3. 기타 공사에 필요한 서류

　　그렇다면 위에 제시한 설계도서 가운데 기록된 내용이 서로 상이할 경우 해석은 어떤 순서로 하는 것이 맞을까? 감리 업무를 수행하는 실무자라면 숙지해야 할 사항이니 반드시 기억해두자.

- **설계도서 해석의 우선순위**(「건축물의 설계도서 작성기준」 제9조)

설계도서·법령해석·감리자의 지시 등이 서로 일치하지 아니하는 경우에 있어 계약으로 그 적용의 우선 순위를 정하지 아니한 때에는 다음의 순서를 원칙으로 한다.

　가. 공사시방서
　나. 설계도면
　다. 전문시방서
　라. 표준시방서
　마. 산출내역서
　바. 승인된 상세시공도면
　사. 관계법령의 유권해석
　아. 감리자의 지시사항

- **관계전문기술자**(「건축법」 제2조 제17호)

"관계전문기술자"란 건축물의 구조·설비 등 건축물과 관련된 전문기술자격을 보유하고 설계와 공사감리에 참여하여 설계자 및 공사감리자와 협력하는 자를 말한다.

■ **고층건축물**(「건축법」 제2조 제19호)

"고층건축물"이란 층수가 30층 이상이거나 높이가 120미터 이상인 건축물을 말한다.

■ **초고층건축물**(「건축법 시행령」 제2조 제15호)

"초고층건축물"이란 층수가 50층 이상이거나 높이가 200미터 이상인 건축물을 말한다.

일반건축물과 공동주택에 있어서 초고층건축물에 대한 해석은 약간 차이가 있는 것 같다. 아래에 기록한 「주택건설공사감리자 지정기준」 제5조 제4항을 보면 층수가 50층 이상이거나 높이가 150m 이상을 초고층 공동주택이라고 설명하고 있다.

층수는 일반건축물이 인정하는 50층과 같으나 높이를 150m로 규정한 것을 보면 일반건물의 층고는 4m, 공동주택의 층고는 3m로 적용한 것으로 보인다.

■ **「주택건설공사감리자지정기준」 제5조 제4항**

감리지지정권지는 층수가 50층 이상이거나, 높이가 150미터 이상인 초고층 공동주택(복합건축물을 포함한다. 이하 "초고층공동주택"이라 한다.)에 대한 감리자 모집공고를 하는 경우, 사업주체로부터 층수가 35층 이상이거나 높이가 100미터 이상인 건축물의 감리 업무 수행실적(감리자 모집공고일 현재 수행하고 있는 것을 포함하고, 최근 5년 이내의 수행실적을 말한다.)이 있는 감리자를 적격심사대상으로 요청하는 때에는 이를 감리자 모집공고문에 표시하여야 한다.

■ **준초고층 건축물**(「건축법 시행령」 제2조 제15의 2호)

"준초고층 건축물"이란 고층건축물 중 초고층 건축물이 아닌 것을 말한다.

■ **다중이용 건축물**(「건축법 시행령」 제2조 제17호)

"다중이용 건축물"이란 다음 각 목의 어느 하나에 해당하는 건축물을 말한다.

　　가. 다음의 어느 하나에 해당하는 용도로 쓰는 바닥면적의 합계가 5천 제곱미

터 이상인 건축물

       1) 문화 및 집회시설(동물원 및 식물원은 제외한다.)

       2) 종교시설

       3) 판매시설

       4) 운수시설 중 여객용 시설

       5) 의료시설 중 종합병원

       6) 숙박시설 중 관광숙박시설

    나. 16층 이상인 건축물

■ 준다중이용 건축물(「건축법 시행령」 제2조 제17의 2호)

"준다중이용 건축물"이란 다중이용 건축물 외의 건축물로서 다음 각 목의 어느 하나에 해당하는 용도로 쓰는 바닥면적의 합계가 1천 제곱미터 이상인 건축물을 말한다.

    가. 문화 및 집회시설(동물원 및 식물원은 제외한다.)

    나. 종교시설

    다. 판매시설

    라. 운수시설 중 여객용 시설

    마. 의료시설 중 종합병원

    바. 교육연구시설

    사. 노유자시설

    아. 운동시설

    자. 숙박시설 중 관광숙박시설

    차. 위락시설

    카. 관광 휴게시설

    타. 장례시설

■ 특수구조 건축물(「건축법 시행령」 제2조 제18호)

"특수구조 건축물"이란 다음 각 목의 어느 하나에 해당하는 건축물을 말한다.

    가. 한쪽 끝은 고정되고 다른 끝은 지지(支持)되지 아니한 구조로 된 보·차양

등이 외벽(외 벽이 없는 경우에는 외곽 기둥을 말한다.)의 중심선으로부터 3미
터 이상 돌출된 건축물

나. 기둥과 기둥 사이의 거리(기둥의 중심선 사이의 거리를 말하며, 기둥이 없
는 경우에는 내 력벽과 내력벽의 중심선 사이의 거리를 말한다. 이하 같다.)
가 20미터 이상인 건축물

다. 특수한 설계·시공·공법 등이 필요한 건축물로서 국토교통부장관이 정하여
고시[133]하는 구조로 된 건축물

알아두면 유익한 관련법규

- **토지소유권의 범위**(「민법」 제212조)

토지의 소유권은 정당한 이익이 있는 범위 내에서 토지의 상하에 미친다.

- **경계선부근의 건축**(「민법」 제242조)

① 건물을 축조함에는 특별한 관습이 없으면 경계로부터 반미터 이상의 거리를 두어야
한다.

② 인접지소유자는 전항의 규정에 위반한 자에 대하여 건물의 변경이나 철거를 청구할
수 있다. 그러나 건축에 착수한 후 1년을 경과하거나 건물이 완성된 후에는 손해배상만을
청구할 수 있다.

- **차면시설의무**(「민법」 제243조)

경계로부터 2미터 이내의 거리에서 이웃 주택의 내부를 관망할 수 있는 창이나 마루를
설치하는 경우에는 적당한 차면시설을 하여야 한다.

- **다른 법령의 배제**(「건축법」 제9조)

① 건축물의 건축등을 위하여 지하를 굴착하는 경우에는 「민법」 제244조 제1항(후단 관련
법규 참조)을 적용하지 아니한다. 다만, 필요한 안전조치를 하여 위해(危害)를 방지하여야 한다.

---

133) 특수구조 건축물 대상 기준- 부록

② 건축물에 딸린 개인하수처리 시설에 관한 설계의 경우에는 「하수도법」 제38조를 적용하지 아니한다.

■ 지하시설 등에 대한 제한(「민법」 제244조 제1항)

우물을 파거나 용수, 하수 또는 오물 등을 저치할 지하시설을 하는 때에는 경계로부터 2미터 이상의 거리를 두어야 하며 저수지, 구거 또는 지하실 공사에는 경계로부터 그 깊이의 반 이상의 거리를 두어야 한다.

■ 수급인의 담보책임-토지, 건물 등에 대한 특칙(「민법」 제671조)

① 토지, 건물 기타 공작물의 수급인은 목적물 또는 지반공사의 하자에 대하여 인도후 5년간 담보의 책임이 있다. 그러나 목적물이 석조, 석회조, 연와조, 금속 기타 이와 유사한 재료로 조성된 것인 때에는 그 기간을 10년으로 한다.

② 전항의 하자로 인하여 목적물이 멸실 또는 훼손된 때에는 도급인은 그 멸실 또는 훼손된 날로부터 1년 내에 제667조[134]의 권리를 행사하여야 한다.

건축주·설계자·시공자·감리자의 기본임무(「건축공사감리세부 기준」)

| 건축주

건축주는 감리계약에 규정된 바에 따른 공사감리 이행에 필요한 다음 각호 사항을 지원, 협 력하여야 한다.
① 공사감리에 필요한 설계도면, 문서 등의 제공

② 공사감리 계약 이행에 필요한 시공자의 문서, 도면, 자재 등에 대한 자료제출 및 조사 보장

③ 공사감리자가 보고한 설계변경, 기타 현장 실정보고 등 방침요구사항에 대하여 감리

---

134) ① 완성된 목적물 또는 완성전의 성취된 부분에 하자가 있는 때에는 도급인은 수급인에 대하여 상당한 기간을 정하여 그 하자의 보수를 청구할 수 있다. 그러나 하자가 중요하지 아니한 경우에 그 보수에 과다한 비용을 요할 때에는 그러하지 아니하다.
② 도급인은 하자의 보수에 갈음하여 또는 보수와 함께 손해배상을 청구할 수 있다. 〈개정 2014. 12. 30.〉
③ 전항의 경우에는 제536조의 규정을 준용한다.

업무 수행에 지장이 없도록 의사를 결정하여 통보

④ 건축주는 정당한 사유 없이 감리원의 업무 수행을 방해하거나 공사감리자의 권한을 침해할 수 없다.

| 설계자

① 건축물의 설계자는 설계의도가 구현될 수 있도록 건축주·시공자·감리자 등에게 설계의도 구현을 위한 다음 각호에 대한 사항을 제안할 수 있다.
    (1) 설계도서의 해석 및 자문
    (2) 현장여건 변화 및 업체선정에 따른 자재와 장비의 치수·위치·재질·질감·색상 등의 선정 및 변경에 대한 검토·보완

② 설계자는 시공 과정 중에서 발생하는 설계변경 사항 등을 검토하고, 이에 대한 동의서를 건축주에게 제출한다

| 시공자

① 시공자는 공사계약문서에서 정하는 바에 따라 현장작업, 시공 방법에 대하여 책임을 지고 신의와 성실의 원칙에 입각하여 시공하고 정해진 기간 내에 완성하여야 한다.

② 시공자는 착공계를 제출하기 전에 건축물의 품질관리·공사관리 및 안전관리 등의 내용을 포함한 공사계획서를 작성하여 건축주에게 제출하여야 한다. 건축주는 공사계획서를 공사감리자로 하여금 검토하도록 한다.

③ 시공자는 공사계약문서에서 정하는 바에 따라 공사감리자의 업무에 적극 협조하여야 한다.

④ 「건축법」 제25조 제2항에 의해 건축허가권자가 공사감리자를 지정하는 건축물의 공사 시공자는 설계자의 설계의도 구현을 위하여 설계자의 적정한 참여가 이루어질 수 있도록 정당한 사유 없이 방해하여서는 아니 된다.

│ 감리자

① 건축주와 체결된 공사감리 계약 내용에 따라 공사감리자는 당해 공사가 설계도서 및 기타 관계서류의 내용대로 시공되는지의 여부를 확인하고 품질관리, 공정관리, 안전관리 등에 대하여 지도·감독한다.

② 공사감리자는 공사감리체크리스트에 따라 설계도서에서 정한 규격 및 치수 등에 대하여 시설물의 각 공종마다 도서를 검토·확인하고, 육안검사·입회·시험 등의 방법으로 공사감리 업무를 수행하여야 한다.

③ 공사감리자는 법률과 이에 따른 명령 및 공공복리에 어긋나는 어떠한 행위도 하지 아니하며 성실·친절·공정·청렴결백의 자세로 업무를 수행해야 하며, 건축공사의 안전 및 품질 향상을 위하여 노력하여야 한다.

④ 「건축법」 제25조 제2항에 의해 건축허가권자가 공사감리자를 지정하는 건축물의 공사감리자는 당해 건축물을 설계하는 설계자의 설계의도 구현을 위하여 설계자의 적정한 참여가 이루어질 수 있도록 협조하여야 하며, 시공 과정 중에 발생하는 설계변경 사항에 대하여 협의한다.

건설공사 시공자의 제한 및 현장관리인 제도

건축물은 아무나 지을 수 있는 것이 아니다. 개인주택 등 소규모 건물 정도라면야 누구라도 할수 있겠지만, 특정 용도에 해당하거나 일정 규모 이상이라면 국가에서 인정하는 자격, 면허가 필요하다는 뜻이다.

시공자의 제한을 두는 등 규제를 하는 목적은 무엇일까? 건설공사의 무분별한 시공을 배제함은 물론 적정한 시공을 통하여 부실공사를 방지하고 나아가서는 건설산업의 건전한 발전을 도모하기 위함일 것이다.

물론 시공자의 제한에 해당하지 않아 건축주가 직접 시공하는 건축물이라 하더라도 건축주는 공정 및 안전을 관리하기 위하여 「건설산업기본법」 제2조 제15호에 따른 건설기술인 1명을 현장관리인으로 지정해 상주시켜야 하며 현장관리인은 정당한 사유 없이 현장을 이탈해서는 안 된다(「건축법」 제24조 제6항).

이를 위반하여 현장관리인을 지정하지 아니하거나 착공신고서에 이를 거짓으로 기재한 자는 5천만 원 이하의 벌금에 처해지며(「건축법」 제111조 제3의 2호), 공정 및 안전관리업무를 수행하지 않거나 현장을 이탈한 관리인은 50만 원 이하의 과태료가 부과될 수 있으니(「건축법」 제113조 제3항, 「건축법시행령」 별표16) 불이익을 당하지 않도록 조심해야 할 것이다.

■ **건설공사 시공자의 제한(「건설산업기본법」 제41조)**

① 다음 각호의 어느 하나에 해당하는 건축물의 건축 또는 대수선(大修繕)에 관한 건설공사(제9조 제1항 단서에 따른 경미한 건설공사는 제외한다. 이하 이 조에서 같다.)는 건설사업자가 하여야 한다. 다만, 다음 각호 외의 건설공사와 농업용, 축산업용 건축물 등 대통령령으로 정하는 건축물의 건설공사는 건축주가 직접 시공하거나 건설사업자에게 도급하여야 한다. 〈개정 2019. 4. 30.〉

    1. 연면적이 200제곱미터를 초과하는 건축물

    2. 연면적이 200제곱미터 이하인 건축물로서 다음 각 목의 어느 하나에 해당하는 경우

        가. 「건축법」에 따른 공동주택

        나. 「건축법」에 따른 단독주택 중 다중주택, 다가구주택, 공관, 그 밖에 대통령령으로 정하는 경우

        다. 주거용 외의 건축물로서 많은 사람이 이용하는 건축물 중 학교, 병원 등 대통령령으로 정하는 건축물

② 많은 사람이 이용하는 시설물로서 다음 각호의 어느 하나에 해당하는 새로운 시설물을 설치하는 건설공사는 건설사업자가 하여야 한다. 〈개정 2019. 4. 30.〉

    1. 「체육시설의 설치·이용에 관한 법률」에 따른 체육시설 중 대통령령으로 정하는 체육시설

    2. 「도시공원 및 녹지 등에 관한 법률」에 따른 도시공원 또는 도시공원에 설치되는 공원시설로서 대통령령으로 정하는 시설물

    3. 「자연공원법」에 따른 자연공원에 설치되는 공원시설 중 대통령령으로 정하는 시설물

    4. 「관광진흥법」에 따른 유기시설 중 대통령령으로 정하는 시설물

■ **시공자의 제한을 받는 건축물(「건설산업기본법 시행령」 제36조)**

① 법 제41조 제1항 제2호 나목에서 "대통령령으로 정하는 경우"란 「건축법 시행령」 별표1 제1호 가목의 단독주택의 형태를 갖춘 가정어린이집·공동생활가정·지역아동센터 및 노인복지시설(노인복지주택은 제외한다.)을 말한다. 〈신설 2018. 6. 26.〉

② 법 제41조 제1항 제2호 다목에서 "대통령령으로 정하는 건축물"이란 건축물의 전부 또는 일부가 다음 각호의 어느 하나에 해당하는 용도로 사용되는 건축물을 말한다. 〈개정 2018. 6. 26.〉

1. 「초·중등교육법」, 「고등교육법」 또는 「사립학교법」에 의한 학교

1의 2. 「영유아보육법」에 따른 어린이집

1의 3. 「유아교육법」에 따른 유치원

1의 4. 「장애인 등에 대한 특수교육법」에 따른 특수교육기관 및 장애인평생교육시설

1의 5. 「평생교육법」에 따른 평생교육시설

2. 「학원의 설립·운영 및 과외교습에 관한 법률」에 의한 학원

3. 「식품위생법」에 의한 식품접객업 중 유흥주점

4. 「공중위생관리법」에 의한 숙박시설

5. 「의료법」에 의한 병원(종합병원·한방병원 및 요양병원을 포함한다.)

6. 「관광진흥법」에 의한 관광숙박시설 또는 관광객 이용 시설 중 전문휴양시설·종합 휴양시설 및 관광공연장

7. 「건축법 시행령」 별표1 제4호 거목에 따른 다중생활시설

8. 「건축법 시행령」 별표1 제14호에 따른 업무시설

■ 시공자의 제한을 받지 아니하는 건축물(「건설산업기본법 시행령」 제37조)

법 제41조 제1항 각호 외의 부분 단서에서 "대통령령으로 정하는 건축물"이란 다음 각 호의 어느 하나에 해당하는 건축물을 말한다. 〈개정 2016. 8. 11.〉

1. 농업·임업·축산업 또는 어업용으로 설치하는 창고·저장고·작업장·퇴비사·축사· 양어장 기타 이와 유사한 용도의 건축물

2. 삭제 〈2012. 2. 2.〉

3. 「주택법」 제4조에 따라 등록을 한 주택건설사업자가 같은 법 시행령 제17조 제1항에 따른 자본금·기술능력 및 주택건설실적을 갖추고 같은 법 제15조에 따른 주택건설사업 계획의 승인 또는 「건축법」 제11조에 따른 건축허가를 받아 건설하는 주거용 건축물

| 현장관리인 배치

■ 건축공사감리 세부기준 1-3-4

"현장관리인"이라 함은 건축주로부터 위임 등을 받아 「건설산업기본법」이 적용되지 아니 하는 공사를 관리하는 자를 말한다.

■ 건축법 제24조

⑥「건설산업기본법」제41조 제1항 각호(하단 건설공사 시공자의 제한 항목 참조)에 해당하지 아니하는 건축물의 건축주는 공사 현장의 공정 및 안전을 관리하기 위하여 같은 법 제2조 제15호에 따른 건설기술인 1명을 현장관리인으로 지정하여야 한다. 이 경우 현장관리인은 국토교통부령으로 정하는 바에 따라 공정 및 안전 관리 업무를 수행하여야 하며, 건축주의 승낙을 받지 아니하고는 정당한 사유 없이 그 공사 현장을 이탈하여서는 아니 된다. 〈신설 2016. 2. 3., 2018. 8. 14.〉

■ 건축법 시행규칙 제18조의 2(현장관리인의 업무)

현장관리인은 법 제24조 제6항 후단에 따라 다음 각호의 업무를 수행한다.
  1. 건축물 및 대지가 이 법 또는 관계 법령에 적합하도록 건축주를 지원하는 업무
  2. 건축물의 위치와 규격 등이 설계도서에 따라 적정하게 시공되는지에 대한 확인·관리
  3. 시공계획 및 설계 변경에 관한 사항 검토 등 공정관리에 관한 업무
  4. 안전시설의 적정 설치 및 안전기준 준수 여부의 점검·관리
  5. 그 밖에 건축주와 계약으로 정하는 업무
[본조신설 2020. 10. 28.]

| 건설업등록에서 제외되는 경미한 건설공사

■ 건설산업기본법 제9조(건설업 등록 등)

① 건설업을 하려는 자는 대통령령으로 정하는 업종별로 국토교통부장관에게 등록을 하여야 한다. 다만, 대통령령으로 정하는 경미한 건설공사를 업으로 하려는 경우에는 등록을 하지 아니하고 건설업을 할 수 있다. 〈개정 2013. 3. 23.〉

■ 건설산업기본법 시행령 제8조(경미한 건설공사 등)

① 법 제9조 제1항 단서에서 "대통령령으로 정하는 경미한 건설공사"란 다음 각호의 어느 하나에 해당하는 공사를 말한다. 〈개정 2020. 12. 29.〉
  1. 별표 1에 따른 종합공사를 시공하는 업종과 그 업종별 업무 내용에 해당하는 건설공사로서 1건 공사의 공사예정금액[동일한 공사를 2 이상의 계약으로 분할하여 발주

하는 경우에는 각각의 공사예정금액을 합산한 금액으로 하고, 발주자(하도급의 경우에는 수급인을 포함한다.)가 재료를 제공하는 경우에는 그 재료의 시장가격 및 운임을 포함한 금액으로 하며, 이하 "공사예정금액"이라 한다.]이 5천만 원 미만인 건설공사

2. 별표 1에 따른 전문공사를 시공하는 업종, 업종별 업무분야 및 업무 내용에 해당하는 건설공사로서 공사예정금액이 1천5백만 원 미만인 건설공사. 다만, 다음 각 목의 어느 하나에 해당하는 공사를 제외한다.

    가. 가스시설공사

    나. 삭제 〈1998.12.31.〉

    다. 철강구조물공사

    라. 삭도설치공사

    마. 승강기설치공사

    바. 철도·궤도공사

    사. 난방공사

3. 조립·해체하여 이동이 용이한 기계설비 등의 설치공사(당해 기계설비 등을 제작하거나 공급하는 자가 직접 설치하는 경우에 한한다.)

② 삭제〈1998. 12. 31.〉

감리자지정 및 종류별 특성비교

| 공사감리자 지정

■ 건축법 제25조 제1항

건축주는 대통령령으로 정하는 용도·규모 및 구조의 건축물을 건축하는 경우 건축사나 대통령령으로 정하는 자를 공사감리자(공사시공자 본인 및 「독점규제 및 공정거래에 관한 법률」 제2조에 따른 계열회사는 제외한다.)로 지정하여 공사감리를 하게 하여야 한다.

■ 건축사법 제4조 제2항

「건축법」 제25조 제1항에 따라 건축사를 공사감리자로 지정하는 건축물의 건축 등에 대한 공사감리는 제23조 제1항 또는 제9항 단서에 따라 신고를 한 건축사 또는 같은 조 제4항에 따라 건축사사무소에 소속된 건축사가 아니면 할 수 없다. 〈개정 2018. 12. 18.〉

■ 건축법 시행령 제19조 일부

① 법 제25조 제1항에 따라 공사감리자를 지정하여 공사감리를 하게 하는 경우에는 다음 각호의 구분에 따른 자를 공사감리자로 지정하여야 한다. 〈개정 2021. 12. 28.〉

  1. 다음 각 목의 어느 하나에 해당하는 경우: 건축사

    가. 법 제11조에 따라 건축허가를 받아야 하는 건축물(법 제14조에 따른 건축신고 대상 건축물은 제외한다.)을 건축하는 경우

    나. 제6조 제1항 제6호에 따른 건축물을 리모델링하는 경우

  2. 다중이용 건축물을 건축하는 경우: 「건설기술 진흥법」에 따른 건설엔지니어링사업자(공사 시공자 본인이거나 「독점규제 및 공정거래에 관한 법률」 제2조 제12호에 따른 계열회사인 건설엔지니어링사업자는 제외한다.) 또는 건축사(「건설기술 진흥법 시행령」 제60조에 따라 건설사업관리기술인을 배치하는 경우만 해당한다.)

② 제1항에 따라 다중이용 건축물의 공사감리자를 지정하는 경우 감리원의 배치 기준 및 감리대가는 「건설기술 진흥법」에서 정하는 바에 따른다. 〈개정 2014. 5. 22.〉

| 건축공사감리 업무 비교표

구 분	책임 상주감리	상주감리		비상주감리
		현 행	(검토안)	
대 상	·다중이용건축물 (문화·판매·종교·종합병원·관광숙박·여객시설 용도 면적 5천㎡ 이상 또는 16층 이상)	·면적 5천㎡ 이상 건축물(축사 또는 작물재배사의 건축공사는 제외) ·아파트(5개 층 이상 주택) 등 ·준다중이용건축물(문화·판매·종교·종합병원·관광숙박·위락시설·장례식장 등의 용도면적 1천㎡ 이상) ·연속 5개 층+면적 3천㎡ 이상 건축물 ·깊이 10미터 이상의 토지굴착공사 또는 높이 5미터 이상의 옹벽 등의 공사		·상주감리에 해당되지 않는 현장 (「건축법」 제14조에 따른 건축신고 대상 건축물은 제외)
배치 기준	·책임감리원(건축사보 상주) ·분야별 감리원 (토목·전기·기계 등 해당 분야 감리원 배치)	·건축분야의 건축사보 한 명 이상을 전체 공사기간 동안 배치 ·분야별 감리원 (토목·전기·기계 등 해당 분야 공사기간 동안 배치)		· 수시·필요시 감리자 공사현장 방문 감리
감리자	·건설엔지니어링사업자(「건설기술진흥법」) ·건축사(「건설기술 진흥법」에 따라 건설사업관리기술자를 배치하는 경우)	·건축사법에 따른 건축사(기술사법에 따른 기술사사무소, 건축사법에 따른 건설엔지니어링사업자 등에 소속되어 있는 사람으로서 국가기술자격법에 따른 해당 분야 기술계 자격을 취득한 사람과 건설기술진흥법에 따라 건설사업관리를 수행할 자격이 있는 사람을 포함한다.)		

건설 현장 화재사고에 따른 범정부대책 중 하나로 현장 중심의 안전관리 강화 필요성에 의해 행정예고 되었던 「건축공사 감리세부기준」이 개정·고시되었다. 주요 내용으로는 상주감리 시 추락위험이 있는 공정, 화재위험이 있는 공정, 붕괴위험이 있는 공정은 공사 시행 전에 시공자로부터 작업계획서를 제출받아 안전조치 이행 여부를 확인해야 하는 업무가 추가되었으며 비상주감리원의 현장방문 시기와 횟수도 명시함으로써 감리업무가 보다 내실화되고 명확해질 것으로 보인다. 〈건축공사감리 세부기준 제2장 발췌〉

1. 비상주감리 내실화

감리 내실화를 위해 주요 공정에 대한 현장방문 시기와 횟수를 명시하고 지하굴착 등 위험한 공사 시 상주감리 수준으로 감리원 배치를 의무화함.

비상주감리 시 다음 각호에 따라 감리 업무를 수행하여야 한다.

> 1) 깊이 10미터 이상 토지 굴착공사 또는 높이 5미터 이상 옹벽 등의 공사를 감리하는 경우, 해당 공사 기간 동안 건축·토목분야 건축사보를 배치하여 감리 업무를 수행하여야 한다.
> 2) 아래의 경우 현장을 방문하여 공사감리를 수행하여야 한다.
>> ① 공사 착공 시 공사 현장과 건축허가 도서 비교 확인
>> ② 터파기 및 규준틀 확인
>> ③ 각층 바닥 철근 배근 완료
>> ④ 단열 및 창호공사 완료 시
>> ⑤ 마감공사 완료 시
>> ⑥ 사용검사 신청 전

2. 상주감리 내실화

민간공사도 공공공사 수준으로 안전관리가 향상될 수 있도록 위험공정은 감리자의 사전확인을 통한 작업허가제를 의무화하고 화재 위험성이 높은 공정은 동시 작업을 일체 금지하는 등 화재 발생 우려 원천 차단.

> 1) 화재 위험성이 높은 공정(용접작업과 가연성 물질을 다루는 작업 등)은 동시 작업을 금지.
> 2) 감리자의 사전확인이 필요한 작업허가제 확인·검토.

공사감리자는 다음 각호의 공정에 대해서는 공사 시행 전 공사시공자의 안전조치 이

행 여부를 확인하여 하며, 이 경우 시공자에게 해당 공정에 대한 작업계획서(별지6호 서식)를 요구하여야 한다. 다만 작업조건이 동일하게 반복되어 안전에 영향이 없다고 인정하는 경우에 시공자는 작업계획서 제출 후 공사를 착수할 수 있다.

① 가설공사, 철골공사, 승강기 설치공사 등 추락위험이 있는 공정
② 도장공사, 단열공사 등 화재위험이 있는 공정
③ 거푸집, 토공사 등 붕괴위험이 있는 공정
④ 공사 시행 전 안전조치 확보가 필요하다고 감리자가 인정하는 경우

| 책임상주감리

책임상주감리란 법에서 정하는 바에 따라 공사감리자가 다중이용 건축물에 대하여 당해 공사의 설계도서, 기타 관계서류의 내용대로 시공되는지 확인하고, 「건설기술 진흥법」에 따른 건설엔지니어링사업자(공사시공자 본인이거나 「독점규제 및 공정거래에 관한 법률」 제2조에 따른 계열회사인 건설기술용역사업자는 제외한다.)나 건축사(「건설기술 진흥법 시행령」 제60조에 따라 건설사업관리기술인를 배치하는 경우만 해당한다.)를 전체 공사 기간 동안 배치하여 품질관리, 공사관리, 안전관리 등에 대한 기술 지도를 하며, 건축주의 권한을 대행하는 감독업무를 하는 행위를 말한다. (「건축공사감리세부 기준」 1.3-7)

책임상주감리를 해야하는 경우

「건축법 시행령」 제19조 제1항에 따라 다중이용 건축물을 건축하는 경우이다. 이럴 경우 「건설기술 진흥법」에 따른 건설기술용역사업자(공사시공자 본인이거나 「독점규제 및 공정거래에 관한 법률」 제2조에 따른 계열회사인 건설기술용역 업자는 제외한다.) 또는 건축사(「건설기술 진흥법 시행령」 제60조에 따라 건설사업관리기술인을 배치하는 경우만 해당한다.)를 현장에 배치해야 한다.

다중이용 건축물의 공사감리자를 지정하는 경우 감리원의 배치 기준 및 감리 대가는 「건설기술 진흥법」에서 정하는 바에 따른다.

| 상주감리

상주감리란 법에서 정하는 바에 따라 공사감리자가 당해 공사의 설계도서, 기타 관계서

류의 내용대로 시공되는지를 확인하고, 건축분야의 건축사보 한 명 이상을 전체 공사 기간 동안에, 부대공사에 대해서는 그 해당하는 공사 기간에 감리원을 배치하여 품질관리, 공사관리 및 안전관리 등에 대한 기술 지도를 하는 행위를 말한다.

「건축법 시행령」이 개정되어 국무회의를 통과함으로써 상주감리대상이 확대되었다. 하단에 기록한 바와 같이 깊이 10미터 이상의 토지굴착공사 또는 높이 5미터 이상의 옹벽 등의 공사를 감리하는 경우 해당 공사 기간 동안 건축 또는 토목 분야의 건축사보 한 명 이상을 현장에 상주시켜야 한다.

상주감리를 해야하는 경우
■ 건축법 시행령 제19조 일부

⑤ 공사감리자는 수시로 또는 필요할 때 공사 현장에서 감리 업무를 수행해야 하며, 다음 각호의 건축공사를 감리하는 경우에는 「건축사법」 제2조 제2호에 따른 건축사보(「기술사법」 제6조에 따른 기술사사무소 또는 「건축사법」 제23조 제9항 각호의 건설엔지니어링사업자 등에 소속되어 있는 사람으로서 「국가기술자격법」에 따른 해당 분야 기술계 자격을 취득한 사람과 「건설기술진흥법 시행령」 제4조에 따른 건설사업관리를 수행할 자격이 있는 사람을 포함한다. 이하 같다.) 중 건축 분야의 건축사보 한 명 이상을 전체 공사 기간 동안, 토목·전기 또는 기계 분야의 건축사보 한 명 이상을 각 분야별 해당 공사 기간 동안 각각 공사 현장에서 감리 업무를 수행하게 해야 한다. 이 경우 건축사보는 해당 분야의 건축공사의 설계·시공·시험·검사·공사감독 또는 감리 업무 등에 2년 이상 종사한 경력이 있는 사람이어야 한다. 〈개정 2021.9.14〉

1. 바닥면적의 합계가 5천 제곱미터 이상인 건축공사. 다만, 축사 또는 작물 재배사의 건축공사는 제외한다.
2. 연속된 5개 층(지하층을 포함한다.) 이상으로서 바닥면적의 합계가 3천 제곱미터 이상인 건축공사
3. 아파트 건축공사
4. 준다중이용 건축물 건축공사

⑥ 공사감리자는 제5항 각호에 해당하지 않는 건축공사로, 깊이 10미터 이상의 토지굴착공사 또는 높이 5미터 이상의 옹벽 등의 공사(「산업집적활성화 및 공장설립에 관한 법률」 제2조 제14호에 따른 산업단지에서 바닥면적 합계가 2천 제곱미터 이하인 공장을 건축하는 경우는 제외한다.)를 감리하는 경우에는 건축사보 중 건축 또는 토목 분야의

건축사보 한 명 이상을 해당 공사 기간 동안 공사 현장에서 감리 업무를 수행하게 해야 한다. 이 경우 건축사보는 해당 공사의 시공·감독 또는 감리 업무 등에 2년 이상 종사한 경력이 있는 사람이어야 한다.

〈제6항 신설 2021. 8. 10.〉

| 비상주감리

비상주감리란 수시로 또는 필요할 때 공사감리자가 공사 현장을 방문하여 법에서 정하는 바에 따라 당해 공사의 설계도서, 기타 관계서류의 내용대로 시공되는지를 확인하는 행위를 말한다.

비상주감리가 해당하는 경우

상주감리에 해당하지 않는 현장이 여기에 해당한다. 단, 「건축법」 제14조에 따른 건축신고 대상 건축물은 감리대상에서 제외하나, 건축주가 건축물의 품질관리 등을 위하여 필요할 때는 공사감리자를 지정할 수 있다(「건축법 시행령」 제19조, 「건축공사감리세부 기준」 참조).

| 허가권자 지정감리

공사감리자의 임무는 무엇일까?

축약하면 비전문가인 건축주를 대신하여 시공자를 지도·감독하여 부실공사를 사전에 예방하는 것이라 말할 수 있다. 허가권자 지정감리는 건축주가 감리자에게 부당한 압력을 행사하는 것을 방지하기 위해 만들어진 제도이다. 건축주가 직접 시공함으로써 독립적인 감리가 어려운 소규모 건축물이나 준공 후 소유자가 달라서 심도 있는 감리가 필요한 30세대 미만 분양목적 공동주택 등이 여기에 해당한다. 즉, 건축주가 직접 시공하는 200㎡ 이하인 건축물 또는 연면적이 200㎡를 초과하더라도 단독주택을 제외한 분양 또는 임대목적의 주택(공동주택, 다가구)은 모두 여기에 해당한다고 보면 된다.

공사감리자 모집공고, 명부작성 방법 및 공사감리자 지정 등에 관한 세부적인 사항은 시·도의 조례로 정하도록 되어있으며 관련 법규와 시행규칙 별지 제22호의 3서식 하단에 기록된 유의사항, 처리절차를 참조하여 진행하면 무리가 없을 것으로 보인다.

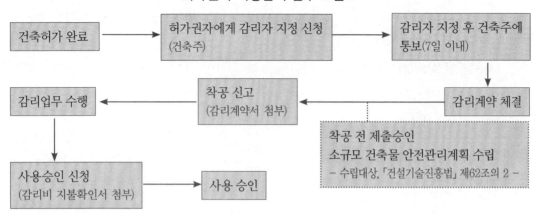

허가권자 지정감리 업무 흐름도

■ **허가권자 지정 공사감리**(「건축법」 제25조 일부)

② 제1항에도 불구하고 「건설산업기본법」 제41조 제1항 각호에 해당하지 아니하는 소규모 건축물(건설공사 시공자의 제한 항목 참조)로서 건축주가 직접 시공하는 건축물 및 주택으로 사용하는 건축물 중 대통령령으로 정하는 건축물의 경우에는 대통령령으로 정하는 바에 따라 허가권자가 해당 건축물의 설계에 참여하지 아니한 자 중에서 공사감리자를 지정하여야 한다. 다만, 다음 각호의 어느 하나에 해당하는 건축물의 건축주가 국토교통부령으로 정하는 바에 따라 허가권자에게 신청하는 경우에는 해당 건축물을 설계한 자를 공사감리자로 지정할 수 있다. 〈신설 2020. 4. 7.〉

1. 「건설기술 진흥법」 제14조에 따른 신기술 중 대통령령으로 정하는 신기술을 보유한 자가 그 신기술을 적용하여 설계한 건축물

2. 「건축서비스산업 진흥법」 제13조 제4항에 따른 역량 있는 건축사로서 대통령령으로 정하는 건축사가 설계한 건축물

3. 설계공모를 통하여 설계한 건축물

⑪ 제1항에 따라 건축주가 공사감리자를 지정하거나 제2항에 따라 허가권자가 공사감리자를 지정하는 건축물의 건축주는 제21조에 따른 착공신고를 하는 때에 감리비용이 명시된 감리 계약서를 허가권자에게 제출하여야 하고, 제22조에 따른 사용승인을 신청하는 때에는 감리용역 계약 내용에 따라 감리비용을 지급하여야 한다. 이 경우 허가권자는 감리 계약서에 따라 감리비용이 지급되었는지를 확인한 후 사용승인을 하여야 한다. 〈신설 2021. 7. 27.〉

⑫ 제2항에 따라 허가권자가 공사감리자를 지정하는 건축물의 건축주는 설계자의 설계 의도가 구현되도록 해당 건축물의 설계자를 건축과정에 참여시켜야 한다. 이 경우 「건축서비스산업 진흥법」 제22조를 준용한다. 〈신설 2018. 8. 14.〉

⑬ 제12항에 따라 설계자를 건축과정에 참여시켜야 하는 건축주는 제21조에 따른 착공신고를 하는 때에 해당 계약서 등 대통령령으로 정하는 서류를 허가권자에게 제출하여야 한다. 〈신설 2018. 8. 14.〉

⑭ 허가권자는 제2항에 따라 허가권자가 공사감리자를 지정하는 경우의 감리비용에 관한 기준을 해당 지방자치단체의 조례로 정할 수 있다. 〈신설 2020. 12. 22.〉

■ 허가권자가 공사감리자를 지정하는 건축물 등(「건축법 시행령」 제19조의 2)

① 법 제25조 제2항 각호 외의 부분 본문에서 "대통령령으로 정하는 건축물"이란 다음 각호의 건축물을 말한다. 〈개정 2019. 2. 12.〉
1. 「건설산업기본법」 제41조 제1항 각호에 해당하지 아니하는 건축물(건설공사 시공자의 제한 항목참조) 중 다음 각 목의 어느 하나에 해당하지 아니하는 건축물
   가. 별표1 제1호 가목의 단독주택
   나. 농업·임업·축산업 또는 어업용으로 설치하는 창고·저장고·작업장·퇴비사· 축사·양 어장 및 그 밖에 이와 유사한 용도의 건축물
   다. 해당 건축물의 건설공사가 「건설산업기본법 시행령」 제8조 제1항 각호의 어느 하나에 해 당하는 경미한 건설공사인 경우
2. 주택으로 사용하는 다음 각 목의 어느 하나에 해당하는 건축물(각 목에 해당하는 건축물과 그 외의 건축물이 하나의 건축물로 복합된 경우를 포함한다.)
   가. 아파트
   나. 연립주택
   다. 다세대주택
   라. 다중주택
   마. 다가구주택

② 시·도지사는 법 제25조 제2항 각호 외의 부분 본문에 따라 공사감리자를 지정하기

위하여 다음 각호의 구분에 따른 자를 대상으로 모집공고를 거쳐 공사감리자의 명부를 작성하고 관리해야 한다. 이 경우 시·도지사는 미리 관할 시장·군수·구청장과 협의해야 한다. 〈개정 2021. 9. 14.〉

    1. 다중이용 건축물의 경우: 「건축사법」 제23조 제1항에 따라 건축사사무소의 개설신고를 한 건축사 및 「건설기술 진흥법」에 따른 건설엔지니어링사업자

    2. 그 밖의 경우: 「건축사법」 제23조 제1항에 따라 건축사사무소의 개설신고를 한 건축사

③ 제1항 각호의 어느 하나에 해당하는 건축물의 건축주는 법 제21조에 따른 착공신고를 하기 전에 국토교통부령으로 정하는 바에 따라 허가권자에게 공사감리자의 지정을 신청하여야 한다.

④ 허가권자는 제2항에 따른 명부에서 공사감리자를 지정하여야 한다.

⑤ 제3항 및 제4항에서 규정한 사항 외에 공사감리자 모집공고, 명부작성 방법 및 공사감리자 지정 방법 등에 관한 세부적인 사항은 시·도의 조례로 정한다.

⑥ 법 제25조 제2항 제1호에서 "대통령령으로 정하는 신기술"이란 건축물의 주요구조부 및 주요구조부에 사용하는 마감 재료에 적용하는 신기술을 말한다. 〈신설 2020. 10. 8.〉

⑦ 법 제25조 제2항 제2호에서 "대통령령으로 정하는 건축사"란 건축주가 같은 항 각호 외의 부분 단서에 따라 허가권자에게 공사감리 지정을 신청한 날부터 최근 10년간 「건축서비스산업 진흥법 시행령」 제11조 제1항 각호의 어느 하나에 해당하는 설계공모 또는 대회에서 당선되거나 최우수 건축 작품으로 수상한 실적이 있는 건축사를 말한다. 〈신설 2020. 10. 8.〉

⑧ 법 제25조 제13항에서 "해당 계약서 등 대통령령으로 정하는 서류"란 다음 각호의 서류를 말한다. 〈신설 2020. 10. 8.〉

    1. 설계자의 건축과정 참여에 관한 계획서

    2. 건축주와 설계자와의 계약서

■ **공사감리자 지정 신청 등**(「건축법 시행규칙」 제19조의 3)

① 법 제25조 제2항 각호 외의 부분 본문에 따라 허가권자가 공사감리자를 지정하는

건축물의 건축주는 영 제19조의 2 제3항에 따라 별지 제22호의 3서식[135]의 지정신청서를 허가권자에게 제출하여야 한다.

② 허가권자는 제1항에 따른 신청서를 받은 날부터 7일 이내에 공사감리자를 지정한 후 별지 제22호의 4 서식의 지정통보서를 건축주에게 송부하여야 한다.

③ 건축주는 제2항에 따라 지정통보서를 받으면 해당 공사감리자와 감리 계약을 체결하여야 하며, 공사감리자의 귀책사유로 감리 계약이 체결되지 아니하는 경우를 제외하고는 지정된 공사감리자를 변경할 수 없다.
[본조신설 2016. 7. 20.]

■ 허가권자의 공사감리자 지정 제외 신청 절차(「건축법 시행규칙」 제19조의 4)

① 법 제25조 제2항 각호 외의 부분 단서에 따라 해당 건축물을 설계한 자를 공사감리자로 지정하여 줄 것을 신청하려는 건축주는 별지 제22호의 5서식의 신청서에 다음 각호의 어느 하나에 해당하는 서류를 첨부하여 허가권자에게 제출해야 한다. 〈개정 2020. 10. 28.〉

　　1. 영 제19조의 2 제6항에 따른 신기술을 보유한 자가 그 신기술을 적용하여 설계했음을 증명하는 서류

　　2. 영 제19조의 2 제7항에 따른 건축사임을 증명하는 서류

　　3. 설계공모를 통하여 설계한 건축물임을 증명하는 서류로서 다음 각 목의 내용이 포함된 서류

　　　가. 설계공모 방법

　　　나. 설계공모 등의 시행공고일 및 공고 매체

　　　다. 설계지침서

　　　라. 심사위원의 구성 및 운영

　　　마. 공모안 제출 설계자 명단 및 공모안별 설계 개요

② 허가권자는 제1항에 따라 신청서를 받으면 제출한 서류에 대하여 관계 기관에 사실을 조회할 수 있다.

③ 허가권자는 제2항에 따른 사실 조회 결과 제출서류가 거짓으로 판명된 경우에는 건축주에게 그 사실을 알려야 한다. 이 경우 건축주는 통보받은 날부터 3일 이내에 이의를 제

---

135) 공사감리자 지정 신청서— 참조

기할 수 있다.

④ 허가권자는 제1항에 따른 신청서를 받은 날부터 7일 이내에 건축주에게 그 결과를 서면으로 알려야 한다.

[본조신설 2016. 7. 20.]

공사감리자의 업무

■ **건축법 시행령 제19조 제9항**

공사감리자가 수행하여야 하는 감리 업무는 다음과 같다. 〈개정 2021. 8. 10.〉

1. 공사시공자가 설계도서에 따라 적합하게 시공하는지 여부의 확인

2. 공사시공자가 사용하는 건축자재가 관계 법령에 따른 기준에 적합한 건축자재 인지 여부의 확인

3. 그 밖에 공사감리에 관한 사항으로서 국토교통부령으로 정하는 사항

■ **건축법 시행규칙 제19조의 2 제1항**

① 공사감리자는 영 제19조 제9항 제3호에 따라 다음 각호의 업무를 수행한다. 〈개정 2021. 12. 31.〉

1. 건축물 및 대지가 이 법 및 관계 법령에 적합하도록 공사시공자 및 건축주를 지도

2. 시공계획 및 공사관리의 적정 여부의 확인

2의 2. 건축공사의 하도급과 관련된 다음 각 목의 확인

　　가. 수급인(하수급인을 포함한다. 이하 이 호에서 같다.)이 「건설산업기본법」 제 16조에 따른 시공자격을 갖춘 건설사업자에게 건축공사를 하도급했는지에 대한 확인

　　나. 수급인이 「건설산업기본법」 제40조 제1항에 따라 공사현장에 건설기술인을 배치했는지에 대한 확인

3. 공사 현장에서의 안전관리의 지도

4. 공정표의 검토

5. 상세시공도면의 검토·확인

6. 구조물의 위치와 규격의 적정 여부의 검토·확인

7. 품질시험의 실시여부 및 시험성과의 검토·확인

8. 설계변경의 적정 여부의 검토·확인

9. 기타 공사감리계약으로 정하는 사항

■ **건축물의 공사감리**(「건축법」 제25조 일부)

③ 공사감리자는 공사감리를 할 때 이 법과 이 법에 따른 명령이나 처분, 그 밖의 관계 법령에 위반된 사항을 발견하거나 공사시공자가 설계도서대로 공사를 하지 아니하면 이를 건축주에게 알린 후 공사시공자에게 시정하거나 재시공하도록 요청하여야 하며, 공사시공자가 시정이나 재시공 요청에 따르지 아니하면 서면으로 그 건축공사를 중지하도록 요청할 수 있다. 이 경우 공사중지를 요청받은 공사시공자는 정당한 사유가 없으면 즉시 공사를 중지하여야 한다. 〈개정 2016. 2. 3.〉

④ 공사감리자는 제3항에 따라 공사시공자가 시정이나 재시공 요청을 받은 후 이에 따르지 아니하거나 공사중지 요청을 받고도 공사를 계속하면 국토교통부령으로 정하는 바에 따라 이를 허가권자에게 보고하여야 한다. 〈개정 2016. 2. 3.〉

⑤ 대통령령으로 정하는 용도 또는 규모의 공사의 공사감리자는 필요하다고 인정하면 공사시공자에게 상세시공도면[136]을 작성하도록 요청할 수 있다. 〈개정 2016. 2. 3.〉

⑥ 공사감리자는 국토교통부령으로 정하는 바에 따라 감리일지를 기록·유지하여야 하고, 공사의 공정(工程)이 대통령령으로 정하는 진도에 다다른 경우에는 감리중간보고서를, 공사를 완료한 경우에는 감리완료보고서를 국토교통부령으로 정하는 바에 따라 각각 작성하여 건축주에게 제출하여야 한다. 이 경우 건축주는 감리중간보고서는 제출 받은 때, 감리완료보고서는 제22조에 따른 건축물의 사용승인을 신청할 때 허가권자에게 제출하여야 한다. 〈개정 2020. 4. 7.〉 제6항 [시행일: 2020. 10. 8.]

---

136) 건축법 시행령 제19조 ④ 법 제25조 제5항에서 "대통령령으로 정하는 용도 또는 규모의 공사"란 연면적의 합계가 5천 제곱미터 이상인 건축공사를 말한다.

⑦ 건축주나 공사시공자는 제3항과 제4항에 따라 위반 사항에 대한 시정이나 재시공을 요청하거나 위반 사항을 허가권자에게 보고한 공사감리자에게 이를 이유로 공사감리자의 지정을 취소하거나 보수의 지급을 거부하거나 지연시키는 등 불이익을 주어서는 아니 된다. 〈개정 2016. 2. 3.〉

⑧ 제1항에 따른 공사감리의 방법 및 범위 등은 건축물의 용도·규모 등에 따라 대통령령으로 정하되, 이에 따른 세부 기준이 필요한 경우에는 국토교통부장관이 정하거나 건축사협회로 하여금 국토교통부장관의 승인을 받아 정하도록 할 수 있다. 〈개정 2016. 2. 3.〉

⑨ 국토교통부장관은 제8항에 따라 세부 기준을 정하거나 승인을 한 경우 이를 고시[137] 하여야 한다. 〈개정 2016. 2. 3.〉

⑩ 「주택법」 제15조에 따른 사업계획 승인 대상과 「건설기술 진흥법」 제39조 제2항에 따라 건설사업관리를 하게 하는 건축물의 공사감리는 제1항부터 제9항까지 및 제11항부터 제14항까지의 규정에도 불구하고 각각 해당 법령으로 정하는 바에 따른다. 〈개정 2018. 8. 14.〉

■ **건축법 시행령 제19조 일부(공사감리)**

③ 법 제25조 제6항에서 "공사의 공정이 대통령령으로 정하는 진도에 다다른 경우"란 공사(하나의 대지에 둘 이상의 건축물을 건축하는 경우에는 각각의 건축물에 대한 공사를 말한다.)의 공정이 다음 각호의 구분에 따른 단계에 다다른 경우를 말한다. 〈개정 2019. 8. 6.〉

1. 해당 건축물의 구조가 철근콘크리트조·철골철근콘크리트조·조적조 또는 보강 콘크리트블럭조인 경우: 다음 각 목의 어느 하나에 해당하는 단계

　가. 기초공사 시 철근 배치를 완료한 경우

　나. 지붕슬래브 배근을 완료한 경우

　다. 지상 5개 층마다 상부 슬래브 배근을 완료한 경우

2. 해당 건축물의 구조가 철골조인 경우: 다음 각 목의 어느 하나에 해당하는 단계

　가. 기초공사 시 철근 배치를 완료한 경우

　나. 지붕철골 조립을 완료한 경우

　다. 지상 3개 층마다 또는 높이 20미터마다 주요구조부의 조립을 완료한 경우

---

137) 건축공사감리세부 기준– 부록

3. 해당 건축물의 구조가 제1호 또는 제2호 외의 구조인 경우: 기초공사에서 거
푸집 또는 주춧돌의 설치를 완료한 단계

4. 제1호부터 제3호까지에 해당하는 건축물이 3층 이상의 필로티 형식 건축물인
경우: 다음 각 목의 어느 하나에 해당하는 단계

　　가. 해당 건축물의 구조에 따라 제1호부터 제3호까지의 어느 하나에 해당하는 경우

　　나. 제18조의 2 제2항 제3호나목[138]에 해당하는 경우

④ 법 제25조 제5항에서 "대통령령으로 정하는 용도 또는 규모의 공사"란 연면적의 합
계가 5천 제곱미터 이상인 건축공사를 말한다. 〈개정 2017. 2. 3.〉

■ 감리보고서 제출(「건축법 시행규칙」 제19조)

① 법 제25조 제3항에 따라 공사감리자는 건축공사 기간 중 발견한 위법사항에 관하여
시정·재시공 또는 공사중지의 요청을 하였음에도 불구하고 공사시공자가 이에 따르지 아니
하는 경우에는 시정 등을 요청할 때에 명시한 기간이 만료되는 날부터 7일 이내에 별지 제
20호 서식의 위법건축공사보고서를 허가권자에게 제출(전자문서로 제출하는 것을 포함한
다.)하여야 한다. 〈개정 2008. 12. 11.〉

② 삭제 〈1999. 5. 11.〉

③ 법 제25조 제6항에 따른 공사감리일지는 별지 제21호 서식에 따른다. 〈개정 2018. 11. 29.〉

④ 건축주는 법 제25조 제6항에 따라 감리중간보고서·감리완료보고서를 제출할 때
별지 제22호 서식에 다음 각호의 서류를 첨부하여 허가권자에게 제출해야 한다. 〈신설
2018. 11. 29.〉

1. 건축공사감리 점검표

2. 별지 제21호 서식의 공사감리일지

3. 공사추진 실적 및 설계변경 종합

---

138) 나. 건축물 상층부의 하중이 상층부와 다른 구조형식의 하층부로 전달되는 다음의 어느 하나에 해당하는 부재(部材)의
철근 배치를 완료한 경우
　1) 기둥 또는 벽체 중 하나 2) 보 또는 슬래브 중 하나

4. 품질시험성과 총괄표

5. 「산업표준화법」에 따른 산업표준인증을 받은 자재 및 국토교통부장관이 인정한 자재의 사용 총괄표

6. 공사 현장 사진 및 동영상(후단 "사진 및 동영상 촬영" 참조)

7. 공사감리자가 제출한 의견 및 자료(제출한 의견 및 자료가 있는 경우만 해당한다.)

건축물 착공 시 주의사항

■ **착공신고(「건축법」 제21조)**

① 제11조·제14조 또는 제20조 제1항에 따라 허가를 받거나 신고를 한 건축물의 공사를 착수하려는 건축주는 국토교통부령으로 정하는 바에 따라 허가권자에게 공사계획을 신고하여야 한다. 〈개정 2021. 7. 27.〉

② 제1항에 따라 공사계획을 신고하거나 변경신고를 하는 경우 해당 공사감리자(제25조 제1항에 따른 공사감리자를 지정한 경우만 해당한다.)와 공사시공자가 신고서에 함께 서명하여야 한다.

③ 허가권자는 제1항 본문에 따른 신고를 받은 날부터 3일 이내에 신고·수리 여부 또는 민원 처리 관련 법령에 따른 처리 기간의 연장 여부를 신고인에게 통지하여야 한다. 〈신설 2017. 4. 18.〉

④ 허가권자가 제3항에서 정한 기간 내에 신고수리 여부 또는 민원 처리 관련 법령에 따른 처리 기간의 연장 여부를 신고인에게 통지하지 아니하면 그 기간이 끝난 날의 다음 날에 신고를 수리한 것으로 본다. 〈신설 2017. 4. 18.〉

⑤ 건축주는 「건설산업기본법」 제41조[139]를 위반하여 건축물의 공사를 하거나 하게 할 수 없다. 〈개정 2017. 4. 18.〉

---

139) 건설공사 시공자의 제한

⑥ 제11조에 따라 허가를 받은 건축물의 건축주는 제1항에 따른 신고를 할 때에는 제15조 제2항[140]에 따른 각 계약서의 사본을 첨부하여야 한다. 〈개정 2017. 4. 18.〉

■ **착공신고 제출 서류**(「건축법 시행규칙」 제14조)

① 법 제21조 제1항에 따른 건축공사의 착공신고를 하려는 자는 별지 제13호 서식의 착공신고서(전자문서로 된 신고서를 포함한다.)에 다음 각호의 서류 및 도서를 첨부하여 허가권자에게 제출하여야 한다. 〈개정 2021. 12. 31.〉

　1. 법 제15조에 따른 건축관계자 상호 간의 계약서 사본(해당 사항이 있는 경우로 한정한다.)

　2. 별표4의 2의 설계도서. 다만, 법 제11조 또는 제14조에 따라 건축허가 또는 신고를 할 때 제출한 경우에는 제출하지 않으며, 변경사항이 있는 경우에는 변경사항을 반영한 설계도서를 제출한다.

　3. 법 제25조 제11항에 따른 감리 계약서(해당 사항이 있는 경우로 한정한다.)

② 건축주는 법 제11조 제7항 각호 외의 부분 단서에 따라 공사 착수 시기를 연기하려는 경우에는 별지 제14호 서식의 착공연기신청서(전자문서로 된 신청서를 포함한다.)를 허가권자에게 제출하여야 한다. 〈개정 2008. 12. 11.〉

③ 허가권자는 토지굴착공사를 수반하는 건축물로서 가스, 전기·통신, 상·하수도 등 지하매설물에 영향을 줄 우려가 있는 건축물의 착공신고가 있는 경우에는 당해 지하매설물의 관리기관에 토지굴착공사에 관한 사항을 통보하여야 한다. 〈신설 1999. 5. 11.〉

④ 허가권자는 제1항 및 제2항의 규정에 의한 착공신고서 또는 착공연기신청서를 받은 때에는 별지 제15호 서식의 착공신고필증 또는 별지 제16호 서식의 착공연기확인서를 신고인 또는 신청인에게 교부하여야 한다. 〈신설 1999. 5. 11.〉

⑤ 삭제 〈2020. 10. 28.〉

⑥ 건축주는 법 제21조 제1항에 따른 착공신고를 할 때에 해당 건축공사가 「산업안전보건법」 제73조 제1항에 따른 건설재해예방전문지도기관의 지도대상에 해당하는 경우에는 제

---

140)　② 건축관계자 간의 책임에 관한 내용과 그 범위는 이 법에서 규정한 것 외에는 건축주와 설계자, 건축주와 공사시공자, 건축주와 공사감리자 간의 계약으로 정한다.

1항 각호에 따른 서류 외에 같은 법 시행규칙 별지 제104호 서식의 기술 지도계약서 사본을 첨부해야 한다. 〈신설 2020. 10. 28.〉

■ **건설공사의 산업재해 예방 지도**(「산업안전보건법」 제73조)

① 대통령령으로 정하는 건설공사의 건설공사발주자 또는 건설공사도급인(건설공사발주자로부터 건설공사를 최초로 도급받은 수급인은 제외한다.)은 해당 건설공사를 착공하려는 경우 제74조에 따라 지정받은 전문기관(이하 "건설재해예방전문지도기관"이라 한다.)과 건설 산업재해 예방을 위한 지도계약을 체결하여야 한다. 〈개정 2021. 8. 17.〉

② 건설재해예방전문지도기관은 건설공사도급인에게 산업재해 예방을 위한 지도를 실시하여야 하고, 건설공사도급인은 지도에 따라 적절한 조치를 하여야 한다. 〈신설 2021. 8. 17.〉

③ 건설재해예방전문지도기관의 지도업무의 내용, 지도대상 분야, 지도의 수행방법, 그 밖에 필요한 사항은 대통령령[141]으로 정한다. 〈개정 2021. 8. 17.〉

■ **건설재해예방 지도 대상**(「산업안전보건법 시행령」 제59조)

① 법 제73조 제1항에서 "대통령령으로 정하는 건설공사"란 공사 금액 1억 원 이상 120억 원(「건설산업기본법 시행령」 별표1의 종합공사를 시공하는 업종의 건설업종란 제1호에 따른 토목공사업에 속하는 공사는 150억 원) 미만인 공사와 「건축법」 제11조에 따른 건축허가의 대상이 되는 공사를 하는 자를 말한다. 다만, 다음 각호의 어느 하나에 해당하는 공사를 하는 자는 제외한다. 〈개정 2022. 8. 16.〉

1. 공사 기간이 1개월 미만인 공사
2. 육지와 연결되지 않은 섬 지역(제주특별자치도는 제외한다.)에서 이루어지는 공사
3. 사업주가 별표4에 따른 안전관리자의 자격을 가진 사람을 선임(같은 광역지방자치단체의 구역 내에서 같은 사업주가 시공하는 셋 이하의 공사에 대하여 공동으로 안전관리자의 자격을 가진 사람 1명을 선임한 경우를 포함한다.)하여 제18조 제1항 각호에 따른 안전관리자의 업무만을 전담하도록 하는 공사
4. 법 제42조 제1항에 따라 유해위험방지계획서를 제출해야 하는 공사

---

[141] 산업안전보건법 시행령 제60조(별표18) 건설재해예방전문지도기관의 지도 기준– 부록

② 제1항에 따른 건설공사의 건설공사발주자 또는 건설공사도급인(건설공사도급인은 건설공사발주자로부터 건설공사를 최초로 도급받은 수급인은 제외한다.)은 법 제73조 제1항의 건설 산업재해 예방을 위한 지도계약(이하 "기술지도계약"이라 한다.)을 해당 건설공사 착공일의 전날까지 체결해야 한다. 〈신설 2022. 8. 16.〉

사진 및 동영상 촬영

공사과정을 기록하는 여러 가지 방법 중 사진촬영은 현장을 한눈에 파악할 수 있는 시각적 효과가 있음은 물론, 시공 후 검사가 불가능하거나 곤란한 부분에 대하여 공사가 적정하게 진행되었는지 확인할 수 있는 중요한 기법이기 때문에 공사 현장에서는 당연히 해야 할 필수공정이다. 그런데 여기에 더하여 불특정다수가 이용하는 다중이용 건축물 등 구조 안전을 특별히 고려할 필요가 있는 특수건축물에 대해서는 작업과정을 좀 더 세밀하게 확인할 수 있도록 동영상 촬영을 추가로 진행해야 한다.

일정한 진도에 다다를 때는 반드시 동영상으로 촬영하여 감리 중간보고서 및 감리 완료 보고서를 인·허가권자에게 제출할 때 함께 제출해야 하니 착오 없기 바란다.

■ 건축법 제24조 제7항

공동주택, 종합병원, 관광숙박시설 등 대통령령으로 정하는 용도 및 규모의 건축물의 공사시공자는 건축주, 공사감리자 및 허가권자가 설계도서에 따라 적정하게 공사했는지를 확인할 수 있도록 공사의 공정이 대통령령으로 정하는 진도에 다다른 때마다 사진 및 동영상을 촬영하고 보관하여야 한다. 이 경우 촬영 및 보관 등 그 밖에 필요한 사항은 국토교통부령으로 정한다. 〈신설 2016. 2. 3.〉

■ 사진 및 동영상 촬영 대상 건축물 등(「건축법 시행령」 제18조의 2)

① 법 제24조 제7항 전단에서 "공동주택, 종합병원, 관광숙박시설 등 대통령령으로 정하는 용도 및 규모의 건축물"이란 다음 각호의 어느 하나에 해당하는 건축물을 말한다. 〈개정 2018. 12. 4.〉

2. 특수구조 건축물

　3. 건축물의 하층부가 필로티나 그 밖에 이와 비슷한 구조(벽면적의 2분의 1 이상이 그 층의 바닥면에서 위층 바닥 아랫면까지 공간으로 된 것만 해당한다.)로서 상층부와 다른 구조형식으로 설계된 건축물(이하 "필로티 형식 건축물"이라 한다.) 중 3층 이상인 건축물

　② 법 제24조 제7항 전단에서 "대통령령으로 정하는 진도에 다다른 때"란 다음 각호의 구분에 따른 단계에 다다른 경우를 말한다. 〈개정 2019. 8. 6.〉

　1. 다중이용 건축물: 제19조 제3항(상단 공사감리자의 업무 참조) 각호의 구분에 따른 단계

　2. 특수구조 건축물: 다음 각 목의 어느 하나에 해당하는 단계

　　가. 매 층마다 상부 슬래브 배근을 완료한 경우

　　나. 매 층마다 주요구조부의 조립을 완료한 경우

　3. 3층 이상의 필로티 형식 건축물: 다음 각 목의 어느 하나에 해당하는 단계

　　가. 기초공사 시 철근 배치를 완료한 경우

　　나. 건축물 상층부의 하중이 상층부와 다른 구조형식의 하층부로 전달되는 다음의 어느 하나에 해당하는 부재(部材)의 철근 배치를 완료한 경우

　　　1) 기둥 또는 벽체 중 하나

　　　2) 보 또는 슬래브 중 하나

■ 사진·동영상 촬영 및 보관(「건축법 시행규칙」 제18조의 3)

　① 법 제24조 제7항 전단에 따라 사진 및 동영상을 촬영·보관하여야 하는 공사시공자는 영 제18조의 2 제2항에서 정하는 진도에 다다른 때마다 촬영한 사진 및 동영상을 디지털 파일 형태로 가공·처리하여 보관하여야 하며, 해당 사진 및 동영상을 디스크 등 전자 저장 매체 또는 정보통신망을 통하여 공사감리자에게 제출하여야 한다.

　② 제1항에 따라 사진 및 동영상을 제출받은 공사감리자는 그 내용의 적정성을 검토한 후 법 제25조 제6항에 따라 건축주에게 감리중간보고서 및 감리완료보고서를 제출할 때 해당 사진 및 동영상을 함께 제출하여야 한다.

③ 제2항에 따라 사진 및 동영상을 제출받은 건축주는 법 제25조 제6항에 따라 허가권자에게 감리중간보고서 및 감리완료보고서를 제출할 때 해당 사진 및 동영상을 함께 제출하여야 한다.

④ 제1항부터 제3항까지 규정한 사항 외에 사진 및 동영상의 촬영 및 보관 등에 필요한 사항은 국토교통부장관이 정하여 고시[142]한다.

[본조신설 2017. 2. 3.]

가구·세대 간 소음방지, 마감 재료 및 품질관리기준

| 가구·세대간 소음방지기준

「건축법」 제49조 제4항을 보면 대통령령으로 정하는 용도 및 규모의 건축물에 대하여 가구·세대 등 간 소음방지를 위하여 국토교통부령으로 정하는 바에 따라 경계벽 및 바닥을 설치하여야 한다. 또한 「건축물의 피난·방화구조 등의 기준에 관한 규칙」 제19조 제3항, 제4항에는 가구·세대 등 간 소음방지를 위한 바닥은 경량충격음(비교적 가볍고 딱딱한 충격에 의한 바닥충격음을 말한다.)과 중량충격음(무겁고 부드러운 충격에 의한 바닥충격음을 말한다.)을 차단할 수 있는 구조로 하여야 하며, 가구·세대 등 간 소음방지를 위한 바닥의 세부 기준은 국토교통부장관이 정하여 고시[143]한다고 규정하고 있다.

층간 바닥충격음 차단 구조기준을 제시하여 이웃 간의 층간소음 분쟁으로 인한 피해를 예방하고 쾌적한 생활환경을 조성하는 것을 목적으로 하는 「소음방지를 위한 층간 바닥충격음 차단 구조기준」[144]을 부록으로 첨부하였으니 이를 확인하기 바라며, 바닥충격음과 관련된 내용은 책 후반부에 기록한 제6장 건축물인증제도, 바닥충격음 성능등급 인정에 자세히 기록하였으니 이를 참조하기 바란다.

---

142) 건축공사감리 세부 기준– 부록
143) 소음방지를 위한 층간 바닥충격음 차단 구조기준– 부록
144) 소음방지를 위한 층간 바닥충격음 차단 구조기준– 부록

| 건축물의 마감 재료

- **건축법 제52조**(건축물의 마감 재료)

① 대통령령으로 정하는 용도 및 규모의 건축물의 벽, 반자, 지붕(반자가 없는 경우에 한정한다.) 등 내부의 마감 재료[제52조의4제1항의 복합자재의 경우 심재(心材)를 포함한다.]는 방화에 지장이 없는 재료로 하되,「실내공기질 관리법」제5조 및 제6조에 따른 실내공기질 유지기준 및 권고기준을 고려하고 관계 중앙행정기관의 장과 협의하여 국토교통부령으로 정하는 기준에 따른 것이어야 한다. 〈개정 2021. 3. 16.〉

② 대통령령으로 정하는 건축물의 외벽에 사용하는 마감 재료(두 가지 이상의 재료로 제작된 자재의 경우 각 재료를 포함한다.)는 방화에 지장이 없는 재료로 하여야 한다. 이 경우 마감 재료의 기준은 국토교통부령으로 정한다. 〈신설 2021. 3. 16.〉

③ 욕실, 화장실, 목욕장 등의 바닥 마감 재료는 미끄럼을 방지할 수 있도록 국토교통부령으로 정하는 기준에 적합하여야 한다. 〈신설 2013. 7. 16.〉

④ 대통령령으로 정하는 용도 및 규모에 해당하는 건축물 외벽에 설치되는 창호(窓戶)는 방화에 지장이 없도록 인접 대지와의 이격거리를 고려하여 방화성능 등이 국토교통부령으로 정하는 기준에 적합하여야 한다. 〈신설 2020. 12. 22.〉 [시행일: 2021. 6. 23.]

- **건축법 시행령 제61조**(건축물의 마감 재료)

① 법 제52조 제1항에서 "대통령령으로 정하는 용도 및 규모의 건축물"이란 다음 각호의 어느 하나에 해당하는 건축물을 말한다. 다만, 제1호, 제1호의 2, 제2호부터 제7호까지의 어느 하나에 해당하는 건축물(제8호에 해당하는 건축물은 제외한다.)의 주요구조부가 내화구조 또는 불연재료로 되어 있고 그 거실의 바닥면적(스프링클러나 그 밖에 이와 비슷한 자동식 소화설비를 설치한 바닥면적을 뺀 면적으로 한다. 이하 이 조에서 같다.) 200제곱미터 이내마다 방화구획이 되어 있는 건축물은 제외한다. 〈개정 2021. 8. 10.〉

    1. 단독주택 중 다중주택·다가구주택

    1의 2. 공동주택

    2. 제2종 근린생활시설 중 공연장·종교집회장·인터넷컴퓨터게임시설제공업소·학원·

독서실·당구장·다중생활시설의 용도로 쓰는 건축물

3. 발전시설, 방송통신시설(방송국·촬영소의 용도로 쓰는 건축물로 한정한다.)

4. 공장, 창고시설, 위험물 저장 및 처리 시설(자가난방과 자가발전 등의 용도로 쓰는 시설을 포함한다), 자동차 관련 시설의 용도로 쓰는 건축물

5. 5층 이상인 층 거실의 바닥면적의 합계가 500제곱미터 이상인 건축물

6. 문화 및 집회시설, 종교시설, 판매시설, 운수시설, 의료시설, 교육연구시설 중 학교·학원, 노유자시설, 수련시설, 업무시설 중 오피스텔, 숙박시설, 위락시설, 장례시설

7. 삭제

8. 「다중이용업소의 안전관리에 관한 특별법 시행령」 제2조에 따른 다중이용업의 용도로 쓰는 건축물

② 법 제52조 제2항에서 "대통령령으로 정하는 건축물"이란 다음 각호의 어느 하나에 해당하는 것을 말한다. 〈신설 2021. 8. 10.〉

1. 상업지역(근린상업지역은 제외한다.)의 건축물로서 다음 각 목의 어느 하나에 해당하는 것

가. 제1종 근린생활시설, 제2종 근린생활시설, 문화 및 집회시설, 종교시설, 판매시설, 운동시설 및 위락시설의 용도로 쓰는 건축물로서 그 용도로 쓰는 바닥면적의 합계가 2천 제곱미터 이상인 건축물

나. 공장(국토교통부령으로 정하는 화재 위험이 적은 공장은 제외한다.)의 용도로 쓰는 건축물로부터 6미터 이내에 위치한 건축물

2. 의료시설, 교육연구시설, 노유자시설 및 수련시설의 용도로 쓰는 건축물

3. 3층 이상 또는 높이 9미터 이상인 건축물

4. 1층의 전부 또는 일부를 필로티 구조로 설치하여 주차장으로 쓰는 건축물

5. 제1항 제4호에 해당하는 건축물

③ 법 제52조 제4항에서 "대통령령으로 정하는 용도 및 규모에 해당하는 건축물"이란 제2항 각호의 건축물을 말한다. 〈신설 2021. 5. 4.〉

■ **건축물의 마감 재료**(「건축물의 피난·방화구조 등의 기준에 관한 규칙」[145]제24조)

① 법 제52조 제1항에 따라 영 제61조 제1항 각호의 건축물에 대하여는 그 거실의 벽 및 반자의 실내에 접하는 부분(반자돌림대·창대 기타 이와 유사한 것을 제외한다. 이하 이 조에

---

145) 1) 건축물의 피난·방화구조 등의 기준에 관한 규칙(국토교통부령)- 참조

서 같다.)의 마감재료(영 제61조 제1항 제4호에 해당하는 건축물의 경우에는 단열재를 포함한다.)는 불연재료·준불연재료 또는 난연재료를 사용해야 한다. 다만, 다음 각호에 해당하는 부분의 마감재료는 불연재료 또는 준불연재료를 사용해야 한다. 〈개정 2021. 9. 3.〉

　　1. 거실에서 지상으로 통하는 주된 복도·계단, 그 밖의 벽 및 반자의 실내에 접하는 부분
　　2. 강판과 심재(心材)로 이루어진 복합자재를 마감재료로 사용하는 부분

　② 영 제61조 제1항 각호의 건축물 중 다음 각호의 어느 하나에 해당하는 거실의 벽 및 반자의 실내에 접하는 부분의 마감은 제1항에도 불구하고 불연재료 또는 준불연재료로 하여야 한다. 〈개정 2010. 12. 30.〉

　　1. 영 제61조 제1항 각호에 따른 용도에 쓰이는 거실 등을 지하층 또는 지하의 공작물에 설치한 경우의 그 거실(출입문 및 문틀을 포함한다.)
　　2. 영 제61조 제1항 제6호에 따른 용도에 쓰이는 건축물의 거실

　③ 제1항 및 제2항에도 불구하고 영 제61조 제1항 제4호에 해당하는 건축물에서 단열재를 사용하는 경우로서 해당 건축물의 구조, 설계 또는 시공방법 등을 고려할 때 단열재로 불연재료·준불연재료 또는 난연재료를 사용하는 것이 곤란하여 법 제4조에 따른 건축위원회(시·도 및 시·군·구에 두는 건축위원회를 말한다.)의 심의를 거친 경우에는 단열재를 불연재료·준불연재료 또는 난연재료가 아닌 것으로 사용할 수 있다. 〈신설 2021. 9. 3.〉

　④ 법 제52조 제1항에서 "내부마감 재료"란 건축물 내부의 천장·반자·벽(경계벽 포함)·기둥 등에 부착되는 마감 재료를 말한다. 다만, 「다중이용업소의 안전관리에 관한 특별법 시행령」 제3조에 따른 실내장식물을 제외한다. 〈신설 2021. 9. 3.〉

　⑤ 영 제61조 제1항 제2호에 따른 공동주택에는 「다중이용시설 등의 실내공기질관리법」 제11조 제1항 및 같은 법 시행규칙 제10조에 따라 환경부장관이 고시한 오염물질방출 건축자재를 사용하여서는 아니 된다. 〈신설 2021. 9. 3.〉

　⑥ 영 제61조 제2항 제1호부터 제3호까지의 규정 및 제5호에 해당하는 건축물의 외벽에는 법 제52조 제2항 후단에 따라 불연재료 또는 준불연재료를 마감재료(단열재, 도장 등 코팅재료 및 그 밖에 마감재료를 구성하는 모든 재료를 포함한다. 이하 이 조에서 같다.)로 사용해야 한다. 다만, 국토교통부장관이 정하여 고시[146]하는 화재 확산 방지구조 기준에 적

---

146)　건축자재 등 품질인정 및 관리기준–부록

합하게 마감재료를 설치하는 경우에는 난연재료(강판과 심재로 이루어진 복합자재가 아닌 것으로 한정한다)를 사용할 수 있다. 〈개정 2022. 2. 10.〉

  1. 삭제 〈2022. 2. 10.〉

  2. 삭제 〈2022. 2. 10.〉

⑦ 제6항에도 불구하고 영 제61조 제2항 제1호·3호 및 제5호에 해당하는 건축물로서 5층 이하이면서 높이 22미터 미만인 건축물의 경우 난연재료(강판과 심재로 이루어진 복합자재가 아닌 것으로 한정한다.)를 마감재료로 할 수 있다. 다만, 건축물의 외벽을 국토교통부장관이 정하여 고시하는 화재 확산 방지구조 기준에 적합하게 설치하는 경우에는 난연성능이 없는 재료(강판과 심재로 이루어진 복합자재가 아닌 것으로 한정한다.)를 마감재료로 사용할 수 있다. 〈개정 2022. 2. 10.〉

⑧ 제6항 및 제7항에 따른 마감재료가 둘 이상의 재료로 제작된 것인 경우 해당 마감재료는 다음 각호의 요건을 모두 갖춘 것이어야 한다. 〈신설 2022. 2. 10.〉

  1. 마감재료를 구성하는 재료 전체를 하나로 보아 국토교통부장관이 정하여 고시하는 기준에 따라 실물모형시험(실제 시공될 건축물의 구조와 유사한 모형으로 시험하는 것을 말한다. 이하 같다.)을 한 결과가 국토교통부장관이 정하여 고시하는 기준을 충족할 것

  2. 마감재료를 구성하는 각각의 재료에 대하여 난연성능을 시험한 결과가 국토교통부장관이 정하여 고시하는 기준을 충족할 것

⑨ 영 제14조 제4항 각호의 어느 하나에 해당하는 건축물 상호 간의 용도변경 중 영 별표 1 제3호 다목(목욕장만 해당한다.)·라목, 같은 표 제4호 가목·사목·카목·파목(골프연습장, 놀이형 시설만 해당한다.)·더목·러목, 같은 표 제7호 다목 2 및 같은 표 제16호 가목·나목에 해당하는 용도로 변경하는 경우로서 스프링클러 또는 간이 스크링쿨러의 헤드가 창문 등으로부터 60센티미터 이내에 설치되어 건축물 내부가 화재로부터 방호되는 경우에는 제6항부터 제8항까지의 규정을 적용하지 않을 수 있다. 〈신설 2022. 2. 10.〉

⑩ 영 제61조 제2항 제4호에 해당하는 건축물의 외벽[필로티 구조의 외기(外氣)에 면하는 천장 및 벽체를 포함한다.] 중 1층과 2층 부분에는 불연재료 또는 준불연재료를 마감해야 한다. 〈신설 2022. 2. 10.〉

⑪ 강판과 심재로 이루어진 복합자재를 마감재료로 사용하는 경우 해당 복합자재는 다

음 각호의 요건을 모두 갖춘 것이어야 한다. 〈신설 2022. 2. 10.〉

    1. 강판과 심재 전체를 하나로 보아 국토교통부장관이 정하여 고시하는 기준에 따라 실물모형시험을 실시한 결과가 국토교통부장관이 정하여 고시하는 기준을 충족할 것

    2. 강판: 다음 각 목의 구분에 따른 기준을 모두 충족할 것

      가. 두께[도금 이후 도장(塗裝) 전 두께를 말한다]: 0.5밀리미터 이상

      나. 앞면 도장 횟수: 2회 이상

      다. 도금의 부착량: 도금의 종류에 따라 다음의 어느 하나에 해당할 것. 이 경우 도금의 종류는 한국산업표준에 따른다.

        1) 용융 아연 도금 강판: 180g/㎡ 이상

        2) 용융 아연 알루미늄 마그네슘 합금 도금 강판: 90g/㎡ 이상

        3) 용융 55% 알루미늄 아연 마그네슘 합금 도금 강판: 90g/㎡ 이상

        4) 용융 55% 알루미늄 아연 합금 도금 강판: 90g/㎡ 이상

        5) 그 밖의 도금: 국토교통부장관이 정하여 고시하는 기준 이상

    3. 심재: 강판을 제거한 심재가 다음 각 목의 어느 하나에 해당할 것

      가. 한국산업표준에 따른 그라스울 보온판 또는 미네랄울 보온판으로서 국토교통부장관이 정하여 고시하는 기준에 적합한 것

      나. 불연재료 또는 준불연재료인 것

⑫ 법 제52조 제4항에 따라 영 제61조 제2항 각호에 해당하는 건축물의 인접대지경계선에 접하는 외벽에 설치하는 창호(窓戶)와 인접대지경계선 간의 거리가 1.5미터 이내인 경우 해당 창호는 방화유리창[한국산업표준 KS F 2845(유리구획 부분의 내화 시험방법)에 규정된 방법에 따라 시험한 결과 비차열 20분 이상의 성능이 있는 것으로 한정한다.]으로 설치해야 한다. 다만, 스프링클러 또는 간이 스프링클러의 헤드가 창호로부터 60센티미터 이내에 설치되어 건축물 내부가 화재로부터 방호되는 경우에는 방화유리창으로 설치하지 않을 수 있다. 〈신설 2022. 2. 10.〉

■ 소규모 공장과 인접한 건축물의 마감 재료
「건축물의 피난·방화구조 등의 기준에 관한 규칙」 제24조의 2)

①영 제61조 제2항 제1호 나목에서 "국토교통부령으로 정하는 화재위험이 적은 공장"이란 각각 별표 3의 업종에 해당하는 공장을 말한다. 다만, 공장의 일부 또는 전체를 기숙사 및 구내식당의 용도로 사용하는 건축물을 제외한다. 〈개정 2021. 9. 3.〉

② 삭제〈2021. 9. 3.〉

③ 삭제〈2021. 9. 3.〉

| 건축자재의 품질관리

■ **건축법 제52조의 4(건축자재의 품질관리 등)**

① 복합자재[불연재료인 양면 철판, 석재, 콘크리트 또는 이와 유사한 재료와 불연재료가 아닌 심재(心材)로 구성된 것을 말한다.]를 포함한 제52조에 따른 마감 재료, 방화문 등 대통령령으로 정하는 건축자재의 제조업자, 유통업자, 공사시공자 및 공사감리자는 국토교통부령으로 정하는 사항을 기재한 품질관리서(이하 "품질관리서"라 한다.)를 대통령령으로 정하는 바에 따라 허가권자에게 제출하여야 한다. 〈개정 2021. 3. 16.〉

② 제1항에 따른 건축자재의 제조업자, 유통업자는 「과학기술분야 정부출연연구기관 등의 설립·운영 및 육성에 관한 법률」에 따른 한국건설기술연구원 등 대통령령으로 정하는 시험기관에 건축자재의 성능시험을 의뢰하여야 한다. 〈개정 2019. 4. 23.〉

③ 제2항에 따른 성능시험을 수행하는 시험기관의 장은 성능시험 결과 등 건축자재의 품질관리에 필요한 정보를 국토교통부령으로 정하는 바에 따라 기관 또는 단체에 제공하거나 공개하여야 한다. 〈신설 2019. 4. 23.〉

④ 제3항에 따라 정보를 제공받은 기관 또는 단체는 해당 건축자재의 정보를 홈페이지 등에 게시하여 일반인이 알 수 있도록 하여야 한다. 〈신설 2019. 4. 23.〉

⑤ 제1항에 따른 건축자재 중 국토교통부령으로 정하는 단열재는 국토교통부장관이 고시하는 기준에 따라 해당 건축자재에 대한 정보를 표면에 표시하여야 한다. 〈신설 2019. 4. 23.〉

⑥ 복합자재에 대한 난연성분 분석시험, 난연성능기준, 시험수수료 등 필요한 사항은 국토교통부령으로 정한다. 〈개정 2019. 4. 23.〉
[제52조의 3에서 이동]

■ **제52조의 5**(건축자재 등의 품질인정)

① 방화문, 복합자재 등 대통령령으로 정하는 건축자재와 내화구조(이하 "건축자재 등"이라 한다.)는 방화성능, 품질관리 등 국토교통부령으로 정하는 기준에 따라 품질이 적합하다고 인정받아야 한다.

② 건축관계자 등은 제1항에 따라 품질인정을 받은 건축자재 등만 사용하고, 인정받은 내용대로 제조·유통·시공하여야 한다. [본조신설 2020. 12. 22.] [시행일: 2021. 12. 23.] 제52조의 5

■ **건축법 시행령 제62조**(건축자재의 품질관리 등)

① 법 제52조의 4 제1항에서 "복합자재[불연재료인 양면 철판, 석재, 콘크리트 또는 이와 유사한 재료와 불연재료가 아닌 심재(心材)로 구성된 것을 말한다.]를 포함한 제52조에 따른 마감 재료, 방화문 등 대통령령으로 정하는 건축자재"란 다음 각호의 어느 하나에 해당하는 것을 말한다. 〈개정 2020. 10. 8〉
    1. 법 제52조의 4 제1항에 따른 복합자재
    2. 건축물의 외벽에 사용하는 마감 재료로서 단열재
    3. 제64조 제1항 제1호부터 제3호까지의 규정에 따른 방화문[147]
    4. 그 밖에 방화와 관련된 건축자재로서 국토교통부령으로 정하는 건축자재

② 법 제52조의 4 제1항에 따른 건축자재의 제조업자는 같은 항에 따른 품질관리서(이하 "품질관리서"라 한다.)를 건축자재 유통업자에게 제출해야 하며, 건축자재 유통업자는 품질관리서와 건축자재의 일치 여부 등을 확인하여 품질관리서를 공사시공자에게 전달해야 한다. 〈신설 2019. 10. 22.〉

③ 제2항에 따라 품질관리서를 제출받은 공사시공자는 품질관리서와 건축자재의 일치 여부를 확인한 후 해당 건축물에서 사용된 건축자재 품질관리서 전체를 공사감리자에게 제출해야 한다. 〈개정 2019. 10. 22.〉

---

147) (건축법 시행령 제64조) ① 방화문은 다음 각호와 같이 구분한다.

④ 공사감리자는 제3항에 따라 제출받은 품질관리서를 공사감리완료보고서에 첨부하여 법 제25조 제6항에 따라 건축주에게 제출해야 하며, 건축주는 법 제22조에 따른 건축물의 사용승인을 신청할 때에 이를 허가권자에게 제출해야 한다. 〈개정 2019. 10. 22.〉

[제61조의 4에서 이동] [시행일: 2021. 8. 7.] 제62조 제1항 제3호

■ 건축물의 피난·방화구조 등의 기준에 관한 규칙 제24조의 3(건축자재 품질관리서)

① 영 제62조 제1항 제4호에서 "국토교통부령으로 정하는 건축자재"란 영 제46조 및 이 규칙 제14조에 따라 방화구획을 구성하는 내화구조, 자동방화셔터, 내화충전성능이 인정된 구조 및 방화댐퍼를 말한다. 〈개정 2021. 12. 23.〉

② 법 제52조의 4 제1항에서 "국토교통부령으로 정하는 사항을 기재한 품질관리서"란 다음 각호의 구분에 따른 서식을 말한다. 이 경우 다음 각호에서 정한 서류를 첨부한다. 〈개정 2022. 2. 10.〉

1. 영 제62조 제1항 제1호의 경우: 별지 제1호 서식[148]. 이 경우 다음 각 목의 서류를 첨부할 것.

　가. 난연성능이 표시된 복합자재(심재로 한정한다.) 시험성적서[법 제52조의 5 제1항에 따라 품질인정을 받은 경우에는 법 제52조의 6 제7항에 따라 국토교통부장관이 정하여 고시하는 품질인정서(이하 "품질인정서"라 한다.)] 사본

　나. 강판의 두께, 도금 종류 및 도금 부착량이 표시된 강판생산업체의 품질검사증명서 사본

　다. 실물모형시험 결과가 표시된 복합자재 시험성적서(법 제52조의 5 제1항에 따라 품질인정을 받은 경우에는 품질인정서) 사본

2. 영 제62조 제1항 제2호의 경우: 별지 제2호 서식[149]. 이 경우 다음 각 목의 서류를 첨부할 것

　가. 난연성능이 표시된 단열재 시험성적서 사본. 이 경우 단열재가 둘 이상의 재료

---

1. 60분+ 방화문: 연기 및 불꽃을 차단할 수 있는 시간이 60분 이상이고, 열을 차단할 수 있는 시간이 30분 이상인 방화문
2. 60분 방화문: 연기 및 불꽃을 차단할 수 있는 시간이 60분 이상인 방화문
3. 30분 방화문: 연기 및 불꽃을 차단할 수 있는 시간이 30분 이상 60분 미만인 방화문
② 제1항 각호의 구분에 따른 방화문 인정 기준은 국토교통부령으로 정한다.
　[시행일: 2021. 8. 7.] 제64조
148) 복합자재 품질관리서 양식- 참조
149) 단열재품질관리서 양식- 참조

로 제작된 경우에는 재료별로 첨부해야 한다.

　　나. 실물모형시험 결과가 표시된 단열재 시험성적서(외벽의 마감재료가 둘 이상의 재료로 제작된 경우만 첨부한다) 사본

3. 영 제62조 제1항 제3호의 경우: 별지 제3호 서식[150]. 이 경우 연기, 불꽃 및 열을 차단할 수 있는 성능이 표시된 방화문 시험성적서(법 제52조의 5 제1항에 따라 품질인정을 받은 경우에는 품질인정서) 사본을 첨부할 것

3의 2. 내화구조의 경우: 별지 제3호의 2 서식. 이 경우 내화성능 시간이 표시된 시험성적서(법 제52조의 5 제1항에 따라 품질인정을 받은 경우에는 품질인정서) 사본을 첨부할 것

4. 자동방화셔터의 경우: 별지 제4호서식. 이 경우 연기 및 불꽃을 차단할 수 있는 성능이 표시된 자동방화셔터 시험성적서(법 제52조의 5 제1항에 따라 품질인정을 받은 경우에는 품질인정서) 사본을 첨부할 것

5. 내화채움성능이 인정된 구조의 경우: 별지 제5호서식. 이 경우 연기, 불꽃 및 열을 차단할 수 있는 성능이 표시된 내화채움구조 시험성적서(법 제52조의 5 제1항에 따라 품질인정을 받은 경우에는 품질인정서) 사본을 첨부할 것

6. 방화댐퍼의 경우: 별지 제6호 서식[151]. 이 경우 「산업표준화법」에 따른 한국산업규격에서 정하는 방화댐퍼의 방연시험방법에 적합한 것을 증명하는 시험성적서 사본을 첨부할 것

③ 공사시공자는 법 제52조의 4 제1항에 따라 작성한 품질관리서의 내용과 같게 별지 제7호 서식[152]의 건축자재 품질관리서 대장을 작성하여 공사감리자에게 제출해야 한다.

④ 공사감리자는 제3항에 따라 제출받은 건축자재 품질관리서 대장의 내용과 영 제62조 제3항에 따라 제출받은 품질관리서의 내용이 같은지를 확인하고 이를 영 제62조 제4항에 따라 건축주에게 제출해야 한다.

⑤ 건축주는 제4항에 따라 제출받은 건축자재 품질관리서 대장을 영 제62조 제4항에 따라 허가권자에게 제출해야 한다.
　　[전문개정 2019. 10. 24.]

---

150)　방화문품질관리서 양식– 참조
151)　방화댐퍼 품질관리서– 참조
152)　건축자재 품질관리서 대장– 참조

관계전문기술자의 협력

■ **관계전문기술자**(「건축법」 제67조)

① 설계자와 공사감리자는 제40조, 제41조, 제48조부터 제50조까지, 제50조의 2, 제51조, 제52조, 제62조 및 제64조와 「녹색건축물 조성 지원법」 제15조에 따른 대지의 안전, 건축물의 구조상 안전, 부속구조물 및 건축설비의 설치 등을 위한 설계 및 공사감리를 할 때 대통령령으로 정하는 바에 따라 다음 각호의 어느 하나의 자격을 갖춘 관계전문기술자 (「기술사법」 제21조 제2호에 따라 벌칙을 받은 후 대통령령으로 정하는 기간이 지나지 아니한 자는 제외한다.)의 협력을 받아야 한다. 〈개정 2021. 3. 16.〉

    1. 「기술사법」 제6조에 따라 기술사사무소를 개설·등록한 자

    2. 「건설기술 진흥법」 제26조에 따라 건설엔지니어링사업자로 등록한 자

    3. 「엔지니어링산업 진흥법」 제21조에 따라 엔지니어링 사업자의 신고를 한 자

    4. 「전력기술관리법」 제14조에 따라 설계업 및 감리업으로 등록한 자

② 관계전문기술자는 건축물이 이 법 및 이 법에 따른 명령이나 처분, 그 밖의 관계 법령에 맞고 안전·기능 및 미관에 지장이 없도록 업무를 수행하여야 한다.

■ **관계전문기술자와의 협력**(「건축법 시행령」 제91조의 3)

① 다음 각호의 어느 하나에 해당하는 건축물의 설계자는 제32조 제1항[153]에 따라 해당 건축물에 대한 구조의 안전을 확인하는 경우에는 건축구조기술사의 협력을 받아야 한다. 〈개정 2018. 12. 4.〉

    1. 6층 이상인 건축물

    2. 특수구조 건축물

    3. 다중이용 건축물

    4. 준다중이용 건축물

    5. 3층 이상의 필로티 형식 건축물[154]

    6. 제32조 제2항 제6호에 해당하는 건축물 중 국토교통부령으로 정하는 건축물

② 연면적 1만 제곱미터 이상인 건축물(창고시설은 제외한다.) 또는 에너지를 대량으로 소비하는 건축물로서 국토교통부령으로 정하는 건축물에 건축설비를 설치하는 경우에는

---

153) 법 제48조 제2항에 따라 법 제11조 제1항에 따른 건축물을 건축하거나 대수선하는 경우 해당 건축물의 설계자는 국토교통부령으로 정하는 구조기준 등에 따라 그 구조의 안전을 확인하여야 한다.

154) 필로티 건축물 구조설계 가이드라인– 부록

국토교통부령으로 정하는 바에 따라 다음 각호의 구분에 따른 관계전문기술자의 협력을 받아야 한다. 〈개정 2017. 5. 2.〉

　　1. 전기, 승강기(전기 분야만 해당한다.) 및 피뢰침:「기술사법」에 따라 등록한 건축전기설비기술사 또는 발송배전기술사

　　2. 급수·배수(配水)·배수(排水)·환기·난방·소화·배연·오물처리 설비 및 승강기(기계 분야만 해당한다.):「기술사법」에 따라 등록한 건축기계설비기술사 또는 공조냉동기계기술사

　　3. 가스설비:「기술사법」에 따라 등록한 건축기계설비기술사, 공조냉동기계기술사 또는 가스기술사

　　③ 깊이 10미터 이상의 토지 굴착공사 또는 높이 5미터 이상의 옹벽 등의 공사를 수반하는 건축물의 설계자 및 공사감리자는 토지 굴착 등에 관하여 국토교통부령으로 정하는 바에 따라 「기술사법」에 따라 등록한 토목 분야 기술사 또는 국토개발 분야의 지질 및 기반 기술사의 협력을 받아야 한다[155]. 〈개정 2016. 5. 17.〉

　　④ 설계자 및 공사감리자는 안전상 필요하다고 인정하는 경우, 관계 법령에서 정하는 경우 및 설계계약 또는 감리계약에 따라 건축주가 요청하는 경우에는 관계전문기술자의 협력을 받아야 한다.

　　⑤ 특수구조 건축물 및 고층건축물의 공사감리자는 제19조 제3항 제1호 각 목 및 제2호 각 목에(전단 공사감리자의 업무 항목 참조) 해당하는 공정에 다다를 때 건축구조기술사의 협력을 받아야 한다. 〈개정 2016. 5. 17.〉

　　⑥ 3층 이상인 필로티 형식 건축물의 공사감리자는 법 제48조에 따른 건축물의 구조상 안전을 위한 공사감리를 할 때 공사가 제18조의 2 제2항 제3호 나목에(각주137 참조) 따른 단계에 다다른 경우마다 법 제67조 제1항 제1호부터 제3호까지의 규정에 따

---

155)　건축법 시행규칙 제36조의 2(관계전문기술자)
① 삭제 ② 영 제91조의 3 제3항에 따라 건축물의 설계자 및 공사감리자는 다음 각호의 어느 하나에 해당하는 사항에 대하여 「기술사법」에 따라 등록한 토목 분야 기술사 또는 국토개발 분야의 지질 및 기반 기술사의 협력을 받아야 한다. 〈개정 2016. 5. 30.〉
　　1. 지질조사 2. 토공사의 설계 및 감리 3. 흙막이벽·옹벽 설치 등에 관한 위해방지 및 기타 필요한 사항

른 관계전문기술자의 협력을 받아야 한다. 이 경우 관계전문기술자는 「건설기술 진흥법 시행령」 별표1 제3호 라목 1)에 따른 건축구조 분야의 특급 또는 고급기술자의 자격요건을 갖춘 소속 기술자로 하여금 업무를 수행하게 할 수 있다. 〈신설 2018. 12. 4.〉

⑦ 제1항부터 제6항까지의 규정에 따라 설계자 또는 공사감리자에게 협력한 관계전문기술자는 공사 현장을 확인하고, 그가 작성한 설계도서 또는 감리중간보고서 및 감리완료보고서에 설계자 또는 공사감리자와 함께 서명·날인하여야 한다. 〈개정 2018. 12. 4.〉

⑧ 제32조 제1항에 따른 구조 안전의 확인에 관하여 설계자에게 협력한 건축구조기술사는 구조의 안전을 확인한 건축물의 구조도 등 구조 관련 서류에 설계자와 함께 서명·날인하여야 한다. 〈신설 2018. 12. 4.〉

⑨ 법 제67조 제1항 각호 외의 부분에서 "대통령령으로 정하는 기간"이란 2년을 말한다. 〈신실 2018. 12. 4.〉

「건축물의 구조기준 등에 관한 규칙」
■ 제61조(건축구조기술사와의 협력)

영 제91조의 3 제1항 제5호에 따라 건축물의 설계자가 해당 건축물에 대한 구조의 안전을 확인하는 경우 건축구조기술사의 협력을 받아야 하는 건축물은 별표10에 따른 지진구역 I의 지역에 건축하는 건축물로서 별표11에 따른 중요도가 특에 해당하는 건축물로 한다.

「건축물의 설비기준 등에 관한 규칙」
■ 제2조(관계전문기술자의 협력을 받아야 하는 건축물)

「건축법 시행령」(이하 "영"이라 한다.) 제91조의 3 제2항 각호 외의 부분에서 "국토교통부령으로 정하는 건축물"이란 다음 각호의 건축물을 말한다. 〈개정 2020. 4. 9.〉

　　1. 냉동냉장시설·항온항습시설(온도와 습도를 일정하게 유지시키는 특수설비가 설치되어 있는 시설을 말한다.) 또는 특수청정시설(세균 또는 먼지등을 제거하는 특수설비가 설치되어 있는 시설을 말한다.)로서 당해 용도에 사용되는 바닥면적의 합계가 5

백 제곱미터 이상인 건축물

2. 영 별표1 제2호 가목 및 나목에 따른 아파트 및 연립주택

3. 다음 각 목의 어느 하나에 해당하는 건축물로서 해당 용도에 사용되는 바닥면적의 합계가 5백 제곱미터 이상인 건축물

　가. 영 별표1 제3호 다목에 따른 목욕장

　나. 영 별표1 제13호 가목에 따른 물놀이형 시설(실내에 설치된 경우로 한정한다.) 및 같은 호 다목에 따른 수영장(실내에 설치된 경우로 한정한다.)

4. 다음 각 목의 어느 하나에 해당하는 건축물로서 해당 용도에 사용되는 바닥면적의 합계가 2천 제곱미터 이상인 건축물

　가. 영 별표1 제2호 라목에 따른 기숙사

　나. 영 별표1 제9호에 따른 의료시설

　다. 영 별표1 제12호 다목에 따른 유스호스텔

　라. 영 별표1 제15호에 따른 숙박시설

5. 다음 각 목의 어느 하나에 해당하는 건축물로서 해당 용도에 사용되는 바닥면적의 합계가 3천 제곱미터 이상인 건축물

　가. 영 별표1 제7호에 따른 판매시설

　나. 영 별표1 제10호 마목에 따른 연구소

　다. 영 별표1 제14호에 따른 업무시설

6. 다음 각 목의 어느 하나에 해당하는 건축물로서 해당 용도에 사용되는 바닥면적의 합계가 1만 제곱미터 이상인 건축물

　가. 영 별표1 제5호 가목부터 라목까지에 해당하는 문화 및 집회시설

　나. 영 별표1 제6호에 따른 종교시설

　다. 영 별표1 제10호에 따른 교육연구시설(연구소는 제외한다.)

　라. 영 별표1 제28호에 따른 장례식장

[시행일: 2020. 10. 10.] 제2조

■ **제3조**(관계전문기술자의 협력사항)

① 영 제91조의 3 제2항에 따른 건축물에 전기, 승강기, 피뢰침, 가스, 급수, 배수(配水), 배수(排水), 환기, 난방, 소화, 배연(排煙) 및 오물처리설비를 설치하는 경우에는 건축사가 해당 건축물의 설계를 총괄하고, 「기술사법」에 따라 등록한 건축전기설비기술사, 발송배전(發送配電)기술사, 건축기계설비기술사, 공조냉동기계기술사 또는 가스기술사(이하 "기술사"라 한다.)가 건축사와 협력하여 해당 건축설비를 설계하여야 한다. 〈개정 2017. 5. 2.〉

② 영 제91조의 3 제2항에 따라 건축물에 건축설비를 설치한 경우에는 해당 분야의 기술사가 그 설치상태를 확인한 후 건축주 및 공사감리자에게 별지 제1호 서식[156]의 건축설비설치확인서를 제출하여야 한다. 〈개정 2010. 11. 5.〉

건축물의 범죄예방·건축설비 설치의 원칙·허용오차

1. 건축물의 범죄예방

■ 건축법 제53조의 2(건축물의 범죄예방)

① 국토교통부장관은 범죄를 예방하고 안전한 생활환경을 조성하기 위하여 건축물, 건축설비 및 대지에 관한 범죄예방 기준[157]을 정하여 고시할 수 있다.

② 대통령령으로 정하는 건축물은 제1항의 범죄예방 기준에 따라 건축하여야 한다.
[본조신설 2014. 5. 28.]

■ 건축법 시행령 제63조의 6(건축물의 범죄예방)

법 제53조의 2 제2항에서 "대통령령으로 정하는 건축물"이란 다음 각호의 어느 하나에 해당하는 건축물을 말한다. 〈개정 2018. 12. 31.〉

    1. 다가구주택, 아파트, 연립주택 및 다세대주택

    2. 제1종 근린생활시설 중 일용품을 판매하는 소매점

    3. 제2종 근린생활시설 중 다중생활시설

    4. 문화 및 집회시설(동·식물원은 제외한다.)

    5. 교육연구시설(연구소 및 도서관은 제외한다.)

    6. 노유자시설

    7. 수련시설

    8. 업무시설 중 오피스텔

    9. 숙박시설 중 다중생활시설

---

156) 건축설비설치확인서– 참조
157) 범죄예방건축기준고시– 부록

2. 건축설비 설치의 원칙

■ 건축법 제62조(건축설비기준 등)

건축설비의 설치 및 구조에 관한 기준과 설계 및 공사감리에 관하여 필요한 사항은 대통령령으로 정한다.

■ 건축법 시행령 제87조(건축설비 설치의 원칙)

① 건축설비는 건축물의 안전·방화, 위생, 에너지 및 정보통신의 합리적 이용에 지장이 없도록 설치하여야 하고, 배관피트 및 닥트의 단면적과 수선구의 크기를 해당 설비의 수선에 지장이 없도록 하는 등 설비의 유지·관리가 쉽게 설치하여야 한다.

② 건축물에 설치하는 급수·배수·냉방·난방·환기·피뢰 등 건축설비의 설치에 관한 기술적 기준은 국토교통부령[158]으로 정하되, 에너지 이용 합리화와 관련한 건축설비의 기술적 기준에 관하여는 산업통상자원부장관과 협의하여 정한다. 〈개정 2013. 3. 23.〉

③ 건축물에 설치하여야 하는 장애인 관련 시설 및 설비는 「장애인·노인·임산부 등의 편의증진보장에 관한 법률」 제14조에 따라 작성하여 보급하는 편의시설 상세표준도에 따른다. 〈개정 2012. 12. 12.〉

④ 건축물에는 방송수신에 지장이 없도록 공동시청 안테나, 유선방송 수신시설, 위성방송 수신설비, 에프엠(FM)라디오방송 수신설비 또는 방송 공동수신설비를 설치할 수 있다. 다만, 다음 각호의 건축물에는 방송 공동수신설비를 설치하여야 한다. 〈개정 2012. 12. 12.〉
  1. 공동주택
  2. 바닥면적의 합계가 5천 제곱미터 이상으로서 업무시설이나 숙박시설의 용도로 쓰는 건축물

⑤ 제4항에 따른 방송 수신설비의 설치 기준은 과학기술정보통신부장관이 정하여 고시하는 바에 따른다. 〈신설 2017. 7. 26.〉

⑥ 연면적이 500제곱미터 이상인 건축물의 대지에는 국토교통부령으로 정하는 바에 따라 「전기사업법」 제2조 제2호에 따른 전기사업자가 전기를 배전(配電)하는 데 필요한 전기설비를 설치할 수 있는 공간을 확보하여야 한다. 〈신설 2013. 3. 23.〉

---

158) 건축물의 설비기준 등에 관한 규칙- 부록

⑦ 해풍이나 염분 등으로 인하여 건축물의 재료 및 기계설비 등에 조기 부식과 같은 피해 발생이 우려되는 지역에서는 해당 지방자치단체는 이를 방지하기 위하여 다음 각호의 사항을 조례로 정할 수 있다. 〈신설 2010. 2. 18.〉

    1. 해풍이나 염분 등에 대한 내구성 설계 기준

    2. 해풍이나 염분 등에 대한 내구성 허용기준

    3. 그 밖에 해풍이나 염분 등에 따른 피해를 막기 위하여 필요한 사항

⑧ 건축물에 설치하여야 하는 우편수취함은 「우편법」 제37조의 2의 기준에 따른다. 〈신설 2014. 10. 14.〉

| 건축물에 설치하는 우편수취함

■ 우편법 제37조의 2(고층건물의 우편수취함 설치)

3층 이상의 고층건물로서 그 전부 또는 일부를 주택·사무소 또는 사업소로 사용하는 건축물에는 대통령령으로 정하는 바에 따라 우편수취함을 설치하여야 한다.

[전문개정 2011. 12. 2.]

■ 우편법 시행령 제50조(고층건물의 우편수취함 설치)

① 법 제37조의 2의 규정에 의한 건축물의 소유자 또는 관리인은 당해 건축물의 출입구에서 가까운 내부의 보기 쉬운 곳에 그 건축물의 주거시설·사무소 또는 사업소별로 우편수취함을 설치하여야 한다.

② 제1항의 규정에 의한 우편수취함의 설치 및 관리 등에 관하여 필요한 사항은 과학기술정보통신부령으로 정한다. 〈개정 2017. 7. 26.〉

■ 우편법 시행규칙 제131조(고층건물우편수취함의 설치)

영 제50조 제1항의 규정에 의한 고층건물의 우편수취함(이하 "고층건물우편수취함"이라 한다.)은 건물 구조상 한 곳에 그 전부를 설치하기가 곤란한 경우에는 3층 이하의 위치에 3개소 이내로 분리하여 설치할 수 있다. 다만, 고층건물우편수취함 설치대상 건축물로서 그 1층 출입구, 관리사무실 또는 수위실 등(출입구 근처에 있는 것에 한한다.)에 우편물 접수처가 있어 우편물을 배달할 수 있는 경우에는 고층건물우편수취함을 설치하지 아니할 수 있다.

■ **우편법 시행규칙 제132조**(고층건물우편수취함 등의 규격·구조 등)

영 제50조 제2항의 규정에 의한 고층건물우편수취함의 표준규격·재료·구조 및 표시사항은 우정사업본부장이 정하여 고시[159]한다. 〈개정 2001. 4. 20.〉

| 절수설비와 절수기기

절수설비(節水設備)란 물을 적게 사용하도록 환경부령으로 정하는 구조·규격 등의 기준에 맞게 제작된 수도꼭지 및 변기 등 환경부령으로 정하는 설비를 말하며 절수기기란 물을 적게 사용하기 위하여 수도꼭지 및 변기 등 환경부령으로 정하는 설비에 환경부령으로 정하는 기준에 맞게 추가로 장착하는 기기를 말한다(「수도법」 제3조 제31, 32호).

■ **절수설비와 절수기기의 종류 및 기준**(「수도법 시행규칙」 제1조의 2)

「수도법」(이하 "법"이라 한다.) 제3조 제30호 및 제31호에 따른 절수설비 및 절수기기의 종류 및 기준은 별표1[160]과 같다. 〈개정 2019. 6. 25.〉

■ **절수설비 등의 설치**(「수도법」 제15조)

① 건축주는 「건축법」 제2조 제1항 제2호[161]에 따른 건축물이나 지방자치단체의 조례로 정하는 시설을 건축하려는 경우에 수돗물의 절약과 효율적 이용을 위하여 절수설비를 설치하여야 한다. 〈개정 2019. 11. 26.〉

② 「공중위생관리법」 제2조 제1항 제2호 및 제3호에 따른 숙박업(객실이 10실 이하인 경우는 제외한다.) 및 목욕장업 또는 「체육시설의 설치·이용에 관한 법률」 제10조 제1항에 따른 체육시설업을 영위하는 자 또는 「공중화장실 등에 관한 법률」 제2조 제1호에 따른 공중화장실을 설치하는 자는 절수설비 및 절수기기를 설치하여야 한다. 〈개정 2011. 11. 14.〉

③ 특별자치시장·특별자치도지사·시장·군수 또는 구청장은 제2항에 따른 숙박업 및 목욕장업 또는 체육시설업을 영위하는 자나 공중화장실을 설치하는 자가 절수설비 및 절수기기를 설치하지 아니하면 그 이행을 명할 수 있다. 〈개정 2011. 11. 14.〉

---

159) 우편수취함 등의 크기, 구조, 재질, 외부표시에 관한 사항 고시(우정사업본부고시)- 참조
160) 절수설비와 절수기기의 종류 및 기준- 부록
161) "건축물"이란 토지에 정착(定着)하는 공작물 중 지붕과 기둥 또는 벽이 있는 것과 이에 딸린 시설물, 지하나 고가(高架)의 공작물에 설치하는 사무소·공연장·점포·차고·창고, 그 밖에 대통령령으로 정하는 것을 말한다.

④ 제1항부터 제3항까지의 절수설비를 국내에 판매하기 위하여 제조하거나 수입하려는 자는 해당 절수설비에 절수등급[162]을 표시하여야 한다. 〈신설 2021. 8. 17.〉

⑤ 제4항에 따른 절수설비 등급표시에 관하여 필요한 사항은 환경부령으로 정한다. 〈신설 2018. 12. 24.〉

| 주택에 설치하는 소방시설

■ 소방시설 설치 및 관리에 관한 법률 제10조

① 다음 각호의 주택의 소유자는 소화기 등 대통령령으로 정하는 소방시설[163](이하 "주택용 소방시설"이라 한다.)을 설치하여야 한다.
    1.「건축법」 제2조 제2항 제1호의 단독주택
    2.「건축법」 제2조 제2항 제2호의 공동주택(아파트 및 기숙사는 제외한다.)

② 국가 및 지방자치단체는 주택용 소방시설의 설치 및 국민의 자율적인 안전관리를 촉진하기 위하여 필요한 시책을 마련하여야 한다.

③ 주택용 소방시설의 설치 기준 및 자율적인 안전관리 등에 관한 사항은 특별시·광역시·특별자치시·도 또는 특별자치도(이하 "시도"라 한다.)의 조례로 정한다.

| 소방자동차 전용구역 설치

■ 소방기본법 제21조의 2(소방자동차 전용구역 등)

① 「건축법」 제2조 제2항 제2호에 따른 공동주택 중 대통령령으로 정하는 공동주택의 건축주는 제16조 제1항에 따른 소방활동의 원활한 수행을 위하여 공동주택에 소방자동차 전용구역(이하 "전용구역"이라 한다.)을 설치하여야 한다.

---

162) (수도법 시행규칙 제3조의 6) 법 제15조 제4항에 따른 절수설비의 절수등급 및 표시에 관한 기준은 별표2의 5와 같다.- 부록
163) 시행령 제10조(주택용 소방시설) 법 제10조 제1항 각호 외의 부분에서 소화기 등 "대통령령으로 정하는 소방시설"이란 소화기 및 단독경보형감지기를 말한다.

② 누구든지 전용구역에 차를 주차하거나 전용구역에의 진입을 가로막는 등의 방해행위를 하여서는 아니 된다.

③ 전용구역의 설치 기준·방법, 제2항에 따른 방해행위의 기준, 그 밖의 필요한 사항은 대통령령으로 정한다.
[본조신설 2018. 2. 9.]

- **전용구역 설치 대상**(「소방기본법 시행령」 제7조의 12)

법 제21조의 2 제1항에서 "대통령령으로 정하는 공동주택"이란 다음 각호의 주택을 말한다.
    1. 「건축법 시행령」 별표1 제2호 가목의 아파트 중 세대수가 100세대 이상인 아파트
    2. 「건축법 시행령」 별표1 제2호 라목의 기숙사 중 3층 이상의 기숙사
[본조신설 2018. 8. 7.]

- **전용구역의 설치 기준·방법**(「소방기본법 시행령」 제7조의 13)

① 제7조의 12 각호 외의 부분 본문에 따른 공동주택의 건축주는 소방자동차가 접근하기 쉽고 소방활동이 원활하게 수행될 수 있도록 각 동별 전면 또는 후면에 소방자동차 전용구역(이하 "전용구역"이라 한다.)을 1개소 이상 설치하여야 한다. 다만, 하나의 전용구역에서 여러 동에 접근하여 소방활동이 가능한 경우로서 소방청장이 정하는 경우에는 각 동별로 설치하지 아니할 수 있다. 〈개정 2021. 5. 4.〉

② 전용구역의 설치 방법은 별표2의 5[164]와 같다.
[본조신설 2018. 8. 7.]

- **전용구역 방해행위의 기준**(「소방기본법 시행령」 제7조의 14)

법 제21조의 2 제2항에 따른 방해행위의 기준은 다음 각호와 같다.
    1. 전용구역에 물건 등을 쌓거나 주차하는 행위
    2. 전용구역의 앞면, 뒷면 또는 양 측면에 물건 등을 쌓거나 주차하는 행위(「주차장법」 제19조에 따른 부설주차장의 주차구획 내에 주차하는 경우는 제외한다.)
    3. 전용구역 진입로에 물건 등을 쌓거나 주차하여 전용구역으로의 진입을 가로막는 행위
    4. 전용구역 노면표지를 지우거나 훼손하는 행위

---

164) 전용구역의 설치 방법- 부록

5. 그 밖의 방법으로 소방자동차가 전용구역에 주차하는 것을 방해하거나 전용구역으로 진입하는 것을 방해하는 행위

[본조신설 2018. 8. 7.]

3. 허용오차

■ 건축법 제26조(허용 오차)

대지의 측량(「공간정보의 구축 및 관리 등에 관한 법률」에 따른 지적측량은 제외한다.)이나 건축물의 건축 과정에서 부득이하게 발생하는 오차는 이 법을 적용할 때 국토교통부령으로 정하는 범위에서 허용한다. 〈개정 2014. 6. 3.〉

■ 건축법 시행규칙 제20조(허용오차)

법 제26조에 따른 허용오차의 범위는 별표5[165]와 같다. 〈개정 2008. 12. 11.〉

건축물 안전영향평가 및 지하안전영향평가

건축물이 지하화, 대형화, 초고층화되면서 구조체 및 인접 대지의 안전에 미치는 영향 등 공공의 안전성에 대한 대책강구가 중요시되고 있다.

건축물 구조의 안전과 지반의 안전과 적정성을 평가하는 건축물 안전영향평가에 이어 지하를 안전하게 개발함으로써 지반침하로 인한 위해(危害)를 방지하고 공공의 안전을 확보함을 목적으로 하는 「지하 안전관리에 관한 특별법」이 제정되기에 이르렀다. 노후 상하수관로의 손상과 공사 간 다짐불량, 굴착공사부실, 기타 원인을 알 수 없는 이유 등으로 예전엔 볼 수 없었던 싱크홀이 도심 곳곳에서 발생하는 것으로 보면 이제 우리나라도 지반함몰현상에서 자유로운 곳은 없는 것 같다.

문제는 도로에 구멍이 뚫리기 전까지 별다른 전조증상을 발견할 수가 없어 예측과 대비가 쉽지 않다는 것이다. 따라서 예방활동을 통해 불안요소를 사전에 제거하는 것이 매우 중요하다 할 것이다.

지하정보체계를 통한 분석 등 지하안전영향평가를 통해 지반침하를 예방하거나 줄일 수 있는 방안을 마련하여 안전관리체계를 확립하는 것이 이 법의 제정 이유인 만큼 정부도 특별법에 따라 도입된 지하 안전영향평가제도를 통해 지하개발사업 시 모든 사업단계에서 안전관리를 강화해 나간다는 방침이다.

---

165) 건축허용오차 – 부록

| 건축물 안전영향평가

■ **건축법 제13조의 2(건축물 안전영향평가)**

① 허가권자는 초고층 건축물 등 대통령령으로 정하는 주요 건축물에 대하여 제11조에 따른 건축허가를 하기 전에 건축물의 구조안전과 인접 대지의 안전에 미치는 영향 등을 평가하는 건축물 안전영향평가(이하 "안전영향평가"라 한다.)를 안전영향평가기관에 의뢰하여 실시하여야 한다.

② 안전영향평가기관은 국토교통부장관이 「공공기관의 운영에 관한 법률」 제4조에 따른 공공기관으로서 건축 관련 업무를 수행하는 기관 중에서 지정하여 고시[166]한다.

③ 안전영향평가 결과는 건축위원회의 심의를 거쳐 확정한다. 이 경우 제4조의 2에 따라 건축위원회의 심의를 받아야 하는 건축물은 건축위원회 심의에 안전영향평가 결과를 포함하여 심의할 수 있다.

④ 안전영향평가 대상 건축물의 건축주는 건축허가 신청 시 제출하여야 하는 도서에 안전영향평가 결과를 반영하여야 하며, 건축물의 계획상 반영이 곤란하다고 판단되는 경우에는 그 근거 자료를 첨부하여 허가권자에게 건축위원회의 재심의를 요청할 수 있다.

⑤ 안전영향평가의 검토 항목과 건축주의 안전영향평가 의뢰, 평가 비용 납부 및 처리 절차 등 그 밖에 필요한 사항은 대통령령으로 정한다.

⑥ 허가권자는 제3항 및 제4항의 심의 결과 및 안전영향평가 내용을 국토교통부령으로 정하는 방법에 따라 즉시 공개하여야 한다.

⑦ 안전영향평가를 실시하여야 하는 건축물이 다른 법률에 따라 구조안전과 인접 대지의 안전에 미치는 영향 등을 평가받은 경우에는 안전영향평가의 해당 항목을 평가받은 것으로 본다.

[본조신설 2016. 2. 3.]

---

166) 건축물 안전영향평가 세부 기준(국토교통부고시)- 참조

■ 건축법 시행령 제10조의 3(건축물 안전영향평가)

① 법 제13조의 2 제1항에서 "초고층 건축물 등 대통령령으로 정하는 주요 건축물"이란 다음 각호의 어느 하나에 해당하는 건축물을 말한다. 〈개정 2017. 10. 24.〉

    1. 초고층 건축물

    2. 다음 각 목의 요건을 모두 충족하는 건축물

        가. 연면적(하나의 대지에 둘 이상의 건축물을 건축하는 경우에는 각각의 건축물의 연면적을 말한다.)이 10만 제곱미터 이상일 것

        나. 16층 이상일 것

② 제1항 각호의 건축물을 건축하려는 자는 법 제11조에 따른 건축허가를 신청하기 전에 다음 각호의 자료를 첨부하여 허가권자에게 법 제13조의 2 제1항에 따른 건축물 안전영향평가(이하 "안전영향평가"라 한다.)를 의뢰하여야 한다.

    1. 건축계획서 및 기본설계도서 등 국토교통부령으로 정하는 도서

    2. 인접 대지에 설치된 상수도·하수도 등 국토교통부장관이 정하여 고시하는 지하시설물의 현황도

    3. 그 밖에 국토교통부장관이 정하여 고시하는 자료

③ 법 제13조의 2 제1항에 따라 허가권자로부터 안전영향평가를 의뢰받은 기관(같은 조 제2항에 따라 지정·고시된 기관을 말하며, 이하 "안전영향평가기관"이라 한다.)은 다음 각호의 항목을 검토하여야 한다.

    1. 해당 건축물에 적용된 설계 기준 및 하중의 적정성

    2. 해당 건축물의 하중저항시스템의 해석 및 설계의 적정성

    3. 지반조사 방법 및 지내력(地耐力) 산정결과의 적정성

    4. 굴착공사에 따른 지하수위 변화 및 지반 안전성에 관한 사항

    5. 그 밖에 건축물의 안전영향평가를 위하여 국토교통부장관이 필요하다고 인정하는 사항

④ 안전영향평가기관은 안전영향평가를 의뢰받은 날부터 30일 이내에 안전영향평가 결과를 허가권자에게 제출하여야 한다. 다만, 부득이한 경우에는 20일의 범위에서 그 기간을 한 차례만 연장할 수 있다.

⑤ 제2항에 따라 안전영향평가를 의뢰한 자가 보완하는 기간 및 공휴일·토요일은 제4항에 따른 기간의 산정에서 제외한다.

⑥ 허가권자는 제4항에 따라 안전영향평가 결과를 제출받은 경우에는 지체 없이 제2항에 따라 안전영향평가를 의뢰한 자에게 그 내용을 통보하여야 한다.

⑦ 안전영향평가에 드는 비용은 제2항에 따라 안전영향평가를 의뢰한 자가 부담한다.

⑧ 제1항부터 제7항까지 규정한 사항 외에 안전영향평가에 관하여 필요한 사항은 국토교통부장관이 정하여 고시[167]한다.

■ **건축법 시행규칙 제9조의 2(건축물 안전영향평가)**
① 영 제10조의 3 제2항 제1호에서 "건축계획서 및 기본설계도서 등 국토교통부령으로 정하는 도서"란 별표3[168]의 도서를 말한다.

② 법 제13조의 2 제6항에서 "국토교통부령으로 정하는 방법"이란 해당 지방자치단체의 공보에 게시하는 방법을 말한다. 이 경우 게시 내용에 「개인정보 보호법」 제2조 제1호에 따른 개인정보를 포함하여서는 아니 된다.
[본조신설 2017. 2. 3.]

| 지하 안전평가

■ **용어 정의**(「지하안전관리에 관한 특별법」 제2조)
2. "지반침하"란 지하개발 또는 지하시설물의 이용·관리 중에 주변 지반이 내려앉는 현상을 말하며
4. "지하시설물"이란 상수도, 하수도, 전력시설물, 전기통신설비, 가스공급시설, 공동구, 지하차도, 지하철 등 지하를 개발·이용하는 시설물로서 대통령령으로 정하는 시설물을 말한다.
5. "지하안전평가"란 지하안전에 영향을 미치는 사업의 실시계획·시행계획 등의 허가·인가·승인·면허·결정 또는 수리(이하 "승인 등"이라 한다.) 등을 할 때에 해당 사업이 지하안전에 미치는 영향을 미리 조사·예측·평가하여 지반침하를 예방하거나 감소시킬 수 있는 방안을 마련하는 것을 말하며

---

167) 건축물 안전영향평가 세부 기준(국토교통부고시)– 참조
168) 대형건축물의 건축허가 사전승인신청 및 건축물 안전영향평가 의뢰 시 제출도서의 종류– 참조

6. "소규모 지하안전평가"란 지하안전평가 대상사업에 해당하지 아니하는 소규모 사업에 대하여 실시하는 지하안전평가를 말한다. 〈개정 2021. 7. 27.〉

■ **지하안전평가의 실시 등**(특별법 제14조)

① 다음 각호의 어느 하나에 해당하는 사업 중 대통령령으로 정하는 규모 이상의 지하 굴착공사를 수반하는 사업(이하 "지하안전평가 대상사업"이라 한다.)을 하려는 지하개발사업자는 지하안전평가를 실시하여야 한다. 〈개정 2021. 7. 27.〉

    1. 도시의 개발사업

    2. 산업입지 및 산업단지의 조성사업

    3. 에너지 개발사업

    4. 항만의 건설사업

    5. 도로의 건설사업

    6. 수자원의 개발사업

    7. 철도(도시철도를 포함한다.)의 건설사업

    8. 공항의 건설사업

    9. 하천의 이용 및 개발사업

    10. 관광단지의 개발사업

    11. 특정 지역의 개발사업

    12. 체육시설의 설치사업

    13. 폐기물 처리 시설의 설치사업

    14. 국방·군사 시설의 설치사업

    15. 토석·모래·자갈 등의 채취사업

    15의 2. 「건축법」 제2조 제1항 제2호에 따른 건축물의 건축사업

    16. 지하안전에 영향을 미치는 시설로서 대통령령으로 정하는 시설의 설치사업

② 지하안전평가 대상사업의 구체적인 종류·범위 등과 지하안전평가의 평가항목·방법, 지하안전평가를 실시할 수 있는 자의 자격 등에 필요한 사항은 대통령령으로 정한다. 〈개정 2021. 7. 27.〉

■ **지하안전평가 대상사업의 규모**(특별법 시행령 제13조)

① 법 제14조 제1항 각호 외의 부분에서 "대통령령으로 정하는 규모 이상의 지하 굴착공사를 수반하는 사업"이란 다음 각호의 사업을 말한다. 〈개정 2021. 1. 5.〉

1. 굴착 깊이[공사 지역 내 굴착 깊이가 다른 경우에는 최대 굴착 깊이를 말하며, 굴착 깊이를 산정할 때 집수정(集水井), 엘리베이터 피트 및 정화조 등의 굴착 부분은 제외한다. 이하 같다.]가 20미터 이상인 굴착공사를 수반하는 사업

2. 터널[산악터널 또는 수저(水底)터널은 제외한다.] 공사를 수반하는 사업

② 삭제〈2021. 1. 25.〉

■ **지하안전평가 대상사업의 종류 및 평가방법**(특별법 시행령 제14조)

법 제14조 제2항에 따른 지하안전평가 대상사업의 구체적인 종류 및 범위는 별표1[169]과 같고, 평가항목 및 방법은 별표2와 같다. 〈개정 2022. 1. 25.〉

■ **소규모 지하안전평가의 실시**(특별법 제23조)

① 지하안전평가 대상사업에 해당하지 아니하는 사업으로서 대통령령으로 정하는 소규모 사업(이하 "소규모 지하안전평가 대상사업"이라 한다.)을 하려는 지하개발사업자는 소규모 지하안전평가를 실시하고, 소규모 지하안전평가에 관한 평가서[170](이하 "소규모 지하안전평가서"라 한다.)를 작성하여야 한다. 다만, 천재지변이나 사고로 인한 긴급복구가 필요한 경우 등 대통령령으로 정하는 사유에 해당한다고 국토교통부장관이 인정한 지하시설물 공사(이하 "긴급복구공사"라 한다.)의 경우에는 그러하지 아니하다. 〈개정 2021. 7. 27.〉

② 소규모 지하안전평가의 평가항목·방법, 소규모 지하안전평가를 실시할 수 있는 자의 자격, 소규모 지하안전평가서의 작성방법 등에 필요한 사항은 대통령령으로 정한다. 〈개정 2021. 7. 27.〉

③ 소규모 지하안전평가에 관하여는 제15조부터 제19조까지, 제19조의 2, 제20조부터 제22조까지를 준용한다. 이 경우 "지하안전평가"는 "소규모 지하안전평가"로, "지하안전평가서"는 "소규모 지하안전평가서"로 본다. 〈개정 2021. 7. 27.〉

---

169) 지하안전영향평가 및 소규모 지하안전영향평가 대상사업의 종류, 범위 및 협의 요청 시기– 참조
170) 지하안전관리 업무지침(국토교통부고시)– 참조

■ 소규모 지하안전평가 대상사업(특별법 시행령 제23조)

법 제23조 제1항 본문에서 "대통령령으로 정하는 소규모 사업"(이하 "소규모 지하안전평가 대상사업"이라 한다.)이란 굴착 깊이가 10미터 이상 20미터 미만인 굴착공사를 수반하는 사업으로서 별표1[171]에서 정하는 사업을 말한다. 〈개정 2022. 1. 25.〉

벌 칙

■ 건축법 제106조(벌칙)

① 제23조[172], 제24조 제1항[173], 제25조 제3항[174] 제52조의 3 제1항 및 제52조의 5 제2항[175]을 위반하여 설계·시공·공사감리 및 유지·관리와 건축자재의 제조 및 유통을 함으로써 건축물이 부실하게 되어 착공 후 「건설산업기본법」 제28조에 따른 하자담보책임 기간에 건축물의 기초와 주요구조부에 중대한 손괴를 일으켜 일반인을 위험에 처하게 한 설계자·감리자·시공자·제조업자·유통업자·관계 전문 기술자 및 건축주는 10년 이하의 징역에 처한다. 〈개정 2020. 12. 22.〉

② 제1항의 죄를 범하여 사람을 죽거나 다치게 한 자는 무기징역이나 3년 이상의 징역에 처한다.

■ 건축법 제107조(벌칙)

① 업무상 과실로 제106조 제1항의 죄를 범한 자는 5년 이하의 징역이나 금고 또는 5억 원 이하의 벌금에 처한다. 〈개정 2016. 2. 3.〉

② 업무상 과실로 제106조 제2항의 죄를 범한 자는 10년 이하의 징역이나 금고 또는 10억 원 이하의 벌금에 처한다. 〈개정 2016. 2. 3.〉

---

171) 지하안전영향평가 및 소규모 지하안전영향평가 대상사업의 종류, 범위 및 협의 요청 시기– 참조
172) 건축물의 설계
173) 건축시공
174) 건축물의 공사감리
175) ② 건축관계자 등은 제1항에 따라 품질인정을 받은 건축자재 등만 사용하고, 인정받은 내용대로 제조·유통·시공하여야 한다.

■ 건축법 제108조(벌칙)

① 다음 각호의 어느 하나에 해당하는 자는 3년 이하의 징역이나 5억 원 이하의 벌금에 처한다. 〈개정 2020. 12. 22.〉

2. 제52조 제1항 및 제2항[176]에 따른 방화에 지장이 없는 재료를 사용하지 아니한 공사시공자 또는 그 재료 사용에 책임이 있는 설계자나 공사감리자

4. 제52조의 4 제1항[177]을 위반하여 품질관리서를 제출하지 아니하거나 거짓으로 제출한 제조업자, 유통업자, 공사시공자 및 공사감리자

5. 제52조의 5 제1항(건축자재 등의 품질인정)을 위반하여 품질인정기준에 적합하지 아니함에도 품질인정을 한 자 [시행일: 2021. 6. 23.]

② 제1항의 경우 징역과 벌금은 병과(倂科)할 수 있다.

■ 건축법 제110조(벌칙)

제110조(벌칙) 다음 각호의 어느 하나에 해당하는 자는 2년 이하의 징역 또는 1억 원 이하의 벌금에 처한다. 〈개정 2017. 4. 18.〉

4. 다음 각 목의 어느 하나에 해당하는 자

가. 제25조 제1항[178]을 위반하여 공사감리자를 지정하지 아니하고 공사를 하게 한 자

나. 제25조 제1항을 위반하여 공사시공자 본인 및 계열회사를 공사감리자로 지정한 자

5. 제25조 제3항[179]을 위반하여 공사감리자로부터 시정 요청이나 재시공 요청을 받고 이에 따르지 아니하거나 공사중지의 요청을 받고도 공사를 계속한 공사시공자

6. 제25조 제6항[180]을 위반하여 정당한 사유 없이 감리중간보고서나 감리완료보고서를 제출하지 아니하거나 거짓으로 작성하여 제출한 자

8의 2. 제43조 제1항, 제49조[181], 제50조[182], 제51조[183], 제53조[184], 제58조[185], 제61조

---

176) 건축물의 실내외 마감 재료
177) 복합자재 등 품질관리서 제출
178) 공사감리자지정
179) 공사감리자의 시정 요청
180) 공사감리자의 보고서 작성·제출
181) 건축물의 피난시설 및 용도 제한
182) 건축물의 내화구조와 방화벽
183) 방화지구 안의 건축물
184) 지하층의 구조 및 설비
185) 대지 안의 공지

제1항·제2항[186] 또는 제64조[187]를 위반한 건축주, 설계자, 공사시공자 또는 공사감리자

9. 제48조[188]를 위반한 설계자, 공사감리자, 공사시공자 및 제67조[189]에 따른 관계전문기술자

9의 2. 제50조의 2 제1항[190]을 위반한 설계자, 공사감리자 및 공사시공자

9의 3. 제48조의 4[191]를 위반한 건축주, 설계자, 공사감리자, 공사시공자 및 제67조에 따른 관계전문기술자

12. 제62조[192]를 위반한 설계자, 공사감리자, 공사시공자 및 제67조에 따른 관계전문기술자

■ 건축법 제111조(벌칙)

다음 각호의 어느 하나에 해당하는 자는 5천만 원 이하의 벌금에 처한다. 〈개정 2019. 4. 23.〉

1. 제14조, 제16조(변경신고 사항만 해당한다.), 제20조 제3항, 제21조 제1항, 제22조 제1항[193] 또는 제83조 제1항에 따른 신고 또는 신청을 하지 아니하거나 거짓으로 신고하거나 신청한 자

3. 제24조 제4항[194]을 위반하여 공사감리자로부터 상세시공도면을 작성하도록 요청받고도 이를 작성하지 아니하거나 시공도면에 따라 공사하지 아니한 자

3의 2. 제24조 제6항을 위반하여 현장관리인을 지정하지 아니하거나 착공신고서에 이를 거짓으로 기재한 자

■ 건축법 제113조(과태료)

② 다음 각호의 어느 하나에 해당하는 자에게는 100만 원 이하의 과태료를 부과한다. 〈신설 2016. 2. 3.〉

1. 제25조 제4항[195]을 위반하여 보고를 하지 아니한 공사감리자

---

186) 일조 등의 확보를 위한 건축물의 높이 제한
187) 승강기의 설치
188) 구조의 안전확인
189) 관계전문기술자의 협력
190) 고층건축물의 피난 및 안전관리
191) 부속건축물의 설치 및 관리
192) 건축설비의 설계 및 공사감리
193) 건축물의 사용승인 시 공사감리보고서의 제출 등
194) 감리자의 시공상세도면 요청
195) 감리자의 지시 불이행

9. 제87조 제1항[196]에 따른 자료의 제출 또는 보고를 하지 아니하거나 거짓 자료를 제출하거나 거짓 보고한 자

③ 제24조 제6항[197]을 위반하여 공정 및 안전관리 업무를 수행하지 아니하거나 공사 현장을 이탈한 현장관리인에게는 50만 원 이하의 과태료를 부과한다. 〈신설 2018. 8. 14.〉

[시행일: 2020. 5. 1.]

■ **건축법 시행령 제121조**(과태료의 부과기준)

법 제113조 제1항부터 제3항까지의 규정에 따른 과태료의 부과기준은 별표16[198]과 같다. 〈개정 2017. 2. 3.〉

---

196) 자료제출의 불이행
197) 현장관리인 지정
198) 과태료의 부과기준– 참조

- 건축물 해체 공사   260
- 석면 해체 공사   275

제4장

해체 공사 감리

건축물 해체 공사(「건축물관리법」)

해체 공사란 건축물을 새로 짓거나 리모델링 하기 위해 기존 건축물의 전부 또는 일부를 제거하는 공사를 말한다. 전국에 존재하는 건축물 세 곳 중 하나는 사용승인 후 30년 이상 된 것이라고 하니 건축물 노후화가 심각하다는 것을 알 수 있으며 앞으로 해체 공사 발주 물량이 상당할 것으로 추정되는 이유가 바로 여기에 있다.

건축물 해체 공사에서 가장 신경 써야 할 부분은 무엇일까?

환경피해방지와 안전문제이다. 철거공사는 공사 성격상 장비가 전도되거나 의도하지 않게 구조물이 무너지는 등 사소한 부주의가 대형사고로 이어지는 경우가 종종 발생하기 때문에 안전에 민감할 수밖에 없다. 그뿐만 아니라 소음, 진동, 비산먼지 발생으로 주변 환경에 미치는 영향 또한 크기 때문에 신축공사보다 훨씬 까다롭고 어려운 공사이다. 사고가 빈번하게 일어나면서 환경과 인명피해가 잇따르자 철거현장 안전문제가 이슈화되었다. 근간에 일어났던 잠원동 철거사고와 광주재개발현장 구조물 붕괴사고 재판에서 볼 수 있듯이 공사 관련자가 실형을 선고받을 정도로 형량 또한 강화되었다. 그동안 지자체별로 자율적으로 운영했던 해체현장의 행정절차가 「건축물관리법」이라는 이름으로 법제화함으로써 앞으로는 안전과 책임성을 제고하는 데 명확한 근거가 될 것으로 보인다.

해체 공사감리자는 해당 공사가 계획대로 이행되는지 확인하고 공정관리, 시공관리, 안전 및 환경관리 등에 대한 제반 업무를 해체작업자와 협의하여 수행함으로써 안전한 해체 공사가 이루어지도록 노력하여야 한다. 아울러 관계법령에 따른 각종 신고·검사 및 자재의 품질확인 등의 업무를 성실히 수행하여야 하고, 관계규정에 따른 검토·확인·날인 및 보고 등을 하여야 하며, 이에 따른 책임을 져야 한다.

건축물의 해체와 관련하여 행정절차는 어떻게 되며 해체계획서는 어떻게 만들어야 하는지, 감리자의 지정은 어떤 식으로 이루어지며, 현장감리자는 무엇을 해야 하는지 신설된 「건축물관리법」을 통해 알아보자.

해체 공사감리자는 「형법」 제129조부터 제132조까지의 규정과 「특정범죄가중처벌 등에 관한 법률」 제2조 및 제3조에 따른 벌칙을 적용할 때에 공무원으로 보며(「건축물관리법」 제49조) 감리 업무를 성실하게 수행하지 아니함으로써 건축물에 중대한 파손이나 공중의 위험을 발생하게 한 자는 10년 이하의 징역 또는 1억 원 이하의 벌금에 처할 수 있으니 업무 수행에 각별히 유념해야 한다.

해체공사 업무 흐름도

(건축물 관리법 제30조, 제30조의 2, 제31조, 제33조)

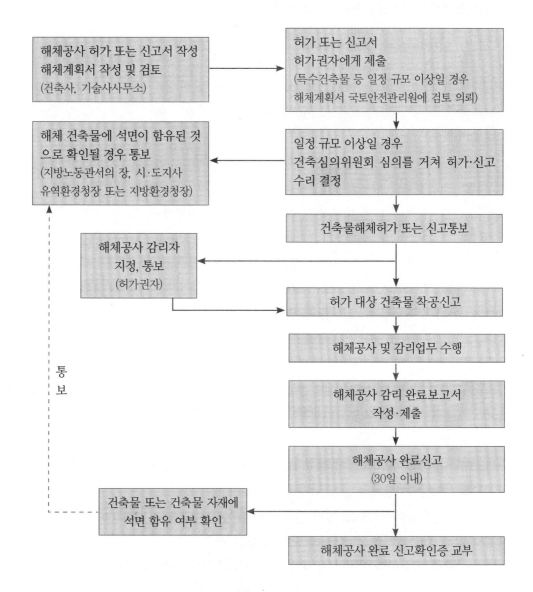

해체공사 허가 또는 신고서 작성
해체계획서 작성 및 검토
(건축사, 기술사사무소)

허가 또는 신고서
허가권자에게 제출
(특수건축물 등 일정 규모 이상일 경우
해체계획서 국토안전관리원에 검토 의뢰)

해체 건축물에 석면이 함유된 것
으로 확인될 경우 통보
(지방노동관서의 장, 시·도지사
유역환경청장 또는 지방환경청장)

일정 규모 이상일 경우
건축심의위원회 심의를 거쳐 허가·신고
수리 결정

건축물해체허가 또는 신고통보

해체공사 감리자
지정, 통보
(허가권자)

허가 대상 건축물 착공신고

해체공사 및 감리업무 수행

해체공사 감리 완료보고서
작성·제출

해체공사 완료신고
(30일 이내)

통
보

건축물 또는 건축물 자재에
석면 함유 여부 확인

해체공사 완료 신고확인증 교부

| 건축물 해체의 허가, 신고 등

■ 건축물 해체의 허가(「건축물관리법」제30조)

① 관리자가 건축물을 해체하려는 경우에는 특별자치시장·특별자치도지사 또는 시장·군수·구청장(이하 이 장에서 "허가권자"라 한다.)의 허가를 받아야 한다. 다만, 다음 각호의 어느 하나에 해당하는 경우 대통령령으로 정하는 바에 따라 신고를 하면 허가를 받은 것으로 본다. 〈개정 2020. 4. 7.〉

1. 「건축법」 제2조 제1항 제7호에 따른 주요구조부의 해체를 수반하지 아니하고 건축물의 일부를 해체하는 경우
2. 다음 각 목에 모두 해당하는 건축물의 전체를 해체하는 경우
    가. 연면적 500제곱미터 미만의 건축물
    나. 건축물의 높이가 12미터 미만인 건축물
    다. 지상층과 지하층을 포함하여 3개 층 이하인 건축물
3. 그 밖에 대통령령으로 정하는 건축물을 해체하는 경우

② 제1항 각호 외의 부분 단서에도 불구하고 관리자가 다음 각호의 어느 하나에 해당하는 경우로서 해당 건축물을 해체하려는 경우에는 허가권자의 허가를 받아야 한다. 〈개정 2022. 2. 3.〉

1. 해당 건축물 주변의 일정 반경 내에 버스 정류장, 도시철도 역사 출입구, 횡단보도 등 해당 지방자치단체의 조례로 정하는 시설이 있는 경우
2. 해당 건축물의 외벽으로부터 건축물의 높이에 해당하는 범위 내에 해당 지방자치단체의 조례로 정하는 폭 이상의 도로가 있는 경우
3. 그 밖에 건축물의 안전한 해체를 위하여 건축물의 배치, 유동인구 등 해당 건축물의 주변 여건을 고려하여 해당 지방자치단체의 조례로 정하는 경우

③ 제1항 또는 제2항에 따라 허가를 받으려는 자 또는 신고를 하려는 자는 건축물 해체 허가신청서 또는 신고서에 제4항에 따라 작성되거나 제5항에 따라 검토된 해체계획서[199]를 첨부하여 허가권자에게 제출하여야 한다. 〈개정 2022. 2. 3.〉

---

199) 건축물해체계획서의 작성 및 감리업무 등에 관한 기준– 부록

④ 제1항 각호 외의 부분 본문 또는 제2항에 따라 허가를 받으려는 자가 허가권자에게 제출하는 해체계획서는 다음 각호의 어느 하나에 해당하는 자가 이 법과 이 법에 따른 명령이나 처분, 그 밖의 관계 법령을 준수하여 작성하고 서명날인하여야 한다. 〈신설 2022. 2. 3.〉

1. 「건축사법」 제23조 제1항에 따른 건축사사무소 개설신고를 한 자
2. 「기술사법」 제6조에 따라 기술사사무소를 개설·등록한 자로서 건축구조 등 대통령령으로 정하는 직무범위를 등록한 자

⑤ 제1항 각호 외의 부분 단서에 따라 신고를 하려는 자가 허가권자에게 제출하는 해체계획서는 다음 각호의 어느 하나에 해당하는 자가 이 법과 이 법에 따른 명령이나 처분, 그 밖의 관계 법령을 준수하여 검토하고 서명날인하여야 한다. 〈신설 2022. 2. 3.〉

1. 「건축사법」 제23조 제1항에 따른 건축사사무소 개설신고를 한 자
2. 「기술사법」 제6조에 따라 기술사사무소를 개설·등록한 자로서 건축구조 등 대통령령으로 정하는 직무범위를 등록한 자

⑥ 허가권자는 다음 각호의 어느 하나에 해당하는 경우 「건축법」 제4조 제1항에 따라 자신이 설치하는 건축위원회의 심의를 거쳐 해당 건축물의 해체 허가 또는 신고 수리 여부를 결정하여야 한다. 〈신설 2022. 2. 3.〉

1. 제1항 각호 외의 부분 본문 또는 제2항에 따른 건축물의 해체를 허가하려는 경우
2. 제1항 각호 외의 부분 단서에 따라 건축물의 해체를 신고받은 경우로서 허가권자가 건축물 해체의 안전한 관리를 위하여 전문적인 검토가 필요하다고 판단하는 경우

⑦ 제6항에 따른 심의 결과 또는 허가권자의 판단으로 해체계획서 등의 보완이 필요하다고 인정되는 경우에는 허가권자가 관리자에게 기한을 정하여 보완을 요구하여야 하며, 관리자는 정당한 사유가 없으면 이에 따라야 한다. 〈신설 2022. 2. 3.〉

⑧ 허가권자는 대통령령으로 정하는 건축물의 해체계획서에 대한 검토를 국토안전관리원[200]에 의뢰하여야 한다. 〈개정 2022. 2. 3.〉

⑨ 제3항부터 제5항까지의 규정에 따른 해체계획서의 작성·검토 방법, 내용 및 그 밖에 건축물 해체의 허가절차 등에 관하여는 국토교통부령으로 정한다. 〈개정 2022. 2. 3.〉

---

200) 건축물 해체 공사 감리업무 매뉴얼 참조(국토교통부고시)- 국토안전관리원 홈페이지

■ 건축물 해체의 신고 대상 건축물 등(「건축물관리법 시행령」 제21조)

① 법 제30조 제1항 제3호에서 "대통령령으로 정하는 건축물"이란 다음 각호의 어느 하나에 해당하는 건축물을 말한다.

　1. 「건축법」 제14조 제1항 제1호 또는 제3호[201]에 따른 건축물

　2. 「국토의 계획 및 이용에 관한 법률」에 따른 관리지역, 농림지역 또는 자연환경보전지역에 있는 높이 12미터 미만인 건축물. 이 경우 해당 건축물의 일부가 「국토의 계획 및 이용에 관한 법률」에 따른 도시지역에 걸치는 경우에는 그 건축물의 과반이 속하는 지역으로 적용한다.

　3. 그 밖에 시·군·구 조례로 정하는 건축물

② 법 제30조 제1항 각호 외의 부분 단서에 따라 신고를 하려는 자는 국토교통부령으로 정하는 신고서를 특별자치시장·특별자치도지사 또는 시장·군수·구청장(이하 이 장에서 "허가권자"라 한다.)에게 제출해야 한다.

③ 허가권자는 법 제30조 제3항 및 이 조 제2항에 따라 건축물 해체 허가 신청서 또는 신고서를 제출받은 경우 건축물 또는 건축물에 사용된 자재에 석면이 함유되었는지를 확인하고, 석면이 함유되어 있는 경우 지체 없이 다음 각호의 자에게 해당 사실을 통보해야 한다. 〈개정 2022. 8. 2.〉

　1. 「산업안전보건법」 제119조 제4항 및 같은 법 시행령 제115조 제1항 제33호에 따라 조치를 명하는 지방고용노동관서의 장

　2. 「폐기물관리법」 제17조 제5항, 같은 법 시행령 제37조 제1항 제2호 가목 및 같은 조 제2항 제1호에 따라 서류를 확인하는 시·도지사, 유역환경청장 또는 지방환경청장

④ 법 제30조 제4항 제2호 및 같은 조 제5항 제2호에서 "건축구조 등 대통령령으로 정하는 직무범위"란 각각 「기술사법 시행령」 별표 2의 2에 따른 직무 범위 중 건축구조, 건축시공 또는 건설안전을 말한다. 〈개정 2022. 8. 2.〉

⑤ 법 제30조 제8항에서 "대통령령으로 정하는 건축물"이란 다음 각호의 건축물을 말한다. 〈개정2022. 8. 2.〉

　1. 「건축법 시행령」 제2조 제18호 나목 또는 다목에 따른 특수구조 건축물

---

[201]　1. 바닥면적의 합계가 85제곱미터 이내의 증축·개축 또는 재축. 다만, 3층 이상 건축물인 경우에는 증축·개축 또는 재축하려는 부분의 바닥면적의 합계가 건축물 연면적의 10분의 1 이내인 경우로 한정한다. 3. 연면적이 200제곱미터 미만이고 3층 미만인 건축물의 대수선

2. 건축물에 10톤 이상의 장비를 올려 해체하는 건축물

3. 폭파하여 해체하는 건축물

■ **건축물 해체의 허가 신청 등**(「건축물관리법 시행규칙」 제11조)

① 법 제30조 제3항에 따른 건축물 해체 허가 신청서는 별지 제5호 서식에 따른다. 〈개정 2022. 8. 4.〉

② 특별자치시장·특별자치도지사 또는 시장·군수·구청장(이하 "허가권자"라 한다.)은 법 제30조 제1항 각호 외의 부분 본문 및 같은 조 제3항에 따라 허가를 신청한 자에게 별지 제6호 서식의 건축물 해체 허가서를 내주어야 한다. 〈개정 2022. 8. 4.〉

③ 영 제21조 제2항에서 "국토교통부령으로 정하는 신고서"란 별지 제5호 서식의 건축물 해체 신고서를 말한다.

④ 허가권자는 법 제30조 제1항 각호 외의 부분 단서에 따른 신고를 수리하는 경우에는 같은 조 제3항에 따라 신고한 자에게 별지 제6호의 2 서식의 건축물 해체신고 확인증을 내주어야 한다. 〈신설 2022. 8. 4.〉

⑤ 관리자는 법 제30조 제3항에 따른 건축물 해체 허가 신청서 또는 신고서를 「건축법」 제11조 또는 제14조에 따라 건축허가를 신청하거나 건축신고를 할 때 함께 제출(전자문서로 제출하는 것을 포함한다.)할 수 있다. 〈개정 2022. 8. 4.〉

■ **해체계획서의 작성**(「건축물관리법 시행규칙」 제12조)

① 법 제30조 제3항에 따른 해체계획서에는 다음 각호의 내용이 포함되어야 한다. 〈개정 2022. 8. 4.〉

1. 해체 공사의 공정 등 해체 공사의 개요

2. 해체 공사의 영향을 받게 될 「건축법」 제2조 제1항 제4호에 따른 건축설비의 이동, 철거 및 보호 등에 관한 사항

3. 해체 공사의 작업순서, 해체공법 및 이에 따른 구조안전계획

4. 해체 공사 현장의 화재 방지대책, 공해 방지 방안, 교통안전 방안, 안전통로 확보 및 낙하 방지대책 등 안전관리대책

5. 해체물의 처리계획

6. 해체 공사 후 부지정리 및 인근 환경의 보수 및 보상 등에 관한 사항

② 허가권자는 법 제30조 제3항에 따라 제출받은 해체계획서에 보완이 필요하다고 인정하는 경우에는 기한을 정하여 보완을 요청할 수 있다.

③ 국토교통부장관은 제1항에 따른 해체계획서의 세부적인 작성 방법 등에 관해 필요한 사항을 정하여 고시[202]해야 한다.

- **현장점검**(「건축물관리법」 제30조의 4)

① 허가권자는 안전사고 예방 등을 위하여 제30조의 2에 따른 해체공사 착공신고를 받은 경우 등 대통령령으로 정하는 경우에는 건축물 해체 현장에 대한 현장점검을 하여야 한다. 〈개정 2022. 2. 3.〉

② 허가권자는 제1항에 따른 현장점검 결과 해체공사가 안전하게 진행되기 어렵다고 판단되는 경우 즉시 관리자, 제31조 제1항에 따른 해체공사감리자, 제32조의 2에 따른 해체작업자 등에게 작업중지 등 필요한 조치를 명하여야 하며, 조치 명령을 받은 자는 국토교통부령으로 정하는 바에 따라 필요한 조치를 이행하여야 한다. 〈개정 2022. 2. 3.〉

③ 허가권자는 국토교통부령으로 정하는 바에 따라 제2항에 따른 필요한 조치가 이행되었는지를 확인한 후 공사재개 등의 조치를 명하여야 하며, 필요한 조치가 이행되지 아니한 경우 공사재개 등의 조치를 명하여서는 아니 된다. 〈신설 2022. 2. 3.〉

④ 허가권자는 제1항의 현장점검 업무를 제18조 제1항에 따른 건축물관리점검기관으로 하여금 대행하게 할 수 있다. 이 경우 업무를 대행하는 자는 현장점검 결과를 국토교통부령으로 정하는 바에 따라 허가권자에게 서면으로 보고하여야 하며, 현장점검을 수행하는 과정에서 긴급히 조치하여야 하는 사항이 발견되는 경우 즉시 안전조치를 실시한 후 그 사실을 허가권자에게 보고하여야 한다. 〈신설 2022. 2. 3.〉

⑤ 허가권자는 제4항에 따라 업무를 대행하게 한 경우 국토교통부령으로 정하는 범위에서 해당 지방자치단체의 조례로 정하는 수수료를 지급하여야 한다. 〈개정 2022. 2. 3.〉
[본조신설 2020. 4. 7.]

---

202) 건축물 해체계획서의 작성 및 감리 업무등에 관한 기준– 부록

| 감리자의 지정 등

■ 건축물 해체 공사감리자의 지정 등(「건축물관리법」제31조)

① 허가권자는 건축물 해체 허가를 받은 건축물에 대한 해체작업의 안전한 관리를 위하여 「건축사법」 또는 「건설기술 진흥법」에 따른 감리자격이 있는 자(공사시공자 본인 및 「독점규제 및 공정거래에 관한 법률」 제2조 제12호에 따른 계열회사는 제외한다.) 중 제31조의 2에 따른 해체공사감리업무에 관한 교육을 이수한 자를 대통령령으로 정하는 바에 따라 해체 공사감리자로 지정하여 해체공사 감리를 하게 하여야 한다. 〈개정 2022. 2. 3.〉

② 허가권자는 다음 각호의 어느 하나에 해당하는 경우에는 해체 공사감리자를 교체하여야 한다. 〈개정 2022. 2. 3.〉

1. 해체 공사감리자의 지정에 관한 서류를 거짓이나 그 밖의 부정한 방법으로 제출한 경우
2. 업무 수행 중 해당 관리자 또는 제32조의 2에 따른 해체작업자의 위반사항이 있음을 알고도 해체작업의 시정 또는 중지를 요청하지 아니한 경우
3. 제32조 제7항에 따른 등록 명령에도 불구하고 정당한 사유 없이 지속적으로 이에 따르지 아니한 경우
4. 그 밖에 대통령령으로 정하는 경우

③ 해체공사감리자는 수시 또는 필요한 때 해체공사의 현장에서 감리업무를 수행하여야 한다. 다만, 해체공사 방법 및 범위 등을 고려하여 대통령령으로 정하는 건축물의 해체공사를 감리하는 경우에는 대통령령으로 정하는 자격 또는 경력이 있는 자를 감리원으로 배치하여 전체 해체공사 기간 동안 해체공사 현장에서 감리업무를 수행하게 하여야 한다. 〈신설 2022. 6. 10.〉

④ 허가권자는 제2항 각호의 어느 하나에 해당하는 해체공사 감리자에 대해서는 1년 이내의 범위에서 해체공사 감리자의 지정을 제한하여야 한다. 〈신설 2022. 2. 3., 2022. 6. 10.〉

⑤ 관리자와 해체공사 감리자 간의 책임 내용 및 범위는 이 법에서 규정한 것 외에는 당사자 간의 계약으로 정한다. 〈개정 2022. 6. 10.〉

⑥ 국토교통부장관은 대통령령으로 정하는 바에 따라 제3항 단서에 따른 감리원 배치 기준을 정하여야 한다. 이 경우 관리자 및 해체공사 감리자는 정당한 사유가 없으면 이에 따라야 한다. 〈신설 2021. 7. 27., 2022. 2. 3., 2022. 6. 10.〉

⑦ 해체 공사감리자의 지정기준, 지정방법, 해체공사감리비용 등 필요한 사항은 국토교통부령으로 정한다. 〈개정 2022. 6. 10.〉

■ **건축물 해체 공사감리자의 지정 등**(「건축물관리법 시행령」 제22조)

① 시·도지사는 법 제31조 제1항에 따른 감리자격이 있는 자를 대상으로 모집공고를 거쳐 명부를 작성하고 관리해야 한다. 이 경우 특별시장·광역시장 또는 도지사는 미리 관할 시장·군수·구청장과 협의해야 한다.

② 허가권자는 법 제31조 제1항에 따라 다음 각호의 건축물의 경우 제1항의 명부에서 해체 공사감리자를 지정해야 한다. 〈개정 2022. 8. 2.〉
   1. 법 제30조 제1항 각호 외의 부분 본문 및 같은 조 제2항에 따른 해체 허가 대상인 건축물
   2. 법 제30조 제1항 각호 외의 부분 단서에 따른 해체신고 대상인 건축물로서 다음 각 목의 어느 하나에 해당하는 건축물
      가. 제21조 제5항 각호의 건축물
      나. 해체하려는 건축물이 유동인구가 많거나 건물이 밀집되어 있는 곳에 있는 경우 등 허가권자가 해체작업의 안전한 관리를 위하여 필요하다고 인정하는 건축물

③ 허가권자는 건축물을 해체하고 「건축법」 제25조 제2항에 해당하는 건축물을 건축하는 경우로서 관리자가 요청하는 경우에는 이 조 제2항에 따라 지정한 해체 공사감리자를 「건축법」 제25조 제2항에 따른 공사감리자로 지정할 수 있다. 이 경우 허가권자는 건축하려는 건축물의 규모 및 용도 등을 고려하여 해체 공사감리자를 지정해야 한다.

④ 제1항부터 3항까지의 규정에 따른 해체 공사감리자의 명부 작성·관리 및 지정에 필요한 사항은 특별시·광역시·특별자치시·도 또는 특별자치도의 조례로 정할 수 있다. 〈개정 2022. 8. 2.〉

■ 해체 공사감리자의 교체(「건축물관리법 시행령」 제23조)

법 제31조 제2항 제4호에서 "대통령령으로 정하는 경우"란 다음 각호의 어느 하나에 해당하는 경우를 말한다. 〈개정 2022. 8. 2.〉

　　1. 해체공사감리에 요구되는 감리자 자격 기준에 적합하지 않은 경우

　　2. 해체 공사감리자가 고의 또는 중대한 과실로 법 제32조를 위반하여 업무를 수행한 경우

　　3. 해체 공사감리자가 정당한 사유 없이 해체 공사감리를 거부하거나 실시하지 않은 경우

　　4. 그 밖에 해체 공사감리자가 업무를 계속하여 수행할 수 없거나 수행하기에 부적합한 경우로서 시·군·구 조례로 정하는 경우

■ 건축물 해체 공사감리자의 지정 등(「건축물관리법 시행규칙」 제13조)

① 허가권자는 법 제31조 제1항에 따라 해체공사 감리자를 지정할 때 관리자가 법 제30조 제4항에 따라 해체하려는 건축물(영 제21조 제5항 각호의 건축물과 「건축법 시행령」 제91조의 3 제1항 제1호 및 제5호의 건축물로 한정한다.)에 대한 해체계획서를 작성한 자를 해체공사 감리자로 지정해 줄 것을 요청하는 경우로서 그 자가 영 제22조 제1항 전단에 따른 명부에 포함되어 있는 경우에는 그 자를 우선하여 지정할 수 있다. 〈개정 2022. 8. 4.〉

② 법 제30조 제3항에 따라 건축물 해체 허가 신청서 또는 신고서를 제출받은 허가권자는 영 제22조 제2항 각호의 건축물에 해당하는 경우에는 법 제31조 제1항에 따라 별지 제7호 서식의 해체 공사감리자 지정통지서를 해당 관리자에게 통지해야 한다. 〈개정 2022. 8. 4.〉

③ 관리자는 제2항에 따라 지정통지서를 받으면 해당 해체 공사감리자와 감리계약을 체결해야 한다.

④ 관리자가 중앙행정기관의 장, 지방자치단체의 장 및 「공공기관의 운영에 관한 법률」에 따른 공공기관의 장인 경우에 해당 건축물의 해체공사 감리비용은 다음 각호의 어느 하나에 해당하는 방법으로 산정한다. 〈개정 2022. 8. 4.〉

　　1. 해체공사비에 국토교통부장관이 정하여 고시[203]하는 요율을 곱하여 산정하는 방법
　　2. 「엔지니어링산업 진흥법」 제31조 제2항에 따른 엔지니어링사업의 대가 기준 중 실비정액가산방식을 국토교통부장관이 정하여 고시하는 방법에 따라 적용하여 산정하는 방법

---

203) 건축물해체계획서의 작성 및 감리업무 등에 관한 기준- 부록

⑤ 제4항에 따른 자가 아닌 관리자의 건축물 해체 공사감리 비용은 같은 항의 감리비용을 참고하여 정할 수 있다.

■ **해체 공사감리자의 업무 등**(「건축물관리법」제32조)

① 해체 공사감리자는 다음 각호의 업무를 수행하여야 한다. 〈개정 2022. 2. 3.〉

1. 해체작업순서, 해체공법 등을 정한 제30조 제3항에 따른 해체계획서(제30조의 3 제1항에 따른 변경허가 또는 변경신고에 따라 해체계획서의 내용이 변경된 경우에는 그 변경된 해체계획서를 말한다. 이하 "해체계획서"라 한다.)에 맞게 공사하는지 여부의 확인

2. 현장의 화재 및 붕괴 방지 대책, 교통안전 및 안전통로 확보, 추락 및 낙하 방지대책 등 안전관리대책에 맞게 공사하는지 여부의 확인

3. 해체 후 부지정리, 인근 환경의 보수 및 보상 등 마무리 작업사항에 대한 이행 여부의 확 인

4. 해체 공사에 의하여 발생하는 「건설폐기물의 재활용 촉진에 관한 법률」 제2조 제1호에 따른 건설폐기물이 적절하게 처리되는지에 대한 확인

5. 그 밖에 국토교통부장관이 정하여 고시[204]하는 해체 공사의 감리에 관한 사항

② 해체공사 감리자는 건축물의 해체작업이 안전하게 수행되기 어려운 경우 해당 관리자 및 제32조의 2에 따른 해체작업자에게 해체작업의 시정 또는 중지를 요청하여야 하며, 해당 관리자 및 해체작업자는 정당한 사유가 없으면 이에 따라야 한다. 〈개정 2022. 2. 3.〉

③ 해체공사 감리자는 해당 관리자 또는 해체작업자가 제2항에 따른 시정 또는 중지를 요청받고도 건축물 해체작업을 계속하는 경우에는 국토교통부령으로 정하는 바에 따라 허가권자에게 보고하여야 한다. 이 경우 보고를 받은 허가권자는 지체 없이 작업중지를 명령하여야 한다. 〈개정 2022. 2. 3.〉

④ 관리자 또는 제32조의 2에 따른 해체작업자가 제2항에 따른 조치를 요청받고 이를 이행한 경우나 제3항 후단에 따른 작업중지 명령을 받은 이후 해체작업을 다시 하려는 경우에는 건축물 안전 확보에 필요한 개선계획을 허가권자에게 제출하여 승인을 받아야 한다. 〈개정

---

204) 건축물 해체계획서의 작성 및 감리 업무 등에 관한 기준– 부록 (제21조)

2022. 2. 3.〉

⑤ 해체공사 감리자는 허가권자 등이 건축물의 해체가 해체계획서에 따라 적정하게 이루어졌는지 확인할 수 있도록 다음 각호의 어느 하나에 해당하는 해체작업 시에는 해당 작업이 진행되고 있는 현장에 대한 사진 및 동영상(촬영일자가 표시된 사진 및 동영상을 말한다.)을 촬영하고 보관하여야 한다. 〈신설 2022. 2. 3.〉

1. 필수확인점(공사의 수행 과정에서 다음 단계의 공정을 진행하기 전에 해체공사 감리자의 현장점검에 따른 승인을 받아야 하는 공사 중지점을 말한다.)의 해체. 이 경우 필수확인점의 세부 기준 등에 관하여 필요한 사항은 대통령령으로 정한다.

2. 해체공사 감리자가 주요한 해체라고 판단하는 해체

⑥ 해체공사 감리자는 그날 수행한 해체작업에 관하여 다음 각호에 해당하는 사항을 제7조에 따른 건축물 생애이력 정보체계에 매일 등록하여야 한다. 〈신설 2022. 2. 3.〉

1. 공종, 감리내용, 지적사항 및 처리결과

2. 안전점검표 현황

3. 현장 특기사항(발생상황, 조치사항 등)

4. 해체공사 감리자가 현장관리 기록을 위하여 필요하다고 판단하는 사항

⑦ 허가권자는 제6항 각호에 해당하는 사항을 등록하지 아니한 해체공사 감리자에게 등록을 명하여야 하며, 해체공사 감리자는 정당한 사유가 없으면 이에 따라야 한다. 〈신설 2022. 2. 3.〉

⑧ 해체공사 감리자는 건축물의 해체작업이 완료된 경우 해체감리완료보고서를 해당 관리자와 허가권자에게 제출(전자문서로 제출하는 것을 포함한다.)하여야 한다. 〈개정 2022. 2. 3.〉

⑨ 제4항에 따른 개선계획 승인, 제5항에 따른 사진·동영상의 촬영·보관 및 제8항에 따른 해체감리완료보고서의 작성 등에 필요한 사항은 국토교통부령으로 정한다. 〈개정 2022. 2. 3.〉

■ **해체작업의 시정 또는 중지 등**(「건축물관리법 시행규칙」 제14조)

① 해체 공사감리자는 법 제32조 제3항 전단에 따라 보고하는 경우 별지 제8호 서식의 건축물 해체작업 시정 또는 중지 요청 보고서에 해체 공사감리자 지정통지서 사본을 첨부하여 허가권자에게 제출해야 한다.

② 관리자 또는 해체작업자는 법 제32조 제4항에 따라 개선계획을 승인받으려는 경우에는 별지 제9호 서식의 해체작업 개선계획서를 허가권자에게 제출해야 한다. 〈개정 2021. 10. 28.〉

③ 허가권자는 제2항에 따라 제출받은 해체작업 개선계획서에 보완이 필요하다고 인정되면 해당 관리자 또는 해체작업자에게 보완을 요청할 수 있다.

■ 해체감리완료보고서(「건축물관리법 시행규칙」 제15조)

해체 공사감리자는 법 제32조 제8항에 따라 해체감리완료보고서를 작성하는 경우 감리 업무 수행 내용·결과 및 해체 공사 결과 등을 포함하여 작성해야 한다. 〈개정 2022. 8. 4.〉

■ 건축물 해체 공사 완료신고(「건축물관리법」 제33조)

① 관리자는 다음 각호의 어느 하나에 해당하는 날부터 30일 이내에 허가권자에게 건축물 해체공사 완료신고를 하여야 한다. 〈개정 2022. 2. 3.〉

　　1. 제30조 제1항 각호 외의 부분 본문 또는 같은 조 제2항에 따른 해체허가 대상의 경우, 제32조 제8항에 따른 해체감리완료보고서를 해체공사 감리자로부터 제출받은 날
　　2. 제30조 제1항 각호 외의 부분 단서에 따른 해체신고 대상의 경우, 건축물을 해체하고 폐기물 반출이 완료된 날

② 제1항에 따른 신고의 방법·절차에 관한 사항은 국토교통부령으로 정한다.

■ 건축물 해체 공사 완료신고(「건축물관리법 시행규칙」 제16조)

① 관리자는 법 제33조 제1항에 따라 건축물 해체 공사 완료신고를 하려는 경우 별지 제10호 서식의 건축물 해체 공사 완료신고서에 법 제32조 제8항에 따라 제출받은 해체감리완료보고서를 첨부하여 허가권자에게 제출(전자문서로 제출하는 것을 포함한다.)해야 한다. 〈개정 2022. 8. 4.〉

② 허가권자는 제1항에 따라 신고서를 제출받은 경우 건축물 또는 건축물 자재에 석면이 함유되었는지를 확인해야 한다. 이 경우 석면 함유에 대한 통보에 관하여는 영 제21조 제3항을 준용한다.

③ 허가권자는 제1항에 따라 건축물 해체 공사 완료신고서를 제출받았을 때에는 석면

함유 여부 및 건축물의 해체 공사 완료 여부를 확인한 후 별지 제11호 서식의 건축물 해체 공사 완료 신고확인증을 신고인에게 내주어야 한다.

| 건축물의 멸실신고

■ 건축물관리법 제34조(건축물의 멸실신고)

① 관리자는 해당 건축물이 멸실된 날부터 30일 이내에 건축물 멸실신고서를 허가권자에게 제출하여야 한다. 다만, 건축물을 전면해체하고 제33조에 따른 건축물 해체공사 완료 신고를 한 경우에는 멸실신고를 한 것으로 본다. 〈개정 2022. 2. 3.〉

② 제1항에 따른 신고의 방법·절차에 관한 사항은 국토교통부령으로 정한다.

■ 건축물관리법 시행규칙 제17조(건축물 멸실의 신고)

① 관리자는 법 제34조 제1항 본문에 따라 멸실신고를 하려는 경우에는 별지 제10호 서식의 건축물 멸실 신고서를 허가권자에게 제출(전자문서로 제출하는 것을 포함한다.)해야 한다.

② 허가권자는 제1항에 따라 신고서를 제출받은 경우, 건축물 또는 건축물 자재에 석면이 함유되었는지를 확인해야 한다. 이 경우 석면 함유에 대한 통보에 관하여는 영 제21조 제3항을 준용한다.

③ 허가권자는 제1항에 따라 건축물 멸실 신고서를 제출받았을 때에는 석면 함유 여부 및 신고 내용을 확인한 후 별지 제11호 서식의 건축물 멸실 신고확인증을 신고인에게 내주어야 한다

| 행정처분 및 벌칙

■ 건축물관리법 제48조(청문)

특별자치시장·특별자치도지사 또는 시장·군수·구청장은 다음 각호의 어느 하나에 해당하는 처분을 하려면 청문을 하여야 한다.

3. 제31조 제2항에 따른 해체 공사감리자의 교체

■ **건축물관리법 제51조**(벌칙)

① 다음 각호의 어느 하나에 해당하는 자는 10년 이하의 징역 또는 1억 원 이하의 벌금에 처한다. 〈개정 2022. 2. 3.〉

12. 제30조 제5항(제30조의 3 제1항에 따라 준용되는 경우를 포함한다.)에 따른 해체계획서를 부실하게 검토하거나 이 법 또는 관계 법령을 위반하여 검토함으로써 건축물에 중대한 파손을 발생시켜 공중의 위험을 발생하게 한 자

17. 제31조 제2항 각호의 어느 하나에 해당하는 행위를 함으로써 건축물에 중대한 파손을 발생시켜 공중의 위험을 발생하게 한 자

18. 제32조 제1항에 따른 해체공사 감리업무를 성실하게 실시하지 아니함으로써 공중의 위험을 발생하게 한 자

20. 제32조 제2항을 위반하여 해체공사 감리자로부터 시정 요청을 받고 이에 따르지 아니하거나 중지 요청을 받고도 해체작업을 계속하여 공중의 위험을 발생하게 한 자

② 제1항 각호의 어느 하나에 해당하는 죄를 저질러 사람을 사상(死傷)에 이르게 한 자는 무기 또는 1년 이상의 징역에 처한다.

■ **건축물관리법 제51조의 2**(벌칙)

다음 각호의 어느 하나에 해당하는 자는 2년 이하의 징역 또는 2천만 원 이하의 벌금에 처한다. [본조신설 2022. 2. 3.]

5. 제32조 제2항을 위반하여 해체공사 감리자로부터 시정 요청을 받고 이에 따르지 아니하거나 중지 요청을 받고도 해체작업을 계속한 자

■ **건축물관리법 제52조**(벌칙)

다음 각호의 어느 하나에 해당하는 자는 1년 이하의 징역 또는 1천만 원 이하의 벌금에 처한다. 〈개정 2022. 6. 10.〉

8. 제30조 제5항(제30조의 3 제1항에 따라 준용되는 경우를 포함한다.)에 따른 해체계획서를 부실하게 검토하거나 이 법 또는 관계 법령을 위반하여 검토한 자

11. 제31조 제2항 제2호에 해당하는 행위를 한 자

12. 제31조 제6항을 위반하여 건축물 해체작업의 안전을 도모하기 위한 감리원 배치기준을 정당한 사유 없이 따르지 아니한 자

13. 제32조 제3항에 따라 허가권자에게 보고하지 아니한 해체공사 감리자

17. 제47조를 위반하여 업무상 알게 된 비밀을 누설하거나 도용한 자

- **건축물관리법 제54조**(과태료)

① 다음 각호의 어느 하나에 해당하는 자에게는 2천만 원 이하의 과태료를 부과한다. 〈신설 2022. 2. 3.〉

1. 제31조 제2항 제1호·제3호 또는 제4호에 해당하는 행위를 한 자

2. 제32조 제1항을 위반하여 해체공사 감리업무를 성실하게 수행하지 아니한 해체공사 감리자

3. 제32조 제2항에 따른 해체작업의 시정 또는 중지를 요청하지 아니한 해체공사 감리자

4. 제32조 제5항에 따른 사진 및 동영상의 촬영·보관을 하지 아니한 자

② 다음 각호의 어느 하나에 해당하는 자에게는 1천만 원 이하의 과태료를 부과한다. 〈개정 2022. 2. 3.〉

11. 제32조 제8항에 따른 해체감리완료보고서를 제출하지 아니한 자

- **건축물관리법 시행령 제40조**(과태료의 부과기준)

법 제54조 제1항부터 제4항까지의 규정에 따른 과태료의 부과기준은 별표5[205]와 같다. 〈2022. 8. 2.〉

석면 해체 공사(「석면안전관리법」 등)

석면(石綿)이란 자연적으로 생성되며 섬유상 형태를 갖는 규산염(硅酸鹽) 광물류로서 악티노라이트석면, 안소필라이트석면, 트레모라이트석면, 청석면, 갈석면, 백석면으로 분류되는 여섯 종류의 물질을 말한다(법 제2조, 시행규칙 제2조).

석면건축물이라 하면 석면건축자재가 사용된 면적의 합이 50제곱미터 이상인 건축물 또는 석면으로 분류되는 여섯 종류의 물질이 1%를 초과하여 함유된 분무재와 내화피복재 등이 사용된 건축물을 말한다(시행령 제32조, 규칙 제24조).

석면은 1급 발암물질이라고 한다. 인체에 노출됨으로써 치명적인 해를 입히는 석면을 예

---

205) 과태료 부과기준- 참조

전에는 내구성과 경제성을 갖춘 가성비 좋은 건축자재라 하여 농촌주택의 지붕은 물론 수많은 건축물에 다양한 용도로 사용되었다. 석면의 미세 섬유가 건강에 유해하다는 것이 밝혀지면서 더 이상 내버려둬서는 안 되겠다는 인식이 널리 퍼지자, 석면자재 사용이 규제를 받기 시작했다. 석면이나 석면함유제품을 제조·수입·양도·제공하는 것을 제한하듯이 새로 짓는 건축물에는 석면자재 사용을 금지하면 되었지만, 기존에 사용되었던 석면이 골칫거리가 되자 석면이 함유된 자재를 사용한 건축물은 관련법에 따라 안전조치 후 철거해야만 하도록 법이 제정되었다.

국가는 위험성이 확인된 석면을 안전하게 관리함으로써 국민에게 직접 노출되는 피해를 사전에 예방하고 국민이 건강하고 쾌적한 환경에서 생활할 수 있도록 해야 하기 때문이다. 무식하면 용감하다고 석면이 인체에 해를 끼치는 물질이라는 것도 모른 채 슬레이트에 삼겹살 파티를 한 적도 있었으니 지금 생각하면 소름 돋는 일이 아닐 수 없다.

석면은 무엇이며 석면이 함유된 건축자재의 종류, 석면해체, 제거작업 시 유의사항, 감리인지정 및 업무, 그리고 석면처리규정을 위반했을 때는 어떻게 되는지 관련법을 통해 살펴보자.

석면해체·제거공사 업무 흐름도

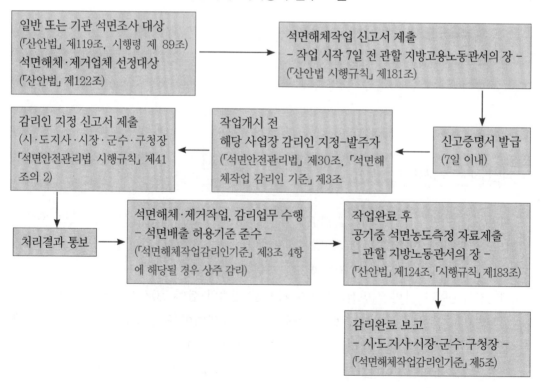

| 석면건축자재 종류

■ 석면건축자재의 종류(「석면안전관리법 시행규칙」 제3조)

법 제2조 제6호[206]에 따른 석면건축자재란 다음 각호의 건축자재 중 제2조 각호[207]의 석면이 1퍼센트(무게 퍼센트)를 초과하여 함유된 건축자재를 말한다.

　　1. 지붕재

　　2. 천장재

　　3. 벽체재료

　　4. 바닥재

　　5. 단열재

　　6. 보온재

　　7. 분무재

　　8. 내화피복재

　　9. 칸막이

　　10. 배관재(개스킷, 패킹, 실링 등)

　　11. 그 밖에 제1호부터 제10호까지의 자재와 유사한 용도로 사용되는 자재로서 환경부장관이 정하여 고시[208]하는 자재

| 석면의 해체, 제거 작업 등

■ 석면비산방지시설의 설치 등(「석면안전관리법」 제18조)

① 개발사업자는 개발사업을 시행하는 경우에는 석면 비산을 억제하기 위한 시설(이하 "석면비산방지시설"이라 한다.)을 설치하는 등 필요한 조치를 하여야 한다.

② 승인기관은 개발사업자가 석면비산방지시설의 설치 등 필요한 조치를 하지 아니하거나 그 시설 및 조치가 적절하지 아니하다고 판단하는 경우에는 개발사업자에게 필요한 조치 또는 개선을 명할 수 있다.

③ 승인기관은 개발사업자가 제2항에 따른 명령을 이행하지 아니하였을 때에는 그 개발

---

206) "석면건축자재"란 석면을 함유하고 있는 건축자재로서 환경부령으로 정하는 것을 말한다.

207) 1. 악티노라이트석면 2. 안소필라이트석면 3. 트레모라이트석면 4. 청석면 5. 갈석면 6. 백석면

208) 석면을 함유할 가능성이 있는 물질: 활석, 질석, 사문석, 해포석

사업을 중지시키거나 시설의 사용중지 또는 사용제한을 명할 수 있다.

④ 석면비산방지시설의 설치 기준 등 필요한 사항은 환경부령[209]으로 정한다.

■ **석면의 제거·처리**(「건축법 시행규칙」 제24조의 2)

석면이 함유된 건축물을 증축·개축 또는 대수선하는 경우에는 「산업안전보건법」 등 관계 법령에 적합하게 석면을 먼저 제거·처리한 후 건축물을 증축·개축 또는 대수선해야 한다. 〈개정 2021. 6. 25.〉

■ **석면해체·제거작업의 공개**(「석면안전관리법」 제27조)

특별자치시장·특별자치도지사·시장·군수·구청장은 관할구역에서 「산업안전보건법」 제122조 제1항[210]에 따라 건축물이나 설비로부터 석면을 해체하거나 제거하는 작업(이하 "석면해체·제거작업"이라 한다.)이 있는 경우에는 환경부령으로 정하는 바에 따라 그 사실을 공개하여야 한다. 〈개정 2019. 1. 15.〉

■ **석면해체·제거작업의 공개**(「석면안전관리법 시행규칙」 제37조)

① 특별자치시장·특별자치도지사·시장·군수·구청장은 관할구역에서 법 제27조에 따른 석면해체·제거작업(이하 "석면해체·제거작업"이라 한다.)이 있는 경우에는 그 사실을 안 날부터 작업완료일까지 다음 각호의 사항이 포함된 석면해체·제거작업계획을 지방자치단체의 인터넷 홈페이지에 공개하여야 한다. 다만, 첨부파일의 용량이 지나치게 큰 경우 등 인터넷 홈페이지에 공개가 어려운 경우에는 석면해체·제거작업계획의 열람 장소 및 기간을 인터넷 홈페이지에 게시하고 해당 계획을 열람할 수 있도록 하여야 한다. 〈개정 2021. 6. 28.〉

1. 석면해체·제거작업장의 명칭 및 주소지
2. 석면해체·제거작업의 내용
3. 석면해체·제거작업의 기간
4. 「산업안전보건법 시행규칙」 제176조 제3항에 따른 석면조사 결과서
5. 그 밖에 석면해체·제거작업과 관련하여 공개가 필요한 사항

---

[209] 석면비산방지시설의 설치 등 조치기준(시행규칙 별표2)- 부록

[210] 기관석면조사 대상인 건축물이나 설비에 대통령령으로 정하는 함유량과 면적 이상의 석면이 포함되어 있는 경우, 해당 건축물·설비소유주 등은 석면해체·제거업자로 하여금 그 석면을 해체·제거하도록 하여야 한다. 다만, 건축물·설비소유주 등이 인력·장비 등에서 석면해체·제거업자와 동등한 능력을 갖추고 있는 경우 등 대통령령으로 정하는 사유에 해당할 경우에는 스스로 석면을 해체·제거할 수 있다.

② 특별자치시장·특별자치도지사·시장·군수·구청장은 석면해체·제거작업을 하는 자(이하 "석면해체·제거업자"라 한다.)로 하여금 작업 기간 동안 작업장 주변 지역에 별표5의 석면해체·제거작업장 안내판을 설치하도록 하여야 한다. 〈개정 2018. 5. 29.〉

■ 사업장 주변의 석면배출허용기준 준수 등(「석면안전관리법」 제28조)

① 석면해체·제거작업을 하는 자(이하 "석면해체·제거업자"라 한다.)는 대통령령으로 정하는 사업장 주변의 석면배출허용기준[211](이하 "사업장주변석면배출허용기준"이라 한다.)을 지켜야 한다.

② 석면해체·제거작업 및 석면해체·제거작업을 수반하는 건설공사의 발주자(이하 "발주자"라 한다.)는 환경부령으로 정하는 측정기관으로 하여금 석면의 비산 정도를 측정하도록 하고, 특별자치시장·특별자치도지사·시장·군수·구청장에게 그 결과를 제출하여야 한다. 다만, 소규모 건축물 등 대통령령으로 정하는 경우[212]에는 그러하지 아니하다.
〈개정 2019. 11. 26.〉[제2항, 시행일: 2020. 5. 27.]

③ 제2항에 따라 석면의 비산 정도 측정결과를 제출받은 특별자치시장·특별자치도지사·시장·군수·구청장은 이를 공개하여야 한다. 〈개정 2017. 11. 28.〉

④ 특별자치시장·특별자치도지사·시장·군수·구청장은 「도시 및 주거환경정비법」 제2조 제2호에 따른 재개발사업, 재건축사업 등 대통령령으로 정하는 사업의 사업장에서 사업장 주변석면배출허용기준을 준수하는지 여부를 확인하기 위하여 그 사업장 주변에 대하여 석면의 비산 정도를 측정[213]하고, 그 결과를 공개하여야 한다. 〈개정 2017. 11. 28.〉

⑤ 제2항부터 제4항까지의 규정에 따른 석면의 비산 정도의 측정 방법·지점·시기 및 측정결과의 제출·공개 방법 등 필요한 사항은 환경부령으로 정한다.

---

211) (석면안전관리법 시행령」 제38조) 법 제28조 제1항에서 "대통령령으로 정하는 사업장 주변의 석면배출허용기준"이란 1세제곱센티미터당 0.01개 이하를 말한다. 〈개정 2016. 7. 19.〉

212) (석면안전관리법 시행령 제39조) 법 제28조 제2항 단서에서 "소규모 건축물 등 대통령령으로 정하는 경우"란 해체·제거하려는 석면건축자재가 사용된 면적의 합이 500제곱미터 미만인 건축물 또는 설비(환경부령으로 정하는 석면건축자재가 사용되지 아니한 경우로 한정한다.)를 말한다.

213) (석면안전관리법 시행령 제40조) 특별자치시장·특별자치도지사·시장·군수·구청장이 법 제28조 제4항에 따라 석면의 비산 정도를 측정하여야 하는 사업은 다음 각호의 어느 하나에 해당하는 사업으로 한다. 〈개정 2018. 5. 21.〉
   1. 석면건축자재가 사용된 면적의 합이 5천 제곱미터 이상인 건축물 또는 설비를 해체·제거하는 사업
   2. 「도시 및 주거환경정비법」 제2조 제2호 각 목의 어느 하나에 해당하는 사업
   3. 「도시재정비 촉진을 위한 특별법」 제2조 제2호에 따른 재정비촉진사업

■ **석면의 비산 정도 측정 등**(「석면안전관리법 시행규칙」제38조)

① 법 제28조 제2항에 따른 석면해체·제거작업 및 석면해체·제거작업을 수반하는 건설공사의 발주자(이하 "발주자"라 한다.)는 다음 각호에 따라 석면의 비산 정도를 측정하도록 해야 한다. 〈개정 2021. 6. 28.〉

    1. 측정기관: 다음 각 목의 어느 하나에 해당하는 기관

      가. 법 제33조에 따른 석면환경센터

      나. 「환경분야 시험·검사 등에 관한 법률」제16조 제1항에 따른 다중이용시설 등의 실내공간 오염물질 측정대행업자(석면해체·제거업자가 실내공간오염물질 측정대행업자에 해당하는 경우는 다른 실내공간오염물질 측정대행업자를 말한다.)

      다. 석면조사기관(석면해체·제거업자가 석면조사기관에 해당하는 경우는 다른 석면조사기관을 말한다.)

    2. 측정 지점: 사업장 부지경계선 및 그 밖에 필요한 지점

    3. 측정 시기: 석면해체·제거작업 기간의 시작일부터 완료일까지

② 발주자는 제1항에 따라 석면의 비산 정도를 측정하도록 한 경우에는 지체 없이 별지 제19호 서식의 석면해체·제거 사업장의 석면 비산 측정 결과보고서에 「산업안전보건법 시행규칙」별지 제17호 서식에 석면해체·제거작업 신고서 사본을 첨부하여 특별자치시장·특별자치도지사·시장·군수·구청장에게 제출하여야 한다. 〈개정 2021. 6. 28.〉

③ 특별자치시장·특별자치도지사·시장·군수·구청장은 제2항에 따라 제출된 측정 결과를 지체 없이 해당 지방자치단체의 인터넷 홈페이지에 공개하여야 한다. 〈개정 2018. 5. 29.〉

④ 특별자치시장·특별자치도지사·시장·군수·구청장은 제3항에 따른 공개 실적을 매 분기마다 환경부장관에게 제출하여야 한다. 〈개정 2018. 5. 29.〉

⑤ 제1항부터 제4항까지 규정한 사항 외에 발주자의 석면의 비산 정도 측정 등에 필요한 사항은 환경부장관이 정하여 고시[214]한다. 〈개정 2021. 6. 28.〉

■ **작업중지 등**(「석면안전관리법」제29조)

① 특별자치시장·특별자치도지사·시장·군수·구청장은 제28조 제2항 또는 제4항에 따라 석면의 비산 정도를 측정한 결과 석면해체·제거업자가 사업장주변석면배출허용기준을

---

214) 석면 해체·제거 작업 사업장 주변 석면 비산관리를 위한 조사 방법(환경부고시)- 참조

지키지 아니한 것으로 확인된 경우에는 지체 없이 석면해체·제거작업의 중지를 명하여야 한다. 〈개정 2017. 11. 28.〉

② 제1항에 따른 중지 명령을 받은 석면해체·제거업자가 석면해체·제거작업을 다시 하려는 경우에는 사업장주변석면배출허용기준의 준수에 필요한 개선계획을 특별자치시장·특별자치도지사·시장·군수·구청장에게 제출하여 승인을 받아야 한다. 〈개정 2017. 11. 28.〉

③ 제2항에 따른 개선계획에 포함되어야 할 사항 및 승인 절차 등 필요한 사항은 대통령령으로 정한다

■ 중지 명령에 대한 개선계획의 제출 등(「석면안전관리법 시행령」 제41조)

① 법 제28조 제1항에 따른 석면해체·제거작업을 하는 자(이하 "석면해체·제거업자"라 한다.)가 법 제29조 제2항에 따라 석면해체·제거작업을 다시 하려는 경우에는 환경부령으로 정하는 석면해체·제거작업 개선계획서에 다음 각호의 사항이 포함된 서류를 첨부하여 특별자치시장·특별자치도지사·시장·군수·구청장에게 제출하여야 한다. 〈개정 2018. 5. 21.〉

　　1. 작업중지 명령서 사본
　　2. 석면해체·제거업체 전문인력, 시설 및 장비 보유 현황
　　3. 석면비산방지계획 상세 내용(석면비산방지 시설 또는 장비의 보강계획을 포함한다.)
　　4. 석면의 비산 정도 측정계획 상세 내용(측정 지점, 방법 및 주기 등을 명시하여야 한다.)
　　5. 그 밖에 법 제28조 제1항에 따른 사업장주변석면배출허용기준(이하 "사업장주변석면배출허용기준"이라 한다.)의 준수에 필요한 상세 내용

② 특별자치시장·특별자치도지사·시장·군수·구청장은 제1항에 따라 제출받은 개선계획에 대하여 필요한 경우에는 보완을 요청할 수 있다. 〈개정 2018. 5. 21.〉

③ 특별자치시장·특별자치도지사·시장·군수·구청장은 제1항의 개선계획을 승인한 경우에는 관계 공무원으로 하여금 그 이행상태를 확인하게 하여야 한다. 〈개정 2018. 5. 21.〉

■ 발주자의 책임 등(「석면안전관리법」 제31조)

① 발주자는 석면으로 인하여 주민의 건강과 환경에 미칠 피해가 최소화되도록 노력하여야 한다.

② 발주자는 건설공사를 시공하는 자에게 시공 방법, 공사 기간 등에 관하여 사업장주 변석면배출허용기준을 지키기 어렵게 하는 조건을 붙여서는 아니 되고, 공사비용에 석면 해체·제거 및 폐석면 처리 비용을 반영하여야 한다.

③ 발주자는 제28조 제2항에 따른 석면의 비산 정도 측정 시 측정기관에 측정값을 조작하게 하는 등 측정·분석 결과에 영향을 미치는 지시를 하여서는 아니 된다. 〈신설 2019. 11. 26.〉
[시행일: 2020. 5. 27.] 제31조 제3항

| 슬레이트 시설물 처리

■ 석면조사(「석면안전관리법」 제25조)

① 환경부장관, 관계 중앙행정기관의 장 또는 지방자치단체의 장은 슬레이트가 사용된 시설물 등 대통령령으로 정하는 시설물[215]에 대하여 환경부령으로 정하는 바에 따라 석면의 사용 실태 및 인체에 미치는 위해성 등을 조사할 수 있다.

② 환경부장관, 관계 중앙행정기관의 장 또는 지방자치단체의 장은 제1항에 따른 시설물에 사용된 석면의 해체·제거·처리 및 석면의 해체·제거·처리로 인한 시설물의 개량 등에 드는 비용의 전부 또는 일부를 지원할 수 있다. 〈개정 2017. 11. 28.〉

■ 슬레이트 처리에 관한 특례(「석면안전관리법」 제26조)

제25조 제1항에 따른 시설물에 사용된 슬레이트를 해체·제거·수집·운반·보관 또는 처리하려는 자는 「산업안전보건법」 제119조(하단에 첨부된 법규 참조), 제120조[216] 및 제123조(하단에 첨부된 법규 참조), 「폐기물관리법」 제13조[217]에도 불구하고 대통령령으로 정하는 바에 따라 해체·제거·수집·운반·보관 또는 처리할 수 있다. 〈개정 2019. 1. 15.〉

---

215) 석면안전관리법 시행령 제36조) 법 제25조 제1항에서 "슬레이트가 사용된 시설물 등 대통령령으로 정하는 시설물"이란 슬레이트를 지붕재 또는 벽체로 사용한 시설물을 말한다.

216) 석면조사기관

217) ①누구든지 폐기물을 처리하려는 자는 대통령령으로 정하는 기준과 방법을 따라야 한다. 다만, 제13조의 2에 따른 폐기물의 재활용 원칙 및 준수사항에 따라 재활용을 하기 쉬운 상태로 만든 폐기물(이하 "중간가공 폐기물"이라 한다.)에 대하여는 완화된 처리기준과 방법을 대통령령으로 따로 정할 수 있다. ② 의료폐기물은 제25조의 2 제6항에 따라 검사를 받아 합격한 의료폐기물 전용용기(이하 "전용용기"라 한다.)만을 사용하여 처리하여야 한다.

■ 슬레이트 처리 등에 관한 특례(「석면안전관리법 시행령」 제37조)

① 시·도지사 또는 시장·군수·구청장은 법 제26조에 따른 슬레이트 해체·제거·수집·운반·보관 또는 처리(이하 "슬레이트 처리 등"이라 한다.)를 하는 경우 주택의 슬레이트 철거 및 처리작업에 대해서는 가능하면 시·군·구 단위 또는 읍·면·동·리 단위 등으로 묶어 처리계획을 수립·시행하여야 한다. 〈개정 2017. 2. 28.〉

② 슬레이트 처리등의 기준 및 방법은 다음 각호와 같다. 〈개정 2019. 12. 24.〉
    1. 슬레이트 처리 등을 하려는 자는 「산업안전보건법」 제119조에 따라 석면조사를 실시할 것
    2. 슬레이트 처리 등을 하려는 자는 「산업안전보건법」 제123조 제1항 및 「폐기물관리법」 제13조에도 불구하고 별표3[218]의 슬레이트 처리 등의 기준 및 방법을 준수할 것

③ 제2항에서 규정한 사항 외에 슬레이트 처리 등에 관한 구체적인 기준 및 방법은 환경부령[219]으로 정한다.

④ 제2항 및 제3항에도 불구하고 다음 각호의 어느 하나에 해당하는 경우에는 특별자치시·특별자치도·시·군·구의 조례로 정하는 바에 따라 슬레이트 처리 등을 할 수 있다. 〈개정 2021. 6. 22.〉
    1. 「주택법」 제2조 제1호에 따른 주택(이에 부속되는 건축물을 포함한다.)의 슬레이트 면적의 합이 50제곱미터 이하이고 소유주가 직접 슬레이트를 해체·제거하는 경우
    2. 「섬발전 촉진법」 제2조에 따른 섬(방파제나 다리 등으로 육지와 연결된 섬은 제외한다.)에서 슬레이트를 수집·운반·보관·처리하는 경우
    3. 슬레이트를 수집·운반할 차량이 통행할 수 없는 산간오지 등에서 슬레이트를 수집·운반·보관·처리하는 경우
    4. 「재난 및 안전관리 기본법」 제3조 제1호에 따른 재난으로 인하여 훼손되거나 파손된 슬레이트를 수집·운반·보관·처리하는 경우
    5. 그 밖에 제1호부터 제4호까지의 규정에 준하는 사유에 해당하는 경우

---

218) 슬레이트 처리 등의 기준 및 방법– 부록
219) 슬레이트 처리 등에 관한 구체적인 기준 및 방법– 부록

│ 산업안전보건법상 석면관련사항

■ 석면조사(법 제119조)

① 건축물이나 설비를 철거하거나 해체하려는 경우에 해당 건축물이나 설비의 소유주 또는 임차인 등(이하 "건축물·설비소유주 등"이라 한다.)은 다음 각호의 사항을 고용노동부령으로 정하는 바에 따라 조사(이하 "일반석면조사"라 한다.)한 후 그 결과를 기록하여 보존하여야 한다. 〈개정 2020. 5. 26.〉

　1. 해당 건축물이나 설비에 석면이 포함되어 있는지 여부

　2. 해당 건축물이나 설비 중 석면이 포함된 자재의 종류, 위치 및 면적

② 제1항에 따른 건축물이나 설비 중 대통령령으로 정하는 규모 이상의 건축물·설비소유주 등은 제120조에 따라 지정받은 기관(이하 "석면조사기관"이라 한다.)에 다음 각호의 사항을 조사(이하 "기관석면조사"라 한다.)하도록 한 후 그 결과를 기록하여 보존하여야 한다. 다만, 석면함유 여부가 명백한 경우 등 대통령령으로 정하는 사유에 해당하여 고용노동부령으로 정하는 절차에 따라 확인을 받은 경우에는 기관석면조사를 생략할 수 있다. 〈개정 2020. 5. 26.〉

　1. 제1항 각호의 사항

　2. 해당 건축물이나 설비에 포함된 석면의 종류 및 함유량

③ 건축물·설비소유주 등이 「석면안전관리법」 등 다른 법률에 따라 건축물이나 설비에 대하여 석면조사를 실시한 경우에는 고용노동부령으로 정하는 바에 따라 일반석면조사 또는 기관석면조사를 실시한 것으로 본다.

④ 고용노동부장관은 건축물·설비소유주 등이 일반석면조사 또는 기관석면조사를 하지 아니하고 건축물이나 설비를 철거하거나 해체하는 경우에는 다음 각호의 조치를 명할 수 있다.

　1. 해당 건축물·설비소유주 등에 대한 일반석면조사 또는 기관석면조사의 이행 명령

　2. 해당 건축물이나 설비를 철거하거나 해체하는 자에 대하여 제1호에 따른 이행 명령의 결과를 보고받을 때까지의 작업중지 명령

⑤ 기관석면조사의 방법, 그 밖에 필요한 사항은 고용노동부령(하단 시행규칙 제176조 참조)으로 정한다.

■ **기관석면조사 대상**(시행령 제89조)

① 법 제119조 제2항 각호 외의 부분 본문에서 "대통령령으로 정하는 규모 이상"란 다음 각호의 어느 하나에 해당하는 경우를 말한다.

1. 건축물(제2호에 따른 주택은 제외한다. 이하 이 호에서 같다.)의 연면적 합계가 50제곱미터 이상이면서, 그 건축물의 철거·해체하려는 부분의 면적 합계가 50제곱미터 이상인 경우

2. 주택(「건축법 시행령」 제2조 제12호에 따른 부속건축물을 포함한다. 이하 이 호에서 같다.)의 연면적 합계가 200제곱미터 이상이면서, 그 주택의 철거·해체하려는 부분의 면적 합계가 200제곱미터 이상인 경우

3. 설비의 철거·해체하려는 부분에 다음 각 목의 어느 하나에 해당하는 자재(물질을 포함한다. 이하 같다.)를 사용한 면적의 합이 15제곱미터 이상 또는 그 부피의 합이 1세제곱미터 이상인 경우

    가. 단열재

    나. 보온재

    다. 분무재

    라. 내화피복재(耐火被覆材)

    마. 개스킷(Gasket: 누설방지재)

    바. 패킹재(Packing material: 틈박이재)

    사. 실링재(Sealing material: 액상 메움재)

    아. 그 밖에 가목부터 사목까지의 자재와 유사한 용도로 사용되는 자재로서 고용노동부장관이 정하여 고시[220]하는 자재

4. 파이프 길이의 합이 80미터 이상이면서, 그 파이프의 철거·해체하려는 부분의 보온재로 사용된 길이의 합이 80미터 이상인 경우

② 법 제119조 제2항 각호 외의 부분 단서에서 "석면함유 여부가 명백한 경우 등 대통령령으로 정하는 사유"란 다음 각호의 어느 하나에 해당하는 경우를 말한다. 〈개정 2020. 9. 8.〉

1. 건축물이나 설비의 철거·해체 부분에 사용된 자재가 설계도서, 자재 이력 등 관련 자료를 통해 석면을 포함하고 있지 않음이 명백하다고 인정되는 경우

---

220) 석면 조사 및 안전성 평가 등에 관한 고시- 부록

2. 건축물이나 설비의 철거·해체 부분에 석면이 중량비율 1퍼센트가 넘게 포함된 자재를 사용하였음이 명백하다고 인정되는 경우

■ **석면조사의 생략 등 확인 절차**(시행규칙 제175조)

① 법 제119조 제2항 각호 외의 부분 단서에 따라 건축물이나 설비의 소유주 또는 임차인 등(이하 "건축물·설비소유주 등"이라 한다.)이 영 제89조 제2항 각호에 따른 석면조사의 생략 대상 건축물이나 설비에 대하여 확인을 받으려는 경우에는 영 제89조 제2항 각호의 사유에 해당함을 증명할 수 있는 서류를 첨부하여 별지 제74호 서식의 석면조사의 생략 등 확인신청서에 석면이 함유되어 있지 않음 또는 석면이 1퍼센트(무게 퍼센트) 초과하여 함유되어 있음을 표시하여 관할 지방고용노동관서의 장에게 제출해야 한다.

② 법 제119조 제3항에 따라 건축물·설비소유주 등이 「석면안전관리법」에 따른 석면조사를 실시한 경우에는 별지 제74호 서식의 석면조사의 생략 등 확인신청서에 「석면안전관리법」에 따른 석면조사를 하였음을 표시하고 그 석면조사 결과서를 첨부하여 관할 지방고용노동관서의 장에게 제출해야 한다. 다만, 「석면안전관리법 시행규칙」 제26조에 따라 건축물 석면조사 결과를 관계 행정기관의 장에게 제출한 경우에는 석면조사의 생략 등 확인신청서를 제출하지 않을 수 있다.

③ 지방고용노동관서의 장은 제1항 및 제2항에 따른 신청서가 제출되면 이를 확인한 후 접수된 날부터 20일 이내에 그 결과를 해당 신청인에게 통지해야 한다.

④ 지방고용노동관서의 장은 제3항에 따른 신청서의 내용을 확인하기 위하여 기술적인 사항에 대하여 공단에 검토를 요청할 수 있다.

■ **기관석면조사 방법 등**(시행규칙 제176조)

① 법 제119조 제2항에 따른 기관석면조사 방법은 다음 각호와 같다.
  1. 건축도면, 설비제작도면 또는 사용 자재의 이력 등을 통하여 석면 함유 여부에 대한 예비조사를 할 것
  2. 건축물이나 설비의 해체·제거할 자재 등에 대하여 성질과 상태가 다른 부분들을 각각 구분할 것
  3. 시료 채취는 제2호에 따라 구분된 부분들 각각에 대하여 그 크기를 고려하여 채취 수를 달리하여 조사를 할 것

② 제1항 제2호에 따라 구분된 부분들 각각에서 크기를 고려하여 1개만 고형시료를 채취·분석하는 경우에는 그 1개의 결과를 기준으로 해당 부분의 석면 함유 여부를 판정해야 하며, 2개 이상의 고형시료를 채취·분석하는 경우에는 석면 함유율이 가장 높은 결과를 기준으로 해당 부분의 석면 함유 여부를 판정해야 한다.

③ 제1항에 따른 조사 방법 및 제2항에 따른 판정의 구체적인 사항, 크기별 시료 채취 수, 석면조사 결과서 작성, 그 밖에 필요한 사항은 고용노동부장관이 정하여 고시[221]한다.

■ **석면의 해체·제거**(법 제122조)

① 기관석면조사 대상인 건축물이나 설비에 대통령령으로 정하는 함유량과 면적 이상의 석면이 포함되어 있는 경우 해당 건축물·설비소유주 등은 석면해체·제거업자로 하여금 그 석면을 해체·제거하도록 하여야 한다. 다만, 건축물·설비소유주 등이 인력·장비 등에서 석면해체·제거업자와 동등한 능력을 갖추고 있는 경우 등 대통령령으로 정하는 사유에 해당할 경우에는 스스로 석면을 해체·제거할 수 있다. 〈개정 2020. 5. 26.〉

② 제1항에 따른 석면해체·제거는 해당 건축물이나 설비에 대하여 기관석면조사를 실시한 기관이 해서는 아니 된다.

③ 석면해체·제거업자(제1항 단서의 경우에는 건축물·설비소유주 등을 말한다. 이하 제124조에서 같다.)는 제1항에 따른 석면해체·제거작업을 하기 전에 고용노동부령으로 정하는 바에 따라 고용노동부장관에게 신고하고, 제1항에 따른 석면해체·제거작업에 관한 서류를 보존하여야 한다.

④ 고용노동부장관은 제3항에 따른 신고를 받은 경우, 그 내용을 검토하여 이 법에 적합하면 신고를 수리하여야 한다.

⑤ 제3항에 따른 신고 절차, 그 밖에 필요한 사항은 고용노동부령으로 정한다.

---

221) 석면조사 및 안전성 평가 등에 관한 고시- 부록

■ 석면해체·제거업자를 통한 석면해체·제거 대상(시행령 제94조)

① 법 제122조 제1항 본문에서 "대통령령으로 정하는 함유량과 면적 이상의 석면이 포함되어 있는 경우"란 다음 각호의 어느 하나에 해당하는 경우를 말한다. 〈개정 2020. 9. 8.〉

1. 철거·해체하려는 벽체 재료, 바닥재, 천장재 및 지붕재 등의 자재에 석면이 중량비율 1퍼센트가 넘게 포함되어 있고 그 자재의 면적의 합이 50제곱미터 이상인 경우

2. 석면이 중량비율 1퍼센트가 넘게 포함된 분무재 또는 내화피복재를 사용한 경우

3. 석면이 중량비율 1퍼센트가 넘게 포함된 제89조 제1항 제3호 각 목의 어느 하나(다목 및 라목은 제외한다.)에 해당하는 자재의 면적의 합이 15제곱미터 이상 또는 그 부피의 합이 1세제곱미터 이상인 경우

4. 파이프에 사용된 보온재에서 석면이 중량비율 1퍼센트가 넘게 포함되어 있고 그 보온재 길이의 합이 80미터 이상인 경우

② 법 제122조 제1항 단서에서 "석면해체·제거업자와 동등한 능력을 갖추고 있는 경우 등 대통령령으로 정하는 사유에 해당할 경우"란 석면해체·제거작업을 스스로 하려는 자가 제92조 및 별표28에 따른 인력·시설 및 장비를 갖추고 고용노동부령으로 정하는 바에 따라 이를 증명하는 경우를 말한다.

■ 석면해체·제거작업 신고 절차 등(시행규칙 제181조)

① 석면해체·제거업자는 법 제122조 제3항에 따라 석면해체·제거작업 시작 7일 전까지 별지 제77호 서식의 석면해체·제거작업 신고서에 다음 각호의 서류를 첨부하여 해당 석면해체·제거작업 장소의 소재지를 관할하는 지방고용노동관서의 장에게 제출해야 한다. 이 경우 법 제122조 제1항 단서에 따라 석면해체·제거작업을 스스로 하려는 자는 영 제94조 제2항에서 정한 등록에 필요한 인력, 시설 및 장비를 갖추고 있음을 증명하는 서류를 함께 제출해야 한다.

1. 공사계약서 사본
2. 석면 해체·제거 작업계획서(석면 흩날림 방지 및 폐기물 처리방법을 포함한다.)
3. 석면조사결과서

② 석면해체·제거업자는 제1항에 따라 제출한 석면해체·제거작업 신고서의 내용이 변경된 경우에는 지체 없이 별지 제78호 서식의 석면해체·제거작업 변경 신고서를 석면해체·제

거작업 장소의 소재지를 관할하는 지방고용노동관서의 장에게 제출해야 한다.

③ 지방고용노동관서의 장은 제1항에 따른 석면해체·제거작업 신고서 또는 제2항에 따른 변경 신고서를 받았을 때에 그 신고서 및 첨부서류의 내용이 적합한 것으로 확인된 경우에는 그 신고서를 받은 날부터 7일 이내에 별지 제79호 서식의 석면해체·제거작업 신고(변경) 증명서를 신청인에게 발급해야 한다. 다만, 현장책임자 또는 작업근로자의 변경에 관한 사항인 경우에는 지체 없이 그 적합 여부를 확인하여 변경증명서를 신청인에게 발급해야 한다.

④ 지방고용노동관서의 장은 제3항에 따른 확인 결과 사실과 다르거나 첨부서류가 누락된 경우 등 필요하다고 인정하는 경우에는 해당 신고서의 보완을 명할 수 있다.

⑤ 고용노동부장관은 지방고용노동관서의 장이 제1항에 따른 석면해체·제거작업 신고서 또는 제2항에 따른 변경 신고서를 제출받았을 때에는 그 내용을 해당 석면해체·제거작업 대상 건축물 등의 소재지를 관할하는 시장·군수·구청장에게 전자적 방법 등으로 제공할 수 있다.

■ 석면해체·제거 작업기준의 준수(법 제123조)

① 석면이 포함된 건축물이나 설비를 철거하거나 해체하는 자는 고용노동부령으로 정하는 석면해체·제거의 작업기준을 준수하여야 한다. 〈개정 2020. 5. 26.〉

② 근로자는 석면이 포함된 건축물이나 설비를 철거하거나 해체하는 자가 제1항의 작업기준에 따라 근로자에게 한 조치로서 고용노동부령으로 정하는 조치 사항을 준수하여야 한다. 〈개정 2020. 5. 26.〉

■ 석면농도기준의 준수(법 제124조)

① 석면해체·제거업자는 제122조 제1항에 따른 석면해체·제거작업이 완료된 후 해당 작업장의 공기 중 석면농도가 고용노동부령으로 정하는 기준[222] 이하가 되도록 하고, 그 증명자료를 고용노동부장관에게 제출하여야 한다.

② 제1항에 따른 공기 중 석면농도를 측정할 수 있는 자[223]의 자격 및 측정방법에 관한

---

[222] (시행규칙 제182조) 법 제124조 제1항에서 "고용노동부령으로 정하는 기준"이란 1세제곱센티미터당 0.01개를 말한다.
[223] (시행규칙 제184조) 법 제124조 제2항에 따른 공기 중 석면농도를 측정할 수 있는 자는 다음 각호의 어느 하나에 해당하는 자격을 가진 사람으로 한다. 1. 법 제120조 제1항에 따른 석면조사기관에 소속된 산업위생관리산업기사 또는 대기

사항은 고용노동부령으로 정한다.

③ 건축물·설비소유주 등은 석면해체·제거작업 완료 후에도 작업장의 공기 중 석면농도가 제1항의 기준을 초과한 경우 해당 건축물이나 설비를 철거하거나 해체해서는 아니 된다.

■ 석면농도측정 결과의 제출(시행규칙 제183조)

석면해체·제거업자는 법 제124조 제1항에 따라 석면해체·제거작업이 완료된 후에는 별지 제80호 서식의 석면농도측정 결과보고서에 해당 기관이 작성한 별지 제81호 서식의 석면농도측정 결과표를 첨부하여 지체 없이 석면농도기준의 준수 여부에 대한 증명자료를 관할 지방고용노동관서의 장에게 제출(전자문서로 제출하는 것을 포함한다.)해야 한다.

■ 시행규칙 제185조(석면농도의 측정방법)

① 법 제124조 제2항에 따른 석면농도의 측정방법은 다음 각호와 같다.

1. 석면해체·제거작업장 내의 작업이 완료된 상태를 확인한 후 공기가 건조한 상태에서 측정할 것
2. 작업장 내에 침전된 분진을 흩날린 후 측정할 것
3. 시료 채취기를 작업이 이루어진 장소에 고정하여 공기 중 입자상 물질을 채취하는 지역시료 채취방법으로 측정할 것

② 제1항에 따른 측정방법의 구체적인 사항, 그 밖의 시료 채취 수, 분석방법 등에 관하여 필요한 사항은 고용노동부장관이 정하여 고시[224]한다.

산업안전보건법상 석면관련 벌칙

■ 제168조(벌칙)

다음 각호의 어느 하나에 해당하는 자는 5년 이하의 징역 또는 5천만 원 이하의 벌금에 처한다. 〈개정 2020. 6. 9.〉.〉[시행일: 2020. 10. 1.]

1. 제38조 제1항부터 제3항까지(제166조의 2에서 준용하는 경우를 포함한다.), 제39조 제1항(제166조의 2에서 준용하는 경우를 포함한다.), 제51조(제166조의 2에서 준

환경산업기사 이상의 자격을 가진 사람 2. 법 제126조 제1항에 따른 작업환경측정기관에 소속된 산업위생관리산업기사 이상의 자격을 가진 사람

224) 석면조사 및 안전성 평가 등에 관한 고시- 부록

용하는 경우를 포함한다.), 제54조 제1항(제166조의 2에서 준용하는 경우를 포함한다.), 제117조 제1항, 제118조 제1항, 제122조 제1항[225] 또는 제157조 제3항(제166조의 2에서 준용하는 경우를 포함한다.)을 위반한 자

■ **제169조(벌칙)**

다음 각호의 어느 하나에 해당하는 자는 3년 이하의 징역 또는 3천만 원 이하의 벌금에 처한다. 〈개정 2020. 3. 31.〉[시행일: 2020. 10. 1.]

1. 제44조 제1항 후단, 제63조(제166조의 2에서 준용하는 경우를 포함한다.), 제76조, 제81조, 제82조 제2항, 제84조 제1항, 제87조 제1항, 제118조 제3항, 제123조 제1항[226], 제139조 제1항 또는 제140조 제1항(제166조의 2에서 준용하는 경우를 포함한다.)을 위반한 자

2. 제45조 제1항 후단, 제46조 제5항, 제53조 제1항(제166조의 2에서 준용하는 경우를 포함한다.), 제87조 제2항, 제118조 제4항, 제119조 제4항[227] 또는 제131조 제1항(제166조의 2에서 준용하는 경우를 포함한다.)에 따른 명령을 위반한 자

석면의 제조·사용작업, 해체·제거작업 및 유지·관리 등의 조치기준

「산업안전보건기준에 관한 규칙」

제482조(작업수칙)

사업주는 석면의 제조·사용 작업에 근로자를 종사하도록 하는 경우에 석면분진의 발산과 근로자의 오염을 방지하기 위하여 다음 각호의 사항에 관한 작업수칙을 정하고, 이를 작업근로자에게 알려야 한다.

1. 진공청소기 등을 이용한 작업장 바닥의 청소방법

2. 작업자의 왕래와 외부기류 또는 기계진동 등에 의하여 분진이 흩날리는 것을 방지하기 위한 조치

3. 분진이 쌓일 염려가 있는 깔개 등을 작업장 바닥에 방치하는 행위를 방지하기 위한 조치

4. 분진이 확산되거나 작업자가 분진에 노출될 위험이 있는 경우에는 선풍기 사용 금지

5. 용기에 석면을 넣거나 꺼내는 작업

6. 석면을 담은 용기의 운반

---

225) 석면해체·제거업자로하여금 석면의 해체, 제거
226) 석면해체·제거 작업기준의 준수
227) 석면조사

7. 여과집진방식 집진장치의 여과재 교환

8. 해당 작업에 사용된 용기 등의 처리

9. 이상사태가 발생한 경우의 응급조치

10. 보호구의 사용·점검·보관 및 청소

11. 그 밖에 석면분진의 발산을 방지하기 위하여 필요한 조치

제483조(작업복 관리)

① 사업주는 석면 취급작업을 마친 근로자의 오염된 작업복은 석면 전용의 탈의실에서만 벗도록 하여야 한다.

② 사업주는 석면에 오염된 작업복을 세탁·정비·폐기 등의 목적으로 탈의실 밖으로 이송할 경우에 관계근로자가 아닌 사람이 취급하지 않도록 하여야 한다.

③ 사업주는 석면에 오염된 작업복의 석면분진이 공기 중으로 날리지 않도록 뚜껑이 있는 용기에 넣어서 보관하고 석면으로 오염된 작업복임을 표시하여야 한다.

제487조(유지·관리)

사업주는 건축물이나 설비의 천장재, 벽체 재료 및 보온재 등의 손상, 노후화 등으로 석면분진을 발생시켜 근로자가 그 분진에 노출될 우려가 있을 경우에는 해당 자재를 제거하거나 다른 자재로 대체하거나 안정화(安定化)하거나 씌우는 등 필요한 조치를 하여야 한다.

제488조(일반석면조사)

① 법 제119조 제1항에 따라 건축물·설비를 철거하거나 해체하려는 건축물·설비의 소유주 또는 임차인 등은 그 건축물이나 설비의 석면함유 여부를 맨눈, 설계도서, 자재이력(履歷) 등 적절한 방법을 통하여 조사하여야 한다. 〈개정 2019. 12. 26.〉

② 제1항에 따른 조사에도 불구하고 해당 건축물이나 설비의 석면 함유 여부가 명확하지 않은 경우에는 석면의 함유 여부를 성분분석하여 조사하여야 한다.

제489조(석면해체·제거작업 계획 수립)

① 사업주는 석면해체·제거작업을 하기 전에 법 제119조에 따른 일반석면조사 또는 기관석면조사 결과를 확인한 후 다음 각호의 사항이 포함된 석면해체·제거작업 계획을 수립하고, 이에 따라 작업을 수행하여야 한다. 〈개정 2019. 12. 26.〉

1. 석면해체·제거작업의 절차와 방법

2. 석면 흩날림 방지 및 폐기방법

3. 근로자 보호조치

② 사업주는 제1항에 따른 석면해체·제거작업 계획을 수립한 경우에 이를 해당 근로자에게 알려야 하며, 작업장에 대한 석면조사 방법 및 종료일자, 석면조사 결과의 요지를 해당 근로자가 보기 쉬운 장소에 게시하여야 한다. 〈개정 2012. 3. 5.〉

제490조(경고표지의 설치)

사업주는 석면해체·제거작업을 하는 장소에 「산업안전보건법 시행규칙」 별표6 중 일람표 번호 502에 따른 표지를 출입구에 게시하여야 한다. 다만, 작업이 이루어지는 장소가 실외이거나 출입구가 설치되어 있지 아니한 경우에는 근로자가 보기 쉬운 장소에 게시하여야 한다. 〈개정 2019. 12. 26.〉

제491조(개인보호구의 지급·착용)

① 사업주는 석면해체·제거작업에 근로자를 종사하도록 하는 경우에 다음 각호의 개인보호구를 지급하여 착용하도록 하여야 한다. 다만, 제2호의 보호구는 근로자의 눈 부분이 노출될 경우에만 지급한다. 〈개정 2019. 12. 26.〉

1. 방진마스크(특등급만 해당한다.)나 송기마스크 또는 「산업안전보건법 시행령」 별표 28 제3호마목에 따른 전동식 호흡보호구. 다만, 제495조 제1호의 작업에 종사하는 경우에는 송기마스크 또는 전동식 호흡보호구를 지급하여 착용하도록 하여야 한다.
2. 고글(Goggles)형 보호안경
3. 신체를 감싸는 보호복, 보호장갑 및 보호신발

② 근로자는 제1항에 따라 지급된 개인보호구를 사업주의 지시에 따라 착용하여야 한다.

제492조(출입의 금지)

① 사업주는 제489조 제1항에 따른 석면해체·제거작업 계획을 숙지하고 제491조 제1항 각호의 개인보호구를 착용한 사람 외에는 석면해체·제거작업을 하는 작업장(이하 "석면해체·제거작업장"이라 한다.)에 출입하게 해서는 아니 된다. 〈개정 2012. 3. 5.〉

② 근로자는 제1항에 따라 출입이 금지된 장소에 사업주의 허락 없이 출입해서는 아니 된다.

제493조(흡연 등의 금지)

① 사업주는 석면해체·제거작업장에서 근로자가 담배를 피우거나 음식물을 먹지 않도록 하고 그 내용을 보기 쉬운 장소에 게시하여야 한다. 〈개정 2012. 3. 5.〉

② 근로자는 제1항에 따라 흡연 또는 음식물의 섭취가 금지된 장소에서 흡연 또는 음식물 섭취를 해서는 아니 된다.

제494조(위생설비의 설치 등)

① 사업주는 석면해체·제거작업장과 연결되거나 인접한 장소에 평상복 탈의실, 샤워실 및 작업복 탈의실 등의 위생설비를 설치하고 필요한 용품 및 용구를 갖추어 두어야 한다. 〈개정 2019. 12. 26.〉

② 사업주는 석면해체·제거작업에 종사한 근로자에게 제491조 제1항 각호의 개인보호구를 작업복 탈의실에서 벗어 밀폐용기에 보관하도록 하여야 한다. 〈개정 2019. 12. 26.〉

③ 사업주는 석면해체·제거작업을 하는 근로자가 작업 도중 일시적으로 작업장 밖으로 나가는 경우에는 고성능 필터가 장착된 진공청소기를 사용하는 방법 등으로 제491조 제2항에 따라 착용한 개인보호구에 부착된 석면분진을 제거한 후 나가도록 하여야 한다. 〈신설 2012. 3. 5.〉

④ 사업주는 제2항에 따라 보관 중인 개인보호구를 폐기하거나 세척하는 등 석면분진을 제거하기 위하여 필요한 조치를 하여야 한다. 〈개정 2012. 3. 5.〉

제495조(석면해체·제거작업 시의 조치)

사업주는 석면해체·제거작업에 근로자를 종사하도록 하는 경우에 다음 각호의 구분에 따른 조치를 하여야 한다. 다만, 사업주가 다른 조치를 한 경우로서 지방고용노동관서의 장이 다음 각호의 조치와 같거나 그 이상의 효과가 있다고 인정하는 경우에는 다음 각호의 조치를 한 것으로 본다. 〈개정 2019. 12. 26.〉

1. 분무(噴霧)된 석면이나 석면이 함유된 보온재 또는 내화피복재(耐火被覆材)의 해체·제거작업

    가. 창문·벽·바닥 등은 비닐 등 불침투성 차단재로 밀폐하고 해당 장소를 음압(陰壓)으로 유지하고 그 결과를 기록·보존할 것(작업장이 실내인 경우에만 해당한다.)

    나. 작업 시 석면분진이 흩날리지 않도록 고성능 필터가 장착된 석면분진 포집장치를 가동하는 등 필요한 조치를 할 것(작업장이 실외인 경우에만 해당한다.)

    다. 물이나 습윤제(濕潤劑)를 사용하여 습식(濕式)으로 작업할 것

    라. 평상복 탈의실, 샤워실 및 작업복 탈의실 등의 위생설비를 작업장과 연결하여 설치할 것(작업장이 실내인 경우에만 해당한다.)

2. 석면이 함유된 벽체, 바닥타일 및 천장재의 해체·제거작업[천공(穿孔)작업 등 석면이 적게 흩날리는 작업을 하는 경우에는 나목의 조치로 한정한다.]

가. 창문·벽·바닥 등은 비닐 등 불침투성 차단재로 밀폐할 것

나. 물이나 습윤제를 사용하여 습식으로 작업할 것

다. 작업 장소를 음압으로 유지하고 그 결과를 기록·보존할 것(석면함유·벽체·바닥타일·천장재를 물리적으로 깨거나 기계 등을 이용하여 절단하는 작업인 경우에만 해당한다.)

3. 석면이 함유된 지붕재의 해체·제거작업

가. 해체된 지붕재는 직접 땅으로 떨어뜨리거나 던지지 말 것

나. 물이나 습윤제를 사용하여 습식으로 작업할 것(습식작업 시 안전상 위험이 있는 경우는 제외한다.)

다. 난방이나 환기를 위한 통풍구가 지붕 근처에 있는 경우에는 이를 밀폐하고 환기설비의 가동을 중단할 것

4. 석면이 함유된 그 밖의 자재의 해체·제거작업

가. 창문·벽·바닥 등은 비닐 등 불침투성 차단재로 밀폐할 것(작업장이 실내인 경우에만 해당한다.)

나. 석면분진이 흩날리지 않도록 석면분진 포집장치를 가동하는 등 필요한 조치를 할 것(작업장이 실외인 경우에만 해당한다.)

다. 물이나 습윤제를 사용하여 습식으로 작업할 것

제496조(석면함유 잔재물 등의 처리)

① 사업주는 석면해체·제거작업이 완료된 후 그 작업 과정에서 발생한 석면함유 잔재물 등이 해당 작업장에 남지 아니하도록 청소 등 필요한 조치를 하여야 한다.

② 사업주는 석면해체·제거작업 및 제1항에 따른 조치 중에 발생한 석면함유 잔재물 등을 비닐이나 그 밖에 이와 유사한 재질의 포대에 담아 밀봉한 후 별지 제3호 서식에 따른 표지를 붙여 「폐기물관리법」에 따라 처리하여야 한다.

[전문개정 2019. 1. 31.]

제497조(잔재물의 흩날림 방지)

① 사업주는 석면해체·제거작업에서 발생된 석면을 함유한 잔재물은 습식으로 청소하거나 고성능필터가 장착된 진공청소기를 사용하여 청소하는 등 석면분진이 흩날리지 않도록 하여야 한다. 〈개정 2012. 3. 5.〉

② 사업주는 제1항에 따라 청소하는 경우에 압축공기를 분사하는 방법으로 청소해서는 아니 된다.

제497조의 2(석면해체·제거작업 기준의 적용 특례)

석면해체·제거작업 중 석면의 함유율이 1퍼센트 이하인 경우의 작업에 관해서는 제489조부터 제497조까지의 규정에 따른 기준을 적용하지 아니한다.

[본조신설 2012. 3. 5.]

제497조의 3(석면함유 폐기물 처리작업 시 조치)

① 사업주는 석면을 1퍼센트 이상 함유한 폐기물(석면의 제거작업 등에 사용된 비닐시트·방진마스크·작업복 등을 포함한다.)을 처리하는 작업으로서 석면분진이 발생할 우려가 있는 작업에 근로자를 종사하도록 하는 경우에는 석면분진 발산원을 밀폐하거나 국소배기장치를 설치하거나 습식방법으로 작업하도록 하는 등 석면분진이 발생하지 않도록 필요한 조치를 하여야 한다. 〈개정 2017. 3. 3.〉

② 제1항에 따른 사업주에 관하여는 제464조, 제491조 제1항, 제492조, 제493조, 제494조 제2항부터 제4항까지 및 제500조를 준용하고, 제1항에 따른 근로자에 관하여는 제491조 제2항을 준용한다.

감리인 지정 및 감리인의 업무 등

■ 감리인 지정 등(「석면안전관리법」 제30조)

① 발주자는 석면해체·제거작업 개시 전까지 석면해체·제거작업의 안전한 관리를 위하여 석면해체·제거작업의 감리인(이하 "석면해체작업감리인"이라 한다.)을 지정하여야 한다. 〈개정 2019. 11. 26.〉 [시행일: 2020. 5. 27.]

② 발주자는 석면해체작업감리인을 지정한 경우 환경부령으로 정하는 바에 따라 특별자치시장·특별자치도지사·시장·군수·구청장에게 이를 신고하여야 한다. 〈신설 2017. 11. 28.〉

③ 발주자는 제2항에 따라 신고한 사항 중 환경부령으로 정하는 사항을 변경한 경우에는 특별자치시장·특별자치도지사·시장·군수·구청장에게 변경신고를 하여야 한다. 〈신설 2017. 11. 28.〉

④ 특별자치시장·특별자치도지사·시장·군수·구청장은 제2항에 따른 신고 또는 제3항에 따른 변경신고를 받은 경우 그 내용을 검토하여 이 법에 적합하면 신고를 수리하여야 한다.

〈신설 2022. 6. 10.〉

⑤ 석면해체작업감리인의 지정기준, 지정방법 등에 관한 사항은 환경부장관, 고용노동부장관 및 국토교통부장관이 협의하여 공동으로 고시[228]한다. 〈개정 2022. 6. 10.〉

■ **감리인 지정 등**(「석면안전관리법 시행규칙」 제41조의 2)

① 발주자는 법 제30조 제1항에 따른 석면해체·제거작업의 감리인(이하 "석면해체작업감리인"이라 한다.)을 지정한 경우에는 별지 제20호의 2 서식의 석면해체작업감리인 지정신고서에 다음 각호의 서류를 첨부하여 석면해체·제거작업을 시작하는 날의 7일 전까지 특별자치시장·특별자치도지사·시장·군수·구청장에게 제출하여야 한다. 〈개정 2021. 6. 28.〉

1. 「산업안전보건법 시행규칙」 제176조 제3항에 따른 석면조사 결과서 사본 1부

2. 「산업안전보건법 시행규칙」 별지 제77호 서식의 석면해체·제거작업 신고서 사본 1부

3. 「산업안전보건기준에 관한 규칙」 제489조 제1항에 따른 석면해체·제거작업 계획서 사본 1부

4. 감리용역계약서 사본 1부

5. 다음 각 목에 해당하는 자의 법인 등기사항증명서 또는 사업자등록증 1부. 이 경우 담당 공무원은 「전자정부법」 제36조 제1항에 따른 행정정보의 공동이용을 통하여 법인 등기사항 증명서 또는 사업자등록증(개인인 경우만 해당한다.)을 확인하여야 하며, 사업자등록증의 확인에 동의하지 아니하면 해당 서류의 사본을 첨부하도록 하여야 한다.

　가. 석면해체작업감리인

　나. 석면해체·제거업자

　다. 석면조사기관

　라. 법 제28조 제2항에 따른 석면의 비산 정도 측정기관

　마. 「산업안전보건법」 제124조 제2항에 따른 공기 중 석면농도를 측정하는 자

6. 감리 업무를 직접 수행하는 인력(이하 "감리원"이라 한다.)의 재직증명서 및 근무 사실을 확인할 수 있는 서류(국민연금·국민건강보험·고용보험 또는 산업재해보상보험 중 하나의 가입증명서를 말한다.) 각 1부

② 발주자는 법 제30조 제3항에 따라 다음 각호의 어느 하나에 해당하는 사항이 변경된 경우에는 별지 제20호의 2서식의 석면해체작업감리인 변경지정 신고서에 다음 각호의

---

228) 석면해체작업 감리인 기준– 부록

구분에 따른 서류를 첨부하여 변경된 날부터 7일 이내에 특별자치시장·특별자치도지사·시장·군수·구청장에게 제출하여야 한다. 〈개정 2021. 6. 28.〉

  1. 감리용역계약이 변경된 경우

   가. 감리용역계약의 변경을 증명할 수 있는 서류 1부

   나. 「산업안전보건법 시행규칙」 별지 제78호 서식의 석면해체·제거작업 변경 신고서 사본 1부(석면해체·제거작업 기간 또는 감리기간이 변경된 경우만 제출한다.)

   다. 「산업안전보건기준에 관한 규칙」 제489조 제1항에 따른 석면해체·제거작업 계획서 사본 1부(석면해체·제거작업 기간 또는 감리기간이 변경된 경우만 제출한다.)

  2. 감리원이 변경된 경우: 감리원의 변경을 증명할 수 있는 서류 1부

③ 특별자치시장·특별자치도지사·시장·군수·구청장은 제1항에 따른 신고 또는 제2항에 따른 변경신고를 받은 경우에는 법 제30조 제5항에 따른 지정기준을 충족하는지 여부를 확인하여 그 처리결과를 신고를 받은 날부터 7일 이내에 신고수리여부를 신고인에게 통보하여야 한다. [본조신설 2022. 12. 9.]

■ **감리인 지정 및 배치 기준**(「석면해체작업감리인 기준」 제3조)

> ① 발주자는 다음 각호의 1에 해당하는 사업장에 감리인을 지정하여야 한다.
>
> 1. 철거 또는 해체하려는 건축물이나 설비에 석면이 함유된 분무재 또는 내화피복재가 사용된 사업장
>
> 2. 철거 또는 해체하려는 건축물이나 설비에 사용된 1호 이외의 석면건축자재 면적이 800제곱미터 이상인 사업장

② 다음 각호의 어느 하나에 해당하는 자는 해당 석면해체·제거작업의 감리인이 될 수 없다.

 1. 해당 건축물이나 설비에 대한 석면해체·제거작업을 수행하는 자

 2. 해당 건축물이나 설비에 대하여 석면조사를 실시한 기관

 3. 법 제28조 및 같은 법 시행규칙 제38조 제1항에 따라 당해 석면해체·제거 사업장의 석면 비산 정도를 측정하는 기관(이하 "석면 비산 정도 측정기관"이라 한다.)

 4. 「산업안전보건법」 제124조 및 같은 법 시행규칙 제184조에 따라 당해 석면해체·제거작업에 대한 공기 중 석면농도를 측정하는 자가 소속된 석면조사기관 또는 작업환

경측정기관(이하 "공기 중 석면농도 측정기관"이라 한다.)

5. 제1호부터 제4호까지 해당하는 자의 「독점규제 및 공정거래에 관한 법률」 제2조 제3호에 따른 계열사

6. 제1호부터 제5호까지 해당하는 자가 가입한 비영리법인

③ 발주자, 석면건축물 소유자, 석면건축물안전관리인, 석면해체·제거업자 등은 감리인 지정을 피하기 위하여 석면건축자재 면적을 800제곱미터 미만으로 임의로 축소하거나 나누어 신고하면 아니 된다.

④ 발주자는 감리인으로 하여금 다음 각호의 기준에 따라 감리원을 배치하도록 하여야 한다. 다만, 천재지변, 재해 등 불가피한 경우로서 특별자치시장·특별자치도지사·시장·군수·구청장이 인정하는 경우에는 감리원을 배치하지 아니할 수 있다.

1. 제1항 제1호 해당 사업장: 고급감리원 1인 이상

2. 제1항 제2호에 따른 사업장 중에서 석면건축자재 면적이 2,000제곱미터 초과인 사업장: 고급감리원 1인 이상

3. 제1항 제2호에 따른 사업장 중에서 석면건축자재 면적이 2,000제곱미터 이하인 사업장: 일반감리원 1인 이상

4. 「석면안전관리법 시행령」 제40조 각호에 따른 사업장으로서 공구를 나누어 같은 시기에 석면해체·제거작업을 시행하는 사업장: 공구별로 제1호 내지 제3호의 기준에 따른 감리원을 배치하되 석면건축자재 면적이 800제곱미터 미만인 공구에도 일반감리원 1인 배치

⑤ 제1항 제2호 또는 제4항 제2호부터 제4호의 규정에 의한 석면건축자재 면적은 최근 1년간 같은 사업장에서 「산업안전보건법」 제122조 제3항에 따라 신고된 석면해체·제거작업이 있는 경우 이를 합산한 면적으로 한다.

⑥ 발주자는 「산업안전보건법」 제122조 제3항에 따라 신고된 석면해체·제거작업기간을 포함하는 기간 동안 감리인을 지정하여야 한다.

⑦ 감리인은 제4항 각호에 따라 배치된 감리원이 「산업안전보건기준에 관한 규칙」 제495조에 따라 비닐 등 불침투성 차단재로 밀폐하는 등의 준비 작업을 착수하는 시점부터 석면해체·제거로 인해 발생한 폐석면이 「폐기물관리법」 시행규칙 별표5에 따라 적정하게 보관 또는 처리되고, 석면 잔재물의 잔류 확인 등의 석면 안전성 확인이 완료되는 시점까지 석면해체·제거작업 현장에 상주하면서 감리 업무를 수행하도록 하여야 한다.

■ **감리인의 업무 등**(「석면안전관리법」 제30조의 4)

① 석면해체작업감리인의 업무는 다음 각호와 같다.
  1. 사업장주변석면배출허용기준 준수 여부 관리
  2. 「산업안전보건법」 제38조의 5 제1항에 따른 석면농도기준(이하 이 조에서 "석면농도기준"이라 한다.) 준수 여부 관리
  3. 석면해체·제거작업 계획의 적절성 검토 및 계획의 이행 여부 확인
  4. 인근 지역 주민들에 대한 석면 노출방지 대책 검토
  5. 석면해체·제거업자의 관련 법령 준수 여부 확인
  6. 그 밖에 환경부령으로 정하는 업무(하단 「시행규칙」 제41조의 5 참조)

② 석면해체작업감리인은 석면해체·제거작업이 사업장주변석면배출허용기준 또는 석면농도기준을 지키기 어렵다고 판단하면 석면해체·제거업자에게 다음 각호의 조치를 요청하여야 한다.
  1. 석면해체·제거작업의 시정(사업장주변석면배출허용기준을 초과하는 경우만 해당한다.)
  2. 석면해체·제거작업의 중지(사업장주변석면배출허용기준을 초과하는 경우만 해당한다.)
  3. 「산업안전보건법」 제38조의 5 제3항에 따른 건축물이나 설비의 철거 또는 해체 중지(석면농도기준을 초과하는 경우만 해당한다.)

③ 석면해체작업감리인은 석면해체·제거업자가 제2항 각호의 조치를 요청받고도 석면해체·제거작업을 계속하는 경우에는 환경부령으로 정하는 바에 따라 지방환경관서의 장과 특별자치시장·특별자치도지사·시장·군수·구청장 또는 지방고용노동관서의 장에게 보고하여야 한다. 이 경우 보고를 받은 특별자치시장·특별자치도지사·시장·군수·구청장 또는 지

방고용노동관서의 장은 지체 없이 작업중지를 명하여야 한다.

④ 제2항 각호의 조치를 요청받고 이를 이행한 석면해체·제거업자와 제3항 후단에 따른 작업중지 명령을 받은 석면해체·제거업자가 석면해체·제거작업을 다시 하려는 경우에는 사업장주변석면배출허용기준 또는 석면농도기준의 준수에 필요한 개선계획을 특별자치시장·특별자치도지사·시장·군수·구청장 또는 지방고용노동관서의 장에게 제출하여 승인을 받아야 한다. 이 경우 석면해체작업감리인으로 하여금 그 개선계획을 미리 검토하도록 하여야 한다.

⑤ 제4항에 따른 개선계획에 포함되어야 할 사항 및 승인 절차 등 은 대통령령으로 정한다. [본조신설 2017. 11. 28.] [제30조의 2에서 이동 〈2018. 12. 24.〉]

■ **감리인의 업무 등**(「석면안전관리법 시행규칙」 제41조의 5)

① 법 제30조의 4 제1항 제6호에서 "환경부령으로 정하는 업무"란 다음 각호의 업무를 말한다. 〈개정 2019. 12. 24.〉

　　1. 다음 각 목의 사항에 대한 관리·감독

　　　가. 석면해체·제거작업

　　　나. 석면의 비산 정도 측정

　　　다. 공기 중 석면농도의 측정

　　　라. 작업 중 발생한 폐기물의 보관

　　2. 석면해체·제거작업 중 민원 또는 피해 발생 사항에 대한 관할 지방자치단체 보고

　　3. 석면해체·제거작업 완료 시 작업장 및 그 주변에 대하여 석면 잔재물 잔류여부 확인

　　4. 석면 해체·제거작업 감리의 완료 보고

② 감리인은 법 제30조의 4 제1항 각호의 업무를 수행하기 위하여 감리원을 현장에 배치하여 상주하도록 하고, 개인 보호구를 지급하는 등 감리원의 안전을 보호하기 위한 조치를 하여야 한다. 〈개정 2019. 12. 24.〉

③ 제1항 제3호에 따른 확인, 같은 항 제4호에 따른 완료 보고, 제2항에 따른 감리원 상주 및 보호조치에 관하여 필요한 사항은 환경부장관, 고용노동부장관 및 국토교통부장관이 협의하여 공동으로 고시[229]한다.

---

229) 석면해체작업 감리인 기준- 부록

[본조신설 2018. 5. 29.] [제41조의 3에서 이동 〈2019. 12. 24.〉]

■ **석면해체·제거작업 조치 요청의 보고**(「석면안전관리법 시행규칙」 제42조)

① 석면해체작업감리인은 다음 각호의 구분에 따라 법 제30조의 4 제3항에 따른 보고를 하여야 한다. 〈개정 2019. 12. 24.〉

    1. 법 제30조의 4 제2항 제1호 또는 제2호에 따른 작업시정 또는 작업중지 요청 불이행의 경우: 특별자치시장·특별자치도지사·시장·군수·구청장 및 지방환경관서의 장
    2. 법 제30조의 4 제2항 제3호에 따른 작업중지 요청 불이행의 경우: 지방고용노동관서의 장 및 지방환경관서의 장

② 석면해체작업감리인이 제1항에 따라 보고를 할 때에는 별지 제21호 서식의 석면해체·제거 사업장 조치 요청 보고서에 다음 각호의 서류를 첨부하여 제출하여야 한다.

    1. 작업시정 또는 작업중지 요청서 사본
    2. 석면해체작업감리인 지정서 사본
    3. 감리 결과보고서

■ **개선계획의 제출 등**(「석면안전관리법 시행령」 제42조의 2)

① 석면해체·제거업자가 법 제30조의 4 제4항에 따라 석면해체·제거작업을 다시 하려는 경우에는 환경부령으로 정하는 석면해체·제거작업 개선계획서에 다음 각호의 사항이 포함된 서류를 첨부하여 특별자치시장·특별자치도지사·시장·군수·구청장 또는 지방고용노동관서의 장에게 제출해야 한다. 〈개정 2019. 12. 3.〉

    1. 석면해체작업감리인의 조치요청서 또는 특별자치시장·특별자치도지사·시장·군수·구청장 또는 지방고용노동관서의 장의 작업중지 명령서 사본
    2. 석면해체·제거업체 전문인력, 시설 및 장비 보유 현황
    3. 석면비산방지계획 상세 내용(석면비산방지 시설 또는 장비의 보강계획을 포함한다.)
    4. 석면의 비산 정도 측정계획 상세 내용(측정 지점, 방법 및 주기 등을 명시하여야 한다.)
    5. 그 밖의 사업장주변석면배출허용기준의 준수에 필요한 상세 내용

② 제1항에 따른 개선계획의 승인 절차에 관하여는 제41조 제2항 및 제3항을 각각 준용한다. 이 경우 "특별자치시장·특별자치도지사·시장·군수·구청장"은 "특별자치시장·특별자치도지사·시장·군수·구청장 또는 지방고용노동관서의 장"으로 본다. 〈개정 2018. 5. 21.〉

■ **감리인의 등록 기준 및 절차**(「석면안전관리법 시행령」 제42조)

① 법 제30조의 2 제1항 전단에 따른 석면해체·제거작업의 감리인(이하 "석면해체작업 감리인"이라 한다.)의 등록 기준은 별표3의 2[230]와 같다.

② 법 제30조의 2 제1항에 따라 석면해체작업감리인으로 등록하거나 등록한 사항을 변경하려는 자는 환경부령으로 정하는 바에 따라 등록신청서 또는 변경등록신청서를 시·도 지사에게 제출해야 한다.

③ 제2항에 따라 등록신청을 받은 시·도지사는 신청인이 제1항에 따른 등록 기준을 갖춘 경우에는 환경부령으로 정하는 바에 따라 등록증을 교부해야 한다.
[본조신설 2019. 12. 3.] [종전 제42조는 제42조의 2로 이동 〈2019. 12. 3.〉]

■ **감리인에 대한 평가 등**(「석면안전관리법」 제30조의 5)

① 환경부장관은 제30조의 2 제1항에 따라 등록한 석면해체작업감리인에 대하여 평가하고 그 결과를 공개하여야 한다.

② 환경부장관은 제1항에 따른 평가를 위하여 석면해체작업감리인의 인력 및 장비 보유 현황, 감리실적, 행정처분이력 등 필요한 사항에 대한 데이터베이스를 구축할 수 있다.

③ 제1항에 따른 평가의 기준·방법 및 결과의 공개 방법 등에 필요한 사항은 환경부령으로 정한다.

■ **감리인 평가의 기준 및 방법**(「석면안전관리법 시행규칙」 제43조의 2)

① 법 제30조의 5 제1항 및 제3항에 따른 석면해체작업감리인 평가의 기준·방법 및 결과의 공개 방법 등은 별표5의 2[231]와 같다.

② 환경부장관은 석면해체작업감리인에 대한 평가를 실시한 경우 별표5의 2에 따라 평가등급을 정하고, 그 결과를 해당 석면해체작업감리인에게 서면으로 통보해야 한다.

③ 석면해체작업감리인은 제2항에 따른 평가 결과를 통보받은 날부터 7일 이내에 서면

---

230) 석면해체작업 감리원의 등록 기준– 참조
231) 석면해체작업감리인 평가의 기준·방법– 참조

으로 환경부장관에게 이의신청을 할 수 있으며, 이의신청을 받은 환경부장관은 그 신청을 받은 날부터 14일 이내에 이의신청에 대한 처리 결과를 신청인에게 서면으로 알려야 한다.

④ 환경부장관은 석면해체작업감리인에 대한 평가 결과를 환경부의 인터넷 홈페이지와 정보망을 통하여 공개해야 한다.

⑤ 제1항부터 제4항까지 규정한 사항 외에 평가의 기준·방법 및 결과의 공개 방법 등에 관하여 필요한 사항은 환경부장관이 정하여 고시한다.

[본조신설 2019. 12. 24.]

행정처분 및 벌칙

■ 감리인의 등록 취소 등(「석면안전관리법」 제30조의 6)

① 시·도지사는 석면해체작업감리인이 다음 각호의 어느 하나에 해당하는 경우에는 그 등록을 취소하거나 6개월 이내의 기간을 정하여 영업의 정지를 명할 수 있다. 다만, 제1호·제2호·제4호 또는 제5호에 해당하는 경우에는 등록을 취소하여야 한다.

1. 거짓이나 그 밖의 부정한 방법으로 등록을 한 경우
2. 제30조의 2 제2항을 위반하여 다른 자에게 등록증을 빌려준 경우
3. 제30조의 2 제3항에 따른 등록 기준에 미달하게 된 경우
4. 제30조의 3 제1호, 제2호 또는 제4호 중 어느 하나에 해당하게 된 경우. 다만, 같은 조 제4호에 해당하는 법인으로서 결격사유에 해당하게 된 날부터 2개월 이내에 그 임원을 결격사유가 없는 임원으로 바꾸어 선임한 경우는 제외한다.
5. 2년에 3회 이상 영업정지 처분을 받게 된 경우
6. 제2항에 따른 시정명령을 이행하지 아니한 경우

② 시·도지사는 석면해체작업감리인이 다음 각호의 어느 하나에 해당하는 경우에는 일정한 기간을 정하여 시정을 명할 수 있다.

1. 제30조의 2 제3항에 따른 등록 기준에 미달하게 된 경우
2. 제30조의 5에 따른 평가 결과 환경부령으로 정하는 기준 이하의 등급[232]을 받은 경우

---

232) (석면안전관리법 시행규칙 제43조의 3) 법 제30조의 6 제2항 제2호에서 "환경부령으로 정하는 기준 이하의 등급"이란 별표5의 2에 따른 석면해체작업감리인에 대한 평가등급이 미흡에 해당하는 경우를 말한다. – 별표 참조

③ 제1항 및 제2항에 따른 등록의 취소와 영업정지의 기준 및 시정명령의 기간은 대통령령으로 정한다.

[본조신설 2018. 12. 24.]

■ **감리인에 대한 행정처분 기준**(「석면안전관리법 시행령」 제42조의 3)

법 제30조의 6 제1항 및 제2항에 따른 석면해체작업감리인의 등록 취소, 영업정지 및 시정명령 등 행정처분에 관한 기준은 별표3의 3[233]과 같다.

[본조신설 2019. 12. 3.]

■ **석면안전관리법 제44조**(벌칙)

다음 각호의 어느 하나에 해당하는 자는 5년 이하의 징역 또는 5천만 원 이하의 벌금에 처한다.

　　1. 제8조 제1항[234]을 위반하여 석면 등의 사용 등을 한 자

■ **석면안전관리법 제45조**(벌칙)

다음 각호의 어느 하나에 해당하는 자는 3년 이하의 징역 또는 3천만 원 이하의 벌금에 처한다. 〈개정 2022. 6. 10.〉

　　3. 제17조 제1[235]항을 위반하여 승인기관의 승인을 받지 아니하고 개발사업을 한 자

　　4. 제22조 제5항[236]에 따른 사용중지 명령을 따르지 아니한 자

　　5. 제29조 제1항[237]에 따른 작업중지 명령을 따르지 아니한 자

■ **석면안전관리법 제46조**(벌칙)

제11조 제6항[238]에 따른 작업중지 명령을 따르지 아니한 자는 2년 이하의 징역 또는 2천만 원 이하의 벌금에 처한다. 〈개정 2022. 6. 10.〉

■ **석면안전관리법 제47조**(벌칙)

다음 각호의 어느 하나에 해당하는 자는 1년 이하의 징역 또는 1천만 원 이하의 벌금에 처한다. 〈개정 2018. 12. 24.〉

---

233)　석면해체작업감리인의 행정처분 기준- 부록
234)　석면 등의 사용금지
235)　석면비산방지계획서의 제출, 승인
236)　석면비산방지에 필요한 조치 명령
237)　석면해체작업 중지
238)　석면배출 허용기준 초과 시 작업중지명령

1. 제17조 제3항[239]을 위반하여 승인기관의 변경승인을 받지 아니하고 개발사업을 한 자

2. 제18조 제3항[240](제20조 제3항에 따라 준용하는 경우를 포함한다.)에 따른 사업중지 명령이 나 시설의 사용중지 또는 사용제한 명령을 따르지 아니한 자

3. 제30조 제1항[241]을 위반하여 석면해체작업감리인을 지정하지 아니한 자

3의 2. 제30조의 2 제1항[242]을 위반하여 등록하지 아니하고 석면해체·제거작업의 감리 업무를 한 자

3의 3. 제30조의 2 제2항을 위반하여 다른 자에게 등록증을 빌려 준 자

4. 제30조의 4 제2항[243] 각호의 조치 요청을 받고도 이에 따르지 아니한 자

5. 제30조의 4 제3항[244] 후단에 따른 작업중지 명령을 받고도 이에 따르지 아니한 자

■ 석면안전관리법 제47조의 2(벌칙)

제30조의 4 제1항부터 제3항[245]에 따른 업무를 수행하지 아니한 석면해체작업감리인은 300만 원 이하의 벌금에 처한다. 〈개정 2018. 12. 24.〉

■ 석면안전관리법 제49조(과태료) 및 시행령 제52조(과태료 부과기준) – 참조

---

239) 석면비산방지계획서의 제출
240) 석면비산방지시설의 설치
241) 석면해체, 제거작업 감리인 지정
242) 석면해체작업 감리인의 등록
243) 석면해체작업 감리인의 조치
244) 석면해체작업 감리인의 작업중지명령
245) 석면해체작업 감리인의 업무 등

제 5 장
—
부대공사 감리(요약)

명 칭	감리대상	관련법규
소방시설공사	■ 소방공사감리의 종류, 대상 및 방법(「소방시설공사업법 시행령」 별표3) **상주공사감리** 1. 연면적 3만 제곱미터 이상의 특정소방대상물(아파트는 제외한다.) 특정소방대상물:「소방시설공사업법」 제17조, 시행령 제10조 (공사감리자 지정대상 특정소방대상물의 범위)참조 2. 지하를 포함한 층수가 16층 이상으로서 500세대 이상인 아파트에 대한 소방시설의 공사 **일반공사감리** 상주 공사감리에 해당하지 않는 소방시설의 공사	· 소방시설공사업법 · 소방기본법 · 화재예방·소방시설 설치·유지 및 안전관리에 관한 법률 · 간이 스프링클러 설비의 화재안전기준 · 소방용품의 품질관리 등에 관한 규칙 · 소방시설의 사업수행능력 평가적용 기준금액
전력시설물공사	■ 전력기술관리법 제12조(공사감리 등) ① 전력시설물의 설치·보수 공사 발주자(이하 "발주자"라 한다.)는 전력시설물의 설치·보수 공사의 품질 확보 및 향상을 위하여 제14조 제1항에 따라 공사감리업의 등록을 한 자(이하 "감리업자"라 한다.)에게 공사감리를 발주하여야 한다. ② 제1항에도 불구하고 다음 각호의 어느 하나에 해당하는 전력시설물의 설치·보수 공사의 경우에는 감리업자에게 공사감리를 발주하지 아니할 수 있다. 1. 국가, 지방자치단체, 공기업, 그 밖에 대통령령으로 정하는 기관 또는 단체가 시행하는 전력시설물 공사로서 그 소속 직원 중 감리원 수첩을 발급받은 사람에게 제4항에 따른 배치 기준에 따라 감리 업무를 수행하게 하는 공사 2. 그 밖에 대통령령으로 정하는 소규모 또는 특수시설물공사 (「전력기술관리법 시행령」 제20조 제2항 참조) ⑧ 특별시장·광역시장·특별자치시장·도지사 또는 특별자치도지사(이하 "시·도지사"라 한다.)는 「주택법」 제15조 제1항에 따라 주택건설사업계획을 승인할 때에는 제1항에도 불구하고 그 주택건설공사(사업주체가 제14조의 2 제1항 각호의 어느 하나에 해당하는 자인 경우는 제외한다.)에서 전력시설물의 공사감리를 할 감리업자를 제14조의 2 제2항에 따른 사업수행능력 평가 기준에 따라 선정하여야 한다. 〈개정 2013. 7. 30., 2016. 1. 19.〉 ⑨ 제8항에 따라 시·도지사가 감리업자를 선정하는 주택건설공사의 규모 및 대상 등에 관하여 필요한 사항은 대통령령으로 정한다. ■ 전력기술관리법 시행령 제25조의 3(주택건설공사의 규모 및 대상) 법 제12조 제9항에 따라 시·도지사가 감리업자를 선정하는 주택건설공사의 대상 및 규모는 「주택법」 제2조 제3호에 따른 공동주택(기숙사는 제외한다.)으로서 300세대 이상인 것으로 한다. 〈개정 2016. 8. 11.〉	· 전력기술관리법 · 전기사업법 · 전기공사업법 · 전력기술관리법 운영요령 · 전력시설물 공사감리 업무 수행 지침 · 설계감리 업무 수행 지침

정보통신공사	■ 정보통신공사업법 제8조(감리 등) ① 발주자는 용역업자에게 공사의 감리를 발주하여야 한다. ■ 시행령 제8조(감리대상인 공사의 범위) ① 법 제8조 제1항에 따라 용역업자에게 감리를 발주하여야 하는 공사는 제6조 제1항 각호의 공사 및 다음 각호의 어느 하나에 해당하는 공사를 제외한 공사로 한다. 〈개정 2021. 1. 5.〉 * 시행령 제6조 제1항 각호의 공사 　① 제4조에 따른 경미한 공사 　② 천재·지변 또는 비상재해로 인한 긴급복구공사 및 그 부대공사 　③ 별표1에 따른 통신구설비공사 　④ 기존 설비를 교체하는 공사로서 설계도면의 새로운 작성이 불필요한 공사 1. 「전기통신사업법」에 따른 전기통신사업자가 전기통신역무를 제공하기 위한 공사로서 총공사 금액이 1억 원 미만인 공사 2. 철도, 도시철도, 도로, 방송, 항만, 항공, 송유관, 가스관, 상·하수도 설비의 정보제어 등 안전·재해예방 및 운용·관리를 위한 공사로서 총공사 금액이 1억 원 미만인 공사 3. 6층 미만으로서 연면적 5천 제곱미터 미만의 건축물에 설치되는 정보통신설비의 설치공사. 다만, 「전기통신사업법」에 따른 전기통신사업자가 전기통신역무를 제공하기 위한 공사 또는 철도·도시철도·도로·방송·항만·항공·송유관·가스관·상하수도 설비의 정보제어 등 안전·재해예방 및 운용·관리를 위한 공사로서 총공사 금액이 1억 원 이상인 공사는 제외한다. 4. 교체되는 기존 설비 외의 신설 부분이 제4조 제1항에 따른 경미한 공사의 범위에 해당하는 공사 5. 그 밖에 공중의 통신에 영향을 미치지 아니하는 정보통신설비의 설치공사로서 과학기술정보통신부장관이 정하여 고시하는 공사 ② 제1항에도 불구하고 제6조 제2항 제1호 및 제2호에 따른 공사로서 별표2에 따른 감리원 자격이 있는 발주자의 소속직원이 관계 법령에 따라 감리하는 공사의 경우에는 용역업자에게 발주하지 아니할 수 있되, 그 소속직원은 감리하려는 공사규모에 해당하는 제8조의 3 제1항에 따른 적합한 기술등급을 보유하여야 한다. 〈개정 2019. 8. 6.〉 ③ 정보통신설비가 설치되는 다음 각호의 시설은 제1항 제3호에 따른 건축물의 층수 및 연면적의 계산에 포함한다. 〈개정 2018. 4. 17.〉 1. 지하층 2. 축사 3. 창고 및 차고 4. 그 밖에 이와 유사한 공작물 또는 건축물	· 정보통신공사업법 · 정보통신공사업법 시행에 관한 규정

- 공동주택 성능등급 표시   316
- 에너지절약형 친환경 주택   317
- 건강친화형 주택   318
- 장수명 주택   319
- 장애물 없는 생활환경 인증   323
- 바닥충격음 성능등급 인정   328
- 녹색건축 인증   337
- 건축물에너지 효율등급 및 제로에너지건축물 인증   341

제6장

건축물 주요 인증제도

인증제도 요약

인증제도	개요	대상	관련법규
공동주택 성능등급 표시	소음, 구조, 환경 등 법에서 정한 주택의 품질성능을 평가받아 그 내용을 입주자 모집공고에 표시하도록 의무화한 제도	500세대 이상의 공동주택을 공급할 때	· 주택법 · 주택건설기준 등에 관한 규칙 · 주택건설기준 등에 관한 규정 · 녹색건축물조성 지원법 · 녹색건축인증 기준
에너지절약형 친환경 주택	저에너지 건물 조성기술 등을 이용하여 에너지 사용량을 절감하거나 이산화탄소 배출량을 저감할 수 있도록 건설된 주택	주택법 제15조에 따른 사업계획승인을 받아 주택을 건설하려는 경우	· 주택법 · 주택건설기준 등에 관한 규정 · 에너지 절약형 친환경 주택의 건설기준
건강친화형 주택	건강하고 쾌적한 실내환경의 조성을 위하여 실내공기의 오염물질 등을 최소화할 수 있도록 대통령령으로 정하는 기준에 따라 건설된 주택	500세대 이상의 공동주택을 건설하거나 리모델링하는 경우	· 주택법 · 주택건설기준 등에 관한 규정 · 건강친화형 주택건설 기준
장수명 주택	구조적으로 오랫동안 유지, 관리될 수 있는 내구성을 갖추고, 입주자의 필요에 따라 내부 구조를 쉽게 변경할 수 있는 가변성과 수리 용이성 등이 우수한 주택	1,000세대 이상의 공동주택을 건설하는 경우	· 주택법 · 주택건설기준 등에 관한 규정 · 주택건설기준 등에 관한 규칙 · 장수명 주택건설 인증·기준
장애물 없는 생활환경 인증	장애인 등이 안전하고 편리하게 시설물을 이용할 수 있도록 하자는 의미에서 만들어진 제도로써 공신력 있는 기관의 평가를 통하여 인증을 받는 제도	공원, 공공건물 및 공중이용시설, 공동주택, 통신시설, 그 밖에 장애인 등의 편의를 위하여 편의시설을 설치할 필요가 있는 건물·시설 및 그 부대시설 국가나 지방자치단체가 신축하는 청사, 문화시설 등의 공공건물 및 공중이용시설 중에서 대통령령으로 정하는 시설의 경우에는 의무적 인증 대상	· 장애인·노인·임산부 등의 편의증진 보장에 관한 법률 · 교통약자의 이동편의 증진법 · 장애물 없는 생활환경 인증에 관한 규칙

바닥충격음 성능등급 인정	국토교통부장관이 정하여 고시하는 방법 및 절차 등에 따라 바닥충격음 성능등급 인정기관으로부터 바닥충격음 차단성능을 인정받은 바닥구조	「주택법」 제15조에 따라 주택건설사업계획승인신청 대상인 공동주택과 「주택법」 제42조 제2항 제2호의 리모델링에 해당하는 경우	· 공동주택관리법 · 주택법 · 주택건설기준 등에 관한 규정 · 주택건설기준 등에 관한 규칙 · 공동주택 바닥충격음 차단구조인정 및 관리기준 · 건축법 · 소음진동관리법 · 공동주택 층간소음의 범위와 기준에 관한 규칙
녹색건축 인증	지속 가능한 개발의 실현과 자원절약형이고 자연 친화적인 건축물의 건축을 유도하기 위하여 시행하는 인증제도	1. 제9조 제2항 각호의 기관이 소유 또는 관리하는 건축물일 것 2. 신축·재축 또는 증축하는 건축물일 것. 다만, 증축의 경우에는 건축물이 있는 대지에 별개의 건축물로 증축하는 경우로 한정한다. 3. 연면적이 3천 제곱미터 이상일 것 4. 법 제14조 제1항에 따른 에너지 절약계획서 제출 대상일 것 * 500세대 이상 공동주택일 경우 성능등급표시에 해당 (「주택법」 제39조, 「주택건설기준 등에 관한 규정」 제58조)	· 녹색건축물 조성지원법 · 녹색건축인증 기준 · 녹색건축인증에 관한 규칙
건축물 에너지 효율 등급 및 제로에너지 건축물 인증	에너지성능이 높은 건축물을 확대하고, 건축물의 효과적인 에너지관리를 위하여 시행하는 인증제도	－ 인증에 관한 규칙 제2조 － 1. 「건축법 시행령」 별표1 각호의 건축물 다만, 「건축법시행령」 별표1 3호부터 제13호까지 및 제15호부터 제29호까지의 규정에 따른 건축물중 국토교통부장관과 산업통상자원부장관이 공동으로 고시[246]하는 실내냉방·난방 온도 설정조건으로 인증 평가가 불가능한 건축물 또는 이에 해당하는 공간이 전체 연면적의 100분의 50 이상을 차지하는 건축물은 제외한다. － 인증 표시 의무 대상 건축물(「녹색건축물조성지원법 시행령」 별표1 부록 참조)	· 녹색건축물 조성지원법 · 건축물 에너지효율등급 및 제로에너지 건축물 인증 기준 · 건축물 에너지효율등급 인증 및 제로에너지 건축물 인증에 관한 규칙 · 건축물 에너지효율등급 인증제도 운영규정

---

246) 건축물 에너지효율등급 인증 및 제로에너지건축물 인증 기준(국토교통부고시)– 참조

공동주택 성능등급 표시(「주택법」 등)

공동주택 성능등급 표시제도란 500세대 이상의 공동주택을 건설하고자 할 때 인증기관으로부터 소음, 구조, 환경 등 법에서 정한 주택의 품질성능을 평가받아 그 내용을 입주자 모집공고에 표시하도록 의무화한 제도를 말한다.

즉, 선 분양 제도하에서 수분양자가 사전에 자신이 구입한 공동주택의 품질과 성능을 편리하게 파악할 수 있도록 만들어진 제도이다.

이 제도를 위반하여 공동주택성능에 대한 등급을 표시하지 아니하거나 거짓으로 표시한 자는 2년 이하의 징역 또는 2천만 원 이하의 벌금(「주택법」 제102조 제9호)에 처한다.

■ 주택법 제39조(공동주택 성능등급의 표시)

사업주체가 대통령령으로 정하는 호수[247] 이상의 공동주택을 공급할 때에는 주택의 성능 및 품질을 입주자가 알 수 있도록 「녹색건축물 조성 지원법」에 따라 다음 각호의 공동주택성능에 대한 등급을 발급받아 국토교통부령으로 정하는 방법으로 입주자 모집공고에 표시하여야 한다.

1. 경량충격음·중량충격음·화장실소음·경계소음 등 소음 관련 등급
2. 리모델링 등에 대비한 가변성 및 수리 용이성 등 구조 관련 등급
3. 조경·일조확보율·실내공기질·에너지절약 등 환경 관련 등급
4. 커뮤니티시설, 사회적 약자 배려, 홈네트워크, 방범안전 등 생활환경 관련 등급
5. 화재·소방·피난안전 등 화재·소방 관련 등급

■ 주택건설기준 등에 관한 규칙 제12조의 2(공동주택성능등급의 표시)

법 제39조 각호 외의 부분에서 "국토교통부령으로 정하는 방법"이란 별지 제1호 서식의 공동주택성능등급 인증서를 발급받아 「주택공급에 관한 규칙」 제19조부터 제21조까지의 규정에 따른 입주자 모집공고에 표시하는 방법을 말한다. 이 경우 공동주택성능등급 인증서는 쉽게 알아볼 수 있는 위치에 쉽게 읽을 수 있는 글자 크기로 표시해야 한다. 〈개정 2019. 1. 16.〉

■ 녹색건축인증 기준 제5조 제3항

공동주택성능등급 인증서의 표시방법은 별표13[248]의 공동주택성능등급 표시항목에 따른다.

---

247) "대통령령으로 정하는 호수"란 500세대를 말한다.(「주택건설기준 등에 관한 규정」 제58조)
248) 녹색건축인증 기준 별표13- 참조

에너지절약형 친환경 주택(「주택법」 등)

에너지절약형 친환경 주택이란, 저에너지 건물 조성기술 등 대통령령으로 정하는 기술을 이용하여 에너지 사용량을 절감하거나 이산화탄소 배출량을 저감할 수 있도록 건설된 주택을 말하며, 그 종류와 범위는 대통령령[249]으로 정한다(「주택법」 제2조 제21호).

사업주체가 법 제15조에 따른 사업계획승인을 받아 주택을 건설하려는 경우에는 에너지 고효율 설비기술 및 자재 적용 등 대통령령으로 정하는 바에 따라 에너지절약형 친환경 주택으로 건설하여야 한다. 이 경우 사업주체는 제15조에 따른 서류에 에너지절약형 친환경 주택 건설기준 적용 현황 등 대통령령으로 정하는 서류를 첨부하여야 한다(「주택법」 제37조 제1항).

즉, 30세대 이상이거나 특별한 요건을 갖춘 경우에는 50세대 이상으로써 사업계획승인을 받아야 하는 단독 또는 공동주택이면 의무적으로 에너지절약형 친환경 주택으로 건설해야 된다는 뜻이다.

에너지절약형 친환경 주택의 종류, 범위 및 건설기준은 「주택건설기준 등에 관한 규정」으로 정하며 친환경 주택의 건설기준 및 에너지 절약계획에 관한 세부적인 사항은 국토부장관이 고시[250]하도록 되어 있다.

■ 에너지절약형 친환경 주택의 건설기준 등(「주택건설기준 등에 관한 규정」 제64조)

① 「주택법」 제15조에 따른 사업계획승인을 받은 공동주택을 건설하는 경우에는 다음 각 호의 어느 하나 이상의 기술을 이용하여 주택의 총 에너지 사용량 또는 총 이산화탄소 배출량을 절감할 수 있는 에너지절약형 친환경 주택으로 건설하여야 한다. 〈개정 2016. 8. 11.〉

1. 고단열·고기능 외피구조, 기밀설계, 일조확보 및 친환경자재 사용 등 저에너지 건물 조성 기술
2. 고효율 열원설비, 제어설비 및 고효율 환기설비 등 에너지 고효율 설비기술
3. 태양열, 태양광, 지열 및 풍력 등 신·재생에너지 이용기술
4. 자연지반의 보존, 생태면적율의 확보 및 빗물의 순환 등 생태적 순환기능 확보를 위한 외 부환경 조성기술
5. 건물에너지 정보화 기술, 자동제어장치 및 「지능형전력망의 구축 및 이용촉진에 관한 법률」 제2조 제2호에 따른 지능형전력망 등 에너지 이용효율을 극대화하는 기술

② 제1항에 해당하는 주택을 건설하려는 자가 법 제15조에 따른 사업계획승인을 신청하

---

249) 주택법 시행령 제11조(에너지절약형 친환경 주택의 건설기준 및 종류·범위) 법 제2조 제21호에 따른 에너지절약형 친환경 주택의 종류·범위 및 건설기준은 「주택건설기준 등에 관한 규정」으로 정한다.
250) 에너지절약형 친환경 주택의 건설기준(국토교통부고시)- 참조

는 경우에는 친환경 주택 에너지 절약계획을 제출하여야 한다. 〈개정 2016. 8. 11.〉

③ 친환경 주택의 건설기준 및 에너지 절약계획에 관하여 필요한 세부적인 사항은 국토교통부장관이 정하여 고시[251]한다. 〈개정 2014. 12. 23.〉

건강친화형 주택(「주택법」 등)

건강친화형 주택이란 건강하고 쾌적한 실내환경의 조성을 위하여 실내공기의 오염물질 등을 최소화할 수 있도록 대통령령으로 정하는 기준[252]에 따라 건설된 주택을 말한다(「주택법」 제2조 제22호).

사업주체가 대통령령으로 정하는 호수 이상의 주택을 건설하려는 경우에는 친환경 건축자재 사용 등 대통령령으로 정하는 바에 따라 건강친화형 주택으로 건설하여야 한다(「주택법」 제37조 제2항). 즉, 500세대 이상의 주택건설사업을 시행하거나 리모델링을 하는 경우가 여기에 해당한다(「건강친화형 주택 건설기준」 제3조).

건강친화형 주택의 건설기준은 「주택건설기준 등에 관한 규정」으로 정하도록 되어 있다.

■ 용어의 정의(「건강친화형 주택 건설기준」)

(제2조)"건강친화형 주택"이란 오염물질이 적게 방출되는 건축자재를 사용하고 환기 등을 실시하여 새집증후군 문제를 개선함으로써 거주자에게 건강하고 쾌적한 실내환경을 제공할 수 있도록 일정수준 이상의 실내공기질과 환기성능을 확보한 주택으로서 의무기준을 모두 충족하고 권장기준[253] 1호 중 2개 이상, 2호 중 1개 이상 이상의 항목에 적합한 주택을 말한다.

(제3조)「주택법」 제15조 제1항에 따라 500세대 이상의 주택건설사업을 시행하거나 법 제66조 제1항에 따라 500세대 이상의 리모델링을 하는 주택에 대하여 적용한다.

---

251) 에너지절약형 친환경 주택의 건설기준(국토교통부고시)- 참조
252) 주택법 시행령 제12조(건강친화형 주택의 건설기준) 법 제2조 제22호에 따른 건강친화형 주택의 건설기준은 「주택건설기준 등에 관한 규정」으로 정한다.
253) 제2조(정의) 2. "의무기준"이란 사업주체가 건강친화형 주택을 건설할 때 오염물질을 줄이기 위해 필수적으로 적용해야 하는 기준을 말한다.
3. "권장기준"이란 사업주체가 건강친화형 주택을 건설할 때 오염물질을 줄이기 위해 필요한 기준을 말한다.

■ **건강친화형 주택의 건설기준**(「주택건설기준 등에 관한 규정」 제65조)

① 500세대 이상의 공동주택을 건설하는 경우에는 다음 각호의 사항을 고려하여 세대 내의 실내공기 오염물질 등을 최소화할 수 있는 건강친화형 주택으로 건설하여야 한다. 〈개정 2013. 12. 4.〉

> 1. 오염물질을 적게 방출하거나 오염물질의 발생을 억제 또는 저감시키는 건축자재(붙박이·가구 및 붙박이 가전제품을 포함한다.)의 사용에 관한 사항
> 2. 청정한 실내환경 확보를 위한 마감공사의 시공관리에 관한 사항
> 3. 실내공기의 원활한 환기를 위한 환기설비의 설치, 성능검증 및 유지관리에 관한 사항
> 4. 환기설비 등을 이용하여 신선한 바깥의 공기를 실내에 공급하는 환기의 시행에 관한 사항

② 건강친화형 주택의 건설기준 등에 관하여 필요한 세부적인 사항은 국토교통부장관이 정하여 고시[254]한다. 〈개정 2013. 12. 4.〉

장수명 주택(「주택법」 등)

장수명 주택이란 구조적으로 오랫동안 유지, 관리될 수 있는 내구성을 갖추고, 입주자의 필요에 따라 내부 구조를 쉽게 변경할 수 있는 가변성과 수리 용이성 등이 우수한 주택을 말한다(「주택법」 제2조 제23호).

장수명 주택 인증은 사업계획승인을 받아 건설하는 1,000세대 이상의 공동주택이 해당하며 사업주체는 주택건설사업계획 승인을 신청하기 전에 인증을 신청하여야 한다.

■ **장수명 주택의 건설기준 및 인증제도**(「주택법」 제38조)

① 국토교통부장관은 장수명 주택의 건설기준을 정하여 고시[255]할 수 있다.

② 국토교통부장관은 장수명 주택의 공급 활성화를 유도하기 위하여 제1항의 건설기준에 따라 장수명 주택 인증제도를 시행할 수 있다.

③ 사업주체가 대통령령으로 정하는 호수 이상의 주택을 공급하고자 하는 때에는 제2

---

254) 건강친화형 주택 건설기준(국토교통부고시)– 참조
255) 장수명 주택 건설·인증 기준(국토교통부고시)– 참조

항의 인증제도에 따라 대통령령으로 정하는 기준 이상의 등급을 인정받아야 한다.

④ 국가, 지방자치단체 및 공공기관의 장은 장수명 주택을 공급하는 사업주체 및 장수명 주택 취득자에게 법률 등에서 정하는 바에 따라 행정상·세제상의 지원을 할 수 있다.

⑤ 국토교통부장관은 제2항의 인증제도를 시행하기 위하여 인증기관을 지정하고 관련 업무를 위탁할 수 있다.

⑥ 제2항의 인증제도의 운영과 관련하여 인증 기준, 인증 절차, 수수료 등은 국토교통부령으로 정한다.

⑦ 제2항의 인증제도에 따라 국토교통부령으로 정하는 기준 이상의 등급[256]을 인정받은 경우, 「국토의 계획 및 이용에 관한 법률」에도 불구하고 대통령령으로 정하는 범위에서 건폐율·용적률·높이제한을 완화할 수 있다.

- **인증대상 및 인증등급 등**(「주택건설기준 등에 관한 규정」 제65조의 2)
① 법 제38조 제2항에 따른 인증제도로 같은 조 제1항에 따른 장수명 주택(이하 "장수명 주택"이라 한다.)에 대하여 부여하는 등급은 다음 각호와 같이 구분한다. 〈개정 2016. 8. 11.〉
   1. 최우수 등급
   2. 우수 등급
   3. 양호 등급
   4. 일반 등급

② 법 제38조 제3항에서 "대통령령으로 정하는 호수"란 1,000세대를 말한다. 〈개정 2016. 8. 11.〉

③ 법 제38조 제3항에서 "대통령령으로 정하는 기준 이상의 등급"이란 제1항 제4호에 따른 일반 등급 이상의 등급을 말한다. 〈개정 2016. 8. 11.〉

④ 법 제38조 제5항에 따른 인증기관은 「녹색건축물 조성 지원법」 제16조 제2항에 따

---

256) 법 제38조 제7항의 "국토교통부령으로 정하는 기준 이상의 등급" 이란 영 제65조의 2 제1항의 인증등급 중 우수 등급 이상의 등급을 말한다(주택건설기준 등에 관한 규칙 제22조).

라 지정된 인증기관으로 한다. 〈개정 2016. 8. 11.〉

⑤ 법 제38조 제7항에 따라 장수명 주택의 건폐율·용적률은 다음 각호의 구분에 따라 조례로 그 제한을 완화할 수 있다. 〈개정 2017. 1. 17.〉

　　1. 건폐율: 「국토의 계획 및 이용에 관한 법률」 제77조 및 같은 법 시행령 제84조 제1항에 따라 조례로 정한 건폐율의 100분의 115를 초과하지 아니하는 범위에서 완화. 다만, 「국토의 계획 및 이용에 관한 법률」 제77조에 따른 건폐율의 최대한도를 초과할 수 없다.

　　2. 용적률: 「국토의 계획 및 이용에 관한 법률」 제78조 및 같은 법 시행령 제85조 제1항에 따라 조례로 정한 용적률의 100분의 115를 초과하지 아니하는 범위에서 완화. 다만, 「국토의 계획 및 이용에 관한 법률」 제78조에 따른 용적률의 최대한도를 초과할 수 없다.

■ 인증 신청(「주택건설기준 등에 관한 규칙」 제16조)

① 법 제2조 제10호에 따른 사업주체(이하 "사업주체"라 한다.)가 1,000세대 이상의 공동주택을 건설하는 경우에는 법 제15조 제1항에 따른 주택건설사업계획 승인을 신청하기 전에 장수명 주택 인증을 신청하여야 한다. 〈개정 2016. 8. 12.〉

② 사업주체가 장수명 주택 인증을 받으려면 별지 제5호 서식의 장수명 주택 인증신청서(전자문서로 된 신청서를 포함한다.)에 다음 각호의 서류(전자문서를 포함한다.)를 첨부하여 영 제65조의 2 제4항에 따른 인증기관의 장(이하 "인증기관의 장"이라 한다.)에게 제출하여야 한다.

　　1. 국토교통부장관이 정하여 고시하는 장수명 주택 자체평가서

　　2. 제1호에 따른 장수명 주택 자체평가서에 포함된 내용이 사실임을 증명할 수 있는 서류

③ 인증기관의 장은 제2항에 따른 신청서가 접수된 날부터 10일 이내에 인증처리를 하여야 한다.

④ 인증기관의 장은 제3항에 따른 기간 이내에 인증을 처리할 수 없는 부득이한 사유가 있는 경우에는 사업주체에게 그 사유를 통보하고 5일의 범위에서 인증처리 기간을 한 차례 연장할 수 있다.

⑤ 인증기관의 장은 제2항에 따라 사업주체가 제출한 서류의 내용이 불충분하거나 사실과 다른 경우에는 서류가 접수된 날부터 5일 이내에 사업주체에게 보완을 요청할 수 있다. 이 경우 사업주체가 제출서류를 보완하는 기간은 제3항의 기간에 포함하지 아니한다.

■ **인증 기준**(「주택건설기준 등에 관한 규칙」 제18조)

① 장수명 주택 인증은 다음 각호의 성능을 평가한 종합점수를 기준으로 심사하여야 한다.
  1. 콘크리트 품질 및 철근의 피복두께 등 내구성
  2. 벽체재료 및 배관·기둥의 배치 등 가변성
  3. 개수·보수 및 점검의 용이성 등 수리 용이성

② 제1항에 따른 장수명 주택의 인증 기준에 관한 세부적인 사항은 국토교통부장관이 정하여 고시[257]한다.
[본조신설 2014. 12. 24.]

■ **인증서 발급**(「주택건설기준 등에 관한 규칙」 제19조)

① 인증기관의 장은 장수명 주택 인증을 할 때에는 별지 제6호 서식의 장수명 주택 인증서를 사업주체에게 발급하여야 한다.

② 사업주체는 제1항에 따라 장수명 주택 인증서를 발급받은 이후에 인증등급이 달라지는 주택건설사업계획 변경을 하는 경우에는 장수명 주택 인증을 다시 받아야 한다.

③ 인증기관의 장은 제1항에 따라 인증서를 발급하였을 때에는 인증 대상, 인증 날짜, 인증 등급 및 인증심사단과 인증심사위원회 구성원명단(인증심사위원회의 경우는 해당 위원회를 구성한 경우만 해당한다.)을 포함한 인증 심사 결과를 작성하여 보관하여야 한다.
[본조신설 2014. 12. 24.]

■ **장수명 주택 건설기준**(「장수명 주택 건설·인증 기준」 제4조)

  1. 장수명 주택은 일반 주택보다 물리적인 수명과 기능적인 수명을 높여 사회적인 변화, 기술변화, 세대변화, 가족구성 변화 및 다양성 등에 대응할 수 있도록 계획하고 건설하여야 한다.

---

257) 장수명 주택 건설·인증 기준(국토교통부고시)- 참조

2. 물리적인 장수명화를 위해서는 구조체 등 서포트의 내구성능을 높이는 것을 기본으로 하며, 동시에 수명이 짧은 내장과 전용설비 등의 인필은 구조체 속에 매설하지 않고 분리할 수 있도록 한다.

3. 가변성을 향상시키기 위해서는 세대 내부 공간에 내력벽 등의 가변성을 방해하는 구조요소가 적은 기둥을 중심으로 하는 구조방식을 채택하도록 한다.

4. 기능적인 장수명화를 위해서는 시대 변화, 거주자 변화, 가족구성 변화, 생활 주기(Life cycle)나 생활 양식(Life style) 변화에 유연하게 대응할 수 있도록 가변성을 갖추어야 할 뿐만 아니라, 설비나 내장의 노후화, 고장 등에 대비하여 점검·보수·교체 등의 유지관리가 쉽게 이루어질 수 있도록 수리 용이성을 갖추어야 한다.

5. 공간계획에서도 다양한 평면구성과 단면의 변화형이 생길 수 있도록 고려하며, 수용력이 큰 평면계획으로 한다.

6. 가변이 용이한 내장벽체 등의 사용을 고려하며 내장벽체는 기능과 장소에 따라 이동할 수 있도록 공법을 배려한다.

7. 화장실·욕실과 부엌 등 물을 사용하는 공간은 가변에 부정적인 영향을 미칠 수 있으므로 이동할 수 있는 공법 등을 채택할 수 있도록 한다.

8. 공간의 다양성과 가변성 향상을 위하여 층고에 대한 검토와 물 사용공간의 이동에 대비한 배관의 변경 용이성을 고려한 바닥 시스템을 검토한다.

9. 외관의 다양성을 고려한 외벽의 교체 가능성도 검토한다.

10. 점검과 교체를 위하여 공용설비는 공용부분에 배치하여 독립성을 확보하며, 개보수가 용이하도록 한다.

11. 1세대 공간의 분할과 2세대 공간의 통합 등을 고려하여 공간의 변화와 설비 계획이 연계성을 갖도록 한다.

12. 배관공간은 점검·보수·교체가 가능하도록 점검구를 배치한다.

13. 수요증가와 변화에 대비하여 배관공간의 용량을 충분히 계획한다.

장애물 없는 생활환경 인증(「장애인·노인·임산부 등의 편의증진 보장에 관한 법률」)

장애물 없는 생활환경 인증이란 장애인, 노인, 임산부 등 사회적 약자뿐만 아니라 모든 사람이 시설물 및 정보의 이용에 불편을 느끼지 않도록 하자는 의미에서 만들어진 제도로써 계획, 설계, 시공, 관리 등에 대한 부분을 공신력 있는 기관의 평가를 통하여 인증을 받는 제도를 말한다. 공원, 공공건물 및 공중이용시설, 공동주택, 통신시설[258], 그 밖에 장애인 등을 위해 편의시설을 설치할 필요가 있는 건물·시설 및 그 부대시설이 대상이며(법 제7조) 국가나 지방자치단체가 신축하는 청사, 문화시설 등의 공공건물 및 공중이용시설 중에서 대통령령으로 정하는 시설의 경우에는 의무적으로 인증을 받아야 한다.

편의시설을 설치 기준에 적합하게 설치하지 아니하거나 시정명령에 따르지 않은 시설주는 500만 원 이하의 벌금에 처해지며(법 제25조) 법에 정한 규정을 무시하고 거짓이나 부정한 방법으로 인증을 받거나 법 제10조의 4 제2항[259]을 위반하여 인증 표시 또는 이와 유사한 표시를 한 자에게는 200만 원 이하의 과태료[260](법 제27조 제1항)가 부과된다.

■ 장애물 없는 생활환경 인증(법 제10조의 2)

① 보건복지부장관과 국토교통부장관(이하 이 조, 제10조의 5부터 제10조의 9까지에서 "보건복지부장관 등"이라 한다.)은 장애인 등이 대상시설을 안전하고 편리하게 이용할 수 있도록 편의시설의 설치·운영을 유도하기 위하여 대상시설에 대하여 장애물 없는 생활환경 인증(이하 "인증"이라 한다.)을 할 수 있다.

② 대상시설에 대하여 인증을 받으려는 시설주는 보건복지부장관 등에게 인증을 신청하여야 한다. 이 경우 시설주는 인증 신청 전에 대상시설의 설계도서 등에 반영된 내용을 대상으로 예비인증을 신청할 수 있다. 〈개정 2019. 12. 3.〉

③ 다음 각호의 어느 하나에 해당하는 대상시설(이하 "의무인증시설"이라 한다.)의 경우에는 의무적으로 인증(제2항 후단에 따른 예비인증을 포함한다.)을 받아야 한다. 이 경우 인증을 받은 의무인증시설의 시설주는 제10조의 3에 따라 인증의 유효기간 연장을 받아야 한다. 〈개정 2021. 6. 8.〉

  1. 국가나 지방자치단체가 지정·인증 또는 설치하는 공원 중 「도시공원 및 녹지 등에 관한 법률」 제2조 제3호 가목의 도시공원 및 같은 법 제2조 제4호의 공원시설
  2. 국가, 지방자치단체 또는 「공공기관의 운영에 관한 법률」에 따른 공공기관이 신축·증축(건축물이 있는 대지에 별개의 건축물로 증축하는 경우에 한정한다. 이하 같다.)·개축(전부를 개축하는 경우에 한정한다. 이하 같다.) 또는 재축하는 청사, 문화시설

---

258) "통신시설"이란 「전기통신기본법」 제2조 제2호의 전기통신설비와 「우편법」 제1조의 2 제1호의 우편물 등 통신을 이용하는 데에 필요한 시설을 말한다(법 제2조 제8호).
259) 인증받은 시설의 인증 표시
260) 과태료의 부과기준은 별표3과 같다.(시행령 제13조)– 참조

등의 공공건물 및 공중이용시설 중에서 대통령령으로 정하는 시설[261]

3. 국가, 지방자치단체 또는 「공공기관의 운영에 관한 법률」에 따른 공공기관 외의 자가 신축·증축·개축 또는 재축하는 공공건물 및 공중이용시설로서 시설의 규모, 용도 등을 고려하여 대통령령으로 정하는 시설

④ 보건복지부장관 등은 인증 업무를 효과적으로 수행하기 위하여 필요한 전문인력과 시설을 갖춘 기관이나 단체를 인증기관으로 지정하여 인증 업무를 위탁할 수 있다.

⑤ 제1항부터 제4항까지에 따른 인증 기준·절차, 유효기간 연장의 기준·절차, 인증기관 지정 기준·절차, 그 밖에 인증제도 운영에 필요한 사항은 보건복지부와 국토교통부의 공동부령[262](이하 "공동부령"이라 한다.)으로 정한다. 〈개정 2021. 6. 8.〉

■ **대상시설(법 제7조)**

편의시설[263]을 설치하여야 하는 대상[264](이하 "대상시설"이라 한다.)은 다음 각호의 어느 하나에 해당하는 것으로서 대통령령으로 정하는 것을 말한다.

1. 공원
2. 공공건물 및 공중이용시설
3. 공동주택
4. 통신시설
5. 그 밖에 장애인 등의 편의를 위하여 편의시설을 설치할 필요가 있는 건물·시설 및 그 부대시설 [전문개정 2015. 1. 28.]

■ **편의시설의 설치 기준(법 제8조)**

① 대상시설별로 설치하여야 하는 편의시설의 종류는 대상시설의 규모, 용도 등을 고려하여 대통령령[265]으로 정한다.

---

261) 시행령 제5조의2(장애물 없는 생활환경 인증 의무 시설의 범위)
262) 장애물 없는 생활환경 인증에 관한 규칙(보건복지부령), 장애물 없는 생활환경 인증제도 시행지침(국토교통부)– 참조
263) "편의시설"이란 장애인 등이 일상생활에서 이동하거나 시설을 이용할 때 편리하게 하고, 정보에 쉽게 접근할 수 있도록 하기 위한 시설과 설비를 말한다(법 제2조 제2호).
264) 시행령 제3조(대상시설) 법 제7조 본문의 규정에 의하여 편의시설을 설치하여야 하는 대상시설은 별표1과 같다– 별표 1 참조
265) 시행령 제4조(편의시설의 종류) 법 제8조 제1항의 규정에 따라 대상시설별로 설치하여야 하는 편의시설의 종류 및 그 설치 기준은 별표2와 같다. – 별표2 참조

② 편의시설의 구조와 재질 등에 관한 세부 기준은 보건복지부령[266]으로 정한다. 이 경우 편의시설의 종류별 안내 내용과 안내 표시 디자인 기준을 함께 정하여야 한다. 〈개정 2019. 1. 15.〉 [시행일: 2021. 1. 16.] 제8조

■ **인증의 유효기간**(법 제10조의 3)

① 인증의 유효기간은 인증을 받은 날부터 10년으로 한다. 〈개정 2019. 12. 3.〉

② 인증의 유효기간을 연장하려는 자는 유효기간이 끝나기 전에 공동부령으로 정하는 바에 따라 연장신청을 하여야 한다.

[시행일: 2021. 12. 4.] 제10조의 3

■ **인증의 표시**(법 제10조의 4)

① 인증을 받은 대상시설의 시설주는 해당 대상시설에 인증 표시를 할 수 있다.

② 누구든지 인증을 받지 아니한 시설물에 대해서는 인증 표시 또는 이와 유사한 표시를 하여서는 아니 된다.

[본조신설 2015. 1. 28.]

「교통약자의 이동편의 증진법」 일부

■ **법 제17조의 2**(교통수단 등 인증)

① 국토교통부장관은 교통약자[267]가 안전하고 편리하게 이동할 수 있도록 이동편의시설을 설치한 교통수단·여객시설 및 도로에 장애물 없는 생활환경 인증(이하 "인증"이라 한다.)을 할 수 있다. 〈개정 2013. 3. 23.〉

---

266) 시행규칙 제2조(편의시설의 세부 기준) ① 「장애인·노인·임산부 등의 편의증진 보장에 관한 법률」(이하 "법"이라 한다.) 제8조 제2항 전단 및 같은 법 시행령(이하 "영"이라 한다.) 제4조에 따른 편의시설의 구조·재질 등에 관한 세부 기준은 별표1과 같다. – 별표1 참조
267) "교통약자"란 장애인, 고령자, 임산부, 영유아를 동반한 사람, 어린이 등 일상생활에서 이동에 불편을 느끼는 사람을 말한다.(법 제2조)

② 국토교통부장관은 교통약자의 안전하고 편리한 이동을 위하여 교통수단·여객시설 및 도로를 계획 또는 정비한 시·군·구(자치구를 말한다. 이하 같다.) 및 대통령령으로 정하는 지역에 대하여 인증을 할 수 있다. 〈개정 2013. 3. 23.〉

③ 제1항에 따라 대상시설에 대하여 인증을 받으려는 설치·관리자는 국토교통부장관에게 인증을 신청하여야 한다. 이 경우 대상시설 설치·관리자는 인증 신청 전에 대상시설의 설치계획 또는 설계도서 등에 반영된 내용을 대상으로 예비인증을 신청할 수 있다. 〈신설 2020. 10. 20.〉

④ 다음 각호의 어느 하나에 해당하는 자가 설치하는 대상시설로서 대통령령으로 정하는 시설의 경우에는 의무적으로 인증(제3항 후단에 따른 예비인증을 포함한다.)을 받아야 한다. 〈신설 2020. 10. 20.〉
    1. 국가·지방자치단체
    2. 「공공기관의 운영에 관한 법률」 제4조에 따른 공공기관
    3. 「지방공기업법」에 따른 지방공기업
    4. 「사회기반시설에 대한 민간투자법」 제2조 제8호에 따른 사업 시행자

⑤ 국토교통부장관은 제1항부터 제4항까지의 규정에 따른 인증업무를 효과적으로 수행하기 위하여 인증기관을 지정할 수 있다. 〈개정 2020. 10. 20.〉

⑥ 국토교통부장관은 필요하다고 인정하면 제1항부터 제4항까지의 규정에 따른 인증 및 제5항에 따른 인증기관의 지정을 보건복지부장관과 공동으로 할 수 있다. 〈개정 2020. 10. 20.〉

⑦ 제1항부터 제4항까지의 규정에 따른 인증의 신청과 인증 기준 및 절차, 제5항에 따른 인증기관의 지정, 그 밖에 인증제도의 실시에 필요한 사항은 국토교통부령(제6항의 경우 보건복지부와의 공동부령)으로 정한다. 〈개정 2020. 10. 20.〉
[시행일: 2022. 10. 21.] 제17조의 2

■ **시행령 제15조의 2(인증대상지역)**
법 제17조의 2 제2항에서 "대통령령으로 정하는 지역"이란 다음 각호의 지역을 말한다.

〈개정 2016. 8. 11.〉

    1. 읍·면·동

    2. 다음 각 목에 따른 사업지역(면적이 10만 제곱미터 이상인 경우만 해당한다.)

        가. 「국토의 계획 및 이용에 관한 법률」 제2조 제11호에 따른 도시·군계획사업 지역

        나. 「도시재정비 촉진을 위한 특별법」 제2조 제2호에 따른 재정비촉진사업 지역

        다. 「주택법」 제15조에 따른 주택건설사업 지역 또는 대지조성사업 지역

        라. 「택지개발촉진법」 제7조에 따른 택지개발사업 지역

        마. 「관광진흥법」 제55조에 따른 조성사업 지역

    3. 그 밖에 법령상 10만 제곱미터 이상의 개발이 수반되는 사업지역이나 둘 이상의 행정구역에 걸쳐 있는 지역 등 국토교통부장관이 고시로 정하는 지역

■ **시행령 제15조의 3(인증표시)**

① 법 제17조의 2 제1항에 따라 인증을 받은 교통수단·여객시설·도로를 설치·관리하는 자는 해당 시설물에 인증명판(人證名板)을 부착할 수 있으며, 같은 조 제2항에 따라 인증을 받은 시·군·구 및 지역의 지방자치단체의 장은 해당 지역에 인증안내판을 설치할 수 있다. 〈개정 2021. 6. 22.〉

② 제1항에 따른 인증명판 및 인증안내판의 도안은 국토교통부장관과 보건복지부장관이 공동으로 정하여 고시한다. 〈개정 2013. 3. 23.〉

바닥충격음 성능등급 인정(「주택법」 등)

바닥충격음 차단구조란 「공동주택 바닥충격음 차단구조인정 및 검사기준」에 따라 실시한 바닥충격음 성능시험의 결과로부터 성능등급 인정기관의 장이 차단구조의 성능을 확인하여 인정한 바닥구조를 말한다(제2조 제1호).

바닥충격음 차단구조인정 및 검사기준은 「주택법」 제15조에 따라 주택건설사업계획승인 신청 대상인 공동주택(주택과 주택 외의 시설을 동일건축물로 건축하는 건축물 중 주택을 포함하되, 부대시설 및 복리시설을 제외한다. 다만, 부대시설 및 복리시설 직하층이 주택인 경우에는 포함한다.)과 「주택법」 제66조 제1항의 리모델링(추가로 증가하는 세대만 적용)에 해당하는 경우 적용한다(제3조).

아파트 층간소음으로 인한 이웃 간의 갈등이 폭력사태로 이어지면서 사회문제화되고 있다. 층간소음을 방지하기 위한 인증제도를 통해 행정적, 기술적 보완이 계속 이루어져 왔음에도 문제가 되는 이유는 무엇일까?

최근에 나온 보도에 따르면 사용승인된 아파트의 층간소음을 측정한 결과, 바닥충격음 최소 성능기준 불합격률이 절반을 넘었다고 한다. 인정받은 구조대로 시공이 이루어지지 않았던지, 이루어졌더라도 층간소음개선에 별 효과가 없었다는 뜻일 것이다.

이를 방지하기 위해 지금까지는 건설사가 바닥에 설치하는 완충재의 바닥충격음 차단 성능에 대한 인정을 받아놓고 이를 현장에 적용하는 사전 인정제도 방식으로 운영되어왔지만, 앞으로는 개선방안을 통해 정부가 아파트 건물 완공 후 바닥충격음이 얼마나 차단되는지 직접 조사하여 문제점을 보완해 나갈 예정이라고 한다.

기준에 미달할 경우 사용검사권자가 보완시공 등 개선권고를 할 수 있도록 감독기능을 강화하겠다는 것이다.

■ 용어의 정의(「소음진동관리법」 제2조 제1호)

"소음(騷音)"이란 기계·기구·시설, 그 밖의 물체의 사용 또는 공동주택(「주택법」 제2조 제3호에 따른 공동주택을 말한다. 이하 같다.) 등 환경부령으로 정하는 장소[268]에서 사람의 활동으로 인하여 발생하는 강한 소리를 말한다.

■ 층간소음 범위와 기준(「소음진동관리법」 제21조의 2)

① 환경부장관과 국토교통부장관은 공동으로 공동주택에서 발생하는 층간소음(인접한 세대 간 소음을 포함한다. 이하 같다.)으로 인한 입주자 및 사용자의 피해를 최소화하고 발생된 피해에 관한 분쟁을 해결하기 위하여 층간소음 기준을 정하여야 한다.

② 제1항에 따른 층간소음의 피해 예방 및 분쟁 해결을 위하여 필요한 경우 환경부장관은 대통령령으로 정하는 바에 따라 전문기관으로 하여금 층간소음의 측정, 피해사례의 조사·상담 및 피해조정지원을 실시하도록 할 수 있다.

③ 제1항에 따른 층간소음의 범위와 기준은 환경부와 국토교통부의 공동부령[269]으로 정한다.

---

268) 법 제2조 제1호에서 "공동주택(「주택법」 제2조 제3호에 따른 공동주택을 말한다. 이하 같다.) 등 환경부령으로 정하는 장소"란 다음 각호의 장소를 말한다. (소음진동관리법 시행규칙 제2조)
1. 「주택법」 제2조 제3호에 따른 공동주택
269) 공동주택 층간소음의 범위와 기준에 관한 규칙(국토교통부령)–하단에 기록된 본문 내용 참조

■ **층간소음 관리**(「소음진동관리법 시행령」 제3조)

① 환경부장관은 법 제21조의 2 제2항에 따라 다음 각호의 어느 하나에 해당하는 기관으로 하여금 층간소음의 측정, 피해사례의 조사·상담 및 피해조정지원을 실시하도록 할 수 있다.

1. 「한국환경공단법」에 따른 한국환경공단(이하 "한국환경공단"이라 한다.)
2. 환경부장관이 국토교통부장관과 협의하여 층간소음의 피해 예방 및 분쟁 해결에 관한 전 문기관으로 인정하는 기관

② 제1항에 따른 층간소음의 측정, 피해사례의 조사·상담 및 피해조정지원에 관한 절차 및 방법 등 세부적인 사항은 환경부장관이 국토교통부장관과 협의하여 고시한다.

[본조신설 2014. 2. 11.]

■ **공동주택 층간소음의 범위와 기준에 관한 규칙**

제2조(층간소음의 범위)

공동주택 층간소음의 범위는 입주자 또는 사용자의 활동으로 인하여 발생하는 소음으로서 다른 입주자 또는 사용자에게 피해를 주는 다음 각호의 소음으로 한다. 다만, 욕실, 화장실 및 다용도실 등에서 급수·배수로 인하여 발생하는 소음은 제외한다.

1. 직접충격 소음: 뛰거나 걷는 동작 등으로 인하여 발생하는 소음
2. 공기전달 소음: 텔레비전, 음향기기 등의 사용으로 인하여 발생하는 소음

제3조(층간소음의 기준)

공동주택의 입주자 및 사용자는 공동주택에서 발생하는 층간소음을 별표[270]에 따른 기준 이하가 되도록 노력하여야 한다.

■ **층간소음의 방지 등**(「공동주택관리법」 제20조)

① 공동주택의 입주자 등은 공동주택에서 뛰거나 걷는 동작에서 발생하는 소음이나 음향기기를 사용하는 등의 활동에서 발생하는 소음 등 층간소음[벽간소음 등 인접한 세대 간의 소음(대각선에 위치한 세대 간의 소음을 포함한다.)을 포함하며, 이하 "층간소음"이라 한다.]으로 인하여 다른 입주자 등에게 피해를 주지 아니하도록 노력하여야 한다. 〈개정 2017. 8. 9.〉

② 제1항에 따른 층간소음으로 피해를 입은 입주자 등은 관리주체에게 층간소음 발생 사실을 알리고, 관리주체가 층간소음 피해를 준 해당 입주자 등에게 층간소음 발생을 중단

---

270) 층간소음의 기준- 부록

하거나 차음 조치를 권고하도록 요청할 수 있다. 이 경우 관리주체는 사실관계 확인을 위하여 세대 내 확인 등 필요한 조사를 할 수 있다. 〈개정 2020. 6. 9.〉

③ 층간소음 피해를 준 입주자 등은 제2항에 따른 관리주체의 조치 및 권고에 협조하여야 한다. 〈개정 2017. 8. 9.〉

④ 제2항에 따른 관리주체의 조치에도 불구하고 층간소음 발생이 계속될 경우에는 층간소음 피해를 입은 입주자 등은 제71조에 따른 공동주택관리 분쟁조정위원회나 「환경분쟁 조정법」 제4조에 따른 환경분쟁조정위원회에 조정을 신청할 수 있다.

⑤ 공동주택 층간소음의 범위와 기준은 국토교통부와 환경부의 공동부령[271]으로 정한다.

⑥ 관리주체는 필요한 경우 입주자 등을 대상으로 층간소음의 예방, 분쟁의 조정 등을 위한 교육을 실시할 수 있다.

⑦ 입주자 등은 필요한 경우 층간소음에 따른 분쟁의 예방, 조정, 교육 등을 위하여 자치적인 조직을 구성하여 운영할 수 있다.

■ **바닥충격음 성능등급 인정 등**(「주택법」 제41조)
① 국토교통부장관은 제35조 제1항 제2호[272]에 따른 주택건설기준 중 공동주택 바닥충격음 차단구조의 성능등급을 대통령령으로 정하는 기준에 따라 인정하는 기관(이하 "바닥충격음 성능등급 인정기관"이라 한다.)을 지정할 수 있다.

② 바닥충격음 성능등급 인정기관은 성능등급을 인정받은 제품(이하 "인정제품"이라 한다.)이 다음 각호의 어느 하나에 해당하면 그 인정을 취소할 수 있다. 다만, 제1호에 해당하는 경우에는 그 인정을 취소하여야 한다.
　　1. 거짓이나 그 밖의 부정한 방법으로 인정받은 경우
　　2. 인정받은 내용과 다르게 판매·시공한 경우

---

[271] 공동주택 층간소음의 범위와 기준에 관한 규칙- 참조
[272] ① 사업주체가 건설·공급하는 주택의 건설 등에 관한 다음 각호의 기준(이하 "주택건설기준 등"이라 한다.)은 대통령령으로 정한다.
　2. 세대 간의 경계벽, 바닥충격음 차단구조, 구조내력(構造耐力) 등 주택의 구조·설비기준

3. 인정제품이 국토교통부령으로 정한 품질관리기준[273]을 준수하지 아니한 경우

4. 인정의 유효기간을 연장하기 위한 시험결과를 제출하지 아니한 경우

③ 제1항에 따른 바닥충격음 차단구조의 성능등급 인정의 유효기간 및 성능등급 인정에 드는 수수료 등 바닥충격음 차단구조의 성능등급 인정에 필요한 사항은 대통령령으로 정한다.

④ 바닥충격음 성능등급 인정기관의 지정 요건 및 절차 등은 대통령령으로 정한다.

⑤ 국토교통부장관은 바닥충격음 성능등급 인정기관이 다음 각호의 어느 하나에 해당하는 경우 그 지정을 취소할 수 있다. 다만, 제1호에 해당하는 경우에는 그 지정을 취소하여야 한다.

1. 거짓이나 그 밖의 부정한 방법으로 바닥충격음 성능등급 인정기관으로 지정을 받은 경우

2. 제1항에 따른 바닥충격음 차단구조의 성능등급의 인정기준을 위반하여 업무를 수행한 경우

3. 제4항에 따른 바닥충격음 성능등급 인정기관의 지정 요건에 맞지 아니한 경우

4. 정당한 사유 없이 2년 이상 계속하여 인정업무를 수행하지 아니한 경우

⑥ 국토교통부장관은 바닥충격음 성능등급 인정기관에 대하여 성능등급의 인정현황 등 업무에 관한 자료를 제출하게 하거나 소속 공무원에게 관련 서류 등을 검사하게 할 수 있다.

⑦ 제6항에 따라 검사를 하는 공무원은 그 권한을 나타내는 증표를 지니고 이를 관계인에게 내보여야 한다

■ **바닥충격음 성능등급 및 기준 등**(「주택건설기준 등에 관한 규정」 제60조의 3)

① 법 제41조 제1항에 따라 바닥충격음 성능등급 인정기관이 인정하는 바닥충격음 성

---

273) 주택건설기준 등에 관한 규칙 제12조의 4(바닥충격음 성능등급 인정제품의 품질관리기준) 법 제41조 제2항 제3호에서 "국토교통부령으로 정한 품질관리기준"이란 법 제41조 제1항에 따른 인정기관으로부터 바닥충격음 성능등급을 인정받은 제품(이하 "인정제품"이라 한다.)과 관련한 다음 각호에 해당하는 사항에 대한 품질관리를 위한 기준을 말한다. 이 경우 국토교통부장관은 그 품질관리기준에 관한 세부적인 사항을 정하여 고시할 수 있다. 〈개정 2022. 8. 4.〉
1. 인정제품을 구성하는 원재료의 품질관리   2. 인정제품에 대한 제조공정의 품질관리
3. 인정제품의 제조·검사설비의 유지관리   4. 완성된 인정제품의 품질관리

능등급 및 기준에 관하여는 국토교통부장관이 정하여 고시[274]한다. 〈개정 2022. 8. 4.〉

② 제14조의 2 제2호 각 목 외의 본문에 따른 바닥충격음 차단성능 인정을 받으려는 자는 국토교통부장관이 정하여 고시하는 방법 및 절차 등에 따라 바닥충격음 성능등급 인정기관으로부터 바닥충격음 차단성능 인정을 받아야 한다. 〈개정 2022. 8. 4.〉

③ 삭제〈2022. 8. 4.〉

■ 신제품에 대한 성능등급 인정(「주택건설기준 등에 관한 규정」 제60조의 4)

바닥충격음 성능등급 인정기관은 제60조의 3 제1항에 따라 고시된 기준을 적용하기 어려운 신개발품이나 인정 규격 외의 제품(이하 "신제품"이라 한다.)에 대한 성능등급 인정의 신청이 있을 때에는 제60조의 3 제1항에도 불구하고 제60조의 5에 따라 신제품에 대한 별도의 인정기준을 마련하여 성능등급을 인정할 수 있다. 〈개정 2022. 8. 4.〉

■ 신제품에 대한 성능등급 인정 절차(「주택건설기준 등에 관한 규정」 제60조의 5)

① 바닥충격음 성능등급 인정기관은 제60조의 4에 따른 별도의 성능등급 인정기준을 마련하기 위해서는 제60조의 6에 따른 전문위원회(이하 "전문위원회"라 한다.)의 심의를 거쳐야 한다. 〈개정 2022. 8. 4.〉

② 바닥충격음 성능등급 인정기관은 신제품에 대한 성능등급 인정의 신청을 받은 날부터 15일 이내에 전문위원회에 심의를 요청하여야 한다. 〈개정 2022. 8. 4.〉

③ 바닥충격음 성능등급 인정기관의 장은 제1항에 따른 인정기준을 지체 없이 신청인에게 통보하고, 인터넷 홈페이지 등을 통하여 일반인에게 알려야 한다. 〈개정 2022. 8. 4.〉

④ 바닥충격음 성능등급 인정기관의 장은 제1항에 따른 별도의 성능등급 인정기준을 국토교통부장관에게 제출하여야 하며, 국토교통부장관은 이를 관보에 고시하여야 한다. 〈개정 2022. 8. 4.〉

■ 성능등급 인정의 유효기간 등(「주택건설기준 등에 관한 규정」 제60조의 7)

① 법 제41조 제3항에 따른 공동주택 바닥충격음 차단구조의 성능등급 인정의 유효기

---

274) 공동주택 바닥충격음 차단구조인정 및 검사기준(국토교통부고시)– 부록

간은 그 성능등급 인정을 받은 날부터 5년으로 한다. 〈개정 2016. 8. 11.〉

② 공동주택 바닥충격음 차단구조의 성능등급 인정을 받은 자는 제1항에 따른 유효기간이 끝나기 전에 유효기간을 연장할 수 있다. 이 경우 연장되는 유효기간은 연장될 때마다 3년을 초과할 수 없다.

③ 법 제41조 제3항에 따른 공동주택 바닥충격음 차단구조의 성능등급 인정에 드는 수수료는 인정 업무와 시험에 사용되는 비용으로 하되, 인정 업무와 시험에 필수적으로 수반되는 비용을 추가할 수 있다. 〈개정 2016. 8. 11.〉

④ 제1항부터 제3항까지 규정한 사항 외에 공동주택 바닥충격음 차단구조의 성능등급 인정의 유효기간 연장, 성능등급 인정에 드는 수수료 등에 관하여 필요한 세부적인 사항은 국토교통부장관이 정하여 고시한다.

■ **바닥구조**(「주택건설기준 등에 관한 규정」 제14조의 2)

공동주택의 세대 내의 층간바닥(화장실의 바닥은 제외한다. 이하 이 조에서 같다.)은 다음 각호의 기준을 모두 충족하여야 한다. 〈개정 2022. 8. 4.〉

　1. 콘크리트 슬래브 두께는 210밀리미터[라멘구조(보와 기둥을 통해서 내력이 전달되는 구조를 말한다. 이하 이 조에서 같다.)의 공동주택은 150밀리미터] 이상으로 할 것. 다만, 법 제51조 제1항에 따라 인정받은 공업화주택의 층간바닥은 예외로 한다.

　2. 각 층간 바닥의 경량충격음(비교적 가볍고 딱딱한 충격에 의한 바닥충격음을 말한다.) 및 중량충격음(무겁고 부드러운 충격에 의한 바닥충격음을 말한다.)이 각각 49데시벨 이하인 구조일 것. 다만, 다음 각 목의 층간바닥은 그렇지 않다.

　　가. 라멘구조의 공동주택(법 제51조 제1항에 따라 인정받은 공업화주택은 제외한다.)의 층간바닥

　　나. 가목의 공동주택 외의 공동주택 중 발코니, 현관 등 국토교통부령으로 정하는 부분[275]의 층간바닥

---

275) 주택건설기준 등에 관한 규칙 제3조의 2
영 제14조의 2 제2호 나목에서 "발코니, 현관 등 국토교통부령으로 정하는 부분"이란 다음 각호의 어느 하나에 해당하는 부분을 말한다. 〈개정 2022. 8. 4.〉

■ **품질 및 시공 방법**(「공동주택 바닥충격음 차단구조인정 및 검사기준」 제37조)

① 콘크리트 바닥판의 품질 및 시공 방법은 건축공사표준시방서의 콘크리트공사 시방에 따른다.

② 완충재는 건축물의 에너지절약 설계 기준 제2조에 따른 단열기준에 적합하여야 한다.

③ 바닥에 설치하는 완충재는 완충재 사이에 틈새가 발생하지 않도록 밀착 시공하고, 접합부위는 접합테이프 등으로 마감하여야 하며, 벽에 설치하는 측면 완충재는 마감 모르타르가 벽에 직접 닿지 아니하도록 하여야 한다.

④ 인정을 받은 자는 현장에 반입되는 완충재 등 바닥충격음을 줄이기 위해 사용한 주요 구성품에 대해서는 감리자 입회하에 샘플을 채취한 후 인정기관이나 공인시험기관에서 시험을 실시하고 그 결과를 시공 전까지 감리자에게 제출하여야 하며, 감리자는 성능기준과 인정서에서 인정 범위로 정한 기본 물성의 적합함을 확인한 후 시공하여야 한다.

⑤ 감리자는 바닥구조의 시공 완료 후 [별지 제4호 서식]에 따른 바닥구조 시공확인서를 사업주체에게 제출하여야 하며, 사업주체는 감리자가 제출한 바닥구조 시공확인서를 사용검사 신청 시 제출하여야 한다.

■ **경계벽 및 바닥설치**(「건축법」 제49조 제4항)

대통령령으로 정하는 용도 및 규모의 건축물에 대하여 가구·세대 등 간 소음 방지를 위하여 국토교통부령(하단 「건축물의 피난·방화구조 등의 기준에 관한 규칙」 제19조 참조)으로 정하는 바에 따라 경계벽 및 바닥을 설치하여야 한다. 〈신설 2019. 4. 23.〉

---

1. 발코니 2. 현관 3. 세탁실 4. 대피공간 5. 벽으로 구획된 창고 6. 제1호부터 제5호까지에 해당하는 부분 외에 「주택법」(이하 "법"이라 한다.) 제15조에 따른 사업계획의 승인권자(이하 "사업계획승인권자"라 한다.)가 층간소음으로 인한 피해 가능성이 적어 바닥충격음 성능기준 적용이 불필요하다고 인정하는 공간

■ **경계벽 등의 설치**(건축법 시행령 제53조)

① 법 제49조 제4항에 따라 다음 각호의 어느 하나에 해당하는 건축물의 경계벽은 국토교통부령으로 정하는 기준에 따라 설치해야 한다. 〈개정 2020. 10. 8.〉

　　1. 단독주택 중 다가구주택의 각 가구 간 또는 공동주택(기숙사는 제외한다.)의 각 세대 간 경계벽(제2조 제14호 후단에 따라 거실·침실 등의 용도로 쓰지 아니하는 발코니 부분은 제외한다.)

　　2. 공동주택 중 기숙사의 침실, 의료시설의 병실, 교육연구시설 중 학교의 교실 또는 숙박시설의 객실 간 경계벽

　　3. 제1종 근린생활시설 중 산후조리원의 다음 각호의 어느 하나에 해당하는 경계벽

　　　　가. 임산부실 간 경계벽

　　　　나. 신생아실 간 경계벽

　　　　다. 임산부실과 신생아실 간 경계벽

　　4. 제2종 근린생활시설 중 다중생활시설의 호실 간 경계벽

　　5. 노유자시설 중 「노인복지법」 제32조 제1항 제3호에 따른 노인복지주택(이하 "노인복지주택"이라 한다.)의 각 세대 간 경계벽

　　6. 노유자시설 중 노인요양시설의 호실 간 경계벽

② 법 제49조 제4항에 따라 다음 각호의 어느 하나에 해당하는 건축물의 층간바닥(화장실의 바닥은 제외한다.)은 국토교통부령으로 정하는 기준에 따라 설치해야 한다. 〈신설 2019. 10. 22.〉

　　1. 단독주택 중 다가구주택

　　2. 공동주택(「주택법」 제15조에 따른 주택건설사업계획승인 대상은 제외한다.)

■ **경계벽 등의 구조**(「건축물의 피난·방화구조 등의 기준에 관한 규칙」 제19조)

① 법 제49조 제4항에 따라 건축물에 설치하는 경계벽은 내화구조로 하고, 지붕 밑 또는 바로 위층의 바닥판까지 닿게 해야 한다. 〈개정 2019. 8. 6.〉

②제1항에 따른 경계벽은 소리를 차단하는 데 장애가 되는 부분이 없도록 다음 각호의 어느 하나에 해당되는 구조로 하여야 한다. 다만, 다가구주택 및 공동주택 세대 간의 경계벽인 경우에는 「주택건설기준 등에 관한 규정」 제14조[276]에 따른다. 〈개정 2014. 11. 28.〉

---

276)　① 공동주택 각 세대 간의 경계벽 및 공동주택과 주택 외의 시설 간의 경계벽은 내화구조로서 다음 각 하

1. 철근콘크리트조·철골철근콘크리트조로서 두께가 10센티미터 이상인 것

2. 무근콘크리트조 또는 석조로써 두께가 10센티미터(시멘트모르타르·회반죽 또는 석고플라스터의 바름 두께를 포함한다.) 이상인 것

3. 콘크리트블록조 또는 벽돌조로써 두께가 19센티미터 이상인 것

4. 제1호 내지 제3호의 것 외에 국토교통부장관이 정하여 고시[277]하는 기준에 따라 국토교통부장관이 지정하는 자 또는 한국건설기술연구원장이 실시하는 품질시험에서 그 성능이 확인된 것

5. 한국건설기술연구원장이 제27조 제1항에 따라 정한 인정기준에 따라 인정하는 것

③ 법 제49조 제4항에 따른 가구·세대 등 간 소음방지를 위한 바닥은 경량충격음(비교적 가볍고 딱딱한 충격에 의한 바닥충격음을 말한다.)과 중량충격음(무겁고 부드러운 충격에 의한 바닥충격음을 말한다.)을 차단할 수 있는 구조로 하여야 한다. 〈신설 2014. 11. 28.〉

④ 제3항에 따른 가구·세대 등 간 소음방지를 위한 바닥의 세부 기준은 국토교통부장관이 정하여 고시[278]한다. 〈신설 2014. 11. 28.〉

녹색건축 인증(「녹색건축물 조성 지원법」등)

녹색건축 인증이란 지속가능한 개발의 실현과 자원절약형이고 자연친화적인 건축물의

나에 해당하는 구조로 하여야 한다. 〈개정 2021. 1. 5.〉
1. 철근콘크리트조 또는 철골·철근콘크리트조로써 그 두께(시멘트모르타르·회반죽·석고프라스터 그 밖에 이와 유사한 재료를 바른 후의 두께를 포함한다.)가 15센티미터 이상인 것
2. 무근콘크리트조·콘크리트블록조·벽돌조 또는 석조로써 그 두께(시멘트모르타르·회반죽·석고프라스터 그 밖에 이와 유사한 재료를 바른 후의 두께를 포함한다.)가 20센티미터 이상인 것
3. 조립식 주택 부재인 콘크리트판으로써 그 두께가 12센티미터 이상인 것
4. 제1호 내지 제3호의 것 외에 국토교통부장관이 정하여 고시하는 기준에 따라 한국건설기술연구원장이 차음성능을 인정하여 지정하는 구조인 것
② 제1항에 따른 경계벽은 이를 지붕 밑 또는 바로 위층 바닥판까지 닿게 하여야 하며, 소리를 차단하는 데 장애가 되는 부분이 없도록 설치하여야 한다. 이 경우 경계벽의 구조가 벽돌조인 경우에는 줄눈 부위에 빈틈이 생기지 아니하도록 시공하여야 한다. 〈개정 2017. 10. 17.〉
③④ 삭제
⑤ 공동주택의 3층 이상인 층의 발코니에 세대 간 경계벽을 설치하는 경우에는 제1항 및 제2항의 규정에 불구하고 화재 등의 경우에 피난 용도로 사용할 수 있는 피난구를 경계벽에 설치하거나 경계벽의 구조를 파괴하기 쉬운 경량구조 등으로 할 수 있다. 다만, 경계벽에 창고 기타 이와 유사한 시설을 설치하는 경우에는 그러하지 아니하다. 〈신설 1992. 7. 25.〉
⑥ 제5항에 따라 피난구를 설치하거나 경계벽의 구조를 경량구조 등으로 하는 경우에는 그에 대한 정보를 포함한 표지 등을 식별하기 쉬운 위치에 부착 또는 설치하여야 한다. 〈신설 2014. 12. 23.〉
277) 벽체의 차음구조 인정 및 관리기준(국토교통고시)– 참조
278) 소음방지를 위한 층간바닥충격음 차단 구조기준– 부록

건축을 유도하기 위한 방법으로써 에너지 및 자원의 절약과 오염물질의 배출감소, 쾌적성, 주변 환경과의 조화 등 건축물이 환경에 미치는 요소에 대한 평가를 통해 건축물의 환경성 능을 인정받는 제도를 말한다.

용적율과 건축물의 높이 기준을 완화하여 적용받을 수 있는(시행령 제11조) 녹색건축 인증은 「건축법」 제2조 제1항 제2호[279]에 따른 건축물을 대상으로 한다. 다만, 「국방·군사시설 사업에 관한 법률」 제2조 제4호에 따른 군부대주둔지 내의 국방, 군사 시설은 제외하며 (「녹색건축인증에 관한 규칙」 제2조) 「건축법 시행령」 별표1 제14호 가목[280]의 공공업무시설은 우수(그린 2등급) 등급 이상을 취득(「녹색건축인증 기준」 제7조)하여야 한다.

대통령령으로 정하는 건축물(하단 시행령 제11조의 3 참조)을 건축 또는 리모델링하는 건축주는 해당 건축물에 대하여 녹색건축의 인증을 받아 그 결과를 표시하고, 「건축법」 제22조에 따라 건축물의 사용승인을 신청할 때 관련 서류를 첨부하여야 한다. 이 경우 사용 승인을 한 허가권자는 「건축법」 제38조에 따른 건축물대장에 해당 사항을 기록해야 한다 (법 제16조 제7항).

이 사항을 위반하여 녹색건축 인증의 결과를 표시하지 않거나 건축물의 사용승인을 신청할 경우 관련 서류를 첨부하지 않을 때, 거짓이나 그 밖의 부정한 방법으로 표시 또는 첨부한 자에게는 2천만 원 이하의 과태료를 부과하도록 되어 있다(법 제41조 제1항 제7호).

■ **녹색건축의 인증**(「녹색건축물 조성 지원법」 제16조)

① 국토교통부장관은 지속가능한 개발의 실현과 자원절약형이고 자연친화적인 건축물의 건축을 유도하기 위하여 녹색건축 인증제를 시행한다. 〈개정 2013. 3. 23.〉

② 국토교통부장관은 제1항에 따른 녹색건축 인증제를 시행하기 위하여 운영기관 및 인증기관을 지정하고 녹색건축 인증 업무를 위임할 수 있다. 〈개정 2013. 3. 23.〉

③ 국토교통부장관은 제2항에 따른 인증기관의 인증 업무를 주기적으로 점검하고 관리·감독하여야 하며, 그 결과를 인증기관의 재지정 시 고려할 수 있다. 〈신설 2019. 4. 30.〉

④ 녹색건축의 인증을 받으려는 자는 제2항에 따른 인증기관에 인증을 신청[281]하여야 한다. 〈개정 2019. 4. 30.〉

---

279) "건축물"이란 토지에 정착(定着)하는 공작물 중 지붕과 기둥 또는 벽이 있는 것과 이에 딸린 시설물, 지하나 고가(高架)의 공작물에 설치하는 사무소·공연장·점포·차고·창고, 그 밖에 대통령령으로 정하는 것을 말한다.

280) 공공업무시설: 국가 또는 지방자치단체의 청사와 외국공관의 건축물로서 제1종 근린생활시설에 해당하지 아니하는 것

281) 녹색건축 인증에 관한 규칙(국토교통부령), 녹색건축 인증 기준(국토교통부고시)– 참조

⑤ 제2항에 따른 인증기관은 제4항에 따라 녹색건축의 인증을 신청한 자로부터 수수료를 받을 수 있다. 〈신설 2019. 4. 30.〉

⑥ 제1항에 따른 녹색건축 인증제의 운영과 관련하여 다음 각호의 사항에 대하여는 국토교통부와 환경부의 공동부령으로 정한다. 〈개정 2019. 4. 30.〉

    1. 인증 대상 건축물의 종류

    2. 인증 기준 및 인증 절차

    3. 인증유효기간

    4. 수수료

    5. 인증기관 및 운영기관의 지정 기준, 지정 절차 및 업무 범위

    6. 인증받은 건축물에 대한 점검이나 실태조사

    7. 인증 결과의 표시 방법

⑦ 대통령령으로 정하는 건축물을 건축 또는 리모델링하는 건축주는 해당 건축물에 대하여 녹색건축의 인증을 받아 그 결과를 표시하고, 「건축법」 제22조에 따라 건축물의 사용승인을 신청할 때 관련 서류를 첨부하여야 한다. 이 경우 사용승인을 한 허가권자는 「건축법」 제38조에 따른 건축물대장에 해당 사항을 지체 없이 적어야 한다. 〈신설 2019. 4. 30.〉

■ 녹색건축 인증대상 건축물(「녹색건축물 조성 지원법 시행령」 제11조의 3)

법 제16조 제7항 전단에서 "대통령령으로 정하는 건축물"이란 다음 각호의 기준에 모두 해당하는 건축물을 말한다. 〈개정 2019. 12. 31.〉

    1. 제9조 제2항 각호의 기관이 소유 또는 관리하는 건축물[282]일 것

    2. 신축·재축 또는 증축하는 건축물일 것. 다만, 증축의 경우에는 건축물이 있는 대지에 별개의 건축물로 증축하는 경우로 한정한다.

    3. 연면적(하나의 대지에 복수의 건축물이 있는 경우 모든 건축물의 연면적을 합산한 면적을 말한다.)이 3천 제곱미터 이상일 것

    4. 법 제14조 제1항에 따른 에너지 절약계획서 제출 대상일 것

---

[282] 1. 중앙행정기관의 장, 2. 지방자치단체의 장
3. 「기후위기 대응을 위한 탄소중립·녹색성장기본법 시행령」 제30조 제2항에 따른 공공기관 및 교육기관의 장

■ 에너지 절약계획서 제출(「녹색건축물 조성 지원법」 제14조)

① 대통령령으로 정하는 건축물의 건축주가 다음 각호의 어느 하나에 해당하는 신청을 하는 경우에는 대통령령으로 정하는 바에 따라 에너지 절약계획서를 제출하여야 한다. 〈개정 2016. 1. 19.〉

　　1. 「건축법」 제11조에 따른 건축 허가(대수선은 제외한다.)
　　2. 「건축법」 제19조 제2항에 따른 용도변경 허가 또는 신고
　　3. 「건축법」 제19조 제3항에 따른 건축물대장 기재 내용 변경

② 제1항에 따라 허가 신청 등을 받은 행정기관의 장은 에너지 절약계획서의 적절성 등을 검토하여야 한다. 이 경우 건축주에게 국토교통부령으로 정하는 에너지 관련 전문기관에 에너지 절약계획서의 검토 및 보완을 거치도록 할 수 있다. 〈개정 2013. 3. 23., 2014. 5. 28.〉

③ 제2항에도 불구하고 국토교통부장관이 고시[283]하는 바에 따라 사전확인이 이루어진 에너지 절약계획서를 제출하는 경우에는 에너지 절약계획서의 적절성 등을 검토하지 아니할 수 있다. 〈신설 2016. 1. 19.〉

④ 국토교통부장관은 제2항에 따른 에너지 절약계획서 검토업무의 원활한 운영을 위하여 국토교통부령으로 정하는 에너지 관련 전문기관 중에서 운영기관을 지정하고 운영 관련 업무를 위임할 수 있다. 〈신설 2016. 1. 19.〉

⑤ 제2항에 따른 에너지 절약계획서의 검토절차, 제4항에 따른 운영기관의 지정 기준·절차와 업무 범위 및 그 밖에 검토업무의 운영에 필요한 사항은 국토교통부령으로 정한다. 〈신설 2016. 1. 19.〉

⑥ 에너지 관련 전문기관은 제2항에 따라 에너지 절약계획서의 검토 및 보완을 하는 경우 건축주로부터 국토교통부령으로 정하는 금액과 절차에 따라 수수료를 받을 수 있다. 〈신설 2016. 1. 19.〉

---

283) 건축물의 에너지절약설계 기준(국토교통부고시)- 참조

■ 에너지 절약계획서 제출 대상 등(「녹색건축물 조성 지원법 시행령」 제10조)

① 법 제14조 제1항 각호 외의 부분에서 "대통령령으로 정하는 건축물"이란 연면적의 합계가 500제곱미터 이상인 건축물을 말한다. 다만, 다음 각호의 어느 하나에 해당하는 건축물을 건축하려는 건축주는 에너지 절약계획서를 제출하지 아니한다. 〈개정 2016. 12. 30.〉

    1. 「건축법 시행령」 별표1 제1호에 따른 단독주택

    2. 문화 및 집회시설 중 동·식물원

    3. 「건축법 시행령」 별표1 제17호부터 제26호까지의 건축물 중 냉방 및 난방 설비를 모두 설치하지 아니하는 건축물

    4. 그 밖에 국토교통부장관이 에너지 절약계획서를 첨부할 필요가 없다고 정하여 고시[284]하는 건축물

② 제1항 각호 외의 부분 본문에 해당하는 건축물을 건축하려는 건축주는 건축허가를 신청하거나 용도변경의 허가 신청 또는 신고, 건축물대장 기재내용의 변경 시 국토교통부령으로 정하는 에너지 절약계획서[285](전자문서로 된 서류를 포함한다.)를 「건축법」 제5조 제1항에 따른 허가권자(「건축법」 외의 다른 법령에 따라 허가·신고 권한이 다른 행정기관의 장에게 속하는 경우에는 해당 행정기관의 장을 말하며, 이하 "허가권자"라 한다.)에게 제출하여야 한다. 〈개정 2016. 12. 30.〉

■ 도시·군계획시설의 결정·구조 및 설치 기준에 관한 규칙 제6조 제2항

국가 또는 지방자치단체가 설치하거나 소유하는 건축물인 시설로서 연면적 5천 제곱미터 이상인 공공청사, 문화시설, 사회복지시설 및 청소년수련시설은 「녹색건축물 조성 지원법」 제16조에 따른 녹색건축의 인증과 같은 법 제17조에 따른 건축물의 에너지효율등급 인증을 받아야 한다. 〈신설 2016. 2. 12.〉

건축물에너지 효율등급 및 제로에너지건축물 인증(「녹색건축물 조성 지원법」 등)

건축물에너지 효율등급 및 제로에너지건축물 인증이란 에너지성능이 높은 건축물을 확

---

284) 건축물의 에너지절약설계 기준(국토교통부고시)- 참조
285) 영 제10조 제2항에서 "국토교통부령으로 정하는 에너지 절약계획서"란 다음 각호의 서류를 첨부한 별지 제1호 서식의 에너지 절약계획서를 말한다.(상세내용은 시행규칙 제7조 참조)

대하고 건축물의 효과적인 에너지관리를 위하여 에너지 절약적인 건물에 등급을 부여함으로써 에너지성능이나 주거환경의 질과 같은 객관적인 정보를 제공받을 수 있도록 하기 위한 인증제도이다.

대통령령으로 정하는 건축물(하단 시행령 제12조 참조)을 건축 또는 리모델링하려는 건축주는 해당 건축물에 대하여 건축물에너지 등급 인증을 받아 그 결과를 표시하고, 「건축법」 제22조에 따라 건축물의 사용승인을 신청할 때 관련 서류를 첨부하여야 한다. 이 경우 사용승인을 한 허가권자는 「건축법」 제38조에 따른 건축물대장에 해당 사항을 기록해야 한다(법 제17조 제6항).

이를 위반하여 인증의 결과를 표시하지 아니하거나 건축물의 사용승인을 신청할 때 관련 서류를 첨부하지 않는 경우, 거짓이나 그 밖의 부정한 방법으로 표시 또는 첨부한 자에게는 대통령령으로 정하는 바에 따라 2천만 원 이하의 과태료를 부과한다(법 제41조 제1항 제8호).

■ **건축물의 에너지효율등급 인증 및 제로에너지건축물 인증**(「녹색건축물 조성 지원법」 제17조)

① 국토교통부장관은 에너지성능이 높은 건축물을 확대하고, 건축물의 효과적인 에너지관리를 위하여 건축물 에너지효율등급 인증제 및 제로에너지건축물 인증제를 시행한다. 〈개정 2016. 1. 19.〉

② 국토교통부장관은 제1항에 따른 건축물 에너지효율등급 인증제 및 제로에너지건축물 인증제를 시행하기 위하여 운영기관 및 인증기관을 지정하고, 건축물 에너지효율등급 인증 및 제로에너지건축물 인증 업무를 위임할 수 있다. 〈개정 2016. 1. 19.〉

③ 건축물 에너지효율등급 인증을 받으려는 자는 대통령령으로 정하는 건축물의 용도 및 규모에 따라 제2항에 따른 인증기관에게 신청하여야 하며, 인증평가 업무는 인증기관에 소속되거나 등록된 건축물에너지평가사가 수행하여야 한다. 〈개정 2014. 5. 28.〉

④ 제3항의 인증평가 결과가 국토교통부와 산업통상자원부의 공동부령으로 정하는 기준 이상인[286]건축물에 대하여 제로에너지건축물 인증을 받으려는 자는 제2항에 따른 인증기관에 신청하여야 한다. 〈신설 2016. 1. 19.〉

---

286) (규칙 제6조 제1항)법 제17조 제4항에서 "국토교통부와 산업통상자원부의 공동부령으로 정하는 기준 이상인 건축물"이란 제3조 제2항 제1호에 따른 건축물 에너지효율등급(이하 "건축물 에너지효율등급"이라 한다.)이 1++ 등급 이상인 건축물을 말한다. 〈신설 2017. 1. 20.〉

⑤ 제1항에 따른 건축물 에너지효율등급 인증제 및 제로에너지건축물 인증제의 운영과 관련하여 다음 각호의 사항에 대하여는 국토교통부와 산업통상자원부의 공동부령[287), 288)]으로 정한다. 〈개정 2016. 1. 19.〉

　　1. 인증 대상 건축물의 종류

　　2. 인증 기준 및 인증 절차

　　3. 인증유효기간

　　4. 수수료

　　5. 인증기관 및 운영기관의 지정 기준, 지정 절차 및 업무 범위

　　6. 인증받은 건축물에 대한 점검이나 실태조사

　　7. 인증 결과의 표시 방법

　　8. 인증평가에 대한 건축물에너지평가사의 업무 범위

⑥ 대통령령으로 정하는 건축물을 건축 또는 리모델링하려는 건축주는 해당 건축물에 대하여 에너지효율등급 인증 또는 제로에너지건축물 인증을 받아 그 결과를 표시하고, 「건축법」 제22조에 따라 건축물의 사용승인을 신청할 때 관련 서류를 첨부하여야 한다. 이 경우 사용승인을 한 허가권자는 「건축법」 제38조에 따른 건축물대장에 해당 사항을 지체 없이 적어야 한다. 〈신설 2019. 4. 30.〉

■ **인증 대상 건축물 등**(「녹색건축물 조성 지원법 시행령」 제12조)

① 법 제17조 제3항에서 "대통령령으로 정하는 건축물의 용도 및 규모"란 다음 각호의 용도 등을 말한다. 〈개정 2016. 12. 30.〉

　1. 「건축법 시행령」 별표1 제2호가목부터 다목까지의 공동주택(이하 "공동주택"이라 한다.)

　2. 업무시설

　3. 그 밖에 법 제17조 제5항 제1호에 따라 국토교통부와 산업통상자원부의 공동부령으로 정하는 건축물

② 법 제17조 제6항 전단에 따라 에너지효율등급 인증 또는 제로에너지건축물 인증을 받아 그 결과를 표시해야 하는 건축물은 각각 별표1[289)]각호의 요건을 모두 갖춘 건축물로 한다. 〈개정 2019. 12. 31.〉

[287)] 건축물 에너지효율등급 인증 및 제로에너지건축물 인증에 관한 규칙(국토교통부령)- 참조
[288)] 건축물 에너지효율등급 인증 및 제로에너지건축물 인증 기준(국토교통부고시)- 참조
[289)] 에너지효율등급 인증 또는 제로에너지건축물 인증 표시 의무 대상 건축물- 부록

「공공기관 에너지이용 합리화 추진에 관한 규정」(산업통상자원부고시)

제6조(신축건축물의 에너지이용 효율화 추진)

① 공공기관에서 「녹색건축물 조성 지원법」 제14조 및 같은 법 시행령 제10조에 따른 에너지절약계획서 제출 대상 중 연면적이 1,000㎡ 이상이고, 「건축물 에너지효율등급 인증 및 제로에너지건축물 인증 기준(산업통상자원부·국토교통부 고시)」(이하 "건축물 인증 기준"이라고 한다.)에서 건축물 인증 기준이 마련된 건축물을 신축·재축하거나 연면적 1,000㎡ 이상을 별동으로 증축하는 경우에는 건축물 인증 기준에 따른 제로에너지건축물 인증을 취득하여야 한다. 다만, 「건축법 시행령」 별표1의 제2호에 따른 공동주택은 제외한다.

② 제1항에도 불구하고 공공기관에서 「녹색건축물 조성 지원법」 제14조 및 같은 법 시행령 제10조에 따른 에너지절약계획서 제출 대상 또는 「주택법」 제15조 및 「주택건설기준 등에 관한 규정」 제64조에 따른 친환경 주택 에너지절약계획서 제출 대상 중 연면적이 1,000㎡ 이상인 「건축법 시행령」 별표1의 제2호에 따른 공동주택을 신축·재축·개축하거나 별동으로 증축하는 경우에는 건축물에너지효율 1등급 이상을 의무적으로 취득하여야 한다.

③ 공공기관에서 「녹색건축물 조성 지원법」 제14조 및 같은 법 시행령 제10조에 따른 에너지절약계획서 제출 대상 중 연면적 10,000㎡ 이상의 건축물을 신축하거나 별동으로 증축하는 경우에는 건물에너지 이용 효율화를 위해 건물에너지관리시스템(BEMS)을 구축·운영하여야 하며, 한국에너지공단을 통해 설치확인을 받아야 한다. 다만, 다음 각호에 해당하는 경우는 제외할 수 있다.
1. 「건축법 시행령」 별표1의 제2호에 따른 공동주택
2. 「건축법 시행령」 별표1의 제14호 나목에 따른 오피스텔
3. 「건축법 시행령」 별표1의 제17호에 따른 공장, 제22조 자원순환 관련 시설 및 제25조에 따른 발전시설
4. 그 밖에 산업통상자원부장관이 인정하는 경우

④ 산업통상부장관은 필요한 경우 제3항에 의해 설치확인을 받은 공공기관의 장에게 건물에너지관리시스템 운영성과에 관한 자료제출을 요구할 수 있으며, 공공기관은 제3항에 의한 설치확인 후 5년 이내에 한국에너지공단을 통해 건물에너지관리시스템 운영성과확인을 받아야 한다.

⑤ 공공기관에서는 과대 청사의 건립을 방지하기 위해 「정부청사관리규정시행규칙(행정

자치부령)」, 「공유재산 및 물품관리법 시행령」, 「이전공공기관 지방이전계획 수립지침(국토교통부 훈령)」 등 관련 규정의 적용 여부를 확인하여 시설규모를 정하여야 한다.

건축물 에너지효율등급 인증 및 제로에너지건축물 인증에 관한 규칙

제2조(적용대상)

「녹색건축물 조성 지원법」(이하 "법"이라 한다.) 제17조 제5항 및 「녹색건축물 조성 지원법 시행령」(이하 "영"이라 한다.) 제12조 제1항에 따른 건축물 에너지효율등급 인증 및 제로에너지건축물 인증은 「건축법 시행령」 별표1 각호의 건축물을 대상으로 한다. 다만, 「건축법 시행령」 별표1, 3호부터 제13호까지 및 제15호부터 제29호까지의 규정에 따른 건축물 중 국토교통부장관과 산업통상자원부장관이 공동으로 고시[290]하는 실내 냉방·난방 온도 설정조건으로 인증 평가가 불가능한 건축물 또는 이에 해당하는 공간이 전체 연면적의 100분의 50 이상을 차지하는 건축물은 제외한다. 〈개정 2021. 8. 23.〉

1. 삭제 〈2021. 8. 23.〉
2. 삭제 〈2021. 8. 23.〉
3. 삭제 〈2021. 8. 23.〉
4. 삭제 〈2021. 8. 23.〉
5. 삭제 〈2021. 8. 23.〉

제8조(인증 기준 등)

① 건축물 에너지효율등급 인증 및 제로에너지건축물 인증은 다음 각호의 구분에 따른 사항을 기준으로 평가하여야 한다. 〈개정 2017. 1. 20.〉

1. 건축물 에너지효율등급 인증: 난방, 냉방, 급탕(給湯), 조명 및 환기 등에 대한 1차 에너지 소요량

2. 제로에너지건축물 인증: 다음 각 목의 사항

   가. 건축물 에너지효율등급 성능 수준

   나. 신에너지 및 재생에너지를 활용한 에너지자립도

   다. 건축물에너지관리시스템 또는 전자식 원격검침계량기 설치 여부

② 건축물 에너지효율등급 인증 및 제로에너지건축물 인증의 등급은 다음 각호의 구분

---

290) 건축물 에너지효율등급 인증 및 제로에너지건축물 인증 기준(국토교통부고시)– 참조

에 따른다. 〈개정 2017. 1. 20.〉

　　1. 건축물 에너지효율등급 인증: 1+++등급부터 7등급까지의 10개 등급
　　2. 제로에너지건축물 인증: 1등급부터 5등급까지의 5개 등급

　③ 제1항과 제2항에 따른 인증 기준 및 인증 등급의 세부 기준은 국토교통부장관과 산업통상자원부장관이 정하여 공동으로 고시[291]한다.

제9조(인증서 발급 및 인증의 유효기간 등)

　① 건축물 에너지효율등급 인증기관의 장 또는 제로에너지건축물 인증기관의 장은 제7조 및 제8조에 따른 평가가 완료되어 인증을 할 때에는 별지 제4호 서식 또는 별지 제4호의 2서식의 인증서를 건축주 등에게 발급하고, 제7조 제1항에 따른 인증 평가서 등 평가 관련 서류와 함께 인증관리시스템에 인증 사실을 등록하여야 한다. 〈개정 2017. 1. 20.〉

　② 건축주 등은 인증명판이 필요하면 별표1 또는 별표1의 2에 따라 제작하여 활용할 수 있으며, 법 제17조 제5항 및 영 제12조 제2항에 따른 건축물의 건축주 등은 인증명판을 건축물 현관 또는 로비 등 공공이 볼 수 있는 장소에 게시하여야 한다. 〈개정 2017. 1. 20.〉

　③ 건축물 에너지효율등급 인증 및 제로에너지건축물 인증의 유효기간은 다음 각호의 구분에 따른 기간으로 한다. 〈개정 2017. 1. 20.〉

　　1. 건축물 에너지효율등급 인증: 10년
　　2. 제로에너지건축물 인증: 인증받은 날부터 해당 건축물에 대한 1++등급 이상의 건축물 에너지효율등급 인증 유효기간 만료일까지의 기간

　④ 인증기관의 장은 제1항에 따라 인증서를 발급하였을 때에는 인증 대상, 인증 날짜, 인증 등급을 포함한 인증 결과를 해당 인증제 운영기관의 장에게 제출하여야 한다. 〈개정 2017. 1. 20.〉

　⑤ 운영기관의 장은 에너지성능이 높은 건축물의 보급을 확대하기 위하여 제1항에 따른 인증평가 관련 정보를 분석하여 통계적으로 활용할 수 있으며, 법 제10조 제5항에 따른 방법으로 인증 관련 정보를 공개할 수 있다. 〈신설 2015. 11. 18.〉

---

291)　건축물 에너지효율등급 인증 및 제로에너지건축물 인증 기준(국토교통부고시), 건축물에너지효율등급 인증제도 운영규정(한국에너지공단규정), 제로에너지건축물 인증업무 처리규정(한국에너지공단규정)- 참조

제11조(예비인증의 신청 등)

① 건축주 등은 제6조 제2항에 따른 인증(이하 "본인증"이라 한다.)에 앞서 설계도서에 반영된 내용만을 대상으로 예비인증을 신청할 수 있다. 〈개정 2017. 1. 20.〉

② 제1항에 따라 예비인증을 신청하려는 건축주 등은 인증관리시스템을 통하여 다음 각 호의 구분에 따라 해당 인증기관의 장에게 신청서를 제출하여야 한다. 〈개정 2017. 1. 20.〉

  1. 건축물 에너지효율등급 예비인증을 신청하는 경우: 별지 제5호 서식에 따른 신청서 및 다음 각 목의 서류

    가. 건축·기계·전기·신에너지 및 재생에너지 관련 설계도면

    나. 제6조 제3항 제1호 나목부터 바목까지 및 자목의 서류

  2. 제로에너지건축물 예비인증을 신청하는 경우: 별지 제5호의 2서식에 따른 신청서 및 다음 각 목의 서류

    가. 1++등급 이상의 건축물 에너지효율등급 인증서 또는 예비인증서 사본

    나. 제6조 제3항 제2호 나목 및 라목의 서류

  3. 건축물 에너지효율등급 예비인증 및 제로에너지건축물 예비인증을 동시에 신청하는 경우: 별지 제5호 서식의 신청서 및 다음 각 목의 서류

    가. 제1호 각 목의 서류

    나. 제2호 나목의 서류

③ 인증기관의 장은 평가 결과 예비인증을 하는 경우 별지 제6호 서식 또는 별지 제6호의 2서식의 예비인증서를 건축주 등에게 발급하여야 한다. 이 경우 건축주 등이 예비인증을 받은 사실을 광고 등의 목적으로 사용하려면 본인증을 받을 경우, 그 내용이 달라질 수 있음을 알려야 한다. 〈개정 2017. 1. 20.〉

④ 예비인증을 받은 건축주 등은 본인증을 받아야 한다. 이 경우 예비인증을 받아 제도적·재정적 지원을 받은 건축주 등은 예비인증 등급 이상의 본인증을 받아야 한다.

⑤ 예비인증의 유효기간은 제3항에 따라 예비인증서를 발급한 날부터 사용승인일 또는 사용검사일까지로 한다. 〈개정 2015. 11. 18.〉

⑥ 제1항부터 제5항까지 규정한 사항 외에 예비인증의 신청 및 평가 등에 관하여는 제6조 제4항부터 제8항까지, 제7조 제1항·제2항, 제8조, 제9조 제4항, 제10조 및 법 제20조를

준용한다. 다만, 제7조 제1항에 따른 현장실사는 실시하지 아니한다. 〈개정 2017. 1. 20.〉

도시·군계획시설의 결정·구조 및 설치 기준에 관한 규칙

제6조 제2항

국가 또는 지방자치단체가 설치하거나 소유하는 건축물인 시설로서 연면적 5천 제곱미터 이상인 공공청사, 문화시설, 사회복지시설 및 청소년수련시설은 「녹색건축물 조성 지원법」 제16조에 따른 녹색건축의 인증과 같은 법 제17조에 따른 건축물의 에너지효율등급 인증을 받아야 한다.

부록

각주 번호	제 목	page
1	건설공사 사업관리방식 검토 기준 및 업무 수행 지침	354
5	감독 권한대행 등 건설사업관리 대상공사	480
17	건설공사 사업관리방식 검토 기준 및 업무 수행 지침(각주1 참조)	354
18	건설기술인의 등급 인정 및 교육·훈련 등에 관한 기준(별표3)	481
19	건설공사 사업관리방식 검토 기준 및 업무 수행 지침(각주1 참조)	354
21	건설공사 등의 벌점관리기준	493
24	품질시험계획의 내용	507
25	건설공사 품질관리 업무지침	508
26	건설공사 품질관리 업무지침(각주25 참조)	508
27	건설공사 품질관리를 위한 시설 및 건설기술인 배치 기준	534
28	건설공사 품질관리를 위한 시설 및 건설기술인 배치 기준(각주27 참조)	534
29	건설공사 품질관리 업무지침(각주25 참조)	508
30	건설공사 품질관리 업무지침(각주25 참조)	508
31	건설공사 품질관리 업무지침(각주25 참조)	508
32	안전관리계획의 수립 기준	535
33	건설공사 안전관리 업무 수행 지침	539
34	시설물의 안전 및 유지관리에 관한 특별법 제7조	573
35	건설공사 안전관리 업무 수행 지침(각주33 참조)	539
40	건설공사 안전관리 업무 수행 지침(각주33 참조)	539
41	건설공사 안전관리 업무 수행 지침(각주33 참조)	539
42	건설공사별 정기안전점검 실시 시기	578
51	건설공사 안전관리 업무 수행 지침(각주33 참조)	539
53	건설재해예방전문지도기관의 지도 기준	581
59	건설공사 사업관리방식 검토 기준 및 업무 수행 지침(각주1 참조)	354
63	생활소음·진동의 규제 기준	584
64	특정 공사 사전신고 대상 기계·장비의 종류	586
66	공사장 방음시설 설치 기준	587
67	비산먼지 발생 사업	587
68	비산먼지 발생을 억제하기 위한 시설의 설치 및 필요한 조치에 관한 기준	590
69	비산먼지 발생을 억제하기 위한 시설의 설치 및 필요한 조치에 관한 엄격한 기준	595

70	비산먼지 발생을 억제하기 위한 시설의 설치 및 필요한 조치에 관한 엄격한 기준(각주69 참조)	595
71	비산먼지 발생을 억제하기 위한 시설의 설치 및 필요한 조치에 관한 기준(각주68 참조)	590
72	비산먼지 발생 저감공법	596
74	건설공사의 종류별 하자담보책임기간	597
75	시설공사별 담보책임기간	600
77	건설공사의 종류별 하자담보책임기간(각주74 참조)	597
78	건설기술인의 업무정지 기준	602
86	주택건설공사감리자지정 기준	605
87	주택건설공사감리자지정 기준(각주86 참조)	605
91	주택건설공사감리 업무 세부 기준	636
94	필로티 건축물 구조설계 가이드라인	660
95	특수구조건축물, 특수구조건축물 대상 기준	667
97	관계전문기술자와의 협력	668
112	공동주택 결로방지를 위한 설계 기준	669
113	공동주택 결로방지를 위한 설계 기준(각주112 참조)	669
117	시설공사별 담보책임기간(각주75 참조)	600
118	건설공사의 종류별 하자담보책임기간(각주74 참조)	597
133	특수구조 건축물 대상 기준(각주95 참조)	667
137	건축공사감리 세부 기준	673
141	건설재해예방전문지도기관의 지도 기준(각주53 참조)	581
142	건축공사감리세부 기준(각주137 참조)	673
143	소음방지를 위한 층간바닥충격음 차단 구조 기준(각주278 참조)	798
144	소음방지를 위한 층간바닥충격음 차단 구조 기준(각주278 참조)	798
146	건축자재 등 품질인정 및 관리기준	691
154	필로티 건축물 구조설계 가이드라인(각주94 참조)	660
157	범죄예방 건축기준고시	713
158	건축물의 설비기준 등에 관한 규칙	720
160	절수설비와 절수기기의 종류 및 기준	737
162	절수설비의 절수등급 및 표시에 관한 기준	739
164	전용구역의 설치 방법	741
165	건축허용오차	742

199	건축물해체계획서의 작성 및 감리업무 등에 관한 기준	742
202	건축물해체계획서의 작성 및 감리업무 등에 관한 기준(각주199 참조)	742
203	건축물해체계획서의 작성 및 감리업무 등에 관한 기준(각주199 참조)	742
204	건축물해체계획서의 작성 및 감리업무 등에 관한 기준-제21조(각주199 참조)	742
209	석면비산방지시설의 설치 등 조치기준(시행규칙 별표2)	755
218	슬레이트 처리등의 기준 및 방법	756
219	슬레이트 처리 등에 관한 구체적인 기준 및 방법	759
220	석면조사 및 안전성 평가 등에 관한 고시	760
221	석면조사 및 안전성 평가 등에 관한 고시(각주220 참조)	760
224	석면조사 및 안전성 평가 등에 관한 고시(각주220 참조)	760
228	석면해체작업감리인 기준	773
229	석면해체작업감리인 기준(각주228 참조)	773
233	석면해체작업감리인의 행정처분 기준	778
261	장애물 없는 생활환경 인증 의무시설	780
270	층간소음의 기준	782
274	공동주택 바닥충격음 차단구조인정 및 검사 기준	783
278	소음방지를 위한 층간바닥충격음 차단 구조 기준	798
289	에너지효율등급 인증 또는 제로에너지건축물 인증 표시 의무 대상 건축물	803

| 부록(각주번호 1)

건설공사 사업관리방식 검토 기준 및 업무 수행 지침

[시행 2023. 3. 20.] [국토교통부고시 제2023-153호, 2023. 3. 20., 일부 개정]

제1장 총칙

제1조(목적) 이 지침은 「건설기술 진흥법 시행령」(이하 "영"이라 한다.) 제55조 제1항 제3호 및 제68조 제1항 제8호에 따라 발주청이 건설공사의 사업관리방식을 선정하기 위해 필요한 기준과, 영 제59조 제5항에 따라 발주청, 시공자, 설계자, 건설사업관리용역사업자 및 건설사업관리기술인이 건설사업관리와 관련된 업무를 효율적으로 수행하게 하기 위하여 업무 수행의 방법 및 절차 등 필요한 세부 기준, 그리고 「건설기술 진흥법」(이하 "법"이라 한다.) 제49조 제2항에 따라 발주청이 발주하는 건설공사의 감독업무(건설사업관리 용역에

대한 감독을 포함한다.) 수행에 필요한 사항을 정하는 데 목적이 있다.

제2조(정의) 이 지침에서 사용하는 용어의 뜻은 다음 각호와 같다.
1. "직접감독"이란 해당 건설공사의 발주청 소속 직원이 건설사업관리 업무를 직접 수행하는 것을 말한다.
2. "공사감독자"란 공사계약일반조건 제16조의 업무를 수행하기 위하여 발주청이 임명한 기술직원 또는 그의 대리인으로 해당 공사 전반에 관한 감독업무를 수행하고 건설사업관리업무를 총괄하는 사람을 말한다.
3. "공사관리관"이란 감독 권한대행 등 건설사업관리를 시행하는 건설공사에 대하여 영 제56조 제1항 제1호부터 제4호까지의 업무를 수행하는 발주청의 소속 직원을 말한다.
4. "건설사업관리용역사업자"란 건설사업관리를 업으로 하고자 법 제26조에 따라 건설공사에 대한 특별시장·광역시장·특별자치시장·도지사 또는 특별자치도지사에게 건설기술용역사업자로 등록한 자를 말한다.
5 "건설사업관리기술인"이란 법 제26조에 따른 건설기술용역사업자에 소속되어 건설사업관리 업무를 수행하는 자를 말한다.
6. "책임건설사업관리기술인"이란 발주청과 체결된 건설사업관리 용역계약에 의하여 건설사업관리용역사업자를 대표하며 해당 공사의 현장에 상주하면서 해당 공사의 건설사업관리업무를 총괄하는 자를 말한다.
7 "분야별 건설사업관리기술인"이란 소관 분야별로 책임건설사업관리기술인을 보좌하여 건설사업관리 업무를 수행하는 자로서, 담당 건설사업관리업무에 대하여 책임건설사업관리기술인과 연대하여 책임지는 자를 말한다.
8. "상주 건설사업관리기술인"이란 영 제60조에 따라 현장에 상주하면서 건설사업관리업무를 수행하는 자를 말한다.(이하 "상주기술인"이라 한다.)
9. "기술지원 건설사업관리기술인"이란 영 제60조에 따라 건설사업관리용역사업자에 소속되어 현장에 상주하지 않으며 발주청 및 책임건설사업관리기술인의 요청에 따라 업무를 지원하는 자를 말한다.(이하 "기술지원기술인"이라 한다.)
10. "시공자"란 「건설산업기본법」 제2조 제7호에 따른 건설업자 및 「주택법」 제9조에 따라 주택건설사업에 등록한 자로서 공사를 도급받은 건설업자(하도급업자를 포함한다. 이하 같다.)를 말한다.
11. "설계자"란 법 제26조 및 「건축사법」 제23조에 따라 설계업무를 하기 위하여 건설기술용역사업자 또는 건축사사무소 개설 신고를 한 자로 설계를 도급 받은 자(하도

급업자를 포함한다. 이하 같다.)를 말한다.

12. "설계서"란 공사시방서, 설계도면 및 현장설명서를 말한다. 다만, 공사 추정가격이 1억 원 이상인 공사에 있어서는 공종별 목적물 물량이 표시된 내역서를 포함한다.

13. "공사계약문서"란 계약서, 설계서, 공사입찰유의서, 공사계약일반조건, 공사계약특수조건 및 산출내역서로 구성되며 상호보완의 효력을 가진다.

14. "건설사업관리용역 계약문서"란 계약서, 기술용역입찰유의서, 기술용역계약일반조건, 건설사업관리용역계약특수조건, 과업수행계획서 및 건설사업관리비 산출내역서로 구성되며 상호보완의 효력을 가진다.

15. "건설사업관리기간"이란 건설사업관리용역계약서에 표기된 계약 기간을 말한다. 시공자 또는 발주청의 사유로 인해 공사 기간이 연장된 경우의 건설사업관리기간은 연장된 공사 기간을 포함한 건설사업관리용역 변경계약서에 표기된 기간을 말한다.

16. "검토"란 시공자가 수행하는 중요사항과 해당 건설공사와 관련한 발주청의 요구사항에 대해 시공자 제출서류, 현장 실정 등을 공사감독자 또는 건설사업관리기술인이 숙지하고, 경험과 기술을 바탕으로 하여 타당성 여부를 파악하는 것을 말한다. 공사감독자 또는 건설사업관리기술인은 필요한 경우 검토의견을 발주청 또는 시공자에게 제출하여야 한다.

17. "확인"이란 시공자가 공사를 공사계약문서 대로 실시하는지의 여부 또는 지시·조정·승인·검사 이후 실행한 결과에 대하여 발주청, 공사관리관, 공사감독자 또는 건설사업관리기술인이 원래의 의도와 규정대로 시행되었는지를 확인하는 것을 말한다.

18. "검토·확인"이란 공사의 품질을 확보하기 위해 기술적인 검토뿐만 아니라, 그 실행결과를 확인하는 일련의 과정을 말하며 검토·확인자는 자신의 검토·확인 사항에 대해 책임을 진다.

19. "지시"란 발주청이 공사감독자에게, 공사감독자가 시공자에게 또는 발주청이 건설사업관리기술인에게, 건설사업관리기술인이 시공자에게 소관업무에 관한 방침, 기준, 계획 등을 알려주고 실시하게 하는 것을 말한다. 단, 지시사항은 계약문서에 나타난 지시 및 이행사항에 국한하는 것을 원칙으로 하며, 구두 또는 서면으로 내릴 수 있으나 지시내용과 그 결과는 반드시 확인하여 문서로 기록·비치하여야 한다.

20. "요구"란 계약당사자들이 계약조건에 나타난 자신의 업무에 충실하고 정당한 계약수행을 위해 해당 건설공사와 관련하여 상대방에게 검토, 조사, 지원, 승인, 협조 등의 적합한 조치를 취하도록 의사를 밝히는 것으로, 요구사항을 접수한 자는 반드시 이에 대한 적절한 답변을 하여야 하며 이 경우 의사표시는 원칙적으로 서면으로 한다.

21. "승인"이란 발주청, 공사감독자 또는 건설사업관리기술인이 이 지침에 나타난 승

인사항에 대해 공사감독자, 건설사업관리기술인 또는 시공자의 요구에 따라 그 내용을 서면으로 동의하는 것을 말하며, 승인 없이는 다음 단계의 업무를 수행할 수 없다.

22. "조정"이란 설계, 시공 또는 건설사업관리업무가 원활하게 이루어지도록 하기 위해서 설계자, 시공자, 건설사업관리기술인, 공사감독자, 발주청이 사전 충분한 검토와 협의를 통해 관련자 모두가 동의하는 조치가 이루어지도록 하는 것을 말한다. 조정 결과가 기존의 계약 내용과 차이가 있을 시에는 계약변경 사항의 근거가 된다.

23. "실정보고"란 공사 시행과정에서 현지 여건 변경 등으로 인해 설계변경이 필요한 사항에 대하여 시공자의 의견을 포함하여 공사감독자 또는 건설사업관리기술인이 서면으로 검토의견 등을 발주청에 설계변경 전에 보고하고 발주청으로부터 승인 등 필요한 조치를 받는 행위를 말한다.

24. "검사"란 공사계약문서에 나타난 시공 단계와 재료에 대한 완성품 및 품질을 확보하기 위해 시공자의 확인검사에 근거하여 공사감독자 또는 건설사업관리기술인이 완성품, 품질, 규격, 수량 등의 적정성을 확인하는 것을 말한다. 이 경우 시공자가 시행한 시공결과 중 대표가 되는 부분을 추출하여 검사를 실시할 수 있으며, 합격판정은 공사감독자 또는 건설사업관리기술인이 한다.

25. "확인측량"이란 설계자 또는 시공자가 실시한 측량에 대하여 적정성 여부를 확인할 목적으로 발주청, 공사감독자 또는 건설사업관리기술인과 시공자 등이 합동으로 실시하는 측량을 말한다.

26. "주요 자재"란 지급(관급)자재와 철근, 철골, 레미콘, 아스콘, 강관파일 등 사급자재로 설계된 중요 자재를 말한다.

제3조(적용 범위) ① 이 지침은 법 제2조 제6호에 따른 발주청이 시행하는 건설공사에 대하여 적용하며, 관계 법령, 계약서 및 공사시방서에서 특별히 정한 경우를 제외하고는 이 지침에서 정하는 바에 따른다.

② 시공 단계의 건설사업관리 업무 수행 시 감독 권한대행 업무를 포함하지 않는 경우에는 제3장 제7절을 적용하며, 법 제39조 제2항에 따라 발주청의 감독 권한대행 업무를 포함하는 경우에는 제3장 제8절을 적용한다.

제4조(성실 및 청렴의무) ① 건설사업관리기술인, 공사감독자 및 공사관리관(이하 이 조에서 "건설사업관리기술인 등"이라 한다.)은 다음 각호에 따라 성실하게 업무를 수행해야 한다.

1. 건설사업관리기술인 등은 감독업무를 수행할 때에는 해당 공사의 설계도서·계약

서 그 밖에 관계서류 등의 내용을 숙지하고 그 공사의 특수성을 파악한 후 성실하고 효율적으로 업무를 수행하여야 한다.

2. 건설사업관리기술인 등은 해당 공사가 설계도서, 계약서, 공정계획표, 그 밖에 관계서류의 내용대로 시공되는지를 공사시행 단계별로 확인·검측하고 품질·시공·안전·환경관리에 필요한 감독을 하여야 한다.

② 건설사업관리기술인 등은 다음 각호에 따라 청렴하게 업무를 수행해야 한다.

1. 건설사업관리기술인 등은 공정하게 권한을 행사하여야 하며, 품위를 손상하는 행위를 하여서는 아니 된다.

2. 건설사업관리기술인 등은 직위를 이용하여 부당한 이익을 얻거나 타인이 부당한 이익을 얻도록 이권에 개입·알선·청탁하여서는 아니 된다.

3. 건설사업관리기술인 등은 차량·건설기자재·항공기·선박 등 공용물을 정당한 사유 없이 사적인 용도로 사용하여 이익을 얻는 행위를 하여서는 아니 된다.

4. 건설사업관리기술인 등은 담당업무와 관련하여 업무관련자로부터 일체의 금전·부동산·선물 또는 향응 등의 수수행위를 하여서는 아니 된다.

5. 건설사업관리기술인이 제2호부터 제4호까지의 청렴의무를 1회 이상 위반한 경우, 발주청은 해당 건설사업관리기술인을 교체하여야 한다.

제2장 건설공사 사업관리방식 검토 기준

제5조(사업관리방식의 검토 및 절차) ① 발주청은 건설공사를 시행하려는 경우, 영 제68조 제1항 제8호에 따라 기본구상 단계에서 이 기준에 따라 건설사업관리의 적용 여부를 검토하여야 한다. 다만, 사업의 추진 상황에 따라 기본구상 단계에서 검토가 곤란한 경우에는 기본구상 단계 이후에 검토할 수 있다.

② 발주청은 수행하고자 하는 사업의 특성 및 사업관리에 필요한 소요인력에 대한 발주청의 역량을 검토한 후 사업관리방식의 순차적 검토를 통하여 사업의 특성과 발주청의 역량에 맞는 사업관리방식을 선정하여 사업을 수행할 수 있도록 한다.

③ 발주청은 건설사업관리 등 사업관리방식 검토 시 다음 각호의 사항을 검토하여야 하며 검토 절차는 별표1과 같다.

1. 사업특성 및 발주청 역량 평가
2. 사업별 사업관리방식 배정
3. 사업관리방식 배정에 따른 총 소요인력 산정
4. 소요인력과 가용인력 비교 후 사업별 사업관리방식 조정
5. 사업별 최종 사업관리방식 확정

제6조(사업특성 및 발주청 역량 평가) ① 사업특성 및 발주청 역량 평가는 공사특성 (30%), 사업여건(25%), 공사수행방식(15%), 발주청 역량(30%)의 비율로 평가하되, 발주청의 여건에 따라 배점 기준을 10% 이내에서 조정하여 적용할 수 있다.

② 사업특성 및 발주청 역량 평가는 별표2의 세부 평가 기준에 따라 평가한다.

③ 발주청이 관리해야 할 건설공사에 대한 사업관리 소요인력은 제8조에 따른 공사감독자 배치계획에 따라 산정한다.

④ 발주청의 사업관리 가용인력은 건축, 토목, 기계 등 기술직 중 사업발주 및 사업관리 업무를 수행하는 부서 근무자를 대상으로 산정하되, 보직자와 일반 서무담당자 등 일반 관리자는 제외하며, 해당 직무 분야 기술사 자격을 보유한 인력에 대하여는 20%를 가산하여 산정한다

제7조(사업관리방식 배정) ① 사업별 사업관리방식은 제6조의 사업특성 및 발주청 역량 평가 후 다음 각호의 기준에 따라 1차적으로 각 사업에 대하여 적합한 사업관리방식을 배정한다.

　　1. 평가점수(총점) 80점 이상: 건설사업관리(시공 단계에서 감독 권한대행 등 건설사업관리를 적용한다.)

　　2. 평가점수(총점) 65점 이상: 건설사업관리(시공 단계에서 감독 권한대행 등 건설사업관리를 적용할 수 있다.)

　　3. 평가점수(총점) 50점 이상: 건설사업관리(시공 단계에서 감독 권한대행 등 건설사업관리를 적용하지 아니한다.)

　　4. 평가점수(총점) 50점 미만: 직접감독

② 사업별 사업관리방식 배정 후 발주청이 사업관리를 위해 투입해야 하는 총 소요인력을 산정하며, 총 소요인력은 기존 진행 중인 사업에 투입되는 인력과 신규사업에 투입될 인력을 합하여 산출한다.

③ 제2항에 따른 발주청의 총 소요인력은 제6조 제3항에 따라 산정하되 건설사업관리를 시행하는 경우 다음 각호의 투입 기준에 따라 산정한다.

　　1. 공사관리관의 투입 기준은 발주청별로 기준을 수립하여 적용하도록 한다. 다만, 발주청은 공사관리관을 5개 이상의 현장에 동시에 배치할 수 없다.

　　2. 시공 단계에서 감독 권한대행 등 건설사업관리를 적용하지 않는 경우 발주청은 제6조 제3항에 따라 산정한 사업관리 소요인력의 100분의 20에 해당하는 인력을 투입하는 것을 원칙으로 한다.

④ 사업별 사업관리방식 확정은 총 소요인력 검토 결과 사업관리 가용인력과 비교하여

소요인력이 가용인력보다 많거나 적을 경우, 사업관리방식을 조정하여 발주청의 인력이 적정하게 투입되는 사업관리방식을 확정한다.

제8조(공사감독자 배치 기준) ① 발주청은 「건설기술용역 대가 등에 관한 기준」 제9조 및 별표2에 따른 건설사업관리기술인의 배치 기준(이하 "건설사업관리기술인 배치 기준"이라 한다.)을 참고하여 공사감독자 배치 기준을 정하여야 한다.

② 발주청은 공사의 특성에 맞도록 건설사업관리기술인 배치 기준을 보완하여 세부 배치 기준을 작성하여 적용할 수 있으며, 감독 업무에 배치하여야 하는 총 공사감독자 수는 건설사업관리기술인 배치 기준의 총 건설사업관리기술인 수의· 20퍼센트 범위 내에서 조정하여 적용할 수 있다.

③ 발주청은 제1항에 따라 공사감독자 배치 기준을 정하는 경우에는 다음 각호의 절차에 따라야 한다.

1. 공사감독자 배치 기준(안)을 작성한 후 그 내용을 최소 7일 이상 홈페이지 등을 통해 일반에 공개하여 의견수렴 과정을 거쳐야 한다.

2. 공사감독자 배치 기준(안), 제1호의 의견수렴결과 및 검토보고서를 법 제5조에 따른 건설기술심의위원회 또는 제6조에 따른 기술자문위원회에 제출하여 심의를 거쳐야 한다. 다만, 지방자치단체는 지방건설기술심의위원회 심의를 거쳐야 한다.

3. 심의를 거쳐 정한 공사감독자 배치 기준은 발주청 홈페이지 등을 통해 공고하여야 한다.

④ 발주청은 공고된 공사감독자 배치 기준을 변경하거나 당해 공사의 특성을 고려하여 일시적으로 기준을 변경할 경우에도 제3항과 동일한 절차를 거쳐야 한다. 다만, 심의가 불필요하거나 경미한 변경으로서 다음 각호에 해당하는 경우에는 제3항 제1호 및 제2호에 따른 절차를 생략할 수 있다.

1. 발주청이 건설사업관리기술인 배치 기준 중의 일부 내용(의무사항 등)을 조정 또는 변경 없이 공사감독자 배치 기준(안)에 동일하게 적용하여 변경하는 경우

2. 공사감독자 배치 기준(안)의 단순 오기나 누락된 부분을 정정하는 경우

⑤ 특별시, 광역시, 특별자치시, 도, 특별자치도에서 정한 기준을 소속 자치단체에서 그대로 준용하는 경우에는 제1항의 절차를 생략할 수 있다.

제3장 건설사업관리 업무
제1절 일반사항
제9조(적용방법) ① 건설사업관리 용역 및 공사계약문서를 작성할 때 제3장을 계약문서

에 포함하여야 한다.

② 영 제59조 제1항 각호의 건설사업관리 업무 범위 중 계약으로 정한 업무 범위에 해당하는 단계의 업무 내용을 선택하여 제3장을 적용한다.

③ 기간의 계산은 관계 법령 및 계약에서 특별히 정한 경우를 제외하고는 「민법」 제157조, 제159조, 제161조를 따른다.

제10조(발주청, 건설사업관리기술인, 시공자, 설계자의 기본임무) ① 발주청은 다음 각호의 기본임무를 수행하여야 한다.

1. 발주청은 건설공사의 계획·설계·발주·건설사업관리·시공·사후평가 전반을 총괄하고, 건설사업관리, 설계 및 시공계약 이행에 필요한 다음 각호의 사항을 지원, 협력하여야 하며 건설사업관리용역계약에 규정된 바에 따라 건설사업관리가 성실히 수행되고 있는지에 대한 지도·점검을 실시하여야 한다.

  가. 건설사업관리 및 설계, 시공에 필요한 설계도면, 문서, 참고자료와 건설사업관리용역계약문서에 명기한 자재·장비·비품·설비의 제공

  나. 건설공사 시행에 따른 업무연락, 문제점 파악, 민원해결 및 의사결정

  다. 건설공사 시행에 필요한 용지 및 지장물 보상과 국가, 지방자치단체, 그 밖에 공공기관과의 협의 및 허가·인가 등에 필요한 사항의 조치 또는 협력

  라. 건설사업관리기술인이 건설사업관리계약 이행에 필요한 설계자 및 시공자의 문서, 도면, 자재, 장비, 설비, 직원 등에 대한 자료제출 및 조사의 보장

  마. 시공자에게 공사일정 검토 및 조정, 공정·공사비 성과분석 등 건설사업관리용역사업자의 업무 수행에 적극 협력하도록 조치

  바. 설계자에게 설계의 경제성 검토(설계 VE), 설계 기준 및 시공성 검토 등 건설사업관리용역사업자의 업무 수행에 적극 협력하도록 조치

  사. 건설사업관리기술인이 보고한 설계변경, 준공기한 연기요청, 그 밖에 현장 실정보고 등 방침 요구사항에 대하여 건설사업관리업무 수행에 지장이 없도록 의사를 결정하여 통보

  아. 특수공법 등 주요공종에 대해 외부 전문가의 자문 또는 건설사업관리가 필요하다고 인정되는 경우에는 별도 조치

  자. 그 밖에 건설사업관리용역사업자와 계약으로 정한 사항 등 건설사업관리용역 발주자로서의 감독업무

2. 발주청은 관계법령에서 별도로 정하는 사항 및 제1호에서 정하는 사항 외에는 정당한 사유 없이 건설사업관리기술인의 업무에 개입 또는 간섭하거나 건설사업관리기

술인의 권한을 침해할 수 없다.

3. 발주청은 특별한 사유가 없으면 설계 기간과 착공 전 설계도서 검토 및 준공 후 사후관리 등을 감안하여 건설사업관리에 필요한 적정 기간과 대가를 확보하여야 한다.

4. 발주청은 영 제45조 제1항에 따라 건설사업관리기술인을 관리할 수 있도록 건설사업관리용역 계약 내용 및 건설사업관리기술인 배치내용을 다음 각호의 사유 발생 10일 이내에 다음 구분에 따라 건설기술용역 실적관리 수탁기관으로 통보하여야 한다.

    가. 건설사업관리용역 계약 및 변경계약 시: 「건설기술진흥법 시행규칙」(이하 "규칙"이라 한다.) 별지 제27호 서식에 따른 건설사업관리용역계약 및 변경계약 현황 통보

    나. 건설사업관리기술인의 배치 및 변경 배치(업체선정 당시의 배치계획 및 당초 발주청에 제출한 배치계획과 다른 건설사업관리기술인을 배치하는 경우로서 영 제60조 제4항에 의한 교체를 포함한다.)시: 규칙 별지 제28호 서식에 따라 통보(단, 시공 단계의 건설사업관리기술인 배치 및 철수 현황은 규칙 별지 제29호 서식에 따라 추가 통보)

    다. 건설사업관리용역 완료 시: 건설사업관리용역 완공 내용을 규칙 별지 제27호 서식에 따라 통보

② 건설사업관리기술인은 다음 각호의 기본임무를 수행하여야 한다.

1. 영 제59조 및 규칙 제34조에 따른 건설사업관리기술인의 업무를 성실히 수행하여야 한다.

2. 용지 및 지장물 보상과 국가, 지방자치단체, 그 밖에 공공기관의 허가·인가 협의 등에 필요한 발주청 업무를 지원하여야 한다.

3. 관련 법령, 설계 기준 및 설계도서 작성기준 등에 적합한 내용대로 설계되는지의 여부를 확인 및 설계의 경제성 검토를 실시하고, 시공성 검토 등에 대한 기술 지도를 하며, 발주청에 의하여 부여된 업무를 대행하여야 한다.

4. 설계공정의 진척에 따라 정기적 또는 수시로 설계자로부터 필요한 자료 등을 제출받아 설계용역이 원활히 추진될 수 있도록 하여야 한다.

5. 해당 공사의 특성, 공사의 규모 및 현장 조건을 감안하여 현장별로 수립한 검측체크리스트에 따라 관련법령, 설계도서 및 계약서 등의 내용대로 시공되는지 시설물의 각 공종마다 육안검사·측량·입회·승인·시험 등의 방법으로 검측업무를 수행하여야 한다.

6. 시공자가 검측을 요청할 경우에는 즉시 검측을 수행하고 그 결과를 시공자에게 통보하여야 한다.

7. 해당 공사의 토석물량 및 반출·입 시기 등의 변동사항을 토석정보시스템(http://www.tocycle.com)에 즉시 입력·관리하여야 한다.

③ 시공자는 다음 각호의 기본임무를 수행하여야 한다.

1. "시공자"는 관련법령 및 공사계약문서에서 정하는 바에 따라 현장작업, 시공 방법에 대하여 품질과 안전에 대한 전적인 책임을 지고 신의와 성실의 원칙에 입각하여 시공하고, 정해진 기간 내에 완성하여야 하며 건설사업관리기술인으로부터 재시공, 공사중지명령, 그 밖에 필요한 조치에 대한 지시를 받을 때에는 특별한 사유가 없으면 지시에 따라야 한다.

2. "시공자"는 발주청과의 공사계약문서에서 정하는 바에 따라 건설사업관리기술인의 업무에 적극 협조하여야 한다.

④ 설계자는 다음 각호의 기본임무를 수행하여야 한다.

1. "설계자"는 관련법령, 설계 기준, 설계도서 작성기준 및 용역계약문서에서 정하는 바에 따라 설계업무를 성실하게 수행하여야 하며, 건설사업관리기술인으로부터 필요한 조치에 대한 지시를 받을 때에는 특별한 사유가 없으면 지시에 따라야 한다.

2. "설계자"는 발주청과의 용역계약문서에 정하는 바에 따라 건설사업관리기술인의 업무에 적극 협조하여야 한다.

제11조(건설사업관리기술인의 근무수칙 등) ① 건설사업관리기술인은 건설사업관리업무를 수행함에 있어 발주청과의 계약에 의하여 발주청의 감독업무를 대행한다.

② 건설사업관리업무에 종사하는 자는 업무 수행 시 다음 각호에 따라야 한다.

1. 건설사업관리기술인은 관계법령과 이에 따른 명령 및 공공복리에 어긋나는 어떠한 행위도 하지 않으며 용역계약문서에서 정하는 바에 따라 신의와 성실로서 업무를 수행하여야 하며, 품위를 손상하는 행위를 하여서는 안 된다.

2. 건설사업관리기술인은 건설공사의 품질 향상을 위하여 기술 개발 및 활용·보급에 전력을 다하여야 한다.

3. 건설사업관리기술인은 건설사업관리업무를 수행함에 있어서 해당 설계용역계약문서, 공사계약문서, 건설사업관리과업 내용서, 그 밖의 관계규정 등의 내용을 숙지하고 해당 공사의 특수성을 파악한 후 건설사업관리업무를 수행하여야 한다.

4. 건설사업관리기술인은 설계자 및 시공자의 의무와 책임을 면제시킬 수 없으며, 임의로 설계를 변경시키거나, 기일 연장 등 설계용역계약조건 및 공사계약조건과 다른 지시나 결정을 하여서는 안 된다.

5. 건설사업관리기술인은 문제점이 발생하거나 설계 또는 시공에 관련한 중요한 변경

및 예산과 관련되는 사항에 대하여는 수시로 발주청에 보고하고 지시를 받아 업무를 수행하여야 한다. 다만, 인명손실이나 시설물의 안전에 위험이 예상되는 사태가 발생할 시에는 먼저 적절한 조치를 취한 후 즉시 발주청에 보고하여야 한다.

6. 건설사업관리기술인은 시공자가 설계도서와 다르게 시공하여 부실시공이 발생하거나 발생 가능성이 있다고 판단되는 경우 해당 공사감독자, 책임건설사업관리기술인에 보고하여야 하며, 보고를 받은 공사감독자, 책임건설사업관리기술인은 부실사항에 대해 실측 등의 방법으로 현장을 직접 확인하고 부실시공으로 판단되는 경우 시공자에게 시정 조치하여야 한다.

7. 건설사업관리용역사업자 및 건설사업관리기술인은 해당 용역시행 중은 물론 용역이 종료된 후라도 감사기관의 수감요구 및 문제 발생으로 인한 발주청의 출석 요구가 있으면 이에 응하여야 하며, 건설사업관리업무 수행과 관련하여 발생된 사고 또는 피해로 피해자가 소송 제기 시 국가지정 소송업무에 적극 협력하여야 한다.

8. 건설공사 불법행위로 공정지연 등이 발생되지 않도록 건설현장을 성실히 관리하여야 한다.

9. 건설사업관리기술인은 건설공사 불법행위가 발생하거나 발생 가능성이 있을 경우 발주청에 즉시 보고하여야 한다.

③ 상주기술인는 다음 각호에 따라 현장근무를 하여야 한다.

1. 상주기술인은 공사 현장(공사와 관련한 외부 현장점검, 확인 등 포함)에 상주하여야 하며 업무 또는 부득이한 사유로 1일 이상 현장을 이탈하는 경우에는 반드시 건설사업관리업무일지에 기록하고 서면으로 발주청의 승인(긴급 시 유선승인)을 받아야 한다.

2. 건설사업관리기술인은 당일 근무위치 및 업무 내용 등을 근무상황판(별지 제1호 서식)에 기록하여야 한다.

3. 건설사업관리용역사업자는 건설사업관리업무에 종사하는 건설사업관리기술인이 건설사업관리업무 수행기간 중 법, 「민방위기본법」 또는 「예비군법」에 따른 교육을 받는 경우나 「근로기준법」에 따른 연차 유급휴가로 현장을 이탈하게 되는 경우에는 건설사업관리업무에 지장이 없도록 동일한 현장의 건설사업관리기술인을 직무대행자로 지정하고 업무 인계인수하는 등의 필요한 조치를 하여야 한다.

4. 상주기술인은 발주청의 요청이 있는 경우에는 초과근무를 하여야 하며, 시공자가 발주청의 승인을 득하여 초과근무를 요청하는 경우에도 초과근무를 하여야 한다. 이 경우 대가지급은 「국가를 당사자로 하는 계약에 관한 법률」에 의한 계약예규(기술용역계약일반조건)에서 정하는 바에 따른다.

5. 책임건설사업관리기술인은 발주청이 해당 현장의 품질 및 안전을 확보하기 위해

「근로기준법」 제51조에서 정하는 기준 내에서 상주기술인의 근무시간 조정을 요청할 경우 이를 검토하고 필요한 조치를 해야 하며, 발주청의 요청 전이라도 탄력적 근로시간제의 도입이 필요하다고 판단되는 경우 발주청과 협의하여 조치할 수 있다.

6. 건설사업관리용역사업자는 건설사업관리현장이 원활하게 운영될 수 있도록 건설사업관리 용역비 중 관련항목 규정에 따라 직접경비를 적정하게 사용하여야 한다.

④ 기술지원기술인은 다음 각호의 업무를 수행하여야 한다.

1. 규칙 제34조 제1항에서 정한 업무

2. 설계변경에 대한 기술 검토

3. 정기적(담당 분야의 공종이 진행되는 경우 월 1회 시행하고, 분기별 각 1회 발주청과 협의하여 결정한 날에는 발주청의 공사감독자 또는 공사관리관, 시공사 현장대리인과 기술지원기술인 전원이 합동으로 시행. 단, 분기별 합동 시행 시 해당 월의 개별 시행은 생략 가능)으로 현장시공상태를 종합적으로 점검·확인·평가·기술 지도를 하여야 하며, 그 결과를 서면으로 작성하여 책임건설사업관리기술인에게 제출하여야 하고, 책임건설사업관리기술인은 기술지원기술인이 제출한 현장점검 결과보고서의 적정성 여부를 검토하여 7일 이내에 건설사업관리용역사업자 및 발주청에 보고

4. 공사와 관련하여 발주청이 요구한 기술적 사항 등에 대한 검토

5. 그 밖에 책임건설사업관리기술인이 요청한 지원업무 및 기술 검토

제12조(발주청의 지도감독 및 업무 범위) ① 발주청은 건설사업관리 착수 및 공사 착공 시에 시공자, 설계자 및 건설사업관리기술인 등 공사 관련자 합동회의를 통해 해당 공사의 품질 및 안전관리 등을 위한 각 주체별 주요 업무 범위를 정하여야 한다.

② 발주청은 건설사업관리용역 계약문서에 규정된 바에 따라 다음 각호의 사항에 대하여 건설사업관리기술인을 지도·감독하며 모든 지시는 건설사업관리용역사업자 대표자 또는 책임건설사업관리기술인을 통하여 하도록 한다.

1. 건설사업관리기술인의 적정자격 보유 여부 및 상주 이행상태

2. 품위손상 여부 및 근무자세

3. 발주청 지시사항의 이행상태

4. 행정서류 및 비치서류 처리상태

5. 각종 보고서의 처리상태

6. 건설사업관리용역비 중 직접경비의 적정 사용 여부 확인

③ 발주청은 건설공사 시행에 따른 업무연락 및 문제점의 파악, 용지보상 지원, 민원해결과 관련하여 설계자 및 시공자에게 지시할 수 있으며, 이 경우 책임건설사업관리기술인에

게 그 내용을 통보하여야 한다.

④ 발주청은 건설사업관리기술인이 공사중지 또는 재시공 명령을 행사하고자 하는 경우, 사전에 이를 승인받도록 하여 건설사업관리기술인의 권한을 제약하는 일이 발생하지 않도록 하여야 한다.

⑤ 발주청은 시공 전에 건설사업관리기술인 및 설계자, 시공자와 합동으로 다음 각호의 사항에 대하여 유관기관 합동회의를 실시하여 이의 조정 또는 변경 여부를 검토하여 사후에 민원 등이 야기되지 않도록 하여야 한다.

    1. 전력 및 통신시설

    2. 급·배수시설

    3. 도시가스시설

    4. 방음벽, 육교, 지하통로, 버스정차장 및 지역편의시설 등

⑥ 발주청은 유관기관 관련자 합동회의와 현지 여건조사, 설계도서의 공법검토 등을 통하여 민원발생이 예상되는 사항을 건설사업관리기술인과 함께 사전에 도출하는 등 민원발생의 원인 제거 또는 최소화를 위해 노력하여야 한다.

⑦ 발주청은 민원이 발생한 경우에는 민원의 원활한 해결을 위해 건설사업관리기술인 및 시공자와 공동으로 필요한 조치를 취하거나, 건설사업관리기술인 및 시공자에게 자료조사 및 관련서류를 작성하게 할 수 있으며, 중요 민원사항은 검토의견서를 첨부하여 발주청에 즉시 보고하도록 하여야 한다.

⑧ 발주청은 건설사업관리기술인이 발주청의 지시에 위반된다고 판단되는 업무를 수행할 경우 이에 대하여 해명토록 하거나 시정하도록 서면 지시할 수 있다.

⑨ 발주청은 그가 발주한 공사에 대한 품질·안전 확보 및 발주청의 재산상 손해 방지 등을 위하여, 관내 공사 현장 간 교차 또는 합동으로 점검할 수 있는 검측단을 구성·운영할 수 있다. 이 경우 발주청은 대상 구조물 및 공종에 대한 범위와 검측단 구성·운영 방안을 마련하여 시행하여야 한다.

⑩ 발주청은 공사특성 및 업무량 등을 종합적으로 판단하여 감독 권한대행 등 건설사업관리용역 관리업무에 지장이 없는 범위에서 기술자격 또는 유사경력을 갖춘 소속 직원을 공사관리관으로 임명하여야 하며, 정·부책임자 또는 각 전문분야별로 다수의 공사관리관을 임명할 수 있다.

⑪ 공사감독자 및 공사관리관은 공사를 추진함에 있어 다음 각호의 주요업무를 수행하여야 한다.

    1. 보상 담당부서에서 수행하는 통상적인 보상업무 외에 건설사업관리기술인 및 시공자와 협조하여 용지측량, 기공승락, 지장물 이설 확인 등의 용지보상 지원업무 수행

2. 건설사업관리기술인에 대한 지도·점검(근태사항 등)

3. 건설사업관리기술인이 수행할 수 없는 공사와 관련한 각종 관·민원업무 및 인·허가 업무를 해결하고, 특히 지역성 민원해결을 위한 합동조사, 공청회 개최 등을 추진

4. 설계변경, 공기연장 등 주요사항 발생 시 발주청으로부터 검토·지시가 있을 경우 현지확인 및 검토·보고

5. 공사관계자 회의 등에 참석, 발주청의 지시사항 전달 및 공사 수행상 문제점 파악·보고

6. 품질관리 및 안전관리에 관한 지도

7. 예비준공검사 입회

8. 기성·준공검사 입회

9. 준공도서 등의 인수

10. 하자발생 시 현지조사 및 사후조치

⑫ 공사감독자 및 공사관리관은 관계법령 및 지침에 따라 건설사업관리기술인이 보고하는 사항에 대해 적정 여부를 검토하여야 하며, 민원 또는 설계변경(공기연장 포함), 예산 등이 수반되는 사항은 사전에 발주청에 보고하여야 한다.

⑬ 공사감독자 및 공사관리관은 건설사업관리기술인과 협조하여 적극적으로 민원해결 방안을 강구하는 등 원만하고 성실하게 민원을 처리하여야 한다. 다만, 특정 공사 실시협약상 민원처리 책임이 별도로 규정되어 있는 경우 그에 따른다.

⑭ 공사감독자 및 공사관리관은 건설공사 현장에 다음 각호의 사항이 발생하는 때에는 필요한 응급조치를 취한 후 그 내용을 서면으로 발주청에 보고하여야 한다.

1. 천재지변, 기타의 사유로 공사 현장에 중대한 사고가 발생하였을 때

2. 계약자가 정당한 사유 없이 장기간 동안 업무를 수행하지 아니할 때

3. 계약자가 업무를 불성실하게 수행하거나 발주청의 정당한 지시를 이행하지 아니 할 때

⑮ 공사감독자 및 공사관리관은 건설사업관리기술인 또는 시공자로부터 발주청에 보고 및 승인 요청이 있는 경우에는 특별한 사유가 없는 한 다음 각호의 정해진 기한 내에 처리될 수 있도록 협조하여야 한다.

1. 실정보고, 설계변경 방침 결정: 요청일로부터 단순한 경우 7일 이내, 그 외의 사항은 14일 이내

2. 업무조정회의 개최: 안건상정 요청일로부터 20일 이내

3. 시설물 인수·인계: 준공검사 시정 완료일부터 14일 이내

4. 현장문서 인수·인계: 용역준공 후 14일 이내

5. 유지관리지침서 인수: 공사준공 후 14일 이내

⑯ 공사감독자 및 공사관리관은 해당 건설공사와 관련하여 다른 행정기관 및 건설 현장에서 각종 회의 등의 참석요구가 있을 경우에는 특별한 사유가 없는 한 참석하여야 한다.

⑰ 공사감독자는 현장에 상주하는 것을 원칙으로 하며, 공사관리관은 비상주를 원칙으로 한다. 다만, 공사의 중요도 및 현장 여건을 판단한 결과 현장에 상주하는 것이 공사추진상 효율적이라 인정되는 경우에는 상주근무를 할 수 있다.

⑱ 공사감독자 및 공사관리관은 교체의 명이 있을 때에는 현장에 비치된 서류·기구·자재 및 그 밖에 공사에 관한 사항, 건설사업관리용역 과업수행 관리와 관련된 서류 및 추진사항을 후임자에게 인계하여 공사감독 및 용역과업수행 관리에 차질이 없도록 하여야 하며, 그 사항을 발주청에 보고하여야 한다.

⑲ 공사관리관은 공사 현장 방문 시 당일 행선지 등을 기록하는 근무상황판을 사무실에 비치·기록하고 행선지를 항상 파악할 수 있도록 하여야 하며, 현장을 방문하여 관계법령 및 제2항 각호의 사항에 대한 확인·점검을 실시한 경우에는 방문시간, 면담자, 현장 실정 등 업무 수행 사항을 별지 제2호 서식에 따라 3일 이내에 사업부서의 장에게 보고한 후 이를 기록 유지(발주청과 공사 현장 간 정보시스템을 운영하는 경우 시스템에 기록 유지)하여야 한다.

⑳ 공사관리관은 기성 및 준공검사 과정에 입회하여 기성 및 준공검사자가 계약서, 시방서, 설계서 등 관계서류에 따라 기성 및 준공검사를 실시하는지 여부를 확인하여야 하며, 입회자는 시공물량 확인 등 정량적인 검사업무에 직접적으로 관여하여서는 아니 된다. 다만, 약식 기성의 경우에는 공사관리관의 입회를 생략할 수 있다.

공사관리관은 기성 및 준공검사에 입회한 경우에는 기성 및 준공검사조서에 입회자란에 서명·날인하여야 하며, 보고 및 기록 유지사항은 제19항의 규정을 준용한다.

제2절 공통업무

제13조(건설사업관리 과업착수준비 및 업무 수행 계획서 작성·운영) ① 건설사업관리기술인은 과업에 착수하기 전 관련 문서들을 작성·제출하여야 하며, 이때 관련 문서로는 착수신고서, 건설사업관리기술인 선임계 및 경력확인서, 건설사업관리비 산출내역서 및 산출근거, 인력투입계획서, 건설사업관리용역 예정공정표, 건설사업관리용역 배치계획서, 보안각서 등을 포함한다.

② 건설사업관리기술인은 건설사업관리 업무를 효율적으로 수행하기 위하여 프로젝트 진행을 전반적으로 통합 관리 가능도록 하는 문서를 작성해야 하며, 프로젝트 개요, 업무 정의(기본업무, 추가업무), 단계별과업수행범위, 역할분담, 단계별주요성과물, 과업 수행 목표 및 달성 전략, 단계별 예상 문제점 및 대책 등 위험요소(Risk)관리방안, 조직구성방안

(공동도급 시 업무분장), 인원투입계획, 단계별 사업관리조직 및 역할, 단계별업무 수행계획
(공통사항, 분야별, 요소기술별, 관리부문별세부계획) 등을 포함하여 해당 문서를 작성·제
출한다.

제14조(건설사업관리 절차서 작성·운영) ① 건설사업관리용역사업자는 건설사업관리 절
차서(단계별, 요소·관리부문별 항목포함)와 주요 개별 절차서를 작성·운영하며, 그 내용으로
수행절차서 구성형식, 문서번호체계, 목적, 적용 범위, 업무절차, 관련자료(지침, 규정 등), 업
무매트릭스, 단계별 업무 내용 및 업무(역할)분담 등에 대해 작성하는 업무를 포함한다.
② 제1항에 의한 건설사업관리절차서는 각 건설공사 시행단계별로 업무 착수 후 각각
60일 이내 발주청에 제출하여야 한다. 다만, 건설공사의 특성을 고려하여 발주청과 건설사
업관리용역사업자가 협의하여 제출 기한을 조정할 수 있다.

제15조(작업분류체계 및 사업번호체계 관리, 사업정보 축적·관리) ① 건설사업관리기술
인은 작업분류체계(WBS) 및 사업번호 분류체계(PNS)를 기반으로 정보 공유·교환, 분석·
종합, 전산화 운영 등에 일관성을 확보하여야 하며 다음 각호의 내용을 포함하여야 한다.
    1. 현장코드-사업단위코드-대공종-중공종-소공종코드-단위작업코드 순서로 작업
    분류체계와 사업비분류체계 위계 설정
    2. 분류기준과 번호체계설정을 위한 문서분류체계는 발신기관-수신기관-발행연도-
    일련번호-서신형태 등의 순서로 수립
    3. 자료분류 체계는 기록문서·설계도서·기술자료·계약문서-업무분류-업무세분류-
    일련번호 순서로 구축한다.
② 건설사업관리기술인은 각종 문서, 도면, 기술자료 등 사업정보 축적관리를 위하여 문
서관리체계와 자료관리체계를 수립하여야 하며 다음 각호의 내용을 포함하여야 한다.
    1. 문서관리체계수립 단계에서는 분류 기준 작성, 접수, 송부 및 보관을 위한 문서관
    리체계를 수립하고 세부적으로는 문서분류기준설정(사업번호체계 참고), 문서접수, 문
    서송부, 보관, 색인, 보안관리 등 문서관리업무를 수행
    2. 자료관리체계수립 단계에서는 기술자료, 도면 등 자료관리체계수립, 자료분류기준
    작성, 관리번호부여, 자료의 색인, 자료의 보관, 자료의 열람·대출, 자료의 이관, 자료
    의 폐기 등 자료 관리 업무 수행

제16조(건설사업정보관리시스템 운영) 건설사업관리기술인은 운영매뉴얼 및 지침서에 따
라 자료입력을 준비하고 자료입력, 공사현황 기록관리, 정보 분석, 정보공유, 사업관리보고

서 작성제출, 시스템보안·수정, 운영자 교육 등 건설공사의 사업정보관리업무를 수행할 수 있다.

제17조(사업단계별 총사업비 및 생애주기비용 관리) 건설사업관리기술인은 계약사항에 따라 건설사업의 각 단계별로 공사비 등을 포함한 총사업비 산정·관리, 생애주기비용 관점에서 분석·관리, 사업 진행단계별 예산 편성·배정·집행 등 업무를 지원할 수 있다.

제18조(클레임 사전분석) ① 건설사업관리기술인은 추후 프로젝트 진행에 있어 영향을 최소화하기 위해 노력하며, 건설사업 수행과정에서 참여자(건설기술용역업체, 시공자 및 건설참여자 등)로부터 클레임 사전 예방활동, 발주청 대책수립 등 업무를 지원한다.
② 건설사업관리기술인은 클레임 발생 시 추가적인 업무로 수행하며, 그 업무에 대하여는 발주청 및 시공자와 협의하여 수행한다.

제19조(건설사업관리 보고) 건설사업관리기술인은 법 제39조 제4항 및 규칙 제36조와 계약 내용에 따라 건설사업관리용역 보고서를 작성하여 발주청에 제출하여야 한다.

제3절 설계 전 단계 업무

제20조(건설기술용역업체 선정) ① 건설사업관리기술인은 건설기술용역업체 선정을 위한 평가 기준 제시 및 입찰계약절차를 수립하여야 하며, 발주청이 사업계획(안)을 수립하기 위하여 기본구상, 타당성 조사 및 기본계획 등을 수행할 각종 용역업체를 선정하기 위한 선정 기준을 마련하고, 입찰계약 절차수립(프로젝트 조건에 따라), 계약조건, 과업지시서 작성 등의 지원업무를 수행한다.
② 건설사업관리기술인은 입찰에 관한 참가자격 사전심사(자격요건, 제출서류의 확인, 입찰참가자격 사전심사(PQ)평가 등)과 현장설명, 입찰 관련 현장설명 및 질의에 관한 답변 등 업무를 지원한다.

제21조(사업 타당성 조사 보고서의 적정성 검토) 건설사업관리기술인은 건설기술용역성과품에 대한 검토·확인 업무를 수행하며 법규정, 기술, 환경, 사회, 재정, 용지, 교통 등 요소의 적정 반영 여부와 공사비 등 각종 지출비용에 대한 검토(한도포함), 시기적 차이 및 각종 여건변화 시 검토 시점에 맞춘 기술 검토의견 제안 등의 업무를 수행한다.
제22조(기본계획 보고서의 적정성 검토) 건설사업관리기술인은 건설사업의 목적에 부합하는 사업 추진이 가능하도록 공사의 목표 및 기본방향, 공사내용 및 기간, 공사비 재원조

달계획, 유지관리 계획 등을 검토하는 업무를 수행한다.

제23조(발주방식 결정 지원) ① 건설사업관리기술인은 건설사업의 공사수행 방식 중 기술 공모방식, 대형공사 수행방식, 그 밖에 수행방식 비교 안 작성 및 건설사업에 부합된 최적 안을 제시하는 업무를 수행한다.

② 건설사업관리기술인은 발주방식 적정성 검토 시 해당 공사의 공법, 용도, 규모, 시공에 필요한 등록요건, 건설사업 특수성, 관계규정 검토, 예산과 공사내용, 참가자격, 경쟁성, 난이도, 지역 특수성 검토, 발주심의 절차 및 요건에 대한 사전대응지원의 업무를 수행하여 최적의 발주방식이 될 수 있도록 지원하는 업무를 수행한다.

제24조(관리기준 공정계획 수립) 건설사업관리기술인은 관리기준 공정계획 수립 시 총사업기간, 설계 기간, 시공 기간, 예산조달, 각종 사업여건을 고려하여 최상위 단계의 공정관리 계획을 수립하는 업무를 수행한다.

제25조(총사업비 집행계획 수립지원) 건설사업관리기술인은 건설사업의 총 사업비 집행계획 수립지원 및 연도별 자금계획을 고려한 종합예산계획서 작성과 종합예산계획서 작성을 위한 각종 시설물별 개략공사비, 등급별, 조건별 대안비교 및 최적 안 제안, 예산준수를 위한 방안

및 예산초과 시 대응방안 등에 대한 검토·지원하는 업무를 수행한다.

제4절 기본설계 단계 업무

제26조(기본설계 설계자 선정업무 지원) ① 건설사업관리기술인은 기본설계 단계의 설계자 선정을 위한 설계자 선정 기준, 유사 건설사업 경험 및 기술력·창의력 평가, 공종별 입찰 추진방안 및 계약절차 수립 업무를 지원한다.

② 건설사업관리기술인은 입찰 관련 서류를 검토·분석하여 발주청에 보고하고 입찰서류 준비 및 방식, 확정의 업무를 지원한다.

제27조(기본설계 조정 및 연계성 검토) 건설사업관리기술인은 해당 설계용역과 관련된 설계의 경제성 등을 검토하고, 설계용역 성과검토업무가 유기적으로 연계될 수 있도록 기술적인 연계성 검토 및 조정업무를 수행하여야 하며, 각종 회의 등을 통해 분야별 설계자 간의 업무협의 또는 의견조정 등이 원활하게 이루어질 수 있도록 지원하여야 한다. 이를 위한 구체적인 수행업무는 다음 각호와 같다.

1. 설계 등 용역의 수행에 있어 단독 설계자가 아닌 다수의 설계자로 구성된 협업(공동도급)형태의 용역이 수행되는 경우 이들 간의 조직적 및 기술적 상호관계 명확화

2. 설계조직 간의 조직적 및 기술적 연계성을 확립하고, 필요한 설계정보가 문서화되고 정기적으로 검토되기 위해서 필요한 경우 정기적인 검토회의를 개최해야 하고, 설계조직 간의 체계도를 작성 및 관리

3. 해당 건설공사와 관련된 각종 설계업무가 유기적으로 연계될 수 있도록 조정하는 업무들로써 기본설계 업무 협조 및 조정, 기본설계 업무의 연계성 검토, 공종 간 간섭사항 검토 등의 업무를 수행

제28조(기본설계 단계의 예산검증 및 조정업무) 건설사업관리기술인은 기본설계 단계의 공사비 분석 및 견적 기준 제시를 위하여 개략공사비 검토 및 계획비용과의 비교 검토한다.

제29조(기본설계 경제성 검토) 건설사업관리기술인은 준비단계, 분석단계, 실행단계 각 단계에서의 경제성 검토 실시 및 시설물의 구조형식, 생애주기비용(Life Cycle Cost)을 고려한 자재 및 설비의 결정 등의 업무를 수행한다. 건설사업관리기술인이 수행해야 할 설계의 경제성 등 검토업무는 다음 각호와 같다.

1. 설계 단계 건설사업관리 대상공사의 설계자료 수집

2. 설계의 경제성 등 검토를 위한 사전 검토자료 준비

3. 설계의 경제성 등 검토 추진계획 및 검토조직의 구성

4. 설계 계획안의 적정성 검토

5. 각종 구조물의 형식선정의 적합성 검토

6. 적용공법 및 사용재료의 적합성 검토

7. 신공법, 특수공법 적용성 검토 및 대안 제시

8. 공사 기간 및 공사비(생애주기비용)의 적정성 검토

9. 설계의 경제성 등 검토 결과보고서의 작성

제30조(기본설계용역 성과검토) ① 건설사업관리기술인은 기본설계를 검토하여 조정, 수정, 보완이 필요한 사항을 발주청에 보고하고 건설사업의 개요, 목적, 타당성 조사결과 검토, 사업성 검토, 공법 적합성 검토, 주요 자재 및 부위별 마감재 적합성 검토 등의 업무를 수행한다. 건설사업관리기술인이 수행해야 할 설계용역 성과검토업무는 다음 각호와 같다.

1. 주요 설계용역 업무에 대한 기술자문

2. 구조물별 구조 계산의 적정 여부 검토

3. 구조 계산 결과 설계도면 반영의 적정성 검토

4. 시공성 및 유지관리의 용이성 검토

5. 설계도서의 누락, 오류, 불명확한 부분에 대한 추가 및 정정 지시·확인

6. 도면 작성의 적정성 검토

② 건설사업관리기술인은 설계 기준 및 용역성과 검토와 지질·환경영향조사 사용자의 요구사항 반영, 관련법규 검토, 주요 구조물 및 시설물의 기능, 설계심의자문 사전 검토자료 작성 등의 업무를 수행한다. 건설사업관리기술인이 수행해야 할 설계용역 성과검토업무는 다음 각호와 같다.

1. 사업기획 및 타당성 조사 등 전 단계 용역 수행 내용의 검토

2. 현장조사(측량, 현지 여건, 지반상태, 재료 등) 내용의 타당성 및 조사결과에 대한 설계적용의 적정성 검토

3. 관련계획 및 계산기준(시방서, 지침, 법규 등) 적용의 적합성 검토

4. 각종 위원회 심의 결과 및 관계기관 협의 내용에 대한 반영 여부 검토

5. 전산용 프로그램을 관련법에 따라 도입, 등록 절차를 이행하고 사용하는지와 사용프로그램의 검증 후 사용 여부 검토

6. 설계참여기술인의 실제 참여 여부 확인

7. 적성 설계조직과 인력 운영 여부 확인

8. 설계공정의 검토

9. 시방서(일반 및 특별시방서) 작성의 적정성 검토

10. 설계 단계 건설사업관리 결과보고서의 작성

③ 건설사업관리기술인은 설계자가 도급받은 기본설계용역을 법 제35조 제4항 및 규칙 제31조에 따라 하도급을 하고자 발주청에 승인을 요청하는 사항에 대해서는 「건설기술용역 하도급 관리지침」(국토교통부고시)에 따른 하도급 적정성 여부 등을 검토하여 그 의견을 발주청에게 제출하여야 하며, 하도급 계약, 하도급 대금 지급, 하도급 실적 통보 등에 대하여 설계자가 「건설기술용역 하도급 관리지침」에 따라 이행하도록 지도·확인하여야 한다.

제31조(기본설계용역 기성 및 준공검사관리) ① 건설사업관리기술인은 기본설계용역의 진행상황 및 기성 등을 검토·확인을 실시하여야 하며, 지연된 공정에 대한 설계자의 만회 대책 검토 및 조정, 설계 진척에 따른 기성 적합여부 확인 등의 업무를 수행한다.

② 건설사업관리기술인은 기본설계 완료검사 확인을 위하여 기본설계의 설계 기준 및 용역성과품에 대한 적정성 검토 및 확인의 업무를 수행한다.

제32조(각종 인허가 및 관계기관협의 지원) 설계 단계 건설사업관리기술인은 각종 인허가 목록 작성 및 인허가 처리 업무를 지원한다.

제33조(기본설계 단계의 기술자문회의 운영 및 관리 지원) ① 건설사업관리기술인은 다음 각호와 같이 발주청의 기술자문회의 운영 및 관리업무를 지원하여야 한다.

    1. 건설사업관리 조직과 별도로 특수 전문분야에 대하여는 필요시 기본설계 단계에서 각 분야별 전문가로 구성된 기술자문위원회 운영을 지원하며, 발주청과 건설사업관리기술인이 협의하여 자문위원을 선정하고 필요시 발주청의 요청 및 승인에 따라 조정 가능

    2. 발주청은 건설사업관리기술인을 경유하지 않고 직접 기술자문위원회와 필요한 자료 또는 자문을 교환할 수 있음

    3. 세부운영계획을 수립하고 동 내용을 업무 수행계획서에 포함하여 제출하여야 함

② 설계심의 절차 및 내용에는 다음 각호의 내용이 포함되어야 한다.

    1. 설계심의: 설계의 적정성, 기술 개발· 신공법 적용의 가능성 등을 검토

    2. 입찰방법심의: 공사의 성격에 따라 발주방법의 적정성(일괄입찰, 대안입찰, 기술제안입찰) 등을 검토

    3. 입찰안내서심의: 일괄입찰, 대안입찰로 결정된 공사에 대하여 계약조건, 입찰유의서, 시방조건 등 입찰안내서 작성의 적정성 검토

    4. 용역발주심의: 용역시행계획 및 과업 내용의 적정성 검토

    5. 설계적격심의: 일괄입찰공사, 대안입찰공사, 기술제안입찰공사의 설계도서에 대한 설계 적격 여부 및 기술제안 채택 여부를 검토

    6. 공사 발주 전 심의: 국제입찰대상공사인 경우 계약관련 서류에 대한 검토를 하여 클레임 발생 및 분쟁 소지를 방지하기 위한 심의를 수행

제5절 실시설계 단계 업무

제34조(실시설계의 설계자 선정업무 지원) ① 건설사업관리기술인은 설계자 선정을 위한 기준 및 입찰·계약절차 수립을 위하여 다음 각호와 같이 발주청을 지원한다.

    1. 설계자 선정 기준 발주청 지원

    2. 유사건설사업 경험 및 기술력, 창의력 평가지원

    3. 공종별 입찰 추진방안 및 계약절차 수립업무 지원

② 입찰 관련 서류의 적정성 검토

    1. 입찰 관련 서류 검토 분석하여 발주청에 보고

2. 입찰서류 준비, 방식, 확정업무 지원

제35조(실시설계 조정 및 연계성 검토) ① 건설사업관리기술인은 해당 설계 등 용역과 관련된 설계의 경제성 등 검토 및 설계용역 성과검토업무가 유기적으로 연계될 수 있도록 기술적인 연계성 검토 및 조정업무를 수행하여야 하며, 각종 회의 등을 통해 분야별 설계자 간의 업무협의 또는 의견조정 등이 원활하게 이루어질 수 있도록 지원하여야 한다. 이를 위한 구체적인 수행업무는 다음 각호와 같다.

1. 설계 등 용역의 수행에 있어 단독 설계자가 아닌 다수의 설계자로 구성된 공동도급 형태의 용역이 수행되는 경우 이들 간의 조직적 및 기술적 상호관계를 명확히 제시

2. 설계조직 간의 조직적 및 기술적 연계성을 확립하고, 필요한 설계정보가 문서화하고 정기적으로 검토하기 위해서 필요한 경우 정기적인 검토회의를 개최해야 하며, 설계조직 간의 체계도를 작성하여 관리

3. 실시설계업무 협조 및 조정

4. 실시설계 업무의 연계성 검토, 발주청 지원

5. 공종 간 간섭사항 검토

② 건설사업관리기술인은 실시설계 단계에서 공사비가 타당한 사유로 예산을 초과해야 할 경우, 발주청으로 하여금 설계용역을 중지하거나 진행하면서 총사업비 증액조정업무를 처리하도록 하여야 한다.

③ 건설사업관리기술인은 견적방법 기준 제시 및 공사비 분석 기준제시를 위하여 예산, 공기확정, 자금집행 계획, 사업비용의 적정성을 검토하여야 한다.

제36조 (실시설계의 경제성(VE) 검토) ① 건설사업관리기술인은 실시설계 경제성 검토를 위하여 다음 각호와 같은 업무를 수행하여야 한다.

1. 준비단계 경제성 검토

2. 분석단계 경제성 검토

3. 실행단계 경제성 검토

4. 시설물의 구조형식 및 생애주기비용을 고려한 자재 및 설비의 결정

② 건설사업관리기술인은 설계의 경제성 등 검토업무를 통해 선택된 개선안 또는 변경안을 발주청에 제안하여 발주청으로 하여금 심의, 승인할 수 있도록 제안절차를 수행하여야 하며, 그 과정은 다음 각호와 같다.

1. 설계의 경제성 등 검토 제안서 작성

2. 제안서 제출 및 보고

3. 설계의 경제성 등 검토 제안서 심의

4. 설계의 경제성 등 검토 제안서 승인·반려

③ 건설사업관리기술인은 설계의 경제성 등 검토 보고서의 제출과 함께 제안하는 내용을 좀더 효과적으로 전달하고 이해시키기 위해 발주청과 협의, 보고회 또는 회의 등을 실시할 수 있다. 건설사업관리기술인은 채택된 설계의 경제성 등 검토업무 실적보고서 1부를 설계자에게 송부, 설계에 반영토록 한다.

제37조(실시설계용역 성과검토) ① 건설사업관리기술인은 실시설계의 검토를 위하여 다음 각호와 같은 업무를 수행하여야 한다.

1. 실시설계 검토하여 조정, 수정, 보완이 필요한 사항 발주청 보고 및 조치지원

2. 사업의 개요, 목적, 타당성 조사, 사업성 검토

3. 공법 적합성 검토

4. 자재 적합성 검토

5. 도면이 설계 입력 자료와 적절한 코드 및 기준에 적합한지 여부

6. 도면이 적정하게, 해석 가능하게, 실시 가능하며 지속성 있게 표현되었는지 여부

7. 도면상에 사업명과 계약 숫자에 적정한 일자와 타이틀을 부여했는지 여부

8. 관련 도면들과 다른 관련문서들의 관계가 명확하게 표시되었는지 여부

② 건설사업관리기술인은 각종 조사의 적정성, 설계 기준 및 용역 성과품 등에 관한 검토, 확인을 위하여 다음 각호의 업무를 수행하여야 한다.

1. 설계 기준 및 용역성과품 적정성 검토, 조정

2. 지질, 환경영향조사 및 사용자의 요구사항 반영

3. 관련법규 검토, 시설물의 기능, 설계심의자문 사전 검토자료 작성

③ 건설사업관리기술인은 설계자가 작성한 건설공사의 시방서가 표준시방서 및 전문시방서를 기본으로 다음 각호의 사항이 적정하게 반영되어 작성되었는지 여부를 검토하여야 한다.

1. 설계도면에 구체적으로 표시할 수 없는 공사의 특수성, 지역 여건, 공사방법 등이 고려되었는지

2. 자재의 성능·규격 및 공법, 품질시험 및 검사 등 품질관리, 안전관리, 환경관리 등에 관한 사항

3. 실제 건설과정, 주요 공종, 최신 기술의 반영 등에 관한 사항

4. 그 밖에 공사의 안전성 및 원활한 수행을 위하여 필요하다고 인정되는 사항

④ 건설사업관리기술인은 해당 건설사업의 설계가 건설 기간 중의 기후조건을 반영하였는지 검토해야 한다.

⑤ 건설사업관리기술인은 해당 건설사업의 설계가 건설 생산성이 반영된 설계인지를 검토하여야 한다.

⑥ 건설사업관리기술인은 설계 단계 건설사업관리 검토 목록을 별지 제3호 서식에 따라 작성 및 관리하여야 한다.

⑦ 건설사업관리기술인은 설계자가 도급받은 실시설계용역을 법 제35조 제4항 및 규칙 제31조에 따라 하도급을 하고자 발주청에 승인을 요청하는 사항에 대해서는 「건설기술용역 하도급 관리지침」(국토교통부고시)에 따른 하도급 적정성 여부 등을 검토하여 그 의견을 발주청에게 제출하여야 하며, 하도급 계약, 하도급 대금 지급, 하도급 실적 통보 등에 대하여 설계자가 「건설기술용역 하도급 관리지침」에 따라 이행하도록 지도·확인하여야 한다.

제38조(실시설계용역 기성 및 준공검사관리) ① 건설사업관리기술인은 실시설계용역의 진행상황 및 기성 등을 다음 각호와 같이 검토하여야 한다.

1. 설계자의 만회대책 검토 및 조정

2. 설계 진척에 따른 기성 적합 여부 확인

② 건설사업관리기술인은 실시설계 완료검사 확인을 위하여 설계 기준 및 다음 용역성과품에 대한 적정성 검토 및 확인업무를 수행하여야 한다.

1. 설계용역 기성 부분 검사원(별지 제4호 서식) 또는 설계용역 준공 검사원(별지 제5호 서식)

2. 설계용역 기성 부분 내역서(별지 제6호 서식)

제39조(지급자재 조달 및 관리계획 수립 지원) 건설사업관리기술인은 발주청의 관급자재 조달 및 관리계획 수립업무를 지원한다.

제40조(각종 인허가 및 관계기관 협의 지원) ① 건설사업관리기술인은 각종 인허가 및 관계기관 협의 지원을 위하여 다음 각호의 업무를 수행하여야 한다.

1. 인허가 목록 작성

2. 인허가 처리 지원

② 건설사업관리기술인은 건설사업관리 조직과 별도로 특수 전문분야에 대하여는 필요 시 실시설계 단계에서 각 분야별 전문가로 구성된 기술자문위원회를 운영하여야 하며, 세부운영계획을 수립하여 제출하여야 한다.

③ 자문위원은 발주청과 건설사업관리기술인이 협의하여 선정하고, 필요시 발주청의 요청 및 승인에 따라 조정이 가능하다.

제41조(실시설계 단계의 기술자문회의 운영 및 관리 지원) ① 건설사업관리기술인은 다음 각호와 같이 발주청의 기술자문회의 운영 및 관리업무를 지원하여야 한다.

1. 건설사업관리 조직과 별도로 특수 전문분야에 대하여는 필요시 기본설계 단계에서 각 분야별 전문가로 구성된 기술자문위원회 운영을 지원하며, 발주청과 건설사업관리기술인이 협의하여 자문위원을 선정하고 필요시 발주청의 요청 및 승인에 따라 조정 가능

2. 발주청은 건설사업관리기술인을 경유하지 않고 직접 기술자문위원회와 필요한 자료 또는 자문을 교환할 수 있음

3. 세부운영계획을 수립하고 동 내용을 업무 수행계획서에 포함하여 제출하여야 함

② 설계심의 절차 및 내용에는 다음 각호의 내용이 포함되어야 한다.

1. 설계심의: 설계의 적정성, 기술 개발· 신공법 적용의 가능성 등을 검토

2. 입찰방법심의: 공사의 성격에 따라 발주방법의 적정성(일괄입찰, 대안입찰, 기술제안입찰) 등을 검토

3. 입찰안내서심의: 일괄입찰, 대안입찰로 결정된 공사에 대하여 계약조건, 입찰유의서, 시방조건 등 입찰안내서 작성의 적정성 검토

4. 용역발주심의: 용역시행계획 및 과업 내용의 적정성 검토

5. 설계적격심의: 일괄입찰공사, 대안입찰공사, 기술제안입찰공사의 설계도서에 대한 설계 적격여부 및 기술제안 채택 여부를 검토

6. 설계·시공 등의 분쟁 자문: 발주청과 계약자 간 분쟁 발생 시 관련 분야 전문가와 충분한 검토와 자문을 통하여 원활한 합의를 유도하는 기술 지도

7. 설계심의 사후평가: 공사 진행단계에서 설계심의·자문 지적사항에 대한 조치 계획이 시공에 적정하게 반영되었는지를 공사 현장에서 확인하고 필요시 시정 조치하여 건설공사 품질 향상을 유도하는 기술 지도

8. 공사 발주 전 심의: 국제입찰대상공사인 경우 계약관련 서류를 검토하여 클레임 발생 및 분쟁 소지를 방지하기 위한 심의를 수행

제42조(시공자 선정계획수립 지원) ① 건설사업관리기술인은 시공자 선정을 위한 평가기준 및 입찰, 계약절차를 위하여 다음 각호와 같이 발주청을 지원하여야 한다.

1. 발주단위 구분, 발주절차 및 일정 검토

2. 공사 예정공정표(설계자 작성) 검토

② 건설사업관리기술인은 입찰 관련 서류의 적정성 검토 및 내용 분석을 하고 발주청에 보고하여야 한다.

제43조(결과보고서 작성) ① 건설사업관리기술인은 법 제39조 제4항 및 규칙 제36조에 따라 설계 단계 건설사업관리 용역이 완료된 경우에는 14일 이내에 과업의 개요, 설계에 대한 기술자문 및 설계의 경제성 검토, 이전 단계의 용역성과 검토 등을 포함한 다음 각호의 보고서를 작성하여 발주청에 제출하여야 한다. 단, 이전 단계의 용역성과 검토 중 사업기획 및 타당성 조사 검토 보고서는 이전 설계 단계에 사업기획 및 타당성 조사가 수행된 경우에만 적용한다.

    1. 설계 단계 건설사업관리 보고서

    2. 설계 경제성 등 검토 보고서 등

    3. 건설사업관리기록 서류

        가. 설계 단계 건설사업관리 일지(별지 제7호 서식)

        나. 설계 단계 건설사업관리 지시부(별지 제8호 서식)

        다. 분야별 상세 설계 단계 건설사업관리 기록부(별지 제9호 서식)

        라. 설계 단계 건설사업관리 요청서(별지 제10호 서식)

        마. 설계자와 협의사항 기록부(별지 제11호 서식)

② 발주청은 검사원이 준공검사를 실시한 경우에 다음 각호에서 정한 서류를 작성하여야 한다.

    1. 설계용역 기성 부분 검사조서(별지 제12호 서식) 또는 설계용역 준공검사조서(별지 제13호 서식)

    2. 설계용역 기성 부분 내역서(별지 제6호 서식)

    3. 납품조서

    4. 사진첩

    5. 전자매체 제목

    6. 그 밖에 참고자료

제6절 구매조달 단계 업무

제44조(입찰업무 지원) ① 건설사업관리기술인은 입찰공고 내용검토, 입찰공고/방식/공고범위 검토 등의 발주청 업무를 지원한다.

② 건설사업관리기술인은 지원현장설명자료 작성, 현장설명 회의자료 작성 및 보고, 현장 질의응답 처리, 필요시 관계자회의 주관 및 조정/처리방법 협의, 입찰참여자 통보 등의 업무를 지원한다.

③ 건설사업관리기술인은 평가표 및 평가 기준, 심사위원 구성 방안 수립, 평가회의 계획 수립 및 진행 지원, 평가결과의 작성 및 보고, 낙찰통지서(또는 우선 협상자 관련 통지

서) 발부지원 등의 업무를 지원한다.

제45조(계약업무지원) ① 건설사업관리기술인은 공사 발주계획 수립(유사사례 조사, 입
낙찰방식 검토 등) 업무를 지원한다.

② 건설사업관리기술인은 표준계약서의 검토 및 변경, 계약특수조건 작성, 계약 내용·
공사개요·공사계획·건설사업 특기사항 등을 논의하는 협의 업무를 지원한다.

제46조(지급자재 조달 지원) 건설사업관리기술인은 발주청의 지급자재 목록 작성, 지급
조건의 검토(품명, 수량, 지급 시기 등), 지급자재 관리절차 및 관리금액 검토 등의 업무를
지원한다.

제7절 시공 단계 업무

제47조(일반행정업무) ① 건설사업관리기술인은 시공자가 제출하는 다음 각호의 서류를
접수하고 적정성 여부를 검토하여 의견을 공사감독자에게 제출하여야 한다.

　1. 지급자재 수급요청서 및 대체사용 신청서

　2. 주요기자재 공급원 승인요청서

　3. 각종 시험성적표

　4. 설계변경 여건보고

　5. 준공기한 연기신청서

　6. 기성·준공 검사원

　7. 하도급 통지 및 승인요청서

　8. 안전관리 추진실적 보고서(안전관리 활동, 안전관리비 및 산업안전보건관리비 사
　　용실적 등)

　9. 확인측량 결과보고서

　10. 물량 확정보고서 및 물가 변동지수 조정율 계산서

　11. 품질관리계획서 또는 품질시험계획서

　12. 그 밖에 시공과 관련된 필요한 서류 및 도표(천후표, 온도표, 수위표, 조위표 등)

　13. 발파계획서

　14. 원가계산에 의한 예정가격작성준칙에 대한 공사원가계산서상의 건설공사 관련 보
　　험료 및 건설근로자퇴직공제부금비 납부 내역과 관련 증빙자료

　15. 일용근로자 근로내용확인신고서

② 건설사업관리기술인은 건설사업관리업무 수행상 필요한 경우에는 다음 각호의 문서

를 별지 서식을 참조하여 작성·비치하여야 한다.

    1. 문서접수 및 발송대장(별지 제14호 서식)

    2. 민원처리부(별지 제15호 서식)

    3. 품질시험계획(별지 제16호 서식)

    4. 품질시험·검사 성과 총괄표(별지 제17호 서식)

    5. 품질시험·검사 실적보고서(별지 제18호 서식)

    6. 검측대장(별지 제19호 서식)

    7. 발생품(잉여자재) 정리부(별지 제20호 서식)

    8. 안전보건 관리체제(별지 제21호 서식)

    9. 재해 발생현황(별지 제22호 서식)

    10. 안전교육 실적표(별지 제23호 서식)

    11. 협의 내용 등의 관리대장(별지 제24호 서식)

    12. 사후 환경영향조사 결과보고서(별지 제25호 서식)

    13. 공사 기성 부분 검사원(별지 제26호 서식)

    14. 건설사업관리기술인(기성 부분, 준공) 건설사업관리조서(별지 제27호 서식)

    15. 공사 기성 부분 내역서(별지 제28호 서식)

    16. 공사 기성 부분 검사조서(별지 제29호 서식)

    17. 준공검사원(별지 제30호 서식)

    18. 준공검사조서(별지 제31호 서식)

③ 건설사업관리기술인은 시공자가 작성한 공사일지를 제출받아 확인한 후 보관하여야 한다.

제48조(보고서 작성, 제출) ① 건설사업관리기술인은 법 제39조 제4항 및 규칙 제36조에 따라 다음 각호의 서식에 따른 건설사업관리 보고서를 법 제69조에 따른 건설기술용역사업자단체가 개발·보급한 건설사업관리업무 보고시스템을 이용하여 발주청에 제출하되, 중간보고서는 다음 달 7일까지 최종보고서는 용역의 만료일부터 14일 이내에 각각 제출하여야 한다. 이 경우 발주청이 별도의 온라인 건설사업관리업무 보고시스템을 활용하는 경우에는 온라인 건설사업관리업무 보고시스템의 이용으로 갈음할 수 있다.

    1. 건설사업관리 중간(월별)보고서 작성 서식

      가. 공사추진현황 등 (별지 제32호 서식)

      나. 건설사업관리기술인 업무일지(별지 제33호 서식)

      다. 품질시험·검사대장(별지 제34호 서식)

라. 구조물별 콘크리트 타설 현황(작업자 명부를 포함한다.)(별지 제35호 서식)

마. 검측요청·결과통보내용(별지 제36호 서식)

바. 자재 공급원 승인 요청·결과통보 내용(별지 제37호 서식)

사. 주요 자재 검사 및 수불 내용(별지 제38호 서식)

아. 공사설계변경 현황(별지 제39호 서식)

자. 주요 구조물의 단계별 시공 현황(별지 제40호 서식)

차. 콘크리트 구조물 균열관리 현황(별지 제41호 서식)

카. 공사사고 보고서(별지 제42호 서식)

타. 그 밖에 발주청이 필요하다고 인정하여 계약에서 정한 내용

2. 건설사업관리 최종보고서 작성 서식

가. 건설공사 및 건설사업관리용역 개요(별지 제43호 서식)

나. 공사추진내용 실적(별지 제44호 서식)

다. 검측내용 실적 종합(별지 제45호 서식)

라. 품질시험·검사실적 종합(별지 제46호 서식)

마. 주요 자재 관리실적 종합(별지 제47호 서식)

바. 안전관리 실적 종합(별지 제48호 서식)

사. 분야별 기술 검토 실적 종합(별지 제49호 서식)

아. 우수시공 및 실패시공 사례(별지 제50호 서식)

자. 종합 분석(별지 제51호 서식)

차. 그 밖에 발주청이 필요하다고 인정하여 계약에서 정한 내용

② 건설사업관리기술인은 건설사업관리업무 보고시스템을 이용할 경우 관련 공문 또는 서명이 들어있는 문서는 원형 그대로 스캐너를 이용하여 입력하여야 하며, CAD, 문서 편집용 프로그램, 표 계산 프로그램 등 상용 소프트웨어로 작성한 자료는 전자파일 형태 그대로 입력할 수 있다. 또한 발주청의 온라인 건설사업관리업무 보고시스템을 이용하는 경우 문서는 CAD(Computer Aided design, 컴퓨터 보조설계), 문서 편집용 프로그램(워드프로세서), 표계산 프로그램(엑셀 등)의 전자파일 형태 업로드 후 전자결재로 서명을 대신하고, 스캐너는 전자파일 입력이 불가한 문서에 한정하여 이용할 수 있다.

③ 건설사업관리기술인은 건설사업관리업무 보고시스템을 이용하여 건설사업관리 보고서를 제출하는 경우에 활용, 각종 문서를 업무분류, 문서분류, 공종분류, 주요 구조물 및 위치 등으로 분류한 후 입력하여 자료검색이 용이하도록 하여야 하며 모든 문서는 1건의 문서 단위별로 구분하여 날자 별로 입력하여야 한다.

④ 발주청이 별도의 온라인 건설사업관리업무 보고시스템을 활용하는 경우에는 건설사

업관리기술인이 온라인 건설사업관리업무 보고시스템의 활용을 용이하게 하기 위하여 각종 서식 및 문서를 전자파일 형태로 작성될 수 있도록 표준화하여 스캐너를 이용한 자료입력이 최소화되도록 하여야 한다.

⑤ 발주청은 건설사업관리용역사업자가 건설사업관리업무 보고시스템의 이용을 위한 보고서 작성 및 제출에 필요한 전산장비(개인용컴퓨터, 스캐너, CD-RW등) 구축 및 운영에 소요되는 비용을 용역 금액에 계상하여야 한다.

제49조(현장대리인 등의 교체) ① 건설사업관리기술인은 현장대리인 또는 시공회사 기술인 등(이하 이 조에서 "현장대리인 등"이라 한다.)이 다음 각호에 해당할 경우 공사감독자에게 보고하여야 하며, 발주청은 교체사유가 인정될 경우에는 시공자에게 현장대리인 등을 교체토록 요구하여야 한다.

1. 현장대리인 등이 「건설산업기본법」 및 「건설기술 진흥법」 등의 규정에 의한 건설기술인 배치 기준, 법정 교육훈련 이수 및 품질시험 의무 등의 법규를 위반하였을 때

2. 현장대리인이 건설사업관리기술인과 발주청의 사전 승락을 얻지 않고 정당한 사유 없이 해당 건설공사의 현장을 이탈한 때

3. 현장대리인 등의 고의 또는 과실로 인하여 건설공사를 조잡하게 시공하거나 부실시공을 하여 일반인에게 위해를 끼친 때

4. 현장대리인 등이 계약에 따른 시공능력 및 기술이 부족하다고 인정되거나 정당한 사유 없이 기성공정이 예정공정에 현격히 미달할 때

5. 현장대리인이 불법하도급을 하거나 이를 방치하였을 때

6. 현장대리인이 건설사업관리기술인의 검측·승인을 받지 않고 후속공정을 진행하거나 정당한 사유 없이 공사를 중단한 때

7. 현장대리인 등이 건설사업관리기술인의 정당한 지시에 응하지 않을 때

8. 현장대리인 등이 시공 관련 의무를 면제받고자 부정한 행위를 한 경우

9. 시공자의 귀책사유로 중대한 재해(시공 중 사망 1인 이상 또는 3개월 이상의 요양을 요하는 부상자가 동시에 2인 이상 또는 부상자가 동시에 10인 이상)가 발생하였을 경우

② 제1항에 따라 교체 요구를 받은 시공자는 특별한 사유가 없으면 신속히 교체 요구에 따라야 하며 변경한 내용은 착공신고서 제출과 하도급 선정 절차에 따라 처리하여야 한다.

제50조(공사 착수단계 행정업무) ① 건설사업관리용역사업자는 계약 체결 즉시 상주 및 기술지원 기술인 투입 등 건설사업관리업무 수행준비에 대하여 발주청에 보고하여야 하며, 계약서상 착수일에 건설사업관리용역을 착수하여야 한다. 다만, 건설사업관리 대상 건설공

사의 전부 또는 일부의 용지매수 지연 등으로 계약서상 착수일에 건설사업관리용역을 착수할 수 없는 경우에는 발주청은 실제 착수 시점 및 상주기술인 투입 시기 등을 조정, 통보하여야 한다.

② 건설사업관리용역사업자는 건설사업관리용역 착수 시 다음 각호의 서류를 첨부한 착수신고서를 제출하여 발주청의 승인을 받아야 한다.

1. 건설사업관리업무 수행계획서
2. 건설사업관리비 산출내역서
3. 상주, 기술지원 기술인 지정신고서(총괄책임자 선임계를 포함한다.)와 건설사업관리기술인 경력확인서
4. 건설사업관리기술인 조직 구성내용과 건설사업관리기술인별 투입 기간 및 담당 업무

③ 입찰참가자격사전심사에 의해 건설사업관리용역사업자로 선정된 경우에 있어 제2항 제3호의 건설사업관리기술인은 입찰참가제안서에 명시된 자로 하여야 한다. 다만, 부득이한 사유로 교체가 필요한 경우에는 기술자격, 학·경력 등을 종합적으로 검토하여 건설사업관리업무 수행 능력이 저하되지 않는 범위 내에서 발주청의 사전승인을 받아야 한다.

④ 발주청은 제2항 제3호 및 제4호의 내용을 검토하여 건설사업관리기술인 또는 건설사업관리조직 구성내용이 해당 공사 현장의 공종 및 공사 성격에 적합하지 않다고 인정할 때에는 그 사유를 명시하여 서면으로 건설사업관리용역사업자에게 변경을 요구할 수 있으며, 변경요구를 받은 건설사업관리용역사업자는 특별한 사유가 없으면 요구에 따라야 한다.

⑤ 건설사업관리단의 조직은 공사담당, 품질담당 및 안전담당 등으로 현장여건에 따라 구성토록 함으로써 건설사업관리업무를 효율적으로 수행할 수 있도록 하여야 한다. 또한 공사의 원활한 추진을 위하여 필요한 경우 발주청의 승인을 받아 한시적으로 검측을 담당하도록 건설사업관리기술인을 투입할 수 있다.

⑥ 건설사업관리기술인은 현장에 부임하는 즉시 사무소, 숙소, 사고 발생 및 복구 시 응급대처할 수 있는 비상연락체계, 전화번호 및 FAX 등을 발주청(공사감독자)에 보고하여 업무연락에 차질이 없도록 하여야 하며 변경할 경우에도 보고하여야 한다.

제51조(공사 착수단계 설계도서 등 검토업무) ① 건설사업관리기술인은 설계도면, 시방서, 구조 계산서, 산출내역서, 공사계약서 등의 계약 내용과 해당 공사의 조사설계보고서 등의 내용을 숙지하여야 한다.

② 건설사업관리기술인은 설계서 등의 공사 계약문서 상호 간의 모순되는 사항, 현장 실정과의 부합 여부 등 현장 시공을 중심으로 하여 해당 건설공사 시공 이전에 적정성을 검토하여야 하며, 특히 기술지원기술인은 주요구조부(가시설물을 포함한다.)를 포함한 기술적

검토사항과 공사감독자가 요청한 사항을 검토하여야 한다. 이 경우, 검토내용에는 다음 각 호의 사항 등이 포함되어야 한다.

　　1. 현장 조건에 부합 여부

　　2. 시공의 실제 가능 여부

　　3. 타 사업 또는 타 공정과의 상호부합 여부

　　4. 설계도면, 시방서, 구조 계산서, 산출내역서 등의 내용에 대한 상호 일치 여부

　　5. 설계도서에 누락, 오류 등 불명확한 부분의 존재 여부

　　6. 발주청에서 제공한 공종별 목적물의 물량내역서와 시공자가 제출한 산출내역서 수량과의 일치 여부

　　7. 시공 시 예상 문제점 등

　　8. 사업비 절감을 위한 구체적인 검토

　③ 건설사업관리기술인은 제2항의 검토 결과 불합리한 부분, 착오, 불명확하거나 의문 사항이 있을 시는 그 내용과 의견을 발주청(공사감독자)에 보고하여야 한다. 또한 시공자에게도 설계도서 및 산출내역서 등을 검토하도록 하여 검토 결과를 보고받아야 한다.

　④ 건설사업관리기술인은 착공 즉시 공사 설계도서 및 자료, 공사계약문서 등을 발주청으로부터 인수하여 관리번호를 부여하고, 관리대장을 작성하여 공사관계자 이외의 자에게 유출을 방지하는 등 관리를 철저히 하여야 하며, 외부 유출 시 공사감독자의 승인을 받아야 한다.

　⑤ 건설사업관리기술인은 설계도서를 반드시 도면 보관함에 보관하여야 하고 설계도서 및 관리서류의 명세서를 기록하여야 한다.

　⑥ 건설사업관리기술인은 공사 준공과 동시에 인수한 설계도서 등을 발주청에 반납하거나 지시에 따라 폐기처분 한다.

　제52조(공사 착수단계 현장관리) ① 건설사업관리기술인은 공사의 여건을 감안하여 각종 법규정, 표준시방서, KS 규정집 및 필요한 기술서적 등을 비치하여야 한다.

　② 건설사업관리기술인은 시공자가 공사안내표지판을 설치하는 경우 시공자로부터 표지판의 제작방법, 크기, 설치장소 등이 포함된 표지판 제작설치 계획서를 제출받아 검토하여야 한다.

　③ 건설사업관리기술인은 건설공사가 착공된 경우에는 시공자로부터 다음 각호의 서류가 포함된 착공신고서를 제출받아 적정성 여부를 검토하여 7일 이내에 공사감독자에게 보고하여야 한다.

　　1. 현장기술인 지정신고서(현장관리조직, 현장대리인, 품질관리자, 안전관리자, 보건

관리자)

2. 건설공사 공정예정표

3. 품질관리계획서 또는 품질시험계획서(실착공 전에 제출 가능)

4. 공사도급 계약서 사본 및 산출내역서

5. 착공 전 사진

6. 현장기술인 경력사항 확인서 및 자격증 사본

7. 안전관리계획서(실착공 전에 제출 가능)

8. 유해·위험방지계획서(실착공 전에 제출 가능)

9. 노무동원 및 장비투입 계획서

10. 관급자재 수급계획서

④ 건설사업관리기술인은 발주청이 설치한 용지말뚝, 삼각점, 도근점, 수준점 등의 측량기준점을 시공자가 이동 또는 손상시키지 않도록 하여야 하며, 이설이 필요한 경우에는 정해진 위치를 찾아낼 수 있는 보조말뚝을 반드시 설치하도록 하여야 한다.

⑤ 건설사업관리기술인은 공사 시행상 수위를 측정할 경우에는 관측이 용이한 위치에 수위표를 설치하여 상시 관측할 수 있게 하여야 한다.

⑥ 건설사업관리기술인은 시공자에게 토공 및 각종 구조물의 위치, 고저, 시공범위, 방향 등을 표시하는 규준시설 등을 설치하도록 하고, 시공 전에 반드시 확인·검사를 하여야 한다.

⑦ 건설사업관리기술인은 착공 즉시 시공자로 하여금 다음 각호의 사항과 같이 발주설계도면과 실제 현장의 이상 유무를 확인하기 위하여 확인측량을 실시토록 하여야 한다.

1. 삼각점 또는 도근점에서 중간점(IP) 등의 측량기준점의 위치(좌표)를 확인하고, 기준점은 공사 시 유실방지를 위하여 필히 인조점을 설치하여야 하며, 시공 중에도 활용할 수 있도록 인조점과 기준점과의 관계를 도면화하여 비치하여야 한다.

2. 공사 준공까지 보존할 수 있는 가수준점(TBM)을 시공에 편리한 위치에 설치하고, 국토지리정보원에서 설치한 주변의 수준점 또는 발주청이 지정한 수준점으로부터 왕복 수준측량을 실시하여 「공공측량 작업규정」에서 정한 왕복 허용오차 범위 이내일 경우에 측량을 실시하여야 한다.

3. 인접공구 또는 기존시설물과의 접속부 등을 상호 확인 및 측량결과를 교환하여 이상 유무를 확인하여야 한다.

⑧ 건설사업관리기술인은 현지 확인측량결과 설계 내용과 현저히 상이할 때는 공사감독자에게 측량결과를 보고한 후 지시를 받아 실제 시공에 착수하게 하여야 하며, 그렇지 아니한 경우에는 원지반을 원상태로 보존하게 하여야 한다. 단, 중간점(IP) 등 중심선 측량 및 가수준점(TBM) 표고 확인측량을 제외하고 공사추진상 필요시에는 시공구간의 확인,

측량야장 및 측량결과 도면만을 확인, 제출한 후 우선 시공하게 할 수 있다.

⑨ 건설사업관리기술인은 확인측량을 공동 확인 후에는 시공자에게 다음 각호의 서류를 작성·제출토록 하고, 확인측량 도면의 표지에 측량을 실시한 현장대리인, 실시설계용역회사의 책임자(입회한 경우), 책임건설사업관리기술인이 서명·날인하고 검토의견서를 첨부하여 공사감독자에게 보고하여야 한다. 단, 제8항 단서규정에 의할 경우는 다음의 제3호 및 제4호의 서류를 생략할 수 있다.

    1. 건설사업관리기술인의 검토의견서

    2. 확인측량 결과 도면 (종·횡단도, 평면도, 구조물도 등)

    3. 산출내역서

    4. 공사비 증감 대비표

    5. 그 밖에 참고사항

⑩ 건축공사 현장의 건설사업관리기술인은 필요한 경우 「공간정보의 구축 및 관리 등에 관한 법률」에 따라 확인 측량된 대지 경계선 내의 공사용 부지에 시공자로 하여금 전체동의 건축물을 배치하도록 하여 도로에 의한 사선제한, 대지 경계선에 의한 높이 제한, 인동간격에 의한 높이제한 등 건축물 배치와 관련된 규정에 적합한지 여부를 확인하고, 건축물 배치도면을 작성하게 하여 제9항에서 정한 서류와 함께 공사감독자에게 보고하여야 한다.

⑪ 건설사업관리기술인은 공사감독자가 주관하는 공사 관련자 회의에 참석하여 제12조 제1항에서 정하는 업무 범위, 현장조사 결과와 설계도서 등의 내용을 설명하고 필요한 사항에 대하여는 공사감독자가 정하는 바에 따라야 한다.

제53조(하도급 적정성 검토) ① 건설사업관리기술인은 시공자가 도급받은 건설공사를 「건설산업기본법」 제29조, 공사계약일반조건 제42조 규정에 따라 하도급 하고자 발주청에 통지하거나, 동의 또는 승낙을 요청하는 사항에 대해서는 다음 각호의 사항에 관한 적정성 여부를 검토하여 그 의견을 공사감독자에게 제출하여야 한다.

    1. 하도급자 자격의 적정성 검토

    2. 하도급 통지 기간 준수 등

    3. 저가 하도급에 대한 검토의견서 등

② 건설사업관리기술인은 제1항에 따라 처리된 하도급에 대해서는 시공자가 「건설산업기본법」 제34조부터 제38조까지 및 「하도급거래 공정화에 관한 법률」에 규정된 사항을 이행하도록 지도·확인하여야 한다.

③ 건설사업관리기술인은 하도급받은 건설사업자가 「건설산업기본법 시행령」 제26조 제2항에 따라 하도급계약 내용을 건설산업종합정보망(KISCON)을 이용하여 발주청에 통보

하였는지를 확인하여야 한다.

④ 건설사업관리기술인은 시공자가 하도급 사항을 제1항 및 제2항에 따라 처리하지 않고 위장하도급 하거나, 무면허자에게 하도급 하는 등 불법적인 행위를 하지 않도록 지도한다.

제54조(가설시설물 설치계획서 작성) 건설사업관리기술인은 공사착공과 동시에 시공자에게 다음 각호의 가시설물의 면적, 위치 등을 표시한 가설시설물 설치계획서를 작성하여 제출하도록 하여야 한다.

1. 공사용 도로
2. 가설사무소, 작업장, 창고, 숙소, 식당
3. 콘크리트 타워 및 리프트 설치
4. 자재 야적장
5. 공사용 전력, 용수, 전화
6. 플랜트 및 크랏샤장
7. 폐수방류시설 등의 공해방지시설

제55조(공사 착수단계 그 밖의 업무) ① 건설사업관리기술인은 공사 착공 후 빠른 시일 안에 공사추진에 지장이 없도록 시공자와 합동으로 다음 각호의 사항을 현지 조사하여 공사감독자에게 보고하여야 한다.

1. 각종 재료원 확인
2. 지반 및 지질상태
3. 진입도로 현황
4. 인접도로의 교통규제 상황
5. 지하매설물 및 장애물
6. 기후 및 기상상태
7. 하천의 최대 홍수위 및 유수 상태 등

② 공사감독자는 제1항의 현지조사 내용과 설계도서의 공법 등을 검토하여 인근 주민 등에 대한 피해 발생 가능성이 있을 경우에는 시공자에게 다음 각호의 사항에 관한 대책을 강구하도록 하고, 필요시 설계변경을 검토하여야 한다.

1. 인근 가옥 및 가축 등의 대책
2. 지하매설물, 인근의 도로, 교통시설물 등의 손괴
3. 통행 지장 대책
4. 소음, 진동 대책

5. 낙진, 먼지 대책

6. 지반침하 대책

7. 하수로 인한 인근 대지, 농작물 피해 대책

8. 우기 중 배수 대책 등

제56조(시공성과 확인 및 검측 업무) ① 건설사업관리기술인은 시공자로부터 명일작업계획서를 제출받아 시공자와 그 시행상의 가능성 및 각자가 수행하여야 할 사항을 검토하여야 한다.

② 건설사업관리기술인은 시공자로부터 금일 작업실적이 포함된 시공자의 공사일지 또는 작업일지 사본(시공회사 자체양식)을 참조하여 작업의 추진 여부를 확인하고 금일 작업실적과 사용 자재량, 품질관리시험회수 및 성과 등이 서로 일치하는지 여부를 검토하고, 이를 건설사업관리일지에 기록하여야 한다.

③ 건설사업관리기술인은 다음 각호의 위험 공종 작업에 대하여는 시공자로부터 작업계획을 제출받아 검토·확인 후 작업을 착수하게 하여야 한다. 다만, 검토·확인받은 작업과 작업조건이 동일하고 반복되는 경우에는 작업계획만 제출받아 착수하게 할 수 있다.

1. 2m 이상의 고소작업

2. 1.5m 이상의 굴착·가설공사

3. 철골 구조물 공사

4. 2m 이상의 외부 도장공사

5. 승강기 설치공사

④ 건설사업관리기술인은 다음 각호의 현장 시공 확인업무를 수행하여야 한다.

1. 공사 목적물을 제조, 조립, 설치하는 시공 과정에서 가시설공사와 영구시설물 공사의 모든 작업단계의 시공상태

2. 시공 확인 시에는 해당 공사의 설계도면, 시방서 및 관계규정에 정한 공종을 반드시 확인

3. 시공자가 측량하여 말뚝 등으로 표시한 시설물의 배치위치를 야장 또는 측량성과를 시공자로부터 제출받아 시설물의 위치, 표고, 치수의 정확도 확인

4. 수중 또는 지하에서 행하여지는 공사나 외부에서 확인하기 곤란한 시공에는 반드시 직접 검측하여 시공 당시 상세한 경과기록 및 사진촬영 등의 방법으로 그 시공 내용을 명확히 입증할 수 있는 자료를 작성하여 비치하고, 발주청 등의 요구가 있을 때에는 이를 제시한다.

⑤ 건설사업관리기술인은 단계적인 검측으로 현장확인이 곤란한 콘크리트 타설공사는

반드시 입회·확인하여 시공토록 하여야 하며, 콘크리트 운반송장은 건설사업관리기술인의 확인서명이 있는 것만 기성으로 인정하여야 한다.

⑥ 건설사업관리기술인은 콘크리트 품질을 저하시키는 행위 등이 없도록 생산, 운반, 타설의 전 과정을 관리해야 하며, 구조물별 콘크리트 타설현황(별지 제35호 서식)을 작성하여 감리보고서에 수록하여야 한다.

⑦ 건설사업관리기술인은 해당 공사의 시방서 및 관계규정에서 정한 시험, 측정기구 및 방법 등 기술적 사항을 확인하고 평가함을 원칙으로 하며, 제8항에서 정한 검측업무 절차에 따라 수행하여야 한다.

⑧ 건설사업관리기술인은 시공확인을 위하여 X-Ray 촬영, 도막두께 측정, 기계설비의 성능시험, 수중촬영 등의 특수한 방법이 필요한 경우 공사감독자의 지시를 받아 외부 전문기관에 확인을 의뢰할 수 있다.

⑨ 건설사업관리기술인은 시공계획서에 의한 일정 단계의 작업이 완료되면 시공자로부터 검측요청서(별지 제36호 서식)를 제출받아 시공상태를 확인하여야 한다.

⑩ 건설사업관리기술인은 다음 각호의 사항이 유지될 수 있도록 검측체크리스트를 작성하여야 한다.

1. 체계적이고 객관성 있는 현장 확인과 승인
2. 부주의, 착오, 미확인에 의한 실수를 사전 예방하여 충실한 현장확인 업무를 유도
3. 검측작업의 표준화로 작업원들에게 작업의 기준 및 주안점을 정확히 주지시켜 품질 향상을 도모
4. 객관적이고 명확한 검측결과를 시공자에게 제시하여 현장에서의 불필요한 시비를 방지하는 등의 효율적인 검측을 도모

⑪ 건설사업관리기술인은 다음 각호의 검측업무 수행 기본방향에 따라 검측업무를 수행하여야 한다.

1. 현장에서의 시공확인을 위한 검측은 해당 공사의 규모와 현장 조건을 감안한 『검측업무지침』을 현장별로 작성·수립하여 발주청의 승인을 득한 후 이를 근거로 검측업무를 수행. 다만, 「검측업무지침」은 검측하여야 할 세부 공종, 검측 절차, 검측 시기 또는 검측 빈도, 검측체크리스트 등의 내용을 포함
2. 수립된 검측업무지침은 모든 시공 관련자에게 배포하여 주지시켜야 하고, 보다 확실한 이행을 위한 교육 실시
3. 현장에서의 검측은 체크리스트를 사용하여 수행하고, 그 결과를 검측체크리스트에 기록한 후 시공자에게 통보하여 후속 공정의 승인 여부와 지적사항을 명확히 전달
4. 검측 체크리스트에는 검사항목에 대한 시공 기준 또는 합격 기준을 기재하여 검측

결과의 합격 여부를 합리적으로 신속히 판정

5. 단계적인 검측으로는 현장 확인이 곤란한 콘크리트 생산, 타설과 같은 공종의 시공중 건설사업관리기술인의 지속적인 입회 확인하에 시행

6. 시공자가 검측요청서를 제출할 때 공사참여자 실명부가 첨부 되었는지를 확인

7. 시공자가 요청한 검측일에 건설사업관리기술인 사정으로 검측을 못 할 경우, 공정 추진에 지장이 없도록 요청한 날 이전 또는 이후 검측을 하여야 하며 이때 발생하는 건설사업관리대가는 건설사업관리용역사업자 부담으로 한다.

⑫ 건설사업관리기술인은 다음 각호의 검측 절차에 따라 검측업무를 수행하여야 한다.

1. 검측체크리스트(별지 제36호 서식)에 의한 검측은 1차적으로 시공자의 담당 기술 인이 점검하여 합격된 것으로 확인한 후, 그 확인한 검측체크리스트를 첨부하여 검측 요청서를 건설사업관리기술인에게 제출하면 현장확인 검측을 실시하고, 그 결과를 서 면으로 통보.

2. 검측결과 불합격인 경우는 그 불합격된 내용을 시공자가 명확히 이해할 수 있도록 상세하게 첨부하여 통보하고 보완시공 후 재검측 받도록 조치

⑬ 건설사업관리기술인은 검측할 검사항목(Check Point)을 계약설계도면, 시방서, 건설 기술 진흥법령, 이 지침 등의 관계규정 내용을 기준하여 구체적인 내용으로 작성하며 공사 목적물을 소정의 규격과 품질로 완성하는 데 필수적인 사항을 포함하여 점검항목을 결정 하여야 한다.

⑭ 건설사업관리기술인은 검측할 세부 공종과 시기를 작업단계별로 정확히 파악하여 검 측하여야 한다.

제57조(사용 자재의 적정성 검토) ① 건설사업관리기술인은 시공자로 하여금 공정계획 에 따라 사전에 주요 기자재(레미콘·아스콘·철근·H형강·시멘트 등) 공급원 승인요청서를 자재반입 10일 전까지 제출토록 하여야 하며 관련법령의 규정에 의하여 품질검사를 받았거 나, 품질을 인정받은 재료에 대하여는 예외로 한다.

② 건설사업관리기술인은 시험성과표가 품질 기준을 만족하는지 여부를 검토하여 공사 감독자에게 보고하고 공사감독자는 품명, 공급원, 납품실적, 건설사업관리기술인의 검토의 견 등을 고려하여 적합한 것으로 판단될 경우에는 이를 승인한다.

③ 건설사업관리기술인은 KS 마크가 표시된 제품 등 양질의 자재를 선정하도록 시공자 를 관리하여야 한다.

④ 건설사업관리기술인은 레미콘, 아스콘의 공급원 승인요청이 있을 경우, 생산공장에 서 저장한 골재의 품질 즉, 입도, 마모율, 조립율, 염분함유량 등에 대한 품질시험을 직접

실시하거나 국립·공립 시험기관 또는 품질검사를 대행하는 건설기술용역사업자에 의뢰, 실시하여 합격 여부를 판단하여야 하며 공급원의 일일생산량, 기계의 성능, 각종 계기의 정상적인 작동 유무, 사용재료의 골재원 확보 여부, 동일골재(품질, 형상 등)로 지속적인 사용 가능 여부, 현장도착 소요시간 등에 대하여 사전에 충분히 조사하여 공사 기간 중 지속적인 품질관리에 지장이 없도록 하여야 한다.

⑤ 건설사업관리기술인은 공급원 승인 후에도 반입사용 자재에 대한 품질관리시험 및 품질변화 여부 등에 대하여 수시 확인하여야 한다.

⑥ 건설사업관리기술인은 공급원 승인요청을 제출받을 때에는 특별한 사유가 없으면 2개 이상의 공급원을 제출받아 제품의 생산중지 등 부득이 한 경우에도 예비적으로 사용할 수 있도록 하여야 한다.

⑦ 건설사업관리기술인은 시공자로 하여금 공급원 승인요청서에 다음 각호의 관계서류를 첨부토록 하여야 한다.

　　1. 법 제60조 제1항에 규정한 국립·공립 시험기관 및 건설기술용역사업자의 시험성과
　　2. 납품실적 증명
　　3. 시험성과 대비표

⑧ 건설사업관리기술인은 시공자로 하여금 공정계획에 따라 사전에 주요 자재 수급계획을 수립하여 자재가 적기에 현장에 반입되도록 검토하며 공사감독자에게 보고하여야 한다.

⑨ 「건설폐기물의 재활용 촉진에 관한 법률」 제2조 제15호 및 같은 법 시행령 제5조에 따른 순환골재 등 의무사용 건설공사에 해당하는 경우 건설사업관리기술인은 시공자가 같은 법 제35조 및 같은 법 시행령 제17조에 따른 품질 기준에 적합한 순환골재 및 순환골재 재활용제품을 사용하도록 하여야 한다.

⑩ 건설사업관리기술인은 시공자가 순환골재 및 순환골재 재활용제품 사용계획서 상의 사용용도 및 규격 등에 맞게 사용하는지 확인하여야 한다.

제58조(사용 자재의 검수·관리) ① 건설사업관리기술인은 공사 목적물을 구성하는 주요기계, 설비, 제조품, 자재 등의 주요 기자재가 공급원 승인을 받은 후 현장에 반입되면 시공자로부터 송장 사본을 접수함과 동시에 반입된 기자재를 검수하고 그 결과를 검수부에 기록·비치하여야 한다.

② 건설사업관리기술인은 시공자로 하여금 현장에 반입된 기자재가 도난 또는 우천에 훼손 또는 유실되지 않게 품목별, 규격별로 관리·저장하도록 하여야 하고 공사 현장에 반입된 모든 주요 자재는 시공자 임의로 공사 현장 외로 반출하지 못하도록 하고 주요 자재 검사 및 수불부(별지 제38호 서식)를 작성하여 관리하여야 한다.

③ 건설사업관리기술인은 현장에서 품질시험을 실시할 수 없는 자재에 대하여는 시공자와 공동 입회하여 생산공장에서 시험을 실시하거나 의뢰시험을 요청하여 시험성과를 사전에 검토하여 품질을 확인하여야 한다.

④ 건설사업관리기술인은 자재가 현장에 반입되면 송장 또는 납품서를 확인하고 수량, 치수 등을 검사하여야 하며, 공사 현장이 아닌 장소에서 가공 또는 조립되어 반입되는 자재가 있는 경우 반입자재의 가공 또는 조립에 사용된 각각의 재료 또는 부품 등이 설계도서 및 시방서의 관련규정에 적합한지 여부를 확인해야 한다.

⑤ 건설사업관리기술인은 이형봉강, 벌크시멘트 등은 필요시 공인계량소에서 계량하여 반입량을 확인한다.

⑥ 건설사업관리기술인은 지급자재에 대한 검수조서를 작성할 때는 시공자가 입회·날인토록 하고, 공사감독자에게 보고하여야 한다.

⑦ 건설사업관리기술인은 공정계획, 공기 등을 감안하여 시공자의 요청으로 입체 또는 대체 사용이 불가피 하다고 판단될 경우에는 공사감독자의 승인을 득한 후 이를 허용하도록 한다.

⑧ 건설사업관리기술인은 잉여지급자재가 발생하였을 때는 품명, 수량 등을 조사하여 공사감독자에게 보고하여야 하며, 시공자로 하여금 지정장소에 반납하도록 하여야 한다.

제59조(수명사항) ① 건설사업관리기술인은 시공자에게 공사와 관련하여 지시하는 경우에는 다음 각호에 따라야 한다.

1. 건설사업관리기술인이 공사와 관련하여 시공자에게 지시할 때에는 서면으로 함을 원칙으로 하며, 현장여건에 따라 시급한 경우 또는 경미한 사항에 대하여는 우선 구두지시로 시행토록 조치하고 추후에 이를 서면으로 확인

2. 건설사업관리기술인의 지시내용을 해당 공사 설계도면 및 시방서 등 관계규정에 근거, 구체적으로 기술하여 시공자가 명확히 이해 할 수 있도록 지시

3. 지시사항에 대하여는 그 이행상태를 수시점검하고 시공자로부터 이행결과를 보고 받아 기록·관리

② 건설사업관리기술인은 공사감독자로부터 지시를 받았을 때에는 다음 각호와 같이 처리하여야 한다.

1. 공사감독자로부터 지시를 받은 내용을 기록하고 신속하게 이행되도록 조치하여야 하며, 그 이행결과를 점검·확인하여 발주청(공사감독자)에 서면으로 조치 결과를 보고

2. 해당 지시에 대한 이행에 문제가 있을 경우에는 의견을 제시

3. 각종 지시, 통보사항 등을 건설사업관리기술인 전원이 숙지하고 이행을 철저히 하

기 위하여 교육 또는 공람

제60조(품질시험 및 성과검토) ① 건설사업관리기술인은 시공자가 공사계약문서에서 정한 품질관리(또는 시험)계획 요건대로 품질에 영향을 미치는 모든 작업을 성실하게 수행하는지 검사 및 확인하여야 한다.

② 건설사업관리기술인은 품질관리 계획이 발주청으로부터 승인되기 전까지는 원칙적으로 시공자로 하여금 해당업무를 수행하게 하여서는 안 된다.

③ 건설사업관리기술인은 해당 건설공사의 설계도서, 시방서, 공정계획 등을 검토하여 품질관리가 소홀해지기 쉽거나 하자 발생빈도가 높으며 시공 후 시정이 어렵고 많은 노력과 경비가 소요되는 공종 또는 부위를 중점 품질관리대상으로 선정하여 다른 공종에 비하여 우선적으로 품질관리 상태를 입회, 확인하여야 하며 중점 품질관리 공종 선정 시 고려해야 할 사항은 다음 각호와 같다.

1. 공정계획에 의한 월별, 공종별 시험종목 및 시험회수
2. 시공자의 품질관리 요원 인원수 및 공정에 따른 충원계획
3. 품질관리 담당 건설사업관리기술인의 인원수 및 직접 입회, 확인이 가능한 적정 시험회수
4. 공종의 특성상 품질관리 상태를 육안 등으로 간접 확인할 수 있는지 여부
5. 작업조건의 양호, 불량 상태
6. 타 현장의 시공 사례에서 하자발생 빈도가 높은 공종인지 여부
7. 품질관리 불량 부위의 시정이 용이한지 여부
8. 시공 후 지중에 매몰되어 추후 품질확인이 어렵고 재시공이 곤란한지 여부
9. 품질 불량 시 인근 부위 또는 타 공종에 미치는 영향의 대소
10. 시공이 광활한 지역에서 이루어져 접근이 용이한지 여부

④ 건설사업관리기술인은 다음 각호의 내용을 포함한 공종별 중점 품질관리방안을 수립하여 시공자로 하여금 이를 실행토록 지시하고 실행결과를 수시로 확인하여야 한다.

1. 중점 품질관리 공종의 선정
2. 중점 품질관리 공종별로 시공 중 및 시공 후 발생 예상 문제점
3. 각 문제점에 대한 대책방안 및 시공지침
4. 중점 품질관리 대상 구조물, 시공부위, 하자발생 가능성이 큰 지역 또는 부위선정
5. 중점 품질관리대상의 세부관리항목의 선정
6. 중점 품질관리공종의 품질확인 지침
7. 중점 품질관리대장을 작성, 기록관리하고 확인하는 절차

⑤ 건설사업관리기술인은 중점 품질관리 대상으로 선정된 공종의 효율적인 품질관리를 위하여 다음 각호와 같이 관리한다.

　　1. 중점 품질관리 대상으로 선정된 공종에 대한 관리방안을 수립하여 시행 전에 발주청(공사감독자)에 보고하고 시공자에게도 통보

　　2. 해당 공종 및 시공부위는 상황판이나 도면 등에 표기하여 공사감독자, 건설사업관리기술인, 시공자 모두가 이를 항상 숙지토록 함

　　3. 공정계획 시 중점 품질관리대상 공종이 동시에 여러 개소에서 시공되거나 공휴일, 야간 등 관리가 소홀할 수 있는 시기에 시공되지 않도록 조정

　　4. 필요시 해당 부위에 "중점 품질관리 공종" 팻말을 설치하고 주의사항을 명기

⑥ 건설사업관리기술인은 시공자와 합의된 품질시험에 반드시 입회하여야 한다. 건설사업관리기술인이 합의된 장소 및 시간에 입회하지 않거나, 건설사업관리기술인이 달리 요구하지 않는 한, 시공자는 시험을 진행할 수 있으며 그러한 시험은 건설사업관리기술인의 입회하에 수행된 것으로 간주한다.

⑦ 건설사업관리기술인은 시공자가 작성한 품질관리(또는 시험)계획에 따라 품질관리 업무를 적정하게 수행하였는지의 여부를 검사하여 그 결과를 공사감독자에게 보고하여야 하며, 공사감독자는 시정이 필요한 경우에는 시공자에게 시정을 요구할 수 있으며, 시정을 요구받은 시공자는 이를 지체 없이 시정하여야 한다.

⑧ 건설사업관리기술인은 시공자가 작성한 품질관리계획서 또는 품질시험계획서에 따라 품질시험·검사가 실시되는지를 확인하여야 한다.

⑨ 건설사업관리기술인은 품질시험과 검사를 산업표준화법에 의한 한국산업규격, 법 제55조의 규정에 의한 품질관리기준에 의하여 실시되는지 확인하여야 한다.

⑩ 건설사업관리기술인은 시공자로부터 매월 품질시험·검사실적을 종합한 시험·검사실적보고서(별지 제18호 서식)를 제출받아 이를 확인하여야 한다.

⑪ 건설사업관리기술인은 시공자가 발주청에 해당 건설공사에 대한 기성 부분 검사 또는 예비 준공검사 신청 시 별지 제17호 서식에 따라 제출한 품질시험·검사 성과총괄표를 검토·확인하여야 한다.

제61조(시공계획검토) ① 건설사업관리기술인은 시공자로부터 공사시방서의 기준(공사 종류별, 시기별)에 의하여 시공계획서를 진행단계별 해당 공사 시공 30일 전에 제출받아 이를 검토하여 7일 안에 공사감독자에게 제출하여 승인을 받은 후 시공토록 하여야 하고 시공계획서에는 다음 각호의 내용이 포함되어야 한다.

　　1. 현장조직표

2. 공사 세부공정표

3. 주요공정의 시공절차 및 방법

4. 시공일정

5. 주요장비 동원계획

6. 주요 자재 및 인력투입계획

7. 주요 설비사양 및 반입계획

8. 품질관리대책

9. 안전대책 및 환경대책 등

10. 지장물 처리계획과 교통처리 대책

② 건설사업관리기술인은 시공자로부터 각종 구조물 시공상세도 및 암발파작업 시공상세도를 사전에 제출받아 다음 각호의 사항을 고려하여 검토하고 공사감독자에게 제출하여 승인을 받은 후 시공토록 하여야 한다. 또한 철강재 구조물 등 주요 구조물인 경우에는 시공상세도를 검토할 때 필요한 경우 공사감독자와 협의하여 당초 설계자를 참여시킬 수 있다.

1. 설계도면 및 시방서 또는 관계규정에 일치하는지 여부(설계 기준은 개정된 최신 설계 기준에 따름)

2. 현장기술인, 기능공이 명확하게 이해할 수 있는지 여부(실시설계도면을 기준으로 각 공종별, 형식별 세부 사항들이 표현되도록 현장여건을 반영)

3. 실제 시공이 가능한지 여부(현장여건과 공종별 시공계획을 최대한 반영하여 시공 시 문제점이 발생하지 않도록 각종 구조물의 시공상세도 작성)

4. 안전성의 확보 여부(주철근의 경우, 철근의 길이나 겹이음의 위치 등 철근 상세에 관한 변경이 필요한 경우 반드시 전문기술사의 검토·확인을 거쳐 공사감독자의 승인을 받아야 함)

5. 가시설공 시공상세도의 경우, 구조 계산서 첨부 여부(관련 기술사의 서명·날인 포함)

6. 계산의 정확성

7. 제도의 품질 및 선명성, 도면 작성 표준에 일치 여부

8. 도면으로 표시 곤란한 내용은 시공 시 유의사항으로 작성되었는지 등을 검토

③ 건설사업관리기술인은 공사시방서에 작성하도록 명시한 시공상세도와 다음 각호의 사항에 대한 시공상세도의 작성 여부를 확인하고, 제출된 시공상세도의 구조적인 안전성을 검토·확인하여야 하며 이 경우 주요구조부(가시설물을 포함한다.)의 구조적 안전에 관한 사항과 전문적인 기술 검토가 필요한 사항은 반드시 관련 분야 기술지원기술인이 검토·확인하여야 한다. 다만, 공사조건에 따라 건설사업관리기술인과 시공자가 협의하여 필요한 시공상세도의 목록을 조정할 수 있다.

1. 비계, 동바리, 거푸집 및 가교, 가도 등 가설시설물의 설치상세도 및 구조 계산서

2. 구조물의 모따기 상세도

3. 옹벽, 측구 등 구조물의 연장 끝부분 처리도

4. 배수관, 암거, 교량용 날개벽 등의 설치위치 및 연장도

5. 철근 배근도에는 정·부철근등의 유효간격 및 철근 피복두께(측·저면)유지용 스페이서(Spacer) 및 Chair-Bar의 위치, 설치 방법 및 가공을 위한 상세도면

6. 철근 겹이음 길이 및 위치의 시방서 규정 준수 여부 확인

7. 그 밖에 규격, 치수, 연장 등이 불명확하여 시공에 어려움이 예상되는 부위의 각종 상세도면

④ 건설사업관리기술인은 시공상세도(Shop Drawing) 검토·승인 때까지 구조물 시공을 허용하지 말아야 하고, 시공상세도는 접수일로부터 7일 이내에 검토하는 것을 원칙으로 하고, 부득이하게 7일 이내에 검토가 불가능할 경우 사유 등을 명시하여 통보하여야 한다.

⑤ 건설사업관리기술인은 다음 각호의 공사 현장 인근 상황을 시공자에게 충분히 조사토록 하여 공사시공과 관련하여 제3자에게 손해를 끼치지 않도록 시공자에게 대책을 강구하게 하여야 한다.

1. 지하매설물

2. 인근의 도로

3. 교통 시설물

4. 건조물 또는 축사

5. 그 밖의 농경지, 산림 등

⑥ 건설사업관리기술인은 시공자로부터 시험발파 계획서를 사전에 제출받아 다음 각호의 사항을 고려하여 검토하고 공사감독자에게 제출하여 승인을 받은 후 발파하도록 하여야 한다.

1. 관계규정 저촉 여부

2. 안전성 확보 여부

3. 계측계획 적정성 여부

4. 그 밖에 시험발파를 위하여 필요한 사항

제62조(기술 검토) 건설사업관리기술인은 공사 중 해당 공사와 관련하여 시공자의 공법 변경 요구 등 중요한 기술적인 사항에 대한 요구가 있는 경우, 요구가 있은 날로부터 7일 이내에 이를 검토하고 의견서를 첨부하여 공사감독자에게 보고하여야 하고 전문성이 요구되는 경우에는 요구가 있은 날로부터 14일 이내에 기술지원기술인의 검토의견서를 첨부하여 보고하여야 한다.

제63조(지장물 철거 및 공사중지명령 등) ① 건설사업관리기술인은 공사 중에 지하매설물 등 새로운 지장물을 발견하였을 때에는 시공자로부터 상세한 내용이 포함된 지장물 조서를 제출받아 이를 확인한 후 공사감독자에게 보고하여야 한다.

② 건설사업관리기술인은 기존 구조물을 철거할 때에는 시공자로 하여금 현황도(측면도, 평면도, 상세도, 그 밖에 수량 산출 시 필요한 사항)와 현황 사진을 작성하여 제출토록 하고 이를 검토·확인하여 공사감독자에게 보고하고 설계변경 시 계상하여야 한다.

③ 건설사업관리기술인은 다음 각호의 사항의 어느 하나에 해당하는 경우에는 공사감독자에게 서면으로 보고하여야 한다.

1. 시공자가 건설공사의 설계도서, 시방서, 그 밖의 관계서류의 내용과 맞지 아니하게 그 건설공사를 시공하는 경우

2. 법 제62조에 따른 안전관리 의무를 위반하여 인적·물적 피해가 우려되는 경우

3. 법 제66조에 따른 환경관리 의무를 위반하여 인적·물적 피해가 우려되는 경우

④ 재시공 및 공사중지 명령 등의 조치의 적용 방법은 다음 각호와 같다.

1. 재시공: 시공된 공사가 품질 확보상 미흡 또는 위해를 발생시킬 수 있다고 판단되거나 건설사업관리기술인 또는 공사감독자의 검측·승인을 받지 않고 후속공정을 진행한 경우와 관계규정에 재시공을 하도록 규정된 경우

2. 공사중지: 시공된 공사가 품질 확보상 미흡 또는 중대한 위해를 발생시킬 수 있다고 판단되거나, 안전상 중대한 위험이 발견될 때에는 공사중지를 지시할 수 있으며 공사중지는 부분중지와 전면중지로 구분

⑤ 건설사업관리기술인은 시공자로 하여금 공종별로 착공 전부터 준공때까지의 공사과정, 공법, 특기사항을 촬영한 촬영일자가 나오는 공사사진과 시공일자, 위치, 공종, 작업내용 등을 기재한 공사내용 설명서를 제출토록 하여 후일 참고자료로 활용토록 한다. 공사기록 사진은 공종별, 공사추진단계에 따라 다음 각호의 사항을 촬영한 것이어야 한다.

1. 주요한 공사현황은 착공 전, 시공 중, 준공 등 시공 과정을 알 수 있도록 가급적 동일장소에서 촬영

2. 시공 후 검사가 불가능하거나 곤란한 부분

　가. 암반선 확인 사진

　나. 매몰, 수중 구조물

　다. 구조체공사에 대해 철근지름, 간격 및 벽두께, 강구조물(steel box내부, steel girder 등) 경간별 주요부위 부재 두께 및 용접 전경 등을 알 수 있도록 촬영

　라. 공장제품 검사(창문 및 창문틀, 철골검사, PC 자재 등) 기록

　마. 지중매설(급·배수관, 전선 등) 광경

바. 매몰되는 옥 내외 배관(설비, 전기 등) 광경

사. 전기 등 배전반 주변에서의 배관류

아. 지하매설된 부분의 배근 상태 및 콘크리트 두께 현황

자. 바닥 및 배관의 행거볼트, 공조기 등의 행거볼트 시공광경

차. 보온, 결로방지관계 시공광경

카. 본 구조물 시공 이후 철거되는 가설시설물 시공광경

⑥ 건설사업관리기술인은 특히 중요하다고 판단되는 시설물에 대하여는 시공자가 공사과정을 비디오카메라 등으로 촬영토록 하여야 한다.

⑦ 건설사업관리기술인은 제5항과 제6항에서 촬영한 사진은 디지털(Digital) 파일 등을 제출받아 수시 검토·확인할 수 있도록 보관하고 준공시 공사감독자에게 제출한다.

제64조(공정관리) ① 건설사업관리기술인은 해당 공사가 정해진 공기 내에 시방서, 도면 등에 따른 품질을 갖추어 완성될 수 있도록 공정관리를 하여야 한다.

② 건설사업관리기술인은 공사 착공일로부터 30일 안에 시공자로부터 공정관리계획서를 제출받아 제출받은 날로부터 14일 이내에 검토하여 공사감독자에게 보고하여야 하며, 공사감독자는 확인 후 승인한다. 검토사항은 다음 각호와 같다.

1. 시공자의 공정관리 기법이 공사의 규모, 특성에 적합한지 여부

2. 계약서, 시방서 등에 공정관리 기법이 명시되어 있는 경우에는 명시된 공정관리 기법으로 시행되도록 조치

3. 계약서, 시방서 등에 공정관리 기법이 명시되어 있지 않았을 경우, 단순한 공종 및 보통의 공종 공사인 경우 공사조건에 적합한 공정관리 기법을 적용토록 하고, 복잡한 공종의 공사 또는 건설사업관리기술인이 PERT/CPM 이론을 기본으로 한 공정관리가 필요하다고 판단하는 경우에는 별도의 PERT/CPM 기법에 의한 공정관리를 적용토록 조치

③ 건설사업관리기술인은 공사의 규모, 공종 등 제반여건을 감안하여 시공자가 공정관리 업무를 성공적으로 수행할 수 있는 공정관리 조직을 갖추도록 다음 각호의 사항을 검토하여야 한다.

1. 공정관리 요원 자격 및 그 요원 수 적합 여부

2. 소프트웨어(Software)와 하드웨어(Hardware) 규격 및 그 수량 적합 여부

3. 보고체계의 적합성 여부

4. 계약공기 준수 여부

5. 각 작업(Activity) 공기에 품질, 안전관리가 고려되었는지 여부

6. 지정휴일, 천후조건 감안 여부

7. 자원조달에 무리가 없는지 여부

8. 주공정의 적합 여부

9. 공사주변 여건, 법적 제약조건 감안 여부

10. 동원 가능한 장비, 그 밖의 부대설비 및 그 성능 감안 여부

11. 특수장비 동원을 위한 준비 기간의 반영 여부

12. 동원 가능한 작업 인원과 작업자의 숙련도 감안 여부

④ 건설사업관리기술인은 시공자로부터 전체 실시공정표에 따른 월간, 주간 상세공정표를 사전에 제출받아 검토하여 공사감독자에게 보고하여야 한다.

1. 월간상세공정표: 작업착수 1주 전 제출

2. 주간상세공정표: 작업착수 2일 전 제출

⑤ 건설사업관리기술인은 매주 또는 매월 정기적으로 공사 진도를 확인하여 예정공정과 실시공정을 비교하여 공사의 부진 여부를 검토한다.

⑥ 건설사업관리기술인은 공사진도율이 계획공정대비 월간 공정실적이 10% 이상 지연(계획공정대비 누계공정실적이 100% 이상일 경우는 제외)되거나 누계공정 실적이 5% 이상 지연될 때는 공사감독자에게 보고하고 공사감독자는 시공자에게 부진사유 분석, 근로자 안전 확보를 고려한 부진공정 만회대책 및 만회공정표를 수립하도록 지시하여야 한다.

⑦ 건설사업관리기술인은 설계변경 등으로 인한 물공량의 증감, 공법변경, 공사 중 재해, 천재지변 등 불가항력에 의한 공사중지, 지급자재 공급지연, 공사용지의 제공의 지연, 문화재 발굴조사 등의 현장 실정 또는 시공자의 사정 등으로 인하여 공사 진척실적이 지속적으로 부진할 경우 시공자로부터 수정 공정계획을 제출받아 제출일로부터 5일 이내에 검토하고 공사감독자에게 보고하여야 한다.

⑧ 건설사업관리기술인은 추진계획과 실적을 월간 또는 분기보고서에 포함하여 공사감독자에게 보고하여야 한다.(별지 제33호 서식)

⑨ 건설사업관리기술인은 시공자가 준공기한 연기신청서를 제출할 경우 이의 타당성을 검토·확인하고 검토의견서를 첨부하여 공사감독자에게 보고하여야 한다.

제65조(안전관리) ① 건설사업관리기술인은 건설공사의 안전시공 추진을 위해서 안전조직을 갖추도록 하여야 하고 안전조직은 현장규모와 작업내용에 따라 구성하며 동시에 산업안전보건법의 해당규정(「산업안전보건법」 제15조 안전보건관리책임자 선임, 제16조 관리감독자 지정, 제17조 안전관리자 배치, 제18조 보건관리자 배치, 제19조 안전보건관리담당자 선임 및 제75조 안전·보건에 관한 노사협의체 운영)에 명시된 업무도 수행되도록 조직편성을 한다.

② 건설사업관리기술인은 시공자가 영 제98조와 제99조에 따라 작성한 건설공사 안전관리계획서를 공사 착공 전에 제출받아 적정성을 검토하고 이행확인 및 평가 등 사고 예방을 위한 제반 안전관리 업무를 검토한 후 공사감독자에게 보고하여야 한다.

③ 공사감독자는 건설사업관리기술인 중 안전관리담당자를 지정하고 안전관리담당자로 지정된 건설사업관리기술인은 다음 각호의 작업현장에 수시로 입회하여 시공자의 안전관리자를 지도·감독하도록 하여야 하며 공사전반에 대한 안전관리계획의 사전 검토, 실시 확인 및 평가, 자료의 기록유지 등 사고 예방을 위한 제반 안전관리 업무에 대하여 확인하여야 한다.

　　1. 추락 또는 낙하 위험이 있는 작업

　　2. 발파, 중량물 취급, 화재 및 감전 위험 작업

　　3. 크레인 등 건설장비를 활용하는 위험 작업

　　4. 그 밖의 안전에 취약한 공종 작업

④ 건설사업관리기술인은 시공자 중 안전보건관리책임자(현장대리인)와 안전관리자 및 보건관리자(법정자격자)를 지정하게 하여 현장의 전반적인 안전·보건문제를 책임지고 추진하도록 하여야 한다.

⑤ 건설사업관리기술인은 시공자로 하여금 근로기준법, 산업안전보건법, 산업재해보상보험법, 시설물의 안전 및 유지관리에 관한 특별법과 그 밖의 관계법규를 준수하도록 하여야 한다.

⑥ 건설사업관리기술인은 산업재해 예방을 위한 제반 안전관리 지도에 적극적인 노력을 경주하도록 함과 동시에 안전관계법규를 이행하도록 하기 위하여 다음 각호와 같은 업무를 수행하여야 한다.

　　1. 시공자의 안전조직 편성 및 임무의 법상 구비조건 충족 및 실질적인 활동 가능성 검토

　　2. 안전관리자에 대한 임무수행 능력 보유 및 권한 부여 검토

　　3. 시공계획과 연계된 안전계획의 수립 및 그 내용의 실효성 검토

　　4. 유해·위험방지계획(수립 대상에 한함) 내용 및 실천 가능성 검토(산업안전보건법 제48조 제3항, 제4항)

　　5. 안전점검 및 안전교육 계획의 수립 여부와 내용의 적정성 검토 (법 제62조, 산업안전보건법 제31조, 제32조)

　　6. 안전관리 예산편성 및 집행계획의 적정성 검토

　　7. 현장 안전관리 규정의 비치 및 그 내용의 적정성 검토

　　8. 산업안전보건관리비의 타 용도 사용내역 검토

⑦ 건설사업관리기술인은 시공자가 법 제62조 제1항에 따른 안전관리계획이 성실하게

수행되는지 다음 각호의 내용을 확인하여야 한다.

    1. 안전관리계획의 이행 및 여건 변동시 계획변경 여부 확인

    2. 안전보건 협의회 구성 및 운영상태 확인

    3. 안전점검계획 수립 및 실시 여부 확인(일일, 주간, 우기 및 해빙기, 하절기, 동절기 등 자체안전점검, 법에 의한 안전점검, 안전진단 등)

    4. 안전교육계획의 실시 확인 (사내 안전교육, 직무교육)

    5. 위험장소 및 작업에 대한 안전조치 이행 여부 확인(제3항 각호의 작업 등)

    6. 안전표지 부착 및 이행 여부 확인

    7. 안전통로 확보, 자재의 적치 및 정리정돈 등이 성실하게 수행되는지 확인

    8. 사고조사 및 원인 분석, 각종 통계자료 유지

    9. 월간 안전관리비 및 산업안전보건관리비 사용·실적 확인

    10. 근로자에 대한 건설업 기초 안전·보건 교육의 이수 확인

    11. 석면안전관리법 제30조에 의한 석면해체 제거작업을 수반하는 공사에 대하여 적정 건설사업관리기술인 지정 및 업무 수행

    12. 근로자 건강검진 실시 확인

  ⑧ 건설사업관리기술인은 안전에 관한 업무를 수행하기 위하여 시공자에게 다음 각호의 자료를 기록·유지토록 하고 이행상태를 점검한다.

    1. 안전업무 일지(일일보고)

    2. 안전점검 실시(안전업무일지에 포함 가능)

    3. 안전교육(안전업무일지에 포함가능)

    4. 각종 사고보고

    5. 월간 안전 통계(무재해, 사고)

    6. 안전관리비 및 산업안전보건관리비 사용실적(월별 점검·확인)

  ⑨ 건설사업관리기술인은 건설공사 안전관리계획 내용에 따라 안전조치·점검 등 이행을 하였는지의 여부를 확인하고 미이행 시 시공자로 하여금 안전조치·점검 등을 선행한 후 시공하게 한다.

  ⑩ 건설사업관리기술인은 시공자가 영 제100조에 따른 자체 안전점검을 매일 실시하였는지의 여부를 확인하여야 하며, 건설안전점검전문기관에 의뢰하여야 하는 정기·정밀 안전점검을 할 때에는 입회하여 적정한 점검이 이루어지는지를 지도하고 그 결과를 공사감독자에게 보고하여야 한다.

  ⑪ 건설사업관리기술인은 영 제100조에 따라 시행한 정기·정밀 안전점검 결과를 시공자로부터 제출받아 검토하여 공사감독자에게 보고하고 발주청의 지시에 따라 시공자에게 필

요한 조치를 하게 한다.

⑫ 건설사업관리기술인은 시공회사의 안전관리책임자와 안전관리자 등에게 교육시키고 이들로 하여금 현장 근무자에게 다음 각호의 내용과 자료가 포함된 안전교육을 실시토록 지도·감독하여야 한다.

1. 산업재해에 관한 통계 및 정보
2. 작업자의 자질에 관한 사항
3. 안전관리조직에 관한 사항
4. 안전제도, 기준 및 절차에 관한 사항
5. 생산공정에 관한 사항
6. 산업안전보건법 등 관계법규에 관한 사항
7. 작업환경관리 및 안전작업 방법
8. 현장안전 개선방법
9. 안전관리 기법
10. 이상 발견 및 사고 발생 시 처리방법
11. 안전점검 지도 요령과 사고조사 분석요령

⑬ 건설사업관리기술인은 공사가 중지(차수별 준공에 따라 공사가 중단된 경우를 포함한다.)되는 건설 현장에 대해서는 안전관리담당자로 지정된 건설사업관리기술인을 입회하도록 하여 공사중지(준공)일로부터 5일 이내에 시공자로 하여금 영 제100조 제1항에 따른 자체 안전점검을 실시하도록 하고, 점검 결과를 발주청에 보고한 후 취약한 부분에 대해서는 시공자에게 필요한 안전조치를 하게 하여야 한다.

⑭ 안전관리담당자로 지정된 건설사업관리기술인은 현장에서 사고가 발생했을 때는 시공자에게 즉시 필요한 응급조치를 취하도록 하고 공사감독자에게 즉시 보고하여야 하며, 제3항부터 제13항까지, 제15항의 업무에 고의 또는 중대한 과실이 없는 때에는 사고에 대한 책임을 지지 아니한다.

⑮ 건설사업관리기술인은 다음 각호의 건설기계에 대하여 시공자가 「건설기계관리법」 제4조, 제13조, 제17조를 위반한 건설기계를 건설 현장에 반입·사용하지 못하도록 반입·사용현장을 수시로 입회하는 등 지도·감독하여야 하고, 해당 행위를 인지한 때에는 공사감독자에게 보고하여야 한다.

1. 천공기
2. 항타 및 항발기
3. 타워크레인
4. 기중기 등 그 밖에 발주청이 필요하다고 인정하여 계약에서 정한 건설기계

제66조(환경관리) ① 건설사업관리기술인은 사업 시행으로 인한 위해를 방지하고 『환경영향평가법』에 의해 받은 환경영향평가 내용과 이에 대한 협의 내용을 충실히 이행토록 하여야 하고 조직편성을 하여 그 의무를 수행토록 지도·감독하여야 한다.

② 건설사업관리기술인은 시공자로 하여금 환경관리책임자를 지정하게 하여 환경관리계획수립과 대책 등을 수립하게 하여야 하고, 예산의 조치와 환경관리자, 환경담당자를 임명하도록 하며 현장 환경관리업무를 책임지고 추진하게 하여야 한다.

③ 건설사업관리기술인은 환경영향평가법 시행규칙 제17조에 따라 발주청에 의해 관리책임자로 지정된 경우 협의 내용의 관리를 성실히 수행하여야 한다.

④ 건설사업관리기술인은 해당 공사에 대한 환경영향평가보고서 및 환경영향평가 협의 내용을 근거로 하여 지형·지질, 대기, 수질, 소음·진동 등의 관리계획서가 수립되었는지 다음 각호의 내용을 검토한 후 공사감독자에게 보고하여야 한다.

1. 시공자의 환경관리 조직·편성 및 임무의 법상 구비조건, 충족 및 실 질적인 활동가능성 검토
2. 환경영향평가 협의 내용의 관리계획 실효성 검토
3. 환경영향 저감 대책 및 공사 중, 공사 후 환경관리계획서 적정성 검토
4. 환경전문기술인 자문사항에 대한 검토
5. 환경관리 예산편성 및 집행계획 적정성 검토

⑤ 건설사업관리기술인은 사후 환경관리계획에 따른 공사 현장에 적합한 관리가 되도록 다음 각호의 내용과 같이 업무를 수행하여야 한다.

1. 시공자로 하여금 환경영향평가서 내용을 검토하여 현장 실정에 적합한 저감 대책을 수립하여 시공 단계별 관리계획서를 수립
2. 시공자에게 항목별 시공전·후 사진촬영 및 위치도를 작성하여 협의 내용 관리대장에 기록
3. 시공자로 하여금 환경관리에 대한 점검 및 평가를 실시하고 환경영향조사결과서에 기록

⑥ 건설사업관리기술인은 「환경영향평가법」 제35조에 따른 협의 내용을 기재한 관리대장을 비치토록 하고 기록사항이 사실대로 작성·이행되는지를 점검하여야 한다(별지 제24호 서식).

⑦ 건설사업관리기술인은 「환경영향평가법」 제36조 제1항의 규정에 따른 사후환경영향조사결과를 「환경영향평가법 시행규칙」 제19조 제4항에서 정하는 기한 내에 지방환경관서의 장 또는 승인기관의 장에게 통보할 수 있도록 지도하여야 한다(별지 제25호 서식).

⑧ 건설사업관리기술인은 건축물 해체·제거과정에서 석면이 발생하는 경우에는 관련 규정에 따라 처리될 수 있도록 지도·감독하여야 한다.

⑨ 시공자는 사토 및 순성토가 10,000㎥ 이상 발생하는 공사 현장에서는 도로법」 제77조 및 「도로법 시행령」 제79조에 따른 과적 차량 발생을 방지하기 위하여 축중기를 설치하여야 하며, 축중기 설치나 관리에 관한 사항은 「건설현장 축중기 설치지침(국토교통부 훈령)」에 따른다.

⑩ 건설사업관리기술인은 제9항에 따라 시공자가 설치한 축중기가 적절히 운영·관리되도록 확인하여야 한다.

⑪ 건설사업관리기술인은 「건설폐기물의 재활용 촉진에 관한 법률」 제18조에 따라 해당 건설공사에서 발생하는 건설폐기물을 배출하는 자(발주청)가 건설폐기물의 인계·인수에 관한 내용을 환경부장관이 구축·운영하는 전자정보처리프로그램(올바로)에 입력하는 업무의 대행을 요청하는 경우 관련 업무를 수행할 수 있다.

제67조(설계변경 관리) ① 건설사업관리기술인은 공사 실정보고에 관련하여 다음 각호의 업무를 수행하여야 한다.

1. 설계도서와 현지 여건이 상이한 부분에 대한 내용 파악(현지 여건 조사)
2. 시공자가 제출한 실정보고 내용의 적정성 검토
3. 발주청에 설계변경을 위한 공사 실정보고 제출

② 건설사업관리기술인은 특수한 공법이 적용되는 경우 기술 검토 및 시공상 문제점 등의 검토를 할 때에는 건설사업관리용역사업자의 본사 기술지원기술인 등을 활용하고, 필요 시 발주청과 협의하여 외부의 국내·외 전문가에 자문하여 검토의견을 제시할 수 있으며 특수한 공종에 대하여 외부 전문가의 건설사업관리 참여가 필요하다고 판단될 경우 발주청과 협의하여 외부전문가를 참여하게 할 수 있다.

③ 건설사업관리기술인은 설계변경 및 계약금액의 조정업무의 흐름도(별표3)를 참조하여 건설사업관리업무를 수행하여야 한다.

④ 건설사업관리기술인은 공사 시행과정에서 당초 설계의 기본적인 사항인 중심선, 계획고, 구조물의 구조 및 공법 등의 변경 없이 현지 여건에 따른 위치변경과 연장 증감 등으로 인한 수량증감이나 단순 구조물의 추가 또는 삭제 등의 경미한 설계변경 사항이 발생한 경우에는 설계변경도면, 수량증감 및 증감공사비 내역을 시공자로부터 제출받아 검토하고 공사감독자에게 보고하여야 한다.

⑤ 발주청은 사업환경의 변동, 기본계획의 조정, 민원에 의한 노선변경, 공법변경, 그 밖에 시설물 추가 등으로 설계변경이 필요한 경우에는 다음 각호의 서류를 첨부하여 서면으로 건설사업관리기술인에게 설계변경을 하도록 지시하여야 한다. 단, 발주청이 설계변경 도서를 작성할 수 없을 경우에는 설계변경 개요서만 첨부하여 설계변경 지시를 할 수 있다.

1. 설계변경 개요서

2. 설계변경 도면, 시방서, 계산서 등

3. 수량산출조서

4. 그 밖에 필요한 서류

⑥ 제5항의 지시를 받은 건설사업관리기술인은 지체 없이 시공자에게 동 내용을 통보하여야 한다. 이 경우 발주청의 요구로 만들어지는 설계변경도서 작성비용은 원칙적으로 발주청이 부담하여야 한다.

⑦ 설계변경을 하려는 경우 건설사업관리기술인은 발주청의 방침에 따라 시공자로 하여금 제5항 각호의 서류와 설계변경에 필요한 구비서류를 작성하도록 한다. 이때 기술지원기술인은 현지 여건 등을 확인하여 건설사업관리기술인에게 기술 검토서를 작성·제출하여야 한다.

⑧ 건설사업관리기술인은 시공자가 현지 여건과 설계도서가 부합되지 않거나 공사비의 절감과 건설공사의 품질 향상을 위한 개선사항 등 설계변경이 필요하다고 설계변경사유서, 설계변경도면, 개략적인 수량증감내역 및 공사비 증감내역 등의 서류를 첨부하여 제출하면 이를 검토하여 필요시 기술 검토의견서를 첨부하여 공사감독자에게 보고하고, 발주청의 방침을 득한 후 시공하도록 조치하여야 한다.

⑨ 건설사업관리기술인은 시공자로부터 현장 실정보고를 접수 후 기술 검토 등을 요하지 않는 단순한 사항은 7일 이내, 그 외의 사항을 14일 이내에 검토처리 하여야 하며, 만일 기일 내 처리가 곤란하거나 기술적 검토가 미비한 경우에는 그 사유와 처리계획을 공사감독자에게 보고하고 시공자에게도 통보하여야 한다.

⑩ 시공자는 구조물의 기초공사 또는 주공정에 중대한 영향을 미치는 설계변경으로 방침확정이 긴급히 요구되는 사항이 발생하는 경우에는 제8항 및 제9항의 절차에 따르지 않고 건설사업관리기술인에게 긴급 현장 실정보고를 할 수 있으며, 건설사업관리기술인은 이를 공사감독자에게 지체없이 유선, 전자우편 또는 팩스 등으로 보고하여야 한다.

⑪ 발주청은 제8항, 제9항, 제10항에 따라 설계변경 방침 결정 요구를 받은 경우에 설계변경에 대한 기술 검토를 위하여 발주청의 소속직원으로 기술 검토팀(T/F팀)을 구성(필요시 민간전문가로 자문단을 구성)·운영하여야 하며, 이 경우 단순한 사항은 7일 이내, 그 외의 사항은 14일 이내에 방침을 확정하여 공사감독자 및 건설사업관리기술인에게 통보하여야 한다. 다만, 해당 기일 내 처리가 곤란하여 방침 결정이 지연될 경우에는 그 사유를 명시하여 통보하여야 한다.

⑫ 발주청은 설계변경 원인이 설계자의 하자라고 판단되는 경우에는 설계변경(안)에 대한 설계자 의견서를 제출토록 하여야 하며, 대규모 설계변경 또는 주요 구조 및 공종에 대

한 설계변경은 설계자에게 설계변경을 지시하여 조치한다.

⑬ 시공자의 "개선제안공법"으로 설계변경을 제안하는 경우에는 『건설기술진흥업무 운영규정』(국토교통부 훈령)에 따라 처리하여야 한다.

⑭ 건설사업관리기술인은 설계변경 등으로 인한 계약금액의 조정을 위한 각종 서류를 시공자로부터 제출받아 검토한 후 설계서를 대표자 명의로 공사감독자에게 제출하여야 한다. 규칙 제33조에 따라 통합하여 시행하는 건설사업관리의 경우(이하 "통합건설사업관리"라 한다.)로서 대규모 사업인 경우에 검토자는 실제 검토한 담당 건설사업관리기술인 및 책임건설사업관리기술인이 연명으로 날인토록 하고 변경설계서의 표지 양식은 사전에 발주청과 협의하여 정하여야 한다.

⑮ 건설사업관리기술인은 설계변경 등으로 인한 계약금액 조정 업무처리를 지체함으로써 공사추진에 지장을 초래하지 않도록 적기에 계약변경이 이루어 질 수 있도록 조치하고 시공자의 설계변경도서 미제출에 따른 지체 시에는 준공조서 작성 시 그 사유를 명시하고 정산 조치하여야 한다. 최종 계약금액의 조정은 예비 준공검사기간 등을 고려하여 늦어도 준공예정일 75일 전까지 발주청에 제출되어야 한다.

제68조(암반선 확인) ① 발주청은 공사착공 즉시 암판정위원회를 상시 구성·운영하고 암반선 노출 즉시 암판정을 실시하도록 하여야 하며 직접 육안으로 확인하고, 정확한 판정을 위해 필요한 추가 시험을 실시하여야 한다.

② 암판정 준비 및 절차는 다음 각호와 같은 요령으로 실시한다.

1. 암판정 대상은 절토부 암선 변경 시와 구조물 기초(암거, 교량 등), 터널 암질 변경 시 등에 대하여 실시

2. 암판정 요청 체계도 작성

3. 암판정위원회는 암판정 대상 공종의 중요성, 수량, 시공현장 여건 등을 종합적으로 고려하여 토질 및 기초분야 기술지원기술인(건축공사는 토목분야 기술지원기술인을 말함), 공사감독자, 외부전문가 및 건설사업관리기술인 등으로 구성하고 시공회사의 현장대리인은 반드시 입회

4. 준비사항 및 보고방법

　　가. 절토부 암판정을 할 때에는 측량기, 줄자, 카메라, 깃발 등을 준비하고 물량 증감 현황표, 토적표, 횡단도(암질 구분표시), 공사비 증감대비표 등 첨부

　　나. 구조물 기초 암판정을 할 때에는 주상도 작성(당초와 변경비교), 종평면도, 측량성과표, 시공계획(기초에 대한 의견서), 기초확인 측량 시 사진촬영 보관(근경, 원경), 시추와 굴착에 의한 시료함을 보관(시험실 비치)하고 보고

다. 터널 암판정을 할 때에는 주상도, 측량성과표, 굴착천공표, 종평면도, 사진, 현장 시험실에 단면별 시료 채취 보관함 비치, 터널굴착(막장)별 관리대장을 기록·비치하고 설계조건과 상이한 암질변화시 굴착방법과 보강방법을 임의대로 하지 말고, 암판정위원회의 심의를 거친 후 시행, 보고

제69조(설계변경계약전 기성고 및 지급자재의 지급) ① 건설사업관리기술인은 발주청의 방침을 지시 받았거나, 승인을 받은 설계변경 사항의 기성고는 해당 공사의 변경계약을 체결하기 전이라도 당초 계약된 수량과 공사비 범위에서 설계변경 승인 사항의 공사 기성 부분에 대하여 기성고를 검토하여야 한다.

② 건설사업관리기술인은 제1항의 설계변경 승인 사항에 따른 발주청이 공급하는 지급자재에 대하여 시공자의 요청이 있을 경우, 변경계약 체결 전이라고 하여도 공사추진상 필요할 경우 변경된 소요량을 확인한 후 공사감독자에게 보고하여야 하며 공사감독자는 공사추진에 지장이 없도록 조치하여야 한다.

제70조(물가변동으로 인한 계약금액 조정) 건설사업관리기술인은 시공자로부터 물가변동에 따른 계약금액 조정·요청을 받을 경우, 다음 각호의 서류를 제출받아 적정성을 검토한 후 14일 이내에 공사감독자에게 보고하여야 한다.

1. 물가변동 조정요청서
2. 계약금액 조정요청서
3. 품목조정율 또는 지수조정율 산출근거
4. 계약금액 조정 산출근거
5. 그 밖의 설계변경에 필요한 서류

제71조(업무조정회의) ① 발주청은 공사시행과 관련하여 공사관계자 간에 발생하는 이견을 효율적으로 조정하기 위하여 업무조정회의를 운영하여야 한다.

② 업무조정회의는 발주청, 건설사업관리기술인, 시공자(하도급 업체를 포함) 관계자가 참여하며 필요시 기술자문위원회위원, 변호사, 변리사, 교수 등 민간전문가 등의 자문을 받을 수 있다.

③ 업무조정회의의 심의대상은 다음 각호와 같다.

1. 공사관계자 일방의 귀책사유로 인한 공정지연 또는 공사비 증가 등의 피해가 발생한 경우
2. 공사관계자 일방의 부당한 조치로 인하여 피해가 발생한 경우

3. 그 밖의 공사시행과 관련하여 공사관계자 간에 발생한 이견의 해결

④ 업무조정회의에 안건을 상정하고자 하는 자는 업무조정에 필요한 서류를 작성하여 발주청에 제출하여야 하며, 발주청은 안건상정 요청을 받은 날로부터 20일 이내에 회의를 개최하여 조정하여야 한다.

⑤ 발주청, 건설사업관리용역사업자, 시공자는 회의결과에 승복하지 않을 경우, 법원에 소송을 제기할 수 있다.

제72조(기성·준공검사자 임명 및 검사기간) ① 건설사업관리기술인은 시공자로부터 별지 제26호 서식의 기성 부분검사원 또는 별지 제30호 서식의 준공검사원을 접수하였을 때는 검토하여 공사감독자에게 보고하고, 별지 제27호 서식의 건설사업관리조서와 다음 각호의 서류를 첨부하여 발주청에 제출하여야 한다. 다만, 「국가를 당사자로 하는 계약에 관한 법률 시행령」 제55조 제7항 및 「지방자치단체를 당사자로 하는 계약에 관한 법률 시행령」 제64조 제6항에 따른 약식 기성검사의 경우에는 건설사업관리조서와 기성 부분내역서 만을 제출할 수 있다.

1. 주요 자재 검사 및 수불부
2. 시공 후 매몰 부분에 대한 건설사업관리기술인의 검사기록 서류 및 시공 당시의 사진
3. 품질시험·검사 성과 총괄표
4. 발생품 정리부
5. 준공검사원에는 지급자재 잉여분 조치 현황과 공사의 사전검측·확인서류, 안전관리점검 총괄표 추가첨부

② 발주청은 기성 부분검사원 또는 준공검사원을 접수하였을 때는 3일 안에 소속 직원 중 2명 이상의 검사자를 임명하여야 하며, 필요시 시설물 인수기관, 유지관리기관의 직원으로 하여금 기성 및 준공검사에 입회·확인토록 조치하여야 한다.

③ 기성 또는 준공검사자(이하 "검사자"라 함)는 계약에 소정 기일이 명시되지 않는 한 임명통지를 받은 날로부터 8일 안에 해당 공사의 검사를 완료하고 별지 제29호, 별지 제31호 서식의 검사조서를 작성하여 검사완료일로부터 3일 안에 검사결과를 소속 기관의 장에게 보고하여야 한다.

④ 검사자는 검사조서에 검사사진을 첨부하여야 하며, 준설공사의 경우는 수심평면도를 첨부하여야 한다.

⑤ 발주청의 장은 천재지변, 해일, 그 밖에 이에 준하는 불가항력으로 인해 제9항에서 정한 기간을 준수할 수 없을 때에는 검사에 필요한 최소한의 범위 내에서 검사기간을 연장할 수 있다.

⑥ 불합격 공사에 대한 보완, 재시공 완료 후 재검사 요청에 대한 검사기간은 시공자로부터 그 시정을 완료한 사실을 통보받은 날로부터 제9항의 기간을 계산한다.

제73조(기성·준공검사 및 재시공) ① 검사자는 해당 공사의 현장에 상주기술인 및 시공자 또는 그 대리인 등을 입회케 하여야 한다.
② 건설사업관리기술인은 다음 사항을 준비하여 검사자가 확인하도록 하여야 한다.
　1. 기성검사
　　가. 기성 부분내역(별지 제28호 서식)
　　나. 지급자재의 시험기록 및 비치목록
　　다. 시공 완료되어 검사 시 외부에서 확인하기 곤란한 부분(가시설, 고공시설물, 수중, 접근 곤란한 시설물 등)에 대해서 시공 당시 검측자료(영상자료 등)로 갈음
　　라. 건설사업관리기술인의 기성검사원에 대한 사전 검토의견서
　　마. 품질시험·검사 성과 총괄표 내용
　　바. 그 밖에 발주청이 요구한 사항
　2. 준공검사
　　가. 준공도서
　　나. 감리 업무일지 등 제감리기록
　　다. 폐품 또는 발생품 대장
　　라. 지급자재 수불부
　　마. 가시설 철거 및 현장 복구기록 (토석 채취장 포함)
　　바. 건설사업관리기술인의 준공검사원에 대한 검토의견서
　　사. 그 밖에 발주청이 요구한 사항
③ 검사자는 시공된 부분이 수중 지하구조물의 내부 또는 저부 등 시공 후 매몰되어 사후검사가 곤란한 부분과 주요 구조물에 중대한 피해를 주거나 대량의 파손 및 재시공 행위를 요하는 검사는 건설사업관리조서와 사전검사 등을 근거로 하여 검사를 행할 수 있다.
④ 검사자는 검사에 합격되지 않는 부분이 있을 때에는 소속기관의 장에게 지체없이 그 내용을 보고하고 즉시 시공자로 하여금 보완시공 또는 재시공케 한 후, 재검사하여야 한다.

제74조(준공검사 등의 절차) ① 건설사업관리기술인은 해당 공사완료 후 준공검사 전 사전 시운전 등이 필요하면 시공자로 하여금 다음 각호의 사항이 포함된 시운전을 위한 계획을 수립하여 시운전 30일 전까지 제출토록 하여야 한다.
　1. 시운전 일정

2. 시운전 항목 및 종류

3. 시운전 절차

4. 시험장비 확보 및 보정

5. 설비 기구 사용계획

6. 운전요원 및 검사요원 선임계획

② 건설사업관리기술인은 시공자가 제출한 시운전계획서를 검토하여 시운전 20일 전까지 공사감독자에게 보고하도록 하여야 한다.

③ 건설사업관리기술인은 시공자로 하여금 다음 각호와 같이 시운전 절차를 준비하도록 하여야 하며 시운전에 입회하여야 한다.

1. 기기점검

2. 예비운전

3. 시운전

4. 성능보장운전

5. 검수

6. 운전인도

④ 건설사업관리기술인은 시운전 완료 후에 다음 각호의 성과품을 시공자로부터 제출받아 검토 후 발주청에 인계하여야 한다.

1. 운전개시, 가동절차 및 방법

2. 점검항목 점검표

3. 운전지침

4. 기기류 단독 시운전 방법검토 및 계획서

5. 실가동 다이어그램(Diagram)

6. 시험 구분, 방법, 사용매체 검토 및 계획서

7. 시험성적서

8. 성능시험성적서 (성능시험 보고서)

⑤ 건설사업관리기술인은 공사 현장에 주요공사가 완료되고 현장이 정리단계에 있을 때에는 준공 2개월 전에 준공 기한 내 준공 가능 여부 및 미진사항의 사전 보완을 위해 예비준공검사를 실시토록 준비하고 공사감독자에게 보고하여야 한다.

⑥ 발주청은 예비준공검사에 필요시 기술지원기술인 및 지방자치단체 등 유관기관 소속 직원을 참여하게 할 수 있다.

⑦ 예비준공검사는 건설사업관리기술인이 확인한 정산설계도서 등에 따라 검사하여야 하며, 그 검사 내용은 준공검사에 준하여 철저히 시행하여야 한다.

⑧ 건설사업관리기술인은 정산설계도서 등을 검토·확인하고 시설 목적물이 발주청에 차질없이 인계될 수 있도록 하여야 한다. 건설사업관리기술인은 시공자로부터 가능한 준공 예정일 2개월 전까지 정산설계도서를 제출받아 이를 검토·확인하여야 한다.

⑨ 건설사업관리기술인은 시공자가 작성 제출한 준공도면이 실제 시공된 대로 작성되었는지 검토·확인하여 검토의견서를 공사감독자에게 제출하여야 한다.

제75조(계약자간 시공인터페이스 조정) 건설사업관리기술인은 다음 각호와 같은 계약자 간 시공 인터페이스 조정업무를 수행해야 한다.
    1. 공사관계자 간 업무조정회의 운영 실시
    2. 공사 시행단계별 간섭사항 내용파악을 위한 사전 검토

제76조(시공 단계의 예산검증 및 지원) ① 건설사업관리기술인은 예산검증 및 공사도급 계약/관급자재계약과 관련하여 기술적 검토를 하여야 하며 다음 각호의 내용을 포함한다.
    1. 예산확정여부 및 계약방식(예:장기계속계약, 계속비계약, 단년도계약)에 따라 자금 집행계획 수립지원(연도별예산 및 연부액을 고려하여)
    2. 공사도급 및 납품계약이 연도별 예산의 범위 내에 해당되는지, 산출 내역 및 예정 공정률(보할률)의 적정성 검토, 관급자재의 경우 납품 시기의 적정성 검토 및 조정이 필요한 경우 기술지원업무
    3. 계약 시기에 따른 원가계산제비율 규정을 준수 여부(항목누락여부, 최소비율항목, 최대비율항목)
② 건설사업관리기술인은 기성 및 계약변경에 의한 예산 모니터링 및 예측 등 통제업무 지원을 수행하여야 하며 다음 각호의 내용을 포함한다.
    1. 예산대비 선금, 차수별 기성집행, 관급자재 대가지급 등 그 밖의 지출비용 집행현황 모니터링 및 분석 등
    2. 설계변경 및 물가변동에 의한 계약금액 조정 시 예산변동상황 모니터링 및 분석 등, 발주청 예산통제업무 지원(필요시 방안제시)
    3. 기능향상 또는 공사비절감을 위한 시공VE수행 업무지원

제8절 시공 단계 업무(감독 권한대행 업무 포함)

제77조(일반행정업무) ① 건설사업관리기술인은 시공자가 제출하는 다음 각호의 서류를 접수하여야 하며 접수된 서류에 하자가 있을 경우에는 접수일로부터 3일 이내에 시공자에게 문서로 보완을 지시하여야 한다.

1. 지급자재 수급요청서 및 대체사용 신청서

2. 주요기자재 공급원 승인요청서

3. 각종 시험성적표

4. 설계변경 여건보고

5. 준공기한 연기신청서

6. 기성·준공 검사원

7. 하도급 통지 및 승인요청서

8. 안전관리 추진실적 보고서(안전관리 활동, 안전관리비 및 산업안전보건관리비 사용실적 등)

9. 확인측량 결과보고서

10. 물량 확정보고서 및 물가 변동지수 조정율 계산서

11. 품질관리계획서 또는 품질시험계획서

12. 그 밖에 시공과 관련된 필요한 서류 및 도표(천후표, 온도표, 수위표, 조위표 등)

13. 발파계획서

14. 원가계산에 의한 예정가격작성준칙에 대한 공사원가계산서상의 건설공사 관련 보험료 및 건설근로자퇴직공제부금비 납부 내역과 관련 증빙자료

15. 일용근로자 근로내용확인신고서

② 건설사업관리기술인은 건설사업관리업무 수행상 필요한 경우에는 다음 각호의 문서를 별지 서식을 참조하여 작성·비치하여야 한다.

1. 문서접수 및 발송대장(별지 제14호 서식)

2. 민원처리부(별지 제15호 서식)

3. 품질시험계획(별지 제16호 서식)

4. 품질시험·검사 성과 총괄표(별지 제17호 서식)

5. 품질시험·검사 실적보고서(별지 제18호 서식)

6. 검측대장(별지 제19호 서식)

7. 발생품(잉여자재) 정리부(별지 제20호 서식)

8. 안전보건 관리체제(별지 제21호 서식)

9. 재해 발생현황(별지 제22호 서식)

10. 안전교육 실적표(별지 제23호 서식)

11. 협의 내용 등의 관리대장(별지 제24호 서식)

12. 사후 환경영향조사 결과보고서(별지 제25호 서식)

13. 공사 기성 부분 검사원(별지 제26호 서식)

14. 건설사업관리기술인(기성 부분, 준공) 건설사업관리조서(별지 제27호 서식)

15. 공사 기성 부분 내역서(별지 제28호 서식)

16. 공사 기성 부분 검사조서(별지 제29호 서식)

17. 준공검사원(별지 제30호 서식)

18. 준공검사조서(별지 제31호 서식)

③ 건설사업관리기술인은 시공자가 작성한 공사일지를 제출받아 확인한 후 보관하여야 한다.

제78조(보고서 작성, 제출) ① 건설사업관리기술인은 법 제39조 제4항 및 규칙 제36조에 따라 다음 각호의 서식에 따른 건설사업관리 보고서를 법 제69조에 따른 건설기술용역사업자단체가 개발·보급한 건설사업관리업무 보고시스템을 이용하여 발주청에 제출하되, 중간보고서는 다음 달 7일까지 최종보고서는 용역의 만료일부터 14일 이내에 각각 제출하여야 한다. 이 경우 발주청이 별도의 온라인 건설사업관리업무 보고시스템을 활용하는 경우에는 온라인 건설사업관리업무 보고시스템의 이용으로 갈음할 수 있다.

1. 건설사업관리 중간(월별)보고서 작성 서식

가. 공사추진현황 등 (별지 제32호 서식)

나. 건설사업관리기술인 업무일지(별지 제33호 서식)

다. 품질시험·검사대장(별지 제34호 서식)

라. 구조물별 콘크리트 타설현황(작업자 명부를 포함한다.)(별지 제35호 서식)

마. 검측요청·결과통보내용(별지 제36호 서식)

바. 자재 공급원 승인 요청·결과통보 내용(별지 제37호 서식)

사. 주요 자재 검사 및 수불 내용(별지 제38호 서식)

아. 공사설계변경 현황(별지 제39호 서식)

자. 주요 구조물의 단계별 시공 현황(별지 제40호 서식)

차. 콘크리트 구조물 균열관리 현황(별지 제41호 서식)

카. 공사사고 보고서(별지 제42호 서식)

타. 그 밖에 발주청이 필요하다고 인정하여 계약에서 정한 내용

2. 건설사업관리 최종보고서 작성 서식

가. 건설공사 및 건설사업관리용역 개요(별지 제43호 서식)

나. 공사추진내용 실적(별지 제44호 서식)

다. 검측내용 실적 종합(별지 제45호 서식)

라. 품질시험·검사실적 종합(별지 제46호 서식)

마. 주요 자재 관리실적 종합(별지 제47호 서식)

　　바. 안전관리 실적 종합(별지 제48호 서식)

　　사. 분야별 기술 검토 실적 종합(별지 제49호 서식)

　　아. 우수시공 및 실패시공 사례(별지 제50호 서식)

　　자. 종합 분석(별지 제51호 서식)

　　차. 그 밖에 발주청이 필요하다고 인정하여 계약에서 정한 내용

　② 건설사업관리기술인은 건설사업관리업무 보고시스템을 이용할 경우 관련 공문 또는 서명이 들어있는 문서는 원형 그대로 스캐너를 이용하여 입력하여야 하며, CAD, 문서 편집용 프로그램, 표 계산 프로그램 등 상용 소프트웨어로 작성한 자료는 전자파일 형태 그대로 입력할 수 있다. 또한 발주청의 온라인 건설사업관리업무 보고시스템을 이용하는 경우 문서는 CAD(Computer Aided design, 컴퓨터 보조설계), 문서 편집용 프로그램(워드프로세서), 표계산 프로그램(엑셀 등)의 전자파일 형태 업로드 후 전자결재로 서명을 대신하고, 스캐너는 전자파일 입력이 불가한 문서에 한정하여 이용할 수 있다.

　③ 건설사업관리기술인은 건설사업관리업무 보고시스템을 이용하여 건설사업관리 보고서를 제출하는 경우에 활용각종 문서를 업무분류, 문서분류, 공종분류, 주요 구조물 및 위치 등으로 분류한 후 입력하여 자료검색이 용이하도록 하여야 하며 모든 문서는 1건의 문서 단위별로 구분하여 날자 별로 입력하여야 한다.

　④ 발주청은 별도의 온라인 건설사업관리업무 보고시스템을 활용하는 경우에는 건설사업관리기술인으로 하여금 온라인 건설사업관리업무 보고시스템의 활용을 용이하게 하기 위하여 각종 서식 및 문서를 전자파일 형태로 작성될 수 있도록 표준화하여 스캐너를 이용한 자료입력이 최소화되도록 하여야 한다.

　⑤ 발주청은 건설사업관리용역사업자가 건설사업관리업무 보고시스템의 이용을 위한 보고서 작성 및 제출에 필요한 전산장비(개인용컴퓨터, 스캐너, CD-RW등) 구축 및 운영에 소요되는 비용을 용역 금액에 계상하여야 한다

제79조(현장대리인 등의 교체) ① 건설사업관리기술인은 현장대리인 또는 시공회사 기술인 등(이하 이 조에서 "현장대리인 등"이라 한다.)이 제2항 각호에 해당하여 해당 현장에 적절치 않은 경우 시공회사의 대표자 및 본인에게 문서로 시정을 요구하고 이에 불응 시에는 사유를 명시하여 발주청에 교체를 요구하여야 한다.

　② 현장대리인, 시공회사 기술인 및 하도급자의 교체 건의를 받은 발주청은 공사관리관으로 하여금 교체사유 등을 조사·검토하게 하여 다음 각호와 같은 교체사유가 인정될 경우에는 시공자에게 교체토록 요구하여야 한다.

1. 현장대리인 등이 「건설산업기본법」 및 「건설기술 진흥법」 등의 규정에 의한 건설기술인 배치 기준, 법정 교육훈련 이수 및 품질시험 의무 등의 법규를 위반하였을 때

2. 현장대리인이 건설사업관리기술인과 발주청의 사전 승락을 얻지 않고 정당한 사유 없이 해당 건설공사의 현장을 이탈한 때

3. 현장대리인 등의 고의 또는 과실로 인하여 건설공사를 조잡하게 시공하거나 부실시공을 하여 일반인에게 위해를 끼친 때

4. 현장대리인 등이 계약에 따른 시공능력 및 기술이 부족하다고 인정되거나 정당한 사유 없이 기성공정이 예정공정에 현격히 미달할 때

5. 현장대리인이 불법하도급하거나 이를 방치하였을 때

6. 현장대리인이 건설사업관리기술인의 검측·승인을 받지 않고 후속공정을 진행하거나 정당한 사유 없이 공사를 중단한 때

7. 현장대리인 등이 건설사업관리기술인의 정당한 지시에 응하지 않을 때

8. 현장대리인 등이 시공 관련 의무를 면제받고자 부정한 행위를 한 경우

9. 시공자의 귀책사유로 중대한 재해(시공 중 사망 1인 이상 또는 3개월 이상의 요양을 요하는 부상자가 동시에 2인 이상 또는 부상자가 동시에 10인 이상)가 발생하였을 경우

③ 제2항에 따라 교체 요구를 받은 시공자는 특별한 사유가 없으면 신속히 교체 요구에 따라야 하며 변경한 내용은 착공신고서 제출과 하도급 선정 절차에 따라 처리하여야 한다.

④ 건설사업관리기술인은 해당 건설공사의 품질 및 안전관리상 필요하다고 인정하는 때에는 전기·소방 등 설비공사의 건설사업관리기술인에게 시정지시 등 필요한 조치를 할 수 있으며, 설비 건설사업관리기술인이 시정지시 등 필요한 조치에 정당한 사유 없이 응하지 않을 경우에는 설비 건설사업관리기술인을 교체하도록 발주청에 요구할 수 있다.

제80조(공사 착수단계 행정업무) ① 건설사업관리용역사업자는 계약체결 즉시 상주 및 기술지원 기술인 투입 등 건설사업관리업무 수행준비에 대하여 발주청과 협의하여야 하며, 계약서상 착수일에 건설사업관리용역을 착수하여야 한다. 다만, 건설사업관리 대상 건설공사의 전부 또는 일부의 용지매수 지연 등으로 계약서상 착수일에 건설사업관리용역을 착수할 수 없는 경우에는 발주청은 실제 착수 시점 및 상주기술인 투입 시기 등을 조정, 통보하여야 한다.

② 건설사업관리용역사업자는 건설사업관리용역 착수 시 다음 각호의 서류를 첨부한 착수신고서를 제출하여 발주청의 승인을 받아야 한다.

1. 건설사업관리업무 수행계획서
2. 건설사업관리비 산출내역서

3. 상주, 기술지원 기술인 지정신고서(총괄책임자 선임계를 포함한다.)와 건설사업관리기술인 경력확인서

4. 건설사업관리기술인 조직 구성내용과 건설사업관리기술인별 투입 기간 및 담당 업무

③ 입찰참가자격사전심사에 의해 건설사업관리용역사업자로 선정된 경우에 있어 제2항 제3호의 건설사업관리기술인은 입찰참가제안서에 명시된 자로 하여야 한다. 다만, 부득이한 사유로 교체가 필요한 경우에는 기술자격, 학·경력 등을 종합적으로 검토하여 건설사업관리업무 수행 능력이 저하되지 않는 범위 내에서 발주청의 사전승인을 받아야 한다.

④ 발주청은 제2항 제3호 및 제4호의 내용을 검토하여 건설사업관리기술인 또는 건설사업관리조직 구성내용이 해당 공사 현장의 공종 및 공사 성격에 적합하지 않다고 인정할 때에는 그 사유를 명시하여 서면으로 건설사업관리용역사업자에 변경을 요구할 수 있으며, 변경요구를 받은 건설사업관리용역사업자는 특별한 사유가 없으면 요구에 따라야 한다.

⑤ 건설사업관리기술인은 공사시공과 관련된 각종 인·허가 사항을 포함한 제반법규 등을 시공자로 하여금 준수토록 지도·감독하여야 하며, 발주청이 득하여야 하는 인·허가 사항은 발주청에 협조·요청하여야 한다.

⑥ 승인된 건설사업관리기술인은 업무의 연속성, 효율성 등을 고려하여 특별한 사유가 없으면 건설사업관리용역 완료 시까지 근무토록 하여야 하며, 교체가 필요한 경우에는 시행규칙 제35조 제5항에 따라 교체인정 사유를 명시하여 발주청의 사전승인을 받아야 한다.

⑦ 건설사업관리기술인의 구성은 계약문서에 기술된 과업 내용에 따라 관련분야 기술자격 또는 학력·경력을 갖춘자로 구성되어야 한다.

⑧ 건설사업관리단의 조직은 공사담당, 품질담당 및 안전담당 등으로 현장여건에 따라 구성토록 함으로서 건설사업관리업무를 효율적으로 수행할 수 있도록 하여야 한다. 또한 공사의 원활한 추진을 위하여 필요한 경우 발주청의 승인을 받아 한시적으로 검측을 담당하도록 건설사업관리기술인을 투입할 수 있다.

⑨ 책임건설사업관리기술인은 분야별 건설사업관리기술인의 개인별 업무를 분담하고 그 분담 내용에 따라 업무 수행계획을 수립하여 과업을 수행토록 하여야 한다.

⑩ 건설사업관리기술인은 현장에 부임하는 즉시 사무소, 숙소, 사고 발생 및 복구 시 응급대처할 수 있는 비상연락체계, 전화번호 및 FAX 등을 발주청에 보고하여 업무연락에 차질이 없도록 하여야 하며 변경되었을 경우에도 보고하여야 한다.

제81조(공사 착수단계 설계도서 등 검토업무) ① 건설사업관리기술인은 설계도면, 시방서, 구조 계산서, 산출내역서, 공사계약서 등의 계약 내용과 해당 공사의 조사설계보고서 등의 내용을 숙지하여 새로운 방향의 공법개선 및 예산절감을 기하도록 노력하여야 한다.

② 건설사업관리기술인은 설계서 등의 공사 계약문서 상호 간의 모순되는 사항, 현장 실정과의 부합 여부 등 현장 시공을 중심으로 하여 해당 건설공사 시공 이전에 적정성을 검토하여야 하며, 특히 기술지원기술인은 주요구조부(가시설물을 포함한다.)를 포함한 기술적 검토사항과 상주기술인이 요청한 사항을 검토하여야 한다. 이 경우, 검토내용에는 다음 각 호의 사항 등이 포함되어야 한다.

　　1. 현장 조건에 부합 여부

　　2. 시공의 실제 가능 여부

　　3. 공사 착수 전, 공사 시행 중, 준공 및 인계·인수단계에서 다른 사업 또는 다른 공정과의 상호 부합 여부

　　4. 설계도면, 시방서, 구조 계산서, 산출내역서 등의 내용에 대한 상호 일치 여부

　　5. 설계도서에 누락, 오류 등 불명확한 부분의 존재 여부

　　6. 발주청에서 제공한 공종별 목적물의 물량내역서와 시공자가 제출한 산출내역서 수량과의 일치 여부

　　7. 시공 시 예상 문제점 등

　　8. 사업비 절감을 위한 구체적인 검토

③ 건설사업관리기술인은 제2항의 검토 결과 불합리한 부분, 착오, 불명확하거나 의문사항이 있을 시는 그 내용과 의견을 발주청에 보고하여야 한다. 또한 시공자에게도 설계도서 및 산출내역서 등을 검토하도록 하여 검토 결과를 보고받아야 한다.

④ 건설사업관리기술인은 착공 즉시 공사 설계도서 및 자료, 공사계약문서 등을 발주청으로부터 인수하여 관리번호를 부여하고, 관리대장을 작성하여 공사관계자 이외의 자에게 유출을 방지하는 등 관리를 철저히 하여야 하며, 외부 유출 시 발주청(공사관리관)의 승인을 받아야 한다.

⑤ 건설사업관리기술인은 설계도서를 반드시 도면 보관함에 보관하여야 하고 케비넷 등에 보관된 설계도서 및 관리서류의 명세서를 기록하여 내측에 부착하여야 하며, 시공자가 차용하여 간 설계도서도 필히 상기요령에 따라 보관토록 하여야 한다.

⑥ 건설사업관리기술인은 공사준공과 동시에 인수한 설계도서 등을 발주청에 반납하거나 지시에 따라 폐기처분 한다.

제82조(공사 착수단계 현장관리) ① 건설사업관리기술인은 공사의 여건을 감안하여 각종 법규정, 표준시방서, KS 규정집 및 필요한 기술서적 등을 비치하여야 한다.

② 건설사업관리기술인은 시공자가 공사안내표지판을 설치하는 경우 시공자로부터 표지판의 제작방법, 크기, 설치장소 등이 포함된 표지판 제작설치 계획서를 제출받아 검토한 후

설치하도록 하여야 한다.

　③ 건설사업관리기술인은 건설공사가 착공된 경우에는 시공자로부터 다음 각호의 서류가 포함된 착공신고서를 제출받아 적정성 여부를 검토하여 7일 이내에 발주청에 보고하여야 한다.

　　1. 현장기술인 지정신고서(현장관리조직, 현장대리인, 품질관리자, 안전관리자, 보건관리자)

　　2. 건설공사 공정예정표

　　3. 품질관리계획서 또는 품질시험계획서(실착공 전에 제출 가능)

　　4. 공사도급 계약서 사본 및 산출내역서

　　5. 착공 전 사진

　　6. 현장기술인 경력사항 확인서 및 자격증 사본

　　7. 안전관리계획서(실착공 전에 제출 가능)

　　8. 유해·위험방지계획서(실착공 전에 제출 가능)

　　9. 노무동원 및 장비투입 계획서

　　10. 관급자재 수급계획서

　④ 건설사업관리기술인은 다음 각호를 참고하여 착공신고서의 적정 여부를 검토하여야 한다.

　　1. 계약 내용의 확인

　　　가. 공사 기간 (착공~준공)

　　　나. 공사비 지급조건 및 방법 (선금, 기성 부분 지급, 준공금 등)

　　　다. 그 밖에 공사계약문서에서 정한 사항

　　2. 현장 기술인의 적격 여부

　　　가. 현장대리인:「건설산업기본법」제40조,「전기공사업법」제 16조 및 제17조,「정보통신공사업법」제33조 등

　　　나. 품질관리자: 규칙 제50조

　　　다. 안전관리자:「산업안전보건법」제15조

　　　라. 보건관리자:「산업안전보건법」제16조

　　3. 건설공사 공정예정표: 작업 간 선행·동시 및 완료 등 공사 전·후 간의 연관성이 명시되어 작성되고, 예정공정율이 적정하게 작성되었는지 확인

　　4. 품질관리계획서: 영 제89조 제1항에 따른 품질관리계획 관련규정을 준수하여 적정하게 작성되었는지 여부

　　5. 품질시험계획서: 영 제89조 제2항에 따른 품질시험계획 관련규정을 준수하여 적정

하게 작성되었는지 여부

6. 착공 전 사진: 전경이 잘 나타나도록 촬영되었는지 확인

7. 안전관리계획서: 이 법 및 「산업안전보건법」에 따른 안전관리계획 관련규정을 준수하여 적정하게 작성되었는지 여부

8. 노무동원 및 장비투입계획서: 건설공사의 규모 및 성격, 특성에 맞는 장비형식이나 수량 적정 여부

⑤ 건설사업관리기술인은 발주청이 설치한 용지말뚝, 삼각점, 도근점, 수준점 등의 측량기준점을 시공자가 이동 또는 손상시키지 않도록 하여야 하며, 시공자가 이동이 필요하다고 할 때는 건설사업관리기술인의 승인을 받도록 하여야 한다.

⑥ 건설사업관리기술인은 측량기준점 중 중심말뚝, 교점, 곡선시점, 곡선종점 및 하천이나 도로의 거리표 등의 이설에 있어서는 정해진 위치를 찾아낼 수 있는 보조말뚝을 반드시 설치하도록 하여야 한다.

⑦ 건설사업관리기술인은 공사 시행상 수위를 측정할 경우에는 관측이 용이한 위치에 수위표를 설치하여 상시 관측할 수 있게 하여야 한다.

⑧ 건설사업관리기술인은 시공자에게 토공 및 각종 구조물의 위치, 고저, 시공범위, 방향 등을 표시하는 규준시설 등을 설치하도록 하고, 시공 전에 반드시 확인·검사를 하여야 한다.

⑨ 건설사업관리기술인은 토공규준틀을 절토부, 성토부의 위치, 경사, 높이 등을 표시하며 직선구간은 2개 측점, 곡선 구간은 매측점마다 설치하고 구배, 비탈 끝의 위치를 파악할 수 있도록 설치하여야 한다.

1. 암거, 옹벽 등의 구조물 기초부위는 수평규준틀을 설치하고, 시·종점을 알 수 있는 표지판을 설치

2. 건축물의 위치, 높이 및 기초의 폭, 길이 등을 파악하기 위한 수평규준틀과 조적공사의 고저, 수직면의 기준을 정하기 위한 세로규준틀 등을 설치

⑩ 건설사업관리기술인은 시공자로 하여금 규준시설 등을 다음 각호와 같이 설치토록 하고, 준공 때까지 잘 보호되도록 조치하여야 하며, 시공 도중 파손되어 복구가 필요하거나 이설이 필요한 경우에는 재설치토록 하여야 하며, 재설치한 규준시설 등은 반드시 확인·검사를 하여야 한다.

1. 설치위치는 공사추진에 지장이 없고 바라보기 용이한 곳

2. 설치 방법은 공사 기간 중 이동될 우려가 없는 시설물을 이용하거나 쉽게 파손되지 않고 변형이 없도록 설치하고 주위를 보호조치 하여야 함

⑪ 건설사업관리기술인은 착공 즉시 시공자로 하여금 다음 각호의 사항과 같이 발주설

계도면과 실제 현장의 이상 유무를 확인하기 위하여 확인측량을 실시토록 하여야 한다.

1. 삼각점 또는 도근점에서 중간점(IP) 등의 측량기준점의 위치(좌표)를 확인하고, 기준점은 공사 시 유실방지를 위하여 필히 인조점을 설치하여야 하며, 시공 중에도 활용할 수 있도록 인조점과 기준점과의 관계를 도면화하여 비치하여야 한다.

2. 공사 준공까지 보존할 수 있는 가수준점(TBM)을 시공에 편리한 위치에 설치하고, 국토지리정보원에서 설치한 주변의 수준점 또는 발주청이 지정한 수준점으로부터 왕복 수준측량을 실시하여 『공공측량의 작업규정 세부 기준』에서 정한 왕복 허용오차 범위 이내일 경우에 측량을 실시하여야 한다.

3. 평판측량은 주변 지세를 알 수 있도록 예상 용지폭원보다 넓게 실시하여야 한다.

4. 횡단측량은 부지경계선으로부터 주변 지형을 알 수 있는 범위까지 측정하여야 하며, 종단이 급변하는 지점(+측점)에 대하여도 필히 실시하여 도면화 하여야 한다.

5. 절취면에 암이 노출되어 있는 경우는 필히 토사, 리핑암, 발파암 등의 경계지점을 정확히 측정하여 횡단면도에 표기하여야 한다.

6. 인접 공구 또는 기존시설물과의 접속부 등을 상호 확인 및 측량결과를 교환하여 이상 유무를 확인하여야 한다.

⑫ 건설사업관리기술인은 사전 설계도서를 숙지하고 확인측량 시 입회, 확인하여야 하며, 필요시 실시설계용역회사 대표자의 위임장을 지참한 임직원 등과 합동으로 이상 유무를 확인토록 하여야 한다.

⑬ 건설사업관리기술인은 현지 확인측량결과 설계 내용과 현저히 상이할 때는 발주청에 측량결과를 보고한 후 지시를 받아 실제 시공에 착수하게 하여야 하며, 그렇지 아니한 경우에는 원지반을 원상태로 보존하게 하여야 한다. 단, 중간점(IP) 등 중심선 측량 및 가수준점(TBM) 표고 확인측량을 제외하고 공사추진상 필요시에는 시공구간의 확인, 측량야장 및 측량결과 도면만을 확인, 제출한 후 우선 시공하게 할 수 있다.

⑭ 건설사업관리기술인은 확인측량을 공동 확인 후에는 시공자에게 다음 각호의 서류를 작성·제출토록 하고, 확인측량 도면의 표지에 측량을 실시한 현장대리인, 실시설계용역회사의 책임자(입회한 경우), 책임건설사업관리기술인이 서명·날인하고 검토의견서를 첨부하여 발주청에 보고하여야 한다. 단, 제13항 단서규정에 의할 경우는 다음의 제3호 및 제4호의 서류를 생략할 수 있다.

1. 건설사업관리기술인의 검토의견서

2. 확인측량 결과 도면 (종·횡단도, 평면도, 구조물도 등)

3. 산출내역서

4. 공사비 증감 대비표

5. 그 밖에 참고사항

⑮ 건축공사 현장의 건설사업관리기술인은 필요한 경우 「공간정보의 구축 및 관리 등에 관한 법률」에 따라 확인 측량된 대지 경계선 내의 공사용 부지에 시공자로 하여금 전체동의 건축물을 배치하도록 하여 도로에 의한 사선제한, 대지 경계선에 의한 높이 제한, 인동간격에 의한 높이 제한 등 건축물 배치와 관련된 규정에 적합한지 여부를 확인하고, 건축물 배치도면을 작성하게 하여 제14항에서 정한 서류와 함께 발주청에 보고하여야 한다.

⑯ 건설사업관리기술인은 발주청(공사관리관)이 주관하는 공사 관련자 회의에 참석하여 제12조 제1항에서 정하는 업무 범위, 현장조사 결과, 설계도서 등의 내용을 설명하고 필요한 사항에 대하여는 발주청(공사관리관)이 정하는 바에 따라야 한다.

제83조(하도급 적정성 검토) ① 건설사업관리기술인은 시공자가 도급받은 건설공사를 「건설산업기본법」 제29조, 공사계약일반조건 제42조 규정에 따라 하도급 하고자 발주청에 통지하거나, 동의 또는 승낙을 요청하는 사항에 대해서는 다음 각호의 사항에 관한 적정성 여부를 검토하여 요청받은 날로부터 7일 이내에 그 의견을 발주청에 제출하여야 한다.

1. 하도급자 자격의 적정성 검토
2. 하도급 통지 기간 준수 등
3. 저가 하도급에 대한 검토의견서 등(검토의견서는 반드시 증빙자료에 근거하여 작성하여야 한다.)

② 건설사업관리기술인은 제1항에 따라 처리된 하도급에 대해서는 시공자가 「건설산업기본법」 제34조부터 제38조까지 및 「하도급거래 공정화에 관한 법률」에 규정된 사항을 이행하도록 지도·확인하여야 한다.

③ 건설사업관리기술인은 하도급받은 건설사업자가 「건설산업기본법 시행령」 제26조 제2항에 따라 하도급계약 내용을 건설산업종합정보망(KISCON)을 이용하여 발주청에 통보하였는지를 확인하여야 한다.

④ 건설사업관리기술인은 시공자가 하도급 사항을 제1항 및 제2항에 따라 처리하지 않고 위장하도급 하거나, 무면허자에게 하도급 하는 등 불법적인 행위를 하지 않도록 지도하고, 시공자가 불법하도급하는 것을 인지한 때에는 공사를 중지시키고 발주청에 서면으로 보고하여야 하며, 현장입구에 불법하도급 행위신고 표지판을 시공자에게 설치하도록 하여야 한다.

제84조(가설시설물 설치계획서 작성 및 승인) ① 건설사업관리기술인은 공사착공과 동시에 시공자에게 다음 각호의 가시설물의 면적, 위치 등을 표시한 가설시설물 설치계획서를 작성하여 제출하도록 하여야 한다.

1. 공사용 도로

2. 가설사무소, 작업장, 창고, 숙소, 식당

3. 콘크리트 타워 및 리프트 설치

4. 자재 야적장

5. 공사용 전력, 용수, 전화

6. 플랜트 및 크라샤장

7. 폐수방류시설 등의 공해방지시설

② 건설사업관리기술인은 제1항의 가설시설물 설치계획서에 대하여 다음 각호의 내용을 검토하고 발주청과 협의하여 승인하여야 한다.

1. 가설시설물의 규모는 공사규모 및 현장여건을 고려하여 정하여야 하며, 위치는 건설사업관리기술인이 공사 전구 간의 관리가 용이하도록 공사 중의 동선계획을 고려할 것

2. 가설시설물이 공사 중에 이동, 철거되지 않도록 지하구조물의 시공위치와 중복되지 않는 위치를 선정

3. 가설시설물 우수가 침입되지 않도록 대지조성 시공기면(F.L)보다 높게 설치하고, 홍수 시 피해발생 유무 등을 고려할 것

4. 식당, 세면장 등에서 사용한 물의 배수가 용이하고 주변 환경오염을 시키지 않도록 조치

5. 가설시설물의 이용 및 플랜트시설의 가동 등으로 인해 인접주민들에게 공해를 발생하는 등 민원이 없도록 조치

③ 건설사업관리기술인은 제1항에 따른 가설시설물 설치계획서에 건설 현장식당이 포함되어 있는 경우 현장식당 선정계획서를 제출받아 업체선정의 적정성 여부 등을 검토한 후 시공자로 하여금 발주청에 제출하도록 하여야 한다.

제85조(공사 착수단계 그 밖의 업무) ① 건설사업관리기술인은 공사 착공 후 빠른 시일 안에 공사추진에 지장이 없도록 시공자와 합동으로 다음 각호의 사항을 현지 조사하여 시공 자료로 활용하고 당초 설계 내용의 변경이 필요한 경우에는 설계변경 절차에 따라 처리하여야 한다.

1. 각종 재료원 확인

2. 지반 및 지질상태

3. 진입도로 현황

4. 인접도로의 교통규제 상황

5. 지하매설물 및 장애물

6. 기후 및 기상상태

7. 하천의 최대 홍수위 및 유수상태 등

② 건설사업관리기술인은 제1항의 현지조사 내용과 설계도서의 공법 등을 검토하여 인근 주민 등에 대한 피해 발생 가능성이 있을 경우에는 시공자에게 다음 각호의 사항에 관한 대책을 강구하도록 하고, 설계변경이 필요한 경우에는 설계변경 절차에 따라 처리하여야 한다.

1. 인근 가옥 및 가축 등의 대책

2. 지하매설물, 인근의 도로, 교통시설물 등의 손괴

3. 통행 지장 대책

4. 소음, 진동 대책

5. 낙진, 먼지 대책

6. 지반침하 대책

7. 하수로 인한 인근 대지, 농작물 피해 대책

8. 우기 중 배수 대책 등

제86조(시공성과 확인 및 검측 업무) ① 건설사업관리기술인은 시공자로부터 명일작업계획서를 제출받아 시공자와 그 시행상의 가능성 및 각자가 수행하여야 할 사항을 협의하여야 하고 명일 작업계획 공종, 위치에 따라 건설사업관리기술인의 배치, 건설사업관리시간 등의 일일 건설사업관리업무 수행을 계획하고 이를 건설사업관리일지에 기록하여야 한다.

② 건설사업관리기술인은 시공자로부터 금일 작업실적이 포함된 시공자의 공사일지 또는 작업일지 사본(시공회사 자체양식)을 제출받아 보관하고 계획대로 작업이 추진되었는지 여부를 확인하고 금일 작업실적과 사용자 재량, 품질관리시험회수 및 성과 등이 서로 일치하는지 여부를 검토·확인하고, 이를 건설사업관리일지에 기록하여야 한다.

③ 건설사업관리기술인은 다음 각호의 위험 공종 작업에 대하여는 시공자로부터 작업계획을 제출받아 검토·확인 후 작업을 착수하게 하여야 한다. 다만, 검토·확인받은 작업과 작업조건이 동일하고 반복되는 경우에는 작업계획만 제출받아 착수하게 할 수 있다.

1. 2m 이상의 고소작업

2. 1.5m 이상의 굴착·가설공사

3. 철골 구조물 공사

4. 2m 이상의 외부 도장공사

5. 승강기 설치공사

④ 건설사업관리기술인은 다음 각호의 현장 시공 확인업무를 수행하여야 한다.

1. 공사 목적물을 제조, 조립, 설치하는 시공 과정에서 가시설 공사와 영구시설물 공사의 모든 작업단계의 시공상태

2. 시공확인 시에는 해당 공사의 설계도면, 시방서 및 관계규정에 정한 공종을 반드시 확인

3. 시공자가 측량하여 말뚝 등으로 표시한 시설물의 배치위치를 야장 또는 측량성과를 시공자로부터 제출받아 시설물의 위치, 표고, 치수의 정확도 확인

4. 수중 또는 지하에서 행하여지는 공사나 외부에서 확인하기 곤란한 시공에는 반드시 직접 검측하여 시공 당시 상세한 경과기록 및 사진촬영 등의 방법으로 그 시공 내용을 명확히 입증할 수 있는 자료를 작성하여 비치하고, 발주청 등의 요구가 있을 때에는 이를 제시

⑤ 건설사업관리기술인은 단계적인 검측으로 현장확인이 곤란한 콘크리트 타설공사는 반드시 입회·확인하여 시공토록 하여야 하며, 콘크리트 운반송장은 건설사업관리기술인의 확인서명이 있는 것만 기성으로 인정하여야 한다.

⑥ 건설사업관리기술인은 콘크리트 품질을 저하시키는 행위 등이 없도록 생산, 운반, 타설의 전 과정을 관리해야 하며 콘크리트의 품질저하행위 발생 시 해당 구조물의 재시공, 관련자교체, 공급원교체 등의 제재조치를 취하고 시공자로 하여금 재발방지대책을 수립·이행토록 조치해야 한다. 또한 구조물별 콘크리트 타설현황(별지 제35호 서식)을 작성하여 건설사업관리보고서에 수록하여야 한다.

⑦ 건설사업관리기술인은 해당 공사의 시방서 및 관계규정에서 정한 시험, 측정기구 및 방법 등 기술적 사항을 확인하고 평가함을 원칙으로 하며, 제8항에서 정한 검측업무 절차에 따라 수행하여야 한다.

⑧ 건설사업관리기술인은 시공확인을 위하여 X-Ray 촬영, 도막 두께 측정, 기계설비의 성능시험, 수중촬영 등의 특수한 방법이 필요한 경우 외부 전문기관에 확인을 의뢰할 수 있으며 필요한 비용은 설계변경 시 반영한다.

⑨ 건설사업관리기술인은 시공계획서에 의한 일정 단계의 작업이 완료되면 시공자로부터 검측요청서(별지 제36호 서식)를 제출받아 그 시공상태를 확인하는 것을 원칙으로 하고, 가능한 한 공사의 효율적인 추진을 위하여 시공 과정에서 수시 입회·확인토록 하여야 한다.

⑩ 건설사업관리기술인은 다음 각호의 사항이 유지될 수 있도록 검측 체크리스트를 작성하여야 한다.

1. 체계적이고 객관성 있는 현장 확인과 승인

2. 부주의, 착오, 미확인에 의한 실수를 사전 예방하여 충실한 현장확인 업무를 유도

3. 검측작업의 표준화로 작업원들에게 작업의 기준 및 주안점을 정확히 주지시켜 품질 향상을 도모

4. 객관적이고 명확한 검측결과를 시공자에게 제시하여 현장에서의 불필요한 시비를

방지하는 등의 효율적인 검측을 도모

⑪ 건설사업관리기술인은 다음 각호의 검측업무 수행 기본방향에 따라 검측업무를 수행하여야 한다.

　1. 해당 공사의 규모와 현장 조건을 감안한 『검측업무지침』을 현장별로 작성·수립하여 발주청의 승인을 득한 후 이를 근거로 검측업무를 수행. 다만, 「검측업무지침」은 검측하여야 할 세부 공종, 검측 절차, 검측 시기 또는 검측 빈도, 검측 체크리스트 등의 내용을 포함

　2. 수립된 검측업무지침은 모든 시공 관련자에게 배포하여 주지시켜야 하고, 보다 확실한 이행을 위한 교육 실시

　3. 현장에서의 검측은 체크리스트를 사용하여 수행하고, 그 결과를 검측 체크리스트에 기록한 후 시공자에게 통보하여 후속 공정의 승인 여부와 지적사항을 명확히 전달

　4. 검측 체크리스트에는 검사항목에 대한 시공 기준 또는 합격 기준을 기재하여 검측 결과의 합격 여부를 합리적으로 신속히 판정

　5. 단계적인 검측으로는 현장확인이 곤란한 콘크리트 생산, 타설과 같은 공종의 시공 중 건설사업관리기술인의 지속적인 입회 확인하에 시행

　6. 시공자가 검측요청서를 제출할 때 공사참여자 실명부가 첨부되었는지를 확인

　7. 시공자가 요청한 검측일에 건설사업관리기술인 사정으로 검측을 못할 경우 공정추진에 지장이 없도록 요청한 날 이전 또는 이후 검측을 하여야 하며 이때 발생하는 건설사업관리대가는 건설사업관리용역사업자 부담으로 한다.

⑫ 건설사업관리기술인은 다음 각호의 검측 절차에 따라 검측업무를 수행하여야 한다.

　1. 검측 체크리스트(별지 제36호 서식)에 의한 검측은 1차적으로 시공자의 담당기술인이 검측 체크리스트를 첨부하여 검측요청서를 건설사업관리기술인에게 제출하면 건설사업관리기술인은 그 내용을 검토하여 현장확인 검측을 실시하고 책임건설사업관리기술인의 확인 후 문서로 시공자에게 통지

　2. 검측결과 불합격인 경우는 그 불합격된 내용을 시공자가 명확히 이해할 수 있도록 상세하게 통보하고 보완시공 후 재검측 받도록 조치한 후 건설사업관리보고서에 기록

⑬ 건설사업관리기술인은 검측할 검사항목(Check Point)을 계약설계도면, 시방서, 건설기술 진흥법령, 이 지침 등의 관계규정 내용을 기준하여 구체적인 내용으로 작성하며 공사목적물을 소정의 규격과 품질로 완성하는 데 필수적인 사항을 포함하여 점검항목을 결정하여야 한다.

⑭ 건설사업관리기술인은 검측할 세부 공종과 시기를 작업단계별로 정확히 파악하여 검측하여야 한다.

제87조(사용 자재의 적정성 검토) ① 건설사업관리기술인은 시공자로 하여금 공정계획에 따라 사전에 주요 기자재(레미콘·아스콘·철근·H형강·시멘트 등) 공급원 승인요청서를 자재반입 10일 전까지 제출토록 하여야 하며 관련법령의 규정에 의하여 품질검사를 받았거나, 품질을 인정받은 재료에 대하여는 예외로 한다.

② 건설사업관리기술인은 시험성과표가 품질 기준을 만족하는지 여부를 확인하고 품명, 공급원, 납품실적 등을 고려하여 적합한 것으로 판단될 경우에는 공급원 승인요청서를 제출받은 지 7일 이내에 검토하여 이를 승인하여야 한다.

③ 건설사업관리기술인은 KS 마크가 표시된 제품 등 양질의 자재를 선정하도록 시공자를 관리하여야 한다.

④ 건설사업관리기술인은 레미콘, 아스콘의 공급원 승인요청이 있을 경우 생산공장에서 저장한 골재의 품질 즉, 입도, 마모율, 조립율, 염분함유량 등에 대한 품질시험을 직접 실시하거나 국립·공립 시험기관 또는 품질검사를 대행하는 건설기술용역사업자에 의뢰, 실시하여 합격 여부를 판단하여야 하며 공급원의 일일생산량, 기계의 성능, 각종 계기의 정상적인 작동 유무, 사용재료의 골재원 확보 여부, 동일골재(품질, 형상 등)로 지속적인 사용 가능 여부, 현장도착 소요시간 등에 대하여 사전에 충분히 조사하여 공사 기간 중 지속적인 품질관리에 지장이 없도록 하여야 한다.

⑤ 건설사업관리기술인은 공급원 승인 후에도 반입사용 자재에 대한 품질관리시험 및 품질변화 여부 등에 대하여 수시 확인하여야 한다.

⑥ 건설사업관리기술인은 공급원 승인요청을 제출받을 때에는 특별한 사유가 없으면 2개 이상의 공급원을 제출받아 제품의 생산중지 등 부득이 한 경우에도 예비적으로 사용할 수 있도록 하여야 한다.

⑦ 건설사업관리기술인은 공급원 승인요청서에 다음 각호의 관계서류를 첨부토록 하여야 한다.

1. 법 제60조 제1항에 규정한 국립·공립 시험기관 및 건설기술용역사업자의 시험성과
2. 납품실적 증명
3. 시험성과 대비표

⑧ 건설사업관리기술인은 시공자로 하여금 공정계획에 따라 사전에 주요 자재 수급계획을 수립하여 자재가 적기에 현장에 반입되도록 검토하고 지급자재 수급계획에 대하여는 발주청에 보고하여 수급차질에 의한 공정 지연이 발생하지 않도록 하여야 한다.

⑨ 「건설폐기물의 재활용 촉진에 관한 법률」 제2조 제15호 및 같은 법 시행령 제5조에 따른 순환골재 등 의무사용 건설공사에 해당하는 경우 건설사업관리기술인은 시공자가 같은 법 제35조 및 같은 법 시행령 제17조에 따른 품질 기준에 적합한 순환골재 및 순환골재

재활용제품을 사용하도록 하여야 한다.

⑩ 건설사업관리기술인은 시공자가 순환골재 및 순환골재 재활용제품 사용계획서 상의 사용용도 및 규격 등에 맞게 사용하는지 확인하여야 한다.

제88조(사용 자재의 검수·관리) ① 건설사업관리기술인은 주요 자재 수급계획이 공정계획과 부합되는지 확인하고 미비점이 있으면 시공자에게 계획을 수정하도록 하여야 한다.

② 건설사업관리기술인은 공사 목적물을 구성하는 주요기계, 설비, 제조품, 자재 등의 주요 기자재가 공급원 승인을 받은 후 현장에 반입되면 시공자로부터 송장 사본을 접수함과 동시에 반입된 기자재를 검수하고 그 결과를 검수부에 기록·비치하여야 한다.

③ 건설사업관리기술인은 계약 품질조건과의 일치 여부를 확인하는 기자재 검수를 할 때에 규격, 성능, 수량뿐만 아니라 필히 품질의 변질 여부를 확인하여야 하고, 변질되었을 때는 즉시 현장에서 반출토록 하고 반출여부를 확인하여야 하며 의심스러운 것은 별도 보관토록 한 후 품질시험 결과에 따라 검수 여부를 확정하여야 한다.

④ 건설사업관리기술인은 시공자로 하여금 현장에 반입된 기자재가 도난 또는 우천에 훼손 또는 유실되지 않게 품목별, 규격별로 관리·저장하도록 하여야 하고 공사 현장에 반입된 검수재료 또는 시험합격 재료는 시공자 임의로 공사 현장 외로 반출하지 못하도록 하고 주요 자재 검사 및 수불부(별지 제38호 서식)를 작성하여 관리하여야 한다.

⑤ 건설사업관리기술인은 수급 요청한 지급자재가 배정되면 납품지시서에 기록된 품명, 수량, 인도장소 등을 확인하고, 시공자에게 인수 준비를 하도록 한다.

⑥ 건설사업관리기술인은 현장에서 품질시험을 실시할 수 없는 자재에 대하여는 시공자와 공동 입회하여 생산공장에서 시험을 실시하거나, 의뢰시험을 요청하여 시험성과를 사전에 검토하여 품질을 확인하여야 한다.

⑦ 건설사업관리기술인은 자재가 현장에 반입되면 송장 또는 납품서를 확인하고 수량, 치수 등을 검사하여야 하며, 공사 현장이 아닌 장소에서 가공 또는 조립되어 반입되는 자재가 있는 경우 반입자재의 가공 또는 조립에 사용된 각각의 재료 또는 부품 등이 설계도서 및 시방서의 관련규정에 적합한지 여부를 확인해야 한다.

⑧ 건설사업관리기술인은 이형봉강, 벌크시멘트 등은 필요시 공인계량소에서 계량하여 반입량을 확인한다.

⑨ 건설사업관리기술인은 지급자재의 현장 반입후 이의제기 등을 예방하기 위하여 시공자가 검사에 입회하도록 한다.

⑩ 건설사업관리기술인은 지급자재에 대한 검수조서를 작성할 때는 시공자가 입회·날인토록 하고, 검수조서는 발주청에 보고하여야 한다.

⑪ 건설사업관리기술인은 공정계획, 공기 등을 감안하여 시공자의 요청으로 입체 또는 대체 사용이 불가피하다고 판단될 경우에는 발주청의 승인을 득한 후 이를 허용하도록 한다.

⑫ 건설사업관리기술인은 입체 또는 대체 사용 자재에 대하여도 품질, 규격 등을 확인하고, 검수하여야 한다.

⑬ 건설사업관리기술인은 잉여지급자재가 발생하였을 때는 품명, 수량 등을 조사하여 발주청에 보고하여야 하며, 시공자로 하여금 지정장소에 반납하도록 하여야 한다.

제89조(수명사항) ① 건설사업관리기술인은 시공자에게 공사와 관련하여 지시하는 경우에는 다음 각호에 따라야 한다.

1. 건설사업관리기술인이 공사와 관련하여 시공자에게 지시할 때에는 서면으로 함을 원칙으로 하며, 현장여건에 따라 시급한 경우 또는 경미한 사항에 대하여는 우선 구두지시로 시행토록 조치하고 추후에 이를 서면으로 확인

2. 건설사업관리기술인의 지시내용을 해당 공사 설계도면 및 시방서 등 관계규정에 근거, 구체적으로 기술하여 시공자가 명확히 이해할 수 있도록 지시

3. 지시사항에 대하여는 그 이행상태를 수시점검하고 시공자로부터 이행결과를 보고받아 기록·관리

② 건설사업관리기술인은 발주청으로부터 지시를 받았을 때에는 다음 각호와 같이 처리하여야 한다.

1. 발주청으로부터 지시를 받은 내용을 기록하고 신속하게 이행되도록 조치하여야 하며, 그 이행결과를 점검·확인하여 발주청에 서면으로 조치 결과를 보고

2. 해당 지시에 대한 이행에 문제가 있을 경우에는 의견을 제시

3. 각종 지시, 통보사항 등을 건설사업관리기술인 전원이 숙지하고 이행을 철저히 하기 위하여 교육 또는 공람

제90조(품질시험 및 성과검토) ① 건설사업관리기술인은 시공자가 공사계약문서에서 정한 품질관리(또는 시험)계획 요건대로 품질에 영향을 미치는 모든 작업을 성실하게 수행하는지 검사·확인하여야 한다.

② 건설사업관리기술인은 시공자가 품질관리계획 요건의 이행을 위해 제출하는 문서를 7일 이내에 검토·확인 후 발주청에 승인을 요청하여야 하며 발주청은 7일 이내에 승인하여야 한다.

③ 건설사업관리기술인은 품질관리 계획이 발주청으로부터 승인되기 전까지는 시공자로 하여금 해당 업무를 수행하게 하여서는 안 된다.

④ 건설사업관리기술인이 품질관리(또는 시험)계획과 관련하여 검토·확인하여야 할 문서는 계획서, 절차서 및 지침서 등을 말한다.

⑤ 건설사업관리기술인은 해당 건설공사의 설계도서, 시방서, 공정계획 등을 검토하여 품질관리가 소홀해지기 쉽거나 하자 발생빈도가 높으며 시공 후 시정이 어렵고 많은 노력과 경비가 소요되는 공종 또는 부위를 중점 품질관리대상으로 선정하여 다른 공종에 비하여 우선적으로 품질관리 상태를 입회, 확인하여야 하며 중점 품질관리 공종 선정 시 고려해야 할 사항은 다음 각호와 같다.

1. 공정계획에 의한 월별, 공종별 시험 종목 및 시험 회수
2. 시공자의 품질관리자 및 공정에 따른 충원계획
3. 품질관리 담당 건설사업관리기술인의 인원수 및 직접 입회, 확인이 가능한 적정 시험 회수
4. 공종의 특성상 품질관리 상태를 육안 등으로 간접 확인할 수 있는지 여부
5. 작업조건의 양호, 불량 상태
6. 타현장의 시공 사례에서 하자발생 빈도가 높은 공종인지 여부
7. 품질관리 불량 부위의 시정이 용이한지 여부
8. 시공 후 지중에 매몰되어 추후 품질확인이 어렵고 재시공이 곤란한지 여부
9. 품질 불량 시 인근 부위 또는 타 공종에 미치는 영향의 대소
10. 시공이 광활한 지역에서 이루어져 접근이 용이한지 여부

⑥ 건설사업관리기술인은 다음 각호의 내용을 포함한 공종별 중점 품질관리방안을 수립하여 시공자로 하여금 이를 실행토록 지시하고 실행결과를 수시로 확인하여야 한다.

1. 중점 품질관리 공종의 선정
2. 중점 품질관리 공종별로 시공 중 및 시공 후 발생 예상 문제점
3. 각 문제점에 대한 대책 방안 및 시공지침
4. 중점 품질관리 대상 구조물, 시공부위, 하자발생 가능성이 큰 지역 또는 부위선정
5. 중점 품질관리대상의 세부관리항목의 선정
6. 중점 품질관리공종의 품질확인 지침
7. 중점 품질관리대장을 작성, 기록·관리하고 확인하는 절차

⑦ 건설사업관리기술인은 중점 품질관리 대상으로 선정된 공종의 효율적인 품질관리를 위하여 다음 각호와 같이 관리한다.

1. 중점 품질관리 대상으로 선정된 공종에 대한 관리방안을 수립하여 시행 전에 발주청에 보고하고 시공자에게도 통보
2. 해당 공종 및 시공부위는 상황판이나 도면 등에 표기하여 발주청 직원, 건설사업

관리기술인, 시공자 모두가 이를 항상 숙지토록 함

3. 공정계획 시 중점 품질관리대상 공종이 동시에 여러 개소에서 시공되거나 공휴일, 야간 등 관리가 소홀해 질 수 있는 시기에 시공되지 않도록 조정

4. 필요시 해당 부위에 "중점 품질관리 공종" 팻말을 설치하고 주의사항을 명기

⑧ 건설사업관리기술인은 시공자와 합의된 품질시험에 반드시 입회하여야 한다. 건설사업관리기술인이 합의된 장소 및 시간에 입회하지 않거나, 건설사업관리기술인이 달리 요구하지 않는 한, 시공자는 시험을 진행할 수 있으며 그러한 시험은 건설사업관리기술인의 입회하에 수행된 것으로 간주한다.

⑨ 건설사업관리기술인은 시공자가 작성한 품질관리(또는 시험)계획에 따라 품질관리 업무를 적정하게 수행하였는지의 여부를 검사하여야 하며, 검사결과 시정이 필요한 경우에는 시공자에게 시정을 요구할 수 있으며, 시정을 요구 받은 시공자는 이를 지체 없이 시정하여야 한다.

⑩ 건설사업관리기술인은 품질상태를 수시로 검사·확인하여 재시공 또는 보완시공 되지 않도록 부실공사를 사전에 방지토록 적극 노력하여야 한다.

⑪ 건설사업관리기술인이 시공자가 작성한 품질관리계획서 또는 품질시험계획서에 따라 품질시험·검사가 실시되는지를 확인하여야 한다.

⑫ 건설사업관리기술인은 품질시험과 검사를 산업표준화법에 의한 한국산업규격, 법 제55조의 규정에 의한 품질관리기준에 의하여 실시되는지 확인하여야 한다.

⑬ 건설공사 품질시험·검사를 실시하여야 할 건설공사의 발주청 또는 시공자는 국립·공립 시험기관 또는 건설기술용역사업자에 품질시험의 실시를 대행하게 할 수 있다.

⑭ 건설사업관리기술인은 발주청 또는 시공자가 제13항에 따라 제3자에게 품질시험·검사 실시를 대행시키고자 할 때에는 그 적정성 여부를 검토·확인하여야 한다.

⑮ 건설사업관리기술인은 시공자로부터 매월 품질시험·검사실적을 종합한 시험·검사실적보고서(별지 제18호 서식)를 제출받아 이를 확인하여야 한다.

⑯ 건설사업관리기술인은 시공자로부터 해당 건설공사에 대한 기성 부분 검사 또는 예비준공검사 신청서를 제출받은 때에 별지 제17호 서식의 품질시험·검사 성과 총괄표 및 해당 시험성적서를 제출받아 이를 검토·확인하여야 한다.

⑰ 공사관리관은 건설사업관리기술인이 품질관리 지도·감독을 성실히 이행하고 있는지 여부를 확인하여야 하며, 품질관리에 대한 건설사업관리기술인의 업무소홀이 확인된 경우에는 그 사실을 발주청에 지체 없이 보고하여야 한다.

제91조(시공계획검토) ① 건설사업관리기술인은 시공자로부터 공사시방서의 기준(공사

종류별, 시기별)에 의하여 시공계획서를 진행단계별 해당 공사 시공 30일 전에 제출받아 이를 검토·확인하여 7일 안에 승인한 후 시공토록 하여야 하고 시공계획서의 보완이 필요한 경우 그 내용과 사유를 문서로써 통보해야 한다. 시공계획서에는 공사시방서의 작성기준과 함께 다음 각호의 내용이 포함되어야 한다.

    1. 현장조직표

    2. 공사 세부공정표

    3. 주요공정의 시공절차 및 방법

    4. 시공일정

    5. 주요장비 동원계획

    6. 주요 자재 및 인력투입계획

    7. 주요 설비사양 및 반입계획

    8. 품질관리대책

    9. 안전대책 및 환경대책 등

    10. 지장물 처리계획과 교통처리 대책

② 건설사업관리기술인은 공사 중 시공계획서에 중요한 내용변경이 발생할 경우에는 변경 시공계획서를 제출받은 후 5일 이내에 검토·확인하여 승인한 후 시공토록 하여야 한다.

③ 건설사업관리기술인은 시공자로부터 각종 구조물 시공상세도 및 암발파작업 시공상세도를 사전에 제출받아 다음 각호의 사항을 고려하여 시공자가 제출한 날로부터 7일 이내에 검토·확인하고 승인한 후 시공토록 하여야 한다. 또한 주요 구조물의 시공상세도 검토 시 필요할 경우 설계자의 의견을 고려해야 하며 승인된 시공상세도는 준공 시 발주청에 보고해야 한다.

    1. 설계도면 및 시방서 또는 관계규정에 일치하는지 여부(설계 기준은 개정된 최신 설계 기준에 따름)

    2. 현장기술인, 기능공이 명확하게 이해할 수 있는지 여부(실시설계도면을 기준으로 각 공종별, 형식별 세부 사항들이 표현되도록 현장여건을 반영)

    3. 실제 시공이 가능한지 여부(현장여건과 공종별 시공계획을 최대한 반영하여 시공 시 문제점이 발생하지 않도록 각종 구조물의 시공상세도 작성)

    4. 안전성의 확보 여부(주철근의 경우, 철근의 길이나 겹이음의 위치 등 철근상세에 관한 변경이 필요한 경우 반드시 전문기술사의 검토·확인을 거쳐 공사감독자의 승인을 받아야 함)

    5. 가시설공 시공상세도의 경우, 구조 계산서 첨부 여부(관련 기술사의 서명·날인 포함)

    6. 계산의 정확성

7. 제도의 품질 및 선명성, 도면 작성 표준에 일치 여부

8. 도면으로 표시 곤란한 내용은 시공 시 유의사항으로 작성되었는지 등을 검토

④ 건설사업관리기술인은 공사시방서에 작성하도록 명시한 시공상세도와 다음 각호의 사항에 대한 시공상세도의 작성 여부를 확인하고, 제출된 시공상세도의 구조적인 안전성을 검토·확인하여야 하며 이 경우 주요구조부(가시설물을 포함한다.)의 구조적 안전에 관한 사항과 전문적인 기술 검토가 필요한 사항은 반드시 관련 분야 기술지원기술인이 검토·확인하여야 한다. 다만, 공사조건에 따라 건설사업관리기술인과 시공자가 협의하여 필요한 시공상세도의 목록을 조정할 수 있다.

1. 비계, 동바리, 거푸집 및 가교, 가도 등 가설시설물의 설치상세도 및 구조 계산서

2. 구조물의 모따기 상세도

3. 옹벽, 측구 등 구조물의 연장 끝부분 처리도

4. 배수관, 암거, 교량용 날개벽 등의 설치위치 및 연장도

5. 철근 배근도에는 정·부철근 등의 유효 간격 및 철근 피복두께(측·저면)유지용 스페이서(Spacer) 및 Chair-Bar의 위치, 설치 방법 및 가공을 위한 상세도면

6. 철근 겹이음 길이 및 위치의 시방서 규정 준수 여부 확인

7. 그 밖에 규격, 치수, 연장 등이 불명확하여 시공에 어려움이 예상되는 부위의 각종 상세도면

⑤ 건설사업관리기술인은 시공상세도(Shop Drawing) 검토·확인 때까지 구조물 시공을 허용하지 말아야 하고, 시공상세도는 접수일로부터 7일 이내에 검토·확인하여 서면으로 승인하고, 부득이하게 7일 이내에 검토·확인이 불가능할 경우 사유 등을 명시하여 서면으로 통보하여야 한다.

⑥ 건설사업관리기술인은 다음 각호의 공사 현장 인근 상황을 시공자에게 충분히 조사토록 하여 공사시공과 관련하여 제3자에게 손해를 끼치지 않도록 시공자에게 대책을 강구하게 하여야 한다.

1. 통신, 전력, 송유관, 상·하수도관, 가스관 등 지하매설물

2. 인근의 도로

3. 교통 시설물

4. 건조물 또는 축사

5. 그 밖의 농경지, 산림 등

⑦ 건설사업관리기술인은 공사시행 중 시공자의 귀책사유로 인하여 제6항 제1호부터 제5호까지의 손상으로 인하여 제3자에게 손해를 준 경우에는 시공자 부담으로 즉시 원상복구 하여 민원 및 관원이 발생하지 않도록 하여야 한다. 또한 제3자에게 피해보상 문제가 제

기되었을 경우 건설사업관리기술인은 객관적이고 공정한 판단에 근거한 의견을 제시하여야 한다.

⑧ 건설사업관리기술인은 시공자로부터 시험발파계획서를 사전에 제출받아 다음 각호의 사항을 고려하여 검토·확인하고 발파하도록 하여야 한다.

1. 관계규정 저촉여부
2. 안전성 확보여부
3. 계측계획 적정성여부
4. 그 밖에 시험발파를 위하여 필요한 사항

제92조(기술 검토 및 교육) ① 건설사업관리기술인은 시공자로 하여금 현장종사자(기능공을 포함한다.)의 견실시공 의식고취를 위한 현장 정기교육을 월 1회 이상 해당 현장의 특성에 따라 실시하도록 하여야 한다.

② 책임건설사업관리기술인은 분야별 건설사업관리기술인과 시공자 및 하도급사 직원(기능공 포함)들이 법·영·규칙 및 지침 등의 내용과 공사현황 등을 숙지하도록 교육을 실시하여야 하며, 그 교육실적을 기록·비치하여야 한다.

③ 책임건설사업관리기술인은 부실시공 등을 야기한 기능공에 대하여 시공자에게 해당 기능공이 근무를 하지 못하도록 요구하고, 이 사실을 발주청에 보고하여야 한다. 시공자는 건설사업관리기술인으로부터 상기 요구를 받은 경우, 특별한 사유가 없으면 요구에 따라야 한다.

④ 건설사업관리기술인은 공사 중 해당 공사와 관련하여 시공자의 공법변경 요구 등 중요한 기술적인 사항에 대한 요구가 있는 경우, 요구가 있은 날로부터 7일 이내에 이를 검토하고 의견서를 첨부하여 발주청에 보고하여야 하고 전문성이 요구되는 경우에는 요구가 있은 날로부터 14일 이내에 기술지원기술인의 검토의견서를 첨부하여 발주청에 보고하여야 한다. 이 경우, 발주청은 필요시 제3자에게 자문할 수 있다.

⑤ 건설사업관리기술인은 스스로 공사시공과 관련하여 검토한 내용에 대하여 필요하다고 판단될 경우 발주청 또는 시공자에게 그 검토의견을 서면으로 제시할 수 있다.

⑥ 건설사업관리기술인은 공사시행 중 예산이 변경되거나 계획이 변경되는 중요한 민원이 발생한 때에는 민원인 주장의 타당성, 소요예산 등을 검토하여 그 검토의견서를 첨부하여 발주청에 보고하여야 한다.

⑦ 건설사업관리기술인은 발주청(공사관리관)이 민원사항 처리를 위하여 조사와 서류작성을 요구할 때에는 적극 협조하여야 한다.

⑧ 건설사업관리기술인은 공사와 직접 관련된 경미한 민원처리는 직접 처리하여야 하고

전화 또는 방문 민원을 처리함에 있어 민원인과의 대화는 원만하고 성실하게 하여야 하며 시공자와 협조하여 적극적으로 해결방안을 강구·시행하여야 하고, 그 내용을 민원 처리부 (별지 제15호 서식)에 기록·비치하여야 한다. 경미한 민원처리사항 중 중요하다고 판단되는 경우에는 검토의견서를 첨부하여 발주청에 보고하여야 한다.

제93조(지장물 철거 및 공사중지명령 등) ① 건설사업관리기술인은 공사 중에 지하매설물 등 새로운 지장물을 발견하였을 때에는 시공자로부터 상세한 내용이 포함된 지장물 조서를 제출받아 이를 확인한 후 발주청에 조속히 보고하여야 한다.

② 건설사업관리기술인은 기존 구조물을 철거할 때에는 시공자로 하여금 현황도(측면도, 평면도, 상세도, 그 밖에 수량 산출 시 필요한 사항)와 현황 사진을 작성하여 제출토록 하고 이를 검토·확인하여 발주청에 보고하고 설계변경 시 계상하여야 한다.

③ 법 제40조 제1항에 따라 건설사업관리용역사업자(법 제40조5항에 따라 권한을 위임하였을 경우에는 책임건설사업관리기술인을 말한다. 이하 이 조에서 같다.)는 다음 각호의 사항에 대하여 재시공·공사중지명령이나 그 밖에 필요한 조치를 할 수 있다.

1. 시공자가 건설공사의 설계도서, 시방서, 그 밖의 관계서류의 내용과 맞지 아니하게 그 건설공사를 시공하는 경우

2. 법 제62조에 따른 안전관리 의무를 위반하여 인적·물적 피해가 우려되는 경우

3. 법 제66조에 따른 환경관리 의무를 위반하여 인적·물적 피해가 우려되는 경우

④ 제3항에 따라 건설사업관리용역사업자로부터 재시공·공사중지명령이나 그 밖에 필요한 조치에 관한 지시를 받은 시공자는 특별한 사유가 없으면 이에 따라야 한다.

⑤ 건설기술용역사업자는 제3항에 따라 시공자에게 재시공·공사중지 명령이나 그 밖에 필요한 조치를 한 경우에는 지체 없이 이에 관한 사항을 해당 건설공사의 발주청에 서면으로 보고하여야 하며, 그 조치내용과 결과를 기록·관리해야 한다.

⑥ 제3항에 따라 재시공·공사중지 명령이나 그 밖에 필요한 조치를 한 건설기술용역사업자는 시정 여부를 확인한 후 공사재개 지시 등 필요한 조치를 하여야 하며, 이 경우 지체 없이 이에 관한 사항을 해당 건설공사의 발주청에 서면으로 보고하여야 하며, 그 조치내용과 결과를 기록·관리해야 한다.

⑦ 누구든지 제3항에 따른 재시공·공사중지 명령 등의 조치를 이유로 건설기술용역사업자에게 건설기술인의 변경, 현장 상주의 거부, 용역대가 지급의 거부·지체 등 신분이나 처우와 관련하여 불이익을 주어서는 아니 된다.

⑧ 재시공·공사중지 명령 등의 조치의 적용 한계는 다음 각호와 같다.

1. 재시공: 시공된 공사가 품질 확보상 미흡 또는 위해를 발생시킬 수 있다고 판단되

거나 건설사업관리기술인의 검측·승인을 받지 않고 후속 공정을 진행한 경우와 관계 규정에 재시공을 하도록 규정된 경우

2. 공사중지: 시공된 공사가 품질 확보상 미흡 또는 중대한 위해를 발생시킬 수 있다고 판단되거나, 안전상 중대한 위험이 발견될 때에는 공사중지를 지시할 수 있으며 공사중지는 부분중지와 전면중지로 구분

　가. 부분중지

　　(1) 재시공 지시가 이행되지 않는 상태에서는 다음 단계의 공정이 진행됨으로써 하자 발생이 될 수 있다고 판단될 때

　　(2) 법 제62조에 따른 안전관리 의무를 위반하여 인적·물적 피해가 우려되는 경우

　　(3) 법 제66조에 따른 환경관리 의무를 위반하여 인적·물적 피해가 우려되는 경우

　　(4) 동일 공정에 있어 3회 이상 시정지시가 이행되지 않을 때

　　(5) 동일 공정에 있어 2회 이상 경고가 있었음에도 이행되지 않을 때

　나. 전면중지

　　(1) 시공자가 고의로 건설공사의 추진을 심히 지연시키거나, 건설공사의 부실발생 우려가 농후한 상황에서 적절한 조치를 취하지 않은 채 공사를 계속 진행하는 경우

　　(2) 부분중지가 이행되지 않음으로써 전체 공정에 영향을 끼칠 것으로 판단될 때

　　(3) 지진, 해일, 폭풍 등 천재지변으로 공사 전체에 대한 중대한 피해가 예상될 때

　　(4) 전쟁, 폭동, 내란, 혁명상태 등으로 공사를 계속할 수 없다고 판단되어 발주청으로부터 지시가 있을 때

⑨ 제3항에 따른 재시공·공사중지 명령 등의 조치로 발주청이나 건설사업자에게 손해가 발생한 경우 건설기술용역사업자는 그 명령에 고의 또는 중대한 과실이 없는 때에는 그 손해에 대한 책임을 지지 아니한다.

⑩ 건설사업관리기술인은 시공자로 하여금 공종별로 착공 전부터 준공 때까지의 공사과정, 공법, 특기사항을 촬영한 촬영일자가 나오는 공사사진과 시공일자, 위치, 공종, 작업내용 등을 기재한 공사내용 설명서를 제출토록 하여 후일 참고자료로 활용토록 한다. 공사기록 사진은 공종별, 공사추진단계에 따라 다음 각호의 사항을 촬영한 것이어야 한다.

　1. 주요한 공사현황은 착공 전, 시공 중, 준공 등 시공 과정을 알 수 있도록 가급적 동일장소에서 촬영

　2. 시공 후 검사가 불가능하거나 곤란한 부분

　　가. 암반선 확인 사진

　　나. 매몰, 수중 구조물

다. 구조체공사에 대해 철근지름, 간격 및 벽두께, 강구조물(steel box내부, steel girder 등) 경간별 주요부위 부재두께 및 용접전경 등을 알 수 있도록 촬영

라. 공장제품 검사(창문 및 창문틀, 철골검사, PC 자재 등) 기록

마. 지중매설(급·배수관, 전선 등) 광경

바. 매몰되는 옥내외 배관(설비, 전기 등) 광경

사. 전기 등 배전반 주변에서의 배관류

아. 지하매설된 부분의 배근 상태 및 콘크리트 두께 현황

자. 바닥 및 배관의 행거볼트, 공조기 등의 행거볼트 시공광경

차. 보온, 결로방지관계 시공광경

카. 본 구조물 시공 이후 철거되는 가설시설물 시공광경

⑪ 건설사업관리기술인은 특히 중요하다고 판단되는 시설물에 대하여는 시공자가 공사 과정을 비디오카메라 등으로 촬영토록 하여야 한다.

⑫ 건설사업관리기술인은 제10항과 제11항에서 촬영한 사진은 디지털(Digital) 파일 등을 제출받아 수시 검토·확인할 수 있도록 보관하고 준공시 발주청에 제출하고 발주청은 이를 보관하여야 한다.

제94조(공정관리) ① 건설사업관리기술인은 해당 공사가 정해진 공기 내에 시방서, 도면 등에 따른 품질을 갖추어 완성될 수 있도록 공정관리의 계획수립, 운영, 평가에 있어서 공정진척도 관리와 기성관리가 동일한 기준으로 이루어질 수 있도록 건설사업관리 업무를 수행하여야 한다.

② 건설사업관리기술인은 공사 착공일로부터 30일 안에 시공자로부터 공정관리계획서를 제출받아 제출받은 날로부터 14일 이내에 검토하여 승인하고 이를 발주청에 제출하여야 하며 다음 각호의 사항을 검토·확인하여야 한다.

1. 시공자의 공정관리 기법이 공사의 규모, 특성에 적합한지 여부

2. 계약서, 시방서 등에 공정관리 기법이 명시되어 있는 경우에는 명시된 공정관리 기법으로 시행되도록 조치

3. 계약서, 시방서 등에 공정관리 기법이 명시되어 있지 않았을 경우, 단순한 공종 및 보통의 공종 공사인 경우 공사조건에 적합한 공정관리 기법을 적용토록 하고, 복잡한 공종의 공사 또는 건설사업관리기술인이 PERT/CPM 이론을 기본으로 한 공정관리가 필요하다고 판단하는 경우에는 별도의 PERT/CPM 기법에 의한 공정관리를 적용토록 조치

4. 발주청의 특수한 현장여건(돌관공사 등)으로 전산공정관리 등이 필요하다고 판단되

는 경우, 건설사업관리기술인은 발주청에 별도의 공정관리를 시행하도록 건의할 수 있음

　5. 일정관리와 원가관리, 진도관리가 병행될 수 있는 종합관리형태의 공정관리가 되도록 조치

③ 건설사업관리기술인은 공사의 규모, 공종 등 제반 여건을 감안하여 시공자가 공정관리 업무를 성공적으로 수행할 수 있는 공정관리 조직을 갖추도록 다음 각호의 사항을 검토·확인하여야 한다.

　1. 공정관리 요원 자격 및 그 요원 수 적합 여부

　2. 소프트웨어(Software)와 하드웨어(Hardware) 규격 및 그 수량 적합 여부

　3. 보고체계의 적합성 여부

　4. 계약공기 준수 여부

　5. 각 작업(Activity) 공기에 품질, 안전관리가 고려되었는지 여부

　6. 지정휴일, 천후조건 감안 여부

　7. 자원조달에 무리가 없는지 여부

　8. 주공정의 적합 여부

　9. 공사 주변 여건, 법적 제약조건 감안 여부

　10. 동원 가능한 장비, 그 밖에 부대설비 및 그 성능 감안 여부

　11. 특수장비 동원을 위한 준비 기간의 반영 여부

　12. 동원 가능한 작업 인원과 작업자의 숙련도 감안 여부

④ 건설사업관리기술인은 시공자로부터 전체 실시공정표에 따른 월간, 주간 상세공정표를 사전에 제출받아 검토·확인하여야 한다.

　1. 월간 상세공정표: 작업착수 1주 전 제출

　2. 주간 상세공정표: 작업착수 2일 전 제출

⑤ 건설사업관리기술인은 매주 또는 매월 정기적으로 공사진도를 확인하여 예정공정과 실시공정을 비교하여 공사의 부진 여부를 검토한다.

⑥ 건설사업관리기술인은 현장여건, 기상조건, 지장물 이설 등에 따른 관련기관 협의사항이 정상적으로 추진되는지를 검토·확인하여야 한다.

⑦ 건설사업관리기술인은 공정진척도 현황을 최근 1주 전의 자료가 유지될 수 있도록 관리하고 공정지연을 방지하기 위하여 주공정 중심의 일정관리가 될 수 있도록 시공자를 관리하여야 한다.

⑧ 건설사업관리기술인은 주간 단위의 공정계획 및 실적을 시공자로부터 제출받아 이를 검토·확인하고, 필요한 경우 시공자 측 현장책임자를 포함한 관계직원 합동으로 금주 작업에 대한 실적을 분석·평가하고 공사추진에 지장을 초래하는 문제점, 잘못 시공된 부분의

지적 및 재시공 등의 지시와 재해방지대책, 공정 진도의 평가, 그 밖에 공사추진상 필요한 내용의 협의를 위한 주간 또는 월간 공사 추진회의를 주관하여 실시하고 그 회의록을 유지하여야 한다.

⑨ 건설사업관리기술인은 공사진도율이 계획공정대비 월간 공정실적이 10% 이상 지연(계획공정대비 누계공정실적이 100% 이상일 경우는 제외)되거나 누계공정 실적이 5% 이상 지연될 때는 시공자로 하여금 부진사유 분석, 근로자 안전 확보를 고려한 부진공정 만회대책 및 만회공정표 수립을 지시하여야 한다.

⑩ 건설사업관리기술인은 시공자가 제출한 부진공정 만회대책을 검토·확인하고 그 이행상태를 주간 단위로 점검·평가하여야 하며 공사추진회의 등을 통하여 미조치 내용에 대한 필요 대책 등을 수립하여 정상공정을 회복할 수 있도록 조치하여야 한다. 공정부진이 2개월 연속될 경우에는 기술지원기술인이 참여하는 공정회의를 개최하고 발주청에 제출하는 공정표에 기술지원기술인도 서명하여야 한다.

⑪ 건설사업관리기술인은 검토·확인한 부진공정 만회대책과 그 이행상태의 점검·평가 결과를 발주청에 보고하여야 한다.
　　1. 예정공정과 실시공정 비교 분석
　　2. 공정만회대책 및 만회공정표 검토 확인
　　3. 주간 단위 부진공정 만회대책 이행 여부 확인

⑫ 건설사업관리기술인은 설계변경 등으로 인한 물공량의 증감, 공법변경, 공사 중 재해, 천재지변 등 불가항력에 의한 공사중지, 지급자재 공급지연, 공사용지의 제공의 지연, 문화재 발굴조사 등의 현장 실정 또는 시공자의 사정 등으로 인하여 공사 진척실적이 지속적으로 부진할 경우 공정계획을 재검토하여 수정 공정계획수립의 필요성을 검토하여야 한다.

⑬ 건설사업관리기술인은 시공자의 요청 또는 건설사업관리기술인의 판단에 의해 수정 공정계획을 수립할 때 시공자로부터 수정 공정계획을 제출받아 제출일로 부터 7일 이내에 검토하여 승인하고 발주청에 보고하여야 한다.

⑭ 건설사업관리기술인은 수정 공정계획을 검토할 때 수정목표 종료일이 당초 계약 종료일을 초과하지 않도록 조치하여야 하며, 초과할 경우는 그 사유를 분석하여 건설사업관리기술인의 검토안을 작성하고 필요시 수정 공정계획과 함께 발주청에 보고하여야 한다.

⑮ 건설사업관리기술인은 추진계획과 실적을 정기건설사업관리보고서에 포함하여 발주청에 보고하여야 한다(별지 제33호 서식)

⑯ 건설사업관리기술인은 시공자가 준공기한 연기신청서를 제출할 경우 이의 타당성을 검토·확인하고 검토의견서를 첨부하여 발주청에 보고하여야 한다.

제95조(안전관리) ① 건설사업관리기술인은 건설공사의 안전시공 추진을 위해서 안전조직을 갖추도록 하여야 하고 안전조직은 현장규모와 작업내용에 따라 구성하며 동시에 산업안전보건법의 해당 규정(「산업안전보건법」 제15조 안전보건관리책임자 선임, 제16조 관리감독자 지정, 제17조 안전관리자 배치, 제18조 보건관리자 배치, 제19조 안전보건관리담당자 선임 및 제75조 안전·보건에 관한 노사협의체 운영)에 명시된 업무도 수행되도록 조직편성을 한다.

② 건설사업관리기술인은 시공자가 영 제98조와 제99조에 따라 작성한 건설공사 안전관리계획서를 공사 착공 전에 제출받아 적정성을 확인하여야 하며, 보완하여야 할 사항이 있는 경우에는 시공자로 하여금 이를 보완하도록 하여야 한다. 또한, 안전관리 계획의 내용을 변경한 경우에도 같다.

③ 책임건설사업관리기술인은 소속 건설사업관리기술인 중 안전관리담당자를 지정하고 안전관리담당자로 지정된 건설사업관리기술인은 다음 각호의 작업현장에 수시로 입회하여 시공자의 안전관리자를 지도·감독하도록 하여야 하며 공사 전반에 대한 안전관리계획의 사전 검토, 실시 확인 및 평가, 자료의 기록유지 등 사고 예방을 위한 제반 안전관리 업무에 대하여 확인을 하도록 하여야 한다.

1. 추락 또는 낙하 위험이 있는 작업
2. 발파, 중량물 취급, 화재 및 감전 위험 작업
3. 크레인 등 건설장비를 활용하는 위험 작업
4. 그 밖의 안전에 취약한 공종 작업

④ 건설사업관리기술인은 시공자 중 안전보건관리책임자(현장대리인)와 안전관리자 및 보건관리자(법정자격자)를 지정하게 하여 현장의 전반적인 안전·보건문제를 책임지고 추진하도록 하여야 한다.

⑤ 건설사업관리기술인은 시공자로 하여금 근로기준법, 산업안전보건법, 산업재해보상보험법, 시설물안전관리에관한특별법과 그 밖에 관계법규를 준수하도록 하여야 한다.

⑥ 건설사업관리기술인은 산업재해 예방을 위한 제반 안전관리 지도에 적극적인 노력을 경주하도록 함과 동시에 안전관계법규를 이행하도록 하기 위하여 다음 각호와 같은 업무를 수행하여야 한다.

1. 시공자의 안전조직 편성 및 임무의 법상 구비조건 충족 및 실질적인 활동 가능성 검토
2. 안전관리자에 대한 임무수행 능력 보유 및 권한 부여 검토
3. 시공계획과 연계된 안전계획의 수립 및 그 내용의 실효성 검토
4. 유해·위험방지계획(수립 대상에 한함) 내용 및 실천 가능성 검토(산업안전보건법 제48조 제3항, 제4항)

5. 안전점검 및 안전교육 계획의 수립 여부와 내용의 적정성 검토 (법 제62조, 산업안전보건법 제31조, 제32조)

6. 안전관리 예산편성 및 집행계획의 적정성 검토

7. 현장 안전관리 규정의 비치 및 그 내용의 적정성 검토

8. 산업안전보건관리비의 타 용도 사용 내역 검토

⑦ 건설사업관리기술인은 시공자가 법 제62조 제1항에 따른 안전관리계획이 성실하게 수행되는지 다음 각호의 내용을 확인하여야 한다.

1. 안전관리계획의 이행 및 여건 변동 시 계획변경 여부 확인

2. 안전보건 협의회 구성 및 운영상태 확인

3. 안전점검계획 수립 및 실시 여부 확인(일일, 주간, 우기 및 해빙기, 하절기, 동절기 등 자체안전점검, 법에 의한 안전점검, 안전진단 등)

4. 안전교육계획의 실시 확인 (사내 안전교육, 직무교육)

5. 위험장소 및 작업에 대한 안전조치 이행 여부 확인(제3항 각호의 작업 등)

6. 안전표지 부착 및 이행 여부 확인

7. 안전통로 확보, 자재의 적치 및 정리정돈 등이 성실하게 수행되는지 확인

8. 사고조사 및 원인 분석, 각종 통계자료 유지

9. 월간 안전관리비 및 산업안전보건관리비 사용실적 확인

10. 근로자에 대한 건설업 기초 안전·보건 교육의 이수 확인

11. 석면안전관리법 제30조에 의한 석면해체 제거작업을 수반하는 공사에 대하여 적정 건설사업관리기술인 지정 및 업무 수행

12. 근로자 건강검진 실시 확인

⑧ 건설사업관리기술인은 안전에 관한 업무를 수행하기 위하여 시공자에게 다음 각호의 자료를 기록·유지토록 하고 이행상태를 점검한다.

1. 안전업무 일지(일일보고)

2. 안전점검 실시(안전업무일지에 포함 가능)

3. 안전교육(안전업무일지에 포함 가능)

4. 각종 사고보고

5. 월간 안전 통계(무재해, 사고)

6. 안전관리비 및 산업안전보건관리비 사용실적 (월별 점검·확인)

⑨ 건설사업관리기술인은 건설공사 안전관리계획 내용에 따라 안전조치·점검 등 이행을 하였는지의 여부를 확인하고 미이행시 시공자로 하여금 안전조치·점검 등을 선행한 후 시공하게 한다.

⑩ 건설사업관리기술인은 시공자가 영 제100조에 따른 자체 안전점검을 매일 실시하였는지의 여부를 확인하여야 하며, 건설안전점검전문기관에 의뢰하여야 하는 정기·정밀 안전점검을 할 때에는 입회하여 적정한 점검이 이루어지는지를 확인하여야 한다.

⑪ 건설사업관리기술인은 영 제100조에 따라 시행한 정기·정밀 안전점검 결과를 시공자로부터 제출받아 검토하여 발주청에 보고하고 발주청의 지시에 따라 시공자에게 필요한 조치를 하게 한다.

⑫ 건설사업관리기술인은 시공회사의 안전관리책임자와 안전관리자 등에게 교육시키고 이들로 하여금 현장 근무자에게 다음 각호의 내용과 자료가 포함된 안전교육을 실시토록 지도·감독하여야 한다.

1. 산업재해에 관한 통계 및 정보
2. 작업자의 자질에 관한 사항
3. 안전관리조직에 관한 사항
4. 안전제도, 기준 및 절차에 관한 사항
5. 생산공정에 관한 사항
6. 산업안전보건법 등 관계법규에 관한 사항
7. 작업환경관리 및 안전작업 방법
8. 현장안전 개선방법
9. 안전관리 기법
10. 이상 발견 및 사고 발생 시 처리방법
11. 안전점검 지도요령과 사고조사 분석요령

⑬ 책임건설사업관리기술인은 공사가 중지(차수별 준공에 따라 공사가 중단된 경우를 포함한다.)되는 건설 현장에 대해서는 안전관리담당자로 지정된 건설사업관리기술인을 입회하도록 하여 공사중지(준공)일로부터 5일 이내에 시공자로 하여금 영 제100조 제1항에 따른 자체 안전점검을 실시하도록 하고, 점검 결과를 발주청에 보고한 후 취약한 부분에 대해서는 시공자에게 필요한 안전조치를 하게 하여야 한다.

⑭ 건설사업관리기술인은 분기별로 시공자로부터 안전관리 결과보고서를 제출받아 이를 검토하고 미비한 사항이 있을 때는 시정조치를 하여야 하며, 안전관리 결과보고서에는 다음 각호와 같은 서류가 포함되어야 한다.

1. 안전관리 조직표
2. 안전보건 관리체제(별지 제21호 서식)
3. 재해발생 현황(별지 제22호 서식)
4. 안전교육 실적표(별지 제23호 서식)

5. 산재요양 신청서(사본)

　　6. 그 밖에 필요한 서류

⑮ 안전관리담당자로 지정된 건설사업관리기술인은 현장에서 사고가 발생하였을 경우에는 시공자에게 즉시 필요한 응급조치를 취하도록 하고 상세한 경위 및 검토의견서를 첨부하여 발주청에 지체 없이 보고하여야 하며, 제3항부터 제14항까지, 제16항의 업무에 고의 또는 중대한 과실이 없는 때에는 사고에 대한 책임을 지지 아니한다.

⑯ 건설사업관리기술인은 다음 각호의 건설기계에 대하여 시공자가 「건설기계관리법」 제4조, 제13조, 제17조를 위반한 건설기계를 건설 현장에 반입·사용하지 못하도록 반입·사용현장을 수시로 입회하는 등 지도·감독하여야 하고, 해당 행위를 인지한 때에는 공사를 중지시키고 발주청에 서면으로 보고하여야 한다.

　　1. 천공기

　　2. 항타 및 항발기

　　3. 타워크레인

　　4. 기중기 등 그 밖에 발주청이 필요하다고 인정하여 계약에서 정한 건설기계

⑰ 공사관리관은 건설사업관리기술인이 안전관리 지도·감독을 성실히 이행하고 있는지 여부를 확인하여야 하며, 안전관리에 대한 건설사업관리기술인의 업무소홀이 확인된 경우에는 그 사실을 발주청에 지체 없이 보고하여야 한다.

제96조(환경관리) ① 건설사업관리기술인은 사업 시행으로 인한 위해를 방지하고 「환경영향평가법」에 의해 받은 환경영향평가 내용과 이에 대한 협의 내용을 충실히 이행토록 하여야 하고 조직편성을 하여 그 의무를 수행토록 지도·감독하여야 한다.

② 건설사업관리기술인은 시공자로 하여금 환경관리책임자를 지정하게 하여 환경관리계획수립과 대책 등을 수립하게 하여야 하고, 예산의 조치와 환경관리자, 환경담당자를 임명하도록 하며 현장 환경관리업무를 책임지고 추진하게 하여야 한다.

③ 건설사업관리기술인은 「환경영향평가법 시행규칙」 제17조에 따라 발주청에 의해 관리책임자로 지정된 경우 협의 내용의 관리를 성실히 수행하여야 한다.

④ 건설사업관리기술인은 해당 공사에 대한 환경영향평가보고서 및 환경영향평가 협의 내용을 근거로 하여 지형·지질, 대기, 수질, 소음·진동 등의 관리계획서가 수립되었는지 다음 각호의 내용을 검토·확인하여야 한다.

　　1. 시공자의 환경관리 조직·편성 및 임무의 법상 구비조건, 충족 및 실질적인 활동 가능성 검토

　　2. 환경영향평가 협의 내용의 관리계획 실효성 검토

3. 환경영향 저감 대책 및 공사 중, 공사 후 환경관리계획서 적정성 검토

4. 환경관리자에 대한 업무 수행능력 및 권한 여부 검토

5. 환경전문기술인 자문사항에 대한 검토

6. 환경관리 예산편성 및 집행계획 적정성 검토

⑤ 건설사업관리기술인은 사후 환경관리계획에 따른 공사 현장에 적합한 관리가 되도록 다음 각호의 내용과 같이 업무를 수행하여야 한다.

1. 시공자로 하여금 환경영향평가서 내용을 검토하여 현장 실정에 적합한 저감 대책을 수립하여 시공 단계별 관리계획서를 수립·관리토록 지시

2. 시공자로 하여금 환경관리계획서를 숙지하여 검측할 때에 지적사항이 없도록 철저히 이행토록 하여야 하며, 특히 중점관리 대상지역을 선정하여 관리토록 지시

3. 시공자에게 항목별 시공 전·후 사진촬영 및 위치도를 작성하여 협의 내용 관리대장에 기록토록 하여 건설사업관리기술인의 확인을 받도록 지시

4. 시공자로 하여금 환경관리에 대한 일일점검 및 평가를 실시하고(문제점 토의 및 시정) 점검 사항에 대하여는 매주 정리하여 환경영향조사 결과서에 기록하고 건설사업관리기술인의 확인을 받도록 지시

5. 시공자로 하여금 공종별 시공이 완료된 때에는 환경영향평가 협의 내용 이행상태 및 그 밖에 환경관리 이행현황을 사후 환경영향조사 결과보고서에 기록하여 건설사업관리기술인의 확인을 받은 후 다음 단계시공을 추진토록 지시

6. 시공자는 관할 지방행정관청의 환경관리상태 점검을 받을 때 건설사업관리기술인과 함께 수검토록 지시

⑥ 건설사업관리기술인은 「환경영향평가법」 제35조에 따른 협의 내용을 기재한 관리대장을 비치토록 하고 기록사항이 사실대로 작성·이행되는지를 점검하여야 한다. (별지 제24호 서식)

⑦ 건설사업관리기술인은 「환경영향평가법」 제36조 제1항의 규정에 따른 사후환경영향조사결과를 「환경영향평가법 시행규칙」 제19조 제4항에서 정하는 기한 내에 지방환경관서의 장 또는 승인기관의 장에게 통보할 수 있도록 하여야 한다.(별지 제25호 서식)

⑧ 건설사업관리기술인은 건축물 해체·제거과정에서 석면이 발생하는 경우에는 관련 규정에 따라 처리될 수 있도록 지도·감독하여야 한다.

⑨ 시공자는 사토 및 순성토가 10,000㎥ 이상 발생하는 공사 현장에서는 「도로법」 제77조 및 「도로법 시행령」 제79조에 따른 과적차량 발생을 방지하기 위하여 축중기를 설치하여야 하며, 축중기 설치 및 관리에 관한 사항은 「건설현장 축중기 설치지침(국토교통부 훈령)」에 따른다.

⑩ 건설사업관리기술인은 제9항에 따라 시공자가 설치한 축중기가 적절히 운영·관리되도록 확인하여야 한다.

⑪ 건설사업관리기술인은 「건설폐기물의 재활용 촉진에 관한 법률」 제18조에 따라 해당 건설공사에서 발생하는 건설폐기물을 배출하는 자(발주청)가 건설폐기물의 인계·인수에 관한 내용을 환경부장관이 구축·운영하는 전자정보처리프로그램(올바로)에 입력하는 업무의 대행을 요청하는 경우 관련 업무를 수행할 수 있다.

제97조(설계변경 관리) ① 건설사업관리기술인은 공사 실정보고에 관련하여 다음 각호의 업무를 수행하여야 한다.

1. 설계도서와 현지 여건이 상이한 부분에 대한 내용 파악(현지 여건 조사)

2. 시공자가 제출한 실정보고 내용의 적정성 검토

3. 발주청에 설계변경을 위한 공사 실정보고 제출

② 건설사업관리기술인은 특수한 공법이 적용되는 경우 기술 검토 및 시공상 문제점 등의 검토를 할 때에는 건설사업관리용역사업자의 본사 기술지원기술인 등을 활용하고, 필요시 발주청과 협의하여 외부의 국내·외 전문가에 자문하여 검토의견을 제시할 수 있으며 특수한 공종에 대하여 외부 전문가의 건설사업관리 참여가 필요하다고 판단될 경우 발주청과 협의하여 외부전문가를 참여시킬 수 있다.

③ 건설사업관리기술인은 설계변경 및 계약금액의 조정업무의 흐름도(별표3)를 참조하여 건설사업관리업무를 수행하여야 한다.

④ 건설사업관리기술인은 공사 시행과정에서 당초 설계의 기본적인 사항인 중심선, 계획고, 구조물의 구조 및 공법 등의 변경 없이 현지 여건에 따른 위치변경과 연장 증감 등으로 인한 수량증감이나 단순 구조물의 추가 또는 삭제 등의 경미한 설계변경 사항이 발생한 경우에는 설계변경도면, 수량증감 및 증감공사비 내역을 시공자로부터 제출받아 검토·확인하고 우선 변경 시공토록 지시할 수 있으며 사후에 발주청에 서면보고 하여야 한다. 이 경우 경미한 설계변경의 구체적 범위는 발주청이 정한다.

⑤ 발주청은 외부적 사업환경의 변동, 사업추진 기본계획의 조정, 민원에 의한 노선변경, 공법변경, 그 밖에 시설물 추가 등으로 설계변경이 필요한 경우에는 다음 각호의 서류를 첨부하여 반드시 서면으로 책임건설사업관리기술인에게 설계변경을 하도록 지시하여야 한다. 단, 발주청이 설계변경 도서를 작성할 수 없을 경우에는 설계변경 개요서만 첨부하여 설계변경 지시를 할 수 있다.

1. 설계변경 개요서

2. 설계변경 도면, 시방서, 계산서 등

3. 수량산출조서

　　4. 그 밖에 필요한 서류

　⑥ 제5항의 지시를 받은 책임건설사업관리기술인은 지체 없이 시공자에게 동 내용을 통보하여야 한다.

　⑦ 시공자는 설계변경 지시내용의 이행 가능 여부를 당시의 공정, 자재수급 상황 등을 검토하여 확정하고, 만약 이행이 불가능하다고 판단될 경우에는 그 사유와 근거자료를 첨부하여 책임건설사업관리기술인에게 보고하여야 하고 책임건설사업관리기술인은 그 내용을 검토·확인하여 지체 없이 발주청에 보고하여야 한다.

　⑧ 설계변경을 하려는 경우 책임건설사업관리기술인은 발주청의 방침에 따라 시공자로 하여금 제5항 각호의 서류와 설계변경에 필요한 구비서류를 작성하도록 한다. 이때 기술지원기술인은 현지 여건 등을 확인하여 책임건설사업관리기술인에게 기술 검토서를 작성·제출하여야 한다.

　⑨ 건설사업관리기술인은 시공자가 현지 여건과 설계도서가 부합되지 않거나 공사비의 절감과 건설공사의 품질 향상을 위한 개선사항 등 설계변경이 필요하다고 설계변경사유서, 설계변경도면, 개략적인 수량증감내역 및 공사비 증감내역 등의 서류를 첨부하여 제출하면 이를 검토·확인하여 필요시 기술 검토의견서를 첨부하여 발주청에 실정보고 하고, 발주청의 방침을 득한 후 시공하도록 조치하여야 한다.

　⑩ 건설사업관리기술인은 시공자로부터 현장 실정보고를 접수 후 기술 검토 등을 요하지 않는 단순한 사항은 7일 이내, 그 외의 사항을 14일 이내에 검토처리 하여야 하며, 만약 기일 내 처리가 곤란하거나 기술적 검토가 미비한 경우에는 그 사유와 처리계획을 발주청에 보고하고 시공자에게도 통보하여야 한다.

　⑪ 시공자는 구조물의 기초공사 또는 주공정에 중대한 영향을 미치는 설계변경으로 방침확정이 긴급히 요구되는 사항이 발생하는 경우에는 제9항 및 제10항의 절차에 따르지 않고 책임건설사업관리기술인에게 긴급 현장 실정보고를 할 수 있으며, 책임건설사업관리기술인은 발주청에 지체 없이 유선, 전자우편 또는 팩스 등으로 보고하여야 한다.

　⑫ 발주청은 제9항, 제10항, 제11항에 따라 설계변경 방침 결정 요구를 받은 경우에 설계변경에 대한 기술 검토를 위하여 발주청의 소속직원으로 기술 검토팀(T/F팀)을 구성(필요시 민간전문가로 자문단을 구성)·운영하여야 하며, 이 경우 단순한 사항은 7일 이내, 그 외의 사항은 14일 이내에 방침을 확정하여 책임건설사업관리기술인에게 통보하여야 한다. 다만, 해당 기일 내 처리가 곤란하여 방침 결정이 지연될 경우에는 그 사유를 명시하여 통보하여야 한다.

　⑬ 발주청은 설계변경 원인이 설계자의 하자라고 판단되는 경우에는 설계변경(안)에 대

한 설계자 의견서를 제출토록 하여야 하며, 대규모 설계변경 또는 주요 구조 및 공종에 대한 설계변경은 설계자에게 설계변경을 지시하여 조치한다.

⑭ 시공자의 "개선제안공법"으로 설계변경을 제안하는 경우에는 「건설기술진흥업무 운영규정」(국토교통부 훈령)에 따라 처리하여야 한다.

⑮ 건설사업관리기술인은 설계변경 등으로 인한 계약금액의 조정을 위한 각종 서류를 시공자로부터 제출받아 검토·확인한 후 건설사업관리용역사업자 대표자에게 보고하여야 하며, 대표자는 소속 기술지원기술인으로 하여금 검토·확인케 하고 대표자 명의로 발주청에 제출하여야 한다. 이때 변경설계서의 설계자로 책임건설사업관리기술인이 심사자로 기술지원기술인이 날인하여야 한다. 다만, 대규모 통합건설사업관리의 경우에는 실제 설계를 담당한 건설사업관리기술인과 책임건설사업관리기술인이 설계자로 연명하여 날인토록 하고 변경설계서의 표지 양식은 사전에 발주청과 협의하여 정하여야 한다.

⑯ 건설사업관리기술인은 설계변경 등으로 인한 계약금액 조정 업무처리를 지체함으로써 공사추진에 지장을 초래하지 않도록 적기에 계약변경이 이루어질 수 있도록 조치하고 시공자의 설계변경도서 미제출에 따른 지체 시에는 준공조서 작성 시 그 사유를 명시하고 정산 조치하여야 한다. 최종 계약금액의 조정은 예비 준공검사 기간 등을 고려하여 늦어도 준공예정일 75일 전까지 발주청에 제출되어야 한다.

제98조(암반선 확인) ① 건설사업관리기술인은 공사착공과 동시에 암판정위원회를 상시 구성·운영하고 암반선 노출 즉시 암판정을 실시하도록 하여야 하며 직접 육안으로 확인하고, 정확한 판정을 위해 필요한 추가 시험을 실시하여야 한다.

② 암판정 준비 및 절차는 다음 각호와 같은 요령으로 실시한다.

1. 암판정 대상은 절토부 암선 변경 시와 구조물 기초(암거, 교량 등), 터널 암질 변경 시 등에 대하여 실시

2. 암판정 요청 체계도 작성

3. 암판정위원회는 대상 공종의 중요성, 수량, 현장여건 등을 종합적으로 고려하여 토질 및 기초분야 기술지원기술인(건축공사는 토목 분야 기술지원기술인을 말함), 공사관리관, 책임건설사업관리기술인, 외부전문가 등으로 구성하고, 시공회사 현장대리인이 입회하여야 한다. 암판정 대상 공종이 중요하지 않고 공사의 연속성과 긴급성을 요할 경우와 소규모 수량인 경우 등 발주청이 별도로 정하는 경우에는 책임 건설사업관리기술인이 암반선을 확인 판정하며, 이 경우 책임건설사업관리기술인은 그 기록을 유지하여 사후 암판정위원회로 확인토록 함

4. 준비사항 및 보고방법

가. 절토부 암판정을 할 때에는 측량기, 줄자, 카메라, 깃발 등을 준비하고 물량 증
　　감 현황표, 토적표, 횡단도(암질 구분표시), 공사비 증감대비표 등 첨부

나. 구조물 기초 암판정을 할 때에는 주상도 작성(당초와 변경비교), 종평면도, 측
　　량성과표, 시공계획(기초에 대한 의견서), 기초확인 측량 시 사진촬영 보관(근
　　경, 원경), 시추와 굴착에 의한 시료함을 보관(시험실 비치)하고 보고

다. 터널 암판정을 할 때에는 주상도, 측량성과표, 굴착천공표, 종평면도, 사진, 현
　　장 시험실에 단면별 시료 채취 보관함 비치, 터널굴착(막장)별 관리대장을 기
　　록·비치하고 설계조건과 상이한 암질 변화 시 굴착방법과 보강방법을 임의대로
　　하지 말고, 암판정위원회의 심의를 거친 후 시행, 보고

제99조(설계변경계약전 기성고 및 지급자재의 지급) ① 건설사업관리기술인은 발주청의
방침을 지시받았거나, 승인을 받은 설계변경 사항의 기성고는 해당 공사의 변경계약을 체결
하기 전이라도 당초 계약된 수량과 공사비 범위에서 설계변경 승인사항의 공사 기성 부분에
대하여 확인하고 기성고를 사정하여야 한다. 발주청은 건설사업관리기술인이 확인하고 사
정한 동 기성 부분에 대하여 기성금을 지불하여야 한다.

　② 건설사업관리기술인은 제1항의 설계변경 승인 사항에 따른 발주청이 공급하는 지급
자재에 대하여 시공자의 요청이 있을 경우, 변경계약 체결 전이라고 하여도 공사추진상 필
요할 경우 변경된 소요량을 확인한 후 발주청에 지급을 요청할 수 있으며 동 요청을 받은
발주청은 공사추진에 지장이 없도록 조치하여야 한다.

제100조(물가변동으로 인한 계약금액 조정) ① 건설사업관리기술인은 시공자로부터 물
가변동에 따른 계약금액 조정·요청을 받을 경우, 다음 각호의 서류를 작성·제출토록 하여
야 하고 시공자는 이에 응하여야 한다.
　　1. 물가변동 조정요청서
　　2. 계약금액 조정요청서
　　3. 품목조정율 또는 지수조정율 산출근거
　　4. 계약금액 조정 산출근거
　　5. 그 밖의 설계변경에 필요한 서류
　② 건설사업관리기술인은 시공자로부터 계약금액 조정요청을 받은 날로부터 14일 이내
에 검토의견을 첨부하여 발주청에 보고하여야 한다.

제101조(업무조정회의) ① 발주청은 공사시행과 관련하여 공사관계자 간에 발생하는 이

견을 효율적으로 조정하기 위하여 업무조정회의를 운영하여야 한다.

② 업무조정회의는 발주청, 건설사업관리기술인, 시공자(하도급업체를 포함) 관계자가 참여하며 필요시 기술자문위원회위원, 변호사, 변리사, 교수 등 민간전문가 등의 자문을 받을 수 있다.

③ 업무조정회의의 심의대상은 다음 각호와 같다.

1. 공사관계자 일방의 귀책사유로 인한 공정지연 또는 공사비 증가 등의 피해가 발생한 경우

2. 공사관계자 일방의 부당한 조치로 인하여 피해가 발생한 경우

3. 그 밖에 공사시행과 관련하여 공사관계자 간에 발생한 이견의 해결

④ 업무조정회의에 안건을 상정하고자 하는 자는 업무조정에 필요한 서류를 작성하여 발주청에 제출하여야 하며, 발주청은 안건상정 요청을 받은 날로부터 20일 이내에 회의를 개최하여 조정하여야 한다.

⑤ 발주청, 건설사업관리용역사업자, 시공자는 회의결과에 승복하지 않을 경우, 법원에 소송을 제기할 수 있다.

제102조(기성·준공검사자 임명 및 검사기간) ① 건설사업관리기술인은 시공자로부터 별지 제26호 서식의 기성 부분검사원 또는 별지 제30호 서식의 준공검사원을 접수하였을 때는 이를 신속히 검토·확인하고, 별지 제27호 서식의 건설사업관리조서와 다음 각호의 서류를 첨부하여 지체 없이 건설사업관리용역사업자 대표자에게 제출하여야 한다. 다만, 「국가를 당사자로 하는 계약에 관한 법률 시행령」 제55조 제7항 및 「지방자치단체를 당사자로 하는 계약에 관한 법률 시행령」 제64조 제6항에 따른 약식 기성검사의 경우에는 건설사업관리조서와 기성 부분내역서 만을 제출할 수 있다.

1. 주요 자재 검사 및 수불부

2. 시공 후 매몰 부분에 대한 건설사업관리기술인의 검사기록 서류 및 시공 당시의 사진

3. 품질시험·검사 성과 총괄표

4. 발생품 정리부

5. 그 밖에 건설사업관리기술인이 필요하다고 인정하는 서류와 준공검사원에는 지급 자재 잉여분 조치 현황과 공사의 사전검측·확인서류, 안전관리점검 총괄표 추가첨부

② 건설사업관리용역사업자 대표자는 기성 부분검사원 또는 준공검사원을 접수하였을 때는 3일 안에 소속 건설사업관리기술인 중 2명 이상의 검사자를 임명하여 검사팀을 구성하고, 이 사실을 즉시 발주청에 보고하여야 한다. 다만, 「국가를 당사자로 하는 계약에 관한 법률 시행령」 제55조 제7항 및 「지방자치단체를 당사자로 하는 계약에 관한 법률 시행

령」 제64조 제6항에 따른 약식 기성 시에는 책임건설사업관리기술인을 검사자로 임명할 수 있다.

③ 건설사업관리용역사업자 대표자는 기성 부분검사를 함에 있어 현장이 원거리 또는 벽지에 위치하고 책임건설사업관리기술인으로도 검사가 가능하다고 인정되는 경우에는 발주청과 협의하여 책임건설사업관리기술인을 검사자로 임명할 수 있다.

④ 건설사업관리용역사업자 대표자는 부득이한 사유로 소속직원이 검사를 할 수 없다고 인정할 때에는 발주청과 협의하여 소속직원 이외의 자 또는 전문검사기관으로 하여금 그 검사를 하게 할 수 있다. 이 경우 검사결과는 서면으로 작성하여야 한다.

⑤ 건설사업관리용역사업자 대표자는 각종 설비, 복합공사 등 특수공종이 포함된 공사의 준공검사를 할 때 필요한 경우 발주청과 협의하여 전문기술인을 포함한 합동 준공검사반을 구성할 수 있다.

⑥ 발주청은 소속직원으로 하여금 기성 및 준공검사 과정에 입회토록 하여 기성 및 준공검사자가 계약서, 시방서, 설계도서 등 관계서류에 따라 기성 및 준공검사를 실시하는지 여부를 별지 제52호 서식을 작성하여 확인하여야 하며, 필요시 시설물 인수기관, 유지관리기관의 직원으로 하여금 기성 및 준공검사에 입회·확인토록 조치하여야 한다.

⑦ 발주청은 제6항에 따른 준공검사에 입회할 경우 해당 공사가 복합공종인 경우에는 공종별 팀을 구성하여 공동입회토록 하며, 준공검사 실시 여부를 확인하여야 한다.

⑧ 건설사업관리용역사업자 대표자는 주요구조부 등 구조안전을 위하여 검사가 필요한 부분에 대하여는 기성 부분검사 및 준공검사 전에 전문기술인의 검사 참여, 필수적인 검사 공종, 검사를 위한 시험장비, 접근이 어려운 시설물 실측 방법 등을 체계적으로 작성한 검사계획서를 발주청에 제출하여 승인을 득하고, 승인을 득한 계획서에 의하여 검사처리 절차에 따라 검사를 실시하여야 한다.

⑨ 기성 또는 준공검사자(이하 "검사자"라 함)는 계약에 소정 기일이 명시되지 않는 한 임명통지를 받은 날로부터 8일 안에 해당 공사의 검사를 완료하고 별지 제29호, 별지 제31호 서식의 검사조서를 작성하여 검사완료일로부터 3일 안에 검사결과를 소속 건설사업관리용역사업자 대표자에게 보고하여야 하며 건설사업관리용역사업자 대표자는 신속히 검토 후 발주청에 지체 없이 통보하여야 한다.

⑩ 검사자는 검사조서에 검사사진을 첨부하여야 하며, 준설공사의 경우는 수심평면도를 첨부하여야 한다.

⑪ 건설사업관리용역사업자 대표자는 천재지변, 해일, 그 밖에 이에 준하는 불가항력으로 인해 제9항에서 정한 기간을 준수할 수 없을 때에는 검사에 필요한 최소한의 범위에서 검사 기간을 연장할 수 있으며 이를 발주청에 통보하여야 한다.

⑫ 불합격 공사에 대한 보완, 재시공 완료 후 재검사 요청에 대한 검사 기간은 시공자로부터 그 시정을 완료한 사실을 통보받은 날로부터 제9항의 기간을 계산한다.

제103조(기성·준공검사 및 재시공) ① 검사자는 해당 공사의 현장에 상주기술인 및 시공자 또는 그 대리인 등을 입회케 하여 계약서, 시방서, 설계도서, 그 밖의 관계 서류에 따라 다음 각호의 사항을 검사하여야 한다. 다만, 「국가를 당사자로 하는 계약에 관한 법률 시행령」 제55조 제7항 본문에 따른 약식 기성검사의 경우에는 책임 건설사업관리기술인의 건설사업관리조서와 기성 부분내역서에 대한 확인으로 갈음할 수 있다.

　　1. 기성검사
　　　　가. 기성 부분내역(별지 제28호 서식)이 설계도서대로 시공되었는지 상주기술인이 시공 검측한 내용 확인
　　　　나. 지급자재의 사용 여부
　　　　다. 시공 완료되어 검사 시 외부에서 확인하기 곤란한 부분(가시설, 고공시설물, 수중, 접근 곤란한 시설물 등)에 대해서 시공 당시 검측자료(영상자료 등)로 갈음
　　　　라. 건설사업관리기술인의 기성검사원에 대한 사전 검토의견서
　　　　마. 품질시험·검사 성과 총괄표 내용
　　　　바. 그 밖에 발주청이 요구한 사항
　　2. 준공검사
　　　　가. 준공된 공사가 설계도서대로 시공되었는지 여부
　　　　나. 공사시공 시의 현장 상주기술인이 비치한 제기록에 대한 검토
　　　　다. 폐품 또는 발생물의 유무 및 처리의 적정 여부
　　　　라. 지급자재의 사용 적부와 잉여자재의 유무 및 그 처리의 적정 여부
　　　　마. 제반 설비의 제거 및 원상복구 정리상황 (토석 채취장 포함)
　　　　바. 건설사업관리기술인의 준공검사원에 대한 검토의견서
　　　　사. 그 밖에 발주청이 요구한 사항
② 검사자는 시공된 부분이 수중 지하구조물의 내부 또는 저부 등 시공 후 매몰되어 사후검사가 곤란한 부분과 주요 구조물에 중대한 피해를 주거나 대량의 파손 및 재시공 행위를 요하는 검사는 건설사업관리조서와 사전검사 등을 근거로 하여 검사를 행할 수 있다.
③ 검사자는 검사에 합격되지 않는 부분이 있을 때에는 건설사업관리용역사업자 대표자에게 지체 없이 그 내용을 보고하고 건설사업관리용역사업자 대표자의 지시에 따라 즉시 시공자로 하여금 보완시공 또는 재시공케 하고, 건설사업관리용역사업자 대표자는 해당 공사의 검사자로 하여금 재검사를 하게 하여야 한다.

제104조(준공검사 등의 절차) ① 건설사업관리기술인은 해당 공사완료 후 준공검사 전 사전 시운전 등이 필요하면 시공자로 하여금 다음 각호의 사항이 포함된 시운전을 위한 계획을 수립하여 시운전 30일 전까지 제출토록 하고 이를 검토하여 발주청에 제출하여야 한다.

    1. 시운전 일정

    2. 시운전 항목 및 종류

    3. 시운전 절차

    4. 시험장비 확보 및 보정

    5. 설비 기구 사용계획

    6. 운전요원 및 검사요원 선임계획

② 건설사업관리기술인은 시공자로부터 시운전 계획서를 제출받아 검토·확정하여 시운전 20일 전까지 발주청 및 시공자에게 통보하여야 한다.

③ 건설사업관리기술인은 시공자로 하여금 다음 각호와 같이 시운전 절차를 준비하도록 하여야 하며 시운전에 입회하여야 한다.

    1. 기기점검

    2. 예비운전

    3. 시운전

    4. 성능보장운전

    5. 검수

    6. 운전인도

④ 건설사업관리기술인은 시운전 완료 후에 다음 각호의 성과품을 시공자로부터 제출받아 검토 후 발주청에 인계하여야 한다.

    1. 운전개시, 가동절차 및 방법

    2. 점검항목 점검표

    3. 운전지침

    4. 기기류 단독 시운전 방법검토 및 계획서

    5. 실가동 다이어그램(Diagram)

    6. 시험 구분, 방법, 사용매체 검토 및 계획서

    7. 시험성적서

    8. 성능시험성적서 (성능시험 보고서)

⑤ 건설사업관리기술인은 공사 현장에 주요공사가 완료되고 현장이 정리단계에 있을 때에는 시공자로 하여금 준공 2개월 전에 예비준공검사원을 제출토록 하고 이를 검토하여 발주청에 제출하여야 한다. 다만, 단순 소규모공사일 경우에는 발주청과 협의한 후 생략할

수 있다.

⑥ 발주청은 건설사업관리기술인으로부터 예비준공검사 요청이 있을 때에는 소속직원 중 2인 이상의 검사자를 임명하여 검사토록 하여야 하며, 필요한 경우 시설물유지관리기관의 직원 또는 기술지원기술인을 입회하도록 하여야 한다.

⑦ 예비준공검사는 건설사업관리기술인이 확인한 정산설계도서 등에 따라 검사하여야 하며, 그 검사 내용은 준공검사에 준하여 철저히 시행하여야 한다.

⑧ 건설사업관리기술인은 예비준공검사를 실시하는 경우, 시공자가 제출한 품질시험·검사 총괄표를 검토한 후 검토서를 첨부하여 발주청에 제출하여야 한다.

⑨ 발주청은 검사를 시행한 후 보완사항에 대하여는 건설사업관리기술인에게 보완지시하고 준공검사자가 검사 시에 이를 확인할 수 있도록 건설사업관리용역사업자 대표자에게 검사결과를 통보하여야 하며, 시공자는 예비준공검사의 지적사항 등을 완전히 보완한 후 책임건설사업관리기술인의 확인을 받은 후 준공검사원을 제출하여야 한다.

⑩ 건설사업관리기술인은 정산설계도서 등을 검토·확인하고 시설 목적물이 발주청에 차질없이 인계될 수 있도록 지도·감독하여야 한다. 건설사업관리기술인은 시공자로부터 준공 예정일 2개월 전까지 정산설계도서를 제출받아 이를 검토·확인하여야 한다.

⑪ 건설사업관리기술인은 시공자가 작성 제출한 준공도면이 실제 시공된 대로 작성되었는지의 여부를 검토·확인하여 발주청에 제출하여야 한다. 준공도는 계약에서 정한 방법으로 작성하여야 하며, 모든 준공도면에는 건설사업관리기술인의 확인·서명이 있어야 한다.

⑫ 건설사업관리기술인은 시공자가 준공표지를 설치하는 때에는 공사구역의 일반이 보기 쉬운 곳에 영구적인 시설물로 준공표지를 설치토록 조치하여야 한다.

제105조(계약자 간 시공인터페이스 조정) 건설사업관리기술인은 다음 각호와 같은 계약자 간 시공 인터페이스 조정업무를 수행해야 한다.
  1. 공사관계자 간 업무조정회의 운영 실시
  2. 공사 시행단계별 간섭사항 내용파악을 위한 사전 검토

제106조(시공 단계의 예산검증 및 지원) ① 건설사업관리기술인은 예산검증 및 공사도급계약/관급자재계약과 관련하여 기술적 검토를 해야 하며 다음 각호의 내용을 포함한다.
  1. 예산 확정 여부 및 계약방식(예:장기계속계약, 계속비계약, 단년도계약)에 따라 자금집행계획 수립지원(연도별 예산 및 연부액을 고려하여)
  2. 공사도급 및 납품계약이 연도별 예산의 범위 내에 해당되는지, 산출 내역 및 예정 공정률(보할률)의 적정성 검토, 관급자재의 경우 납품 시기의 적정성 검토 및 조정이

필요한 경우 기술지원업무

　3. 계약 시기에 따른 원가계산제 비율 규정을 준수 여부(항목누락여부, 최소비율항목, 최대비율항목)

　② 건설사업관리기술인은 기성 및 계약변경에 의한 예산 모니터링 및 예측 등 통제업무지원을 수행하여야 하며 다음 각호의 내용을 포함한다.

　1. 예산대비 선금, 차수별 기성집행, 관급자재 대가지급 등 그 밖에 지출비용 집행현황 모니터링 및 분석 등

　2. 설계변경 및 물가변동에 의한 계약금액 조정 시 예산변동상황 모니터링 및 분석 등, 발주청 예산통제업무 지원(필요시 방안제시)

　3. 기능향상 또는 공사비 절감을 위한 시공V.E수행 업무지원

제9절 시공 후 단계 업무

제107조(종합시운전계획의 검토 및 시운전 확인) ① 건설사업관리기술인은 시운전 계획을 검토해야 하며 다음 각호의 내용을 포함한다.

　1. 시운전 종합계획의 검토(계획서, 절차서, 성과물관리, 시설유지보수 계획 등)

　2. 시운전 조치사항의 검토 및 결과처리 방안(현장점검, 개별 시운전, 계통연동시험, 시험운영 단계)

　3. 시운전 관련 회의 및 보고

　② 건설사업관리기술인은 시운전 상태를 확인해야 하며 다음 각호의 내용을 포함한다.

　1. 시운전 수행 지원

　2. 시운전 결과보고서 작성(운영상태 점검, 재시행계획, 시설개선사항, 보완대책 및 조치 결과 등)

제108조(시설물 유지관리지침서 검토) ① 건설사업관리기술인은 발주청(설계자) 또는 시공자(주요기계설비의 납품자) 등이 제출한 시설물의 유지관리지침서에 대해 다음 각호의 내용을 검토한 후, 시설물 유지관리 기구에 대한 의견서를 첨부하여 공사 준공 후 14일 이내에 발주청에 제출하여야 한다.

　1. 시설물의 규격 및 기능 설명서

　2. 시설물유지관리지침

　3. 특기사항

　② 해당 건설사업관리용역사업자 대표자는 발주청이 유지관리상 필요하다고 인정하여 기술자문 등을 요청할 경우에는 이에 협조하여야 하며, 전문적인 기술 등으로 외부 전문기

술 또는 상당한 노력이 소요되는 경우에는 발주청과 별도 협의하여 결정한다.

제109조(시설물유지관리 업체 선정) ① 건설사업관리기술인은 시설물유지관리사업자 선정을 위한 평가 기준 제시 및 입찰, 계약절차를 수립하여야 하며 다음 각호의 내용을 포함한다.

　　1. 시설물별 관련 법의 검토

　　2. 시설물관리업 전문업체 조사

　　3. 입찰절차, 평가 기준의 작성 및 검토

② 건설사업관리기술인은 다음 각호의 내용과 같이 입찰 관련 서류의 적정성 검토업무를 수행해야 한다.

　　1. 시설물관리업 전문업체 평가(면허, 경영상태, 시정명령, 과태료 등)

　　2. 입찰서류의 평가 및 보완

　　3. 발주청 보고 및 계약 지원

③ 건설사업관리기술인은 다음 각호의 내용을 포함하는 기술 교육을 실시하여야 한다.

　　1. 시설물관리업 전문업체 교육계획 검토

　　2. 교육 실시 및 보고

제110조(시설물의 인수·인계 계획 검토 및 관련업무 지원) ① 건설사업관리기술인은 시공자로 하여금 해당 공사의 예비준공검사(부분준공, 발주청의 필요에 의한 기성준공부분을 포함한다.) 완료 후 14일 이내에 다음 각호의 사항이 포함된 시설물의 인계·인수를 위한 계획을 수립토록 하고 이를 검토하여야 한다.

　　1. 일반사항(공사개요 등)

　　2. 운영지침서(필요한 경우)

　　　　가. 시설물의 규격 및 기능점검 항목

　　　　나. 기능점검 절차

　　　　다. 시험(Test) 장비확보 및 보정

　　　　라. 기자재 운전지침서

　　　　마. 제작도면 절차서 등 관련 자료

　　3. 시운전 결과보고서 (시운전 실적이 있는 경우)

　　4. 예비 준공검사 결과

　　5. 특기사항

② 건설사업관리기술인은 시공자로부터 시설물 인계·인수 계획서를 제출받아 7일 이내에 검토, 확정하여 발주청 및 시공자에게 통보하여 인계·인수에 차질이 없도록 하여야 한다.

③ 건설사업관리기술인은 발주청과 시공자 간의 시설물 인계·인수의 입회자가 된다.

④ 건설사업관리기술인은 시공자가 제출한 인계·인수서를 검토·확인하며 시설물이 적기에 발주청에 인계·인수될 수 있도록 한다.

⑤ 건설사업관리기술인은 시설물 인계·인수에 대한 발주청 등의 이견이 있는 경우, 이에 대한 현황파악 및 필요대책 등의 의견을 제시하여 시공자가 이를 수행토록 조치한다.

⑥ 인계·인수서는 준공검사 결과를 포함하여야 하며, 시설물의 인계·인수는 준공검사 시 지적사항 시정 완료일부터 14일 이내에 실시하여야 한다.

⑦ 건설사업관리기술인은 해당 공사와 관련한 다음 각호의 건설사업관리기록서류를 포함하여 발주청에 인계할 문서의 목록을 발주청과 협의, 작성하여야 한다.

    1. 준공 사진첩

    2. 준공도면

    3. 건축물대장(건축공사의 경우)

    4. 품질시험·검사 성과 총괄표

    5. 기자재 구매서류

    6. 시설물 인계·인수서

    7. 그 밖에 발주청이 필요하다고 인정하는 서류

⑧ 발주청은 법 제39조 제4항 및 규칙 제36조에 따라 건설사업관리용역사업자로부터 제출받은 건설사업관리보고서를 시설물이 존속하는 기간까지 보관하여야 한다.

제111조(하자보수 지원) ① 건설사업관리용역사업자 대표자 및 건설사업관리기술인은 공사 준공 후 발주청과 시공자 간의 시설물의 하자보수 처리에 대한 분쟁 또는 이견이 있는 경우, 검토의견을 제시하여야 한다.

② 건설사업관리용역사업자 대표자 및 건설사업관리기술인은 공사 준공 후 발주청이 필요하다고 인정하여 하자보수 대책수립을 요청할 경우 이에 협조하여야 한다.

③ 제1항과 제2항의 업무가 건설사업관리기술용역계약에 정한 건설사업관리기간이 지난 후에 수행하여야 할 경우에는 발주청은 별도의 실비를 건설사업관리용역사업자에게 지급토록 조치하여야 한다. 다만, 하자사항이 건설사업관리업무 부실에 기인할 경우에는 그러하지 아니한다.

제4장 건설공사 감독자 업무
제1절 일반사항

제112조(사업관리방식의 적용) 발주청은 직접 공사감독을 수행할 자체 인력이 부족한 경우 발주청 직원과 부분 감독 권한대행 등 건설사업관리 또는 건설사업관리(감독 권한대

행 등 건설사업관리는 제외)를 병행하여 적용할 수 있다.

제113조(업무처리 기간설정) 제4장에서 정한 검토, 승인, 보고 등의 기간이 공사 여건상 불합리하다고 판단하는 경우 사전에 시공자와 협의하여 조정할 수 있다. 이 경우 발주청에 그 사유를 보고하여야 한다.

제114조(공사감독자의 행위제한) 공사감독자는 해당 공사의 기성검사 및 준공검사에 대한 검사자 직무를 겸할 수 없다. 다만, 「국가를 당사자로 하는 계약에 관한 법률 시행령」 제57조 및 「지방자치단체를 당사자로 하는 계약에 관한 법률 시행령」 제66조에 따른 경우에는 이에 따른다.

제115조(공사감독자의 서류 작성·비치) 공사감독자는 다른 법령에 특별한 규정이 있는 경우를 제외하고는 다음 각호의 서류를 작성 또는 비치하여야 한다.
1. 공사감독일지(별지 제53호 서식)
2. 문서접수 및 발송대장(별지 제14호 서식)
3. 민원처리부(별지 제15호 서식)
4. 검측대장(별지 제19호 서식)
5. 재해 발생현황(별지 제22호 서식)
6. 협의 내용 등의 관리대장(별지 제24호 서식)
7. 사후 환경영향조사 결과보고서(별지 제25호 서식)
8. (기성 부분, 준공) 감독조서(별지 제54호 서식)
9. 공사 기성 부분 내역서(별지 제28호 서식)
10. 단속·점검방문 실명제 기록부

제116조(시공자가 비치하는 서류의 확인) 공사감독자는 시공자가 작성한 다음의 서류를 검토 확인하여야 한다.
1. 품질시험계획(별지 제55호 서식)
2. 품질시험·검사대장(별지 제56호 서식)
3. 품질시험·검사 성과 총괄표(별지 제17호 서식)
4. 품질시험·검사실적보고서(별지 제18호 서식)
5. 현장교육실적부(별지 제57호 서식)
6. 구조물별 콘크리트 타설 현황(별지 제35호 서식)

7. 콘크리트 구조물 균열 관리 현황(별지 제41호 서식)

8. 안전관리계획서, 유해·위험방지계획서, 안전관리비 및 산업안전보건관리비 사용실적 관계서류

9. 주요 자재 수불부(별지 제58호 서식) 및 검사부(별지 제59호 서식)

10. 발생품(잉여자재) 정리부(별지 제20호 서식)

11. 공사측량성과

12. 안전보건 관리체제(별지 제21호 서식)

13. 공사진척현황에 대한 사진첩 또는 동영상

14. 노무비 구분관리 및 지급확인 관계서류

15. 그 밖에 필요한 서류 및 도표

제117조(관계기관 협의) 공사감독자는 공사시행에 따른 관련 기관과의 협의 시 필요한 서류를 작성하여 발주청에 제출하여야 한다.

제118조(공사관련 서류 검토·보고) ① 공사감독자는 공사진행 단계별로 시공자가 제출하는 다음 각호의 서류를 확인하고 발주청에 보고하여야 한다.

1. 공사 착수단계

    가. 착공신고서

    나. 설계도서 검토서

    다. 토취장·사토장 또는 골재원 현황

    라. 공사 시공측량 결과보고서

2. 공사 시공 단계

    가. 안전관리계획서 및 품질관리(시험)계획서

    나. 주요 자재 공급원 승인요청

    다. 실정보고 및 설계변경 사항

    라. 안전사고 및 부실시공 현황

    마. 민원사항

    바. 품질시험·검사 성과 총괄표

    사. 기성 부분 검사원

    아. 지급자재 대체사용 신청서

    자. 공정보고(매월 말 기준 다음 달 5일까지)

    차. 하도급 통보서 및 하도대금지급 분쟁

카. 현장대리인 변경

타. 근로자 노무비 청구 및 지급 내역서(매월)

3. 공사 준공단계

가. 예비 준공검사원

나. 준공검사원

4. 공사 준공 후

가. 준공 설계도서(설계원도 포함)

나. 준공 사진첩

다. 품질시험·검사대장 및 성과총괄표

라. 유지관리 기관으로의 인수인계 서류

② 공사감독자는 감독업무 수행 중 공사 현장에 다음 각호의 사태가 발생하였을 때에는 필요한 응급조치를 취한 후 지체 없이 발주청에 보고하고 이에 대한 조치지시를 받아야 한다.

1. 천재지변 등 그 밖의 사유로 현장에 피해 또는 사고가 발생하거나 공사시행이 불가능하게 된 때

2. 공사 장애요인의 발생으로 7일 이상 공사추진이 불가능한 때

3. 시공자가 정당한 사유 없이 장기간 업무를 수행하지 아니할 때

4. 시공자가 업무를 불성실하게 수행하거나 발주청의 정당한 지시를 이행하지 아니할 때

제119조(명령 및 지시사항 처리) ① 공사감독자는 시공 등에 대하여 발주청에서 받은 지시사항은 그 내용을 기록하고, 조치 계획 및 그 결과를 보고한 후 비치하여야 한다.

② 공사감독자는 공사에 대한 지시는 시공자에게 서면으로 하여야 하며, 조치 결과를 제출받아 확인하고 그 내용을 비치하여야 한다. 다만 불가피한 경우 우선 구두로 지시한 후 사후에 서면으로 통보할 수 있다.

③ 공사감독자는 민원 발생이 예상되는 사항을 사전에 도출하여 발생 요인의 제거 및 최소화에 노력하여야 한다.

제120조(근무요령) 공사감독자는 다음의 각호의 요령으로 근무하여야 한다.

1. 공사 현장에 상주를 원칙으로 하되 복수공사의 공사감독자로 임명되었을 경우에는 순환 상주하여야 한다. 다만, 부득이한 사유로 현장 상주가 곤란한 경우 출장으로 공사 현장 감독업무를 수행할 수 있다.

2. 당일 감독업무 내용과 행선지 등을 기록하는 근무상황판을 사무실에 비치하고 항상 파악할 수 있도록 하여야 한다.

3. 당일 공사추진상황 및 감독업무 수행내용을 공사감독일지에 기록·비치하고, 시공자가 작성한 별지 제60호 서식의 공사작업일지를 확인한 후 그 사본을 공사감독일지에 첨부하여야 한다.

4. 공사감독자는 공사 현장에 문제점이 발생하거나 시공과 관련한 중요한 변경 및 예산과 관련되는 사항에 대하여는 발주청에 서면으로 보고하고 지시를 받아야 한다.

5. 공사감독자는 임의로 설계를 변경시키거나 기간연장 등 공사계약조건과 다른 지시나 결정을 하지 않아야 한다.

제121조(업무 인계·인수) 공사감독자 교체의 명이 있을 때에는 현장에 비치된 서류, 기구, 자재 및 그 밖에 공사에 관한 사항을 후임자에게 인계하여 공사감독에 차질이 없도록 하여야 하며, 그 사항을 발주청에 보고하여야 한다.

제122조(현장대리인 교체) ① 공사감독자는 현장대리인이 해당 공사의 적정한 품질 확보 및 공정관리를 위하여 부적당하다고 인정되는 경우에는 사전에 발주청으로 실정을 보고하여 교체여부에 대한 방침을 받은 후 시공자에게 교체를 요구하여야 한다.

② 공사감독자는 현장대리인이 현장을 벗어날 부득이한 사유가 있는 경우에는 그 기간을 정하여 대리인을 지정하고 이를 허락할 수 있다.

제123조(건설기술인 관리 등) 공사감독자는 공사에 참여하는 건설기술인 등이 다음 각 호에 해당하여 그 현장에 적절치 않다고 인정되는 경우에는 시공자에게 이들의 교체를 요구하고 발주청에 그 사유를 보고하여야 한다.

1. 건설기술인, 품질관리자, 안전관리자, 보건관리자가 법, 「건설산업기본법」 및 「산업안전보건법」 등의 규정에 따른 건설기술인 배치 기준, 품질시험의무 등 관련법규를 위반하였을 때

2. 건설기술인이 사전 승낙을 얻지 아니하고 정당한 사유 없이 그 건설공사의 현장을 이탈한 때

3. 건설기술인의 고의 또는 과실로 인하여 건설공사를 조잡하게 시공하거나, 부실시공을 하였을 때

4. 건설기술인이 계약에 따른 시공능력 및 기술이 부족하다고 인정되거나 정당한 사유 없이 기성 공정이 현격히 미달할 때

5. 건설기술인이 기술능력이 부족하여 공사시행에 차질을 초래하거나 감독자의 정당한 지시에 응하지 아니한 때

제2절 공사 착수단계 업무

제124조(설계서 등의 검토) ① 공사감독자는 설계도면, 시방서, 산출내역서 등의 내용을 숙지하여 감독하여야 한다.

② 공사감독자는 시공자로 하여금 설계서 등 계약문서와 다음 각호의 사항을 검토하도록 하여야 한다.

    1. 현장 조건에 부합 여부

    2. 공사 착수 전, 공사시행 중, 준공 및 인수·인계단계에서 다른 사업 또는 다른 공정과의 상호 부합 여부

    3. 설계도면, 시방서, 산출내역서 등의 내용에 대한 상호 일치 여부

③ 공사감독자는 제2항의 검토 결과 불합리한 부분, 착오, 불명확하거나 의문사항이 있을 시는 그 내용과 의견을 발주청에 보고하여야 하며, 필요시 설계자의 의견을 물을 수 있다.

제125조(기준점 설치 등) 공사감독자는 시공자로 하여금 공사 현장에 수준점 및 그 밖의 도근점 등 시공 시 또는 검측 시 필요한 기준점과 표식을 공사 기간 동안 보존될 수 있도록 설치하고, 그 위치(좌표포함)와 표고를 공사평면도 또는 부근 평면약도에 표시하여 관리하게 하여야 한다.

제126조(공사표지판 등 설치) ① 공사감독자는 공사 현장의 주 출입도로에는 「건설산업기본법」에 따라 시공자로 하여금 공사안내표지판을 설치하도록 하여야 하며, 선형공사일 경우에는 적당한 간격으로 거리표지판을 설치토록 하여야 한다.

② 공사감독자는 중장비 사용 또는 수중공사 등 위험한 공사장에는 시공자로 하여금 위험 표지판을 안전관리계획 등에 따라 설치하도록 하여야 하며, 필요한 경우에는 일반인의 출입 및 접근을 금하는 게시판을 설치하여야 한다.

제127조(착공신고서 검토 및 보고) 공사감독자는 건설공사가 착공된 경우에는 시공자로부터 다음 각호의 서류가 포함된 착공신고서를 제출받아 적정성 여부를 검토하여 7일 이내에 발주청에 보고하여야 한다.

    1. 현장기술인 지정신고서(현장관리조직, 현장대리인, 품질관리자, 안전관리자, 보건관리자)

    2. 건설공사 공정예정표

    3. 품질관리계획서 또는 품질시험계획서(실착공 전에 제출 가능)

    4. 공사도급 계약서 사본 및 산출내역서

5. 착공 전 사진

6. 현장기술인 경력사항 확인서 및 자격증 사본

7. 안전관리계획서(실착공 전에 제출 가능)

8. 유해·위험방지계획서(실착공 전에 제출 가능)

9. 노무동원 및 장비투입 계획서

10. 관급자재 수급계획서

제128조(확인측량 실시) ① 공사감독자는 착공과 동시에 시공자로 하여금 발주 설계도면과 실제 현장의 이상 유무를 확인하기 위하여 확인측량을 실시토록 하여야 한다.

② 공사감독자는 확인측량을 검토한 후에는 시공자에게 다음 각호의 서류를 작성·제출토록 하고, 확인측량 도면의 표지에 측량을 실시한 현장대리인, 실시설계용역회사의 책임자(입회한 경우)와 함께 서명·날인하고 검토의견서를 첨부하여 발주청에 보고하여야 한다.

1. 확인측량 결과 도면 (종·횡단도, 평면도, 구조물도 등)

2. 산출내역서

3. 공사비 증감대비표

4. 그 밖의 참고사항

③ 공사감독자는 현지 확인측량결과 설계 내용과 현저히 상이할 때는 발주청에 측량결과를 보고한 후 지시를 받아 실제 시공에 착수하게 하여야 한다.

제129조(하도급 관련사항) ① 공사감독자는 시공자가 도급받은 건설공사를 「건설산업기본법」 제29조, 공사계약일반조건 제42조 규정에 의거 하도급 하고자 발주청에 통지하거나, 동의 또는 승낙을 요청하는 사항에 대해서는 다음 각호의 사항에 관한 적정성 여부를 검토하여 요청받은 날로부터 7일 이내에 그 의견을 발주청에 제출하여야 한다.

1. 하도급자 자격의 적정성 검토

2. 하도급 통지 기간 준수 등

3. 저가 하도급에 대한 검토의견서 등

② 공사감독자는 제1항에 의거 처리된 하도급에 대해서는 시공자가 「건설산업기본법」 제34조부터 제38조까지 및 「하도급거래 공정화에 관한 법률」에 규정된 사항을 이행하도록 확인하여야 한다.

③ 공사감독자는 하도급받은 건설업자가 「건설산업기본법 시행령」 제26조 제2항에 따라 하도급계약 내용을 건설산업종합정보망(KISCON)을 이용하여 발주청에 통보하였는지를 확인하여야 한다.

제130조(현지 여건조사) ① 공사감독자는 공사 착공 후 빠른 시일 안에 시공자와 합동으로 다음 각호의 사항을 현지조사하고 설계 내용의 변경이 필요한 경우에는 설계변경 절차에 의거 처리하여야 한다.

1. 각종 재료원 확인
2. 진입도로 현황
3. 인접도로의 교통규제 상황
4. 지장물 현황
5. 기후 및 기상상태
6. 하천의 최대 홍수위 및 유수 상태 등

② 공사감독자는 제1항의 현지조사 내용을 검토하여 인근 주민 등에 대한 피해 발생 가능성이 있을 경우에는 시공자에게 다음 각호의 사항에 관한 대책을 강구하도록 하고, 설계변경이 필요한 경우에는 설계변경 절차에 의거 처리하여야 한다.

1. 인근 가옥 및 가축 등의 대책
2. 지하매설물, 인근의 도로, 교통시설물 등의 손괴
3. 통행 지장 대책
4. 소음, 진동 대책
5. 낙진, 먼지 대책
6. 지반침하 대책
7. 하수로 인한 인근 대지, 농작물 피해 대책
8. 우기 중 배수 대책 등

제3절 공사시행단계 업무

제131조(시공자 제출서류의 검토) 공사감독자는 시공자가 제출하는 다음 각호의 서류를 접수하여야 하며 접수된 서류에 하자가 있을 경우에는 접수일로부터 3일 이내에 시공자에게 문서로 보완 지시하여야 한다.

1. 지급자재 수급요청서 및 대체사용 신청서
2. 주요기자재 공급원 승인요청서
3. 각종 시험성적표
4. 설계변경 여건보고
5. 준공기한 연기신청서
6. 기성·준공 검사원
7. 하도급 통지 및 승인요청서

8. 안전관리 추진실적 보고서(안전관리 활동, 안전관리비 및 산업안전보건관리비 사용실적 등)

9. 확인측량 결과보고서

10. 물량 확정보고서 및 물가 변동지수 조정율 계산서

11. 품질관리계획서 또는 품질시험계획서

12. 그 밖에 시공과 관련된 필요한 서류 및 도표 (천후표, 온도표, 수위표, 조위표 등)

13. 발파계획서

14. '원가계산에 의한 예정가격작성준칙'에 대한 공사원가계산서상의 건설공사 관련 보험료 및 건설근로자퇴직공제부금비 납부 내역과 관련 증빙자료

15. 일용근로자 근로내용확인신고서

제132조(공사감독자의 의견제시 등) ① 공사감독자는 공사 중 해당 공사와 관련하여 시공자의 공법변경 요구 등 실정보고 사항에 대하여 요구가 있은 날로부터 7일 이내에 이를 검토하고 의견서를 첨부하여 발주청에 보고하여야 한다.

② 공사감독자는 스스로 공사시공과 관련하여 검토한 내용에 대하여 필요하다고 판단될 경우 발주청 또는 시공자에게 그 검토의견을 서면으로 제시할 수 있다.

③ 공사감독자는 공사시행 중 예산이 변경되거나 계획이 변경되는 중요한 민원이 발생된 때에는 그 검토의견서를 첨부하여 발주청에 보고하여야 한다.

제133조(사진촬영 및 보관) ① 공사감독자는 시공자로 하여금 촬영 일자가 나오는 공사사진을 공종별로 착공 전부터 준공 때까지의 공사과정, 공법, 특기사항을 촬영하고 공사내용(시공일자, 위치, 공종, 작업내용 등) 설명서를 기재, 제출토록 하여 후일 참고자료로 활용토록 한다. 공사기록 사진은 공종별, 공사추진단계에 따라 다음 각호의 사항을 촬영·정리토록 하여야 한다.

1. 주요한 공사현황은 착공 전, 시공 중, 준공 등 시공 과정을 알 수 있도록 가급적 동일 장소에서 촬영

2. 시공 후의 검사가 불가능하거나 곤란한 부분

　가. 암반선 확인 사진

　나. 매몰, 수중 구조물

　다. 구조체공사에 대해 철근지름, 간격 및 벽두께, 강구조물(steel box내부, steel girder 등) 경간별 주요부위 부재 두께 및 용접 전경 등을 알 수 있도록 촬영

　라. 공장제품 검사(창문 및 창문틀, 철골검사, PC 자재 등) 기록

마. 지중매설(급·배수관, 전선 등) 광경

　　바. 지하 매설된 부분의 배근 상태 및 콘크리트 두께 현황

　　사. 본 구조물 시공 이후 철거되는 가설시설물 시공광경

　② 공사감독자는 특히 중요하다고 판단되는 시설물에 대하여는 공사과정을 동영상으로 촬영토록 시공자에게 지시할 수 있다.

　③ 공사감독자는 제1항과 제2항에서 촬영한 사진(필요시 촬영한 동영상)은 Digital 파일, CD 등으로 제출받아 수시 검토·확인할 수 있도록 보관하고 준공 시 발주청에 제출한다.

　제134조(시공계획서의 검토·확인) ① 공사감독자는 시공자로부터 공사시방서의 기준(공사종류별, 시기별)에 따른 시공계획서를 공사 착수 전에 제출받아 이를 검토·확인하여 7일 안에 승인한 후 시공토록 하여야 하고 시공계획서의 보완이 필요한 경우 그 내용과 사유를 문서로서 통보해야 한다. 시공계획서에는 공사시방서의 작성기준과 함께 다음 각호의 내용이 포함되어야 한다.

　　1. 현장조직표

　　2. 공사 세부공정표

　　3. 주요공정의 시공절차 및 방법

　　4. 시공일정

　　5. 주요장비 동원계획

　　6. 주요 자재 및 인력투입계획

　　7. 주요 설비사양 및 반입계획

　　8. 품질관리대책

　　9. 안전대책 및 환경대책 등

　　10. 지장물 처리계획과 교통처리 대책

　② 공사감독자는 시공계획서를 착공신고서와 별도로 실제 공사 착수 전에 제출받아야 하며 공사 중 시공계획서에 중요한 내용변경이 발생할 경우에는 변경 시공계획서를 제출받은 후 5일 이내에 검토·확인하여 승인한 후 시공토록 하여야 한다.

　제135조(시공상세도 승인) ① 공사감독자는 시공자가 제출한 시공상세도를 사전에 검토하여야 한다. 특히 주요구조부의 시공상세도 검토 시 설계자의 의견을 구할 수 있으며, 이 경우 공사감독자의 승인 후 시공토록 하여야 한다.

　② 공사감독자는 다음 각호의 사항에 대한 것과 발주청에서 규칙 제42조에 따라 공사시방서에 작성하도록 명시한 시공상세도를 시공자가 작성 하였는지를 확인하여야 한다.

1. 비계, 동바리, 거푸집 및 가교, 가도 등의 설치상세도 및 구조 계산서

2. 구조물의 모따기 상세도

3. 옹벽, 측구 등 구조물의 연장 끝부분 처리도

4. 배수관, 암거, 교량용 날개벽 등의 설치위치 및 연장도

5. 철근 배근도에는 정·부철근 등의 유효간격, 철근 피복두께(측·저면)유지용 스페이서, Chair-Bar의 위치·설치방법 및 가공을 위한 상세도면

6. 철근 겹이음 길이 및 위치의 시방서 규정 준수 여부 확인

7. 그 밖에 규격, 치수, 연장 등이 불명확하여 시공에 어려움이 예상되는 부위의 각종 상세도면

③ 공사감독자는 시공상세도(Shop Drawing) 검토·확인 때까지 구조물 시공을 허용하지 말아야 하고, 시공상세도는 접수일로부터 7일 이내에 검토·확인하여 서면으로 승인하고, 부득이하게 7일 이내에 검토가 불가능할 경우 사유 등을 명시하여 서면으로 통보하여야 한다.

제136조(시험발파) 공사감독자는 시공자로부터 시험발파계획서를 사전에 제출받아 다음 각호의 사항을 고려하여 검토·확인하고 발파하도록 하여야 한다.

1. 관계규정 저촉 여부

2. 안전성 확보 여부

3. 계측계획 적정성 여부

4. 그 밖에 시험발파를 위하여 필요한 사항

제137조(가시설공사의 구조·안전 검토) ① 공사감독자는 주요 구조물의 시공 중 붕괴사고, 부실시공 등의 발생 원인이 비계, 동바리, 거푸집 등 가시설의 구조 및 시공 부주의에 기인하는 점을 명심하여 공사 시공 전에 시공자로 하여금 가시설에 대한 설계, 구조, 시공의 검토를 하도록 하고 시공 과정에서 관리를 철저히 하여야 한다.

② 공사감독자는 시공자가 「산업안전보건법」 제29조의 3에 따라 건설공사 중에 가설구조물의 붕괴 등 재해발생 위험이 높다고 판단되는 가설구조물에 대해 전문가의 의견을 들어 가설공사 설계변경을 요청하는 경우 그 검토의견서를 첨부하여 발주청에 보고하여야 한다.

제138조(시공 확인) ① 공사감독자는 다음 각호의 현장 시공 확인업무를 수행하여야 한다.

1. 공사 목적물을 제조, 조립, 설치하는 시공 과정에서 가시설 공사와 영구 시설물 공사의 작업단계별 시공상태

2. 시공자가 측량하여 말뚝 등으로 표시한 시설물의 배치위치를 야장 또는 측량성과를 시공자로부터 제출받아 시설물의 위치, 표고, 치수의 정확도 확인

3. 수중 또는 지하에서 행하여지는 공사나 외부에서 확인하기 곤란한 시공에는 직접 검측하고 시공자로 하여금 시공 당시 상세한 경과기록 및 사진촬영 등의 방법으로 그 시공 내용을 명확히 입증할 수 있는 자료를 작성·비치토록 하여야 한다.

② 공사감독자는 단계적인 검측으로 현장 확인이 곤란한 콘크리트 타설공사는 입회·확인하여 시공토록 하여야 한다.

③ 공사감독자는 시공자로 하여금 콘크리트 품질을 저하시키는 행위 등이 없도록 생산, 운반, 타설의 전 과정을 관리토록 하고 이를 확인하여야 한다.

④ 공사감독자는 시공확인을 위하여 X-Ray 촬영, 도막 두께 측정, 기계설비의 성능시험, 수중촬영 등의 특수한 방법이 필요한 경우 외부 전문기관에 확인을 의뢰할 수 있으며 필요한 비용은 설계변경 시 반영한다.

제139조(품질관리계획 등의 관리) ① 공사감독자는 시공자가 공사계약문서에서 정한 품질관리(또는 품질시험)계획 요건대로 품질에 영향을 미치는 모든 작업을 성실하게 수행하는지 확인하여야 한다.

② 공사감독자는 시공자가 품질관리(또는 품질시험)계획 요건의 이행을 위해 제출하는 문서를 7일 이내에 검토·확인 후 발주청에 승인을 요청하여야 한다.

③ 공사감독자는 품질관리(또는 품질시험)계획이 발주청으로부터 승인되기 전까지는 시공자로 하여금 해당 업무를 수행하게 하여서는 안 된다.

④ 공사감독자는 시공자가 작성한 품질관리(또는 품질시험)계획에 따라 품질관리 업무를 적정하게 수행하였는지의 여부를 검사하여야 하며, 검사결과 시정이 필요한 경우에는 시공자에게 시정을 요구할 수 있으며, 시정을 요구받은 시공자는 이를 지체 없이 시정하여야 한다.

⑤ 공사감독자는 시공자로부터 매월 말 또는 기성 부분 검사신청, 예비준공검사 신청 시 품질시험·검사실적을 종합한 품질시험·검사실적보고서(별지 제18호 서식)를 제출받아 이를 확인하여야 한다.

제140조(암반선 확인) ① 공사감독자는 공사착공 즉시 암판정위원회를 상시 구성·운영하고 암반선 노출 즉시 암판정을 실시하도록 하여야 하며, 직접 육안으로 확인하고 정확한 판정을 위해 필요한 추가 시험을 실시하여 암판정 결과를 발주청에 보고하여야 한다.

② 암판정위원회는 공사감독자, 외부전문가 등으로 구성하고 시공회사 현장대리인이 입

회하여야 한다.

제141조(지장물 등 철거확인) ① 공사감독자는 공사 중에 지하매설물 등 새로운 지장물을 발견하였을 때에는 시공자로부터 상세한 내용이 포함된 지장물 조서를 제출받아 이를 확인한다.

② 제1항에 따른 기존 구조물을 철거할 때에는 시공자로 하여금 현황도(측면도, 평면도, 상세도, 그 밖에 수량 산출 시 필요한 사항)와 현황 사진을 작성하여 제출토록 하고 이를 검토·확인하여 발주청에 보고하고 설계변경 시 계상하여야 한다.

제142조(공사감독자의 공사중지명령 등) 공사감독자의 재시공·공사중지 명령 등의 조치에 관하여는 제93조 제3항부터 제9항까지를 준용한다. 이 경우 "건설사업관리용역사업자"는 "공사감독자"로 본다.

제143조(공정관리) ① 공사감독자는 해당 공사가 정해진 공기 내에 시방서, 도면 등에 의거하여 소요의 품질을 갖추어 완성될 수 있도록 시공자를 지도하여야 한다.

② 공사감독자는 공사 착공일로부터 30일 안에 시공자로부터 공정관리계획서를 제출받고, 제출받은 날로부터 14일 이내에 검토하여 승인하고 이를 발주청에 제출하여야 한다.

제144조(공사진도 관리) ① 공사감독자는 시공자로부터 전체 실시공정표에 의거한 월간, 주간 상세공정표를 사전에 제출받아 검토·확인하여야 한다.

② 공사감독자는 공정지연을 방지하기 위하여 주 공정 중심의 일정관리가 될 수 있도록 시공자를 감독하여야 한다.

제145조(부진공정 만회대책) ① 공사감독자는 공사진도율이 계획공정대비 월간 공정실적이 10% 이상 지연(계획공정대비 누계공정실적이 100% 이상일 경우는 제외)되거나 누계공정 실적이 5% 이상 지연될 때는 시공자로 하여금 부진사유 분석, 근로자 안전 확보를 고려한 부진공정 만회대책 및 만회공정표 수립을 지시하여야 한다.

② 공사감독자는 시공자가 제출한 부진공정 만회대책을 검토·확인하고 그 이행상태를 점검하여야 하며, 공사추진회의 등을 통하여 미조치 내용에 대한 필요대책 등을 수립하여 정상공정을 회복할 수 있도록 조치하여야 한다.

제146조(수정 공정계획) ① 공사감독자는 설계변경 등으로 인한 물공량의 증감, 공법변

경과 불가항력에 따른 공사중지, 현장 실정 또는 시공자의 사정 등으로 인하여 공사 진척실적이 지속적으로 부진할 경우 공정계획을 재검토하여 수정 공정계획수립의 필요성을 검토하여야 한다.

② 공사감독자는 시공자로부터 수정 공정계획을 제출받아 제출일로부터 7일 이내에 검토·승인하고 발주청에 보고하여야 한다.

③ 공사감독자는 수정 공정계획을 검토할 때 수정목표 종료일이 당초 계약 종료일을 초과하지 않도록 조치하여야 하며, 초과할 경우는 그 사유를 분석하고 검토의견을 작성하여 공정계획과 함께 발주청에 보고하여야 한다.

제147조(건설공사의 과적방지) 공사감독자는 사토 및 순성토가 10,000㎥ 이상 발생하는 공사 현장에서 시공자에게 「도로법」 제77조 및 「도로법 시행령」 제79조에 따른 과적 차량 발생을 방지하기 위하여 축중기를 설치하도록 하여야 하며, 축중기 설치 및 관리에 관한 사항은 「건설현장 축중기 설치 지침(국토교통부 훈령)」을 따른다.

제148조(설계변경 및 계약금액 조정) ① 공사감독자는 설계변경 및 계약금액 변경 시 계약서류와 「국가를 당사자로 하는 계약에 관한 법률」 및 「지방자치단체를 당사자로 하는 계약에 관한 법률」등 관련규정에 따라 시행한다.

② 공사감독자는 공사 시행과정에서 위치변경과 연장 증감 등으로 인한 수량증감이나 단순 구조물의 추가 또는 삭제 등의 경미한 설계변경 사항이 발생한 경우에는 우선 변경 시공토록 지시할 수 있으며 사후에 발주청에 서면보고 하여야 한다. 이 경우 경미한 설계변경의 구체적 범위는 발주청이 정한다.

③ 발주청은 외부적 사업 환경의 변동, 사업추진 기본계획의 조정, 민원에 따른 노선변경, 공법변경, 그 밖에 시설물 추가 등으로 설계변경이 필요한 경우에는 다음 각호의 서류를 첨부하여 반드시 서면으로 공사감독자에게 설계변경을 하도록 지시하여야 한다. 단, 발주청이 설계변경 도서를 작성할 수 없을 경우에는 설계변경 개요서만 첨부하여 설계변경 지시를 할 수 있다.

1. 설계변경 개요서
2. 설계변경 도면, 시방서, 계산서 등
3. 수량산출조서
4. 그 밖에 필요한 서류

④ 제3항의 지시를 받은 공사감독자는 지체 없이 시공자에게 동 내용을 통보하여야 한다.

⑤ 공사감독자는 발주청의 방침에 따라 제3항의 서류와 설계변경이 가능한 서류를 작성

하여 발주청에 제출하여야 한다. 이 경우 발주청의 요구로 만들어지는 설계변경 도서 작성 소요비용은 원칙적으로 발주청이 부담하여야 한다.

⑥ 공사감독자는 시공자가 현지 여건과 설계도서가 부합되지 않거나 공사비의 절감과 건설공사의 품질 향상을 위한 개선사항 등 설계변경이 필요한 경우 설계변경사유서, 설계변경도면, 개략적인 수량증감내역 및 공사비 증감내역 등의 서류를 첨부하여 제출하면 이를 검토·확인하고 검토의견서를 첨부하여 발주청에 실정보고 하고, 발주청 방침을 득한 후 시공하도록 조치하여야 한다.

제149조(설계변경계약 전 기성고 및 지급자재의 지급) ① 공사감독자는 발주청의 방침을 지시 받았거나, 승인을 받은 설계변경 사항의 기성고는 해당 공사의 변경계약을 체결하기 전이라도 당초 계약된 수량과 공사비 범위 안에서 설계변경 승인 사항의 공사 기성 부분에 대하여 확인하고 기성고를 사정하여야 한다. 발주청은 공사감독자가 확인하고 사정한 동 기성 부분에 대하여 기성금을 지불하여야 한다.

② 공사감독자는 제1항의 설계변경 승인 사항에 따라 발주청이 공급하는 지급자재에 대하여 시공자의 요청이 있을 경우, 변경계약 체결 전이라 하여도 공사추진상 필요할 경우 변경된 소요량을 확인한 후 발주청에 지급을 요청할 수 있으며 동 요청을 받은 발주청은 공사추진에 지장이 없도록 조치하여야 한다.

제150조(물가변동으로 인한 계약금액의 조정) ① 공사감독자는 시공자로부터 물가변동에 따른 계약금액 조정·요청을 받을 경우, 다음 각호의 서류를 작성·제출토록 하여야 하고 시공자는 요청에 따라야 한다.

1. 물가변동 조정요청서
2. 계약금액 조정요청서
3. 품목조정율 또는 지수조정율 산출근거
4. 계약금액 조정 산출근거
5. 그 밖에 설계변경에 필요한 서류

② 공사감독자는 시공자로부터 계약금액 조정요청을 받은 날로부터 14일 이내에 검토의견을 첨부하여 발주청에 보고하여야 한다.

제4절 안전 및 환경관리 업무

제151조(안전관리) ① 공사감독자는 건설공사의 안전시공 추진을 위해서 시공자가 안전조직을 갖추도록 하여야 하고, 안전조직은 현장규모와 작업내용에 따라 구성하며 동시에 산

업안전보건법의 해당 규정(「산업안전보건법」 제15조 안전보건관리책임자 선임, 제16조 관리감독자 지정, 제17조 안전관리자 배치, 제18조 보건관리자 배치, 제19조 안전보건관리담당자 선임 및 제75조 안전·보건에 관한 노사협의체 운영)에 명시된 업무도 수행하여야 한다.

② 공사감독자는 시공자가 영 제98조와 제99조에 따라 작성한 건설공사 안전관리계획서를 공사 착공 전에 제출받아 적정성을 확인하여야 하며, 보완하여야 할 사항이 있는 경우에는 시공자로 하여금 이를 보완하도록 하여야 한다.

③ 공사감독자는 시공자로 하여금 근로기준법, 산업안전보건법, 산업재해보상보험법과 그 밖의 관계법규를 준수하도록 하여야 한다.

④ 공사감독자는 다음 각호의 건설기계에 대하여 시공자가 「건설기계관리법」 제4조, 제13조, 제17조를 위반한 건설기계를 건설 현장에 반입·사용하지 못하도록 반입·사용현장을 수시로 입회하는 등 지도·감독하여야 하고, 해당 행위를 인지한 때에는 공사를 중지시키고 발주청에 서면으로 보고하여야 한다.

1. 천공기
2. 항타 및 항발기
3. 타워크레인
4. 기중기 등 그 밖에 발주청이 필요하다고 인정하여 계약에서 정한 건설기계

제152조(안전관리 결과보고서의 검토) 공사감독자는 매 분기 시공자로부터 안전관리 결과보고서를 제출받아 이를 검토하고 미비한 사항이 있을 때는 시정조치를 하여야 하며, 안전관리 결과보고서에는 다음 각호와 같은 서류가 포함되어야 한다.

1. 안전관리 조직표
2. 안전보건 관리체제(별지 제21호 서식)
3. 재해 발생 현황(별지 제22호 서식)
4. 안전교육 실적표
5. 기타 필요한 서류

제153조(사고처리) 공사감독자는 현장에서 사고가 발생하였을 경우에는 시공자에게 즉시 필요한 응급조치를 취하도록 하고 상세한 경위 및 검토의견서를 첨부하여 발주청에 지체 없이 보고하여야 한다.

제154조(환경관리) ① 공사감독자는 사업 시행으로 인한 위해를 방지하기 위하여 시공자가 「환경영향평가법」에 따른 환경영향평가 내용과 이에 대한 협의 내용을 충실히 이행토

록 지도·감독하여야 한다.

② 공사감독자는 환경영향평가보고서 및 협의 내용을 근거로 하여 지형·지질, 대기, 수질, 소음·진동 등의 관리계획서가 수립되었는지 다음 각호의 내용을 검토·확인하여야 한다.

   1. 시공자의 환경관리 조직·편성 및 임무의 법상 구비조건, 충족 및 실질적인 활동 가능성 검토

   2. 환경영향평가 협의 내용의 관리계획 실효성 검토

   3. 환경영향 저감 대책 및 공사 중, 공사 후 환경관리계획서 적정성 검토

   4. 환경관리자에 대한 업무 수행능력 및 권한 여부 검토

   5. 환경전문기술인 자문사항에 대한 검토

   6. 환경관리 예산편성 및 집행계획 적정성 검토

③ 공사감독자는 시공자가 협의 내용 이행의무 및 협의 내용을 기재한 관리대장을 비치·관리토록 하고, 기록사항이 사실대로 작성·이행되는지를 점검하여야 한다.

④ 공사감독자는 환경영향 조사결과를 「환경영향평가법 시행규칙」에서 정하는 기한 내에 지방환경관서의 장 또는 승인기관의 장에게 통보토록 하여야 한다.

제5절 자재관리 업무

제155조(자재의 보관관리 등) ① 공사감독자는 공사 현장에 반입된 모든 검수자재를 시공자 책임하에 보관 및 품질관리토록 하여야 한다.

② 공사감독자는 현장에 반입되는 자재에 대하여 현장대리인으로 하여금 자재반입검사 및 수불대장에 수불 연월일, 수량, 사용처, 재고량 등을 항상 기록토록 하고 보관 및 품질관리상태를 수시 확인하여야 한다.

③ 공사감독자는 공사 현장에 반입된 검수재료 또는 시험합격재료는 공사감독의 서면승인 없이는 공사 현장 외에 반출하지 못하도록 하며, 불합격된 재료는 현장대리인으로 하여금 지체 없이 현장 외로 반출하도록 하여야 한다.

④ 공사감독자는 반입된 기자재, 시공 중의 기성물에 대한 도난 또는 손상 등의 사고를 미연에 방지하기 위하여 시공자로 하여금 경비하게 하여야 한다.

⑤ 「건설폐기물의 재활용 촉진에 관한 법률」 제2조 제15호 및 같은 법 시행령 제5조에 따른 순환골재 등 의무사용 건설공사에 해당하는 경우 공사감독자는 시공자가 같은 법 제35조 및 같은 법 시행령 제17조에 따른 품질 기준에 적합한 순환골재 및 순환골재 재활용제품을 사용하도록 하여야 한다.

⑥ 공사감독자는 시공자가 순환골재 및 순환골재 재활용제품 사용계획서 상의 사용용도 및 규격 등에 맞게 사용하는지 확인하여야 한다.

제156조(지급자재 청구 및 출고) ① 공사감독자는 시공자로부터 지급자재청구가 있을 경우, 품명, 규격, 수량, 사용처가 명시된 자재청구서를 제출하게 하여 이를 확인한 후 출고하도록 하여야 한다.

② 공사감독자는 시공자로 하여금 공사감독의 지시에 따라 자재를 사용하고, 그 사용 내역을 지급자재관리부에 기록하게 하고 확인하여야 한다

제157조(공사 현장 발생품관리) 공사감독자는 공사시행 중 현장에서 공사와 관련한 골재 등의 자재가 발생할 경우에는 이를 발주청에 보고하여야 한다.

제158조(자재의 입체 또는 대체사용) 공사감독자는 시공자로부터 지급자재의 입체 또는 대체사용신청이 있을 때에는 그 사유 및 의견을 첨부하여 발주청에 보고하고 지시를 받아야 한다.

제159조(변상 또는 원상복구) ① 공사감독자는 시공자에게 인계한 지급자재가 멸실 또는 손상된 때에는 시공자로 하여금 상당한 기간을 정하여 변상 또는 원상 복구하도록 지시하여야 하며, 그 상황을 즉시 발주청에 보고하여야 한다.

② 공사감독자는 제1항에 따라 시공자의 변상 또는 원상복구를 위하여 추가로 반입되는 자재에 대하여 검수를 하여야 한다.

③ 공사감독자는 제1항에 따라 지정 기간 내에 시공자가 변상 또는 원상복구를 하지 아니한 때에는 그 손실의 상황 및 변상에 필요한 금액의 조서를 작성하여 발주청에 보고하여야 한다.

제160조(잉여자재의 관리) 공사감독자는 최종 설계변경 또는 공사 준공 후 지급자재의 잉여가 발생하였을 때에는 그 품명, 규격, 수량 및 보관상황이 명시된 발생품(잉여자재) 정리부를 작성하여 발주청에 신속히 보고하여야 한다.

제6절 기성 및 준공검사 업무

제161조(기성 및 준공업무 관련) ① 공사감독자는 시공자로부터기성 부분검사원 또는 준공검사원을 접수하였을 때는 이를 신속히 검토·확인하고, 감독조서(별지 제54호 서식)와 다음 각호의 서류를 첨부하여 발주청에 제출하여야 한다. 다만, 「국가를 당사자로 하는 계약에 관한 법률 시행령」 제55조 제7항 및 「지방자치단체를 당사자로 하는 계약에 관한 법률 시행령」 제64조 제6항 본문의 규정에 따른 약식 기성검사의 경우에는 감독조서와 기성

부분내역서만을 제출할 수 있다.

    1. 주요 자재 검사 및 수불부

    2. 시공 후 매몰부분에 대한 검사기록 서류 및 시공 당시의 사진

    3. 품질시험·검사 성과총괄표

    4. 발생품 정리부

    5. 그 밖에 공사감독자가 필요하다고 인정하는 서류와 준공검사원에는 지급자재 잉여 분 조치 현황과 공사의 사전검측·확인서류, 안전관리점검 총괄표 추가 첨부

② 발주청은 기성 부분검사원 또는 준공검사원을 접수하였을 때는 소속 직원 중 2인 이상의 검사자를 임명하여야 한다. 다만, 「국가를 당사자로 하는 계약에 관한 법률 시행령」 제55조 제7항 및 「지방자치단체를 당사자로 하는 계약에 관한 법률 시행령」 제64조 제6항 본문의 규정에 따른 약식 기성 시에는 공사감독자를 검사자로 임명할 수 있다.

③ 발주청은 필요시 기성 및 준공검사 과정에 유지관리기관의 직원을 입회·확인토록 할 수 있다.

제162조(준공검사 등의 절차) ① 공사감독자는 공사가 준공된 때에는 다음 사항을 조치하여야 한다.

    1. 준공검사 전에 충분한 기간을 두고 공사 현장을 정밀히 확인·점검하여 지적사항을 미리 시정조치 하도록 하여야 한다.

    2. 시공자가 제출한 준공검사원을 검토하여 계약대로 시공이 완료되었는지 여부를 확인하고 감독조서를 첨부하여 발주청에 접수되도록 하여야 한다.

    3. 준공보고서 및 정산설계도서 등을 검토·확인하고 공사목적물이 발주청에 차질 없이 인계될 수 있도록 하여야 한다.

② 공사감독자는 해당 공사완료 후 준공검사 전 사전 시운전 등이 필요한 부분에 대하여는 시공자로 하여금 다음 각호의 사항이 포함된 시운전을 위한 계획을 수립하여 시운전 30일 전까지 제출토록 하고 이를 검토하여 발주청에 제출하여야 한다.

    1. 시운전 일정

    2. 시운전 항목 및 종류

    3. 시운전 절차

    4. 시험장비 확보 및 보정

    5. 설비 기구 사용 계획

    6. 운전요원 및 검사요원 선임 계획

③ 공사감독자는 시공자로부터 시운전 계획서를 제출받아 검토·확정하여 시운전 20일

전까지 시공자에게 통보하여야 한다.

④ 공사감독자는 시공자로 하여금 다음 각호와 같이 시운전 절차를 준비하도록 하여야 하며 시운전에 입회하여야 한다.

1. 기기점검
2. 예비운전
3. 시운전
4. 성능보장운전
5. 검수
6. 운전인도

⑤ 공사감독자는 시운전 완료 후에 다음 각호의 성과품을 시공자로부터 제출받아 검토 후 발주청에 인계하여야 한다.

1. 운전개시, 가동절차 및 방법
2. 점검항목 점검표
3. 운전지침
4. 기기류 단독 시운전 방법검토 및 계획서
5. 실가동 Diagram
6. 시험 구분, 방법, 사용매체 검토 및 계획서
7. 시험성적서
8. 성능시험성적서 (성능시험 보고서)

제163조(준공도면 등의 검토·확인) ① 공사감독자는 정산설계도서 등을 검토·확인하고 공사 목적물이 차질 없이 인계될 수 있도록 지도·감독하여야 한다. 공사감독자는 시공자로부터 준공예정일 2개월 전까지 정산 설계도서를 제출받아 이를 검토·확인하여야 한다.

② 공사감독자는 시공자가 작성 제출한 준공도면이 실제 시공된 대로 작성되었는지의 여부를 검토·확인하여 발주청에 제출하여야 한다. 준공도면은 계약에 정한 방법으로 작성 되어야 하며, 모든 준공도면에는 공사감독자의 확인·서명이 있어야 한다.

제164조(준공표지의 설치) 공사감독자는 시공자가 준공표지를 설치하는 때에는 공사구 역 내 일반인이 보기 쉬운 곳에 영구적인 시설물로 준공표지를 설치토록 조치하여야 한다.

제165조(검사 등 협조) 공사감독자는 기성 또는 준공검사자, 점검인이 현장에서 검사 또는 지도점검을 실시하고자 할 때에는 관련 업무에 적극 협조하여야 한다.

제7절 시설물의 인수·인계 업무

제166조(시설물 인수·인계) ① 공사감독자는 시공자로 하여금 해당 공사의 준공예정일 (부분준공, 발주청의 필요에 따른 기성 부분 포함) 30일 이전에 다음 각호의 사항이 포함된 시설물의 인수·인계를 위한 계획을 수립토록 하고 이를 검토하여야 한다.

　1. 일반사항(공사개요 등)

　2. 운영지침서(필요한 경우)

　　가. 시설물의 규격 및 기능점검 항목

　　나. 기능점검 절차

　　다. Test 장비확보 및 보정

　　라. 기자재 운전지침서

　　마. 제작도면 절차서 등 관련 자료

　3. 시운전 결과보고서(시운전 실적이 있는 경우)

　4. 예비 준공검사 결과

　5. 특기사항

② 공사감독자는 시공자로부터 시설물 인수·인계 계획서를 제출받아 7일 이내에 검토, 확정하여 발주청 및 시공자에게 통보하여 인수·인계에 차질이 없도록 하여야 한다.

③ 공사감독자는 시설물 인수기관과 이견이 있는 경우, 이에 대한 현황파악 및 필요대책 등을 검토하여 시공자 및 시설물 인수기관과 협의한다.

제167조(현장문서 인수·인계) 공사감독자는 해당 공사와 관련한 공사기록 서류 중 다음 각호의 서류를 포함하여 발주청에 제출할 문서의 목록을 작성하여야 한다.

　1. 준공 사진첩

　2. 준공 도면

　3. 건축물대장(건축공사의 경우)

　4. 품질시험·검사 성과 총괄표

　5. 기자재 구매서류

　6. 시설물 인수·인계서

　7. 그 밖에 발주청이 필요하다고 인정하는 서류

제168조(유지관리 및 하자보수) 공사감독자는 설계자 또는 시공자가 제출한 시설물의 유지관리지침 자료를 검토하여 다음 각호의 내용이 포함된 유지관리지침서를 작성, 공사 준공 후 14일 이내에 발주청에 제출하여야 한다.

1. 시설물의 규격 및 기능 설명서

2. 시설물 유지관리 기구에 대한 의견서

3. 시설물유지관리지침

4. 특기사항

제8절 건설사업관리용역 업무

제169조(건설사업관리용역 업무) ① 건설사업관리(감독 권한대행 등 건설사업관리는 제외한다. 이하 이 장에서 같다.) 시행 건설공사의 공사감독자는 다음 각호의 업무를 행하여야 한다.

1. 건설사업관리용역이 계약대로 되고 있는지의 확인

2. 건설사업관리기술인과 시공자 간의 분쟁조정

3. 건설사업관리일지의 수시확인

4. 발주청이 건설사업관리기술인에게 요구한 사항의 이행 여부의 확인

5. 그 밖에 건설사업관리 업무지침서상의 주요 업무 내용

② 공사감독자는 건설사업관리기술인으로 하여금 다음 각호의 사항에 대한 기술적인 검토 및 조치방안을 제출토록 하여야 한다.

1. 설계변경

2. 공법의 변경

3. 기술적 문제의 해결

4. 기성고의 사정(査定)

5. 그 밖에 필요한 사항

③ 공사감독자는 건설사업관리기술인이 허가 없이 장기간 현장을 벗어나거나, 건설사업관리기술인의 자질이 부족할 경우 또는 해당 공사에 적합하지 아니하다고 판단될 경우에는 발주청에 이를 보고하여 그의 교체를 요청할 수 있다.

제170조(건설사업관리기술인과 중복업무) ① 제4장에서 정한 공사감독자의 업무가 건설사업관리 대상공사에서 건설사업관리용역계약상 건설사업관리기술인의 업무인 경우에는 건설사업관리기술인이 행한 업무를 해당 공사의 공사감독자가 확인하여야 한다.

② 공사감독자는 건설사업관리기술인이 제1항에 따라 업무를 수행함에 있어 발주청에 대한 보고사항은 공사감독자가 직접 보고하여야 한다. 다만, 경미한 사안인 경우, 공사감독자의 확인을 거친 후 건설사업관리기술인으로 하여금 보고하게 할 수 있다.

제5장 보칙

제171조(재검토기한) 국토교통부장관은 「훈령·예규 등의 발령 및 관리에 관한 규정」(대통령 훈령 334호)에 따라 이 이 고시에 대하여 2018년 7월 1일 기준으로 3년이 되는 시점(매 3년째의 6월 30일까지를 말한다.)마다 그 타당성을 검토하여 개선 등의 조치를 하여야 한다.

부칙 〈제2023-153호, 2023. 3. 20.〉

제1조(시행일) 이 고시는 발령한 날부터 시행한다.

[별표1] 사업관리방식 검토 절차

[별표2] 사업특성 및 발주청 역량 평가 기준

[별표3] 설계변경 및 계약금액의 조정 관련 건설사업관리 업무

[별지1] 건설사업관리기술인 근무상황판

[별지2] 공사관리관 업무 수행 기록부

[별지3] 설계 단계 건설사업관리 Check List

[별지4] 설계용역 기성 부분 검사원

[별지5] 설계용역 준공 검사원

[별지6] 설계용역 기성 부분 내역서

[별지7] 설계 단계 건설사업관리 일지

[별지8] 설계 단계 건설사업관리 지시부

[별지9] 분야별 상세 설계 단계 건설사업관리 기록부

[별지10] 설계 단계 건설사업관리 요청서

[별지11] 기본(실시) 설계자와 협의사항 기록부

[별지12] 설계용역 기성 부분 검사조서

[별지13] 설계용역 준공검사조서

[별지14] 문서접수 및 발송대장

[별지15] 민원처리부(전화 및 상담)

[별지16] 품질시험계획

[별지17] 품질시험·검사 성과 총괄표

[별지18] 품질시험·검사실적 보고서

[별지19] 검측대장

[별지20] 발생품(잉여자재) 정리부

[별지21] 안전보건 관리체제

[별지22] 재해발생 현황

[별지23] 안전교육 실적표

[별지24] 협의 내용 등의 관리대장

[별지25] 사후환경영향조사 결과보고서

[별지26] 공사 기성 부분 검사원

[별지27] 건설사업관리기술인 (기성 부분, 준공) 건설사업관리조서

[별지28] 공사기성 부분 내역서

[별지29] 공사기성 부분 검사조서

[별지30] 준공검사원

[별지31] 준공검사조서

[별지32] 월간 또는 최종 건설사업관리 보고서

[별지33] 건설사업관리기술인 업무일지

[별지34] 품질시험·검사대장

[별지35] 구조물별 콘크리트 타설현황

[별지36] 검측요청·결과 통보내용

[별지37] 자재 공급원 승인 요청·결과통보 내용

[별지38] 주요 자재 검사 및 수불부

[별지39] 공사 설계변경 현황

[별지40] 주요 구조물의 단계별 시공 현황

[별지41] 콘크리트 구조물 균열관리 현황

[별지42] 공사사고 보고서

[별지43] 건설공사 및 건설사업관리용역 개요

[별지44] 공사추진내용 실적

[별지45] 검측내용 실적종합

[별지46] 품질시험·검사실적 종합

[별지47] 주요 자재 관리실적 종합

[별지48] 안전관리 실적종합

[별지49] 분야별 기술 검토 실적종합

[별지50] 우수시공 및 실패 시공 사례

[별지51] 종합 분석

[별지52] 공사관리관 입회확인서

[별지53] 공사감독일지

[별지54] (기성 부분, 준공) 감독조서

[별지55] 품질시험계획

[별지56] 품질시험·검사대장

[별지57] 현장교육실적부

[별지58] 주요(지급)자재 수불부

[별지59] 주요 자재검사부

[별지60] 공사작업일지

| **부록**(각주번호 5)

건설기술진흥법 시행령 [별표7] 〈개정 2017. 1. 17.〉

감독 권한대행 등 건설사업관리 대상 공사(제55조 제1항 제1호 관련)

1. 길이 100미터 이상의 교량공사를 포함하는 건설공사

2. 공항 건설공사

3. 댐 축조공사

4. 고속도로공사

5. 에너지저장시설공사

6. 간척공사

7. 항만공사

8. 철도공사

9. 지하철공사

10. 터널공사가 포함된 공사

11. 발전소 건설공사

12. 폐기물처리 시설 건설공사

13. 공공폐수처리 시설

14. 공공하수처리 시설공사

15. 상수도(급수설비는 제외한다.) 건설공사

16. 하수관로 건설공사

17. 관람집회시설공사

18. 전시시설공사

19. 연면적 5천 제곱미터 이상인 공용청사 건설공사

20. 송전공사

21. 변전공사

22. 300세대 이상의 공동주택 건설공사

| 부록(각주번호 18)

[별표3] 건설기술인의 등급 산정 및 경력인정방법 등(제5조 관련)

1. 영 별표1 제2호 가목에 의한 건설기술인 역량지수(이하 "역량지수"라 한다.)별 등급 구분

구분 기술 등급	설계·시공 등의 업무를 수행하는 건설기술인	품질관리업무를 수행하는 건설기술인	건설사업관리업무를 수행하는 건설기술인
특 급	역량지수 75점 이상	역량지수 75점 이상	역량지수 80점 이상
고 급	역량지수 75점 미만~65점 이상	역량지수 75점 미만~65점 이상	역량지수 80점 미만~70점 이상
중 급	역량지수 65점 미만~55점 이상	역량지수 65점 미만~55점 이상	역량지수 70점 미만~60점 이상
초 급	역량지수 55점 미만~35점 이상	역량지수 55점 미만~35점 이상	역량지수 60점 미만~40점 이상

〈비 고〉

  1) 역량지수는 법 제21조 제1항에 따라 신고를 마친 건설기술인을 대상으로 아래의

산식에 따라 산출하며 자격지수, 학력지수, 경력지수 및 교육지수의 세부항목별 배점 및 산식은 제2호 "자격·학력·경력 및 교육지수의 세부항목별 배점 및 산식"에 따른다.

역량지수 = 자격지수(40점 이내) + 학력지수(20점 이내) + 경력지수(40점 이내) + 교육지수(5점 이내)

2) 기술등급은 직무 분야 및 전문분야(영 별표1 제3호의 직무 분야 및 전문분야를 말하며 이하 "직무 및 전문분야"라 한다.)가 동일한 자격지수, 학력지수, 경력지수 및 교육지수를 합산하여 직무 및 전문분야별 역량지수로 산정한다. 다만, 다음 각 목의 경우에는 그러하지 아니한다.

    (가) 품질관리 등급의 역량지수는 직무 및 전문분야를 구분하지 않는다.

    (나) 건설사업관리 등급의 전문분야(영 별표1 제3호의 전문분야를 말하여 이하 같다.) 역량지수는 산정하지 않는다.

3) 건설기술인이 실제 건설공사업무를 수행한 직무 분야(영 별표1 제3호의 직무 분야를 말하며 이하 같다.)가 별표1 규정의 국가자격(이하 "국가자격"이라 한다.) 취득 종목의 직무 분야 및 졸업하거나 이수한 학과의 직무 분야와 다른 경우에는 실제 건설공사업무를 수행한 직무 분야의 역량지수가 35점 이상(건설사업관리업무를 수행하는 건설기술인은 40점)인 경우 초급으로 인정하며 승급은 허용하지 않는다.

4) 건설기술인이 실제 건설공사업무를 수행한 전문분야의 직무 분야가 국가자격 취득 종목의 직무 분야 및 졸업하거나 이수한 학과의 직무 분야와 다른 경우에는 실제 건설공사업무를 수행한 전문분야의 역량지수가 35점 이상인 경우, 초급으로 인정하며 승급은 허용하지 않는다.

5) 3) 및 4)에도 불구하고 건설지원 직무 분야 중 다음 표의 학과를 졸업하거나 국가 자격을 취득한 건설기술인은 건설지원 이외의 직무·전문분야는 인정하지 않으며 품 질관리 등급은 산정하지 않는다.

비이공계열 학과	비이공계열 자격
경영관련학과, 무역학과, 경제금융학과, 국제학부, 국제통상학과, 홍보관련학과, 재무관련학과, 마케팅관련학과, 법학관련학과, 세무관련학과, 회계관련학과, 행정관련학과	변호사, 세무사, 공인회계사, 법무사, 변리사, 관세사, 행정사

6) 기술등급 및 인정일(규칙 별지 제18호 서식의 건설기술인 경력증명서상 참여 기간의 인정일을 말하며 이하 같다.) 인정은 해당 건설기술인 경력신고(경력변경신고를 포함한다.)를 접수 처리한 시점, 자격정지 또는 교육지수 소멸 등 각 지수의 세부항목이 변경될 때 산정한다.

7) 6)에도 불구하고 수탁기관은 영 제45조 제1항 제3호에 따라 발주청 또는 인·허가기관의 장이 통보한 건설사업관리기술인의 건설기술인 경력증명서 또는 건설기술인 보유증명서 발급 시점에 해당 경력의 인정일 및 기술등급을 산정할 수 있다. 이 경우 해당 증명서 발급일은 해당 용역의 배치기간(배치계획상 참여예정기간을 말한다.)에 포함되어야 한다.

8) 건설기술인 경력관리 수탁기관은 행정처분기관으로부터 법 제2조 제10호에 따른 건설사고와 관련한 행정처분 사실을 통보받은 때에는 아래의 표에 따라 2년간 해당 수행분야(영 별표3 제2호의 설계·시공, 건설사업관리 또는 품질관리를 말한다.)의 역량지수를 감점하여야 한다.

감점 기준	감 점
3개월 초과의 업무정지 처분을 받은 경우	3
3개월 이하의 업무정지 처분을 받은 경우	2
벌점을 받은 경우	1

9) 8) 감점에 따라 하락할 수 있는 기술등급은 감점을 받을 당시 기술등급의 1단계 아래 기술등급으로 한다.

2. 자격·학력·경력 및 교육지수의 세부항목별 배점 및 산식
가. 자격지수(40점 이내)

자격종목	배 점
기술사 / 건축사	40
기사 / 기능장	30
산업기사	20
기능사	15
기 타	10

〈비 고〉

1) 자격지수는 취득한 국가자격의 직무 및 전문분야별로 구분하여 각각 산정하며 동일한 분야 내에 취득한 국가자격이 둘 이상인 경우, 그중 배점이 높은 자격종목의 배점에 따른다. 다만, 품질관리 등급 역량지수 산정을 위한 자격지수는 해당 건설기술인이 취득한 국가기술자격 중 배점이 높은 자격종목의 배점에 따른다.

2) 전문분야 역량지수 산정 시 위 표의 자격종목별 배점은 별표4 "자격종목별 해당 전문분야"에 따른다.

3) 자격종목 중 기타는 다음 각 목의 경우를 말한다.

　(가) 영 별표1 제1호 나목 또는 다목에 해당하는 사람으로서 국가기술자격 종목을 취득하지 못한 사람의 자격지수를 산정하는 경우

　(나) 별표4 "자격종목별 해당 전문분야"에 따른 해당 직무 분야 및 전문분야 외의 직무 분야 및 전문분야로 산정하는 경우

　(다) 별표1 비고 제2호에 의한 기능사보 및 인정기능사의 자격지수를 산정하는 경우

4) 별표1 국가자격 종목 중 건설지원분야의 변호사, 세무사, 공인회계사, 법무사, 변리사, 관세사 및 행정사의 자격지수 배점은 20점으로 한다.

나. 학력지수(20점 이내)

학력사항	배 점
학사 이상	20
전문학사(3년제)	19
전문학사(2년제)	18
고 졸	15
국토교통부장관이 정한 교육과정 이수	12
기타(비전공)	10

〈비 고〉

1) 학력지수는 건설기술인이 졸업하거나 이수한 학과의 직무 및 전문분야별로 구분하여 각각 산정하며 동일한 분야 내에 학과 학력이 둘 이상인 경우, 그중 배점이 높은 학력의 배점에 따른다. 다만, 품질관리 등급 역량지수 산정을 위한 학력지수는 해당 건설기술인 취득 학력 중 배점이 높은 학력의 배점에 따른다.

2) 위 표에도 불구하고 건설기술인이 석사 이상의 학위를 취득한 경우 별표5 "대학원의 학과별 해당 전문분야"에 따라 해당 전문분야 학력지수 산정 시 아래 점수를 합한다.

　(가) 석사 학위 취득자: 1.5점

　(나) 박사 학위 취득자: 3점

3) 기타(비전공)는 다음 각 목의 어느 하나에 해당하는 사람으로 한다.

　(가) 별표1의 국가자격 종목 취득자 중 별표2 학과를 졸업하지 못하거나 이수하지 못한 사람

　(나) 영 별표1 제1호 다목의 국립·공립 시험기관 또는 품질검사를 대행하는 건설기술용역업자에 소속되어 품질시험 또는 검사 업무를 수행한 사람

4) 영 별표1 제1호 나목 1)·2)에 해당하는 자 중 이공계열 전문대학 이상의 학력을 갖춘 건설기술인이 졸업하거나 이수한 학과의 직무 분야와 다른 직무 분야의 학력지수는 15점을 적용한다.

다. 경력지수(40점 이내)

산 식	배 점
$(\log N / \log 40) \times 100 \times 0.4$ ＊N은 비고 3)부터 6)에 따라 해당 보정계수를 곱한 경력의 총합에 365일을 나눈(분야별 총 인정일/365) 값으로 한다. 다만, 분야별 총 인정일이 365일 미만인 경우, 1로 한다.	0~40

〈비 고〉

1) 경력지수는 건설기술인이 실제 건설공사업무를 수행한 경력에 따라 직무 및 전문분야별로 구분하여 각각 산정한다. 다만, 전문분야 중 "측량 및 지형공간정보" 및 "지적" 분야는 「공간정보의 구축 및 관리 등에 관한 법률」 제39조 제2항에 해당하는 측량기술자가 다음 각 목의 업무를 수행한 경우에 인정한다.

  (가) "측량 및 지형공간정보" 분야는 「공간정보의 구축 및 관리 등에 관한 법률」 제2조 제2호·제3호 및 제6호의 측량업무, "지적" 분야는 같은 법 제2조 제4호의 측량업무

  (나) (가)목의 해당분야별 계획·설계·실시·지도·감독·심사·감리·측량기기성능검사·조사·연구 또는 교육업무와 측량분야 병과에서 복무한 경우

2) 건설기술인 참여사업 기간이 중복되는 경우 분야별 총 인정일 및 건설기술인 경력증명서상 인정일은 중복기간을 중복사업 건수로 나누어서 산정한다.

3) 건설기술인이 수행했던 건설공사업무의 책임정도(제3호 나표의 책임정도를 말한다.)에 따라 다음의 보정계수를 적용한다.

건설관련업무	책임 정도	경력 참여일		
		설계·시공 등	건설사업관리	품질관리
시공, 품질관리, 안전관리, 환경관리, 계획 및 조사, 설계, 관리감독	현장대리인	1.3	1.04 (1.3×0.8)	1.04 (1.3×0.8)
	안전관리자 환경관리자 공사감독	1.1	0.88 (1.1×0.8)	0.88 (1.1×0.8)
	품질관리자(선임)	1.1	0.88 (1.1×0.8)	1.1
	품질관리(비선임)	1.0	0.8 (1.0×0.8)	1.0
	사업책임기술인	1.3	1.04 (1.3×0.8)	1.04 (1.3×0.8)
	분야별책임기술인 용역감독	1.1	0.88 (1.1×0.8)	0.88 (1.1×0.8)
	참여기술인 일반감독	1.0	0.8 (1.0×0.8)	0.8 (1.0×0.8)
건설사업관리 (시공 단계, 감독 권한 대행, 안전관리, *), 감리(건축법), 감리(주택법)	책임건설사업관리기술인 책임기술인 총괄감리원	1.3	1.3	1.04 (1.3×0.8)
	상주기술인(감리원, 건축사보) 분야별책임기술인 분야기술인	1.1	1.1	0.88 (1.1×0.8)
	기술지원기술인 참여기술인 비상주감리원	1.0	1.0	0.8 (1.0×0.8)

4) 건설기술인이 3)의 보정계수 중 1.1 이상의 보정계수를 적용받기 위해서는 다음 각 목 중 어느 하나의 서류를 제출하여야 한다.

　(가) 발주청이 확인한 경력확인서

　(나) 발주청의 정보공개 결정 통지서 사본(건설공사업무의 책임정도를 확인할 수 있는 서류가 첨부된 것에 한한다.)

　(다) 건설산업지식정보시스템에서 발행한 건설공사대장(확인일자를 확인한 것에 한한다.)

　(라) 그 밖에 발주청 또는 인·허가기관 등이 3)의 건설공사업무의 책임정도를 확인할 수 있는 서류

(마) 국외경력의 경우 국외사업 발주자가 확인한 국외경력확인서

5) 2010. 12. 29 이전 품질업무와 관련된 경력 인정일은 품질관리자 1.1, 그 외 건설공사업무는 1.0의 보정계수를 적용한다.

6) 국외경력(「건설기술 진흥법 시행규칙」 제18조 제1항 제1호 "국외경력확인서(규칙 별지 제13호 서식을 말한다.)"의 첨부서류인 국외 경력사항을 증명할 수 있는 자료를 제출한 경우를 말한다.)의 경우 보정계수 1.5를 적용하며 3)의 참여정도에 따라 해당 보정계수를 곱하여 적용한다.

적용례) 업무 수행기간×1.5(해외경력 보정계수)×1.3(사업책임기술인 보정계수)

7) 경력지수 산출은 소수점 둘째 자리로 하고, 40을 초과하는 경우 배점은 40점으로 한다.

라. 교육지수(5점 이내)

교육 기간	배 점
건설정책 역량강화 교육 35시간 마다	2
건설정책 역량강화 교육 이외 교육 35시간 마다	1

〈비 고〉

1) 교육지수 적용 대상 교육·훈련은 영 별표3에 따라 영 제43조 제1항에 의한 교육훈련 대행기관에서 이수한 교육훈련에 한한다.

2) 교육지수는 이수한 교육·훈련의 직무 분야 및 수행분야(영 별표3 제2호의 설계·시공, 건설사업관리 또는 품질관리를 말한다.)에 한해 산정한다.

3) 교육지수는 해당 교육훈련을 이수한 날부터 3년간 인정하며 그 기간에 최대 3점까지 합산할 수 있다.

3. 건설 관련 업무 및 책임정도

가. 건설공사업무 및 정의

대분류	건설 관련 업무	정 의
기 획	1. 계획 및 조사	인허가 승인에 필요한 제반업무와 공사 착공 전 현장의 조건 및 여러 가지 제반 요소를 계획·조사하는 업무
	2. 측량 및 지적	목적물의 높이, 길이, 깊이, 경계 및 위치 등을 확인하는 업무 및 토지의 위치, 형태, 면적, 용도, 소유관계를 파악하는 업무 ※ 「공간정보의 구축 및 관리 등에 관한 법률 시행령」 별표5 비고 다의 업무를 포함한다.

대분류	건설 관련 업무	정 의
	3. 감정 및 평가	건설 현장 매입 토지의 가치평가, 목적물에 대한 가치 및 사용성을 분석하거나 공사의 시행이 주위 환경 또는 교통 등에 미칠 영향을 평가하는 업무
설계·견적	4. 설계	용도 및 관련법령에 따라 공간, 기능 등을 창출하고 목적물을 각종 요구조건에 부합하게 도면화시키는 업무
	5. 견적	공사목적물을 완성하는 데 투입되는 비용 및 자재를 산출하는 업무(개략견적, 입찰견적 및 실행예산관리 포함)
시공 관리	6. 시공	공사목적물이 정해진 공사 기간 내에 적절한 비용으로 당초 의도된 품질을 갖출 수 있도록 현장을 관리하거나 공사를 시행하는 업무
	7. 품질관리	건설기술 진흥법령에 따라 목적물의 시공 중 품질관리를 위한 각종 시험 및 검사 또는 품질검사전문기관 등에 소속되어 품질시험 및 검사를 실시하는 업무
	8. 안전관리	건설공사의 사고방지를 위한 안전사고 예방교육 및 조치 등을 수행하는 업무
	9. 환경관리	목적물 시공 중 현장에서 발생하는 소음, 진동, 비산, 먼지, 악취 및 수질 등 환경공해 피해 발생의 예방과 조치를 취하는 업무
	10. 화약관리	총포·도검·화약류 등 단속법령에 따라 화약류가 사용되는 현장에서 화약류의 안전한 사용을 위해 발파패턴의 결정 및 안전조치 등을 취하는 업무
유지 관리	11. 안전진단 및 점검	시설물의 안전 및 유지관리에 관한 특별법령에 따라 시설물에 대한 안전점검을 수행하는 업무
	12. 유지보수 및 보강	목적물의 보수 및 개선 등을 통해 사용성을 유지하기 위한 업무
관리·감독	13. 건설사업관리 (설계용역)	「건설기술 진흥법」 제39조 제3항에 따라 설계용역에 대한 건설사업관리를 수행하는 업무(종전 설계감리)
	14. 감리(건축법)	「건축법」 제25조에 따라 공사감리자로 지정되어 공사감리를 수행하는 업무
	15. 감리(주택법)	「주택법」 제43조에 따라 해당 주택건설공사의 감리자로 지정되어 감리를 수행하는 업무
	16. 건설사업관리 (시공 단계, 감독 권한대행 또는 안전관리)	시공 단계에서 「건설기술 진흥법」 제2조 제5호에 따른 감리를 수행하는 업무
		작성례) 「건설기술 진흥법」 제39조 제2항 및 같은 법 시행령 제55조 제1항에 의한 감독 권한대행 건설사업관리업무를 수행한 경우: 건설사업관리(감독 권한대행)
		그 외 시공 단계의 건설사업관리업무를 수행한 경우: 건설사업관리(시공 단계)

대분류	건설 관련 업무	정 의
		건설사업관리기술인으로서 안전관리업무를 수행한 경우: 건설사업관리(안전관리)
	17. 건설사업관리(*)	「건설기술 진흥법」 제39조 제1항에 의한 건설사업관리를 수행하는 업무 (*)는 「건설산업기본법」 제2조 제8호에 따라 기획, 타당성 조사, 분석, 설계, 조달, 계약, 평가, 사후관리 또는 전부 중 상세업무를 기재 작성례) 건설사업관리(타당성 조사)
	18. 감 독	발주청 또는 발주자에 소속되어 건설공사 또는 설계 등 용역을 직접 감독하는 업무(공사관리관의 업무를 포함한다.)
	19. 사업관리	건설공사 또는 설계 등 용역을 간접적으로 관리하는 경우(감독자의 직계 상급자, 발주청의 지도·감독기관에 소속되어 해당 사업을 지도·감독하는 경우 등)
지 원	20. 기술조사	건설공사 또는 설계 등 용역의 감사·점검·조사 등 사업이 적절하게 진행되는지 확인하는 업무
	21. 행정지원	가. 발주청(인·허가기관 포함)에 소속되어 건설공사에 필요한 물자의 구매와 조달, 계약, 보상, 인·허가 등 건설공사 또는 설계 등 용역을 간접적으로 지원하는 업무 나. 건설 관련 법령, 정책 및 제도에 대한 개발·조사·연구·교육·운영 및 관리 등을 수행하는 업무
	22. 자문 및 강의	건설기술인력 양성을 위해 건설기술에 관한 지식을 전파하는 업무
	23. 연 구	시공 또는 설계방법에 관한 연구를 통해 신기술, 신공법 등을 개발하는 업무
	24. 정보처리	전자계산조직을 이용하여 건설기술에 관한 정보를 처리하는 업무
기 타	25. 기 타	24개 건설 관련 업무에 해당하지 않는 업무

나. 책임 정도 및 정의

건설 관련 업무	책임 정도	정 의
시 공	현장대리인	「건설산업기본법」 제40조에 의해 건설공사 현장에 배치되어 시공관리 및 그 밖에 기술상의 관리를 수행한 경우
품질관리	품질관리자	「건설기술 진흥법」 제55조에 따라 발주청 또는 인·허가기관의 장이 승인한 품질시험계획서상 확보된 건설기술인인 경우
	품질관리	품질관리자를 도와 품질관리업무를 수행한 경우

안전관리	안전관리자	「산업안전보건법」 제15조에 의해 건설 현장의 안전관리자로 배치된 경우
환경관리	환경관리자	환경관련법령에 따라 건설 현장에 배치되어 소음, 진동, 비산, 먼지, 악취 및 수질 등 환경공해 피해 발생의 예방과 조치를 취하는 업무를 수행한 경우
시공, 안전관리 또는 환경관리	참여기술인	현장대리인, 안전관리자 또는 환경관리자가 아닌 경우
계획 및 조사, 설계	사업책임기술인	해당 사업의 사업책임기술인
	분야별 책임기술인	해당 사업의 분야별 책임기술인
	참여기술인	해당 사업의 참여기술인
감리 (건축법)	책임기술인	「건축법 시행령」 제19조에 따라 다중이용건축물에 대하여 건설기술용역업자 및 건축사를 공사감리자로 지정하여 감리 업무를 수행토록 한 감리용역의 업무를 총괄한 경우
	분야기술인	「건축법 시행령」 제19조에 따라 다중이용건축물에 대하여 건설기술용역업자 및 건축사를 공사감리자로 지정하여 감리 업무를 수행토록 한 감리용역의 책임기술인을 보좌하여 감리 업무를 수행한 경우
	기술지원기술인	건설기술용역업자 및 건축사에 소속되어 현장에 상주하지 않으며 발주청 및 책임기술인의 요청에 따라 업무를 지원한 경우
	상주(건축사보)기술인	「건축법 시행령」 제19조에 따라 건축사를 공사감리자로 지정하여 감리 업무를 수행토록 한 감리용역의 상주감리 업무 수행자
감리 (주택법)	총괄감리원	「주택법 시행령」 제47조 제4항 제2호에 의해 공사 현장에 배치되어 감리 업무를 총괄하여 수행한 경우
	상주감리원	「주택법 시행령」 제47조에 따라 건설기술용역업자 및 건축사를 공사감리자로 지정하여 감리 업무를 수행토록 한 감리용역의 총괄감리원을 보조하여 공사 현장에 상주하면서 감리 업무를 수행한 경우
	상주감리원(신규)	「건설기술 진흥법」 제2조 제8호 및 같은 법 시행령 제4조 별표1에서 정한 초급 또는 중급기술인으로서 총 경력이 4년(주택건설공사감리자지정기준 [부표] 감리자의 사업수행능력 세부평가 기준 제2호 나목 감리원 중 분야별 감리원의 "나. 경력 및 실적" 산정방법에 따라 산정한 기간을 말한다.) 이하인 자로서 당해 현장에 상주하면서 감리 업무를 수행한 경우
	비상주감리원	건설기술용역업자 및 건축사에 소속되어 당해 현장에 상주하지 아니하고 당해 현장의 조사 분석, 주요 구조물의 기술적 검토 및 기술지원 등의 업무를 수행한 경우

건설사업관리 (시공 단계 또는 감독 권한 대행)	책임건설사업관리기술인	발주청과 체결된 건설사업관리 용역계약에 의하여 건설사업관리용역업자를 대표하며 해당 공사의 현장에 상주하면서 해당 공사의 건설사업관리업무를 총괄한 경우.
	상주기술인	「건설기술 진흥법 시행규칙」 제35조 제2항에 따라 공사 현장에 상주하면서 건설사업관리업무를 수행한 경우
	기술지원기술인	「건설기술 진흥법 시행규칙」 제35조 제2항에 따라 현장에 상주하지 않으며 발주청 및 책임건설사업관리기술인의 요청에 따라 업무를 지원한 경우
건설사업관리 (안전관리)	책임건설사업관리기술인	"건설공사 사업관리방식 검토기준 및 업무수행지침"에 따라 책임건설사업관리기술인으로서 안전관리업무를 수행한 경우
	상주기술인	"건설공사 사업관리방식 검토기준 및 업무수행지침"에 따라 상주기술인으로서 안전관리업무를 수행한 경우
건설사업관리 (*)	책임기술인	발주청과 체결된 건설사업관리 용역계약에 의하여 건설사업관리용역업자를 대표하며 해당 건설사업관리업무 용역을 총괄한 경우
	분야별 책임기술인	소관 분야별 책임기술인을 보좌하여 건설사업관리업무를 수행하는 자로서, 담당 건설사업관리업무에 대하여 책임기술인과 연대하여 책임지는 경우
	참여기술인	해당 건설사업관리용역의 책임기술인 또는 분야별 책임기술인을 보좌하여 건설사업관리업무를 수행한 경우
	기술지원기술인	해당 건설사업관리용역의 발주청 및 책임기술인의 요청에 따라 건설사업관리업무를 지원한 경우
감 독	용역감독	발주청에 소속되어 발주한 설계 등 용역을 직접 관리감독하는 경우
	공사감독	발주청에 소속되어 발주한 건설공사를 직접 관리감독하는 경우
	일반감독	발주자에 소속되어 발주한 용역 또는 건설공사를 직접 관리감독하는 경우

4. 건설공사의 종류는 다음 표와 같다.

가. 건설공사의 종류

공사종류	
대분류	소분류
1. 도로	1. 토공
2. 고속국도	2. 미장, 방수
3. 국도	3. 석공
4. 교량[일반교량, 장대교량(100m 이상)]	4. 도장
5. 공항	5. 조적
6. 댐	6. 비계·구조물 해체
7. 간척·매립	7. 금속구조물창호
8. 단지조성	8. 지붕·판금
9. 택지개발	9. 철근·콘크리트
10. 농지개량	10. 철물
11. 항만관개수로(항만, 관개수로)	11. 기계 설비
12. 철도(철도노반시설, 철도궤도시설)	12. 상·하수도 설비
13. 지하철	13. 보링·그라우팅
14. 터널	14. 철도·궤도
15. 발전소	15. 포장
16. 쓰레기소각시설	16. 준설
17. 폐수종말처리 시설	17. 수중
18. 하수종말처리 시설	18. 조경 식재
19. 산업시설	19. 조경시설물 설치
20. 환경시설	20. 건축물 조립
21. 저장·비축시설	21. 강구조물
22. 상수도 시설(상수도, 정수장)	22. 온실 설치
23. 하수도	23. 철강 재설치
24. 공용청사	24. 삭도 설치
25. 송전	25. 승강기 설치
26. 변전	26. 가스 시설 시공
27. 하천[하천정비(지방/국가)]	27. 특정열 사용 기자재 시공
28. 통신·전력구	28. 온돌시공
29. 기타	29. 시설물 유지관리
	30. 화약관리(발파)
	31. 소방설비
	32. 실내건축
	33. 기타

〈비 고〉

1. 대분류 및 소분류의 기타 공사 종류의 경우 구체적인 종류를 표기하며 건설사업관리계약현황 및 건설사업관리 업무를 수행하는 건설기술인의 경력관리에 대하여는 소분류를 적용하지 않는다.

나. 건축물의 용도 분류

「건축법 시행령」별표1(제3조의 5 관련)에 의한 용도별 건축물의 종류에 의한다.

| 부록(각주번호 21)

건설기술 진흥법 시행령 [별표8] 〈개정 2021. 9. 14.〉
[시행일: 2023. 1. 1.] 제3호, 제4호

건설공사 등의 벌점관리기준(제87조 제5항 관련)

1. 이 표에서 사용하는 용어의 뜻은 다음과 같다.
    가. "벌점"이란 측정기관이 업체와 건설기술인 등에 대해 제5호의 벌점 측정기준에
        따라 부과하는 점수를 말한다.
    나. "업체"란 법 제53조 제1항 제1호부터 제3호까지의 규정에 따른 건설사업자, 주
        택건설등록업자 및 건설엔지니어링사업자(「건축사법」 제23조 제4항 전단에 따
        른 건축사사무소개설자를 포함한다.)를 말한다.
    다. "건설기술인 등"이란 업체에 고용된 건설기술인 및 「건축사법」 제2조 제1호에
        따른 건축사를 말한다.
    라. "주요 구조부"란 다음 표의 어느 하나에 해당하는 구조부 및 이에 준하는 것으
        로서 구조물의 기능상 주요한 역할을 수행하는 구조부를 말한다.

구 분	주요 구조부
건축물	내력벽, 기둥, 바닥, 보, 지붕, 기초, 주 계단
플랜트	기초, 설비 서포터
교 량	기초부, 교대부, 교각부, 거더, 콘크리트 슬래브, 라멘구조부, 교량받침, 주탑, 케이블부, 앵커리지부
터 널	숏크리트, 록볼트, 강지보재, 철근콘크리트라이닝, 세그먼트라이닝, 인버트 콘크리트, 갱구부 사면
도 로	차도, 중앙분리대, 측도, 절토부, 성토부
철 도	콘크리트궤도, 승강장, 지하역사 구조부, 지하차도, 지하보도, 여객통로
공 항	활주로, 유도로, 계류장

쓰레기·폐기물 처리장	기초, 콘크리트 구조부, 설비 서포터
상·하수도	철근콘크리트 구조부, 철골 구조부, 수로터널, 관로이음부
하수·오수 처리장	수조 구조부, 수문 구조부, 펌프장 구조부
배수 펌프장	침사지, 흡수조, 토출수조, 유입수문, 토출수문, 통문, 통관
항만·어항	콘크리트 바닥판, 콘크리트 널말뚝, 토류벽, 강말뚝, 강널말뚝, 상부공, 직립부, 콘크리트 블럭, 케이슨, 사석 경사면, 소파공, 기초부
하 천	하구둑, 보, 수문 본체, 문비, 제체, 호안
댐	본체, 여수로, 기초, 양안부, 여수로 수문, 취수구조물
옹 벽	지반, 기초부, 전면부, 배수시설, 상부사면
절토사면	상부자연사면, 사면, 사면하부, 보호시설, 보강시설, 배수처리 시설, 이격거리내 시설
공동구	공동구 본체
삭 도	상부앵커, 하부앵커, 지주, 케이블

마. "그 밖의 구조부"란 주요 구조부가 아닌 구조부를 말한다.

바. "주요 시설계획"이란 「국토의 계획 및 이용에 관한 법률」에 따른 도시·군관리계획, 「시설물의 안전 및 유지관리에 관한 특별법」에 따른 시설물의 설치·정비 또는 개량에 관한 계획, 개별 사업의 토지이용계획 및 그 밖에 사업 목적을 달성하기 위한 필수 시설의 설치 계획을 말한다.

사. "그 밖의 시설계획"이란 주요 시설계획이 아닌 시설계획을 말한다.

아. "주요 구조물"이란 주요 시설계획에 포함된 구조물을 말한다.

자. "그 밖의 구조물"이란 주요 구조물이 아닌 구조물을 말한다.

차. "배수시설"이란 배수관·배수구조물·배수설비 등 우수(雨水)와 오수(汚水)의 배수를 위한 시설을 말하며, 그 밖에 공사 현장에서 필요한 배수시설을 포함한다.

카. "방수시설"이란 아스팔트·실링재·에폭시·시멘트모르타르·합성수지 등을 사용하여 토목·건축 구조물, 산업설비 및 폐기물매립시설 등에 방수·방습·누수방지를 하는 시설을 말한다.

타. "건설 기계·기구"란 동력으로 작동하는 기계·기구로서 「산업안전보건법」 제80조 제1항에 따른 유해하거나 위험한 기계·기구, 「건설기계관리법」 제2조 제1항 제1호에 따른 건설기계와 그 밖에 건설공사에 주요하게 사용되는 기계·기구를 말한다.

파. "구조물의 허용 균열폭"이란 콘크리트 구조물의 내구성, 수밀성, 사용성 및 미관 등을 유지하기 위하여 허용되는 균열의 폭을 말한다.

하. "재시공"이란 공사 목적물의 시공 후 구조적 파손 등으로 인한 결함 부위를 모두 철거하고 다시 시공하거나 전반적인 보수·보강이 이루어지는 것을 말한다.

거. "보수·보강"에서 보수란 시설물의 내구성능을 회복시키거나 향상시키는 것을 말하며, 보강이란 부재나 구조물의 내하력(耐荷力)이나 강성(剛性) 등 역학적인 성능을 회복시키거나 향상시키는 것을 말한다.

너. "경미한 보수"란 결함 부위를 간단한 보수를 통하여 기능을 회복시키거나 향상시키는 것을 말한다.

더. "수요예측"이란 건설공사의 추진 여부, 시설물 규모의 결정, 건설공사로 주변 지역에 미치는 영향 분석 등에 활용하기 위하여 추정모형 등 자료 분석기법을 이용하여 교통수요, 항공유발수요, 항공전환수요, 생활·공업·농업용수 수요, 발전수요 등을 예측하는 것을 말한다.

2. 벌점 적용대상

측정기관은 제5호의 벌점 측정기준에서 정한 부실내용에 해당하는 경우와 이와 관련하여 시정명령 등을 받은 경우에 벌점을 적용한다. 다만, 관계 법령에 따라 건설공사의 부실과 관련하여 다음 각 목의 처분을 받은 경우는 제외한다.

가. 법 제24조에 따른 업무정지

나. 법 제31조에 따른 등록취소 또는 영업정지

다. 「건설산업기본법」 제82조 및 제83조에 따른 영업정지 및 등록말소

라. 「주택법」 제8조에 따른 등록말소 또는 영업정지

마. 「국가를 당사자로 하는 계약에 관한 법률」 제27조에 따른 입찰 참가 자격 제한 [제5호 가목 1) 가)·나), 같은 목 11) 가), 같은 목 14) 다), 같은 목 15) 가), 같은 목 16) 및 18)에 해당하는 경우와 건설기술용역을 부실하게 수행한 건설기술용역사업자만을 대상으로 한다.]

바. 「국가기술자격법」 제16조에 따른 자격취소 또는 자격정지

사. 그 밖에 관계 법령에 따라 부과하는 가목부터 바목까지의 규정에 따른 처분에 준하는 행정처분

3. 벌점 산정방법

가. 업체 또는 건설기술인 등이 해당 반기에 받은 모든 벌점의 합계에서 반기별 경감점수를 뺀 점수를 해당 반기 벌점으로 한다.

나. 합산벌점은 해당 업체 또는 건설기술인 등의 최근 2년간의 반기 벌점의 합계를

2로 나눈 값으로 한다.

4. 벌점 적용기준

가. 법 제53조 제2항에 따라 발주청은 벌점을 받은 업체 및 건설기술인 등에 대한 입찰 참가 자격의 사전심사를 할 때 아래 표의 구분에 따른 점수를 감점하되, 이 기준을 적용하기 부적합한 경우에는 별도의 기준을 정할 수 있다.

합산벌점	감점되는 점수(점)
1점 이상 2점 미만	0.2
2점 이상 5점 미만	0.5
5점 이상 10점 미만	1
10점 이상 15점 미만	2
15점 이상 20점 미만	3
20점 이상	5

나. 합산벌점은 매 반기의 말일을 기준으로 2개월이 지난 날부터 적용한다.

다. 벌점은 건설기술인 등이 근무하는 업종을 변경하는 경우에도 승계된다.

5. 벌점 측정기준

벌점은 다음 각 목의 기준에 따라 개별 단위의 부실사항별로 업체와 건설기술인 등에게 각각 부과한다. 다만, 다음 각 목의 표에서 업체 또는 건설기술인 등에 한정하여 적용하도록 하는 경우에는 그렇지 않다.

가. 건설사업자, 주택건설등록업자 및 건설기술인에 대한 벌점 측정기준

번 호	주요부실내용	벌 점
1)	▶ **토공사의 부실**	
	가) 기초굴착과 절토·성토 등(이하 "토공사"라 한다.)을 설계도서(관련 기준을 포함한다. 이하 같다.)와 다르게 하여 토사붕괴가 발생한 경우	3
	나) 토공사를 설계도서와 다르게 하여 지반침하가 발생한 경우	2
	다) 토공사의 시공 및 관리를 소홀히 하여 토사붕괴 또는 지반침하가 발생한 경우	1
2)	▶ **콘크리트면의 균열 발생**	
	가) 주요 구조부에 구조물의 허용 균열폭보다 큰 균열이 발생했으나 구조검토 등 원인 분석과 보수·보강을 위한 균열관리를 하지 않은 경우, 또는 보수·보강(구체적인 보수·보강 계획을 수립한 경우는 제외한다. 이하 이 번호에서 같다.)을 하지 않은 경우	3
	나) 그 밖의 구조부에 구조물의 허용 균열폭보다 큰 균열이 발생했으나 구조검토 등 원인 분석과 보수·보강을 위한 균열관리를 하지 않은 경우, 또는 보수·보강을 하지 않은 경우	2
	다) 주요 구조부에 구조물의 허용 균열폭보다 작은 균열이 발생했으나 균열의 진행 여부에 대한 관리와 보수·보강을 하지 않은 경우	1
	라) 그 밖의 구조부에 구조물의 허용 균열폭보다 작은 균열이 발생했으나 균열의 진행 여부에 대한 관리와 보수·보강을 하지 않은 경우	0.5
3)	▶ **콘크리트 재료 분리의 발생**	
	가) 주요 구조부의 철근 노출이 발생했으나, 보수·보강(철근 노출 또는 재료 분리 위치를 파악하여 구체적인 보수·보강 계획을 수립한 경우는 제외한다. 이하 이 번호에서 같다.)을 하지 않은 경우	3
	나) 그 밖의 구조부의 철근 노출이 발생했으나, 보수·보강을 하지 않은 경우	2
	다) 주요 구조부 및 그 밖의 구조부의 재료 분리가 0.1㎡ 이상 발생했는데도 적절한 보수·보강 조치를 하지 않은 경우	1
4)	▶ **철근의 배근·조립 및 강구조의 조립·용접·시공상태의 불량**	
	가) 주요 구조부의 시공 불량으로 부재당 보수·보강이 3곳 이상 필요한 경우	3
	나) 주요 구조부의 시공 불량으로 보수·보강이 필요한 경우	2
	다) 그 밖의 구조부의 시공 불량으로 보수·보강이 필요한 경우	1
5)	▶ **배수 상태의 불량**	
	가) 배수시설을 설계도서 및 현지 여건과 다르게 시공하여 배수 기능이 상실된 경우	2
	나) 배수시설을 설계도서 및 현지 여건과 다르게 시공하여 배수 기능에 지장을 준 경우	1
	다) 배수시설의 관리 불량으로 인해 침수 등 피해 발생의 우려가 있는 경우	0.5

6)	▶ 방수 불량으로 인한 누수 발생	
	가) 방수시설에서 누수가 발생하여 방수면적 1/2 이상의 보수·보강(구체적인 보수·보강 계획을 수립한 경우는 제외한다. 이하 이 번호에서 같다.)이 필요한 경우	2
	나) 방수시설에서 누수가 발생하여 보수·보강이 필요한 경우	1
	다) 방수시설의 시공 불량으로 보수·보강이 필요한 경우	0.5
7)	▶ 시공 단계별로 건설사업관리기술인(건설사업관리기술인을 배치하지 않아도 되는 경우에는 공사감독자를 말한다. 이하 이 번호에서 같다.)의 검토·확인을 받지 않고 시공한 경우	
	가) 주요 구조부에 대하여 건설사업관리기술인의 검토·확인을 받지 않고 시공한 경우	3
	나) 그 밖의 구조부에 대하여 건설사업관리기술인의 검토·확인을 받지 않고 시공한 경우	2
	다) 건설사업관리기술인 지시사항의 이행을 정당한 사유 없이 지체한 경우	1
8)	▶ 시공상세도면 작성의 소홀	
	가) 주요 구조부에 대한 시공상세도면의 작성을 소홀히 하여 재시공이 필요한 경우	3
	나) 주요 구조부에 대한 시공상세도면의 작성을 소홀히 하여 보수·보강(경미한 보수·보강은 제외한다. 이하 이 번호에서 같다.)이 필요한 경우	2
	다) 그 밖의 구조부에 대한 시공상세도면의 작성을 소홀히 하여 보수·보강이 필요한 경우	1
9)	▶ 공정관리의 소홀로 인한 공정부진	
	가) 건설사업관리기술인으로부터 지연된 공정을 만회하기 위한 대책을 요구받은 후 정당한 사유 없이 그 대책을 수립하지 않은 경우	1
	나) 공정관리의 소홀로 공사가 지연되고 있으나 정당한 사유 없이 대책이 미흡한 경우	0.5
10)	▶ 가설구조물(비계, 동바리, 거푸집, 흙막이 등 설치단계의 주요 가설구조물을 말한다. 이하 이 번호에서 같다.) 설치상태의 불량	
	가) 가설구조물의 설치 불량으로 건설사고가 발생한 경우	3
	나) 가설구조물의 설치 불량(시공계획서 및 시공상세도면을 작성하지 않은 경우도 포함한다.)으로 보수·보강(경미한 보수·보강은 제외한다.)이 필요한 경우	2
11)	▶ 건설공사 현장 안전관리대책의 소홀	
	가) 제105조 제3항에 따른 중대한 건설사고가 발생한 경우	3
	나) 정기안전점검을 한 결과 조치 요구사항을 이행하지 않은 경우, 또는 정기안전점검을 정당한 사유 없이 기간 내에 실시하지 않은 경우	3
	다) 안전관리계획을 수립했으나, 그 내용의 일부를 누락하거나 기준을 충족하지 못하여 내용의 보완이 필요한 경우 또는 각종 공사용 안전시설 등의 설치를 안전관리계획에 따라 설치하지 않아 건설사고가 우려되는 경우	2

12)	▶ 품질관리계획 또는 품질시험계획의 수립 및 실시의 미흡	
	가) 품질관리계획 또는 품질시험계획을 수립했으나, 그 내용의 일부를 누락하거나 기준을 충족하지 못하여 내용의 보완이 필요한 경우	2
	나) 품질관리계획 또는 품질시험계획과 다르게 품질시험 및 검사를 실시한 경우	1
13)	▶ 시험실의 규모·시험장비 또는 건설기술인 확보의 미흡	
	가) 품질관리계획 또는 품질시험계획에 따른 시험실·시험장비를 갖추지 않거나 품질관리 업무를 수행하는 건설기술인을 배치하지 않은 경우	3
	나) 시험실·시험장비 또는 건설기술인 배치 기준을 미달한 경우, 품질관리 업무를 수행하는 건설기술인이 제91조 제3항 각호 외의 업무를 발주청 또는 인·허가 기관의 장의 승인 없이 수행한 경우	2
	다) 법 제20조 제2항에 따른 교육·훈련을 이수하지 않은 자를 품질관리를 수행하는 건설기술인으로 배치한 경우	1
	라) 시험장비의 고장을 방치(대체 장비가 있는 경우는 제외한다.)하여 시험의 실시가 불가능하거나 유효기간이 지난 장비를 사용한 경우	0.5
14)	▶ 건설용 자재 및 기계·기구 관리 상태의 불량	
	가) 기준을 충족하지 못하거나 발주청의 승인을 받지 않은 건설 기계·기구 또는 주요 자재를 반입하거나 사용한 경우	3
	나) 건설 기계·기구의 설치 관련 기준과 다르게 설치 또는 해체한 경우	2
	다) 자재의 보관 상태가 불량하여 품질에 영향을 미친 경우	1
15)	▶ 콘크리트의 타설 및 양생과정의 소홀	
	가) 콘크리트 배합설계를 실시하지 않거나 확인하지 않은 경우, 콘크리트 타설계획을 수립하지 않은 경우, 거푸집 해체 시기 또는 타설 순서를 준수하지 않은 경우, 고의로 기준을 초과하여 레미콘 물타기를 한 경우	3
	나) 슬럼프시험, 염분함유량시험, 압축강도시험 또는 양생관리를 실시하지 않은 경우, 생산·도착 시간 또는 타설 완료 시간을 기록·관리하지 않은 경우	1
16)	▶ 레미콘 플랜트(아스콘 플랜트를 포함한다.) 현장관리 상태의 불량	
	가) 계량장치를 검정하지 않은 경우, 또는 고의로 기준을 초과하여 레미콘 물타기를 한 경우	3
	나) 골재를 규격별로 분리하여 저장하지 않거나 골재관리상태가 미흡한 경우, 자동기록장치를 작동하지 않거나 기록지를 보관하지 않은 경우, 아스콘의 생산온도가 기준에 미달한 경우	2
	다) 품질시험이 적정하지 않거나 장비결함사항을 방치한 경우	1

17)	▶ 아스콘의 포설 및 다짐 상태 불량	
	가) 시방기준에 규정된 시험포장을 실시하지 않은 경우	2
	나) 현장다짐밀도 또는 포장 두께가 부족한 경우	1
	다) 혼합물온도 관리 기준을 미달하거나 초과한 경우, 평탄성 측정 결과 시방기준을 초과한 경우	0.5
18)	▶ 설계도서와 다른 시공	
	가) 주요 구조부를 설계도서와 다르게 시공하여 재시공이 필요한 경우	3
	나) 주요 구조부를 설계도서와 다르게 시공하여 보수·보강(경미한 보수·보강은 제외한다. 이하 이 번호에서 같다.)이 필요한 경우	2
	다) 그 밖의 구조부를 설계도서와 다르게 시공하여 보수·보강이 필요한 경우	1
19)	▶ 계측관리의 불량	
	가) 계측장비를 설치하지 않은 경우, 또는 계측장비가 작동하지 않는 경우	2
	나) 설계도서(계약 시 협의사항을 포함한다.)의 규정상 계측횟수가 미달하거나 잘못 계측한 경우	1
	다) 측정기한이 초과하는 등 계측관리를 소홀히 한 경우	0.5

나. 시공 단계의 건설사업관리를 수행하는 건설사업관리용역사업자 및 건설사업관리기술인에 대한 벌점 측정기준

번 호	주요 부실내용	벌 점
1)	▶ 설계도서의 내용대로 시공되었는지에 관한 단계별 확인의 소홀	
	가) 주요 구조부에 대한 검토·확인 절차를 이행하지 않거나 설계도서와 다르게 하여 재시공이 필요한 경우	3
	나) 주요 구조부에 대한 검토·확인 절차를 이행하지 않거나 설계도서와 다르게 하여 보수·보강(경미한 보수·보강은 제외한다. 이하 이 번호에서 같다.)이 필요한 경우	2
	다) 그 밖의 구조부에 대한 검토·확인 절차를 이행하지 않거나 설계도서와 다르게 하여 보수·보강이 필요한 경우	1
	라) 그 밖에 확인검측을 누락한 경우 또는 검측업무의 지연으로 계획공정에 차질이 발생한 경우(월간 계획공정 기준으로 10% 이상 차질이 발생한 경우를 말한다. 이하 같다.)	0.5

2)	▶ **시공상세도면에 대한 검토의 소홀**	
	가) 주요 구조부 시공상세도면의 검토 절차를 이행하지 않거나 관련 기준과 다르게 하여 재시공이 필요한 경우	3
	나) 주요 구조부 시공상세도면의 검토 절차를 이행하지 않거나 관련 기준과 다르게 하여 보수·보강(경미한 보수·보강은 제외한다. 이하 이 번호에서 같다.)이 필요한 경우	2
	다) 그 밖의 구조부 시공상세도면의 검토 절차를 이행하지 않거나 관련 기준과 다르게 하여 보수·보강이 필요한 경우	1
3)	▶ **기성 및 예비 준공검사의 소홀**	
	가) 검사 후 주요 구조부를 재시공할 사항이 발생한 경우	3
	나) 검사 후 주요 구조부를 보수·보강할 사항이 발생한 경우	2
	다) 검사 후 그 밖의 구조부를 보수·보강할 사항이 발생한 경우	1
	라) 검사 지연으로 계획공정에 차질이 발생한 경우	0.5
4)	▶ **시공자의 건설안전관리에 대한 확인의 소홀**	
	가) 안전관리계획서를 검토·확인하지 않은 경우, 정기안전점검을 하지 않거나 안전점검 수행기관으로 지정되지 않은 기관이 정기안전점검을 실시했으나, 시정지시 등을 하지 않은 경우, 정기안전점검 결과 조치 요구사항의 이행을 확인하지 않은 경우	3
	나) 안전관리계획서의 제출을 정당한 사유 없이 1개월 이상 지연한 경우	2
5)	▶ **설계변경사항 검토·확인의 소홀**	
	가) 설계도서의 확인 후 조치를 취하지 않아 시공 후 주요 구조부의 설계변경사유가 발생한 경우	2
	나) 설계도서의 확인 후 조치를 취하지 않아 시공 후 그 밖의 구조부의 설계변경사유가 발생한 경우 또는 설계변경사항을 반영하지 않은 경우	1
	다) 설계변경사항의 검토를 정당한 사유 없이 지연하여 계획공정에 차질이 발생한 경우	0.5
6)	▶ **시공계획 및 공정표 검토의 소홀**	
	가) 시공계획 및 공정표 검토 후 시정지시 등을 하지 않아 주요 구조부 재시공이 필요한 경우	2
	나) 시공계획 및 공정표 검토 후 시정지시 등을 하지 않아 주요 구조부 보수·보강(경미한 보수·보강은 제외한다. 이하 이 번호에서 같다.)이 필요한 경우	1
	다) 시공계획 및 공정표 검토 후 시정지시 등을 하지 않아 그 밖의 구조부 보수·보강이 필요하거나 계획공정에 차질이 발생한 경우 또는 설계변경 요인에 따른 시공계획 및 공정표 변경승인을 관련 기준에 따라 이행하지 않은 경우	0.5

7)	▶ 품질관리계획 또는 품질시험계획의 수립과 시험 성과에 관한 검토의 불철저	
	가) 시공자가 제출한 계획 또는 시험 성과에 대한 검토를 실시하지 않은 경우, 시공자가 시험실·시험장비를 갖추지 않거나 품질관리 업무를 수행하는 건설기술인을 배치하지 않았는데도 시정지시 등을 하지 않은 경우	3
	나) 시공자가 제출한 계획 또는 시험 성과에 대한 검토 절차를 이행하지 않거나 관련 기준과 다르게 하여 보수·보강이 필요한 경우 또는 시험실·시험장비나 품질관리 업무를 수행하는 건설기술인의 자격이 기준에 미달하거나, 품질관리 업무를 수행하는 건설기술인이 제91조 제3항 각호 외의 업무를 발주청 또는 인·허가기관의 장의 승인 없이 수행했는데도 시정지시 등을 하지 않은 경우	2
	다) 품질시험 중 일부 종목을 빠뜨리거나 시험횟수를 부족하게 수행했는데도 시정지시 등을 하지 않은 경우	1
	라) 시험장비의 고장(대체 장비가 있는 경우는 제외한다.)을 방치하여 시험의 실시가 불가능하거나 장비의 유효기간이 지났는데도 시정지시 등을 하지 않은 경우	0.5
8)	▶ 건설용 자재 및 기계·기구 적합성의 검토·확인의 소홀	
	가) 건설 기계·기구의 반입·사용에 대한 필요한 조치를 이행하지 않아 기준을 충족하지 못하거나 발주청 등의 승인을 받지 않은 건설 기계·기구가 사용된 경우	2
	나) 주요 자재(철근, 철골, 레미콘, 아스콘 등 건설 현장에서 주요하게 사용되는 자재를 말한다.)의 품질확인 절차를 이행하지 않거나 관련 기준과 다르게 한 경우	1
	다) 그 밖의 자재의 품질확인 절차를 이행하지 않거나 관련 기준과 다르게 한 경우	0.5
9)	▶ 시공자 제출서류의 검토 소홀 및 처리 지연	
	가) 정당한 사유 없이 제출서류 처리 지연으로 계획공정에 차질이 발생하거나 보수·보강이 필요한 경우	2
	나) 정당한 사유 없이 제출서류 검토 절차를 이행하지 않거나 관련 기준과 다르게 하여 보수·보강(경미한 보수·보강은 제외한다.)이 필요한 경우	1
	다) 정당한 사유 없이 제출서류 검토 절차를 이행하지 않거나 관련 기준과 다르게 하여 계획공정에 차질이 발생한 경우	0.5
10)	▶ 제59조에 따른 건설사업관리의 업무 범위에 대한 기록유지 또는 보고 소홀	
	가) 기록유지 또는 보고 절차를 이행하지 않거나 관련 기준과 다르게 하여 보수·보강(경미한 보수·보강은 제외한다.)이 필요한 경우	2
	나) 기록유지 또는 보고 절차를 이행하지 않거나 관련 기준과 다르게 하여 계획공정에 차질이 발생한 경우	1
11)	▶ 건설사업관리 업무의 소홀 등	
	가) 건설사업관리기술인의 자격 미달 및 인원 부족이 발생한 경우(건설사업관리용역사업자만 해당한다.)	2
	나) 건설사업관리기술인이 현장을 무단으로 이탈한 경우(건설사업관리기술인만 해당한다.)	2

12)	▶ 입찰 참가 자격 사전심사 시 건설사업관리 업무를 수행하기로 했던 건설사업관리기술인의 임의변경 또는 관리 소홀(건설사업관리용역사업자만 해당한다.)	
	가) 발주자에게 승인을 받지 않고 건설사업관리기술인을 교체한 경우, 50% 이상의 건설사업관리기술인을 교체한 경우(해당 공사 현장에 3년 이상 배치된 경우, 퇴직·입대·이민·사망의 경우, 질병·부상으로 3개월 이상의 요양이 필요한 경우, 3개월 이상 공사 착공이 지연되거나 진행이 중단된 경우, 그 밖에 발주청이 필요하다고 인정하는 경우는 제외한다. 이하 이 번호에서 같다.)	2
	나) 같은 분야의 건설사업관리기술인을 합당한 이유 없이 3번 이상 교체한 경우	1
13)	▶ 공사 수행과 관련한 각종 민원 발생 대책의 소홀	
	가) 환경오염(수질오염, 공해 또는 소음)의 발생으로 인근 주민의 권익이 침해되어 집단민원이 발생한 경우로서 예방조치를 하지 않은 경우	2
	나) 공사 수행과정에서 토사유실, 침수 등 시공관리와 관련하여 민원이 발생한 경우로서 그 예방조치를 하지 않은 경우	1
14)	▶ 발주청 지시사항 이행의 소홀	
	가) 시방기준의 변경이나 사업계획의 변경 등에 따른 발주청의 지시사항을 이행하지 않아 보수·보강(경미한 보수·보강은 제외한다.)이 필요한 경우	2
	나) 시방기준의 변경이나 사업계획의 변경 등에 따른 발주청의 지시사항을 이행하지 않아 계획공정에 차질이 발생한 경우	1
15)	▶ 가설구조물(가교, 동바리, 거푸집, 흙막이 등 구조검토단계의 주요 가설구조물을 말한다.)에 대한 구조검토 소홀	
	가) 구조검토 절차를 이행하지 않은 경우	3
	나) 구조검토 절차를 관련 기준과 다르게 한 경우	2
16)	▶ 공사 현장에 상주하는 건설사업관리기술인을 지원하는 건설사업관리기술인(이하, 이 표에서 "기술지원기술인"이라 한다.)의 현장 시공실태 점검의 소홀	
	가) 기술지원기술인으로서 업무를 수행한 이후 현장점검 횟수가 제59조 제7항에 따라 국토교통부장관이 정하여 고시하는 세부 기준에 따른 횟수보다 정당한 사유 없이 2회 이상 부족한 경우	1
	나) 기술지원기술인으로서 업무를 수행한 이후 현장점검 횟수가 제59조 제7항에 따라 국토교통부장관이 정하여 고시하는 세부 기준에 따른 횟수보다 정당한 사유 없이 1회 부족한 경우	0.5

17)	▶ 하자담보책임기간 하자 발생	
	가) 시공 단계의 건설사업관리 업무 내용과 관련하여 「건설산업기본법」 제28조 제1항에 따른 하자담보책임기간 내에 3회 이상 하자(같은 법 제82조 제1항 제1호에 따른 하자를 말한다. 이하 이 번호에서 같다.)가 발생한 경우로서 같은 법 제93조 제1항 및 같은 법 시행령 제88조에 따른 시설물의 주요 구조부에 발생한 하자가 1회 이상 포함되는 경우(건설사업관리용역사업자만 해당한다.)	2
	나) 시공 단계의 건설사업관리 업무 내용과 관련하여 「건설산업기본법」 제28조 제1항에 따른 하자담보책임기간 내에 하자가 3회 이상 발생한 경우(건설사업관리용역사업자만 해당한다.)	1
18)	▶ 하도급 관리 소홀	
	가) 불법하도급을 묵인한 경우 또는 하도급에 대한 타당성 검토 절차를 이행하지 않거나 관련 기준과 다르게 하여 「건설산업기본법」 제82조 또는 제83조에 따라 영업정지 또는 등록말소가 된 경우	3
	나) 하도급에 대한 타당성 검토 절차를 이행하지 않거나 관련 기준과 다르게 하여 「건설산업기본법」에 따라 과징금 또는 과태료가 부과된 경우	2
	다) 하도급에 대한 타당성 검토 절차를 이행하지 않거나 관련 기준과 다르게 하여 계획 공정에 차질 또는 민원이 발생하거나 불법행위가 발생한 경우	1

다. 그 밖의 건설엔지니어링사업자 및 건설기술인 등에 대한 벌점 측정기준

번 호	주요 부실내용	벌 점
1)	▶ 각종 현장 사전조사 또는 관계 기관 협의의 잘못	
	가) 과업지시서에 명시된 현장 사전조사나 관계 기관 협의 등을 하지 않아 설계변경 사유가 발생한 경우	2
	나) 과업지시서에 명시된 현장 사전조사 및 관계 기관 협의 등을 했지만 조사범위의 선정 등을 잘못하여 설계변경 사유가 발생한 경우	1
2)	▶ 토질·기초 조사의 잘못	
	가) 과업지시서에 명시된 보링 등 토질·기초 조사를 하지 않은 경우	3
	나) 과업지시서에 명시된 토질·기초 조사를 잘못하여 공법의 변경사유가 발생한 경우	1
3)	▶ 현장측량의 잘못으로 인한 설계변경사유의 발생	
	가) 주요 시설계획의 변경이 발생한 경우	2
	나) 그 밖의 시설계획의 변경이 발생한 경우	1

4)	▶ 구조·수리 계산의 잘못이나 신기술 또는 신공법에 관한 이해의 부족	
	가) 주요 구조물의 재시공이 발생한 경우	3
	나) 주요 구조물의 보수·보강(경미한 보수·보강은 제외한다. 이하 이 번호에서 같다.)이 발생한 경우	2
	다) 그 밖의 구조물의 보수·보강이 발생한 경우	1
5)	▶ 수량 및 공사비(설계가격을 기준으로 한다.) 산출의 잘못	
	가) 총공사비가 10% 이상 변경된 경우	2
	나) 총공사비가 5% 이상 변경된 경우	1
	다) 토공사·배수공사 등 공사 종류별 공사비가 10% 이상 변경된 경우(총공사비의 10% 이상에 해당하는 공사 종류로 한정한다.)	0.5
6)	▶ 설계도서 작성의 소홀	
	가) 설계도서의 일부를 빠뜨리거나 관련 기준을 충족하지 못하여 재시공 또는 보수·보강(경미한 보수·보강은 제외한다.)이 발생한 경우	3
	나) 공사의 특수성, 지역 여건 또는 공법 등을 고려하지 않아 현장의 실정과 맞지 않거나 공사 수행이 곤란한 경우	2
	다) 시공상세도면의 작성을 관련 기준과 다르게 하여 시공이 곤란한 경우	1
7)	▶ 자재 선정의 잘못으로 공사의 부실 발생	
	가) 주요 자재 품질·규격의 적합성 검토 절차를 이행하지 않거나 관련 기준과 다르게 하여 재시공이 필요한 경우	3
	나) 주요 자재 품질·규격의 적합성 검토 절차를 이행하지 않거나 관련 기준과 다르게 하여 보수·보강(경미한 보수·보강은 제외한다. 이하 이 번호에서 같다.)이 필요한 경우	2
	다) 그 밖의 자재 품질·규격의 적합성 검토 절차를 이행하지 않거나 관련 기준과 다르게 하여 재시공 또는 보수·보강이 필요한 경우	1
8)	▶ 건설엔지니어링 참여 건설기술인의 업무관리 소홀	
	가) 참여예정 건설기술인이 실제 건설엔지니어링 업무 수행 시에 참여하지 않거나 무자격자가 참여한 경우	3
	나) 참여 건설기술인의 업무 범위 기재 내용이 실제와 다르거나 감독자의 지시를 정당한 사유 없이 이행하지 않은 경우	1
9)	▶ 입찰 참가 자격 사전심사 시 건설사업관리 업무를 수행하기로 했던 건설엔지니어링 참여기술인의 임의변경 또는 관리 소홀(건설엔지니어링사업자만 해당한다.)	
	가) 발주자와 협의하지 않거나 발주자의 승인을 받지 않고 건설엔지니어링 참여기술인을 교체한 경우, 50% 이상의 건설엔지니어링 참여기술인을 교체한 경우(해당 공사 현장에 3년 이상 배치된 경우, 퇴직·입대·이민·사망의 경우, 질병·부상으로 3개월 이상의 요양이 필요한 경우, 3개월 이상 공사 착공이 지연되거나 진행이 중단된 경우, 그 밖에 발주청이 필요하다고 인정하는 경우는 제외한다. 이하 이 번호에서 같다.)	2
	나) 같은 분야의 건설엔지니어링 참여기술인을 상당한 이유 없이 3번 이상 교체한 경우	1

10)	▶ **건설엔지니어링 업무의 소홀 등**	
	가) 제59조 제4항에 따른 건설사업관리의 업무 내용 등과 관련하여 업무의 소홀, 기록 유지 또는 보고의 소홀로 예정기한을 초과하는 보완설계가 필요한 경우	2
	나) 정당한 사유 없이 건설엔지니어링 참여기술인의 업무 소홀로 설계용역 계획공정에 차질이 발생한 경우	0.5
11)	▶ **건설공사 안전점검의 소홀**	
	가) 정기안전점검·정밀안전점검 보고서를 사실과 현저히 다르게 작성한 경우, 정기안전점 검·정밀안전점검을 이행하지 않거나 관련 기준과 다르게 하여 건설사고가 발생한 경우	3
	나) 정기안전점검 또는 정밀안전점검을 이행하지 않거나 관련 기준과 다르게 하여 보수· 보강이 필요한 경우	2
	다) 정기안전점검 또는 정밀안전점검 후 기한 내 결과보고를 하지 않은 경우	1
12)	타당성 조사 시 수요예측을 부실하게 수행하여 발주청에 손해를 끼친 경우로서 고의로 수요예측을 30% 이상 잘못한 경우	1

라. 측정기관은 해당 업체(현장대리인을 포함한다.) 및 건설기술인 등의 확인을 받아 가목부터 다목까지의 규정에 따른 주요 부실 내용을 기준으로 벌점을 부과하고, 그 결과를 해당 벌점 부과 대상자에게 통보해야 한다.

마. 해당 공사와 관련하여 감사기관이 처분을 요구하는 경우나 해당 업체(현장대리인을 포함한다.) 또는 건설기술인 등이 부실 확인을 거부하는 경우에는 처분요구서 또는 사진촬영 등의 증거자료를 근거로 하여 부실을 측정하고 벌점을 부과할 수 있다.

바. 벌점 경감기준
1) 반기 동안 사망사고가 없는 건설사업자 또는 주택건설등록업자에 대해서는 다음 반기에 부과된 벌점의 20%를 경감하며, 반기별 연속하여 사망사고가 없는 경우에는 다음 표에 따라 다음 반기에 부과된 벌점을 경감한다.

무사망 사고 연속 반기 수	2반기	3반기	4반기
경감률	36%	49%	59%

2) 반기 동안 10회 이상의 점검을 받은 건설사업자, 주택건설등록업자 또는 건설기술 용역사업자에 대해서는 반기별 점검현장 수 대비 벌점 미부과 현장 비율(이하 "관리 우수 비율"이라 한다.)이 80% 이상인 경우에는 다음 표에 따라 해당 반기에 부과된

벌점을 경감한다. 이 경우 공동수급체를 구성한 경우에는 참여 지분율을 고려하여 점검현장 수를 산정한다.

관리우수 비율	80% 이상 ~ 90% 미만	90% 이상 ~ 95% 미만	95% 이상
경감점수	0.2점	0.5점	1점

3) 무사망 사고에 따른 경감과 관리 우수 비율에 따른 경감을 동시에 받는 경우에는 관리 우수 비율에 따른 경감점수를 먼저 적용한다.

4) 사망사고 신고를 지연하는 등 벌점을 부당하게 경감받은 것으로 확인되는 경우에는 경감받은 벌점을 다음 반기에 가중한다.

사. 벌점 부과 기한

측정기관은 「건설산업기본법」 제28조 제1항에 따른 하자담보책임기간 종료일까지 벌점을 부과한다. 다만, 다른 법령에서 하자담보책임기간을 별도로 규정한 경우에는 해당 하자담보책임기간 종료일까지 부과한다.

6. 벌점 공개

국토교통부장관은 법 제53조 제3항에 따라 매 반기의 말일을 기준으로 2개월이 지난 날부터 인터넷 조회시스템에 벌점을 부과받은 업체명, 법인등록번호 및 업무영역, 합산벌점 등을 공개한다.

| 부록(각주번호 24)

건설기술 진흥법 시행령 [별표9] 〈개정 2018. 12. 11.〉

품질시험계획의 내용(제89조 제2항 관련)

1. 개요
　　가. 공사명
　　나. 시공자
　　다. 현장 대리인

2. 시험계획

　　가. 공종

　　나. 시험 종목

　　다. 시험 계획물량

　　라. 시험 빈도

　　마. 시험 횟수

　　바. 그 밖의 사항

3. 시험시설

　　가. 장비명

　　나. 규격

　　다. 단위

　　라. 수량

　　마. 시험실 배치 평면도

　　바. 그 밖의 사항

4. 품질관리를 수행하는 건설기술인 배치계획

　　가. 성명

　　나. 등급

　　다. 품질관리 업무 수행 기간

　　라. 건설기술인 자격 및 학력·경력 사항

　　마. 그 밖의 사항

│ **부록**(각주번호 25)

건설공사 품질관리 업무지침

[시행 2022. 1. 8.] [국토교통부고시 제2022-30호, 2022. 1. 18., 일부 개정]

제1편 총칙

제1조(목적) 이 지침은 「건설기술진흥법」 제55조부터 제61조까지의 규정에 따라 발주자, 건설사업자 또는 주택건설공급업자, 품질검사를 대행하는 건설기술용역사업자가 건설공사

품질관리, 레미콘·아스콘 품질관리, 레미콘 현장 배치 플랜트 설치 및 관리, 철강구조물 제작공장 인증 및 가설기자재 품질관리와 관련된 업무를 효율적으로 수행하게 하기 위하여 업무 수행의 방법 및 절차 등 필요한 세부 기준을 정하는 데 그 목적이 있다.

제2조(정의) 이 지침에서 사용하는 용어의 뜻은 다음과 같다.
1. "발주자"란 건설기술진흥법(이하 "법"이라 한다.) 제2조 제6호의 발주청과, 자재에 대한 공급원 승인권한을 갖는 자 등 건설공사를 시공자에게 도급하는 자를 말한다.
2. "품질관리"란 법 제53조부터 제61조까지의 품질과 관련된 법령, 설계도서 등의 요구사항을 충족시키기 위한 활동으로서, 시공 및 사용 자재에 대한 품질시험·검사활동 뿐 아니라 설계도서와 불일치된 부적합공사를 사전 예방하기 위한 활동을 포함한다.
3. "시공자"란 「건설산업기본법」 제2조 제7호 또는 「주택법」 제9조에 따라 면허를 받거나 등록을 하고 건설업 또는 주택건설업을 영위하는 건설사업자 또는 주택건설등록업자를 말한다.
4. "공사감독자"란 법 제49조에 따라 발주청의 장이 임명한 자, 법 제39조에 따라 건설사업관리업무를 수행하는 자, 주택법 제24조 또는 건축법 제25조에 따라 건설공사의 감리 업무를 수행하는 자를 말한다.
5. "검사"란 측정, 시험 또는 계측 등을 활용한 관찰 및 판정에 따른 적합 여부 평가를 말한다.
6. "시험"이란 하나 또는 그 이상의 특성을 결정하는 것을 말한다.
7. "중점 품질관리(특별 프로세스)"란 품질관리가 소홀해지기 쉽거나 하자 발생빈도가 높으며, 부적합 공사로 판명될 경우 시정이 어렵고 많은 노력과 경비가 소요되는 공종 또는 부위에 대한 품질관리 활동을 말한다.
8. "프로세스"란 건설공사 수행 과정에서 발생하는 다양한 종류의 업무 또는 작업의 시작과 종료에 맞물려 의도된 결과를 만들어 내기 위해 입력을 사용하여 상호 관련되거나 상호 작용하는 활동의 집합을 말한다.
9. "품질관리규정"이란 케이에스 큐 아이에스오(KS Q ISO) 17025에 따라 시험업무 처리 요령 및 인력·장비의 관리·운영에 필요한 방법 및 절차를 정한 문서를 말한다.
10. "품질검사의 적정성 평가"란 품질검사를 대행하는 건설기술용역사업자로 등록한 자에 대하여 평가기관이 「건설기술진흥법 시행령」(이하 "영"이라 한다.) 별표5(등록요건 및 업무 범위) 및 시험·검사 실시에 따른 관련 자료를 법 제61조에 따른 평가기관이 조사하고 적합 또는 부적합을 판정하는 것을 말한다.
11. "적절성 확인"이란 발주청 또는 인·허가기관의 장 등이 건설사업자 또는 주택건

설등록업자가 법 제55조에 따라 수립한 품질관리계획서 또는 품질시험계획서에 규정된 품질관리를 적절하게 수행하고 있는지 여부를 확인하는 것을 말한다.

12. "시험관리인력"이라 함은 「건설기술진흥법 시행규칙」(이하 "규칙"이라 한다.) 별표5에 따라 건설공사 품질관리를 위해 배치되는 건설기술인 중에 최하위 등급자 또는 품질검사를 대행하는 건설기술용역사업자 및 국립·공립시험기관에서 품질시험·검사를 총괄 관리하는 사람을 말한다.

13. "시험인력"이라 함은 규칙 제50조에 따른 품질시험 및 검사를 실시하는 자를 말하며, 시험인력의 등급은 특급, 고급, 중급, 초급품질관리원으로 구분한다.

14. "공급원 승인권자"란 자재를 공급받아 사용하는 수요자가 신청한 자재공급원 승인요청에 대하여 승인 권한을 갖는 발주청 또는 공사감독자를 말한다.

15. "혼화재"란 혼화재료 중 사용량이 비교적 많아서 그 자체의 부피가 콘크리트 등의 비비기 용적에 계산되는 재료를 말하며, 이 지침에서는 플라이애시 또는 고로슬래그 미분말을 말한다.

16. "현장배치플랜트"란 시공자가 해당 건설공사에 사용되는 레미콘을 생산·공급하기 위하여 설치하는 고정식 또는 이동식 배치플랜트를 말한다.

17. "주변의 레미콘전문제조업자의 출하능력 여유분"이란 콘크리트를 비비기 시작하고 나서 90분 이내에 트럭믹서로 해당 건설공사 현장의 배출지점까지 운반이 가능한 거리 내에 있는 레미콘전문제조업자의 평균출하능력에서 평상시의 가동율을 뺀 나머지 출하능력을 말한다. 다만, 평상시의 가동율을 산출하기 곤란한 경우에는 전년도 3월부터 6월까지의 전국 레미콘전문제조업자의 평균가동율을 이용할 수 있다.

18. "레미콘 수요성수기"란 해당 건설공사의 착공 시 신규 소요되는 레미콘의 일간(1일은 8시간으로 한다.) 최대소요량이 주변의 레미콘전문제조업자의 출하능력 여유분으로 생산될 수 있는 일간 최대생산량을 초과하는 기간이 1주일 이상 지속되는 경우를 말한다.

19. "대규모 구조물"이란 해당 구조물의 착공으로 신규 소요되는 레미콘의 일간 최대소요량이 주변의 레미콘전문제조업자의 출하능력 여유분으로 생산될 수 있는 일간 최대생산량을 초과하는 기간이 1주일 이상 지속되는 경우를 말한다.

20. "철강구조물 제작 공장인증"이란 건설공사 현장에 철강구조물을 제작·납품하는 자의 신청을 받아 그 능력에 따라 철강구조물제작공장을 분야별로 등급화하는 것을 말한다.

21. "가설기자재"란 어떤 작업 또는 공사를 수행하기 위해서 설치했다가 그 작업이나 공사가 완료된 후에 해체하거나 철거하게 되는 가설구조물 또는 설비와 이들을 구성

하는 부품, 재료를 말한다.

22. "공사시방서"란 표준시방서 및 전문시방서를 기본으로 하여 작성한 것으로, 공사의 특수성, 지역 여건 및 공사방법 등을 고려하여 기본설계 및 실시설계도면에 구체적으로 표시할 수 없는 내용과 공사수행을 위한 시공 방법, 자재의 성능·규격 및 공법, 품질시험 및 검사 등 품질관리, 안전관리, 환경관리 등에 관한 사항을 기술한 시공 기준을 말한다.

23. "설계도서"란 규칙 제40조의 규정에 따라 건설공사의 설계 등 용역사업자가 작성한 설계도면, 설계명세서, 공사시방서 및 발주자가 특히 필요하다고 인정하여 요구한 부대도면 및 그 밖의 관련 서류를 말한다.

제3조(적용 범위)

① 제2편 제1장 및 제2장은 영 제89조에 따른 품질관리계획과 품질시험계획 수립대상 공사에 적용한다.

② 제2편 제3장은 영 제44조 제1항 제1호 또는 제3호에 따른 건설기술용역업의 등록과 법 제61조에 따른 품질검사의 대행에 대한 평가에 적용한다.

③ 제3편은 영 제95조 제2항에 따른 레디믹스트 콘크리트(이하 "레미콘"이라 한다.), 포장용 가열 아스팔트 혼합물(이하 "아스콘"이라 한다.)의 품질관리 및 영 제95조 제2항 제1호에 해당하는 건설공사 현장에 배치플랜트를 설치하는 경우에 적용한다.

④ 제4편은 법 제58조에 따른 철강구조물 제작공장 인증심사업무에 적용한다.

⑤ 제5편은 제1항의 적용 공사 현장에서 사용하는 가설 기자재 품질관리에 적용한다.

제2편 건설공사 품질관리

제1장 품질관리계획의 수립 및 관리

제4조(발주자의 역할)

① 발주자는 공사계약문서에 품질관리계획서의 내용, 제출 시기 및 수량 등에 대한 다음 각호의 사항을 정하여야 한다.

1. 품질관리계획서 및 품질관리절차서, 지침서 등 품질 관련 문서의 제출 시기 및 수량

2. 품질관리계획서 등 품질 관련 문서의 검토, 승인 시기

3. 하도급자의 품질관리계획 이행에 관한 시공자의 책임사항

4. 공사감독자 또는 건설사업관리기술인이 실시하는 품질관리계획 이행상태 확인의 시기 및 방법

5. 품질관리계획 이행의 부적합 사항의 처리 및 기록

② 발주자가 영 제90조 제1항에 따른 품질관리계획을 승인할 경우에는 공사감독자 또는 건설사업관리기술인의 검토 결과를 확인할 뿐 아니라 영 제90조 제2항에 따라 품질관리계획의 내용을 적정, 조건부 적정 또는 부적정으로 심사하고 결과를 확정하여 시공자, 공사감독자 및 건설사업관리기술인에게 서면으로 통보하여야 한다.

③ 발주자 중 발주청이 아닌 자는 시공자가 건설사업관리기술인의 검토를 받아 제출한 품질관리계획을 해당 건설공사의 인·허가 행정기관의 장에게 제출하여 검토받아야 한다.

④ 발주자가 영 제90조 제3항에 따라 품질관리계획을 승인하는 경우, 별지 제1호 서식의 품질관리계획서 검토·승인서에 따라 승인한다.

⑤ 발주자는 시공자가 품질관리계획서를 변경하는 경우, 변경된 품질관리계획서에 대하여 제1항부터 제4항까지의 조치를 하여야 한다.

⑥ 공동도급계약 방식으로 공사를 발주하는 경우 발주자는 공동수급체에 대한 품질관리계획 이행 요구사항을 공사계약문서에 명시하여야 한다.

⑦ 공동도급계약 방식의 공사인 경우, 품질관리계획서 및 관련 문서의 운영은 다음 각호와 같이 할 수 있다.

1. 공동수급체가 통합조직을 구성하여 공사를 수행하는 경우 대표사가 통합품질관리계획을 수립, 이행할 수 있다. 이 경우 대표사는 수급인별로 품질관리계획서와 그 밖의 품질 관련 문서의 준수를 위한 동의 서명을 받아야 한다. 다만, 내부심사, 경영검토 등은 수급인 각자가 별도로 수행할 필요가 없고 합동으로 실시하거나, 어느 한 수급인이 통합조직에 대하여 수행할 수 있다.

2. 공동수급체가 각각의 조직별로 공사구간을 나누어 공사를 수행하는 경우는 각 수급인별로 품질관리계획을 독립적으로 수립, 이행하여야 한다.

제5조(공사감독자 또는 건설사업관리기술인의 역할)

① 공사감독자 또는 건설사업관리기술인는 시공자가 수립한 품질관리계획서의 적정 여부를 별지 제1호 서식의 품질관리계획서 검토·승인서에 따라 검토·확인하여야 한다.

② 공사감독자 또는 건설사업관리기술인은 품질관리계획서와 절차서, 지침서 등 이에 수반된 문서를 검토·확인하고 그 결과를 시공자에게 통보하여야 한다.

③ 공사감독자 또는 건설사업관리기술인은 검토·확인결과에 따라 시공자에게 시정 및 시정조치를 요구할 수 있으며, 조치를 요구받은 시공자는 이를 지체 없이 이행하여야 한다.

④ 공사감독자 또는 건설사업관리기술인은 발주자가 달리 지정하지 않는 한 품질관리계획이 승인되기 전까지는 시공자로 하여금 해당업무를 수행하게 하여서는 안 된다.

⑤ 공사감독자 또는 건설사업관리기술인은 시공자가 품질관리계획서를 변경하는 경우 변경된 품질관리계획서에 대하여 제1항부터 제4항까지의 조치를 하여야 한다.

⑥ 공사감독자 또는 건설사업관리기술인은 「건설공사 사업관리 방식 검토 기준 및 업무 수행 지침서(국토교통부 고시)」 제60조 및 제90조, 제139조 제4항에 따라 시행하는 품질관리계획의 이행실태 확인을 체계적으로 수행하기 위해 다음 각호의 사항을 포함한 이행상태 확인계획을 수립하고 이행하여야 한다.

1. 점검기준, 범위, 점검자 선정을 포함한 점검계획을 수립
2. 품질관리계획의 이행확인에 중점을 둔 점검표를 작성 및 점검 수행방법
3. 관련법령, 서류명 등 객관적인 증거의 기술을 포함한 품질관리계획의 이행 여부 확인결과에 대한 기록 방법
4. 필요한 경우 시정 및 시정조치의 요구, 취해진 조치 결과의 검증 방법

제6조(시공자의 역할)

① 시공자는 건설기술진흥법령 및 이 지침에서 정한 바에 따라 해당 건설공사의 여건을 종합적으로 고려한 품질관리계획을 수립하고 공사감독자 또는 건설사업관리기술인의 검토·확인을 받아 발주자의 승인을 받아야 한다.

② 시공자는 다음 각호의 사항을 고려하여 품질관리계획서의 문서구성과 내용을 결정하여야 한다.

1. 건설공사의 규모 및 활동의 형태
2. 프로세스의 복잡성 및 그 상호작용
3. 조직 구성원의 학력, 교육훈련, 숙련도, 경험 등을 고려한 업무 수행능력

③ 시공자는 품질관리계획서를 변경하는 경우에도 공사감독자 또는 건설사업관리기술인의 검토·확인을 받아 발주자의 승인을 받아야 한다.

제7조(품질관리계획서의 작성기준) 영 제89조 제4항에 따른 품질관리계획서 작성기준은 별표1과 같다.

제2장 품질시험기준 및 품질관리의 적절성 확인, 품질시험비 산출

제8조(품질시험기준)

① 건설공사의 종류별, 공종별 시험종목·방법 및 빈도 등 건설공사 품질시험기준은 별표2와 같다.

② 별표2의 건설공사 품질시험기준에 명시되지 아니한 공종이나 자재에 대해서는 시방

서 등 설계도서에 제시된 시험종목·방법 및 빈도에 따른다.

③ 발주자가 공사의 종류·규모 및 중요성, 현지실정 등을 감안하여 특히 필요하다고 인정하면 별표2의 건설공사 품질시험기준의 시험빈도를 조정할 수 있다.

제9조(품질시험기준의 반영 등)

① 발주자는 「산업표준화법」에 따른 한국산업표준, 법 제44조 제1항 각호에 따른 설계 및 시공 기준과 별표2의 건설공사 품질시험기준을 검토하여 설계도서에 반영하여야 한다.

② 발주자는 「산업표준화법」에 따른 한국산업표준, 법 제44조 제1항 각호에 따른 설계 및 시공 기준과 별표2의 건설공사 품질시험기준이 각기 다른 경우 공사의 종류, 구조물의 특성 등을 감안하여 적합한 기준을 선정하여 설계도서에 반영하여야 한다.

③ 신공법이나 신기술의 도입 등으로 국내 시험방법이 없는 경우 및 품질검사를 대행하는 건설기술용역사업자의 시험장비 기준상 시험이 곤란한 경우 등은 발주자가 설계자와 협의하여 품질을 확인할 수 있는 방법을 시방서에 명기하여야 하며, 시방서에 따라 품질을 확인하는 경우 법 제55조 제2항에 따라 시험한 것으로 본다.

제10조(품질관리의 적절성 확인기준)

① 규칙 제52조에 따른 적절성확인 기준 및 요령은 별표3과 같다.

② 발주자는 별표1에 따른 품질관리계획서 작성기준에 따라 시공자가 품질관리를 적절하게 하는지를 확인하기 위한 계획을 수립하고 이행하여야 한다.

③ 발주자가 제2항의 적절성 확인계획을 수립하는 경우에는 품질관리의 적절성 확인을 체계적으로 수행하기 위해 다음 각호의 사항을 고려하여야 한다.

1. 품질관리계획과 관련된 교육 이수 등 전문지식을 보유한 적절성 확인자의 선정
2. 별표1에 따라 시공자가 수립한 품질관리계획서의 내용 검토
3. 이미 발생된 지적 및 조치사항의 확인을 위한 기존 점검자료의 검토
4. 필요한 경우, 별지 제2호 서식에 따른 품질관리 적절성 확인점검 내용의 추가, 수정 또는 삭제

제11조(품질시험비 산출단위량 및 단가 적용)

① 품질시험비 산출 시 소요되는 인건비 및 공공요금의 산출 단위량 기준은 별표4와 같다.

② 관리인력의 산출 단위량은 법 제56조에 따른 품질시험비 산출 시에는 적용하지 않으나, 법 제60조에 따른 국립·공립시험기관 및 품질검사를 대행하는 건설기술용역사업자의 품질시험비 산출 시에는 적용한다.

③ 인력의 노임단가는 다음 각호와 같다.

    1. 시험관리인력의 등급별 노임단가는 한국엔지니어링협회가 통계법에 의하여 조사·공표한 노임단가로 한다.

    2. 시험인력의 등급별 노임단가는 대한건설협회가 통계법에 의하여 조사·공표한 노임단가로 한다.

④ 공공요금의 단가는 다음 각호와 같다.

    1. "전력요금 단가"는 일반전력용(갑)의 저압전력에 대한 계절별 평균 전력량요금으로 소수점 이하를 절사한 값을 적용한다.

    2. "수도 요금 단가"라 함은 서울특별시 및 6개 광역시에서 조례로 정한 영업용 최소사용량을 기준으로 한 상수도 및 하수도 요금 단가의 평균값으로서 소수점 이하를 절사한 값을 적용하며, 영업용 단가가 없는 경우 일반용, 업무용, 가정용 순으로 적용한다.

    3. "가스 요금 단가"는 시·도별 도시가스 요금표의 일반용 1을 적용한다.

제12조(품질시험비 산정방법 등)

① 인건비 및 공공요금 산정 방법은 다음 각호와 같다.

    1. 시험관리인력의 인건비는 별표4의 시험 종목별 산출단위량에 제11조 제3항 제1호의 노임단가를 곱하여 산정한다.

    2. 시험인력의 인건비는 별표4의 시험종목별 산출단위량에 제11조 제3항 제2호의 노임단가를 곱하여 산정한다.

    3. 전기요금은 별표4의 시험종목별 산출단위량에 제11조 제4항 제1호의 전력요금 단가를 곱하여 산정한다.

    4. 수도요금은 별표4의 시험종목별 산출단위량에 제11조 제4항 제2호의 상·하수도 요금 단가를 곱하여 산정한다.

    5. 가스요금은 별도의 시험종목별 산출단위량에 제11조 제4항 제3호의 가스요금 단가를 곱하여 산정한다.

    6. 공공요금 및 인건비의 산출단위량이 별표4에 규정되지 아니하여 인건비 및 공공요금 산정이 어려워 품질시험비 산출이 곤란한 경우에는 발주자가 설계자와 협의하여 시장거래가격 또는 견적가격 등을 조사하여 설계도서에 반영할 수 있다.

② 재료비, 장비손료, 시설비용, 시험 및 검사기구의 검정·교정비는 규칙 별표6에 따라 산정하며, 국립·공립시험기관 및 품질검사를 대행하는 건설기술용역사업자의 품질시험·검사대행비 산출시에도 적용한다.

제3장 품질검사를 대행하는 건설기술용역사업자의 등록 및 평가
제1절 품질관리규정 수립 및 시험장비의 보유기준

제13조(품질관리규정의 수립) 품질검사를 대행하는 건설기술용역사업자는 영 제44조 제1항 제1호 및 제3호에 따른 요건을 만족하기 위하여 별표5에 따라 품질관리규정을 수립하여야 한다.

제14조(품질관리규정의 관리) 품질검사를 대행하는 건설기술용역사업자는 제13조에 따라 작성한 품질관리규정이 계속 실행되고 개선할 사항이 있는지를 확인하기 위하여 매년 자체점검 등 품질관리를 하여야 한다.

제15조(기록유지) 품질검사를 대행하는 건설기술용역사업자는 제13조에 따라 수립한 품질관리규정을 실행한 증거를 기록하여 유지하여야 한다.

제16조(시험장비 보유기준)
① 품질검사를 대행하는 건설기술용역사업자는 세부분야별로 시험 및 검사를 실시하는 데에 필요한 필수 시험장비를 별표6의 기준에 따라 보유하여야 한다.
② 품질검사를 대행하는 건설기술용역사업자는 세부분야별로 별표6의 선택 시험장비를 보유한 경우에 한정하여 해당 시험을 수행하고 품질검사성적서를 발급할 수 있다.

제2절 품질검사를 대행하는 건설기술용역업의 등록에 관한 평가

제17조(평가의 의뢰) 등록 등 업무수탁기관의 장(영 제117조 제3항에 따라 건설기술용역사업자의 등록·변경등록, 휴업·폐업의 신고, 영업양도·합병의 신고에 관한 업무를 위탁받은 기관의 장을 말한다. 이하 같다.)은 다음 각호의 어느 하나에 해당하는 경우에 평가기관의 장에게 품질검사를 대행하는 건설기술용역사업자에 대한 평가를 의뢰하여야 한다.
　　1. 규칙 제26조 제1항에 따라 품질검사를 대행하는 건설기술용역업으로 등록신청을 받아 영 별표5의 등록요건을 갖추었는지 검토하는 경우
　　2. 규칙 제26조 제1항에 따라 품질검사를 대행하는 건설기술용역사업자가 등록사항의 변경을 신고한 경우
　　3. 〈삭제〉

제18조(평가서류의 검토)
① 등록 등 업무수탁기관의 장은 제17조에 따라 평가기관의 장에게 평가를 의뢰하고자

하는 경우 제출된 서류를 검토하고, 검토 결과 미비한 것으로 판단되면 품질검사를 대행하는 건설기술용역업으로 등록하고자 하는 자 또는 품질검사를 대행하는 건설기술용역사업자(이하 "평가대상자"라 한다.)에게 서류의 보완을 요구할 수 있다. 이 경우 평가대상자는 30일 이내에 보완을 완료하여야 한다.

② 등록 등 업무수탁기관의 장은 제1항에 따라 서류를 검토하여 적합한 경우 지체 없이 평가기관의 장에게 평가를 의뢰하여야 한다.

③ 등록 등 업무수탁기관의 장은 제2항에 따라 서류를 검토한 결과, 법 제27조의 결격사유에 해당하는 경우에는 신청서를 반려하여야 한다.

④ 제2항에 따라 평가를 의뢰받은 평가기관의 장은, 제출서류를 7일 이내에 검토하여야 하며 다음 각호의 경우 등록 등 업무수탁기관의 장에게 제출서류 등의 보완을 요청할 수 있다.

1. 규칙 제21조에 따른 등록신청서 및 첨부서류의 일부 등이 제출되지 않은 경우
2. 규칙 제21조에 따른 등록신청서 및 첨부서류의 내용이 미비하거나 사실과 다른 문서를 제출한 경우
3. 그 밖에 평가기관의 장이 보완이 필요하다고 판단하는 경우

제19조(평가반 구성 및 평가계획 수립 등)

① 평가기관의 장은 제18조에 따라 평가서류의 검토가 완료되면 별표7의 소요 인원 및 평가일수에 적합하게 평가반을 구성하고 그중 1명을 반장으로 지명한다.

② 평가기관의 장은 평가반장으로 하여금 별지 제3호 서식의 평가계획서를 작성하고 등록 등 업무수탁기관의 장 및 평가대상자, 지방국토관리청장에게 평가계획을 통보하여야 한다.

③ 제2항에 따라 평가계획을 통보받은 지방국토관리청장은 소속 담당자로 하여금 평가에 참관하게 할 수 있다.

제20조(평가의 수행)

① 평가반장은 평가업무를 수행하기 전 시작회의를 개최하고 평가대상자에게 평가목적, 평가일정, 평가 기준 및 방법, 평가내용, 청렴서약 및 이해관계확인 등을 설명하여야 한다.

② 영 제44조 제1항에 따른 등록기준의 적합성을 평가하는 전문가(이하 "평가사"라 한다.) 및 평가대상자는 별지 제4호 서식의 청렴서약 및 이해관계확인서에 쌍방 간 서약 및 확인 서명 후 평가를 시작하여야 한다.

③ 평가사는 제19조 제2항에 따른 평가계획서의 일정에 따라 다음 각호의 사항에 대해 평가를 실시하여야 한다.

1. 품질책임자, 책임기술인, 시험·검사자 등 기술인력의 적합성 및 활용성

2. 시설 및 장비의 적합성 및 활용성

3. 품질관리규정의 적합성 및 이행성

4. 신청분야의 수행능력

5. 품질시험·검사의 수행 적합성(적정성 평가에 한함)

④ 평가사는 평가수행 중 관계법령 및 평가 기준 등에 부적합한 사항을 발견하면 그 사항을 기록하고 유지하여야 한다.

⑤ 평가반장은 평가가 종결되면 종료회의를 개최하여 평가대상자에게 평가결과에 대한 강평을 실시하고 평가결과 처리방법, 평가결과에 대한 이의제기 방법 및 절차 등을 알려 주어야 한다.

제21조(평가보고서 작성)

① 평가반장은 평가 후 7일 이내에 별지 제5호 서식에 따른 평가보고서와 별지 제6호 서식에 따른 부적합보고서(평가결과가 부적합으로 판정되어 시정조치 사항이 있는 경우에만 해당한다.)를 작성하여 평가기관의 장에게 제출하여야 한다.

② 평가기관의 장은 평가결과가 부적합한 경우 부적합한 내용을 평가대상자에게 통보하고 평가대상자에게 1개월의 조치기간을 정하여 시정조치를 요구하여야 한다.

③ 평가기관의 장은 평가대상자가 시정조치를 완료하고 재평가를 요청하면 14일 이내에 재평가를 실시하여야 한다.

④ 제2항에 따라 시정조치 요구를 받은 평가대상자는 1개월 이내에 시정조치의 이행이 곤란한 경우 한차례에 한하여 1개월 이내의 범위에서 그 이행 기간의 연기를 평가기관의 장에게 신청할 수 있다.

⑤ 평가기관의 장은 제3항에 따라 재평가를 실시하면 부적합사항의 조치 결과를 확인하고 별지 제6호 서식에 확인 내용을 기재하며, 별지 제7호 서식에 따라 확인보고서를 작성하여야 한다.

제22조(평가결과 통보 및 처리)

① 평가기관의 장은 평가가 완료되면 즉시 제21조 제1항에 따른 평가보고서와 제21조 제5항에 따른 확인보고서(해당하는 경우에만 해당한다.)를 등록하는 등 업무수탁기관의 장에게 통보하여야 한다.

② 등록 등 업무수탁기관의 장은 제1항에 따라 통보된 평가보고서 및 확인보고서를 검토하여 평가대상자가 등록기준에 적합한지 확인하고 등록, 시정조치 등 필요한 조치를 취하여야 한다.

제3절 품질검사의 적정성 평가

제23조(자체품질관리) 품질검사를 대행하는 건설기술용역사업자는 제20조 제3항 각호의 평가 기준을 철저히 이행하고 그 기록을 유지하여야 하며, 평가기관의 장은 평가를 위하여 필요한 경우 해당 자료의 제출 또는 열람을 요청할 수 있다.

제24조(품질검사성적서 및 원시데이터의 관리)

① 품질검사를 대행하는 건설기술용역사업자는 법 제60조 제3항에 따라 성적서를 발급한 날부터 7일 이내에 품질검사 성적서 및 품질검사 내용을 건설사업정보포털시스템(http://www.calspia.go.kr)에 입력하고 필요한 경우 수정 등 관리하여야 한다.

② 제1항에서 품질검사 내용이라 함은 다음의 각호를 포함하는 것을 말한다.

1. 규칙 별지 제48호 서식으로 작성된 품질검사 의뢰서

2. 법 제60조 제2항에 따라 발주자 또는 건설사업관리를 수행하는 건설기술용역사업자의 봉인 또는 확인을 거친 재료임이 확인되는 사진

3. 별표5에 따라 작성되는 시료량을 기록한 내용, 시험·검사일지 및 시험·검사종목별로 시험·검사과정에 대한 전, 후 사진

4. 시험·검사 시 수집된 수기 또는 전자적 기록

5. 시험·검사결과 분석기록

6. 그 밖에 시험·검사결과에 영향을 미치는 기록

③ 법 제60조에 따른 품질검사의 대행 이외의 다른 목적으로 품질검사 성적서를 발급할 경우에도 제1항 및 제2항에 따라 품질검사 성적서와 원시데이터를 관리하여야 한다.

제25조(계획의 수립 및 조사)

① 지방국토관리청장은 영 제97조 제2항에 따라 품질검사를 대행하는 건설기술용역사업자로부터 제출받은 서류에 대한 적정성을 검토하고 평가기관의 장과 협의하여 품질검사의 적정성 평가계획을 수립하여 매년 2월 15일까지 홈페이지에 공고하여야 한다.

② 품질검사를 대행하는 건설기술용역사업자는 공고된 품질검사의 적정성 평가계획에 따라 평가기관으로부터 평가를 받아야 한다. 다만, 품질검사를 대행하는 건설기술용역사업자가 연기를 요청한 경우 한차례에 한정하여 2개월까지 연장할 수 있다.

③ 품질검사의 적정성 평가에 관한 세부절차는 제19조부터 제22조까지를 준용하며, 평가기관의 장은 적정성 평가결과를 지방국토관리청장에게 보고한다

④ 제3항에 따라 적정성 평가결과를 보고받은 지방국토관리청장은 지적내용에 대하여 영 제115조 제2항 제4호에 따라 시정명령하거나 법 제31조에 따라 등록취소 등의 요청을

하여야 한다.

⑤ 지방국토관리청장은 제2항에 따른 적정성 평가에 필요한 경우, 소속 담당자를 참관하게 하여 지도·감독을 할 수 있다.

⑥ 지방국토관리청장은 품질검사를 대행하는 건설기술용역사업자에 대하여 영 제115조 제2항 제4호에 따라 품질검사를 적정하게 하는지 수시 조사를 실시할 수 있다.

제4절 평가기관의 조직 및 운영

제26조(조직 및 업무 등)

① 평가기관은 한국건설기술연구원으로 한다.

② 평가기관의 장은 평가의 독립성을 확보하고 평가제도를 효율적으로 운영하기 위한 조직과 인력을 갖추어야 한다.

③ 평가기관의 장은 다음 각호의 업무를 수행한다.

　1. 평가시스템 구축 및 운영에 관한 사항

　2. 자문위원회 구성 및 운영에 관한 사항

　3. 품질검사를 대행하는 건설기술용역사업자의 등록에 대한 조사 및 평가에 관한 사항

　4. 품질검사를 대행하는 건설기술용역사업자의 품질시험에 대한 적정성에 관한 사항

　5. 〈삭제〉

　6. 그 밖에 평가기관의 업무 수행에 필요한 사항

제27조(자문위원회 구성 및 운영 등)

① 평가기관의 장은 품질검사를 대행하는 건설기술용역사업자의 평가를 위하여 필요하면 영 제44조 제1항 제3호에 따른 세부분야에 따라 5인 이상 15인 이내의 전문가로 구성된 자문위원회를 구성하여 운영할 수 있다. 이 경우 자문위원회의 위원장은 평가기관의 장이 지정한다.

② 자문위원회는 다음 각호의 사항에 대하여 자문한다.

　1. 품질검사를 대행하는 건설기술용역사업자에 대한 조사결과 해석에 관한 사항

　2. 이의 또는 불만처리의 최종해석 및 분쟁조정 사항

　3. 그 밖에 평가기관의 장이 필요하다고 인정하는 사항

③ 평가기관의 장은 제2항의 자문결과에 따라 필요한 조치를 취하여야 한다.

④ 평가기관의 장은 자문위원에게 예산의 범위에서 소정의 수당을 지급할 수 있다.

제28조(평가인력의 관리)

① 평가기관의 장은 평가업무의 원활한 수행을 위하여 5인 이상의 평가사를 소속 직원으로 확보하여야 한다.

② 평가사의 자격 기준은 별표8에 따른다.

③ 평가기관의 장은 품질검사를 대행하는 건설기술용역사업자에 대한 기술적·전문적 평가를 위해 별표8의 자격 기준을 충족하는 외부인력을 평가사로 활용할 수 있다.

④ 평가기관의 장은 평가사를 등록 관리하여야 하며 인적정보를 최신상태로 유지하여야 한다.

제29조(교육훈련) 평가기관의 장은 품질검사를 대행하는 건설기술용역사업자의 기술력 향상을 위해 품질책임자, 책임기술인, 시험·검사자에게 교육 프로그램을 제공할 수 있다.

제30조(세부운영지침)

① 평가기관의 장은 품질검사를 대행하는 건설기술용역사업자 평가업무와 관련된 업무 수행을 위하여 필요한 경우 세부운영지침을 작성·운영할 수 있다.

② 제1항에 따른 세부운영지침은 국토교통부장관의 승인을 받은 후 공고하여야 한다.

제3편 레미콘·아스콘 품질관리

제1장 생산공장 및 공사 현장 품질관리

제31조(부실공사 방지를 위한 성실의무)

① 생산자는 부실공사를 방지하기 위하여 불량자재가 생산되지 않도록 품질관리를 하여야 하며, 발주청 등의 공장점검 등에 적극 협조하여야 한다.

② 수요자, 공급원 승인권자, 공사감독자는 불량자재가 반입되지 않도록 자재의 생산·공급 및 시공 과정에 대하여 법령 등에서 정한 사항에 따라 성실하게 품질관리 업무를 이행하여 부실공사가 발생하지 않도록 하여야 한다.

③ 발주청은 자재의 품질 확보를 위하여 공사감독자, 생산자, 수요자 및 공급원 승인권자를 대상으로 연 1회 이상 품질관리 교육을 실시할 수 있다.

제32조(자재공급원 승인 등)

① 수요자가 자재를 공급받고자 하는 공장(이하 "자재공급원"이라 한다.)을 선정하고자 할 때는 공급원 승인권자에게 자재공급원 승인 요청을 하여야 한다.

② 공급원 승인권자는 다음 각호에 따라 자재공급원 승인 여부를 결정하여야 한다.

1. 제33조에 따른 사전점검 실시대상인 경우에는 공사감독자가 보고한 점검표의 내용을 검토·확인하여 적정한 품질관리가 가능한지 여부를 판단하고, 사전점검 시에는 골재시험 항목에 대하여 기록 내용 확인을 위한 시험을 병행

2. 제33조에 따른 사전점검 실시대상이 아닌 경우에는 다음 각 목의 사항을 서면검토 후 적정한 품질관리가 가능한지 여부를 판단하고 필요한 경우에만 시험 또는 확인

　가. KS규격 표시인증 공장 여부 또는 적정 품질관리 가능 여부

　나. 공장의 제조설비 및 기술인력, 시험장비 등 자재의 품질 확보를 위해 필요한 사항

　다. 현장까지의 운반 거리 및 운반시간을 고려한 자재의 품질변화 가능성(초기경화 진행, 온도저하 등)

　라. 사용 가능한 플랜트 믹서 및 운반차의 형식·용량·대수

　마. 폐자재 재생설비 구비 또는 적정 처리계획 여부

　바. 골재의 종류 및 규격별 품질시험 성적서 내용과 해당 공사 시방 규정과 부합 여부

　　(1) 레미콘: 밀도, 흡수율, 입도, 조립률, 0.08mm 체 통과량, 입자 모양 판정 실적율, 안정성, 알칼리골재반응, 염분함유량(NaCl), 마모감량 등

　　(2) 아스콘: 밀도, 흡수율, 입도, 마모율, 안정성, 편장석율 등

　사. 레미콘·아스콘 공장에서 생산자재별로 다음에서 정하는 사항에 대하여 항상 품질확인 등이 가능한지 여부.

　　(1) 레미콘: 공기량, 슬럼프, 염화물이온량(Cl-), 일일 현장배합설계 등

　　(2) 아스콘: 안정도, 흐름값, 공극률, 포화도, 역청함유량, 입자피막정도, 혼합물온도, 골재간극률, 일일 현장배합설계 등

　아. 골재는 공급규격 및 품질, 공급 가능 물량 등을 확인하여 해당 공사 시방 규정에 적합한 골재를 계속 사용 가능한지 여부

③ 수요자로부터 자재공급원 승인신청을 받은 공급원 승인권자는 제2항에 따른 사항이 확인되면 특별한 사유가 없는 한 10일 이내에 승인 여부를 회신하고, 그 결과를 발주청에 보고하여야 한다.

④ 공급원 승인권자는 다음의 경우에는 공급원 승인을 거부하거나 취소할 수 있다.

1. 공장 정기점검을 정당한 사유 없이 거부할 때

2. 공장 점검 시 지적사항을 정당한 이유 없이 계속 시정하지 아니하여 불량자재가 생산될 우려가 있을 때

3. 배합비 조작 등 자재공급원 승인내용과 실제 납품 사실이 다른 경우

4. 공급물량을 속여서 납품한 사실이 확인된 경우

5. 최근 2년간 「건설기술 진흥법」 제57조 등 관계 법령을 위반하여 불량자재를 공급

한 사실이 있는 경우

6. 그 밖에 불량자재가 생산될 우려가 있다고 보는 정당한 사유가 있을 때

⑤ 자재공급원 승인이 곤란한 경우에는 그 사유를 명확히 하여 수요자에게 알려주어야 한다.

⑥ 공급원 승인권자는 자재공급원 승인과 관련하여 제출받은 내용을 공장별로 기록·정리하고 모니터링하여 사후 자재공급원 승인업무 등에 활용할 수 있다.

제33조(자재공급원의 사전점검)

① 수요자는 레미콘 총 설계량이 1천 세제곱미터 이상이거나 아스콘의 총 설계량이 2천 톤 이상인 건설공사에 대하여 자재공급원 승인요청을 하려면 공사감독자와 합동으로 사전점검을 실시하고 그 결과를 공급원 승인권자에게 보고하여야 한다.

② 제1항에 따른 사전점검은 별지 제8호 서식의 레미콘공장 사전점검표 또는 별지 제9호 서식의 아스콘공장 사전점검표에 따라 실시한다.

제34조(자재공급원의 정기점검)

① 수요자는 발주청이 발주한 공사 중 레미콘 총 설계량이 3천 세제곱미터 이상이거나 아스콘 총 설계량이 5천 톤 이상인 건설공사에 대하여 자재공급원을 정기 점검하여야 한다. 다만, 발주청이 자재 사용량과 구조물의 중요 여부를 판단하여 정기점검이 불필요하다고 판단한 때에는 생략할 수 있다.

② 수요자는 자재공급원에 대하여 별지 제8호 서식의 레미콘공장 정기점검표 또는 별지 제9호 서식의 아스콘공장 정기점검표에 따라 반기별 한 차례(자재 사용 시기가 특정 반기에 집중되어 있는 경우, 연 한 차례) 이상 정기점검을 실시하고 그 결과를 공사감독자에게 보고해야 한다.

③ 공사감독자는 제2항에 따라 보고받은 점검 결과를 확인하여 발주청 및 공급원 승인권자에게 보고하여야 한다.

④ 발주청 또는 공급원 승인권자가 필요하다고 인정하는 때에는 제2항에 따른 정기점검 중 연 1회는 감독자 및 수요자와 합동으로 정기점검을 실시하게 할 수 있다.

⑤ 발주청 또는 공급원 승인권자는 점검 결과를 공장별로 기록·정리하고 모니터링하여 사후 자재공급원 승인 또는 공장 지도점검 업무에 활용할 수 있다.

⑥ 지방국토관리청장은 제3항에 따라 공사감독자가 보고한 정기점검 결과를 자재 공급원별로 정리하여 해당 반기가 끝나는 달의 다음 달까지 별지 제10호 서식에 따라 국토교통부장관에게 보고하여야 한다.

제34조의 2(자재공급원의 사전점검 및 정기점검 항목 제외) 제33조 및 제34조에 따른 점검에 있어 「산업표준화법」에 따른 사후관리를 위한 정기점검을 받은 지 3개월 이내이고, 별지 제8호 서식의 점검표의 점검항목이 「산업표준화법」에 따른 정기점검항목과 중복되는 경우, 공사감독자가 품질관리 지장 여부를 판단하여 점검표의 점검항목에서 제외할 수 있다.

제35조(자재공급원의 특별점검)
① 발주청 또는 공급원 승인권자는 다음 각호의 어느 하나에 해당하는 경우에 특별점검을 실시한다.
　　1. 수요자가 불량자재 공급 등으로 사회적 물의를 야기한 생산자로부터 자재를 공급받아야 하는 경우로서 발주청 또는 공급원 승인권자가 필요하다고 인정하는 경우
　　2. 공급원 승인권자가 감독자 또는 수요자로부터 생산자의 불량 자재 폐기 사실이 허위임을 통보받은 경우
　　3. 발주청이 자체공사에 대한 시공실태 점검 결과 자재의 품질에 문제가 있다고 판단되는 등 특별점검이 필요하다고 인정되는 경우
　　4. 원자재 수급 곤란으로 불량자재 생산이 우려되어 특별점검이 필요하다고 인정되는 경우
② 발주청 또는 공급원 승인권자가 특별점검을 실시하는 경우에는 공사감독자, 수요자 등으로 점검반을 구성하여 운영한다.
③ 특별점검에 필요한 점검 방법, 점검서식 등은 사전점검 및 정기점검을 준용할 수 있다

제36조(관급자재의 품질관리 등) 발주청 또는 공급원 승인권자는 사용될 자재가 관급인 경우에는 이 지침에 준하여 사전점검 및 정기점검 등 품질관리를 할 수 있으며, 다음 각호의 어느 하나에 해당하는 경우, 그 사유를 명시하여 조달청에 관급자재를 공급하는 생산자 변경 등 필요한 조치를 요청할 수 있다.
　　1. 제32조 제4항 각호의 어느 하나에 해당하는 때
　　2. 단, 구간 또는 단일 구조물에 사용되는 자재가 다수의 생산자로부터 자재를 공급받아 향후 하자 관계가 불분명해질 우려가 있을 때
　　3. 가까운 곳에 생산자가 있음에도 장거리 생산자로부터 자재를 공급받는 경우로서 품질관리에 지장을 초래하는 경우

제37조(자재공급원의 품질관리 확인)
① 공사감독자 또는 수요자는 불량자재 생산을 방지하기 위하여 생산 전, 생산 또는 공

급과정에서 다음 각호의 사항을 확인할 수 있다.

    1. 골재(잔골재, 굵은 골재) 등 원자재에 대한 품질의 적합성 여부

(골재의 품질시험과 일일 현장배합설계 등에 대한 확인 포함)

    2. 시방규정에 적합한 골재(품질, 공급규격 등)를 계속 사용 가능한지 여부

    3. 품질시험·검사를 할 수 있는 시험장비의 비치 및 관련자격을 소지한 기술인력의 상주 여부

② 공사감독자 또는 수요자가 제1항에 의한 공장품질관리 확인을 실시하여 품질 확보에 문제가 있다고 판단되는 경우에는 시정을 요구할 수 있으며, 생산자는 정당한 사유가 없는 한 이에 따라야 한다.

③ 수요자는 생산자와 자재 공급에 대한 계약을 하는 경우 공장품질관리 확인, 생산자 책임 및 의무 등 품질관리에 관한 제반 사항을 자재공급계약서에 명시하여 분쟁이 발생하지 않도록 하여야 한다.

제38조(시공 품질관리 시험·검사 등)

① 레미콘 및 아스콘에 관한 다음 각호의 사항에 대한 시험항목, 시험빈도(횟수) 및 방법 등에 관한 품질확인 방법은 이 업무지침, 한국산업표준, 「건설기술진흥법」 제44조에 따른 설계 및 시공 기준 등을 검토하여 작성한 해당 공사 시방규정에 따른다.

    1. 레미콘: 슬럼프, 공기량, 염화물이온량($Cl-$), 강도 등

    2. 아스콘: 온도, 마샬 안정도, 흐름값, 공극률, 포화도, 역청함유량, 추출입도, 포설 두께, 밀도 등

② 생산자가 고로슬래그 미분말, 플라이애시 중 한 종류의 혼화재를 단위결합재량 대비 10퍼센트를 초과 사용하여 레미콘을 제조하고자 하는 경우에는 별표9에 따라 품질관리를 실시하여야 한다. 다만, 다음 각호의 어느 하나에 해당하는 경우에는 해당 건설공사의 수요자와 생산자가 협의하여 품질관리기준을 달리할 수 있다.

    1. 고로슬래그 미분말, 플라이애시 이외에 실리카퓸 등의 혼화재를 사용하고자 하는 경우

    2. 고로슬래그 시멘트, 플라이애시시멘트 등 혼합시멘트를 사용하고자 하는 경우

    3. 다성분계 콘크리트를 제조하고자 하는 경우

    4. 별표9에서 규정한 혼화재 치환율의 범위 이외의 경우

    5. 콘크리트 표준 시방서에서 규정하는 일반콘크리트 이외의 프리스트레스트 콘크리트· 매스 콘크리트·경량골재 콘크리트·해양콘크리트·수중콘크리트·프리플레이스콘크리트· 숏크리트·철골철근콘크리트·포장콘크리트 등 특수콘크리트를 사용하고자 하는 경우

③ 공사감독자와 수요자는 자재가 현장에 반입되면 납품서에 다음 각호의 사항을 확인 또는 기재하여야 한다.

    1. 운반차 번호

    2. 생산·도착시각 및 타설완료시각

    3. 규격 및 용적

    4. 인수자

    5. 그 밖에 지정사항 등

④ 공사감독자와 수요자는 자재가 공사 현장에 반입되어 시공완료가 될 때까지 별지 제11호 서식의 레미콘 시공품질관리 점검표 또는 별지 제12호 서식의 아스콘 시공품질관리 점검표를 기록, 비치하여야 한다.

⑤ 제1항부터 제3항까지에 따른 현장반입 자재의 모든 시험은 수요자가 직접 실시하거나 「건설기술진흥법」 제26조에 따른 품질검사를 대행하는 건설기술용역사업자에 의뢰하여 실시하여야 하며, 현장 시험과정에는 공사감독자가 입회하여 시료 채취 위치를 결정하고 시험방법의 적절성을 확인하여야 한다. 이 경우 공사감독자와 수요자는 현장 시험과정의 적절성을 확인할 수 있는 증빙을 사진촬영 등 식별 가능한 정보로 기록관리 하여야 하며, 시험과정의 적절성 확인에 대한 시험종목 등에 대하여는 이 지침 별표2의 건설공사 품질시험 기준에 따른다.

⑥ 품질시험·검사 성과는 규칙 별지 제42호 서식에 따른 품질검사대장에 기록 및 관리하여야 한다.

⑦ 수요자는 시공상세도에 따라 시공이음으로 경계가 구분되지 않거나 구획을 나누어 타설할 수 없는 경우를 제외하고는 공사감독자의 승인을 얻어 하나의 구조물 또는 부위에 2개 이상의 공장에서 생산한 레미콘을 혼용하여 타설할 수 있다.

제39조(점검 결과에 대한 조치)

① 공급원 승인권자는 사전점검, 정기점검, 특별점검 및 자재공급원 품질관리 확인과정에서 지적된 사항에 대하여 생산자로 하여금 시정토록 요구하여야 한다.

② 공급원 승인권자는 생산자가 제1항에 따라 요구된 시정사항을 이행하지 않는 경우 품질에 영향을 미치는 정도를 감안하여 자재공급원 승인 거부, 자재공급 일시중단, 자재공급원 승인취소 등 적정한 조치를 취하여야 한다.

③ 공급원 승인권자는 제1항의 점검과정에서 지적된 내용이 KS표시인증 심사기준에 관련된 사항으로서 공급원 승인취소 사유에 해당하면 산업통상자원부 국가기술표준원에 통보하여야 한다.

제40조(기록물 보관 등)

① 공사감독자와 수요자는 자재의 시공과 관련된 다음 각호의 서류를 건설공사 현장에 비치하고 발주청 또는 관계기관의 요구가 있는 경우 제출하여야 하며, 건설공사를 준공한 때는 감리전문회사 및 시공사가 이를 보관하여야 한다. 다만, 관계법령 및 계약 내용 등에 서류의 비치 및 보관에 대하여 규정하고 있는 경우에는 그 내용에 따를 수 있다.

  1. 자재공급원 승인 관련 서류

  2. 자재 시공품질관리 점검표

  3. 자재 품질시험·검사대장

② 공사감독자와 수요자는 제1항 각호의 서류를 「건설공사 사업관리방식 검토 기준 및 업무 수행 지침서」의 서류와 중복되는 경우 별도로 작성하지 아니할 수 있다.

③ 공사감독자와 수요자는 제1항의 서류가 건설공사 준공 시 발주청에 인계할 문서의 목록에 포함할지 여부를 발주청과 협의하고 협의된 내용에 따라야 한다.

제41조(불량 자재의 처리 등)

① 공사감독자와 수요자는 다음 각호의 어느 하나에 해당하는 불량자재가 발생한 경우 즉시 반품하여야 한다.

  1. 슬럼프(Slump) 측정결과 해당 공사 시방기준에 벗어나는 경우

  2. 공기량 측정결과 해당 공사 시방기준에 벗어나는 경우

  3. 염화물이온량(Cl-) 측정결과 해당 공사 시방기준에 벗어나는 경우

  4. 레미콘 생산 후 해당 공사 시방기준에 규정된 시간을 경과하는 경우

  5. 아스콘 온도측정 결과 해당 공사 시방기준 온도에 미달될 경우

  6. 마샬 안정도 측정결과 해당 공사 시방기준에 벗어나는 경우

  7. 역청함유량 및 추출입도 측정결과 해당 공사 시방기준에 벗어나는 경우

  8. 재료 분리 등으로 사용이 불가능하다고 판단될 경우

  9. 그 밖에 불량자재 사용으로 향후 하자발생이 예상되는 등 품질관리상 사용이 적정하지 않다고 판단될 경우

② 공사감독자와 수요자는 불량한 자재가 다른 현장에서 사용되지 않도록 별지 제13호 서식의 불량자재폐기 확약서를 생산자에게 징구하여 준공시까지 보관하여야 한다.

③ 생산자는 제2항에 따라 불량자재폐기 확약서를 제출한 경우에는 제출 후 다음 각호의 서류를 3년간 비치하고 불량자재가 유통되지 않도록 하여야 한다.

  1. 불량자재폐기 확인 및 기록 유지

  2. 불량자재의 발생원인 분석, 재발방지 대책 및 기록

④ 공급원 승인권자는 생산자가 제3항의 규정에 의한 불량자재폐기 확약서 내용을 이행하지 아니하여 민원 등 문제가 발생한 경우에는 산업통상자원부 국가기술표준원에 즉시 그 내용을 통보하여야 한다.

⑤ 불량자재가 사용되어 시공된 부위는 재시공함을 원칙으로 한다. 다만, 발주청의 승인을 받아 안전진단 등을 실시하고 구조물의 안전에 이상이 없다고 판명된 경우는 그 결과에 따를 수 있다.

⑥ 수요자의 사정으로 자재가 반품되어 다른 현장으로 전용(轉用)하여 사용할 경우, 제38조에 따른 시험·검사를 실시하여야 한다.

제2장 레미콘 현장배치플랜트 설치 및 관리

제42조(현장배치플랜트의 설치방법) 현장배치플랜트를 설치하려는 시공자는 「건축법」 제20조 및 같은 법 시행령 제15조에 따른 가설건축물 축조신고 등을 하여야 한다.

제43조(현장배치플랜트의 설치조건)

① 건설공사에 소요되는 레미콘을 레미콘 전문제조업자가 생산·공급할 수 없는 다음 각호에 해당하는 경우에는 해당 건설공사의 시공자는 현장배치플랜트 설치하여 레미콘소요량을 전량 공급할 수 있다. 이 경우 해당 레미콘전문제조업자의 중소기업자단체가 「대·중소기업 상생협력 촉진에 관한 법률」 제32조에 따라 사업조정을 신청하는 경우에는 관할지역의 시·도지사는 이를 기각한다.

1. 콘크리트를 비비기 시작하고 나서 90분 이내에 트럭믹서로 배출지점까지 운반이 불가능한 지역인 벽지지역·도서지역·교통체증지역 등

2. 압축강도가 40MPa 이상이거나 슬럼프가 50㎜ 이하인 레미콘이 사용되는 경우

3. 콘크리트표준시방서에서 규정하는 일반콘크리트 이외의 프리스트레스트 콘크리트·매스콘크리트·경량골재콘크리트·해양콘크리트·수중콘크리트·프리팩트콘크리트·숏크리트·철골철근콘크리트등 특수콘크리트를 시공하는 경우

4. 공공공사의 발주기관의 장이 상기 각호의 경우 이외에 주변의 레미콘전문제조업자로부터 소요 품질의 레미콘을 공급받을 수 없어 레미콘의 품질 확보를 위해서는 현장배치플랜트 설치가 불가피하다고 판단하여 계약서에 명시하는 경우

② 레미콘수요량이 급격히 증가하여 주변의 레미콘전문제조업자가 해당 건설공사에 소요되는 량을 충분히 생산·공급할 수 없는 다음 각호에 해당하는 경우에는 해당 건설공사의 시공자는 현장배치플랜트를 설치하여 레미콘소요량의 일부를 공급할 수 있다. 이 경우 시공자는 「대·중소기업 상생협력 촉진에 관한 법률」 제32조에 따른 사업조정신청에 관계없

이 제1항의 규정에 해당하지 않는 일반레미콘의 소요량의 2분의 1을 주변의 레미콘전문제조업자가 공급할 수 있도록 협조하여야 한다.

    1. 레미콘 수요성수기에 건설공사를 하는 경우

    2. 대규모 구조물공사로 레미콘 수요량이 급격히 증가하는 경우

③ 현장배치플랜트에서 생산되는 레미콘은 해당 건설공사 현장 이외의 장소로 반출하여 사용할 수 없다.

제44조(공동협력)

① 해당 건설공사의 발주자는 시공자가 제43조 제2항에 따라 일반레미콘의 소요량의 50퍼센트를 주변의 레미콘전문제조업자로부터 공급받도록 최대한 협조하여야 한다.

② 관할 시·도지사는 레미콘전문제조업자의 중소기업자단체로부터 「대·중소기업 상생협력 촉진에 관한 법률」 제32조에 따른 사업조정신청을 받은 경우에는 해당 건설공사의 레미콘 소요량의 50퍼센트를 주변의 레미콘전문제조업자가 공급하도록 즉시 조정하여 시공자의 해당건설공사 추진에 차질이 없도록 최대한 협조하여야 한다.

제45조(품질관리)

① 해당 건설공사에 소요되는 레미콘을 적기에 공급하기 위하여 시공자가 현장배치플랜트를 설치하는 경우 시공자는 영 제95조에 따라 실시하는 품질시험내용을 문서화하여 기록을 유지한다.

② 해당 건설공사의 발주자는 레미콘의 품질 확보를 위하여 제1항에 따라 실시된 품질시험 내용을 점검하고 이에 대하여 지도할 수 있으며, 이 업무지침에 따라 품질관리를 할 수 있다.

제4편 철강구조물 제작공장 인증 세부 기준 및 절차

제46조(공장인증 세부 기준)

① 철강구조물제작공장 인증의 세부 기준은 별표10과 같다.

② 공장인증을 받은 철강구조물제작공장 실태조사 세부 기준은 별표11과 같다.

제47조(공장인증의 신청) 공장인증을 신청하고자 하는 자(이하 "신청자"라 한다.)는 법 제58조 및 같은 규칙 제54조 제1항 별지 제44호 서식의 공장인증신청서를 작성하여 심사기관의 장에게 제출하여야 한다.

제48조(재심사)

① 신청자는 공장인증 심사결과 별표10의 공장인증 세부 기준 중에서 어느 하나가 부적합한 것으로 심사된 경우 이를 보완하여 심사기관의 장에게 재심사를 신청할 수 있다.

② 제1항에 따라 신청자가 재심사를 신청하면 심사기관의 장은 신청일로부터 14일 이내에 재심사하여 그 결과를 신청자에게 통지하고 국토교통부장관에게 보고하여야 한다.

③ 제1항에 따른 재심사 신청이 60일 이내에 이루어지지 않을 경우, 심사기관의 장은 신청서를 반려한다.

제49조(실태조사)

① 공장인증을 받은 자는 영 제96조 제7항에 따라 실태조사를 위하여 별지 제14호 서식인 실태조사신청서를 작성하여 심사기관의 장에게 신청하여야 한다.

② 심사기관의 장은 실태조사 신청을 받으면 조사반을 구성하여 그중 한 명을 조사반장으로 지명하고 실태조사를 실시한 후, 그 결과를 신청자에게 통지하고 영 제96조 제7항에 따라 국토교통부장관에게 보고하여야 한다.

③ 실태조사 결과 부적합 사항이 발생한 경우, 심사기관의 장은 해당 공장에 보완요청하고, 인증공장은 1개월 이내에 보완하여 그 결과를 심사기관의 장에게 제출하여야 한다.

④ 심사기관의 장은 14일 이내에 해당 공장에 방문 또는 서면으로 확인조사를 실시하고 그 결과 적합한 경우 영 제96조 제7항에 따라 국토교통부장관에게 보고하여야 한다. 확인조사 결과가 부적합인 경우 제3항에 따라 인증공장에 재보완 요청한다.

⑤ 인증공장이 보완을 거부하거나, 총 2회에 걸친 보완 결과가 부적합한 경우, 심사기관의 장은 국토교통부장관에게 보고하고 국토교통부장관은 법 제58조 제2항에 따라 시정에 필요한 조치를 명하여야 한다.

제50조(이의제기)

① 신청자가 공장인증 심사결과 및 실태조사 결과에 대하여 이의를 제기할 때에는 심사 및 조사결과를 통지받은 날로부터 14일 이내에 심사기관의 장에게 이의제기 사항을 서면으로 제출하여야 한다.

② 심사기관의 장은 이의제기가 된 사항에 대하여 타당성 여부를 검토하여 필요한 경우 현장방문 등 이의제기 사항에 대해 확인하고 이의제기 접수일로부터 20일 이내에 그 결과를 신청자에게 통지하고 국토교통부장관에게 보고하여야 한다.

제51조(공장심사 기준의 적용 등)

① 같은 공장이 교량 및 건축분야의 인증을 동시에 신청한 경우 별표10의 공장인증 세부 기준을 각각 구분하여 심사하되 공장개요, 기술인력, 제작 및 시험설비 부문의 심사기준이 동일한 경우에는 중복 부분을 생략할 수 있다.

② 공장인증심사의 적합판정은 해당 공장이 신청한 분야 및 등급에 대하여 별표10 공장인증 세부 기준의 판정 기준점과 항목별 필수점을 동시에 만족하는 경우로 한다.

③ 실태조사의 적합판정은 해당 공장이 신청한 분야 및 등급에 대하여 별표11 철강구조물제작공장 인증의 실태조사 세부 기준의 판정 기준점과 항목별 필수점을 동시에 만족하는 경우로 한다

제52조(인력편성) 심사기관의 장은 철강구조물제작공장 인증업무 수행을 위하여 별표12와 같이 인력을 편성하고 운영하여야 한다.

제52조의 1(교육훈련) 심사기관의 장은 철강구조물 제작의 품질 향상을 위해 공장에 소속되어 품질관리 업무를 수행하는 건설기술인에게 교육프로그램을 제공할 수 있다.

제53조(세부운영지침) 심사기관의 장은 인증심사의 항목별 평가를 위한 세부지침, 공장인증, 실태조사 등에 따른 수수료 및 납부절차 등 전문·기술적 심사업무 수행에 필요한 기준을 정하여 국토교통부장관의 승인을 받아 공고한다.

제5편 가설기자재 품질관리

제54조(부실공사 방지를 위한 성실의무)

① 시공자, 공급원 승인권자, 공사감독자는 부실공사가 발생하지 않도록 불량자재 반입을 철저히 차단하는 등 성실하게 품질관리 업무를 이행하여야 한다.

② 가설기자재의 자재별(종별), 시험종목, 시험방법, 시험빈도는 별표2와 같다.

③ 별표2에서 명시되지 아니한 가설기자재에 대해서는 시방서 등 설계도서에 제시된 시험종목·방법 및 빈도에 따른다.

④ 발주자가 공사의 종류·규모 및 중요성, 현지실정 등을 감안하여 특히 필요하다고 인정하면 별표2의 시험빈도를 조정할 수 있다.

제55조(재검토기한) 국토교통부장관은 「훈령·예규 등의 발령 및 관리에 관한 규정」에 따라 이 고시에 대하여 2020년 7월 1일 기준으로 매 3년이 되는 시점(매 3년째의 6월 30일까지를 말한다.)마다 그 타당성을 검토하여 개선 등의 조치를 하여야 한다.

부 칙 〈제2015-474호, 2015. 6. 30.〉

제1조(시행일) 이 기준은 고시한 날부터 시행한다.

제2조(다른 고시의 폐지) 다음 각호의 고시는 폐지한다.

    1. 「건설공사 품질관리 지침」(국토교통부 고시 제2014-303호)

    2. 「품질시험비 산출 단위량 기준」(국토교통부 고시 제2013-357호)

    3. 「레미콘·아스콘 품질관리 지침」(국토교통부 고시 제2014-300호)

    4. 「레미콘 현장배치플랜트 설치 및 관리에 관한 지침」(국토교통부 고시 제2014-454호)

    5. 「철강구조물 제작공장 인증심사 세부 기준 및 절차」(국토교통부 고시 제2014-293호)

제3조(경과조치) 이 지침 시행일 전에 계약을 체결하여 수행 중인 건설공사는 종전의 규정을 적용한다.

부칙 〈제2017-450호, 2017. 7. 1.〉

제1조(시행일) 이 고시는 발령한 날부터 시행한다.

제2조(가설기자재 품질관리의 적용례) 제54조 개정규정은 이 고시가 시행된 날 이후 입찰공고(발주자가 발주청이 아닌 경우에는 건설공사의 허가·인가·승인 등을 말한다.)하는 건설공사부터 적용한다.

부칙 〈제2020-720호, 2020. 10. 13.〉

제1조(시행일) 이 고시는 발령한 날부터 시행한다.

제2조(품질관리계획서의 적용례) 제7조 개정규정은 이 고시가 시행된 날 6개월 이후 입찰공고(발주자가 발주청이 아닌 경우에는 건설공사의 허가·인가·승인 등을 말한다.)하는 건설공사부터 적용한다.

제3조(자재공급원 승인의 적용례) 제32조 제4항 제5호의 개정규정은 이 고시가 시행된 날 2년 이후 입찰공고(발주자가 발주청이 아닌 경우에는 건설공사의 허가·인가·승인 등을 말한다.)하는 건설공사부터 적용한다.

부칙 〈제2022-30호, 2022. 01. 18.〉

이 고시는 발령한 날부터 시행한다.

[별표1] 품질관리계획서 작성기준(제7조 제1항 관련)

[별표2] 건설공사 품질시험기준(제8조 제1항 관련)

[별표3] 품질관리 적절성 확인기준 및 요령(제10조 제1항 관련)

[별표4] 품질시험비 산출 단위량 기준(제9조 제1항 관련)

[별표5] 품질관리규정 작성기준(제13조 제1항 관련)

[별표6] 품질검사를 대행하는 건설기술용역사업자 시험장비 보유기준 (제16조 제1항 관련)

[별표7] 소요인원 및 평가일수(제19조 제1항 관련)

[별표8] 평가사 자격 기준(제28조 제2항 관련)

[별표9] 혼화재를 사용한 레미콘의 품질관리(제38조 제2항 관련)

[별표10] 철강구조물 제작공장 인증의 세부 기준(제46조 제1항 관련)

[별표11] 철강구조물 제작공장 실태조사 세부 기준(제72조 제2항 관련)

[별표12] 철강구조물 제작공장 인증업무의 인력편성(제52조 관련)

[별지1] 품질관리계획서 검토·승인서

[별지2] 품질관리 적절성 확인점검표

[별지3] 품질검사를 대행하는 건설기술용역사업자 평가계획서

[별지4] 청렴서약 및 이해관계확인서

[별지5] 품질검사를 대행하는 건설기술용역사업자 평가보고서

[별지6] 품질검사를 대행하는 건설기술용역사업자 부적합보고서

[별지7] 품질검사를 대행하는 건설기술용역사업자 확인보고서

[별지8] 레미콘공장 사전(정기)점검표

[별지9] 아스콘공장 사전(정기) 점검표

[별지10] 레미콘(아스콘) 공장 정기점검 결과 보고

[별지11] 레미콘 시공품질관리 점검표

[별지12] 아스콘 시공품질관리 점검표

[별지13] 불량자재폐기 확약서

[별지14] 실태조사 신청서

건설기술 진흥법 시행규칙 [별표5] 〈개정 2022. 12. 30.〉

건설공사 품질관리를 위한 시설 및 건설기술인 배치 기준(제50조 제4항 관련)

대상공사 구분	공사규모	시험·검사장비	시험실 규모	건설기술인
특급 품질관리 대상공사	영 제89조 제1항 제1호 및 제2호에 따라 품질관리계획을 수립해야 하는 건설공사로서 총공사비가 1,000억 원 이상인 건설공사 또는 연면적 5만㎡ 이상인 다중이용 건축물의 건설공사	영 제91조 제1항에 따른 품질검사를 실시하는 데에 필요한 시험·검사장비	50㎡ 이상	가. 품질관리경력 3년 이상인 특급기술인 1명 이상 나. 중급기술인 이상인 사람 1명 이상 다. 초급기술인 이상인 사람 1명 이상
고급 품질관리 대상공사	영 제89조 제1항 제1호 및 제2호에 따라 품질관리계획을 수립해야 하는 건설공사로서 특급품질관리 대상 공사가 아닌 건설공사	영 제91조 제1항에 따른 품질검사를 실시하는 데에 필요한 시험·검사장비	50㎡ 이상	가. 품질관리경력 2년 이상인 고급기술인 이상인 사람 1명 이상 나. 중급기술인 이상인 사람 1명 이상 다. 초급기술인 이상인 사람 1명 이상
중급 품질관리 대상공사	총공사비가 100억 원 이상인 건설공사 또는 연면적 5,000㎡ 이상인 다중이용 건축물의 건설공사로서 특급 및 고급품질관리 대상 공사가 아닌 건설공사	영 제91조 제1항에 따른 품질검사를 실시하는 데에 필요한 시험·검사장비	20㎡ 이상	가. 품질관리경력 1년 이상인 중급기술인 이상인 사람 1명 이상 나. 초급기술인 이상인 사람 1명 이상
초급 품질관리 대상공사	영 제89조 제2항에 따라 품질시험계획을 수립해야 하는 건설공사로서 중급품질관리 대상 공사가 아닌 건설공사	영 제91조 제1항에 따른 품질검사를 실시하는 데에 필요한 시험·검사장비	20㎡ 이상	초급기술인 이상인 사람 1명 이상

〈비 고〉

1. 건설공사 품질관리를 위해 배치할 수 있는 건설기술인은 법 제21조 제1항에 따른 신고를 마치고 품질관리 업무를 수행하는 사람으로 한정하며, 해당 건설기술인의 등급은 영 별표1에 따라 산정된 등급에 따른다.

2. 발주청 또는 인·허가기관의 장이 특히 필요하다고 인정하는 경우에는 공사의 종류·규모 및 현지 실정과 법 제60조 제1항에 따른 국립·공립 시험기관 또는 건설엔지니어링사업자의 시험·검사대행의 정도 등을 고려하여 시험실 규모 또는 품질관리 인력을 조정할 수 있다.

건설기술진흥법 시행규칙 [별표7] 〈개정 2021. 8. 27.〉

안전관리계획의 수립 기준(제58조 관련)

1. 일반기준

가. 안전관리계획은 다음 표에 따라 구분하여 각각 작성·제출해야 한다.

구 분	작성 기준	제출 기한
1) 총괄 안전관리계획	제2호에 따라 건설공사 전반에 대하여 작성	건설공사 착공 전까지
2) 공종별 세부 안전관리계획	제3호 각 목 중 해당되는 공종별로 작성	공종별로 구분하여 해당 공종의 착공 전까지

나. 각 안전관리계획서의 본문에는 반드시 필요한 내용만 작성하며, 해당 사항이 없는 내용에대해서는 "해당 사항 없음"으로 작성한다.

다. 각 안전관리계획서에 첨부하는 관련 법령, 일반도면, 시방기준 등 일반적인 내용의 자료는 특별히 필요한 자료 외에는 최소한으로 첨부한다. 다만, 안전관리계획의 검토를 위하여 필요한 배치도, 입면도, 층별 평면도, 종·횡단면도(세부 단면도를 포함한다.) 및 그 밖에 공사현황을 파악할 수 있는 주요 도면 등은 각 안전관리계획과 별도로 첨부하여 제출해야 한다.

라. 이 표에서 규정한 사항 외에 건설공사의 안전 확보를 위하여 안전관리계획에 포함해야 하는 세부 사항은 국토교통부장관이 정하여 고시할 수 있다.

2. 총괄 안전관리계획의 수립 기준

가. 건설공사의 개요

공사 전반에 대한 개략을 파악하기 위한 위치도, 공사개요, 전체 공정표 및 설계도서(해당 공사를 인가·허가 또는 승인한 행정기관 등에 이미 제출된 경우는 제외한다.)

나. 현장 특성 분석

1) 현장 여건 분석

주변 지장물(支障物) 여건(지하 매설물, 인접 시설물 제원 등을 포함한다.), 지반 조건[지질 특성, 지하수위(地下水位), 시추주상도(試錐柱狀圖) 등을 말한다.], 현장 시공 조건, 주변 교통 여건 및 환경요소 등

2) 시공 단계의 위험 요소, 위험성 및 그에 대한 저감 대책

　가) 핵심관리가 필요한 공정으로 선정된 공정의 위험 요소, 위험성 및 그에 대한 저 감 대책

　나) 시공 단계에서 반드시 고려해야 하는 위험 요소, 위험성 및 그에 대한 저감 대 책(영 제75조의 2 제1항에 따라 설계의 안전성 검토를 실시한 경우에는 같은 조 제2항 제1호의 사항을 작성하되, 같은 조 제4항에 따라 설계도서의 보완·변경 등 필요한 조치를 한 경우에는 해당 조치가 반영된 사항을 기준으로 작성한다.)

　다) 가) 및 나) 외에 시공자가 시공 단계에서 위험 요소 및 위험성을 발굴한 경우에 대한 저감 대책 마련 방안

3) 공사장 주변 안전관리대책

공사 중 지하매설물의 방호, 인접 시설물 및 지반의 보호 등 공사장 및 공사 현장 주변 에 대한 안전관리에 관한 사항(주변 시설물에 대한 안전 관련 협의 서류 및 지반침하 등에 대한 계측계획을 포함한다.)

4) 통행안전시설의 설치 및 교통소통계획

　가) 공사장 주변의 교통소통대책, 교통안전시설물, 교통사고예방대책 등 교통안전 관리에 관한 사항(현장 차량 운행계획, 교통 신호수 배치계획, 교통안전시설물 점검계획 및 손상·유실·작동 이상 등에 대한 보수 관리계획을 포함한다.)

　나) 공사장 내부의 주요 지점별 건설기계· 장비의 전담유도원 배치계획

다. 현장운영계획

1) 안전관리조직

공사관리조직 및 임무에 관한 사항으로서 시설물의 시공안전 및 공사장 주변안전에 대 한 점검·확인 등을 위한 관리조직표(비상시의 경우를 별도로 구분하여 작성한다.)

2) 공정별 안전점검계획

　가) 자체안전점검, 정기안전점검의 시기·내용, 안전점검 공정표, 안전점검 체크리스 트 등 실시계획 등에 관한 사항

　나) 계측장비 및 폐쇄회로 텔레비전 등 안전 모니터링 장비의 설치 및 운용계획에 관한 사항(「시설물의 안전 및 유지관리에 관한 특별법 시행령」 별표1에 따른 제 2종 시설물 중 공동주택의 건설공사는 공사장 상부에서 전체를 실시간으로 파 악할 수 있도록 폐쇄회로 텔레비전의 설치·운영계획을 마련해야 한다.)

3) 안전관리비 집행계획

안전관리비의 계상, 산출·집행계획, 사용계획 등에 관한 사항

4) 안전교육계획

안전교육계획표, 교육의 종류·내용 및 교육관리에 관한 사항

　　5) 안전관리계획 이행보고 계획

위험한 공정으로 감독관의 작업허가가 필요한 공정과 그 시기, 안전관리계획 승인권자에게 안전관리계획 이행 여부 등에 대한 정기적 보고계획 등

　라. 비상시 긴급조치 계획

　　1) 공사현장에서의 사고, 재난, 기상이변 등 비상사태에 대비한 내부·외부 비상연락망, 비상동원조직, 경보체제, 응급조치 및 복구 등에 관한 사항

　　2) 건축공사 중 화재 발생을 대비한 대피로 확보 및 비상대피 훈련계획에 관한 사항 (단열재 시공 시점부터는 월 1회 이상 비상대피 훈련을 실시해야 한다.)

3. 공종별 세부 안전관리계획

　가. 가설공사

　　1) 가설구조물의 설치개요 및 시공상세도면

　　2) 안전시공 절차 및 주의사항

　　3) 안전점검계획표 및 안전점검표

　　4) 가설물 안전성 계산서

　나. 굴착공사 및 발파공사

　　1) 굴착, 흙막이, 발파, 항타 등의 개요 및 시공상세도면

　　2) 안전시공 절차 및 주의사항(지하매설물, 지하수위 변동 및 흐름, 되메우기 다짐 등에 관한 사항을 포함한다.)

　　3) 안전점검계획표 및 안전점검표

　　4) 굴착 비탈면, 흙막이 등 안전성 계산서

　다. 콘크리트 공사

　　1) 거푸집, 동바리, 철근, 콘크리트 등 공사개요 및 시공상세도면

　　2) 안전시공 절차 및 주의사항

　　3) 안전점검계획표 및 안전점검표

　　4) 동바리 등 안전성 계산서

　라. 강구조물공사

　　1) 자재·장비 등의 개요 및 시공상세도면

　　2) 안전시공 절차 및 주의사항

　　3) 안전점검계획표 및 안전점검표

　　4) 강구조물의 안전성 계산서

마. 성토(흙쌓기) 및 절토(땅깎기) 공사(흙댐공사를 포함한다.)

   1) 자재·장비 등의 개요 및 시공상세도면

   2) 안전시공 절차 및 주의사항

   3) 안전점검계획표 및 안전점검표

   4) 안전성 계산서

바. 해체 공사

   1) 구조물 해체의 대상·공법 등의 개요 및 시공상세도면

   2) 해체순서, 안전시설 및 안전조치 등에 대한 계획

사. 건축설비공사

   1) 자재·장비 등의 개요 및 시공상세도면

   2) 안전시공 절차 및 주의사항

   3) 안전점검계획표 및 안전점검표

   4) 안전성 계산서

아. 타워크레인 사용공사

   1) 타워크레인 운영계획

안전작업절차 및 주의사항, 관리자 및 신호수 배치계획, 타워크레인 간 충돌방지계획 및 공사장 외부 선회방지 등 타워크레인 설치·운영계획, 표준작업시간 확보계획, 관련 도면[타워크레인에 대한 기초 상세도, 브레이싱(압축 또는 인장에 작용하며 구조물을 보강하는 대각선 방향 등의 구조 부재) 연결 상세도 등 설치 상세도를 포함한다.]

   2) 타워크레인 점검계획

점검 시기, 점검 체크리스트 및 검사업체 선정계획 등

   3) 타워크레인 임대업체 선정계획

적정 임대업체 선정계획(저가임대 및 재임대 방지방안을 포함한다.), 조종사 및 설치·해체 작업자 운영계획(원격조종 타워크레인의 장비별 전담조종사 지정 여부 및 조종사의 운전시간 등 기록관리 계획을 포함한다), 임대업체 선정과 관련된 발주자와의 협의 시기, 내용, 방법 등 협의계획

   4) 타워크레인에 대한 안전성 계산서(현장 조건을 반영한 타워크레인의 기초 및 브레이싱에 대한 계산서는 반드시 포함해야 한다.)

건설공사 안전관리 업무 수행 지침

[시행 2023. 1. 21.] [국토교통부고시 제2022-791호, 2023. 1. 1., 일부 개정]

제1장 총칙

제1조(목적) 이 지침은 건설기술 진흥법령에서 위임한 건설공사 안전관리 참여자의 안전관리체계, 역할 및 업무 범위를 체계적으로 정립하고, 건설현장 안전관리, 건설공사 참여자의 안전관리 수준 평가, 스마트 안전관리 보조·지원에 관한 사항을 규정함으로써 건설공사의 품질 및 안전 확보에 기여함을 목적으로 한다.

제2조(정의) 이 지침에서 사용되는 용어의 뜻은 다음과 같다.

1. "건설공사"란 「건설산업기본법」 제2조 제4호에 따른 건설공사를 말한다.

2. "안전관리 참여자"란 건설공사의 계획에서부터 준공까지 안전관리업무를 수행하는 발주자, 시공자, 설계자, 건설사업관리기술인을 말한다.

3. "발주자"란 건설공사를 시공자에게 도급하는 자를 말한다. 다만, 수급인으로서 도급받은 건설공사를 하도급하는 자는 제외한다.

4. "발주청"이란 「건설기술 진흥법」(이하 "법"이라 한다.) 제2조 제6호 및 「건설기술 진흥법 시행령」(이하 "영"이라 한다.)제3조 각호에 해당하는 기관의 장을 말한다.

5. "설계자"란 법 제2조 제9호에 따른 건설엔지니어링사업자 중 설계용역을 영업의 목적으로 하는 자를 말한다(발주청이 시행하는 건설공사에 대하여 「건축사법」 제2조 제3호에 따른 설계를 수행하는 자를 포함한다).

6. "시공자"란 「건설산업기본법」 제2조 제7호 또는 「주택법」 제9조에 따라 면허를 받거나 등록을 하고 건설업 또는 주택건설업을 영위하는 건설사업자 또는 주택건설등록업자를 말한다.

7. "건설안전점검기관"이란 「시설물의 안전 및 유지관리에 관한 특별법」(이하 "시설물안전법"이라 한다.) 제28조에 따라 등록한 안전진단전문기관과 「국토안전관리원법」에 따른 국토안전관리원(이하 "관리원"이라 한다.)을 말한다.

8. "건설사업관리기술인"이란 법 제26조에 따른 건설사업관리용역업자에 소속되어 건설사업관리 업무를 수행하는 자(「건축법」 제2조 제15호, 「건축사법」 제2조 제4호, 「주택법」 제43조 제1항에 따른 공사감리 수행자를 포함한다.)를 말한다.

9. "안전관리계획서"란 법 제62조에 따라 수립하는 건설공사 안전관리계획을 말한다.

10. "안전관리비"란 「건설기술 진흥법 시행규칙」(이하 "규칙"이라 한다.) 제60조 제1항에 따른 안전관리에 필요한 비용을 말한다.

11. "안전점검"이란 영 제100조에 따른 자체안전점검, 정기안전점검 및 정밀안전점검 등을 말한다.

12. "초기점검"이란 영 제98조 제1항 제1호에 따른 건설공사에 대하여 해당 건설공사를 준공(임시 사용을 포함한다.)하기 전에 영 제100조 제1항 제3호에 따른 정기안전점검 수준 이상의 안전점검을 실시하는 것을 말한다.

13. "초기치"란 초기점검 시 구하는 향후 점검·진단에 필요한 구조물에 대한 안전성 평가의 기준이 되는 값을 말한다.

14. "공사재개 전(前) 안전점검"이란 영 제100조 제1항 제4호에 따라 영 제98조 제1항 각호의 건설공사가 시행 도중에 중단되어 1년 이상 방치된 시설물이 있는 경우에는 그 공사를 다시 시작하기 전에 그 시설물에 대하여 영 제100조 제1항 제1호에 따라 시행하는 정기안전점검 수준의 안전점검을 말한다.

15. "보수"란 구조물에 작용한 위해요인에 의해 발생된 내구성, 방수성 등 내력 이외의 기능상 결함을 치유하여 기능을 회복시키는 것을 말한다.

16. "보강"이란 설계하중 이상의 하중 등 위해요인에 의해 손상된 구조물의 내력저하를 증진시키는 것을 말한다.

17. "안전점검종합보고서(이하 "종합보고서"라 한다.)"란 영 제100조 제1항 각호에 따라 실시한 안전점검의 내용 및 그 조치사항이 작성된 보고서를 말한다.

18. "시스템"이란 시설물안전법 제7조 제1호, 제2호 및 제3호에 따른 1종 시설물, 2종 시설물 및 3종 시설물에 관한 시설물의 기본현황, 상세제원, 안전점검 및 정밀안전진단 이력, 보수·보강 이력 등의 정보를 관리하는 공단이 운영하는 전산시스템(http://www.fms.or.kr)을 말한다.

19. "대가"란 건설공사 안전점검 업무를 수행하는 데 필요한 비용을 말한다.

20. "실비정액가산 방식"이란 직접인건비, 직접경비, 제경비, 기술료, 추가업무비용, 부가가치세 및 손해배상보험(공제)료 등을 합산하여 대가를 산출하는 방식을 말한다.

21. "공사비 요율에 의한 방식"이란 순공사비에 일정 요율을 곱하여 산출한 금액에 추가조사에 필요한 금액과 부가가치세를 합산하여 대가를 산출하는 방식을 말한다.

22. "순공사비"란 전체 공사비에서 일반관리비, 이윤, 공사손해보험료, 부가가치세를 제외한 공사비를 말하며, 지급자재비는 순공사비에 포함한다.

23. "안전교육"이란 영 제103조에 따라 시공 중인 공사 목적물의 안전과 작업자의 안전을 위해 공법의 이해, 세부 시공순서 및 안전시공절차 이해 등을 목적으로 실시하

는 교육을 말한다.

24. "건설사고"란 영 제4조의 2에 따른 건설사고를 말한다.

25. "중대건설 현장사고"란 법 제67조 제3항 및 영 제105조 제3항에 따른 건설사고를 말한다.

26. "위험요소(Hazard)"란 건설 현장과 주변 건축물 등의 안전을 저해하는 요소를 의미한다.

27. "위험성(Risk)"이란 사고의 발생빈도(L: Likelihood)와 심각성(S: Severity)의 조합을 말한다.

28. "저감 대책(Alternative)"이란 위험요소를 저감시키고 위험성을 낮출 수 있는 방안으로 유사 원인에 의해서 발생하는 사고를 예방할 수 있는 재발방지대책 등을 말한다.

29. "설계 안전성 검토(Design for Safety)"란 위험요소를 설계 단계에서 사전에 발굴하여 사업추진 단계별로 위험요인을 제거·저감할 수 있도록 체크리스트를 작성하는 것을 말한다.

30. "안전관리문서"란 건설공사의 계획부터 준공까지 건설안전을 확보하기 위해 발주자, 설계자, 시공자 및 건설사업관리기술인이 작성한 문서를 말한다.

31. 〈삭제〉

32. "안전관리 수준 평가"란 법 제62조 제14항 및 영 제101조의 3에 따라 실시하는 건설공사 참여자(법 제62조 제13항 각호의 자를 말한다.)의 안전관리 수준에 대한 평가를 말한다.

33. "위험요소 프로파일(Hazard Profile)"이란 건설공사의 위험요소를 발굴하여 공종별 위험요소를 분류한 기본표준자료를 말한다.

34. "설계안전검토보고서"란 대상 공사에 대하여 설계 단계에서 도출한 위험요소를 발굴하여 별지 제1호 서식에 따라 위험요소, 위험성, 저감 대책을 작성한 보고서를 말한다.

35. "적정성 검토기관"(이하 "검토기관"이라 한다.)이란 영 제117조 제1항 제13호에 따른 안전관리계획서 검토 결과 및 안전점검 결과의 적정성 검토에 관한 사무를 국토교통부장관으로부터 위탁받은 기관으로서 관리원을 말한다.

36. "평가기관"이란 영 제117조 제1항 제14호에서 규정한 안전관리수준평가의 시행 및 그 결과의 공개에 관한 사무를 국토교통부장관으로부터 위탁받은 기관으로서 관리원을 말한다.

37. "건설공사 안전관리 종합정보망(이하 "종합정보망"이라 한다.)"이란 법 제62조 제

14항, 영 제101조의 3에 따른 건설공사 참여자의 안전관리 수준의 평가업무와 법 제62조 제15항, 영 제101조의 4에 따라 건설사고 통계 등 건설안전에 필요한 자료를 효율적으로 관리하고 공동활용을 촉진하기 위하여 국토교통부가 구축하고 관리원이 운영하는 시스템(www.csi.go.kr)을 말한다.

38. "무선안전장비"란 법 제2조 제12호에 따른 장비를 말한다.

39. "융·복합건설기술"이란 사물인터넷(IOT), 빅데이터, 인공지능(AI) 및 실시간 모니터링 기술 등을 기존 건설기술에 활용하여 자동화하는 기술을 말한다.

40. "스마트 안전관리장비"란 무선안전장비, 융·복합건설기술을 활용한 스마트 안전장비 및 안전관리시스템을 구축·운영하여 건설현장의 안전관리를 강화할 수 있는 장비를 말한다.

41. "스마트 안전관리 보조·지원"이란 「건설기술 진흥법」 제62조의 3 제1항에 따라 국토교통부장관이 건설공사 참여자에게 스마트 안전관리장비 비용의 전부 또는 일부를 예산 범위에서 보조하거나 그 밖에 필요한 지원을 하는 것(이하 "보조·지원"이라 한다.)을 말한다.

42. "스마트 안전관리 보조·지원 사업"이란 건설공사 참여자에게 스마트 안전관리장비에 대한 보조·지원에 관하여 장비 대여 및 비용 지원, 설치·교육 및 기술지원 등을 하는 사업(이하 "보조·지원 사업"이라 한다.)을 말한다.

제3조(적용 범위) 이 지침은 법 제62조 제1항에 따라 안전관리계획을 수립하는 건설공사, 제14항에 따라 건설공사 참여자의 안전관리 수준을 평가하는 건설공사 및 법 제67조 제1항에 따라 건설사고 사실을 통보하여야 하는 건설공사에 적용한다. 다만, 제3장 제3절 건설공사 안전관리비 계상 및 사용기준에 관한 사항은 법 제63조 제1항에 따라 발주자가 건설사업자 또는 주택건설등록업자와 건설공사 계약하는 모든 건설공사에 적용한다.

제2장 건설공사 참여자 안전관리업무
제1절 발주자의 안전관리 업무

제4조(사업관리 단계) ① 발주자는 사업 전 단계에 대하여 이 지침에서 제시한 건설공사 안전관리 참여자의 업무가 제대로 이행되고 있는지를 총괄하여야 한다.

② 발주자는 사업계획단계에서 해당 건설공사에서 중점적으로 관리해야 할 위험요소 및 저감 대책을 관련 전문가의 자문, 유사 건설공사의 안전관리문서 검토, 종합정보망에서 제공하는 건설공사 위험요소 프로파일 확인 등을 통해 사전에 발굴해야 한다.

제5조(설계발주 단계) ① 발주청은 설계 발주단계에서 건설안전을 고려한 설계가 될 수 있도록 제4조에 따라 발굴한 해당 건설공사의 위험요소 및 저감 대책을 바탕으로 설계서(과업지시서)의 설계조건을 작성하여야 하며, 필요한 경우 외부 전문가의 도움을 받아 설계조건을 작성할 수 있다.

② 발주청은 설계자로 하여금 다음 각호의 내용이 포함된 문서를 제출하도록 설계성과 납품 품목에 명시하여야 한다.

1. 별지 제1호 서식에 따라 작성된 설계안전검토보고서
2. 설계에서 잔존하여 시공 단계에서 반드시 고려해야 하는 위험요소, 위험성, 저감 대책에 관한 사항

제6조(설계시행 단계) ① 설계 시행단계에서 발주청은 관리원에 시공 과정의 안전성 확보를 고려하여 설계가 적정하게 이루어졌는지의 여부를 검토하게 하여야 한다.

② 발주청은 법 제62조 제18항 및 영 제75조의 2 제5항에 따라 제1항에 따른 검토 결과를 국토교통부장관에게 제출할 때 종합정보망에 업로드해야 한다.

③ 발주청의 설계 안전성 검토 절차는 다음 각호와 같다.

1. 설계안전검토보고서는 설계도면과 시방서, 내역서, 구조 및 수리계산서가 완료된 시점에서 실시하는 것을 원칙으로 하나 실시 시기는 발주청이 별도로 정할 수 있다.
2. 설계 안정성 검토(검토결과인 설계안전검토보고서를 포함한다.)를 의뢰받은 관리원은 의뢰받은 날로부터 20일 이내에 발주청에게 검토 결과를 통보하여야 한다.
3. 발주청은 제2호에 따른 검토 결과를 참고하여 제13조에 따라 제출받은 설계안전검토보고서를 심사한 후 승인 여부를 설계자에게 통보하여야 한다.
4. 발주청은 제3호에 따른 심사과정에서 시공 과정의 안전성을 확보하기 위하여 설계 내용에 개선이 필요하다고 인정하는 경우에는 설계자로 하여금 설계도서의 보완·변경 등 필요한 조치를 하여야 한다.
5. 발주청이 관리원에 설계의 안전성 검토를 의뢰하는 경우에는 검토비용을 부담하여야 한다.

제7조(설계완료 단계) 발주청은 최종 설계성과 납품 품목으로 다음 각호의 내용이 포함된 문서가 있는지를 확인하고, 시공자에게 전달하기 위해 관련 문서를 정리하여야 한다.

1. 제5조 제2항 각호의 내용이 포함된 문서
2. 설계에 가정된 각종 시공법과 절차에 관한 사항

제8조(공사발주 및 착공 이전 단계) ① 발주청은 설계에서 도출된 위험요소, 위험성, 저감 대책을 반영하여 시공자가 안전관리계획서를 작성하도록 제7조 각호의 정보를 제공하여야 한다.

② 발주자(발주자가 발주청이 아닌 경우 인·허가기관의 장을 의미한다.)는 영 제98조에 따라 안전관리계획을 검토하고 시공자에게 그 결과를 제출받은 날부터 20일 이내에 통보하여야 한다.

③ 발주자는 시공자가 안전관리계획서를 작성하거나 변경하는 경우 건설공사 감독자 또는 건설사업관리기술인으로 하여금 안전관리계획서의 적정성을 검토하고, 그 결과를 서면으로 보고하게 하여야 한다. 또한 발주자는 건설공사 감독자 또는 건설사업관리기술인이 서면으로 보고한 안전관리계획서의 지적사항에 대해 확인하고, 필요시 시공자에게 시정·보완토록 하여야 한다.

④ 발주자(발주자가 발주청이 아닌 경우 인·허가기관의 장을 의미한다.)는 영 제98조 제7항에 따른 안전관리계획서 사본 및 검토 결과와 제9항에 따른 적정성 검토 결과에 대한 수정이나 보완조치를 국토교통부장관에게 제출하여야 하고, 이때 종합정보망에 업로드하여야 한다.

⑤ 발주자는 본 지침 제3장, 법 제63조, 규칙 제60조에 따라 안전관리비를 공사 금액에 계상하여야 한다.

제9조(공사시행 단계) ① 발주자는 법 제62조, 영 제99조에 따른 안전관리계획을 시공자가 제대로 이행하는지 여부를 확인하여야 한다. 다만, 해당 건설공사에 감독권한대행 등 건설사업관리를 시행하는 경우에는 건설사업관리기술인으로 하여금 안전관리계획의 이행 여부를 확인하여 보고하도록 할 수 있다.

② 발주자(발주청이 아닌 경우에는 인·하가기관의 장을 의미한다.)는 영 제100조의 2에 따라 안전점검 수행기관을 지정·관리하여야 하며, 이를 위한 방법 및 절차는 지침 제3장 제1절을 따른다.

③ 발주자는 안전관리비가 사용기준에 맞게 사용되었는지 확인하여야 한다. 다만, 해당 건설공사에 감독권한대행 등 건설사업관리를 시행하는 경우에는 건설사업관리기술인으로 하여금 안전관리 활동실적에 따른 정산자료의 적정성을 검토하여 보고하도록 할 수 있다.

④ 발주청은 시공자, 건설사업관리기술인과 함께 제1항 및 제2항에 따른 안전관리계획 이행 여부, 안전관리비 집행실태 등을 확인하고 공종별 위험요소와 그 저감 대책을 발굴 및 보완하는 등 안전관리 실태를 확인하기 위한 회의를 정기적으로 개최하여야 한다. 다만, 구체적인 회의 방법 및 시기는 발주청이 시공자 및 건설사업관리기술인과 협의하여 별도로

정할 수 있다.

제10조(공사완료 단계) ① 발주자는 향후 유사 건설공사의 안전관리와 유지관리에 유용한 정보제공을 위해 해당 건설공사가 준공되면 안전관리 참여자가 작성한 안전관리문서를 취합하여 시설물안전법 제9조에 따라 설계도서의 일부로 보관하여야 한다.

② 발주자는 준공 시 시공자로부터 다음 각호의 안전 관련 문서를 제출받아 국토교통부장관(또는 관리원)에게 제출하여야 한다. 이 때 종합정보망을 통하여 온라인으로 제출할 수 있다.

　1. 설계 단계에서 넘겨받거나 시공 단계에서 검토한 위험요소, 위험성, 저감 대책에 관한 사항

　2. 건설사고가 발생한 현장의 경우 사고 개요, 원인, 재발방지대책 등이 포함된 사고조사보고서

　3. 시공 단계에서 도출되어 유지관리단계에서 반드시 고려해야 하는 위험요소, 위험성, 저감 대책에 관한 사항

제2절 설계자의 안전관리 업무

제11조(설계발주 단계) 설계자는 발주청이 제5조 제1항에 의해 설계서(과업지시서)의 설계조건에서 명시한 안전관리 부문의 요구사항을 확인하고 검토하여야 한다.

제12조(설계시행 단계) ① 설계자는 설계서(과업지시서)의 설계조건을 바탕으로 표준시방서, 설계 기준을 활용하여(필요시 관리원에서 제공하는 위험요소 프로파일을 참조할 수 있다.) 설계과정 중에 건설안전에 치명적인 위험요소를 도출하고 이를 제거, 감소할 수 있는 저감 대책을 고려해야 한다.

② 설계자는 설계 시 건설안전을 고려한 설계가 되도록 다음 각호의 기준을 준수하여야 한다.

　1. 설계에서 가정한 시공법 및 절차에 의해 발생하는 위험요소가 회피, 제거, 감소되도록 한다.

　2. 시공 단계에서 시설물의 안전한 설치 및 해체를 고려해야 한다.

③ 설계자는 설계에 가정된 시공법과 절차, 남아있는 위험요소의 유형, 통제하기 위한 수단을 안전관리문서로 정리하여야 한다.

④ 다수의 공종별 설계자가 참여한 경우 대표 설계자는 동일한 위험요소 도출 및 평가 기준을 적용하여야 하며, 건설안전을 고려한 설계를 협의하기 위해 공종별 설계자와 회의를 개최하여야 한다.

⑤ 설계자는 건설신기술 또는 특허공법 등이 건설공사에 적용되는 경우 반드시 신기술 개발자 또는 특허권자로부터 위험요소, 위험성, 저감 대책에 대한 검토서를 제출받아 검토한 후 보고서에 첨부하여야 한다.

⑥ 설계자는 건설안전을 저해하는 위험요소를 고려한 설계를 위해 시공 및 안전분야 전문가의 자문 등을 통해 시공 방법 및 절차를 명확히 이해하여야 하며, 시공법과 절차에 대한 이해가 부족하거나, 건설안전에 관한 전문성이 부족한 경우 관련 건설안전 전문가를 설계과정 중에 참여하도록 할 수 있다.

⑦ 설계자는 도출된 건설안전 위험요소 및 위험성을 평가하여 별지 제1호 서식에 따라 위험요소, 위험성, 저감 대책 형태로 설계안전검토보고서를 작성하여야 하며, 법 제39조 제3항 및 영 제57조에 따른 건설사업관리 대상 설계용역인 경우에는 설계 단계 건설사업관리 기술인에게 검토를 받아야 한다.

제13조(설계완료 단계) 설계자는 최종 설계성과 납품 품목의 하나로 제7조 각호의 내용이 포함된 문서를 건설사업관리기술인에게 확인(설계 단계의 건설사업관리 용역이 발주된 사업에 한한다.)받고, 이를 발주청에게 제출하여 승인을 받아야 한다.

제3절 시공자의 안전관리 업무

제14조(일반사항) ① 시공자는 법 제62조와 영 제98조 및 제99조에 따라 착공 전에 안전관리계획을 수립하여야 한다.

② 시공자는 작업 공종에 따라 공종별 안전관리계획서를 작성하여 착공 전 또는 해당 공종 착수 전에 건설사업관리기술인의 검토를 거쳐 발주자에게 승인을 받고 작업현장에 비치하여야 한다.

③ 시공자는 안전관리계획서에 따라 건설 현장의 안전관리업무를 수행하여야 하며, 안전관리계획서 이행 여부에 관하여 건설사업관리기술인에게 서면으로 보고하여야 한다.

④ 시공자는 법 제62조 제11항에 따라 가설구조물 설치를 위한 공사를 할 때에는 가설구조물의 구조적 안전성을 확인하기에 적합한 분야의 「국가기술자격법」에 따른 기술사에게 확인을 받아야 한다.

⑤ 시공자는 안전관리비가 해당 목적에만 사용되도록 관리하여야 하며, 분기별 안전관리비 사용현황을 공사 진척에 따라 작성하여야 하고, 건설사업관리기술인에게 안전관리 활동실적에 따른 안전관리비 집행실적을 정기적으로 보고하여야 한다.

⑥ 시공자는 법 제62조 제5항에 따라 건설공사 중 실시한 안전점검 결과를 종합정보망을 통해 국토교통부 장관에게 제출하여야 한다.

제15조 (설계의 안전성 검토 대상 공사) ① 영 제75조의 2에 따라 설계의 안전성 검토를 시행해야 하는 공사의 경우, 시공자는 안전관리계획을 수립할 때 다음 각호의 사항을 확인하여 그 대책을 포함시켜야 한다.

    1. 설계에 가정된 각종 시공법과 절차에 관한 사항

    2. 설계에서 잔존하여 시공 단계에서 반드시 고려해야 하는 위험요소, 위험성, 저감 대책에 관한 사항

    3. 설계에서 확인하지 못한 위험요소, 위험성, 저감 대책에 관한 사항

② 시공자는 건설공사가 준공되면, 향후 유사 건설공사의 안전관리와 유지관리에 유용한 정보제공을 위해 제10조 제2항 각호의 내용을 중심으로 안전관리문서를 작성하여 건설사업관리기술인의 검토 후 발주자에게 제출하여야 한다.

제4절 건설사업관리기술인의 안전관리 업무

제16조(일반사항) 건설사업관리기술인은 국토교통부장관이 고시한 「건설공사 사업관리 방식 검토 기준 및 업무 수행 지침」에 따라 안전관리 업무를 수행하여야 한다.

제17조(설계의 안전성 검토 대상 공사) ① 영 제75조의 2에 따라 설계의 안전성 검토를 시행해야 하는 공사의 경우, 건설사업관리기술인은 안전관리계획서상에 설계 단계에서 넘겨받거나 시공 단계에서 검토한 위험요소, 위험성, 저감 대책에 관한 사항들이 반영되어 있는지 검토·확인하여야 하며, 보완해야 할 사항이 있는 경우에는 시공자로 하여금 이를 보완토록 해야 한다.

② 건설사업관리기술인은 향후 유사 건설공사의 안전관리와 유지관리에 유용한 정보제공을 위해 해당 건설공사가 준공되면, 시공자가 작성한 제10조 제2항 각호의 사항들에 대한 안전관리문서의 적정성을 검토한 후, 발주자에게 제출하여야 한다.

제3장 건설 현장 안전관리
제1절 건설공사 안전점검

제18조(안전점검의 종류 및 절차) ① 시공자는 공사 목적물 및 주변의 안전을 확보하기 위하여 다음 각호의 안전점검을 실시하여야 한다.

    1. 자체안전점검

    2. 정기안전점검

    3. 정밀안전점검

    4. 초기점검

5. 공사재개 전 안전점검

② 영 제100조 제3항에 따라 시공자가 정기안전점검 또는 정밀안전점검 등의 실시를 건설안전점검기관에 의뢰하고자 하는 때에는 영 제100조의 2에 따라 발주자(발주자가 발주청이 아닌 경우에는 인·허가기관의 장을 말한다. 이하 이 조에서 같다.)가 안전점검 수행기관을 지정하고, 이를 시공자에게 통보하여야 한다.

③ 영 제100조의 2 제2항에 따라 발주자는 안전점검 수행기관의 명부를 작성하는 경우에는 연 1회 이상 정기적으로 인터넷 홈페이지에 20일 이상 공개모집하여야 한다. 이 경우 발주자는 공사규모 및 종류별로 안전점검 수행기관이 영 제100조 제1항 각호의 기준에 따라 실시한 정기안전점검 등의 수행실적 및 수행기관의 신용도 등을 차등하여 모집할 수 있다.

④ 모집공고에 응하려는 안전점검 수행기관은 별지 제7호 서식의 안전점검 수행기관 등록 신청서를 제출하여야 한다.

⑤ 발주자는 공고에 응하여 제4항에 따라 신청서를 작성·제출한 안전점검 수행기관을 별지 제8호 서식의 안전점검 수행기관 등록명부에 작성·관리하고, 이를 발주자의 인터넷 홈페이지를 통해 공개하여야 한다.

⑥ 안전점검 수행기관을 지정받고자 하는 시공자는 발주자가 승인한 안전관리계획의 안전점검비용을 첨부하여 별지 제9호 서식의 신청서를 발주자에게 제출하여야 한다.

⑦ 발주자는 제6항에 따라 시공자로부터 신청서를 제출받은 날로부터 7일 이내에 발주자의 인터넷 홈페이지 등을 통해 안전점검 수행기관의 지정공고를 하여야 한다.

⑧ 제7항에 따른 지정공고에는 다음 각호의 사항을 포함하여야 한다.
  1. 접수 기간·수행기관 지정방법·사업 내역·제출서류
  2. 안전점검 수행기관 세부평가 기준
  3. 발주자가 승인한 안전관리계획의 안전점검 대상 및 안전점검비용
  4. 시공자가 제출한 주요공정계획서, 착공예정일
  5. 발주자가 관리하는 안전점검 수행기관 등록명부 중에서 안전점검 수행기관을 지정한다는 내용
  6. 기타 안전점검기관 지정에 필요한 유의사항

⑨ 발주자는 안전점검에 참여하는 기술인의 실적·업무중첩도와 수행기관의 실적·신용도·업무중첩도 및 가격 등의 평가항목에 대하여 세부평가 기준을 정하여야 한다. 다만, 이 경우 기술인의 실적·업무중첩도와 수행기관의 실적·업무중첩도는 영 제100조 제1항 각호의 기준에 따라 실시한 안전점검에 한하며, 발주자가 승인한 안전관리계획의 안전점검비용이 1억 원 미만인 경우에는 일부 평가항목을 생략하여 기준을 정할 수 있다.

⑩ 안전점검 수행기관으로 지정받고자 하는 자는 제8항에 따라 발주자가 지정공고한 수

행기관 지정방법에 따라 서류 등을 제출하여야 한다.

⑪ 발주자는 안전점검 수행기관 지정신청을 한 자에 대하여 세부평가 기준에 따라 평가하여 안전점검 수행기관으로 지정한 후, 별지 10호 서식의 지정 통보서를 시공자에게 송부하여야 한다.

⑫ 발주자는 제10항에 따라 안전점검 수행기관이 제출한 지정신청서 및 서류의 내용 등을 필요한 사항에 대하여 관계기관에 사실을 조회할 수 있으며, 안전점검 수행기관의 제출 서류 등이 거짓 또는 그 밖의 부정한 방법으로 작성된 것으로 판명된 때에는 안전점검 수행기관 등록명부에서 제외하고 안전점검 수행기관 지정결정을 취소하여야 한다. 이 경우 발주청 또는 인허가기관의 장이 안전점검 수행기관 지정결정을 취소한 때에는 차순위자를 안전점검 수행기관으로 지정하여야 한다.

⑬ 제11항 규정에 의한 당해 안전점검 수행기관의 평가점수가 동일한 경우에는 추첨을 통해 안전점검 수행기관을 지정한다.

⑭ 시공자는 제11항에 따라 지정 통보서를 받은 날로부터 7일 이내에 해당 안전점검 수행기관과 계약을 체결하고 그 결과를 발주자에게 통보하여야 하며, 안전점검 수행기관의 귀책사유로 안전점검 계약이 체결되지 아니한 경우에는 발주자에게 안전점검 수행기관의 지정을 재신청하여야 한다. 이 경우 발주자는 차순위자를 안전점검 수행기관으로 지정한다.

⑮ 제3항부터 제14항까지 규정한 업무 내용 외에 안전점검 수행기관 지정에 관하여 필요한 사항은 발주자가 정할 수 있다.

제19조(설계도서 등의 보관) 시공자는 안전점검에 활용할 수 있도록 다음 각호의 자료를 정리·보관하여야 한다.

　　1. 설계도서: 설계도면, 내역서, 공사시방서, 구조 계산서, 지질조사서, 수리·수문계산서, 종합보고서, 터널해석 보고서 등
　　2. 시공 관련 도서: 계측보고서, 시공계획서, 시공상세도, 안전관리계획서, 공사기록, 공사일지, 설계변경 관련 서류, 각종 안전점검보고서, 보수·보강 실시보고서, 사고 관련 기록 등
　　3. 사진: 주요 공사 사진, 인근 구조물 현황 사진, 비디오테이프
　　4. 품질관리기록: 품질관리계획서에 의한 품질시험기록, 부적합 보고서 등

제20조(안전점검의 계획수립) ① 시공자는 규칙 별표7에 따른 "안전관리계획의 수립 기준"에 따라 자체안전점검 및 정기안전점검 계획을 수립한다.

② 자체안전점검 및 정기안전점검 계획을 수립하는 경우에는 안전점검을 효과적이고 안

전하게 수행하기 위해서 다음 각호의 사항을 고려하여야 한다.

1. 이미 발생된 결함의 확인을 위한 기존 점검자료의 검토
2. 점검 수행에 필요한 인원, 장비 및 기기의 결정
3. 작업시간
4. 현장기록 양식
5. 비파괴 시험을 포함한 각종 시험의 실시목록
6. 붕괴 우려 등 특별한 주의를 필요로 하는 부재의 조치사항
7. 수중조사 등 그 밖의 특기사항

제21조(안전점검의 실시 시기) ① 시공자는 자체안전점검 및 정기안전점검의 실시 시기 및 횟수를 다음 각호의 기준에 따라 안전점검계획에 반영하고 그에 따라 안전점검을 실시하여야 한다.

1. 자체안전점검: 건설공사의 공사 기간 동안 매일 공종별 실시
2. 정기안전점검: 구조물별로 별표1의 정기안전점검 실시 시기를 기준으로 실시. 다만, 발주청 또는 인·허가기관의 장은 안전관리계획의 내용을 검토할 때 건설공사의 규모, 기간, 현장여건에 따라 점검 시기 및 횟수를 조정할 수 있다.

② 정밀안전점검은 정기안전점검 결과 건설공사의 물리적·기능적 결함 등이 발견되어 보수·보강 등의 조치를 취하기 위하여 필요한 경우에 실시한다.

③ 초기점검은 영 제98조 제1항 제1호에 따른 건설공사를 준공하기 전에 실시한다.

④ 공사재개 전 안전점검은 영 제98조 제1항에 따른 건설공사를 시행하는 도중 그 공사의 중단으로 1년 이상 방치된 시설물이 있는 경우 그 공사를 재개하기 전에 실시한다.

제22조(자체안전점검의 실시) ① 안전관리담당자와 수급인 및 하수급인으로 구성된 협의체는 건설공사의 공사 기간 동안 해당 공사 안전총괄책임자의 총괄하에 분야별 안전관리책임자의 지휘에 따라 해당 공종의 시공상태를 점검하고 안전성 여부를 확인하기 위하여 해당 건설공사 안전관리계획의 자체안전점검표에 따라 자체안전점검을 실시하여야 한다.

② 점검자는 점검 시 해당 공종의 전반적인 시공상태를 관찰하여 사고 및 위험의 가능성을 조사하고, 지적사항을 안전점검일지에 기록하며, 지적사항에 대한 조치 결과를 다음 날 자체안전점검에서 확인해야 한다.

제23조(정기안전점검의 실시) ① 시공자가 정기안전점검을 실시하고자 할 때는 영 제100조의 2에 따라 발주자(발주자가 발주청이 아닌 경우에는 인·허가기관의 장을 말한다.)가

지정한 건설안전점검기관에 의뢰하여야 한다.

② 정기안전점검은 해당 건설공사를 발주·설계·시공 또는 건설사업관리용역업자와 그 계열회사(「독점규제 및 공정거래에 관한 법률」 제2조 제3호에 따른 계열회사를 말한다.)인 건설안전점검기관에 의뢰하여서는 안 된다. 다만, 발주청이 시설물안전법 제28조에 따라 안전진단전문기관으로 등록된 경우에는 정기안전점검을 실시할 수 있다.

③ 정기안전점검 대상 건설공사가 「산업안전보건법 시행령」 제42조 제3항에 따른 유해·위험방지계획서 작성대상인 경우에는 시공자는 정기안전점검 실시 시기를 사전에 한국산업안전보건공단에 통보하여 정기안전점검과 동시에 실시할 수 있다.

④ 정기안전점검을 실시하는 경우 다음 각호의 사항을 점검하여야 한다.

1. 공사 목적물의 안전시공을 위한 임시시설 및 가설공법의 안전성
2. 공사목적물의 품질, 시공상태 등의 적정성
3. 인접건축물 또는 구조물 등 공사장 주변 안전조치의 적정성
4. 영 제98조 제1항 제5호 각 목에 해당하는 건설기계의 설치(타워크레인 인상을 포함한다.)·해체 등 작업절차 및 작업 중 건설기계의 전도·붕괴 등을 예방하기 위한 안전조치의 적절성
5. 이전 점검에서 지적된 사항에 대한 조치사항

⑤ 건설공사의 공종별 세부점검사항은 해당 공사시방서 및 관련시방서를 참조하여 현장의 상황 및 시공조건에 따라 점검목적을 달성할 수 있는 사항으로 정하고 정해진 점검항목으로 세부 안전점검표를 작성한다.

⑥ 안전점검을 실시한 건설안전점검기관은 안전점검실시 결과를 발주자, 해당 건설공사의 허가·인가·승인 등을 한 행정기관의 장(발주자가 발주청이 아닌 경우에 한정한다.), 시공자에게 통보하여야 하며, 점검 결과를 통보받은 발주자 또는 행정기관의 장은 시공자에게 보수·보강 등 필요한 조치를 요청할 수 있다.

제24조(정밀안전점검의 실시) ① 시공자는 정기안전점검 결과 건설공사의 물리적·기능적 결함 등이 있는 경우에는 보수·보강 등의 필요한 조치를 취하기 위하여 건설안전점검기관에 의뢰하여 정밀안전점검을 실시하여야 한다.

② 정밀안전점검은 정기안전점검에서 지적된 점검 대상물에 대한 문제점을 파악할 수 있도록 수행되어야 하며, 육안검사 결과는 도면에 기록하고, 부재에 대한 조사결과를 분석하고 상태평가를 하며, 구조물 및 가설물의 안전성 평가를 위해 구조 계산 또는 내하력 시험을 실시하여야 한다.

③ 점검과정에서 필요한 경우에는 구조물의 종류에 따라 점검 대상물 하부 점검용 장

비, 비계, 작업선과 같은 특수장비 및 잠수부와 같은 특수기술자를 활용하여야 한다.

④ 정밀안전점검 완료 보고서에는 다음 각호의 사항이 포함되어야 한다.

1. 물리적·기능적 결함 현황

2. 결함원인 분석

3. 구조안전성 분석결과

4. 보수·보강 또는 재시공 등 조치대책

제25조(초기점검의 실시) ① 시공자는 영 제98조 제1항 제1호에 따른 건설공사를 준공(임시사용을 포함한다.)하기 전에 문제점 발생부위 및 붕괴유발부재 또는 문제점 발생 가능성이 높은 부위 등의 중점유지관리사항을 파악하고 향후 점검·진단 시 구조물에 대한 안전성평가의 기준이 되는 초기치를 확보하기 위하여 「시설물의 안전점검 및 정밀안전진단 실시 등에 관한 지침」에 따른 정밀점검 수준의 초기점검을 실시하여야 한다.

② 초기점검에는 별표3에 따른 기본조사 이외에 공사목적물의 외관을 자세히 조사하는 구조물 전체에 대한 외관조사망도 작성과 초기치를 구하기 위하여 필요한 별표3의 추가조사 항목이 포함되어야 한다.

③ 초기점검은 준공 전에 완료되어야 한다. 다만, 준공 전에 점검을 완료하기 곤란한 공사의 경우에는 발주자의 승인을 얻어 준공 후 3개월 이내에 실시할 수 있다.

제26조(공사재개 전 안전점검의 실시) ① 시공자는 건설공사의 중단으로 1년 이상 방치된 시설물의 공사를 재개하는 경우 건설공사를 재개하기 전에 영 제100조 제1항 제4호에 따라 해당 시설물에 대한 안전점검을 실시하여야 한다.

② 제1항에 따른 안전점검은 정기안전점검의 수준으로 실시하여야 하며, 점검 결과에 따라 적절한 조치를 취한 후 공사를 재개하여야 한다.

제27조(안전점검에서의 현장조사 및 실내분석) ① 현장조사는 다음 각호와 같이 육안검사, 기본조사, 추가조사로 구분하며, 해당 조사항목 및 시험 세부 사항은 별표3과 같다.

1. 육안검사: 구조물의 균열, 재료 분리 여부, 콜드조인트 등의 발생 여부를 육안으로 면밀히 확인하는 것

2. 기본조사: 비파괴시험장비로 실시하는 콘크리트 강도시험 및 철근배근 탐사 등

3. 추가조사: 구조안전성 평가 및 보수·보강 판단에 필요한 지질·지반조사, 강재조사, 지하공동탐사, 콘크리트 제체시추조사, 수중조사, 콘크리트 물성시험 등

② 안전점검을 실시하는 자는 다음 각호에 따라 현장조사를 실시하여야 한다.

1. 정기안전점검 시에는 육안검사, 기본조사를 실시하고 필요할 경우 추가조사를 수행한다.

2. 정밀안전점검 및 초기점검 시에는 육안검사, 기본조사를 수행하며, 추가조사항목은 시공자가 건설안전점검기관과 협의하여 정하도록 한다. 다만, 초기점검 시에는 향후의 유지관리 및 점검·진단에 필요한 구조물 전체에 대한 외관 조사망도 작성 및 교량의 실응답, 터널의 배면공동상태, 댐의 기준점 및 변위측량, 건축물의 주요외부기둥의 기울기 및 주요바닥부재의 처짐 등의 초기치를 얻기 위한 추가조사를 실시하여야 한다.

③ 안전점검을 실시하는 자는 다음 각호에 따라 실내분석을 실시하여야 한다.

1. 정기안전점검 시에는 육안검사 자료를 도면으로 작성하고, 기본조사 자료를 평가한다.

2. 정밀안전점검 시에는 육안검사, 기본조사 및 추가조사 실시 결과를 분석하고 필요한 구조 계산을 실시한 후 보수·보강방안을 제시한다.

제28조(안전점검 장비) ① 안전점검을 실시하고자 할 때에는 다음 각호의 기준에 따라 장비를 선정하여 사용하여야 한다.

1. 자체안전점검: 육안조사를 기본으로 하고 자체안전점검표의 점검항목에 따라 필요한 장비를 사용하여 점검

2. 정기안전점검: 슈미트해머 등 콘크리트 강도조사장비, 철근탐사기 등 기본조사에 필요한 장비를 사용하여 점검

3. 정밀안전점검: 기본조사 및 추가조사항목에 필요한 장비를 사용하여 점검

4. 초기점검: 정기안전점검에 필요한 기본장비 및 초기치를 얻기 위한 추가조사항목에 필요한 장비

② 안전점검 책임기술자는 안전점검 시 구조부재에 접근할 필요가 있을 경우, 안전하게 점검작업을 실시할 수 있도록 사전에 현장조사를 하여 구조물의 형상이나 주위환경 등을 고려한 고소차 등 적합한 점검용 장비를 선정하여야 한다.

제29조(안전점검시의 안전관리) ① 안전점검 책임기술자는 점검 기구와 장비를 적절히 운용하고 안전관리 위한 계획을 수립하여야 한다.

② 안전점검 책임기술자 및 참여기술자는 안전모, 작업복, 작업화, 필요한 경우 청각, 시각 및 안면보호장비 등을 포함한 개인용 보호장구를 항상 착용하여야 하며 장구 및 기계를 항상 최적의 상태로 정비하여야 한다.

③ 밀폐된 공간에서 점검할 경우에는 유해물질 및 가스와 산소결핍 등에 대한 조사를

하고 그에 대한 대책을 사전에 마련하여야 한다.

제30조(중대한 결함에 대한 조치) 안전점검을 실시하는 자는 현장에서의 안전점검 기간 동안 중대한 결함이 발견된 경우에는 즉시 발주자 및 안전총괄책임자에게 통보하여야 하며, 발주자 및 안전총괄책임자는 다음 각호와 같은 조치를 취하여야 한다.

1. 발견된 결함에 대한 신속한 평가 및 응급조치
2. 필요시 정밀안전점검 실시
3. 그 밖에 필요한 사항

제31조(안전점검 보고서의 작성 및 제출) ① 시공자에게 정기안전점검을 의뢰받은 건설안전점검기관은 별표1에 따라 정기안전점검을 실시하고 다음 각호의 기준에 따라 정기안전점검 보고서를 작성하여 제출하여야 한다.

1. 타워크레인 정기안전점검 보고서는 2회(타워크레인 설치작업 시, 타워크레인 해체작업 시) 작성하여 제출하되, 타워크레인 인상작업 시 실시한 정기안전점검 결과는 해체작업 시 정기안전점검 보고서에 포함하여 작성한다.

2. 타워크레인 이외의 정기안전점검 보고서는 별표1에 따라 정기안전점검 실시 후 작성한다.

3. 정기안전점검 대상이 다수인 건설현장에서는 정기안전점검 실시 시기가 서로 비슷한 경우 정기안전점검 보고서를 통합하여 작성할 수 있다.

4. 제1호부터 제3호까지 규정한 기준 외에 정기안전점검 보고서 작성에 관하여는 발주청 또는 인·허가기관의 장과 시공자가 협의하여 정할 수 있다.

② 정기안전점검 및 정밀안전점검 보고서에는 점검 대상물의 결함에 대한 설명과 결함 부위의 개략도, 결함 부위 사진, 기본조사 결과, 추가조사 결과가 포함되어야 한다.

③ 제2항에 따른 개략도와 결함 부위 사진은 구조물 결함의 위치와 특성을 설명하는 보충수단으로서 결함의 형태와 치수가 명확히 표기되어야 하며, 보고서에 포함된 모든 자료에는 근거가 명확하도록 점검일시와 현장시험 및 실내분석 기록과 결과자료가 첨부되어야 한다.

④ 시공자가 건설공사를 준공한 때에는 영 제100조 제1항 각호에 따라 실시한 안전점검의 주요 내용에 대한 요약 및 보수·보강 등 조치사항, 조치사항의 이행 여부 및 이행 적정성 등을 작성한 종합보고서를 발주자에게 제출하여야 한다.

⑤ 안전점검을 실시한 건설안전점검기관은 영 제100조 제4항에 따라 안전점검 실시 결과를 안전점검 완료 후 30일 이내에 발주자, 해당 건설공사의 허가·인가·승인 등을 한 행정기관의 장(발주자가 발주청이 아닌 경우에 한정한다.), 시공자에게 통보해야 한다.

⑥ 제5항에 따라 안전점검 결과를 통보받은 시공자는 통보받은 날로부터 15일 이내에 안전점검 결과를 국토교통부장관에게 종합정보망을 이용하여 제출해야 한다

⑦ 정기안전점검 보고서, 정밀안전점검 보고서 별표4에 따른 목차를 참조하여 작성하여야 한다.

제32조(안전점검의 결과분석 및 평가) ① 자체안전점검은 해당 건설공사의 안전관리계획에 포함된 자체안전점검 안전점검표에 따라 평가하며, 점검 결과 지적사항이 있을 경우에는 별지 제3호 서식에 기록하여 조치토록 하고, 다음날 점검 시 조치사항을 확인한다.

② 정기안전점검은 공사목적물에 대한 육안검사 및 기본조사 자료에 따라 평가하며, 책임기술자는 육안검사 및 기본조사로부터 발견된 데이터를 근거로 결함의 범위 및 정도를 기록하고 점검 대상물의 안전, 시공상태 등을 평가하여 차후 정기 및 정밀안전점검의 기초자료로서 활용 할 수 있도록 한다.

③ 정밀안전점검 시에는 정기안전점검을 통하여 나타난 결함의 범위 및 정도에 따라 정밀한 육안조사와 기본조사 및 필요한 추가조사를 실시하고 구조해석 등을 하여 구조안전성을 평가하며, 평가결과에 따라 구조물의 물리적·기능적 결함에 대한 보수·보강이나 재시공과 같은 대책을 제시하여야 한다.

④ 제3항에 따른 구조안전성 평가를 하는 경우는 부재별 상태평가, 재료시험결과 및 각종 계측, 측정, 조사 및 재하시험 등을 통하여 얻은 결과를 분석하고 이를 바탕으로 구조적 특성에 따른 이론적 계산과 해석을 통하여 구조물의 안전성과 부재의 내하력 등을 평가한다.

⑤ 초기점검 시에는 준공 후 시설물의 사용기간 동안 지속적으로 실시되는 유지관리활동 및 점검·진단의 기초자료를 얻기 위하여 상세한 육안점검에 의해 구조물 전체에 대한 외관조사망도를 작성하고 향후의 점검·진단 시 안전성평가의 기준이 되는 초기치를 측정하여야 한다. 이 경우 건설안전점검기관은 육안검사와 현장조사 결과에 따라 붕괴유발부재와 향후 문제점이 발생하기 쉬운 부위를 파악하여 시설물의 유지관리담당자가 효율적인 유지관리를 할 수 있는 방안을 제시하여야 한다.

⑥ 공사재개 전 안전점검 시에는 시공된 부분에 대해 상세한 육안검사 및 기본조사를 실시하여 공사 계속 여부를 판정하여야 하며 문제점이 있을 경우, 건설안전점검기관은 대책을 제시하여야 한다.

제33조(사후조치 및 보수·보강) ① 시공자는 자체안전점검 실시 결과를 작성하고 지적사항에 대한 조치사항을 기록하여야 한다.

② 시공자는 정기·정밀 안전점검을 실시하여 지적된 사항을 별지 제3호 서식에 따라 작

성하여 조치사항을 기록하고 발주자(건설사업관리기술인 또는 감독)의 확인을 받아야 한다.

③ 점검 결과에 의한 보수·보강 방법 및 수준은 구조물의 결함정도, 구조물의 중요도, 사용환경조건 및 경제성 등에 따라 정하여야 하며, 보수·보강이 불가능할 경우에는 재시공을 하여야 한다.

④ 보수작업 시에는 결함의 원인, 보수의 범위 및 규모, 환경조건, 경제성 등을 고려하여야 하며, 보강작업은 구조안전성 평가 결과와 내력저하 정도, 경제성을 검토하여 실시하도록 하며 보강을 하여도 구조물의 안전성 확보가 곤란하다고 판단되는 경우에는 재시공한다.

제34조(보수·보강의 필요성 판단) 보수·보강의 필요성은 균열 등 발생된 결함의 허용기준과 내구성, 방수성, 내력저하 정도에 대한 분석과 구조해석 결과에 따라 각종 관련시방서, 설계 지침 및 기준 등을 참조하여 안전점검책임기술자가 작성한 자료를 바탕으로 발주자가 판단하여야 한다.

제2절 안전점검 종합보고서 작성 세부 기준 등

제35조(종합보고서의 작성 및 제출) ① 시공자는 건설공사를 준공한 때에는 별표5에 따른 목차를 참조하여 작성한 종합보고서를 발주자에게 제출하여야 한다.

② 시설물안전법에 따른 1종 시설물 및 2종 시설물에 관한 건설공사의 발주자(발주자가 발주청이 아닌 경우에는 인·허가기관의 장을 말한다.)는 해당 건설공사의 준공 후 3개월 이내에 종합보고서를 관리원에 제출하여야 한다.

③ 발주자(시설물안전법에 따른 1종 시설물 및 2종 시설물에 관한 건설공사의 발주자는 제외한다.)는 필요시 관리원으로 하여금 종합보고서를 보존 및 관리하게 할 수 있다.

제36조(제출방법) ① 발주자 또는 시공자는 종합보고서를 콤팩트디스크(이하 "CD"라 한다.)로 제작하여 제출하여야 한다. 다만 시설물안전법에 따른 1종 시설물 및 2종 시설물에 관한 건설공사의 발주자는 안전점검종합보고서를 시스템을 통해 온라인으로 제출하여야 한다.

② 제1항에 따라 시스템을 통해 종합보고서를 제출하는 경우 시스템상의 온라인 제출방법 및 절차에 따른다.

제37조(CD 제작 매체) ① 제36조에 따라 종합보고서를 기록·제출하는 CD는 다음 각호의 요건을 갖추어야 한다.

1. CD의 종류: 이미지 데이터 기록이 가능한 CD

2. CD의 규격: 직경 12센티미터, CD-ROM, 650메가바이트 이상 및 74분 이상

② CD 수록 형식은 MS-Windows 환경에서 지원이 가능하여야 하며 싱글 세션으로 제작하되, CD의 파일명 및 폴더명이 식별 가능한 문자체계를 유지하도록 제작되어야 한다.

제38조(문서 형식) 종합보고서의 문서 부분은 이미지 데이터 형식으로 국제전신전화 자문위원회(CCITT) Group 4에 따른 TIFF 표준 형식으로 제작하여야 한다. 다만, 최저해상도는 300dpi 이상, 색도는 모노, 스캐닝 축척은 1:1로 하여야 한다.

제39조(문서 파일명 및 색인 부여 등) 문서의 내용 식별 및 수록내용 색인을 위해 데이터 파일명, 폴더명 및 색인파일 등을 다음 각호와 같이 작성하여야 한다.
   1. CD명은 "DOCCD일련번호(2자리 숫자)"로 하여 제작하되, 문서별로 폴더를 생성하고 폴더명을 문서명과 일치시킨다.
   2. 파일명은 TIFF 표준 형식으로 "일련번호(4자리 숫자).TIF"로 하여 해당 폴더에 위치시켜야 한다.
   3. 문서량이 많은 경우 여러 장의 CD에 수록하며 하나의 문서 폴더가 한 장의 CD에 수록될 수 없는 경우에는 동일한 이름의 여러 CD에 수록하여야 한다.
   4. CD의 루트 디렉토리에는 별표6에 따른 공사개요, 시설물 개요 등에 관한 정보를 입력한 구성파일(MASTER.XML)과 색인에 관한 정보를 입력한 색인파일(DOCINDEX.XML)을 수록하여야 한다.

제40조(접수 및 확인) 발주자 또는 관리원은 종합보고서를 제출받은 경우, 이 지침에 따라 적정하게 제출되었는지를 확인하여 접수하여야 한다.

제41조(관리) 종합보고서를 제출받은 발주자 또는 관리원은 종합보고서의 원활한 관리를 위하여 다음 각호의 조치를 취하여야 한다.
   1. 종합보고서의 접수·확인, 보존 및 열람·사본발급 요청에 대한 조치
   2. 종합보고서에 의한 통계자료의 유지와 자료 신뢰성 확보를 위한 지속적인 시스템 운영 및 개선
   3. 그 밖에 종합보고서의 보존과 관리에 필요한 사항

제42조(보존) ① 발주자(제35조에 따라 공단에 종합보고서를 제출한 발주자를 제외한다.)는 종합보고서를 해당 공사의 하자담보책임기간 만료일까지 보존하여야 한다.

② 관리원은 제35조에 따라 제출받은 종합보고서를 시설물의 존속기간까지 보존하여야 한다.

③ 관리원은 종합보고서를 항온·항습기 등 부대시설을 갖춘 장소에 보존하여야 하며 종합보고서 별로 등록번호, 등록일자, 제출자, 발주자(관리주체) 등의 내용이 검색 가능하도록 전산화하여 보존하여야 한다.

④ 관리원은 종합보고서의 보존을 위하여 관리책임자를 지정하여 파일 등이 손상·분실되지 않도록 하고, 지진 등 자연재해의 피해가 최소화되도록 보안시설 등을 갖추어 수시로 보존상태 확인 등 필요한 조치를 하여야 한다.

제43조(열람 및 교부) ① 시설물의 관리주체는 시설물의 안전 및 유지관리를 위하여 필요한 경우에는 발주자 또는 관리원에 종합보고서의 열람이나 그 사본의 교부를 요청할 수 있다. 이 경우 요청을 받은 발주자 또는 관리원은 특별한 사유가 없으면 요청에 따라야 한다.

② 제1항에 따라 사본을 발급할 때에는 소정의 수수료를 징수할 수 있다.

③ 발주자 또는 관리원은 종합보고서를 열람하였거나 사본을 발급하였을 때에는 열람 또는 발급일자, 열람 또는 발급 요청자, 열람 또는 발급내용 등을 기록하여 관리하여야 한다.

제44조(미제출자에 대한 조치) ① 발주자 및 관리원은 제35조에 따라 종합보고서를 제출하지 아니한 제출의무자에게 종합보고서를 제출토록 고지하여야 한다.

② 관리원은 제출의무자가 종합보고서를 시설물 준공 후 3개월 이내에 제출하지 않은 경우에는 그 현황을 제45조에 따라 국토교통부장관에게 제출하여야 한다.

제45조(보존 및 관리현황 보고) ① 관리원은 매 분기 말에 해당하는 달의 다음 달 20일까지 제출받은 종합보고서의 보존 및 관리에 관한 현황을 국토교통부장관에게 보고하여야 한다.

② 제1항에 따른 현황 자료에는 제44조 제2항에 따른 종합보고서 미제출자 현황을 포함하여야 한다.

제3절 건설공사 안전관리비 계상 및 사용기준

제46조(안전관리계획의 작성 및 검토 비용) ① 규칙 제60조 제1항 제1호에 따른 안전관리계획의 작성 및 검토비용과 소규모 안전관리계획서 작성비용 계상은 별표7의 내역에 대해 「엔지니어링산업 진흥법」 제31조 제2항에 따른 「엔지니어링사업 대가의 기준」 제3조 제1호의 실비정액가산방식을 적용하며 직접인건비, 직접경비, 제경비 및 기술료로 구성된다.

② 직접인건비는 발주자 또는 건설사업관리기술인이 확인한 투입인원수를 적용하여 계

상하며, 직접경비는 인쇄비, 제경비는 직접인건비의 110~120%, 기술료는 직접인건비에 제경비(손해배상보험료 또는 손해배상공제료는 제외함)를 합한 금액의 20~40%를 적용한다.

제47조(건설공사 안전점검 비용) ① 규칙 제60조 제2항 제2호에 따른 안전점검 비용 계상에 적용하는 요율은 별표8과 같다. 다만, 공사의 특성 및 난이도에 따라 10%의 범위에서 가산할 수 있다.

② 규칙 제60조 제1항 제2호에 따른 건설공사 안전점검 비용의 계상은 공사비 요율에 의한 방식을 적용한다.

③ 영 제100조 제1항 제2호에 따른 정밀안전점검 비용은 「엔지니어링사업대가의 기준」을 적용하여 산출한 금액으로 한다.

④ 영 제100조 제1항 제3호에 따른 안전점검(초기점검) 비용 계상 시에는 향후의 유지관리, 점검·진단을 하기 위한 기초자료로서 구조물 전체에 대한 외관 조사망도 작성 및 구조안전성평가의 기준이 되는 초기치를 구하는 데 필요한 추가항목에 대한 비용을 별도 계상하여야 한다.

⑤ 별표8의 안전점검 대가 요율에 포함되지 않는 건설공사의 안전점검비용은 「엔지니어링사업 대가의 기준」을 적용하여 산출한 금액으로 한다.

⑥ 공사비 요율에 의한 방식으로 안전점검 대가 요율 계상 시 시설물 규격이 최소규격보다 작은 경우 또는 두 기준규격의 중간인 경우에는 다음 보간식을 이용하여 해당 안전점검 대가 요율을 계상한다. 이때 사용되는 두 기준점은 가장 인접한 두 점을 사용하여야 하며, 원점 등을 사용하여서는 안 된다.

$$y = y_1 + \frac{(y_2 - y_1)}{(x_2 - x_1)}(x - x_1)$$

여기서, x : 해당 규격, x_1 : 작은 규격, x_2 : 큰 규격

y : 해당공사비요율, y_1 : 작은 규격 요율 y_2 : 큰 규격 요율

⑦ 공사비 요율에 의한 방식으로 안전점검 대가 요율 계상 시 시설물 규격이 최대 규격보다 큰 경우에는 다음 보간식을 이용하여 해당 안전점검 대가 요율을 계상한다.

$$y = y_2 + \frac{(y_2 - y_1)}{(x_2 - x_1)}(x - x_2)$$

여기서, x : 해당 규격, x_1 : 작은 규격, x_2 : 큰 규격

y : 해당공사비요율, y_1 : 작은 규격 요율 y_2 : 큰 규격 요율

⑧ 제27조 제1항 제3호 및 별표3의 추가조사에 소요되는 비용은 「엔지니어링사업 대가의 기준」을 적용하여 산출한 금액으로 한다. 추가조사 항목에 대한 기준은 시설물안전법 제21조에 따라 고시한 「시설물의 안전 및 유지관리 실시 등에 관한 지침」 별표26을 적용한다.

제48조(발파·굴착 등의 건설공사로 인한 주변 건축물 등의 피해방지대책 비용) 규칙 제60조 제1항 제3호에 따른 발파·굴착 등의 건설공사로 인한 주변 건축물 등의 피해방지대책 비용 계상은 별표7에 따라 건설공사로 인하여 불가피하게 발생할 수 있는 공사장 주변 건축물 등의 피해를 최소화하기 위한 사전보강, 보수, 임시이전 등에 필요한 비용으로 토목·건축 등 관련 분야의 설계 기준을 적용한다.

제49조(공사장 주변의 통행안전관리대책 비용) 규칙 제60조 제2항 제4호에 따른 공사장 주변의 통행안전관리대책 비용 계상은 별표7에 따라 공사시행 중의 통행안전 및 교통소통을 위한 시설의 설치 및 유지관리 비용으로 토목·건축 등 관련 분야의 설계 기준을 적용한다.

제50조(공사시행 중 구조적 안전성 확보 비용) 공사시행 중의 구조적 안전성 확보를 위하여 규칙 제60조 제1항 제5호와 제6호에 따라 계상되어야 하는 계측장비, 폐쇄회로 텔레비전 등의 설치·운영 비용과 가설구조물의 구조적 안전성 확인을 위해 필요한 비용의 계상은 「엔지니어링사업 대가의 기준」을 적용하여 산출한 금액으로 한다.

제51조(적용절차) ① 건설공사의 발주자는 건설공사 계약을 체결할 때에 「예정가격작성기준」(계약예규)에 따라 건설공사의 안전관리에 필요한 안전관리비를 공사원가계산서에 안전관리비 항목으로 계상하여야 하며, 비용을 확정하기 어려운 주변 건축물 등의 피해방지대책 비용 및 통행안전관리대책비용 등은 발주자 또는 건설사업관리기술인이 확인한 안전관리 활동 실적에 따라 정산할 수 있도록 계상한다. 다만 공사 중 설계변경 등에 의해 안전관리비를 변경·추가할 필요가 있는 경우에는 건설사업자 또는 주택건설등록업자가 안전관리비 내역을 작성하여 건설사업관리기술인의 검토·확인 후 발주자의 승인 후 비용 계상을 하여야 한다.
② 발주자와 계약을 체결하기 위해 입찰에 참가하는 건설사업자 또는 주택건설등록업자는 입찰 금액 산정 시 발주자가 제1항에 따라 공사원가계산서에 계상한 안전관리비를 조정 없이 반영하여야 한다.
③ 발주자는 제1항에 따라 계상한 안전관리비와 관련하여 다음 각호의 사항을 입찰공

고 등에 명시하여 입찰에 참가하고자 하는 자가 미리 열람할 수 있도록 하여야 한다.

1. 공사원가계산서에 계상된 안전관리비

2. 입찰참가자가 입찰금액 산정시 안전관리비는 제1호에 따른 금액을 조정 없이 반영하여야 한다는 사항

3. 안전관리비는 규칙 제60조에 따라 사후정산을 하게 된다는 사항

제52조(사용기준) ① 건설업자 또는 주택건설등록업자는 별표7에 따라 안전관리비를 사용하여야 한다.

② 건설사업자 또는 주택건설등록업자는 안전관리비 사용내역에 대하여 필요시 발주자 또는 건설사업관리기술인의 확인을 받아야 한다.

제53조(정산) 건설사업자 또는 주택건설등록업자는 안전관리비를 해당 목적에만 사용하여야 하며, 실제로 납부, 지출, 부담한 객관적인 서류를 근거로 정산하도록 한다.

제54조(추가조정 등) 발주자는 건설사업자 또는 주택건설등록업자가 해당 목적 이외에 사용하거나 사용하지 않은 안전관리비에 대하여 이를 계약금액에서 감액조정하거나 반환을 요구할 수 있다.

제4절 안전관리계획서 검토 결과 및 안전점검 결과의 적정성 검토

제55조(일반사항) 검토기관은 건설공사의 안전을 확보하기 위하여 법 제62조 제10항에 따라 제출받은 안전관리계획서 및 계획서 검토 결과와 안전점검 결과의 적정성을 검토할 수 있다.

제56조(적정성 검토 대상) ① 적정성 검토 대상은 다음 각호와 같다.

1. 발주청 또는 인·허가기관의 장이 안전관리계획서 검토 결과에 대하여 부실의 우려가 있다고 인정하여 검토를 의뢰하는 경우

2. 건설사고가 자주 발생하여 국토교통부장관이 종합정보망을 통해 연 1회이상 공개한 공종이 포함된 경우

3. 건설사고가 발생한 현장의 시공자가 타 현장의 안전관리계획 또는 안전점검 결과를 제출한 경우

4. 건설사고가 발생한 현장의 안전관리계획을 검토하거나 안전점검을 실시한 건설안전점검기관이 타 현장의 안전관리계획 또는 안점검점결과를 제출한 경우

5. 안전관리계획 또는 안전점검 적정성 검토 결과 "부적정" 통보를 받은 시공자나 건설안전점검기관이 타 현장의 안전관리계획 또는 안전점검 결과를 제출한 경우

② 제1항 제3호부터 제5호에 따라 적정성 검토 대상이 되는 경우 적용기간은 사유가 발생된 날로부터 2년이 경과된 날까지로 한다.

제57조(적정성 검토 실시) ① 검토기관은 제56조에 따라 검토대상으로 확인된 안전관리계획서 및 검토 결과와 안전점검 결과에 대하여 적정성 검토를 실시할 수 있다. 다만, 안전관리계획서 검토 결과 또는 안전점검 결과에 대하여 자문 등 이해관계가 있는 사람으로 하여금 적정성 검토를 하게 하여서는 아니 된다.

② 검토기관은 제출된 안전관리계획서 및 검토 결과와 안전점검 결과를 적정성 검토 자료로 활용할 수 있으며, 필요한 경우 발주청 또는 인·허가기관의 장 및 안전관리계획서 검토 또는 안전점검 실시자 등에게 관련 자료를 요구할 수 있다.

③ 검토기관은 적정성 검토 결과를 다음 각호의 구분에 따라 판정한다.

1. 적정: 안전에 필요한 조치가 구체적이고 명료하게 작성되어 건설공사의 시공상 안전성이 충분히 확보되어 있다고 인정될 경우

2. 조건부 적정: 안전성 확보에 치명적인 영향을 미치지는 아니하지만 일부 미비점 등이 있는 경우

3. 부적정: 시공 시 안전사고가 발생할 우려가 있거나 계획 또는 점검 결과에 근본적인 결함이 있다고 인정될 경우

제58조(적정성 검토 결과의 통보 및 조치 등) ① 검토기관이 적정성 검토를 완료한 때에는 적정성 검토 결과를 해당 발주청 또는 인·허가기관의 장에게 통보하여야 한다.

② 적정성 검토 결과를 "조건부 적정" 또는 "부적정"으로 통보받은 발주청 및 인·허가기관의 장은 시공자에게 지적내용에 대한 수정이나 보완을 명해야 한다.

③ 제2항에 따른 적정성 검토 결과를 통보받은 발주청 또는 인·허가기관의 장은 결과를 통보받은 날로부터 7일 이내에 그 결과에 대하여 1회에 한하여 이의신청을 할 수 있다.

④ 제3항에 따른 이의신청을 하는 경우 항목별 이의제기의견서 및 이의신청 사유를 증빙할 수 있는 자료를 제출하여야 한다.

⑤ 검토기관은 제3항 및 제4항에 따른 이의신청이 있을 경우, 발주청 또는 인·허가기관의 장이 제기한 이의신청에 대한 재평가를 이의신청을 받은 날로부터 10일 이내에 실시하고 그 결과를 해당 발주청 또는 인·허가기관의 장에게 통보하여야 한다. 다만, 이의신청의 이유 없음이 명백한 경우에는 재평가를 실시하지 않을 수 있으며 해당 발주청 또는 인·허

가기관의 장에게 이를 즉시 통보하여야 한다.

⑥ 발주청 및 인허가기관의 장은 수정이나 보완조치를 완료한 경우 7일 이내에 검토기관에 조치 결과를 제출하여야 하고, 이 때 종합정보망을 통해 온라인으로 제출하여야 한다.

⑦ 국토교통부장관은 안전점검 결과 적정성 검토 결과가 연2회 이상 "부적정"으로 판정된 건설안전점검기관에 대하여는 영 제100조의 3 제3항에 따라 발주청 및 인·허가기관의 장에게 연 2회 이상 "부적정"으로 판정된 날로부터 1년간 안전점검 수행기관 등록 명부에서 제외를 요청할 수 있다.

제5절 건설사고의 신고 및 조사

제59조(일반사항) 건설사고 및 중대건설 현장사고가 발생한 경우 법 제67조 및 제68조, 같은 법 시행령 제105조 및 제106조 등에서 정하고 있는 건설공사 참여자, 발주청 및 인·허가기관의 장의 사고신고, 사고조사, 건설사고조사위원회의 운영 등 세부적인 사항은 이 절에서 정하는 바에 따른다.

제60조(최초사고신고) 건설공사 참여자는 건설사고가 발생한 것을 알게 된 즉시 필요한 조치를 취하고 사고발생 인지 후 6시간 이내에 다음 각호의 사항을 발주청 및 인·허가기관의 장에게 통보하여야 한다. 다만, 천재지변 등 부득이한 사유가 발생한 경우에는 그 사유가 소멸된 때를 기준으로 지체 없이 보고하여야 한다.

1. 사고 발생 일시 및 장소(현장 주소)
2. 사고 발생 경위
3. 피해사항(사망자수, 부상자수)
4. 공사명
5. 그 밖의 필요한 사항 등

제61조(사고조사 등) ① 건설공사 참여자로부터 법 제67조 제1항에 따라 건설사고 발생을 통보받은 발주청 및 인·허가기관의 장은 48시간 이내에 다음 각호의 사항을 국토교통부장관에게 제출하여야 하며, 그 결과를 보관·관리하여야 한다.

1. 제60조 각호의 사항
2. 공사현황
3. 사고원인 및 사고 발생 후 조치사항
4. 향후 조치 계획 및 재발방지대책
5. 그 밖의 필요한 사항 등

② 국토교통부장관은 법 제67조 제3항에 따른 중대건설 현장사고가 발생한 경우에는 「건설사고조사위원회 운영규정」(이하 "운영규정"이라 한다.) 제2조 제4항 및 「건설기술진흥법령에 따른 위탁업무 수행기관 등 지정」에 따른 관리원으로 하여금 운영규정 제18조 제2항 제3호에 따른 초기현장조사를 실시하게 해야 한다.

③ 국토교통부장관은 제2항에 따라 초기현장조사를 실시한 결과 사고 경위 및 사고 원인 등을 명확히 파악하기 위해 조사가 필요하다고 판단되는 경우에는 상세조사(이하 "상세현장조사"라 한다.)를 실시하거나, 법 제67조 제5항에 따라 건설사고조사위원회로 하여금 정밀조사(이하 "정밀현장조사"라 한다.)를 하게 할 수 있다.

④ 제2항 및 제3항에 따른 조사의 대상은 관리원이 국토교통부장관의 승인을 받아 정한다.

⑤ 발주청 및 인·허가기관의 장은 제3항에 따라 관리원이 조사를 실시하지 않은 중대건설 현장사고에 대하여 자체적으로 상세현장조사 또는 정밀현장조사를 실시할 수 있다.

⑥ 제5항에 따라 발주청 및 인·허가기관의 장이 상세현장조사를 실시하는 경우에는 조사를 완료한 날로부터 7일 이내에 제1항 각호의 사항을 포함한 결과보고서를 작성하여 국토교통부장관에게 제출하여야 한다. 정밀현장조사를 실시하는 경우에는 운영규정에 따른다.

제62조(건설사고조사위원회 구성·운영) ① 국토교통부장관, 발주청 및 인·허가기관의 장은 중대건설 현장사고의 조사를 위하여 필요하다고 인정하는 경우에는 법 제68조에 따른 건설사고조사위원회를 구성하여 정밀현장조사를 하게 할 수 있다.

② 건설사고조사위원회는 제1항에 따른 정밀현장조사를 완료하였을 때에는 별지 제2호 서식을 활용하여 사고조사보고서를 작성하고, 그 결과를 국토교통부장관에게 제출하여야 하며, 유사한 사고의 예방을 위한 자료로 활용될 수 있도록 필요한 조치를 하여야 한다.

③ 발주청 및 인·허가기관의 장, 법 제68조에 따른 건설사고조사위원회 및 관리원은 사고조사를 위하여 필요하다고 인정되는 경우에는 건설업자 및 주택건설등록업자 등에게 관련 자료의 제출을 요청할 수 있으며, 중대건설 현장사고의 조사에 필요한 세부 사항은 '건설사고조사위원회 운영규정'을 따른다.

제63조(제출방법) 제60조, 제61조 및 제62조에 따른 건설사고 신고 및 조사결과를 제출할 경우에는 공단에서 운영하는 종합정보망(www.csi.go.kr)의 사고신고시스템 또는 전화·팩스를 활용하여 제출하여야 한다.

제64조(건설사고통계) 건설공사 참여자, 관련협회, 중앙행정기관 또는 지방자치 단체의 장은 국토교통부장관이 법 제62조 제16항에 따라 종합정보망의 구축·운영을 위하여 건설

사고 통계를 요청하는 경우 그요청에 따라야 하며, 발주청 및 인·허가기관의 장이 건설사고 통계를 종합정보망에 입력하는 경우 제출한 것으로 본다.

제4장 건설공사 참여자의 안전관리 수준 평가
제1절 일반사항

제65조(평가대상 등) ① 건설공사 참여자의 안전관리 수준 평가는 평가기관이 총공사비(도급자 관급자재비를 포함하되, 전기·소방·통신 공사비 및 토지 등의 취득사용에 따른 보상비는 제외한 금액을 말한다.)가 200억 원 이상인 건설공사(다만, 「국유재산법」 제2조 제2호에 따른 기부채납 건설공사는 제외한다.)에 참여하는 다음 각호의 건설공사 참여자를 대상으로 실시한다.

1. 공기가 20% 이상의 건설공사 현장을 보유한 발주청
2. 영 제44조 제1항 제2호 다목에 따라 등록한 건설사업관리용역업자의 현장과 본사 (법 제39조 제2항에 따른 감독 권한대행 업무를 포함한 건설사업관리를 수행하는 건설사업관리용역업자에 한한다.)
3. 건설업자 및 주택건설등록업자의 현장과 본사

② 공동도급건설공사의 건설사업관리용역업자 및 시공자의 안전관리 수준 평가는 공동이행 방식인 경우에는 공동수급체의 대표자에 대하여 실시하고, 분담 이행 방식인 경우에는 건설공사를 분담하는 업체별로 실시한다.

③ 평가기관이 평가단계에서 공동수급체의 대표자 부재 등으로 건설사업관리용역업자 및 시공자의 안전관리 수준 평가가 불가하다고 판단한 경우에는 공동수급체 중 참여율이 차순위인 수급체의 대표자에 대하여 실시할 수 있다

제66조(평가시기) ① 발주청에 대한 안전관리 수준 평가시기는 공기가 20% 진행되었을 때로 하며, 횟수는 회계 연도별 1회로 한다.

② 건설사업관리용역업자 및 시공자의 안전관리 수준 평가시기 및 횟수는 다음 각호와 같다.

1. 현장평가는 공기가 20% 진행되었을 때부터 1회 실시한다.
2. 본사평가는 현장평가 대상 건설공사를 보유한 건설사업관리용역업자 및 시공자를 대상으로 회계 연도별 1회 실시한다.

제67조(평가준비) ① 평가기관은「건설산업기본법」제24조제3항에 따른 건설산업종합정보망에 등록된 공사정보를 확인하고, 필요한 경우 발주청에 공사정보의 입력을 요청할 수 있다. 이

경우 공사정보의 입력을 요청받은 발주청은 특별한 사유가 없는 한 이에 따라야 한다.

② 평가기관은 제1항에 따라 공사정보를 확인하여 당해 연도 안전관리 수준평가 대상을 국토교통부장관에게 통보하여야 한다.

③ 국토교통부장관은 평가기관으로부터 통보받은 공사정보를 참고하여 제65조 및 제66조에 따라 평가대상을 선정하고, 그 사실을 해당 건설공사 참여자에게 통보하여야 한다.

제2절 평가실시

제68조(평가 기준) 안전관리 수준 평가의 기준은 건설공사 참여자별로 별표9, 별표11 및 별표13의 안전관리수준 확인 방법을 각각 따른다.

제69조(평가방법 등) ① 안전관리 수준 평가방법은 건설공사 참여자별로 별표10, 별표12 및 별표14의 안전관리 수준 평가표에 따라 본사와 각 현장에 대해 각각 실시하고, 평가점수는 별표15에 따라 산정하며 건설사업관리용역사업자 및 시공자는 다음 각호와 같이 산정한다.

1. 건설사업관리용역사업자는 본사 20%, 각 현장점수의 평균을 80%의 비율로 합산하여 평가한다.

2. 시공자는 본사 30%, 각 현장점수의 평균을 70%의 비율로 합산하여 평가한다.

② 이 지침에서 정하지 않은 안전관리 수준 평가의 평가 기준, 평가방법 등에 관해서는 평가기관이 국토교통부장관의 승인을 거쳐 정할 수 있다.

③ 평가기관은 안전관리 수준평가에 필요한 자료를 건설공사 참여자에게 요청 할 수 있다.

④ 제3항에 따라 자료의 제출을 요청받은 자는 특별한 사유가 없는 한 요청을 받은 날로부터 20일 이내에 자료를 제출하여야 한다.

⑤ 평가기관은 건설공사 참여자에게 요청한 자료를 제출하지 않은 안전관리 수준 평가 항목에 대해서는 최하점수를 부여할 수 있다.

⑥ 평가기관은 당해 연도 9월 말일까지 안전관리 수준 평가를 하여야 한다.

⑦ 평가기관은 별지 제4호 서식부터 별지 제6호 서식에 따라 작성한 안전관리 수준평가 결과를 기록·관리하여야 한다.

제3절 평가결과의 공개

제70조(평가결과의 통보 및 이의제기 등) ① 평가기관이 안전관리 수준 평가를 완료한 때에는 제69조 제1항에 따라 작성된 평가결과를 해당 건설공사 참여자에게 통보하여야 한다.

② 제1항에 따른 안전관리 수준 평가결과를 통보받은 건설공사 참여자는 그 결과를 통

보받은 날부터 10일 이내에 평가기관에게 그 결과에 대한 이의를 신청할 수 있다. 다만, 이의신청은 1회에 한한다.

③ 건설공사 참여자가 제2항에 따른 이의신청을 할 경우에는 안전관리 수준 평가표의 세부항목별로 이의제기 의견서를 작성하여 건설공사 안전관리 종합정보망을 통해 제출하여야 한다.

④ 평가기관은 제2항 및 제3항에 따른 이의신청이 있을 경우 건설공사 참여자가 제기한 이의신청에 대한 재평가를 1개월 이내에 실시하고 그 결과를 당해 건설공사 참여자에게 통보하여야 한다. 다만, 이의신청이 이유 없음이 명백한 경우에는 재평가를 실시하지 않을 수 있으며 당해 건설공사 참여자에게 이를 즉시 통보하여야 한다.

⑤ 평가기관은 제4항에 따른 재평가를 위해 별도의 위원회를 구성하여 운영할 수 있다.

제71조(평가결과의 통보 및 공개) ① 평가기관은 안전관리 수준 평가가 완료된 경우 그 결과를 당해 11월 말일까지 국토교통부장관에게 통보하여야 한다.

② 국토교통부장관은 안전관리 수준 평가결과를 건설공사 안전관리 종합정보망 등을 이용하여 공개할 수 있다.

③ 국토교통부장관은 안전관리 수준 평가결과를 중앙행정기관 또는 타 발주청이 요청할 때에 제공할 수 있다.

제4절 건설안전관리 참여자 컨설팅 및 우수참여자 선정

제72조(건설안전관리 참여자 컨설팅) 평가기관에서는 건설공사 참여자에게 안전관리 수준 평가의 전반적인 사항에 대해 컨설팅을 할 수 있다.

제72조의 2(우수건설안전관리 참여자 선정 및 공개) ① 제71조 제1항에 따라 안전관리 수준 평가결과를 통보받은 국토교통부장관은 우수건설안전관리 참여자를 별표 16에 따라 공사구분별로 선정할 수 있다.

② 국토교통부장관은 제1항에 따라 우수건설안전관리 참여자를 선정할 경우에는 매년 12월 말일까지 그 결과를 공개하여야 한다.

③ 국토교통부장관은 건설공사 참여자의 안전관리활동을 장려하기 위해 제1항에 따라 선정된 우수건설안전관리 참여자에게 포상 등을 수여할 수 있다.

제5장 스마트 안전관리 보조·지원

제1절 스마트 안전관리 보조·지원 사업 계획

제73조(사업시행기관) 국토교통부장관은 영 제117조 제15의 2호에 따라 스마트 안전관

리 보조·지원 사업의 시행을 관리원에 위탁한다.

제74조(보조·지원의 사업 및 예산) ① 관리원은 매년 보조·지원 사업 계획을 수립하고 예산을 편성·운영하여야 한다.

② 관리원은 보조·지원 사업을 효율적으로 수행하기 위하여 건설사고 예방 효과 등 사업성과를 분석하고, 필요한 경우 다음 연도 보조·지원 사업 계획에 반영할 수 있다.

제75조(보조·지원 사업 계획 수립 및 승인) ① 관리원은 다음 각호의 사항을 포함하여 보조·지원 사업 계획을 수립하고 국토교통부장관에게 제출하여야 한다.

1. 보조·지원 사업의 목적·주체·기간
2. 보조·지원 사업의 예산 편성·집행 계획
3. 보조·지원 대상품목의 종류·내용·규격·성능, 비교 및 선정사유 등
4. 보조·지원의 자격요건 및 보조·지원 장비의 선정 기준에 관한 사항
5. 보조·지원 장비의 설치지원 및 기술지도 등 관리·감독 계획
6. 보조·지원의 신청·선정, 취소·제한, 설치·반납, 환수·반환에 관한 사항
7. 제80조 제1항 제2호에 따른 스마트안전관리보조지원운영위원회의 구성·운영 계획
8. 그 밖에 보조·지원 사업의 관리·운영 등에 필요한 사항

② 국토교통부장관은 관리원으로부터 제출받은 보조·지원 사업 계획을 검토하고 승인하여야 한다.

제76조(보조·지원 사업 계획의 공고) 관리원은 국토교통부장관으로부터 승인을 받은 보조·지원 사업 계획과 보조·지원의 자격요건, 대상품목 등에 대한 정보를 관리원 홈페이지 및 인터넷 등에 공고하여야 한다.

제2절 보조·지원의 자격요건 및 대상품목, 절차·방법

제77조(보조·지원의 자격요건) ① 건설공사 참여자는 스마트 안전관리장비 등에 대한 보조·지원을 받을 수 있다.

② 제1항에도 불구하고 다음 각호의 어느 하나에 해당하는 자는 보조·지원 대상자에서 제외한다.

1. 법 제2조 제6호에 따른 발주청
2. 「독점규제 및 공정거래에 관한 법률」 제14조 제1항 및 같은 법 시행령 제15조 제2항에 따른 상호출자제한기업집단 소속회사

3. 법 제62조의 3 제3항 및 제4항에 따라 보조·지원의 취소와 제한을 받은 자

제78조(보조·지원의 품목) 영 제101조의 7에 따라 보조·지원하는 품목은 다음 각호의 어느 하나에 해당하며 제76조에 따라 공고한 스마트 안전관리장비(이하 "지원 장비"라 한다.)를 말한다.
1. 가설구조물, 지하구조물 및 지반 등의 붕괴 방지를 위한 스마트 계측기
2. 건설기계·장비의 접근 위험 경보장치 및 자동화재 감지센서
3. CCTV 등 실시간 모니터링이 가능한 안전관리시스템
4. 스마트 안전관제시스템
5. 그 밖에 국토교통부장관이 건설사고 예방을 위하여 스마트 안전관리 보조·지원이 필요하다고 인정하는 사항

제79조(보조·지원의 신청) ① 보조·지원을 받고자 하는 자는 지원 장비 설치계획 등을 포함한 별지 제11호서식의 신청서(이하 "지원신청서"라 한다.)를 신청기간 내에 관리원에 제출하여야 한다.
② 제1항에 따라 지원신청서가 제출되면 관리원은 제77조에 따른 자격요건을 확인하여 지원신청서를 접수하여야 한다.

제80조(보조·지원의 심사 및 대상 선정) ① 관리원은 접수된 지원신청서의 지원 장비 설치계획 등을 검토하고 그 결과가 타당한 경우 다음 각호에 따라 보조·지원을 받는 자(이하 "지원선정자"라 한다.)를 선정하여야 한다.
1. 관리원은 지원선정자를 선정할 때에 효율적인 보조·지원을 위하여 지원신청자의 규모 및 위험공종 등을 고려하여 지원선정자의 우선순위를 정할 수 있다.
2. 관리원은 지원신청서의 내용심사와 지원선정자 선정 등 보조·지원 사업 운영과 관련하여 스마트안전관리보조지원운영위원회(이하 "스마트운영위원회"라 한다.)를 구성·운영할 수 있으며, 스마트운영위원회의 구성·운영방법에 관한 사항은 따로 정할 수 있다.
3. 관리원은 제1호 및 제2호에 따른 지원선정자의 선정 등에 관한 사항을 국토교통부장관과 사전에 협의하여야 한다.
② 관리원은 제1항에 따라 선정된 지원선정자에게 선정 내용 및 지원 절차에 대해 지체 없이 통보하여야 한다.
③ 지원선정자가 지원 장비 설치계획을 변경하려는 경우에는 관리원에 변경 승인을 신청하여야 한다. 이 경우 관리원은 지원변경신청서를 제1항에 따라 검토·심사하고 그 결과를

지원선정자에게 통보하여야 한다.

제3절 보조·지원의 관리 및 감독

제81조(보조·지원 장비의 설치 및 관리) ① 관리원은 지원선정자에게 지원 장비에 대한 설치·사용 및 관리에 필요한 사항을 보조·지원하고 기술지도하여야 한다. 이 경우 관리원은 지원 장비의 생산업체에 지원선정자에게 기술지원을 하도록 요청할 수 있다.

② 제1항에 따른 보조·지원, 기술지도 등을 받은 자(이하 "지원받은 자"라 한다.)는 제1항에 따른 기술지도 등에 따라야 하며, 지원기간이 종료되어 반납할 때까지 지원 장비가 분실 또는 파손되지 않도록 관리하여야 한다.

③ 지원받은 자는 지원 장비가 분실 또는 파손이 된 경우에는 관리원에 그 사실을 지체 없이 알려야 한다.

④ 지원받은 자는 공사기간이 종료되거나 지원기간이 종료된 후 14일 이내에 관리원에 지원 장비를 반납(지원기간 중에도 지원 장비 일부 또는 전부를 반납할 수 있다.)하여야 한다.

제82조(보조·지원의 관리 및 감독) ① 관리원은 지원받은 자의 건설공사현장을 방문하여 지원 장비가 건설사고 예방 목적 및 설치계획에 따라 사용·관리되는지 주기적으로 확인하여야 한다.

② 관리원은 지원받은 자에게 제1항에 따라 확인한 결과에 대한 시정요구 등을 할 수 있으며, 건설사고 예방 효과 및 지원 장비의 사용·관리현황 등에 대한 자료제출을 요청할 수 있다.

③ 관리원은 제81조 제3항에 따른 사실을 알게 된 경우에는 지원받은 자에게 파손된 장비를 반납받아 교체해 줄 수 있다.

④ 관리원은 제3항에 따라 반납된 지원 장비에 대하여 검수 등을 하여야 하며, 지원받은 자의 귀책사유에 의해 지원 장비가 분실되거나 파손된 경우에는 교체·수리비용 등을 지원받은 자에게 청구할 수 있다.

⑤ 국토교통부장관은 관리원과 지원받은 자를 대상으로 스마트 안전관리 보조·지원 사업과 관련하여 운영·관리 실태를 점검할 수 있으며, 관리 부실 또는 개선 필요사항에 대해서는 시정명령 등의 조치를 요청할 수 있다.

제83조(보조·지원의 취소 및 제한) ① 관리원은 다음 각호에 해당하는 경우에는 스마트 안전관리의 보조·지원을 전부 또는 일부를 취소하여야 한다.

　　1. 거짓이나 부정한 방법으로 보조·지원을 받는 경우: 전부

2. 건설사고 예방의 목적에 맞게 사용되지 아니한 경우: 전부

3. 지원받은 자가 법에 따른 안전관리 의무를 위반하여 건설사고를 발생시킨 경우로, 해당 시설 및 장비의 중대한 결함이나 관리상 중대한 과실로 인하여 건설종사자 등이 사망하는 경우: 전부 또는 일부

4. 규칙 제59조의 3 제2항에 따른 제한 기간 내에 신청하여 지원선정자로 선정된 경우이거나 제85조 제2항에 따른 지원신청 참여 제한, 시정요구에 응하지 않은 경우: 전부 또는 일부

② 관리원은 제1항에 따라 보조·지원의 전부 또는 일부가 취소된 자에 대해서는 규칙 제59조의 3 제2항 각호에 따른 기간 동안에는 보조·지원을 제한하여야 한다.

③ 제1항에 따른 취소 절차 및 방법 등의 세부 사항은 관리원이 따로 정하는 바에 따른다.

제84조(보조·지원의 환수 및 반환) ① 관리원은 제83조 제1항에 따라 보조·지원이 취소된 경우 지원받은 자에게 지원 장비를 반납할 것을 통보하고 보조·지원비용을 환수하여야 한다. 이 경우 보조·지원비용은 지원 장비의 사용기간에 따른 환수비율로 정하고 이에 관한 사항은 관리원이 따로 정할 수 있다.

② 제1항에 따라 지원 장비 반납 통보를 받은 자는 그 통보일로부터 1개월 이내에 보조·지원비용을 관리원에 반환하여야 한다.

③ 관리원은 제2항에도 불구하고, 보조·지원비용을 반환하여야 하는 자로부터 다음 각호의 어느 하나에 해당하는 사항이 발생하여 보조·지원비용 반환기한 연장 또는 분할납부 등을 승인해 줄 것을 서면으로 요청받은 경우 스마트운영위원회 심사를 거쳐 승인 여부를 결정할 수 있다. 이 경우 반환기한 연장은 그 승인일로부터 1개월, 분할납부 기한은 그 승인일로부터 1년 이내의 기간으로 한다.

1. 천재지변, 화재 또는 도난으로 재산에 심한 손실을 입은 경우

2. 보조·지원비용 반환 통보를 받은 자 또는 그 동거가족의 질병이나 중상해로 6개월 이상 장기치료가 필요한 경우

3. 그 밖에 분할납부가 필요하다고 스마트운영위원회에서 인정하는 경우

④ 관리원은 제1항에 따른 보조·지원비용의 환수에 대한 처리절차 및 방법 등 세부 사항을 따로 정할 수 있다.

제85조(보조·지원의 부정수급 확인 및 조치) ① 관리원은 보조·지원 사업을 수행함에 있어 허위서류 제출 등 부정수급 방지를 위해 필요하다고 인정할 때에는 관계인에게 관련 자료 제출을 요청할 수 있다. 이 경우 자료 제출을 요청받은 자는 정당한 사유 없이 자료 제출을 거부할 수 없다.

② 관리원은 제1항에 따라 제출된 자료가 위조 또는 변조된 자료이거나 기타 부정수급 확인을 위해 추가 조사가 필요한 경우에는 해당 관계자에게 지원신청 참여 제한 또는 시정 요구를 할 수 있으며, 이에 응하지 않은 경우에는 보조·지원의 취소 및 제한 등의 조치를 할 수 있다.

③ 관리원은 제1항 및 제2항에 따른 부정수급 확인 및 조치를 위해 필요한 사항을 따로 정하여 운영할 수 있다.

제86조(보조·지원 장비의 유지관리) ① 관리원은 보조·지원 사업의 원활한 운영과 지원 장비의 체계적인 유지관리를 위해 매년 지원 장비에 대한 유지관리계획을 수립하여야 한다.

② 관리원은 보유하고 있는 지원 장비 수를 지속적으로 확인하고 관리하여야 하며, 지원 장비의 분실·파손 발생 여부 등 유지관리에 관한 정보는 상시 기록하고 보관하여야 한다.

제6장 보칙

제87조(재검토기한) 국토교통부장관은 이 고시에 대하여 「훈령·예규 등의 발령 및 관리에 관한 규정」에 따라 2022년 1월 1일 기준으로 매 3년이 되는 시점(매 3년째의 12월 31일까지를 말한다.)마다 그 타당성을 검토하여 개선 등의 조치를 하여야 한다.

부칙 〈제2022-791호, 2022. 12. 20.〉

이 고시는 2023년 1월 1일부터 시행한다.

[별표1] 정기안전점검 실시 시기
[별표2] 건설안전점검기관 확인사항
[별표3] 안전점검 현장조사의 조사항목 및 세부시험 종류
[별표4] 안전점검 종류에 따른 보고서 목차
[별표5] 안전점검종합보고서 목차
[별표6] 건설공사의 안전점검종합보고서 구성파일 및 색인파일 내용
[별표7] 안전관리비 계상 및 사용기준
[별표8] 안전점검 대가 요율
[별표9] 발주청 안전관리 수준 확인 방법
[별표10] 발주청 안전관리 수준 평가표(체크리스트)
[별표11] 건설사업관리용역사업자 안전관리 수준 확인 방법
[별표12] 건설사업관리용역사업자 안전관리 수준 평가표(체크리스트)

[별표13] 시공자 안전관리 수준 확인 방법

[별표14] 시공자 안전관리 수준 평가표(체크리스트)

[별표15] 안전관리 수준 평가 점수 산정 방법

[별표16] 우수건설 안전관리 참여자 선정기준

[별지1] 설계안전 검토보고서

[별지2] 건설사고 조사보고서

[별지3] 정기·정밀안전점검 지적사항 조치 확인

[별지4] 발주청 안전관리 수준 평가 총괄표

[별지5] 건설사업관리용역사업자 안전관리 수준 평가 총괄표

[별지6] 시공자 안전관리 수준 평가 총괄표

[별지7] 안전점검 수행기관 등록 신청서

[별지8] 안전점검 수행기관 등록부

[별지9] 안전점검 수행기관 지정 신청서

[별지10] 안전점검 수행기관 지정 통보서

[별지11] 스마트 안전관리장비 보조·지원(변경)신청서

[부록] 설계(안)의 건설안전 위험성 평가 기법

| **부록**(각주번호 34)

시설물의 안전 및 유지관리에 관한 특별법 [시행 2021. 9. 17.]

제7조(시설물의 종류) 시설물의 종류는 다음 각호와 같다.

  1. 제1종 시설물: 공중의 이용 편의와 안전을 도모하기 위하여 특별히 관리할 필요가 있거나, 구조상 안전 및 유지관리에 고도의 기술이 필요한 대규모 시설물로서 다음 각 목의 어느 하나에 해당하는 시설물 등 대통령령으로 정하는 시설물

    가. 고속철도 교량, 연장 500미터 이상의 도로 및 철도 교량

    나. 고속철도 및 도시철도 터널, 연장 1000미터 이상의 도로 및 철도 터널

    다. 갑문시설 및 연장 1000미터 이상의 방파제

    라. 다목적댐, 발전용댐, 홍수전용댐 및 총저수용량 1천만 톤 이상의 용수전용댐

    마. 21층 이상 또는 연면적 5만 제곱미터 이상의 건축물

    바. 하구둑, 포용저수량 8천만 톤 이상의 방조제

    사. 광역상수도, 공업용수도, 1일 공급능력 3만 톤 이상의 지방상수도

2. 제2종 시설물: 제1종 시설물 외에 사회기반시설 등 재난이 발생할 위험이 높거나 재난을 예방하기 위하여 계속적으로 관리할 필요가 있는 시설물로서 다음 각 목의 어느 하나에 해당하는 시설물 등 대통령령으로 정하는 시설물

　　가. 연장 100미터 이상의 도로 및 철도 교량

　　나. 고속국도, 일반국도, 특별시도 및 광역시도 도로 터널 및 특별시 또는 광역시에 있는 철도 터널

　　다. 연장 500미터 이상의 방파제

　　라. 지방상수도 전용댐 및 총저수용량 1백만 톤 이상의 용수전용댐

　　마. 16층 이상 또는 연면적 3만 제곱미터 이상의 건축물

　　바. 포용저수량 1천만 톤 이상의 방조제

　　사. 1일 공급능력 3만 톤 미만의 지방상수도

3. 제3종 시설물: 제1종 시설물 및 제2종 시설물 외에 안전관리가 필요한 소규모 시설물로서 제8조에 따라 지정·고시된 시설물

시행령 제4조(시설물의 종류)

법 제7조 제1호에 따른 제1종 시설물(이하 "제1종 시설물"이라 한다.) 및 같은 조 제2호에 따른 제2종 시설물(이하 "제2종 시설물"이라 한다.)의 종류는 별표1과 같다.

시설물의 안전 및 유지관리에 관한 특별법 시행령 [별표1] 〈개정 2021. 1. 5.〉

제1종 시설물 및 제2종 시설물의 종류(제4조 관련)

구 분	제1종 시설물	제2종 시설물
1. 교량 　가. 도로 교량	1) 상부구조형식이 현수교, 사장교, 아치교 및 트러스교인 교량 2) 최대 경간장 50미터 이상의 교량(한 경간 교량은 제외한다.) 3) 연장 500미터 이상의 교량 4) 폭 12미터 이상이고 연장 500미터 이상인 복개구조물	1) 경간장 50미터 이상인 한 경간 교량 2) 제1종 시설물에 해당되지 않는 교량으로서 연장 100미터 이상의 교량 3) 제1종 시설물에 해당되지 않는 복개구조물로서 폭 6미터 이상이고 연장 100미터 이상인 복개구조물

나. 철도 교량	1) 고속철도 교량 2) 도시철도의 교량 및 고가교 3) 상부구조형식이 트러스교 및 아치교인 교량 4) 연장 500미터 이상의 교량	제1종 시설물에 해당되지 않는 교량으로서 연장 100미터 이상의 교량
2. 터널		
가. 도로 터널	1) 연장 1천 미터 이상의 터널 2) 3차로 이상의 터널 3) 터널 구간의 연장이 500미터 이상인 지하차도	1) 제1종 시설물에 해당되지 않는 터널로서 고속국도, 일반국도, 특별시도 및 광역시도의 터널 2) 제1종 시설물에 해당되지 않는 터널로서 연장 300미터 이상의 지방도, 시도, 군도 및 구도의 터널 3) 제1종 시설물에 해당되지 않는 지하차도로서 터널 구간의 연장이 100미터 이상인 지하차도
나. 철도 터널	1) 고속철도 터널 2) 도시철도 터널 3) 연장 1천 미터 이상의 터널	제1종 시설물에 해당되지 않는 터널로서 특별시 또는 광역시에 있는 터널
3. 항만		
가. 갑문	갑문 시설	
나. 방파제, 파제제 및 호안	연장 1천 미터 이상인 방파제	1) 제1종 시설물에 해당되지 않는 방파제로서 연장 500미터 이상의 방파제 2) 연장 500미터 이상의 파제제 3) 방파제 기능을 하는 연장 500미터 이상의 호안
다. 계류시설	1) 20만 톤 이상 선박의 하역시설로서 원유부이(BUOY)식 계류시설(부대시설인 해저송유관을 포함한다.) 2) 말뚝구조의 계류시설(5만 톤 이상의 시설만 해당한다.)	1) 제1종 시설물에 해당되지 않는 원유부이식 계류시설로서 1만 톤 이상의 원유부이식 계류시설(부대시설인 해저송유관을 포함한다.) 2) 제1종 시설물에 해당되지 않는 말뚝구조의 계류시설로서 1만 톤 이상의 말뚝구조의 계류시설 3) 1만 톤 이상의 중력식 계류시설
4. 댐	다목적댐, 발전용댐, 홍수전용댐 및 총저수용량 1천만 톤 이상의 용수전용댐	제1종 시설물에 해당되지 않는 댐으로서 지방상수도전용댐 및 총저수용량 1백만 톤 이상의 용수전용댐
5. 건축물		
가. 공동주택		16층 이상의 공동주택

나. 공동주택 외의 건축물	1) 21층 이상 또는 연면적 5만 제곱미터 이상의 건축물 2) 연면적 3만 제곱미터 이상의 철도역 시설 및 관람장 3) 연면적 1만 제곱미터 이상의 지하도상가(지하보도면적을 포함한다.)	1) 제1종 시설물에 해당되지 않는 건축물로서 16층 이상 또는 연면적 3만 제곱미터 이상의 건축물 2) 제1종 시설물에 해당되지 않는 건축물로서 연면적 5천 제곱미터 이상(각 용도별 시설의 합계를 말한다.)의 문화 및 집회시설, 종교시설, 판매시설, 운수시설 중 여객용 시설, 의료시설, 노유자시설, 수련시설, 운동시설, 숙박시설 중 관광숙박시설 및 관광 휴게시설 3) 제1종 시설물에 해당되지 않는 철도 역 시설로서 고속철도, 도시철도 및 광역철도 역시설 4) 제1종 시설물에 해당되지 않는 지하도상가로서 연면적 5천 제곱미터 이상의 지하도상가(지하보도면적을 포함한다.)
6. 하천		
가. 하구둑	1) 하구둑 2) 포용조수량 8천만 톤 이상의 방조제	제1종 시설물에 해당되지 않는 방조제로서 포용조수량 1천만 톤 이상의 방조제
나. 수문 및 통문	특별시 및 광역시에 있는 국가하천의 수문 및 통문(通門)	1) 제1종시 설물에 해당되지 않는 수문 및 통문으로서 국가하천의 수문 및 통문 2) 특별시, 광역시, 특별자치시 및 시에 있는 지방하천의 수문 및 통문
다. 제방		국가하천의 제방[부속시설인 통관(通管) 및 호안(護岸)을 포함한다.]
라. 보	국가하천에 설치된 높이 5미터 이상인 다기능 보	제1종 시설물에 해당되지 않는 보로서 국가하천에 설치된 다기능 보
마. 배수펌프장	특별시 및 광역시에 있는 국가하천의 배수펌프장	1) 제1종 시설물에 해당되지 않는 배수펌프장으로서 국가하천의 배수펌프장 2) 특별시, 광역시, 특별자치시 및 시에 있는 지방하천의 배수펌프장
7. 상하수도		
가. 상수도	1) 광역상수도 2) 공업용수도 3) 1일 공급능력 3만 톤 이상의 지방상수도	제1종 시설물에 해당되지 않는 지방상수도
나. 하수도		공공하수처리시설(1일 최대처리용량 500톤 이상인 시설만 해당한다.)

8. 옹벽 및 절토사면		1) 지면으로부터 노출된 높이가 5미터 이상인 부분의 합이 100미터 이상인 옹벽 2) 지면으로부터 연직(鉛直)높이(옹벽이 있는 경우 옹벽 상단으로부터의 높이) 30미터 이상을 포함한 절토부(땅깎기를 한 부분을 말한다.)로서 단일 수평연장 100미터 이상인 절토사면
9. 공동구		공동구

〈비 고〉

1. "도로"란 「도로법」 제10조에 따른 도로를 말한다.

2. 교량의 "최대 경간장"이란 한 경간에서 상부구조의 교각과 교각의 중심선 간의 거리를 경간장으로 정의할 때, 교량의 경간장 중에서 최댓값을 말한다. 한 경간 교량에 대해서는 교량 양측 교대의 흉벽 사이를 교량 중심선에 따라 측정한 거리를 말한다.

3. 교량의 "연장"이란 교량 양측 교대의 흉벽 사이를 교량 중심선에 따라 측정한 거리를 말한다.

4. 도로교량의 "복개구조물"이란 하천 등을 복개하여 도로의 용도로 사용하는 모든 구조물을 말한다.

5. "갑문, 방파제, 파제제, 호안"이란 「항만법」 제2조 제5호 가목 2)에 따른 외곽시설을 말한다.

6. "계류시설"이란 「항만법」 제2조 제5호 가목 4)에 따른 계류시설을 말한다.

7. "댐"이란 「저수지·댐의 안전관리 및 재해예방에 관한 법률」 제2조 제1호에 따른 저수지·댐을 말한다.

8. 위 표 제4호의 용수전용댐과 지방상수도전용댐이 위 표 제7호 가목의 제1종 시설물 중 광역상수도·공업용수도 또는 지방상수도의 수원지시설에 해당하는 경우에는 위 표 제7호의 상하수도시설로 본다.

9. 위 표의 건축물에는 그 부대시설인 옹벽과 절토사면을 포함하며, 건축설비, 소방설비, 승강기설비 및 전기설비는 포함하지 아니한다.

10. 건축물의 연면적은 지하층을 포함한 동별로 계산한다. 다만, 2동 이상의 건축물이 하나의 구조로 연결된 경우와 둘 이상의 지하도상가가 연속되어 있는 경우에는 연면적의 합계를 말한다.

10의 2. 건축물의 층수에는 필로티나 그 밖에 이와 비슷한 구조로 된 층을 포함한다.

11. "공동주택 외의 건축물"은 「건축법 시행령」 별표1에서 정한 용도별 분류를 따른다.

12. 건축물 중 주상복합건축물은 "공동주택 외의 건축물"로 본다.

13. "운수시설 중 여객용 시설"이란 「건축법 시행령」 별표1 제8호에 따른 운수시설 중 여객자동차터미널, 일반철도역사, 공항청사, 항만여객터미널을 말한다.

14. "철도 역시설"이란 「철도의 건설 및 철도시설 유지관리에 관한 법률」 제2조 제6호 가목에 따른 역 시설(물류시설은 제외한다.)을 말한다. 다만, 선하역사(시설이 선로 아래 설치되는 역사를 말한다.)의 선로구간은 연속되는 교량시설물에 포함하고, 지하역사의 선로구간은 연속되는 터널시설물에 포함한다.

15. 하천시설물이 행정구역 경계에 있는 경우 상위 행정구역에 위치한 것으로 한다.

16. "포용조수량"이란 최고 만조(滿潮)시 간척지에 유입될 조수(潮水)의 양을 말한다.

17. "방조제"란 「공유수면 관리 및 매립에 관한 법률」 제37조, 「농어촌정비법」 제2조 제6호, 「방조제 관리법」 제2조 제1호 및 「산업입지 및 개발에 관한 법률」 제20조 제1항에 따라 설치한 방조제를 말한다.

18. 하천의 "통문"이란 제방을 관통하여 설치한 사각형 단면의 문짝을 가진 구조물을 말하며, "통관"이란 제방을 관통하여 설치한 원형 단면의 문짝을 가진 구조물을 말한다.

19. 하천의 "다기능 보"란 용수 확보, 소수력 발전 및 도로(하천 횡단) 등 두 가지 이상의 기능을 갖는 보를 말한다.

20. "배수펌프장"이란 「하천법」 제2조 제3호 나목에 따른 배수펌프장과 「농어촌정비법」 제2조 제6호에 따른 배수장을 말하며, 빗물펌프장을 포함한다.

21. 동일한 관리주체가 소관하는 배수펌프장과 연계되어 있는 수문 및 통문은 배수펌프장에 포함된다.

22. 위 표 제7호의 상하수도의 광역상수도, 공업용수도 및 지방상수도에는 수원지시설, 도수관로·송수관로(터널을 포함한다.), 취수시설, 정수장, 취수·가압펌프장 및 배수지를 포함하고, 배수관로 및 급수시설은 제외한다.

23. "공동구"란 「국토의 계획 및 이용에 관한 법률」 제2조 제9호에 따른 공동구를 말하며, 수용시설(전기, 통신, 상수도, 냉·난방 등)은 제외한다.

| 부록(각주번호 42)

건설공사별 정기안전점검 실시 시기 [시행 2023. 1. 1.]

건설공사 종류	정기안전점검 점검차수별 점검 시기				
	1차	2차	3차	4차	5차
교량	가시설공사 및 기초공사 시공 시 (콘크리트 타설 전)	하부공사 시공 시	상부공사 시공 시	–	–

	터널	갱구 및 수직구 굴착 등 터널 굴착 초기단계 시공 시	터널굴착 중기단계 시공 시	터널 라이닝콘크리트 치기 중간단계 시공 시	–	–
댐	콘크리트댐	유수전환시설공사 시공 시	굴착 및 기초공사 시공 시	댐 축조공사 시공 시(하상기초 완료 후)	댐 축조공사 중기단계 시공 시	댐 축조공사 말기단계 시공 시
	필 댐	유수전환시설공사 시공 시	굴착 및 기초공사 시공 시	댐 축조공사 초기단계 시공 시	댐 축조공사 중기단계 시공 시	댐 축조공사 말기단계 시공 시
하천	수 문	가시설공사 완료 시 (기초 및 철근콘크리트공사 시공 전)	되메우기 및 호안공사 시공 시	–	–	–
	제 방	하천바닥 파기, 누수방지, 연약지반 보강, 기초처리공사 완료 시	본체 및 비탈면 흙쌓기공사 시공 시	–	–	–
하구둑		배수갑문 공사 중	제체 공사 중	–	–	–
상하수도	취수시설, 정수장, 취수가압 펌프장, 하수처리장	가시설공사 및 기초공사 시공 시 (콘크리트 타설 전)	구조체공사 초·중기단계 시공 시	구조체공사 말기단계 시공 시	–	–
	상수도 관로	총공정의 초·중기 단계 시공 시	총공정의 말기단계 시공 시	–	–	–
항만	계류시설	기초공사 및 사석공사 시공 시	제작 및 거치공사, 항타공사 시공 시	철근콘크리트 공사 시공 시	속채움 및 뒷채움공사, 매립공사 시공 시	–
	외곽시설(갑문, 방파제, 호안)	가시설공사 및 기초공사, 사석공사 시공 시	제작 및 거치공사 시공 시	철근콘크리트 공사 시공 시	속채움 및 뒷채움공사 시공 시	–
건축물	건축물	기초공사 시공 시 (콘크리트 타설 전)	구조체공사 초·중기단계 시공 시	구조체공사 말기단계 시공 시	–	–
	리모델링 또는 해체공사	총공정의 초·중기 단계 시공 시	총공정의 말기단계 시공 시	–	–	–
지하차도, 지하상가, 복개구조물		토공사 시공 시	총공정의 중기단계 시공 시	총공정의 말기단계 시공 시	–	–

도로, 철도, 항만 또는 건축물의 부대시설	옹 벽	가시설공사 및 기초공사 시공 시 (콘크리트 타설 전)	구조체공사 시공 시	–	–	–
	절토 사면	발파 및 굴착 시공 시	비탈면 보호공 시공 시	–	–	–
10미터 이상 굴착 하는 건설공사		가시설공사 및 기초공사 시공 시 (콘크리트 타설 전)	되메우기 완료 후	–	–	–
폭발물을 사용하는 건설공사		총공정의 초·중기 단계 시공 시	총공정의 말기단계 시공 시	–	–	–
건설기계	천공기 (높이 10미터 이상)	천공기 조립완료 후 최초 천공 작업 시	천공 작업 말기단계 시	–	–	–
	항타 및 항발기	항타·항발기 조립 완료 후 최초 항타·항발 작업 시	항타·항발 작업 말기단계 시	–	–	–
	타워크레인	타워크레인 설치작업 시	타워크레인 인상 시마다	타워크레인 해체작업 시	–	–
가설구조물 —시행령제101조의2	높이가 31미터 이상인 비계	비계 최초 설치 완료 시	비계 최고 높이 설치 완료단계 시	–	–	–
	작업발판 일체형 거푸집	최초 설치 완료 시	설치 말기단계 시	–	–	–
	높이가 5미터 이상인 거푸집 및 동바리	설치 높이가 가장 큰 구간 설치 완료 시	타설 단면이 가장 큰 구간 설치 완료 시	–	–	–
	터널 지보공	지보공 설치 초기단계 시	지보공 설치 말기단계 시	–	–	–
	높이가 2미터 이상인 흙막이 지보공	지보공 최초 설치 완료 시	지보공 설치 완료 말기단계 시	–	–	–
	브라켓 비계	브라켓 최초 설치 완료시	브라켓 비계 설치 시	–	–	–
	작업발판 일체형 거푸집	최초 설치 완료 시	설치 말기단계 시	–	–	–

높이가 5미터 이상인 거푸집 및 동바리	설치 높이가 가장 큰 구간 설치 완료 시	타설 단면이 가장 큰 구간 설치 완료 시	–	–	–
터널 지보공	지보공 설치 초기단계 시	지보공 설치 말기단계 시	–	–	–
높이가 2미터 이상인 흙막이 지보공	지보공 최초 설치 완료 시	지보공 설치 완료 말기단계 시	–	–	–
브라켓 비계	브라켓 최초 설치 완료시	브라켓 비계 설치 시	–	–	–
작업발판 및 안전시설물 일체화 가설 구조물 (10m 이상)	최초 설치 완료 시	가설 구조물 사용 말기단계 시	–	–	–
현장 조립 복합가설구조물	조립·설치 최초 완료 시	가설 구조물 사용 말기단계 시	–	–	–

※ [별표1]에서 정의하는 건설공사 종류 이외의 안전관리계획 수립 대상 건설공사의 정기안전점검은 시공자가 정기안전점검 차수별 점검 시기를 정하여 건설사업관리기술인의 확인, 검토를 득한 후 발주자의 승인을 받아 시행한다. 이때 점검 차수는 최소 2회 이상 실시하여야 한다.

| 부록(각주번호 53)

산업안전보건법 시행령 [별표18]

건설재해예방전문지도기관의 지도 기준(제60조 관련) 〈개정 2022. 8. 16〉

1. 건설재해예방전문지도기관의 지도대상 분야

건설재해예방전문지도기관이 법 제73조 제2항에 따라 건설공사도급인에 대하여 실시하는 지도(이하 "기술 지도"라 한다.)는 공사의 종류에 따라 다음 각 목의 분야로 구분한다.

가. 건설공사(「전기공사업법」, 「정보통신공사업법」 및 「소방시설공사업법」에 따른 전기공사, 정보통신공사 및 소방시설공사는 제외한다) 지도 분야

나. 「전기공사업법」, 「정보통신공사업법」 및 「소방시설공사업법」에 따른 전기공사, 정보통신공사 및 소방시설공사 지도 분야

2. 기술 지도계약

가. 건설재해예방전문지도기관은 건설공사발주자로부터 기술지도계약서 사본을 받은 날부터 14일 이내에 이를 건설현장에 갖춰 두도록 건설공사 도급인(건설공사 발주자로부터 해당 건설공사를 최초로 도급받은 수급인만 해당한다.)을 지도하고, 건설공사의 시공을 주도하여 총괄·관리하는 자에 대해서는 기술지도계약을 체결한 날부터 14일 이내에 기술지도계약서 사본을 건설현장에 갖춰 두도록 지도해야 한다.

나. 건설재해예방 전문지도기관이 기술지도계약을 체결할 때에는 고용노동부장관이 정하는 전산시스템(이하 "전산시스템"이라 한다.)을 통해 발급한 계약서를 사용해야 하며, 기술지도계약을 체결한 날부터 7일 이내에 전산시스템에 건설업체명, 공사명 등 기술지도계약의 내용을 입력해야 한다.

다. 삭제 〈2022. 8. 16.〉

라. 삭제 〈2022. 8. 16.〉

3. 기술 지도의 수행방법

가. 기술 지도 횟수

1) 기술 지도는 특별한 사유가 없으면 다음의 계산식에 따른 횟수로 하고, 공사 시작 후 15일 이내마다 1회 실시하되, 공사 금액이 40억 원 이상인 공사에 대해서는 별표19 제1호 및 제2호의 구분에 따른 분야 중 그 공사에 해당하는 지도 분야의 같은 표 제1호 나목 지도인력기준란 1) 및 같은 표 제2호 나목 지도인력기준란 1)에 해당하는 사람이 8회마다 한 번 이상 방문하여 기술 지도를 해야 한다.

$$기술 \ 지도 \ 횟수(회) = \frac{공사 \ 기간(일)}{15일}$$

※ 단, 소수점은 버린다.

2) 공사가 조기에 준공된 경우, 기술 지도계약이 지연되어 체결된 경우 및 공사 기간이 현저히 짧은 경우 등의 사유로 기술 지도 횟수 기준을 지키기 어려운 경우에는 그 공사의 공사감독자(공사감독자가 없는 경우에는 감리자를 말한다.)의 승인을 받아 기술 지도 횟수를 조정할 수 있다.

나. 기술 지도 한계 및 기술 지도 지역

1) 건설재해예방전문지도기관의 사업장 지도 담당 요원 1명당 기술 지도 횟수는 1일당 최대 4회로 하고, 월 최대 80회로 한다.

2) 건설재해예방전문지도기관의 기술 지도 지역은 건설재해예방전문지도기관으로

지정을 받은 지방노동관서 관할 지역으로 한다.

4. 기술 지도 업무의 내용

가. 기술지도 범위 및 준수의무

1) 건설재해예방 전문지도기관은 기술지도를 할 때는 공사의 종류, 공사 규모, 담당 사업장 수 등을 고려하여 건설재해예방 전문지도기관의 직원 중에서 기술지도 담당자를 지정해야 한다.

2) 건설재해예방 전문지도기관은 기술지도 담당자에게 건설업에서 발생하는 최근 사망사고 사례, 사망사고의 유형과 그 유형별 예방 대책 등에 대하여 연 1회 이상 교육을 실시해야 한다.

3) 건설재해예방 전문지도기관은 「산업안전보건법」 등 관계 법령에 따라 건설공사도급인이 산업재해 예방을 위해 준수해야 하는 사항을 기술지도해야 하며, 기술지도를 받은 건설공사도급인은 그에 따른 적절한 조치를 해야 한다.

4) 건설재해예방 전문지도기관은 건설공사도급인이 기술지도에 따라 적절한 조치를 했는지 확인해야 하며, 건설공사도급인 중 건설공사발주자로부터 해당 건설공사를 최초로 도급받은 수급인이 해당 조치를 하지 않은 경우에는 건설공사발주자에게 그 사실을 알려야 한다.

나. 기술지도 결과의 관리

1) 건설재해예방 전문지도기관은 기술지도를 한 때마다 기술지도 결과보고서를 작성하여 지체 없이 다음의 구분에 따른 사람에게 알려야 한다.

가) 관계수급인의 공사금액을 포함한 해당 공사의 총공사금액이 20억 원 이상인 경우: 해당 사업장의 안전보건총괄책임자

나) 관계수급인의 공사금액을 포함한 해당 공사의 총공사금액이 20억 원 미만인 경우: 해당 사업장을 실질적으로 총괄하여 관리하는 사람

2) 건설재해예방 전문지도기관은 기술지도를 한 날부터 7일 이내에 기술지도 결과를 전산시스템에 입력해야 한다.

3) 건설재해예방 전문지도기관은 관계수급인의 공사금액을 포함한 해당 공사의 총공사금액이 50억 원 이상인 경우에는 건설공사도급인이 속하는 회사의 사업주와 「중대재해 처벌 등에 관한 법률」에 따른 경영책임자 등에게 매 분기 1회 이상 기술지도 결과보고서를 송부해야 한다.

4) 건설재해예방 전문지도기관은 공사 종료 시 건설공사의 건설공사발주자 또는 건설공사 도급인(건설공사 도급인은 건설공사 발주자로부터 건설공사를 최초로 도

급받은 수급인은 제외한다.)에게 고용노동부령으로 정하는 서식에 따른 기술지도 완료증명서를 발급해 주어야 한다.

5. 기술 지도 관련 서류의 보존

건설재해예방 전문지도기관은 기술지도계약서, 기술지도 결과보고서, 그 밖에 기술지도 업무 수행에 관한 서류를 기술지도계약이 종료된 날부터 3년 동안 보존해야 한다.

| **부록**(각주번호 63)

소음·진동관리법 시행규칙 [별표8] 〈개정 2019. 12. 31.〉

생활소음·진동의 규제기준(제20조 제3항 관련)

1. 생활소음 규제기준

[단위: dB(A)]

대상 지역	시간대별 소음원		아침, 저녁 (05:00~07:00, 18:00~22:00)	주 간 (07:00~18:00)	야 간 (22:00~05:00)
가. 주거지역, 녹지지역, 관리지역 중 취락지구·주거개발진흥지구 및 관광·휴양개발진흥지구, 자연환경보전지역, 그 밖의 지역에 있는 학교·종합병원·공공도서관	확성기	옥외설치	60 이하	65 이하	60 이하
		옥내에서 옥외로 소음이 나오는 경우	50 이하	55 이하	45 이하
		공장	50 이하	55 이하	45 이하
	사업장	동일 건물	45 이하	50 이하	40 이하
		기타	50 이하	55 이하	45 이하
	공사장		60 이하	65 이하	50 이하
나. 그 밖의 지역	확성기	옥외설치	65 이하	70 이하	60 이하
		옥내에서 옥외로 소음이 나오는 경우	60 이하	65 이하	55 이하
		공장	60 이하	65 이하	55 이하
	사업장	동일 건물	50 이하	55 이하	45 이하
		기타	60 이하	65 이하	55 이하
	공사장		65 이하	70 이하	50 이하

〈비 고〉

1. 소음의 측정 및 평가 기준은 「환경분야 시험·검사 등에 관한 법률」 제6조 제1항 제2호에 해당하는 분야에 따른 환경오염공정시험기준에서 정하는 바에 따른다.

2. 대상 지역의 구분은 「국토의 계획 및 이용에 관한 법률」에 따른다.

3. 규제기준치는 생활소음의 영향이 미치는 대상 지역을 기준으로 하여 적용한다.

4. 공사장 소음규제기준은 주간의 경우 특정 공사 사전신고 대상 기계·장비를 사용하는 작업시간이 1일 3시간 이하일 때는 +10dB을, 3시간 초과 6시간 이하일 때는 +5dB을 규제기준치에 보정한다.

5. 발파소음의 경우 주간에만 규제기준치(광산의 경우 사업장 규제기준)에 +10dB을 보정한다.

6. 삭제 〈2019. 12. 31.〉

7. 공사장의 규제기준 중 다음 지역은 공휴일에만 −5dB을 규제기준치에 보정한다.

　　가. 주거지역

　　나. 「의료법」에 따른 종합병원, 「초·중등교육법」 및 「고등교육법」에 따른 학교, 「도서관법」에 따른 공공도서관의 부지경계로부터 직선거리 50m 이내의 지역

8. "동일 건물"이란 「건축법」 제2조에 따른 건축물로서 지붕과 기둥 또는 벽이 일체로 되어 있는 건물을 말하며, 동일 건물에 대한 생활소음 규제기준은 다음 각 목에 해당하는 영업을 행하는 사업장에만 적용한다.

　　가. 「체육시설의 설치·이용에 관한 법률」 제10조 제1항 제2호에 따른 체력단련장업, 체육도장업, 무도학원업, 무도장업, 골프연습장업 및 야구장업

　　나. 「학원의 설립·운영 및 과외교습에 관한 법률」 제2조에 따른 학원 및 교습소 중 음악교습을 위한 학원 및 교습소

　　다. 「식품위생법 시행령」 제21조 제8호 다목 및 라목에 따른 단란주점영업 및 유흥주점영업

　　라. 「음악산업진흥에 관한 법률」 제2조 제13호에 따른 노래연습장업

　　마. 「다중이용업소 안전관리에 관한 특별법 시행규칙」 제2조 제3호에 따른 콜라텍업

2. 생활진동 규제기준

[단위: dB(V)]

대상 지역＼시간대별	주 간 (06:00~22:00)	심 야 (22:00~06:00)
가. 주거지역, 녹지지역, 관리지역 중 취락지구·주거개발진흥지구 및 관광·휴양개발진흥지구, 자연환경보전지역, 그 밖의 지역에 소재한 학교·종합병원·공공도서관	65 이하	60 이하
나. 그 밖의 지역	70 이하	65 이하

〈비 고〉

1. 진동의 측정 및 평가 기준은 「환경분야 시험·검사 등에 관한 법률」 제6조 제1항 제2호에 해당하는 분야에 대한 환경오염공정시험기준에서 정하는 바에 따른다.

2. 대상 지역의 구분은 「국토의 계획 및 이용에 관한 법률」에 따른다.

3. 규제기준치는 생활진동의 영향이 미치는 대상 지역을 기준으로 하여 적용한다.

4. 공사장의 진동 규제기준은 주간의 경우 특정 공사 사전신고 대상 기계·장비를 사용하는 작업시간이 1일 2시간 이하일 때는 +10dB을, 2시간 초과 4시간 이하일 때는 +5dB을 규제기준치에 보정한다.

5. 발파진동의 경우 주간에만 규제기준치에 +10dB을 보정한다.

| 부록(각주번호 64)

소음·진동관리법 시행규칙 [별표9] 〈개정 2019. 12. 20.〉
특정 공사의 사전신고 대상 기계·장비의 종류(제21조 제1항 관련)

1. 항타기·항발기 또는 항타항발기(압입식 항타항발기는 제외한다.)

2. 천공기

3. 공기압축기(공기토출량이 분당 2.83세제곱미터 이상의 이동식인 것으로 한정한다.)

4. 브레이커(휴대용을 포함한다.)

5. 굴착기

6. 발전기

7. 로더

8. 압쇄기

9. 다짐기계

10. 콘트리트 절단기

11. 콘크리트 펌프

| 부록(각주번호 66)

소음·진동관리법 시행규칙 [별표10] 〈개정 2019. 12. 20.〉
공사장 방음시설 설치 기준(제21조 제6항 관련)

1. 방음벽 시설 전후의 소음도 차이(삽입손실)는 최소 7dB 이상 되어야 하며, 높이는 3m 이상 되어야 한다.

2. 공사장 인접 지역에 고층건물 등이 위치하고 있어, 방음벽 시설로 인한 음의 반사 피해가 우려되는 경우에는 흡음형 방음벽 시설을 설치하여야 한다.

3. 방음벽 시설에는 방음판의 파손, 도장부의 손상 등이 없어야 한다.

4. 방음벽 시설의 기초부와 방음판·기둥 사이에 틈새가 없도록 하여 음의 누출을 방지하여야 한다.

참고

1. 삽입손실 측정을 위한 측정 지점(음원 위치, 수음자 위치)은 음원으로부터 5m 이상 떨어진 노면 위 1.2m 지점으로 하고, 방음벽 시설로부터 2m 이상 떨어져야 하며, 동일한 음량과 음원을 사용하는 경우에는 기준위치(reference position)의 측정은 생략할 수 있다.

2. 그 밖의 삽입손실 측정은 "음향-옥외 방음벽의 삽입손실측정방법"(KS A ISO 10847) 중 간접법에 따른다.

| 부록(각주번호 67)

대기환경보전법 시행규칙 [별표13] 〈개정 2019. 12. 20.〉 [시행일: 2021. 1. 1.]
제5호 마목 중 도장공사에 관한 개정규정

비산먼지 발생 사업(제57조 관련)

발생 사업	신고 대상 사업
1. 시멘트·석회·플라스터 (Plaster) 및 시멘트 관련 제품의 제조 및 가공업	가. 시멘트제조업·가공 및 저장업 나. 석회제조업 다. 콘크리트제품제조업 라. 플라스터제조업
2. 비금속물질의 채취·제조·가공업	가. 토사석(土砂石) 광업(야적면적이 100㎡ 이상인 골재보관·판매업을 포함한다.) 나. 석탄제품제조업 및 아스콘제조업 다. 내화요업제품제조업 라. 유리 및 유리제품제조업 마. 일반도자기제조업 바. 구조용 비내화 요업제품제조업 사. 비금속광물 분쇄물 생산업 아. 건설폐기물처리업
3. 제1차 금속제조업	가. 금속주조업 나. 제철 및 제강업 다. 비철금속 제1차 제련 및 정련업
4. 비료 및 사료 제품의 제조업	가. 화학비료제조업 나. 배합사료제조업 다. 곡물가공업(임가공업을 포함한다.)
5. 건 설 업	가. 건축물축조공사: 「건축법」에 따른 건축물의 증·개축, 재축 및 대수선을 포함하고, 연면적이 1,000제곱미터 이상인 공사 나. 토목공사 　1) 구조물의 용적 합계가 1,000세제곱미터 이상, 공사면적이 1,000제곱미터 이상 또는 총연장이 200미터 이상인 공사 　2) 굴정(구멍뚫기)공사의 경우 총연장이 200미터 이상 또는 굴착(땅파기) 토사량이 200세제곱미터 이상인 공사 다. 조경공사: 면적의 합계가 5,000제곱미터 이상인 공사 라. 지반조성공사 　1) 건축물 해체 공사의 경우 연면적이 3,000제곱미터 이상인 공사 　2) 토공사 및 정지공사의 경우 공사면적의 합계가 1,000제곱미터 이상인 공사 　3) 농지조성 및 농지정리 공사의 경우 흙쌓기(성토) 등을 위하여 운송차량을 이용한 토사 반출입이 함께 이루어지거나 농지전용 등을 위한 토공사, 정지공사 등이 복합적으로 이루어지는 공사로서 공사면적의 합계가 1,000제곱미터 이상인 공사 마. 도장공사: 「공동주택관리법」에 따라 장기수선계획을 수립하는 공동주택에서 시행하는 건물 외부 도장공사 바. 그 밖에 가목부터 마목까지의 공사에 준하는 공사로서 해당 가목부터 마목까지의 공사 규모 이상인 공사

6. 시멘트·석탄·토사·사료·곡 물·고철의 운송업	시멘트·석탄·토사·사료·곡물·고철의 운송업
7. 운송장비제조업	가. 강선건조업과 합성수지선건조업 나. 선박구성부분품제조업(선실블록제조업만 해당한다.) 다. 그 밖에 선박건조업
8. 저탄시설의 설치가 필요한 사업	가. 발전업 나. 부두, 역구내 및 기타 지역의 저탄사업 다. 석탄을 연료로 사용하는 사업(저탄면적 100㎡ 이상만 해당한다.)
9. 고철·곡물·사료·목재 및 광석의 하역업 또는 보관업	수상화물취급업
10. 금속제품 제조가공업	가. 금속처리업 나. 구조금속제품 제조업
11. 폐기물매립시설 설치·운영 사업	가. 「폐기물처리 시설 설치촉진 및 주변지역지원 등에 관한 법률」에 따른 폐기물매립시설을 설치·운영하는 사업 나. 「폐기물관리법」에 따른 폐기물최종처분업 및 폐기물종합처분업

〈비 고〉

1. 제5호의 건설업 중 신고대상사업 최소 규모 미만인 공사로서 다음 각 목에 해당하는 구역에서 하는 공사는 해당 지방자치단체의 조례로 신고대상사업의 범위에 포함할 수 있다.

　가. 「국토의 계획 및 이용에 관한 법률」 제36조 제1항 제1호 가목에 따른 주거지역

　나. 「도서관법」 제2조 제4호에 따른 공공도서관의 부지 경계선으로부터 직선거리 50미터 이내의 구역

　다. 「영유아보육법」 제2조 제3호에 따른 어린이집 중 정원이 100명 이상인 어린이집의 부지 경계선으로부터 직선거리 50미터 이내의 구역

　라. 「유아교육법」 제2조 제2호에 따른 유치원, 「초·중등교육법」 제2조 각호에 따른 학교 및 「고등교육법」 제2조 각호에 따른 학교의 부지 경계선으로부터 직선거리 50미터 이내의 구역

　마. 「의료법」 제3조 제2항 제3호 라목에 따른 요양병원 중 100개 이상의 병상을 갖춘 노인을 대상으로 하는 요양병원의 부지 경계선으로부터 직선거리 50미터 이내의 구역

　바. 「의료법」 제3조 제2항 제3호 마목에 따른 종합병원의 부지 경계선으로부터 직선거리 50미터 이내의 구역

사. 「주택법」 제2조 제3호에 따른 공동주택의 부지 경계선으로부터 직선거리 50미
터 이내의 구역

2. 제5호의 건설업 토목공사 중 신고대상사업 규모 미만인 가스관·전선로·수도관·하
수관거 및 통신선로 등의 매설공사는 해당 지방자치단체의 조례로 신고대상사업의 범
위에 포함할 수 있다.

3. 제5호의 건설업으로서 공사를 분할하여 발주하는 경우에는 총 공사 규모를 기준
으로 한다.

| **부록**(각주번호 68)

대기환경보전법 시행규칙 [별표14] 〈개정 2020. 4. 3.〉 [시행일: 2021. 1. 1.]
제11호 다목 중 도장공사에 관한 개정규정

비산먼지 발생을 억제하기 위한 시설의 설치 및 필요한 조치에 관한 기준(제58조 제4항 관련)

배출공정	시설의 설치 및 조치에 관한 기준
1. 야적(분체상 물질을 야적하는 경우에만 해당한다.)	가. 야적물질을 1일 이상 보관하는 경우 방진 덮개로 덮을 것 나. 야적물질의 최고저장 높이의 1/3 이상의 방진벽을 설치하고, 최고저장 높이의 1.25배 이상의 방진망(개구율 40% 상당의 방진망을 말한다. 이하 같다.) 또는 방진막을 설치할 것. 다만, 건축물축조 및 토목공사장·조경공사장·건축물 해체 공사장의 공사장 경계에는 높이 1.8m(공사장 부지 경계선으로부터 50m 이내에 주거·상가 건물이 있는 곳의 경우에는 3m) 이상의 방진벽을 설치하되, 둘 이상의 공사장이 붙어 있는 경우의 공동경계면에는 방진벽을 설치하지 아니할 수 있다. 다. 야적물질로 인한 비산먼지 발생억제를 위하여 물을 뿌리는 시설을 설치할 것(고철 야적장과 수용성 물질, 사료 및 곡물 등의 경우는 제외한다.) 라. 혹한기(매년 12월 1일부터 다음 연도 2월 말일까지를 말한다.)에는 표면경화제 등을 살포할 것(제철 및 제강업만 해당한다.) 마. 야적 설비를 이용하여 작업 시 낙하 거리를 최소화하고, 야적 설비 주위에 물을 뿌려 비산먼지가 흩날리지 않도록 할 것(제철 및 제강업만 해당한다.) 바. 공장 내에서 시멘트 제조를 위한 원료 및 연료는 최대한 3면이 막히고 지붕이 있는 구조물 내에 보관하며, 보관시설의 출입구는 방진망 또는 방진막 등을 설치할 것(시멘트 제조업만 해당한다.).

	사. 저탄시설은 옥내화할 것(발전업만 해당한다.). 다만, 이 기준 시행 이전에 설치된 야외 저탄시설은 2024년까지 옥내화를 완료하되, 이 규칙 시행 후 1년 이내에 환경부장관과 협의를 거쳐 옥내화 완료 기간을 연장할 수 있다. 아. 가목부터 사목까지와 같거나 그 이상의 효과를 가지는 시설을 설치하거나 조치하는 경우에는 가목부터 사목까지 중 그에 해당하는 시설의 설치 또는 조치를 제외한다.
2. 싣기 및 내리기(분체상 물질을 싣고 내리는 경우만 해당한다.)	가. 작업 시 발생하는 비산먼지를 제거할 수 있는 이동식 집진시설 또는 분무식 집진시설(Dust Boost)을 설치할 것(석탄제품제조업, 제철·제강업 또는 곡물하역업에만 해당한다.) 나. 싣거나 내리는 장소 주위에 고정식 또는 이동식 물을 뿌리는 시설(살수 반경 5m 이상, 수압 3kg/㎠ 이상)을 설치·운영하여 작업하는 중 다시 흩날리지 아니하도록 할 것(곡물작업장의 경우는 제외한다.) 다. 풍속이 평균초속 8m 이상일 경우에는 작업을 중지할 것 라. 공장 내에서 싣고 내리기는 최대한 밀폐된 시설에서만 실시하여 비산먼지가 생기지 아니하도록 할 것(시멘트 제조업만 해당한다.) 마. 조쇄(캐낸 광석을 초벌로 깨는 일)를 위한 내리기 작업은 최대한 3면이 막히고 지붕이 있는 구조물 내에서 실시할 것. 다만, 수직갱에서의 조쇄를 위한 내리기 작업은 충분한 살수를 실시할 수 있는 시설을 설치할 것(시멘트 제조업만 해당한다.) 바. 가목부터 마목까지와 같거나 그 이상의 효과를 가지는 시설을 설치하거나 조치하는 경우에는 가목부터 마목까지 중 그에 해당하는 시설의 설치 또는 조치를 제외한다.

3. 수송(시멘트·석탄·토사·사료·곡물·고철의 운송업은 가목·나목·바목·사목 및 차목만 적용하고, 목재수송은 사목·아목 및 차목만 적용한다.)	가. 적재함을 최대한 밀폐할 수 있는 덮개를 설치하여 적재물이 외부에서 보이지 아니하고 흘림이 없도록 할 것
	나. 적재함 상단으로부터 5㎝ 이하까지 적재물을 수평으로 적재할 것
	다. 도로가 비포장 사설도로인 경우 비포장 사설도로로부터 반지름 500m 이내에 10가구 이상의 주거시설이 있을 때에는 해당 마을로부터 반지름 1㎞ 이내의 경우에는 포장, 간이포장 또는 살수 등을 할 것
	라. 다음의 어느 하나에 해당하는 시설을 설치할 것
	 1) 자동식 세륜시설(바퀴 등의 세척시설)
	  금속지지대에 설치된 롤러에 차바퀴를 닿게 한 후 전력 또는 차량의 동력을 이용하여 차바퀴를 회전시키는 방법으로 차바퀴에 묻은 흙 등을 제거할 수 있는 시설
	 2) 수조를 이용한 세륜시설
	  - 수조의 넓이: 수송차량의 1.2배 이상
	  - 수조의 깊이: 20센티미터 이상
	  - 수조의 길이: 수송차량 전체 길이의 2배 이상
	  - 수조수 순환을 위한 침전조 및 배관을 설치하거나, 물을 연속적으로 흘려 보낼 수 있는 시설을 설치할 것

	마. 다음 규격의 측면 살수시설을 설치할 것 – 살수 높이: 수송차량의 바퀴부터 적재함 하단부까지 – 살수 길이: 수송차량 전체 길이의 1.5배 이상 – 살수압: 3kgf/cm^2 이상 바. 수송차량은 세륜 및 측면 살수 후 운행하도록 할 것 사. 먼지가 흩날리지 아니하도록 공사장 안의 통행차량은 시속 20㎞ 이하로 운행할 것 아. 통행차량의 운행 기간 중 공사장 안의 통행도로에는 1일 1회 이상 살수할 것
	자. 광산 진입로는 임시로 포장하여 먼지가 흩날리지 아니하도록 할 것(시멘트 제조업만 해당한다.) 차. 가목부터 자목까지와 같거나 그 이상의 효과를 가지는 시설을 설치하거나 조치하는 경우에는 가목부터 자목까지 중 그에 해당하는 시설의 설치 또는 조치를 제외한다.
4. 이송	가. 야외 이송시설은 밀폐화하여 이송 중 먼지의 흩날림이 없도록 할 것 나. 이송시설은 낙하, 출입구 및 국소박이 부위에 적합한 집진시설을 설치하고, 포집된 먼지는 흩날리지 아니하도록 제거하는 등 적절하게 관리할 것 다. 기계적[벨트컨베이어, 용기형 승강기 (바켓엘리베이터) 등]인 방법이 아닌 시설을 사용할 경우에는 물을 뿌리거나 그 밖의 먼지 제거 방법을 사용할 것 라. 기계적(벨트컨베이어, 용기형 승강기 등)인 방법의 시설을 사용하는 경우에는 표면 먼지를 제거할 수 있는 시설을 설치할 것(시멘트 제조업과 제철 및 제강업만 해당한다.). 제철 및 제강업의 경우 표면 먼지를 제거할 수 있는 시설은 스크래퍼(표면의 먼지를 긁어서 제거하는 시설) 또는 살수시설 등으로 한다. 마. 이송시설의 하부는 주기적으로 청소하여 이송시설에서 떨어진 먼지가 재비산되지 않도록 할 것(제철 및 제강업만 해당한다.) 바. 가목부터 마목까지와 같거나 그 이상의 효과를 가지는 시설을 설치하거나 조치하는 경우에는 가목부터 마목까지 중 그에 해당하는 시설의 설치 또는 조치를 제외한다.
5. 채광·채취(갱내작업의 경우는 제외한다.)	가. 살수시설 등을 설치하도록 하여 주위에 먼지가 흩날리지 아니하도록 할 것 나. 발파 시 발파공에 젖은 가마니 등을 덮거나 적절한 방지시설을 설치한 후 발파할 것 다. 발파 전후 발파 지역에 대하여 충분한 살수를 실시하고, 천공 시에는 먼지를 포집할 수 있는 시설을 설치할 것 라. 풍속이 평균 초속 8미터 이상인 경우에는 발파작업을 중지할 것 마. 작은 면적이라도 채광·채취가 이루어진 구역은 최대한 먼지가 흩날리지 아니하도록 조치할 것 바. 분체 형태의 물질 등 흩날릴 가능성이 있는 물질은 밀폐용기에 보관하거나 방진 덮개로 덮을 것 사. 가목부터 바목까지와 같거나 그 이상의 효과를 가지는 시설을 설치하거나 조치하였을 경우에는 가목부터 바목까지 중 그에 해당하는 시설의 설치 또는 조치는 제외한다.

6. 조쇄 및 분쇄(시멘트 제조업만 해당하며, 갱 내 작업은 제외한다.)	가. 조쇄작업은 최대한 3면이 막히고 지붕이 있는 구조물에서 실시하여 먼지가 흩날리지 아니하도록 할 것 나. 분쇄작업은 최대한 4면이 막히고 지붕이 있는 구조물에서 실시하여 먼지가 흩날리지 아니하도록 할 것 다. 살수시설 등을 설치하여 먼지가 흩날리지 아니하도록 할 것 라. 가목부터 다목까지와 같거나 그 이상의 효과를 가지는 시설을 설치하거나 조치를 하였을 경우에는 가목부터 다목까지 중 그에 해당하는 시설의 설치 또는 조치는 제외한다.
7. 야외절단	가. 고철 등의 절단작업은 가급적 옥내에서 실시할 것 나. 야외절단 시 비산먼지 저감을 위해 간이 칸막이 등을 설치할 것 다. 야외 절단 시 이동식 집진시설을 설치하여 작업할 것. 다만, 이동식집진시설의 설치가 불가능한 경우에는 진공식 청소차량 등으로 작업현장에 대한 청소작업을 지속적으로 실시할 것 라. 풍속이 평균초속 8m 이상(강선건조업과 합성수지선건조업인 경우에는 10m 이상)인 경우에는 작업을 중지할 것 마. 가목부터 라목까지와 같거나 그 이상의 효과를 가지는 시설을 설치하거나 조치하는 경우에는 가목부터 라목까지 중 그에 해당하는 시설의 설치 또는 조치를 제외한다.
8. 야외 녹 제거	가. 구조물의 길이가 15m 미만인 경우에는 옥내작업을 할 것 나. 야외 작업 시에는 간이칸막이 등을 설치하여 먼지가 흩날리지 아니하도록 할 것 다. 야외 작업 시 이동식 집진시설을 설치할 것. 다만, 이동식 집진시설의 설치가 불가능할 경우 진공식 청소차량 등으로 작업현장에 대한 청소작업을 지속적으로 할 것 라. 작업 후 남은 것이 다시 흩날리지 아니하도록 할 것 마. 풍속이 평균초속 8m 이상(강선건조업과 합성수지선건조업인 경우에는 10m 이상)인 경우에는 작업을 중지할 것 바. 가목부터 마목까지와 같거나 그 이상의 효과를 가지는 시설을 설치하거나 조치하는 경우에는 가목부터 마목까지 중 그에 해당하는 시설의 설치 또는 조치를 제외한다.
9. 야외 연마	가. 야외 작업 시 이동식 집진시설을 설치·운영할 것. 다만, 이동식 집진시설의 설치가 불가능할 경우 진공식 청소차량 등으로 작업현장에 대한 청소작업을 지속적으로 할 것 나. 부지 경계선으로부터 40m 이내에서 야외 작업 시 작업 부위의 높이 이상의 이동식 방진망 또는 방진막을 설치할 것 다. 작업 후 남은 것이 다시 흩날리지 아니하도록 할 것 라. 풍속이 평균초속 8m 이상(강선건조업과 합성수지선건조업인 경우에는 10m 이상)인 경우에는 작업을 중지할 것 마. 가목부터 라목까지와 같거나 그 이상의 효과를 가지는 시설을 설치하거나 조치하는 경우에는 가목부터 라목까지 중 그에 해당하는 시설의 설치 또는 조치를 제외한다.

10. 야외 도장(운송장비 제조업 및 조립금속제품제조업의 야외구조물, 선체외판, 수상구조물, 해수담수화설비 제조, 교량제조 등의 야외도장시설과 제품의 길이가 100m 이상인 제품의 야외도장공정만 해당한다.)	가. 소형구조물(길이 10m 이하에 한한다.)의 도장작업은 옥내에서 할 것 나. 부지경계선으로부터 40m 이내에서 도장작업을 할 때에는 최고높이의 1.25배 이상의 방진망을 설치할 것 다. 풍속이 평균초속 8m 이상일 경우에는 도장작업을 중지할 것(도장작업위치가 높이 5m 이상이며, 풍속이 평균초속 5m 이상일 경우에도 작업을 중지할 것) 라. 연간 2만 톤 이상의 선박건조조선소는 도료 사용량의 최소화, 유기용제의 사용억제 등 비산먼지 저감 방안을 수립한 후 작업을 할 것 마. 가목부터 라목까지와 같거나 그 이상의 효과를 가지는 시설을 설치하거나 조치하는 경우에는 가목부터 라목까지 중 그에 해당하는 시설의 설치 또는 조치를 제외한다.

11. 그 밖에 공정(건설업만 해당한다.)	가. 건축물축조공사장에서는 먼지가 공사장 밖으로 흩날리지 아니하도록 다음과 같은 시설을 설치하거나 조치를 할 것
	  1) 비산먼지가 발생하는 작업(바닥청소, 벽체연마작업, 절단작업 등의 작업을 말한다.)을 할 때에는 해당 작업 부위 혹은 해당 층에 대하여 방진막 등을 설치할 것. 다만, 건물 내부공사의 경우 커튼 월(칸막이 구실만 하고 하중을 지지하지 않는 외벽) 및 창호공사가 끝난 경우에는 그러하지 아니하다.
	  2) 철골구조물의 내화피복작업 시에는 먼지 발생량이 적은 공법을 사용하고 비산먼지가 외부로 확산되지 아니하도록 방진막 등을 설치할 것
	  3) 콘크리트구조물의 내부 마감공사 시 거푸집 해체에 따른 결합 부위 등 돌출면의 면고르기 연마작업 시에는 방진막 등을 설치하여 비산먼지 발생을 최소화할 것
	  4) 공사 중 건물 내부 바닥은 항상 청결하게 유지·관리하여 비산먼지 발생을 최소화할 것
	나. 건축물축조공사장 및 토목공사장에서 분사방식으로 야외 도장작업을 하려는 경우에는 방진막을 설치할 것
	다. 도장공사장에서 야외 도장작업을 하려는 경우 및 별표13 비고 제1호 각 목의 구역에서 건축물축조공사장의 야외 도장작업을 하려는 경우에는 롤러방식(붓칠방식을 포함한다. 이하 같다.)으로 할 것. 다만, 충돌혼합으로만 반응하는 폴리우레아 도료를 사용하여 건물 옥상 방수용 도장작업을 하는 경우 또는 도장공사장에서 비산먼지 발생이 적은 방식으로서 환경부장관이 고시하는 방식으로 도장작업을 하는 경우에는 롤러방식으로 하지 않을 수 있다.
	라. 건축물 해체 공사장에서 건물해체작업을 할 경우, 먼지가 공사장 밖으로 흩날리지 아니하도록 방진막 또는 방진벽을 설치하고, 물뿌림 시설을 설치하여 작업 시 물을 뿌리는 등 비산먼지 발생을 최소화할 것
	마. 가목부터 라목까지와 같거나 그 이상의 효과를 가지는 시설을 설치하거나 조치하는 경우에는 가목부터 라목까지에 해당하는 시설의 설치 또는 조치를 제외한다.
	바. 서울특별시, 인천광역시 및 경기도 지역에서 하는 건설업 공사 중 총 공사 금액이 100억 이상인 관급공사에 다음 건설기계를 사용하려는 경우에는 법 제58조 제1항에 따른 조치(이하 "저공해 조치"라 한다.)를 한 건설기계를

	사용할 것. 다만, 기술적 요인 등으로 저공해 조치를 하기 어렵다고 환경부장관이 인정하는 경우에는 예외로 한다.
	1) 별표17 제2호 가목부터 라목까지에 따른 배출허용기준을 적용받아 제작된 덤프트럭, 콘크리트펌프 또는 콘크리트믹서트럭
	2) 별표17 제4호 가목의 배출허용기준을 적용받아 제작되었거나 2003년 12월 31일 이전에 제작된 지게차 또는 굴착기

비고: 분체(粉體) 형태의 물질이란 토사·석탄·시멘트 등과 같은 정도의 먼지를 발생시킬 수 있는 물질을 말한다.

| 부록(각주번호 69)

대기환경보전법 시행규칙 [별표15]

비산먼지의 발생을 억제하기 위한 시설의 설치 및 필요한 조치에 관한 엄격한 기준

(제58조 제5항 관련)

배출 공정	시설의 설치 및 조치에 관한 기준
1. 야 적	가. 야적물질을 최대한 밀폐된 시설에 저장 또는 보관할 것 나. 수송 및 작업차량 출입문을 설치할 것 다. 보관.저장시설은 가능하면 한 3면이 막히고 지붕이 있는 구조가 되도록 할 것
2. 싣기와 내리기	가. 최대한 밀폐된 저장 또는 보관시설 내에서만 분체상 물질을 싣거나 내릴 것 나. 싣거나 내리는 장소 주위에 고정식 또는 이동식 물뿌림 시설(물뿌림 반경 7m 이상, 수압 5kg/㎠ 이상)을 설치할 것
3. 수 송	가. 적재물이 흘러내리거나 흩날리지 아니하도록 덮개가 장치된 차량으로 수송할 것 나. 다음 규격의 세륜시설을 설치할 것 금속지지대에 설치된 롤러에 차바퀴를 닿게 한 후 전력 또는 차량의 동력을 이용하여 차바퀴를 회전시키는 방법 또는 이와 같거나 그 이상의 효과를 지닌 자동물뿌림 장치를 이용하여 차바퀴에 묻은 흙 등을 제거할 수 있는 시설 다. 공사장 출입구에 환경전담요원을 고정 배치하여 출입차량의 세륜·세차를 통제하고 공사장 밖으로 토사가 유출되지 아니하도록 관리할 것 라. 공사장 내 차량통행도로는 다른 공사에 우선하여 포장하도록 할 것

비고: 시·도지사가 별표15의 기준을 적용하려는 경우에는 이를 사업자에게 알리고 그 기준에 맞는 시설 설치 등에 필요한 충분한 기간을 주어야 한다.

비산먼지 저감 대책 업무처리규정(별표)

비산먼지 발생 저감공법(제12조 관련)

사업별	공종별 저감 방법	장비별 저감 방법
1. 토공사	가. 터파기 시 먼지 발생(되메우기) 　(1) 이동식 살수시설을 사용, 작업 중 살수 　(2) 바람이 심하게 불 경우, 작업 중지 　(3) Open Cut 공법에서 Top Down 공법 등 신공법 도입 나. 차수벽(현장타설 콘크리트 흙막이벽) 공사 　(1) 시멘트, 벤토나이트 등을 믹서에 배합시 방진막 설치 　(2) 빈 포장봉투 처리 시 살수하여 수거 　(3) Open Cut 공법에서 Top Down 공법 등 신공법 도입	가. 굴착 장비(BACK HOE 등) 　(1) 살수설비 이용 비산먼지 방지 　(2) 가설 휀스 상부에 방진막 설치 　(3) 집진기가 장착된 장비를 사용하되 포집된 먼지가 재비산되지 않도록 살수 처리 나. 운전장비(DUMP TRUCK등) 　(1) 적재물이 비산되지 않도록 덮개설치 　(2) 적재함 상단을 넘지 않도록 토사 적재(적재함 상단으로부터 5cm이하) 　(3) 세륜 및 세차설비를 설치하여 세륜 및 세차 후 현장출발 　(4) 현장 내 저속운행으로 먼지비산 저감 　(5) 통행도로 포장 및 수시 살수
2. 철근콘크리트 공사	가. 거푸집 공사 시 먼지 발생 　(1) 거푸집 해체 후 즉시 부착콘크리트 등 제거 　(2) 운반 정리 시 방진막을 덮음 　(3) 대형거푸집 제작(Metal Form 공법 등): 운반·정리의 감소로 먼지 발생 억제 나. 콘크리트 타설 후 　(1) 타설 부위 이외에 떨어진 콘크리트를 건조 전 제거 　(2) 정밀시공(할석, Grinding 등 먼지 발생 요소 사전 제거): 형틀을 정확히 제작 　(3) 타설 시 건물 외벽에 가림판을 설치하여 콘크리트 비산 방지	가. 레미콘 차량 　(1) 현장 내 저속운행 　(2) 세륜 및 세차 후 현장출발 　(3) 통행도로를 수시로 살수 나. 자재운반차량 　(1) 적재함 청소(상차 전, 상차 후) 　(2) 이동식 덮개를 덮고 운행

사업별	공종별 저감 방법	장비별 저감 방법
3. 마감공사	가. 철골 내화 피복 시 피복 재료 비산 　(1) 각층 방진막 설치 후 작업(이중방진막 설치) 　(2) 재료 배합장소 방진막 설치 나. 천장 견출 공사 시 먼지 비산 　(1) 시멘트 배합장소 지정(각층 방진막 설치) 　(2) 작업 후 작업장 청소 및 정리정돈 실시 　(3) 시멘트 보관장소 지정 　(4) 모래 등은 적정 함수율 유지토록 살수하여 적치하고, 방진 덮개로 덮음 다. 습식공사 　(1) 조적공사, 미장공사, 방수공사는 Ready Mixed Mortar 사용 라. 건식공사 　(1) 석고보드, 단열재, 도장바탕처리공사의 폐자재 및 파손재는 공사 현장에서 즉시 적정 배출	

| **부록**(각주번호 74)

건설산업기본법 시행령 [별표4] 〈개정 2021. 8. 3.〉

건설공사의 종류별 하자담보책임기간(제30조 관련)〈개정 2021. 8. 3.〉

공사별	세부 공종별	책임 기간
1. 교 량	① 기둥 사이의 거리가 50m 이상이거나 길이가 500m 이상인 교량의 철근콘크리트 또는 철골구조부	10년
	② 길이가 500m 미만인 교량의 철근콘크리트 또는 철골구조부	7년
	③ 교량 중 ①·② 외의 공종(교면포장·이음부·난간시설 등)	2년
2. 터 널	① 터널(지하철을 포함한다.)의 철근콘크리트 또는 철골구조부	10년
	② 터널 중 ① 외의 공종	5년

3. 철 도	① 교량·터널을 제외한 철도시설 중 철근콘크리트 또는 철골구조	7년
	② ① 외의 시설	5년
4. 공항·삭도	① 철근콘크리트·철골구조부	7년
	② ① 외의 시설	5년
5. 항만·사방간척	① 철근콘크리트·철골구조부	7년
	② ① 외의 시설	5년
6. 도 로	① 콘크리트 포장 도로[암거(땅속 또는 구조물 속 도랑) 및 측구(길도랑)를 포함한다.]	3년
	② 아스팔트 포장 도로(암거 및 측구를 포함한다.)	2년
7. 댐	① 본체 및 여수로(餘水路: 물이 일정량을 넘을 때 여분의 물을 빼내기 위하여 만든 물길을 말한다.) 부분	10년
	② ① 외의 시설	5년
8. 상·하수도	① 철근콘크리트·철골구조부	7년
	② 관로 매설·기기설치	3년
9. 관계수로·매립		3년
10. 부지정지		2년
11. 조 경	조경시설물 및 조경식재	2년
12. 발전·가스 및 산업설비	① 철근콘크리트·철골구조부	7년
	② 압력이 1제곱센티미터당 10킬로그램 이상인 고압가스의 관로(부대기기를 포함한다.)설치공사	5년
	③ ①, ② 외의 시설	3년
13. 기타 토목공사		1년
14. 건 축	① 대형공공성 건축물(공동주택·종합병원·관광숙박시설·문화 및 집회시설·대규모 점포와 16층 이상 기타 용도의 건축물)의 기둥 및 내력벽 ② 대형공공성 건축물 중 기둥 및 내력벽 외의 구조상	10년
	주요부분과 ① 외의 건축물 중 구조상 주요부분	5년
	③ 건축물 중 ①·②와 제15호의 전문공사를 제외한 기타부분	1년
15. 전문공사	① 실내건축	1년
	② 토 공	2년
	③ 미장·타일	1년
	④ 방 수	3년
	⑤ 도 장	1년
	⑥ 석공사·조적	2년
	⑦ 창호설치	1년

⑧ 지 붕	3년
② 토 공	2년
③ 미장·타일	1년
④ 방 수	3년
⑤ 도 장	1년
⑥ 석공사·조적	2년
⑦ 창호설치	1년
⑧ 지 붕	3년
⑨ 판 금	1년
⑩ 철물(제1호 내지 제14호에 해당하는 철골을 제외한다.)	2년
⑪ 철근콘크리트(제1호부터 제14호까지의 규정에 해당하는 철근콘크리트는 제외한다.) 및 콘크리트 포장	3년
⑫ 급배수·공동구·지하저수조·냉난방·환기·공기조화·자동제어·가스·배연설비	2년
⑬ 승강기 및 인양기기 설비	3년
⑭ 보일러 설치	1년
⑮ ⑫, ⑭ 외의 건물 내 설비	1년
⑯ 아스팔트 포장	2년
⑰ 보링	1년
⑱ 건축물조립(건축물의 기둥 및 내력벽의 조립을 제외하며, 이는 제14호에 따른다.)	1년
⑲ 온실 설치	2년

비고: 위 표 중 2 이상의 공종이 복합된 공사의 하자담보책임기간은 하자 책임을 구분할 수 없는 경우를 제외하고는 각각의 세부 공종별 하자담보책임기간으로 한다.

공동주택관리법 시행령 [별표4] 〈개정 2021. 1. 5.〉

시설공사별 담보책임기간(제36조 제1항 제2호 관련)

구 분		기 간
시설공사	세부 공종	
1. 마감공사	가. 미장공사 나. 수장공사(건축물 내부 마무리공사) 다. 도장공사 라. 도배공사 마. 타일공사 바. 석공사(건물내부 공사) 사. 옥내가구공사 아. 주방기구공사 자. 가전제품	2년
2. 옥외급수·위생 관련 공사	가. 공동구공사 나. 저수조(물탱크)공사 다. 옥외위생(정화조) 관련 공사 라. 옥외 급수 관련 공사	
3. 난방·냉방·환기, 공기조화설비공사	가. 열원기기설비공사 나. 공기조화기기설비공사 다. 닥트설비공사 라. 배관설비공사 마. 보온공사 바. 자동제어설비공사 사. 온돌공사(세대매립배관 포함) 아. 냉방설비공사	3년
4. 급·배수 및 위생설비공사	가. 급수설비공사 나. 온수공급설비공사 다. 배수·통기설비공사 라. 위생기구설비공사 마. 철 및 보온공사 바. 특수설비공사	
5. 가스설비공사	가. 가스설비공사 나. 가스저장시설공사	

6. 목공사	가. 구조체 또는 바탕재공사 나. 수장목공사	
7. 창호공사	가. 창문틀 및 문짝공사 나. 창호철물공사 다. 창호유리공사 라. 커튼월공사	
8. 조경공사	가. 식재공사 나. 조경시설물공사 다. 관수 및 배수공사 라. 조경포장공사 마. 조경부대시설공사 바. 잔디심기공사 사. 조형물공사	
9.전기 및 전력설비 공사	가. 배관·배선공사 나. 피뢰침공사 다. 동력설비공사 라. 수·변전설비공사 마. 수·배전공사 바. 전기기기공사 사. 발전설비공사 아. 승강기설비공사 자. 인양기설비공사 차. 조명설비공사	
10. 신재생 에너지 설비공사	가. 태양열설비공사 나. 태양광설비공사 다. 지열설비공사 라. 풍력설비공사	
11. 정보통신공사	가. 통신·신호설비공사 나. TV공청설비공사 다. 감시제어설비공사 라. 가정자동화설비공사 마. 정보통신설비공사	
12. 지능형 홈네트 워크 설비 공사	가. 홈네트워크망공사 나. 홈네트워크기기공사 다. 단지공용시스템공사	
13. 소방시설공사	가. 소화설비공사 나. 제연설비공사 다. 방재설비공사 라. 자동화재탐지설비공사	

14. 단열공사	벽체, 천장 및 바닥의 단열공사	
15. 잡공사	가. 옥내설비공사(우편함, 무인택배시스템 등) 나. 옥외설비공사(담장, 울타리, 안내시설물 등), 금속공사	
16. 대지조성공사	가. 토공사 나. 석축공사 다. 옹벽공사(토목옹벽) 라. 배수공사 마. 포장공사	5년
17. 철근콘크리트 공사	가. 일반철근콘크리트공사 나. 특수콘크리트공사 다. 프리캐스트콘크리트공사 라. 옹벽공사(건축옹벽) 마. 콘크리트공사	
18. 철골공사	가. 일반철골공사 나. 철골부대공사 다. 경량철골공사	
19. 조적공사	가. 일반벽돌공사 나. 점토벽돌공사 다. 블록공사 라. 석공사(건물외부 공사)	
20. 지붕공사	가. 지붕공사 나. 홈통 및 우수관공사	
21. 방수공사	방수공사	

비고: 기초공사·지정공사 등「집합건물의 소유 및 관리에 관한 법률」제9조의 2 제1항 제1호에 따른 지반공사의 경우, 담보책임기간은 10년

| 부록(각주번호 78)

건설기술 진흥법 시행규칙 [별표1] 〈개정 2022. 12. 30.〉

건설기술인의 업무정지 기준(제20조 제1항 관련)

1. 일반기준

　가. 위반행위의 횟수에 따른 행정처분의 기준은 최근 1년간 같은 위반행위로 행정처

분을 받은 경우에 적용한다. 이 경우 기준 적용일은 위반행위에 대한 행정처분일과 그 처분 후에 한 위반행위가 다시 적발된 날을 기준으로 한다.

나. 가목에 따라 가중된 부과처분을 하는 경우 가중처분의 적용 차수는 그 위반행위 전 부과처분 차수(가목에 따른 기간 내에 처분이 둘 이상 있었던 경우에는 높은 차수를 말한다.)의 다음 차수로 한다.

다. 위반행위가 둘 이상인 경우로서 그에 해당하는 각각의 처분기준이 다른 경우에는 그중 무거운 처분 기준에 따른다. 다만, 둘 이상의 처분기준이 모두 업무정지인 경우에는 각 처분기준을 합산한 기간을 넘지 않는 범위에서 무거운 처분기준의 2분의 1 범위까지 가중할 수 있되, 그 가중된 처분을 합산한 기간은 2년을 초과할 수 없다.

라. 처분권자는 위반행위의 내용·정도·동기 및 결과 등을 고려하여 다음의 구분에 따라 제2호의 개별기준에 따른 업무정지 기간의 2분의 1 범위에서 그 기간을 늘리거나 줄일 수 있다. 이 경우 그 늘린 기간을 합산한 기간은 2년을 초과할 수 없다.

  1) 가중사유

    가) 위반의 내용·정도가 중대하여 이해관계인 등에게 미치는 피해가 크다고 인정되는 경우

    나) 법 위반상태의 기간이 6개월 이상인 경우

    다) 그 밖에 위반행위의 정도, 위반행위의 동기와 그 결과 등을 고려하여 가중할 필요가 있다고 인정되는 경우

  2) 감경사유

    가) 위반행위가 사소한 부주의나 오류로 인한 것으로 인정되는 경우

    나) 위반행위자가 위반행위를 바로 정정하거나 시정하여 법 위반상태를 해소한 경우

    다) 그 밖에 위반행위의 내용·정도·동기 및 결과 등을 고려하여 감경할 필요가 있다고 인정되는 경우

2. 개별기준

위반 행위	해당 법조문	행정처분기준		
		1차	2차	3차 이상
가. 법 제21조 제1항에 따라 신고 또는 변경 신고를 하면서 근무처 및 경력 등을 거짓으로 신고하거나 변경 신고한 경우	법 제24조 제1항 제1호	업무정지 6개월	업무정지 12개월	

나. 법 제23조 제1항을 위반하여 자기의 성명을 사용하여 다른 사람에게 건설공사 또는 건설엔지니어링 업무를 수행하게 하거나 건설기술경력증을 빌려준 경우	법 제24조 제1항 제2호	업무정지 12개월		
다. 법 제24조 제2항에 따른 시정지시 등을 3회 이상 받은 경우	법 제24조 제1항 제3호	업무정지 2개월	업무정지 2개월	업무정지 2개월
라. 법 제39조 제4항 후단에 따라 같은 항 전단에 따른 보고서를 작성해야 하는 건설기술인이 다음의 어느 하나에 해당하는 경우	법 제24조 제1항 제3호의 2			
1) 정당한 사유 없이 건설사업관리보고서를 작성하지 않은 경우		업무정지 12개월		
2) 건설사업관리보고서를 거짓으로 작성한 경우		업무정지 12개월		
3) 고의로 건설사업관리보고서를 작성할 때 해당 건설공사의 주요구조부에 대한 시공·검사·시험 등의 내용을 빠뜨린 경우		업무정지 12개월		
4) 중대한 과실로 건설사업관리보고서를 작성할 때 해당 건설공사의 주요구조부에 대한 시공·검사·시험 등의 내용을 빠뜨린 경우		업무정지 2개월	업무정지 3개월	업무정지 3개월
5) 경미한 과실로 건설사업관리보고서를 작성할 때 해당 건설공사의 주요구조부에 대한 시공·검사·시험 등의 내용을 빠뜨린 경우		경고	업무정지 1개월	업무정지 2개월
마. 공사관리 등과 관련하여 발주자 또는 건설사업관리를 수행하는 건설기술인의 정당한 시정명령에 따르지 않은 경우	법 제24조 제1항 제4호	업무정지 1개월	업무정지 2개월	업무정지 2개월
바. 정당한 사유 없이 공사 현장을 무단 이탈하여 공사 시행에 차질이 생기게 한 경우	법 제24조 제1항 제5호	경고	업무정지 1개월	업무정지 2개월
사. 고의 또는 중대한 과실로 발주청에 재산상의 손해를 발생하게 한 경우(손해액이 둘 이상의 처분기준에 해당하는 경우에는 그중 무거운 처분기준에 따른다.)	법 제24조 제1항 제6호			
1) 손해액이 건설공사 계약금액의 3퍼센트를 초과하거나 10억 원을 초과한 경우		업무정지 24개월		
2) 손해액이 건설공사 계약금액의 1퍼센트 초과 3퍼센트 이하이거나 3억 원 초과 10억 원 이하인 경우		업무정지 12개월		
3) 손해액이 건설공사 계약금액의 1퍼센트 이하이거나 3억 원 이하인 경우		업무정지 6개월	업무정지 6개월	
4) 고의로 수요예측을 30퍼센트 이상 잘못한 경우		업무정지 12개월		
5) 중대한 과실로 수요예측을 30퍼센트 이상 잘못한 경우		업무정지 6개월	업무정지 6개월	

		위반내용에 따라 해당 법령에 따른 업무정지기간 준용	위반내용에 따라 해당 법령에 따른 업무정지기간 준용	위반내용에 따라 해당 법령에 따른 업무정지기간 준용
아. 다른 행정기관이 법령에 따라 업무정지를 요청한 경우	법 제24조 제1항 제7호			

| **부록**(각주번호 86)

주택건설공사감리자지정기준

[시행 2023. 2. 28.] [국토교통부고시 제2023-105호, 2023. 2. 28., 일부 개정]

제1장 총칙

제1조(목적) 이 기준은 「주택법」 제43조 및 같은 법 시행령 제47조 제2항 및 제4항 제2호의 규정에 의하여 주택건설공사를 감리하는 감리자의 지정방법 등에 관하여 필요한 사항을 정함을 목적으로 한다.

제2조(적용 범위) 이 기준은 「주택법」(이하 "법"이라 한다.) 제43조, 같은 법 시행령(이하 "영"이라 한다.) 제47조 및 같은 법 시행규칙(이하 "규칙"이라 한다.) 제18조의 규정에 의하여 감리자 지정권자가 법 제15조의 규정에 의한 사업계획승인을 얻은 주택의 건설공사(이하 "주택건설공사"라 한다.)를 감리하는 자를 지정하는 경우에 적용한다.

제3조(용어의 정의) 이 기준에서 사용하는 용어의 정의는 다음과 같다.

1. "감리자"라 함은 제4조 제1항의 규정에 의한 자격을 가진 자로서 주택건설공사의 감리를 하는 자를 말한다.

2. "감리원"이라 함은 제4조 제2항의 규정에 의한 자격을 가진 자로서 감리자에 소속되어 주택건설공사의 감리 업무를 수행하는 자를 말한다.

3. "총괄감리원"이라 함은 감리원 중 감리자를 대표하여 현장에 상주하면서 당해공사 전반에 관한 감리 업무를 총괄하는 자로서 감리자가 지정하는 자를 말한다.

4. "분야별감리원"이라 함은 감리원 중 소관 분야별로 총괄감리원을 보조하여 감리 업무를 수행하는 자를 말한다.

5. "상주감리원"이라 함은 감리원 중 당해 현장에 상주하여 감리하는 자를 말한다.

6. "비상주감리원"이라 함은 감리원 중 현장에 상주하지 아니하고 당해 현장의 조사 분석, 주요 구조물의 기술적 검토 및 기술지원, 설계변경의 적정성 검토, 상주감리원 지원, 민원처리 지원, 행정지원 등의 감리관련 업무를 지원하는 자를 말한다.

7. "신규감리원"이라 함은 「건설기술 진흥법」 제2조 제8호 및 같은 법 시행령 제4조 별표1에서 정하는 초급 또는 중급건설기술자로서 총 경력이 6년([부표] 제2호 나목 감리원 중 분야별감리원의 "나. 경력 및 실적" 산정방법에 따라 산정한 기간을 말한다.) 미만인 자를 말한다.

8. "감리자지정권자"라 함은 법 제15조 제1항의 규정에 의하여 주택건설사업계획승인을 한 자로서 당해 주택건설공사의 감리자를 지정하는 자를 말한다.

9. "비평가대상감리원"이라 함은「주택건설공사감리비지급기준」(이하 "감리비지급기준"이라 한다.)에 의거 산출한 감리인·월수를 충족하기 위해 배치하여야 하는 감리원 중 적격심사(평가)대상이 아닌 자를 말한다.

10. 〈삭제〉

11. "예정가격"이란 제5조 제3항 제3호에 따른 감리 대가의 97±3% 범위 내에서 산출한 15개의 복수예비가격에서 입찰 참가업체가 입찰 시 선택한 2개의 예비가격 번호 중 선택빈도가 가장 많은 4개의 번호에 해당하는 예비가격의 산출평균금액을 말한다.

12. "감리비지급기준"이란 사업주체가 감리자로 지정된 자에게 지급하는 주택건설공사감리대가를 정할 목적으로 국토교통부장관이 마련한 기준을 말한다.

13. "건설사업관리업무"라 함은 「건설산업기본법」 제2조 제8호에 따라 건설공사에 관한 기획·타당성 조사·분석·설계·조달·계약·시공관리·감리·평가·사후관리 등에 관한 관리업무의 전부 또는 일부를 수행하는 것을 말한다.

제2장 감리자의 지정방법

제4조(감리자 등의 자격)

① 주택건설공사를 감리할 수 있는 자는 다음 각호와 같다. 다만, 당해 주택건설공사를 시공하는 자의 계열회사를 제외한다.

1. 300세대 미만의 주택건설공사: 「건축사법」에 따라 건축사업무신고를 한 자, 「건설기술 진흥법」에 따른 종합분야, 설계·사업관리의 세부분야 중 일반 또는 건설사업관리로 등록한 건설기술용역업자

2. 300세대 이상의 주택건설공사:「건설기술 진흥법」에 따른 종합분야, 설계·사업관리의 세부분야 중 일반 또는 건설사업관리로 등록한 건설기술용역업자

② 주택건설공사의 감리원이 될 수 있는 자는 다음 각호의 1에 해당하는 자로서 다른

공사의 감리원으로 지정되지 아니한 자를 말한다. 다만, 다른 공사의 감리원으로 지정된 자가 사업주체의 귀책사유로 제5조 제3항 제7호의 규정에 따라 감리자지정권자가 공고한 착공예정일부터 2월 이상 공사착공이 지연되거나, 공사시행 중 2월 이상 공사가 중지되어 다른 공사 현장의 감리자지정권자로부터 별지 제5호 서식에 의한 확인을 받아 당해 감리자지정신청 시 제출한 경우에는 다른 공사의 감리원으로 지정된 것으로 보지 아니한다.

1. 감리 업무를 총괄하는 총괄감리원은 규칙 제18조 제1항 제1호의 규정에 의한 감리원에 해당하는 자로서 제2호 나목에 해당하는 자

2. 공사분야별 감리원은 규칙 제18조 제1항 제2호의 규정에 적합한 자로서 다음 각목의 1에 적합한 자

    가. 토목분야: 「건설기술 진흥법 시행령」 별표1 제3호에 따른 토목분야의 건설기술자

    나. 건축분야: 「건설기술 진흥법 시행령」 별표1 제3호에 따른 건축분야의 건설기술자. 다만, 건축기계설비, 실내건축의 건설기술자는 제외한다.

    다. 기타 설비분야: 「건설기술 진흥법 시행령」 별표1 제3호에 따른 기계분야, 건축분야 중 건축기계설비, 전기·전자분야 중 건축전기설비 또는 안전관리분야 중 소방의 건설기술자. 다만, 전기·통신 또는 소방분야 중 「전력기술관리법」, 「정보통신공사업법」, 「소방시설공사업법」 등 관계법령에서 정하고 있는 경우에는 그에 따른다.

제5조(감리자 모집공고)

① 감리자지정권자는 법 제15조 제1항에 따른 주택건설사업계획을 승인한 날(국토교통부장관이 주택건설사업계획을 승인한 때에는 승인내용을 통보 받은 날)부터 7일 이내에 감리자 모집공고를 하여야 한다. 다만, 당해 사업주체가 부득이한 사유로 감리자 모집공고일을 별도로 정하여 요구한 경우에는 그러하지 아니하다.

② 제1항에 따른 감리자 모집공고는 해당 지방자치단체, 나라장터 및 한국건설기술관리협회 또는 대한건축사협회 홈페이지에 법정 공휴일을 포함하여 7일 이상 게시하여야 한다

③ 제1항에 따른 모집공고에는 다음 각호의 사항을 포함하여야 한다.

1. 접수기간·낙찰자 결정방법·사업내역·사실확인 서류의 제출 기간 및 제6조의 규정에 의한 제출서류

2. 감리원 응모자격 제한 시점과 감리자 및 감리원 심사기준의 기간계산 적용 시점(감리자 모집공고일을 원칙으로 한다.)

3. 감리비 지급기준에 따라 산출한 감리대가

4. 전자입찰서 제출 기한 및 개찰일시(나라장터 시스템 전자입찰 이용 안내문을 포함

한다.)

5. 감리비지급기준 별지 제1호 서식의 총사업비 산출총괄표 및 별지 제2호 서식의 공종별 총공사비 구성 현황표

6. 제7조의 규정에 의한 공동도급에 관한 사항

7. 사업주체가 제출한 주요공정계획서, 착공예정일

8. 사업주체 또는 시공자의 행정처분 이력 및 감리원 추가배치 유무

9. 사업주체가 제출한 주요공정계획서에 따른 감리원 배치계획표 양식

10. 기타 감리자 지정에 필요한 유의사항

④ 감리자지정권자는 층수가 50층 이상이거나 높이가 150미터 이상인 초고층공동주택(복합건축물을 포함한다. 이하 "초고층공동주택"이라 한다.)에 대한 감리자모집공고를 하는 경우, 사업주체로부터 층수가 35층 이상이거나 높이가 100미터 이상인 건축물의 감리 업무 수행실적(감리자 모집공고일 현재 수행하고 있는 것을 포함하고, 최근 5년 이내의 수행실적을 말한다.)이 있는 감리자를 적격심사대상으로 요청하는 때에는 이를 감리자 모집공고문에 표시하여야 한다.

⑤ 감리자지정권자는 감리자 모집공고 시 모집공고문에 제7조에 따른 공동도급을 인정할 것인지 여부에 대하여 명확히 표시하여야 한다.

⑥ 감리자지정권자는 제1항에 따라 감리자모집공고를 한 때에는 그 사실을 지체 없이 한국건설기술관리협회장 및 대한건축사협회장에게 서면 또는 전자문서 등의 방법으로 통보하여야 한다.

제6조(감리자지정신청 등)

① 감리자로 지정받고자 하는 자는 별지 제1호 서식의 주택건설공사감리자지정신청서 및 별지 제2호 서식의 자기평가서를 전자입찰서 제출 시 첨부하여야 한다. 다만, 전자입찰을 시행하지 않는 경우에는 해당 서류를 감리자지정권자에게 제출하여야 한다.

② 제8조에 따른 적격심사 결과 종합평점이 1순위부터 3순위(종합 평점이 같을 경우 이를 포함한다.)까지는 별지 제1호 서식 뒷면의 사실확인서류를 감리자지정권자에게 제출하여야 한다. 이 경우 감리자지정권자가 필요하다고 인정하여 별도로 지정한 4순위 이하도 포함할 수 있다.

③ 제1항의 규정에 의한 제출 서류는 모집공고일 이후에 발급 또는 작성된 것을 제출하여야 한다.

④ 감리자로 지정받고자 하는 자는 제1항의 감리자지정신청서 등의 서류를 성실하게 작성하여야 한다.

⑤ 감리자로 지정받고자 하는 자가 제7조의 규정에 의한 공동도급으로 응모하는 경우에는 감리 업무를 주도적으로 맡아서 처리하는 감리자의 소속 감리원을 총괄감리원으로 지정하여야 한다.

제7조(공동도급)

① 감리자지정권자는 2 이상의 감리자를 공동으로 입찰에 응모하게 할 수 있다. 이 경우 당해 지역 소재 감리자와의 공동응모 등을 조건으로 부여하여서는 아니 된다.

② 제1항의 규정에 의하여 공동으로 입찰에 응모한 감리자 및 감리원에 대한 평가는 제8조 제2항의 규정에 의한 적격심사의 평가항목 및 배점 기준에 의하되 다음 각호와 같이 평가한다.

1. 감리자의 평가항목 중 감리자의 재무상태 건실도·감리 업무 수행실적·행정제재·설계용역수행·기술 개발 및 투자실적·교육훈련·교체빈도·감리 업무 수행결과가점·지역가점에 대한 평가는 각 항목별로 산정된 평가점수에 공동응모자 각각의 용역참여지분율을 곱한 점수를 합산한다.

2. 감리원(분야별 및 비상주감리원을 포함한다.)의 등급·경력 및 실적·행정제재 및 교체빈도에 대한 평가와 자격가점은 응모참여 감리원을 대상으로 평가한다.

제3장 감리자 적격심사 및 지정 등

제8조(적격심사)

① 감리자지정권자는 제6조의 규정에 의하여 감리자 지정신청을 한 자에 대하여 적격심사를 하여야 한다. 다만, 다음 각호의 1에 해당하는 자는 적격심사대상에서 제외한다.

1. 입찰가격이 제3조 제11호 규정에 의한 예정가격을 초과한 자

2. 제4조의 규정에 의한 감리자(감리원을 포함한다.)의 자격이 없는 자

② 제1항의 규정에 의한 적격심사의 평가항목 및 배점 기준은 별표와 같다.

제9조(감리자평가 등)

① 감리자지정권자는 초고층공동주택 또는 2,000세대 이상의 공동주택에 대한 감리자 모집 공고를 하는 경우에는 감리자가 배치하는 총괄감리원에 대해 부표 제2호에 따른 면접을 실시하여 기술능력, 청렴도, 주요하자 내용 및 방지대책 등의 업무 수행능력을 평가하여야 한다.

② 감리자지정권자는 제1항에 따른 면접을 실시하기 위하여 평가위원회를 구성·운영하여야 한다. 이 경우 평가위원회는 소속 직원 이외에 민간위원을 전체 위원의 2분의 1 이하

로 구성하여야 한다.

③ 감리자지정권자는 제1항에 따라 면접을 한 경우에는 감리자를 지정한 후 평가위원의 명단, 위원별 평가사유서 및 평가결과를 홈페이지 등을 통해 일반에 공개하여야 한다.

제10조(감리자의 지정)

① 감리자지정권자는 제8조의 규정에 의한 적격심사결과 종합평점 85점 이상인 자중 최저가격으로 입찰한 자를 감리자로 지정하여야 한다. 다만, 종합평점 85점 이상인 자가 없는 경우에는 다음 순서에 따라 감리자를 지정하여야 한다.

1. 제8조의 규정에 의한 종합평점 85점 이상인 자가 없는 경우에는 종합평점 85점에 가장 근접한 가격으로 입찰한 자

2. 제6조의 규정에 의한 감리자지정신청이 없는 경우에는 당해 설계용역을 수행한 자

3. 제1호 및 제2호에 해당하는 자가 없거나, 제2호에 해당하는 자가 당해 주택건설공사를 시공하는 자의 계열회사(독점 규제 및 공정 거래에 관한 법률 제2조 제3호의 규정에 의한 계열회사를 말한다.)인 경우에는 사업주체가 추천한 자

② 제1항의 규정에 의한 감리자가 2 이상인 경우에는 다음 순서에 따라 감리자를 지정하여야 한다.

1. 제8조의 규정에 의한 당해 감리자의 사업수행능력 평가점수가 최고인 자, 이 경우 평가점수는 부표 제1호 총괄 가목의 최고평가점수의 제한을 받지 않는다.

2. 제1호의 규정에 의한 당해 감리자의 사업수행능력 평가점수가 동일한 경우에는 추첨을 통하여 감리자를 지정한다.

③ 감리자지정권자는 제1항 또는 제2항의 규정에 의하여 감리자로 지정된자가 감리 업무를 포기한 경우에는 차순위 자를 감리자로 지정할 수 있다.

④ 감리자지정권자는 정당한 사유가 없는 한 사업계획승인일로부터 60일 이내에 감리자를 지정하여야 한다.

제11조(감리자 지정 통보 등)

① 감리자지정권자는 다음 각호의 1에 해당하는 경우에는 3일 이내에 별지 제6호 내지 제7호의 서식에 따라 감리자지정현황 및 감리원배치계획서 등을 감리자·사업주체·한국건설기술관리협회·대한건축사협회 및 한국건설기술인협회에 서면 또는 전자문서 등의 방법으로 통보하여야 한다.

1. 제10조의 규정에 의하여 감리자를 지정한 경우

2. 감리용역 계약 이전에 감리원 배치계획을 변경한 경우

② 감리자지정권자는 지정된 감리자로부터 다음 각호의 1에 해당하는 사실을 통보받은 경우 그 날부터 10일 이내에 별지 제6호 내지 제7호의 서식에 따라 한국건설기술관리협회·대한건축사협회 및 한국건설기술인협회(이하"각 협회"라 한다.)에 서면 또는 전자문서 등의 방법으로 통보하여야 한다.

1. 감리용역 계약이 체결되거나, 변경 또는 종료된 경우
2. 규칙 제18조 제2항의 규정에 의한 감리원의 배치계획서 또는 변경계획서 제출

③ 각 협회는 감리자지정권자로부터 제1항 또는 제2항의 규정에 의한 내용을 통보받은 때에는 그 내용을 기록·유지 및 관리하여야 한다.

④ 감리자와 사업주체는 제1항에 따라 감리자지정권자로부터 감리자 지정현황을 통보받은 경우 그 날로부터 5일 이내에 감리계약을 체결하여야 하며, 감리자의 귀책사유로 감리계약이 체결되지 않는 경우 감리자지정권자는 각 협회에 그 사실을 통보하여야 한다.

제4장 보칙

제12조(사실확인)

① 감리자지정권자는 감리자지정신청서의 내용 또는 감리자에 대한 행정처분사항 등 제8조의 규정에 의한 적격심사에 필요한 사항에 대하여 관계기관에 사실을 조회할 수 있다.

② 감리자지정권자는 제1항에 따른 사실 확인 기간 중 3일의 기간을 정하여 다음 각호의 사항을 다른 감리자지정신청자가 열람 및 이의신청을 할 수 있도록 하여야 한다.

1. 주택건설공사감리자지정신청서[별지1호 서식]
2. 자기평가표[별지2호 서식]
3. 참여감리원의 최근 1년간의 경력

③ 감리자지정권자는 제2항에 따라 이의신청이 있는 경우에는 해당 감리자지정신청자에게 통지하고, 이의신청내용에 대한 사실 여부를 확인한 후 10일 이내에 그 결과를 이의신청한 자에게 통보하여야 하며, 사실 여부 확인결과가 거짓으로 판명된 경우에는 각 협회에 그 사실을 통보하여야 한다.

제13조(감리원의 배치)

① 감리자는 제10조의 규정에 의하여 지정된 감리원을 법 제44조 제1항 및 영 제47조 제4항의 규정에 따라 주택건설공사 현장에 배치하여야 한다. 이 경우 감리원은 다른 공사·용역에 중복하여 배치할 수 없다.

② 감리자는 제1항에 따라 배치된 감리원을 교체하고자 하는 경우 사업주체와 협의하여 별지 제7호 서식에 따른 감리원 배치변경계획서를 작성한 후 사업계획승인권자 및 사업주체에게 보고하여야 한다. 이 경우 교체할 감리원의 자격은 제10조에 따라 지정될 당시 감

리원의 평가 점수([부표]감리원 평가항목 중 (가) 등급, (나) 경력 및 실적, (라) 자격 가점 각각의 항목에 해당하는 점수를 말한다. 이하 "평가점수"라 한다.) 이상을 만족하는 자이어야 한다.

③ 비평가 대상 감리원을 교체하는 경우 동등이상의 "등급"을 만족하는 자이어야 하고, 신규감리원의 경우 동일분야 신규감리원에 해당하는 자이어야 한다.

④ 제2항 및 제3항의 규정에도 불구하고 다음 각호의 어느 하나에 해당하는 경우에는 [부표]에 따른 평가항목 중 교체빈도 산정에 포함하지 아니한다.

1. 제4조 제2항 단서규정에 따라 사업주체의 귀책사유로 인하여 착공예정일부터 2월 이상 공사착공이 지연되거나, 공사시행 중 2월 이상 공사가 중지되어 다른 공사의 감리원으로 지정되어야 하는 경우

2. 감리원이 입대·이민·출산휴가·육아휴직·3월 이상의 요양을 요하는 부상 또는 질병이 있는 경우. 이 경우 출산휴가·육아휴직·3월 이상의 요양으로 인하여 교체된 감리원은 해당 기간 동안 다른 공사 현장의 감리원으로 지정받을 수 없다.

3. 기타 감리원의 퇴사 등 감리자지정권자가 부득이하다고 인정하는 경우. 다만, 퇴사에 해당하는 경우로서 최근 1년 이내 퇴사 후 동일회사로 재입사하여 입찰에 참여한 경우에는 그러하지 아니한다.

⑤ 감리원 배치계획에 토목감리원을 전·후반기로 나누어 배치할 경우 후반기 토목감리원은 전반기 토목감리원의 평가점수를 만족하는 자이어야 한다.

⑥ 감리자지정권자는 제1항에 따라 배치된 감리원이 다음 각호의 어느 하나에 해당하는 행위를 하여 사업주체 또는 시공자로부터 교체 요청이 있는 경우에는 해당 감리원의 의견을 들은 후 교체의 타당성 여부를 판단하여 감리자에게 감리원의 교체를 명할 수 있다. 이 경우 감리자는 해당 감리원을 즉시 교체하여야 한다.

1. 사업주체가 공사를 진행함에 있어 필요한 건축자재의 확인 및 공정확인 등 검토 및 확인업무를 수행함에 있어 3회 이상의 서면 요구에 정당한 이유 없이 거부하거나 지연시킨 경우

2. 주택건설공사감리용역표준계약서 내용에 위반하여 공사진행을 방해하는 경우

3. 사업주체에게 위법한 내용의 공사진행 지시를 하거나 부당한 요구를 한 때

4. 주택건설공사감리 업무 세부 기준의 업무 내용을 위반한 경우

5. 감리원이 정당한 사유 없이 당해 건설공사의 현장을 이탈한 때

6. 감리원이 고의 또는 과실로 제1호의 검토 및 확인업무 수행을 부실하게 하여 공중에 위해를 끼친 때

제14조(부정한 방법으로 지정 받은 감리자 등에 대한 조치 등)

① 감리자지정권자는 제6조의 규정에 의한 감리자 지정 신청서류가 거짓 또는 그 밖의 부정한 방법으로 작성된 것으로 판명된 때에는 감리자 지정대상에서 제외하거나 감리자 지정결정을 취소하여야 한다.

② 감리자지정권자가 제1항의 규정에 의하여 감리자 지정 결정을 취소한 때에는 제10조의 규정에 의한 차순위 자를 감리자로 지정하여야 한다. 이 경우 차순위 자는 당해 감리자 지정 신청 시 제출된 감리원을 당해 공사 현장에 배치하여야 한다.

③ 감리자지정권자는 감리자 또는 감리자지정신청자가 영 제48조 제1항 각호에 해당하는 경우에는 그 내용을 즉시 각 협회에 통보하여야 한다.

　　1. 〈삭 제〉

　　2. 〈삭 제〉

　　3. 〈삭 제〉

④ 각 협회는 제3항의 규정에 의한 통보내용을 기록·유지 및 관리하여야 한다.

⑤ 각 협회의 장은 감리자지정권자가 부정행위 감리자 또는 감리자지정신청자에 대한 사실확인을 요구한 때에는 지체 없이 그 결과를 보고하여야 한다.

⑥ 제3항의 규정에 의하여 부정행위로 확인되어 각 협회에 통보된 감리자 및 감리자지정신청자는 그 사실이 통보된 날로부터 다음 각호의 기간 동안 감리자지정신청을 할 수 없다.

　　1. 영 제48조 제1항 제4호 및 제5호: 1년

　　2. 영 제48조 제1항 제1호부터 제3호까지: 3개월

제15조 〈삭제〉

제5장 행정사항

제16조(재검토기한) 국토교통부장관은 「훈령·예규 등의 발령 및 관리에 관한 규정」(대통령훈령 334호)에 따라 이 고시에 대하여 2018년 7월 1일을 기준으로 매 3년이 되는 시점(매 3년째의 6월 30일까지를 말한다.)마다 그 타당성을 검토하여 개선 등의 조치를 하여야 한다.

부칙 〈제2023-105호, 2023. 2. 28.〉

이 고시는 발령한 날부터 시행한다.

[별표] 감리자의 적격심사항목 및 배점 기준(제8조 제2항 관련)

　[별지 1] 주택건설공사감리자지정 신청서

[별지 2] 자기평가서

[별지 3] 감리비 입찰서

[별지 5] 확인서

[별지 6] 주택건설공사 감리자지정 현황 통보

[별지 7] 감리원 배치계획 및 변경계획서 통보

[별표] 감리자의 적격심사항목 및 배점 기준(제8조 제2항 관련)

1. 총괄

구 분	300세대 미만	300세대 이상 500세대 미만	500세대 이상 1천 세대 미만	1천 세대 이상
사업수행능력	40점	50점	60점	70점
입찰가격	60점	50점	40점	30점

2. 세대별 적격심사 항목 및 배점 기준

가. 300세대 미만의 주택건설공사

심사항목	기 준	심사 방법
사업수행능력	40점	○ 평점 = $\dfrac{\text{평가점수}}{100} \times 40$점 - 소수점 셋째 자리에서 반올림
입찰가격	60점	- 입찰가격을 다음 산식에 의거 산출된 평점 적용 ○ 평점 = 60-5×|(88/100-입찰가격/예정가격)×100| - ||는 절댓값 표시임 - 입찰가격을 예정가격으로 나눈 결과 소수점 넷째 자리에서 반올림 - 최저평점은 5점으로 한다. - 입찰가격이 예정가격 이하로서 100분의 91 이상인 경우의 평점은 45점으로 한다.
계	100점	

나. 300세대 이상 500세대 미만의 주택건설공사

심사항목	기 준	심사 방법
사업수행능력	50점	○ 평점 = $\dfrac{평가점수}{100} \times 50점$ － 소수점 셋째 자리에서 반올림
입찰가격	50점	－ 입찰가격을 다음 산식에 의거 산출된 평점 적용 ○ 평점 = 50-3×ㅣ(88/100-입찰가격/예정가격)×100ㅣ － ㅣㅣ는 절댓값 표시임 － 입찰가격을 예정가격으로 나눈 결과 소수점 넷째 자리에서 반올림 － 최저평점은 4점으로 한다. － 입찰가격이 예정가격 이하로서 100분의 93 이상인 경우의 평점은 35점으로 한다.
계	100점	

다. 500세대 이상 1천 세대 미만의 주택건설공사

심사항목	기 준	심사 방법
사업수행능력	60점	○ 평점 = $\dfrac{평가점수}{100} \times 60점$ － 소수점 셋째 자리에서 반올림
입찰가격	40점	－ 입찰가격을 다음 산식에 의거 산출된 평점 적용 ○ 평점 = 40-2×ㅣ(88/100-입찰가격/예정가격)×100ㅣ － ㅣㅣ는 절댓값 표시임 － 입찰가격을 예정가격으로 나눈 결과 소수점 넷째 자리에서 반올림 － 최저평점은 2점으로 한다. － 입찰가격이 예정가격 이하로서 100분의 95.5 이상인 경우의 평점은 25점으로 한다.
계	100점	

라. 1천 세대 이상의 주택건설공사

심사항목	기 준	심사 방법
사업수행능력	70점	○ 평점 = $\dfrac{평가점수}{100} \times 70점$ － 소수점 셋째 자리에서 반올림

입찰가격	30점	– 입찰가격을 다음 산식에 의거 산출된 평점 적용 ○ 평점 = 30 – ∣(88/100−입찰가격/예정가격)×100∣ – ∣ ∣는 절댓값 표시임 – 입찰가격을 예정가격으로 나눈 결과 소수점 넷째 자리에서 반올림 – 최저평점은 2점으로 한다.
계	100점	

비고: 당해 감리자의 사업수행능력 평가를 위한 세부평가 기준은 부표와 같다.

[부표] 감리자의 사업수행능력 세부평가 기준

1. 총 괄

   가. 평가점수: 100점 ('다'항 및 '라'항의 감리원별 평가점수가 각 배점 범위를 넘는 경우에는 각 배점의 최고점수로 한다.)

   ※ 최고점수 범위: 배점에 가점 및 감점을 합산한 후 감리자는 40점, 총괄감리원은 27점, 분야별감리원은 27점, 비상주감리원은 6점 이내로 함

   나. 적격여부: 적격여부 심사항목 중 어느 하나가 부적합에 해당하는 경우 실격처리하여 감리자 지정평가 대상에서 제외

   다. 감리자(감리회사)

항 목	배 점	참고 사항
소 계	40	가점 및 감점은 별도 합산 후 40점 이내
⑴ 재무상태건실도	5	·감리자의 신용평가등급
⑵ 감리 업무 수행실적	12	·감리 업무 수행금액의 합계
⑶ 행정제재	9	·업무정지, 자격정지, 입찰참가제한 등 처분여부
⑷ 기술 개발 및 투자실적	5	·기술 개발, 투자실적, 교육훈련 실적
⑸ 신규감리원 배치	2	·신규감리원 배치 여부
⑹ 교체빈도	7	·교체빈도에 따라 감점
⑺ 가점	(3)	
– 감리원 추가배치, 총괄감리원 등급 상향	(1)	·가산 배점
– 지역가점	(1)	·가산 배점
– 설계용역 수행가점	(1)	·가산 배점

항목		배점	참고 사항
(8) 적격여부			(적: 적합, 부: 부적합)
- 감리원배치계획		적·부	·감리원 배치계획 등 적합 여부
- 업무중첩도		적·부	·업무중첩에 따른 적합 여부
- 감리원 추가의무배치		적·부	·영업정지, 부실벌점을 받은 사업주체 또는 시공사가 건설하는 사업장에 감리원 추가배치 여부

라. 감리원

항목		배점	참고 사항
소 계		60	
(1) 총괄감리원		27	·가점 및 감점은 별도 합산 후 27점 이내
	(가) 등급	6	·「건설기술 진흥법 시행령」 별표1 제2호 및 "건설기술자의 등급 및 경력인정 등에 관한 기준" 제7조 별표3에 따른 건설사업관리 업무를 수행하는 건설기술자
	(나) 경력 및 실적	18 (15)	·경력 및 실적 *( )는 면접을 실시한 경우 배점
	- 면접(발표)	(3)	·제9조 제1항에 해당하는 경우에 실시하고, 경력 및 실적점수에 반영
	(다) 감리 업무 수행계획서	3	·감리 업무 수행계획서(총괄감리원의 서명·날인 포함) 적정성 여부
	(라) 자격가점	(0.2)	·가산 배점
	(마) 감점	(−3)	
	- 행정제재	(−2)	·감점 배점
	- 교체빈도	(−1)	·감점 배점
(2) 분야별감리원		27	·가점 및 감점은 별도 합산 후 27점 이내
	(가) 등급	2	·「건설기술 진흥법 시행령」 별표1 제2호 및 "건설기술자의 등급 및 경력인정 등에 관한 기준" 제7조 별표3에 따른 건설사업관리 업무를 수행하는 건설기술자
	(나) 경력 및 실적	7	·경력 및 실적
	(다) 자격가점	(0.1)	·가산 배점
	(라) 감점	(−1.5)	
	- 행정제재	(−1)	·감점 배점
	- 교체빈도	(−0.5)	·감점 배점
(3) 비상주감리원		6	·가점 및 감점은 별도 합산 후 6점 이내
	(가) 등급	2	·「건설기술 진흥법 시행령」 별표1 제2호 및 "건설기술자의 등급 및 경력인정 등에 관한 기준" 제7조 별표3에 따른 건설사업관리 업무를 수행하는 건설기술자

(나) 경력 및 실적	4	·경력 및 실적
(다) 감점	(−2)	
− 행정제재	(−1)	·감점 배점
− 교체빈도	(−1)	·감점 배점

2. 분야별 평가방법

가. 감리자(감리회사)

항목	배점	적용 기준
소계	40	가점 및 감점은 별도 합산 후 40점 이내
(1) 재무상태 건실도	5	▶ **평가 및 산정방법**

(1) 재무상태 건실도 관련:

▶ **평가 및 산정방법**

– 재무상태 건실도의 평가는 신용평가등급으로 평가하며, 다음 각호에 따라 적용함

1. 신용평가등급은 회사채에 대한 신용평가등급을 기준으로 하되, 기업어음 및 기업신용에 관한 신용등급도 활용할 수 있음

2. 「신용정보의 이용 및 보호에 관한 법률」 제4조 제1항 제1호의 업무를 영위하는 신용정보업자 또는 「자본시장과 금융투자업에 관한 법률」 제335조의 3 제1항의 신용평가업자가 모집공고일 기준으로 유효기간 내에 있는 회사채(기업어음 또는 기업신용)에 대한 신용평가등급(위의 신용정보업자가 신용평가등급, 등급평가일 및 등급유효기간 등을 명시하여 작성한 '신용평가등급확인서')을 기준으로 평가하여야 함.

3. 합병한 업체에 대하여는 합병 후 새로운 신용평가등급으로 심사하여야 하며, 합병 후의 새로운 신용평가등급이 없는 경우에는 합병대상업체 중 가장 낮은 신용평가등급을 받은 업체의 신용평가등급으로 평가함.

4. 참여 감리자가 "신용평가등급확인서"를 제출하지 않은 경우 0점 처리

– 배점기준

점 수	회사채의 신용평가등급	기업어음의 신용 평가등급	기업 신용평가등급
5.0	AAA	–	(회사채에 대한 신용평가등급 AAA에 준하는 등급)
	AA+, AA0, AA–	A1	(회사채에 대한 신용평가등급 AA+, AA0, AA–에 준하는 등급)
	A+	A2+	(회사채에 대한 신용평가등급 A+에 준하는 등급)
	A0	A20	(회사채에 대한 신용평가등급 A0에 준하는 등급)
	A–	A2–	(회사채에 대한 신용평가등급 A–에 준하는 등급)
4.2	BBB+	A3+	(회사채에 대한 신용평가등급 BBB+에 준하는 등급)
	BBB0	A30	(회사채에 대한 신용평가등급 BBB0에 준하는 등급)
	BBB–	A3–	(회사채에 대한 신용평가등급 BBB–에 준하는 등급)
3.4	BB+, BB0	B+	(회사채에 대한 신용평가등급 BB+, BB0에 준하는 등급)
	BB–	B0	(회사채에 대한 신용평가등급 BB–에 준하는 등급)
	B+, B0, B–	B–	(회사채에 대한 신용평가등급 B+, B0, B–에 준하는 등급)
2.6	CCC⁺이하	C 이하	(회사채에 대한 신용평가등급 CCC⁺이하에 준하는 등급)

(2) 감리 업무 수행실적	12	▶ **평가 및 산정방법**

▶ **평가 및 산정방법**

– 모집공고일 기준으로 최근 3년 이내에 「주택법」, 「건설기술 진흥법」에 따른 주택건설공사(한국토지주택공사, 지방공사가 발주한 공사를 포함한다.)의 감리용역 또는 시공 단계의 건설사업관리 용역을 준공(최근 3년간 중 해당 감리 또는 시공 단계의 건설사업관리 용역기간 동안 수행한 개월 수에 따라 산정)하였거나, 수행 중(전체 용역기간 중 최근 3년간에 실제 감리 또는 시공 단계의 건설사업관리 용역을 수행한 개월 수에 따라 평가하여 산정)인 실적(감리수행금액)을 인정

· 준공금액 또는 수행금액(원) = 감리금액(원) × (3년 이내 수행 일수/총공사 기간 일수) 〈소수점 이하 절사〉

예) 최근 3년간 실적계산 방법
① 감리용역이 준공된 경우
2013. 9. 1. 모집 공고한 경우로서 공사 기간 4년(2009. 1. 1. 공사착공, 2012. 12. 31. 준공)인 30억 원 주택건설공사의 감리를 수행한 경우에는 2010. 9. 1.부터 2012. 12. 31.까지 금액계상[2010. 9. 1.부터 2012. 12. 31.까지의 해당하는 감리비]

* 준공실적(원) = 30억(원) × [{122일+(2년×365일)}÷(4년×365일)] = 1,750,684,931(원)

② 감리용역을 수행 중인 경우
2013. 9. 1. 모집공고한 경우로서 공사 기간 5년(2011. 1. 1. 공사착공, 준공예정일 2015. 12. 31.)인 30억 원 주택건설공사의 감리를 수행 중인 경우에는 2011. 1. 1.부터 2013. 8. 31.까지 금액계상[2011. 1. 1.부터 2013. 8. 31.까지의 선금급이나 기성금 수령에 관계없이 실제 적용기간에 해당하는 감리비]

* 수행실적(원) = 30억(원) × [{(2년×365일)+243일}÷(5년×365일)] = 1,599,452,054(원)

· 「건축법」 및 「건설기술 진흥법」에 따른 건축공사(주택건설공사 이외의 공사를 말한다. 이하 같다.)를 감리 또는 시공 단계의 건설사업관리 용역을 한 경우에는 80% 인정

※ 건축공사의 분류는 「건설산업기본법」 제2조 제4호 및 같은 법 시행규칙 제22조 관련 별지 제20호 서식에 따른다.

– 감리지정 신청자의 실적인정 범위

· 감리 업무 수행실적은 "한국건설기술관리협회" 또는 "대한건축사협회"에서 발급한 증명서류에 명시된 실적에 한함

· 법인이 아닌 건축사사무소의 감리 업무 수행실적은 해당 건축사사무소의 건축사업무를 신고한 자의 것만 인정

· 법인 건축사사무소 명의로 수행한 감리수행 실적은 법인의 것만 인정함

– 배점기준

공사규모	기준금액 및 배점				
1,500세대 이상	350 이상	350 미만 250 이상	250 미만 150 이상	150 미만 70 이상	70 미만
1,500세대 미만 1,000세대 이상	250 이상	250 미만 150 이상	150 미만 70 이상	70 미만 50 이상	50 미만
1,000세대 미만 800세대 이상	150 이상	150 미만 70 이상	70 미만 50 이상	50 미만 30 이상	30 미만
800세대 미만 500세대 이상	70 이상	70 미만 50 이상	50 미만 30 이상	30 미만 10 이상	10 미만
500세대 미만 300세대 이상	50 이상	50 미만 30 이상	30 미만 10 이상	10 미만 5 이상	5 미만
300세대 미만	10 이상	10 미만 7 이상	7 미만 5 이상	5 미만 3 이상	3 미만
배 점	12	10.8	9.6	8.4	7.2

(3) 행정제재	9	

▶ 평가 및 산정방법

– 다음 기준에 따라 각각 감점하되, 감점합계 점수가 배점기준을 초과한 경우에는 배점기준만큼 감점

· 감리자의 입찰참가자격제한 등 최근 1년간 관계법령에 따라 입찰참가제한 또는 업무정지 등을 받은 기간을 합산하여 합산 기간 1월마다 배점 1점씩 감점 (1월은 30일 기준이며, 30일 미만은 1월로 간주)

예) 업무정지 44일인 경우 감점 산정
* 감점(점) = 1(점) × 월수(월) = 1 × 2 = 2(점)
　월수(월) = 44(일) / 30(일) = 1월 + 14일(14일 = 1월 간주) ⇒ 2(월)

· 감리 업무와 관련하여 「건설기술 진흥법」 제53조에 따라 부실벌점을 받은 경우, 감리자의 부실벌점은 누계평균 부실벌점에 의하여 다음 기준에 따라 감점

ㄱ. 합산벌점이 1점 이상 1.5점 미만: 0.5점 감점
ㄴ. 합산벌점이 1.5점 이상 3점 미만: 1점 감점
ㄷ. 합산벌점이 3점 이상: 2점 감점

· 제12조 제3항에 따른 사실 여부 확인결과 거짓으로 판명된 경우 다음 기준에 따라 감점

ㄱ. 최근 3년간 위반 횟수 1회 마다: 0.5점 감점

· 제11조 제4항을 위반한 사유가 감리자의 귀책사유로 판명된 경우 다음 기준에 따라 감점

ㄱ. 최근 3년간 위반 횟수 1회 마다: 0.25점 감점

(4) 기술 개발 및 투자실적	5	▶ **평가 및 산정방법**

▶ **평가 및 산정방법**

– 기술 개발 및 투자실적은 건설기술 개발실적, 건설기술 개발투자실적 및 교육훈련을 평가함

• **건설기술 개발실적(2.0점): 건설기술관련 기술 개발을 한 경우 점수 부여**

– 「건설기술 진흥법」 등에 따라 지정된 건설신기술 또는 건설기술에 관한 특허 등에 대하여 감리자 명의로 최초 지정 또는 최초 출원하여 등록 결정 받아 유효기간 내에 있는 경우: 건당 0.5점

> ※ 공동도급에 의한 경우에는 용역참여지분율에 의하고, 2인 이상의 자가 최초 지정 또는 최초 출원하여 등록 결정된 경우에는 그 인원수로 나누어 평가한다.

– 건설기술 개발실적이 같은 내용으로 건설신기술, 특허등록 결정을 각각 받은 경우, 가장 점수가 높은 1건만 인정

– 개발한 건설기술이 특허인 경우에는 아래 방법에 따라 경과 기간의 가중치를 부여하고, 10년 이상 경과한 경우에는 0점으로 평가

분	3년 미만	3년 이상 6년 미만	6년 이상 10년 미만
특 허	100%	80%	60%

– 건설기술 개발실적은 감리비지급기준 별지 제2호 서식의 토목·건축·기계설비 분야의 공종에 해당하는 주택건설기술에 한하여 인정 평가함

• **건설기술 개발투자실적(2.5점): 최근 3년간 건설기술 개발 투자실적의 건설부문 총매출액에 대한 비율(건설기술 개발 투자액/건설부문 총매출액)에 따라 부여**

– 타인이 보유한 건설신기술 또는 특허에 대한 지정, 등록결정을 양수·양도 또는 대여 받은 경우, 이에 대한 비용을 건설기술 개발투자실적(금액)으로 인정

– 건설기술 개발투자실적(재무제표상의 연구개발비, 교육훈련비, 개발비 등)은 최근 3년간 건설 부문 총매출액 합계에 대한 비율로 평가하며, 실적이 전혀 없는 경우 0점으로 평가

– 해당 업체인 경우, 공인회계사 또는 세무사가 증명한 최근 3년간 투자실적 제출

– 배점기준

구 분	3% 이상	3.0% 미만 2.5% 이상	2.5% 미만 2.0% 이상	2.0% 미만 1.5% 이상	1.5% 미만 1.0% 이상
점 수	2.5	2.0	1.5	1.0	0.5

• **교육 훈련(0.5점)**

– 참여감리원이 최근 3년간 「건설기술 진흥법 시행령」 제42조 제2항 별표3에 따른 건설사업관리 업무를 수행하는 건설기술자 전문교육을 받은 경우, 다음 기준에 따라 계산하여 합산적용 〈소수점 셋째 자리 반올림〉

· 70시간 이상 교육을 이수한 경우: (교육이수 인원/평가대상 인원수) × 0.5점

· 35시간 이상 70시간 미만 교육을 이수한 경우: (교육이수 인원/평가대상 인원수) × 0.3점(생략)

(5) 신규 배치	2	▶ **평가 및 산정방법**

– 감리자 소속 감리원 중 신규감리원을 해당 공사 현장에 감리원으로 배치한 경우 아래 평가방법에 따라 평가함

· 각 분야별 신규감리원은 전체 공사 기간 동안 배치하여야 하고 건축분야는 최소 1명 이상 배치: 건축분야 미배치 시 0점

– 평가방법

(단위: 세대)

구 분	1,000세대 미만	1,000세대 이상 1,500세대 미만	1,500세대 이상 2,000세대 미만	2,000세대 이상
0명	2.0점	0점	0점	0점
1명	2.0점	1.5점	1.0점	0점
2명	2.0점	2.0점	1.5점	1.0점
3명	2.0점	2.0점	2.0점	1.5점
4명 이상	2.0점	2.0점	2.0점	2.0점

(6) 교체 빈도	7	▶ **평가 및 산정방법**

– 감리자 소속 전체 감리원 중 현장배치된 감리원 수(「건축법」 및 「건설기술 진흥법」에 따른 감리 및 시공 단계의 건설사업관리 용역포함)에 대한 최근 1년간 감리원(건설사업관리기술인 포함)으로 참여한 용역에서의 교체 건수

· 최근 1년간 계획공정 만료 시점 이전에 교체된 경우에는 이를 교체 건수로 본다. 다만, 제13조 제4항 각호에 해당하는 경우에는 교체 건수로 보지 아니하나, 퇴사에 해당하는 경우로서 최근 1년 이내 퇴사 후 동일회사로 재입사하여 입찰에 참여한 경우에는 교체 건수에 포함한다.

– 배점기준

$$교체빈도율(\%) = \frac{최근\ 1년간\ 교체\ 건수}{최근\ 1년간\ 배치감리원\ 수} \times 100$$

비 율	5% 미만	5% 이상 10% 미만	10% 이상 15% 미만	15% 이상 20% 미만	20% 이상
배 점	7	5	3	1	0

– 최근 1년간 교체 건수

· 「주택법」·「건설기술 진흥법」·「건축법」에 따라 현장 배치된 상주감리원(건설사업관리기술인 포함) 1인 교체 시 1건, 비상주감리원(건설사업관리기술인 포함) 1인 교체 시 0.2건으로 각각 산정한다.

– 최근 1년간 배치감리원 수

· 「주택법」, 「건설기술 진흥법」, 「건축법」에 따라 현장 배치된 감리원(건설사업관리기술인 포함) 수로서 상주감리원(건설사업관리기술인 포함)은 1인, 비상주감리원(건설사업관리기술인 포함)은 0.2인으로 각각 산정한다.

※ 교체빈도율(%)은 소수점 셋째 자리에서 반올림한다.

(7) 가점	③ ① 감리원 추가배치 / 총괄감리원 등급상향	▶ **평가 및 산정방법** – 300세대 이상의 주택건설공사에서 구조체 공사(지정 및 기초공사, 철골공사, 철근 콘크리트공사를 말한다. 이하 같다.)기간 동안 건축분야 중급건설기술자 이상의 건설 기술자를 추가로 배치한 경우 다음 배점 기준에 따라 가산점 부여. 다만, 같은 표 항목 ⑧ 적부 여부 중 "감리원 추가의무배치"에 해당하는 감리원은 제외 – 평가방법

구 분	300세대 이상 1,000세대 미만	1,000세대 이상 2,000세대 미만	2,000세대 이상
1명	1.0점	0.7점	0.5점
2명	1.0점	1.0점	0.7점
3명 이상	1.0점	1.0점	1.0점

※ 「주택건설공사감리비 지급기준」 제3조에 따라 산출한 공사비에 대한 감리인·월수에 따라 배치된 감리원은 가점 대상에서 제외한다.

– 300세대 미만의 주택건설공사에서 총괄감리원을 특급건설기술자로 배치하는 경우 가산점 1점 부여

	① 지역가점	– 500세대 미만의 주택건설공사로서 감리자모집 공고 시 공고된 경우에 한하여 감리 자모집공고일을 기준으로 6개월 이상 계속하여 해당 지역에 주된 사무소가 등록된 감 리자에게 다음 배점기준에 따라 가산점 부여 – 배점기준

배 점	주택건설지역
1	특별시·광역시 및 도(道) 각 관할 지역의 감리자

	① 설계용역수행가점	– 해당 주택건설공사의 설계용역을 수행한 자가 감리자로 응모한 경우 · 해당 주택건설공사의 설계용역이 현상설계(해당 감리자지정권자가 인정한 경우에 한한다.)인 경우: 0.7점 · 해당 주택건설공사의 설계용역이 현상설계가 아닌 경우: 0.2점 ※ 공동도급 시에는 용역참여지분율에 따라 평가하고, 2개 사 이상이 설계한 경우에는 그 지분율에 따라 평가한다. – 해당 주택건설공사의 설계용역을 수행한 책임기술자가 해당 설계용역을 수행한 설계사무소 소속으로써 총괄감리원으로 응모한 경우 · 해당 주택건설공사의 설계용역이 현상설계(해당 감리자지정권자가 인정한 경우에 한한다.)인 경우: 0.3점 · 해당 주택건설공사의 설계용역이 현상설계가 아닌 경우: 0.1점

(8) 적격여부	(적·부)	(적: 적합, 부: 부적합)
	(적·부) 감리원 배치계획	**▶ 평가방법** − 감리자 모집공고 시 공고된 예정공정표와 감리원 배치계획이 다음 기준에 부적합한 경우: 실격(평가대상에서 제외) · 감리자 모집공고 시 공고된 주요공정표(예정공정표)에 따라 「감리비지급기준」 제3조 제2항에 따라 산출한 해당 공사의 감리인·월수 이상의 감리원(평가감리원·비평가감리원)을 배치하여야 한다. 다만, 비상주감리원의 인·월수는 총 배치한 인·월수의 15% 범위 이내로 배치하여야 한다. · 이 경우 적격심사(평가)대상인 총괄감리원, 신규감리원, 비상주감리원은 공사 전 기간 동안에, 해당 분야별 감리원은 해당 공사 기간 동안에 배치하여야 한다. · 평가대상 감리원은 예정공정표에 따라 배치하고 해당 공사의 감리인·월수가 충족되지 못한 경우 비평가 대상감리원을 배치하여 충족되게 하여야 한다. · 감리원 배치계획서(또는 배치계획표)에는 참여감리원(비평가 대상감리원, 신규감리원, 조경감리원 및 후반기에 배치되는 토목감리원은 등급만 표기) 전원의 성명을 기입하여야 한다. · 1,500세대 이상인 경우에는 조경공사 기간 동안 조경분야 자격을 가진 감리원을 배치하여야 하며, 해당 공사 착수 시 배치계획서에 명시된 등급의 동등 이상에 해당하는 조경분야 감리원을 배치하여야 한다. · 가점으로 인정받기 위하여 추가로 배치하는 감리원은 구조체 공사 기간 동안 배치되어야 하며, 구조체 공사 착수 시 배치계획서에 명시된 등급의 동등 이상에 해당하는 감리원을 배치하여야 한다.
	(적·부) 업 무 중첩도	**▶ 평가방법** − 당해 주택건설공사의 총괄감리원으로 참여하고자 하는 자가 다른 공사·용역 등에 중복 참여하는 경우: 실격(평가대상에서 제외) − 당해 주택건설공사의 분야별감리원으로 참여하고자 하는 자가 다른 공사·용역 등에 중복 참여하여 배치계획기간이 중복되는 경우: 실격(평가대상에서 제외) − 당해 주택건설공사의 비상주감리원으로 참여하고자 하는 자가 다른 공사·용역 등에 상주기술자로 중복배치되어 있거나 비상주기술자로 10개 초과 중복배치 되어 있는 경우: 실격(평가대상에서 제외) ※ 감리자지정신청자는 참여감리원이 다른 공사·용역 등에 참여하고 있을 경우, 해당 공사·용역의 허가권자(또는 발주청)가 공고일 이후 발급한 배치계획서 등을 당해 공사 현장의 감리자지정권자에게 제출하여야 하며, 이를 제출받은 감리자지정권자는 배치계획기간의 중복 여부를 확인하여야 한다.

	(적·부) 감리원 추가 의무 배치	▶ **평가대상**

▶ **평가대상**

- 다음 중 어느 하나에 해당하는 자가 주택건설공사를 하는 경우

· 15일 이상의 영업정지 처분을 받고 사업계획승인일이 영업정지 기간이 끝난 날부터 2년이 미경과된 사업주체 또는 시공자

※ 영업정지 처분은 다음의 어느 하나에 해당하는 경우를 말한다.

1) 「주택법 시행령」 별표1 제2호 다목, 같은 호 바목 1)부터 4)까지, 같은 호 차목 6)부터 9)까지 및 14)[14]의 경우 법 제33조부터 제42조까지의 규정 위반으로 법 제94조에 따른 명령을 위반한 경우만 해당한다.]에 따른 영업정지 처분
2) 「건설산업기본법 시행령」에 따른 토목공사업 또는 건축공사업으로서 같은 영 별표6 제2호 가목 6) 가), 같은 목 7)부터 12)까지, 16)부터 20)까지 및 같은 호 라목 3)에 따른 영업정지 처분

· 사업계획승인일 기준으로 「건설기술진흥법 시행령」 별표8에 따른 합산벌점 3점 이상인 사업주체 또는 시공자

▶ **평가방법**

- 300세대 이상의 주택건설공사에서 마감공사(「공동주택관리법 시행령」 별표4 시설공사 중 제1호 나목, 라목부터 자목까지, 제7호만 해당한다.) 기간 동안 또는 구조체 공사 기간 동안 건축분야 중급건설기술자 이상의 건설기술자를 추가로 배치하지 않는 경우: 실격(평가대상에서 제외)

※ 구조체 공사 기간 동안 감리원을 배치하여야 하는 경우는 「건설산업기본법」 제82조 제1항 제6호 라목 및 제1항 제7호에 따른 영업정지 또는 「건설기술진흥법 시행령」 별표8 제5호 가목 1.10, 1.11, 1.14에 따른 벌점에 해당하는 경우로서 추가하는 감리원 중 1명을 안전관리 업무를 전담하도록 하여야 한다.

- 평가방법

구 분	300세대 이상 1,000세대 미만	1,000세대 이상 2,000세대 미만	2,000세대 이상
추가 인원	1명	2명	3명

※ 「주택건설공사감리비 지급기준」 제3조에 따라 산출한 공사비에 대한 감리인·월 수에 따라 배치된 감리원은 의무 대상에서 제외한다.

나. 감리원

(1) 총괄감리원

항 목	배 점	적용 기준
소계	27	가점 및 감점은 별도 합산 후 27점 이내
(가) 등급	6	**▶ 평가 및 산정방법** – 「건설기술 진흥법 시행령」 별표1 제2호 및 "건설기술자의 등급 및 경력인정 등에 관한 기준" 제7조 별표3에 따른 건설사업관리 업무를 수행하는 건설기술자에 따라 평가 – 등급배점기준(등급 미만은 실격처리함) · 1천 세대 이상은 특급건설기술자 이상: 6점 · 1천 세대 미만은 고급건설기술자 이상: 6점
(나) 경력 및 실적	18 (15)	**▶ 평가 및 산정방법** 〈기본자격요건〉 – 주택건설공사감리·감독 등의 업무를 수행한 경력이 5년 이상으로서 주택의 층수가 15층 이상의 건축물을 감리 또는 시공 단계의 건설사업관리 용역을 한 경력이 있는 사람에 한함 ※ "주택건설공사감리·감독 등의 업무를 수행한 경력"이란 ① 해당분야 감리원으로서 주택건설공사에서 해당분야의 감리 또는 시공 단계의 건설사업관리 용역 업무를 수행한 경력 ② 「건설기술 진흥법」 제2조 제6호에 따른 발주청 소속 직원으로 사업계획승인을 얻은 주택건설공사의 감독업무를 수행한 경력 ③ 공무원으로서 주택건설공사관련 업무를 수행한 경력을 말한다. 〈배점기준 적용〉 – 건축분야 감리원 · 주택건설공사에서 건축분야의 감리 또는 시공 단계의 건설사업관리 업무를 수행한 경력: 100% · 주택건설공사에서 건축분야의 감독·설계·시공·건설사업관리업무를 수행한 경력 또는 주택건설공사 외의 건축공사에서 건축분야의 감리 또는 시공 단계의 건설사업관리 업무를 수행한 경력: 80% · 주택건설공사 외의 건축공사에서 건축분야의 감독·설계·시공·건설사업관리업무를 수행한 경력: 60% – 공무원 등 · 「건설기술 진흥법」 제2조 제6호에 따른 발주청 소속 직원으로 사업계획승인을 얻은 주택건설공사의 감독업무를 수행한 경력: 100% · 「건설기술 진흥법」 제2조 제6호에 따른 발주청 소속 직원으로 건축공사에서 감독업무를 수행한 경력: 80%

- 공무원으로서 주택건설공사 관련 업무를 수행한 경력: 100%

- 공무원으로서 건축공사 관련 업무를 수행한 경력: 80%

  ※ 건축공사의 분류는 「건설산업기본법」 제2조 제4호 및 같은 법 시행규칙 제22조 관련 별지 제20호 서식에 따르며, 「주택법」·「건설기술 진흥법」 등에 따른 비상주감리원(건설사업관리기술인 포함)의 경력은 위 분야별 경력산정방법에 따라 산정한 기간의 20%로 한다.

- 배점기준

배 점	18 (15)	16.5 (13.5)	15 (12)	13.5 (10.5)
1천 세대 이상	12년 이상	12년 미만 10년 이상	10년 미만 8년 이상	8년 미만
1천 세대 미만	10년 이상	10년 미만 8년 이상	8년 미만 6년 이상	6년 미만

  ※ ( )는 면접을 실시하는 경우 배점

(3)

- 면접(발표)
- 제9조 제1항에 따라 총괄감리원의 면접(발표)을 통하여 업무 수행능력을 평가하고 비고에 따라 참여업체의 등급을 판정한 후 아래의 배점을 부여

- 배점기준

평가등급	수	우	미	양	가
배 점	3	2.7	2.4	2.1	1.8

(다) 감리 업무 수행 계획서

3

▶ **평가 및 산정방법**

- 총괄감리원이 해당 주택건설공사에 대한 사업개요, 감리 업무 수행 시 예상되는 문제점 및 대책 등을 다음 작성기준 및 내용에 적정하게 작성 및 제출(서명·날인)한 경우: 3점

  · 감점: 최대 0.5감점
   * 쪽수 위반은 0.1점 감점, 각 부문의 내용 불일치·오류·모순이 있는 경우 부문별 0.1점 감점
  · 제출하지 아니한 경우: 0점

- 작성기준 및 내용

(단위: 세대)

구 분	500 미만	500 이상 1,500 미만	1500 이상 2,500 미만	2,500 이상
쪽 수	15쪽 이상	20쪽 이상	25쪽 이상	30쪽 이상
부 문 (내 용)	1. 사업 개요 2. 감리 업무·수행 시 예상되는 문제점 및 대책 3. 공정관리 4. 시공관리 5. 품질관리 6. 안전관리 및 환경관리 7. 기타 기술 검토 등			

※ 감리 업무 수행계획서의 쪽수는 표지, 간지를 제외하며, 표현 방식에 특별한 제한 없음

(라) 자격 가점	(0.2)	▶ **평가 및 산정방법** - 자격배점: 0.2점 · 건축사 및 건축분야기술사자격증 소지자 ※ 관련분야기술사: 「건설기술 진흥법 시행령」 별표1 "3. 건설기술관련 직무 분야 및 전문분야" 중 직무 분야가 건축에 해당하는 기술사
(마) 감점	(−3.0)	▶ **평가 및 산정방법** - 다음 기준에 따라 각각 감점하되, 감점합계 점수가 각 배점기준을 초과한 경우에는 각 배점기준만큼 감점
	(−2) 행정 제재	· 감리 또는 시공 단계의 건설사업관리 업무와 관련하여 최근 1년간 관계법령에 따라 기술자격정지 또는 업무정지를 받은 기간을 합산하여 합산 기간 3월마다 0.5점씩 감점(정지 개월 수를 3월로 나누어 올림한 값을 적용한다.) · 감리 또는 시공 단계의 건설사업관리 업무와 관련하여 「건설기술 진흥법」 제53조에 따라 부실벌점을 받은 경우, 누계평균 부실벌점에 의하여 다음 기준에 따라 감점 ㄱ. 합산벌점이 2점 이상 10점 미만: 0.5점 감점 ㄴ. 합산벌점이 10점 이상 15점 미만: 1.0점 감점 ㄷ. 합산벌점이 15점 이상 20점 미만: 1.5점 감점 ㄹ. 합산벌점이 20점 이상: 2.0점 감점
	(−1) 교체 빈도	▶ **평가 및 산정방법** - 감리 또는 시공 단계의 건설사업관리 용역에서 감리원(「건설기술 진흥법」에 따른 건설사업관리기술인 및 「건축법」에 따른 감리원 포함)으로 배치되어 최근 1년간 계획공정 만료 시점 이전에 교체된 경우 1건당 0.2점씩 감점[비상주감리원(건설사업관리기술인 포함)으로서 교체된 경우 1건당 0.1점씩 감점] ※ 이 경우 제13조 제4항 각호에 해당하는 경우에는 교체로 보지 아니하나, 퇴사에 해당하는 경우로서 최근 1년 이내 퇴사 후 동일회사로 재입사하여 입찰에 참여한 경우에는 교체 건수에 포함한다.

〈비 고〉

상대평가 등급배분 및 평가방법

■ 신청자 수별 평가등급 배분

업체 수	등급					업체 수	등급				
	수	우	미	양	가		수	우	미	양	가
2,3	1	1	(1)			22	2	5	9	4	2
4	1	2	1			23	2	5	9	5	2
5	1	2	1	1		24	2	5	10	5	2
6	1	2	1	1	1	25	3	5	10	5	2
7	1	2	2	1	1	26	3	5	10	5	3

8	1	2	3	1	1	27	3	5	11	5	3
9	1	2	3	2	1	28	3	6	11	5	3
10	1	2	4	2	1	29	3	6	11	6	3
11	1	2	5	2	1	30	3	6	12	6	3
12	1	3	5	2	1	31	3	6	13	6	3
13	1	3	5	3	1	32	3	7	13	6	3
14	1	3	6	3	1	33	3	7	13	7	3
15	2	3	6	3	1	34	3	7	14	7	3
16	2	3	6	3	2	35	4	7	14	7	3
17	2	3	7	3	2	36	4	7	14	7	4
18	2	4	7	3	2	37	4	7	15	7	4
19	2	4	7	4	2	38	4	8	15	7	4
20	2	4	8	4	2	39	4	8	15	8	4
21	2	4	9	4	2	40	4	8	16	8	4

※ 업체 수가 40개를 초과하는 경우

• 업체 수(A)가 홀수인 경우: (A−1)/2에 해당하는 등급배분에 2배를 곱하되, '미' 부분에 1을 추가하여 등급 배분을 결정
• 업체 수(A)가 짝수인 경우: A/2에 해당하는 등급 배분에 2배를 곱하여 등급배분 결정

예) 업체 수가 47개인 경우
  – 업체 수 23개[=(47−1)/2]에 해당하는 아래의 등급 배분에,

23	2	5	9	5	2

  – 2배를 곱하되, '미' 부분에 1을 추가하여 '47개 업체'일 경우의 등급 배분 결정

47	4	10	19	10	4

(2) 분야별 감리원

– 주택건설공사 규모에 따라 아래와 같이 분야별 감리원 각각 심사

주택건설공사 규모	평가대상 감리원 수	분야별 감리원 수	비 고
300세대 미만	2명	토목 1명, 설비 1명	등급·경력 및 실적은 심사한 후 1.5점을 곱한 값(소수점 둘째 자리 반올림)으로 평점하며, 가점·감점은 배점기준으로 평점
300세대 이상 1,000세대 미만	3명	건축 1명, 토목 1명, 설비 1명	
1,000세대 이상 2,000세대 미만	4명	건축 2명, 토목 1명, 설비 1명	
2,000세대 이상 3,000세대 미만	5명	건축 3명, 토목 1명, 설비 1명	
3,000세대 이상	6명	건축 4명, 토목 1명, 설비 1명	

※ 평가대상 분야별 감리원(건축)에 대한 점수는 개인별 평가결과를 합산한 후 평균점수로 산정(소수점 둘째 자리 반올림)

항 목	배 점	적용 기준
소 계	9	가점 및 감점은 분야별로 별도 합산 후 9점 이내
(가) 등급	2	▶ **평가 및 산정방법** – 「건설기술 진흥법 시행령」 별표1 제2호 및 "건설기술자의 등급 및 경력인정 등에 관한 기준" 제7조 별표3에 따른 건설사업관리 업무를 수행하는 건설기술자에 따라 평가 – 등급배점기준(2점)
(나) 경력 및 실적	7	▶ **평가 및 산정 방법**(해당 분야의 경력 및 실적만 인정) 〈기본자격요건〉 – 주택건설공사의 해당분야 감리·감독 등의 업무를 수행한 경력이 1년 이상으로서 주택의 층수가 15층 이상의 건축물을 감리 또는 시공 단계의 건설사업관리 용역을 한 경력이 있는 사람에 한함

등급배점기준(2점) 표:

공사 규모	점 수		
1천 세대 이상	특급건설기술자	고급건설기술자	중급건설기술자
	2	1.8	1.6
1천 세대 미만 300세대 이상	고급건설기술자 이상		중급건설기술자
	2		1.8
300세대 미만	중급건설기술자 이상		
	2		

※ "주택건설공사감리·감독 등의 업무를 수행한 경력"이란 ① 건축분야 감리원으로서 주택건설공사에서 건축분야의 감리 또는 시공 단계의 건설사업관리용역업무를 수행한 경력 ② 「건설기술 진흥법」 제2조 제6호에 따른 발주청 소속 직원으로 사업계획승인을 얻은 주택건설공사의 감독업무를 수행한 경력 ③ 공무원으로서 주택건설공사관련 업무를 수행한 경력을 말한다.

– 건축분야 감리원

· 주택건설공사에서 건축분야의 감리 또는 시공 단계의 건설사업관리 업무를 수행한 경력: 100%

· 주택건설공사에서 건축분야의 감독·설계·시공·건설사업관리업무를 수행한 경력 또는 주택건설공사 외의 건축공사에서 건축분야의 감리 또는 시공 단계의 건설사업관리 업무를 수행한 경력: 80%

· 주택건설공사 외의 건축공사에서 건축분야의 감독·설계·시공·건설사업관리업무를 수행한 경력: 60%

– 토목분야 감리원

· 주택건설공사에서 토목 분야의 감리 또는 시공 단계의 건설사업관리 업무를 수행한 경력: 100%

· 주택건설공사에서 토목 분야의 감독·설계·시공·건설사업관리업무를 수행한 경력 또는 주택건설공사 외의 건축공사에서 토목 분야의 감리 또는 시공 단계의 건설사업관리 업무를 수행한 경력: 80%

· 주택건설공사 외의 건축공사에서 토목 분야의 감독·설계·시공·건설사업관리업무, 토목공사에서 토목 분야의 감리 또는 시공 단계의 건설사업관리 업무를 수행한 경력: 60%

· 토목 공사에서 토목 분야의 감독·설계·시공·건설사업관리업무를 수행한 경력: 40%

– 설비분야 감리원
· 주택건설공사에서 설비분야의 감리 또는 시공 단계의 건설사업관리 용역업무를 수행한 경력: 100%

· 주택건설공사에서 설비분야의 감독·설계·시공·건설사업관리업무를 수행한 경력 또는 주택건설공사 외의 건축공사에서 설비분야의 감리 또는 시공 단계의 건설사업관리 용역업무를 수행한 경력: 80%

· 주택건설공사 외의 건축공사에서 설비분야의 감독·설계·시공·건설사업관리업무 및 설비공사에서 설비분야의 감리 또는 시공 단계의 건설사업관리 용역업무를 수행한 경력: 60%

· 설비공사에서 설비분야의 감독·설계·시공·건설사업관리업무를 수행한 경력: 40%

－ 공무원 등

　　　·「건설기술 진흥법」 제2조 제6호에 따라 발주청 소속 직원으로 사업계획승인을 얻은 주택건설공사의 감독업무를 수행한 경력: 100%

　　　·「건설기술 진흥법」 제2조 제6호에 따라 발주청 소속 직원으로서 건축·토목·설비공사 관련 감독업무를 수행한 경력: 80%

　　　·공무원으로서 주택건설공사 관련 업무를 수행한 경력: 100%

　　　·공무원으로서 건축·토목·설비공사 관련 업무를 수행한 경력: 80%

　　　※ 건축공사, 토목공사, 설비공사 등의 분류는 「건설산업기본법」 제2조 제4호 및 같은 법 시행규칙 제22조 관련 별지 제20호 서식에 따르며, 「주택법」·「건설기술 진흥법」 등에 따른 비상주감리원(건설사업관리기술인 포함)의 경력은 위 분야별 경력산정방법에 따라 산정한 기간의 20%로 한다.

　　　－ 배점기준

공사규모	점 수			
1천 세대 이상	10년 이상	10년 미만 8년 이상	8년 미만 6년 이상	6년 미만
	7	6.3	5.6	4.9
1천 세대 미만 300세대 이상	6년 이상		6년 미만 2년 이상	2년 미만
	7		6.3	5.6
300세대 미만	2년 이상		2년 미만	
	7		6.3	

(다) 자격 가점	(0.1)	■ 평가 및 산정방법 － 자격배점: 0.1점 ·건축사 및 관련 분야 기술사 자격증 소지자 　　※ 관련 분야 기술사: 「건설기술 진흥법 시행령」 별표1 "3. 건설기술관련 직무 분야 및 전문분야" 중 직무 분야가 기계, 토목, 건축에 해당하는 기술사
(라) 감점	(−1.5)	▶ 평가 및 산정방법 － 다음 기준에 따라 각각 감점하되, 감점합계 점수가 각 배점기준을 초과한 경우에는 각 배점기준만큼 감점
	(−1) 행정 제재	－ 감리 또는 시공 단계의 건설사업관리 업무와 관련하여 최근 1년간 관계법령에 따라 기술자격정지 또는 업무정지를 받은 기간을 합산하여 합산 기간 3월마다 0.5점씩 감점(정지 개월 수를 3월로 나누어 올림한 값을 적용한다.) ·감리 또는 시공 단계의 건설사업관리 업무와 관련하여 「건설기술 진흥법」 제53조에 따라 부실벌점을 받은 경우, 합산벌점에 의하여 다음 기준에 따라 감점

		ㄱ. 합산별점이 2점 이상 10점 미만: 0.5점 감점 ㄴ. 합산별점이 10점 이상: 1.0점 감점
	(−0.5) 교체 빈도	▶ **평가 및 산정방법** – 감리 또는 시공 단계의 건설사업관리 용역에서 감리원(「건설기술 진흥법」에 따른 건설사업관리기술인 및 「건축법」에 따라 감리원 포함)으로 배치되어 최근 1년간 계획공정 만료 시점 이전에 교체된 경우 1건당 0.1점씩 감점[비상주감리원(건설사업관리기술인 포함)으로서 교체된 경우 1건당 0.1점씩 감점] ※ 이 경우 제13조 제4항 각호에 해당하는 경우에는 교체로 보지 아니하나, 퇴사에 해당하는 경우로서 최근 1년 이내 퇴사 후 동일회사로 재입사하여 입찰에 참여한 경우에는 교체 건수에 포함한다.

(3) 비상주감리원

항 목	배 점	적용 기준
소 계	6	가점 및 감점은 별도 합산 후 6점 이내
(가) 등급	2	▶ **평가 및 산정방법** – 「건설기술 진흥법 시행령」 별표1 제2호 및 "건설기술자의 등급 및 경력인정 등에 관한 기준" 제7조 별표3에 따른 건설사업관리 업무를 수행하는 건설기술자에 따라 평가 – 등급배점기준 · 특급건설기술자 이상: 2.0점 · 고급건설기술자 이상: 1.5점 · 등급 미만: 실격처리(감리자 지정평가에서 제외)
(나) 경력 및 실적	4	▶ **평가 및 산정방법** – 건축분야 감리원 · 주택건설공사에서 건축분야의 감리 또는 시공 단계의 건설사업관리 업무를 수행한 경력: 100% · 주택건설공사에서 건축분야의 감독·설계·시공·건설사업관리업무를 수행한 경력 또는 주택건설공사 외의 건축공사에서 건축분야의 감리 또는 시공 단계의 건설사업관리 업무를 수행한 경력: 80% · 주택건설공사 외의 건축공사에서 건축분야의 감독·설계·시공·건설사업관리업무를 수행한 경력: 60% – 공무원 등 · 「건설기술 진흥법」 제2조 제6호에 따른 발주청 소속직원으로 사업계획승인을 얻은 주택건설공사의 감독업무를 수행한 경력: 100%

		「건설기술 진흥법」 제2조 제6호에 따른 발주청 소속직원으로 건축공사에서 감독업무를 수행한 경력: 80% ·공무원으로 주택건설공사 관련 업무를 수행한 경력: 100% ·공무원으로서 건축공사 관련 업무를 수행한 경력: 80% ※ 건축공사의 분류는 「건설산업기본법」 제2조 제4호 및 같은 법 시행규칙 제22조 관련 별지 제20호 서식에 따른다. - 배점기준

경력	10년 이상	10년 미만 5년 이상	5년 미만
배점	4점	2.5점	1점

※ 건축분야 감리원이 아닌 경우에는 경력 및 실적 점수를 0점으로 평가하여야 함

(다) 감점	(−2)	평가 및 산정방법 - 다음 기준에 따라 각각 감점하되, 감점합계 점수가 각 배점기준을 초과한 경우에는 각 배점기준만큼 감점
	(−1) 행정 제재	- 감리 또는 시공 단계의 건설사업관리 업무와 관련하여 최근 1년간 관계법령에 따라 기술자격정지 또는 업무정지를 받은 기간을 합산하여 합산 기간 3월마다 0.5점씩 감점(정지 개월 수를 3월로 나누어 소수점 이하 올림 한 값을 적용한다.) · 감리 또는 시공 단계의 건설사업관리 업무와 관련하여 「건설기술 진흥법」 제53조에 따라 부실벌점을 받은 경우, 누계평균 부실벌점에 의하여 다음 기준에 따라 감점 ㄱ. 합산벌점이 2점 이상 10점 미만: 0.5점 감점 ㄴ. 합산벌점이 10점 이상: 1점 감점
	(−1) 교체 빈도	- 감리 또는 시공 단계의 건설사업관리 용역에서 감리원(「건설기술 진흥법」에 따른 건설사업관리기술인 또는 「건축법」에 따른 감리원 포함)으로 배치되어 최근 1년간 계획공정 만료 시점 이전에 교체된 경우 1건당 0.2점씩 감점[비상주감리원(건설사업관리기술인 포함)으로서 교체된 경우 1건당 0.1점씩 감점] ※ 이 경우 제13조 제4항 각호에 해당하는 경우에는 교체로 보지 아니하나, 퇴사에 해당하는 경우로서 최근 1년 이내 퇴사 후 동일회사로 재입사하여 입찰에 참여한 경우에는 교체 건수에 포함한다.

(4) 「건축법」에 따른 건축사보는 「건설기술 진흥법 시행령」 별표1에 따른 건설기술자 등급으로 구분하여 평가한다.

주택건설공사감리 업무 세부 기준

[시행 2020. 6. 11.] [국토교통부고시 제2020-438호, 2020. 6. 11., 일부개정]

제1장 일반사항

제1조(목적) 이 기준은 「주택법」 제44조 및 같은 법 시행령 제49조에 따라 주택건설공사 감리자("감리원"을 포함하며, 이하 "감리자"라 한다.)가 감리 업무를 수행함에 있어 필요한 세부절차 및 방법 등을 정하여 원활한 감리 업무 수행과 건축물의 질적 향상을 도모함을 그 목적으로 한다.

제2조(적용 범위) 이 기준은 「주택법」(이하 "법"이라 한다.) 제43조에 따라 지정된 감리자 가 같은 법 시행령(이하 "영"이라 한다.) 제49조 제1항에 따른 주택건설공사의 공사감리 업무를 수행함에 있어 적용한다.

제3조(용어의 정의) 이 기준에서 사용하는 용어의 정의는 다음과 같다.

1. "감리자"란 「주택건설공사감리자 지정기준」 제4조 제1항에 따른 자격을 가진 자로서 주택건설공사의 감리를 하는 자를 말한다.

2. "감리원"이란 「주택건설공사감리자 지정기준」 제4조 제2항에 따른 자격을 가진 자로서 감리자에 소속되어 주택건설공사의 감리 업무를 수행하는 자를 말한다.

3. "총괄감리원"이란 감리원 중 감리자를 대표하여 현장에 상주하면서 해당 공사 전반에 관한 감리 업무를 총괄하는 자로서 감리자가 지정하는 자를 말한다.

4. "분야별 감리원"이란 감리원 중 소관 분야별로 총괄감리원을 보조하여 감리 업무를 수행하는 자를 말한다.

5. "상주감리원"이란 감리원 중 해당 현장에 상주하여 감리하는 자를 말한다.

6. "비상주감리원"이란 감리원 중 현장에 상주하지 아니하고 해당 현장의 조사 분석, 주요 구조물의 기술적 검토 및 기술지원, 설계변경의 적정성 검토, 상주감리원에 대한 지원, 민원처리 지원, 행정지원 등의 감리 관련 업무를 지원하는 자를 말한다.

7. "시공자"란 「건설산업기본법」 제2조 제5호에 따른 건설업자 또는 법 제7조에 따른 등록사업자를 말한다.

8. "설계도서"란 법 제33조 제1항, 영 제43조 및 「주택의 설계도서 작성기준」에 따라 작성되는 설계도면·시방서·구조 계산서·수량산출서·품질관리계획서를 말한다.

9. "검토"란 시공자의 중요 수행사항과 해당 주택건설공사와 관련한 사업계획승인권자 또는 사업주체의 요구사항에 대하여 시공자 제출서류, 현장 상황 등에 관한 내용을 감리자가 숙지하고, 감리자의 경험과 기술을 바탕으로 하여 타당성 여부를 파악하는 것을 말한다.

10. "확인"이란 시공자가 주택건설공사를 설계도서에 맞게 시공하고 있는지의 여부 또는 각종 지시·조정·승인·검사 등에 따른 실행 결과에 대하여 사업계획승인권자, 사업주체 또는 감리자가 원래의 의도와 규정대로 시행되었는지를 점검, 검측, 조사 등을 하는 것을 말한다.

11. "지시"란 사업계획승인권자 및 사업주체가 감리자에게 또는 감리자가 시공자에게 소관 업무에 관한 방침, 기준, 계획 등을 알려주고, 그에 따라 실시되도록 하는 것을 말한다. 다만, 지시사항은 관계법령 및 계약문서에 따르며, 그 지시내용과 그 결과는 확인하여 문서로 기록·비치하여야 한다.

12. "요구"란 계약당사자들이 계약조건에 나타난 본인의 업무를 이행하고 계약을 정당하게 수행하기 위하여 상대방에게 해당 공사와 관련된 검토, 조사, 지원, 승인, 협조 등의 적합한 조치를 취하도록 의사를 밝히는 것을 말한다. 이 경우 요구사항을 접수한 자는 적절한 답변을 하여야 하며, 그 답변은 서면으로 하여야 한다.

13. "승인"이란 사업계획승인권자, 사업주체 또는 감리자가 관계법령 및 이 기준에 나타난 승인사항에 대해 감리자 또는 시공자의 요구에 따라 그 내용을 서면으로 동의하는 것을 말하며, 승인이 없는 경우에는 다음 단계의 업무를 수행할 수 없다.

제4조(감리자의 업무)
① 감리자는 다음 각호의 업무를 수행하여야 한다.
  1. 시공계획·공정표 및 설계도서의 적정성 검토
  2. 시공자가 설계도서(내진설계를 포함한다.)에 따라 적합하게 시공하는지 검토·확인
  3. 구조물의 위치·규격 등에 관한 사항의 검토·확인
  4. 사용 자재의 적합성 검토·확인
  5. 품질관리시험의 계획·실시지도 및 시험성과에 대한 검토·확인
  6. 누수·방음 및 단열에 대한 시공성 검토·확인
  7. 재해예방 및 시공상의 안전관리
  8. 설계도서의 당해 지형에 대한 적합성 및 설계변경에 대한 적정성 검토
  9. 공사착공계, 중간검사신청서, 임시사용 및 사용검사신청서 적정성 검토
  10. 착공 신고 시 제출한 "건설폐자재 재활용 및 처리계획서"의 이행 여부

11. 「공동주택 바닥충격음 차단구조인정 및 관리기준」 제32조에 따른 바닥충격음 저감자재의 품질 및 시공확인

12. 「건강친화형주택 건설기준」 제6조의 시험성적서 확인 및 제9조의 자체평가서의 완료 확인

13. 그 밖에 「건축사법」 또는 「건설기술 진흥법」에서 주택건설공사감리자의 업무로 정하는 사항

② 감리자는 다음 각호의 기준에 따른 방법으로 업무를 수행하여야 한다.

1. 감리자는 해당 공사가 설계도서대로 시공되는지를 확인하고 공정관리, 시공관리, 품질관리, 안전 및 환경관리 등에 대한 업무를 시공자와 협의하여 수행하여야 한다.

2. 감리자는 감리 업무의 범위에 속하는 관계법령에 따른 각종 신고·검사·시험 및 자재의 품질확인 등의 업무를 성실히 수행하여야 하고, 관계규정에 따른 검토·확인·날인 및 보고 등을 하여야 하며, 이에 따른 책임을 진다.

3. 감리자는 공사 현장에 문제가 발생하거나 시공에 관한 중요한 변경사항이 발생하는 경우에는 사업계획승인권자 및 사업주체에게 관련 사항을 보고하고 이에 대한 지시를 받아 업무를 수행하여야 한다.

4. 감리자는 감리원과 현장종사자(기능공을 포함한다.)를 대상으로 견실시공 의식을 제고시킬 수 있도록 해당 현장의 특성에 따라 분기별로 교육을 실시하도록 하여야 한다.

제5조(감리원의 근무 등)

① 감리원은 다음 각호의 기준에 따라 근무를 하여야 한다.

1. 감리원은 공정하게 권한을 행사하여야 하며, 업무 수행과 관련하여 그 품위를 손상하는 행위를 하여서는 아니 된다.

2. 감리원은 담당 업무와 관련하여 제3자로부터 금품, 이권 또는 향응을 받아서는 아니 된다.

3. 감리원은 직위를 이용하여 부당한 이익을 얻거나 타인이 부당한 이익을 얻도록 이권에 개입·알선·청탁을 하여서는 아니 된다.

4. 감리원은 차량·건설기자재 등 공용물을 정당한 사유 없이 사적인 용도로 사용하여서는 아니 된다.

5. 감리원은 감리 업무를 수행하기 전에 관계법령 및 규정의 내용을 숙지하고, 해당 공사의 특수성을 파악한 후 감리 업무를 수행하여야 한다.

② 상주감리원은 다음 각호의 기준에 따라 근무를 하여야 한다.

1. 상주감리원은 해당 분야 공사 기간 동안 현장에 상주하여야 하며 업무 또는 부득

이한 사유 등으로 인하여 1일 이상 공사 현장을 이탈하는 경우에는 반드시 별지 제1호 서식의 근무상황부에 기록하여야 한다. 특히, 총괄감리원의 경우에는 해당 사업주체에게 보고 후 승인을 득하여야 한다.

2. 감리원이 3일 이상 계속하여 공사 현장을 이탈하는 경우 감리자는 즉시 다른 동급이상의 상주감리원을 지정하여 현장에 배치하여야 하며, 이 경우 감리 업무에 지장이 없도록 업무인계·인수 등 필요한 조치를 하여야 한다. 다만, 감리원이 관계법령에 따른 교육을 받거나「근로기준법」에 따른 연차 유급휴가로 현장을 이탈하게 되는 경우에는 해당 현장에 있는 동급 이상의 동일직종 또는 총괄감리원을 대체 상주감리원으로 지정할 수 있으며, 총괄감리원의 경우에는 건축분야 감리원 중 총괄감리원이 지정하는 자를 대체 상주감리원으로 지정할 수 있다.

3. 총괄감리원은 분야별감리원의 개인별 업무를 분담하고, 그 분담 내용에 따라 감리 업무 수행계획을 수립하여 감리 업무를 수행하여야 한다.

4. 감리원은 현장 업무를 시작하는 즉시 사고 발생 및 복구 시 응급대처 할 수 있는 별지 제2호 서식의 비상연락체계를 구축하고, 해당 사항을 사업계획승인권자 및 사업주체에게 보고하여 업무연락에 차질이 없도록 하여야 한다.

③ 비상주감리원은 다음 각호의 기준에 따라 근무를 하여야 한다.

1. 정기적(분기별)으로 현장 시공상태를 종합적으로 점검·확인·평가하고, 상주감리원 및 시공자 등에 대하여 기술 지도 및 지원을 한다.

2. 해당 공사의 설계변경에 대한 기술 검토를 수행한다.

3. 공사와 관련하여 사업주체가 요구한 기술적 사항 등에 대한 검토를 지원할 수 있다.

4. 그 밖에 총괄감리원이 요청한 지원업무 및 기술 검토 업무를 수행한다.

제2장 감리 업무 세부 사항

제6조(현지 여건 조사 등) 감리자는 다음 각호의 현지조사 사항 및 피해방지 대책수립 사항에 대하여 시공 전에 사업주체(이하 "시공자"를 포함한다.)와 합동으로 조사하고 업무 수행에 따른 대책을 수립하는 등 필요한 조치를 하여야 한다.

1. 현지조사 사항

　　가. 지반 및 지질상태

　　나. 인접도로의 교통규제 상황

　　다. 진입도로 현황

　　라. 매설물 및 장애물 현황 등

2. 피해방지 대책수립 사항

가. 인근시설물 피해대책

나. 통행 지장 대책

다. 소음·진동대책

라. 지반침하 대책

마. 하수로 인한 피해대책

바. 우기기간 중 배수대책

사. 분진·비산·악취대책

아. 폐기물 및 쓰레기 처리대책 등

제7조(감리 업무 착수준비)

① 감리원은 공사 착수 전에 다음 각호의 사항을 감리사무실에 비치하고 숙지하여야 한다.

1. 사업계획승인도서 사본

2. 지장물 보상 및 철거 등에 관한 자료

3. 설계도서 및 시방서

4. 공사계획서

5. 지반조사서

6. 감리 업무 수행계획서 및 감리원 배치계획서

7. 각종 지시공문 사본

8. 필요한 각종 서식류, 발간물

9. 관련법령, 표준시방서, KS 규정집 및 필요한 기술서적 등

② 감리자는 감리사무실에 공사추진 현황 및 감리 업무 수행내용 등을 기록한 현황판과 별지 제3호 서식의 감리원 근무상황판을 설치하여야 한다.

제8조(설계도서 등의 검토)

① 감리자는 해당 공사 착수 전에 설계도서, 공사계약 문서, 현장 실정 등을 종합적으로 검토하여야 한다. 이 경우 검토내용에는 다음 각호의 사항이 포함되어야 하며, 비상주감리원은 기술적인 검토가 필요한 사항과 상주감리원이 요청한 사항에 대하여 세부적으로 검토하여야 한다.

1. 설계도서와 공사 계약문서와의 부합 여부

2. 설계도서와 현장 실정과의 부합 여부

3. 설계도면, 시방서, 구조 계산서 등 설계도서 간의 상호 일치 여부

4. 설계도서 상의 누락, 오류 등 불명확한 부분의 존재 여부

5. 시공 시 예상되는 문제점 등

② 감리자는 제1항에 따라 검토한 결과 불명확한 내용 또는 오류가 있거나 관계법령 위반 등의 내용이 확인된 경우에는 그 내용과 사유를 사업주체에게 통보하여야 하며, 사업주체는 그에 대한 조치 계획을 수립하여 감리자의 확인을 받아야 한다. 이 경우 사업주체의 조치가 이행되지 아니한 경우에는 즉시 사업계획승인권자에게 보고하여야 한다.

③ 감리자는 사업주체로부터 제출받은 설계도서 및 관련 자료, 공사계약문서 등에 관리번호를 부여하고, 공사 이후 각종 변경사항 등을 파악할 수 있도록 기록·보관하여야 한다.

제9조(공사표지판의 설치 검토)

① 감리자는 시공자가 공사안내표지판을 설치하는 경우에는 시공자로부터 표지판의 제작방법, 크기, 설치장소 등이 포함된 표지판 제작설치 계획서를 제출받아 검토하여야 한다.

② 제1항에 따른 검토 결과 표지판 내용이 불명확하거나 구체적이지 못한 경우에는 시공자에게 보완 조치를 요구하여야 한다.

제10조(측량기준점 보호 등)

① 감리자는 시공자 등이 설치한 삼각점, 도근점, 수준점 등의 측량기준점이 이동·손실되지 않도록 관리하여야 하며, 이동이 필요한 경우에는 감리자는 시공자로부터 그 사유를 묻고 이동 여부를 결정하여야 한다.

② 감리자는 시공자에게 토공 및 각종 구조물의 위치, 고저, 시공범위 및 방향 등을 표시하는 규준시설 등을 다음 각호의 기준에 따라 설치하는지 여부를 확인·검사하여야한다.

1. 토공규준틀은 절토부, 성토부의 위치, 경사, 높이 등을 표시하여야 하며, 직선구간은 2개 측점, 곡선 구간은 매측점마다 설치하고, 구배, 비탈 끝의 위치를 파악할 수 있도록 설치할 것

2. 암거, 옹벽 등의 구조물 기초부위에는 수평규준틀을 설치하고, 시·종점을 알 수 있는 표지판을 설치할 것

3. 건축물의 위치, 높이 및 기초의 폭, 길이 등을 파악하기 위한 수평규준틀과 조적공사의 고저, 수직면의 기준을 정하기 위한 세로규준틀 등을 설치할 것

③ 감리자는 제2항의 규준시설 등이 준공 시까지 잘 보호되도록 수시로 확인하여야 하며, 공사 과정에서 파손되어 복구가 필요하거나 이설이 필요한 경우에는 감리원이 확인·검사를 한 후에 재설치하도록 하여야 한다.

④ 감리자는 공사과정에서 수위를 측정할 필요가 있는 경우에는 시공자에게 그 측정이 용이한 위치에 수위표를 설치하도록 하여 상시 관측할 수 있도록 하여야 한다.

제11조(확인측량 결과 확인 등)

① 감리자는 착공과 동시에 시공자가 다음 각호의 기준에 따라 사업계획승인 서류와 현장과의 차이를 확인하기 위한 확인측량을 실시하도록 하여야 한다.

1. 삼각점 또는 도근점에서 중간점(IP) 등의 측량기준점의 위치(좌표)를 확인하고, 기준점은 공사 시 유실방지를 위하여 반드시 인조점을 설치하여야 하며, 공사 과정에도 활용할 수 있도록 인조점과 기준점과의 관계를 도면화하여 비치할 것

2. 공사 준공까지 보존할 수 있는 가수준점(TBM)을 공사에 편리한 위치에 설치하고, 국토지리정보원에서 설치한 주변의 수준점 또는 택지개발사업의 시행자가 지정한 수준점으로부터 왕복 수준측량을 실시하여 「공공측량의 작업규정 세부 기준」에서 정한 왕복 허용오차 범위 이내일 경우에 실시할 것

3. 인접공구 또는 기존 시설물과의 접속부 등을 상호 확인하고, 측량결과를 교환하여 이상 유무를 확인할 것

② 감리자는 사전에 설계도서를 숙지하고 확인측량 시 입회하여 그 측량 결과를 확인하여야 한다. 이 경우 실시설계용역회사 대표자 또는 대리인과 합동으로 이상 유무를 확인할 수 있다.

③ 감리자는 제1항 및 제2항에 따른 확인측량 결과가 설계도서의 내용과 현저히 상이한 경우에는 원지반을 원상태로 보존하게 하여야 하며, 사업주체의 지시를 받아 필요한 조치를 한 후 시공자가 공사 착수를 하도록 한다. 다만, 공사추진상 필요한 경우[중간점(IP) 등 중심선 측량 및 가수준점(TBM) 표고 확인측량 결과가 현저히 상이한 경우는 제외]에는 시공자에게 시공구간, 측량 장부 및 측량결과 도면을 확인하도록 하고, 시공자로부터 그에 관한 의견을 듣고 우선 시공하도록 할 수 있다.

④ 감리자는 확인측량을 공동 확인한 후에는 시공자에게 다음 각호의 서류를 작성·제출하도록 하여 이를 확인한 후 제1호의 확인측량 결과 도면의 표지에 측량을 실시한 현장대리인, 실시설계용역회사의 책임자(입회한 경우에 한정한다.), 총괄감리원의 서명·날인을 받고 검토의견서를 첨부하여 사업주체에 보고하여야 한다.

1. 확인측량 결과 도면

2. 산출내역서

3. 그 밖에 참고사항

제12조(착공 시 확인사항)

① 감리자는 사업주체가 제출하는 공사착공계(신고서)에 대하여 다음 각호의 사항을 검토·확인하고 감리계획서, 감리의견서 및 예정공정표를 첨부(감리자의 서명 또는 날인)하여

사업주체에게 제출한다.

1. 사업계획승인 내용과 부합되는지 여부

2. 현장기술자(현장대리인, 안전관리자, 품질관리자 등을 말한다.)의 자격·경력 및 배치계획의 적정 여부

3. 공정관리계획의 적정 여부

4. 각종 품질보증 또는 품질시험계획서, 품질관리계획서와 안전관리계획서의 적정 여부

5. 건설폐자재 재활용 및 처리계획서의 적정 여부

6. 주택의 설계도서 작성기준 제4조 제1항에 따라 착공신고를 하는 경우에 제출하여야 하는 설계도서의 적정 여부

7. 그 밖에 착공 시 시공자가 주의해야 하거나 사업계획승인권자가 알아야 한다고 인정되는 사항

② 감리자는 착공 시에 대지와 인접 시설물의 전경을 구체적으로 확인할 수 있는 사진을 촬영하여 보관하여야 한다.

제13조(가설시설물 설치계획서 확인)

① 감리자는 착공과 동시에 시공자에게 다음 각호에 해당하는 가설시설물의 면적, 위치, 설치방법 등을 표시한 가설시설물 설치계획서를 작성하여 제출하도록 하여야 한다.

1. 공사용 도로

2. 가설사무소, 작업장, 창고, 숙소 및 식당

3. 콘크리트 타워 및 리프트 설치

4. 자재 야적장

5. 공사용 전력, 용수 관련 시설

6. 폐수 방류시설 등 공해 방지시설

② 감리자는 제1항의 가설시설물 설치계획서에 대하여 다음 각호의 기준에 적합한지 여부를 검토·확인하고, 사업주체와 협의한 후 승인하여야 한다.

1. 가설시설물의 규모는 공사규모 및 현장여건을 고려하여 정하여야 하며, 위치는 공사 전구간의 관리가 용이하도록 공사 중의 동선계획을 고려할 것

2. 가설시설물이 공사 중에 이동, 철거되지 않도록 지하구조물의 시공위치와 중복되지 않는 위치를 선정할 것

3. 가설시설물이 우수가 침입되지 않도록 대지조성 시공기면(F.L)보다 높게 설치하고, 홍수 시 피해발생 유무 등을 고려할 것

4. 가설시설물의 사용과 철거 등에 있어 구조안전 상 문제가 발생하지 않도록 관계

기술사의 검토 여부를 확인할 것

5. 식당, 세면장 등에서 사용한 물의 배수가 용이하고, 주변 환경오염을 시키지 않도록 조치할 것

6. 가설시설물의 이용 및 플랜트시설의 가동 등으로 인하여 인접 주민들에게 공해를 발생하는 등 민원이 없도록 조치할 것

7. 가설시설물을 이용하는 경우에 전도, 붕괴, 추락 등 안전사고가 발생하지 않도록 안전 조치를 철저히 할 것

제14조(공정관리)

① 감리자는 다음 각호의 기준에 따라 공정계획을 검토하고 문제가 있다고 판단되는 경우에는 그 대책을 강구하여야 한다.

1. 감리자는 사업주체가 제출한 공정관리계획이 공사의 종류, 특성, 공기 및 현장의 실정 등을 감안하여 수립되었는지를 검토·확인하고 시공의 경제성과 품질 확보에 적합한 최적공기가 선정되었는지를 검토하여야 한다.

2. 감리자는 계약된 공기 내에 건설공사가 완성될 수 있도록 공정을 관리하여야 하며 공사 진행에 관하여 다음 각목의 사항을 사전 검토하여 공정현황을 정기적으로 사업주체에게 통보하고 공사 진행상 문제가 있다고 판단될 경우에는 즉시 그 대책을 강구하여 사업주체에게 통보하여야 한다.

가. 세부 공정계획

나. 시공자의 현장기술자 및 장비 확보사항

다. 그 밖에 공사계획에 관한 사항

② 감리자는 다음 각호에서 정하는 바에 따라 주요 공정에 대한 추진계획을 수립하고 관리를 하여야 한다.

1. 감리자는 「주택법 시행규칙」(이하 "규칙"이라 한다.) 제15조 제2항에 따라 착공신고 시 제출한 예정공정표(이하 "예정공정표"라 한다.)상에 주공정선을 표시하고, 주요 공정에 대한 착수·종료 시점 및 소요기간 등을 명시하여 공정추진계획을 수립하여야 한다.

2. 감리자는 사업주체가 제출한 공종별 세부 공정계획에 대하여 다음 각 목의 사항에 대하여 중점적으로 검토하여야 한다.

가. 공사추진계획(월별)

나. 자재수급 및 인력동원계획

다. 장비투입계획(필요 공종에 한함)

라. 그 밖에 공종 관리에 필요한 사항

③ 감리자는 시공자로부터 예정공정표에 따른 상세예정공정표를 월간, 주간 단위마다 사전에 제출받아 검토·확인하여야 한다. 이 경우 현장책임자를 포함한 관계직원 합동으로 작업에 대한 실적을 분석·평가하고, 공사추진에 지장을 초래하는 문제점, 시공 과정에서 발생된 문제점, 공정의 평가, 그 밖에 공사추진상 필요한 사항의 협의를 위하여 월간 또는 주간 단위마다 공사관계자 회의를 주관하여 실시할 수 있다.

④ 감리자는 다음 각호의 어느 하나에 해당하는 경우에는 사업계획승인권자 및 사업주체에게 보고하되, 제2호부터 제5호까지에 해당하는 경우에는 부진한 공정에 대한 만회대책과 공정계획에 대하여 사업주체와 검토·확인하는 등의 조치를 하고, 그 결과를 사업계획승인권자에게 보고하여야 한다. 이 경우 만회대책은 해당 현장의 품질 및 안전관리에 지장이 없도록 하여야 한다.

1. 예정공정표상 규칙 제18조 제3항 각호 주요 공정별 완료예정일인 경우(해당 공정의 진행 상황 보고)
2. 다음 각 목 중 어느 하나에 해당하는 경우
가. 규칙 제18조 제3항 제1호 및 제2호 공사의 완료예정일 공정실적이 계획공정과 대비하여·3% 이상 지연되는 경우
나. 규칙 제18조 제3항 제3호부터 제5호까지 공사의 완료예정일 공정실적이 계획공정과 대비 하여 5% 이상 지연되는 경우
3. 계획공정과 대비하여 월간 공정실적이 10% 이상 지연(계획공정 대비 누계공정 실적이 100% 이상일 경우는 제외)되거나, 누계공정 실적이 5% 이상 지연되는 경우
4. 설계변경 등으로 인한 물량증감, 공법변경, 공사 중 재해 및 천재지변 등 불가항력에 따른 공사중지, 문화재 발굴조사 등의 현장 상황 또는 시공자의 사정 등으로 인하여 공사 진행이 지속적으로 부진한 경우
5. 그 밖에 감리자가 공정관리를 위하여 필요하다고 인정하는 경우

⑤ 사업주체 및 사업계획승인권자가 관계기관에 제출하는 공정확인서를 감리자에게 요구하는 경우에는 감리자는 시공자에게 공사비산출내역서에 따른 공정을 제출받아 검토 후 공정확인서를 작성·제출하여야 한다.

제15조(시공상세도 승인)

① 감리자는 시공자로부터 각종 시공상세도를 사전에 제출받아 다음 각호의 사항에 대하여 검토, 승인한 후 시공하도록 하여야 한다.

1. 설계도면, 시방서 및 관계규정에 일치하는지 여부

2. 현장기술자, 기능공이 명확하게 이해할 수 있는지 여부(실시설계도면을 기준으로 각 공종별, 형식별 세부 사항들이 표현된 것이어야 한다.)

3. 실제 시공이 가능한지 여부(현장여건과 공종별 시공계획을 최대한 반영하여 시공 시 문제점이 발생하지 않도록 작성된 것이어야 한다.)

4. 안전성의 확보 여부[주요구조부의 규격 변경이나 주철근의 규격, 배근간격, 이음 및 정착의 위치와 깊이 등 변경이 발생하는 경우 반드시 구조기술사(해당 공사의 구조설계기술사를 포함한다.)의 서명·날인이 있어야 한다.]

5. 해당 시공상세도가 가설시설물의 시공상세도인 경우에는 구조 계산서 첨부 여부(관련기술사의 서명·날인이 포함된 것을 말한다.)

6. 계산의 정확성 여부

7. 제도의 품질 및 선명성, 도면 작성 표준에의 일치 여부

8. 도면으로 표시가 곤란한 내용은 시공 시 유의사항으로 작성되었는지 등의 여부

② 감리자는 다음 각호의 사항 및 「건설기술 진흥법 시행규칙」 제42조에 따라 공사 시방서에 작성하도록 명시한 시공상세도에 대하여 설계도면과 시방서 등에 개략적으로 표기된 부분을 명확하게 작성하였는지를 확인하여야 한다.

1. 비계, 동바리, 거푸집 등 가설시설물의 설치상세도 및 구조 계산서

2. 구조물의 모따기 상세도

3. 옹벽, 측구 등 구조물의 연장 끝부분 처리도

4. 창호상세도, 조적 먹메김 상세도, 방수 상세도

5. 철근 배근도에는 정·부철근 등의 유효간격 및 철근 피복두께[측·저면유지용 스페이서(Spacer)] 및 Chair-Bar의 위치, 설치방법 및 가공을 위한 상세도면

6. 시공이음, 신·수축 이음부의 위치, 간격, 설치방법 및 사용재료 등 상세도면과 시공법

7. 그 밖에 규격, 치수, 연장 등이 불명확하여 시공에 어려움이 예상되는 부위의 각종 상세도면

③ 감리자는 제1항에 따라 시공자가 시공상세도를 제출하는 날로부터 3일 이내에 검토한 후 통보하여야 하며, 3일 이내에 검토가 불가능할 경우 사유 등을 명시하여 시공자에게 통보하여야 한다. 다만, 통보사항이 없는 경우에는 시공상세도를 승인한 것으로 본다.

제16조(설계변경 등의 확인)

① 감리자는 규칙 제13조에 따라 설계변경이 발생하는 경우에는 설계변경 내용에 대하여 검토의견을 작성하여 시공자 및 사업주체에게 제출하여야 한다. 이 경우 사업주체는 감리자의 의견을 첨부하여 사업계획승인권자에게 사업계획변경승인 신청서를 제출한다.

② 감리자는 규칙 제13조 제5항에 따른 경미한 변경에 해당하는 경우에는 그 내용을 관리하여 경미한 변경의 범위 내에서 시공이 이루어지는지를 확인하여야 한다. 이 경우 시공이 해당 범위 내에서 적합하게 이루어지지 아니한 경우에는 즉시 사업계획승인권자에게 보고하여야 한다.

③ 감리자는 사업계획승인권자의 사업계획 변경(제2항의 경미한 변경은 제외한다.) 승인이 있기 전에는 시공할 수 없도록 하여야 하며, 사업계획변경 승인을 득하지 아니하고 사전 시공을 한 경우에는 즉시 사업계획승인권자에게 보고하여야 한다.

④ 감리자는 제1항 및 제2항에 따른 설계변경이 발생하는 경우 별지 제4호 서식의 공사 설계변경 현황을 기록·관리하여야 한다.

제17조(시공확인)

① 감리자는 주요 공종·단계별로 시공규격 및 수량이 설계도서 및 시공상세도 등의 내용과 일치하는지를 확인하고 다음 공정을 착수하여야 하며, 그 내용이 서로 다를 경우에는 즉시 공사를 중지하고, 위반 사항에 대한 시정지시를 한 후 그 이행결과를 확인하고 공사재개를 지시하여야 한다. 이 경우 관계규정 등을 위반한 사항을 발견하였을 경우에는 법 제44조 제3항에 따라 조치한다.

② 제1항에 따른 시공규격 및 수량 등의 적정성 확인을 위하여 감리자는 다음 각호의 기준에 적합한 주요 공정별·단계별로 별지 제5호 서식의 검측점검표를 작성하여야 한다. 이 경우 검측점검표는 제14조 제3항에 따른 월간 및 주간 상세예정공정표를 기준으로 우선 작성하고, 해당 공정 착수 전에 보완하여 검측업무를 수행하여야 한다.

1. 체계적이고 객관성 있게 해당 현장을 확인할 수 있도록 작성할 것

2. 부주의, 착오, 미확인에 의한 실수가 없도록 구체적으로 작성할 것

3. 감리원이 확인해야 할 대상 및 주안점을 정확히 알 수 있도록 표준적인 양식 및 기준에 따라 작성할 것

4. 현장에서의 불필요한 시비를 방지하는 등의 효율적인 검측업무를 도모할 수 있도록 객관적이고 명확하게 작성할 것

5. 기초 및 주요구조부(기둥·내력벽·보·바닥·지붕 등)의 철근 배근 등 필수적인 검측 사항에 대해서는 빠짐없이 작성할 것

③ 감리자는 제2항에 따라 검측하는 경우에는 시공자로부터 별지 제6호 서식에 따른 검측요청서(시공자의 담당기술자가 점검하여 합격된 것으로 확인한 의견이 포함된 것을 말한다.)를 제출받아 시공상태를 확인하여야 한다. 다만, 단계적인 검측으로는 현장 확인이 곤란한 콘크리트 타설이 이루어지는 공종, 매몰되는 공종 등은 그 시공 과정에 감리원이 반

드시 입회 확인하여야 한다.

④ 제3항 본문에 따른 확인 결과 불합격인 경우는 그 불합격된 내용 및 사유를 시공자가 충분히 이해할 수 있도록 설명하고, 필요시 관련 자료를 첨부하여 통보하며 보완시공 후 재검측을 받도록 조치한다. 이 경우 시정조치를 제대로 하지 아니한 경우에는 사업계획승인권자에게 즉시 보고하여야 한다.

⑤ 부실시공 시 구조적 안전성이 문제되거나 집단민원이 발생할 수 있는 주요 공종에 대한 검사 및 확인결과에 대하여는 해당 공종의 공사가 종료되는 즉시 감리자가 서명·날인하고 이를 문서화하여 유지·관리하여야 한다.

⑥ 감리자는 시공확인을 위하여 X-Ray 촬영, 도막 두께 측정, 기계설비의 성능시험, 파일 지지력 시험, 지내력 시험 등의 특수한 방법이 필요한 경우 그 의견을 사업주체에게 제시할 수 있으며, 사업주체는 정당한 이유가 있다고 판단되는 경우 감리자의 의견에 따른다. 이 경우 감리자는 사업주체에게 제시한 해당 의견을 기록하여 유지·관리하여야 한다.

⑦ 감리자는 제1항에 따른 주요 공종·단계별로 별지 제7호 서식의 공사 참여자(기능공 포함) 실명부를 시공자로부터 제출받아 확인한 후, 이를 유지·관리하여야 한다.

⑧ 감리자는 지하매설물 등 새로운 지장물이 발견되는 경우에는 시공자로부터 상세한 내용이 포함된 지장물 조서를 제출받아 확인하고 사업계획승인권자 또는 사업주체에게 즉시 보고하여야 한다.

제18조(일일작업실적 및 계획서의 검토·확인)

① 감리자는 시공자로부터 일일 작업실적이 포함된 시공자의 공사일지 또는 작업일지 사본(시공회사 자체 양식 또는 감리자가 제시한 양식대로 작성된 것을 말한다.)을 제출받아 보관하고 계획대로 작업이 추진되었는지 여부를 확인한 후 이를 별지 제8호 서식의 감리업무일지에 기록하여야 한다.

② 감리자는 시공자로부터 명일 작업계획서를 제출받아 시공자와 시행 가능성 및 각자 수행할 사항을 협의하고 명일 작업계획 공종, 위치에 따라 감리원의 배치, 감리계획 등 일일 감리 업무 수행계획을 수립하여 감리일지에 기록하여야 한다.

제19조(사진촬영 및 보관)

① 감리자는 시공자의 협조를 받아 착공 전부터 준공 때까지의 전 공사과정, 공법, 특기사항 등에 관한 사진(촬영일자가 표시된 사진을 말한다.)을 촬영하고, 공사내용 설명서(시공 일자, 위치, 공종, 작업 내용 등을 기재)를 기재, 유지·관리하여 기술적 판단자료 등으로 활용할 수 있도록 하여야 한다. 이 경우 공사기록 사진은 공종별, 공사추진단계별로 다

음 각호의 기준에 따라 촬영·정리되도록 하여야 한다.

1. 주요한 공사현황은 착공 전, 시공 중, 준공 등 시공 과정을 알 수 있도록 가급적 동일한 장소에서 촬영할 것

2. 시공 후 육안 검사가 불가능하거나 곤란한 부위는 다음 각 목에 따라 촬영할 것

　가. 암반선 확인이 가능하도록 촬영

　나. 기초 및 내력구조부 공사에 대하여 철근지름, 간격 및 벽두께, 강구조물(steel box 내부, steel girder 등) 경간별 주요부위 부재 두께 및 용접 전경 등을 알 수 있도록 근접하여 촬영

　다. 공장제품 검사(창문 및 창문틀, 철골검사, PC 자재 등) 과정 및 기록을 알 수 있도록 촬영

　라. 지중매설(급·배수관, 전선 등) 광경을 촬영

　마. 매몰되는 옥내·외 배관(설비 등)을 근접하여 촬영

　바. 지하 매설된 부분의 배근 상태 및 콘크리트 두께 현황을 알 수 있도록 근접하여 촬영

　사. 기초 및 내력구조부 철근 배근 이후 거푸집 시공 및 콘크리트 타설 광경 촬영

　아. 바닥 및 배관의 행거볼트, 공조기 등의 행거볼트 시공 광경을 촬영

　자. 단열, 결로방지재, 바닥충격음 완충재 등 상세한 시공 과정을 알 수 있도록 근접하여 촬영

　차. 본 구조물 시공 이후 철거되는 가설시설물의 철거 광경을 촬영

　카. 그 밖에 매몰되는 구조물을 근접하여 촬영

② 감리자는 시공 과정의 확인 및 기술적 판단을 위하여 특별히 중요하다고 판단되는 공종 및 시설물에 대하여는 그 공사 과정을 비디오카메라 등으로 촬영하여야 한다.

③ 감리자는 제1항 및 제2항에 따라 촬영한 사진 및 영상 등은 디지털(Digital) 파일 등으로 보관·관리하여 수시로 검토·확인할 수 있도록 하여야 하며, 사업주체 및 사업계획승인권자가 요구하는 경우 그 사본을 제출하여야 한다.

제20조(자재의 확인 및 관리)

① 감리자는 사업주체에게 공정계획에 따른 자재 수급계획을 제출받아 자재가 적기에 현장에 반입되는지를 검토·확인하고 별지 제9호 서식의 주요 자재 관리대장을 작성·관리하여야 한다.

② 감리자는 자재가 현장에 반입되는 경우 다음 각호에 해당하는 사항을 반드시 확인·검수하고, 이를 기록하여 유지·관리하여야 한다.

1. 제1항에 따른 주요 자재 수급계획과 부합되는지 여부

2. 반입자재가 견본품과 일치하는지 여부(시험성적서 및 품질관리시험을 포함한다.)

3. 철근, 콘크리트 등의 반입자재가 설계도서 및 시공상세도 등에 따른 물량 및 수치 등과 일치하는지 여부

③ 감리자는 제2항에 따라 확인한 결과 이상이 있는 경우 사업주체에게 통보하여 그 사유를 확인하여야 하며, 그 사유가 타당하지 아니하다고 판단되는 경우에는 즉시 사업계획 승인권자에게 보고하여야 한다.

④ 감리자는 현장에 반입된 자재가 제14조 제2항 제2호에 따른 공종별 세부 공종계획에 따라 배치·사용되는지 확인하고, 배치·사용되지 아니하거나 남은 자재, 또는 현장에서 반출되는 자재에 대하여 그 물량 및 수량을 기록하여 제1항에 관한 사항과 함께 작성·관리하여야 한다.

⑤ 감리자는 시공자가 사용하는 마감자재 및 제품이 사업주체가 시장·군수·구청장에게 제출한 마감자재 목록표 및 영상물 등과 동일한지 여부를 검토·확인하여야 한다.

제21조(품질관리 및 시험 등)

① 감리자는 시공 전에 설계도서상의 각종 재료원을 확인한 후 그 변경이 필요한 경우에는 사업주체와 협의하여 사업주체가 사업계획변경 등 적절한 조치를 취하도록 하여야 한다.

② 감리자는 다음 각호에서 정하는 업무를 수행하여 사업주체가 적정 수준 이상의 자재를 선정하도록 하여야 한다.

1. 감리자는 사업주체가 제출한 자재선정에 관한 사항의 적합성 여부(규격, 품질, 색상 등)를 검토한다.

2. 감리자는 사업주체가 자재 선정 시 설계도서에 명시된 품질 등을 고려해서 선정하도록 하여 공사의 품질이 확보되도록 한다.

3. 감리자는 선정된 견본품을 감리사무실에 비치하여, 반입자재의 검수기준으로 이를 활용한다.

③ 감리자는 사용 자재에 대하여 시방서 및 관계 법령에 따라 품질관리시험업무를 수행하도록 사업주체와 협의하여야 하고, 별지 제10호 서식의 품질시험·검사 성과총괄표를 작성·관리하여야 한다. 이 경우 감리자는 품질관리(또는 시험)계획과 관련된 각종 계획서, 절차서 및 지침서 등을 검토하여야 한다.

④ 감리자는 시공자가 제3항에 따른 품질시험·검사를 제3자에게 대행시키고자 하는 경우에는 그 적정성 여부를 검토·확인하여야 한다.

⑤ 감리자는 다음 각호 중 어느 하나에 해당하는 공종 또는 부위를 중점품질관리대상

으로 선정하고, 공사 중 이를 확인하여야 한다. 이 경우 별지 제11호 서식의 중점품질관리 대상을 작성하여 사업계획승인권자에게 보고(중점품질관리대상을 보완 및 수정하는 경우를 포함)하여야 한다.

　　1. 해당 건설공사의 설계도서, 시방서, 공정계획 등을 검토하여 품질관리가 소홀해지기 쉽거나 하자 발생빈도가 높아 시공 후 시정이 어려워 많은 노력과 경비가 소요되는 공종 또는 부위: 보고 시기는 공사 착수 전

　　2. 제14조 제4항 제2호에 해당하는 공종과 그 후속 공종: 보고 시기는 제14조 제4항에 따른 보고 시

　⑥ 감리자는 제5항에 따른 중점품질관리대상 등 다음 각호의 내용을 시공자에게 통보하고 그 실행 결과를 수시로 확인하여야 한다.

　　1. 중점품질관리 공종의 선정

　　2. 중점품질관리 공종별로 시공 중 및 시공 후 발생 예상 문제점

　　3. 각 문제점에 대한 대책 방안 및 시공지침

　　4. 중점품질관리 대상의 세부관리항목

　　5. 중점품질관리 공종의 품질확인 지침

　⑦ 감리자는 콘크리트 타설의 부실 등을 방지하기 위하여 별지 제12호 서식의 구조물별 콘크리트 타설 관리대장에 콘크리트 타설 및 시험결과, 공사 참여자를 작성·관리하여야 한다.

제22조(안전관리)

　① 감리자는 시공자가 현장규모와 작업 내용에 적합한 안전조직을 갖추도록 하여야 하고, 해당 조직이 「산업안전보건법」에 따른 업무(같은 법 제13조의 안전보건 관리책임자 선임, 제14조의 관리·감독자 및 안전담당자 지정, 제15조의 안전관리자 배치, 제18조의 안전보건 총괄책임자 선임 및 안전보건협의회 운영을 말한다.)를 수행할 수 있는지 여부를 검토·확인하여야 한다.

　② 감리자는 시공자가 「건설기술 진흥법 시행령」 제98조 및 제99조에 따라 작성한 건설공사 안전관리계획서를 착공 전에 제출받아 그 적정성을 검토하여야 하며, 보완할 사항이 있는 경우에는 이를 보완되도록 조치하여야 한다.

　③ 감리자는 다음 각호의 업무를 수행하여 산업재해 예방을 위한 제반 안전관리 지도에 적극적인 노력을 다하여야 한다.

　　1. 시공계획과 연계된 안전계획의 수립 및 그 내용의 실효성 검토

　　2. 유해 및 위험 방지계획의 내용 및 실천 가능성 검토(계획의 수립 대상에 한정한다.)

　　3. 안전점검 및 안전교육 계획의 수립 여부와 내용의 적정성 검토

4. 안전관리계획의 이행 및 여건 변동 시 계획변경 여부 확인

5. 안전점검(일일, 주간, 우기 및 해빙기, 하절기, 동절기 등 자체안전점검, 「건설기술진흥법」에 따른 안전점검, 안전진단 등) 계획 수립 및 실시 여부 확인

6. 안전교육(시공자 안전교육, 직무교육 등) 계획의 실시

7. 위험장소 및 작업에 대한 안전 조치 이행 여부 확인(철골·도장공사 등 고위험 공종의 경우 추락방지망 등 재해예방시설 설치 여부 확인 등)

8. 안전표지 부착 및 유지관리 확인

9. 안전통로 확보, 자재의 적치 및 정리정돈 등이 성실하게 수행되는지 확인

10. 그 밖에 현장 안전사고 방지를 위해 필요한 조치

④ 총괄감리원은 현장에 배치되는 감리원 중에 안전관리담당자를 지정하고 안전관리담당자로 지정된 감리원은 다음 각호의 작업현장에 수시로 입회하여 시공자의 안전관리자를 지도·감독하도록 하며, 공사 전반에 대한 안전관리계획의 사전 검토, 실시 확인 및 평가, 자료의 기록유지 등 사고 예방을 위한 제반 안전관리 업무에 대하여 확인을 하도록 하여야 한다.

1. 추락 또는 낙하 위험이 있는 작업

2. 발파, 중량물 취급, 화재 및 감전 위험 작업

3. 크레인 등 건설장비를 활용하는 위험 작업

4. 그 밖의 안전에 취약한 공종 작업

⑤ 감리자는 시공자가 자체 안전점검 실시 여부를 지속적으로 확인하여야 하며, 건설안전점검 전문기관에 의뢰하여 정기·정밀 안전점검을 하는 경우에는 해당 점검 시에 입회하여 적정한 점검이 이루어지는지를 확인한다.

⑥ 감리자는 현장에서 사고가 발생하였을 경우에는 시공자에게 즉시 필요한 응급조치를 취하도록 하고 사업계획승인권자 및 사업주체에게 보고하며, 별지 제13호 서식의 공사사고 관리대장을 작성·관리하여야 한다.

제23조(환경관리)

① 감리자는 사업주체가 「환경영향평가법」에 따라 받은 환경영향평가 내용과 이에 대한 협의 내용을 충실히 이행하도록 지도·감독하는 등 해당 공사로 인한 위해를 예방하고 자연환경, 생활환경 등을 적정하게 유지·관리될 수 있도록 하여야 한다.

② 감리자는 시공자에게 환경관리책임자를 지정하게 하여 환경관리계획과 대책 등을 수립하게 하는 등 현장 환경관리업무를 책임지고 추진하게 하여야 한다.

③ 감리자는 시공 과정 중에 발생하는 폐품 또는 발생물에 대하여 발생의 적정성을 검토하여야 하며, 폐품 및 발생물 처리 과정을 확인하여야 한다. 이 경우 폐품 및 발생물 처리 과

정이 적정하지 아니하다고 판단되는 경우에는 즉시 사업계획승인권자에게 보고하여야 한다.

④ 감리자는 마감공사 과정에서 발생하게 되는 잉여자재(석고보드 등)의 처리계획을 시공자로부터 제출받아 그 처리계획이 적정한지를 검토하여야 하며, 마감공사 과정에 수시로 입회하여 그 시공 및 잉여자재의 처리 과정을 확인하여야 한다.

제24조(사용검사 등 확인)

① 감리자는 법 제48조의 2에 따른 입주예정자 사전 방문 전에 다음 각호의 사항을 확인하여야 한다.

1. 해당 주택건설공사가 설계도서(시공상세도를 포함한다.)에서 정한 내용과 동일하게 시공되었는지 여부

2. 승인된 사업계획내용 적합 여부

3. 부대·복리시설 설치의 적정성 여부

4. 그 밖에 감리자가 필요하다고 인정하는 사항

② 감리자는 중간감리보고서를 제출하는 경우와 사업주체가 임시사용검사 또는 사용검사를 신청하는 경우에 해당 공사가 설계도서·공정률 및 품질관리기준 등에 따라 적합하게 시공되었는지 등에 대하여 다음 각호의 사항을 확인한 후 감리계획서 및 감리의견서를 첨부하여야 한다.

1. 중간감리보고서를 제출하는 경우에는 다음 각 목의 사항을 확인하여야 한다.

가. 건축물 및 부대·복리시설의 배치(길이, 폭, 인동간격)의 적합 여부

나. 대지경계 및 지반고의 적합 여부

다. 기초, 철근의 배근 등의 적합 여부

라. 철근, 콘크리트 등 주요 자재의 반입, 사용, 반출현황 및 그 적합 여부

마. 그 밖에 감리자가 필요하다고 인정하는 사항

2. 사용검사를 신청하는 경우에는 다음 각 목의 사항을 확인하여야 한다.

가. 해당 주택건설공사가 설계도서(시공상세도를 포함한다.)에서 정한 내용과 동일하게 시공되 었는지 여부

나. 폐품 또는 발생물의 유무 및 그 처리의 적정성 여부

다. 자재사용의 적정성 여부

라. 건설공사용 시설, 잉여자재, 폐기물 및 가건물의 제거, 토석채취장 그 밖에 주변의 원상 복구 정리 사항

마. 제반서류 및 각종 준공필증

바. 사업계획승인을 변경할 사항에 대한 행정절차 이행 여부

사. 승인된 사업계획내용 적합 여부

　　아. 부대·복리시설 설치의 적정성 여부(규칙 별지 제23호 서식에 기재할 부대·복리
　　　　시설을 항목 별로 확인한다.)

　　자. 법 제48조의 2에 따른 입주예정자의 사전 방문 시 및 법 제48조의 3에 따른
　　　　품질점검단 점 검결과에 따라 조치 요청한 중대한 하자에 대한 조치 결과

　　차. 그 밖에 감리자가 필요하다고 인정하는 사항

　3. 임시사용검사신청을 하는 경우에는 다음 각 목의 사항을 확인하여야 한다.

　　가. 해당 주택건설공사가 설계도서(시공상세도를 포함한다.)에서 정한 내용과 동일
　　　　하게 시공되 었는지 여부

　　나. 건설공사 시공 과정에서 제반 감리기록에 대한 적정성 여부

　　다. 자재사용의 적정성 여부

　　라. 임시사용 신청 부분이 구조·소방·피난 및 위생등 사용상 지장이 없는지 여부

　③ 감리자는 각종 검사와 관련하여 시정할 사항이 있는 경우에는 사업주체에게 지체 없
이 이를 통보하여 사업주체로 하여금 보완 또는 재시공토록 하고 동 이행 여부를 확인하여
야 하며, 그 내용을 사업계획승인권자에게 보고하여야 한다.

제25조(현장대리인 등의 교체)

　① 감리자는 현장대리인, 시공회사 기술자 등이 다음 각호에 해당하는 경우에는 사업계
획승인권자와 사업주체에게 그 사유에 해당하는 자의 교체 필요성을 보고하여야 하며, 사
업주체는 교체사유 등을 조사·검토한 후 교체사유가 인정되는 경우에는 시공자에게 관련
자를 교체하도록 하여야 한다. 이 경우 사업계획인권자는 보고내용과 조치 결과 등을 확인
하여야 한다.

　1. 현장대리인, 안전관리자, 품질관리자 등의 배치, 법정 교육훈련 이수 및 품질시험
의무 등에 관하여 관련법령을 위반하는 경우

　2. 현장대리인이 정당한 사유 없이 해당 건설공사의 현장을 이탈하는 경우

　3. 현장대리인 등의 고의 또는 과실로 인하여 시공이 조잡하게 되거나 부실시공 발생
이 우려되는 경우

　4. 현장대리인 등이 시공능력 및 기술이 부족하다고 인정되거나 정당한 사유 없이 실
행공정이 예정공정에 현격히 미달하는 경우

　5. 시공회사의 기술자 등이 기술능력 부족으로 공사 시행에 차질을 초래하거나 감리
자의 정당한 지시에 응하지 아니한 경우

　6. 현장대리인이 감리원의 검측·승인을 받지 않고 후속 공정을 진행하거나 정당한 사

유 없이 공사를 중단하는 경우

7. 현장대리인 등이 시공 관련 의무와 달리 부정한 행위를 한 경우

② 제1항에 따라 교체 요구를 받은 시공자는 특별한 사유가 없으면 이에 따라야 하며, 감리자는 그 내용을 사업주체 및 사업계획승인권자에게 보고하여야 한다.

제26조(감리자의 의견제시 등)

① 감리자는 공사 중 해당 공사와 관련하여 시공자의 공법변경 요구 등 중요한 기술적인 사항에 대한 요구가 있는 경우에는 그 요구가 있은 날로부터 7일 이내에 이를 검토하고 의견서를 첨부하여 사업주체에게 보고하여야 하고, 검토에 있어 전문성이 요구되는 경우에는 요구가 있은 날로부터 14일 이내에 비상주감리원의 검토의견서를 첨부하여 사업주체에 통보하여야 한다.

② 감리원은 공사시공과 관련하여 검토한 내용이 사업주체 또는 시공자가 알아야 할 필요가 있다고 판단될 경우에는 사업주체 또는 시공자에게 그 검토의견을 서면으로 제시할 수 있다.

③ 감리원은 공사 시행 중 계획의 변경이 요구되는 중요한 민원이 발생된 경우에는 사업주체가 민원처리를 원활하게 할 수 있도록 해당 민원에 관한 검토의견서를 첨부하여 사업주체에게 보고하고, 별지 제14호 서식의 민원처리부(전화 및 상담)를 작성·관리하여야 한다.

④ 감리원은 사업주체 및 시공자와 협의하여 제3항에 따른 민원을 적극적으로 해결할 수 있는 방안을 강구하여야 하고, 그 내용을 민원처리부에 기록·비치하여야 한다.

제27조(감리 업무의 보고 등)

① 규칙 제18조 제4항에 따라 감리자가 사업계획승인권자 및 사업주체에게 감리 업무 수행사항을 보고하는 경우에는 다음 각호에서 정하는 사항을 포함하여야 한다.

1. 사업개요(건설공사 개요, 감리용역 개요, 공사여건 등)

2. 기술 검토(설계(시공)도면·시방서 및 공법 검토, 기술적 문제해결, 설계변경에 따른 자료검토 등)

3. 공정관리(공정현황, 인력 및 장비투입 현황, 공사추진현황 등)

4. 시공관리(공종별 시공확인 내용, 부실시공에 대한 조치사항 및 방지대책 등)

5. 자재 품질관리(자재의 적합 여부 및 품질시험 실시 결과 확인사항, 중점품질관리 대상 관리사항, 철근 등 주요 자재 관리사항, 콘크리트 타설 관리사항 등)

6. 감리 업무 수행실적(감리 업무 수행실적, 감리계획 대 실적대비)

7. 종합 분석 및 감리추진 계획(종합 분석·평가 및 검토의견, 잔여 공사 전망 및 감리

업무 추진계획 등)

② 감리자는 다음 각호에 해당하는 경우에는 적절한 임시조치를 취하고, 경위 및 검토의견을 사업계획승인권자와 사업주체에게 보고하여야 한다.

1. 천재지변 또는 그 밖의 사고로 공사 진행에 지장이 발생한 경우
2. 시공자가 정당한 사유 없이 공사를 중단한 경우
3. 현장대리인이 사전승인 없이 시공현장에 상주하지 아니한 경우
4. 시공자가 계약에 따른 시공능력이 없다고 인정되는 경우
5. 시공자가 공사 시행에 불성실하거나 감리자의 지시에 계속하여 2회 이상 응하지 아니한 경우
6. 공사에 사용될 중요자재가 규격에 맞지 아니한 경우
7. 그 밖에 시공과 관련하여 중요하다고 인정되는 사항이 있거나 사업계획승인권자 또는 사업주체로부터 별도 보고·통보의 요청이 있는 경우

제28조(감리 업무 기록관리 보고)

① 감리자는 감리 업무를 수행하는 동안 다음 각호에서 정하는 서류를 작성하여 비치하고, 사업주체 또는 사업계획승인권자의 요구가 있을 경우, 언제든지 열람할 수 있도록 하여야 한다.

1. 근무상황부(출근부 및 외출부)
2. 감리 업무일지(총괄감리원, 분야별감리원)
3. 민원처리부
4. 업무지시서(별지 제15호 서식)
5. 기술 검토의견서(별지 제16호 서식)
6. 주요 공사기록 및 검사결과
7. 설계변경 관계 서류
8. 품질시험 확인 관계 서류(품질시험대장, 품질시험계획서 및 품질시험실적보고 등)
9. 재해 발생현황
10. 안전교육 실적표(별지 제17호 서식)
11. 착공계·임시사용 및 사용검사에 따른 제출서류 등 관계 서류
12. 매몰 부분 및 구조물 검측서류
13. 주요 자재 검사부(반입 물량 및 수량 확인을 포함)
14. 발생품(잉여자재) 정리부
15. 회의록, 사진첩

16. 관련 규정에 따른 감리보고서 및 감리의견서

17. 표준시방서·KS 관련 규격 및 공산품 품질검사기준 및 관계법령 등 그 밖에 필요한 서류

② 감리자는 이 기준에서 정하지 아니한 각종 서식류 등에 대하여 「건축법」, 「건설기술 진흥법」 등 관련법령에서 정한 서식을 활용하여 동 기준에 적합하게 변경하여 사용할 수 있다.

제29조(관계서류의 인계 등)

① 감리자는 기계·배관설비공사 등에 대하여 사업주체로 하여금 계절적으로 정상상태 시운전이 가능한 경우에는 준공일 이전에 예비 및 정상상태 시운전을 완료토록 하되, 하절기 등 정상상태 시운전이 불가능할 경우에는 예비 시운전만 시행하고 정상상태 시운전은 사업주체와 협의한 후 별도의 기간을 정하여 실시하도록 한다.

② 감리자는 사용검사 완료 후 해당 시설물이 이를 관리할 자에게 차질 없이 인계되도록 사업주체에게 협조하여야 하며, 특히 해당 현장에서 특수한 재료 혹은 공법을 적용하였을 경우 시공부위·방법·특성, 시공상·관리상의 주의점에 대한 기록을 인계토록 하여 사후관리 및 점검이 용이하도록 하여야 한다.

③ 감리자는 사용검사 완료후 감리관계 서류를 사업주체에게 인계하여야 한다.

④ 감리원은 사용검사신청을 하는 경우에는 다음 각호의 사항을 포함한 최종감리보고서를 작성하여 해당 주택의 사업계획 승인권자에게 제출하여야 한다.

1. 사업개요: 건설공사 및 감리용역 개요(계약현황 포함)

2. 기술 검토내용: 기술 검토실적 총괄표, 사업승인조건 검토실적 등

3. 공정관리: 공정표, 골조공사 진척도, 분기별 공정현황

4. 시공관리: 시공관리업무 실적 총괄표, 인력 및 장비투입 현황

5. 품질관리: 품질시험계획서, 품질관리업무 실적 총괄표, 주요 자재 반입·반출 및 검수실적

6. 안전관리 및 환경관리: 안전관리실적, 환경관리 현황

7. 내진 구조확인: 내진 설계 검토 및 구조 확인 후 기준에 미흡하여 내진보강을 한 경우 그 확인자료(사진 등)

8. 감리 업무실적: 감리 업무 수행절차, 감리 업무 수행계획서, 추진실적현황

9. 종합평가

10. 각종 검사필증

제3장 감리에 대한 감독

제30조(사업계획승인권자의 지도·감독) 사업계획승인권자는 제27조 제1항에 따라 감리자가 감리 업무 수행사항을 보고하는 경우에는 다음 각호의 사항을 점검·평가하여야 하며, 감리자는 이에 성실히 응하여야 한다.

1. 감리원 구성 및 운영

　가. 감리원의 적정자격보유 여부 및 상주이행 상태

　나. 감리결과 기록유지 상태 및 근무상황부

　다. 감리서류의 비치

2. 시공관리

　가. 계획성 있는 감리 업무 수행여부

　나. 예방 차원의 품질관리 노력

　다. 시공상태 확인 및 지도업무

3. 기술 검토 및 자재 품질관리

　가. 자재품질 확인 및 지도업무

　나. 설계개선 사항 등 지도실적

　다. 중점품질관리대상의 선정 및 그 이행의 적정성

4. 현장관리

　가. 재해예방 및 안전관리

　나. 공정관리

　다. 건설폐자재 재활용 및 처리계획 이행 여부 확인

　라. 감리보고서 내용의 사실 및 현장과의 일치 여부

5. 그 밖에 사업계획승인권자가 점검·평가에 필요하다고 인정하는 사항

제4장 행정사항

제31조(재검토기한) 국토교통부장관은 「훈령·예규 등의 발령 및 관리에 관한 규정」(대통령 훈령 334호)에 따라 이 고시에 대하여 2018년 7월 1일을 기준으로 3년이 되는 시점(매 3년째의 6월 30일까지를 말한다.)마다 그 타당성을 검토하여 개선 등의 조치를 하여야 한다.

부칙 〈제2020-438호, 2020. 6. 11.〉

제1조(시행일) 이 고시는 발령한 날부터 시행한다. 다만, 제24조 개정규정은 2021년 1월 24일부터 시행한다.

제2조(공정관리 등에 관한 적용례) 제12조 제1항, 제14조 제2항부터 제4항까지 및 제21

조 제5항 개정규정은 이 고시 시행 이후 법 제16조 제2항에 따라 착공신고를 하는 주택건설공사부터 적용한다.

　제3조(사용검사 신청 전 확인에 관한 적용례) 제24조 개정규정 시행일 이전에 입주자 모집공고에 따라 입주예정자의 사전 방문을 완료하였거나 진행 중에는 종전의 규정에 따른다.

[별지1] 근무상황부

[별지2] 감리단 비상연락망

[별지3] 감리원 근무상황판

[별지4] 공사 설계변경 현황

[별지5] 검측점검표

[별지6] 검측요청·결과 통보내용

[별지7] 공사 참여자(기능공 포함) 실명부

[별지8] 감리 업무일지

[별지9] 주요 자재 관리대장

[별지10] 품질시험·검사 성과 총괄표

[별지11] 중점품질관리대상

[별지12] 구조물별 콘크리트 타설 관리대장

[별지13] 공사사고 관리대장

[별지14] 민원처리부(전화 및 상담)

[별지15] 업무지시서

[별지16] 기술 검토의견서

[별지17] 안전교육 실적표

| 부록(각주번호 94)

필로티 건축물 구조설계 가이드라인

[필로티 건축물 구조설계 가이드라인-일부만 발췌하였으므로 체크리스트, 구조도 예시 등 전체적인 내용은 국토교통부 홈페이지 참조(정책자료〉정책정보)]

목적 및 적용 범위

(1) 이 가이드라인에서는 필로티 구조 건축물의 내진안전성을 확보하기 위하여 건축설계, 구조설계, 건축인허가, 시공 시에 지켜야 할 최소 요구 사항을 규정한다. 여기서 규정하지 않은 사항은 건축법과 건축구조기준에 따르며, 구조설계에 의하여 추가적으로 요구되는 사항은 건축구조기준을 만족하여야 한다.

(2) 상부 콘크리트 내력벽구조와 하부 필로티 기둥으로 구성된 지상 3층 이상 5층 이하 수직비정형골조의 경우 이 조항을 준수해야 한다. 다만, 구조설계 책임기술자가 상세한 구조설계 입증자료(구조 계산 또는 실험자료)를 제출하고 그 내용을 확인한 경우에는 이 가이드라인을 따르지 않을 수 있다.

[해 설]

(1) 포항지진에서 나타난 필로티 구조의 취약성을 보완하기 위하여 설계와 시공, 인허가 시 검토되어야 하는 주요 사항들을 규정하고 있다. 이 가이드라인은 최소 요구조건이며, 상세한 요구사항은 건축구조기준을 만족하여야 한다.

(2) 이 규정은 설계와 시공 품질관리가 어려운 소규모 필로티 구조물에 대하여 적용한다. 구조설계입증자료를 제출하는 경우에도 기둥의 연성능력 확보를 위하여 2. 건축계획과 구조계획, 5.4 필로티 기둥의 표준철근상세를 준수하는 것이 바람직하다.

6개 층 이상의 필로티 건물(전이구조 위 6개 층)은 구조심의를 거치도록 되어 있어서 품질 확보가 가능하므로 이 가이드라인의 적용 범위는 5층 이하로 한정하였다.

※ '필로티 건축물 구조설계 가이드라인'은 법적 기준이 아니므로 가이드라인은 '필로티 건축물 구조설계 체크리스트' 작성을 위한 참고자료로 활용하시기 바랍니다. ('필로티 건축물 구조설계 체크리스트'는 '건축구조기준'에 따라 설계한 필로티 구조 건축물의 구조적 안전성을 중복 확인 시 활용)

설계자 및 허가권자 내진설계 체크리스트

공사명		문서번호	
건축주		발행일시	
공사단계		업무구분	설계자 및 허가권자

구조 형식	검토 항목	세부검토사항	검토 결과 적합	검토 결과 부적합	검토의견
철근 콘크 리트 구조	설계 도면	① 평면상 코어벽의 위치[1] □ 중심코어 채택여부 □ 편심코어의 경우 대칭성확보를 위한 추가적인 전 단벽 설치			
		② 내진설계 특별지진하중 준수여부[2] □ 필로티 층 기둥 및 벽체의 면적비(수치기입) - x방향: - y방향:			
		③ 전이보 또는 전이슬래브 설치 여부[3] □ 전이보 최소 깊이 550mm 이상 □ 전이슬래브 최소 두께 300mm 이상			
		④ 기초형식의 적정성 여부 □ 지하층이 없는 경우 온통기초 사용 □ 연약지반의 경우 말뚝기초 사용			
	철근 상세	① 필로티 층 기둥 철근 상세도[4] □ 후프 수직 간격 150mm 이하, 135° 갈고리 정착 또는 대안정착 여부 □ 연결 철근(내부 타이 철근) 수직 간격 150mm 이 하, 수평 간격 200mm 이하			
		② 필로티 층 벽체 철근 상세도[5] □ 복배근(2열 배근) 및 수직 철근·수평 철근(D13) 150mm 이하 간격 □ 벽체 모서리 단부 U형 철근 보강 □ 개구부 주위 철근 보강			
비구조재		① 화단벽과 기둥의 이격[6] □ 화단벽 높이(h)의 h/30 이상 이격			
		② 기둥 측면에 수벽의 이격[6]			
		③ 배관 공간의 별도 설치 여부[7]			

- 상기와 같이 필로티 건물의 내진설계 검토 사항을 확인하여 제출합니다.

설계자:　　　　　(인)

1) 사용 가능한 코어벽 배치 유형 (중심 코어 및 중심 대칭 벽체)

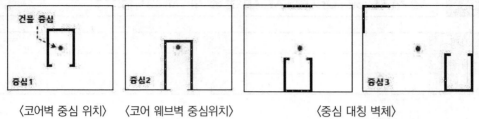

⟨코어벽 중심 위치⟩   ⟨코어 웨브벽 중심위치⟩   ⟨중심 대칭 벽체⟩

2) 내진설계 특별지진하중 준수여부

- 구조설계 책임기술자가 구조 계산한 자료가 없는 경우, 필로티 층 기둥과 벽체는 아래의 필로티 기둥과 벽체의 면적비를 만족하도록 설계하여야 한다.
- 필로티 층에서 전단벽과 기둥은 지진하중을 저항할 수 있도록 충분한 단면적으로 설계하여야 한다. 5층 이하의 필로티 구조에서는 다음 조건을 만족하여야 한다.

　　　(지진구역 1, 지진구역 2를 제외한 지역)

　　　　　　벽체 면적비/0.0045 + 기둥 면적비/0.0112 ≥ 1.0　　　　식 (2-1)

　　　(지진구역 2, 강원 북부 및 제주)

　　　　　　벽체 면적비/0.0028 + 기둥 면적비/0.0071 ≥ 1.0　　　　식 (2-2)

① 평면상 두 직각 방향 (x방향, y방향) 각각에 대하여 위의 조건을 만족해야 한다.
② 벽체 면적비 = 필로티 층 해당 벽체 단면적의 합 / 건물 연면적
　기둥 면적비 = 필로티 기둥 단면적의 합 /건물 연면적
③ 기둥 면적비 계산에서는 방향과 관계없이 모든 기둥의 단면적 합을 고려한다.

- 자세한 사항은 필로티 설계지침 2장의 지침 내용과 예제를 참고한다. (예시 그림 2-3, 그림 2-4)

3) 전이보 또는 전이슬래브 설치 여부

- 전이보의 깊이가 600mm 이상일 때 폭은 400mm 이상이어야 되며, 전이보의 깊이가 그 이하일 때는 폭이 500mm 이상이어야 한다. 전이보의 최소 깊이는 550mm 이상이어야 한다. 전이보 횡철근 간격은 200mm 이하이어야 한다.
- 전이슬래브의 두께는 300mm 이상이어야 한다.

4) 필로티 층 기둥 철근 상세도

- 기둥 후프 상세는 135도 갈고리 정착 상세나 90도 갈고리가 콘크리트 내부로 정착되는 상세를 사용한다.

- 기둥 횡철근은 후프와 연결 철근으로 구성하며, 연결 철근의 정착을 위하여 한쪽은 135도 갈고리 정착을 다른 쪽은 90도 갈고리 정착을 사용한다. 135도 갈고리 정착의 위치는 수직적으로 수평적으로 교차로 배치한다.
- 기둥 횡철근 수직 간격은 전 기둥 길이에 걸쳐서 150mm 이하로 한다.

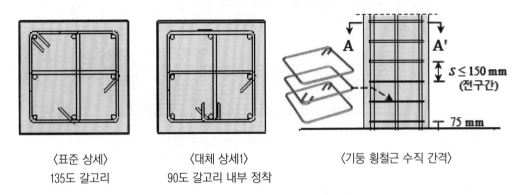

〈표준 상세〉   〈대체 상세1〉   〈기둥 횡철근 수직 간격〉
135도 갈고리   90도 갈고리 내부 정착

5) 필로티 층 벽체 철근 상세도

- 벽체 수직 철근과 수평 철근의 간격은 D13, 150mm 이하이어야 한다. 벽체 단부는 길이 300mm 이상의 U형 철근으로 보강되어야 한다.

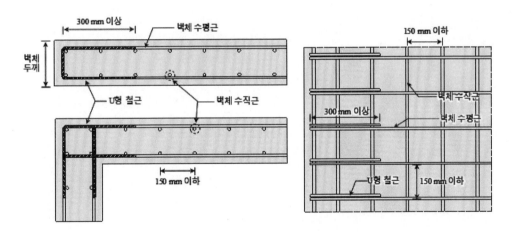

〈필로티 층 벽체의 철근 표준 상세〉

6) 화단벽 및 수벽의 기둥과의 이격

- 기둥의 단주효과를 유발할 수 있는 수벽, 화단용벽, 조적벽 등 비구조요소를 기둥으로부터 이격시키거나 설치를 지양한다.

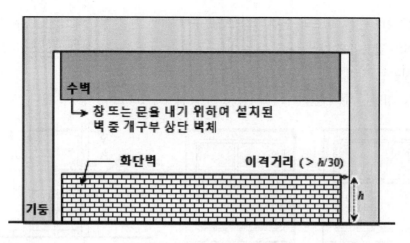

〈화단벽 및 수벽의 기둥과의 이격〉

7) 배관 공간의 별도 설치 여부

- 구조부재 내부 또는 관통하여 건축마감, 설비, 배관 등을 설치하는 것은 원칙적으로 금지되며, 불가피할 경우에는 반드시 구조설계자의 검토와 동의를 받아야 한다.
- 기둥, 코어벽, 전단벽 등의 주요 수직 구조부재 내부에는 우수관 등 비구조재를 삽입할 수 없다.

2 감리자 내진설계 품질관리 체크리스트

공사명		문서번호	
건축주		발행일시	
공사단계		업무구분	감리자

구조형식	검토항목	세부검토사항	검토 결과		검토의견
			적합	부적합	
철근콘크리트구조	철근배근	① 기초 철근 배근 설계도서 준수 여부			
		② 기둥 철근 배근 설계도서 준수 여부			
		③ 필로티 기둥, 벽체, 전이보, 전이슬래브의 배근도 작성 및 준수 여부			
		④ 기둥의 후프 및 연결 철근 간격 확인, 135° 갈고리 준수 여부[1]			
	기타	① 현장에서 콘크리트코어 공시체 확보 및 실험 실시 여부			
		② 동절기 및 우기 콘크리트타설 공사중지 준수 여부			
		③ 필로티 기둥 및 전이층 철근 배치 후 책임구조기술자의 확인 여부			
		④ 필로티 기둥 및 전이층 철근 배치, 콘크리트 타설 시 동영상 확보 여부			
비구조재		① 화단벽 및 수벽의 기둥과의 이격 여부[2]			
		② 건축외벽 마감재의 정착방법 준수 여부			
		③ 배관 공간의 별도 설치 여부[3]			

- 상기와 같이 필로티 건물의 내진설계 품질관리 검토 사항을 확인하여 제출합니다.

감리자: (인)

1) 필로티 기둥 상세도

- 기둥 후프 상세는 135도 갈고리 정착 상세나 90도 갈고리가 콘크리트 내부로 정착되는 상세를 사용한다.
- 기둥 횡철근은 후프와 연결 철근으로 구성하며, 연결 철근의 정착을 위하여 한쪽은 135도 갈고리 정착을 다른 쪽은 90도 갈고리 정착을 사용한다. 135도 갈고리 정착의 위치는 수직적으로 수평적으로 교차로 배치한다.
- 기둥 횡철근 수직간 격은 전 기둥 길이에 걸쳐서 150mm 이하로 한다.

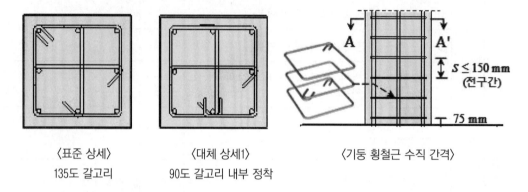

〈표준 상세〉	〈대체 상세1〉	〈기둥 횡철근 수직 간격〉
135도 갈고리	90도 갈고리 내부 정착	

2) 화단벽 및 수벽의 기둥과의 이격

- 기둥의 단주효과를 유발할 수 있는 수벽, 화단옹벽, 조적벽 등 비구조요소를 기둥으로부터 이격시키거나 설치를 지양한다.

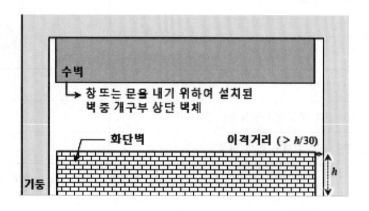

〈화단벽 및 수벽의 기둥과의 이격〉

3) 배관 공간의 별도 설치 여부

- 구조부재 내부 또는 관통하여 건축마감, 설비, 배관 등을 설치하는 것은 원칙적으로 금지되며, 불가피할 경우에는 반드시 구조설계자의 검토와 동의를 받아야 한다.

■ 기둥, 코어벽, 전단벽등의 주요 수직 구조부재 내부에는 우수관 등 비구조재를 삽입할 수 없다.

| 부록(각주번호 95)

특수구조건축물, 특수구조건축물 대상 기준

건축법시행령 제2조 제18호

"특수구조 건축물"이란 다음 각 목의 어느 하나에 해당하는 건축물을 말한다.

가. 한쪽 끝은 고정되고 다른 끝은 지지(支持)되지 아니한 구조로 된 보·차양 등이 외벽(외벽이 없는 경우에는 외곽 기둥을 말한다.)의 중심선으로부터 3미터 이상 돌출된 건축물

나. 기둥과 기둥 사이의 거리(기둥의 중심선 사이의 거리를 말하며, 기둥이 없는 경우에는 내력벽과 내력벽의 중심선 사이의 거리를 말한다. 이하 같다.)가 20미터 이상인 건축물

다. 특수한 설계·시공·공법 등이 필요한 건축물로서 국토교통부장관이 정하여 고시(하단 특수구조 건축물 대상 기준 참조)하는 구조로 된 건축물

특수구조 건축물 대상 기준

[시행 2018. 12. 7.] [국토교통부고시 제2018-777호, 2018. 12. 7., 일부 개정]

제1조(목적) 이 기준은 「건축법 시행령」 제2조 제18호 다목에 따라 특수구조 건축물의 종류를 정하는 것을 목적으로 한다.

제2조(특수구조 건축물) 특수구조 건축물은 다음 각호의 어느 하나에 해당하는 건축물을 말한다.

1. 건축물의 주요구조부가 공업화박판강구조(PEB: Pre-Engineered Metal Building System), 강관 입체트러스(스페이스프레임), 막 구조, 케이블 구조, 부유식구조 등 설계·시공·공법이 특수한 구조형식인 건축물

2. 6개 층 이상을 지지하는 기둥이나 벽체의 하중이 슬래브나 보에 전이되는 건축물(전이가 있는 층의 바닥면적 중 50퍼센트 이상에 해당하는 면적이 필로티 등으로 상하부 구조가 다르게 계획되어 있는 경우로 한정한다.)

3. 건축물의 주요구조부에 면진·제진장치를 사용한 건축물

4. 건축구조기준에 따른 허용응력설계법, 허용강도설계법, 강도설계법 또는 한계상태

설계법에 의하여 설계되지 않은 건축물

5. 건축구조기준의 지진력 저항시스템 중 다음 각 목의 어느 하나에 해당하는 시스템을 적용한 건축물

    가. 철근콘크리트 특수전단벽

    나. 철골 특수중심가새골조

    다. 합성 특수중심가새골조

    라. 합성 특수전단벽

    마. 철골 특수강판전단벽

    바. 철골 특수모멘트골조

    사. 합성 특수모멘트골조

    아. 철근콘크리트 특수모멘트골조

    자. 특수모멘트골조를 가진 이중골조 시스템

제3조(규제의 재검토) 국토교통부장관은 「행정규제기본법」 제8조 및 「훈령·예규 등의 발령 및 관리에 관한 규정」(대통령 훈령 334호)에 따라 이 고시에 대하여 2019년 1월 1일 기준으로 매 3년이 되는 시점(매 3년째의 12월 31일까지를 말한다.)에 그 타당성을 검토하여 개선 등의 조치를 하여야 한다.

부칙 〈제2018-777호, 2018. 12. 7.〉

이 고시는 발령한 날부터 시행한다.

| 부록(각주번호 97)

관계전문기술자의 협력

건축법시행령 제19조 제3항

법 제25조 제6항에서 "공사의 공정이 대통령령으로 정하는 진도에 다다른 경우"란 공사(하나의 대지에 둘 이상의 건축물을 건축하는 경우에는 각각의 건축물에 대한 공사를 말한다.)의 공정이 다음 각호의 구분에 따른 단계에 다다른 경우를 말한다. 〈개정 2019. 8. 6.〉

  1. 해당 건축물의 구조가 철근콘크리트조·철골철근콘크리트조·조적조 또는 보강콘크리트블럭조인 경우: 다음 각 목의 어느 하나에 해당하는 단계

가. 기초공사 시 철근 배치를 완료한 경우

나. 지붕슬래브 배근을 완료한 경우

다. 지상 5개 층마다 상부 슬래브 배근을 완료한 경우

2. 해당 건축물의 구조가 철골조인 경우: 다음 각 목의 어느 하나에 해당하는 단계

가. 기초공사 시 철근 배치를 완료한 경우

나. 지붕 철골 조립을 완료한 경우

다. 지상 3개 층마다 또는 높이 20미터마다 주요구조부의 조립을 완료한 경우

3. 해당 건축물의 구조가 제1호 또는 제2호 외의 구조인 경우: 기초공사에서 거푸집 또는 주춧돌의 설치를 완료한 단계

4. 제1호부터 제3호까지에 해당하는 건축물이 3층 이상의 필로티 형식 건축물인 경우: 다음 각 목의 어느 하나에 해당하는 단계

가. 해당 건축물의 구조에 따라 제1호부터 제3호까지의 어느 하나에 해당하는 경우

나. 제18조의 2 제2항 제3호 나목에 해당하는 경우

시행령 제18조의 2 제2항 제3호 나목

3. 3층 이상의 필로티 형식 건축물: 다음 각 목의 어느 하나에 해당하는 단계

나. 건축물 상층부의 하중이 상층부와 다른 구조형식의 하층부로 전달되는 다음의 어느 하나에 해당하는 부재(部材)의 철근 배치를 완료한 경우

1) 기둥 또는 벽체 중 하나

2) 보 또는 슬래브 중 하나

| 부록(각주번호 112)

공동주택 결로방지를 위한 설계 기준

[시행 2016. 12. 7.] [국토교통부고시 제2016-835호, 2016. 12. 7., 일부 개정]

제1조(목적) 이 기준은 「주택건설기준 등에 관한 규정」 제14조의 3에 따라 공동주택 결로 방지를 위한 성능기준 등에 관하여 위임된 사항과 그 시행에 필요한 세부적인 사항을 정

하여 공동주택 세대 내의 결로 저감을 유도하고 쾌적한 주거환경을 확보하는 데 기여하는 것을 목적으로 한다.

제2조(정의) 이 기준에서 사용하는 용어의 뜻은 다음과 같다.

1. "온도 차이 비율(TDR:Temperature Difference Ratio)"이란 '실내와 외기의 온도 차이에 대한 실내와 적용 대상 부위의 실내표면의 온도 차이'를 표현하는 상대적인 비율을 말하는 것으로, 제2호의 "실내외 온습도 기준" 하에서 제4조에 따른 해당 부위의 "결로방지 성능"을 평가하기 위한 단위가 없는 지표로써 아래의 계산식에 따라 그 범위는 0에서 1 사이의 값으로 산정된다.

$$\text{온도 차이 비율(TDR)} = \frac{\text{실내 온도} - \text{적용 대상 부위의 실내표면 온도}}{\text{실내 온도} - \text{외기 온도}}$$

2. "실내외 온습도 기준"이란 공동주택 설계 시 결로방지 성능을 판단하기 위해 사용하는 표준적인 실내외 환경조건으로, 온도 25·, 상대습도 50%의 실내조건과 별표1의 구분에 따른 외기온도(지역Ⅰ은 -20·, 지역Ⅱ는 -15·, 지역Ⅲ는 -10·를 말한다.) 조건을 기준으로 한다.

3. "외기에 직접 접하는 부위"란 바깥쪽이 외기이거나 외기가 직접 통하는 공간에 접한 부위를 말한다.

제3조(적용 범위) 이 기준은 「주택법」 제15조에 따른 사업계획승인을 받아 건설하는 500세대 이상의 공동주택에 적용한다.

제4조(성능기준) 공동주택 세대 내의 다음 각호에 해당하는 부위는 별표1에서 정하는 온도차이비율 이하의 결로방지 성능을 갖추도록 설계하여야 한다.

1. 출입문: 현관문 및 대피공간 방화문(발코니에 면하지 않고 거실과 침실 등 난방설비가 설치된 공간에 면한 경우에 한함)

2. 벽체접합부: 외기에 직접 접하는 부위의 벽체와 세대 내의 천장 슬래브 및 바닥이 동시에 만나는 접합부(발코니, 대피공간 등 난방설비가 설치되지 않는 공간의 벽체는 제외)

3. 창: 난방설비가 설치되는 공간에 설치되는 외기에 직접 접하는 창(비확장 발코니 등 난방설비가 설치되지 않은 공간에 설치하는 창은 제외한다.)

제5조(성능평가) ① 제4조에 따른 결로방지 성능을 평가하기 위한 온도 차이 비율 값은 제2조 제2호의 실내외 온습도 기준하에서 별표3에 따라 KS F 2295 등의 시험방법으로 국가공인기관(KOLAS)에서 측정을 하거나, ISO 15099에 적합한 컴퓨터 프로그램을 활용한 시뮬레이션을 통해 산정한다.

② 제1항에 따른 온도 차이 비율 값을 산정하는 위치와 방법 등은 별표2에 따른다.

③ 제4조에도 불구하고 제4조 제2호에 따른 벽체접합부를 제9조에 따른 「공동주택 결로방지 상세도 가이드라인」의 벽체접합부의 상세에 따라 설계하는 경우에는 성능평가를 하지 않을 수 있다.

제6조(성능평가 기관) ① 제5조 제1항에 따른 컴퓨터 프로그램을 통한 성능평가는 건축학 또는 건축공학전공 후 별표3에 따른 컴퓨터 시뮬레이션에 관한 실무경력이 5년 이상인 자를 2명 이상 보유한 한국건설기술연구원, 한국에너지기술연구원, 한국시설안전공단, 한국토지주택공사, 한국감정원, 한국환경건축연구원, 한국생산성본부인증원, 한국건설생활환경시험연구원에서 평가하여야 한다. 다만, 그 밖의 기관에서 성능평가를 하고자 하는 경우에는 국토교통부장관의 승인을 받아야 한다.

② 제1항에 따른 기관(이하 "평가기관"이라 한다.)은 효율적이고 일원화된 평가 업무를 수행하기 위하여 평가기관으로 구성된 운영협의회를 구성하여 운영할 수 있다.

③ 제2항에 따른 운영협의회는 성능평가를 위하여 해당 업무와 관련된 처리 기간, 절차, 구비서류, 수수료, 설계변경 등에 대한 세부 운영지침을 작성하여 국토교통부장관에게 제출한 후 승인을 받아야 한다.

제7조(평가서 제출 및 확인) ① 사업주체는 제6조 제1항에 따른 성능평가기관 중 어느 하나에 해당하는 기관에서 발급받은 별지 제1호 서식의 공동주택 결로방지 성능평가결과서(이하 이 조에서 "성능평가결과서"라 한다.)를 사업계획승인권자에게 착공신고 할 때 제출하여야 한다. 사업계획 변경에 따라 결로방지성능이 평가 결과가 달라지는 경우에는 사업계획변경 승인 신청할 때 재 평가받은 성능평가결과서를 같이 제출하여야 한다. 방지성능평가 결과가 달라지는 부분에 대해 평가서를 작성하여 사업계획변경승인신청서와 함께 제출하여야 한다.

② 사업주체가 제6조 제1항에 따른 성능평가 기관에 해당하는 경우에는 해당 사업주체 외에 다른 기관에서 성능평가결과서를 받아야 한다.

제8조 〈삭제〉

제9조(결로방지 상세도) 사업주체는 국토교통부장관이 제작·배포하는 「공동주택 결로 방지 상세도 가이드라인」을 활용하여 규정 제14조의 3 제2항에 따라 해당 주택의 결로 취약부위에 대한 결로방지 상세도를 작성한 경우 해당 벽체접합부의 결로방지 상세도를 설계 도서에 포함하여야 한다.

제10조(재검토기간) 국토교통부장관은「훈령·예규 등의 발령 및 관리에 관한 규정」에 따라 이 고시에 대하여 2016년 7월 1일 기준으로 매 3년이 되는 시점(매 3년째의 6월 30일까지를 말한다.)에 그 타당성을 검토하여 개선 등의 조치를 하여야 한다.

부칙 〈제2013-845호, 2013. 12. 27.〉
제1조(시행일) 이 기준은 2014년 5월 7일부터 시행한다.

부칙 〈제2015-141호, 2015. 3. 16.〉
제1조(시행일) 이 기준은 고시한 날부터 시행한다.

부칙 〈제2016-238호, 2016. 5. 4.〉
제1조(시행일) 이 고시는 발령한 날부터 시행한다. 다만, 별표2의 개정규정은 2016년 11월 1일부터 시행한다.

부칙 〈제2016-835호, 2016. 12. 7.〉
제1조(시행일) 이 고시는 발령한 날부터 시행한다.
제2조(적용례) 개정 규정은 이 고시 시행 후 법 제15조 제1항 또는 제3항에 따른 사업계획 승인을 신청하는 경우부터 적용한다.

[별표1] 주요 부위별 결로방지 성능기준
[별표2] 주요 부위별 결로방지 성능평가 방법
[별표3] 온도 차이 비율(TDR) 산정방법
[서식1] 공동주택 결로방지 성능 평가결과서

건축공사감리 세부 기준

[시행 2020. 12. 24.] [국토교통부고시 제2020-1011호, 2020.12.24., 일부 개정]

제1장 일반 사항

1.1 목적

이 기준은 건축법 제25조에 따라 감리자가 건축물의 공사감리를 수행함에 있어 필요한 사항을 규정함으로써 건축물의 안전과 질적 향상을 도모함을 목적으로 한다.

1.2 적용 범위

이 기준은 「건축법」(이하 "법"이라 한다.) 제25조에 따라 지정된 공사감리자가 「건축법시행령」(이하 "영"이라 한다.) 제19조 및 제19조의 2에 따른 건축물의 공사감리 업무를 수행함에 있어 일반적으로 적용할 수 있는 기준으로서 「건축법」, 「건축사법」 등 관계법령에 따로 정한 사항을 제외하고는 이 기준에 따른다.

1.3 용어의 정의

이 기준에서 사용하는 용어의 정의는 다음과 같다.

1. "공사감리"라 함은 법에서 정하는 바에 따라 건축물 및 건축설비 또는 공작물이 설계도서의 내용대로 시공되는지 여부를 확인하고, 품질관리·공사관리 및 안전관리 등에 대하여 지도·감독하는 행위로서 비상주감리, 상주감리, 책임상주감리로 구분한다.

2. "공사감리자"라 함은 자기 책임하에(보조자의 조력을 받는 경우를 포함한다.) 법이 정하는 바에 의하여 건축물·건축설비 또는 공작물이 설계도서의 내용대로 시공되는지의 여부를 확인하고 품질관리·공사관리 및 안전관리 등에 대하여 지도·감독하는 자를 말한다.

3. "공사시공자"라 함은 건설산업기본법 제2조 제4호에 따른 건설공사를 하는 자, 주택법 제9조에 따른 등록업자, 착공신고서에 명기된 공사시공자로서 건축물의 건축 등에 관한 공사를 행하는 자를 말한다.

4."현장관리인"이라 함은 건축주로부터 위임 등을 받아 건설산업기본법이 적용되지 아니하는 공사를 관리하는 자를 말한다.

5. "비상주감리"라 함은 법에서 정하는 바에 따라 공사감리자가 당해 공사의 설계도

서, 기타 관계서류의 내용대로 시공되는지의 여부를 확인하고, 수시로 또는 필요할 때 시공 과정에서 건축 공사 현장을 방문하여 확인하는 행위를 한다.

6. "상주감리"라 함은 법에서 정하는 바에 따라 공사감리자가 당해 공사의 설계도서, 기타 관계서류의 내용대로 시공되는지의 여부를 확인하고, 건축분야의 건축사보 한 명 이상을 전체 공사 기간 동안 배치하여 건축 공사의 품질관리·공사관리 및 안전관리 등에 대한 기술 지도를 하는 행위를 말한다.

7. "책임상주감리"라 함은 법에서 정하는 바에 따라 공사감리자가 다중이용 건축물에 대하여 당해 공사의 설계도서, 기타 관계서류의 내용대로 시공되는지 여부를 확인하고, 「건설기술 진흥법」에 따른 건설기술용역업자(공사시공자 본인이거나 「독점규제 및 공정거래에 관한 법률」 제2조에 따른 계열회사인 건설기술용역업자는 제외한다.)나 건축사(「건설기술 진흥법 시행령」 제60조에 따라 건설사업관리기술인를 배치하는 경우만 해당한다.)를 전체 공사 기간 동안 배치하여 품질관리, 공사관리, 안전관리 등에 대한 기술 지도를 하며, 건축주의 권한을 대행하는 감독업무를 하는 행위를 말한다.

8. "확인"이라 함은 공사시공자가 설계도서대로 시공하고 있는지의 여부 또는 지시, 조정, 승인, 검사 이후 실행한 결과에 대하여 건축주 또는 공사감리자가 원래의 의도와 규정대로 시행되었는지를 확인하는 행위를 말한다.

9. "검토"라 함은 공사감리자가 공사시공자가 수행하는 주요사항과 해당 건설공사와 관련된 건축주의 요구사항에 대해 설계도서, 공사시공자 작성자료, 현장 실정 등을 숙지하고 공사감리자의 경험과 기술을 바탕으로 하여 타당성 여부를 파악하는 행위를 말한다. 공사감리자는 필요한 경우 검토의견을 건축주 또는 시공자에게 제출하여야 한다.

10. "지도"라 함은 적절한 시공이 이루어질 수 있도록 관련 기술을 지도하는 행위를 말한다.

11. "감독"이라 함은 공사감리자가 건축주를 대신하여 공사시공자가 공사 기간동안 당초 계약 내용에 따라 적합하게 당해공사가 진행되도록 지휘하는 행위를 말한다.

12. "상세시공도면"이라 함은 시공에 적용되는 자재, 공법 등에 관한 현치도, 가공도, 설치도, 조립도, 제품안내서등을 말한다.

1.4 건축주·공사감리자·설계자·시공자의 기본 책무 등

1. 건축주는 감리계약에 규정된 바에 따른 공사감리 이행에 필요한 다음 각호 사항을 지원, 협력하여야 한다.

　1) 공사감리에 필요한 설계도면, 문서 등의 제공

　2) 공사감리 계약 이행에 필요한 시공자의 문서, 도면, 자재 등에 대한 자료제출 및

조사 보장

    3) 공사감리자가 보고한 설계변경, 기타 현장 실정보고 등 방침 요구사항에 대하여 감리 업무 수행에 지장이 없도록 의사를 결정하여 통보

    4) 건축주는 정당한 사유 없이 감리원의 업무 수행을 방해하거나 공사감리자의 권한을 침해할 수 없다.

2. 공사감리자는 다음 각호에 따라 기본 임무를 수행하여야 한다.

    1) 건축주와 체결된 공사감리 계약 내용에 따라 공사감리자는 당해 공사가 설계도서 및 기타 관계서류의 내용대로 시공되는지의 여부를 확인하고 품질관리, 공정관리, 안전관리 등에 대하여 지도·감독한다.

    2) 공사감리자는 공사감리 체크리스트에 따라 설계도서에서 정한 규격 및 치수 등에 대하여 시설물의 각 공종마다 도서를 검토·확인하고, 육안검사·입회·시험 등의 방법으로 공사감리 업무를 수행하여야 한다.

    3) 공사감리자는 법률과 이에 따른 명령 및 공공복리에 어긋나는 어떠한 행위도 하지 아니하며 성실·친절·공정·청렴결백의 자세로 업무를 수행해야 하며, 건축공사의 안전 및 품질 향상을 위하여 노력하여야 한다.

    4) 건축법 제25조 제2항에 의해 건축허가권자가 공사감리자를 지정하는 건축물의 공사감리자는 당해 건축물을 설계하는 설계자의 설계의도 구현을 위하여 설계자의 적정한 참여가 이루어질 수 있도록 협조하여야 하며, 시공 과정 중에 발생되는 설계변경 사항에 대하여 협의한다.

3. 시공자는 다음 각호의 기본 임무를 수행하여야 한다.

    1) 시공자는 공사계약문서에서 정하는 바에 따라 현장작업, 시공 방법에 대하여 책임을 지고 신의와 성실의 원칙에 입각하여 시공하고 정해진 기간 내에 완성하여야 한다.

    2) 시공자는 착공계를 제출하기 전에 건축물의 품질관리·공사관리 및 안전관리 등의 내용을 포함한 공사계획서를 작성하여 건축주에게 제출하여야 한다. 건축주는 공사계획서를 공사감리자로 하여금 검토하도록 한다.

    3) 시공자는 공사계약문서에서 정하는 바에 따라 공사감리자의 업무에 적극 협조하여야 한다.

    4) 건축법 제25조 제2항에 의해 건축허가권자가 공사감리자를 지정하는 건축물의 공사시공자는 설계자의 설계의도 구현을 위하여 설계자의 적정한 참여가 이루어질 수 있도록 정당한 사유 없이 방해하여서는 아니 된다.

4. 설계자는 다음 각호의 기본 임무를 수행하여야 한다.

1) 건축물의 설계자는 설계의도가 구현될 수 있도록 건축주·시공자·감리자 등에게 설계의도 구현을 위한 다음 각호에 대한 사항을 제안할 수 있다.

　(1) 설계도서의 해석 및 자문

　(2) 현장여건 변화 및 업체선정에 따른 자재와 장비의 치수·위치·재질·질감·색상 등의 선정 및 변경에 대한 검토·보완

2) 설계자는 시공 과정 중에서 발생하는 설계변경 사항 등을 검토하고, 이에 대한 동의서를 건축주에게 제출한다.

1.5 공사감리대상 건축물

1. 법 제11조에 따라 건축허가를 받아야 하는 건축물(법 제14조에 따른 건축신고 대상 건축물은 제외한다.)을 건축하고자 하는 경우, 영 제6조 제1항 제6호에 따른 건축물을 리모델링하는 경우, 다중이용건축물을 건축하는 경우에는 공사감리자를 지정하여야 한다. 단, 주택법 제15조에 따른 사업계획승인 대상 및 건설기술진흥법 제39조 제2항에 따른 건설사업관리에 대하여는 당해 법령이 정하는 바에 따른다.

2. 법 제14조에 따른 신고대상 건축물이라 하더라도 건축주가 건축물의 품질관리 등을 위하여 필요로 하는 경우에는 공사감리자를 지정할 수 있다.

1.6 관계전문기술자의 협력

1. 공사감리자는 대지의 안전, 건축물의 구조상 안전, 건축설비의 설치 등을 위한 공사감리를 함에 있어서는 법 제67조 및 영 제91조의 3에 따라 관계전문기술자의 협력을 받아야 한다.

2. 공사감리자에게 협력한 관계전문기술자는 그가 작성한 감리중간보고서 및 감리완료보고서에 공사감리자와 함께 서명·날인 한다.

제2장 공사감리 업무

2.1 공사감리의 일반적 업무

공사감리자가 수행하여야 하는 감리 업무는 영 제19조 제6항 및 시행규칙 제19조의 2에서 정하는 업무로 하되, 공사의 질적 향상을 위하여 필요한 세부 사항은 공사감리 계약으로 정할 수 있다.

2.2 공사감리자의 지정 등

1. 공사감리자의 자격

1) 법 제25조 제1항에 따라 영 제19조 제1항 각호의 건축물을 건축하는 경우에는 건축사를 공사감리자로 지정하되, 다중이용건축물을 건축하는 경우에는 건설기술진흥법에 의한 건설기술용역업자(공사시공자 본인이거나 「독점규제 및 공정거래에 관한 법률」 제2조에 따른 계열회사인 건설기술용역업자는 제외한다.) 또는 건축사(「건설기술 진흥법 시행령」 제60조에 따라 건설사업관리기술인를 배치하는 경우만 해당한다.)를 공사감리자로 지정한다. 다만, 다중이용건축물을 건축하는 경우로서 건설기술진흥법 시행령 제60조에 따라 감리원을 배치하는 경우에는 건축사를 공사감리자로 지정할 수 있다.

2) 상기 규정에 의하여 다중이용건축물의 공사감리자를 지정하는 경우 감리원의 배치 기준 및 감리 대가는 건설기술진흥법이 정하는 바에 의한다.

2. 공사감리자의 지정 방법

1) 건축법 제25조 제1항에 따라 건축주는 영 제19조 제1항 각호의 건축물을 건축하는 경우에 공사감리자를 지정하여야 한다.

2) 단, 1)에도 불구하고 건축법 제25조 제2항에 따라 허가권자가 해당 건축물의 설계에 참여하지 아니한 자 중에서 공사감리자를 지정하여야 하는 건축물은 다음과 같다.

(1) 「건설산업기본법」 제41조 제1항 각호에 해당하지 아니하는 건축물로서 건축주가 직접 시공하는 건축물(영 별표1 제1호 가목의 단독주택은 제외한다.)

(2) 분양을 목적으로 하는 다음 각 목의 어느 하나에 해당하는 건축물(30세대 미만으로 한정한다.)

가. 아파트

나. 연립주택

다. 다세대 주택

3) 2)에 따른 공사감리자 모집 및 선정

(1) 「건축법 시행령」 제19조의 2에 따라 시·도지사는 모집공고를 거쳐 법 제25조 제2항에 따라 공사감리자로 지정될 수 있는 건축사의 명부를 작성하고 관리하여야 한다.

(2) 허가권자는 제1호에 따른 명부에서 공사감리자를 지정하여야 한다.

4) 2)에도 불구하고 다음 각호 어느 하나에 해당하는 건축물의 건축주는 허가권자에게 신청하여 건축물을 설계한 자를 공사감리자로 지정할 수 있다.

(1) 「건설기술 진흥법」 제14조에 따른 신기술을 적용하여 설계한 건축물

(2) 「건축서비스산업 진흥법」 제13조 제4항에 따른 역량 있는 건축사가 설계한

건축물

(3) 설계공모를 통하여 설계한 건축물

3. 공사감리 계약 및 감리비용

1) 건축법 제25조 제2항에 따라 허가권자가 감리자를 지정하는 건축물에 해당하는 경우 건축주와의 세부감리 업무를 협의하여 건축법 제15조 제3항의 규정에 따라 건축물의 공사감리 표준계약서에 의거하여 감리계약서를 작성하여야 한다.

2) 허가권자가 공사감리자를 지정하는 건축물에 해당하는 경우 건축주는 제21조에 따라 착공신고를 하는 때에 감리비용이 명시된 감리계약서를 허가권자에게 제출하여야 하고, 제22조에 따른 사용승인을 신청하는 때에는 감리용역 계약 내용에 따라 감리비용이 지불되었는지를 확인할 수 있는 감리비용 입금내역서, 세금계산서, 통장 사본 등의 증빙서류를 제출하여야 한다.

3) 허가권자는 감리비용에 관한 기준을 해당 지방자치단체의 조례로 정할 수 있다.

2.3 공사감리 업무의 수행방법

1. 공사감리자는 수시 또는 필요한 때 공사 현장에서 감리 업무를 수행하여야 하며, 아래의 건축 등의 공사감리에 있어서는 「건축사법」 제2조의 제2호에 따른 건축사보(「기술사법」 제6조에 따른 기술사사무소 또는 「건축사법」 제23조 제8항 각호의 건설기술용역업 등에 소속되어 있는 자로서 「국가기술자격법」에 따른 해당 분야 기술계 자격을 취득한 자와 「건설기술진흥법 시행령」 제4조에 따른 건설사업관리를 수행할 자격이 있는 자를 포함한다.) 중 건축분야의 건축사보 1인 이상을 전체 공사 기간 동안, 토목·전기·기계 분야의 건축사보 1인 이상을 각 분야별 해당 공사 기간 동안 각각 공사 현장에서 감리 업무를 수행하게 하여야 한다. 이 경우 건축사보는 해당 분야 건축공사의 설계, 시공, 시험, 검사, 공사감독 또는 감리 업무 등에 2년 이상 종사한 경력이 있는 자이어야 한다.

1) 바닥면적의 합계가 5천 제곱미터 이상인 건축공사. 다만, 축사 또는 작물재배사의 건축공사는 제외한다.

2) 연속된 5개 층 이상(지하를 포함한다.)으로서 바닥면적의 합계가 3천 제곱미터 이상인 건축공사

3) 아파트의 건축공사

4) 준다중이용 건축물 건축공사

2. 건축물의 규모별 구분에 따른 감리 업무의 세부내용 및 전기, 통신, 소방분야 등 공사감리자가 공사 현장에서 수행하여야 하는 당해 공사감리의 범위는 [별표1] 건축공

사감리 체크리스트의 해당사항에 따른다. 단, 「전력기술관리법」, 「정보통신공사업법」, 「소방시설 공사업법」에 의해 별도 감리 업무를 수행하는 경우는 각 개별법령에 따른다.

3. 비상주 감리 시 다음 각호에 따라 감리업무를 수행하여야 한다.

  1) 깊이 10미터 이상의 토지 굴착공사 또는 높이 5미터 이상의 옹벽 등의 공사(「산업집적활성화 및 공장설립에 관한 법률」 제2조 제14호에 따른 산업단지에서 바닥면적 합계가 2천제곱미터 이하인 공장을 건축하는 경우는 제외한다.)를 감리하는 경우에는 건축사보 중 건축 또는 토목 분야의 건축사보 한 명 이상을 해당 공사기간 동안 공사현장에서 감리업무를 수행하게 해야 한다. 이 경우 건축사보는 해당 공사의 시공·감독 또는 감리업무 등에 2년 이상 종사한 경력이 있는 사람이어야 한다.

  2) 아래의 경우 현장을 방문하여 공사감리를 수행하여야 한다.

    (1) 공사착공 시 공사현장과 건축허가 도서 비교 확인

    (2) 터파기 및 규준틀 확인

    (3) 각층 바닥 철근 배근 완료

    (4) 단열 및 창호공사 완료 시

    (5) 마감공사 완료 시

    (6) 사용검사 신청 전

2.4 공사 전 단계업무

2.4.1. 감리 업무 착수준비

1. 공사 착수 전에 다음 중 당해 공사와 관련된 사항을 건축주로부터 인수받고 숙지한다.

  1) 건축허가 필증 사본 및 허가조건 등 관련 문서 사본

  2) 지장물 철거 등에 관한 자료

  3) 허가 시 제출한 관련 서류 및 건축법 시행규칙〔별표2〕에 해당하는 설계도서 사본

  4) 착공 신고서류 사본 및 건축법 시행규칙〔별표4의 2〕에 해당하는 설계도서 사본

  5) 공사시방서

  6) 공사계획서

  7) 지반 및 지질 조사서

  8) 기타 감리 업무 수행에 필요한 사항

2. 감리사무실에는 다음의 사항을 비치한다.

  1) 공사시공자 등으로부터 제공받은 공사추진 현황

2) 감리 업무 수행내용

3) 공사감리자 지정신고서 및 경력사항 확인서

4) 공사감리자 조직 구성 내용과 공사감리자별 투입 기간 및 담당 업무

3. 2.에도 불구하고 비상주감리 대상 건축물인 경우, 감리현장에 관련 서류 등의 비치는 제외한다.

2.4.2. 설계도서 검토

1. 설계도면, 시방서, 구조 계산서, 각종 부하계산서 등 설계도서 상호 간에 불일치한 사항, 관계법령에 의거하여 설계도서 중 누락, 오류 등의 사항은 건축주에게 보고한다.

2. 구조도와 관련된 설계도서 검토

   1) 건물 층고의 확인

   2) 보의 위치 및 크기의 확인(특히, 창호 크기와의 관계)

   3) 벽체의 위치 및 두께의 확인, 바닥의 고저와 마감두께 확인

   4) 구조도면과 구조 계산서의 대조

3. 특기시방서 검토

4. 공사여건 확인

5. 공법 확인

6. 관련설비공사의 내용 확인

7. 설계도서에 사용 재료 및 자재 명기 여부 확인·검토

8. 관련 별도공사 확인

2.4.3. 공사계획서 등의 검토·확인(해당 건축물에 한함)

공사감리자는 공사시공자가 작성한 공사계획서에 대하여 다음 사항을 검토·확인하고, 검토서를 작성하여 건축주에게 보고한다.

1. 건축허가 내용과 부합되는지 여부

2. 현장기술자 자격, 경력 및 배치계획

3. 건설공사 공정 예정표 및 관련설비 공사 등 타 공정과의 상호 부합 여부

   1) 공사감리자는 공사시공자의 공정관리계획이 공사의 종류, 특성, 공기 및 현장 실정 등을 감안하여 수립되었는지를 검토, 확인하고 시공의 경제성과 품질 확보의 적합성 등을 검토한다.

   2) 공사감리자는 계약된 공기 내에 건설공사가 완료될 수 있도록 공사시공자의 세부 공정계획, 공사시공자의 현장기술자 및 장비 확보사항, 기타 공사계획에 관

한 사항을 검토하여 공사 진행상 문제가 있다고 판단되는 경우에는 건축주에게 의견을 제시한다.

(1) 세부 공정계획

(2) 공사시공자의 현장기술자 및 장비 확보사항

(3) 기타 공사계획에 관한 사항

4. 각종 품질관리 및 시험계획서 검토(시방서 및 관계법령에 따라 수행해야 하는 시험 포함)

1) 공사감리자는 공사시공자로부터 「건설기술진흥법」 제55조에 따라 수립하여야 하는 품질관리계획 또는 품질시험계획을 제출받아 적정하게 작성되었는지를 검토하고 보완·지시할 수 있다.

2) 품질관리 계획 검토대상과 품질시험계획 검토 대상은 각호와 같다.

(1) 품질관리계획 검토 대상은 「건설기술 진흥법 시행령」 제89조 제1항에 따른 건설공사로 한다.

(2) 품질시험계획 검토(시방서 및 관계법령에 따라 수행해야 하는 시험 포함) 대상은 「건설기술 진흥법 시행령」 제89조 제2항에 따른 건설공사로 한다.

5. 안전관리계획서 검토

1) 공사감리자는 공사시공자로부터 「건설기술진흥법」 제62조에 따라 수립하여야 하는 안전관리계획을 제출받아 적정하게 작성되었는지를 검토하고 보완·지시할 수 있다.

(1) 공사시공자의 안전조직 편성 및 임무

(2) 시공계획과 연계된 안전계획

(3) 현장 안전관리 규정

2) 안전관리계획 검토 대상은 「건설기술 진흥법 시행령」 제98조 제1항에 따른 건설 공사로 한다.

6. 설계계약서 사본, 시공 계약서 사본 및 산출내역서 첨부 여부

2.4.4. 공사착공 전 현장 조사

1. 현장조사 및 피해방지 대책 사항에 대하여 공사착공 전에 시공자가 조사, 대책을 수립한 사항에 대하여 검토·협의한다.

1) 지반 및 지질상태, 진입도로 현황, 매설물 및 장애물(공사용수 인입 및 배수 상태) 등 공사여건 조사

2) 인근 시설물 피해 대책, 통행 지장 대책, 소음, 진동 대책, 지반침하 대책, 지하

매설물, 인근 도로, 교통시설물 등의 손괴, 하수로 인한 피해 대책, 우기 기간 중 배수 대책, 분진, 악취 대책, 폐기물 및 쓰레기 처리대책 등에 대한 안전관리 대책 사항의 검토·확인

2. 현장 확인 결과 당초 설계 내용의 변경이 필요한 경우에는 건축주에게 보고한다.

3. 공사감리자는 측량의 결과를 확인한다.

2.4.5. 상세시공도면의 작성 요청 및 검토·확인

1. 공사감리자는 법 제25조 제5항 및 영 제19조 제4항에 따라 연면적의 합계가 5천 제곱미터 이상인 건축공사로서 필요하다고 인정하는 경우에는 공사시공자에게 상세 시공도면을 작성하도록 요청할 수 있다.

2. 공사감리자는 작성된 상세시공도면에 대해 아래와 같은 사항을 반드시 확인·검토하여 의견을 제시한다.

1) 설계도면 및 시방서 또는 관계규정에 일치하는지 여부(설계 기준은 개정된 최신 설계 기준에 따름)

2) 현장기술자, 기능공이 명확하게 이해할 수 있는지 여부(실시설계도면을 기준으로 각 공종별, 형식별 세부 사항들이 표현되도록 현장여건을 반영)

3) 실제 시공이 가능한지 여부(현장여건과 공종별 시공계획을 최대한 반영하여 시공 시 문제점이 발생하지 않도록 각종 구조물의 시공상세도 작성)

4) 안전성의 확보 여부(주철근의 경우, 철근의 길이나 겹이음의 위치 등 철근 상세에 관한 변경이 필요한 경우 반드시 전문기술사의 검토·확인을 거쳐 공사감독관의 승인을 받아야 함)

5) 가시설공 시공상세도의 경우, 구조 계산서 첨부 여부(관련 기술사의 서명·날인 포함)

6) 계산의 정확성

7) 제도의 품질 및 선명성, 도면 작성 표준에 일치 여부

8) 도면으로 표시 곤란한 내용은 시공 시 유의사항으로 작성되었는지 등을 검토

2.5 공사 단계

2.5.1. 하도급 적정성 검토(해당 건축물에 한함)

1. 공사감리자는 시공자가 도급받은 건설공사를 「건설산업기본법」 제29조, 「(계약예규)공사계약 일반 조건」 제42조 규정에 따라 하도급 하고자 건축주에게 승낙을 요청하는 사항에 대해서는 다음 각호의 사항에 관한 적정성 여부를 검토하여 건축주에게 보고한다.

1) 하도급자 자격의 적정성 검토

　　2) 저가 하도급에 대한 검토의견서 등

2. 공사감리자는 제1항에 따라 처리된 하도급에 대해서는 시공자가 「건설산업기본법」 제34조부터 제38조까지 및 「하도급거래 공정화에 관한 법률」에 규정된 사항을 이행하도록 지도·확인하여야 한다.

3. 공사감리자는 시공자가 하도급 사항을 제1항 및 제2항에 따라 처리하지 않고 위장하도급 하거나, 무면허자에게 하도급 하는 등 불법적인 행위를 하지 않도록 지도한다.

2.5.2 공정관리

1. 주요공종 관리

공사감리자는 공사시공자가 제출하는 예정공정표상에 주공정선 표시, 주요공종에 대한 착수, 종료 시점 및 소요기간 등의 명시 등을 검토한다.

2. 공사 준비사항 사전 점검

주요공종 공사 착수 전에 시공준비 상태를 점검하여야 하며, 미흡한 사항에 대하여 공사시공자에게 개선을 촉구하고 협의한 내용의 이행 여부를 문서로 확인한다.

3. 공사관리

공사시공자로부터 주요공종에 대하여 다음의 공사추진 세부계획서를 제출받아 검토한다.

　　1) 공사추진계획(월별)

　　2) 자재 수급 및 인력동원계획

　　3) 장비투입계획(필요 공종에 한함)

　　4) 기타

4. 동시작업 금지

동일 건축물 안에서 화재위험이 높은 공정(용접작업과 유증기를 다루는 작업)은 동시작업을 금지한다. 다만, 환기 또는 안전장치(유증기 회수 기계장치 등) 설치로 동시작업에 지장이 없다고 공사감리자가 인정하는 경우에는 제외한다.

2.5.3 공사감리자의 시공지도 및 시공확인

건축물 및 대지가 설계도서에 적합하도록 시공지도 및 확인하고, 부적합 경우에는 건축주에게 보고한다.

1. 건축물의 위치 및 배치, 건폐율, 용적률

2. 도로, 인접 대지 경계선, 인접 대지 건축물과 관련되는 건축물의 높이

3. 동일 대지 안의 건축물 상호 간에 띄어야 할 거리와 건축물의 높이

4. 기초 및 구조체의 규격 또는 단면적, 철근의 가공 및 배근, 콘크리트의 배합 타설 및 양생 등

5. 피난시설, 내화구조, 방화구조, 방화구획, 방화문 등

6. 토지의 굴착 부분에 대한 정리

7. 주요 구조부용 자재

8. 바닥구조, 세대 간 경계벽 구조, 객실 간 경계벽 구조

9. 화장실 급배수 소음 저감공법 시공 여부(해당 건축물에 한함)

10. 침수방지 및 방수를 위한 구조 및 시설 설치 및 적정성 여부(해당 건축물에 한함)

11. 실내건축의 적절한 설치 및 시공 여부 검사(해당 건축물에 한함)

12. 빗물이용시설 및 중수도 설치 여부(해당 건축물에 한함)

13. 피난안전구역·피난시설 또는 대피공간에 피난용도 사용 표시 여부 확인(해당 건축물에 한함)

14. 에너지절약 이행검토서대로 시공 여부 확인(해당 건축물에 한함)

2.5.4 현장시공관리

1. 시공확인

  1) 지적 측량 결과를 확인한다.

  2) 공사감리자는 주요공종별, 단계별로 시공 규격 및 수량이 설계도서의 내용과 일치하는지를 검사하고 확인된 부분에 대하여 다음 공정을 착수하게 한다. 설계도서의 내용과 서로 다른 경우에는 시정사항을 기록·시정하도록 통보하고 공사시공자가 지적사항을 조치 완료한 후 그 결과를 공사감리자가 재확인하여 다음 공정을 착수하게 한다. 다만, 비상주감리 시 감리자가 직접 현장에서 재확인하는 것이 불가능한 사유가 있는 경우 주요 공정 외의 공정에 대해 사진·동영상 등으로 확인할 수 있다.

  3) 공사감리자는 정기적으로 공사시공자의 공사일지를 확인하도록 한다.

  4) 공사감리자는 적합한 사용 자재, 시공품질 등의 검사항목을 도출하고 이에 따라 시공 과정 또는 완료상태와 자재시험 결과를 적정하게 시행되었는지 확인하여 불합격된 부분은 공사시공자에게 시정 통보한다.

  5) 주요 공종의 검사, 확인결과는 해당 공종의 공사가 종료되는 즉시 공사시공자로부터 제출받아 문서화하여 기록을 유지한다.

2. 주요공종 입회

공사감리자는 건설공사의 품질 확보를 위하여 품질관리가 요구되는 주요공종의 시공

과정에 입회 확인한다.

3. 공사 중 사진 및 동영상 촬영

　1) 공사감리자는 공사의 공정이 다음 각호의 어느 하나에 해당하는 경우에는 공사시
　　공자로부터 주요구조부 시공 과정의 사진 및 동영상 촬영 기록을 제출받아 건축
　　주에게 제출하여야 한다. 건축주는 제출받은 사진 및 동영상을 보관하여야 한다.

　2) 사진 및 동영상 촬영 공정

　　(1) 영 제19조 제3항에서 정하는 진도에 다다른 경우

　　(2) 주요구조부가 매몰되는 경우

　　(3) 그 밖에 공사감리자가 필요하다고 인정하는 경우

　3) 사진 및 동영상 촬영, 보관 사진 및 동영상 촬영 공정

　　(1) 촬영 시 촬영 개시시각과 종료시각을 표시하여 공사 연속성과 공기 등을
　　　　파악할 수 있도록 한다.

　　(2) 공정 경과에 따른 촬영 전후 상황을 알 수 있도록 가능한 동일 장소에서
　　　　촬영위치를 선정하도록 한다.

　　(3) 촬영내용은 Digital 파일, CD 등의 저장 매체를 이용하여 제출한다.

　　(4) 기타 사항은 별표2의 적용을 권장한다.

4. 시공현장 공사감리 체크리스트 작성

5. 공사감리자의 사전 확인이 필요한 작업계획서 확인·검토

공사감리자는 다음 각호의 공정에 대해서는 공사시행 전 공사 시공자의 안전조치 이
행여부를 확인하여야 하며, 이 경우 시공자에게 해당 공정에 대한 작업계획서(별지6
호 서식)를 요구하여야 한다. 다만, 시공자는 작업조건이 동일하게 반복(작업계획서상
작업조건)되어 안전에 영향이 없다고 공사감리자가 인정하는 경우에는 작업계획서 제
출 후 작업을 착수할 수 있다.

　1) 가설공사, 철골공사, 승강기 설치공사 등 추락위험이 있는 공정

　2) 도장공사, 단열공사 등 화재 위험이 있는 공정

　3) 거푸집, 토공사 등 붕괴위험이 있는 공정

　4) 공사 시행 전 안전조치 확보가 필요하다고 공사 감리자가 인정하는 경우

2.5.5 품질관리

1. 각종 재료의 확인

공사감리자는 시공 전에 설계도서의 각종 재료를 확인한 후 이의 변경이 필요한 경우
에는 건축주 또는 공사시공자와 협의한다.

2. 자재의 확인

   1) 공사감리자는 공사시공자에게 자재반입에 관한 사항을 제출하게 하여 설계도서
      와의 적합성 여부(규격, 품질, 색상 등)를 검토확인 한다.

   2) 선정된 견본품은 반입되는 자재의 검수기준으로 활용하기 위하여 감리사무실에
      비치한다.

   3) 반입된 자재가 견본품과 일치하는지 여부를 확인(시험성적서 및 품질관리 시험
      포함)후 사용하도록 한다.

   4) 공사감리자는 자재의 품질확인에 관한 기록을 보관한다.

3. 자재품질관리(해당 건축물에 한함)

   1) 공사감리자는 공사시공자가 작성한 품질관리계획 또는 품질관리 시험계획에 따
      라 품질시험·검사가 실시되었는지를 확인·검토한다.

   2) 공사감리자는 공사시공자가 품질관리계획에 따라 품질관리 업무를 적정하게 수
      행하였는지 여부를 확인·검토한다.

   3) 복합자재의 품질관리서를 확인·검토한다.

   4) 공사감리자는 공사시공자가 철골구조의 품질관리업무를 적정하게 수행하였는지
      여부를 확인·검토한다.

2.5.6 안전관리(해당 건축물에 한함)

1. 안전관리의 확인

공사감리자는 공사 전반에 대한 안전관리계획의 사전 검토, 실시 확인 및 평가, 자료
의 기록유지 등 공사시공자가 사고 예방을 위한 안전관리를 취하도록 한다.

2. 사전 검토 및 확인

   1) 공사시공자의 안전조직 편성 및 임무

   2) 시공계획과 연계된 안전계획

   3) 현장 안전관리 규정

3. 재해예방전문지도기관의 기술 지도 여부 확인

4. 안전관리자의 공사 현장 배치 여부 확인

5. 실시 확인

   1) 안전관리 계획의 실시 및 여건 변동 시 계획

   2) 안전점검 계획 수립 및 실시 여부

   3) 위험장소 및 작업에 대한 안전 조치

   4) 안전표지 부착, 안전통로, 자재의 적치 및 정리정돈

6. 기록유지

공사감리자는 공사 현장의 안전관리를 위하여 다음 자료들의 기록 여부를 확인한다.

    1) 안전업무 일지

    2) 안전점검 실시

    3) 안전교육

    4) 각종 사고 보고

    5) 월간 안전 통계

7. 사고처리

공사감리자는 현장에서 사고가 발생하였을 경우에는 공사시공자에게 즉시 필요한 응급조치를 취하도록 하고 이를 건축주에게 보고하게 한다.

8. 작업계획서 확인·검토 준수 여부 확인·검토

9. 동일건축물 안에서 화재위험이 높은 공정(용접작업과 유증기를 다루는 작업)의 동시작업 금지 확인·검토[환기 또는 안전장치(유증기 회수 기계장치 등) 설치 시 동시 작업에 지장 유무 검토 포함]

2.5.7 설계변경 적정 여부의 검토·확인

1. 공사감리자는 현지확인 결과 당초 설계 내용의 변경이 필요한 경우에는 시공자, 건축주, 설계자와 설계변경에 관련된 내용을 협의한다.

2. 공사감리자와 설계자는 시공자가 공사비 절감과 건설공사 품질 향상 등을 위해 설계변경사유서, 설계변경 도면, 개략적인 수량증감내역 및 공사비 증감내역 등의 서류를 제출하면 이에 대한 적합 여부를 검토·확인하여야 한다.

3. 공사감리자는 설계변경원인이 설계의 하자라고 판단되는 경우에는 이를 건축주에게 보고하고, 건축주는 설계자에게 설계변경을 지시하여 조치하도록 한다.

2.5.8 공사비 중간 기성 공사 검토·확인(해당 건축물에 한함)

시공자가 제출한 공사비 중간지불청구서를 검토·확인한다.

2.6 공사완료 단계

2.6.1 사용승인 등의 신청

공사감리자는 건축주가 사용승인 또는 임시사용승인을 신청하는 경우 설계도서 및 품질관리기준 등에 따라 적합 시공 여부를 검사한 후 감리중간보고서 및 감리완료보고서를 첨부토록 한다.

1. 사용승인 시 검사

　　1) 설계도면 및 시방서에 대한 적합한 시공상태

　　2) 주요 자재의 사용

　　3) 건축공사용 시설, 잉여자재, 폐기물, 가건물의 제거 및 기타 주변의 원상 복구 정리사항

　　4) 제반 서류 및 각종 검사합격필증

2. 임시사용승인 검사

　　1) 설계도면 및 시방서에 대한 적합한 시공상태

　　2) 주요 자재의 사용

　　3) 임시사용 신청 부분의 각종 검사 합격필증

3. 사용승인 현장 조사·검사 및 확인에 따른 조치 결과 확인

공사감리자는 각종 검사와 관련하여 시정할 사항이 있을 때에는 건축주에게 그 내용을 보고하고, 즉시 공사시공자로 하여금 보완시공 또는 재시공하도록 하여 다시 검사·확인한다.

2.6.2 공사비 최종 기성 공사 검토·확인(해당 건축물에 한함)

사용승인서 교부에 의한 공사비 최종 지불 청구서를 검토·확인한다.

2.6.3 건축물 시운전 및 유지관리 협력

1. 공사감리자는 공사시공자로 하여금 시설 장비 기능에서 시험가동이 가능한 경우에는 사용승인 신청 이전에 예비 및 정상상태 시운전을 완료하도록 하되, 정상상태에서 시험가동이 불가능할 경우에는 예비 시운전만 시행하고 정상상태에서의 시험가동은 건축주와 협의, 별도의 기간을 정하여 실시하도록 한다.

2. 공사감리자는 사용승인 완료 후 공사시공자가 당해 시설물을 관리할 자에게 인계하도록 협의하여야 하며, 당해 현장에서 특수한 재료 혹은 공법을 적용하였을 경우 시공 부위, 방법, 특성, 공사시공자 관리상의 주의점 등에 대한 기록을 인계하도록 하여 유지관리, 점검이 용이하도록 협력하여야 한다.

제3장 공사감리 업무의 보고·기록 등

3.1 공사감리중간보고서

1. 제출 시기

법 제25조 및 영 제19조에 따라 당해 건축공사가 다음의 공정에 다다른 때

구 조	공 정
– 철근콘크리트, 철골조, 철골·철근콘크리트조, 조적조, 보강콘크리트블럭조인 경우	– 기초 공사 시 철근 배치를 완료한 때 – 지붕 슬래브 배근을 완료한 때 – 5층 이상 건축물인 경우, 지상 5개 층마다 상부 슬래브 배근을 완료한 때
– 철골구조인 경우	– 기초 공사 시 철근 배치를 완료한 때 – 지붕 철골 조립을 완료한 때 – 3층 이상 건축물인 경우, 지상 3개 층마다 또는 높이 20미터마다 주요 구조부의 조립을 완료한 때
– 상기 구조 이외의 경우	– 기초 공사에 있어 거푸집 또는 주춧돌의 설치를 완료한 때

2. 제출방법

공사감리자는 상기 규정에 의하여 공사 진척사항을 공사시공자로부터 제출받아 공정을 검토·확인하여 건축주에게 제출한다.

3. 제출서류

  1) 공사감리중간보고서(별지 제1호 서식)

  2) 건축공사감리 체크리스트(별표1, 단계별 감리 업무 체크리스트는 해당 단계에 한함)

  3) 공사감리일지(별지 제2호 서식)

  4) 공사현황 사진 및 동영상(해당 건축물에 한함)

  5) 기타 공사감리자가 필요시 별지로 의견 및 자료 첨부

3.2 공사감리완료보고서

1. 제출방법

공사감리자는 공사를 완료한 때에는 완료된 사항을 검토·확인하여 건축주에게 제출하고, 건축주는 이를 허가권자 등에게 제출한다.

2. 제출서류

  1) 공사감리완료보고서(별지 제1호 서식)

  2) 건축공사감리 체크리스트(별표1)

  3) 공사감리 일지(별지 제2호 서식)

  4) 공사추진 실적 및 설계변경 종합 (별지 제3호 서식)

  5) 품질시험성과 총괄표(별지 제4호 서식)

  6) KS 자재 및 국토교통부장관 인정 자재 사용 총괄표(별지 제5호 서식)

  7) 공사현황 사진 및 동영상(해당 건축물에 한함)

8) 기타 공사감리자가 필요시 별지로 의견 및 자료 첨부

3.3 공사감리일지의 작성
공사감리자는 법 제25조 제6항에 따라 감리일지를 기록·유지한다.

3.4 위법보고 등
1. 공사감리자는 당해 공사감리를 함에 있어 법 및 이 법의 규정에 의한 명령이나 처분 기타 관계법령의 규정에 위반된 사항을 발견하거나 공사시공자가 설계도서대로 공사를 하지 아니하는 경우에는 이를 건축주에게 통지한 후 공사시공자로 하여금 이를 시정 또는 재시공하도록 요청하여야 하며, 공사시공자가 이에 따라 시정 또는 재시공하지 아니하는 경우에는 서면으로 당해 건축공사를 중지하도록 요청할 수 있다.
2. 공사감리자는 상기 규정에 의하여 공사시공자가 시정 또는 재시공 요청을 받은 후 이에 따르지 아니하거나 공사중지 요청을 받은 후 공사를 계속하는 경우에는 허가권자에게 위법 공사보고서를 제출한다.

3.5 기준의 해석
이 기준의 해석에 이의가 있을 경우에는 대한건축사협회 이사회의 해석에 따른다.

3.6 재검토 기한
국토교통부장관은 「훈령·예규 등의 발령 및 관리에 관한 규정」(대통령 훈령 334호)에 따라 이 고시에 대하여 2019년 1월 1일 기준으로 매 3년이 되는 시점(매 3년째의 12월 31일까지를 말한다.)에 그 타당성을 검토하여 개선 등의 조치를 하여야 한다.

부칙 〈제2020-1011호, 2020. 12. 24.〉
제1조(시행일) 이 고시는 발령한 날로부터 시행한다.

[별표1] 단계별 감리 체크리스트 대장
[별표2] 사진 및 동영상 촬영, 보관, 제출 방법
[별지1] 감리보고서
[별지2] 공사감리일지
[별지3] 공사추진 실적 및 설계변경 종합
[별지4] 품질시험·검사대장

[별지5] K.S자재 및 국토교통부장관 인정자재 사용총괄표

[별지6] 작업계획서

| 부록(각주번호 146)

건축자재 등 품질인정 및 관리기준

[시행 2023. 1. 9.] [국토교통부고시 제2023-24호, 2023. 1. 9., 일부개정]

국토교통부(건축안전과), 044-201-4992

제1장 총칙

제1조(목적) 이 기준은 화재 발생 시 건축물의 구조적 안전을 도모하고 화재 확산 및 유독가스 발생 등을 방지하는 등 인명과 재산을 보호하기 위하여 「건축법」 제52조의 5 및 제52조의 6에 따라 건축자재 등의 인정 절차, 품질관리 등에 필요한 사항을 정하고, 「건축물의 피난·방화구조 등의 기준에 관한 규칙」 제3조, 제5조, 제6조, 제7조, 제14조, 제24조, 제24조의 7, 제24조의 8, 제24조의 9, 제26조에서 정한 기준에 따라 건축자재 등의 시험방법 및 성능기준 등의 세부사항을 정함을 목적으로 한다.

제2조(정의) 이 기준에서 사용하는 용어의 정의는 다음과 같다.

1. "건축자재 등"이란 「건축법 시행령」(이하 "영"이라 한다.) 제63조의 2에 따른 건축자재와 내화구조를 말한다.

2. "품질인정자재 등"이란 제1호에 따른 건축자재 등 중 「건축법」(이하 "법"이라 한다.) 제52조의 5 및 제52조의 6에 따라 품질인정을 받은 건축자재 등을 말한다.

3. "내화구조"란 화재에 견딜 수 있는 성능을 가진 구조로서 「건축물의 피난·방화구조 등의 기준에 관한 규칙」(이하 "규칙"이라 한다.) 제3조에 따른 구조를 말한다.

4. "복합자재"란 강판과 단열재로 이루어진 자재로서 법 제56조의 6 제1항에 따라 품질인정 업무를 수행하는 기관으로 지정된 기관(이하 "건축자재 등 품질인정기관"이라 한다.)이 이 기준에 적합하다고 인정한 제품을 말한다.

5. "방화문"이란 화재의 확대, 연소를 방지하기 위해 방화구획의 개구부에 설치하는 문으로서 건축자재 등 품질인정기관이 이 기준에 적합하다고 인정한 제품을 말한다.

6. "자동방화셔터"란 내화구조로 된 벽을 설치하지 못하는 경우 화재 시 연기 및 열을 감지하여 자동 폐쇄되는 셔터로서 건축자재 등 품질인정기관이 이 기준에 적합하

다고 인정한 제품을 말한다.

7. "내화채움구조"란 방화구획의 설비관통부 등 틈새를 통한 화재 확산을 방지하기 위해 설치하는 구조로서 건축자재 등 품질인정기관이 이 기준에 적합하다고 인정한 제품을 말한다.

8. "품질시험"이란 건축자재 등의 품질인정에 필요한 내화시험, 실물모형시험 및 부가시험을 말한다.

9. "제조업자"란 법 제52조의 5 및 제52조의 6에 따라 건축자재 등의 품질인정을 받아야 하는 주요 재료·제품의 생산 및 제조를 업으로 하는 자를 말한다.

10. "시공자"란 법 제52조의 5 및 제52조의 6에 따라 품질인정을 받아야 하는 건축자재 등을 사용하여 건축물을 건축하고자 하는 자로서 「건설산업기본법」 제9조의 규정에 따라 등록된 건설업을 영위하는 자(직영공사인 경우에는 건축주를 말한다.)를 말한다.

11. "신청자"란 이 기준에 의하여 건축자재 등의 품질인정을 받고자 신청하는 자를 말한다.

12. "인정업자"란 이 기준에 따라 건축자재 등 품질인정기관으로부터 구조 또는 제품을 인정받은 자를 말한다.

13. "품목"이란 건축자재를 구분하는 데 있어 그 구성 제품의 종류에 따라 유사한 재료 성분 및 형태로 묶어 분류한 것을 말한다.

14. "방화댐퍼"란 환기·난방 또는 냉방시설의 풍도가 방화구획을 관통하는 경우 그 관통 부분 또는 이에 근접한 부분에 설치하는 댐퍼를 말한다.

15. "하향식 피난구"란 아파트 대피공간 대체시설로, 규칙 제14조 제4항에 따른 구조를 갖추어 발코니 바닥에 설치하는 피난설비를 말한다.

제2장 건축자재 등 품질인정 절차 및 일반사항

제3조(운영위원회의 구성·운영) ① 법 제52조의 6에 따라 지정된 건축자재 등 품질인정기관은 법 제52조의 5 및 제52조의 6에 따른 건축자재 등 품질인정의 공정한 수행을 위해 운영위원회(이하 "위원회"라 한다.)를 운영하여야 한다.

② 건축자재 등 품질인정기관은 한국건설기술연구원, 관련 학회 등의 전문가 15인 이상으로 위원회를 구성·운영한다.

③ 건축자재 등 품질인정기관은 다음 각호의 사항에 대하여 위원회의 심의를 받아야 한다.

1. 건축자재 등 품질인정 업무 연간 운영계획

2. 제39조에 따라 국토교통부장관이 승인하는 품질인정 및 관리업무 세부운영지침에

관한 사항

3. 시험기관 위탁 업무에 관한 사항

4. 규칙 제27조에 따른 신제품에 대한 인정기준에 따른 인정 업무에 관한 사항

5. 그 밖에 건축자재 등 품질인정기관이 인정업무를 운영함에 있어 필요하다고 판단하는 사항

④ 건축자재 등 품질인정기관은 제3항 제4호 및 제5호 관련 기술 자문이 필요할 경우에는 시험기관, 관련 단체 및 산업계 등을 특별 자문위원으로 선정하여 위원회를 운영할 수 있다.

제4조(인정 신청) ① 법 제52조의 5 및 영 제63조의 2에 따라 건축자재 등의 품질인정을 받고자 하는 경우, 신청자는 별지 제1호 서식의 품질인정 신청서에 별표1에서 정한 서류를 첨부하여 건축자재 등 품질인정기관에게 신청하여야 한다.

② 제1항의 신청자는 인정 신청 시 별표1에서 정한 첨부 서류 내용의 변경 요청을 할 수 있다. 다만, 품질관리 설명서의 내용 변경 신청은 1회에 한하며, 제6조 제1항에 따른 건축자재 등 품질인정기관이 보완 요청한 사항에 대한 내용 변경은 신청자 변경 요청 제한을 적용받지 아니한다.

③ 제1항의 신청자는 제조업자로 한다. 다만, 내화구조 또는 복합자재는 시공자도 품질인정을 신청할 수 있다.

④ 제3항 단서에 따라 시공자가 인정 신청을 하는 경우, 신청자는 인정을 받고자 하는 해당 건축공사 현장별로 내화구조 또는 복합자재 공사 착공 전에 인정을 신청하여야 한다.

⑤ 제1항의 신청자가 2인 이상인 경우 공동으로 신청(이하 "공동신청"이라 한다.)할 수 있으며, 대표자를 선정하여 인정 신청을 진행하여야 한다. 이 경우, 신청자별로 공통 품질관리 설명서 등을 갖추어야 하며, 인정 신청구조 또는 제품이 동일한 재료로 제조되어 그 품질이 기준의 범위 내로 관리되고 있음을 증빙하는 서류를 첨부하여야 한다.

⑥ 둘 이상의 주요 재료가 복합된 제품 또는 주요 제품이 복합된 구조의 경우, 구성하는 주요 재료 또는 제품 중 신청자가 제조하지 않는 재료 또는 제품에 대해서는 신청자가 제15조 제1항 제1호부터 제3호까지에 따른 품질을 관리할 수 있도록 제조업자와 협약하는 경우에 한하여 인정 신청을 할 수 있다.

⑦ 건축자재 등 품질인정기관이 인정하는 부득이한 경우에는 제조업자의 위임을 받은 자(이하 "대리신청인"이라 한다.)가 대리 신청을 할 수 있다.

⑧ 건축자재 등 품질인정기관은 제1항에 따른 제출서류 중 원재료 및 구성재료 배합비 등 신청자가 영업활동을 위해 비밀보장을 요구하는 서류에 대하여는 비밀을 유지하여야 한다.

⑨ 제1항의 신청자는 인정 절차를 진행 중인 구조 또는 제품의 인정이 완료되기 이전에 해당 구조 또는 제품을 판매하거나 시공할 수 없다.

제5조(인정 신청 등의 제한) ① 제4조 제1항의 신청자는 인정 절차를 진행 중인 건축자재 등과 동일 성능의 동일 품목에 대하여 새로이 신청할 경우 이전 품목의 신청일로부터 6개월이 지난 후에 신청할 수 있다. 다만, 인정받고자 하는 성능이 서로 다르거나 동일 성능 중 품목이 서로 다른 경우에는 연속으로 신청할 수 있다.

② 법 제52조의 6 제3항에 따라 품질인정이 취소된 자(해당 품질인정을 구성하는 재료의 생산·제조 공장을 포함한다.)가 동일 성능의 동일 품목에 대하여 새로이 인정 신청하는 경우에는 인정 신청이 제한되며, 인정 취소 사유에 따른 신청 제한 기간은 별표2에 따른다.

③ 별표2의 인정 취소 사유 이외에 제6조 제2항 제2호의 사유로 인정 신청이 반려된 자(해당 품질인정을 구성하는 재료의 생산·제조 공장을 포함한다.)가 동일 성능의 동일 품목에 대하여 인정 신청을 새로이 하는 경우에는 품질능력 확보 기간을 위하여 인정 신청이 반려된 날로부터 3개월 후, 제6조 제2항 제4호에 해당하는 경우에는 24개월이 지난 후에 하여야 한다.

④ 건축자재 등 품질인정이 유효하거나 취소된 구조명 및 제품명은 사용할 수 없다.

⑤ 품질인정을 받은 자가 다음 각호에 해당하는 경우, 동일 품목에 대하여 인정을 신청할 수 없다.

1. 제8조에 따른 제조현장의 품질관리상태 확인 점검 중인 경우(점검 개시일부터 결과 보고일까지로 하되, 제20조에 따른 개선요청의 경우 조치완료일까지로 한다.)

2. 제18조 및 제19조에 따른 제조현장 및 건축공사장 확인결과 제20조에 따라 품질인정이 일시정지 중인 경우

3. 제13조에 따라 유효기간 연장을 위하여 품질시험을 실시 중인 경우(품질시험 개시일로부터 결과조치 완료일까지로 한다.)

제6조(신청의 보완 및 반려) ① 건축자재 등 품질인정기관은 다음 각호에 해당되는 경우, 신청자에게 보완을 요청하여야 한다.

1. 신청자가 제4조 제1항의 인정 신청 시 별표1에 따라서 제출한 첨부서류의 내용이 부실하거나, 사실과 상이한 문서를 제출한 경우

2. 제8조에 의한 제조현장의 품질관리상태 확인 결과 제39조의 세부운영지침에 부합하지 않거나, 신청내용과 상이한 경우

② 건축자재 등 품질인정기관은 다음 각호에 해당되는 경우에는 신청을 반려하고, 반려

사실을 신청자에게 통보하여야 한다.

1. 신청자가 인정 신청 반려를 요청하는 경우

2. 건축자재 등 품질인정기관이 제1항에 따라 보완 요청을 3회 이상 하였음에도 보완 사항이 미흡하다고 판단되는 경우(1회당 30일 이내 보완, 총 90일 이내 보완 완료)

3. 제9조에 의한 품질시험 결과, 요구 성능이 확보되지 않는 경우

4. 제9조의 품질시험을 위하여 시험체를 제작 시 부정한 방법으로 신청내용과 상이하게 제작한 경우

5. 제7조 제1항의 품질 인정절차에 따른 신청수수료 통보일로부터 30일 이내에 수수료를 납부하지 않는 경우

6. 제7조 제1항의 품질인정절차에 따른 서류 검토 중 제4조 및 제5조 각 항의 신청자격 제한 사유를 확인한 경우

제7조(인정절차 및 처리기간) ① 건축자재 등 품질인정기관은 별표3의 인정 절차에 따라 건축자재 등의 품질인정을 실시하며, 업무처리 기간은 별표 4에서 정한 기간에 따른다.

② 건축자재 등 품질인정기관은 품질 인정 및 관리 업무 수행 상 불가피한 사유로 인하여 업무처리 기간이 연장되어야 할 경우에는 15일 이내의 범위에서 1회에 한하여 연장할 수 있으며, 신청자에게 그 사유를 통보하여야 한다.

제8조(제조현장의 품질관리상태 확인 및 시료채취) ① 건축자재 등 품질인정기관은 규칙 제24조의 7 제1호의 기준에 따라 제조현장에서 품질관리가 적합하게 실시되고 있는지를 확인하기 위해 규칙 제24조의 7 제1호 가목 및 나목의 준수사항을 확인하여야 한다. 이 경우 제조현장 품질관리상태 확인 점검사항은 별표5에 따른다.

② 건축자재 등 품질인정기관은 인정 신청된 구조 또는 제품의 품질시험 실시 등을 위하여 제조현장 점검 중 「산업표준화법」 제5조의 규정에 따라 제정한 한국산업표준(이하 "한국산업표준"이라 한다.)이 정하는 바에 따라 시료 또는 시험편을 채취하고, 다음 각호의 사항을 확인하여야 한다. 다만, 한국산업표준에서 시료채취방법을 따로 정하고 있지 아니하는 경우에는 건축자재 등 품질인정기관이 정하는 기준에 따른다.

1. 원재료 품질규격 및 구성배합비 등

2. 제조공정 및 제품의 품질규격 등

3. 구조의 상세도면과의 동일 여부 등

제9조(품질시험) ① 건축자재 등 품질인정기관은 규칙 제24조의 7 제2호의 품질기준을

충족하는지 확인하기 위하여 한국산업표준이 정하는 바에 따른 품질시험 결과를 확인하여야 한다. 다만, 한국산업표준에 따라 내화성능이 인정된 구조로 된 것은 품질시험을 생략할 수 있으며, 품질시험 방법을 별도로 정하고 있지 아니하는 경우에는 운영위원회의 심의를 거쳐 건축자재 등 품질인정기관이 정하는 기준에 따른다.

② 제1항에 따른 품질시험은 법 제52조의 4 제2항에 따라 건축자재 성능 시험기관(이하 "시험기관"이라 한다.)에서 실시하되, 신청자는 희망하는 시험기관 2곳 이상을 지정하여 요청할 수 있다. 이 경우 건축자재 등 품질인정기관은 품질시험을 실시하는 시험기관의 장에게 신청자료 등을 제공하여야 한다.

③ 제2항에도 불구하고 신청자가 희망하는 시험기관에서 품질시험 수행이 불가능하거나 60일 이상의 대기가 필요할 경우 건축자재 등 품질인정기관은 신청자와 재협의하여 시험기관을 결정할 수 있다.

④ 시험기관의 장은 제2항에 따른 품질시험을 실시하는 동안 다음 각호에 해당하는 사실이 발생하여 품질인정 결과의 신뢰성에 영향을 미칠 것으로 판단되는 경우, 건축자재 등 품질인정기관에 이를 즉시 알려야 한다.

1. 제8조 제2항의 채취한 시료와 다른 재료를 사용하여 시험체를 제작한 경우

2. 측정센서에 이물질을 피복하는 등 제9조에 따른 품질시험을 방해하는 경우

3. 시험기관에서 확인한 시험체를 신청자 등이 임의로 수정한 경우

4. 영 제63조 제2호 및 제3호에 해당하는 기관이 일시정지 및 취소 등 자격의 변경이 발생되었을 경우

5. 그 밖에 고의로 신청내용 또는 인정내용과 다르게 시험체를 제작한 경우

⑤ 건축자재 등 품질인정기관은 규칙 제24조의 9 제1항에 따라 시험기관의 시험장소를 점검한 결과 다음 각호에 해당할 경우 개선요청을 하여야 하며, 시험기관이 각호의 사항을 30일 이내에 개선하지 못한 경우에는 건축자재 등에 대한 품질시험을 일시정지 하여야 한다. 이 경우, 건축자재 등 품질인정기관이 시험기관의 시험장소 점검에 필요한 세부절차 및 방법은 제39조에 따라 국토교통부장관이 승인한 세부운영지침에서 정한다.

1. 규칙 제24조의 9 제2항 제1호에 따라 시험기관이 작성한 원시 데이터, 시험체 제작 및 확인기록이 누락·오기 등 관리 상태가 미비한 경우

2. 제4항 각호의 사항을 건축자재 등 품질인정기관에 알리지 아니하여 품질인정 결과의 신뢰성에 영향을 미친 경우

⑥ 건축자재 등 품질인정기관은 규칙 제24조의 9 제1항에 따른 시험기관의 시험장소 점검 결과 다음 각호에 해당할 경우 운영위원회 심의를 통해 해당 시험기관을 품질인정 업무 수행을 위한 품질시험 기관에서 제외할 수 있다.

1. 규칙 제24조의 9 제1항에 따라 건축자재 등 품질인정기관의 시험기관 점검을 고의로 방해하였을 경우
2. 규칙 제24조의 9 제1항에 따라 시험기관 품질관리상태를 확인하였을 시, 품질시험결과를 허위로 기재하거나 부정한 방법으로 품질시험결과를 제출하는 등 위법사실이 확인된 경우

⑦ 신청자는 본인 또는 「독점규제 및 공정거래에 관한 법률」 제4조에 따른 신청자의 계열회사에서 품질시험을 하여서는 아니 된다.

⑧ 제1항에 따른 품질시험을 법 제52조의 4 제2항 및 영 제63조에 따른 건축자재 성능시험기관에서 수행하는 것이 곤란하다고 인정되는 경우에는 건축자재 등 품질인정기관의 입회하에 신청자가 원하는 시험기관에서 실시할 수 있다.

⑨ 시험기관은 제1항에 따른 품질시험을 실시할 경우, 제8조 제2항에 따라 채취한 시료로 인정 신청 시 제출한 구조 및 시공방법 등에 따라 시험체를 제작하도록 관리하여야 하며, 건축자재 등 품질인정기관에 시험결과 통보 시 시험결과보고서, 시험체 확인기록과 제작 일지 등을 제출하여야 한다.

제10조(인정 심사) ① 건축자재 등 품질인정기관은 인정 신청된 건축자재 등에 대하여 규칙 제24조의7에 따라 다음 각호의 기준에 적합한지를 심사하여 인정 여부를 결정하여야 한다.
1. 신청된 건축자재 등의 품질시험 방법·결과의 적정성
2. 신청된 건축자재 등의 내구성 및 안전성
3. 신청된 건축자재 등의 제조·품질관리, 시공의 적정성
4. 신청된 건축자재 등의 상세 설명서(원재료, 부자재, 제품 포함), 시방서, 품질규격 및 현장품질관리의 적정성 등

② 제9조 제1항 단서에 따라 품질시험이 생략되는 구조에 대해서는 제1항 제1호 기준을 적용하지 않는다.

③ 건축자재 등 품질인정기관은 현장시공오차 및 시공기술자의 숙련도 등을 고려하여 10%(시간일 경우 10분) 이내의 범위에서 안전율을 적용하여 인정할 수 있으며, 품질인정자재별 안전율 적용 관련 세부 기준은 제39조에 따라 국토교통부장관이 승인한 세부운영지침에서 정한다.

④ 건축자재 등 품질인정기관은 규칙 제14조 제3항 또는 제26조에서 정하는 내화성능보다 나은 성능을 확보한 방화문 또는 자동방화셔터에 대해서는 30분 단위로 추가하여 인정할 수 있다.

⑤ 건축자재 등 품질인정기관은 규칙 제3조 제9호 가목의 내화구조 표준을 제외한 품질인정자재 등에 대하여 국토교통부의 승인을 받아 표준으로 인정할 수 있으며, 인정절차 등 세부사항은 제39조에 따라 국토교통부장관이 승인한 세부운영지침에서 정한다.

제11조(인정 결과 등의 통보) ① 건축자재 등 품질인정기관이 제4조에 따라 인정 신청된 건축자재 등의 구조 또는 제품을 인정하는 경우와 제13조에 따라 유효기간을 연장하는 경우에는 다음 각호에서 정하는 사항을 해당 업체에 통보하여야 한다. 다만, 시공자가 품질인정을 받은 경우에는 해당 건축공사에 한하여 인정함을 표시하여 통보하여야 한다.
  1. 공고내용(상세도면, 시방서, 현장품질 검사 방법과 기준 등에 관한 세부내용)
  2. 인정서(별지 제2호서식)
  3. 제품품질관리 사항
② 건축자재 등 품질인정기관은 제1항의 건축자재 등 인정 및 유효기간을 연장하는 사항을 기관 홈페이지에 공고하여야 한다.

제3장 건축자재 등 품질인정의 관리
제12조(인정의 표시) ① 품질인정을 받은 제조업자(이하 "인정업자"라 한다.)는 규칙 제24조의 9 제2항 제2호에 따라 건축자재 등 품질인정기관이 인정 표시의 관리가 적합하게 실시되고 있는지 확인할 수 있도록 제품 표면 또는 포장에 별표 6에 따른 인정의 표시를 하여야 한다.
② 인정 표시의 모양, 색상, 재질 등은 재료의 특성을 고려하여 제39조 세부운영지침에 따라 건축자재 등 품질인정기관이 달리 인정할 수 있다.
③ 인정되지 않은 제품 표면 또는 포장에 별표 6에 따른 인정 표시와 동일하거나 유사한 표시를 하여서는 아니 된다.

제13조(인정의 유효기간) ① 제10조의 인정심사를 거쳐 인정을 받은 건축자재 등의 품질인정 유효기간은 인정 또는 연장받은 날부터 별표7에 따른 기간을 원칙으로 하되, 품질이 안정적이라고 판단되는 구조 및 품목에 한하여 제3조의 운영위원회 심의를 거쳐 유효기간을 조정할 수 있다. 다만, 시공자가 품질 인정을 받은 구조 또는 제품에 대해서는 유효기간을 적용하지 않는다.
② 인정업자가 유효기간의 연장을 받고자 할 경우에는 건축자재 등 품질인정기관에 인정 연장 신청을 하여야 하며, 이 경우 건축자재 등 품질인정기관은 제조현장 품질관리상태를 확인한 후 제조현장 생산 과정을 입회하여 시료를 채취하여야 한다.

③ 인정업자가 유효기간이 만료되기 12개월 전부터 6개월 전까지의 기간에 건축자재 등 품질인정기관에 연장 의사를 통보하지 아니한 경우에는 인정 연장 의사가 없으므로 간주하고, 인정을 유효기간까지로 한다.

④ 한국산업표준의 품질시험 방법 변경 등으로 제9조 제1항 단서 조항에 따라 품질시험을 생략한 건축자재 등에 대하여 성능 확인이 필요하다고 판단되는 경우, 제8조 제2항에 따른 시료 채취 및 제9조의 품질시험을 실시하여 해당 구조 또는 제품의 유효기간을 연장할 수 있다.

⑤ 건축자재 등 품질인정기관은 제4항의 시료 채취방법은 제39조에 따라 국토교통부장관이 승인한 세부운영지침에서 정한다.

⑥ 품질시험을 실시하는 시험기관의 장은 유효기간 연장을 위한 시험 신청을 받은 경우, 품질시험 결과를 건축자재 등 품질인정기관에게 즉시 제출하여야 한다.

⑦ 제2항에도 불구하고 연장 대상 품질인정자재 등이 제18조, 제19조의 제조현장 및 건축공사장 품질관리 점검결과로 일시정지 중인 경우 유효기간 연장신청을 할 수 없다.

제14조(인정변경 및 양도·양수) 인정업자는 다음 각호에 해당하는 변경 사유가 발생한 경우, 변경 내용을 상세히 작성한 서류를 첨부하여 건축자재 등 품질인정기관에게 인정 변경 신청을 하고 확인을 받아야 한다. 이 경우, 인정 변경 신청은 변경 사유가 발생한 날부터 60일 이내에 하여야 하고, 요구 성능에 영향을 미치는 사항에 대해서는 변경을 신청할 수 없으며, 품질인정자재별 요구 성능에 영향을 미치는 사항은 제39조에 따라 국토교통부장관이 승인한 세부운영지침에서 정한다.

1. 업체명 또는 대표자의 변경(양도·양수, 상속 등 재산권 변동사항을 포함한다.)
2. 제조현장의 이전 또는 주요시설의 변경
3. 성능에 영향을 미치지 않는 경미한 세부인정 내용의 변경

제15조(인정업자 등의 자체품질관리) ① 인정업자는 품질 인정을 받은 내용과 동일한 생산·제조를 위하여 자체 품질관리를 다음 각호에 따라 실시하고, 그 결과를 기록·보존하여야 한다. 다만, 제4조 제7항에 따른 대리 신청인은 제조업자의 위임을 받아 자체 품질관리 결과를 보전·관리할 수 있다.

1. 구성재료· 원재료 등의 검사
2. 제조공정에 있어서의 중간검사 및 공정관리
3. 제품검사 및 제조설비의 유지관리
4. 제품생산, 판매실적 및 제품을 판매한 건축공사장 등에 대한 상세 내역 등

② 인정업자는 품질인정자재 등의 건축공사장 반입 및 시공, 현장 품질관리 등을 위해 영 제62조 제2항의 품질관리서와 건축공사장의 점검 시 확인하는 규칙 제24조의 9 제2항 제4호 가목 및 나목의 서류를 건축자재유통업자나 공사시공자에게 제출하여야 한다.

제16조(생산·판매실적 관리 및 제출) ① 인정업자(제4조 제7항에 의한 대리신청인을 포함한다.)는 영 제63조의 5 제1호부터 제4호까지에 따른 품질인정자재 등의 생산 및 판매실적, 시공실적, 품질관리서 등을 관리하여야 하며, 분기별로 다음 월 10일까지 건축자재 등 품질인정기관에게 제출하여야 한다.

② 품질인정을 받은 자가 시공자일 경우 시공 종료일 이후에는 공사 현장품질관리 확인 점검을 생략할 수 있다.

제4장 건축자재 등 품질인정기관의 품질관리 확인점검

제17조(품질인정업무 운영) 영 제63조의 3의 건축자재 등 품질인정기관은 품질인정업무를 수행하기 위하여 별표 8과 같은 인력을 편성하여 운영하여야 한다.

제18조(제조현장 품질관리 확인점검) ① 건축자재 등 품질인정기관은 규칙 제24조의 9 제1항에 따라 품질인정자재 등의 제조현장에 대하여 제12조부터 제16조까지의 사항이 적합하게 품질관리를 실시하고 있는지를 확인하기 위하여 제8조 제1항을 준용하여 제조현장을 점검하되, 인정업자에게 사전 통보 없이 점검을 실시할 수 있다. 다만, 확인점검일 기준으로 최근 1년 이내에 제4조에 따른 인정신청 및 제13조에 따른 유효기간 신청으로 인하여 제조현장 품질관리 확인점검 실적이 있는 경우에는 해당 제조현장의 동일품목에 대한 확인점검을 생략할 수 있다.

② 건축자재 등 품질인정기관은 다음 각호에 해당하는 경우, 제조현장에 대한 점검을 추가로 실시할 수 있다.

1. 점검일 기준으로 최근 5년 동안 2회 이상 제20조 및 제21조의 일시정지 및 인정 취소의 위반 사항이 발견된 경우 또는 품질 관리의 개선이 필요하다고 판단되는 경우
2. 국가 또는 지방자치단체의 장이 제조현장의 품질관리 상태 확인을 요청할 경우

③ 인정업자는 건축자재 등 품질인정기관이 제조현장 품질관리 상태를 확인하는 경우에는 시료 채취·시험체 제작 등 품질인정의 품질관리상태 확인 업무에 협조하여야 한다.

④ 건축자재 등 품질인정기관은 필요시 시험기관과 협의하여 제조현장 품질관리 상태 점검 업무 일부를 지원받을 수 있으며, 이때 시험기관은 영 제63조의 건축자재성능 시험기관으로 영 제63조의 2의 건축자재와 내화구조 품질시험 시험 경력이 5년 이상인 비영리 기

관이어야 한다.

제19조(건축공사장 품질관리 확인점검) ① 건축자재 등 품질인정기관은 규칙 제24조의 9 제1항에 따라 유통장소 및 건축공사장 등의 품질 관리상태 확인 점검을 하여야 하며, 같은 조 제3항의 세부절차 및 방법은 제39조에 따라 국토교통부장관이 승인한 세부운영지침에서 정한다. ② 건축자재 등 품질인정기관은 다음 각호에 해당하는 경우, 건축공사장에 대한 점검을 추가로 실시할 수 있다.

　　1. 제20조 및 제21조의 개선요청, 일시정지 및 인정취소의 위반사항이 연속으로 3회 이상 발견된 경우

　　2. 국가 또는 지방자치단체의 장이 건축공사장의 품질관리상태 확인을 요청할 경우

③ 유통업자, 건축관계자 등 및 인정업자는 제1항 및 제2항에 따라 건축자재 등 품질인정기관이 유통장소, 건축공사장 등을 점검하는 경우에는 시료 채취·시험체 제작 등 품질관리 상태 확인 업무에 협조하여야 한다.

④ 건축자재 등 품질인정기관은 필요시 시험기관과 협의하여 유통장소, 건축공사장 등의 품질관리 상태 점검 업무 일부를 지원받을 수 있으며, 이때 시험기관은 영 제63조의 건축자재성능 시험기관으로 영 제63조의 2의 건축자재와 내화구조 품질시험 경력이 5년 이상인 비영리 기관이어야 한다.

제5장 건축자재 등 품질인정의 개선 및 취소 등

제20조(인정의 개선요청 및 일시정지) ① 건축자재 등 품질인정기관은 별표2에 따라 인정업자에게 개선요청 또는 품질인정의 일시정지를 할 수 있다.

② 제1항에 따라 개선요청을 받은 자는 요청을 받은 날로부터 30일 이내에 개선요청 사항을 이행하고 그 사실을 건축자재 등 품질인정기관에게 확인받아야 한다.

③ 제1항에 따라 품질인정의 일시정지를 받은 자는 일시정지일부터 30일 이내에 일시정지 사유를 해소하고, 그 결과를 건축자재 등 품질인정기관에 제출하여야 한다.

④ 인정이 일시 정지된 품질인정자재 등은 일시정지된 날부터 정지가 해제된 날까지 판매 및 시공을 할 수 없다.

⑤ 건축자재 등 품질인정기관은 제2항의 개선요청 또는 제3항의 일시정지의 시정조치 결과의 적정성을 서면 또는 제조현장·유통현장·건축공사장 점검 등으로 이를 확인하여야 하며, 인정의 일시정지 사유가 해소된 때에는 즉시 일시정지를 해제하여야 한다.

제21조(인정의 취소) ① 건축자재 등 품질인정기관은 별표2에 따라 인정의 취소사유에

해당되는 경우에는 인정을 취소할 수 있다.

② 인정업자는 다음 각호에 해당하는 경우에는 인정 취소를 요구할 수 없다.

1. 제13조에 따른 유효기간 연장을 위한 시료 채취가 이루어진 경우

2. 제18조 또는 제19조의 품질관리 상태 확인 점검 중인 경우

③ 인정이 취소된 건축자재 등은 취소된 날부터 판매 및 시공을 할 수 없다.

제22조(인정 조치 등의 통보) ① 건축자재 등 품질인정기관은 제20조 및 제21조에 따라 품질인정의 일시정지 또는 일시정지 사유가 해소 및 인정을 취소하는 경우에는 품질인정자재 등의 구조명 또는 제품명, 일시정지 또는 취소 사유 등을 해당 업체에 통보하고, 이를 공고하여야 한다.

② 건축자재 등 품질인정기관은 제1항의 품질인정자재 등의 일시정지 또는 인정 취소를 하는 경우에는 기관 홈페이지에 공고하여야 한다.

제6장 건축물 마감재료의 성능 기준 및 화재 확산 방지구조

제23조(불연재료의 성능기준) 규칙 제6조 제2호에 따른 불연재료는 다음 각호의 성능시험 결과를 만족하여야 한다.

1. 한국산업표준 KS F ISO 1182(건축 재료의 불연성 시험 방법)에 따른 시험 결과, 제28조 제1항 제1호에 따른 모든 시험에 있어 다음 각 목을 모두 만족하여야 한다.

가. 가열시험 개시 후 20분간 가열로 내의 최고온도가 최종 평형온도를 20K 초과 상승하지 않을 것(단, 20분 동안 평형에 도달하지 않으면 최종 1분간 평균온도를 최종 평형온도로 한다.)

나. 가열종료 후 시험체의 질량 감소율이 30% 이하일 것

2. 한국산업표준 KS F 2271(건축물의 내장 재료 및 구조의 난연성 시험방법) 중 가스유해성 시험 결과, 제28조 제3항 제2호에 따른 모든 시험에 있어 실험용 쥐의 평균 행동정지 시간이 9분 이상이어야 한다.

3. 강판과 심재로 이루어진 복합자재의 경우, 강판과 강판을 제거한 심재는 규칙 제24조 제11항 제2호 및 제3호에 따른 기준에 적합하여야 하며, 규칙 제24조 제11항 제1호에 따른 실물모형시험을 실시한 결과 제26조에서 정하는 기준에 적합하여야 한다.

4. 규칙 제24조 제6항 및 제7항에 따른 외벽 마감재료 또는 단열재가 둘 이상의 재료로 제작된 경우, 규칙 제24조 제8항 제2호에 따라 각각의 재료는 제1호 및 제2호에 따른 시험 결과를 만족하여야 하며, 규칙 제24조 제8항 제1호에 따른 실물모형시험을 실시한 결과 제27조에서 정하는 기준에 적합하여야 한다.

제24조(준불연재료의 성능기준) 규칙 제7조에 따른 준불연재료는 다음 각호의 성능시험 결과를 만족하여야 한다.

1. 한국산업표준 KS F ISO 5660-1[연소성능시험-열 방출, 연기 발생, 질량 감소율- 제1부: 열 방출률(콘칼로리미터법)]에 따른 가열시험 결과, 제28조 제2항 제1호에 따른 모든 시험에 있어 다음 각 목을 모두 만족하여야 한다.

　가. 가열 개시 후 10분간 총방출열량이 8MJ/㎡ 이하일 것

　나. 10분간 최대 열방출률이 10초 이상 연속으로 200kW/㎡를 초과하지 않을 것

　다. 10분간 가열 후 시험체를 관통하는 방화상 유해한 균열(시험체가 갈라져 바닥면이 보이는 변형을 말한다), 구멍(시험체 표면으로부터 바닥면이 보이는 변형을 말한다.) 및 용융(시험체가 녹아서 바닥면이 보이는 경우를 말한다.) 등이 없어야 하며, 시험체 두께의 20%를 초과하는 일부 용융 및 수축이 없어야 한다.

2. 한국산업표준 KS F 2271(건축물의 내장 재료 및 구조의 난연성 시험방법) 중 가스유해성 시험 결과, 제28조 제3항 제2호에 따른 모든 시험에 있어 실험용 쥐의 평균 행동정지 시간이 9분 이상이어야 한다.

3. 강판과 심재로 이루어진 복합자재의 경우, 강판과 강판을 제거한 심재는 규칙 제24조 제11항 제2호 및 제3호에 따른 기준에 적합하여야 하며, 규칙 제24조 제11항 제1호에 따른 실물모형시험을 실시한 결과 제26조에서 정하는 기준에 적합하여야 한다. 다만, 한국산업표준 KS L 9102(인조광물섬유 단열재)에서 정하는 바에 따른 그라스울 보온판, 미네랄울 보온판으로서 제2호에 따른 시험 결과를 만족하는 경우 제1호에 따른 시험을 실시하지 아니할 수 있다.

4. 규칙 제24조 제6항 및 제7항에 따른 외벽 마감재료 또는 단열재가 둘 이상의 재료로 제작된 경우, 규칙 제24조 제8항 제2호에 따라 각각의 재료는 제1호 및 제2호에 따른 시험 결과를 만족하여야 하며, 규칙 제24조 제8항 제1호에 따른 실물모형시험을 실시한 결과 제27조에서 정하는 기준에 적합하여야 한다.

제25조(난연재료의 성능기준) 규칙 제5조에 따른 난연재료는 다음 각호의 성능시험 결과를 만족하여야 한다.

1. 한국산업표준 KS F ISO 5660-1[연소성능시험- 열 방출, 연기 발생, 질량 감소율 - 제1부: 열 방출률(콘칼로리미터법)]에 따른 가열시험 결과, 제28조 제2항 제1호에 따른 모든 시험에 있어 다음 각 목을 모두 만족하여야 한다.

　가. 가열 개시 후 5분간 총방출열량이 8MJ/㎡ 이하일 것

　나. 5분간 최대 열방출률이 10초 이상 연속으로 200kW/㎡를 초과하지 않을 것

다. 5분간 가열 후 시험체를 관통하는 방화상 유해한 균열(시험체가 갈라져 바닥 면이 보이는 변형을 말한다), 구멍(시험체 표면으로부터 바닥면이 보이는 변형을 말한다.) 및 용융(시험체가 녹아서 바닥면이 보이는 경우를 말한다.) 등이 없어야 하며, 시험체 두께의 20%를 초과하는 일부 용융 및 수축이 없어야 한다.

2. 한국산업표준 KS F 2271(건축물의 내장 재료 및 구조의 난연성 시험방법) 중 가스유해성 시험 결과, 제28조 제3항 제2호에 따른 모든 시험에 있어 실험용 쥐의 평균 행동정지 시간이 9분 이상이어야 한다.

3. 규칙 제24조 제6항 및 제7항에 따른 외벽 마감재료 또는 단열재가 둘 이상의 재료로 제작된 경우, 규칙 제24조 제8항 제2호에 따라 각각의 재료는 제1호 및 제2호에 따른 시험 결과를 만족하여야 하며, 규칙 제24조 제8항 제1호에 따른 실물모형시험을 실시한 결과 제27조에서 정하는 기준에 적합하여야 한다.

제26조(복합자재의 실물모형시험) 강판과 심재로 이루어진 복합자재는 한국산업표준 KS F ISO 13784-1(건축용 샌드위치패널 구조에 대한 화재 연소 시험방법)에 따른 실물모형시험 결과, 다음 각호의 요건을 모두 만족하여야 한다. 다만, 복합자재를 구성하는 강판과 심재가 모두 규칙 제6조에 해당하는 불연재료인 경우에는 실물모형시험을 제외한다.

1. 시험체 개구부 외 결합부 등에서 외부로 불꽃이 발생하지 않을 것
2. 시험체 상부 천정의 평균 온도가 650℃를 초과하지 않을 것
3. 시험체 바닥에 복사 열량계의 열량이 25kW/㎡를 초과하지 않을 것
4. 시험체 바닥의 신문지 뭉치가 발화하지 않을 것
5. 화재 성장 단계에서 개구부로 화염이 분출되지 않을 것

제27조(외벽 복합 마감재료의 실물모형시험) 외벽 마감재료 또는 단열재가 둘 이상의 재료로 제작된 경우 마감재료와 단열재 등을 포함한 전체 구성을 하나로 보아 한국산업표준 KS F 8414(건축물 외부 마감 시스템의 화재 안전 성능 시험방법)에 따라 시험한 결과, 다음의 각호에 적합하여야 한다. 다만, 외벽 마감재료 또는 단열재를 구성하는 재료가 모두 규칙 제6조에 해당하는 불연재료인 경우에는 실물모형시험을 제외한다.

1. 외부 화재 확산 성능 평가: 시험체 온도는 시작 시간을 기준으로 15분 이내에 레벨 2(시험체 개구부 상부로부터 위로 5m 떨어진 위치)의 외부 열전대 어느 한 지점에서 30초 동안 600℃를 초과하지 않을 것
2. 내부 화재 확산 성능 평가: 시험체 온도는 시작 시간을 기준으로 15분 이내에 레벨 2(시험체 개구부 상부로부터 위로 5m 떨어진 위치)의 내부 열전대 어느 한 지점에

서 30초 동안 600℃를 초과하지 않을 것

제28조(시험체 및 시험횟수 등) ① 제23조의 규정에 의하여 한국산업표준 KS F ISO 1182에 따라 시험을 하는 경우에 다음 각호에 따른다.

1. 시험체는 총 3개이며, 각각의 시험체에 대하여 1회씩 총 3회의 시험을 실시하여야 한다.

2. 복합자재의 경우, 강판을 제거한 심재를 대상으로 시험하여야 하며, 심재가 둘 이상의 재료로 구성된 경우에는 각 재료에 대해서 시험하여야 한다.

3. 액상 재료(도료, 접착제 등)인 경우에는 지름 45㎜, 두께 1㎜ 이하의 강판에 사용 두께만큼 도장 후 적층하여 높이 (50±3)㎜가 되도록 시험체를 제작하여야 하며, 상세 사항을 제품명에 포함하도록 한다.

② 제24조 및 제25조에 따라 한국산업표준 KS F ISO 5660-1의 시험을 하는 경우에는 다음 각호에 따라야 한다.

1. 시험은 시험체가 내부마감재료의 경우에는 실내에 접하는 면에 대하여 3회 실시하며, 외벽 마감재료의 경우에는 앞면, 뒷면, 측면 1면에 대하여 각 3회 실시한다. 다만, 다음 각 목에 해당하는 외벽 마감재료는 각 목에 따라야 한다.

　가. 단일재료로 이루어진 경우: 한 면에 대해서만 실시

　나. 각 측면의 재질 등이 달라 성능이 다른 경우: 앞면, 뒷면, 각 측면에 대하여 각 3회씩 실시

2. 복합자재의 경우, 강판을 제거한 심재를 대상으로 시험하여야 하며, 심재가 둘 이상의 재료로 구성된 경우에는 각 재료에 대해서 시험하여야 한다.

3. 가열강도는 50kW/㎡로 한다.

③ 제23조부터 제25조까지에 따라 한국산업표준 KS F 2271 중 가스유해성 시험을 하는 경우에는 다음 각호에 따라야 한다.

1. 시험은 시험체가 내부마감재료인 경우에는 실내에 접하는 면에 대하여 2회 실시하며, 외벽 마감재료인 경우에는 외기(外氣)에 접하는 면에 대하여 2회 실시한다.

2. 시험은 시험체가 실내에 접하는 면에 대하여 2회 실시한다.

3. 복합자재의 경우, 강판을 제거한 심재를 대상으로 시험하여야 하며, 심재가 둘 이상의 재료로 구성된 경우에는 각 재료에 대해서 시험하여야 한다.

제29조(단일재료 시험성적서) ① 시험기관은 의뢰인이 제시한 시험시료의 재질, 주요성분 및 시험체 가열면 등 세부적인 내용을 확인하여 시험성적서에 명확히 기록하여야 하며,

시험의뢰인은 필요한 자료를 제공하여야 한다.

② 시험성적서 갑지는 다음 각호의 사항을 포함하여 발급한다. 이 경우 시험성적서 표준서식은 제39조에 따라 국토교통부장관이 승인한 세부운영지침에서 정하며, 각호의 사항 중 시험대상품, 시험규격, 시험결과, 유효기간은 굵은 글씨로 표기하여야 한다.

1. 신청자: 회사명, 주소, 접수일자

2. 시험대상품: 시료명, 모델명, 제품번호

3. 시험규격: 국토교통부 고시에 의한 시험임을 명확히 기록

4. 성적서 용도

5. 시험기간

6. 시험환경

7. 시험결과: 불연, 준불연, 난연, 불합격에 해당하는지를 명확히 기록. 다만, 이와 별도로 불연, 준불연, 난연 등 시험결과는 기울기 315(45), HY 견명조 사이즈 22, 회색투명도 50%로 제39조에 따라 국토교통부장관이 승인한 세부운영지침에서 정하는 시험성적서 표준서식에 따라 표시

8. 시험성적서 진위 여부 확인을 위한 QR 코드, 문서 위변조 방지 장치, 진위 확인을 위한 홈페이지 주소

③ 시험성적서 을지는 다음 각호의 사항을 포함하여 발급한다.

1. 제품의 주요성분, 두께, 가열면 등이 표기된 구성도

2. 재질 및 규격, 제조사, 모델명 등이 포함된 제품 및 시스템의 구성 목록

3. 시험체의 밀도(복합자재의 경우 심재의 밀도를 측정)

④ 시험성적서는 발급일로부터 3년간 유효한 것으로 한다.

⑤ 성능시험을 실시하는 시험기관의 장은 시험체 및 시험에 관한 기록을 유지·관리하여야 한다.

제30조(복합재료 실물모형시험 성적서) ① 외벽 복합 마감재료의 실물모형시험 성적서 갑지는 다음 각호의 사항을 포함하여 발급한다. 이 경우 시험성적서 표준서식은 제39조에 따라 국토교통부장관이 승인한 세부운영지침에서 정하며, 각호의 사항 중 시험대상품, 시험규격, 시험결과, 유효기간은 굵은 글씨로 표기하여야 한다.

1. 신청자: 회사명, 주소, 접수일자

2. 시험대상품: 시료명, 모델명, 제품번호, 시스템명(표준명이 있을 경우 표기)

3. 시험체: 설치에 이용된 재료, 부품, 고정 상태 포함된 시험체 설명 및 시스템의 설치 및 고정 방법(시방)의 설명 및 설계도서

4. 시험규격: 국토교통부 고시에 의한 시험임을 명확히 기록

5. 성적서 용도

6. 시험기간

7. 시험환경

8. 시험결과: 각 레벨에서 측정한 온도와 내부 및 외부에서의 화재 확산 성능이 불합격에 해당하는지 명확히 기록. 단, 이와 별도로 화염, 기계적 반응을 포함한 시험 진행 동안의 육안 관찰 및 사진 기록

9. 시험성적서 진위 여부 확인을 위한 QR 코드, 문서 위변조 방지 장치, 진위 확인을 위한 홈페이지 주소

② 실물모형시험 성적서 을지는 다음 각호의 사항을 포함하여 발급한다.

1. 시스템에 사용된 각 제품의 주요성분, 두께, 밀도(단열재), 중공층 두께 등이 표기된 구성도

2. 재질 및 규격, 제조사, 모델명 등이 포함된 제품 및 시스템의 구성 목록 및 난연성능 시험성적서(필요시)

3. 시험체의 밀도(복합자재의 경우 심재의 밀도를 측정) 및 난연성능 성능 및 시험성적서 첨부

③ 외벽 복합 마감재료의 실물모형 시험성적서는 발급일로부터 3년간 유효한 것으로 한다.

제31조(화재 확산 방지구조) ① 규칙 제24조 제6항에서 "국토교통부장관이 정하여 고시하는 화재 확산 방지구조"는 수직 화재확산 방지를 위하여 외벽마감재와 외벽마감재 지지구조 사이의 공간(별표9에서 "화재확산방지재료" 부분)을 다음 각호 중 하나에 해당하는 재료로 층마다 최소 높이 400㎜ 이상 밀실하게 채운 것을 말한다.

1. 한국산업표준 KS F 3504(석고 보드 제품)에서 정하는 12.5mm 이상의 방화 석고 보드

2. 한국산업표준 KS L 5509(석고 시멘트판)에서 정하는 석고 시멘트판 6mm 이상인 것 또는 KS L 5114(섬유강화 시멘트판)에서 정하는 6mm 이상의 평형 시멘트판인 것

3. 한국산업표준 KS L 9102(인조 광물섬유 단열재)에서 정하는 미네랄울 보온판 2호 이상인 것

4. 한국산업표준 KS F 2257-8(건축 부재의 내화 시험 방법- 수직 비내력 구획 부재의 성능 조건)에 따라 내화성능 시험한 결과 15분의 차염성능 및 이면온도가 120K 이상 상승하지 않는 재료

② 제1항에도 불구하고 영 제61조 제2항 제1호 및 제3호에 해당하는 건축물로서 5층

이하이면서 높이 22미터 미만인 건축물의 경우에는 화재확산방지구조를 두 개 층마다 설치할 수 있다.

제32조(단열재 표면 정보 표시) ① 단열재 제조·유통업자는 다음 각호의 순서대로 단열재의 성능과 관련된 정보를 일반인이 쉽게 식별할 수 있도록 단열재 표면에 표시하여야 한다.

    1. 제조업자: 한글 또는 영문

    2. 제품명, 단 제품명이 없는 경우에는 단열재의 종류

    3. 밀도: 단위 K

    4. 난연성능: 불연, 준불연, 난연

    5. 로트번호: 생산일자 등 포함

② 제1항의 정보는 시공현장에 공급하는 최소 포장 단위별로 1회 이상 표기하되, 단열재의 성능에 영향을 미치지 않은 표면에 표기하여야 하며, 표기하는 글자의 크기는 2.0㎝ 이상이어야 한다.

③ 단열재의 성능정보는 반영구적으로 표기될 수 있도록 인쇄, 등사, 낙인, 날인의 방법으로 표기하여야 한다(라벨, 스티커, 꼬리표, 박음질 등 외부 환경에 영향을 받아 지워지거나 떨어질 수 있는 표기방식은 제외한다).

제7장 방화문 및 자동방화셔터의 성능 기준

제33조(방화문 성능기준 및 구성) ① 건축물 방화구획을 위해 설치하는 방화문은 건축물의 용도 등 구분에 따라 화재 시의 가열에 규칙 제14조 제3항 또는 제26조에서 정하는 시간 이상을 견딜 수 있어야 한다. 화재감지기가 설치되는 경우에는 「자동화재탐지설비 및 시각경보장치의 화재안전기준(NFSC 203)」 제7조의 기준에 적합하여야 한다.

② 차연성능, 개폐성능 등 방화문이 갖추어야 하는 세부 성능에 대해서는 제39조에 따라 국토교통부장관이 승인한 세부운영지침에서 정한다.

③ 방화문은 항상 닫혀있는 구조 또는 화재발생 시 불꽃, 연기 및 열에 의하여 자동으로 닫힐 수 있는 구조이어야 한다.

제34조(자동방화셔터 성능기준 및 구성) ① 건축물 방화구획을 위해 설치하는 자동방화셔터는 건축물의 용도 등 구분에 따라 화재 시의 가열에 규칙 제14조 제3항에서 정하는 성능 이상을 견딜 수 있어야 한다.

② 차연성능, 개폐성능 등 자동방화셔터가 갖추어야 하는 세부 성능에 대해서는 제39조에 따라 국토교통부장관이 승인한 세부운영지침에서 정한다.

③ 자동방화셔터는 규칙 제14조 제2항 제4호에 따른 구조를 가진 것이어야 하나, 수직 방향으로 폐쇄되는 구조가 아닌 경우는 불꽃, 연기 및 열감지에 의해 완전폐쇄가 될 수 있는 구조여야 한다. 이 경우 화재감지기는 「자동화재탐지설비 및 시각경보장치의 화재안전기준(NFSC 203)」 제7조의 기준에 적합하여야 한다.

④ 자동방화셔터의 상부는 상층 바닥에 직접 닿도록 하여야 하며, 그렇지 않은 경우 방화구획 처리를 하여 연기와 화염의 이동통로가 되지 않도록 하여야 한다.

제8장 그 밖에 건축자재 등의 성능기준

제35조(방화댐퍼 성능기준 및 구성) ① 규칙 제14조 제2항 제3호에 따라 방화댐퍼는 다음 각호의 성능을 확보하여야 하며, 성능 확인을 위한 시험은 영 제63조에 따른 건축자재 성능 시험기관에서 할 수 있다.

1. 별표 10에 따른 내화성능시험 결과 비차열 1시간 이상의 성능

2. KS F 2822(방화 댐퍼의 방연 시험 방법)에서 규정한 방연성능

② 제1항의 방화댐퍼의 성능 시험은 다음의 기준을 따라야 한다.

1. 시험체는 날개, 프레임, 각종 부속품 등을 포함하여 실제의 것과 동일한 구성·재료 및 크기의 것으로 하되, 실제의 크기가 3미터 곱하기 3미터의 가열로 크기보다 큰 경우에는 시험체 크기를 가열로에 설치할 수 있는 최대크기로 한다.

2. 내화시험 및 방연시험은 시험체 양면에 대하여 각 1회씩 실시한다. 다만, 수평부재에 설치되는 방화댐퍼의 경우 내화시험은 화재노출면에 대해 2회 실시한다.

3. 내화성능 시험체와 방연성능 시험체는 동일한 구성·재료로 제작되어야 하며, 내화성능 시험체는 가장 큰 크기로, 방연성능 시험체는 가장 작은 크기로 제작되어야 한다.

③ 시험성적서는 2년간 유효하다. 다만, 시험성적서와 동일한 구성 및 재질로서 내화성능 시험체 크기와 방연성능 시험체 크기 사이의 것인 경우에는 이미 발급된 성적서로 그 성능을 갈음할 수 있다.

④ 방화댐퍼는 다음 각호에 적합하게 설치되어야 한다.

1. 미끄럼부는 열팽창, 녹, 먼지 등에 의해 작동이 저해받지 않는 구조일 것

2. 방화댐퍼의 주기적인 작동상태, 점검, 청소 및 수리 등 유지·관리를 위하여 검사구·점검구는 방화댐퍼에 인접하여 설치할 것

3. 부착 방법은 구조체에 견고하게 부착시키는 공법으로 화재시 덕트가 탈락, 낙하해도 손상되지 않을 것

4. 배연기의 압력에 의해 방재상 해로운 진동 및 간격이 생기지 않는 구조일 것

제36조(하향식 피난구 성능시험 및 성능 기준) ① 규칙 제14조 제4항에 따른 하향식 피난구는 다음 각호의 성능을 확보하여야 하며, 성능 확인을 위한 시험은 영 제63조에 따른 건축자재 성능 시험기관에서 할 수 있다.

    1. KS F 2257-1(건축부재의 내화시험방법- 일반 요구사항)에 적합한 수평가열로에서 시험한 결과 KS F 2268-1(방화문의 내화시험방법)에서 정한 비차열 1시간 이상의 내화성능이 있을 것. 다만, 하향식 피난구로서 사다리가 피난구에 포함된 일체형인 경우에는 모두를 하나로 보아 성능을 확보하여야 한다.

    2. 사다리는 「소방시설설치유지 및 안전관리에 관한 법률 시행령」 제37조에 따른 '피난사다리의 형식승인 및 제품검사의 기술기준'의 재료기준 및 작동시험기준에 적합할 것

    3. 덮개는 장변 중앙부에 $637N/0.2㎡$의 등분포하중을 가했을 때 중앙부 처짐량이 15밀리미터 이하일 것

  ② 시험성적서는 3년간 유효하다.

제37조(창호 성능시험 기준) ① 규칙 제24조 제12항에 따른 방화유리창의 성능 확인을 위한 시험은 영 제63조에 따른 건축자재 성능 시험기관에서 할 수 있으며, 차연성능, 개폐성능 등 방화유리창이 갖추어야 하는 세부 성능에 대해서는 제39조에 따라 국토교통부장관이 승인한 세부운영지침에서 정한다.

  ② 시험성적서는 3년간 유효하다.

제9장 기타

제38조(연간 운영계획 보고) 건축자재 등 품질인정기관은 인정 업무를 수행하기 위해 다음 각호의 사항을 포함한 연간 운영계획을 매년 초 운영위원회 검토 후 국토교통부에 보고하여야 한다.

    1. 전년도 제조현장 및 건축공사장 품질관리 상태 확인점검 결과

    2. 해당연도 제조현장 및 건축공사장 품질관리 상태 확인점검 계획 등

제39조(세부운영지침) ① 건축자재 등 품질인정기관은 품질인정과 관련하여 다음의 내용이 포함된 세부운영지침을 작성하여야 하며, 세부운영지침은 각 품질인정자재 등에 대해 별도로 정할 수 있다.

    1. 인정업무 품목, 처리문서, 기간, 절차, 기준, 구비서류, 서식, 규칙 제24조의 8 제5항의 수수료 관련 세부사항, 시료채취방법, 품질시험방법 및 세부기재사항

    2. 제조현장 품질관리 및 건축공사장 관리 확인 점검의 기준, 서식, 점검방법, 점검

결과 판정 등 점검에 대한 세부사항

3. 제품의 원재료 및 구성재료 배합비 관리절차 등 그 밖의 필요한 사항

4. 시험기관 확인점검에 필요한 점검 기준, 방법 및 결과에 따른 조치 등 그 밖에 필요한 사항

② 제1항에 따른 세부운영지침의 제·개정 시에는 국토교통부장관의 승인을 득하여야 한다.

제40조(건축자재 품질관리정보 구축기관 지정) 「건축사법」 제31조에 따라 설립된 건축사협회는 제23조, 제24조 및 제25조에 따라 불연, 준불연, 난연 성능을 갖추어야 하는 건축물의 마감재료, 제33조 및 제34조에 따른 성능을 갖추어야 하는 방화문, 자동방화셔터, 규칙 제14조 제2항 제2호에 따른 내화채움구조 및 제35조에 따른 방화댐퍼의 품질관리에 필요한 정보를 홈페이지 등에 게시하여 일반인이 알 수 있도록 하여야 한다.

제41조(건축모니터링 전문기관 운영) 법 제68조의 3 및 영 제92조에 따라 건축물의 구조 및 재료 등의 분야에 대한 건축모니터링 전문기관이 지정된 경우, 전문기관은 이 고시 관련 기준·설계·현장 등 모니터링의 범위, 모니터링 위원회 구성 등 운영 지침을 정하여 국토교통부장관의 승인을 득하여야 한다.

제42조(규제의 재검토) 국토교통부장관은 제26조 및 제27조에 따른 복합자재의 실물모형시험에 대하여 2022년 2월 11일을 기준으로 2년이 되는 시점(매 2년이 되는 해의 2월 11일 전까지를 말한다.)마다 그 타당성을 검토하여 개선 등의 조치를 하여야 한다.

제43조(재검토기한) 국토교통부장관은 이 고시에 대하여 「훈령·예규 등의 발령 및 관리에 관한 규정」에 따라 2022년 1월 1일 기준으로 3년이 되는 시점(매 3년이 되는 해의 12월 31일까지를 말한다.)마다 그 타당성을 검토하여 개선 등의 조치를 하여야 한다.

부칙 〈제2022-84호, 2022. 02. 11.〉

제1조(시행일) 이 고시는 발령한 날부터 시행한다.

제2조(다른 고시의 폐지) 다음 각호의 고시는 각각 폐지한다.

1. 「내화구조의 인정 및 관리기준」
2. 「건축물 마감재료의 난연성능 및 화재 확산 방지구조 기준」
3. 「방화문 및 자동방화셔터의 인정 및 관리기준」

제3조(품질인정자재 등에 관한 경과조치) ① 국토교통부령 제931호의 시행일인 2021년 12월 23일 전에 「내화구조의 인정 및 관리기준」의 내화채움구조와 「건축물 마감재료의 난연성능 및 화재 확산 방지구조 기준」의 마감재료 중 품질인정 대상 자재가 각 기준의 성능을 만족하여 시험성적서를 발급받아 유효기간이 도래하지 않은 경우에는, 제3조부터 제22조까지의 개정규정에도 불구하고 해당 시험성적서의 유효기간까지 종전의 규정에 따른다.

② 국토교통부령 제931호의 시행일인 2021년 12월 23일 전에 법 제11조에 따른 건축허가 또는 대수선허가의 신청(건축허가 또는 대수선허가를 신청하기 위하여 법 제4조의 2 제1항에 따라 건축위원회에 심의를 신청하는 경우를 포함한다.) 및 법 제14조에 따른 건축신고 또는 법 제19조에 따른 용도변경 허가(같은 조에 따른 용도변경 신고 또는 건축물대장 기재내용의 변경신청을 포함한다.)의 신청을 한 건축물에 적용하는 「내화구조의 인정 및 관리기준」의 내화채움구조와 「건축물 마감재료의 난연성능 및 화재 확산 방지구조 기준」의 마감재료 중 품질인정 대상 자재에 대하여는 제3조부터 제22조까지의 개정규정에도 불구하고 종전의 규정에 따른다.

③ 국토교통부고시 제2021-1009호의 시행일인 2021년 8월 7일 전에 법 제11조에 따른 건축허가 또는 대수선허가의 신청(건축허가 또는 대수선허가를 신청하기 위하여 법 제4조의 2 제1항에 따라 건축위원회에 심의를 신청하는 경우를 포함한다.) 및 법 제14조에 따른 건축신고를 한 건축물에 적용하는 방화문 및 자동방화셔터의 대하여는 제3조부터 제22조까지의 개정규정에도 불구하고 종전의 규정을 따를 수 있다. 〈개정 2023. 1. 9.〉

제4조(마감재료 시험성적서에 관한 경과조치) ① 둘 이상의 재료로 제작된 마감재료(강판과 심재로 이루어진 복합자재는 포함하지 않는다.) 또는 단열재가 국토교통부고시 제2022-84호의 시행일인 2022년 2월 11일 전에 「건축물 마감재료의 난연성능 및 화재 확산 방지구조 기준」에 따라 시험성적서를 발급 받아 유효기간이 도래하지 않은 경우에는, 제23조부터 제25조까지 및 제27조부터 제30조까지의 개정규정에도 불구하고 해당 시험성적서의 유효기간까지 종전의 규정에 따른다. 〈개정 2023. 1. 9.〉

② 국토교통부고시 제2022-84호의 시행일인 2022년 2월 11일 전에 법 제11조에 따른 건축허가 또는 대수선허가의 신청(건축허가 또는 대수선허가를 신청하기 위하여 법 제4조의 2 제1항에 따라 건축위원회에 심의를 신청하는 경우를 포함한다.) 및 법 제14조에 따른 건축신고 또는 법 제19조에 따른 용도변경 허가(같은 조에 따른 용도변경 신고 또는 건축물대장 기재내용의 변경신청을 포함한다.)의 신청을 한 건축물에 적용하는 국토교통부고시 제2020-1053호 「건축물 마감재료의 난연성능 및 화재 확산 방지구조 기준」의 마감재료 중 둘 이상의 재료로 제작된 마감 재료(강판과 심재로 이루어진 복합자재는 포함하지 않

는다.) 또는 단열재에 대하여는 제23조부터 제25조까지 및 제27조부터 제30조까지의 개정 규정에도 불구하고 국토교통부고시 제2020-1053호 「건축물 마감재료의 난연성능 및 화재 확산 방지구조 기준」을 따를 수 있다. 〈신설 2023. 1. 9.〉

제5조(종전의 고시에 따른 처분 및 계속 중인 행위에 관한 경과조치) 이 고시 시행 전 종전의 「내화구조의 인정 및 관리기준」, 「건축물 마감재료의 난연성능 및 화재 확산 방지구조 기준」 및 「방화문 및 자동방화셔터의 인정 및 관리기준」에 따라 행정기관이 행한 행정처 분 및 그 밖의 행위와 행정기관에 대하여 행한 신청 및 그 밖의 행위는 그에 해당하는 이 고시에 따라 행한 행정기관의 행위 또는 행정기관에 대한 행위로 본다.

부칙 〈제2023-24호, 2023. 01. 09.〉
제1조(시행일) 이 고시는 발령한 날부터 시행한다.

[별표1] 건축자재등 품질인정 신청 첨부서류

[별표2] 품질인정의 취소, 일시정지, 개선요청에 관한 세부기준

[별표3] 건축자재 등 품질인정업무 절차

[별표4] 품질인정 업무 및 처리기간

[별표5] 제조현장 품질관리상태 확인 점검표

[별표6] 건축자재 등 품질인정 표시

[별표7] 품질인정자재 등 인정 유효기간

[별표8] 건축자재등 품질인정업무 담당자의 자격기준

[별표9] 화재 확산 방지구조의 예 (제31조 관련)

[별표10] 방화댐퍼의 내화시험 방법 (제35조 제1항 관련)

[별지11] 건축자재 등 품질 인정 신청서

[별지2] 건축자재 등 품질 인정서

| 부록(각주번호 157)

범죄예방 건축기준 고시
[시행 2021. 7. 1.] [국토교통부고시 제2021-930호, 2021. 7. 1., 일부 개정]

제1장 총칙

제1조(목적) 이 기준은 「건축법」 제53조의 2 및 「건축법 시행령」 제63조의 2에 따라 범죄를 예방하고 안전한 생활환경을 조성하기 위하여 건축물, 건축설비 및 대지에 대한 범죄 예방 기준을 정함을 목적으로 한다.

제2조(용어의 정의) 이 기준에서 사용하는 용어의 정의는 다음과 같다.

1. "자연적 감시"란 도로 등 공공 공간에 대하여 시각적인 접근과 노출이 최대화되도록 건축물의 배치, 조경, 조명 등을 통하여 감시를 강화하는 것을 말한다.

2. "접근통제"란 출입문, 담장, 울타리, 조경, 안내판, 방범시설 등(이하 "접근통제시설"이라 한다.)을 설치하여 외부인의 진·출입을 통제하는 것을 말한다.

3. "영역성 확보"란 공간배치와 시설물 설치를 통해 공적공간과 사적공간의 소유권 및 관리와 책임 범위를 명확히 하는 것을 말한다.

4. "활동의 활성화"란 일정한 지역에 대한 자연적 감시를 강화하기 위하여 대상 공간 이용을 활성화 시킬 수 있는 시설물 및 공간 계획을 하는 것을 말한다.

5. "건축주"란 「건축법」 제2조 제1항 제12호에 따른 건축주를 말한다.

6. "설계자"란 「건축법」 제2조 제1항 제13호에 따른 설계자를 말한다.

제3조(적용대상)

① 이 기준을 적용하여야 하는 건축물은 다음 각호의 어느 하나에 해당하는 건축물을 말한다.

     1. 「건축법 시행령」(이하 "영"이라 한다.) 별표1 제2호의 공동주택(다세대주택, 연립주택, 아파트)

     2. 영 별표1 제3호 가목의 제1종 근린생활시설(일용품 판매점)

     3. 영 별표1 제4호 거목의 제2종 근린생활시설(다중생활시설)

     4. 영 별표1 제5호의 문화 및 집회 시설(동·식물원을 제외한다.)

     5. 영 별표1 제10호의 교육연구시설(연구소, 도서관을 제외한다.)

    6. 영 별표1 제11호의 노유자시설

    7. 영 별표1 제12호의 수련시설

    8. 영 별표1 제14호 나목 2)의 업무시설(오피스텔)

    9. 영 별표1 제15호 다목의 숙박시설(다중생활시설)

    10. 영 별표1 제1호의 단독주택(다가구주택)

  ② 삭제

제2장 범죄예방 공통기준

제4조(접근통제의 기준)

① 보행로는 자연적 감시가 강화되도록 계획되어야 한다. 다만, 구역적 특성상 자연적 감시 기준을 적용하기 어려운 경우에는 영상정보처리기기, 반사경 등 자연적 감시를 대체할 수 있는 시설을 설치하여야 한다.

② 대지 및 건축물의 출입구는 접근통제시설을 설치하여 자연적으로 통제하고, 경계 부분을 인지할 수 있도록 하여야 한다.

③ 건축물의 외벽에 범죄자의 침입을 용이하게 하는 시설은 설치하지 않아야 한다.

제5조(영역성 확보의 기준)

① 공적(公的) 공간과 사적(私的) 공간의 위계(位階)를 명확하게 인지할 수 있도록 설계하여야 한다.

② 공간의 경계 부분은 바닥에 단(段)을 두거나 바닥의 재료나 색채를 달리하거나 공간 구분을 명확하게 인지할 수 있도록 안내판, 보도, 담장 등을 설치하여야 한다.

제6조(활동의 활성화 기준)

① 외부 공간에 설치하는 운동시설, 휴게시설, 놀이터 등의 시설(이하 "외부시설"이라 한다.)은 상호 연계하여 이용할 수 있도록 계획하여야 한다.

② 지역 공동체(커뮤니티)가 증진되도록 지역 특성에 맞는 적정한 외부시설을 선정하여 배치하여야 한다.

제7조(조경 기준)

① 수목은 사각지대나 고립지대가 발생하지 않도록 식재하여야 한다.

② 건축물과 일정한 거리를 두고 식재하여 창문을 가리거나 나무를 타고 건축물 내부로 범죄자가 침입할 수 없도록 하여야 한다.

제8조(조명 기준)

① 출입구, 대지경계로부터 건축물 출입구까지 이르는 진입로 및 표지판에는 충분한 조명시설을 계획하여야 한다.

② 보행자의 통행이 많은 구역은 사물의 식별이 쉽도록 적정하게 조명을 설치하여야 한다.

③ 조명은 색채의 표현과 구분이 가능한 것을 사용해야 하며, 빛이 제공되는 범위와 각도를 조정하여 눈부심 현상을 줄여야 한다.

제9조(영상정보처리기기 안내판의 설치)

① 이 기준에 따라 영상정보처리기기를 설치하는 경우에는 「개인정보보호법」 제25조 제4항에 따라 안내판을 설치하여야 한다.

② 제1항에 따른 안내판은 주·야간에 쉽게 식별할 수 있도록 계획하여야 한다.

제3장 건축물의 용도별 범죄예방 기준

제10조(100세대 이상 아파트에 대한 기준)

① 대지의 출입구는 다음 각호의 사항을 고려하여 계획하여야 한다.

　1. 출입구는 영역의 위계(位階)가 명확하도록 계획하여야 한다.

　2. 출입구는 자연적 감시가 쉬운 곳에 설치하며, 출입구 수는 효율적인 관리가 가능한 범위에서 적정하게 계획하여야 한다.

　3. 조명은 출입구와 출입구 주변에 연속적으로 설치하여야 한다.

② 담장은 다음 각호에 따라 계획하여야 한다.

　1. 사각지대 또는 고립지대가 생기지 않도록 계획하여야 한다.

　2. 자연적 감시를 위하여 투시형으로 계획하여야 한다.

　3. 울타리용 조경수를 설치하는 경우에는 수고 1미터에서 1.5미터 이내인 밀생 수종을 일정한 간격으로 식재하여야 한다.

③ 부대시설 및 복리시설은 다음 각호와 같이 계획하여야 한다.

　1. 부대시설 및 복리시설은 주민 활동을 고려하여 접근과 자연적 감시가 용이한 곳에 설치하여야 한다.

　2. 어린이놀이터는 사람의 통행이 많은 곳이나 건축물의 출입구 주변 또는 각 세대에서 조망할 수 있는 곳에 배치하고, 주변에 경비실을 설치하거나 영상정보처리기기를 설치하여야 한다.

④ 경비실 등은 다음 각호와 같이 계획하여야 한다.

　1. 경비실은 필요한 각 방향으로 조망이 가능한 구조로 계획하여야 한다.

　2. 경비실 주변의 조경 등은 시야를 차단하지 않도록 계획하여야 한다.

　3. 경비실 또는 관리사무소에 고립지역을 상시 관망할 수 있는 영상정보처리기기 시스템을 설치하여야 한다.

　4. 경비실·관리사무소 또는 단지 공용공간에 무인 택배 보관함의 설치를 권장한다.

⑤ 주차장은 다음 각호와 같이 계획하여야 한다.

　1. 주차구역은 사각지대가 생기지 않도록 하여야 한다.

　2. 주차장 내부 감시를 위한 영상정보처리기기 및 조명은 「주차장법 시행규칙」에 따른다.

3. 차로와 통로 및 출입구의 기둥 또는 벽에는 경비실 또는 관리사무소와 연결된 비상벨을 25미터 이내마다 설치하고, 비상벨을 설치한 기둥(벽)의 도색을 차별화하여 시각적으로 명확하게 인지될 수 있도록 하여야 한다.

4. 여성전용 주차구획은 출입구 인접 지역에 설치를 권장한다.

⑥ 조경은 주거 침입에 이용되지 않도록 식재하여야 한다.

⑦ 건축물의 출입구는 다음 각호와 같이 계획하여야 한다.

1. 출입구는 접근통제시설을 설치하여 접근통제가 용이하도록 계획하여야 한다.

2. 출입구는 자연적 감시를 할 수 있도록 하되, 여건상 불가피한 경우 반사경 등 대체 시설을 설치하여야 한다.

3. 출입구에는 주변보다 밝은 조명을 설치하여 야간에 식별이 용이하도록 하여야 한다.

4. 출입구에는 영상정보처리기기 설치를 권장한다.

⑧ 세대 현관문 및 창문은 다음 각호와 같이 계획하여야 한다.

1. 세대 창문에는 별표1 제1호의 기준에 적합한 침입 방어 성능을 갖춘 제품과 잠금장치를 설치하여야 한다.

2. 세대 현관문은 별표1 제2호의 기준에 적합한 침입 방어 성능을 갖춘 제품과 도어체인을 설치하되, 우유 투입구 등 외부 침입에 이용될 수 있는 장치의 설치는 금지한다.

⑨ 승강기·복도 및 계단 등은 다음 각호와 같이 계획하여야 한다.

1. 지하층(주차장과 연결된 경우에 한한다.) 및 1층 승강장, 옥상 출입구, 승강기 내부에는 영상정보처리기기를 설치하여야 한다.

2. 계단실에는 외부 공간에서 자연적 감시가 가능하도록 창호를 설치하고, 계단실에 영상정보처리기기를 1개소 이상 설치하여야 한다.

⑩ 건축물의 외벽은 침입에 이용될 수 있는 요소가 최소화되도록 계획하고, 외벽에 수직 배관이나 냉난방 설비 등을 설치하는 경우에는 지표면에서 지상 2층으로 또는 옥상에서 최상층으로 배관 등을 타고 오르거나 내려올 수 없는 구조로 하여야 한다.

⑪ 건축물의 측면이나 뒷면, 정원, 사각지대 및 주차장에는 사물을 식별할 수 있는 적정한 조명을 설치하되, 여건상 불가피한 경우 반사경 등 대체 시설을 설치하여야 한다.

⑫ 전기·가스·수도 등 검침용 기기는 세대 외부에 설치한다. 다만, 외부에서 사용량을 검침할 수 있는 경우에는 그러하지 아니한다.

⑬ 세대 창문에 방범시설을 설치하는 경우에는 화재 발생 시 피난에 용이한 개폐가 가능한 구조로 설치하는 것을 권장한다.

제11조(다가구주택, 다세대주택, 연립주택, 100세대 미만의 아파트, 오피스텔 등에 관

한 사항) 다가구주택, 다세대주택, 연립주택, 아파트(100세대 미만) 및 오피스텔은 다음의 범죄예방 기준에 적합하도록 하여야 한다.

1. 세대 창호재는 별표1의 제1호의 기준에 적합한 침입 방어성능을 갖춘 제품을 사용한다.

2. 세대 출입문은 별표1의 제2호의 기준에 적합한 침입 방어 성능을 갖춘 제품의 설치를 권장한다.

3. 건축물 출입구는 자연적 감시를 위하여 가급적 도로 또는 통행로에서 볼 수 있는 위치에 계획하되, 부득이 도로나 통행로에서 보이지 않는 위치에 설치하는 경우에 반사경, 거울 등의 대체 시설 설치를 권장한다.

4. 건축물의 외벽은 침입에 이용될 수 있는 요소가 최소화되도록 계획하고, 외벽에 수직 배관이나 냉난방 설비 등을 설치하는 경우에는 지표면에서 지상 2층으로 또는 옥상에서 최상층으로 배관 등을 타고 오르거나 내려올 수 없는 구조로 하여야 한다.

5. 건축물의 측면이나 뒤면, 출입문, 정원, 사각지대 및 주차장에는 사물을 식별할 수 있는 적정한 조명 또는 반사경을 설치한다.

6. 전기·가스·수도 등 검침용 기기는 세대 외부에 설치하는 것을 권장한다. 다만, 외부에서 사용량을 검침할 수 있는 경우에는 그러하지 아니한다.

7. 담장은 사각지대 또는 고립지대가 생기지 않도록 계획하여야 한다.

8. 주차구역은 사각지대가 생기지 않도록 하고, 주차장 내부 감시를 위한 영상정보처리기기 및 조명은 「주차장법 시행규칙」에 따른다.

9. 건축물의 출입구, 지하층(주차장과 연결된 경우에 한한다.), 1층 승강장, 옥상 출입구, 승강기 내부에는 영상정보처리기기 설치를 권장한다.

10. 계단실에는 외부 공간에서 자연적 감시가 가능하도록 창호 설치를 권장한다.

11. 세대 창문에 방범시설을 설치하는 경우에는 화재 발생 시 피난에 용이한 개폐가 가능한 구조로 설치하는 것을 권장한다.

12. 단독주택(다가구주택을 제외한다.)은 제1호부터 제11호까지의 규정 적용을 권장한다.

제12조(문화 및 집회시설·교육연구시설·노유자시설·수련시설에 대한 기준)
① 출입구 등은 다음 각호와 같이 계획하여야 한다.

1. 출입구는 자연적 감시를 고려하고 사각지대가 형성되지 않도록 계획하여야 한다.

2. 출입문, 창문 및 셔터는 별표1의 기준에 적합한 침입 방어 성능을 갖춘 제품을 설치하여야 한다. 다만, 건축물의 로비 등에 설치하는 유리출입문은 제외한다.

② 주차장의 계획에 대하여는 제10조 제5항을 준용한다.

③ 차도와 보행로가 함께 있는 보행로에는 보행자등을 설치하여야 한다.

제13조(일용품 소매점에 대한 기준)

① 영 별표1 제3호의 제1종 근린생활시설 중 24시간 일용품을 판매하는 소매점에 대하여 적용한다.

② 출입문 또는 창문은 내부 또는 외부로의 시선을 감소시키는 필름이나 광고물 등을 부착하지 않도록 권장한다.

③ 출입구 및 카운터 주변에 영상정보처리기기를 설치하여야 한다.

④ 카운터는 배치계획상 불가피한 경우를 제외하고 외부에서 상시 볼 수 있는 위치에 배치하고 경비실, 관리사무소, 관할 경찰서 등과 직접 연결된 비상연락시설을 설치하여야 한다.

제14조(다중생활시설에 대한 기준)

① 출입구에는 출입자 통제 시스템이나 경비실을 설치하여 허가받지 않은 출입자를 통제하여야 한다.

② 건축물의 출입구에 영상정보처리기기를 설치한다.

③ 다른 용도와 복합으로 건축하는 경우에는 다른 용도로부터의 출입을 통제할 수 있도록 전용 출입구의 설치를 권장한다. 다만, 오피스텔과 복합으로 건축하는 경우 오피스텔 건축기준(국토교통부고시)에 따른다.

제15조(재검토기한) 국토교통부장관은 「훈령·예규 등의 발령 및 관리에 관한 규정」(대통령 훈령 제431호)에 따라 이 고시에 대하여 2021년 7월 1일 기준으로 매 3년이 되는 시점(매 3년째의 6월 30일까지를 말한다.)마다 그 타당성을 검토하여 개선 등의 조치를 하여야 한다.

부칙 〈제2021-930호, 2021. 07. 01.〉

제1조(시행일) 이 고시는 공포한 날부터 시행한다.

제2조(적용례) 이 기준은 시행 후 「건축법」 제11조에 따라 건축허가를 신청하거나 「건축법」 제14조에 따라 건축신고를 하는 경우 또는 「주택법」 제15조에 따라 주택사업계획의 승인을 신청하는 경우부터 적용한다. 다만, 「건축법」 제4조의 2에 따른 건축위원회의 심의 대상인 경우에는 「건축법」 제4조의 2에 따른 건축위원회의 심의를 신청하는 경우부터 적용한다.

[별표1] 건축물 창호의 침입 방어 성능기준

건축물의 설비기준 등에 관한 규칙(약칭: 건축물설비기준규칙)

[시행 2021. 8. 27.] [국토교통부령 제882호, 2021. 8. 27. 타법 개정]

제1조(목적) 이 규칙은 「건축법」 제49조, 제62조, 제64조, 제67조 및 제68조와 같은 법 시행령 제87조, 제89조, 제90조 및 제91조의 3에 따른 건축설비의 설치에 관한 기술적 기준 등에 필요한 사항을 규정함을 목적으로 한다. 〈개정 1996. 2. 9., 1999. 5. 11., 2006. 2. 13., 2008. 7. 10., 2009. 12. 31., 2010. 11. 5., 2011. 11. 30., 2013. 2. 22., 2013. 9. 2., 2015. 7. 9., 2020. 4. 9.〉

제2조(관계전문기술자의 협력을 받아야 하는 건축물) 「건축법 시행령」(이하 "영"이라 한다.) 제91조의 3 제2항 각호 외의 부분에서 "국토교통부령으로 정하는 건축물"이란 다음 각호의 건축물을 말한다. 〈개정 1999. 5. 11., 2006. 2. 13., 2008. 3. 14., 2013. 3. 23., 2013. 9. 2., 2020. 4. 9.〉

　1. 냉동냉장시설·항온항습시설(온도와 습도를 일정하게 유지시키는 특수설비가 설치되어 있는 시설을 말한다.) 또는 특수청정시설(세균 또는 먼지 등을 제거하는 특수설비가 설치되어 있는 시설을 말한다.)로서 당해 용도에 사용되는 바닥면적의 합계가 5백 제곱미터 이상인 건축물

　2. 영 별표1 제2호 가목 및 나목에 따른 아파트 및 연립주택

　3. 다음 각 목의 어느 하나에 해당하는 건축물로서 해당 용도에 사용되는 바닥면적의 합계가 5백 제곱미터 이상인 건축물

　　가. 영 별표1 제3호 다목에 따른 목욕장

　　나. 영 별표1 제13호 가목에 따른 물놀이형 시설(실내에 설치된 경우로 한정한다.) 및 같은·호 다목에 따른 수영장(실내에 설치된 경우로 한정한다.)

　4. 다음 각 목의 어느 하나에 해당하는 건축물로서 해당 용도에 사용되는 바닥면적의 합계가 2천 제곱미터 이상인 건축물

　　가. 영 별표1 제2호 라목에 따른 기숙사

　　나. 영 별표1 제9호에 따른 의료시설

　　다. 영 별표1 제12호 다목에 따른 유스호스텔

　　라. 영 별표1 제15호에 따른 숙박시설

　5. 다음 각 목의 어느 하나에 해당하는 건축물로서 해당 용도에 사용되는 바닥면적

의 합계가 3천 제곱미터 이상인 건축물

    가. 영 별표1 제7호에 따른 판매시설

    나. 영 별표1 제10호 마목에 따른 연구소

    다. 영 별표1 제14호에 따른 업무시설

6. 다음 각 목의 어느 하나에 해당하는 건축물로서 해당 용도에 사용되는 바닥면적의 합계가 1만 제곱미터 이상인 건축물

    가. 영 별표1 제5호 가목부터 라목까지에 해당하는 문화 및 집회시설

    나. 영 별표1 제6호에 따른 종교시설

    다. 영 별표1 제10호에 따른 교육 연구 시설(연구소는 제외한다.)

    라. 영 별표1 제28호에 따른 장례식장

제3조(관계전문기술자의 협력사항)

① 영 제91조의 3 제2항에 따른 건축물에 전기, 승강기, 피뢰침, 가스, 급수, 배수(配水), 배수(排水), 환기, 난방, 소화, 배연(排煙) 및 오물처리설비를 설치하는 경우에는 건축사가 해당 건축물의 설계를 총괄하고, 「기술사법」에 따라 등록한 건축전기설비기술사, 발송배전(發送配電)기술사, 건축기계설비기술사, 공조냉동기계기술사 또는 가스기술사(이하 "기술사"라 한다.)가 건축사와 협력하여 해당 건축설비를 설계하여야 한다. 〈개정 2008. 7. 10., 2010. 11. 5., 2017. 5. 2.〉

② 영 제91조의 3 제2항에 따라 건축물에 건축설비를 설치한 경우에는 해당 분야의 기술사가 그 설치상태를 확인한 후 건축주 및 공사감리자에게 별지 제1호 서식의 건축설비설치확인서를 제출하여야 한다. 〈개정 2008. 7. 10., 2010. 11. 5.〉

제4조
[종전 제4조는 제12조로 이동 〈2015. 7. 9.〉]

제5조(승용승강기의 설치 기준) 「건축법」(이하 "법"이라 한다.) 제64조 제1항에 따라 건축물에 설치하는 승용승강기의 설치 기준은 별표1의 2와 같다. 다만, 승용승강기가 설치되어 있는 건축물에 1개 층을 증축하는 경우에는 승용승강기의 승강로를 연장하여 설치하지 아니할 수 있다. 〈개정 2001. 1. 17., 2006. 2. 13., 2008. 7. 10., 2015. 7. 9.〉

제6조(승강기의 구조) 법 제64조에 따라 건축물에 설치하는 승강기·에스컬레이터 및 비상용승강기의 구조는 「승강기시설 안전관리법」이 정하는 바에 따른다. 〈개정 2006. 2.

13., 2008. 7. 10., 2010. 11. 5.〉

제7조 삭제 〈1996. 2. 9.〉
제8조 삭제 〈1996. 2. 9.〉

제9조(비상용승강기를 설치하지 아니할 수 있는 건축물) 법 제64조 제2항 단서에서 "국토교통부령이 정하는 건축물"이라 함은 다음 각호의 건축물을 말한다. 〈개정 1996. 2. 9., 1999. 5. 11., 2006. 5. 12., 2008. 3. 14., 2008. 7. 10., 2013. 3. 23., 2017. 12. 4.〉
　　1. 높이 31미터를 넘는 각층을 거실 외의 용도로 쓰는 건축물
　　2. 높이 31미터를 넘는 각층의 바닥면적의 합계가 500제곱미터 이하인 건축물
　　3. 높이 31미터를 넘는 층수가 4개 층 이하로서 당해 각 층의 바닥면적의 합계 200제곱미터(벽 및 반자가 실내에 접하는 부분의 마감을 불연재료로 한 경우에는 500제곱미터)이내마다 방화 구획(영 제46조 제1항 본문에 따른 방화구획을 말한다. 이하 같다.)으로 구획된 건축물

제10조(비상용승강기의 승강장 및 승강로의 구조) 법 제64조 제2항에 따른 비상용승강기의 승강장 및 승강로의 구조는 다음 각호의 기준에 적합하여야 한다. 〈개정 1996. 2. 9., 1999. 5. 11., 2002. 8. 31., 2006. 2. 13., 2008. 7. 10.〉
　　1. 삭제 〈1996. 2. 9.〉
　　2. 비상용승강기 승강장의 구조
　　　　가. 승강장의 창문·출입구 기타 개구부를 제외한 부분은 당해 건축물의 다른 부분과 내화구조의 바닥 및 벽으로 구획할 것. 다만, 공동주택의 경우에는 승강장과 특별피난계단(「건축물의 피난·방화구조 등의 기준에 관한 규칙」 제9조의 규정에 의한 특별피난계단을 말한다. 이하 같다.)의 부속실과의 겸용 부분을 특별피난계단의 계단실과 별도로 구획하는 때에는 승강장을 특별피난계단의 부속실과 겸용할 수 있다.
　　　　나. 승강장은 각층의 내부와 연결될 수 있도록 하되, 그 출입구(승강로의 출입구를 제외한다.)에는 갑종방화문을 설치할 것. 다만, 피난층에는 갑종방화문을 설치하지 아니할 수 있다.
　　　　다. 노대 또는 외부를 향하여 열 수 있는 창문이나 제14조 제2항의 규정에 의한 배연설비를 설치할 것
　　　　라. 벽 및 반자가 실내에 접하는 부분의 마감 재료(마감을 위한 바탕을 포함한다.)

는 불연재료로 할 것

　　마. 채광이 되는 창문이 있거나 예비전원에 의한 조명설비를 할 것

　　바. 승강장의 바닥면적은 비상용승강기 1대에 대하여 6제곱미터 이상으로 할 것. 다만, 옥외에 승강장을 설치하는 경우에는 그러하지 아니하다.

　　사. 피난층이 있는 승강장의 출입구(승강장이 없는 경우에는 승강로의 출입구)로부터 도로 또는 공지(공원·광장 기타 이와 유사한 것으로서 피난 및 소화를 위한 당해 대지에의 출입에 지장이 없는 것을 말한다.)에 이르는 거리가 30미터 이하일 것

　　아. 승강장 출입구 부근의 잘 보이는 곳에 당해 승강기가 비상용승강기임을 알 수 있는 표지를 할 것

　3. 비상용승강기의 승강로의 구조

　　가. 승강로는 당해 건축물의 다른 부분과 내화구조로 구획할 것

　　나. 각층으로부터 피난층까지 이르는 승강로를 단일구조로 연결하여 설치할 것

제11조(공동주택 및 다중이용시설의 환기설비기준 등)

　① 영 제87조 제2항의 규정에 따라 신축 또는 리모델링하는 다음 각호의 어느 하나에 해당하는 주택 또는 건축물(이하 "신축공동주택 등"이라 한다.)은 시간당 0.5회 이상의 환기가 이루어질 수 있도록 자연환기설비 또는 기계환기설비를 설치해야 한다. 〈개정 2013. 9. 2., 2013. 12. 27., 2020. 4. 9.〉

　1. 30세대 이상의 공동주택

　2. 주택을 주택 외의 시설과 동일건축물로 건축하는 경우로서 주택이 30세대 이상인 건축물

　② 신축공동주택 등에 자연환기설비를 설치하는 경우에는 자연환기설비가 제1항에 따른 환기횟수를 충족하는지에 대하여 법 제4조에 따른 지방건축위원회의 심의를 받아야 한다. 다만, 신축공동주택 등에 「산업표준화법」에 따른 한국산업표준(이하 "한국산업표준"이라 한다.)의 자연환기설비 환기성능 시험방법(KSF 2921)에 따라 성능시험을 거친 자연환기설비를 별표1의 3에 따른 자연환기설비 설치 길이 이상으로 설치하는 경우는 제외한다. 〈개정 2009. 12. 31., 2010. 11. 5., 2015. 7. 9.〉

　③ 신축공동주택 등에 자연환기설비 또는 기계환기설비를 설치하는 경우에는 별표1의 4 또는 별표1의 5의 기준에 적합하여야 한다. 〈개정 2008. 7. 10., 2009. 12. 31.〉

　④ 특별시장·광역시장·특별자치시장·특별자치도지사 또는 시장·군수·구청장(자치구의 구청장을 말하며, 이하 "허가권자"라 한다.)은 30세대 미만인 공동주택과 주택을 주택 외

의 시설과 동일 건축물로 건축하는 경우로서 주택이 30세대 미만인 건축물 및 단독주택에 대해 시간당 0.5회 이상의 환기가 이루어질 수 있도록 자연환기설비 또는 기계환기설비의 설치를 권장할 수 있다. 〈신설 2020. 4. 9.〉

⑤ 다중이용시설을 신축하는 경우에 기계환기설비를 설치해야 하는 다중이용시설 및 각 시설의 필요 환기량은 별표1의 6과 같으며, 설치해야 하는 기계환기설비의 구조 및 설치는 다음 각호의 기준에 적합해야 한다. 〈개정 2008. 7. 10., 2009. 12. 31., 2010. 11. 5., 2020. 4. 9.〉

1. 다중이용시설의 기계환기설비 용량 기준은 시설이용 인원 당 환기량을 원칙으로 산정할 것

2. 기계환기설비는 다중이용시설로 공급되는 공기의 분포를 최대한 균등하게 하여 실내 기류의 편차가 최소화될 수 있도록 할 것

3. 공기공급체계·공기배출체계 또는 공기흡입구·배기구 등에 설치되는 송풍기는 외부의 기류로 인하여 송풍능력이 떨어지는 구조가 아닐 것

4. 바깥공기를 공급하는 공기공급체계 또는 바깥공기가 도입되는 공기흡입구는 다음 각 목의 요건을 모두 갖춘 공기여과기 또는 집진기(集塵機) 등을 갖출 것

　가. 입자형·가스형 오염물질을 제거 또는 여과하는 성능이 일정 수준 이상일 것

　나. 여과장치 등의 청소 및 교환 등 유지관리가 쉬운 구조일 것

　다. 공기여과기의 경우 한국산업표준(KS B 6141)에 따른 입자 포집률이 계수법으로 측정하여 60퍼센트 이상일 것

5. 공기배출체계 및 배기구는 배출되는 공기가 공기공급체계 및 공기흡입구로 직접 들어가지 아니하는 위치에 설치할 것

6. 기계환기설비를 구성하는 설비·기기·장치 및 제품 등의 효율과 성능 등을 판정하는 데 있어 이 규칙에서 정하지 아니한 사항에 대하여는 해당 항목에 대한 한국산업표준에 적합할 것

[본조신설 2006. 2. 13.]

제11조의 2(환기구의 안전 기준)

① 영 제87조 제2항에 따라 환기구[건축물의 환기설비에 부속된 급기(給氣) 및 배기(排氣)를 위한 건축구조물의 개구부(開口部)를 말한다. 이하 같다.]는 보행자 및 건축물 이용자의 안전이 확보되도록 바닥으로부터 2미터 이상의 높이에 설치하여야 한다. 다만, 다음 각호의 어느 하나에 해당하는 경우에는 예외로 한다. 〈개정 2021. 8. 27.〉

1. 환기구를 벽면에 설치하는 등 사람이 올라설 수 없는 구조로 설치하는 경우. 이 경우 배기를 위한 환기구는 배출되는 공기가 보행자 및 건축물 이용자에게 직접 닿지

아니하도록 설치되어야 한다.

2. 안전울타리 또는 조경 등을 이용하여 접근을 차단하는 구조로 하는 경우

② 모든 환기구에는 국토교통부장관이 정하여 고시하는 강도(强度) 이상의 덮개와 덮개 걸침턱 등 추락방지시설을 설치하여야 한다.

[본조신설 2015. 7. 9.]

제12조(온돌의 설치 기준)

① 영 제87조 제2항에 따라 건축물에 온돌을 설치하는 경우에는 그 구조상 열에너지가 효율적으로 관리되고 화재의 위험을 방지하기 위하여 별표1의 7의 기준에 적합하여야 한다. 〈개정 2015. 7. 9.〉

② 제1항에 따라 건축물에 온돌을 시공하는 자는 시공을 끝낸 후 별지 제2호 서식의 온돌 설치확인서를 공사감리자에게 제출하여야 한다. 다만, 제3조 제2항에 따른 건축설비 설치확인서를 제출한 경우와 공사감리자가 직접 온돌의 설치를 확인한 경우에는 그러하지 아니하다. 〈개정 2010. 11. 5., 2015. 7. 9.〉

제13조(개별난방설비 등)

① 영 제87조 제2항의 규정에 의하여 공동주택과 오피스텔의 난방설비를 개별난방방식으로 하는 경우에는 다음 각호의 기준에 적합하여야 한다. 〈개정 1996. 2. 9., 1999. 5. 11., 2001. 1. 17., 2017. 12. 4.〉

1. 보일러는 거실 외의 곳에 설치하되, 보일러를 설치하는 곳과 거실 사이의 경계벽은 출입구를 제외하고는 내화구조의 벽으로 구획할 것

2. 보일러실의 윗부분에는 그 면적이 0.5제곱미터 이상인 환기창을 설치하고, 보일러실의 윗부분과 아랫부분에는 각각 지름 10센티미터 이상의 공기흡입구 및 배기구를 항상 열려있는 상태로 바깥공기에 접하도록 설치할 것. 다만, 전기보일러의 경우에는 그러하지 아니하다.

3. 삭제 〈1999. 5. 11.〉

4. 보일러실과 거실 사이의 출입구는 그 출입구가 닫힌 경우에는 보일러 가스가 거실에 들어갈 수 없는 구조로 할 것

5. 기름보일러를 설치하는 경우에는 기름저장소를 보일러실 외의 다른 곳에 설치할 것

6. 오피스텔의 경우에는 난방구획을 방화구획으로 구획할 것

7. 보일러의 연도는 내화구조로서 공동연도로 설치할 것

② 가스보일러에 의한 난방설비를 설치하고 가스를 중앙집중공급방식으로 공급하는 경

우에는 제1항의 규정에 불구하고 가스관계법령이 정하는 기준에 의하되, 오피스텔의 경우에는 난방구획마다 내화구조로 된 벽·바닥과 갑종방화문으로 된 출입문으로 구획하여야 한다. 〈신설 1999. 5. 11.〉

③ 허가권자는 개별 보일러를 설치하는 건축물의 경우 소방청장이 정하여 고시하는 기준에 따라 일산화탄소 경보기를 설치하도록 권장할 수 있다. 〈신설 2020. 4. 9.〉

제14조(배연설비)

① 법 제49조 제2항에 따라 배연설비를 설치하여야 하는 건축물에는 다음 각호의 기준에 적합하게 배연설비를 설치해야 한다. 다만, 피난층인 경우에는 그렇지 않다. 〈개정 1996. 2. 9.,1999. 5. 11., 2002. 8. 31., 2009. 12. 31., 2010. 11. 5., 2017. 12. 4., 2020. 4. 9.〉

1. 영 제46조 제1항에 따라 건축물이 방화구획으로 구획된 경우에는 그 구획마다 1개소 이상의 배연창을 설치하되, 배연창의 상변과 천장 또는 반자로부터 수직거리가 0.9미터 이내일 것. 다만, 반자 높이가 바닥으로부터 3미터 이상인 경우에는 배연창의 하변이 바닥으로부터 2.1미터 이상의 위치에 놓이도록 설치하여야 한다.

2. 배연창의 유효면적은 별표2의 산정기준에 의하여 산정된 면적이 1제곱미터 이상으로서 그 면적의 합계가 당해 건축물의 바닥면적(영 제46조 제1항 또는 제3항의 규정에 의하여 방화구획이 설치된 경우에는 그 구획된 부분의 바닥면적을 말한다.)의 100분의 1 이상일 것. 이 경우 바닥면적의 산정에 있어서 거실 바닥면적의 20분의 1 이상으로 환기창을 설치한 거실의 면적은 이에 산입하지 아니한다.

3. 배연구는 연기감지기 또는 열감지기에 의하여 자동으로 열 수 있는 구조로 하되, 손으로도 열고 닫을 수 있도록 할 것

4. 배연구는 예비전원에 의하여 열 수 있도록 할 것

5. 기계식 배연설비를 하는 경우에는 제1호 내지 제4호의 규정에 불구하고 소방관계법령의 규정에 적합하도록 할 것

② 특별피난계단 및 영 제90조 제3항의 규정에 의한 비상용승강기의 승강장에 설치하는 배연설비의 구조는 다음 각호의 기준에 적합하여야 한다. 〈개정 1996. 2. 9., 1999. 5. 11.〉

1. 배연구 및 배연풍도는 불연재료로 하고, 화재가 발생한 경우 원활하게 배연시킬 수 있는 규모로서 외기 또는 평상시에 사용하지 아니하는 굴뚝에 연결할 것

2. 배연구에 설치하는 수동개방장치 또는 자동개방장치(열감지기 또는 연기감지기에 의한 것을 말한다.)는 손으로도 열고 닫을 수 있도록 할 것

3. 배연구는 평상시에는 닫힌 상태를 유지하고, 연 경우에는 배연에 의한 기류로 인

하여 닫히지 아니하도록 할 것

4. 배연구가 외기에 접하지 아니하는 경우에는 배연기를 설치할 것

5. 배연기는 배연구의 열림에 따라 자동적으로 작동하고, 충분한 공기배출 또는 가압능력이 있을 것

6. 배연기에는 예비전원을 설치할 것

7. 공기유입방식을 급기가압방식 또는 급·배기방식으로 하는 경우에는 제1호 내지 제6호의 규정에 불구하고 소방관계법령의 규정에 적합하게 할 것

제15조 삭제 〈1996. 2. 9.〉
제16조 삭제 〈1999. 5. 11.〉

제17조(배관설비)

① 건축물에 설치하는 급수·배수등의 용도로 쓰는 배관설비의 설치 및 구조는 다음 각호의 기준에 적합하여야 한다.

1. 배관설비를 콘크리트에 묻는 경우 부식의 우려가 있는 재료는 부식방지조치를 할 것

2. 건축물의 주요 부분을 관통하여 배관하는 경우에는 건축물의 구조 내력에 지장이 없도록 할 것

3. 승강기의 승강로 안에는 승강기의 운행에 필요한 배관설비 외의 배관설비를 설치하지 아니할 것

4. 압력탱크 및 급탕설비에는 폭발 등의 위험을 막을 수 있는 시설을 설치할 것

② 제1항의 규정에 의한 배관설비로서 배수용으로 쓰이는 배관설비는 제1항 각호의 기준 외에 다음 각호의 기준에 적합하여야 한다. 〈개정 1996. 2. 9.〉

1. 배출시키는 빗물 또는 오수의 양 및 수질에 따라 그에 적당한 용량 및 경사를 지게 하거나 그에 적합한 재질을 사용할 것

2. 배관설비에는 배수트랩·통기관을 설치하는 등 위생에 지장이 없도록 할 것

3. 배관설비의 오수에 접하는 부분은 내수재료를 사용할 것

4. 지하실 등 공공하수도로 자연 배수를 할 수 없는 곳에는 배수 용량에 맞는 강제배수시설을 설치할 것

5. 우수관과 오수관은 분리하여 배관할 것

6. 콘크리트구조체에 배관을 매설하거나 배관이 콘크리트구조체를 관통할 경우에는 구조체에 덧관을 미리 매설하는 등 배관의 부식을 방지하고 그 수선 및 교체가 용이하도록 할 것

③ 삭제 〈1996. 2. 9.〉

제17조의 2(물막이설비)

① 다음 각호의 어느 하나에 해당하는 지역에서 연면적 1만 제곱미터 이상의 건축물을 건축하려는 자는 빗물 등의 유입으로 건축물이 침수되지 않도록 해당 건축물의 지하층 및 1층의 출입구(주차장의 출입구를 포함한다.)에 물막이판 등 해당 건축물의 침수를 방지할 수 있는 설비(이하 "물막이설비"라 한다.)를 설치해야 한다. 다만, 허가권자가 침수의 우려가 없다고 인정하는 경우에는 그렇지 않다. 〈개정 2021. 8. 27.〉

1. 「국토의 계획 및 이용에 관한 법률」 제37조 제1항 제5호에 따른 방재지구

2. 「자연재해대책법」 제12조 제1항에 따른 자연재해위험지구

② 제1항에 따라 설치되는 물막이설비는 다음 각호의 기준에 적합하여야 한다. 〈개정 2021. 8. 27.〉

1. 건축물의 이용 및 피난에 지장이 없는 구조일 것

2. 그 밖에 국토교통부장관이 정하여 고시하는 기준에 적합하게 설치할 것

제18조(음용수용 배관설비) 영 제87조 제2항에 따라 건축물에 설치하는 먹는 물 배관설비의 설치 및 구조는 다음 각호의 기준에 적합하여야 한다. 〈개정 1996. 2. 9., 1999. 5. 11., 2002. 8. 31., 2006. 2. 13., 2009. 12. 31., 2021. 8. 27.〉

1. 제17조 제1항 각호의 기준에 적합할 것

2. 먹는 물 배관설비는 다른 용도의 배관설비와 직접 연결하지 아니할 것

3. 급수관 및 수도계량기는 얼어서 깨지지 아니하도록 별표3의 2의 규정에 의한 기준에 적합하게 설치할 것

4. 제3호에서 정한 기준 외에 급수관 및 수도계량기가 얼어서 깨지지 아니하도록 하기 위하여 지역 실정에 따라 당해 지방자치단체의 조례로 기준을 정한 경우에는 동일 기준에 적합하게 설치할 것

5. 급수 및 저수탱크는 「수도시설의 청소 및 위생관리 등에 관한 규칙」 별표1의 규정에 의한 저수조 설치 기준에 적합한 구조로 할 것

6. 먹는 물의 급수관의 지름은 건축물의 용도 및 규모에 적정한 규격 이상으로 할 것. 다만, 주거용 건축물은 당해 배관에 의하여 급수되는 가구 수 또는 바닥면적의 합계에 따라 별표3의 기준에 적합한 지름의 관으로 배관하여야 한다.

7. 먹는 물용 급수관은 「수도법 시행규칙」 제10조 및 별표4에 따른 위생안전기준에 적합한 수도용 자재 및 제품을 사용할 것

제19조 삭제 〈1999. 5. 11.〉

제20조(피뢰설비) 영 제87조 제2항에 따라 낙뢰의 우려가 있는 건축물, 높이 20미터 이상의 건축물 또는 영 제118조 제1항에 따른 공작물로서 높이 20미터 이상의 공작물(건축물에 영 제118조 제1항에 따른 공작물을 설치하여 그 전체 높이가 20미터 이상인 것을 포함한다.)에는 다음 각호의 기준에 적합하게 피뢰설비를 설치하여야 한다. 〈개정 2010. 11. 5., 2012. 4. 30., 2021. 8. 27.〉

1. 피뢰설비는 한국산업표준이 정하는 피뢰레벨 등급에 적합한 피뢰설비일 것. 다만, 위험물저장 및 처리 시설에 설치하는 피뢰설비는 한국산업표준이 정하는 피뢰시스템레벨 Ⅱ 이상이어야 한다.

2. 돌침은 건축물의 맨 윗부분으로부터 25센티미터 이상 돌출시켜 설치하되, 「건축물의 구조기준 등에 관한 규칙」 제9조에 따른 설계하중에 견딜 수 있는 구조일 것

3. 피뢰설비의 재료는 최소 단면적이 피복이 없는 동선을 기준으로 수뢰부, 인하도선 및 접지극은 50제곱밀리미터 이상이거나 이와 동등 이상의 성능을 갖출 것

4. 피뢰설비의 인하도선을 대신하여 철골조의 철골구조물과 철근콘크리트조의 철근구조체 등을 사용하는 경우에는 전기적 연속성이 보장될 것. 이 경우 전기적 연속성이 있다고 판단되기 위하여는 건축물 금속 구조체의 최상단부와 지표레벨 사이의 전기저항이 0.2옴 이하이어야 한다.

5. 측면 낙뢰를 방지하기 위하여 높이가 60미터를 초과하는 건축물 등에는 지면에서 건축물 높이의 5분의 4가 되는 지점부터 최상단까지의 측면에 수뢰부를 설치하여야 하며, 지표레벨에서 최상단부의 높이가 150미터를 초과하는 건축물은 120미터 지점부터 최상단까지의 측면에 수뢰부를 설치할 것. 다만, 건축물의 외벽이 금속부재(部材)로 마감되고, 금속부재 상호 간에 제4호 후단에 적합한 전기적 연속성이 보장되며 피뢰시스템레벨 등급에 적합하게 설치하여 인하도선에 연결한 경우에는 측면 수뢰부가 설치된 것으로 본다.

6. 접지(接地)는 환경오염을 일으킬 수 있는 시공 방법이나 화학 첨가물 등을 사용하지 아니할 것

7. 급수·급탕·난방·가스 등을 공급하기 위하여 건축물에 설치하는 금속배관 및 금속재 설비는 전위(電位)가 균등하게 이루어지도록 전기적으로 접속할 것

8. 전기설비의 접지계통과 건축물의 피뢰설비 및 통신설비 등의 접지극을 공용하는 통합접지공사를 하는 경우에는 낙뢰 등으로 인한 과전압으로부터 전기설비 등을 보호하기 위하여 한국산업표준에 적합한 서지보호장치[서지(surge: 전류·전압 등의 과

도 파형을 말한다.)로부터 각종 설비를 보호하기 위한 장치를 말한다.]를 설치할 것

9. 그 밖에 피뢰설비와 관련된 사항은 한국산업표준에 적합하게 설치할 것

제20조의 2(전기설비 설치공간 기준) 영 제87조 제6항에 따른 건축물에 전기를 배전(配電)하려는 경우에는 별표3의 3에 따른 공간을 확보하여야 한다.

제21조 삭제 〈2013. 9. 2.〉

제22조 삭제 〈2013. 2. 22.〉

제23조(건축물의 냉방설비 등)

① 삭제 〈1999. 5. 11.〉

② 제2조 제3호부터 제6호까지의 규정에 해당하는 건축물 중 산업통상자원부장관이 국토교통부장관과 협의하여 고시하는 건축물에 중앙집중냉방설비를 설치하는 경우에는 산업통상자원부장관이 국토교통부장관과 협의하여 정하는 바에 따라 축냉식 또는 가스를 이용한 중앙집중냉방방식으로 하여야 한다. 〈개정 1996. 2. 9., 1999. 5. 11., 2002. 8. 31., 2008. 3. 14., 2012. 4. 30., 2013. 3. 23., 2013. 9. 2.〉

③ 상업지역 및 주거지역에서 건축물에 설치하는 냉방시설 및 환기시설의 배기구와 배기장치의 설치는 다음 각호의 기준에 모두 적합하여야 한다. 〈개정 2012. 4. 30., 2013. 12. 27.〉

1. 배기구는 도로면으로부터 2미터 이상의 높이에 설치할 것

2. 배기장치에서 나오는 열기가 인근 건축물의 거주자나 보행자에게 직접 닿지 아니하도록 할 것

3. 건축물의 외벽에 배기구 또는 배기장치를 설치할 때에는 외벽 또는 다음 각 목의 기준에 적합한 지지대 등 보호장치와 분리되지 아니하도록 견고하게 연결하여 배기구 또는 배기장치가 떨어지는 것을 방지할 수 있도록 할 것

가. 배기구 또는 배기장치를 지탱할 수 있는 구조일 것

나. 부식을 방지할 수 있는 자재를 사용하거나 도장(塗裝)할 것

제24조 삭제 〈2020. 4. 9.〉

부칙 〈건설부령 제506호, 1992. 6. 1.〉

① (시행일) 이 규칙은 1992년 6월 1일부터 시행한다. 다만 제22조 제3호 내지 제6호의 개정규정은 이 규칙 시행일부터 3년의 범위 내에서 건설부장관이 제23조의 규정에 의하여

당해 건축물에 대한 에너지의 합리적 이용을 위한 설계 기준을 고시한 후 30일이 경과한 날부터 시행한다.

② (건축허가를 받은 건축물 등에 관한 경과조치) 이 규칙 시행 전에 이미 건축허가를 받았거나 건축허가를 신청한 것과 건축을 위한 신고를 한 것에 관하여는 제2조 내지 제4조·제7조·제8조·제10조·제11조·제14조 내지 제18조 및 제20조 내지 제23조의 개정규정에 불구하고 종전의 규정에 의한다.

부칙 〈건설교통부령 제51호, 1996. 2. 9.〉

① (시행일) 이 규칙은 공포한 날부터 시행한다. 다만, 제22조 제6호의 개정규정은 건설교통부장관이 당해 건축물에 대한 에너지의 합리적 이용을 위한 설계 기준을 고시한 후 30일이 경과한 날부터 시행한다.

② (건축허가를 받은 건축물에 관한 경과조치) 이 규칙 시행 전에 건축허가를 받았거나 건축허가 신청을 한 것과 건축을 위한 신고를 한 것에 관하여는 종전의 규정에 의한다.

③ (음용수배관재료 인정에 관한 경과조치) 이 규칙 시행 전에 종전의 제18조 제3호의 규정에 의하여 국립건설시험소장에게 음용수의 배관재료의 인정을 신청한 것에 관하여는 제18조의 개정규정에 불구하고 종전의 규정에 의한다.

부칙 〈건설교통부령 제188호, 1999. 5. 11.〉

① (시행일) 이 규칙은 공포한 날부터 시행한다.

② (경과조치) 이 규칙 시행 당시 건축허가를 신청 중인 경우와 건축허가를 받거나 건축신고를 하고 건축 중인 경우의 설비기준의 적용에 있어서는 종전의 규정에 의한다. 다만, 이 규칙에 의한 설비기준이 종전의 규정에 의한 설비기준보다 완화된 경우에는 이 규칙에 의한다.

부칙 〈건설교통부령 제270호, 2001. 1. 17.〉

① (시행일) 이 규칙은 공포한 날부터 시행한다. 다만, 제21조·제22조·별표5 및 별지 제2호 서식의 개정규정은 2001년 6월 1일부터 시행한다.

② (경과조치) 이 규칙 시행 당시 이미 건축허가를 신청 중인 경우와 건축허가를 받았거나 건축신고를 하고 건축 중인 경우의 설비기준 등에 관하여는 종전의 규정에 의한다. 다만, 종전의 규정이 개정규정에 비하여 건축주에게 불리한 경우에는 개정규정에 의한다.

부칙 〈건설교통부령 제328호, 2002. 8. 31.〉

① (시행일) 이 규칙은 공포한 날부터 시행한다.

② (일반적 경과조치) 이 규칙 시행 당시 이미 건축허가를 신청 중인 경우와 건축허가를 받았거나 건축신고를 하고 건축 중인 경우의 설비기준(제23조 제3항을 제외한다.) 등에 관하여는 종전의 규정에 의한다.

③ (냉방시설 및 환기시설의 배기장치에 관한 경과조치) 이 규칙 시행 당시 이미 기존 건축물에 설치된 냉방시설 및 환기설비의 배기 장치 및 배기구는 이 규칙 시행 후 2년 이내에 제23조 제3항의 개정규정에 적합하게 설치하여야 한다.

부칙 〈건설교통부령 제497호, 2006. 2. 13.〉

① (시행일) 이 규칙은 공포한 날부터 시행한다. 다만, 제11조 제4항 및 별표1의 3의 개정규정은 공포 후 1월이 경과한 날부터 시행한다.

② (경과조치) 이 규칙 시행 당시 이미 건축허가를 신청 중인 경우와 건축허가를 받았거나 건축신고를 하고 건축 중인 경우의 설비기준 등에 관하여는 종전의 규정에 의한다. 다만, 종전의 규정이 개정규정에 비하여 건축주에게 불리한 경우에는 개정규정에 의한다.

부칙 〈건설교통부령 제512호, 2006. 5. 12.〉 (건축법 시행규칙)

① (시행일) 이 규칙은 공포한 날부터 시행한다.

② 생략

③ (다른 법령의 개정) 건축물의 설비기준 등에 관한 규칙 일부를 다음과 같이 개정한다. 제9조 제1호 내지 제3호 중 "높이 41미터"를 각각 "높이 31미터"로 한다.

부칙 〈국토해양부령 제4호, 2008. 3. 14.〉 (정부조직법의 개정에 따른 감정평가에 관한 규칙 등 일부 개정령)

이 규칙은 공포한 날부터 시행한다.

부칙 〈국토해양부령 제33호, 2008. 7. 10.〉

제1조(시행일) 이 규칙은 공포한 날부터 시행한다. 다만, 별표4의 개정규정 중 공동주택의 창 및 문의 열관류율은 공포 후 1개월이 경과한 날부터 시행하고, 공동주택 외의 창 및 문의 열관류율은 공포 후 1년이 경과한 날부터 시행한다.

제2조(경과조치) 이 규칙 시행 당시 이미 건축허가를 신청 중인 경우와 건축허가를 받았거나 건축신고를 하고 건축 중인 건축물의 설비기준 등에 관하여는 종전의 규정에 따른다.

부칙 〈국토해양부령 제140호, 2009. 6. 24.〉

(규제일몰제 우선 적용을 위한 해양환경관리법 시행규칙 등 일부 개정령)

이 규칙은 공포한 날부터 시행한다.

부칙 〈국토해양부령 제205호, 2009. 12. 31.〉

제1조(시행일) 이 규칙은 공포한 날부터 시행한다.

제2조(일반적 경과조치) 이 규칙 시행 당시 이미 건축허가를 신청(건축위원회 심의를 신청한 경우를 포함한다.)한 경우와 건축허가를 받았거나 건축신고를 하고 건축 중인 경우에는 종전의 규정을 적용한다.

부칙 〈국토해양부령 제306호, 2010. 11. 5.〉

제1조(시행일) 이 규칙은 공포한 날부터 시행한다. 다만, 별표4의 개정규정은 2011년 2월 1일부터 시행한다.

제2조(일반적 경과조치) 이 규칙 시행 당시 이미 건축허가를 신청(건축위원회 심의를 신청한 경우를 포함한다.)한 경우와 건축허가를 받았거나 건축신고를 한 경우에는 종전의 규정을 적용한다.

부칙 〈국토해양부령 제408호, 2011. 11. 30.〉

이 규칙은 2011년 12월 1일부터 시행한다.

부칙 〈국토해양부령 제458호, 2012. 4. 30.〉

제1조(시행일) 이 규칙은 공포한 날부터 시행한다.

제2조(피뢰설비에 관한 적용례) 제20조의 개정규정은 이 규칙 시행 후 최초로 법 제83조 제1항에 따라 신고하는 경우부터 적용한다.

제3조(냉방시설 및 환기시설의 배기구 등에 관한 적용례) 제23조 제3항의 개정규정은 이 규칙 시행 후 최초로 냉방시설 및 환기시설을 설치하는 경우부터 적용한다.

제4조(일반적 경과조치) 이 규칙 시행 당시 다음 각호의 어느 하나에 해당하는 경우 건축물의 설비기준 등의 적용에 있어서는 종전의 규정에 따른다. 다만, 종전의 규정이 개정규정에 비하여 건축주, 시공자 또는 공사감리자에게 불리한 경우에는 이 규칙의 개정규정에 따른다.

　　1. 건축허가를 받은 경우나 건축신고를 한 경우

　　2. 건축허가를 신청한 경우나 건축허가를 신청하기 위하여 법 제4조에 따른 건축위원회의 심의를 신청한 경우

3. 건축하려는 대지에 「국토의 계획 및 이용에 관한 법률」 제30조 제6항에 따라 지구단위계획에 관한 도시·군관리계획 결정(다른 법률에 따라 도시·군관리계획의 결정이 의제되는 경우를 포함한다.)의 고시가 있는 경우. 다만, 지구단위계획에 건축물의 설비기준이 포함된 경우에 한정한다.

부칙 〈국토해양부령 제570호, 2013. 2. 22.〉 (녹색건축물 조성 지원법 시행규칙)

제1조(시행일) 이 규칙은 2013년 2월 23일부터 시행한다. 〈단서 생략〉

제2조 생략

제3조(다른 법령의 개정) ① 건축물의 설비기준 등에 관한 규칙 중 일부를 다음과 같이 개정한다.

제1조 중 "제66조, 제67조"를 "제67조"로, "제89조부터 제91조까지"를 "제89조, 제90조"로, "열손실방지 및 에너지의 합리적인 이용"을 "열손실방지"로 한다.

제22조를 삭제한다.

② 및 ③ 생략

부칙 〈국토교통부령 제1호, 2013. 3. 23.〉 (국토교통부와 그 소속기관 직제 시행규칙)

제1조(시행일) 이 규칙은 공포한 날부터 시행한다. 〈단서 생략〉

제2조부터 제5조까지 생략

제6조(다른 법령의 개정) ①부터 ⑩까지 생략

⑪ 건축물의 설비기준 등에 관한 규칙 일부를 다음과 같이 개정한다.

제2조 각호 외의 부분 및 제9조 각호 외의 부분 중 "국토해양부령"을 각각 "국토교통부령"으로 한다.

제17조의 2 제2항 제2호, 제21조 제1항 제1호 후단, 같은 항 제3호, 제23조 제2항, 제24조, 별표1 제1호 다목 9) 및 같은 표 제2호 다목 6) 중 "국토해양부장관"을 각각 "국토교통부장관"으로 한다.

제23조 제2항 중 "지식경제부장관"을 각각 "산업통상자원부장관"으로 한다.

⑫ 부터 〈126〉까지 생략

부칙 〈국토교통부령 제23호, 2013. 9. 2.〉

이 규칙은 공포한 날부터 시행한다.

제1조(시행일) 이 규칙은 공포한 날부터 시행한다.

제2조(건축물의 외벽에 배기구 또는 배기장치를 설치하는 경우의 기준에 관한 적용례) 제23조 제3항 제3호의 개정규정은 이 규칙 시행 후 건축물의 외벽에 배기구 또는 배기장치를 설치하는 경우부터 적용한다.

제3조(공동주택 및 다중이용시설의 환기설비기준 등에 관한 경과조치) 이 규칙 시행 당시 다음 각호의 어느 하나에 해당하는 경우에는 건축물의 설비기준 등을 적용할 때 제11조 제1항 제1호 및 별표1의 6의 개정규정에도 불구하고 종전의 규정에 따른다.

　　1. 건축허가를 받은 경우 또는 건축신고를 한 경우
　　2. 건축허가를 신청한 경우 또는 건축허가를 신청하기 위하여 법 제4조에 따른 건축위원회의 심의를 신청한 경우

부칙 〈국토교통부령 제54호, 2013. 12. 30.〉

(행정규제기본법 개정에 따른 규제 재검토기한 설정을 위한 개발이익 환수에 관한 법률 시행규칙 등 일부 개정령)

이 규칙은 2014년 1월 1일부터 시행한다.

부칙 〈국토교통부령 제219호, 2015. 7. 9.〉

제1조(시행일) 이 규칙은 공포한 날부터 시행한다.

제2조(환기구의 안전 기준에 관한 적용례) 제11조의 2의 개정규정은 이 규칙 시행 이후 법 제4조의 2에 따라 건축위원회 심의를 신청하거나 법 제11조에 따라 건축허가를 신청(법 제14조에 따른 건축신고를 포함한다.)하는 경우부터 적용한다.

부칙 〈국토교통부령 제420호, 2017. 5. 2.〉

이 규칙은 공포 후 3개월이 경과한 날부터 시행한다.

부칙 〈국토교통부령 제467호, 2017. 12. 4.〉

제1조(시행일) 이 규칙은 공포한 날부터 시행한다.

제2조(공기여과기 등의 입자 포집률 기준에 관한 경과조치) 이 규칙 시행 전에 법 제11조에 따른 건축허가를 신청(건축허가를 신청하기 위하여 법 제4조의 2 제1항에 따라 건축위원회의 심의를 신청한 경우를 포함한다.)하거나 법 제14조에 따른 건축신고를 한 경우에는 별표1의 4 및 별표1의 5의 개정규정에도 불구하고 종전의 규정에 따른다.

부칙 〈국토교통부령 제704호, 2020. 3. 2.〉 (건설산업기본법 시행규칙)

제1조(시행일) 이 규칙은 공포한 날부터 시행한다. 〈단서 생략〉

제2조 및 제3조 생략

제4조(다른 법령의 개정) ① 및 ② 생략

③ 건축물의 설비기준 등에 관한 규칙 일부를 다음과 같이 개정한다.

별지 제2호 서식의 작성방법 제1호 중 "건설업자"를 "건설사업자"로 한다.

④부터 ⑪까지 생략

부칙 〈국토교통부령 제715호, 2020. 4. 9.〉

제1조(시행일) 이 규칙은 공포 후 6개월이 경과한 날부터 시행한다.

제2조(환기설비를 설치해야 하는 신축 공동주택 등에 관한 경과조치) 이 규칙 시행 전에 법 제11조에 따른 건축허가를 신청(건축허가를 신청하기 위해 법 제4조의 2 제1항에 따라 건축위원회의 심의를 신청한 경우를 포함한다.)하거나 법 제14조에 따른 건축신고를 한 경우에는 제11조 제1항 제1호 및 제2호의 개정규정에도 불구하고 종전의 규정에 따른다.

제3조(공기여과기의 입자 포집률에 관한 경과조치) 이 규칙 시행 전에 법 제11조에 따른 건축허가를 신청(건축허가를 신청하기 위해 법 제4조의 2 제1항에 따라 건축위원회의 심의를 신청한 경우를 포함한다.)하거나 법 제14조에 따른 건축신고를 한 경우에는 제11조 제5항 제4호 다목, 별표1의 4 제5호 나목, 별표1의 5 제8호 다목의 개정규정에도 불구하고 종전의 규정에 따른다.

제4조(기계환기설비를 설치해야 하는 시설에 관한 경과조치) 이 규칙 시행 전에 법 제11조에 따른 건축허가를 신청(건축허가를 신청하기 위해 법 제4조의 2 제1항에 따라 건축위원회의 심의를 신청한 경우를 포함한다.)하거나 법 제14조에 따른 건축신고를 한 경우에는 별표1의 6 제1호 나목, 사목, 아목 및 카목의 개정규정에도 불구하고 종전의 규정에 따른다.

부칙 〈국토교통부령 제882호, 2021. 8. 27.〉 (어려운 법령용어 정비를 위한 80개 국토교통부령 일부 개정령)

이 규칙은 공포한 날부터 시행한다. 〈단서 생략〉

[별표1] [별표1의 7]로 이동 〈2015. 7. 9.〉

[별표1의 2] 승용승강기의 설치 기준(제5조 본문 관련)

[별표1의 3] 자연환기설비 설치 길이 산정방법 및 설치 기준(제11조 제2항 관련)

[별표1의 4] 신축공동주택등의 자연환기설비 설치 기준(제11조 제3항 관련)

[별표1의 5] 신축공동주택등의 기계환기설비의 설치 기준(제11조 제3항 관련)

[별표1의 6] 기계환기설비를 설치해야 하는 다중이용시설 및 각 시설의 필요 환기량(제11조 제5항 관련)

[별표1의 7] 온돌 설치 기준(제12조 제1항 관련)

[별표2] 배연창의 유효면적산정기준(제14조 제1항 제2호 관련)

[별표3] 주거용 건축물 급수관의 지름(제18조 관련)

[별표3의 2] 급수관 및 수도계량기 보호함의 설치 기준(제18조 제3호 관련)

[별표3의 3] 전기설비 설치공간 확보기준(제20조의 2 관련)

[별표4] 삭제 〈2013. 9. 2.〉

[별표5] 삭제 〈2001. 1. 17.〉

[별지 제1호 서식] 건축설비설치확인서

[별지 제2호 서식] 온돌 설치확인서

| 부록(각주번호 160)

수도법 시행규칙 [별표1] 〈개정 2022. 2. 17.〉

절수설비와 절수기기의 종류 및 기준(제1조의 2 관련)

1. 법 제3조에 따른 절수설비 및 절수기기는 다음과 같이 구분한다.

　　가. 절수설비: 별도의 부속이나 기기를 추가로 장착하지 아니하고도 일반 제품에 비하여 물을 적게 사용하도록 생산된 수도꼭지 및 변기

　　나. 절수기기: 물 사용량을 줄이기 위하여 수도꼭지나 변기에 추가로 장착하는 부속이나 기기. 절수형 샤워 헤드를 포함한다.

2. 법 제15조 제1항에 해당하는 건축물 및 시설에 설치해야 하거나 같은 조 제2항에 따른 자가 설치해야 하는 절수설비나 절수기기는 다음과 같다.

　　가. 수도꼭지

　　　　1) 공급수압 98kPa에서 최대토수유량이 1분당 6.0리터 이하인 것. 다만, 공중용 화장실에 설치하는 수도꼭지는 1분당 5리터 이하인 것이어야 한다.

　　　　2) 샤워용은 공급수압 98㎪에서 해당 수도꼭지에 샤워호스(hose)를 부착한 상태로 측정한 최대토수유량이 1분당 7.5리터 이하인 것

　　나. 변기

　　　　1) 대변기는 공급수압 98kPa에서 사용 수량이 6리터 이하인 것

2) 대·소변 구분형 대변기는 공급수압 98kPa에서 평균 사용수량이 6리터 이하인 것

3) 소변기는 물을 사용하지 않는 것이거나, 공급수압 98kPa에서 사용수량이 2리터 이하인 것

4) 대변기는 물탱크의 내부 벽면 또는 세척밸브의 수량조절용 나사 부분에 사용수량을 표시한 것

5) 대변기의 사용수량을 조절하는 부속품은 사용수량이 6리터를 초과할 수 없는 구조로 제작한 것. 다만, 변기 막힘 현상이 지속되어 이를 해소하기 위한 경우는 제외한다.

〈비 고〉

1. "공급수압"이란 절수설비 직전의 위치에서 물이 공급될 때의 수압을 말하며, 최대 공급수압이 98㎪ 미만인 지점에 설치되는 절수설비는 공급수압 기준을 적용하지 않는다.

2. "토수량"이란 일정 시간 동안 수도꼭지를 통하여 배출되는 물의 총량(ℓ)을 말한다.

3. "토수유량"이란 수도꼭지를 통하여 배출되는 단위시간당 물의 양[ℓ/min]을 말한다. 다만, 토수가 시작된 이후 시간 경과에 따라 토수유량이 달라지는 경우에는 토수가 시작되어 토수가 그칠 때까지의 토수량을 토수유량으로 환산하여 적용한다.

4. "최대토수유량"이란 수도꼭지의 핸들이나 레버를 완전히 열었을 때 배출되는 단위시간당 물의 양[ℓ/min]을 말한다. 다만, 온·냉수 혼합 수도꼭지의 경우 온수 쪽 또는 냉수 쪽 어느 한쪽을 완전히 열었을 때의 토수유량 중 큰 값을 최대 토수유량으로 본다.

5. "세척밸브"란 물탱크가 없는 양변기에 설치하는 수세 밸브를 말한다.

6. "사용수량"이란 수도관으로부터 물이 공급되는 상황에서 수세핸들을 1초간 작동시켜 변기를 세척할 때 가장 많은 양의 물이 나올 수 있는 상태로 설치되어 나오는 1회분 물의 양을 말하며, 변기 세척 후 물탱크 외의 부분을 다시 채우는 보충수를 포함한다. 다만, 물탱크 대신 세척밸브를 부착하여 사용하는 변기의 1회분 물의 양은 수세핸들을 1초간 작동시켰을 때의 물의 양과 3초간 작동시켰을 때의 물의 양을 평균하여 산정한다.

7. "평균사용수량"이란 대·소변 구분형 대변기에 적용하는 사용수량을 말하며, 다음의 계산식에 따라 산출한다.

$$평균사용수량 \quad = \quad \frac{(소변용\ 사용수량) \times 2 + (대변용\ 사용수량)}{3}$$

| 부록(각주번호 162)

수도법 시행규칙 [별표2의 5] 〈개정 2022. 2. 17.〉

절수설비의 절수등급 및 표시에 관한 기준(제3조의 6 관련)

1. 절수등급: 공급수압 98kPa에서의 사용수량을 기준으로 다음 각 목의 구분에 따른다.
   가. 수도꼭지. 다만, 샤워용의 경우 최대 토수유량이 7.5리터 이하인 것을 단일등급인 우수등급으로 한다.

절수등급	1등급	2등급
최대 토수유량	5리터 이하	6리터 이하

   나. 변기
   1) 대변기

절수등급	1등급	2등급	3등급
사용수량	4리터 이하	5리터 이하	6리터 이하

   2) 대·소변 구분형 대변기

절수등급	1등급	2등급	3등급
평균 사용수량	4리터 이하	5리터 이하	6리터 이하

   3) 소변기

절수등급	1등급	2등급	3등급
사용수량	0.6리터 이하	1리터 이하	2리터 이하

2. 절수등급의 표시
   가. 절수등급 표시를 위한 절수설비의 최대 토수유량, 사용수량 또는 평균 사용수량은 「국가표준기본법」 제23조 제2항에 따른 인정기구로부터 인정받은 시험·검사기관이 「환경기술 및 환경산업 지원법」 제17조 제3항에 따른 인증기준에 따라 측정한 시험성적서의 최대 토수유량, 사용수량 또는 평균 사용수량을 기준으로 한다.

나. 표시정보

　　1) 절수등급

　　2) 최대 토수유량, 사용수량 또는 평균 사용수량

　　3) 제품 구분, 업체명, 모델명 및 검사기관

(예시1) 1등급(수도꼭지)

(예시2) 우수등급[수도꼭지(샤워용)]

(예시3) 1등급(변기)

다. 표시방법

　　1) 배색 비율은 청색(C100+M29+Y0+K13)을 원칙으로 하되, 청색으로 표시
하기 어려운 경우에는 청색 외의 단색이나 음각 또는 양각으로 표시할 수
있다.

　　2) 절수등급 표시는 절수설비의 표면에 표시하는 것을 원칙으로 하되, 수도꼭
지 등 설비 표면에 절수등급을 표시하기 어려운 경우에는 제품설명서나 포
장 등에 표시할 수 있다.

　　3) 절수등급 표시의 크기는 절수설비의 크기나 부착위치에 따라 조정할 수 있다.

〈비 고〉

　제2호 가목에 따라 측정한 시험성적서의 최대 토수유량을 기준으로 절수등급 표시를
한 수도꼭지 모델(이하 "기존모델"이라 한다.)과 같은 용도로서 1분당 최대 토수유량이 기존
모델과 같거나 적은 수도꼭지에 대해서는 기존모델의 시험성적서의 최대 토수유량을 기준
으로 해당 수도꼭지 모델의 최대 토수유량을 표시할 수 있다.

소방기본법 시행령 [별표2의 5] 〈신설 2018. 8. 7.〉

전용구역의 설치 방법(제7조의 13 제2항 관련)

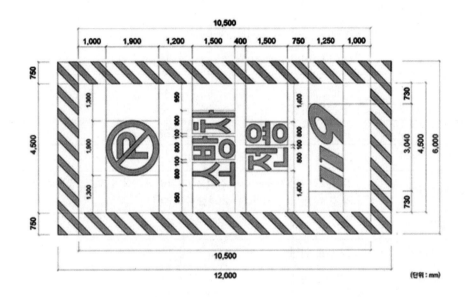

〈비 고〉

1. 전용구역 노면표지의 외곽선은 빗금무늬로 표시하되, 빗금은 두께를 30센티미터로 하여 50센티미터 간격으로 표시한다.

2. 전용구역 노면표지 도료의 색채는 황색을 기본으로 하되, 문자(P, 소방차 전용)는 백색으로 표시한다.

| 부록(각주번호 165)

건축법 시행규칙 [별표5] 〈개정 2010. 8. 5.〉

건축허용오차(제20조 관련)

1. 대지관련 건축기준의 허용오차

항 목	허용되는 오차의 범위
건축선의 후퇴 거리	3퍼센트 이내
인접 대지 경계선과의 거리	3퍼센트 이내
인접 건축물과의 거리	3퍼센트 이내
건폐율	0.5퍼센트 이내(건축면적 5제곱미터를 초과할 수 없다.)
용적률	1퍼센트 이내(연면적 30제곱미터를 초과할 수 없다.)

2. 건축물관련 건축기준의 허용오차

항 목	허용되는 오차의 범위
건축물 높이	2퍼센트 이내(1미터를 초과할 수 없다.)
평면길이	2퍼센트 이내(건축물 전체 길이는 1미터를 초과할 수 없고, 벽으로 구획된 각실의 경우에는 10센티미터를 초과할 수 없다.)
출구너비	2퍼센트 이내
반자높이	2퍼센트 이내
벽체두께	3퍼센트 이내
바닥판두께	3퍼센트 이내

| 부록(각주번호 199)

건축물 해체계획서의 작성 및 감리 업무 등에 관한 기준

[시행 2022. 8. 4.] [국토교통부고시 제2022-446호, 2022. 8. 4., 일부 개정]
국토교통부(건축안전과), 044-201-4986

제1장 총칙

제1조(목적) 이 기준은 「건축물관리법」 제30조, 제31조, 제31조의 2 및 제32조의 규정에 의하여 건축물의 해체계획서의 작성, 감리자의 지정방법, 감리자의 업무, 대가 기준 및 감리업무교육 등에 필요한 사항을 정함을 목적으로 한다.

제2조(용어의 정의) 이 기준에서 사용하는 용어의 뜻은 다음과 같다.

1. "관리자란" 「건축물관리법」(이하 "법"이라 한다.) 제2조 제3호에 따른 해당 건축물의 관리자로 규정된 자 또는 해당 건축물의 소유자를 말한다.

2. "해체 공사감리자"란 법 제31조 제1항에 따라 해체공사 감리업무를 지정받고 계약을 체결하여 법 제32조에 따른 해체공사 감리업무를 수행하는 자(이하 "감리자"라 한다.)를 말한다.

3. "해체작업자"란 「건설산업기본법」 제2조 제7호에 따른 건설사업자로서 법 제32조의 2에 따른 해체작업자의 업무를 수행하는 자를 말한다.

4. "관계전문가"란 법 제30조 제4항 또는 같은 조 제5항 각호의 어느 하나에 해당하는 자를 말한다.

5. "특수구조 건축물"이란 「건축법 시행령」 제2조 제18호 나목 또는 다목에 해당하는 건축물을 말한다.

6. "잭서포트"란 주로 슬래브 상부 중량작업 및 해체작업 시 슬래브 보강용으로 사용하는 원형강관 파이프 지지대를 말한다.

7. "잔재물"이란 건축물 해체 공사 과정에서 슬래브 위에 쌓여 하중으로 작용하는 콘크리트, 목재, 조적벽돌 및 각종 건축자재가 혼합된 해체 폐기물을 말한다.

제3조(적용 범위) 이 기준은 법 제30조에 따른 건축물 해체계획서를 작성하여 건축물 해체의 허가를 받거나 신고를 하는 경우와 법 제31조에 따라 해체공사 감리업무를 수행하거나 법 제32조에 따라 해체작업을 수행하는 경우에 적용한다.

제2장 해체계획서의 작성 및 검토

제1절 일반사항

제4조(해체계획서의 작성 및 검토 등)

① 법 제30조 제4항 또는 같은조 제5항에 따라 해체계획서를 작성하거나 검토하는 경우 이 장에 따른 해체계획서의 작성 및 검토에 관한 사항이 포함되도록 작성하거나 검토하여야 한다.

② 영 제21조 제5항 각호에 해당하는 건축물의 해체계획서 검토와 관련된 구체적인 방법 및 실시 요령 등에 관하여 필요한 세부사항은 국토안전관리원이 따로 정할 수 있으며, 이 경우 국토교통부장관의 승인을 받아야 한다.

제2절 사전준비단계

제5조(건축물 주변조사)

① 건축물의 해체계획서를 작성하려는 경우에는 인접건축물 및 주변 시설물의 영향 유·무를 판단하기 위하여 다음 각호의 사항을 사전에 조사하여야 한다.

    1. 인접 건축물 현재용도 및 높이, 구조형식 등

    2. 인접 건축물과 해체 대상건축물과 이격거리

    3. 옹벽이나 사면 유·무

    4. 접속도로 폭, 출입구 및 보도 위치 주변의 버스정류장, 도시철도역사출입구, 횡단보도와의 이격거리 등

    5. 주변 보행자 통행과 차량 이동상태

    6. 부지 내 공지 유·무, 해체용 기계설비의 위치, 해체 잔재 임시 보관 장소

    7. 가공 고압선 유·무 등

    8. 그 밖에 해체 공사로 인하여 주변 시설물에 영향을 미치는 사항

② 공사 현장과 인접한 곳의 사회 기반시설이 영향을 받지 않도록 다음 각호의 지하 매설물을 조사하고, 조사 결과에 따른 지하 매설물 도면을 건축물의 해체계획서에 첨부하여야 한다.

    1. 전기

    2. 상, 하수도

    3. 가스

    4. 난방배관

    5. 각종 케이블 및 오수정화조 등

③ 지하건축물의 사전조사는 다음 각호의 사항을 포함하여야 한다.

    1. 지하건축물 해체 시 인접건축물의 영향

    2. 인접 하수 터널 박스

    3. 지하철 건축물 및 환기구 수직관 등 부속 건축물

    4. 지하저수조, 지하기계실, 지하주차장 등 단지 내 지하건축물

    5. 전력구 등 건축물 유·무

    6. 그 밖에 해체 공사로 인하여 영향을 받을 수 있는 사항

제6조(해체 대상건축물 조사)

① 해체 대상 건축물 조사는 대상 건축물의 용도, 사용재료 및 강도, 지반특성, 하중조건, 구조형식 등을 고려하여야 한다.

② 설계도서가 있는 건축물은 다음 각호의 사항을 확인하여야 한다.

    1. 건축물의 구조형식, 연면적, 층수(층고 포함), 높이, 폭 등

2. 기둥, 보, 슬래브, 벽체 등 부재별 배치 상태 및 외부에 노출된 주요구조 부재

3. 캐노피, 발코니 등 건축물 내·외부의 캔틸레버 부재

4. 용접부위, 이종재료 접합부, 철근이음 및 정착상태 등 구조적 취약부

5. 건축물 해체 시 박락의 우려가 있는 내·외장재의 유·무

6. 전기, 소방, 설비 계통의 상세

7. 그 밖에 추가적으로 조사가 필요한 사항

③ 설계도서가 없는 건축물은 해체 공사의 구조 안전성 검토를 위하여 다음 각호의 사항을 조사하여야 한다.

1. 변위·변형

2. 콘크리트 비파괴강도

3. 강재용접부 등 결함

4. 강재의 강도 등

제7조(유해물질 및 환경공해 조사) 유해물질 및 환경공해조사는 다음 각호의 사항을 포함하여야 한다.

1. 「산업안전보건법」 제119조 제2항에 따른 기관석면조사

2. 유해물질 및 환경공해 유·무

3. 소음, 진동, 비산먼지 및 인근 지역 피해 가능성 등

제3절 건축설비의 이동, 철거 및 보호 등

제8조(지하매설물 조치 계획) 제5조 제2항에 따라 조사한 지하매설물 중 해체 공사로 영향을 받을 우려가 있는 매설물의 대하여는 해당 시설의 이동, 철거, 보호 등에 관한 지하매설물 조치 계획을 작성하여야 한다.

제9조(장비이동 계획) 장비 이동 계획은 해체 공사에 투입되는 해체작업용 장비의 제원, 장비인양 방법, 장비 인양에 따른 반경, 하중, 전도 등의 검토 및 해체장비의 이동 동선 등에 대한 사항을 포함하여 작성하여야 한다.

제10조(가시설물 설치 계획) 가설방음벽 및 전도, 붕괴 및 추락 등 안전시설물의 설치계획은 비계 및 안전시설물 설계 기준(KDS 21 60 00)에 따라 작성하고, 시공상세도를 첨부하여야 한다.

제4절 작업 순서, 해체공법 및 구조안전계획

제11조(작업 순서 등)

① 공정흐름도는 전체 공정을 파악할 수 있도록 작성하고, 해체 작업 순서는 마감재, 비내력 벽체, 슬래브, 작은 보, 큰 보, 기둥의 순으로 작성하여야 한다. 다만, 건축물의 배치, 해체 장비 등을 고려하여 해체 작업순서를 변경하여 작성할 수 있다.

② 도로나 보행로에 인접한 건축물을 해체하는 경우에는 해체하는 건축물의 부재가 인접한 도로나 보행로에 전도 또는 낙하하지 않는 방법을 고려하여 작업 순서를 구체적으로 작성하여야 한다.

③ 예정공정표는 전체 해체 공사의 진행 과정을 주공정선 표시, 주요 공종에 대한 착수·종료 시점 및 소요기간 등을 구체적으로 기재하여야 한다.

제12조(해체공법) 건축물 해체공법은 안전한 해체작업을 위해 공사규모와 대상건축물의 위치, 도심지 등의 주변 환경 조건, 장비탑재의 필요 여부, 해체작업 방법에 따른 위험성 등을 종합적으로 고려하여 선정하여야 한다.

제13조(구조안전계획)

① 구조안전계획에는 다음 각호의 사항이 포함되어야 한다.

　1. 지상건축물을 해체하는 경우

　　가. 상부 해체구간의 잔재물 적치를 위한 장소선정 계획과 잔재물 운반계획

　　나. 상부 해체구간의 잔재물 운반을 위해 기존 구조체의 일부를 제거하거나 변경을 하는 경우 관계전문가의 협력에 관한 사항

　　다. 해당 건축물의 전도 및 붕괴방지 대책

　　라. 발코니, 캐노피 등 건축선에 근접한 구조적 돌출부의 해체 시 작업자 및 외부통행인 등의 피해방지 대책

　　마. 특수구조 건축물 또는 도심 밀집지역 건축물의 해체공사 시 안전성 확보를 위한 관계전문가와 협력에 관한 사항

　2. 지하건축물을 해체하는 경우

　　가. 잔류한 나머지 건축물에 대한 토압, 수압 및 기타 하중에 대한 안정성 확인

　　나. 배면토압 및 수압에 대한 구조안전성 검토

　　다. 지하건축물의 해체 단계별 구조안전성 검토

　　라. 굴착 영향선에 인접한 석축, 옹벽 및 건축물, 지하매설물 보호 계획

② 건축물에 장비를 올려서 해체하거나 허가권자가 검토가 필요하다고 판단한 경우 다

음 각호의 내용을 포함한 구조안전성 검토보고서를 첨부하여야 한다.

　　1. 해체 대상건축물 개요

　　2. 해체 공사 구조안전성 검토업무에 참여한 기술자 명단

　　3. 현장 조사내용 및 조사결과

　　4. 작용하중(고정하중, 장비하중, 잔재하중 등 관련 하중), 단 작용하중이 탄성한도를 초과하는 경우에는 건축물의 소성 변형 능력을 고려하여야 한다.

　　5. 관계전문가가 서명 또는 기명 날인한 해체순서별 구조설계도서(해체순서별 안전성에 대한 검토 내용 포함)

　③ 구조안전계획에는 별지 제1호 서식에 따른 안전점검표를 첨부하고, 안전점검표에 주요공정(마감재 해체 전, 지붕층 해체 전, 중간층 해체 전, 지하층 해체 전 등 현장조건에 따라 선정)별로 필수확인점을 표기하여야 한다.

　④ 제3항에 따라 필수확인점을 표기하는 경우에는 다음 각호의 사항을 고려하여야 한다.

　　1. 마감재 해체공정 착수 전: 가시설물의 적정성 확인, 인접도로 및 보도구간에 대한 안전대책 등

　　2. 지붕 해체공정 착수 전: 잭서포트 설치 상태, 잔재물 반출계획, 작업자 안전관리 등

　　3. 중간층 해체공정 착수 전: 해체장비의 제원 확인, 해체순서 준수, 도로변 전도방지 대책 등

　　4. 지하층 해체공정 착수 전: 주변 인접건축물 계측관리, 가시설물(스트러트 등) 적정성 확인 등

　　5. 해체공사 현장을 고려하여 필요하다고 판단되는 사항

제14조(구조보강계획) 해체공법 및 구조안전성 검토 결과가 건축물의 허용하중을 초과하는 경우에는 다음 각호의 내용을 포함한 구조보강계획을 작성하여야 한다.

　　1. 해체 대상건축물의 보강 방법

　　2. 장비탑재에 따른 해체공법 적용 시 장비동선 계획

　　3. 잭서포트 등의 인양 및 회수 등에 대한 운용 계획

제5절 안전관리대책 등

제15조(해체작업자 안전관리) 해체작업자의 안전관리대책은 해체 공사 특수성을 고려하여 다음 각호의 사항을 포함하여 작성하여야 한다.

　　1. 해체 잔재물 낙하에 의한 출입통제

　　2. 살수작업자 및 유도자 추락방지대책

3. 해체 공사 중 건축물 내부 이동을 위한 안전통로 확보

4. 비산먼지 및 소음환경에 노출된 작업자 안전보호구

5. 안전교육에 관한 사항

제16조(인접건축물 안전관리) 해체 공사에 따른 인접건축물 안전관리대책은 다음 각호의 사항을 포함하여야 한다.

1. 해체 공사 단계별 위험요인에 따른 안전대책 제시

2. 해당 현장과 인접건축물의 거리 등을 명기한 도면

3. 지하층 해체에 따른 지반영향에 대한 검토 결과

4. 그 밖에 현장 조건에 따라 추가하여야 하는 사항

제17조(주변 통행·보행자 안전관리) 해체 공사 현장의 주변 교통소통 및 보행자 안전관리대책은 다음 각호의 사항을 포함하여야 한다.

1. 공사 현장 주변의 도로상황 도면

2. 유도원 및 교통 안내원 등의 배치계획

3. 보행자 및 차량 통행을 위한 안전시설물 설치계획

4. 잔재물 반출 등을 위한 중차량의 이동 경로

5. 공사현장 주변의 버스정류장·도시철도 역사 출입구·횡단보도 등에 대한 이동조치계획이나 안전시설물 설치계획 등

6. 그 밖에 현장 조건에 따라 추가하여야 하는 사항

제6절 환경관리계획 등

제18조(소음·진동 등의 관리) 건축물 파쇄 및 낙하 등 해체 공사 중 발생하는 소음·진동을 최소화 할 수 있도록 다음 각호의 내용을 포함한 소음·진동 및 비산먼지 저감 대책을 수립하여야 한다.

1. 공사 시행 전 소음 발생 정도를 「소음·진동관리법 시행규칙」 제20조 제3항에 따른 생활소음·진동의 규제기준에 따라 장비운용 계획

2. 건축물 파쇄 시 저소음·저진동 공법 계획

3. 잔재물 투하에 의한 소음·진동 저감 방안

4. 건축물 해체 시 살수 계획 수립

제19조(해체물 처리계획) 해체 폐기물 분리 및 처리를 위해 다음 각호의 내용을 포함한

해체물 처리계획을 작성하여야 한다.

    1. 「폐기물관리법」 제17조에 따른 사업장 폐기물배출자의 의무 등 이행계획

    2. 폐기물 분쇄, 소각, 매립 등 구분 배출

    3. 잔재물 등 발생 폐기물에 대한 보관, 수집·운반 및 처리 계획

    4. 해체 공사 폐기물 최종 처리상태 확인

    5. 관리번호, 폐기물 종류 확인, 인계서 등 기록관리 유지

제20조(부지정리) 해체 공사 완료 후 부지정리계획은 다음 각호의 내용을 포함하여야 한다.

    1. 전체 부지에 해체 폐기물 및 해체 잔재 유·무 확인

    2. 평탄작업 및 배수로 정비

    3. 보도, 통행로, 기타 인접건물 접근로 등 복구

제3장 해체공사감리 업무
제1절 일반사항

제21조(감리자의 업무)

① 법 제32조 제1항 제5호에 따른 "그 밖에 국토교통부장관이 정하여 고시하는 해체공사의 감리에 관한 사항"은 다음 각호와 같다.

    1. 해체계획서의 적정성 검토

    2. 해체계획서에 따라 적합하게 시공하는지 검토·확인

    3. 구조물의 위치·규격 등에 관한 사항의 검토·확인

    4. 사용 자재의 적합성 검토·확인

    5. 재해예방 및 시공 안전관리

    6. 환경관리 및 폐기물 처리 등의 확인

② 감리자는 다음 각호의 기준에 따른 방법으로 업무를 수행하여야 한다.

    1. 해당 공사가 해체계획서대로 이행되는지 확인하고 공정관리, 시공관리, 안전 및 환경관리 등에 대한 업무를 해체작업자와 협의하여 수행하여야 한다.

    2. 감리 업무의 범위에 속하는 관계법령에 따른 각종 신고·검사 및 자재의 품질확인 등의 업무를 성실히 수행하여야 하고, 관계규정에 따른 검토·확인·날인 및 보고 등을 하여야 하며, 이에 따른 책임을 진다.

    3. 공사 현장에 문제가 발생하거나 시공에 관한 중요한 변경사항이 발생하는 경우에는 관리자 및 허가권자에게 관련 사항을 보고하고, 이에 대한 지시를 받아 업무를 수행하여야 한다.

제22조(감리자의 교육)

① 「건축물관리법 시행규칙」 제13조의 2 제2항에 따른 해체공사감리자의 교육에 대한 교과내용 및 교육시간은 [별표1]와 같다.

② 법 제31조의 2 제2항에 따라 지정받은 해체공사 교육기관은 효과적인 교육을 위하여 [별표1의 2]의 건축물 해체감리자 교육의 근태 및 평가 관리기준에 따라 교육을 실시하고 교육생을 평가하여야 한다.

제23조(감리대가 기준)

① 「건축물관리법 시행규칙」 제13조 제4항 제1호에 따른 국토교통부장관이 정하여 고시하는 요율은 [별표2]에 따른 공공발주사업의 해체공사비에 대한 요율을 말한다.

② 제1항에 따른 요율은 해체공사의 난이도 등에 따라 요율의 10% 범위 내에서 조정할 수 있다.

③ 제1항에 따라 요율방식을 적용할 경우라도 해체공사 업무에 포함되지 않는 추가업무 비용은 별도의 실비로 계상하도록 한다.

④ 「건축물관리법 시행규칙」 제13조 제4항 제2호에 따라 실비정액가산방식을 적용하는 경우 직접인건비, 직접경비, 제경비, 기술료 등은 다음 각호의 사항을 따른다.

1. 직접인건비: 해당 건축물 해체공사 감리업무에 종사하는 기술자의 인건비로서 투입된 인원수에 엔지니어링기술자의 기술등급별 노임단가를 곱하여 계산한다. (건축사 및 건축사보의 노임단가는 기술사 및 기술자의 노임단가에 준한다.)

2. 직접경비: 해당 건축물 해체공사 감리업무에 필요한 숙박비, 제출도서의 인쇄 및 복사비, 사무공간 임대비(별도의 사무실을 제공받는 경우는 제외한다.) 등으로서 실제 소요비용으로 한다.

3. 제경비: 직접비(직접인건비 및 직접경비를 말한다)에 포함되지 아니하는 비용으로 임원, 서무, 경리직원의 급여, 소프트웨어 라이센스비 등을 포함한 것으로서 직접인건비의 110~120%로 한다.

4. 기술료: 건축물 해체공사 감리자가 개발·보유한 기술의 사용 및 기술축적을 위한 대가로서 조사연구비, 기술개발비, 이윤 등을 포함하며 직접인건비에 제경비를 합한 금액의 20~40%로 한다.

제2절 공사시행 전 단계

제24조(감리 업무 착수 준비)

① 감리자는 공사 착수 전에 다음 각호의 사항을 관리자로부터 인수받고 숙지하여야 한다.

1. 해체 허가서 관련 문서 사본

2. 해체계획서

3. 기관석면조사 완료 사본

4. 기타 감리 업무 수행에 필요한 사항

② 감리자는 공사추진 현황 및 감리 업무 수행내용 등을 기록한 현황판과 감리원 근무 상황판을 설치하여야 한다.

제25조(해체계획서 검토)

① 감리자는 관리자가 제출한 해체계획서를 검토하여 해체계획의 보완 또는 변경이 필요한 경우에는 해체작업자 및 관리자와 협의하여야 한다.

② 감리자는 제1항에 따른 해체계획의 보완 또는 변경에 대한 내용을 지속적으로 기록·관리하여야 한다.

제26조(현지 여건 조사 등) 감리자는 해체계획서에 따른 현지조사 사항 등에 대하여 시공 전 해체작업자와 합동으로 조사하고 업무 수행에 따른 대책을 수립하는 등 필요한 조치를 하여야 한다.

제3절 공사시행 단계

제27조(공정관리)

① 감리자는 다음 각호의 기준에 따라 공정계획을 검토하고 문제가 있다고 판단되는 경우에는 그 대책을 강구하여야 한다.

1. 감리자는 해체계획서 상 공정계획이 해체 대상건축물의 규모·특성, 공사 기간 및 현지 여건 등을 감안하여 수립되었는지 검토·확인하고, 시공의 경제성과 품질 확보에 적합한 최적공기가 선정되었는지 검토하여야 한다.

2. 감리자는 계약된 공기 내에 공사가 완료될 수 있도록 공정을 관리하여야 하며, 공사 진행에 관하여 다음 각목의 사항을 사전 검토하여 문제가 있다고 판단될 경우에는 즉시 그 대책을 강구하여 관리자에게 통보하여야 한다.

가. 세부 공정계획

나. 해체작업자의 현장기술자 및 장비 확보사항

다. 그 밖에 공사계획에 관한 사항

② 감리자는 관리자가 제출한 공종별 세부 공정계획에 대하여 다음 각호의 사항에 대하여 중점적으로 검토하여야 한다.

1. 공사추진계획
2. 인력동원계획
3. 장비투입계획(필요 공종에 한함)
4. 그 밖에 공종관리에 필요한 사항

제28조(시공확인) 감리자는 주요 공종별·단계별로 다음 각호의 사항이 해체계획서의 내용과 일치하는지 여부를 확인하여야 한다.

1. 가시설물에 대한 시공
2. 건축물 보강에 대한 시공
3. 장비에 대한 운영 및 작업
4. 해체 순서별 해체계획에 따른 시공계획
5. 슬래브 위 해체잔재 처리상태
6. 지하건축물 해체에 따른 인접건축물 영향
7. 민원 및 환경관리

제29조(안전점검표)

① 감리자는 필수확인점에 대한 점검내용을 안전점검표에 기록하고 해체작업자와 함께 서명하여야 한다.

② 감리자는 현장여건에 따라 안전점검표에 명시된 필수확인점의 변경이 필요하다고 판단되는 경우에는 해체작업자 및 관리자와 협의하여야 한다.

제30조 〈삭제〉

제4절 안전 및 환경관리

제31조(안전관리)

① 감리자는제반 안전관리를 위하여 다음 각호의 업무를 수행하여야 한다.

1. 해체작업자가 「산업안전보건법」등 관계법령에 따른 안전조직을 갖추었는지 여부의 검토·확인
2 시공계획과 연계된 안전계획의 수립 및 그 내용의 실효성 검토
3. 유해 및 위험 방지계획의 내용 및 실천 가능성 검토
4. 안전관리계획의 이행 및 여건 변동 시 계획변경 여부 확인
5. 위험장소 및 작업에 대한 안전 조치 이행 여부 확인

6. 안전표지 부착 및 유지관리 확인

7. 안전통로 확보, 자재의 적치 및 정리정돈 등 확인

8. 그 밖에 현장 안전사고 방지를 위해 필요한 조치

② 감리자는 다음 각호의 작업현장에 수시로 입회하여 지도·감독하여야 한다.

1. 추락 또는 낙하 위험이 있는 작업

2. 발파, 중량물 취급, 화재 및 감전 위험 작업

3. 크레인 등 건설장비를 활용하는 위험 작업

4. 그 밖의 안전에 취약한 공종 작업

③ 감리자는 현장에서 사고가 발생하였을 경우에는 해체작업자에게 즉시 필요한 응급조치를 취하도록 하고, 이를 관리자 및 허가권자에 보고하여야 한다.

제32조(환경관리)

① 감리자는 해당 공사로 인한 위해를 예방하고 자연환경, 생활환경 등을 적정하게 유지·관리될 수 있도록 해체작업자가 해체계획서상의 환경관리계획을 충실히 이행하는지 여부를 지도·감독하여야 한다.

② 감리자는 시공 과정 중에 발생하는 폐기물에 대한 처리계획의 적정성을 검토하고, 그 처리과정을 수시로 확인하여야 한다.

제4장 보고 등

제33조(일일 작업실적 및 계획서의 검토·확인) 감리자는 해체작업자로부터 일일 작업계획서를 제출받아 보관하고 계획대로 작업이 추진되었는지 여부를 확인한 후, 별지 제2호 서식에 따른 공사감리일지를 법 제7조에 따른 건축물 생애이력 정보체계에 기록하여야 한다.

제34조(감리 업무 기록관리) 감리자는 감리 업무를 수행하는 동안 다음 각호의 서류를 작성하여 관리하여야 한다.

1. 근무상황부

2. 감리 업무일지

3. 업무지시서

4. 기술 검토의견서

5. 주요 공사기록 및 결과

6. 해체계획 변경 관계서류

7. 폐기물 정리부

제35조(해체작업의 시정 또는 중지요청) 감리자는 해체작업이 안전하게 수행되기 어려운 경우 관리자 또는 해체작업자에게 해체작업의 시정 또는 중지를 요청하여야 한다.

제36조(공사완료 확인)
① 감리자는 해체 공사를 완료한 경우 다음 각호의 내용을 확인하여야 한다.
  1. 허가조건 이행사항에 대한 확인
  2. 해체 공사 결과
  3. 해체 후 부지정리에 대한 확인
  4. 인근 환경의 보수 등 이행 여부 확인
② 감리자는 해체 공사를 완료한 때에는 별지 제3호 서식에 따른 감리완료보고서를 관리자에게 제출하여야 한다.

제5장 보칙
제37조(재검토기한) 국토교통부장관은 「훈령·예규 등의 발령 및 관리에 관한 규정」에 따라 이 고시에 대하여 2020년 5월 1일 기준으로 매 3년이 되는 시점(매 3년째의 4월 30일까지를 말한다.)마다 그 타당성을 검토하여 개선 등의 조치를 하여야 한다.

부칙 〈제2022-446호, 2022. 08. 04.〉
제1조(시행일) 이 고시는 2022년 8월 4일부터 시행한다.
제2조(해체계획서의 작성·검토 등에 관한 적용례) 제3조, 제4조, 제11조, 제13조 개정규정은 이 고시 시행 후 법 제30조 제1항 또는 같은 조 제2항의 개정규정에 따라 건축물 해체허가를 신청하거나 해체신고를 하는 경우부터 적용한다.
제3조(해체공사 감리대가의 기준에 관한 적용례) 제23조의 개정규정은 이 고시 시행 후 건축물 해체공사 감리계약을 체결하는 경우부터 적용한다.

[별표1] 해체공사감리자의 교과내용 및 교육시간
[별표1의 2] 건축물 해체감리자 교육의 근태 및 평가관리기준(제22조 제2항 관련)
[별표2] 공공발주사업의 해체공사비에 관한 요율(제23조 제1항 관련)
[별지1] 해체 공사 안전점검표
[별지2] 공사감리일지
[별지3] 건축물 해체감리완료 보고서

석면안전관리법 시행규칙 [별표2] 〈개정 2019. 12. 20.〉

석면비산방지시설의 설치 등 조치기준(제22조 관련)

구 분	시설 설치 등 조치기준
1. 모든 작업에 필수적으로 설치하여야 할 시설	1) 살수(撒水) 시설 2) 저수(貯水) 시설 3) 세륜시설(바퀴 등의 세척시설) 4) 방진(防塵) 시설[방진벽과 방진막을 포함하며, 방진막은 가급적 석면 투과를 방지할 수 있는 고밀도 내수성(耐水性) 재질을 사용한다.]
2. 작업 과정별로 설치하여야 할 시설	
가. 굴착(掘鑿)	1) 석면의 비산 방지를 위한 살수 시설을 갖추고 수시로 물을 뿌릴 것 2) 필요한 경우 공기질 모니터링을 수행할 것 3) 굴착 장비는 깨끗하고 오염이 되지 않도록 해야 하며, 작업이 끝난 장비는 세척 장비를 이용하여 세척할 것 4) 모든 굴착과정에서 비산먼지의 발생이 최소화되도록 모든 공정을 계획·관리할 것
나. 토양의 제거	1) 토양 제거과정 중에는 주기적으로 물을 뿌려 석면비산을 방지할 것 2) 토양의 제거는 작업장의 한쪽 끝에서 다른 쪽 끝으로 한 방향으로 수행하며, 방향은 석면비산이 최소화되는 방향으로 할 것
다. 야적(野積)	1) 야적물질을 장기 보관하는 경우 방진덮개로 덮을 것 2) 야적물질의 최고 저장 높이의 3분의 1 이상이 되는 방진벽을 설치하고, 최고 저장 높이의 1.25배 이상이 되는 방진망(방진막)을 설치할 것 3) 야적물질로 인한 비산먼지의 발생을 억제하기 위하여 살수 시설을 설치하고 하루에 한 번 이상 물을 뿌릴 것 4) 작업장 내에서 석면 또는 석면함유가능물질 관련 분체상(粉體狀) 물질(토사·석탄·시멘트 등과 같은 정도의 먼지를 발생시킬 수 있는 물질을 말한다. 이하 같다.)을 보관할 경우, 3면 이상이 막히고 지붕이 있는 구조물 내에서 보관하고 보관시설의 출입구에는 방진막 등을 설치할 것
라. 가공·변형	1) 석면함유가능물질이나 채취한 토석의 가공·변형 작업은 가급적 옥내에서 실시하고, 부득이하게 옥외에서 실시하는 경우에는 가공·변형 시설 또는 장비 주위로 방진막을 설치할 것 2) 바람이 많이 부는 날에는 가급적 가공·변형 작업을 중지할 것 3) 가공·변형 중에는 주기적으로 물을 뿌려 석면비산을 방지할 것 4) 가공·변형 작업 중에 작업장 부지 경계에서 공기질을 주기적으로 모니터링하고, 필요한 경우 개선 대책을 마련할 것

마. 싣고 내리기	1) 싣거나 내리는 장소 주위에 고정식 또는 이동식 살수 시설을 설치·운영하여 작업하는 중 석면이 다시 흩날리지 않도록 할 것 2) 바람이 많이 부는 날에는 작업을 중지할 것 3) 석면 또는 석면함유가능물질과 관련한 분체상 물질을 싣고 내릴 때는 가급적 밀폐된 시설에서 실시할 것
바. 수송	1) 적재함을 최대한 가릴 수 있는 덮개를 설치하여, 적재물이 외부에서 보이지 않게 하고 흘러내림이 없도록 할 것 2) 적재물은 적재함 상단 이하까지만 싣고, 적재물이 적재함 옆면에 닿도록 실을 것 3) 「대기환경보전법 시행규칙」 별표14 제3호 라목에 따른 자동식 세륜시설 또는 수조(水槽)를 이용한 세륜시설을 설치할 것 4) 수송 차량은 바퀴를 세척하고 옆면에 물을 뿌린 후 운행하도록 할 것 5) 사업장 안의 통행 차량은 저속(低速)으로 운행할 것 6) 통행 차량의 운영 기간 중에는 통행 도로에 하루에 한 번 이상 물을 뿌릴 것
사. 야외 절단, 야외 연마, 야외 도장(塗裝), 건축물 축조, 토목공사, 건물 해체 작업 등	「대기환경보전법 시행규칙」 별표14의 비산먼지 발생을 억제하기 위한 시설의 설치 및 필요한 조치에 관한 기준을 따를 것. 다만, 승인기관의 장은 비산먼지의 발생을 억제하기 위한 시설의 설치 및 필요한 조치에 관한 엄격한 기준이 필요한 경우에는 같은 법 시행규칙 별표15에 제시된 기준을 따르도록 할 수 있다.

▎**부록**(각주번호 218)

석면안전관리법 시행령 [별표3] 〈개정 2022. 12. 6.〉

슬레이트 처리 등의 기준 및 방법(제37조 제2항 제2호 관련)

1. 슬레이트 해체·제거의 조치기준

   가. 물이나 습윤제(濕潤劑)를 사용하여 습식(濕式)으로 작업하여야 한다.

   나. 해체한 슬레이트는 직접 땅으로 떨어뜨리거나 던지지 아니하도록 하여야 한다.

   다. 슬레이트를 해체·제거하는 과정에서 부스러기나 잔재물 등이 발생하지 아니하도록 모든 주의를 다하여야 하며, 부득이하게 발생한 부스러기, 잔재물 등은 폴리에틸렌, 그 밖에 이와 유사한 재질의 포대로 포장(흩날릴 우려가 있는 경우는 습도 조절 등의 조치 후 견고한 용기에 밀봉하거나 고밀도 내수성 재질의 포대로 이중 포장한 것을 말한다.)하여야 한다.

   라. 슬레이트를 해체·제거하는 장소에서 인접한 곳에 탈의실, 경의실(更衣室)을 겸한 위생시설을 설치하여야 한다. 위생시설은 석면 분진 등을 제거하기 위하여

0.3㎛ 이상의 입자를 99.97퍼센트 이상 포집할 수 있는 고성능필터가 장착된 진공청소기 등으로 세척할 수 있도록 하여야 한다.

마. 라목의 위생시설의 설치와 관련하여 공장의 슬레이트 해체·제거 작업 시에는 샤워시설을 설치하거나 인접한 장소에 있는 샤워시설을 사용할 수 있도록 하여야 한다.

바. 해체·제거한 폐슬레이트는 환경부장관이 정하여 고시하는 포장 재질 및 포장 방법으로 포장하여야 하며, 운반차량에 폐슬레이트를 싣거나 내릴 때에 포대가 찢어지지 아니하도록 하여야 한다.

2. 폐슬레이트 수집·운반·보관·처리에 관한 구체적인 기준 및 방법

　가. 수집·운반의 경우

　　1) 공장에서 발생하는 폐슬레이트는 「폐기물관리법」 제2조 제4호에 따른 지정 폐기물 수집·운반업자의 운반 차량으로 수집·운반하여야 한다. 다만, 공장 외 건축물에서 발생하는 폐슬레이트는 다음의 어느 하나에 해당하는 폐기물 수집·운반업자의 운반 차량으로 수집·운반할 수 있다.

　　　가) 「폐기물관리법」 제2조 제3호에 따른 배출시설 또는 같은 법 시행령 제2조 제1호부터 제5호까지의 규정에 따른 시설의 운영으로 배출되는 폐기물(이하 "사업장배출시설계 폐기물"이라 한다.)

　　　나) 위의 가)에서 규정한 해당 사업장에서 배출되는 사업장배출시설계 폐기물 외의 폐기물 및 「폐기물관리법 시행령」 제2조 제7호 및 제9호에 따른 사업장에서 배출되는 폐기물(이하 "사업장생활계 폐기물"이라 한다.)

　　2) 사업장배출시설계 폐기물 또는 사업장비배출시설계 폐기물 수집·운반업자가 위의 1)에 따라 폐슬레이트를 수집·운반하는 경우에는, 수집·운반 차량의 적재함 양측에 가로 100센티미터 이상, 세로 50센티미터 이상의 크기로 흰색 바탕에 붉은색 글자로 폐슬레이트 운반차량임을 표시하거나 표지를 부착하여야 한다.

　　3) 폐슬레이트 등을 수집·운반하는 과정에서 포장이 훼손되거나 흩날리지 않도록 하여야 한다.

　　4) 폐슬레이트 운반 과정에서 다른 폐기물과 혼합되지 아니하도록 하여야 한다.

　나. 보관의 경우

　　1) 폐슬레이트 보관 과정에서 다른 폐기물과 혼합되지 아니하도록 하여야 한다.

　　2) 폐슬레이트 등을 보관하는 과정에서 포장이 훼손되지 않도록 하여야 한다.

3) 보관 중인 폐슬레이트로부터 분진이나 부스러기가 발생하지 않도록 필요한 조치를 하여 보관하여야 한다.

4) 슬레이트 해체·제거 후 발생된 폐슬레이트를 폐슬레이트 발생장소 이외에 슬레이트의 해체·제거 업체 소유지 또는 그 밖의 장소에 보관하려는 경우에는 관할 행정기관의 장으로부터 보관량, 보관 기간 등을 승인받아 이를 보관할 수 있다.

5) 4)에 따라 폐슬레이트를 보관하는 경우에는 1)부터 4)까지의 보관기준에 적합하게 보관하여야 한다.

다. 처리의 경우

1) 공장에서 발생하는 폐슬레이트는 「폐기물관리법」에 따른 지정폐기물을 매립하는 관리형 매립시설에 매립하여야 한다. 다만, 공장 외 건축물에서 발생하는 폐슬레이트는 「폐기물관리법」에 따른 생활폐기물 또는 사업장일반폐기물 매립시설에 매립할 수 있다.

2) 폐슬레이트는 포장된 상태로 매립하고 매립과정에서 석면분진이 날리지 아니하도록 충분히 물을 뿌리고 수시로 복토(覆土)를 실시하여야 하며, 장비 등을 이용한 다짐·압축 작업은 복토 후에 하여야 한다. 이 경우 다짐·압축 작업 과정에서 폐슬레이트 부스러기 등이 복토층 표면으로 노출되어서는 아니 된다.

3) 슬레이트의 해체·제거 작업 시 발생한 부스러기, 잔재물 등은 고형화의 방법으로 처리하여야 한다.

4) 슬레이트의 해체·제거 작업에 사용된 바닥비닐시트, 방진마스크, 작업복 등은 고형화의 방법으로 처리하거나 포장된 상태로 지정폐기물매립시설에 매립하여야 한다.

5) 폐슬레이트를 매립하는 경우에는 매립시설 내 일정구역을 정하여 매립하고, 매립구역을 알리는 표지판을 다음과 같이 설치하여야 한다.

폐슬레이트 매립구역	
매립용량(m^3)	
매립면적(m^2)	
매립위치	
매립기간	
관리기관 (전화번호)	

〈비 고〉

1. 표지판은 사람이 쉽게 볼 수 있는 위치에 설치

2. 표지의 규격: 가로 80센티미터 이상·세로 80센티미터 이상

3. 표지의 색깔: 노란색 바탕에 검은색 선 및 검은색 글자

6) 매립시설의 설치·운영자는 폐슬레이트의 매립 과정에서 석면의 비산 정도를 측정하여야 한다. 석면의 비산 정도, 측정 지점·방법·주기 등과 측정 결과의 처리·보관 등에 관한 사항은 환경부장관이 정하여 고시한다.

| **부록**(각주번호 219)

석면안전관리법 시행규칙 [별표4] 〈개정 2018. 5. 29.〉

슬레이트 처리 등에 관한 구체적인 기준 및 방법(제36조 관련)

1. 슬레이트 해체·제거의 조치기준

　가. 슬레이트 해체·제거작업계획의 수립, 경고표지의 설치, 개인 보호구(保護具)의 지급·착용, 출입의 금지, 흡연 등의 금지는 「산업안전보건기준에 관한 규칙」 제489조부터 제493조까지의 규정을 준용한다. 다만, 슬레이트 해체·제거작업계획의 수립은 「산업집적활성화 및 공장설립에 관한 법률」 제2조 제1호에 따른 공장(이하 "공장"이라 한다.) 및 연면적 200제곱미터 이상인 건축물에 대해서만 적용한다.

　나. 가목에 따른 개인 보호구의 지급·착용에 있어 작업 시 많은 양의 분진이 흩날려 근로자의 눈에 상해를 입힐 위험이 높을 것으로 판단되는 경우를 제외하고는 고글(Goggles)형 보호안경의 지급·착용은 의무로 하지 않는다.

　다. 난방이나 환기를 위한 통풍구가 지붕 근처에 있는 경우에는 이를 밀폐하고 환기설비의 가동을 중단하여야 한다.

2. 폐슬레이트 보관의 기준 및 방법

폐슬레이트의 보관창고, 보관 기간 및 표지판 설치에 관하여는 「폐기물관리법 시행규칙」 별표5 제4호 나목 5), 6) 및 9)의 규정을 준용한다. 이 경우 「폐기물관리법 시행규칙」 별표5 제4호 나목 5) 및 6)의 규정 중 "시·도지사나 지방환경관서의 장"은 각각 "특별자치시장·특별자치도지사·시장·군수·구청장"으로 본다.

| 부록(각주번호 220)

석면조사 및 안전성 평가 등에 관한 고시

[시행 2022. 1. 16.] [고용노동부고시 제2022-9호, 2022. 1. 12., 일부 개정]
고용노동부(산업보건과), 044-202-7736

제1장 총칙

제1조(목적) 이 고시는 「산업안전보건법」 제119조, 제120조, 제121조 및 제124조, 같은 법 시행규칙 제176조, 제180조 및 제185조에 따른 건축물이나 설비의 기관석면조사 및 공기 중 석면농도 측정, 석면분석에 관한 정도관리, 석면해체·제거작업의 안전성 평가 등에 관하여 필요한 사항을 규정함을 목적으로 한다.

제2조(정의)

① 이 고시에서 사용하는 용어의 뜻은 다음 각호와 같다.

1. "기관석면조사"란 「산업안전보건법」(이하 "법"이라 한다.) 제119조 제2항에 따른 건축물이나 설비의 석면함유 여부, 함유된 석면의 종류 및 함유량, 석면이 함유된 물질이나 자재의 종류, 위치 및 면적 또는 양 등을 판단하는 행위 전부를 말한다.

2. "균질부분(Homogeneous Area)"이란 제품 고유의 색상과 질감이 같고 같은 시기에 만들어진 같은 물질이나 자재로 구성된 부분을 말한다.

3. "분무재 또는 내화피복재"란 건축물이나 설비의 내외부에 내화, 흡음, 단열, 장식 및 그 밖의 용도를 위해 분무, 미장 등의 방법으로 표면에 바르거나 입혀진 물질이나 자재를 말한다.

4. "보온재"란 건축물이나 설비의 파이프, 덕트, 보일러, 탱크 등의 내외부에 보온 또는 단열을 목적으로 사용된 물질이나 자재를 말한다.

5. "그 밖의 물질"이란 건축물이나 설비의 내외부에 내화, 흡음, 단열, 장식 및 그 밖에 이와 유사한 용도로 사용된 제3호 및 제4호를 제외한 벽체 재료, 바닥재, 천장재, 지붕재, 단열재, 개스킷(Gasket), 패킹(Packing)재, 실링(Sealing)재 등의 물질이나 자재를 말한다.

6. "지역 시료 채취"란 시료 채취기를 작업이 이루어진 장소에 고정하여 공기 중 입자상 물질을 채취하는 것을 말한다.

7. "고형 시료 채취"란 석면조사를 목적으로 건축물 등에 사용된 물질이나 자재의 일부분을 채취하는 것을 말한다.

8. "정도관리"란 법 제120조 제2항에 따라 기관석면조사에 대한 정확도와 정밀도를 확보하기 위해 석면조사기관의 석면조사·분석능력을 평가하고 그 결과에 따라 지도·교육 및 그 밖에 분석능력 향상을 위하여 행하는 모든 관리적 수단을 말한다.

9. "안전성 평가"란 법 제121조 제2항에 따라 석면해체·제거업자(이하 "등록업체"라 한다.)의 신뢰성 유지를 위하여 다음 각 목의 기준 등을 통하여 석면해체·제거작업의 안전성을 평가하는 것을 말한다.

　　가. 석면해체·제거작업기준의 준수 여부

　　나. 장비의 성능

　　다. 보유인력의 교육이수, 능력개발, 전산화 정도 및 그 밖에 필요한 사항 등

② 그 밖에 이 고시에서 사용하는 용어의 뜻은 이 고시에 특별히 정한 경우를 제외하고는 법, 「산업안전보건법 시행규칙」(이하 "규칙"이라 한다.) 및 「산업안전보건기준에 관한 규칙」(이하 "안전보건 규칙"이라 한다.)에서 정하는 바에 따른다.

제3조(기관 및 등록업체 점검)

① 지방고용노동청장은 법 제120조에 따른 관할지역 소재 지정 석면조사기관에 대하여 「산업안전보건법 시행령」(이하 "영"이라 한다.) 별표27에 따른 인력, 시설 및 장비기준 등 지정요건과 업무실태를 지도·감독할 수 있다.

② 지방고용노동관서의 장은 관할지역 소재 등록 석면 해체·제거업자에 대하여 영 별표28에 따른 인력, 시설 및 장비 기준 등 등록요건과 업무실태를 지도·감독할 수 있다.

제2장 기관석면조사

제4조(조사 방법) 규칙 제176조 제1항의 기관석면조사는 다음 각호의 방법을 따라야 한다.

1. 분석을 제외한 석면조사는 영 별표27의 인력 기준 중 가목과 나목의 사람이 실시할 수 있다.

2. 고형시료 채취 전에 육안검사와 공간의 기능, 설계도서, 사용 자재의 외관과 사용 위치 등을 조사하고 각각의 균질 부분으로 구분하여야 한다.

3. 설계도서, 자재 이력, 물질의 외관 및 질감 등을 통해 석면함유 여부가 명백하지 않은 균질부분에 대해서는 석면함유 여부 판정을 위해 고형시료를 채취·분석하여야 한다.

4. 기관석면조사 이후 건축물이나 설비의 유지·보수 등으로 물질이나 자재의 변경이 있는 경우에는 해당 부분에 대하여 기관석면조사를 실시하여야 한다.

제5조(고형시료 채취 수 및 분석)

① 제4조 제2호에 따라 구분된 각각의 균질 부분에 대하여 석면함유 여부를 판정하는 경우에는 다음의 표 1에서 정한 기준에 따라 시료수를 채취하여야 한다.

〈표 1〉 균질 부분의 종류 및 크기별 최소 시료 채취 수

종 류	크 기	최소 시료 채취 수
분무재 또는 내화피복재	100㎡ 미만 100㎡ 이상 500㎡ 미만 500㎡ 이상	3 5 7
보온재	2m 미만 또는 1㎡ 미만 2m 이상 또는 1㎡ 이상	1 3
그 밖의 물질	-	1

* 균질 부분 각각의 대한 크기를 의미하는 것으로, 균질 부분의 종류별 합을 의미하는 것이 아님(동일 물질이라 하더라도 색상과 질감이 다르고, 같은 시기에 만들어지지 않은 경우, 별개의 균질 부분으로 구분)

② 채취한 고형시료는 편광현미경법을 이용하여 시료 중 석면의 함유 여부, 검출된 석면의 종류 및 함유율을 분석하여야 하며, 세부 분석방법은 별표1의 "편광현미경을 이용한 건축자재 등의 석면분석법"에 따른다.

③ 제2항에도 불구하고 균질 부분에서 채취한 시료의 일부 분석결과 석면함유물질로 판정되면 나머지 시료는 분석하지 아니할 수 있다.

④ 연구나 실태조사 등으로 이미 석면 함유 여부가 확인된 균질 부분에 대하여는 시료 채취나 분석을 하지 아니할 수 있다.

제6조(석면함유 여부 판정) 규칙 제176조 제2항에 따라 하나의 균질 부분에서 2개 이상의 고형시료를 채취·분석한 경우 석면함유율이 가장 높은 결과를 기준으로 해당 균질 부분의 석면함유 여부를 판정하여야 한다. 다만, 필요한 경우에는 균질 부분을 재구분하고 석면조사를 재실시하여 석면조사 결과서에 반영할 수 있다.

제7조(석면함유물질의 성상 구분 및 평가)
① 제6조에 따른 판정결과 석면의 함유율이 1퍼센트를 초과한 균질 부분(이하 "석면함유물질"이라 한다.)의 성상(性狀)은 다음 각호의 어느 하나로 구분하고 각각의 길이, 면적 또는 부피를 평가하여야 한다.
    1. 분무재(뿜칠재)
    2. 내화피복재

3. 천장재

4. 지붕재

5. 벽재(벽체의 마감재)

6. 바닥재

7. 보온재(파이프 보온재 포함)

8. 단열재

9. 개스킷(Gasket)

10. 패킹(Packing)재

11. 실링(Sealing)재

12. 제1호 내지 11호 외의 물질 또는 자재(자재의 성상(性狀) 또는 쉽게 알 수 있는 명칭을 구분하여 제시하여야 한다.)

② 석면조사기관은 필요시 석면함유물질의 현재 손상 정도 및 향후 사람의 접근 가능성을 고려한 석면의 비산(飛散) 위험성을 평가하여 석면해체·제거 계획의 우선순위 판단 등 향후 건축물 등의 석면관리를 위한 정보를 제공할 수 있다.

제8조(석면조사 결과서 작성) 법 제119조 제2항 및 시행규칙 제176조 제3항에 따라 석면조사를 실시한 때에는 별지 제1호 서식의 석면조사 결과서를 작성하여야 한다.

제3장 공기 중 석면농도 측정

제9조(측정방법)

① 규칙 제185조에 따른 공기 중 석면농도 측정(이하 "석면농도측정"이라 한다.)은 실내 작업장을 대상으로 석면해체·제거 작업이 모두 완료되고 작업장의 음압설비와 밀폐시설이 정상적으로 가동·유지되는 상태에서 측정하여야 한다.

② 규칙 제185조 제1항 제1호에 따라 작업이 완료된 상태의 확인은 다음 각호의 사항을 따라야 한다.

1. 작업계획서상 작업대상인 석면이 함유된 물질의 종류와 위치를 확인하여 완전히 제거되었음을 확인할 것

2. 작업장 바닥 등 표면에 제거 대상 물질의 조각, 육안으로 보이는 부스러기와 표면에 퇴적된 먼지 등 잔재물(殘滓物)이 존재하지 않음을 확인할 것

3. 작업장 바닥이 젖어 있거나 물이 고여 있지 않음을 확인할 것

4. 폐기물은 밀폐공간 내에 존재하지 않고 모두 반출되었음을 확인할 것

5. 밀폐막이 손상되지 않고 외부로부터 작업장이 차폐되어 있음을 확인할 것

③ 규칙 제185조 제1항 제2호에 따라 작업장 내 공기는 건조한 상태를 유지하고, 송풍기 등을 이용하여 석면이 제거된 표면, 먼지가 침전될 수 있는 작업장 표면, 시료 채취 위치 주변 등 작업장 내 침전된 분진을 충분히 비산(飛散)시킨 후 즉시 시료를 채취한다.

④ 규칙 제185조 제1항 제3호에 따라 시료 채취기의 설치 및 지역 시료 채취 방법은 다음 각호와 같다.

　　1. 시료 채취 펌프를 이용하여 멤브레인 여과지(Mixed Cellulose Ester membrane filter)로 공기 중 입자상 물질을 여과 채취한다.

　　2. 바닥으로부터 약 1~2m 높이 또는 석면이 제거된 위치와 비슷한 높이에서 실시한다.

　　3. 공기는 1~16L/min의 유량으로 각 시료 채취 매체당 최소 1,000L 이상의 공기를 채취한다.

　　4. 기타 이 항에서 규정하지 않은 시료 채취에 대한 사항은 「작업환경측정 및 지정측정기관 평가 등에 관한 고시」에 따른다.

제10조(시료 채취 수)

① 시료 채취 수는 작업장별 각각 불침투성 차단재로 밀폐된 공간의 바닥 면적(이하 "밀폐 면적"이라 한다.)에 따라 다음의 수식으로 계산된 시료 수 이상을 채취해야 한다. 다만, 수식의 계산 결과가 1 미만이고, 석면함유자재를 의도적으로 분쇄하는 작업(구멍을 뚫거나 긁어내는 작업, 깨거나 톱질하는 작업 등)의 경우 1개 이상의 시료를 채취하여야 한다.

(계산식) 밀폐 면적의 크기별 최소 시료 채취 수 = 밀폐 면적(A, m²)1/3·1 (소수점 이하 버림)

② 제1항의 규정에도 불구하고 건축물 등의 유지·보수를 목적으로 다음 각호의 어느 하나에 해당하는 자재만을 해체·제거하는 경우에는 시료 채취를 하지 않을 수 있다.

　　1. 가로와 세로의 길이가 각각 1.5m 이하인 석면함유자재

　　2. 개스킷(Gasket)

　　3. 패킹(Packing)재

　　4. 실링(Sealing)재

제11조(분석)

① 법 제124조 제2항에 따라 공기 중 석면농도의 분석은 위상차현미경으로 계수하는 방법으로 실시하며, 분석방법은 「작업환경측정 및 지정측정기관 평가 등에 관한 고시」에 따른다.

② 제1항에도 불구하고 필요시 추가로 분석전자현미경을 이용하여 미국산업안전보건연구원(NIOSH) 공정시험법(NMAM7402), 영국보건안전청(HSE) 공정시험법(MDHS 87) 또는 이와 같은 수준 이상의 분석법에 따라 섬유종류를 구분하여 석면농도기준 초과 여부를 평가할 수 있다.

③ 분석결과는 소수점 넷째 자리에서 반올림하여 소수점 셋째 자리까지 표기한다.

제12조(석면농도측정결과표 작성) 법 제124조 제2항에 따라 공기 중 석면농도를 측정한 때에는 규칙 별지 제81호 서식의 석면농도측정결과표를 작성하여야 한다.

제4장 석면 분석에 관한 정도관리
제1절 적용 범위 및 실시기관

제13조(적용 범위) 이 장의 규정은 법 제120조에 따른 석면조사기관 또는 석면조사기관으로 지정을 받고자 하는 기관 및 규칙 제184조에 따른 공기 중 석면농도를 측정하는 작업환경측정기관(이하 "대상기관"이라 한다.)에 적용한다. 다만, 정도관리에 자율적으로 참여를 희망하는 기관·단체 및 사업장에 대하여도 적용할 수 있다.

제14조(실시기관)

① 이 장에 따른 정도관리 실시기관(이하 "실시기관"이라 한다.)은 한국산업안전보건공단(이하 "공단"이라 한다.) 산업안전보건연구원(이하 "연구원"이라 한다.)으로 한다.

② 실시기관은 정도관리를 위하여 국제적으로 공신력이 있는 정도관리 기구에 가입하여야 한다.

제15조(실시기관의 업무)

① 실시기관은 다음 각호의 업무를 수행한다.
  1. 정도관리 운영계획의 수립
  2. 분석방법의 표준화 도모
  3. 관리기준 설정
  4. 정도관리용 시료 조제 및 분배
  5. 정도관리용 시료 분석
  6. 분석능력 평가
  7. 기관 간 분석자료 수집 및 결과통보
  8. 시료의 교환 및 분석

9. 정도관리 운영계획에 필요한 서식 작성

10. 그 밖의 정도관리에 필요한 사항

② 제1항에도 불구하고 실시기관은 제17조에 따라 정도관리운영위원회가 필요하다고 인정하는 경우 민간 전문기관을 통해 정도관리용 시료 조제 등을 할 수 있다.

제2절 정도관리운영위원회 등

제16조(정도관리운영위원회의 구성)

① 실시기관은 대상기관에 대한 효율적 정도관리를 위하여 정도관리운영위원회를 구성·운영하여야 한다. 다만, 「작업환경측정 및 지정측정기관 평가 등에 관한 고시」에 따라 정도관리운영위원회를 구성하는 경우 이 고시에 따른 정도관리운영위원회의 구성을 갈음할 수 있다.

② 정도관리운영위원회는 위원장을 포함하여 10명 이내의 위원회로 구성한다.

③ 위원장은 연구원장으로 한다.

④ 위원은 위원장이 위촉하되, 연구원 및 한국산업위생학회가 추천하는 위원이 각각 3명 이상이 되도록 하여야 한다.

제17조(정도관리운영위원회의 기능) 정도관리운영위원회는 다음 각호에 관한 사항을 심의·조정한다.

1. 정도관리용시료의 조제 방법

2. 정도관리의 시기

3. 정도관리의 평가방법 및 결과 처리

4. 정도관리에 필요한 시료 분석

5. 그 밖에 정도관리운영에 필요한 사항

제18조(정도관리운영위원회 회의개최) 정도관리운영위원회는 회의를 연 1회 이상 정기 개최하여야 한다. 다만, 위원장이 필요하다고 인정하는 경우 임시회의를 수시로 개최할 수 있다.

제19조(정도관리실무위원회의 구성)

① 운영위원장은 위원회를 효율적으로 운영하기 위하여 정도관리실무위원회를 두어야 한다.

② 정도관리실무위원회는 연구원 및 한국산업위생학회가 추천하는 전문가 3명 이상 5

명 이하로 구성한다.

제20조(정도관리실무위원회의 기능) 정도관리실무위원회는 다음 각호의 업무를 수행한다.
　　1. 정도관리 세부일정 수립
　　2. 정도관리 기준시료 조제
　　3. 정도관리 분석시료에 대한 평가
　　4. 정도관리 결과에 대한 검토
　　5. 운영위원회에서 결정된 사항
　　6. 그 밖의 정도관리 세부시행에 필요한 사항

제3절 정도관리 실시 및 평가 기준 등

제21조(실시주기 및 구분)
① 실시기관은 정기 정도관리를 매년 1회 이상 실시하여야 한다.
② 실시기관은 다음 각호의 어느 하나에 해당하는 경우에는 임시정도관리를 실시할 수 있다.
　　1. 대상기관이 부실측정 등으로 민원을 일으킨 경우
　　2. 그 밖에 정도관리운영위원회에서 임시정도관리가 필요하다고 인정한 경우
③ 제2항에 따라 임시정도관리를 실시하는 때에는 실시계획을 해당기관에 통보하여야 한다. 이때 임시정도관리 실시를 통보받은 대상기관은 반드시 참여하여야 하며, 참여하지 않은 경우에는 부적합으로 처리한다.

제22조(정도관리 실시 공고) 실시기관은 정도관리 시행 30일 전까지 대상 기관에게 정도관리의 실시를 알려야 하며, 공단 홈페이지에 이를 공고하여야 한다. 다만, 임시정도관리를 실시하는 경우에는 공고를 생략할 수 있다.

제23조(정도관리참여신청) 정도관리에 참여하고자 하는 대상기관은 별지 제1호 서식의 정도관리 참여신청서를 작성하여 실시기관에 신청하여야 한다.

제24조(정도관리 분야) 대상기관에 대한 정도관리 항목은 "공기 중 석면 계수 분석 분야" 및 "고형시료 중 석면 분석 분야"로 구분한다.

제25조(정도관리용 시료의 분석)

① 대상기관은 표준시료를 배분받은 날부터 20일 이내에 해당 표준시료를 분석한 결과를 연구원장에게 제출하여야 한다.

② 제1항에도 불구하고 정도관리위원회는 다음 각호의 어느 하나에 해당하는 대상기관에 대하여 별도의 방법으로 정도관리를 실시할 수 있으며, 이 경우 대상, 시료 조제, 평가방법 및 적합 기준을 정하여야 한다.

1. 대상기관의 분석자가 정도관리에 처음으로 참여하는 경우
2. 대상기관이 제21조 제2항에 따른 임시정도관리를 받는 경우
3. 그 밖에 별도의 정도관리가 필요한 경우

제26조(평가 기준) 실시기관이 대상기관의 분야별 정도관리결과를 평가할 때는 기준실험실에서 분석한 모든 결과 및 대상기관의 분석자료를 종합하여 통계적인 절차를 거쳐야 하며, 분야별 적합 인정기준은 운영위원회에서 정한다.

제27조(정도관리 결과보고) 실시기관은 특별한 사유가 없는 한 정도관리를 종료한 날부터 10일 이내에 대상기관별 정도관리 실시 결과를 고용노동부장관에게 보고하여야 한다.

제28조(판정 기준) 고용노동부장관은 제27조에 따른 결과보고를 취합하여 다음 각호의 기준에 따라 종합적으로 판단하여야 한다.

1. 최근 정도관리를 포함하여 연속 2회의 실시 결과를 종합하여 분야별로 2회 중 1회 이상 적합 판정을 받은 경우에만 합격으로 판정할 것
2. 정도관리에 참여하지 않은 경우에는 부적합으로 처리할 것

제29조(세부시행규정) 정도관리운영위원회의 구성 및 운영, 정도관리 표준시료의 조제, 평가 등 정도관리 실시에 필요한 세부시행규정은 연구원장이 고용노동부장관의 승인을 받아 별도로 정한다.

제5장 안전성 평가
제1절 평가대상 및 평가운영위원회 등
제30조(평가대상 및 주기)

① 평가대상은 법 제121조 제1항에 따른 석면해체·제거업자(이하 "등록업체"라 한다.)로 제32조에 따른 평가운영위원회에서 정한 기준에 따라 선정된 등록업체로 한다. 다만, 공고일 현재 등록한 날부터 1년 미만인 등록업체는 평가대상에서 제외할 수 있다.

② 평가는 등록업체별 직전 평가등급에 따라 다음 각호의 주기로 하되, 만약 평가 기간 중 석면해체·제거 작업이 없거나 임시 휴업 등의 사유로 평가를 실시할 수 없는 경우에는 다음 연도에 평가할 수 있다.

    1. S 등급: 3년

    2. A, B, C 등급: 2년

    3. D 등급: 1년

제31조(평가실시기관) 평가를 실시하는 기관은 공단으로 한다.

제32조(평가운영위원회의 구성·운영)

① 고용노동부장관은 안전성 평가 계획 수립 및 평가에 필요한 사항을 심의하기 위하여 평가운영위원회를 둔다.

② 평가운영위원회는 위원장 1명을 포함하여 10명 이내의 위원으로 구성한다.

③ 위원장은 위원 중에서 호선한다.

④ 위원은 고용노동부장관이 위촉하되, 고용노동부 및 공단 소속 직원, 관련 분야의 지식과 경험이 풍부한 외부 전문가가 각각 2명 이상이 되도록 하여야 한다. 다만, 다음 각호에 해당하는 사람은 당연직 위원이 된다.

    1. 고용노동부 소관업무 부서장

    2. 공단 소관업무 부서장

⑤ 위원의 임기는 3년으로 하고, 1회에 한하여 연임할 수 있다. 다만, 당연직 위원의 임기는 해당 업무에 재직하는 기간으로 한다.

⑥ 평가운영위원회에 그 사무를 처리할 간사 1명을 두되, 위원장이 그 소속 직원 중에서 임명한다.

⑦ 회의는 재적위원 과반수의 출석으로 개의한다.

제33조(평가운영위원회의 기능)

① 평가운영위원회는 다음 각호의 사항을 심의한다.

    1. 평가계획 수립

    2. 평가대상 선정

    3. 평가방법

    4. 평가항목 및 배점

    5. 평가등급 결정 및 공표

6. 운영위원회 운영

7. 평가실무위원회에서 상정한 사항

8. 그 밖에 평가에 필요한 사항

제34조(평가실무위원회의 설치)

① 평가운영위원회는 안전성 평가의 전문적인 사항을 검토하기 위하여 평가실무위원회를 둘 수 있다.

② 평가실무위원회는 위원장 1인을 포함하여 5명 이상 7명 이하의 위원으로 구성한다.

③ 위원장은 공단 소관업무 부서장으로 한다.

④ 위원은 위원장이 위촉하되, 고용노동부 및 공단 소속 직원, 관련 분야의 지식과 경험이 풍부한 외부 전문가가 각각 1명 이상이 되도록 하여야 한다.

⑤ 위원장은 평가실무위원회의 사무를 처리하기 위하여 그 소속 직원 중에서 1명을 간사로 둘 수 있다.

제35조(평가실무위원회의 업무)

① 평가실무위원회는 다음 각호의 업무를 수행한다.

1. 평가 세부일정 수립

2. 평가항목 적용 세부 기준 수립

3. 세부 평가방법 수립

4. 평가표 개발 및 보완

5. 평가반 구성 및 운영

6. 평가결과의 집계 및 검토

7. 운영위원회에서 위임·결정된 사항

8. 그 밖에 평가 세부시행을 위하여 필요한 사항

② 평가실무위원회는 제1항 각호에 대한 처리결과를 운영위원회에 보고하여야 한다.

제2절 평가 기준 및 방법 등

제36조(평가 기준 등)

① 공단은 규칙 제180조에 따른 평가표를 개발하여야 한다.

② 평가내용은 평가대상 등록업체의 최근 1년간의 업무를 기준으로 한다.

제37조(평가계획의 공고) 공단은 평가 실시 30일 전까지 평가실시 계획을 공단 홈페이지

에 공고하고 평가대상 등록업체에 알려야 한다.

제38조(평가반)

① 평가반은 공단 소속 직원 중 평가운영위원회가 정한 자격을 갖춘 전문가로 구성한다. 다만, 필요시 외부 전문가를 평가반에 포함시킬 수 있다.

② 평가실무위원회는 평가 실시 전에 평가반을 대상으로 평가 기준 및 방법 등을 교육하여야 한다.

제39조(평가 실시 등)

① 공단은 평가 실시 전에 평가 기준을 공개하여야 한다.

② 평가반은 평가대상 등록업체의 사무실을 직접 방문하여 평가표에 따라 평가를 실시하여야 한다.

③ 석면해체·제거 작업 현장에 대한 평가는 등록업체에서 제출한 석면해체·제거작업 완료보고서로 한다.

④ 평가반은 등록업체가 영 별표28에 따른 인력·시설 및 장비 기준 등 등록요건을 충족시키기 못하거나 이전·폐업 등이 확인된 경우 관할 지방고용노동관서에 확인결과를 통보하여야 한다.

⑤ 공단은 평가반이 제출한 평가결과보고서를 실무위원회에 검토의뢰 하여야 한다.

⑥ 공단은 평가실무위원회의 검토 결과를 제출받아 7일 이내에 평가대상 등록업체에 평가점수를 통보하여야 한다.

⑦ 평가대상 등록업체는 평가점수를 통보받은 날은 날부터 7일 이내에 별지 제2호 서식에 따라 공단에 이의신청을 할 수 있다.

⑧ 공단은 이의신청서를 접수받은 경우에는 실무위원회의 검토를 거쳐 21일 이내에 그 결과를 해당 등록업체에 알려야 한다.

⑨ 공단은 평가를 종료한 후에는 종합평가결과 보고서를 고용노동부장관에게 제출하여야 한다.

제40조(정보누설 금지) 평가에 참여하는 사람은 평가과정에서 취득한 정보를 누설하여서는 아니 된다.

제3절 평가결과 공표 및 활용

제41조(평가등급 결정)

① 평가운영위원회는 평가대상 등록업체의 확정된 점수를 기준으로 다음 각호의 평가등급을 결정하여야 한다.

　　1. S 등급(매우 우수): 합계 평점이 90점 이상

　　2. A 등급(우수): 합계 평점이 80점 이상 90점 미만

　　3. B 등급(보통): 합계 평점이 70점 이상 80점 미만

　　4. C 등급(미흡): 합계 평점이 60점 이상 70점 미만

　　5. D 등급(매우 미흡): 합계 평점이 60점 미만

② 평가운영위원회는 평가항목별 점수가 60점 미만인 경우 평가등급을 한 단계 낮춰야 한다.

③ 평가운영위원회는 평가대상 등록업체가 다음 각호의 어느 하나에 해당하는 경우에는 최하위 등급으로 변경하여야 한다.

　　1. 거짓 또는 부정한 방법으로 평가를 받은 경우

　　2. 정당한 사유 없이 평가를 거부한 경우

　　3. 고용노동부 지도·감독 결과 1개월 이상의 업무정지 처분을 받은 경우

　　4. 안전보건 조치를 소홀히 하여 사회적 물의를 일으킨 경우

　　5. 연속 3회 이상 평가를 받지 않은 경우

제42조(평가결과의 공표)

① 고용노동부장관은 규칙 제180조 제2항에 따라 등록업체의 평가등급을 공표할 수 있다.

② 공표방법은 고용노동부 또는 공단 홈페이지에 게시하는 등 다양한 매체를 활용할 수 있다.

제43조(평가결과의 활용)

① 고용노동부장관은 안전성 평가결과를 행정기관의 장 또는 「공공기관의 운영에 관한 법률」 제4조에 따른 공공기관의 장에게 통보하여 「국가를 당사자로 하는 계약에 관한 법률 시행령」 제13조에 따른 입찰참가자격 사전심사 석면해체·제거와 관련된 재정지원사업 우선 참여 등 관련 업무에 활용하도록 권고할 수 있다.

② 고용노동부장관은 안전성 평가결과가 S등급인 등록업체에 대하여 제3조 제2항에 따른 지도·감독을 면제할 수 있다.

제44조(재검토기한) 고용노동부장관은 「훈령·예규 등의 발령 및 관리에 관한 규정」에 따라 이 고시에 대하여 2018년 7월 1일 기준으로 매 3년이 되는 시점(매 3년째의 6월 30

일까지를 말한다.)마다 그 타당성을 검토하여 개선 등의 조치를 하여야 한다.

부칙 〈제2020-13호, 2020. 1. 6.〉

이 고시는 2020년 1월 16일부터 시행한다.

[별표1] 편광현미경을 이용한 건축자재 등의 석면분석법

[별지1] 석면조사 결과서

[별지2] 석면분석에 관한 정도관리 참여신청서

[별지3] 안전성 평가 이의신청서

| **부록**(각주번호 228)

석면해체작업감리인 기준

[시행 2020. 12. 28.] [국토교통부고시 제2020-1048호, 2020. 12. 28., 일부 개정]

제1조(목적) 이 고시는 「석면안전관리법」 제30조 제4항의 규정에 따라 석면해체작업감리인의 지정 및 배치 기준, 감리완료 보고, 감리원 교육 등 석면해체·제거작업의 감리 업무 수행에 필요한 사항에 대해 정함을 목적으로 한다.

제2조(정의)

① 이 고시에서 사용하는 용어의 뜻은 다음 각호와 같다.

　1. "석면해체·제거작업 감리"란 「석면안전관리법」(이하 "법"이라 한다.) 제30조 제1항에 따라 발주자의 지정을 받은 석면해체작업감리인이 석면해체·제거작업이 석면해체·제거작업계획 및 관계 법령에 따라 수행되는지 여부를 확인하는 것을 말한다.

　2. "발주자"란 석면해체·제거작업 및 석면해체·제거작업을 수반하는 건설공사를 발주하는 자를 말한다.

　3. "석면해체·제거업자"란 「산업안전보건법」 제121조 제1항에 따라 고용노동부장관에게 등록한 자를 말한다.

　4. "석면해체작업감리인"이란 석면해체·제거작업 감리 업무를 수행하고자 하는 자로서 법 제30조의 2에 따라 등록한 자(이하 "감리인"이라 한다.)를 말한다.

　5. "석면해체작업 감리원"이란 감리인에 소속되어 감리 업무를 직접 수행하는 사람(이

하 "감리원"이라 한다.)을 말한다.

② 이 규정에서 사용하는 용어의 정의는 이 규정에서 특별히 정한 경우를 제외하고는 법, 같은 법 시행령, 같은 법 시행규칙이 정하는 바에 의한다.

제3조(감리인 지정 및 배치 기준)

① 발주자는 다음의 각호의 1에 해당하는 사업장에 감리인을 지정하여야 한다.

1. 철거 또는 해체하려는 건축물이나 설비에 석면이 함유된 분무재 또는 내화피복재가 사용된 사업장

2. 철거 또는 해체하려는 건축물이나 설비에 사용된 1호 이외의 석면건축자재 면적이 800제곱미터 이상인 사업장

② 다음 각호의 어느 하나에 해당하는 자는 해당 석면해체·제거작업의 감리인이 될 수 없다.

1. 해당 건축물이나 설비에 대한 석면해체·제거작업을 수행하는 자

2. 해당 건축물이나 설비에 대하여 석면조사를 실시한 기관

3. 법 제28조 및 같은 법 시행규칙 제38조 제1항에 따라 당해 석면해체·제거 사업장의 석면 비산 정도를 측정하는 기관(이하 '석면 비산 정도 측정기관'이라 한다.)

4. 「산업안전보건법」 제124조 및 같은 법 시행규칙 제184조에 따라 당해 석면해체·제거작업에 대한 공기 중 석면농도를 측정하는 자가 소속된 석면조사기관 또는 작업환경측정기관(이하 '공기 중 석면농도 측정기관'이라 한다.)

5. 제1호부터 제4호까지 해당하는 자의 「독점규제 및 공정거래에 관한 법률」 제2조 제3호에 따른 계열사

6. 제1호부터 제5호까지 해당하는 자가 가입한 비영리법인

③ 발주자, 석면건축물 소유자, 석면건축물안전관리인, 석면해체·제거업자 등은 감리인 지정을 피하기 위하여 석면건축자재 면적을 800제곱미터 미만으로 임의로 축소하거나 나누어 신고하면 아니 된다.

④ 발주자는 감리인으로 하여금 다음 각호의 기준에 따라 감리원을 배치하도록 하여야 한다. 다만, 천재지변, 재해 등 불가피한 경우로서 특별자치시장·특별자치도지사·시장·군수·구청장이 인정하는 경우에는 감리원을 배치하지 아니할 수 있다.

1. 제1항 제1호 해당 사업장: 고급감리원 1인 이상

2. 제1항 제2호에 따른 사업장 중에서 석면건축자재 면적이 2,000제곱미터 초과인 사업장: 고급감리원 1인 이상

3. 제1항 제2호에 따른 사업장 중에서 석면건축자재 면적이 2,000제곱미터 이하인

사업장: 일반감리원 1인 이상

4.「석면안전관리법 시행령」제40조 각호에 따른 사업장으로서 공구를 나누어 같은 시기에 석면해체·제거작업을 시행하는 사업장: 공구별로 제1호 내지 제3호의 기준에 따른 감리원을 배치하되 석면건축자재 면적이 800제곱미터 미만인 공구에도 일반감리원 1인 배치

⑤ 제1항 제2호 또는 제4항 제2호부터 제4호의 규정에 의한 석면건축자재 면적은 최근 1년간 같은 사업장에서 「산업안전보건법」제122조 제3항에 따라 신고된 석면해체·제거작업이 있는 경우 이를 합산한 면적으로 한다.

⑥ 발주자는 「산업안전보건법」제122조 제3항에 따라 신고된 석면해체·제거작업기간을 포함하는 기간 동안 감리인을 지정하여야 한다.

⑦ 감리인은 제4항 각호에 따라 배치된 감리원이 「산업안전보건기준에 관한 규칙」제495조에 따라 비닐 등 불침투성 차단재로 밀폐하는 등의 준비 작업을 착수하는 시점부터 석면해체·제거로 인해 발생한 폐석면이 「폐기물관리법」시행규칙 별표5에 따라 적정하게 보관 또는 처리되고, 석면 잔재물의 잔류 확인 등의 석면 안전성 확인이 완료되는 시점까지 석면해체·제거작업 현장에 상주하면서 감리 업무를 수행하도록 하여야 한다.

제4조(감리인 지정 신고 관리)

① 특별자치시장·특별자치도지사·시장·군수·구청장은 「석면안전관리법 시행규칙」제41조의 2 제1항에 따른 석면해체작업감리인 지정 신고서 및 같은 조 제2항에 따른 석면해체작업감리인 변경지정 신고서를 접수한 때에는 해당 감리인의 등록 여부, 제3조에 따른 감리인 지정 및 배치 기준 준수 여부, 감리원의 타 사업장 중복 지정 여부 등을 확인하고 그 처리 결과를 7일 이내에 발주자에게 통보하여야 한다.

② 특별자치시장·특별자치도지사·시장·군수·구청장은 「석면안전관리법 시행규칙」제41조의 2 제1항에 따른 석면해체작업감리인 지정 신고서, 같은 조 제2항에 따른 석면해체작업감리인 변경지정 신고서 및 제5조에 따른 석면해체작업 감리완료보고서를 접수한 때에는 그 사실을 기록 관리하여야 한다. 이때 특별자치시장·특별자치도지사·시장·군수·구청장은 감리인 지정 신고 관련 정보를 「석면안전관리법」제35조에 따라 운영하는 석면관리 종합정보망에도 입력하여야 한다.

③ 제1항에 따른 감리원의 타 사업장 중복 지정 여부 확인은 석면관리 종합정보망을 통해 할 수 있다.

제5조(석면해체·제거작업 감리완료 보고)

① 발주자는 석면해체·제거작업이 완료된 때에는 별지 제1호 서식의 석면해체작업 감리완료보고서에 다음 각호의 서류를 첨부하여 15일 이내에 특별자치시장·특별자치도지사·시장·군수·구청장에게 제출하여야 한다.

    1. 석면해체·제거 결과보고서(석면해체·제거 작업의 착수 전, 준비 작업, 진행, 완료 등 각 단계별로 현장 상황을 확인할 수 있는 사진을 포함)

    2. 석면 잔재물이 잔류하지 않음을 확인한 자료(일시, 확인자, 현장 사진 등을 포함)

    3. 폐석면(지정폐기물) 보관 또는 처리 관련 자료 사본

    4. 석면 비산정도 측정 결과 사본

    5. 공기 중 석면농도 측정 결과 사본

    6. 작업의 시정·중지 등을 요청한 문서의 사본 등 그 밖에 감리 업무의 수행과 관련된 서류

② 제1항에 따른 석면해체작업 감리완료 보고는 석면관리 종합정보망을 통해 할 수 있다. 다만, 발주자가 석면관리 종합정보망에 석면해체작업 감리완료 보고를 하지 않은 경우에는 특별자치시장·특별자치도지사·시장·군수·구청장이 석면관리 종합정보망에 제1항에 따른 자료를 입력해야 한다.

③ 특별자치시장·특별자치도지사·시장·군수·구청장은 제1항에 따라 제출받은 석면해체작업 감리완료보고서가 부실하게 작성되거나, 첨부서류가 누락되는 등 보완이 필요한 경우에는 당해 석면해체작업 감리완료보고서를 제출한 발주자에게 보완을 요청할 수 있으며, 부실 감리가 우려되는 등 필요한 경우에는 현장을 확인하여야 한다.

제6조(교육)

① 일반감리원 또는 고급감리원이 되고자 하는 자는 다음 각호의 전문기관에서 실시하는 별표1의 감리원 직무교육을 받아야 한다.

    1. 국립환경인재개발원

    2. 산업안전보건교육원

    3. 그 밖에 환경부장관이 인정하는 기관

② 제1항 각호의 전문기관은 제1항에 따른 교육훈련을 이수한 자를 대상으로 교육수료시험을 실시하고, 그 결과 60점 이상을 획득한 자에 대해 교육을 수료한 것으로 인정한다. 다만, 교육수료 시험 점수가 60점 미만인 자에 대해서는 1회에 한하여 6개월 이내에 교육수료 시험에 다시 응시하게 할 수 있다.

③ 제2항에 따라 감리원 교육을 수료한 자는 수료일을 기준으로 매 3년이 되는 날의 전후 6개월 이내에 제1항 각호의 전문기관에서 실시하는 별표1 제3호의 보수교육을 받아야 한다.

④ 제3항에 따른 보수교육을 이수하지 않은 감리원은 보수교육을 이수할 때까지 감리

업무를 수행할 수 없으며, 보수교육을 이수한 다음 날부터 감리 업무를 수행할 수 있다.

⑤ 제1항 각호의 전문기관은 제2항에 따른 교육훈련을 수료한 자와 제3항에 따른 보수교육을 이수한 자에게 별지 제2호 서식의 교육수료증을 발급하여야 하며, 그 명단을 2주 이내에 석면관리 종합정보망에 입력한 후 그 결과를 환경부장관에게 제출하여야 한다.

⑥ 특별자치시장·특별자치도지사·시장·군수·구청장은 시행규칙 제41조의 2 제1항에 따른 감리인 지정 현황 (변경)신고서를 접수한 경우 감리인의 소속 감리원이 제1항, 제2항 및 제3항에 따른 교육을 수료 또는 이수하였는지 여부를 석면관리 종합정보망을 통해 확인하여야 한다.

제7조(감리원의 안전관리 등)

① 감리원은 석면해체·제거 사업현장에 상주하는 경우에는 석면해체작업의 감리원임을 확인할 수 있는 별표2의 표식을 착용하고, 「산업안전보건기준에 관한 규칙」 제491조에 따른 개인보호구를 비치하여야 하며, 석면해체·제거작업 현장에 출입할 때에는 개인보호구를 착용하여야 한다.

② 발주자는 감리원이 착용한 작업복 등의 취급과 처리에 대하여 같은 규칙 제483조 및 제485조에 따라 관리될 수 있도록 지원하여야 한다.

제8조(재검토기한) 「훈령·예규 등의 발령 및 관리에 관한 규정」에 따라 2020년 7월 1일 기준으로 매 3년이 되는 시점(매 3년째의 6월 30일까지를 말한다.)에 그 타당성을 검토하여 개선 등의 조치를 하여야 한다.

부칙 〈제2020-331호, 2020. 4. 17.〉

이 고시는 발령한 날부터 시행한다. 다만, 제6조 제4항의 개정규정은 2020년 12월 25일부터 시행한다.

부칙 〈제2020-1048호, 2020. 12. 28.〉

이 고시는 발령한 날부터 시행한다.

[별표1] 감리원 직무교육과정(제6조 관련)
[별표2] 감리원의 표식(제7조 관련)
[별지1] 석면해체작업 감리완료보고서
[별지2] 교육수료증

석면안전관리법 시행령 [별표3의 3] 〈개정 2022. 12. 30.〉

석면해체작업감리인의 행정처분 기준(제42조의 3 관련)

1. 일반기준

   가. 위반행위가 둘 이상인 경우로서 그에 해당하는 각각의 처분기준이 다른 경우에는 그중 무거운 처분기준에 따르고, 둘 이상의 처분기준이 모두 영업정지인 경우에는 각 처분기준을 합산한 기간을 넘지 않는 범위에서 무거운 처분기준에 그 처분기준의 2분의 1 범위에서 가중한다.

   나. 위반행위의 횟수에 따른 가중된 행정처분 기준은 최근 2년간 같은 위반행위로 행정처분을 받은 경우에 적용한다. 이 경우 기간의 계산은 위반행위에 대하여 행정처분을 받은 날과 그 처분 후 다시 같은 위반행위를 하여 적발된 날을 기준으로 한다.

   다. 영업정지 처분 기간 중 영업정지에 해당하는 위반 사항이 있는 경우에는 종전의 처분 기간 만료일의 다음 날부터 새로운 위반 사항에 대한 영업정지의 행정처분을 한다.

   라. 처분권자는 위반행위의 동기·내용·횟수 및 위반 정도 등 다음의 가중 사유 또는 감경 사유에 해당하고, 처분기준이 영업정지인 경우, 그 처분기준의 2분의 1 범위에서 가중하거나 감경할 수 있다.

   1) 가중 사유

      가) 위반행위가 고의나 중대한 과실에 의한 경우

      나) 위반의 내용·정도가 중대하여 관계인에게 미치는 피해가 크다고 인정되는 경우

   2) 감경 사유

      가) 사소한 부주의나 오류로 인한 것으로 인정되는 경우

      나) 위반의 내용·정도가 경미하여 관계인에게 미치는 피해가 적다고 인정되는 경우

      다) 위반 행위자가 처음 해당 위반행위를 한 경우로서 3년 이상 석면해체작업감리 업무를 모범적으로 해 온 사실이 인정되는 경우

      라) 고의 또는 중과실이 없는 위반행위자가 「소상공인기본법」 제2조에 따른 소상공인인 경우로서 위반행위자의 현실적인 부담능력, 경제위기 등으로 위반행위자가 속한 시장·산업 여건이 현저하게 변동되거나 지속적으로

악화된 상태인지 여부 등을 종합적으로 고려할 때 처분을 감경할 필요가 있다고 인정되는 경우

2. 개별기준

위반행위	근거 법조문	1차 위반	2차 이상 위반
가. 거짓이나 그 밖의 부정한 방법으로 등록을 한 경우	법 제30조의 6 제1항 제1호	등록 취소	
나. 법 제30조의 2 제2항을 위반하여 다른 자에게 등록증을 빌려준 경우	법 제30조의 6 제1항 제2호	등록 취소	
다. 법 제30조의 2 제3항에 따른 등록 기준에 미달하게 된 경우	법 제30조의 6 제1항 제3호 및 같은 조 제2항 제1호	3개월 이내의 시정명령	영업 정지 3개월
라. 법 제30조의 3 제1호, 제2호 또는 제4호 중 어느 하나에 해당하게 된 경우. 다만, 같은 조 제4호에 해당하는 법인으로서 결격사유에 해당하게 된 날부터 2개월 이내에 그 임원을 결격사유가 없는 임원으로 바꿔 선임한 경우는 제외한다.	법 제30조의 6 제1항 제4호	등록 취소	
마. 2년에 3회 이상 영업정지 처분을 받게 된 경우	법 제30조의 6 제1항 제5호	등록 취소	
바. 법 제30조의 5에 따른 평가 결과 환경부령으로 정하는 기준 이하의 등급을 받은 경우	법 제30조의 6 제2항 제2호	6개월 이내의 시정명령	
사. 법 제30조의 6 제2항에 따른 시정명령을 이행하지 않은 경우	법 제30조의 6 제1항 제6호	영업정지 3개월	

장애인·노인·임산부 등의 편의증진 보장에 관한 법률 시행령 [별표2의 2] 〈개정 2021. 11. 30.〉

국가, 지방자치단체 또는 공공기관의 장애물 없는 생활환경 인증 의무 시설(제5조의 2 제1항 관련)

대상 시설	
1. 제1종 근린생활시설	식품·잡화·의류·완구·서적·건축자재·의약품·의료기기 등 일용품을 판매하는 등의 소매점, 이용원·미용원·목욕장
	지역자치센터, 파출소, 지구대, 우체국, 보건소, 공공도서관, 국민건강보험공단·국민연금공단·한국장애인고용공단·근로복지공단의 사무소, 그 밖에 이와 유사한 용도의 시설
	대피소
	공중화장실
	의원·치과의원·한의원·조산원·산후조리원
	지역아동센터
2. 제2종 근린생활시설	일반음식점, 휴게음식점·제과점 등 음료·차(茶)·음식·빵·떡·과자 등을 조리하거나 제조하여 판매하는 시설
	안마시술소
3. 문화 및 집회시설	공연장 및 관람장
	집회장
	전시장
	동·식물원
4. 종교시설	종교집회장
5. 판매시설	도매시장·소매시장·상점
6. 의료시설	병원, 격리병원
7. 교육연구시설	학교
	교육원, 직업훈련소, 학원
	도서관
8. 노유자시설	아동 관련 시설
	노인복지시설
	사회복지시설(장애인복지시설을 포함한다.)
9. 수련시설	생활권 수련시설, 자연권 수련시설
10. 운동시설	체육관, 운동장과 운동장에 부수되는 건축물

11. 업무시설	국가 또는 지방자치단체의 청사
	금융업소, 사무소, 결혼상담소 등 소개업소, 출판사, 신문사, 오피스텔, 그 밖에 이와 유사한 용도의 시설
	국민건강보험공단·국민연금공단·한국장애인고용공단·근로복지공단의 사무소
12. 숙박시설	일반숙박시설(호텔, 여관으로서 객실 수가 30실 이상인 시설)
	관광숙박시설, 그 밖에 이와 비슷한 용도의 시설
13. 공장	물품의 제조·가공[염색·도장(塗裝)·표백·재봉·건조·인쇄 등을 포함한다.] 또는 수리에 지속적으로 이용되는 건물로서 「장애인고용촉진 및 직업재활법」에 따라 장애인고용의무가 있는 사업주가 운영하는 시설
14. 자동차 관련 시설	주차장
	운전학원(운전 관련 직업 훈련 시설을 포함한다.)
15. 방송통신시설	방송국, 그 밖에 이와 유사한 용도의 시설
	전신전화국, 그 밖에 이와 유사한 용도의 시설
16. 교정 시설	보호감호소·교도소·구치소, 갱생보호시설, 그 밖에 범죄자의 갱생·보육·교육·보건 등의 용도로 쓰이는 시설, 소년원, 소년분류심사원
17. 묘지 관련 시설	화장시설, 봉안당
18. 관광 휴게시설	야외음악당, 야외극장, 어린이회관, 그 밖에 이와 유사한 용도의 시설
	휴게소
19. 장례식장	의료시설의 부수시설(「의료법」 제36조 제1호에 따른 의료기관의 종류에 따른 시설을 말한다.)에 해당하는 것은 제외한다.

〈비 고〉

　보건복지부장관과 국토교통부장관은 위 표의 장애물 없는 생활환경 인증 대상 시설이 지형, 문화재 발굴 등 주변 여건으로 인하여 불가피하게 장애물 없는 생활환경 인증을 받기 어려운 경우에 보건복지부와 국토교통부의 공동부령으로 정하는 바에 따라 의무 인증 시설에서 제외할 수 있다.

공동주택 충간소음의 범위와 기준에 관한 규칙 [별표] 〈개정 2023. 1. 2.〉

층간소음의 기준(제3조 관련)

층간소음의 구분		층간소음의 기준[단위: dB(A)]	
		주 간 (06:00 ~ 22:00)	야 간 (22:00 ~ 06:00)
1. 제2조 제1호에 따른 직접 충격 소음	1분간 등가소음도 (Leq)	39	34
	최고소음도 (Lmax)	57	52
2. 제2조 제2호에 따른 공 기전달 소음	5분간 등가소음도 (Leq)	45	40

〈비 고〉

1. 직접충격 소음은 1분간 등가소음도(Leq) 및 최고소음도(Lmax)로 평가하고, 공기전달 소음은 5분간 등가소음도(Leq)로 평가한다.

2. 위 표의 기준에도 불구하고 「공동주택관리법」 제2조 제1항 제1호 가목에 따른 공동주택으로서 「건축법」 제11조에 따라 건축허가를 받은 공동주택과 2005년 6월 30일 이전에 「주택법」 제15조에 따라 사업승인을 받은 공동주택의 직접충격 소음 기준에 대해서는 2024년 12월 31일까지는 위 표 제1호에 따른 기준에 5dB(A)을 더한 값을 적용하고 2025년 1월 1일부터는 2dB(A)을 더한 값을 적용한다.

3. 층간소음의 측정방법은 「환경분야 시험·검사 등에 관한 법률」 제6조 제1항 제2호에 따른 소음·진동 분야의 공정시험기준에 따른다.

4. 1분간 등가소음도(Leq) 및 5분간 등가소음도(Leq)는 비고 제3호에 따라 측정한 값 중 가장 높은 값으로 한다.

5. 최고소음도(Lmax)는 1시간에 3회 이상 초과할 경우 그 기준을 초과한 것으로 본다.

공동주택 바닥충격음 차단구조인정 및 검사기준

[시행 2023. 2. 9.] [국토교통부고시 제2023-85호, 2023. 2. 9., 일부개정]

국토교통부(주택건설공급과), 044-201-3367

제1장 총칙

제1조(목적) 이 기준은 「주택법」 제35조, 「주택건설기준 등에 관한 규정」 제14조의 2, 제60조의 2 및 제60조의 2부터 제60조의 11까지에 따른 공동주택의 바닥충격음 차단성능 측정 및 평가방법, 바닥충격음 성능등급의 기준과 성능검사기준 바닥충격음 성능등급 인정기관과 바닥충격음 성능검사기관의 지정 등을 정함을 목적으로 한다.

제2조(용어의 정의) 이 기준에서 사용하는 용어의 정의는 다음과 같다.

1. "바닥충격음 차단구조"란 이 기준에 따라 실시된 바닥충격음 성능시험의 결과로부터 바닥충격음 성능등급 인정기관(이하 "인정기관"이라 한다.)의 장이 차단구조의 성능을 확인하여 인정한 바닥구조를 말한다.

2. "인정기관"이란 공동주택 바닥충격음 차단구조의 성능확인을 위하여 신청된 바닥구조가베 「주택건설기준 등에 관한 규정」(이하 "주택건설기준"이라 한다.) 제14조의 2 제2호, 제60조의 3에 따른 바닥충격음 차단성능기준에 적합한지 여부와 별표1의 바닥충격음 차단성능의 등급기준에 의한 등급을 시험하여 인정하는 기관을 말한다.

3. "바닥충격음 성능검사기관"이란 바닥충격음 차단구조의 성능을 사용검사를 받기 전에 제30조 제2항에 따른 성능검사기준에 적합한지 여부를 검사하는 기관(이하 "성능검사기관"이라 한다.)을 말한다

4. "경량충격음레벨"이란 KS F ISO 717-2에서 규정하고 있는 평가방법 중 "가중 표준화 바닥충격음레벨"을 말한다.

5. "중량충격음레벨"이란 KS F ISO 717-2에서 규정하고 있는 평가방법 중 "A-가중 최대 바닥충격음레벨"을 말한다.

6. "가중 바닥충격음레벨 감쇠량"이라 함은 KS F 2865에서 규정하고 있는 방법으로 측정한 바닥마감재 및 바닥 완충 구조의 바닥충격음 감쇠량을 KS F 2863-1의 '6. 바닥충격음 감쇠량 평가방법'에 따라 평가한 값을 말한다.

7. "바닥마감재"라 함은 온돌층 상부 표면에 최종 마감되는 재료(발포비닐계 장판지·목재 마루 등)를 말한다.

8. "완충재"란 충격음을 흡수하기 위하여 바닥구조체 위에 설치하는 재료를 말한다.

9. "음원실"이란 경량 및 중량충격원을 바닥에 타격하여 충격음이 발생하는 공간을 말한다.

10. "수음실"이란 음원실에서 발생한 충격음을 마이크로폰을 이용하여 측정하는 음원실 바로 아래의 공간을 말한다.

11. "성능인정 신청자"란 바닥충격음 차단구조의 성능등급을 인정받기 위하여 신청하는 자를 말한다.

11의 2. "성능검사 신청자"란 바닥충격음 차단구조의 성능검사를 받기 위하여 신청하는 자로 법 제41조의 2에 따른 사업주체를 말한다.

12. "벽식 구조"란 수직 하중과 횡력을 전단벽이 부담하는 구조를 말한다

13. "무량판 구조"란 보가 없이 기둥과 슬래브만으로 중력하중을 저항하는 구조방식을 말한다

14. "혼합구조"란 "벽식구조"에서 벽체의 일부분을 기둥으로 바꾸거나 부분적으로 보를 활용하는 구조를 말한다

15. "라멘구조"는 이중골조방식과 모멘트골조방식으로 구분할 수 있으며, "이중골조방식"이란 횡력의 25퍼센트 이상을 부담하는 모멘트 연성골조가 전단벽이나 가새골조와 조합되어 있는 골조방식을 말하고, "모멘트골조방식"이란 보와 기둥으로 구성한 라멘골조가 수직 하중과 횡력을 부담하는 방식을 말한다. 이 경우 라멘구조는 제6호의 "가중 바닥충격음레벨 감쇠량"이 13데시벨 이상인 바닥마감재나 제33조 제1항 각호의 성능을 만족하는 20밀리미터 이상의 완충재를 포함하여야 한다.

16. "공인시험기관"라 함은 「건설기술진흥법」 제26조에 따라 품질검사를 대행하는 건설엔지니어링사업자로 등록한 기관 또는 「국가표준기본법」 제23조에 따라 한국인정기구로부터 해당 시험항목에 대하여 공인시험기관으로 인정받은 기관을 말한다.

제3조(적용 범위) 「주택법(이하 "법"이라 한다.)」 제15조에 따라 주택건설사업계획승인신청 대상인 공동주택(주택과 주택 외의 시설을 동일건축물로 건축하는 건축물 중 주택을 포함하되, 부대시설 및 복리시설을 제외한다. 다만, 부대시설 및 복리시설 직하층이 주택인 경우에는 포함한다.)과 법 제66조 제1항의 리모델링(추가로 증가하는 세대만 적용)에 대하여 적용한다.

제2장 바닥충격음 차단구조 성능등급 인정기준 및 절차

제4조(성능인정기준)

① 바닥충격음 차단성능의 등급별 성능기준은 별표1에 의한다. 라멘구조의 경우에는 4 등급(라멘구조)으로 표기하고, 제2항에 따른 성능인정을 받은 경우에는 그에 따른 등급을 표기한다.

② 이 기준에 따라 주택에 적용되는 바닥구조 중 벽식구조, 무량판구조, 혼합구조는 인정기관으로부터 성능확인을 위한 인정(이하 "성능인정"이라 한다.)을 받아야 한다. 라멘구조는 슬래브 두께가 160밀리미터 이상인 경우에는 성능인정을 거쳐 별표1에 따른 성능등급을 받을 수 있다.

③ 제2항에 따라 성능인정을 받은 바닥충격음 차단구조는 평형에 관계 없이 동일 구조형식의 바닥구조에 적용할 수 있으며, 벽식구조로 성능인정을 받은 경우에는 무량판구조 및 혼합구조 형식에도 적용할 수 있다. 이 경우 슬래브 두께와 형상, 슬래브 상부에 구성되는 온돌층의 단면구성은 인정구조와 동일하여야 한다.

④ 바닥충격음 차단구조는 슬래브를 포함한 상부 구성체를 말하며, 바닥마감재는 제외한다. 다만, 성능인정 신청자가 바닥마감재를 포함하여 바닥충격음 차단구조를 신청한 경우에는 바닥마감재를 포함한다.

⑤ 성능인정을 받은 바닥충격음 차단구조 중 인정받은 당시의 바닥마감재와 다른 재료를 사용하고자 하는 경우에는 그 마감재가 성능인정을 받은 당시의 마감재보다 가중바닥충격음레벨 감쇠량이 동등 이상의 재료임을 공인시험기관으로부터 확인을 받아야 한다.

제5조(인정기관의 지정기준) 주택건설기준 제60조의 2에 따라 인정기관으로 지정을 받고자 하는 자는 주택건설기준에서 정한 기준과 다음 각호의 요건을 갖추어야 한다.

1. 법인으로서 바닥충격음 차단구조 성능등급 인정업무를 수행할 조직을 갖출 것

2. 공정하고 신속하게 인정업무를 수행할 수 있는 체계를 갖출 것

3. 설계·공사감리·건설·부동산업, 건축자재의 제조·공급업 및 유통업 등을 영위하는 업체에 해당하지 아니할 것. 다만, 국토교통부장관이 인정하는 경우에는 그러하지 아니하다.

4. 바닥충격음 차단구조 성능인정과 관련한 연구실적 및 유사업무 수행실적 등 인정업무를 수행할 능력을 갖추고 있을 것

제6조(인정기관의 지정 등)

① 국토교통부장관은 인정기관 신청을 받은 경우, 주택건설기준 및 이 기준에 따라 적정

성을 검토한 후 인정기관으로 지정하거나 신청서를 반려하여야 한다.

② 인정기관의 장은 기관의 명칭 및 주소 등이 변경된 때에는 변경된 날로부터 14일 이내에 이를 증명할 수 있는 서류를 첨부하여 국토교통부장관에게 신고하여야 한다.

③ 국토교통부장관이 제1항 및 제2항에 따라 인정기관을 지정하거나 인정기관의 명칭 또는 주소변경 신고를 받으면 인정기관의 명칭 및 주소를 관보에 게재하여야 한다.

제7조(인정기관의 업무 범위)

① 인정기관의 장은 다음 각호에서 정한 업무를 수행한다.

  1. 신청서의 접수·등록·인정서 발급 등 성능인정을 위한 절차이행

  2. 인정을 받고자 하는 바닥구조의 확인

  3. 인정 또는 인정 취소를 위한 자문위원회의 구성 및 운영

  4. 인정결과(인정 취소 포함)의 관계기관 통보 및 공고

  5. 인정을 한 구조의 취소 및 시공실적 등 관리

  6. 인정업무에 대한 세부운영지침의 작성

  7. 국토교통부장관에게 분기별 인정현황 보고

② 국토교통부장관은 소속공무원으로 하여금 제1항에서 정한 인정기관의 업무와 관계되는 서류 등을 검사하게 할 수 있다

제8조(인정신청)

① 성능인정 신청자가 바닥충격음 차단구조에 대한 성능인정을 받으려면 별지 제1호 서식의 "바닥충격음 차단구조 인정신청서"에 별표2에서 정한 도서를 첨부하여 인정기관의 장에게 신청하여야 한다. 이 경우 성능인정 신청자는 신청구조의 주요구성 제품을 생산하는 시설을 갖추고 직접 생산할 수 있거나 다른 생산업체를 통한 품질관리를 할 수 있어야 한다. 또한, 성능인정 신청자는 직접 생산하지 않는 구성제품에 대해서는 제20조 제1항 제1호부터 제3호까지 규정한 사항에 대한 품질관리가 가능하여야 한다.

② 인정기관이 자체 또는 공동개발한 바닥충격음 차단구조에 대해서는 해당 인정기관에 성능인정을 신청할 수 없다.

③ 제21조 제2항 제2호 및 제4호에 따라 인정신청이 반려되거나 제24조에 따라 취소된 경우, 반려되거나 취소된 날부터 90일 이내에는 동일공장에서 생산된 제품(콘크리트 제품은 제외)으로 바닥충격음 차단구조의 인정신청을 할 수 없다.

④ 인정 및 취소된 바닥충격음 차단구조와 동일한 구조명으로 성능인정 신청을 할 수 없다.

제9조(인정절차 및 처리 기간)

① 인정기관의 장은 제8조에 따라 신청된 바닥충격음 차단구조에 대해서는 별표3의 인정절차에 따라 별표4에서 정한 기간 내에 처리하여야 한다.

② 인정기관의 장은 바닥충격음 차단구조 인정업무를 수행함에 있어 재시험의 실시 등의 사유로 처리 기간의 연장이 불가피한 때에는 1회에 한하여 15일 이내의 범위를 정하여 연장할 수 있으며, 이 경우 성능인정 신청자에게 그 사유를 통보하여야 한다. 다만, 시료의 제작 등 시험에 추가로 소요되는 기간은 동 기간에 포함하지 아니한다.

제10조(시료 채취 및 인정대상구조 제작)

① 인정기관의 장은 제8조에 따라 신청된 구조의 바닥충격음 차단성능 시험에 필요한 시료 또는 시험편을 「산업표준화법」에 따른 한국산업표준이 정하는 바에 따라 채취하거나, 인정기관의 장이 정하는 기준에 따라 채취하고 인정신청 시 첨부된 도서 및 다음 각호의 사항을 확인하여야 한다.

　　1. 원재료 품질규격 및 시료의 구성방법 등
　　2. 제조공정 및 제품의 품질규격 등
　　3. 구조의 상세도면과의 동일 여부 등

② 인정기관의 장은 신청 당시에 제출한 구조 및 시공 방법과 동일하게 시료를 제작하게 하고, 구성재료에 대한 시료를 채취하여 직접 시험하거나 공인시험기관을 통해 품질시험을 실시하여야 한다.

제11조(시료의 관리) 인정기관의 장은 신청된 바닥구조에 대한 시험체를 제작하기 전에 제작방법을 검토하여 시험체 제작 및 시험에 관한 일정과 제작과정을 기록하고 이를 유지·관리하여야 한다.

제12조(인정을 위한 시험조건 및 규모)

① 인정대상 바닥충격음 차단구조에 대한 바닥충격음 차단성능 시험은 공동주택 시공현장 또는 표준시험실에서 실시할 수 있다. 표준시험실의 형태 등 세부 사항은 제25조의 세부운영지침에 따라 인정기관의 장이 정한다.

② 제1항에 따른 바닥충격음 차단성능은 다음 각호의 조건을 갖춘 곳에서 실시하여야 한다.

　　1. 측정대상 음원실(音源室)과 수음실(受音室)의 바닥면적은 20제곱미터 미만과 20

제곱미터 이상 각각 2곳으로 한다.

2. 측정대상공간의 장단변비는 1:1.5 이하의 범위로 한다.

3. 측정대상공간의 반자 높이는 2.1미터 이상으로 한다.

4. 수음실 상부 천장은 슬래브 하단부터 150밀리미터 이상 200밀리미터 이내의 공기층을 두고 반자는 석고보드 9.5밀리미터를 설치하거나 공동주택 시공현장의 천장구성을 적용할 수 있다.

③ 제1항에 따른 바닥충격음 차단구조의 인정을 위한 성능시험은 바닥면적이나 평면형태가 다른 2개 세대를 대상으로 다음 각호의 어느 하나에 따라 실시하여야 한다.

1. 현장에서 시험을 실시할 경우에는 2개 동에서 각각 1개 세대 전체에 신청한 구조를 시공하고 시공된 시료를 대상으로 각 세대 1개 이상의 공간에서 시험을 실시하여야 한다. 다만, 대상 건축물이 1개 동만 있는 경우 2개 세대 전체에 신청한 구조를 시공하여야 한다.

2. 표준시험실에서 실시할 경우에는 2개 세대 전체에 신청된 바닥충격음 차단구조를 시공하고 시공된 시료를 대상으로 각 세대 1개 이상의 공간에서 시험을 실시하여야 한다.

3. 제1호 및 제2호의 방법으로 성능인정이 불가능한 새로운 구조형식이나 슬래브 형상에 대해서는 제2항 및 제3항 제2호에 적합한 시험실을 구축하여 성능인정을 할 수 있으며, 시험실 구축방법 등은 인정기관의 장과 협의하여야 한다.

④ 인정기관의 장은 제1항의 규정에 적합한 외부기관의 시험실을 인정평가에 활용할 수 있다.

⑤ 인정기관의 장은 제8조에 따라 신청된 바닥충격음 차단 성능시험을 기술표준원이 KS F ISO 16283-2의 시험항목에 대한 공인시험기관으로 인정한 시험기관(성능인정 신청자와 동일한 계열에 속한 시험기관은 제외한다.)에 의뢰할 수 있다.

⑥ 제5항에 따라 시험을 의뢰받은 시험기관의 장은 시험을 위하여 운반된 시료 또는 시험편이 제10조에 따른 것임을 확인하고 제8조에 따른 성능인정 신청자로 하여금 신청 시 제출한 구조 및 시공 방법과 동일하게 시험체를 제작하게 하여 신청자와 함께 시험체를 확인한 후 이 고시에서 정한 시험방법에 따라 시험을 실시하여야 한다. 이 경우 인정기관의 직원이 시험에 입회하여야 한다.

⑦ 제6항에 따라 시험을 실시하는 시험기관의 장은 시료확인 및 시험체를 제작하는 과정을 감독하여야 한다. 이 경우 신청내용과 상이하게 생산 또는 제작되거나 부정한 행위를 확인하는 즉시 인정기관의 장에게 보고하여야 하며, 시험체 제작 및 시험에 관한 일정과 제

작과정을 기록하고 제작된 시험체를 유지·관리한 후에 품질시험 결과를 인정기관의 장에게 제출하여야 한다.

⑧ 시료 채취 후에는 신청구조를 변경할 수 없다.

⑨ 성능인정 신청자는 시험체와 신청된 구조와의 동일 여부 확인을 위해 바닥충격음 차단성능 측정 후 시험체를 해체하여야 하며, 이 경우 인정기관의 장은 마감 모르타르의 두께 등 시험체와 인정신청 구조의 일치 여부를 확인하여야 한다.

제13조(인정심사 및 자문위원회의 구성)

① 인정기관의 장은 제8조에 따라 신청된 바닥구조에 대해서는 다음 각호의 사항을 심사한 후 인정 여부를 결정하여야 한다.

1. 신청 구조의 시험조건 및 결과의 적정성(현장과 동일조건의 시험여부 등)

2. 신청 구조의 품질관리상태 등

3. 신청구조의 구조설명서, 시방서, 재료의 품질규격 및 현장 품질관리의 적정성 등

② 인정기관의 장은 건축음향·건축재료 및 시공 등에 대한 관계전문가, 시민단체, 공무원 등 15인 이상으로 구성된 자문위원회를 둘 수 있다.

제14조(인정의 통보 등)

① 인정기관의 장은 제8조에 따라 신청된 바닥충격음 차단구조의 성능을 인정할 경우에는 성능인정 신청자에게 별지 제2호 서식의 바닥충격음 차단구조 성능인정서를 발급하여야 한다.

② 인정기관의 장은 성능이 인정된 바닥충격음 차단구조에 대한 성능인정서 및 인정내용(바닥구조의 구조방식, 단면상세도, 시공 방법 등)을 국토교통부 또는 인정기관의 정보통신망을 이용하여 1회 이상 게재하는 방법으로 공고하여야 하며, 시·도지사 및 대한건축사협회·한국주택협회·대한주택건설협회 등 관련 단체의 장에게 인정 공고한 내용을 통보하여야 한다.

③ 인정기관의 장은 바닥충격음 차단구조의 성능을 인정한 경우에는 인정내용을 기록·관리하여야 한다.

제15조(인정의 표시)

① 제14조에 따라 바닥충격음 차단구조로 인정을 받은 자는 완충재나 주요 구성품의 각 제품 또는 그 포장에 바닥충격음 차단 구조명 및 구성품을 나타내는 [별표5]의 표시를

하여야 한다.

② 제1항에 따른 인정표시는 인정받지 않은 제품 또는 포장에 동일하거나 유사한 표시를 하여서는 아니 된다.

제16조(바닥충격음 차단구조의 인정 유효기간 및 유효기간의 연장)

① 바닥충격음 차단구조의 성능인정 유효기간은 제14조 제2항에 따른 성능인정 공고일부터 5년으로 한다.

② 제14조에 따라 바닥충격음 차단구조의 성능을 인정받은 자(이하 "인정을 받은 자"라 한다.)가 유효기간을 연장하려면 인정유효기간이 만료되기 전 6개월 이내에 인정받은 인정기관의 장에게 신청하여야 한다. 다만, 공장 이전 등의 경우에는 6개월 이전이라도 변동사항과 함께 유효기간 연장을 신청할 수 있다.

③ 인정기관의 장은 제2항에 따라 유효기간 연장 신청을 받은 경우, 제19조 제4항에 따라 실시한 공장품질관리 확인점검 시 확인한 시험결과가 인정받은 내용대로 성능이 유지되고 있다고 확인한 때에는 유효기간을 3년간 연장할 수 있다.

④ 제3항에 따라 공장품질상태를 확인한 결과 성능인정이 유지되지 아니하는 경우에는 인정기관의 장이 제14조에 따른 인정의 효력을 공장품질관리 확인점검을 통해 성능이 유지된다고 확인될 때까지 정지할 수 있다.

⑤ 제3항에 따라 유효기간이 연장되거나 제4항에 따라 인정의 효력이 정지된 경우에는 인정기관의 장이 그 사실을 제14조 제2항과 같은 방법으로 공고 및 통보하여야 한다.

제17조(인정내용변경) 인정을 받은 자는 다음 각호의 변경이 발생한 경우에는 변경내용을 상세히 작성한 도서를 첨부하여 인정기관의 장에게 인정변경 신청을 하고 확인을 받아야 한다. 다만, 인정변경신청은 변경사유가 발생한 날로부터 30일 이내에 하여야 하며, 인정 바닥구조의 변경 등 바닥충격음 차단성능에 영향을 미치는 사항은 변경할 수 없다.

　　1. 상호 또는 대표자의 변경

　　2. 공장의 이전 또는 주요시설의 변경

　　3. 바닥충격음 차단성능에 영향을 미치지 않는 경미한 세부인정 내용의 변경

　　4. 제19조에 따른 품질관리 상태 확인점검 결과 인정기관의 장이 인정내용 변경을 요청한 경우

제18조(인정 바닥구조의 시공 실적 요구)

① 인정기관의 장은 제14조에 따라 인정을 받은 자에게 인정 바닥구조의 시공실적을 요

구할 수 있으며, 요구받은 자는 요구된 실적을 즉시 제출하여야 한다.

② 인정을 받은 자는 인정 바닥구조의 시공실적을 매년 1월 말까지 인정기관의 장에게 제출하여야 한다.

제19조(품질관리 상태 확인점검)

① 인정기관의 장은 제14조에 따라 인정된 바닥충격음 차단구조의 품질관리 상태를 점검할 수 있다.

② 인정기관의 장은 다음 각호의 어느 하나에 해당하는 경우 공사 현장에 대한 품질관리 상태를 점검하여야 한다. 이 경우 국토교통부장관은 인정기관의 장에게 소속공무원이 점검에 참여할 수 있도록 요청할 수 있다.

　　1. 바닥충격음 차단성능에 영향을 미칠 수 있는 재료의 품질변화가 우려되는 경우

　　2. 인정받은 내용과 동일한 구조로 시공되었는지 여부에 대한 확인이 필요한 경우

　　3. 국토교통부장관 또는 시·도지사로부터 점검요청이 있는 경우

③ 인정기관의 장은 제2항에 따라 공사 현장을 점검한 경우에는 그 결과를 사업계획승인권자 및 감리자에게 통보하여야 한다.

④ 인정기관의 장은 매년 2회 이상 인정제품에 대한 공장품질관리 확인점검을 실시(공장품질관리 실시 전 1년 이내에 인정기관으로부터 공장품질관리상태 확인 결과 지적이 없는 경우에는 이를 면제할 수 있다.)하여야 한다. 다만, 현장 시공실적이 없는 경우에는 공장품질관리 점검에서 제외하되 제외 기간은 3년으로 한다.

⑤ 매년 실시하는 공장품질관리는 인정기관들이 합동으로 수행할 수 있다.

⑥ 인정기관의 장은 공장품질관리 확인점검 실시에 대한 세부절차 및 「주택건설기준 등에 관한 규칙」 제12조의 4에 따른 바닥충격음 성능등급 인정제품의 품질관리기준에 대한 확인점검 항목 등을 정하여 제25조의 세부운영지침에 포함하여야 하며, 확인내용을 기록·유지하여야 한다.

제20조(바닥충격음 차단구조의 인정을 받은 자의 자체품질관리)

① 인정을 받은 자는 다음 각호에 따라 바닥충격음 차단구조의 생산·제조를 위한 자체품질관리를 실시하고, 그 결과를 기록·보존하여야 한다.

　　1. 구성재료·원재료 등의 검사

　　2. 제조공정에 있어서의 중간검사 및 공정관리

　　3. 제품검사 및 제조설비의 유지관리

　　4. 제품생산, 판매실적 및 제품을 판매한 시공현장 등에 대한 상세 내역 등

② 인정을 받은 자는 시공자 및 감리자에게 인정받은 바닥충격음 차단구조의 내용과 현장시공 방법 및 검사방법 등을 제출하여 적정한 시공과 현장품질관리가 이루어질 수 있도록 하여야 하며, 이를 기록·보존하여야 한다.

③ 인정기관의 장은 제1항 및 제2항의 기록·보존내용의 제출을 인정을 받은 자에게 요구할 수 있으며, 요구받은 자는 이를 즉시 제출하여야 한다.

제21조(신청의 보완 또는 반려)

① 인정기관의 장은 다음 각호의 어느 하나에 해당하는 경우에는 신청자에게 보완을 요청하여야 한다.

1. 제8조에 따라 신청자가 첨부하여야 할 도서의 내용이 미흡하거나, 사실과 상이한 문서를 제출한 경우

2. 제13조 제1항에 따라 성능인정 신청자의 품질관리확인 결과 신청내용과 상이한 품질관리를 하고 있는 것을 확인한 경우

② 인정기관의 장은 다음 각호에 해당하는 경우에는 신청을 반려하여야 하며, 이를 신청자에게 통보하여야 한다.

1. 성능인정 신청자가 바닥충격음 차단구조의 인정신청을 반려 요청하는 경우

2. 성능인정 신청자가 제1항의 보완요청을 30일 이내에 이행하지 않은 경우

3. 제25조에 따른 수수료를 통보일로부터 30일 이내에 납부하지 않은 경우

4. 제12조의 시험결과 바닥충격음 차단성능이 확보되지 않은 경우

5. 제12조 제9항에 따른 바닥구조 철거 상태 확인 결과 마감모르타르 두께 등이 인정신청내용과 다른 경우

6. 제10조 제2항에 따른 시험결과 및 별표2 제1호에 따른 공동주택 바닥충격음 차단구조 설계도서 기재 내용이 현재 유효한 인정제품의 인정신청 당시 시험결과 및 설계도서 기재 내용과 동일한 경우

③ 제2항에도 불구하고 인정기관의 장은 제6호의 동일성 여부에 대한 판단이 어려운 경우 제13조에 따른 자문위원회에 심사를 요청할 수 있다.

제22조(개선요청) 인정기관의 장은 다음 각호의 어느 하나에 해당하는 경우에는 제14조에 따라 인정을 받은 자에게 개선요청을 할 수 있으며, 개선요청을 받은 자는 30일 이내에 개선요청사항을 이행하고 그 사실을 인정기관의 장에게 보고하여야 한다.

1. 제17조에 따른 인정변경 등에 대한 확인 신청을 하지 않은 경우

2. 제18조에 따른 바닥충격음 차단구조의 시공실적을 제출하지 않는 경우

3. 제19조에 따른 품질관리상태 확인결과, 품질개선이 필요하다고 인정되는 경우

제23조 삭제

제24조(인정의 취소)

① 인정기관의 장은 법 제41조 제2항에 따라 인정을 취소한 경우에는 제14조 제2항에 따른 공고 및 통보를 하여야 하며, 인정이 취소된 바닥충격음 차단구조는 취소된 날로부터 바닥충격음 차단구조로의 판매 및 시공을 할 수 없다.

② 삭제

제25조(세부운영지침)

① 인정기관의 장은 바닥충격음 차단구조의 인정업무와 관련한 처리 기간·절차·기준·구비서류·수수료 등에 대한 세부운영지침을 작성하여야 한다.

② 제1항에 따른 세부운영지침을 작성하거나 변경하는 경우에는 국토교통부장관의 승인을 얻어야 한다.

제3장 바닥충격음 차단성능 측정 및 평가방법

제26조(측정방법)

① 바닥충격음 차단성능의 측정은 KS F ISO 16283-2에서 규정하고 있는 방법에 따라 실시하되, 경량충격음레벨 및 중량충격음레벨을 측정한다.

② 수음실에 설치하는 마이크로폰의 높이는 바닥으로부터 1.2미터로 하며, 측정 대상 공간의 중앙지점 1개소와 벽면 등으로부터의 0.75미터(수음실의 바닥면적이 14제곱미터 미만인 경우에는 0.5미터) 떨어진 지점 4개소로 한다.

제27조(측정결과의 평가방법)

① 바닥충격음 측정결과는 KS F ISO 717-2에서 규정하고 있는 평가방법 중 경량충격음은 '가중 표준화 바닥충격음레벨'로 평가하고, 중량충격음은 'A-가중 최대 바닥충격음레벨'로 평가한다.

② 인정기관의 장은 제12조 제3항에 따라 바닥면적이나 평면형태가 다른 2개 세대를 대상으로 한 성능인정시험 결과 각각 성능이 다르게 평가된 경우에는 충격음 레벨이 높게 평가된 측정결과로 평가하여야 한다.

③ 인정기관의 장은 바닥충격음 차단구조의 성능인정을 시험실에서 실시한 경우에는 현

장에서 측정한 결과와 차이를 두어서 성능등급을 확인할 수 있다. 이 경우 인정기관의 장은 시험실에서 실시한 결과에 차이를 두어 성능등급을 확인하고자 할 경우에는 제25조의 세부운영지침에 포함하여야 한다.

④ 삭제

제28조(성능검사대상 및 측정세대의 선정방법 등)

① 이 기준에 따른 성능검사 대상은 벽식구조, 무량판구조, 혼합구조, 라멘구조 등 주택에 적용된 바닥구조를 말한다.

②「주택건설기준 등에 관한 규정」제60조의 9 제5항에 따른 성능검사 대상 세대 수의 산정 비율은 평면유형, 면적이나 층수 등을 고려하여 사업계획승인 단지의 평면유형별 세대수의 2퍼센트 이상을 선정하며, 소수점 이하에서 올림한다.

제29조(측정 대상 공간 선정방법) 바닥충격음 차단성능의 확인이 필요한 단위 세대 내 성능검사 대상 공간은 거실로 한다. 단, 거실과 침실의 구분이 명확하지 않은 공동주택의 경우에는 가장 넓은 공간을 측정 대상 공간으로 한다.

제30조(측정결과의 평가)

① 측정결과는 산술평균값으로 하며 측정결과의 판단기준은 별표1에 따른 바닥충격음 차단성능의 등급기준으로 한다.

② 제1항에도 불구하고 성능검사기준은 주택건설기준 제14조의 2 제1항 제2호를 따른다.

제4장 바닥충격음 차단구조 성능검사 기준 및 절차

제31조(성능검사기관의 지정 등) 성능검사기관의 지정 신청 및 적정성 검토 등에 관하여는 제6조를 준용한다. 이 경우 '인정기관'을 '성능검사기관'으로 본다.

제32조(성능검사기관의 업무범위)

① 성능검사기관의 장은 다음 각호에서 정한 업무를 수행한다.

   1. 법 제41조의 2 제2항에 따른 성능검사를 위한 공인시험기관의 선정 및 관리·감독

   2. 성능검사 신청서의 접수 및 결과통보 등 성능검사를 위한 절차 이행

   3. 성능검사 대상 세대 선정 및 검사

   4. 성능검사 결과 통보

   5. 성능검사 결과의 데이터 관리 및 분석 등을 위한 정보망 운영

6. 성능검사업무에 대한 세부운영지침의 작성

7. 국토교통부장관에게 분기별 성능검사 현황 보고

② 국토교통부장관은 소속공무원으로 하여금 제1항에서 정한 성능검사기관의 업무와 관계되는 서류 등을 검사하게 할 수 있다.

제33조(성능검사 신청)

① 성능검사 신청자가 바닥충격음 성능검사를 받으려면 별지 제5호 서식의 "바닥충격음 성능검사 신청서"에 별표6에서 정한 도서를 첨부하여 성능검사기관의 장에게 신청하여야 한다.

② 성능검사기관의 장은 제1항에 따라 신청한 도서가 미흡한 경우 성능검사 신청자에게 보완을 요청하여야 한다.

③ 성능검사기관의 장은 성능검사 대상 세대에서 성능검사가 불가능하다고 판단되는 경우 성능검사 신청을 반려할 수 있다.

제34조(성능검사 절차 및 처리기간)

성능검사기관의 장은 신청된 바닥충격음 차단성능 검사에 대해서는 별표7의 성능검사 절차에 따라 별표8에서 정한 기간 내에 처리하여야 한다.

제35조(성능검사 결과의 통보 등)

① 성능검사기관의 장은 주택건설기준 제60조의 9 제3항에 따른 성능검사 결과를 통보할 경우에는 별지 제6호 서식에 따른 "바닥충격음 성능검사 결과서"를 발급하여야 한다.

② 성능검사기관의 장은 성능검사 결과를 기록·관리하여야 한다.

제36조(성능검사 세부운영지침)

① 성능검사기관의 장은 성능검사 업무와 관련한 처리기간·절차·구비서류·수수료 등에 대한 세부운영지침을 작성하여야 한다.

② 제1항에 따른 세부운영지침을 작성하거나 변경하는 경우에는 국토교통부장관의 승인을 얻어야 한다.

제5장 완충재의 성능기준

제37조(품질 및 시공 방법)

① 콘크리트 바닥판의 품질 및 시공 방법은 건축공사표준시방서의 콘크리트공사 시방에

따른다.

② 완충재는 건축물의 에너지절약 설계 기준 제2조에 따른 단열기준에 적합하여야 한다.

③ 바닥에 설치하는 완충재는 완충재 사이에 틈새가 발생하지 않도록 밀착 시공하고, 접합부위는 접합테이프 등으로 마감하여야 하며, 벽에 설치하는 측면 완충재는 마감 모르타르가 벽에 직접 닿지 아니하도록 하여야 한다.

④ 인정을 받은 자는 현장에 반입되는 완충재 등 바닥충격음을 줄이기 위해 사용한 주요 구성품에 대해서는 감리자 입회하에 샘플을 채취한 후 인정기관이나 공인시험기관에서 시험을 실시하고 그 결과를 시공 전까지 감리자에게 제출하여야 하며, 감리자는 성능기준과 인정서에서 인정 범위로 정한 기본 물성의 적합함을 확인한 후 시공하여야 한다.

⑤ 감리자는 바닥구조의 시공 완료 후 [별지 제4호 서식]에 따른 바닥구조 시공확인서를 사업주체에게 제출하여야 하며, 사업주체는 감리자가 제출한 바닥구조 시공확인서를 사용검사 신청 시 제출하여야 한다

제38조(완충재 등의 성능평가 기준 및 시험방법)

① 바닥충격음 차단구조에 사용하는 완충재는 다음 각호의 시험방법을 따라야 한다.

1. 밀도는 KS M ISO 845에서 정하고 있는 시험방법에 따라 측정하여야 하며, 시험 결과에는 완충재의 구성상태나 형상에 대한 설명이 포함되어야 한다.

2. 동탄성계수와 손실계수는 KS F 2868에서 정하고 있는 시험방법에 따라 측정하며, 하중판을 거치한 상태에서 48시간 이후에 측정한다.

3. 흡수량은 KS M ISO 4898에서 정하고 있는 시험방법을 따른다.

4. 가열 후 치수 안정성은 KS M ISO 4898에서 정하고 있는 시험방법(70℃, 48시간 동안 KS F 2868에서 사용하는 하중판을 완충재 상부에 거치한 상태에서 가열)에 따라 측정한 값이 5퍼센트 이하이어야 한다.

5. KS M ISO 4898에서 정하고 있는 치수 안정성 시험방법(70℃, 48시간 동안 KS F 2868에서 사용하는 하중판을 완충재 상부에 거치한 상태에서 가열)에 따라 가열하고 난 후 완충재의 동탄성계수는 가열하기 전 완충재의 동탄성계수보다 20퍼센트를 초과하여서는 아니된다.

6. 잔류변형량은 KS F 2873에서 정하고 있는 시험방법에 따라 측정한 값이 시료 초기 두께(dL)가 30밀리미터 미만은 2밀리미터 이하, 30밀리미터 이상은 3밀리미터 이하가 되어야 한다.

② 바닥충격음 차단구조로 사용하는 제1항의 완충재나 완충재 이외의 구성제품의 품질관리를 위해 필요한 성능에 대해서는 제25조의 세부운영지침에서 따로 정한다. 다만, 인정

기관의 장이 이 기준에 적합하다고 인정한 경우에는 시험을 생략할 수 있다.

제6장 행정사항

제39조(규제의 재검토) 국토교통부장관은 이 고시에 대하여 「훈령·예규 등의 발령 및 관리에 관한 규정」에 따라 2020년 1월 1일 기준으로 매 3년이 되는 시점(매 3년째의 12월 31일까지를 말한다.)마다 그 타당성을 검토하여 개선 등의 조치를 하여야 한다.

부칙 〈제2023-85호, 2023. 2. 9.〉

이 고시는 발령한 날부터 시행한다.

[별표1] 바닥충격음 차단성능의 등급 기준(제4조 관련)

[별표2] 인정 신청 시 첨부 도서(제8조 관련)

[별표3] 바닥충격음 차단구조 인정 절차(제9조 관련)

[별표4] 바닥충격음 차단구조 인정업무 처리 기간(제9조 관련)

[별표5] 바닥충격음 차단구조 주요 구성품 표시 (제15조 관련)

[별표6] 성능검사 신청 시 첨부도서(제33조 관련)

[별표7] 바닥충격음 성능검사 절차(제34조 관련)

[별표8] 바닥충격음 성능검사 처리기간(제34조 관련)

[별지1] 바닥충격음 차단구조 (재)인정신청서

[별지2] 바닥충격음 차단구조 성능인정서

[별지3] 제품생산량, 판매량 및 시험성적서 제출 양식

[별지4] 바닥구조 시공 확인서

[별지5] 바닥충격음 성능검사 신청서

[별지6] 바닥충격음 성능검사 결과서

| 부록(각주번호 278)

소음방지를 위한 층간 바닥충격음 차단 구조기준

[시행 2018. 9. 21.] [국토교통부고시 제2018-585호, 2018. 9. 21., 일부 개정]
국토교통부(녹색건축과), 044-201-4753

제1조(목적) 이 기준은 「건축법」 제49조 제3항 및 「건축물의 피난·방화구조 등의 기준에 관한 규칙」 제19조 제4항에 따라 가구·세대 등 간 소음방지를 위한 층간 바닥충격음 차단 구조기준을 제시하여 이웃 간의 층간소음 관련 분쟁으로 인한 인명 및 재산 피해를 사전에 예방하고 쾌적한 생활환경을 조성하는 것을 목적으로 한다.

제2조(정의) 이 기준에서 사용하는 용어의 뜻은 다음과 같다.

1. "바닥충격음 차단구조"란 「주택법」 제41조 제1항에 따라 바닥충격음 차단구조의 성능등급을 인정하는 기관의 장이 차단구조의 성능[중량충격음(무겁고 부드러운 충격에 의한 바닥충격음을 말한다.) 50데시벨 이하, 경량충격음(비교적 가볍고 딱딱한 충격에 의한 바닥충격음을 말한다.) 58 데시벨 이하]을 확인하여 인정한 바닥구조를 말한다.

2. "표준바닥구조"란 중량충격음 및 경량충격음을 차단하기 위하여 콘크리트 슬라브, 완충재, 마감 모르타르, 바닥마감재 등으로 구성된 일체형 바닥구조를 말한다.

제3조(적용 범위) 이 기준은 다음 각호의 건축물에 대하여 적용한다.

1. 「건축법 시행령」(이하 "영"이라 한다.) 별표1 제1호다목에 따른 다가구주택

2. 영 별표1 제2호에 따른 공동주택(「주택법」 제15조에 따른 주택건설사업계획승인 대상은 제외한다.)

3. 영 별표1 제14호 나목에 따른 오피스텔

4. 영 별표1 제4호 거목에 따른 다중생활시설

5. 영 별표1 제15호 다목에 따른 다중생활시설

제4조(바닥구조)

① 30세대 이상의 공동주택(기숙사는 제외한다.)·오피스텔의 세대 내 층간바닥은 바닥충격음 차단구조로 하거나 별표1에 따른 표준바닥구조(Ⅰ형식)에 적합하여야 한다.

② 30세대 미만의 공동주택(기숙사는 제외한다.)·오피스텔, 기숙사, 다가구주택, 다중생

활시설의 세대 내 층간 바닥은 바닥충격음 차단구조로 하거나 별표1에 따른 표준바닥구조(Ⅱ형식)에 적합하여야 한다.

③ 제1항 및 제2항에도 불구하고 다음 각호에 해당하는 부분은 제1항 및 제2항의 기준을 적용하지 아니할 수 있다.

1. 발코니(거주목적으로 발코니를 구조변경한 경우 제외), 현관, 세탁실, 대피공간, 벽으로 구획된 창고

2. 아래층의 공간이 비거주 공간(주차장, 기계실 등)이나 지면에 면해 있는 바닥, 최상층 천정 등과 같이 위층 또는 아래층을 거실로 사용하지 않는 공간

3. 제1호 및 제2호와 비슷한 공간으로서 허가권자가 층간소음으로 인한 피해 가능성이 적어 이 기준 적용이 불필요하다고 인정하는 부분

제5조(규제의 재검토) 국토교통부장관은 「훈령·예규 등의 발령 및 관리에 관한 규정」(대통령훈령 제334호)에 따라 이 고시에 대하여 2019년 1월 1일을 기준으로 매 3년이 되는 시점(매 3년째의 12월 31일까지를 말한다.)마다 그 타당성을 검토하여 개선 등의 조치를 하여야 한다.

부칙 〈제2018-585호, 2018. 9. 21.〉

이 기준은 고시한 날부터 시행한다.

[별표1] 표준바닥구조의 종류

표준바닥구조의 종류

가. 표준바닥구조 1

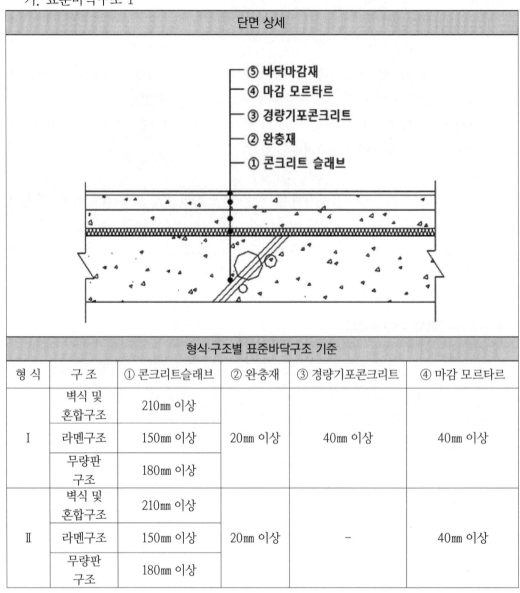

형 식	구 조	① 콘크리트슬래브	② 완충재	③ 경량기포콘크리트	④ 마감 모르타르
I	벽식 및 혼합구조	210mm 이상	20mm 이상	40mm 이상	40mm 이상
	라멘구조	150mm 이상			
	무량판 구조	180mm 이상			
II	벽식 및 혼합구조	210mm 이상	20mm 이상	–	40mm 이상
	라멘구조	150mm 이상			
	무량판 구조	180mm 이상			

나. 표준바닥구조 2

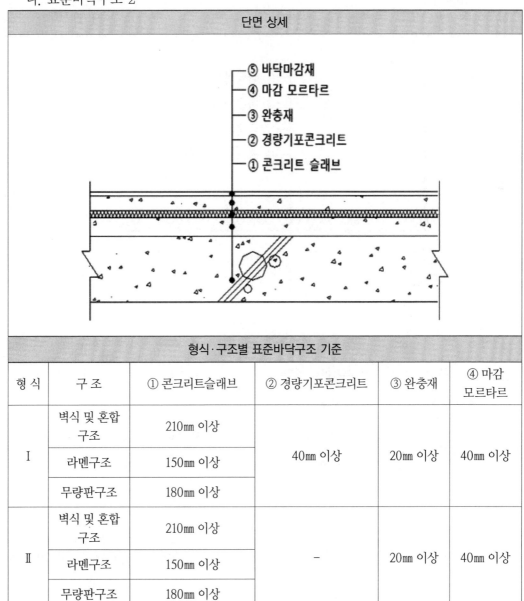

형식	구조	① 콘크리트슬래브	② 경량기포콘크리트	③ 완충재	④ 마감 모르타르
I	벽식 및 혼합 구조	210㎜ 이상	40㎜ 이상	20㎜ 이상	40㎜ 이상
	라멘구조	150㎜ 이상			
	무량판구조	180㎜ 이상			
II	벽식 및 혼합 구조	210㎜ 이상	-	20㎜ 이상	40㎜ 이상
	라멘구조	150㎜ 이상			
	무량판구조	180㎜ 이상			

다. 표준바닥구조 3

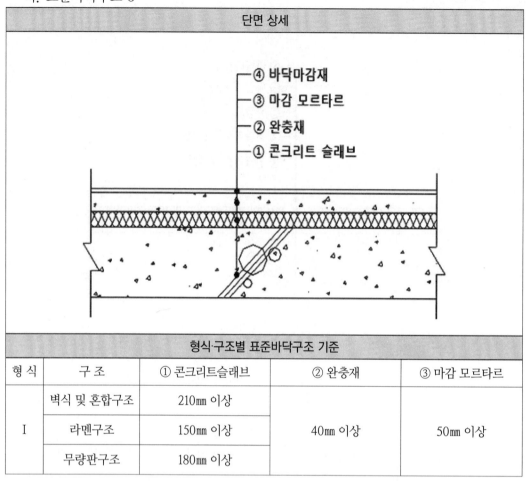

단면 상세

④ 바닥마감재
③ 마감 모르타르
② 완충재
① 콘크리트 슬래브

형식·구조별 표준바닥구조 기준				
형식	구조	① 콘크리트슬래브	② 완충재	③ 마감 모르타르
I	벽식 및 혼합구조	210㎜ 이상	40㎜ 이상	50㎜ 이상
	라멘구조	150㎜ 이상		
	무량판구조	180㎜ 이상		

〈비 고〉

1. "벽식 구조"란 수직 하중과 횡력을 전단벽이 부담하는 구조를 말한다.

2. "무량판구조"란 보가 없이 기둥과 슬래브만으로 중력하중을 저항하는 구조방식을 말한다.

3. "혼합구조"란 "벽식구조"에서 벽체의 일부분을 기둥으로 바꾸거나 부분적으로 보를 활용하는 구조를 말한다.

4. "라멘구조"란 보와 기둥을 통해서 내력이 전달되는 구조를 말한다.

5. "바닥마감재"란 온돌층 상부 표면에 최종 마감되는 재료(발포비닐계 장판지·목재 마루 등)를 말한다.

6. 경량기포콘크리트의 품질 및 시공 방법은 KS F 4039(현장 타설용 기포콘크리트) 규정에 따른다.

7. "완충재"란 충격음을 흡수하기 위하여 바닥구조체 위에 설치하는 재료를 말하며,

성능평가 기준 및 시공 방법 등은 「공동주택 바닥충격음 차단구조 인정 및 관리기준」 제32조 및 제33조에 따른다.

8. 온돌층이 벽체와 접하는 부위에는 측면완충재를 적용한다.

| **부록**(각주번호 289)

녹색건축물 조성 지원법 시행령 [별표1] 〈개정 2022. 12. 27.〉

에너지효율등급 인증 또는 제로에너지건축물 인증 표시 의무 대상 건축물
(제12조 제2항 관련)

요 건	에너지효율등급 인증 표시 의무 대상	제로에너지건축물 인증 및 에너지효율등급 인증 표시 의무 대상
1. 소유 또는 관리 주체	가. 제9조 제2항 각호의 기관 나. 교육감 다. 「공공주택 특별법」 제4조에 따른 공공주택사업자	가. 제9조 제2항 각호의 기관 나. 교육감 다. 「공공주택 특별법」 제4조에 따른 공공주택사업자
2. 건축 및 리모델링의 범위	신축·재축 또는 증축하는 경우일 것. 다만, 증축의 경우에는 기존 건축물의 대지에 별개의 건축물로 증축하는 경우로 한정한다.	신축·재축 또는 증축하는 경우일 것. 다만, 증축의 경우에는 기존 건축물의 대지에 별개의 건축물로 증축하는 경우로 한정한다.
3. 건축물의 범위	법 제17조 제5항 제1호에 따라 국토교통부와 산업통상자원부의 공동 부령으로 정하는 건축물	법 제17조 제5항 제1호에 따라 국토교통부와 산업통상자원부의 공동 부령으로 정하는 건축물. 다만, 「건축법 시행령」 별표1 제2호 라목에 따른 기숙사(이하 "기숙사"라 한다.)는 제외한다.
4. 공동주택의 세대수 또는 건축물의 연면적	가. 공동주택의 경우: 전체 세대수 30세대 이상 나. 기숙사의 경우: 연면적 3천제곱미터 이상 다. 공동주택 및 기숙사 외의 건축물의 경우: 연면적 5백제곱미터 이상	가. 공동주택의 경우: 전체 세대수 30세대 이상 나. 공동주택 외의 건축물의 경우: 연면적 500제곱미터 이상
5. 에너지 절약계획서 등 제출 대상 여부	가. 공동주택의 경우: 「주택건설기준 등에 관한 규정」 제64조 제2항에 따른 친환경 주택 에너지 절약계획 제출 대상일 것 나. 공동주택 외의 건축물의 경우: 법 제14조 제1항에 따른 에너지 절약계획서 제출 대상일 것	가. 공동주택의 경우: 「주택건설기준 등에 관한 규정」 제64조 제2항에 따른 친환경 주택 에너지 절약계획 제출 대상일 것 나. 공동주택 외의 건축물의 경우: 법 제14조 제1항에 따른 에너지 절약계획서 제출 대상일 것